水平井体积压裂作业技术

秦永和 等编著

石油工业出版社

内容提要

本书在非常规油气压裂开发基础上，系统梳理了水平井体积压裂技术体系与作业方法，完整介绍了非常规油气体积压裂地质基础、工艺方法、技术原理、作业参数及工序流程，主要内容涵盖设计软件、入井材料、工具管柱、监测仪器、成套设备、作业管理等。

本书可为油气田开发、石油工程技术领域高等院校、科研院所和油气田企业科研、生产、技术人员了解水平井体积压裂作业现状、技术进步及应用成效提供借鉴，也可为石油工程技术服务企业技术研发、服务和生产管理人员学习非常规油气体积压裂新工艺、新技术提供参考。

图书在版编目（CIP）数据

水平井体积压裂作业技术 / 秦永和等编著 . —北京：石油工业出版社，2022.12
ISBN 978-7-5183-5783-3

Ⅰ. ①水… Ⅱ. ①秦… Ⅲ. ①油页岩 – 分层压裂 Ⅳ. ① TE357.1

中国版本图书馆 CIP 数据核字（2022）第 216615 号

出版发行：石油工业出版社
（北京安定门外安华里 2 区 1 号楼　100011）
网　　址：www.petropub.com
编辑部：（010）64523760
图书营销中心：（010）64523633
经　销：全国新华书店
印　刷：北京中石油彩色印刷有限责任公司

2022 年 12 月第 1 版　2022 年 12 月第 1 次印刷
787×1092 毫米　开本：1/16　印张：38.25
字数：915 千字

定价：300.00 元
（如出现印装质量问题，我社图书营销中心负责调换）
版权所有，翻印必究

《水平井体积压裂作业技术》编委会

主　　编：秦永和

副 主 编：荆江录　张忠志　屈　刚

编　　委：罗绪武　万云祥　胡守林　王军平　何昀宾
　　　　　王大利　孟磊峰　樊庆虎　邓　毅　党　军
　　　　　陈向辉　宋　杰　李　立　柳　明　徐传友
　　　　　刘晓东　曾从良　马　军　李帅帅　许得禄
　　　　　盛志民　王　渊　王丽峰　姜冰宣　荆　哲
　　　　　马永贵　徐亚军　王　磊　谭世武　张艺瀚
　　　　　王永康　杨敏杰　由天明　刘　凯　罗　磊
　　　　　马　越　杨育恒　廖　泽　陈胜安　朱书仪
　　　　　谢寿昌　魏　拓　王立新　高智星　李　升
　　　　　吕振虎　赵忠祥

序 PREFACE

当前，世界百年未有之大变局加速演进，我国发展面临战略机遇和风险挑战并存、不确定因素增加的形势，保障国家能源安全的重要性愈加凸显，能源饭碗必须牢牢端在自己的手中。据国家统计局数据显示，近年来我国原油、天然气对外依存度已分别超过70%和45%，能源安全隐患重重。煤岩气、致密油气、页岩油气等为代表的非常规油气资源以其储量大、分布广等特点已成为接替能源的重要组成部分。只有加大非常规油气领域的勘探开发力度，研究新理论、应用新技术，才能实现非常规油气资源的规模高效开发，进而不断提升我国油气能源保障能力。

近年来，水平井体积压裂技术迅猛发展，北美地区成功实现了页岩油气革命。我国非常规资源类型众多，地质条件复杂多变，普遍存在"储层埋藏深、区块面积小、地层压力低、产层薄夹层多"等特点。与北美地区相比，我国非常规油气资源差异较大，工程技术可复制性差，难以满足更高的提质、提速、提产、提效要求。针对水平井体积压裂难题，中国石油天然气集团有限公司（简称中国石油）组织大量工程技术专家和骨干开展科技攻关，在压裂方案精细化设计、压裂施工参数优化、压裂装备转型升级、水电路讯保障措施提升等方面取得了重大进展，形成了水平井体积压裂技术体系，不断提升现场应用水平，不断刷新压裂纪录。

该书以工程技术为主要特色，紧扣地质工程一体化、压裂提采一体化及技术经济适应性，系统梳理了水平井体积压裂技术体系与作业方法，完整总结了非常规油气体积压裂地质基础、工艺方法、技术原理、作业参数及工序流程，内容涵盖设计软件、入井材料、工具管柱、监测仪器、成套设备、作业管理和智能化压裂展望等。该书基础理论扎实、方法原理翔实、典型案例真实，讲解图文并茂、陈述深入浅出，是对水平井体积压裂长期实践探索与理论相结合的总结升华，也是非常规油气资源开发领域一本具有实用参考价值的著作，具有很强的实践性和针对性。希望该书的出版，对广大油气行业研究人员、工程技术人员，乃至相关院校的学生都有所启发、有所帮助，大家共同助力我国非常规油气资源实现"革命"。

李根生

2024年11月4日

前言

随着油气勘探开发不断深入，深层稠油、深层煤岩气、致密油气、页岩油气等非常规油气资源，在现有经济技术条件下，展示出巨大生产潜力，全球油气资源进入二次扩展阶段，特别是美国致密油、页岩油气成功开发，对全球能源供应及地缘政治产生了重要影响。我国非常规油气资源丰富，低渗透油气田数量众多，在油气自主供应能力不足、对外依存度持续处于高位的情况下，规模高效开发这些难动用资源，对于降低油气对外依存度、提升国家能源保障能力具有十分重要的现实意义。

21世纪初，北美地区随着非常规油气大规模开发和水平井大规模应用，水平井分段压裂工具和滑溜水压裂液在致密油、页岩油气开发中崭露头角，并在后续二十年实践中取得飞速进步。工艺技术也从最初的水平井分段压裂、大规模体积压裂，发展至密切割体积压裂，使油气田开发下限不断降低、工艺技术不断完善，引领压裂酸化技术从增产措施转换为开发模式，并进一步发展壮大为开发核心专业、综合性交叉学科。

我国陆上油气勘探开发已进入非常规时代，在体积压裂理论、设备、工艺技术等方面都有了较快发展，但因为地质赋存规律复杂、储层品质差异较大，工程技术与作业效率、开发效益矛盾突出，开发生产规律也处于探索阶段。所以，迫切需要形成新一代适应非常规油气藏体积压裂的理论、工艺、技术与装备。

本书从实践出发，以工程技术为主要特色，通过阐述基础理论、方法原理、典型案例，用16章篇幅介绍了非常规油气体积压裂地质基础、工艺方法、设计软件、入井材料、工具管柱、监测仪器、成套设备、作业管理等。

本书第一章由李立、荆江录、陈向辉负责编写；第二章由樊庆虎、马军、魏拓负责编写；第三章由荆江录、王丽峰、马永贵负责编写；第四章由李帅帅、罗磊、杨育恒负责编写；第五章由荆江录、马越、陈胜安负责编写；第六章由荆江录、王渊、廖泽负责编写；第七章由荆江录、姜冰宣、宋杰负责编写；第八章由屈刚、王军平、张艺瀚、谢寿昌负责编写；第九章由荆江录、万云祥、赵忠祥负责编写；第十章由徐传友、杨敏杰、王立新负责编写；第十一章由徐亚军、荆哲、朱书仪负责编写；第十二章由刘凯、王永康、谭世武负责编写；第十三章由孟磊峰、曾从良、王大利、李升负责编写；第十四章由荆江录、许得禄、由天明负责编写；第十五章由盛志民、王磊、党军负责编写；第十六章由刑哲、刘晓东、高智星负责编写。本书由中国石油科学技术协会副主席、中国石油大学（北京）智能钻完井技术与装备研究中心主任、中国石油天然气集团有限公司原工程技术首席专家秦永和策划、统稿、审稿，由中国石油西部钻探工程公司（简称西部钻探）企业高级专家荆江录做主要修改。

在本书编写过程中，中国石油集团油田技术服务有限公司、西部钻探公司以及西部钻探储层改造研究中心和地质研究院、中国石油测井公司新疆分公司给予了大力支持。中国石油集团油田技术服务有限公司油田技术部、中国石油勘探开发研究院酸化压裂技术中心给予了作业实践指导和基础理论支持。在此，谨向关心、支持、帮助本书出版的同志们表示衷心感谢。鉴于编写人员在基础理论和工程实践方面都存在一定的局限性，书中难免有不足之处，希望广大读者批评指正。

目录

第一章 非常规油气开发概论 ... 1
- 第一节 非常规油气地质概述 ... 1
- 第二节 页岩油气开发概述 ... 9
- 第三节 致密油气开发概述 ... 19
- 第四节 深层煤岩气开发概述 ... 25
- 第五节 缝控体积压裂开发概述 ... 29
- 参考文献 ... 31

第二章 地质工程一体化设计 ... 33
- 第一节 概述 ... 33
- 第二节 油气地质建模 ... 35
- 第三节 天然裂缝建模 ... 40
- 第四节 地应力建模 ... 43
- 第五节 人工裂缝耦合方法 ... 47
- 第六节 油气藏模拟与产能预测 ... 52
- 第七节 方案优化与经济性评价 ... 58
- 参考文献 ... 62

第三章 体积压裂方法及工艺技术 ... 63
- 第一节 体积压裂理念及内涵 ... 63
- 第二节 密切割体积压裂技术 ... 66
- 第三节 体积压裂改造方法 ... 80
- 第四节 体积压裂改造工艺 ... 89
- 参考文献 ... 103

第四章 压裂液及配液水处理 ... 104
- 第一节 压裂液概述 ... 104
- 第二节 水基压裂液及其添加剂 ... 108
- 第三节 滑溜水压裂液 ... 120

第四节　高抗盐瓜尔胶压裂液 ……………………………………………… 127
　　第五节　配液水处理 ……………………………………………………… 130
　　参考文献 …………………………………………………………………… 137

第五章　支撑剂及其改性工艺
　　第一节　压裂支撑剂概述 ………………………………………………… 139
　　第二节　支撑裂缝导流能力 ……………………………………………… 144
　　第三节　石英砂支撑剂 …………………………………………………… 149
　　第四节　陶粒支撑剂 ……………………………………………………… 157
　　第五节　覆膜支撑剂 ……………………………………………………… 163
　　第六节　自悬浮支撑剂 …………………………………………………… 170
　　第七节　自聚集支撑剂 …………………………………………………… 179
　　参考文献 …………………………………………………………………… 186

第六章　二氧化碳压裂技术
　　第一节　概述 ……………………………………………………………… 188
　　第二节　二氧化碳物理化学性质 ………………………………………… 189
　　第三节　二氧化碳压裂原理 ……………………………………………… 191
　　第四节　二氧化碳压裂主体装备 ………………………………………… 199
　　第五节　二氧化碳压裂工艺流程 ………………………………………… 205
　　第六节　二氧化碳压裂液增稠剂 ………………………………………… 206
　　第七节　二氧化碳压裂工艺技术 ………………………………………… 211
　　第八节　二氧化碳压裂施工风险及应对措施 …………………………… 220
　　参考文献 …………………………………………………………………… 221

第七章　电缆桥射联作技术
　　第一节　概述 ……………………………………………………………… 222
　　第二节　分级点火工艺技术 ……………………………………………… 226
　　第三节　桥射联作工具系统 ……………………………………………… 234
　　第四节　电缆防喷装置 …………………………………………………… 251
　　第五节　桥射联作施工作业流程 ………………………………………… 258
　　第六节　作业复杂管控技术 ……………………………………………… 264
　　参考文献 …………………………………………………………………… 266

第八章　多级滑套分段压裂技术
　　第一节　压裂滑套完井技术 ……………………………………………… 267
　　第二节　裸眼滑套分段压裂技术 ………………………………………… 273
　　第三节　固井滑套分段压裂技术 ………………………………………… 295
　　第四节　滑套压裂工具技术进展 ………………………………………… 305
　　参考文献 …………………………………………………………………… 312

第九章　连续油管拖动压裂技术 … 313
第一节　概述 … 313
第二节　水力喷砂射孔技术 … 316
第三节　连续油管水力喷射压裂技术 … 319
第四节　连续油管填砂分段压裂技术 … 325
第五节　连续油管底封拖动压裂技术 … 329
第六节　连续油管射孔桥塞联作技术 … 337
第七节　连续油管开关滑套压裂技术 … 342
参考文献 … 354

第十章　水平井重复压裂技术 … 355
第一节　概述 … 355
第二节　水平井重复压裂造缝机制 … 357
第三节　重复压裂设计优化 … 359
第四节　原井筒重复压裂技术 … 362
第五节　新井筒重复压裂技术 … 371
参考文献 … 380

第十一章　水平井压裂监测技术 … 381
第一节　微地震监测技术 … 381
第二节　微形变监测技术 … 391
第三节　分布式光纤监测技术 … 399
第四节　压裂水锤波监测技术 … 416
第五节　示踪剂监测技术 … 434
参考文献 … 445

第十二章　工厂化压裂装备 … 447
第一节　柴驱系列压裂装备 … 447
第二节　电驱系列压裂装备 … 452
第三节　工厂化作业设备 … 455
第四节　压裂管汇与井口装置 … 461
第五节　工厂化压裂设备配套 … 464
第六节　典型区域压裂设备配套示例 … 468
第七节　压裂供电与设备功率匹配 … 468
参考文献 … 472

第十三章　工厂化压裂作业技术 … 473
第一节　概述 … 473
第二节　平台井工厂化压裂 … 475
第三节　工厂化压裂作业工艺 … 481

第四节	工厂化压裂作业工法	494
第五节	工厂化压裂提速方案	495
第六节	体积压裂复杂预防及治理	497
第七节	井控风险及防控措施	506
参考文献		507

第十四章 连续油管配套作业技术 508

第一节	压裂井连续油管作业概述	508
第二节	一体化通井技术	508
第三节	分簇传输射孔技术	512
第四节	连续冲砂工艺技术	515
第五节	带压钻磨技术	523
第六节	桥塞带压封隔技术	538
第七节	带压解卡打捞技术	541
参考文献		546

第十五章 水平井体积压裂实践及认识 547

第一节	川南页岩气压裂技术实践及认识	547
第二节	陇东页岩油压裂技术实践及认识	551
第三节	吉木萨尔页岩油压裂技术实践及认识	557
参考文献		563

第十六章 数智化压裂技术展望 564

第一节	数智化压裂技术发展历程	565
第二节	智能压裂设备及控制系统	566
第三节	智能压裂工具及遥测系统	589
第四节	压裂裂缝智能监测技术	590
第五节	压裂大数据算法及智能优化	591
参考文献		597

第一章　非常规油气开发概论

世界油气勘探开发，正持续从资源总量占比20%的常规油气，向占比80%的非常规油气延伸，进（近）源勘探开发成为油气行业主流趋势[1]。其中，非常规油气体积压裂技术突破，大幅增加了可采储量，推动能源行业诸多重大变革，非常规油气增储上产力度不断加强、资源地位不断提升，产能在油气生产中所占比重越来越高。

油气地质理论发展、工程技术进步及勘探开发目标转移，使理论研究、技术创新及增储上产，从毫—微米孔喉圈闭油气逐渐向微—纳米孔喉连续型油气聚集领域发展。根据油气赋存储层孔喉大小，可将油气聚集分为毫米孔油气（孔喉直径大于1mm）、微米孔油气（孔喉直径1~1000μm）和纳米孔油气（孔喉直径小于1μm）。其中，毫—微米孔油气包括构造圈闭、岩性地层圈闭和碳酸盐岩缝洞等常规油气，也包括浅层生物气、天然气水合物、重油和沥青砂等非常规油气，纳米孔油气主要为非常规油气，包括页岩油气、致密油气、煤岩油气和油页岩等源储共生型油气聚集[3]。

第一节　非常规油气地质概述

一、非常规油气开发趋势

20世纪60年代末70年代初，西方世界正处于能源危机之中。出于政治、经济和全球战略考虑，美国政府在政策上对低渗透气藏和致密油气勘探开发给予各种优惠和支持，各大油气公司在北美大陆113个盆地中，发现了23个低渗透油气藏，使低渗透、致密油气开发取得较大发展[1]。1975年，美国低渗透天然气年产$283.2×10^8m^3$；1994年，美国致密砂岩气产量只有$705.3×10^8m^3$，但在随后十年内，通过多级分段压裂技术，美国致密气产量迅速攀升到$1274×10^8m^3$，新技术应用使天然气产量得到大幅提高；2010年，美国致密气产量达到$1754×10^8m^3$，成为天然气工业重要组成部分[2]。与此同时，致密油开发也在2000年后随压裂技术发展取得重大突破，产量连年攀升。

随着北美致密油气开发取得巨大成功，全球范围内掀起非常规油气勘探开发浪潮。2022年，世界石油产量为$43.5×10^8t$，其中非常规石油约占15%；世界天然气产量为$4.25×10^{12}m^3$，其中非常规天然气约占25%，中美两国贡献最大，非常规油气勘探开发规模持续发展[1]。2022年，美国非常规油气产量为$11.26×10^8t$油当量，占油气产量的76%，其中非常规天然气约占天然气产量的83%（其中页岩气产量为$8069×10^8m^3$）、非常规石油约占石油产量的53%（其中页岩层系石油产量$3.99×10^8t$）。2022年，中国非常规油气产量超过$1×10^8t$油当量，占油气产量约28%，其中非常规天然气约占天然气产量的41%，非常规石油约占原油产量的17%，其中致密砂岩气产量$579×10^8m^3$、页岩气产量

$240×10^8m^3$、煤岩气产量 $96×10^8m^3$、页岩层系石油产量约 $1600×10^4t$、油页岩油 $150×10^4t$、油砂 $1700×10^4t$。

综合分析全球非常规油气变革，烃源岩内巨量资源是基本条件，颠覆性理论、技术和管理创新是关键要素，能源战略及政策支持是强力推手。

二、非常规油气聚集类型

非常规油气是指用传统技术无法获得自然工业产量，需用物理方式改善储层渗透率与流体黏度，或用化学方式转化等新技术，才能经济开采的连续型油气资源[1]。

按赋存运聚特点，非常规油气划分为滞聚油气、致密油气和源岩油气3种类型，如图1-1所示[1]。

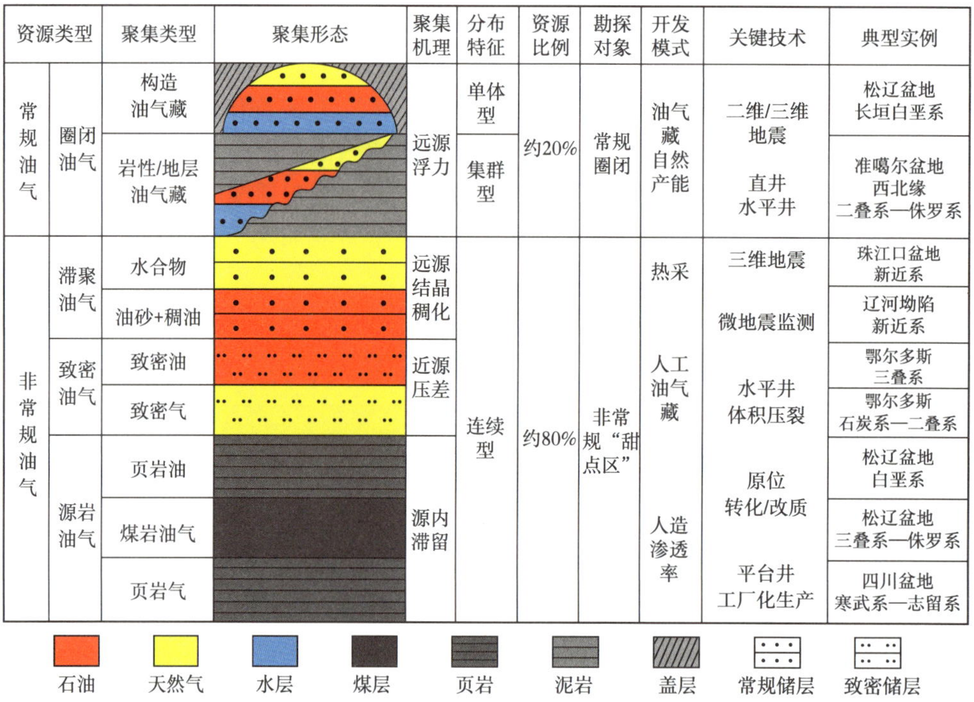

资源类型	聚集类型	聚集形态	聚集机理	分布特征	资源比例	勘探对象	开发模式	关键技术	典型实例
常规油气	圈闭油气	构造油气藏	远源浮力	单体型	约20%	常规圈闭	油气藏自然产能	二维/三维地震	松辽盆地长垣白垩系
		岩性/地层油气藏		集群型				直井 水平井	准噶尔盆地西北缘二叠系—侏罗系
非常规油气	滞聚油气	水合物	远源结晶稠化	连续型	约80%	非常规"甜点区"	热采	三维地震	珠江口盆地新近系
		油砂+稠油						微地震监测	辽河坳陷新近系
	致密油气	致密油	近源压差				人工油气藏	水平井体积压裂	鄂尔多斯三叠系
		致密气							鄂尔多斯石炭系—二叠系
	源岩油气	页岩油	源内滞留				原位转化/改质		松辽盆地白垩系
		煤岩油气					人造渗透率		松辽盆地三叠系—侏罗系
		页岩气						平台井工厂化生产	四川盆地寒武系—志留系

图例：石油 天然气 水层 煤层 页岩 泥岩 盖层 常规储层 致密储层

图1-1　常规与非常规油气资源聚集机理与技术框架示意图

迄今为止，中国已发现的非常规油气聚集类型包括致密砂岩气、致密油、页岩气、页岩油、煤岩油气、油页岩油、重油沥青、油砂、天然气水合物等，如图1-2所示[4]。

非常规油气分为远源滞聚油气和源岩层系油气两大类型，源岩层系油气是在烃源层系（页岩或煤岩）生成、滞留或就近聚集在烃源层系内部或紧邻烃源层系的致密储层中，利用新技术可实现工业开采的连续分布油气资源，包括源岩油气（源内）和致密油气（近源）两种资源类型，目前已成为非常规油气增储上产主体目标。

通常情况下，源岩层系单井一般无自然产能或自然产能低于工业油气流下限，但在一定技术措施下可获得工业产量，这些技术措施包括水平井、多分支井、压裂、加热等。

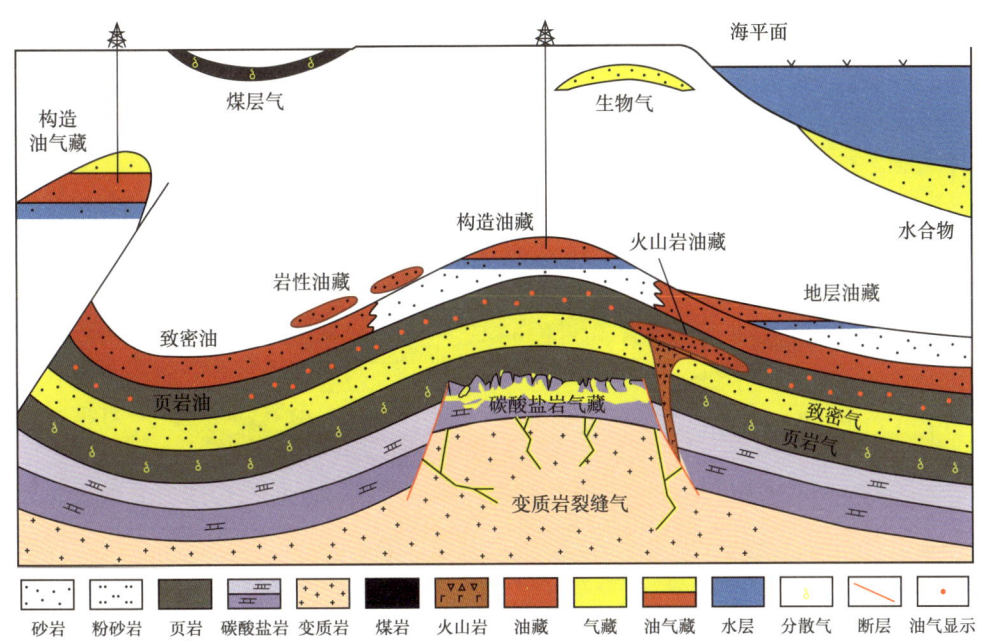

图 1-2　常规与非常规油气聚集类型及分布示意图

1. 源岩油气

源岩油气是自生自储、滞留在生烃层系内部的非常规油气，主要包括页岩油气、煤岩油气和油页岩油。

（1）页岩油气。

页岩油气是指泥页岩层系烃源岩大规模生烃后未能充分排出，滞留在烃源岩中或经过短距离运移后就地聚集形成的油气藏，以游离态、吸附态及油气互溶形式赋存于富有机质黑色页岩层系中，具有大面积连续型油气聚集特征，如图1-3所示[5]。为区分不同油气资源，国内学者将页岩油与页岩气分开定义，即赋存在富有机质泥页岩层系（包含页岩中致密碳酸盐岩和碎屑岩夹层，富有机质页岩层系烃源岩内粉细砂岩、碳酸盐岩等单层厚度不大于5m，累计厚度占页岩层系总厚度比例小于30%）中的石油叫页岩油，天然气则叫页岩气。

页岩气概念业界基本统一，但页岩油概念还不一致，如美国地质调查局采用页岩油（shale oil）概念；也有学者和机构称之为致密油，如美国石油工程师协会和EIA（美国能源信息署）叫致密油（tight oil）。国内学者或机构采用的致密油叫法，基本是由此翻译而来[6]。

页岩油气藏有如下基本特征，以区别于常规油气藏：

① "自生自储"，油气运移距离十分有限；

② 非构造高点控制，往往分布于烃源岩发育的斜坡区或凹陷中央区，分布范围广；

③ 资源丰度低，必须经过大规模人工压裂改造才能实现油气藏经济、效益开发。

页岩油气资源潜力大、分布广，传统技术无法获得自然工业产量，需用新技术改善储层渗透率或流体黏度才能经济开采。

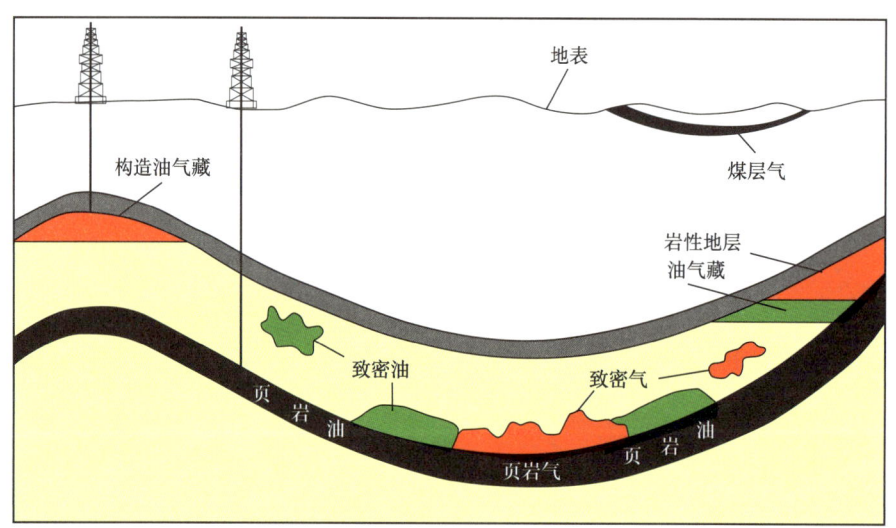

图 1-3 页岩油气大面积连续聚集分布示意图

（2）煤岩油气。

煤岩油气是以吸附态及游离态储集在煤岩中，与煤岩伴生、共生，成煤物质在煤化作用过程中形成的油气聚集。富油煤是焦油产率大于7%，中低成熟度的煤基油资源。

（3）油页岩油。

油页岩是一种高灰分的含可燃有机质的细粒沉积岩，油页岩油储存在致密页岩岩石结构中，需经过干馏才能获得液态烃。

2. 致密油气

致密油气是他生自储、近源聚集在致密储层中的非常规油气，主要包括致密砂岩气和致密油。致密砂岩气是指覆压条件下基质渗透率小于或等于 0.1mD 的致密砂岩类气藏。致密油是指储集在覆压条件下基质渗透率小于或等于 0.1mD 的致密砂岩、致密碳酸盐岩等致密储层中的石油。

3. 滞聚油气

滞聚油气是经过较长距离运移，因水洗、降解等稠化、温压稳定带结晶等作用，滞留聚集在近地表储层、海底沉积物及冻土带等储层中的非常规油气，主要包括水合物、油砂、重（稠）油等。

三、非常规油气基本特征

非常规油气内涵丰富、类型多样，以下概念从本质上揭示了非常规油气聚集机理和赋存状态。其中连续型油气聚集是非常规油气地质理论基础，源储共生型油气聚集揭示了非常规油气关键条件和地质特征，纳米油气是非常规油气地质理论精髓，"人工油气藏"实现了非常规油气规模、效益、可持续开发。

1. 连续型油气聚集

连续型油气聚集，主要是滞留在烃源岩内，或经一次运移或近源短距离二次运移，在盆地中心、斜坡等大面积非常规储层中准连续或连续分布的油气聚集，无明显圈闭与盖层界限，流体分异差，无统一油气水界面和压力系统，含油气饱和度差异大[7]。

连续型油气聚集有两个关键标志：①源储共生，无明显圈闭界限，大面积含油气致密储层呈连续型分布；②非浮力聚集，持续充注，不受水动力效应的明显影响，无统一油气水界面，无统一压力系统。

2. 源储共生

非常规油气的源储关系多数为源储共生，主要包括源储一体型和源储接触型两种类型：源储一体型油气聚集是指烃源岩生成的油气没有排出，滞留于烃源岩层内部形成油气聚集，包括页岩气、页岩油和煤层气等，是源岩油气；源储接触型油气聚集是指与烃源岩层系共生的各类致密储层中聚集的油气，包括致密油和致密气，是近源油气[8]。

3. 细粒沉积

非常规油气资源主要储集在细粒沉积岩中，由碳酸盐、粉砂和黏土组成，见表1-1。在页岩储层中，包括长英质、黏土、碳酸盐甚至有机质在内的各种矿物成分可以形成复杂的纹层组合，泥页岩构成烃源岩层段，孔隙广泛从微米级到纳米级分布的粉砂岩和碳酸盐岩薄互层也是储集岩。

表1-1 碎屑岩分类与非常规油气定名（贾承造，2023）

粒级		粒径（mm）	岩石名称		TOC（%）	油气藏类型
砾		2~256	砾岩		0	常规油气；致密油气
砂	粗砂	0.5~2	粗砂岩			
	中砂	0.25~0.5	中砂岩			
	细砂	0.0625~0.25	细砂岩			
粉砂		0.0039~0.0625	粉砂岩	页岩	1~20	页岩油气
泥		<0.0039	泥岩			

4. 纳米油气

纳米油气是指聚集在纳米级孔喉储集系统中的油气，储层孔喉直径一般为纳米级，局部发育微米—毫米级孔隙[3]。

纳米油气主要特征是：

①源储共生，致密储层与油气连续分布；

②源内滞留或短距离运移；

③以扩散作用、分子作用等为主，非浮力聚集；

④一般单井无自然工业产量，开发需用纳米油气开采新技术。

5. "甜点区"

"甜点区"是指非常规油气分布中相对富集高产的有利区带，评价优选"甜点区"是非常规油气勘探开发的核心，贯穿勘探开发全过程。

非常规油气"甜点"主要包括地质"甜点"、工程"甜点"、经济"甜点"，地质"甜点"着眼于烃源岩、储层、超压与裂缝等；工程"甜点"着眼于埋深、岩石可压性、应力各向异性等；经济"甜点"着眼于资源规模、埋深、地面条件等[9]。

6. 人工油气藏

"人工油气藏"是指以油气"甜点区"为单元，在其范围内科学合理部署井群，采用压裂、注入与采出一体化方式，形成"人造高渗区，重构渗流场"，改变岩石亲油气性、应力场、温度场、化学场及油气流动性，构建地下油气产出机制，大幅改变地下流体渗流环境并补充地层能量，通过人工干预实现非常规油气规模有效开发[10]。

7. 平台式"工厂化"生产

基于非常规油气大面积连续分布特点，国内外普遍采用多井平台"工厂化"开采模式。在地质条件相似地区，或地下地质情况基本清楚的条件下，按照大平台布井方式，集中部署一批井身结构、完井方式基本相同的水平井，采用标准化、模块化技术装备，以流水线作业方式进行多井钻、完、压、排、产同步作业，在地下形成以水平段长度为体积单元、人工压裂缝网为流动通道的"人造油气藏"，如图1-4所示。

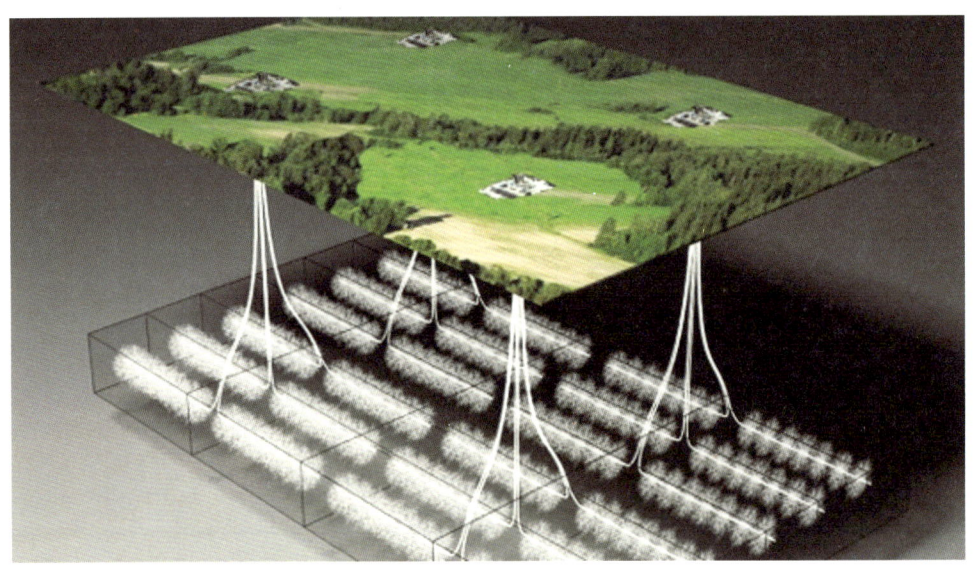

图1-4 非常规油气"工厂化"开采布井示意图

四、非常规油气与常规油气本质区别

非常规油气与常规油气本质区别在于，是否受圈闭控制、是否连续分布、单井是否有自然工业产量[11-12]。

常规油气是指用传统技术可以获得自然工业产量、可直接进行经济开采的油气资源。常规油气分布受明确的圈闭界限控制，有自然工业稳定产量，浮力作用明显；油气储层孔隙度大于10%，孔喉直径大于1μm或空气渗透率大于1mD；常规油气按圈闭类型，可分为构造、岩性、地层等油气藏类型。

非常规油气资源特征主要表现为源储共生共存或源内油气赋存富集，在盆地斜坡—坳陷中心连片大面积分布，无圈闭或圈闭界限，水动力效应不明显，资源丰度一般较低，存在"甜点区（段）"局部富集，主要采用水平井与分段体积压裂技术、平台式"工厂化"作业模式等实现工业化开采。

非常规油气有两个关键标志：（1）油气大面积连续分布，圈闭界限不明显；（2）无自然工业稳定产量，达西渗流不明显。

非常规油气两项关键参数：（1）孔隙度一般小于10%；（2）孔喉直径一般小于1μm或空气渗透率小于1mD。烃源岩层系致密储层中微—纳米级孔喉系统，以毛细管压力和分子间吸附作用为主，油气以非浮力驱动成藏和连续性聚集为特征。

非常规油气资源在全球能源结构中具有重要战略地位，其中源储共生型油气聚集，是未来非常规油气增储上产资源主体。油气勘探开发从常规向非常规领域转变，突破了常规储层物性下限与传统圈闭找油的理念，本质上是油气储层发生了改变。源储共生型油气分布于大面积连片的储集体系内，纳米级孔喉广泛发育（主要是10~500nm孔喉），起沟通、连接决定性作用，兼具生、储、盖等多项功能，控制着油气连续性聚集及分布，这些都明显不同于常规油气藏。

五、非常规油气地质理论

非常规油气地质学是一门专业研究非常规油气类型、油气形成机理、微纳米级储层、分布特征、富集规律、产出机制、评价方法、核心技术、发展战略与经济评价的新兴油气地质学科，已成为现代矿床学的一个重要分支。十余年来，国内学者通过构建非常规细粒沉积学、非常规油气储层地质学、非常规油气成藏地质学、非常规油气开发地质学、常规—非常规油气有序"共生富集"发展战略等5方面学科内容，基本形成了非常规油气地质学理论体系框架[12]。

非常规油气地质理论以大面积连续型"甜点区（段）"评价为核心，以油气聚集核心区和"甜点区"为研究对象，勘探开发非常规油气区与常规油气藏关注重点和工作重心也明显不同，见表1-2[1]。

表1-2 非常规与常规油气地质学理论体系一览表

范畴		非常规油气地质学	常规油气地质学
研究对象		核心区和"甜点区"	圈闭和油气藏
研究方法		场发射、环境扫描、纳米CT等新兴技术手段	石油地质条件、成藏要素与动态过程分析等常规石油地质方法
学科体系	学科基础	连续型油气聚集理论	浮力圈闭成藏理论
	沉积学科	泥页岩沉积学等	砂岩沉积学等
	储层学科	微纳米非常规储层地质学	毫微米储层地质学
	聚集（成藏）	油气连续聚集	浮力驱动成藏
	理论核心	储层油气是否连续聚集	圈闭是否成藏
评价重点		烃源岩特性、岩性、物性、脆性、含油气性与应力各向异性"六特性"及匹配关系	生、储、盖、圈、运、保"六要素"及最佳匹配关系
评价目的		预测"甜点区"分布及潜力	预测油气藏分布与潜力

非常规油气地质学重点研究烃源岩和储集体评价条件、油气充注下限及有效性、运移和渗流机理、核心区评价指标等，研究目标是优选核心区、确定富集"甜点区"，关键是编制"三图一表"，即成熟烃源岩厚度平面分布图、页岩储层厚度平面分布图、页岩储层顶面构造图和"甜点区"评价表[11]。

常规油气地质学研究核心是"圈闭是否成藏"，圈闭是核心，学科基础是浮力圈闭成藏理论。评价重点是生、储、盖、圈、运、保"六要素"及最佳匹配关系，研究目标是优选有利圈闭、确定有效聚油气圈闭，关键是编制"两图一表"，即圈闭顶面构造图、油气藏剖面图和圈闭要素表[11]。

六、非常规油气勘探方法

非常规油气资源主要分布于盆地中心及斜坡，呈大面积连续型或准连续型分布[11]。油气勘探关键是寻找大面积层状储集体，核心工作是突破"甜点区"，确定"甜点区"内富有机质烃源岩、高含油气饱和度、易于流动的流体、异常超压、裂缝发育、埋藏深度适中等主要控制因素，确立连续型油气区边界与空间展布。

非常规油气勘探第一步是按照核心区评价标准，优选出核心区，结合储层、局部构造、断裂与微裂缝发育状况，筛选出"甜点区"；第二步是在"甜点区"进行开采试验，力争取得工业生产突破，同时探索适合"甜点区"的技术路线；第三步是扩大评价范围，探索连续型含油气边界，确定油气资源潜力。

常规油气聚集于构造高点，平面上呈孤立的单体式分布；或聚集于岩性圈闭、地层圈闭中，平面上呈较大规模的集群式分布。

常规油气勘探关键是寻找油气有效聚油圈闭，核心工作是预探获取发现，评价确定圈闭边界。第一步进行圈闭识别、圈闭优选和圈闭精细描述，落实有利钻探目标；第二步选择最有利目标、最佳钻探位置进行预探，力求获得油气发现；第三步开展评价钻探，落实油气水界面，确定含油气范围与储量规模。

七、非常规油气地质评价

非常规油气富集"甜点区"地质综合评价是其能否有效开发的重要前提，主要包括地质多参数综合评价、岩石学分析、测井储层评价、录井储层评价、地震储层预测、资源评价、有利目标优选评价等关键技术[13]。

（1）地质多参数综合评价技术，主要包括储层厚度、岩相、有机碳含量、热演化程度、脆性矿物含量、储集物性、裂缝发育程度及埋藏深度等8项主要地质参数。

（2）岩石学分析技术，主要利用X衍射、岩石薄片、定量矿物扫描、高分辨率扫描电镜、核磁实验、等温吸附实验及岩石力学实验等方法，开展储层岩石矿物组分、储集空间类型、储层物性、含油气性及岩石力学参数等方面的研究，为油气赋存机理及储层特征研究提供支撑。

（3）录井评价技术，主要采用元素录井、核磁录井等新技术，结合地化、气测等常规录井方法，开展储层物性及含油气性评价，为"甜点"评价及分段选簇设计提供重要依据。

（4）储层测井评价主要采用元素俘获测井（ECS）、微电阻率扫描成像测井（FMI）、核磁测井、偶极子声波及自然伽马能谱等测井新技术，结合常规测井方法，开展非常规油气层划分与评价工作，建立储层评价标准和解释图版，评价有利层段，为"甜点"层评价、水平井着陆点选取及水平段分段选簇设计优化提供支撑。

（5）储层地震预测主要利用高精度三维地震属性分析技术、裂缝预测技术及储层反演技术，开展富含有机质储层展布特征、裂缝发育特征、岩石物理特征及"甜点区"平面预测等研究工作，为有利目标区优选和水平井井位部署提供依据。

（6）资源评价技术主要开展资源量计算参数及可采系数选取研究，利用体积法、类比法计算非常规油气资源量和可采资源量。

（7）有利目标优选评价主要以油藏质量、完井质量两大类评价因素为主，结合经济技术条件，为非常规油气水平井部署提供依据。

第二节　页岩油气开发概述

早在20世纪70年代，北美就开始探索非常规油气勘探开发。进入21世纪，美国页岩油气革命取得世界瞩目的辉煌成就，极大地推动了全球页岩油气勘探开发。目前，有约30个国家开展页岩气勘探开发工作，美国在页岩油气资源商业化生产方面一直遥遥领先，中国、加拿大紧随其后，澳大利亚、阿根廷进展迅猛。

一、北美页岩油气革命

全球非常规油气开发兴于2005年，在迄今20年的高速发展中，北美页岩油气经历了两次革命[14]：

第一次页岩革命，也称作页岩气革命，发端于Barnett页岩气，包括南部的鹰滩、海因斯维尔及东部的马塞勒斯等页岩气主力产区。第一阶段从2005年到2010年，主体技术是"水平井钻井+分段压裂"，实现了北美页岩气产量爆炸式增长；第二阶段从2011年到2014年，页岩气革命促使美国本土天然气产量快速增长，天然气价格持续走低（折合人民币仅0.5~0.7元/m³），而当时国际油价在80~120美元/bbl高位运行，油气作业者探索"水平井分段压裂"方法开采页岩油，并率先在北部的威利斯顿盆地巴肯页岩油开展先导性开发试验，实现了规模效益开发，并迅速扩展到二叠盆地。

第二次页岩革命，也称作页岩油革命，始于2015年。由于2014年国际油价暴跌并持续低位运行，而页岩油相对于常规油气，技术需求更高、开发成本更高、单井产量更低，油气生产商为对冲低油价带来的经营困境，引发了新一轮旨在提高钻完井效率、降低建井成本、提高储层改造体积的页岩革命，以革命性技术创新降低开发成本、提高单井产量。

二、国外页岩油气开发历程

1. 国外页岩气开发历程

国外页岩气开发以美国为代表，发展历程大致可分为以下三个阶段[6]（图1-5）：

（1）偶然发现阶段（1821—1975年）。

1821年被公认为美国页岩气工业开端，Mitchell能源公司在Chautauqua县泥盆系Dunkirk页岩钻探出第一口页岩气井，并在8m厚页岩裂缝中产出天然气，用于家庭照明。

美国东部泥盆系页岩因邻近天然气市场,到19世纪80年代,已有相当大的产能规模,但页岩气开发此后一直不甚活跃。

(2)开发探索阶段(1976—2005年)。

20世纪70年代中后期,随着国际市场高油价和非常规油气概念兴起,页岩气研究受到高度重视,主要研究对象是Fort Worth盆地Barnett页岩。1981年,Mitchell能源公司在该区块完成第一口取心评价井,并采用氮气泡沫压裂技术改造投产,发现Barnett页岩气田。1986年,Mitchell完成下Barnett组地质勘探评价,并对储层孔隙度、渗透率、有机质含量和裂缝方向进行了详细研究。

经过20多年持续研究及开发试验,美国在水平井钻井技术基础上,成功研发水平井分段压裂、水力喷射压裂、同步压裂及地下爆破等多项页岩气开发技术。2000年后,页岩气勘探开发技术开始广泛应用,页岩气开发日益繁荣。

(3)快速发展阶段(2006年至今)。

自2006年开始,美国页岩气进入了快速发展时期,如图1-5所示[15]。到2018年,页岩气产量达到$6138\times10^8m^3$,占美国天然气总产量的64.4%。据EIA预测[16],到2040年,美国页岩气产量将达到$9443\times10^8m^3$,占美国干气总产量的75.8%。

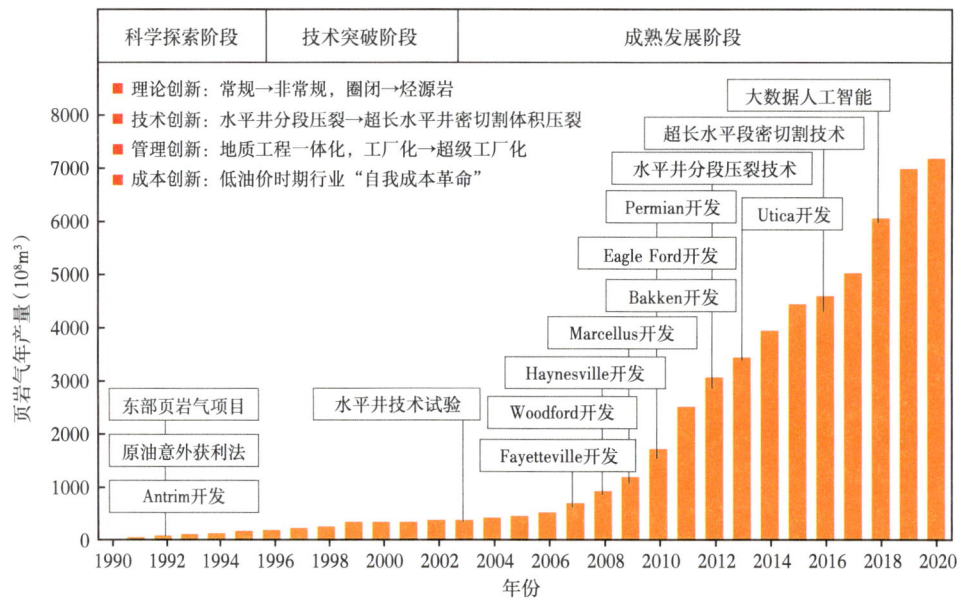

图1-5 美国页岩气发展历程简图

2. 国外页岩油开发历程

美国是世界上最早实现页岩油商业开发的国家,也是目前页岩油产量最高的国家。美国页岩油概念较为宽泛,泛指蕴藏在页岩、致密砂岩、碳酸盐岩等储层中的石油资源,即广义页岩油。

(1)美国页岩油开发历程。

在页岩气开发取得成功后,相关技术被引入页岩油开发,带动美国页岩油快速发展,也大致划分为三个阶段[6]：

①探索阶段，1953—1986年，页岩油勘探始于20世纪50年代的威利斯顿盆地Bakken区带。

②起步阶段，1987—2009年，以水平井压裂成功应用为标志。20世纪八九十年代，随着水力压裂和水平井钻井技术逐步成熟，页岩油开发才开始崭露头角，但很长时间内并没有形成规模产能。2000年后，巴肯组中段利用水平井压裂商业开发了Alm Coulee油田，页岩油开始进入商业化开发阶段；2006年，鹰滩区块开始生产页岩油；2007年，通过水平井分段压裂等技术手段，巴肯组页岩油产量超过$2×10^4$bbl。

③快速发展阶段，2010年至今，以水平井分段压裂技术应用为标志，开发活动向其他页岩区拓展。2010年后，美国页岩油进入快速增长阶段，仅用8年时间产量就增长了十多倍；到2018年，美国页岩油产量达到$23.49×10^8$bbl，占美国原油产量的64.7%。据EIA预测[16]，到2040年，美国页岩油产量将达到$946×10^4$bbl/d，在美国原油产量中占比约为67.3%。

（2）加拿大页岩油开发现状。

加拿大是美国之外最大的页岩油生产国，日产量在$40×10^4$bbl水平波动。加拿大地质调查局评估认为，加拿大页岩油地质储量为$840×10^8$bbl，这一数字远高于EIA评估的$88×10^8$bbl[17]。

（3）其他国家页岩油开发现状。

阿根廷是北美以外首次实现页岩油商业开发的国家，页岩油日产量约为$5×10^4$bbl。俄罗斯页岩油资源丰富，主要位于西西伯利亚盆地巴热诺夫组，专家评估其分布面积达上百万平方千米。其他页岩油资源丰富的国家还有墨西哥、澳大利亚等，均有页岩油发现报道，但仍处于研究试验阶段[17]。

三、中国页岩油气开发进展

页岩油气是最近十年世界油气资源开发的热点与难点，美国借助水平井体积压裂技术规模化应用，实现了页岩油气大规模商业化开采，迎来了全球页岩革命。与美国相比，我国页岩油气地质条件更为复杂、储层埋藏更深、地层年代更老、水资源更匮乏，页岩油气开发仍存在诸多问题亟待解决，如页岩油气渗流机理、开采理论认识不清，现有工程设计、施工工艺还停留在借鉴、参考及模仿阶段，无法在更广泛区域推广应用。

1. 页岩气开发进展

（1）页岩气基本地质特征。

富含有机质泥页岩是页岩气的气源层、储层和盖层，具有自生、自储、自保的特点。产气的泥页岩有机质含量较高，为4%~30%，其中有机碳含量一般大于2%，镜质组反射率一般在0.4%以上。泥页岩本身总孔隙度小，有效孔隙度占比较低，渗透率主要受裂缝发育程度控制，采收率较低，为20%~60%。

页岩气埋藏深度差别较大，从近地表到3000m以上都有页岩气存在。有一定埋深的页岩气资源丰度较高，但埋藏过深会增加开发难度和生产成本，埋藏过浅，单井产量偏低，经济效益不好。

页岩气与天然气、煤层气对比，异同点见表1-3[18]。

表 1-3 页岩气与天然气、煤层气异同点对比

对比项目	页岩气	煤层气	天然气
成因类型	有机质热演化成因、生物成因	有机质热演化成因、生物成因	有机质热演化成因、生物成因、原油裂解成因
主要成分	甲烷为主,少量乙烷、丙烷等	甲烷为主	甲烷为主,乙烷、丙烷等含量变化较大
成藏特点	自生、自储、自保	自生、自储、自保	生、储、盖合理组合
分布特点	受页岩分布控制,有广布性	受煤层分布控制,有广布性	受生储盖组合控制
储集方式	吸附气和游离气并存,吸附气占20%~80%	吸附气为主,占80%以上	游离气为主
埋藏深度	200m及以深,最浅8.2m	风氧化带以下,一般大于300m	一般大于500m
资源潜力	约 $60 \times 10^8 m^3$	$37 \times 10^8 m^3$	$44 \times 10^8 m^3$
开采特点	排气降压解吸开采	人工排水降压解吸开采	自然压力开采

（2）中国海相页岩气地质特点。

四川盆地是中国大型含油气盆地之一,天然气资源丰富,在古生界龙潭组、五峰组—龙马溪组、筇竹寺组、陡山沱组等多套层系赋存丰富页岩气[19]。

四川盆地及其邻区海相页岩地层沉积稳定,单层厚度大、TOC高、有机孔缝发育,整体成藏条件好。其中五峰组—龙马溪组页岩气成藏条件最优,不论是盆地内还是盆地外、深层还是中浅层、超压区还是常压区,将是未来一段时间国内页岩气勘探开发主体目标。

页岩储层分布连续、构造稳定区保存条件好、储层"超压"等是控制页岩气井高产的主要地质因素。川南页岩气龙马溪组底部总有机碳含量（TOC）超过3%的页岩厚度介于10~20m,威201井在国内首次发现孔径介于5~100nm的纳米孔隙。纳米孔隙是页岩气主要储集空间,占总有效孔隙的60%~80%,孔隙度介于3%~8%,五峰组—龙马溪组海相页岩储层具有高有机质含量和高纳米级孔隙度的"两高"特征[15]。通过不断开发实践,明确高脆性富有机质页岩（TOC大于4%、脆性矿物含量超过70%）是优质页岩储层,其中龙马溪组底部3~5m是最优水平井靶体段。

层理类型控制页岩气储层品质,五峰组—龙马溪组海相页岩发育水平、韵律、块状、递变和交错5类层理,其中水平层理中泥纹层含量最高[15]。泥纹层由于物质组成、孔隙类型及结构、面孔率、孔径分布、微裂缝类型及密度等优于粉砂纹层,储层品质最佳,顺层缝最发育,水平渗透率达184.285mD,垂直渗透率仅为0.655mD,两者相差达291倍。顺层缝能有效沟通无机矿物孔隙、纳米级有机质孔等,可成为油气水平运移高速通道,并且能够在体积压裂改造后形成复杂裂缝网络,从而提高页岩气产量。

（3）页岩气勘探开发历程。

回顾我国页岩气发展,大致走过了学习借鉴、自主探索、工业化开发三个阶段[15],如图1-6所示。

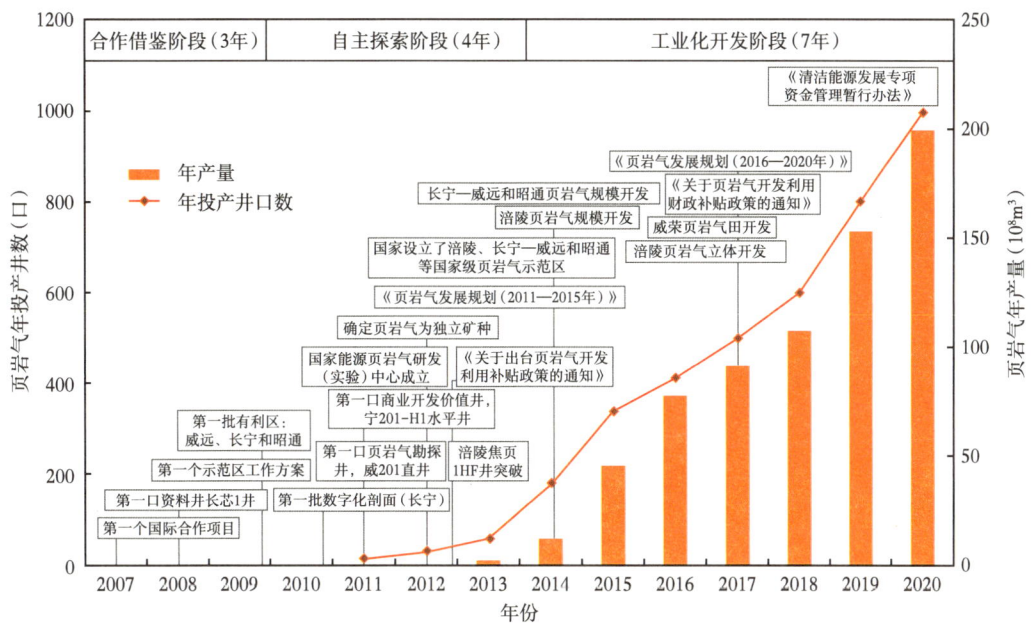

图1-6 中国页岩气发展历程示意图

①学习借鉴阶段，2003—2009年。

2003年，我国开始关注美国页岩气勘探开发及研究进展。中国石化对我国南方海相古生界、华北石炭—二叠系等重点领域主要烃源岩层系页岩气形成条件进行了研究，评价了页岩气资源前景，并初步指出有利区；中国石油对四川盆地页岩气成藏地质条件和中国页岩气资源潜力进行了研究，实施了页岩气地质资料井，长芯1井，这是我国针对页岩气实施的第一口井，确定四川盆地海相五峰组—龙马溪组为页岩气主力层系。

2009年12月，中国石油批复了《中国石油页岩气产业化示范区工作方案》，确立了长宁、威远和昭通3个页岩气有利区，启动了产业化示范区建设。

②自主探索阶段，2010—2012年。

2010年，中国第一口页岩气试验井，威201直井，在龙马溪组页岩段压裂，获得测试产量$1.7×10^4 m^3/d$，解决了页岩气有无的问题；2011年，中国石油在长宁区块实施了宁201-H1水平井，10段压裂，测试产量$15×10^4 m^3/d$，成为中国第一口具备商业开发价值的页岩气井。2012年，中国石化在重庆涪陵地区以五峰组—龙马溪组页岩为目的层，钻探了焦页1HF水平井，测试产量$20.3×10^4 m^3/d$，发现了涪陵页岩气田。

通过攻关与实践，中国页岩气地质理论及开发认识取得重要进展，明确了四川盆地五峰组—龙马溪组页岩气开发价值，发现了蜀南和涪陵两大页岩气区，页岩气产业发展实现了历史性突破。

③工业化开发阶段，2013年至今。

2014年，中国石油启动川南地区五峰组—龙马溪组页岩气产能建设，2015年实现页岩气产量$13×10^8 m^3$。"十三五"期间，中国石油以长宁、威远和昭通三个区块，埋深3500m以浅页岩气资源为主，加快地质勘探和产能建设，2019年生产页岩气$80.3×10^8 m^3$，2020年生产页岩气$116.1×10^8 m^3$。

同在2014年，中国石化启动涪陵页岩气田产能建设，2016年实现页岩气产量$50×10^8m^3$。2017年，实施涪陵区块页岩气立体开发，并启动威荣气田产能建设，2019年生产页岩气$73.4×10^8m^3$，2020年产量达$84.1×10^8m^3$。

此阶段中国页岩气有效开发技术逐渐趋于成熟，埋深3500m以浅页岩气实现了有效开发，3500m以深页岩气开发取得重大突破，页岩气产业实现了跨越式发展，四川盆地海相页岩气已成为我国天然气产量增长重要组成部分。

（4）中国页岩气开发现状。

四川盆地是中国页岩气勘探开发主战场，在川东南—川南地区下古生界建成年$200×10^8m^3$大型海相页岩气生产基地，横向上向盆地深层和盆地外复杂构造区逐步推进，纵向上针对上古生界和中生界，实现了多点勘探突破，鄂尔多斯盆地和松辽盆地等地区也已取得初步勘探和试采成果[20]。

四川盆地五峰组—龙马溪组3500m以浅页岩气实现了规模有效开发，建立了涪陵、长宁—威远及昭通3个国家级页岩气示范区：其中涪陵页岩气在2015年建成产能$50×10^8m^3$基础上，通过老区下部优质页岩段加密调整井、上部层段有效开发及新区规模建产，2020年产量约$78×10^8m^3$；长宁页岩气和威远页岩气，在2015年$20×10^8m^3$产量基础上，扩展开发面积，2020年产量达到$101.1×10^8m^3$（包括泸州、渝西等地区少量深层页岩气产量）；昭通页岩气2015年产量约$5×10^8m^3$，2020年产量快速增加，达到$15×10^8m^3$。

四川盆地五峰组—龙马溪组3500m以深页岩气实现了开发突破，因高温高压、高地应力、小层发育等特征，盆地西部深层页岩矿物成分与川东南涪陵页岩气差异较大，导致水平井最佳靶窗收窄、套管变形、技术难度大和工程成本高等开发难题。通过电驱钻机及旋转导向系统、钻井液优化和套变防治技术，缩小井间距开发并实施密切割压裂，强化焖井和产水控制等，在2018年后取得深层页岩气开发突破。2020年，中国石化提交威荣页岩气探明储量$1246.78×10^8m^3$，年产气约$6.7×10^8m^3$；中国石油在威远南实现了深层开采，在泸203井区进行了开发试验，在渝西区块也进行了试采。

鄂尔多斯盆地志丹—甘泉一线西南部，延长组长$_7$段陆相富有机质页岩厚度一般大于60m，TOC一般大于2%，R_o一般高于1%，页岩含气量较大，现已完钻页岩气井69口，初步落实页岩气地质储量$1600×10^8m^3$，是陆相页岩气勘探开发最有利区。

（5）中国页岩气勘探开发面临的挑战。

中国页岩气勘探开发面临以下5个方面的挑战[6]：

①深层页岩气地应力高，页岩脆性降低，压裂难度增大；

②低压和常压页岩气单井产量低，一般小于$5×10^4m^3/d$；

③陆相页岩气储层相变快、黏土含量高，工艺技术适应性有待完善；

④页岩气开发成本普遍较高，安全经济钻井难度大，平台式工厂化作业设计、评估理论与方法已不能满足丛式水平井组集约化施工要求；

⑤水资源匮乏、环保压力大，难以承受页岩气开发对水资源的巨大消耗及对地表水系的污染。

2. 页岩油勘探开发进展

（1）中国陆相页岩油地质特点。

目前，国内外发现的绝大多数非常规油气都富集在优质烃源岩中[6]。烃源岩矿物成分及结构多种多样，常富含有机质、钙质或硅质矿物。有机碳一般大于1.0%，高者可达20%以上。烃源岩演化程度（R_o）在0.5%以上，其中R_o在0.5%~1.3%，主要富集原油；R_o在1.5%~3%，主要富集页岩气，R_o在1%~1.5%会同时富集原油和天然气[6]。

美国"页岩革命"获得成功的典型页岩层系主要为海相古生代中高成熟度页岩，相比之下，中国页岩油主要发育于中—新生代陆相湖盆，与北美海相页岩油地质条件存在巨大差异，见表1-4。

表1-4 中国陆相页岩油与北美海相页岩油地质条件差异

地区	地质条件					工程技术
	盆地类型	储集性	含油性	可动性	可压性	
中国	断陷盆地、内陆坳陷盆地（准噶尔盆地、鄂尔多斯盆地、松辽盆地等）	陆相（岩性、岩相变化快，分布不稳定，非均质性强，连通性较差）	中—低成熟为主，局部高成熟，含油性较海相差，地层压力较低，含油性较差	黏度大、含蜡量高、流动性差、可动性较差	黏土矿物含量多变，可压性变化大	缝控体积压裂技术，不断进步
北美	稳定克拉通盆地、前陆盆地（二叠盆地、威利斯顿盆地等）	海相（岩性、岩相稳定，大面积连片分布，发育微纳米孔缝系统，连通性较好）	中—高成熟为主，大量含油，地层压力高，含油性好	黏度低、气油比高、流动性好、可动性高	黏土矿物含量低，可压性好	水平井+多段体积压裂，较成熟

我国陆相页岩油有机质丰度较高，但非均质性强，纵向上岩性变化快，呈薄互层状，单层厚度薄，"甜点段"厚度不大，但"甜点段"平面分布范围广。在储集性能好、烃源品质佳的层段，可形成范围较广的优质烃类富集"甜点段"。

（2）中国页岩油勘探开发历程。

中国页岩油资源丰富，中国石化2014年评估可采资源量为$204×10^8$t，中国石油2017年评估超过$700×10^8$t（包括低成熟页岩油资源）。近十年来，我国在准噶尔、松辽、渤海湾、鄂尔多斯等多个盆地发现页岩油油藏，其中Ⅰ+Ⅱ类储层已进入规模有效开发阶段。

中国陆相页岩油勘探开发，大致经历了"常规石油"兼探和"非常规页岩油"专探两个阶段。

①"常规石油"兼探阶段，2010年以前。

1978年，胜利油田在渤海湾盆地济阳坳陷常规油气钻探过程中，320余口井在沙河街组泥页岩发育段见到油气显示，其中30余口井试获油气流，单井最高日产达93t；东营凹陷河54井在沙河街组三段下亚段2962~2964.4m井段中途测试，日产油91.4t，日产气2740m^3。

这一时期，在鄂尔多斯、渤海湾和江汉等盆地烃源岩层系均发现泥页岩裂缝型油气，但产量规模有限，发展缓慢。

②"非常规页岩油"专探阶段，2010年以后。

中国石化和中国石油选取若干典型盆地，在凹陷边缘构造高部位部署了一批页岩油专探井。

2010年，中国石化引入北美页岩油勘探开发理念和体积压裂技术，在河南油田南华北泌阳凹陷核桃园组三段实施了2口页岩油体积压裂水平井，最高日产油25m^3左右，在古近系泥岩中获工业性油流，但由于地层压力系数仅为0.9左右，驱动力弱，高产期短、累产低，整体经济效益较差。胜利油田部署的渤页平1井和渤页平2井，分段压裂均获得低产油流，但由于有机质整体成熟度较低，原油黏度大、流动性差，单井产量递减快、稳产困难，难以规模有效动用。

2011年，中国石油在准噶尔盆地，优选吉木萨尔凹陷、玛湖凹陷西斜坡和沙帐—石树沟为页岩油重点勘探领域，分别部署吉25井、风南7井和火北2井，3口井在二叠系均获工业油流，拉开页岩油勘探开发序幕。随后，根据烃源岩、储层、构造背景及保存条件等综合评价，聚焦吉木萨尔凹陷二叠系芦草沟组，吉171井压裂投产成功，吉23井、获工业油流。随着"水平井+体积压裂"等关键工艺技术不断突破，吉172-H井、JHW023井、JHW025井等水平井陆续获得高产，吉木萨尔页岩油"两上两下"后最终投入大开发。2020年3月，国家能源局、自然资源部联合复函同意设立"新疆吉木萨尔国家级陆相页岩油示范区"，明确页岩油年产量达到170×10^4t。

（3）页岩油开发主要层系。

依据资源品质和开发难易程度，国内陆相页岩油可划分为以下3个主要层系：

①中—高成熟度生烃凹陷高压区页岩油层系，如济阳坳陷深凹陷。美国页岩油开发经验表明，随着成熟度增加，页岩油气油比逐渐增大，储层能量较为充足，该类资源是"甜点"预测重点方向，应优选富有机质纹层和异常高压叠合带，兼探低幅度正向构造及薄砂条夹层。

②中—高成熟度生烃凹陷常压、低压区，如松辽盆地、鄂尔多斯盆地和泌阳凹陷等，这类页岩油储层压力系数正常或偏低，单纯依靠弹性能量开采效果不佳，应重点研究提高驱动能量方法，发展储层增能技术，提高开发效率。

长庆油田在页岩油试验区进行了注CO_2开发，采收率可提高15%~30%。与国外注CO_2开发技术相比，我国页岩油藏注CO_2开发起步较晚，正在加快现场试验。

③中—低成熟度页岩油层系，如准噶尔盆地、渤海湾盆地和苏北盆地等。对应的烃源岩为中—低成熟度，储层原油通常表现为黏度高、含蜡量高，重点研究改善流动性方法，发展化学、加热及注气等技术，提高原油流动性。吉木萨尔芦草沟组页岩油，地层厚度25~300m，有上、下两个"甜点"段；内部发育微纳米孔喉系统，平均孔隙度在10%以上，平均渗透率0.01mD左右，具有中低孔、特低渗特征；含油饱和度超过70%，地层压力系数为1.3，且脆性较好；虽然地面原油质稠、流度低，但地层原油黏度适中。

（4）中国页岩油勘探开发面临的挑战。

中国陆相页岩油与北美海相页岩油地质条件差异巨大，面临以下6方面挑战：
①陆相页岩油沉积相变化快、非均质性强，赋存机理认识不清，评价手段亟待完善；
②储层矿物成分和孔隙结构类型复杂多变，"甜点"构成要素不清，预测技术尚不完善；
③不同赋存状态的原油流动机理和有效动用条件不明，开发参数难以确定；
④大部分储层脆性差，压裂难以形成有效的立体缝网；
⑤有机质成熟度低、流体黏度高和驱动能力不足等因素导致流动能力差、采出困难；
⑥埋深、异常高压、储层强敏感等带来一系列工程技术复杂问题。

四、页岩油气开发关键技术

常规油气一般先依靠自身能量进行开采，当天然能量不足时，再通过注水、注气或注剂，保持油层压力进行开采[11]。非常规油气单井一般无自然产能或自然产能低于工业油气流下限，在一定经济条件和技术措施下才能获得工业产量。

1. 北美页岩油气开发技术

页岩油气资源经济开发，关键是不断探索低成本开发方式与开采工艺。经过多年生产实践，目前主要采用水平井钻井和体积压裂技术、平台井"工厂化"作业方式，可大幅减少土地占用、设备动迁、辅助作业时间及地面管线与集输设备，在多口井控制范围内整体产生更为复杂的储层裂缝网络，增加油气聚集单元改造体积，大幅提高初始产量和最终采收率。

美国页岩油开发相关技术包括选区与"甜点"评价、立体井网（多分支）布井、超长水平井、"一趟钻"钻井、密切割及重复水力压裂等技术。页岩油气开发采取"工厂化"密集钻水平井方法，规模化生产，使作业成本大幅下降，超级井场成为发展趋势。由于钻头等技术进步，过去钻完一口水平井要更换多次钻头，发展到不用更换钻头"一趟钻"即可打完进尺，最长水平段近6000m。压裂方式从最初的裸眼井笼统压裂，发展到多级投球滑套、桥塞分簇射孔压裂等，水平井分段数量30~65段，单段压裂完井效率提高了5~6倍，展示了非常明显的技术迭代和学习曲线改进过程。

（1）水平井体积压裂技术。

美国页岩革命革的是压裂和钻井的"命"：1965年，首次实施页岩气直井小规模水力压裂；1976年，启动东部页岩气工程项目（EGSP），开始大规模页岩气直井压裂；1986年，实施全球第一口水平井多段压裂，并应用了微地震监测技术；1991年，在Barnett实施第一口页岩气水平井多段压裂；1997年，实施第一口页岩气直井滑溜水压裂，被誉为页岩气压裂第1个里程碑；2002年，7口水平井滑溜水多段压裂取得巨大成功，被誉为页岩气压裂第2个里程碑；2004年水平井滑溜水多段压裂在全美迅速推广，滑溜水开始在页岩气压裂中规模化应用；2005年，首次实施工厂化压裂，被誉为页岩气压裂第3个里程碑；2006年，首次提出SRV（Stimulated Reservoir Volume）概念，我国将其翻译为体积压裂；2009年，首次提出减小簇间距概念，被誉为页岩气压裂第4个里程碑；2012年，开始实施推广多段多簇压裂技术，同年开展LPG无水压裂试验[21]（图1-7）。

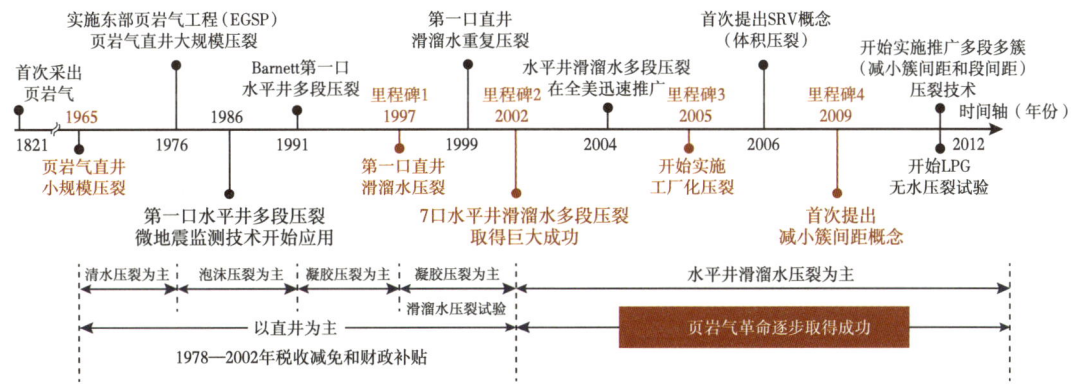

图1-7 美国页岩气压裂革命进展示意图

近十几年，北美页岩油气开发技术和管理革新不断升级换代。以 Marcellus 气田为例，2012—2017 年，以密切割为主体的 4 代技术，助力页岩气单井最终可采储量（EUR）由 $1.2×10^8m^3$ 提高至 $4×10^8m^3$。2018 年以来，以大数据为主导的第 5 代技术，推动页岩气开发成本再降低，降幅超过 30%。

（2）提高采收率技术。

页岩油气开采涉及地震、钻井、测井、完井、储层改造、CO_2 强化开采（CO_2-ESGR）技术等，其中水平井钻井和分段压裂是页岩油气开采核心技术，CO_2-ESGR 技术起步较晚，但日渐受到重视、发展较快，代表了未来技术发展的一个方向、一种趋势。

随着开采技术不断进步，原地加温改质降黏、二氧化碳或空气等气驱、纳米剂驱等提高采收率技术不断成熟，其中原位加热改质降黏可能是石油工业里程碑式的重大创新，适用于埋深较浅（4000m 左右）、有机质丰度较高（TOC 大于 2%）、成熟度较低（R_o 小于 1%）、原油黏度较大等页岩油储层。通过大规模原位体积加热，使原地黏稠液态烃轻质化、凝析化，同时伴生新的地下天然缝网系统、超压和气体，形成新的人工有效驱替系统，采收率可达到 30%~60%。

2. 国内页岩油气开发关键技术

应用水平井体积压裂方法开发页岩油气，本质上仍是一种物理方法切割地下岩石的过程，只有将工程方法与地质目标结合起来，才能实现页岩油气高效开发。中国石油通过地质工程一体化设计、一体化管理和一体化优化，建立了基于高分辨率构造、地质属性的三维地质力学模型，实现了水平井箱体、改造参数、生产制度、开发技术政策的最优化，钻井、完井/压裂、生产、开发四大系统地质工程一体化全覆盖，为非常规油气"高产量、高 EUR、高采收率"开发目标打造了完整的技术框架与管理体系。

（1）水平井钻完井技术。

水平井钻完井技术是页岩油气高效开发的关键，主要包括水平井优化设计、钻井液技术、水平段优快钻井技术和完井工艺技术 4 个方面：

①水平井优化设计技术，根据油气富集区、较高孔渗区、脆性矿物富集区及裂缝发育区等综合评价，开展水平井井位部署优化、水平井轨迹方向优化及水平段最佳着陆点选择等方面研究，为水平井地质及工程设计提供支持。

②钻井液技术，研发了抑制防塌能力强的油基钻井液体系，基本满足了 1000m 以上长水平段页岩地层钻井需要，也为二开水平井技术推广、大幅度降低钻井成本奠定了技术基础。

③水平段优快钻井技术，利用旋转导向钻井 + 高抗研磨性 PDC 钻头 + 三维地质导向技术，实现了长水平段优快钻井。"一趟钻"技术日趋成熟，实现了造斜段、水平段一趟钻提速目标。

④完井工艺技术，研发了弹韧性水泥浆体系及驱油前置液，确保了页岩地层长水平段固井质量，为后续多级分段压裂提供了良好的井筒封隔条件。

（2）水平井体积压裂技术。

多级分段压裂是页岩油气水平井高产关键技术，包括储层可压性分析评价、分段选簇地质设计、压裂液体系、体积压裂工程设计、泵送桥塞 + 多级射孔联作、工厂化压裂施工、微地震裂缝监测等技术，其中微地震裂缝监测与压裂设计相呼应，可实时监测裂缝延伸方位和形态，并通过机器学习或学习曲线，不断提高工程设计与储层地质匹配水平。

中国石油通过理念创新、技术进步、参数强化、实践反馈等，在共性研究、个性设计、地质工程一体化结合等方面均取得重要进展，形成了以"段内多簇＋小簇间距＋高强度加砂＋石英砂替代陶粒＋暂堵转向"为核心的页岩油气体积压裂主体技术，全面提升长水平段压裂改造效果，建立起本土化的非常规油气藏有效开发技术体系[22]。北方陆相页岩油、南方海相页岩气开发关键技术指标大幅提升，实现了体积压裂工艺由1.0向2.0的跨越式进步，同时配套形成以"区域集中供水、模块化地面布局、连续施工作业、快速后勤保障"为核心的工厂化压裂作业技术，生产时效显著提升，作业成本不断降低、开发极限不断深入，为储层改造提产、降本、增效作出了重大贡献。

①页岩气采用"段内多簇、限流压裂、复合暂堵、石英砂替陶、高强度加砂、滑溜水携砂"压裂改造技术，段长由65m增至90m，簇间距由15~17m降至8~10m，最小5m；单段簇数7~9簇，裂缝扩展差异系数由0.54降至0.17，加砂强度由1.7t/m增至2.7t/m，最高4.3t/m，石英砂比例70%~80%。

②页岩油采用"大段密切割、高强度加砂、石英砂替陶、大液量蓄能、暂堵转向"压裂改造技术，段长由40~50m增至70m，簇数由3簇增至12簇，成功试验15簇，簇间距小于10m，加砂强度2.5~4.0t/m。吉木萨尔页岩油段长最长为67m，单段簇数8簇，簇间距最小5.8m，加砂强度最大4.65t/m，石英砂占比达到100%；全面推广免混配变黏滑溜水压裂液体系，滑溜水比例达到100%，实现低黏液连续加砂；平台井工厂化压裂，创日均压裂6.54段、单日压裂8段区块最高纪录。

第三节　致密油气开发概述

目前，国际上一般将储层覆压渗透率小于0.1mD、赋存在碎屑岩、碳酸盐岩等非页岩中的油气定义为致密油气。该标准一是从开发经济效益的角度去定义，二是选择储层渗透率作为关键评价参数[23]。

储层致密是致密油气最典型特征，与常规油气相比，致密油气距离烃源岩近，油气大规模连续聚集，没有明显的圈闭界限，受地层构造影响小；储层物性差，非均质性强，储量密度比（单位体积岩石油气储量）低，资源品位差，富集区优选及有效储层预测难度大；渗流能力差，单井产量低，递减率大，采收率低，稳产难度大，经济效益差。

致密油气成功开发依赖于：（1）致密油气形成与聚集等成藏理论突破、"甜点"区优选技术进步；（2）致密储层压裂改造工艺升级；（3）低成本开发、提高采收率技术配套及管理体制创新、机制优化。

一、国内外致密油气开发历程

1. 国外致密油气发展历程

致密油气研究和开发最早起源于北美，开发较成功的案例包括圣胡安盆地、阿尔伯塔盆地致密气，威利斯顿盆地Bakken、得克萨斯Eagle Ford致密油。

2. 中国致密油气发展历程

中国致密气勘探开发始于1972年，2006年进入快速发展阶段；致密油勘探开发起步较晚，但发展较快，目前已完成先导试验，刚进入工业化开发阶段。

（1）致密气发展历程。

中国致密气主要分布在鄂尔多斯、四川、松辽、吐哈等盆地，发展历程可分为3个阶段，即探索起步阶段、规模发现阶段及快速发展阶段。

①探索起步阶段，2000年以前。

1972年在四川盆地西北部中坝地区首次发现三叠系须家河组二段致密气（中4井），随后发现多个小型致密气田。当时按照低渗透气藏进行开发，缺少有效的富集区优选及储层改造技术，开发进程缓慢，这个阶段尚未形成致密气概念。

②规模发现阶段，2000—2005年。

鄂尔多斯盆地上古生界勘探获得重大突破，集中发现了苏里格、大牛地等气田，受地质认识和技术经济条件制约，产量增长缓慢。

③快速发展阶段，2006年至今。

以苏里格气田"5+1"合作开发为标志，管理和体制创新、低成本开发思路及主体开发技术逐渐成熟，促进苏里格致密气开发进入大发展阶段。2009年，松辽盆地长岭白垩系登娄库组气田投产；2014年，苏里格气田达产 $235\times10^8m^3$，成为中国最大的天然气田。

2014年2月发布的《致密砂岩气地质评价方法》（GB/T 30501—2014）中国标准，规定致密砂岩气为覆压基质渗透率小于或等于0.1mD的砂岩类气层，单井一般无自然产能或自然产能低于工业气流下限，但在一定经济条件和技术措施下可获得工业天然气产量（通常情况下，这些措施包括压裂、水平井、多分支井等），确定了致密气层界定、资源评价与产能评价等标准与规范。这一标准颁布标志着中国致密气进入规模产业化阶段，鄂尔多斯盆地神木、宜川、黄龙等一批致密气发现并投产，加速了中国致密气开发进程。

（2）致密油发展历程。

中国致密油起步晚、发展快，目前已发现鄂尔多斯、松辽、准噶尔、渤海湾等多个致密油规模储量区。以2014年为时间节点，可分为探索发现、工业化试验与生产两个阶段。

①探索发现阶段，2014年以前。

2010年，在引入并发展"连续型油气聚集"理论基础上，明确了致密油是非常规石油重点开发领域；2012—2013年，中国石油召开两届致密油勘探开发推进会，推进鄂尔多斯、松辽、准噶尔等盆地致密油探索。

②工业化试验与生产阶段，2014年至今。

鄂尔多斯盆地中生界致密油勘探获得重大突破，发现并开采第一个陆相致密油田，新安边油田。中国石油在鄂尔多斯、松辽等盆地相继设立了6个开发示范区，2014年成立国家能源致密油气研发中心。

2017年11月发布的《致密油地质评价方法》（GB/T 34906—2017）中国标准，规定了致密油为储集在覆压基质渗透率小于或等于0.1mD的致密砂岩、致密碳酸盐岩等储层中的石油，或非稠油类流度小于或等于$0.1mD/(mPa·s)$的石油，储层邻近富有机质生油岩，单井无自然产能或自然产能低于商业石油产量下限，但在一定经济条件和技术措施下可获得商业产量，同时建立了致密油"甜点区"三级评价体系。

二、致密油气形成理论

大型盆地稳定斜坡沉积体系、大面积"三明治"源储组合、储层致密化与主成藏期匹配是致密油气形成与分布的有利条件，优质储层、局部构造与裂缝是控制"甜点区"分布的主要地质要素。

纳米级孔喉连通系统是致密油气聚集的根本，考虑岩石表面气体吸附、气体分子间相互作用力，油气充注、运聚成藏要求，致密储层必须具有一定的孔喉直径下限。孔隙与喉道规模、结构及组合关系是影响储层渗透性的关键因素。综合环境扫描电镜、高压压汞、核磁共振、纳米技术模拟等多种实验分析方法，致密油气孔喉直径下限为20~50nm，介于页岩气孔喉直径下限（5nm）与常规油气孔喉直径下限（1000nm）之间。

1. 致密气

克拉通盆地构造平缓、分布稳定，以垂向近源充注为主，优选有利充注区是关键。例如，苏里格中区烃源岩为石炭系—二叠系煤系，生烃强度为（16~28）×$10^8m^3/km^2$，平均为24×$10^8m^3/km^2$，源储叠置，近源聚集，形成了1.6×10^4km^2的有利充注区，含气饱和度普遍大于60%；而苏里格西区生烃强度较低，为（10~18）×$10^8m^3/km^2$，平均为14×$10^8m^3/km^2$，充注不充分，造成气水分异不明显，具有一定的气水过渡带特征。

断陷盆地断陷集群式分布，烃源岩分布差异大，源储组合是关键。例如，大庆油田安达地区下白垩统沙河子组烃源岩为湖相泥岩、煤系，源储叠置，近源聚集成藏，无边底水。作为对比，大庆油田兴城地区白垩系营城组四段源储分离，通过断裂输导成藏，存在边底水。

前陆盆地地层倾角大，油气柱高度高，圈闭和保存条件好是致密气形成关键。例如，准噶尔盆地齐古气田分布在推覆带，逆冲断层及褶皱发育，通过超压充注、断裂高效输导，形成以背斜、断块为主的构造圈闭，气藏分布在构造高部位，边界受等高线控制，具有边底水，气水界面明显；而塔里木盆地迪北气田位于山前斜坡区，多形成岩性及构造—岩性复合圈闭，气藏边界不受构造等高线控制，无明显气水界面，且水层在上，气层在下。

2. 致密油

致密油发育在黑色页岩沉积体系，赋存在微纳米孔喉系统。大面积成藏背景下，局部存在工业富集"甜点区段"。"甜点区"为平面上具有工业价值的非常规油气高产富集区，"甜点段"为剖面上源储共生的黑色页岩层系内，人工改造可形成工业价值的非常规油气高产层段。致密油"六特性"评价方法分析陆相致密油"甜点区段"质量，即以储量密度比（单位体积岩石内储量）和脆性指数等关键参数为依据，综合评价"甜点区段"烃源岩特性、岩性、物性、电性、脆性及地应力特性等"六特性"，将"甜点区段"划分为不同品类，为致密油资源有效动用提供依据。

三、中国致密油气分布规律

中国致密油气大面积、连续型聚集，突破了传统常规油气地质理论，分布规律主要有以下特点。

1. 大型盆地稳定斜坡沉积体系

鄂尔多斯盆地二叠纪以来为稳定的克拉通盆地，形成了数万平方千米河流—三角洲沉积体系，致密气层段二叠系下石盒子组 8 段砂体群面积为 $13×10^4 km^2$；四川盆地为敞流浅水大型湖盆，发育继承性水系，储集体群规模巨大，三叠系须家河组四段主水系面积为 $13.5×10^4 km^2$，储集体群面积为 $10.2×10^4 km^2$。

2. 大面积"三明治"源储组合

广覆式烃源岩与大规模砂体间互沉积，形成源储共生有利组合。四川盆地须家河组须一段、须三段及须五段烃源岩生气强度大于 $20×10^8 m^3/km^2$ 的面积约 $8×10^4 km^2$，须二段、须四段和须六段储层叠合发育面积约 $6×10^4 km^2$。

3. 储层致密化与主成藏期匹配

致密油气一般为近源短距离运移，沿相对中高孔渗通道，呈面状持续充注。若储层致密化与主成藏期相匹配，则储层边致密边成藏，致密化虽然降低了储层渗透性，却提高了油气藏保存能力，在一定程度上有利于致密油气大面积连续分布。

4. 相对优质储层、局部构造与裂缝共同控制"甜点区"

烃源岩是形成甜点区的物质基础，储层分布及距离烃源岩远近影响成藏范围及质量，构造起伏控制油、气、水分异，裂缝带在很大程度上改善了致密油气输导能力，同时也会造成油气漏失。

四、致密油气开发理论

中国石油针对不同盆地类型、成藏理论，结合现场实践，提出"多级降压""人工油气藏"等开发理论，推动致密油气储量与产量快速上升。

致密油与致密气都需要压裂改造提高储层渗透性和流体流动性，均以人工干预方式实现油气规模开发，但致密油与致密气在开发方式上存在较大差异。致密油多采用补充能量开发，精细注水、化学驱、深部调驱等开发技术需要精细小层对比，从平面、层间非均质性向层内非均质性和单砂体内部表征不断发展。致密气多采用衰竭式开发，压降波及范围是核心，储渗单元体规模大小、几何形态决定着泄气面积、井网井距等。

1. "多级降压"开发理论

鄂尔多斯盆地致密气多为陆相辫状河沉积，有效储层连续性差、渗透率低、压降传导能力弱，压裂改造后虽提高了近井带渗透性，但加剧了储层非均质性。"多级降压"开发充分利用地层能量，通过由人工裂缝区向基质区、由有效砂体向表外砂体、由微米级孔隙向纳米级孔隙多级次压降，逐步扩大压降波及体积，以相对高渗透区气体流动带动低渗透区气体流动，实现不同部位气体分级动用。气井动态储量随生产时间延长表现出明显的三段式变化趋势，即快速上升段、缓慢上升段、稳定生产段，反映了气井近井人工裂缝、远井基质及边界波及流动控制状态。基于该理论，提出前期控压、合理配产生产方式，实现近井裂缝带储层、远井基质储层及表外储层相对均衡压降，提高单井产量和开发效益，助推致密气效益开发规模化进程。

2. "人工油气藏"开发理论

针对致密油气渗流能力差、无自然稳定商业产量、能量衰减快、能量补充难度大等特点，邹才能院士提出"人工油气藏"理论，系统论述了其理论内涵、关键技术和应用实践。

"人工油气藏"通过长水平井、分段体积压裂方式,将单一储层基质改造为主压裂缝—次压裂缝—基质多重介质,大幅度改变储层流体渗流环境,形成多重介质下的渗流场,提高了渗流能力,人工干预实现实现非常规油气规模有效开发。通过渗流场、应力场、温度场、化学场"四场"及油气润湿性与流动性变化关系,建立大井群式缝网控藏流动系统是"人工油气藏"的重要途径。在"甜点区"单元特定面积、体积范围内,通过井群式"四场"联合变化,实现大区域范围内裂缝控藏。在单井影响范围内,通过"人造高渗透区"体积改造实现井控区域内"人工造藏";在单缝范围内,通过渗吸置换、流体改质等措施提高采收率。

经过攻关实践,"人工油气藏"开发已形成5项核心技术系列,即基于大数据的三维地震地质"甜点区"评价技术、井群大平台"人工造藏"技术、体积改造人工智能造缝技术、置换驱油与能量补充开采技术、基于云计算的"人工油气藏"智能管理技术。其中,人工智能造缝技术将人工裂缝精细改造与智能材料相结合,形成两种压裂改造方式,一是以"速钻桥塞组合分簇射孔"为主的细分切割改造方式,主要针对不利于形成复杂裂缝的致密油储层,通过分段多簇压裂,实现细分切割改造;二是复杂裂缝压裂改造方式,主要针对天然裂缝发育的脆性储层,采用大排量、暂堵转向等方式,通过水平井裂缝间距优化形成复杂裂缝系统,在缝端、缝内、缝口加入多种储层改造智能材料,改变储层岩石润湿性,实现人工裂缝定点转向。

"人工油气藏"是勘探—开发—工程—生产—信息一体化集成技术系统,长庆油田探索了大规模注液、能量补充和渗吸置换压裂工业化试验,致密油开采效果比传统技术提高了2倍,展示出良好应用前景,对推动非常规、低品位油气资源有效益、可持续开发具有重要意义。

五、致密油气开发技术

在致密油气开发理论突破基础上,中国石油创新集成了富集区优选与井网部署、提升单井产量、提高采收率、低成本开发4套技术系列,大幅提高了致密油气产量和开发效益。

1. 富集区优选、"甜点区"评价与井网部署

针对致密气储层特征,形成以地震含气性检测为核心的富集区优选技术、以大型复合砂体分级构型描述为核心的开发井网部署技术。以苏里格气田为例,通过复合砂体分级构型描述和地震含气性检测等手段相互约束、预测有效储层分布,优选富集区 $1.6×10^4 km^2$,探明储量为 $2×10^{12} m^3$,部署开发井数约为 $1.2×10^4$ 口,助推了大型致密砂岩气田规模有效开发,Ⅰ+Ⅱ类井比例由投产初期40%提高到2017年的75%以上,骨架井网由600m×1200m调整为600m×800m,采收率由早期的20%提升至目前的32%。大庆油田通过攻关高分辨三维地震资料处理与解释技术,大幅提高了地震资料分辨率和储层预测精度,目前可识别出3m断距、3m厚的薄层及22m宽的河道。

致密油富集区优选、"甜点区"评价与井网部署技术与页岩油基本相似,国内页岩油概念最早形成于2018年,此前均归入致密油类。2020年3月《页岩油地质评价方法》(GB/T 38718—2020)国家标准正式颁布,页岩油概念正式确立。

2. 提高单井产量

致密气井采用裸眼封隔器+滑套、水力喷砂射孔+环空加砂等直井分层、水平井分段压裂技术改造，水平段长度一般为1000~2000m，最高20段以上，压裂后单井初期日产量由直井的$1×10^4m^3$提高到$5×10^4m^3$以上，水平井累计产量达到$(0.6~1)×10^8m^3$，为直井3倍以上。

致密油井采用水平井体积压裂形成缝网，同时利用微地震监测体积改造效果。松辽盆地大庆油田典型致密油井垣平1井，井深4300m，水平段长2660m，共压裂11段，总液量$1.5×10^4m^3$，总砂量$1724m^3$，压后日产油71.3t，已累计产油$2.58×10^4t$。

3. 提高采收率

在致密气开发领域，形成了井网加密、重复改造、老井侧钻及低压低产井排采为核心的提高采收率技术。结合地质解剖、干扰试井及生产动态资料分析，苏里格气田直井平均控制范围$0.2~0.25km^2$，600m×800m骨架井网对储量控制不足，存在加密空间。气田富集区井网可由2口/km^2加密到3~4口/km^2，采收率可由32%提高到45%以上。结合排水采气、查层补孔、重复改造、老井侧钻、生产措施优化等提高采收率配套技术，预测采收率可提高到50%。

4. 低成本开发技术

致密油气资源品位低、开发效益差，坚持低成本开发战略是效益开发的前提条件，目前已形成PDC钻头为核心的优快钻井、井下节流为核心的中低压集气、大井丛多井型工厂化作业、数字化生产管理等技术。低成本开发技术使苏里格气田直井综合成本由早期的1400万元降低到800万元，在储层品质逐渐变差的不利条件下，支撑致密油气持续规模效益开发。吉林油田扶杨致密油凭借48口井工厂化生产大平台，有效降低了成本，节约了资源，提高了效益。

六、中国与北美致密油气对比

1. 地质条件和资源量

北美致密油气以海相大型宽缓的克拉通沉积背景为主，构造稳定，源储大面积分布；烃源岩TOC值、成熟度较高；储层连通性较好，物性相对较好，孔隙度较高，储量丰度较高；地层埋深适中，以超压为主，局部裂缝较发育。

相比之下，中国致密油气一般具有多旋回构造演化特征，以陆相沉积为主，岩相变化大，地层分布不稳定；地表条件复杂，多为山地、丘陵、荒漠，施工难度大；烃源岩多为湖相页岩，TOC值变化大，成熟度较低，致密油密度和黏度相对较大；储层薄，非均质性较强，变化大，分布范围局限；储层物性较差，孔隙度偏低，储量密度比较低；埋深较大，裂缝发育性差，压力系数偏低。综合比较，中国致密油气开发经济性偏差，对效益开发提出了更大挑战。

据EIA资料，美国致密气资源量为$28×10^{12}m^3$，可采资源量为$12.6×10^{12}m^3$，与中国基本相当。美国致密油技术可采资源量约$81.2×10^8t$，是中国的6倍多。

2. 开发技术

与北美相比，中国致密油气开发在储层识别精度和"甜点"预测领域还存在一定差距，在快速钻井、大井丛水平井、多层多段压裂等工艺改造方面还有待完善。

在储层识别及"甜点"预测方面，北美通过高精度三维地震技术可以识别出 5m 以上的薄砂体，并逐步将大数据、云计算、虚拟现实等先进前沿技术应用到地质建模中，"甜点"预测成功率为 65%~95%。中国通过模拟三维砂体预测和地震叠前反演技术，目前可识别 5~10m 断层，10m 厚砂体识别准确率达到 70%~80%，"甜点"预测准确率为 50%~85%。

在钻井方面，北美 EOG 公司在 Eagle Ford 日均进尺由 2011 年的 291m 提升至 2018 年的 786m，大大缩短了钻井周期，气井平均井深 5500m（直井段 2500~3500m，水平段 1100~3200m），仅用 6~8 天即可完钻。由于钻速提升，钻井成本逐年下降，单位钻井成本为 2500 元/m，单井平均 1400 万元。而苏里格气田水平井井深约 5000m（直井段 3000~3500m，水平段 500~1500m），钻井周期为 25~35 天，日均进尺 167m，钻井单位成本 5000 元/m，单井平均 2500 万元。

在储层改造方面，北美通过大井丛、多井簇、密切割极大改善了储层渗透性，提高了单井产量。Bakken 致密油双分支井分段压裂数量已达 80 段，初期产量 100t/d，稳产期约 20t/d。Rulison 和 Jonah 气田单平台钻丛式水平井 20~30 口，气田采收率为 48%~55%，动用率大于 70%。苏里格气田水平井最多压裂 20 段，单平台钻丛式水平井 5~20 口，采收率为 32%，动用率小于 50%。

3. 油气产量规模

致密油气储层物性差、气井产量低、递减速度快、能量补充慢、开发成本高，低成本是规模开发的关键。

美国于 20 世纪 70 年代探索致密油气开发，经过 30 年探索准备，成功突破常规地质开发理论技术，实现常规油气到非常规油气的"第一次革命"，2008 年致密气高峰产量超过 $1913\times10^8m^3$，占美国天然气产量的 34%。在油价低位徘徊时，以页岩气和致密油为代表的美国非常规油气通过科技与管理创新，进行"第二次革命"，具体做法是大力研发提高单井产量和采收率主体及配套技术，实现技术创新降成本。美国页岩气革命方兴未艾，致密气产量略有下降，2017 年，美国页岩气革命方兴未艾，致密气产量略有下降，但仍有 $1200\times10^8m^3$；致密油产量超过 2.4×10^8t，占总产量的 50%。事实上，正是由于致密油产量的大幅提升，才扭转了美国石油产量下降的趋势。

中国致密气由 2000 年不到 $10\times10^8m^3$ 上产至 2017 年的 $350\times10^8m^3$，占全国天然气产量的 23.5%，是目前中国非常规天然气中开发效果最好的一类资源，为天然气年产量迈进 $1500\times10^8m^3$ 大关提供有力支撑，但对比来看，只占美国同期致密气产量的 29%。中国致密油储层规模小、单井产量低、开发成本高，2017 年产量仅占全国石油年产量的 0.5%，尚处在起步阶段，与美国差距明显，未来发展潜力巨大。

第四节 深层煤岩气开发概述

世界上有近百个国家蕴藏着煤层气资源，全球煤层气资源总量可达 $260\times10^{12}m^3$，主要分布在 1500m 以深煤层中，深层煤岩气资源占总煤层气资源的 61.9% 以上。随着工程技术不断创新，煤层气开发深度由浅层向中深层、深层拓展，国外在深层煤岩气领域尚未取得突破。

2020 年以来，鄂东缘大吉区块率先采用水平井＋体积压裂技术，实现了深层煤岩气效益建产，展现出巨大的开发潜力。

一、国内外煤层气开发现状

1. 国外煤层气开发现状

（1）北美。

北美煤层气资源主要集中在圣胡安盆地，埋深1980m；粉河盆地，埋深76.3~457.5m；拉顿盆地，埋深600~1400m；黑武士盆地，埋深1200m。

美国是煤层气开发最早和最成功的国家，在煤层气资源商业化开发利用中起到了引领示范作用。低成本直井钻井技术、羽状水平井钻井技术、裸眼洞穴完井技术、气体泡沫压裂液、螺杆泵排水采气等工程技术规模应用，使煤层气工业得到空前发展。

2018年，美国煤层气产量约289×10^{8}m^3，随着北美页岩油气快速发展，产量呈逐年递减趋势，煤层气开发目前处于停滞状态。

（2）澳大利亚。

澳大利亚煤层气开发主要在博文和苏拉特盆地，是目前煤层气产业最发达的国家。2016年煤层气产量达到320×10^{8}m^3，超过美国成为世界上最大的煤层气生产国；自2018年起，年产量维持在400×10^{8}m^{3}以上。博文盆地埋深小于500m煤层开发效果很好，单井产气量大于30000m^3/d的水平井占比30%，但随着煤层深度增加、渗透率变差，水平井开发效果变差，正在积极借鉴中国深层煤岩气压裂开发经验，开展先期开发试验。

澳大利亚煤层气以大斜度定向井和水平井开发为主，采用套管、筛管完井，最大程度降低成本，配套多煤层氮气泡沫桥塞分段压裂、高含水煤层注氮或二氧化碳增产等措施提高采收率。

（3）俄罗斯。

俄罗斯库兹涅茨克（世界最大煤层气气藏，埋深1800~4000m）、佩乔拉和顿涅茨克盆地为其主要煤层气分布区，资源量世界第一，资源丰度最高，开发潜力巨大。已试验了直井、定向井、水平井、双层"U"形井、洞穴井等多种井型，采用交联凝胶、活性水等不同压裂液体系，形成了真空泵抽采自动化排采技术，部分试验井取得了较好效果，日产量稳定在5000m^{3}左右，正在开展多分支水平井等技术试验。

2. 国内煤层气开发现状

（1）中浅煤层气。

我国煤层气资源丰富，地质资源量约为71×10^{12}m^3，其中2000m以浅煤层气资源量30.5×10^{12}m^3，建成沁水、鄂东缘两大产业基地，蜀南、阜新等外围地区实现小规模开发，形成以直井/丛式井压裂和水平井适度压裂为主的勘探开发技术系列。

截至2022年，全国累计钻煤层气井20000余口。但由于煤储层渗透率低，且非均质性强，部分区块单井产量低、经济效益差，导致我国煤层气产业发展缓慢。

（2）深层煤岩气。

我国深层煤岩气主要分布在鄂尔多斯、准噶尔、三塘湖、沁水等盆地，2000m以深最新资源量约40×10^{12}m^3，其中鄂尔多斯盆地初步估算资源量超过13×10^{12}m^3。2019年以前，采用常规煤层/致密气储层压裂工艺，在新疆白家海、山西临兴、陕西榆林等区块埋深大于2000m的深层开展煤岩气试采，均未有明显进展。

近三年，我国深层煤岩气风险勘探获突破，煤层气公司、长庆油田、冀东油田、新疆油田等油气田企业均加大了深层煤岩气产能建设，单井产量达到常规煤层气井的数十倍，其中大吉区块平均初产 $11.9\times10^4\mathrm{m}^3/\mathrm{d}$，已实现了规模效益开发，引领全球深层煤岩气工业化开发。

二、深层煤岩气开发挑战

1. 地震勘探技术

我国深层煤岩气资源主要分布在鄂尔多斯、准噶尔、塔里木、吐哈—三塘湖、四川、柴达木、松辽、海拉尔—二连等盆地，盆地类型各异，包括坳陷盆地、前陆盆地及裂谷盆地；煤层发育地质背景各异，包括海陆过渡相煤层、湖沼相煤层等；地表条件差别大，包括复杂山地、黄土塬等，单一地震勘探技术无法满足不同盆地资源评价实际需求。

（1）复杂表层结构与高品质地震资料存在矛盾。

由于煤层埋藏更深，宽频激发时高频成分衰减更严重，而煤岩气开发对地震资料反演的构造细节要求很高。如何克服复杂表层结构对地震解释影响，降低近地表能量衰减、改善静校正质量、提高成像精度，还需解决一系列采集、处理技术难题。

（2）信息更新迟滞与地质工程一体化存在矛盾。

地震勘探对钻井、压裂工程设计优化、风险预警等环节起到一定的指导作用，但钻井、压裂实时优化与地质、地震结合还不够紧密，一体化优势还未显现。同时，传统地球物理信息更新迟滞，无法实时指导工程作业与风险防控，需要与测录定导等作业充分融合。

2. 优快钻完井技术

（1）钻进过程中上漏下塌，井下复杂频发。

煤岩气钻完井过程中卡钻、井漏、井壁失稳问题突出，严重影响钻完井周期。准噶尔盆地侏罗系头屯河组、西山窑组和鄂尔多斯盆地刘家沟组、石千峰组地层易漏失，需随钻堵漏，增加非生产时效；水平段煤岩易垮塌掉块，容易卡钻具或套管。

（2）存在游离气和微裂缝，水平段机械钻速低。

游离气易侵入钻井液，造成进出口钻井液性能变化大，需边钻边循环脱气，怠工时间长；同时，钻井液易侵入煤层割理和微裂缝，引起黏土矿物水化、部分填充物溶解及弱结构面润滑，导致煤岩强度降低，易垮塌。目前，深煤层水平段平均机械钻速只有 6m/h，平均水平段长不超过 1500m，与中浅层煤层气、苏里格致密气相比还有一定差距。

（3）新区工程"甜点区"尚不明确，煤层钻遇率低。

部分新区地质导向特征不明确，对岩性突变特性认识不足，导向时因煤层倾角大，有夹矸和泥岩分布，易出层。特别是纵向波动较大时，频繁调整井眼轨迹，煤层钻遇率仍偏低。

（4）水平段井眼清洁和固井质量待提高。

钻进时碎煤在低边沉降，井眼清洁状况不良，继而使套管下不到位、不居中，顶替效率差。固井前置液和水泥浆体系针对性不强，候凝过程中易发生气窜，导致水平段煤岩与水泥胶结差，部分水平井固井质量合格率不足70%。

3. 测井评价技术

（1）井况复杂，施工风险高，井筒完整性检测复杂。

煤层垮塌严重，施工风险高，再加上仪器适应性不足，导致测井数据采集困难，需推广适用于复杂井的过钻具、直推式测井技术，并强化随钻测井仪器应用。针对水平段井眼扩径，需同步完善环境校正图版；针对水平段射孔簇产能贡献不明确、出水位置识别困难，需强化压裂监测及生产测井技术应用；进一步完善、配套多样化井筒完整性检测技术，保障井筒综合治理。

（2）纳米微裂缝、多尺度孔隙结构精细表征、含气量计算方法不成熟。

深煤层"微孔、多孔、割理"多尺度孔隙系统发育，孔隙结构评价难；吸附、游离气共存，不同赋存状态下含气量计算难，含气量测井定量模型仍是空白。

（3）煤体结构识别、含水性评价、"甜点"优选指标体系尚未建立。

深煤层压裂过程中，均有煤粉产生，易堵塞渗流通道，影响压裂产能；存在局部产水高、产水原因不明、资源动用不高等问题，需持续完善含水性测井评价；"甜点区""甜点段"优选指标还不清楚，亟须建立煤层气"甜点"优选指标体系。

4. 大规模体积压裂技术

深层煤岩气"水平井+大规模体积压裂"主体开发模式基本明确，但效益开发仍面临挑战。

（1）深煤层缝网形成机理尚不清楚，压裂规模与井型适配性还需认识。

由于深煤层地应力高，井壁稳定性差，近井地带水力裂缝起裂和延伸机理更加复杂，煤岩大规模缝网形成机理尚不清楚，缝网延伸特征、地质力学模型还需深入研究。依据有限地质资料开展压裂设计，段簇、规模参数主要来源于数值模拟和直丛井经验，缺乏有效的实时监测验证手段，压裂规模与井型适配性还处于半定量认识阶段。

（2）现有压裂液无法重复利用，增渗和强化解吸能力不足。

深层煤岩气井压裂液一次返排率30%左右，平均矿化度$20×10^4$mg/L，远超国内其他油气田平均水平，重复再利用难度大。同时，煤岩比表面积巨大（平均$180m^2/g$），对高分子体系吸附能力强，要求压裂液体系同时具有高效增渗和强化解吸的功能。

（3）高应力条件下支撑剂嵌入严重，人工裂缝导流能力很难提高。

相对页岩，深层煤岩偏软，支撑剂嵌入问题更加突出；剪切缝不具备自支撑能力，受力后无导流贡献；煤粉易造成支撑剂填充层堵塞，裂缝导流能力降低，还需加强支撑并抑制煤粉堵塞。

（4）裂缝宽度窄，加砂难度大，合理排量仍需探索。

深层煤岩气勘探开发初期，应用常规煤层气压裂工艺，滤失高，小排量造缝能力差，裂缝宽度窄，施工压力波动大，加砂困难，改造效果极不理想。提升排量有利于支撑剂输送，但排量提升对煤粉产生不利影响，合理排量仍需探索。

5. 排水采气技术

（1）游离气与吸附气共存，浅层排水采气方法及工艺不适用。

深层煤岩气压裂后及生产中地下压力场变化不清楚、气水流动机理不明确，不能照搬浅层排水采气技术。同时，深层煤岩气游离气与吸附气共存，产出机理、规律不清，具有两段式接力供气特征，产水量高且变化大（60~500m³/d），生产阶段划分界限、排液工艺及措施介入时机尚不明确。

（2）排采水矿化度超高，出砂、结垢、腐蚀严重制约生产。

深层煤岩气投产后有出砂现象，尚未形成防砂技术，低压水平井清砂技术尚不成熟；地层水矿化度超高，采出水呈弱酸性（pH值为4~7），采出液矿化度极高，在温度升高、压力骤变及混溶时易在设备及管道内壁结垢析出，造成井下设备穿孔及堵塞，导致产气量下降、能耗增大，影响产能释放。

（3）排采措施成本高，亟须实现经济高效一体化排采。

煤层气初期自喷、中期泡排生产、后期人工举升的生产特性，需要不同的作业措施配合生产，增加了作业费用，单井措施作业费用高。区块内煤层气与煤系地层天然气共采工艺尚未成形，单井多层和多井立体开发有待突破，还需进一步降低综合投入，实现深层煤岩气资源经济高效利用。

第五节 缝控体积压裂开发概述

一、缝控体积压裂开发原理

由于地质条件复杂、储层非均质性强等因素，中国非常规油气，尤其是页岩油气，表现为初产高，递减快，稳产难度大，储量动用程度低。即便采用常规水平井体积压裂技术进行大规模改造，储层也难以被均匀"打碎"，无法实现理想的复杂裂缝网络。

为解决低渗透、致密储层难以被均匀"打碎"的问题，中国石油勘探开发研究院在非常规油气体积改造技术基础上，提出以"密切割"为主要特征的"缝控储量"改造方法与优化设计技术体系[24]，将裂缝长度、间距、缝高等参数与储层物性、应力、井控储量相结合进行设计优化，优化目标是缝控产量（裂缝在目标时间内采出的油气量）与井控可采储量（井控范围内油气藏单元中油气储量）之比趋近于1，实现人工裂缝对地下储量的最大控制和有效动用。

缝控体积压裂技术采用缩小簇间距的"密切割"压裂工艺，能够大幅度缩短基质中流体向裂缝渗流的距离、降低基质流体向裂缝渗流所需的驱动压差。该技术能够对塑性较强、应力差较大、难以形成复杂缝网的储层有效实现体积改造。"密切割"体积改造技术方法建立"缝控"可采储量开发模式，能够突破传统井控储量计算固有思路，实现对未动用储量的有效开发。此外，"密切割"体积改造技术还能够指导重复压裂技术有效应用，实现对未动用储量的挖潜，将是体积改造技术未来发展与应用的重要方向。

二、缝控体积压裂技术内涵

缝控体积压裂技术秉承"地质油藏、压裂改造、开采模式"一体化理念，通过井网加密、增加水平段长度、增加分段簇数、减小簇间距、大砂量、大液量、高施工排量及暂堵转向等方式，使井筒与井筒之间能控制或波及的储量范围达到最大化，形成"缝控"基质单元，实现储量"全"采，最终达到进一步提高单井产量和区块采收率的目的。

缝控体积压裂与常规体积压裂的区别在于，常规体积压裂注重平面和纵向上"甜点区"改造，裂缝有效控制面积在"甜点区"主缝附近，缝间缺乏有效驱替，未能形成连片控制区域。缝控体积压裂强调"甜点"和"非甜点区"的立体动用，通过减小簇间距、增加裂缝条数来加大缝控面积，形成连片控制区域，大幅度提高一次可采储量。

缝控体积压裂技术由以往追求储层的波及体积最大化向追求改造体积内裂缝密度、裂缝比表面积最大化转变，由区块内单井控藏向储层内缝控基质技术模式转变。不仅强调单井与区块合理匹配，更加强调裂缝系统与油气藏充分匹配，追求一次改造系数的最大化，延长单井重复压裂周期甚至避免重复压裂，实现单井生命周期内 EUR 最大化。

三、缝控体积压裂参数优化

缝控体积压裂技术的要点是压裂早期介入，纵向上优选"甜点"和层系，模拟缝高扩展，实现一次布井、一次布缝、一次改造三到位。

（1）通过确定纵向井间距，横向上模拟人工缝长，结合生产动态开展生产历史拟合，确定平面井间距，实现一次布井到位；

（2）结合三维应力场时空演化研究，实施交错布缝、优化裂缝参数，控制泄油面积及可采储量，实现一次布缝到位；

（3）通过优化施工规模，控制单井成本及产量递减，实现一次改造到位。

在缝控体积压裂设计中，井距是压裂开发方式下井网参数重点优化对象，其核心是与裂缝半长相匹配。井距偏小，有利于提高采油速度，但单井控制储量小，压窜井段较多，作业成本也很高，不利于发挥体积压裂改造能力，导致后期产量递减快，开采速度高、高产期短。井距偏大，单井设计控制储量较大，但采油速度低、井间基质储量未有效动用、采收率低。因此井距优化需以动用储量最大、采收率最高、经济效益最优为目标，以压裂缝长与可动基质范围为依据，实现地质工程一体化技术与经济的平衡。

首先，根据经济极限法确定最小井距。通过计算不同投资、不同油价下的单井经济极限累产，并基于已开发区块的产量及投资情况，依据容积法石油地质储量计算公式，单井累计产油、采收率和单井控制储量的关系，单井控制储量与井距、水平段长度的关系，得到单井经济极限累产下的单井经济极限井距。

依据该方法，计算得到不同储层厚度下采收率与单井经济极限井距关系图版。以陇东页岩油为例，预测采收率10%，目前动用油层厚度8~10m，阶梯油价下，依据图版确定单井经济极限井距为280~350m。

其次，根据油藏工程法确定最大井距。要确定水平井最大井距，需要确定人工裂缝有效半长和基质最大渗流距离。在井下微地震监测基础上，通过应用水平井分区渗流模型及拟合水平井生产数据进行校正，并建立入地液量与水平井人工裂缝有效半长关系图版。

另外，井距也与压裂工艺高度相关，如采用电缆桥射联作工艺实现段内多簇压裂，各簇裂缝因竞争关系延伸长度各不相同，又因裂缝内压力最高位置是近井筒区域，裂缝间相互作用，在近井筒干扰最强，很难延伸到两井中间位置。

国内外现场实践证实，应用缝控体积压裂技术可以大幅提高非常规油气单井产能，进而提高区块采出程度。北美非常规压裂作业参数通常先持续强化而后进行回调，说明缝间距及施工规模存在最优值。因此还需继续优化缝控改造技术参数，加大岩石属性与裂缝扩展机理、水平段长与布缝密度、储层渗流与裂缝流动耦合、人工裂缝与井网井距匹配四大关系研究，形成不同地区、不同储层条件下水平井最优井距、裂缝间距、经济导流能力、施工规模等优化图版，实现裂缝对储量的最大控制及有效动用。

四、缝控体积压裂技术应用

缝控体积压裂技术在中国石油页岩油开发中应用效果显著，2016—2019年，中国石油页岩油水平井改造井数780口，单井平均压裂段数从9.8段增加到18.9段，单井平均加砂量和加液量分别提升了4.1倍和3.1倍。

吐哈油田条湖组页岩油运用缝控体积压裂技术后，水平井井间距从初期400m逐步调整到目前的100m，缝间距由初期30~40m逐步缩小为目前的8~15m，段压裂簇数由3~5簇提升至6~10簇，规模应用73口井，单井产油量由初期的13.5t/d增加到17t/d，与同区块邻井相比，平均单井产量提高25.9%，邻井见效率由11.6%提高到80%，缝控程度由42.1%提高到85.2%，综合递减率下降到20%，区块预测采收率由2.5%提高到10.2%。

缝控体积压裂技术在长庆油田陇东页岩油开发示范区应用58口井，井间距由600~1000m缩小至200~400m，段压裂簇数由2~3簇提至5~14簇，簇间距由22~30m缩小至5~12m，微地震监测裂缝控藏程度由50%~60%提升至90%以上，单井产量由10~12t/d提升至18t/d以上，首年递减率由40%~45%降至35%以下，扭转了产能建设被动局面，建成200×10^4t年产能力。

缝控体积压裂技术通过人工裂缝参数优化，将"井控储量"模式转化为"缝控储量"模式，增加了基质与裂缝接触面积，减小了基质中流体向裂缝流动距离和驱动基质中流体到裂缝的压差，大幅提高了单井产量和采收率，储量动用实现了最大化。

参考文献

[1] 邹才能，杨智，张国生，等．非常规油气地质学理论技术及实践[J]．地球科学，2023，48（6）：2376-2397.
[2] 许冬进，尤艳荣，王生亮，等．致密油气藏水平井分段压裂技术现状和进展[J]．中外能源，2013，18（4）：36-41.
[3] 杨智，邹才能，吴松涛，等．含油气致密储层纳米级孔喉特征及意义[J]．深圳大学学报理工版，2015，32（3）：257-265.
[4] 邹才能，朱如凯，吴松涛，等．常规与非常规油气聚集类型、特征、机理及展望——以中国致密油和致密气为例[J]．石油学报，2012，33（2）：173-187.
[5] 王敬，魏志鹏，胡俊瑜，等．中国页岩油气开发历程与理论技术进展[J]．石油化工应用，2021，10（40）：1-5.
[6] 金之钧，白振瑞，高波，等．中国迎来页岩油气革命了吗？[J]．石油与天然气地质，2019，40（3）：451-458.
[7] 邹才能，杨智，陶士振，等．纳米油气与源储共生型油气聚集[J]．石油勘探与开发，2012，39（1）：13-26.
[8] 邹才能，张国生，杨智，等．非常规油气概念、特征、潜力及技术——兼论非常规油气地质学[J]．石油勘探与开发，2013，40（4）：385-399，454.
[9] 肖胜东，赵思远，杨宏拓，等．非常规油气地质理论与勘探技术进展[J]．山东化工，2021，50（7）：65-66.
[10] 邹才能，丁云宏，卢拥军，等．''人工油气藏''理论、技术及实践[J]．石油勘探与开发，2017，44（1）：144-154.
[11] 邹才能，陶士振，白斌，等．论非常规油气与常规油气的区别和联系[J]．中国石油勘探，2015，20

（1）：1-16.
[12] 邹才能，杨智，张国生，等.非常规油气地质学建立及实践[J].地质学报，2019，93（1）：12-23.
[13] 盛湘，陈祥，张新文，等.中国陆相页岩油开发前景与挑战[J].石油实验地质，2015，37（3）：267-271.
[14] 张福祥，李国欣，郑新权，等.北美后页岩革命时代带来的启示[J].中国石油勘探，2022，27（1）：26-39.
[15] 邹才能，赵群，丛连铸，等.中国页岩气开发进展、潜力及前景[J].天然气工业，2021，41（1）：1-14.
[16] EIA. International energy outlook 2019 [EB/OL]. https：//www.Eia.gov/outlooks/ieo，2019-01.
[17] 杨雷，金之钧.全球页岩油发展及展望[J].中国石油勘探，2019，24（5）：553-559.
[18] 李玉喜，张金川.我国非常规油气资源类型和潜力[J].国际石油经济，2011，19（3）：61-67，106.
[19] 董大忠，施振生，管全中，等.四川盆地五峰组—龙马溪组页岩气勘探进展、挑战与前景[J].地质勘探，2018，38（4）：67-76.
[20] 龙胜祥，卢婷，李倩文，等.论中国页岩气"十四五"发展思路与目标[J].天然气工业，2021，41（10）：1-10.
[21] 赵金洲，任岚，蒋廷学，等.中国页岩气压裂十年：回顾与展望[J].天然气工业，2021，41（8）：121-142.
[22] 郑新权，何春明，杨能宇，等.非常规油气藏体积压裂2.0工艺及发展建议[J].石油科技论坛，2022，41（3）：1-9.
[23] 孙龙德，邹才能，贾爱林，等.中国致密油气发展特征与方向[J].石油勘探与开发，2019，46（6）：1015-1026.
[24] 雷群，杨立峰，段瑶瑶，等.非常规油气"缝控储量"改造优化设计技术[J].石油勘探与开发，2018，45（4）：719-726.

第二章　地质工程一体化设计

21世纪初，北美首先从水平井钻井、多级水力压裂和缝网改造等一系列技术中提出了地质工程一体化研究思路，其核心是实现地质、工程跨学科、跨部门协作，实现快速高效的科学决策并付诸实施，为非常规油气藏开发提供了一个良好的解决思路。

第一节　概　　述

一、地质工程一体化技术内涵

地质工程一体化中的"地质"是指以油气藏为中心的地质—油藏表征、地质建模、地质力学、油气藏工程评价等综合研究，"工程"是指勘探开发过程中，对钻井到压裂、投产等一系列工程技术及开发方案进行筛选，并指导作业实施，油气藏中的"藏"是指油气核心区或"甜点"区[1]。地质工程一体化是以三维模型为核心、以地质—储层综合研究为基础，在平台工厂化开发方案实施中，对钻井、固井、压裂和生产等工程技术方案不断进行优化和调整，实现低渗透、致密油气经济开发。

二、地质工程一体化关键技术

地质工程一体化通过建模等技术手段，建立从地质到工程的一体化共享模型，包括三维地质建模、三维地质力学建模、一体化裂缝模拟和一体化数值模拟四项关键技术，地质工程一体化流程如图2-1所示。

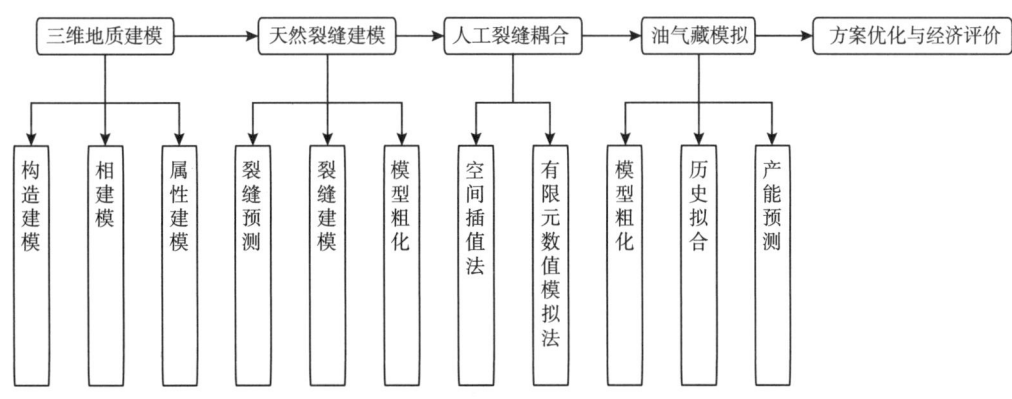

图2-1　地质工程一体化设计流程图

1. 三维地质建模技术

地质模型由构造建模、属性建模和裂缝建模组成,构造建模刻画储层地质体形态和内部层序结构,属性模型着重反映岩相、矿物、TOC、岩石物理等储层性质的空间非均质性和地质"甜点"分布。

构造模型是油气藏最基本的空间格架,也是开展属性建模和油藏数值模拟的基础。通过构造与地震解释综合信息,建立准确的区块构造模型,开展三维地质建模。属性建模是在构造模型基础上,运用测井解释、地震属性等数据进行岩性描述,利用地质统计学和相控技术建立属性模型。裂缝建模利用地震属性、微地震监测资料及成像测井资料进行三维天然裂缝建模,实现从单井到区块的裂缝分析与预测。

2. 三维地质力学建模技术

三维地质力学建模技术利用叠前地震反演,建立三维岩石力学参数模型,并以单井岩石力学解释结果为约束,综合考虑天然裂缝、断层对地应力场的影响,开展三维有限元数值模拟,反复迭代求解,确定复杂地质构造下地应力场展布。

3. 地质工程一体化裂缝模拟技术

裂缝模拟技术是指缝网预测技术和缝网拟合技术,缝网预测技术是以地质模型、地质力学模型为基础,综合考虑天然裂缝、地应力各向异性影响,定量预测不同工程参数下复杂缝网形态。缝网拟合技术是在压裂施工后,以微地震监测为手段,结合停泵压力和压裂施工曲线等现场实测资料,开展压裂裂缝拟合与校正,得到更加接近真实情况的裂缝形态。

4. 地质工程一体化数值模拟技术

地质工程一体化数值模拟技术基于水力裂缝、天然裂缝的复杂缝网建立生产网格。综合考虑解吸、应力敏感、滑脱、扩散等多种效应,开展参数敏感性分析,并在特定的储层和压裂裂缝参数下进行产量预测,实现压裂数据与生产数据匹配对接。

三、一体化技术平台

通过非常规油气藏逐级建模,最终提供一个完整的地质—工程一体化综合数据体。目前能实现地质工程一体化理念的软件有,斯伦贝谢的 Kinetix、贝克休斯 JewelSuite、Golder 公司的 FracMan 等,软件特点见表 2-1。

表 2-1 地质工程一体化平台软件特点

软件名称	所属公司	软件特点
Kinetix	斯伦贝谢	基于 Petrel 平台的增产设计软件,除常规平面裂缝模拟程序外,还有针对致密砂岩和页岩储层的 2 个非常规裂缝模拟程序。该软件包括特定气藏工作流程、特定井和完井工作流程、分层和气藏描述、多级完井顾问、常规水力压裂模拟软件、非常规水力压裂模拟软件,具有逐个方案对比、先进的可视化、后处理压力拟合、工程报告、区域和用户级偏好调整等技术特点
JewelSuite	贝克休斯	与有限元力学模拟器 Abaqus 软件无缝连接,可进行高性能数值模拟。综合使用 Abaqus 与 JewelSuite 软件,用户可以完成从地质建模到油气藏数值模拟的全部工作
FracMan	Golder	裂缝建模软件,基于地质统计学、空间聚类的独有分析方法,实现三维裂缝网络模型构建,可进行考虑应力时变的全三维压裂模拟,开展油藏动态模拟和快速产能预测

第二节 油气地质建模

非常规油气开发以大平台部署为主，地质工程一体化就是利用地震、钻井、录井、岩心、测井、水力压裂及返排生产等所有数据，建立一体化综合共享地学模型，用于支持钻井、压裂、生产和开发等工程实施。地质建模是地质工程一体化基础工作，是从空间角度对非常规油气"甜点"构成要素进行三维可视化定量分析。国外学者多采用传统随机建模方法，利用地质统计学方法，建立脆性矿物含量、含气量等地质模型。国内目前常用 Petrel 软件完成三维地质模型建立，如郑海桥和陈义才，利用 Petrel 软件建立了焦石坝龙马溪组下段页岩地质模型，马龙成等应用序贯指示模拟和序贯高斯模拟方法进行地质建模。

Petrel 软件建模流程包括数据准备、构造建模、沉积相建模和属性建模。构造模型反映储层空间格架，是三维地质建模的基础。沉积相对储层物性起决定性作用，属性建模多采用相控建模，即以沉积相为约束条件建立属性模型。

一、建模数据准备

地质建模主要以五大信息为支柱，分别是地震、地质、测井、测试和压裂数据。三维地质建模依赖多源、多尺度数据体，这些数据有些可以直接用于建模，如地震解释的构造层面、测井解释的 TOC、矿物含量等，有些数据是以统计形式应用于建模中，如裂缝参数、岩性分析等，见表 2-2。

如何从各种形式的原始资料中提取建模所需的规范数据体，并进行有效整合，是建立准确、可靠地质模型的关键。

根据建模内容，基本数据分为以下四类。

（1）坐标数据：包括井位坐标、地震测网坐标等。
（2）分层数据：包括各井油组、砂组、小层、砂体划分对比数据，地震解释层面数据。
（3）断层数据：断层位置、断点、断距等。
（4）储层数据：包括井内岩相、砂体、隔夹层、孔隙度、渗透率、油气饱和度等数据。

表 2-2 地质建模资料统计

资料类型		用途	建模类型
测井岩心	岩性信息、岩石物理信息、有机地球化学信息等	划分岩相、分析储层孔隙结构、评判油气富集程度	构造建模、地应力建模和属性建模
地震微地震	储层构造形态、断层展布，地应力，储层物性预测	明确储层参数、非均质性	构造模型、基质参数模型、天然裂缝模型和地应力模型
成像测井	应力场方向、裂缝信息（包括裂缝性质及裂缝方位与密度等）	明确天然裂缝展布、控制水力压裂人工缝	天然裂缝建模，水力压裂缝建模
压裂资料	地应力强度，压裂缝特征（如缝高与缝长、裂缝对称性等）	设计压裂措施，计算并优化产能	水力压裂缝建模

上述资料需要转换成不同格式的文本文件（包括 txt 格式的文本文件、Excel 格式文件或 prn 格式的文本文件），以满足建模软件要求的特殊格式，这样才能以正确格式导入到 Petrel 软件中。根据文件类型，这些格式文件包括井头文件、井斜文件和测井数据文件（表 2-3 至表 2-6）。

1. 井头文件

井头文件用于确定非常规油气藏中井数、井位和目的层段等信息，包括井名、井位坐标、地面补心海拔、完钻井深和井型等基本信息。不同资料中同一口井的井名必须一致，且汉字井名用英文字母代替，如赵 12 井的井名可写成 Z12。

表 2-3 建模井头文件示例

井名	井口坐标		KB（补心海拔）	MD（测深）	TOP（顶深）	BOTTOM（底深）	SYMBOL（井型）
	X	Y					

2. 井斜文件

井斜数据用于井斜校正，以便获得真实的构造顶、底面数据。井斜数据需每口井单独整理，包括测深、井斜角和方位角，或者测深、X 方向位移和 Y 方向位移等组合形式。

井斜数据准备需注意以下三点。

①测点深度从 0 开始；

②方位角校正方法是校正方位等于测点方位角 + 磁偏角，如果超过 360° 则减 360°，如果小于 0° 则加 360°，保证方位角在 0°~360° 之间；

③在测点中间段方位角按上下趋势进行插值确定。

表 2-4 建模井斜文件示例

井斜数据示例一					
MD（斜深）	TVD（垂深）	DX（东西偏移）	DY（南北偏移）	AZIM（方位角）	INCL（井斜角）
井斜数据示例二					
MD（斜深）		INCL（井斜角）		AZIM（方位角）	
井斜数据示例三					
TVD（垂深）		DX（东西偏移）		DY（南北偏移）	

3. 测井数据文件

测井数据文件是沉积相建模和属性建模的基础资料，测井数据和岩心资料均以测井数据文件格式导入 Petrel 软件中，也可直接读取 *.las 测井格式文件。原始资料中的无效值不能用 0 代替，比如 0 在 SP（自然电位）中是有意义的数值，因此一般设置为 -999.25。

表 2-5 建模测井文件示例

测井曲线							
MD（测深）	RMLL（微侧向电阻率测井）	AC（声波时差）	SP（自然电位）	GR（自然伽马）	φ	K	S

4. 分层数据

分层数据是构造建模基础数据,可以数据文件形式直接导入 Petrel 中,也可通过 Petrel 提供的地层对比功能,由测井曲线对比生成分层数据。

非常规油气大多采用水平井开发,只有少量探井为直井,仅采用几口探井资料难以保证构造模型精度。水平井钻井过程中受地层厚度、地层倾角变化等因素影响,钻头方位不断发生变化,导致水平段不断上下穿行,钻遇不同小层,井轨迹多次与多个小层构造顶面相交,等效于获取多口直井地质信息,弥补了直井少的不足。一般在直井分层数据基础上,开展水平井小层划分,并与构造展布趋势进行印证,修正分层数据,实现水平井轨迹对构造层面的约束和校正。

表 2-6 建模准备数据示例

分层数据					
井名	分层名或断层名	MD	X	Y	Z
小层数据					
井名	MD	X		Y	小层号

二、构造模型

构造建模就是将地质构造的真实特征要素在模型中体现出来,包括地层厚度分布变化、垂向地层之间的接触关系和断裂系统的发育情况等,为后续属性建模提供三维骨架。

构造建模包括建立断层模型、层面模型和模型网格化。

1. 建立断层模型

断层模型反映的是三维空间上的断层面,是根据三维地震解释的油气层顶面和底面深度域构造图、断层解释结果(包括延伸方向与长度、断面倾向与倾角、断距等参数)而建立。具体步骤为:以水平井井点处理后的分层数据作为约束条件,应用精细地震解释出的地层构造面为趋势,井震结合建立小层构造面。通过对比井实钻地层剖面分析与该井三维空间井轨迹图,如果该井水平段各钻遇地层与模型完全吻合,说明该模型相对可靠,可用于后续属性建模。

2. 建立层面模型

层面模型反映的是地层界面的三维分布,建模时首先应用分层数据,生成各个等时层的顶、底层面模型,然后将各个层面模型进行空间叠合,建立储层空间格架。具体做法是:采用 Petrel 提供的 Make Horizon 模块生成大的地层界面,控制全区地层格架;约束 Make Zone 细分的小层,利用各井层面井点深度数据,将各小层单元经过井间对比后连接起来,并进行井斜校正,同时综合地震构造趋势面解释成果,采用趋势面分析法建立全区的层面模型。如果目的层小层较薄,建模过程中容易出现各小层层面相交的情况,需逐井检查,各水平井在三维空间中的轨迹是否与该井实钻水平井地层剖面一致,若出现不符,需及时调整构造层面。

3. 模型网格化

采用合适步长建立 3D 网络模型,既能满足模拟需要,也要保证计算机的计算速度。

三、相建模

相控建模可采用岩相约束和沉积相约束两种方法。岩相模型以单井测井岩性解释成果为依据,应用序贯指示的随机模拟方法,建立起岩相随机模型,最后以井信息为硬约束数据,采用人机交互方法对储层岩相模型进行修正,建立符合实际地质认识的三维岩相模型。

如果应用岩相约束模拟相特征受到制约,比如岩性变化不大,储层内岩性与物性、含气性的对应关系不是很明显,可使用沉积相建模方法,构建储层相特征模型。具体做法是:选择若干参数且参数间的相对变化规律能够指示出沉积微环境变化,根据各项参数与沉积微相间对应关系建立起沉积相模型划分标准,按照划分标准识别小层相,并进行相模拟,最后得到理想的沉积相模型。

四、属性建模

基于构造模型,选择与储层评价和开发相关的重要参数建立属性模型,如孔隙度、油气饱和度、TOC、硅质含量及脆性指数等属性,反映了储层参数在三维空间上的变化和分布特征。其中TOC反映了储层段内能够解吸出油气量的多少,一般高TOC储层是非常规油气效益开发和持续稳产的重点层位;储层中脆性矿物质量分数是储层裂缝发育和可压性的重要控制因素,直接影响到压裂酸化开发效果(脆性矿物质量分数越高,储层越容易被压裂改造)。目前常用的属性建模包括确定性建模和随机建模两种,序贯模拟方法在随机建模中应用最多、最成功。

具体做法是:首先加载测井二次解释的孔隙度数据,进行正态变换;然后对每个层位不同岩相带进行变差函数分析,确定建模所需参数;最后在相模型控制下,利用序贯高斯随机模拟方法建立孔隙度模型。应用序贯高斯随机模拟方法的前提是,在储层参数的邻域模型中准确无误地采用所有的数据,包括原始数据和已经模拟过的数值。

五、地质建模实例

威202H2平台区位于川西南古中斜坡断褶带北部,威202区块的东南部,开发目的层为古生界下志留统龙马溪组[2]。上部主要为绿灰色泥、页岩夹泥质粉砂岩,下部优质页岩层发育,为深灰色硅质页岩、灰黑色、黑色碳质页岩等,为一套深水陆棚相碎屑岩沉积。该区构造相对稳定,地层倾向为南南东,倾角9°左右,最大主应力方向北东105°,有效优质储层主要分布于龙马溪组下部的龙$_1^1$上(L_1^{1s})和龙$_1^1$下(L_1^{1x})层段内。该套储层对应的电性特征较为明显:自然伽马值较高,139~437API,平均189API;中子孔隙度7%~23%,平均18%;密度略低,介于2.34~2.71g/cm³,平均2.57g/cm³。该平台由6口水平井构成,单井水平段长度1200~1500m,井距300m左右,区内无断层存在。

1. 构造建模

以最小曲率法进行空间曲面插值生成各等时的层面模型。L_2段至L_1^{1s}小层为龙马溪组巨厚泥岩段,模型上划分出30个小层,L_1^{1s}小层至B层为优质页岩储层段,模型上划分出40个小层。在骨架网格上,采用20.0m×20.0m×0.8m的步长,建立3D网络模型。

从建立的构造模型看,L_1^{1s}小层顶面自北向南,埋深逐渐增大,其与B层(宝塔组)间的优质储层平均厚度为65m,北部略薄。

2. 相建模

有效储层沉积亚相为深海外陆棚相，上部 L_1^{1s} 小层为富有机质硅质泥微相，下部 L_1^{1x} 小层为富有机质碳质泥微相。利用 GR、TOC 及 Si、Ca 质量分数等 4 项参数与沉积微相间的对应关系，建立了沉积相模型划分标准（表 2-7）。

表 2-7　威 202 区块龙马溪组下部地层小层相划分标准（马成龙等，2017）

微相类别	小层相类别	小层代码	GR（API）	TOC（%）	Si 质量分数（%）	Ca 质量分数（%）
深水灰质泥	含灰为主的低有机质相	X0	＜80	＜1.0	＜20	＞30
富有机质生物钙质泥	含灰高的高有机质相	X1	300~350	＞3.2	20~35	15~30
	含灰较多的中有机质相	X2	＞350	2.5~3.2	30~40	10~15
	超低含灰的低有机质相	X3	120~300	2.0~2.5	50~60	2~5
富有机质生物碳质泥	含碳为主的低有机质相	X4	300~350	1.5~2.5	45~55	5~10
富有机质生物硅质泥	含硅为主的低有机质相	X5	＜120	＜1.5	＞55	＜2

A 区为低气量区，对应含硅为主的低有机质、低自然伽马沉积区，而 B 区为高气量区，对应含灰质为主的高有机质、高自然伽马沉积区，如图 2-2 所示。

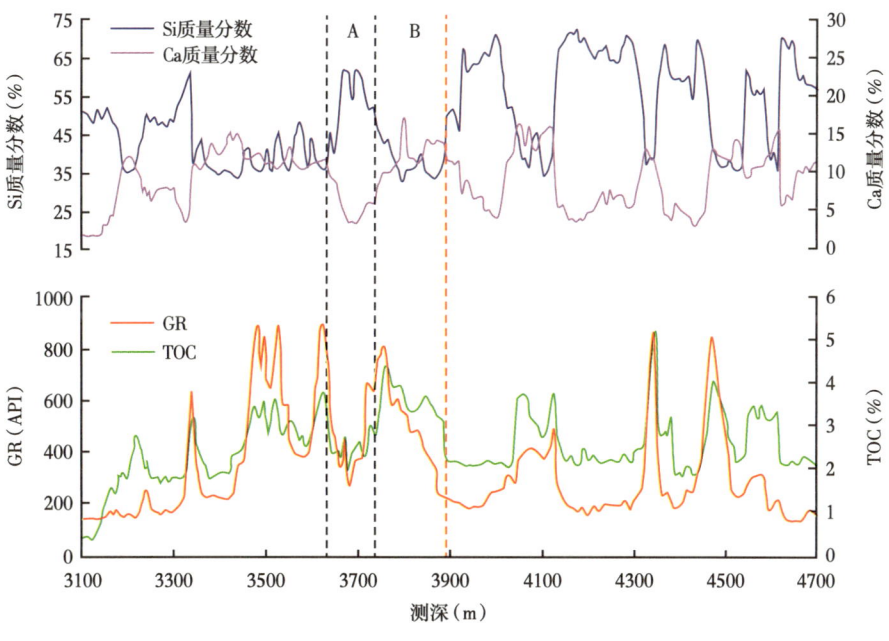

图 2-2　龙马溪组储层 Si、Ca 质量分数及 GR、TOC 曲线

按上述划分标准，在威 202 区块龙马溪组下部页岩气有效储层段识别出 6 个小层相。其中，含灰高的高有机质相及含灰较多的中有机质相是最为有利的 2 个开发相带。

采用球型变差函数模型确定相参数，其中方位角 300°、主变程 430m、次变程 370m、垂变程 230m、基台值 1、块金常数 0。最后采用序贯指示随机模拟方法，模拟叠加 3 次实现，得到较为理想的沉积相模型，见表 2-8。

表 2-8 沉积相建模结果

模拟结果	有效储层上部以 X5，X4 小层相为主
	有效储层中部 X3 与 X2 小层相交互分布
	有效储层下部主要为 X1、X0 小层相
X1 小层相，垂厚小于 0.5m，且邻近非有效储层的 X0 小层相带，开发风险大，故不作为开发中的有利相带	

3. 属性建模

选取密度、TOC、脆性矿物质量分数和含气量 4 项参数，建立属性模型。通过算术方法粗化处理，经高斯分布变换及变差函数分析后，采用序贯高斯模拟方法构建出储层参数模型和流体分布模型，见表 2-9。

表 2-9 属性建模结果

模型类型	模型显示特征
密度参数模型	上倾方向的有效储层物性条件相对较差，开发难度大
TOC 参数模型	TOC 一般分布在 1.5%~4.2%，大于 2.5% 的储层主要位于中下部，呈层状准连续分布，与沉积相模型中 X2、X3 小层相的发育特征较为一致
脆性矿物质量分数模型	脆性矿物质量分数大于 50% 的层段主要分布于有效储层中下部，且下倾方向要好于上倾方向
含气量模型	有效储层段中部含气量大于 2.5m³/t，上下两端含气性较差；平面上含气量均值达到 2.0m³/t，变化小，显示出较好的含气性特征
总体上，区块内有效页岩气储层中下部含气性好、脆性矿物发育，是开发的最有利层段	

第三节 天然裂缝建模

裂缝建模是研究裂缝空间展布的常用手段，合理表征储层内天然裂缝系统空间分布，是地质工程一体化的重要环节，对建立地质力学模型、优选油气"甜点"和部署水平井、开展压裂工程至关重要。

裂缝建模分为确定性建模和随机建模。确定性建模根据已知信息建立确定的裂缝模型，如通过地震资料解释出尺度较大的裂缝；随机建模则利用裂缝的先验信息，通过随机模拟方式生成可选的相同概率裂缝模型。这类方法不仅满足已知点的裂缝统计学特征，而且承认未知区域裂缝发育的随机性，尊重了裂缝模拟不确定性的客观事实。

目前国内外储层天然裂缝建模更多采用离散裂缝网络（DFN）方法。非常规油气藏不同尺度裂缝发育主控因素和主要探测手段不同，在具体的建模过程中，采取的资料和技术方法也有所差异。

一、建模流程

裂缝建模流程包括裂缝预测、建立多尺度裂缝模型和模型粗化,如图2-3所示。

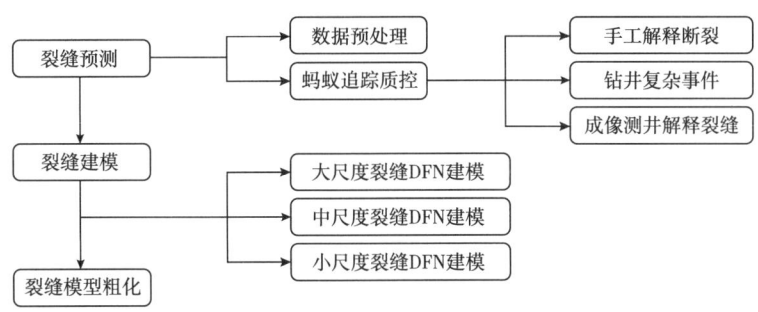

图2-3 页岩油气藏地质工程一体化多尺度裂缝建模技术流程

1. 裂缝预测

蚂蚁追踪技术能够突出地震数据的不连续性,强化断裂特征属性,提高断裂预测精度。关键技术流程通常包括4步:(1)地震资料预处理,如构造平滑、噪声压制等;(2)边界检测,如方差体、混沌体等;(3)蚂蚁追踪;(4)断层自动拾取。

提高裂缝预测精度最重要的因素,是对蚂蚁追踪结果的人工质控,具体技术流程包括输入地震数据的优化和蚂蚁追踪结果的质控。

(1)地震数据优化。

地震资料处理不一定只针对特定目的层,因此需对地震数据进行优化。首先从叠前道集出发,针对目的层叠前道集进行去噪、拉平、提频等预处理,然后选择地震资料中品质较好的道集,进行部分叠加,再优选输入数据体,最后进行构造平滑、边缘检测和蚂蚁追踪。

(2)蚂蚁追踪结果质控。

利用多种数据对蚂蚁追踪结果进行质控,见表2-10。

表2-10 蚂蚁追踪质控过程

对比内容		目的
蚂蚁追踪结果	手工解释断裂	蚂蚁追踪异常与断裂尺度的关系
	钻井复杂事件	蚂蚁追踪异常与工程复杂事件的关系
	成像测井解释裂缝	蚂蚁追踪异常与成像测井解释裂缝的关系

2. 多尺度裂缝建模

离散裂缝网络建模的核心是井震结合,以测井及岩心解释识别的天然裂缝为基础,结合三维地震天然裂缝预测结果,建立不同尺度的断层、天然裂缝带、小尺度裂缝等离散天然裂缝网络模型。

(1)大尺度裂缝DFN建模。

较大尺度的裂缝多为构造缝，通过地质力学分析可直接进行大尺度裂缝建模。基于不同岩相的岩石地质力学属性（如杨氏模量、泊松比），预测天然缝发育强度、方位和倾角等属性体，确定性建立大尺度裂缝 DFN 模型。

（2）中尺度裂缝 DFN 建模。

次级尺度的裂缝通常为大裂缝或断裂的伴生裂缝，该尺度裂缝的发育密度与大尺度裂缝规模相关，建立该尺度裂缝模型需要大尺度裂缝模型的空间约束，如距大尺度裂缝越近，次级伴生裂缝发育密度越大。中尺度裂缝建模多以地震预测裂缝属性体作为输入条件，采用的方法有两类：第一类是在地震裂缝探测属性体上提取裂缝片，采用确定性方法直接建立裂缝 DFN 模型；第二类是以地震裂缝探测属性体作为裂缝发育密度的空间约束，通过测井裂缝解释参数，采用随机性方法模拟生成离散裂缝的空间分布。

（3）小尺度裂缝 DFN 建模。

层理发育是非常规油气储层最突出的特征，该类裂缝的模拟重点：一是层理缝的参数获取；二是层理缝发育的影响因素（或建模的约束条件）。通过岩心的微米 CT 扫描成像、浸水实验，以及高分辨率扫描电镜 Maps 分析，可获取层理缝的发育频率、开度及充填情况。通过统计、分析水平缝发育密度等参数与岩石矿物含量等各种地质变量之间的关系，可获取水平层理缝发育规律和控制因素。

采用离散裂缝建模方法对小尺度层理缝建模，通过赋以测试获取的裂缝参数数据，随机模拟建立 DFN 模型；也可通过层理缝发育的岩相类型及其与基质储层参数（有机质、孔隙度等）间的定量关系，以等效基质加强方法建立裂缝模型。

二、裂缝模型建立

Petrel 软件离散裂缝网络模型建立思路：

（1）根据井周裂缝分布规律，量化成能够表征裂缝发育概率的曲线，如裂缝发育强度曲线、常规测井分形维数曲线等，将该曲线粗化至井轨迹所在网格，然后根据统计规律，随机模拟出井间裂缝发育概率控制模型，用于约束离散裂缝网络模型的建立。

（2）根据井下裂缝发育规律，通过软件可以实现裂缝组系划分，获得各组裂缝优势方位及密度等参数，参照野外露头观测数据，确保分析结果的准确性。

（3）在裂缝发育概率模型的约束下，依据统计的裂缝产状规律，建立研究区等效裂缝体模型。

（4）对裂缝片模型进行粗化，建立等效裂缝孔隙度模型与等效裂缝渗透率模型，用于定量评价裂缝发育对储层孔隙度与渗透率的影响。

1. 裂缝发育强度模型

离散裂缝网络模型的建立，依赖于控制点的裂缝发育规律。成像测井中解释的裂缝数据，是井轨迹上的离散点数据，无法直接应用到模型建立过程中。Petrel 软件将这一离散点数据转化成裂缝发育强度曲线用于表征裂缝发育强弱。

裂缝发育强度曲线约束了裂缝在井轴上的发育强度，是裂缝模型建立的基本属性。建模过程中，将控制井的裂缝发育强度曲线粗化到井所在的网格中，在充分分析各小层该变量变差函数的基础上，根据序贯高斯随机模拟算法，计算整个研究区裂缝发育强度模型。

2. 裂缝网络模型建立

裂缝发育强度模型在空间上约束着裂缝的分布规律。根据裂缝组系及各组裂缝产状分布规律，以裂缝强度模型为约束，采用序贯指示模拟方法，建立各组裂缝离散网络模型，表征裂缝在空间上的分布特征。离散裂缝网络模型利用几何模型，形象展示了裂缝在空间上的展布特征。

裂缝对储层孔隙度的影响与裂缝密度有一定的关系，裂缝越密集的地方，孔隙度值越大，反之则越小。但整体而言，研究区即使裂缝最密集，裂缝对储层孔隙度的影响仍然很小，对储层孔隙度的改善可以忽略不计，这一结论与前人认识是一致的。

3. 裂缝网络模型粗化

裂缝建模的最终目的，在于评价裂缝发育对储层物性即孔、渗关系的影响。因此，根据裂缝网络模型中裂缝在网格中的发育状况，基于某种算法，计算模型每个网格内裂缝发育所贡献的物理属性，即等效裂缝属性，其中包括等效孔隙度、等效渗透率及 σ 因子（评价裂缝与基质连通能力的参数）等。据此，可以在 Eclipse 或其他模拟器中，进行双孔双渗或单孔双渗储层介质的数值模拟，评价裂缝发育对储层物性的综合影响。

三、天然裂缝建模实例

某区目的层天然裂缝大致可分为 3 组：近东西向，北东—南西向，北北东—南南西向。断层以近南北向为主，倾角通常超过 60°。露头区裂缝延伸长度的测量表明，多数裂缝延伸长度小于 100m。根据模拟需要，将离散裂缝网络中的裂缝片长度设置为 0~100m，平均长度为 50m，裂缝片长高比为 2:1。将蚂蚁属性体作为输入数据，通过线性变换，将其转换为与井轨迹裂缝发育强度可对比的属性体。根据蚂蚁体异常值和裂缝强度，划分天然裂缝发育强度，共分为 4 组[3]，见表 2-11。

表 2-11 天然裂缝发育强度划分结果

裂缝组	蚂蚁体异常值	裂缝强度	地震响应	地质类别
1	> -0.1	> 0.069	同相轴明显错断或者扭曲，方差体，蚂蚁体强反映，可手动追踪	大断层为主，横向规模百米到千米级
2	-0.45~-0.1	0.042~0.069	带状分布，同相轴扭曲、分叉，方差体有响应，蚂蚁体中等响应	小断层和裂缝带，横向规模几十米到百米级
3	-0.7~-0.45	0.023~0.042	应变弱同相轴振幅变弱，方差体响应弱，蚂蚁体响应弱	小型裂缝带或 2 级裂缝带的扩展，横向米级到几十米级
4	< -0.7	< 0.023	同相轴几乎无变化，不确定性较大	米级裂缝

以蚂蚁体异常值作为空间约束，分别建立 4 组不同尺度的离散裂缝网络模型。裂缝组 1、2、3、4 分别对应百米至千米级大型断层、几十米至百米级小型断层、米级至几十米级天然裂缝带，以及米级裂缝带。

第四节 地应力建模

地应力模型是地质工程一体化压裂设计的理论基础，对指导非常规油气压裂施工，极为重要。目前，地应力预测模型多数建立在地层均质、各向同性的基础上，Higgins 在研究 Baxter 页岩地应力时，分别应用了各向同性和横观各向同性的地应力计算模型。三维地应力建模以单井地应力模型为基础，获取描述三维地应力及岩石力学模型的各个要素。

获取三维地应力模型参数包括三个步骤：（1）依据测井资料和室内岩心测试资料，实现不同岩石力学参数计算模型的优选；（2）利用地震资料，完成高分辨率地质统计学反演约束下的精细岩相建模；（3）通过区分岩相，计算岩石力学参数并进行模型参数表征，如单轴抗压强度、杨氏模量、泊松比、脆性指数等。

各模型参数获取方法具体如下：

（1）上覆地层压力模型。根据测井资料拟合出 Gardner 系数，应用地震层速度数据，并借助 Gardner 公式求取密度，再用测井密度校正地震密度，最后进行地震密度反演得到密度数据体，根据三维体密度垂向积分原理，获取上覆岩层压力。

（2）地层孔隙压力模型。通过叠前或叠后高精度反演，得到精确的层速度体，然后在单井孔隙压力预测基础上，以层速度为核心，结合地震反演得到上覆岩层压力，使用 Eaton 法实现三维孔隙压力预测，压力预测精度取决于速度的精确度。

（3）水平主应力模型。由于三维水平主应力模型获取难度较高，可以采用简易实用的有效应力比值原理，计算水平主应力。

（4）岩石力学参数模型。岩石力学参数是地应力研究的前提和基础，一般可通过室内测试方法获取，具有较高的精度保障。但室内测试点少、数据离散，直接应用于指导现场设计或施工具有较大的局限性。考虑到岩石力学参数主要受控于岩相因素，基于测井和地震资料，以室内测试结果为约束，进行三维地质力学建模。

一、三维地质力学建模方法

地质力学建模能够直接继承地质模型成果，包括地层产状、断层发育和裂缝带分布等地质构造信息，使地质力学计算结果能够更真实地反映地下应力特征。

Petrel 地质力学模块提供了三维地应力场模拟和四维耦合分析工具，三维地应力场模拟包括建立三维网格、建立力学参数属性体、孔隙压力建模、断层和裂缝建模、设置边界条件、有限元计算和成果分析。有限元计算采用斯伦贝谢高性能力学模拟器 VISAGE，前、后处理工作全部在 Petrel 平台中完成。

四维地质力学是针对页岩气藏生产过程，开展力学—气藏耦合模拟研究，获得随时间变化的全区应力场和变形场。在地质研究及单井地应力剖面建立，分别采用空间插值法和有限元数值模拟法，建立地应力模型，预测地应力在空间上的分布规律，并对结果进行分析对比，最终得到理想的地应力模型。

1. 空间插值法

常规地应力测量及地应力剖面计算，得到的只是地应力在深度上的变化，采用空间插值拟合，可以获取地应力在空间上的变化特征。利用 Petrel 软件前期建立的地质模型，采用随机建模法，选取序贯高斯模拟法，建立最大水平主应力模型、最小水平主应力模型和垂向应力模型。空间插值的核心部分是变差函数的建立，根据得到的模型建立连井剖面，得到每口井在纵向上的分布情况，结合单井地应力剖面进行对比，从而达到模型检验的目的。

2. 有限元数值模拟法

在已知数据较少而研究区域较大的情况下，利用有限元软件 Abaqus，可以更准确有效地模拟地应力场分布情况。利用有限元模型，模拟地应力场的方法很多，目前主要采用约束条件模拟地应力场的方法，建立地应力模型。由于垂向载荷主要来源于上覆地层自重，所以对该模型直接加适当的垂向载荷，以正应力和剪切力为反演目标。可假定研究区有五口井，M1 井、M2 井、M3 井、M4 井和 M5 井，选取 M1 井、M2 井、M3 井、M4 井为建模依据，M5 井为检验标准。将 M1 井、M2 井、M3 井和 M4 井的最大主应力和最小主应力作为约束条件，剩下 M5 井用来检验模型的准确性。通过不断调整模型使结果接近约束条件，就可得到最终的反演结果。由于得到的地应力采用最大水平主应力、最小水平主应力和垂向应力方式表示，但在 Abaqus 软件里需采用应力分量表示，因此需将约束条件进行转化。根据弹性力学公式进行计算，地应力大小和方向转化为能够输入 Abaqus 软件中的应力分量形式，如 σ_x、σ_y。通过有限元模型进行模拟分析，进行调整和修正，可得到地应力的分布状况。

该方法能够通过已知井提供的约束条件，得到给定范围内的地应力空间分布规律，在布井稀疏、信息缺失的情况下，具有一定的精度。

二、三维非均质应力场预测

在构建三维地质模型和非均质岩石力学场后，开展三维非均质应力场的精细预测工作，主要分为三步：

第一步，导出目的层位层面数据与断层数据，借助 AutoCAD 软件进行曲面和曲线的提取及模型的重构，将模型导入 Ansys 软件中。

第二步，采用合适的步长对模型进行网格划分，将粗化后三维非均质力学参数赋予进每一个网格中，形成有限元模型。以单井现今地应力测试结果为约束，并结合大地构造背景，对模型施加合适的约束与载荷，由软件自动计算结果。

第三步，借助地质模型与有限元模型的衔接技术，将数值模拟所得到的应力场预测结果，作为一种地质信息再次输入三维地质模型中，进行层间应力场分析。

三、三维地应力建模实例

1. 工区概况

长宁区块宁 209 井区主要产气层为深层龙马溪组的优质页岩段，包括龙一 1 亚段 a、b、c、d 小层及五峰组，小层厚度较薄，最薄层段为 1.8m，层间厚度变化较快。研究区内长宁 H26 平台有 4 口井，采用宁 201 井、宁 203 井和宁 209 井岩石力学参数，并结合区域地质地球物理资料，建立了三维地应力模型[4]。

2. 模拟结果分析

基于宁 209 井区优质页岩地层孔隙压力、最小水平主应力、水平应力差异、脆性指数进行区域特征分析，研究区地应力参数具有以下特征。

地层孔隙压力：全区压力系数一般不低于 1.4，最高可达到 2.0 以上，断层切割地层对地层压力有一定影响，向斜中部和西部压力系数相对较高，西部宁 201 井压力系数最高可以达到 2.03。

最小水平主应力：有自向斜中部向南北两翼逐渐减弱的趋势，中部最高可达80MPa以上，而两翼最小水平主应力一般在50~70MPa，宁209井应力明显要高于北翼的宁203井和宁213井。此外，西部的宁201井也具有较高的最小水平主应力。

水平应力差：大部分区域低于20MPa，一般在15MPa左右，有利于压裂时多裂缝形成。宁203井附近的北部地区水平应力差较大，最大可达27MPa。

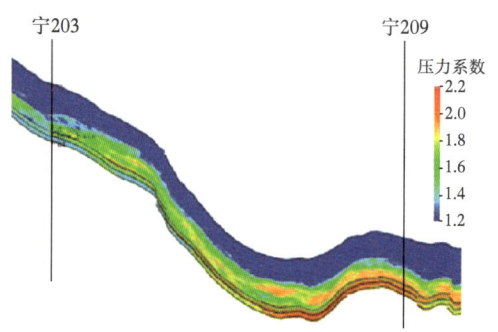

脆性指数：全区基本分布在0.4~0.6之间，向斜中部及东北部脆性条件更好，脆性指数大多在0.5以上。

根据宁203井和宁209井连井剖面，清晰直观展示宁203井区与宁209井区龙马溪组地应力差异。宁203井和宁209井两口井龙马溪组地层孔隙压力纵向规律较为相近，由浅层向深层逐渐变大，优质页岩存在异常高压且压力系数基本在1.6~2.0之间（图2-4）。与宁203井区相比，宁209井区最小水平主应力和水平应力差均偏高

图2-4 过宁203井和宁209井地层孔隙压力剖面图

（图2-5和图2-6），分析认为与区域构造横向变化大、宁209井区构造埋深较大有关。

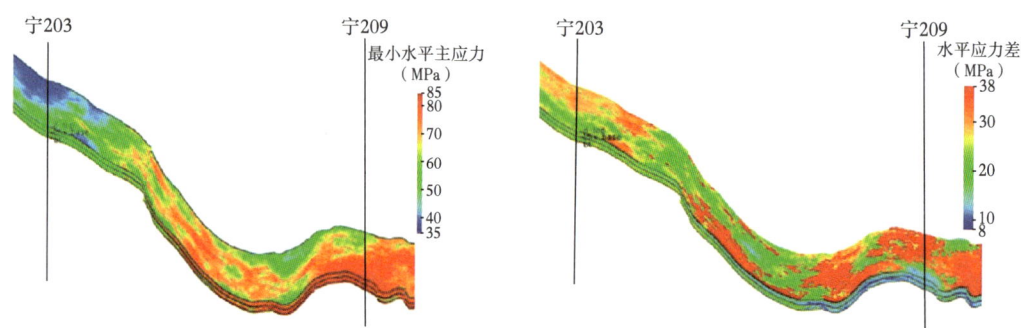

图2-5 过宁203井和宁209井最小水平主应力图　图2-6 过宁203井和宁209井水平应力差剖面图

3. 三维模型质控

采用未参与三维地应力建模的宁213井，对三维模型进行可靠性验证。具体方法是：在三维模型中沿宁213井轨迹，抽取地层孔隙压力和最小水平主应力，与宁213井测井分析地应力结果进行比较，三维模型与单井分析结果具有较高的符合度（图2-7），地层孔隙压力和最小水平主应力的平均误差均不会超过5%。

4. 应用效果

长宁H26-3井为其南半支中的一口，目的层为龙马溪组优质页岩段。设计压裂段长1551m，压裂段数23段，平均每段段长67.45m。实际压裂18段（设计中有5段因发生套管变形未压裂），实际压裂段长1217m，累计压裂液量33609m³，平均日产气量达到40.01×10⁴m³（图2-8），改造后比同平台其他井日产气量提高31%以上。

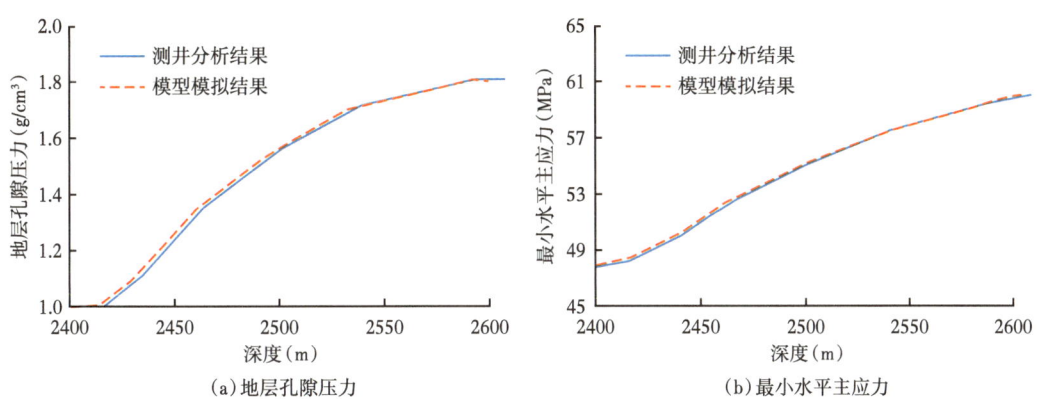

图 2-7　宁 213 井三维模型提取地层孔隙压力、最小水平主应力与测井分析结果对比图

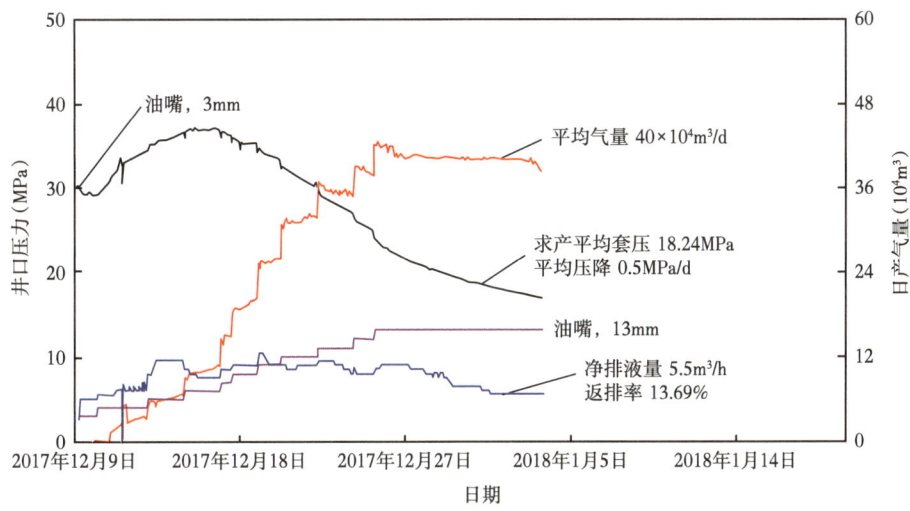

图 2-8　长宁 H26-3 井平均产气量

第五节　人工裂缝耦合方法

人工压裂缝是指水平井分段体积压裂所产生的裂缝。由于水平井基本平行断裂及沿高角度构造裂缝带钻进的，人工压裂缝基本上与高角度构造裂缝垂直或大角度斜交，其延伸可能受到天然裂缝干扰，但总体影响不大。人工压裂缝，特别是其主裂缝张开幅度较大，且有支撑剂支撑，能长期保持很高的导流能力，在非常规油气生产中扮演高速通道作用。因此，人工压裂缝建模是非常规油气地质建模的核心和关键。

一、网状裂缝系统形成机理

储层岩石经过水力压裂后，形成复杂缝网的条件包括：（1）较发育的天然裂缝网络；（2）较小的储层岩石水平主应力差；（3）较高的岩石脆性指数。其中脆性指数对储层岩石是否可以形成复杂网状裂缝具有至关重要的意义。目前普遍使用的脆性指数计算方法有两种：

（1）矿物岩石学方法。

矿物岩石学法是对岩石中的矿物组分进行分析，用脆性矿物组分含量的多少来描述岩石脆性。脆性矿物含量越多，岩石脆性越高；脆性矿物含量越少，岩石脆性越低。该方法是一种有效描述岩石脆性的科学方法，国内外众多学者通过对不同岩石矿物的力学性质差异进行分析，建立了许多不同的脆性预测模型，由于对脆性矿物的认定有差异，因此建立的计算模型及其计算结果也有较大差异。

常用计算公式为：

$$\mathrm{BI} = \frac{V_{\text{硅质}}}{V_{\text{硅质}} + V_{\text{钙质}} + V_{\text{泥质}}} \times 100\% \tag{2-1}$$

式中：BI 为脆性指数，%；$V_{\text{硅质}}$ 为硅质含量；$V_{\text{钙质}}$ 为钙质含量；$V_{\text{泥质}}$ 为泥质含量。

（2）岩石物理学方法。

岩石物理学方法是以岩石的静态泊松比和杨氏模量为基础计算岩石的脆性指数，进而评价岩石脆性。

计算公式为：

$$\mathrm{BI} = \frac{\mathrm{BI}_E + \mathrm{BI}_\vartheta}{2} \tag{2-2}$$

其中

$$\mathrm{BI}_E = \frac{E-1}{8-1} \times 100\% \tag{2-3}$$

$$\mathrm{BI}_\vartheta = \frac{\nu - 0.4}{0.15 - 0.4} \times 100\% \tag{2-4}$$

式中：ν 为岩石静态泊松比；E 为储层岩石杨氏模量。

二、人工裂缝与天然裂缝相交准则

1. 天然裂缝未开启情况

（1）模型Ⅰ。

模型Ⅰ中，裂缝相接触点流体压力小于天然裂缝上的正应力，天然裂缝处于闭合状态，流体压力小于天然裂缝壁面剪切强度，因此无法穿越。但会造成压裂液大量滤失，对裂缝延伸没有实质性影响。当流体压力大于垂直于天然裂缝方向上的正应力，天然裂缝将会开启。根据天然裂缝与人工裂缝相交点对侧面岩石的抗剪切强度与剪切应力大小关系判断是否穿越，如图2-9所示。

（2）模型Ⅱ。

模型Ⅱ中，裂缝相接触点流体压力小于正应力，天然裂缝处于闭合状态，人工裂缝向前延伸到裂缝相交点后，沿着原始延伸方向穿越天然裂缝继续向前。模型Ⅱ发生的判别准则为：裂缝交点处对侧面岩石的剪切破裂强度小于天然裂缝面上的正应力，且压裂液流体压力小于正应力而大于剪切强度，天然裂缝处于闭合状态，对侧面岩石发生剪切破裂，人工裂缝穿越天然裂缝继续向前延伸,如图 2-10 所示。

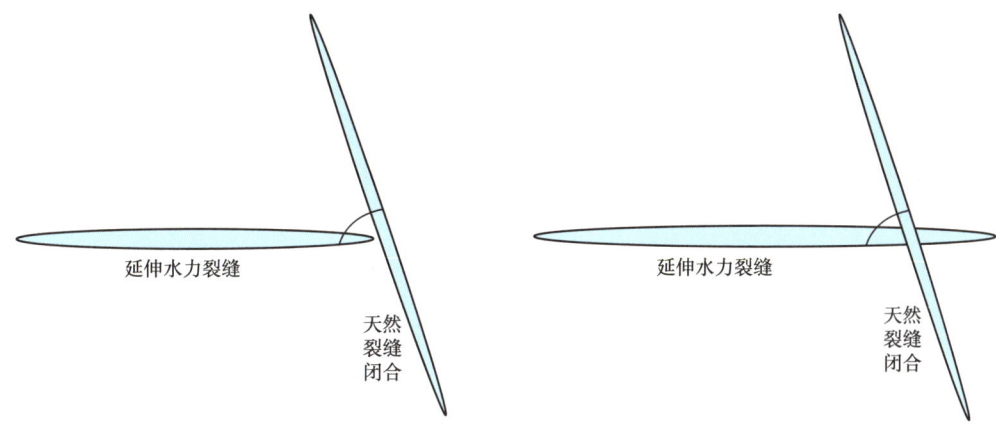

图 2-9　模型 I 裂缝相交示意图　　　　图 2-10　模型 II 裂缝相交示意图

2. 天然裂缝开启情况

(1) 模型Ⅲ。

当天然裂缝开启后,根据岩石力学理论,人工裂缝会继续向前沿着最小主应力方向延伸。当裂缝相交点的剩余流体压力仍大于裂缝相交点处岩石的剪切破裂强度时,将穿越天然裂缝继续向前延伸。模型Ⅲ中的裂缝耦合实现条件为:裂缝相交点处压裂液流体压力,必须同时克服应力 τ 加上岩石的剪切抗张强度,人工裂缝才能开启天然裂缝,并在相交点穿越天然裂缝继续向前延伸,如图 2-11 所示。

(2) 模型Ⅳ。

由于人工裂缝与天然裂缝相交点的液体压力未能达到对侧岩石的破裂强度,人工裂缝延伸遇到天然裂缝后,天然裂缝开启,人工裂缝延伸终止,压裂液沿天然裂缝走向流动,在天然裂缝尖端破裂,继续沿垂直最小主应力方向向前延伸。要保证发生模型Ⅳ的相交情况,需要满足在天然裂缝尖端部位的流体压力要大于天然裂缝尖端部位储层岩石破裂强度,如图 2-12 所示。

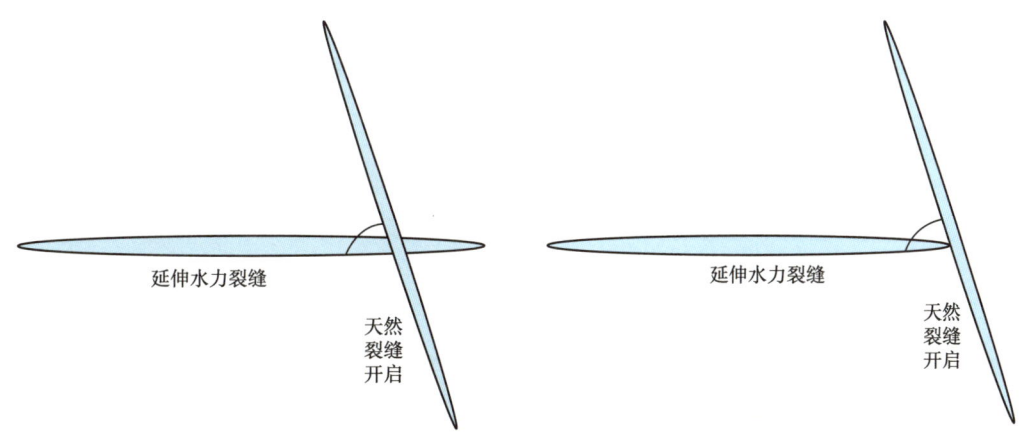

图 2-11　模型Ⅲ裂缝相交示意图　　　　图 2-12　模型Ⅳ裂缝相交示意图

三、人工裂缝网络流体流动模式

在常规压裂改造模式下，人工裂缝流动模式可归结为两种基本类型：压裂前的径向流模式和压裂后的双线性流模式，如图2-13所示。随着体积改造技术的发展，压裂形成裂缝渗流模式的认识得到进一步深化，由于有分支裂缝存在，流体在压裂后的流动增加了由分支裂缝向主裂缝流动的线性渗流模式，需采用以往研究双线性流模式基础上，开展岩石骨架与流体动态耦合研究，探索主、支裂缝耦合匹配规律。

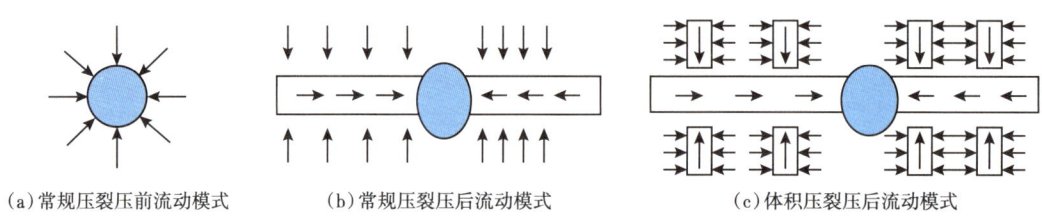

（a）常规压裂压前流动模式　　（b）常规压裂压后流动模式　　（c）体积压裂压后流动模式

图2-13　不同改造方式下裂缝理论流动模式

四、复杂缝网模拟模型

现有的人工缝网模型研究中，大多为基于地质统计学的"反演"方法，通过微地震监测、开发动态及地质分析等资料，获取不同尺度裂缝的位置、尺度、方向及其他一些与裂缝相关的特征参数，并赋予一定的概率分布函数。通过地质统计学算法，建立裂缝网络模型，等效表征人工裂缝的空间分布。

仅仅依靠地质统计学参数进行人工裂缝建模，不符合地下缝网的真实形态，需采用"正演"的建模思路，在三维岩石力学参数建模的基础上，通过油气藏压前开发历史拟合与地应力模拟相结合的方法，确定压前地应力场的分布，考虑裂缝扩展机理和施工参数规模，模拟计算生成复杂缝网模型，并用先进的非结构化网格技术，实现裂缝尺度的模型精细表征。利用直井缝网复杂裂缝建模的方法，使建模结果更具理论基础，为后期开发调整提供可靠地质依据。

1. 裂缝扩展机理

应用斯伦贝谢Kinetix软件的非常规裂缝模型，综合考虑储层特征、天然裂缝，以及地质力学等信息，计算结果能够更加精确地预测和拟合裂缝分布、几何形态和支撑剂分布。根据斯伦贝谢TerraTek实验室大岩心室内实验结果，不同应力条件下水力裂缝扩展到天然裂缝时出现滑移、贯穿等不同交互作用，这为水力裂缝—天然裂缝作用机理研究奠定了基础，也是非常规油气藏人工裂缝形成的机理条件。水力裂缝遇天然裂缝后的表现形式受多种因素综合影响，包括水力裂缝和天然裂缝的夹角（逼近角）、最大和最小水平主应力的差值、水力裂缝内流体压力、天然裂缝的摩擦系数和内聚力。Kinetix采用新研发的OpenT判定模型综合考虑上述所有影响因素，并由大岩样实验结果进行校正，具有较好的理论基础。

2. 模拟计算人工缝网模型

正交加密近井地带的基质网格，将人工裂缝"嵌入"到加密后的基质网格中。由于基质网格更加细密，裂缝被基质网格切割后形成的裂缝片也更细密，即嵌入式裂缝的裂缝片随基质网格被加密，提高了近井地带和裂缝内部流体流动计算的精确性。在处理裂缝与基质网格的连接时，要考虑嵌入式裂缝片与加密网格的连接方式；在处理裂缝内部裂缝片的连接时，要考虑裂缝由基质网格进入加密区、裂缝跨加密区的情况。

3. 人工裂缝附近局部网格加密

Kinetix 软件进行复杂裂缝建模包括以下步骤：

（1）依次对压裂井井身结构、力学参数、压前应力场、压裂分级、射孔方式、施工方式进行定义。

（2）录入施工过程中压裂液、支撑剂类型及型号属性参数。

（3）导入实际压裂施工排量、加砂浓度、用液量、加砂量及泵注程序。

（4）加载基质模型及天然裂缝模型。

（5）通过对施工参数曲线进行拟合，模拟计算人工缝压裂扩展过程中复杂缝网的形成及变化，最终形成裂缝扩展模型（即非常规人工缝网模型）。

建模过程不仅要考虑储层非均质性和应力各向异性，还要考虑天然裂缝产状及裂缝扩展机制，能模拟压裂液泵注程序及支撑剂运输过程。复杂缝网建模过程中，对加载的储层属性模型、天然裂缝模型和应力场分布等结果不再变动，其复杂缝网扩展过程将直接依赖于压裂施工参数的拟合计算或标定结果，复杂缝网扩展模型是相对唯一的。

五、人工压裂缝建模

人工压裂缝建模通过三维压裂模拟分析，量化储层地质品质、天然裂缝、地应力和压裂施工参数等影响，指导非常规油气精细化三维压裂设计，提高压裂改造效果。

基于人工压裂缝展布模式、裂缝长度与高度、裂缝体积等参数的分析结果，利用平台井的微地震监测数据，建立非常规油气储层人工压裂缝模型。

采用 SKUA 软件平台，对微地震事件数、震源参数（振幅、频率、相位等）、压裂参数（排量、阶段液量、阶段砂量、砂比、施工压力等）随时间的变化规律进行模拟研究，评估压裂监测结果，识别出裂缝高度及长度、裂缝体生长区域与对称性等特性。

基于微地震监测数据进行衍生裂缝模拟，分为以下 5 个步骤：

（1）加载水力压裂区域的微地震事件数据，标定出压裂缝位置，构建各压裂段三维微地震云图。

（2）根据微地震事件点发生的时间，合并空间数据，确定主裂缝的空间及几何参数约束条件，模拟可能的裂缝破裂路径。

（3）在微地震事件有效分布空间范围内，小尺度网格化描述微地震事件点集的密度分布及裂缝发育程度。

（4）在地质模型背景下，以微地震事件点为依据，计算水力压裂过程中，主裂缝发生位置及展布方向（含方位、倾角），模拟形态特征。

（5）采用 DFN 建模方法，构建压后裂缝网络模型，并计算压裂缝分布面积和改造体积。

六、压裂裂缝建模实例

某页岩储层厚度 40m，长度 1500m，宽度 400m，井筒长度 1200m，井底流压 10MPa，原始地层压力 20MPa，地层温度 70℃，基质孔隙度 5%，天然裂缝孔隙度 0.1%，基质孔隙半径 5nm，孔隙介质迂曲度为 5，天然裂缝渗透率 0.03mD，水力主裂缝导流系数 0.5D·cm，次裂缝导流系数 0.03D·cm，缝网长 120m，缝网宽 90m，主裂缝数 10 条，天然裂缝间距 3m，天然裂缝应力敏感系数 $0.05MPa^{-1}$，基质压缩系数 $2×10^{-4}MPa^{-1}$，天然裂缝压缩系数 $0.05MPa^{-1}$，Langmuir 体积 $2×10^{-3}m^3/kg$，Langmuir 压力 5MPa，页岩密度 $2600kg/m^3$，甲烷分子质量 16g/mol，标准状况下页岩气摩尔体积 $0.0224m^3/mol$[5]。

基于上述参数，模拟页岩气水平井体积压裂后生产储层压力分布（图 2-14），可以看出体积压裂区内的储层压力下降较多，而未压裂区储层压力几乎没有变化，表明该时间段主要采出了改造体积内的游离气和吸附气。

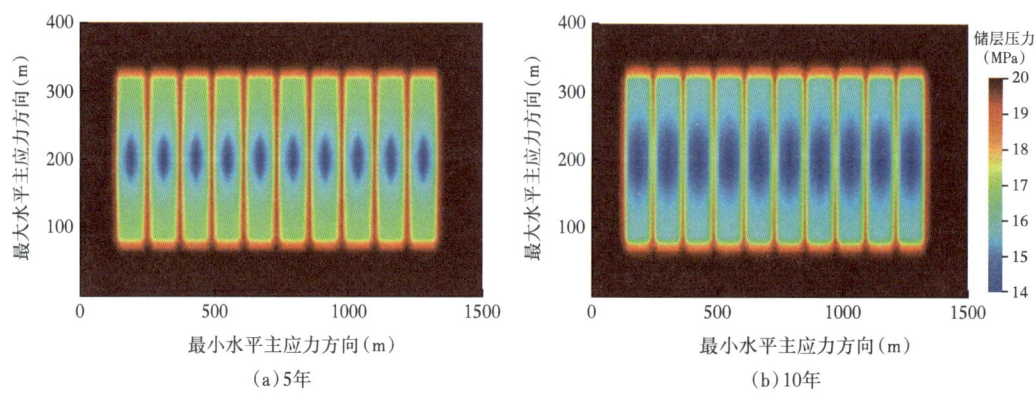

图 2-14 页岩气生产过程中储层压力分布

在其他参数相同的情况下，改造体积（SRV）从 $36×10^4m^3$ 增大到 $180×10^4m^3$，产气量增加幅度较大。随着改造体积的增加，日产气量和累计产气量都增加，但增加幅度逐渐变小，在给定储层地质条件下，存在最佳增产改造体积，如图 2-15 所示。

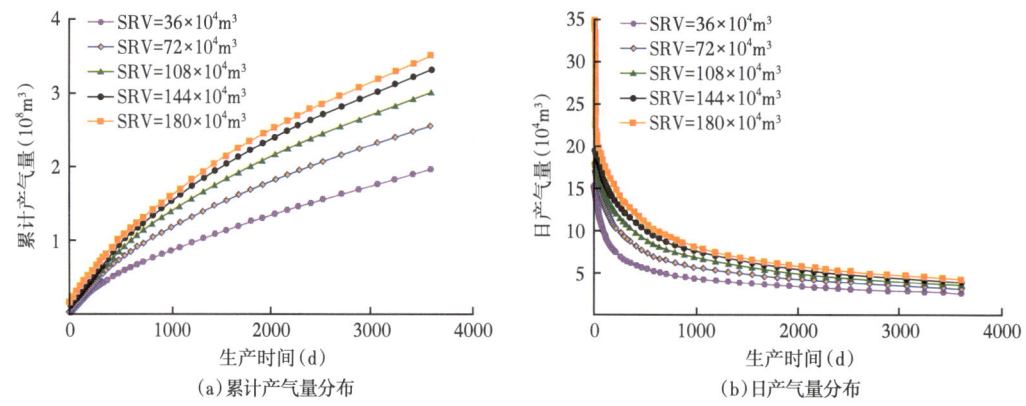

图 2-15 页岩储层改造体积与日产气、累计产气关系图

第六节 油气藏模拟与产能预测

一、油气藏宏观数值模拟

非常规油气藏需要大规模人工压裂才能实现商业开采，体积压裂水平井为其主要开采

方式，压裂后的人工裂缝和天然裂缝共同构成复杂的裂缝网络系统，直接关系到油气井产能及最终采收率。

地质工程一体化压裂模拟是在构建三维地质模型和三维地应力模型过程中，充分考虑非常规油气藏在空间展布上的非均质性，进一步认识三维空间中人工裂缝展布形态、导流能力等关键参数对单井初期产能、递减规律及井间干扰等的影响，优化分段分簇、改造规模、施工作业等参数，实现更精确、更具针对性、更高效的压裂设计。

目前，大部分设计人员采用 Eclipse、Tough、CMG 等商业数值模拟软件进行流动模拟研究，水平井水力压裂缝一般采用无限导流能力的加密网格来表示。

对于非常规油气藏数值模拟而言，地质模型的网格过多，影响模拟的精度及速度。因此在数值模拟前，利用 Petrel 软件 Upscaling 模块对地质模型网格进行粗化，直至数值模拟能接受的程度。模型粗化分为构造粗化和属性粗化，其中构造粗化又细分为平面上的粗化和纵向上的粗化。

1. 模型粗化

平面粗化的具体步骤是：首先给定网格名字，设定网格 x、y 方向步长，对于有断层的构造，设定之字形断层，以尽量使断层附近网格正交。如果模型中的一些断层不太重要，可以选择去掉，不参与网格模型的生成，模型结构更光滑，更利于后续数值模拟的运算。在此基础上，分配分层粗化纵向层数。

构造粗化后需要进行质量检查，首先确保没有畸形网格，其次网格偏离正交的角度越小越好。一般角度过大的网格太多，需要重新进行粗化，如果角度大的网格数量较少，则将这部分网格设置为死网格，最后对比粗化模型和精细模型的外观体积，保证在合理的误差范围内。

在构造粗化模型的基础上进行属性粗化，选择精细模型中的待粗化属性，利用不同的平均算法，完成属性粗化。对于数值变化不大的参数采用算术平均法，对渗透率粗化采用压力解算原理计算各向渗透率，并通过 3D 图等，对比精细模型与粗化模型的属性分布状况。

2. 历史拟合

将流体性质资料和特殊岩心分析资料及实测的生产历史资料，输入软件，在历史拟合过程中，首先进行参数敏感性分析，通过对可调参数的修改与计算，确定模拟参数的拟合范围。拟合指标主要是储量、产气量、储层压力。拟合顺序是先对全区的拟合指标进行趋势拟合，再对单井指标进行拟合，将计算的结果和实际测得的开发指标相比较，若发现两者之间有相当的差异，说明所用的资料与油气实际状况差异很大，需要逐步修改输入数据，使计算结果与实测结果一致。

二、地质工程一体化压裂优化内容

1. 平台水平井压裂参数差异性优化设计

（1）平台水平井可压性评价。

综合考虑压裂改造段储层天然裂缝发育状况、脆性指数、地应力场、油气藏饱和度场，开展可压性评估分析，确定平台水平井压裂段位置。

（2）压裂参数差异性优化。

基于压裂井改造效果评价认识，主要对平台水平井段数、簇数、液量、砂量、排量等参数进行优化，提供合理的压裂施工参数。

2. 平台水平井整体压裂方式优化设计

（1）开展平台水平井整体压裂方式、压裂时机等参数优化，确定平台井整体压裂方案。

三种不同的压裂顺序方案：①逐井逐级顺序压裂；②逐井"拉链式"压裂；③先两边后中间"拉链式"压裂。

（2）平台水平井整体压裂效果评价。

对平台整体压裂方案井进行全三维压裂模拟及油气藏数值模拟，分析、评价水平井整体压裂效果。

三、压裂模拟及产能预测

产能预测是非常规油气压裂优化、规划决策的重要工程方法，建立能够描述复杂流动机理的产能预测模型是准确预测的关键。由于非常规储层十分致密，需采用水平井体积压裂技术进行开发，且开发过程中存在吸附解吸、传质扩散、裂缝变形、基质和裂缝渗流等多种复杂机理，而现有产能预测模型主要基于常规渗流理论，没有综合考虑储层内的多种复杂机理，不能直接应用于预测压裂井的产能。在逐级建立"构造模型＋储层属性模型＋天然裂缝模型＋人工压裂缝模型"的综合地质模型后，利用 Eclipse 进行产能预测。

四、油气藏模拟实例

如某建模工区，地质建模工区面积约 $100km^2$。建模目的层为五峰组—龙马溪组一段，下部优质页岩段在横向上稳定发育，厚度为 40m 左右[6]。

1. 地质模型

设定平面网格步长为 50m×50m，纵向网格步长为 1m，模型网格总节点数约 1600000，可满足储层表征精度（图 2-16）。建立的构造模型中页岩气藏小层发育模型由下往上依次为①~⑨号小层，其中①号、②号小层属于五峰组，③~⑨号小层属于龙马溪组（图 2-17）。

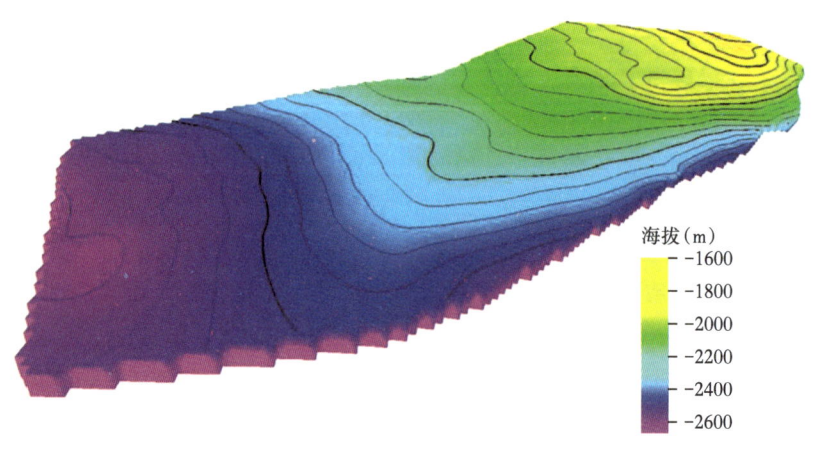

图 2-16　建模工区构造模型图

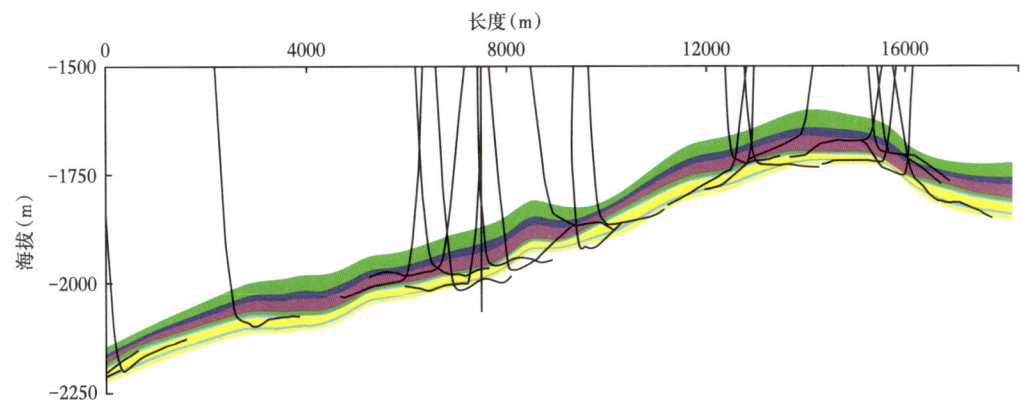

图 2-17 建模工区小层剖面图

同时建立页岩层段厚度、孔隙度、含气饱和度、TOC、硅质含量、脆性指数这 6 个属性参数模型。总体特点是纵向分层差异性大、下部相对更好，平面差异不大，北部局部较好（图 2-18）。

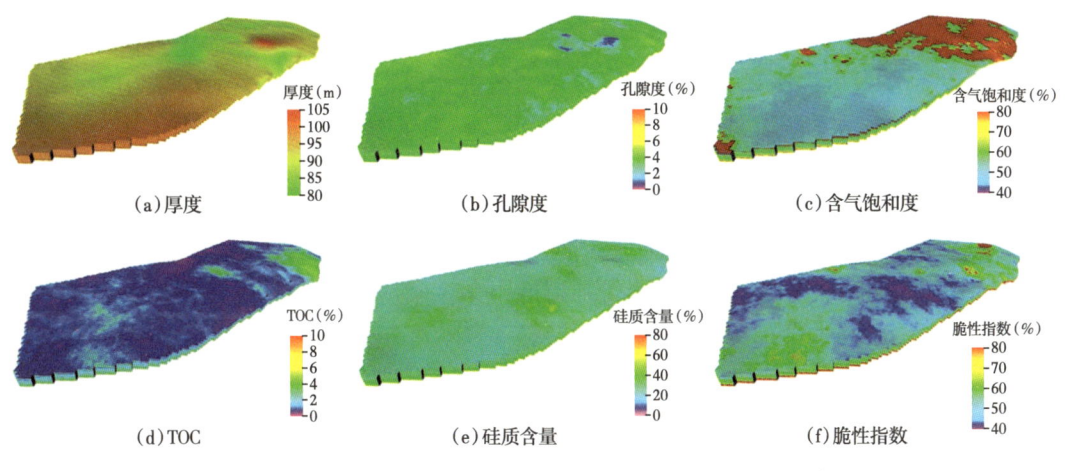

图 2-18 建模工区小层剖面图

2. 裂缝模型

在构造模型基础上建立天然裂缝模型，与最大主应力方向近平行分布的裂缝呈拉张状态，连通性较好，孔隙度、渗透率较高，与最大主应力方向近垂直分布的裂缝呈挤压状态，连通性较差，孔隙度、渗透率较低，与最大主应力方向斜交分布的裂缝孔渗性介于前两者之间。

地应力差异系数主要分布在 0.11~0.25 之间，按照 Rickman 等提出的应力差异系数与裂缝形态关系，判断该应力差异系数下，地层易形成"主裂缝＋分支裂缝"的复杂裂缝。通过微地震监测与 G 函数诊断，也确定本区裂缝模式为"主裂缝＋分支裂缝"。

由 FMI 成像测井解释分析得到最大主应力方位主要为近东西向，钻井水平段方位基本上为南北向，可以推测压裂产生的人工压裂缝整体为近东西方向（图 2-19），与水平段夹角介于70°~90°。通过相关井计算，页岩储层底板与①号小层应力差为8.8MPa，而中部⑤号小层与⑥号小层的应力差为2.3MPa，压裂时人工压裂缝向下、向上延伸均遇到较大阻力，故判断人工压裂缝主要在①~⑤号小层中延伸，即人工压裂缝缝高低于40m。

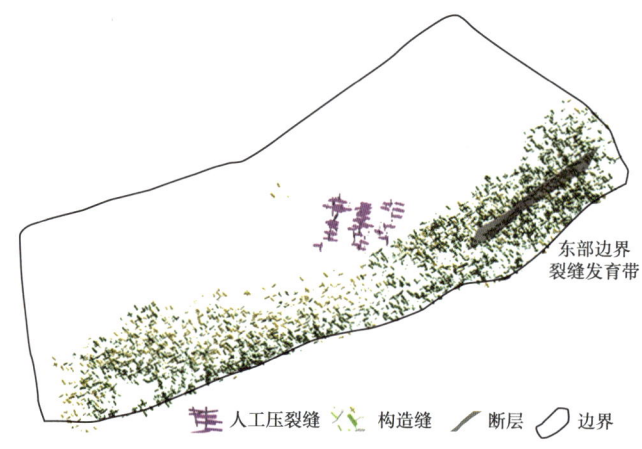

图2-19 建模工区天然裂缝叠加人工压裂缝模型图

3. 压裂模拟

以某井第9段压裂为例，对人工压裂缝参数进行拟合分析。首先根据G函数一阶导数Gdp/dG曲线的波动程度判断裂缝的复杂程度，然后通过阶梯降排量分析方法，获得近井筒裂缝弯曲摩阻，判断近井筒多裂缝扩展情况，设定地层滤失系数。结合微地震监测和净压力拟合结果，根据实际泵注参数与应力剖面，定量计算改造体积与网络主裂缝、次级裂缝的体积等参数。

对三簇射孔进行模拟，假设每簇射孔形成一条主裂缝，施工液量为1700m^3，加砂量为60m^3，施工排量为12m^3/min，得到压后裂缝参数（表2-12）。

表2-12 某井第9段人工压裂缝参数

参数	主裂缝	分支缝	DFN模型
裂缝体积（m^3）	58.54	60.23	118.78
缝长（m）	380.00	856.23	1022.80
平均缝高（m）	39.68	28.14	32.15
射孔处最大缝宽（cm）	0.1210	0.0917	0.1021
平均水力缝宽（cm）	0.0982	0.0787	0.0858
平均裂缝导流能力（mD·m）	10.88	1.86	4.15

4. 综合地质模型

利用研究区内某平台2口水平井的微地震监测数据，1号井（水平段1500m，射孔压裂22段）、2号井（水平段1300m，射孔压裂17段）、3号井（水平段1300m，射孔压裂17段）的水平段基本都在①号、②号或③号小层中穿越，两口井人工压裂缝控制面积平均

3km²。通过逐级叠加方法建立综合地质模型（图2-20）。

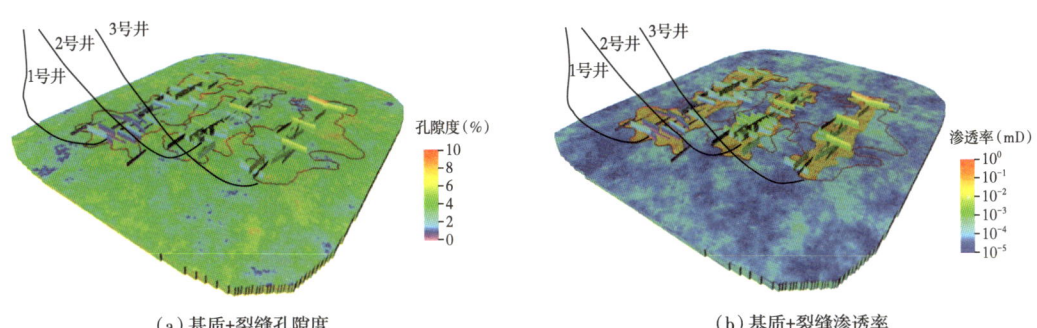

(a) 基质+裂缝孔隙度　　　　　　　　(b) 基质+裂缝渗透率

图2-20　综合地质模型

5. 产能模拟

设定模型原始地层压力为38.2MPa，地层温度为81℃、兰氏压力为6MPa，兰氏体积为2.1~3.6m³/t，吸附气与游离气含量之比为2:3，初始含气饱和度介于52%~68%，然后进行气井历史拟合。

历史拟合主要拟合1号井、2号井、3号井在2015年4月16日至11月26日期间，定地面产液量生产时的井底压力。主要调整参数为双孔双渗模型中的渗透率，其中人工压裂缝渗透率经过等效处理到相应网格节点上，其值介于（10~100）×10⁻³mD；基质渗透率则介于（0.03~0.3）×10⁻³mD。3口井的拟合结果均较好，最大相对误差为3.3%（图2-21）。

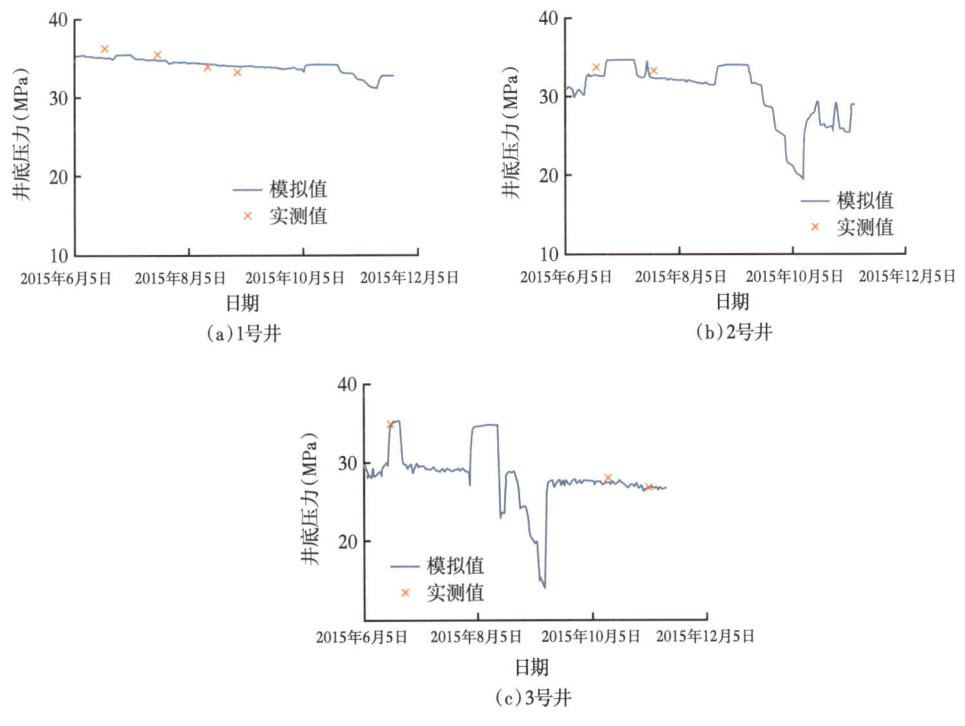

图2-21　某平台3口井生产历史拟合图

以历史拟合获得的地质模型、流体模型为基础，进行生产动态预测，预测时间为30年，初期以产气量 $6\times10^4m^3/d$ 降压稳定生产，到井底压力下降至 7.5MPa 时开始递减生产。根据预测结果可知，1号井稳产期为1194d，30年末累计产气量为 $1.53\times10^8m^3$；2号井稳产期为871d，30年末累计产气量为 $1.15\times10^8m^3$（图2-22）。

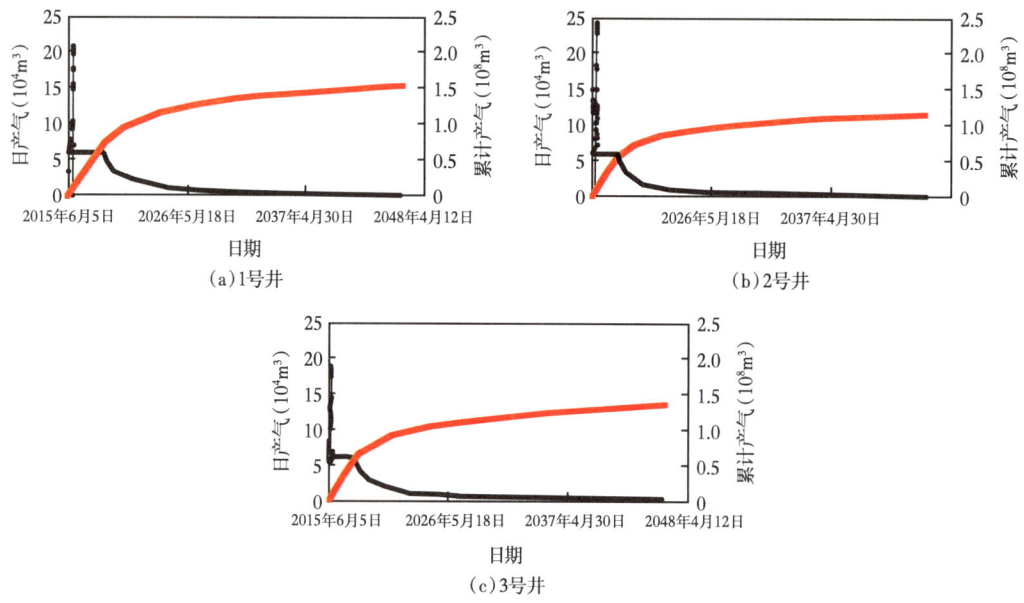

图2-22 某平台3口井生产动态预测图

第七节 方案优化与经济性评价

一、方案优化

1. 体积压裂参数优化方法

体积压裂水平井需要投入巨大的经济成本，且裂缝参数直接影响生产效果，因此优化裂缝参数，对提高非常规油气压后产能有十分重要的影响。裂缝参数主要包括裂缝导流能力、裂缝长度、段间距、压裂位置、压裂段数、单段裂缝簇数等。压裂位置的选择，实际上决定了段间距。

2. 压裂方案正交试验设计与分析

（1）正交试验设计。

优选压裂设计方案时，要对多个不同参数进行评价，多个参数之间相互影响，甚至相互矛盾。若采用单参数分别评价，结果可能会因为不全面而造成错误的判断，所以采用正交试验的手段。

通过采用标准正交表对影响因素的不同进行排列组合，设计多种试验方案，每个方案都是有代表性的水平值的相互组合，故可分析出敏感性强弱和最优水平因素参数。比如：设计16组正交试验，变量参数为压裂级数、压裂簇数、压裂带宽、压裂缝长、裂缝导流能力，正交试验数据见表2-13。

表2-13 正交试验数据

所在列	1	2	3	4	5
因素	压裂级数	单级簇数	SRV区带长	SRV区带宽	裂缝导流能力
试验1	6	6	100	40	5
试验2	6	8	120	50	10
试验3	6	10	140	60	15
试验4	6	4	160	80	20
试验5	8	6	120	60	20
试验6	8	8	100	80	15
试验7	8	10	160	40	10
试验8	8	4	140	50	5
试验9	10	6	140	80	10
试验10	10	8	160	60	5
试验11	10	10	100	50	20
试验12	10	4	120	40	15
试验13	12	6	160	50	15
试验14	12	8	140	40	20
试验15	12	10	120	80	5
试验16	12	10	100	60	10

（2）正交试验分析。

通过对结果的直观性分析和方差计算，分析判别影响因素的显著程度（表2-14）。

表2-14 正交试验的累计产油量

所在列	1	2	3	4	5	6
因素	压裂级数	单级簇数	SRV区带长	SRV区带宽	裂缝导流能力	试验结果
试验1	6	4	100	40	5	8675
试验2	6	6	120	50	10	10534
试验3	6	8	140	60	15	12567
试验4	6	10	160	80	20	15789
试验5	8	4	120	60	20	14351
试验6	8	6	100	80	15	15107
试验7	8	8	160	40	10	13901

续表

所在列	1	2	3	4	5	6
因素	压裂级数	单级簇数	SRV区带长	SRV区带宽	裂缝导流能力	试验结果
试验8	8	10	140	50	5	13831
试验9	10	4	140	80	10	20615
试验10	10	6	160	60	5	17849
试验11	10	8	100	50	20	15053
试验12	10	10	120	40	15	15038
试验13	12	4	160	50	15	19763
试验14	12	6	140	40	20	17859
试验15	12	8	120	80	5	19000
试验16	12	10	100	60	10	16985

在直观性分析中，首先分别对每套方案的各因素各个水平的试验结果进行求和统计，数值为 K_1、K_2、K_3、K_4。其次分别求出各因素各水平结果的平均值，即 k_1、k_2、k_3、k_4（$k=K/4$）。最后分别求出各因素平均值的最大值或最小值之间的级差 R_j。结果越大表示与之相对应因素的影响程度就越大，按照结果的大小关系，确定体积压裂对几个参数的敏感性。比如：根据级差结果得出，对油井产量影响最大的因素是压裂级数，其他因素的影响程度为：SRV区带宽（压裂带宽）> SRV区带长（压裂缝长）> 裂缝导流能力 > 单级簇数。

在方差分析中，总离差平方和：

$$Q_\mathrm{T} = \sum_{i=1}^{n} X_i^2 - \frac{1}{n}\left(\sum_{i=1}^{n} X_i\right)^2 \tag{2-5}$$

式中：X_i 为正交试验结果；n 为正交试验的次数。

因素离差平方和：

$$Q = \frac{1}{g}\sum_{i=1}^{q} K_i^2 - \frac{1}{n}\left(\sum_{i=1}^{n} X_i\right)^2 \tag{2-6}$$

式中：g 为试验次数与因素水平数之间的比值。

$$自由度 = 因素水平数 - 1 \tag{2-7}$$

$$均方差 = \frac{离差平方和}{自由度} \tag{2-8}$$

$$F值 = \frac{因素均方差}{误差均方差} \tag{2-9}$$

显著性是根据选择的置信度大小、因素自由度和误差自由度3个变量，根据标准表中的 F 值，和计算出每个因素的 F 值作比较得出结论。如果计算结果 F 值大于标准表中 F 值时，说明在选择的显著性水平上，此因素对试验结果影响很大。

二、经济性评价

1. 增产改造项目经济性评价方法

贴现现金流法（Discounted Cash Flow，简称 DCF 法）是目前应用最广泛、最成熟的经济评价方法。现金流量分析是从现金的流入和流出情况，分析把握企业或项目在一定期间内的经营、投资和筹资活动所产生的现金流量。

其计算公式如下：

$$\text{DCF}_t = \sum_{t=0}^{n} \frac{\text{CF}_t}{(1+r)^t} \tag{2-10}$$

式中：r 为贴现率；CF_t 为第 t 年的现金流量；n 为项目开发回收存续期。

现金流量 CF 可用式（2-11）表示：

$$\text{CF}_t = \text{GR}_t - \text{CAPEX}_t - \text{OPEX}_t - \text{TAX}_t \tag{2-11}$$

式中：GR 为增产改造项目总收入（包括油气销售收入和各级政府的补贴收入）；CAPEX 为项目资本性支出（即用于增产改造的一次性投入）；OPEX 为项目回收期内的运营成本（包括用于油气生产的人工、水电、维保等费用）；TAX 为向政府交纳的税费。在贴现现金流法的框架之下，需要计算三个指标，用来评价项目的经济可行性，这三个指标分别是净现值、内部收益率和投资回收期。

2. 净现值

净现值（Net Present Value，简称 NPV）是按煤层气行业的基准收益率或设定的折现率 r，将各年净现金流量折现到建设期初的现值的累计之和，其计算公式如下：

$$\text{NPV} = \sum_{t=0}^{n} \frac{(\text{CI}-\text{CO})_t}{(1+r)^t} \tag{2-12}$$

式中：$(\text{CI}-\text{CO})_t$ 为第 t 年的净现金流量；CI 为现金总流入；CO 为现金总流出；r 为贴现率；n 为项目开发回收存续期。

计算净现值时，要按预定的贴现率对投资项目的未来现金流量进行贴现，预定贴现率是投资方所期望的最低投资报酬率。净现值为正，说明项目的实际报酬率高于所要求的报酬率，项目可行。净现值为负，说明项目的实际投资报酬率低于所要求的报酬率，项目不可行。当净现值为零时，说明项目的投资报酬刚好达到所要求的投资报酬。所以，净现值的实质就是投资项目报酬超过基本报酬后的剩余收益。在煤层气开发项目中，贴现率 r 通常取值 10%。

3. 内部收益率

内部收益率（Internal Rate of Return，简称 IRR），是指项目在计算期内各年净现金流量累计现值为零时的折现率，也即净现值为零（NPV=0）时的折现率。它反映了项目投资资金的使用效率。其表达式为：

$$\text{NPV} = \sum_{t=0}^{n} \frac{(\text{CI}-\text{CO})_t}{(1+\text{IRR})^t} = 0 \tag{2-13}$$

内部收益率是一个投资项目能够达到的报酬率，该指标越大越好。一般情况下，内部收益率大于等于行业基准收益率（贴现率）时，该项目是可行的。内部收益率小于行业基准收益率时，说明该项目未达到行业基准水平，应考虑予以放弃。

4. 投资回收期

投资回收期（Payback Period）就是使累计的经济效益等于最初的投资费用所需的时间，即通过资金回流量来回收投资的年限。投资回收期可分为静态投资回收期和动态投资回收期，静态投资回收期是在不考虑资金时间价值的条件下，以项目的净收益回收其全部投资所需要的时间；动态投资回收期是把投资项目各年的净现金流量按基准收益率（贴现率）折成现值之后，再来推算投资回收期。

动态投资回收期表达式为：

$$\text{NPV} = \sum_{t=0}^{P_t} \frac{(\text{CI} - \text{CO})_t}{(1+r)^t} \qquad (2-14)$$

式中：P_t 为动态投资回收期；r 为基准收益率或贴现率。

参 考 文 献

[1] 刘乃震，何凯，叶成林，等．地质工程一体化在苏里格致密气藏开发中的应用[J]．中国石油勘探，2017，22（1）：53-60．
[2] 马成龙，张新新，李少龙，等．页岩气有效储层三维地质建模——以威远地区威202H2平台区为例[J]．断块油气田，2017，24（4）：495-499．
[3] 赵春段，张介辉，蒋佩，等．页岩气地质工程一体化过程中的多尺度裂缝建模及其应用[J]．石油物探，2022，61（4）：719-732．
[4] 李卓沛，聂舟，井翠，等．三维地应力建模新技术在长宁深层页岩气区块的应用[J]．钻采工艺，2019，42（6）：5-8，1．
[5] 何易东，任岚，赵金洲，等．页岩气藏体积压裂水平井产能有限元数值模拟[J]．断块油气田，2017，24（4）：550-556．
[6] 龙胜祥，张永庆，李菊红，等．页岩气藏综合地质建模技术[J]．天然气工业，2019，39（3）：47-55．

第三章 体积压裂方法及工艺技术

为增加水平井筒与储层接触面积，增加裂缝复杂程度和泄油面积，实现产能最大化，在水平井分段压裂技术基础上，衍生出水平井体积压裂技术。水平井体积压裂技术基于岩石起裂及扩展机理研究，通过储层可压性评价，综合考虑储层物性、应力场特征，将水平段划分为多个压裂段，并在压裂段内划分多个射（开）孔簇，采用变排量、限流射孔、暂堵转向等裂缝复杂化技术手段，使全水平段得到均衡改造，实现从单裂缝改造向网络裂缝体积改造转变，使低渗透致密油气藏水平井压裂开发产量最大化。

我国水平井体积压裂改造技术经历了从无到有，从 1.0 向 2.0 的跨越式发展进程[1]。

2010—2013 年，我国水平井体积压裂处于试验阶段。在此期间，中国石油通过水平井改造重大项目攻关实现了水平井分段压裂技术从无到有的突破，形成了双封单卡、套内滑套封隔器等改造工艺。但由于开采对象不断向页岩气、致密油等非常规领域拓展，对裂缝控藏要求更高。

2014—2018 年（体积压裂 1.0），为进一步提升压裂开发效果，我国进入水平井体积压裂技术探索阶段，不断强化国外先进技术的引进、消化、吸收与创新，形成地质工程一体化设计优化理念，建立工厂化作业模式，在储层改造关键技术、装备等方面初步实现自主化和国产化。

2019 年至今，为进一步提高作业效率、降低作业成本，我国水平井体积压裂进入 2.0 阶段，结合国内非常规油气藏特征，对标国外先进理念和指标，进一步建立满足低渗透致密储层改造需求的压裂工艺和作业模式。

第一节 体积压裂理念及内涵

一、体积压裂理念产生

Mayerhofer 等在研究 Barnett 页岩微地震监测技术及压裂情况时，首次提出油藏改造体积（Stimulated Reservoir Volume，SRV）这个概念，并针对不同 SRV，研究累计产量变化，发现 SRV 越大累计产量越高，从而提出增加储层改造体积这一增产思路[2]。通过 Barnett 页岩累计产量对比分析，验证了改造体积越大、增产效果越好的观点。

常规压裂技术建立在以线弹性断裂力学为核心的经典理论基础上，最大特点是假设水力压裂人工裂缝起裂为张开型[3]，且沿井筒射孔层段形成双翼对称裂缝。对低渗透致密储层来说，以一条主裂缝改善储层渗流能力，主裂缝垂直方向仍是基质向裂缝的"长距离"渗流，渗流能力并未得到显著改善，单个主流通道无法提升储层整体渗流能力。

体积压裂是在水力压裂过程中，综合应用各种工艺方法与技术手段，如水平井分段压裂技术，开启成百上千条主裂缝，使裂缝壁面与储层基质接触面积无限增加；再通过段内多簇、应力诱导、暂堵转向等极限增效技术手段，强制储层岩石发生剪切滑移，使天然裂缝、微断裂、岩石层理等结构弱面不断延伸成导流裂缝，最终实现天然弱面与人工裂缝相互交错，形成复杂裂缝网络。纵横交错、上下移位的高密度立体裂缝网络，不仅增大了泄油体积，而且使油气从任意方向基质到裂缝的渗流距离最短，大幅提高储层整体渗透率[3]，实现对储层在长、宽、高三维方向的全面改造。该技术不仅可以大幅度提高单井产量，还能降低储层有效动用下限，最大限度提高难动用储量采收率。

体积压裂理念的提出，颠覆了经典压裂理论及开发认知，是现代压裂理论发展的基础，使储层改造技术从一项增产措施，迅速升级为一门交叉学科。在大数据、人工智能、新能源、新材料、碳循环技术加持下，储层改造学科不仅具有实践的综合性，又有经典力学及有限元方法支撑，具备一定的理论独立性。

二、体积压裂定义解析

体积压裂技术有狭义与广义两种定义，狭义体积压裂定义主要针对天然裂缝、岩石层理及结构弱面比较发育的脆性致密储层水平井，广义体积压裂定义包含天然裂缝、微断裂不发育储层及非层状储层，既包括水平井，也包括直井和定向井。

狭义的体积压裂技术，是以产生网络裂缝为目的的储层改造技术[3]，在形成一条或多条主裂缝同时，通过分段多簇射孔，高排量、大液量、低黏液体及转向材料应用等，实现主裂缝对天然裂缝、岩石层理及结构弱面的沟通，以及在主裂缝侧向强制形成次生裂缝，并在次生裂缝上继续分枝形成二级次生裂缝。使主裂缝与多级次生裂缝交织形成裂缝网络系统，将整块低渗透致密储层切割成可以进行有效渗流的"碎石堆"，提高单井产量，提高采收率，使储量动用最大化。

广义上的体积压裂技术，包括所有能提高储层改造体积（SRV）的压裂技术，如提高纵向剖面动用程度的分层压裂技术、穿层压裂技术，提高人工裂缝复杂程度的直井暂堵转向压裂技术，提高储层渗流能力及增大储层泄油面积的水平井分段改造技术等。从工艺实现角度来看，直井钻井难度低、成本低，但体积压裂实现难度远高于水平井，除暂堵转向、多井同步压裂，至今仍未形成成熟有效的工艺方法与技术手段。

体积压裂技术不仅要实现储层改造体积最大化，如长水平段、造长缝、穿层压裂等，即裂缝及其渗流体积最大，还要实现渗流距离最近，即单位体积内裂缝与储层接触面积最大化，也可以表征为裂缝密度最高。

三、体积压裂技术内涵

体积压裂技术是现代理论下压裂技术总称，"缝网"是体积压裂追求的理想裂缝形态，"缝网压裂"技术是体积改造技术的一种表达形式，其技术内涵体现在以下五个方面[4]：

（1）体积压裂可以"打碎"储层，使人工裂缝以复杂缝网形态扩展，进而"创造"人造渗透率。

目前主要采用裂缝复杂指数来表征体积压裂效果，裂缝复杂指数越大，形成的改造体积就越大，裂缝密度就越高，缝网形态越复杂。

（2）体积压裂"创造"的裂缝，表现形式不是单一张开型破裂，而是剪切破坏，以及错断、滑移等。

体积压裂起裂模型突破了传统经典模式，不再是单一的张性缝起裂与扩展，而是多裂缝起裂与网络化扩展。形成的裂缝不是简单的双翼对称缝，而是复杂缝网。

（3）体积压裂技术"突破"了传统渗流理论模式，其核心是储层基质流体向裂缝渗流距离最短，大幅降低了基质流体实现有效渗流的驱动压力。

由于传统理论模式下的压裂裂缝为双翼对称缝，如果基质渗透率极低，基质流体向人工裂缝实现有效渗流的距离非常短，裂缝远端储层流体很难实现"长距离"渗流，有效动用率低。

（4）体积压裂技术适用于脆性指数较高的储层。

储层脆性指数不同，体积压裂技术方法也不同。脆性指数越高，岩石越易形成复杂缝网，因此，脆性指数的大小是优化改造技术模式和液体体系的关键参数。按照岩石矿物学分类判断，一般石英含量超过30%，可认为具有较高脆性指数。

（5）体积压裂技术采用"多段多簇"改造理念，是对水平井分段压裂技术的突破。

"多段多簇"压裂利用缝间干扰实现裂缝转向，产生更多复杂缝，是储层改造力学理论的一个重大突破，是体积压裂技术的关键之一。多段多簇射孔（滑套）及相应改造技术方法是体积压裂技术理念的重要体现形式，实现缝间应力干扰的最重要的手段就是多段多簇压裂。

四、体积压裂设计优化核心原则

随着储层改造技术不断发展，以水平井分段压裂技术为基础，旨在增大储层改造体积（SRV）的水平井体积压裂设计理念也随之发生变化，概念更加清晰、方法更加明确。

设计优化核心原则有以下几个方面[4]：

（1）优化缝间距，利用缝间干扰，形成复杂裂缝。

缝间距优化即为簇间距优化，在具体优化时，需通过数值模拟首先确定簇间距，然后根据簇间距确定簇数，即可确定每段压裂段长，进而根据水平段长度确定每口井压裂段数。

裂缝间距对采收率影响很大，间距越小，采收率越高，如图3-1所示。

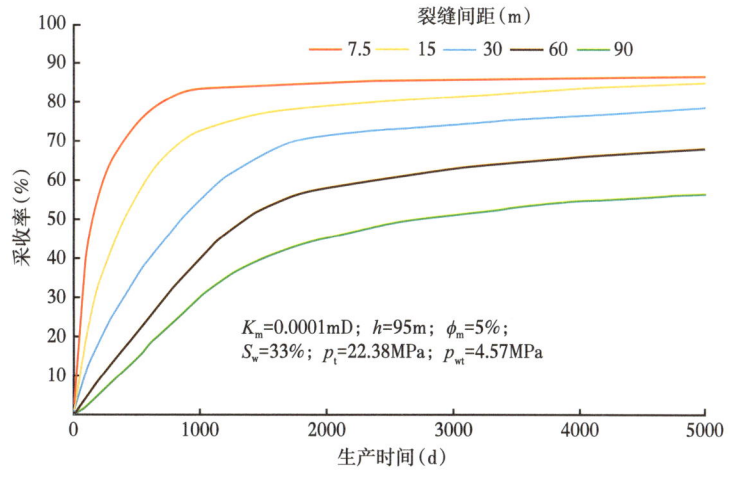

图3-1 不同缝间距下气藏采收率示意图

（2）非均匀布簇，提高"甜点"改造效率。

水平井分段压裂依据"缝间避扰"改造理念，采用单簇射孔、大段距压裂，且大多采用均匀分段模式。实际因储层非均质性强，高产水平井有产量贡献的射孔簇大于80%，而低产井中有产量贡献的射孔簇小于65%，甚至仅占30%。由此可见，优化射孔簇位置及簇数对改善压裂效果影响巨大。在此认识基础上，产生非均匀布段（簇）设计理念，主要设计依据包括层段应力最低、天然裂缝发育，具高脆性、高含气量、高岩石强度等特性。

（3）优化支撑剂铺置模式，提高改造效果。

在支撑剂总量一定时，如果裂缝复杂度增加，平均支撑剂浓度就会降低，支撑剂嵌入效应也会增加，从而导致裂缝导流能力下降。常压或脆性储层，支撑剂强度、支撑剂粒径，以及防嵌入能力是低浓度支撑剂保持导流能力的关键因素；高压或塑性储层，当支撑剂浓度较低时，应力集中、支撑剂破碎及嵌入会导致裂缝有效支撑不够而影响改造效果。因此，不同储层特征，需要不同的支撑剂铺置方式。

（4）小粒径粉砂有效支撑与转向作用。

传统压裂理论中，小粒径粉砂0.15mm（100目）主要用于天然裂缝发育储层压裂，其作用是封堵天然裂缝并降低滤失，确保形成主缝并将压裂液流动限制在主裂缝内；或用于控制缝高，在裂缝底部形成一个楔形砂塞，阻止裂缝向下延伸。但在体积改造中，在高排量压裂作用下，充分利用石英砂粒径小的特点，使其在开启的微裂缝中不断运移，在微裂缝远端随机沉降并支撑微裂缝，促使微裂缝转向扩展，并在新方向开启新的微裂缝，周而复始使得微裂缝不断转向，沟通主裂缝或次生裂缝，形成具有一定支撑的复杂裂缝网络。

第二节 密切割体积压裂技术

一、密切割裂缝参数优化

"密切割"体积改造技术要点是缩小簇间距[5]，但簇间距缩小，裂缝条数会增加。由于压裂施工排量不可能无限增加，裂缝条数增加会导致每条裂缝分流量降低，改造裂缝长度降低。为了实现对整体储层更大面积的控制，"密切割"体积改造技术还要求在传统井距基础上进一步缩小井距。

簇间距和井间距优化设计是"密切割"体积改造中两个关键性问题，合理的压裂设计对油田开发具有重要意义。油藏数值模拟具有适用面广、经济高效等优点，被广泛用于压裂设计优化。

1. 缝间距

裂缝间距是"密切割"改造设计最关键的参数，可通过油藏数值计算方法模拟生产期间产层压力场、预测累计产量。

图3-2所示为某页岩油投产365天后，10m、30m缝间距时油藏压力分布。压力云图越接近红色，表示油藏压力越接近原始地层压力。缝间距为30m时，仅在裂缝周围产生压降，缝间油藏压力大部分仍处于原始压力；而缝间距为10m时，裂缝区整体产生压降。因为裂缝条数随缝间距减小而增加，裂缝与基质接触总表面积增加，基质流体向裂缝渗流距离缩短，基质流体更易流入裂缝，储层排液增加，油藏动用程度提高。

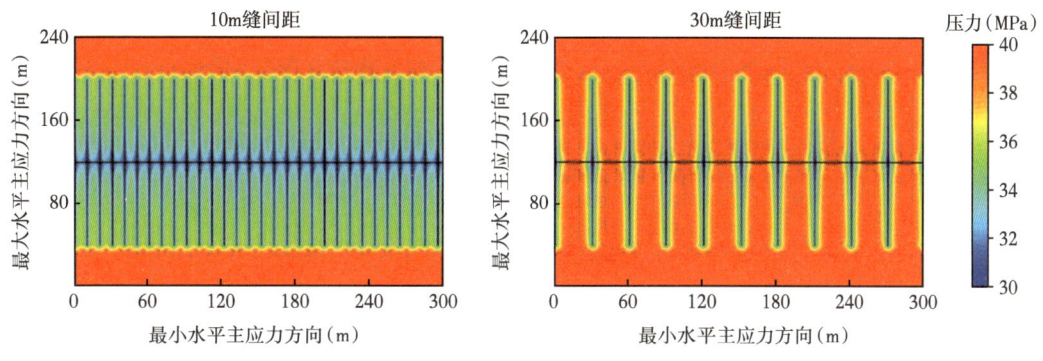

图 3-2 不同缝间距下储层压力云图

缝间距越小,油井累计产量越高,缩短缝间距可大幅度提高油井产量。如图 3-3 所示,缝间距为 10m 的油井年累计产量是缝间距为 30m 的油井产量的 1.63 倍。缩短缝间距增产主要因为裂缝条数增加,基质与裂缝接触面积增加、泄油面积增加。

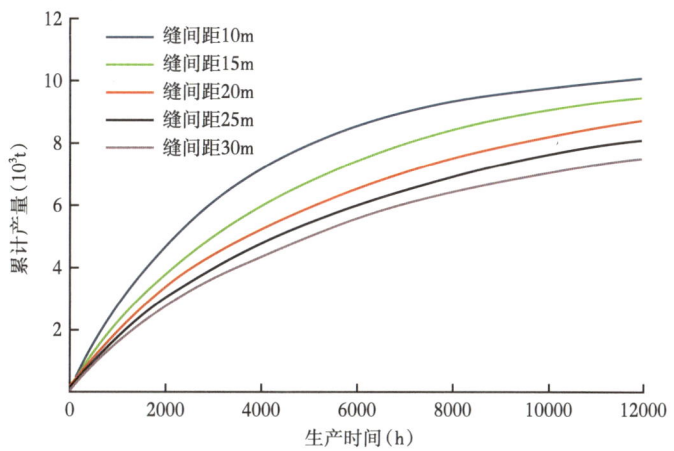

图 3-3 不同缝间距下累计产量曲线

从图 3-3 可以看出,油井累计产量曲线斜率变化也与缝间距有关。缝间距小,累产曲线斜率越大,直至出现拐点。这表明,针对低渗透、致密储层,采用"密切割"体积压裂开发方式,可实现快速建产。

借鉴流体有效渗流距离与驱动压差的关系,有效渗流距离是特定驱动压差下流体在一定时间内流动的距离。缝间距不断缩小,基质与裂缝之间流体线性渗流距离变得更短,渗流距离内所需驱动压差减小,基质中的流体向裂缝供液更容易,因而油井产量更高。

图 3-4 所示为流体孔隙度 12%、黏度 10mPa·s,流动时间 1 年时有效驱动距离与渗透率关系曲线。相同时间内,随着渗透率增加,油气渗流难度减小,流体有效流动距离增大,基质内可动用储量增加,流体产出量增大。

此外,随着缝间距缩小,应力干扰严重,可能造成应力偏转。图 3-5 所示为缝间距为 76m、15m 时水平最大主应力分布云图,红色箭头代表水平最大主应力方向,当缝间距缩小至15m时，水平最大主应力方向发生偏转。根据断裂力学理论，裂缝总是沿着阻力最小的方向扩展。因此，缩小缝间距导致的诱导应力偏转促使主裂缝转向，水力裂缝与天然裂缝相互作用增强，缝间改造更充分，甚至可能实现全改造。

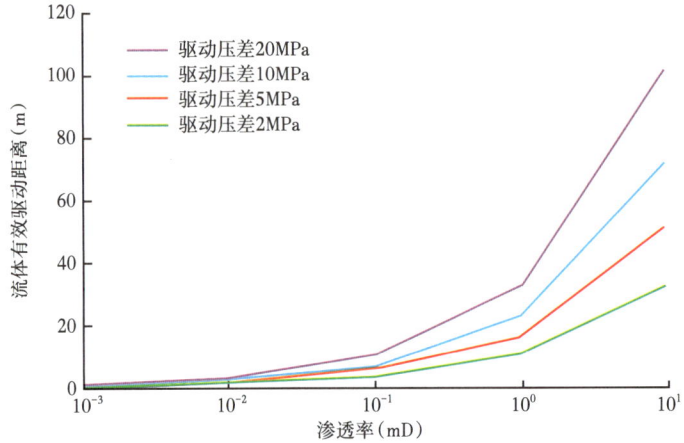

图3-4 流体有效驱动距离与渗透率关系曲线

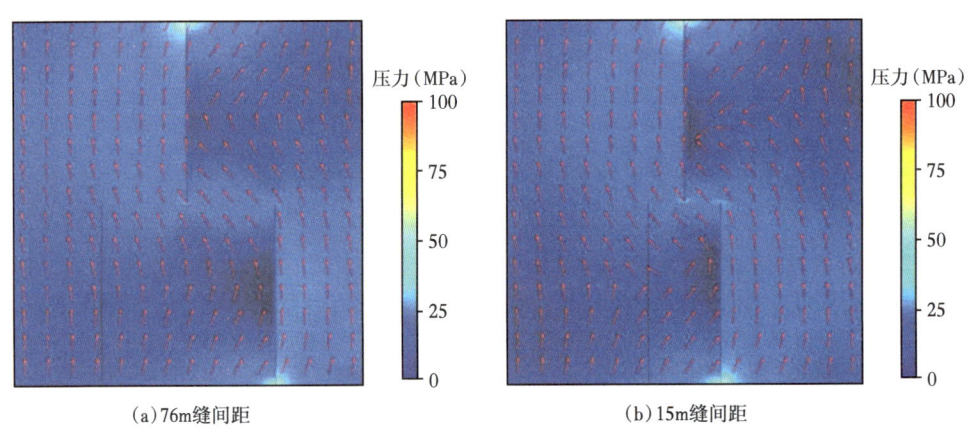

图3-5 不同缝间距下水平最大主应力云图

综上所述，缩小缝间距增产作用体现在：①增加切割基质裂缝条数，增加基质与裂缝接触（泄油）面积；②缩短基质向裂缝渗流距离，减小流体由基质向裂缝渗流所需的驱动压差；③增加缝间应力干扰甚至导致应力反转，促使水力裂缝转向，增加缝间改造区宽度。

2. 裂缝复杂程度

水力裂缝与天然裂缝相互作用将形成复杂缝网，复杂裂缝影响缝间储层泄油面积控制，准确刻画复杂裂缝形态、认识复杂裂缝在储层流体渗流中扮演的作用，对缝间距合理优化设计具有重要指导意义。

图3-6所示为缝间距20m的复杂裂缝和简单裂缝投产一年后储层局部压力分布云图，

从图 3-6 可以看出，复杂裂缝间压降范围比简单裂缝更宽、控制范围更广。因为储层流体由基质经天然裂缝进入主裂缝比单一由基质进入主裂缝更容易。同时也说明，天然弱面发育的脆性储层通过压裂容易产生复杂裂缝，压裂设计时所需缝间距无须太小；而天然弱面不发育储层、塑性储层压裂改造不容易产生复杂裂缝，压裂设计时可考虑缩短簇间距，提高缝间基质控制程度。

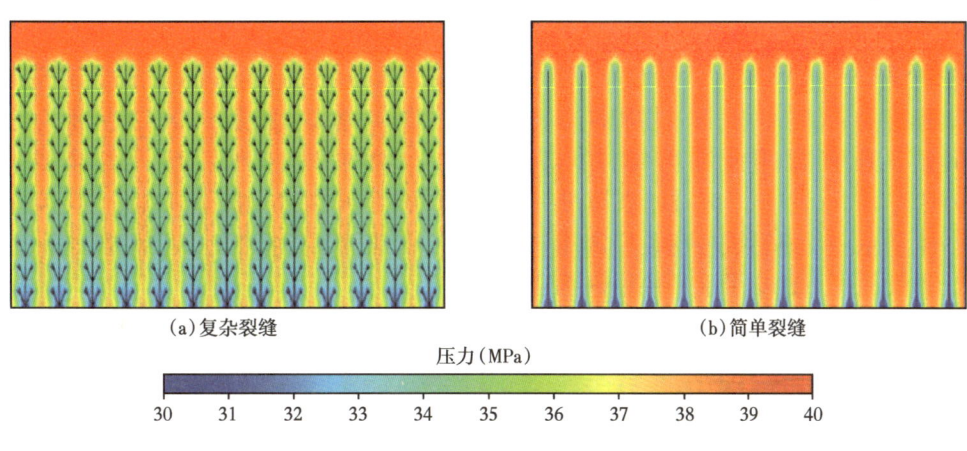

图 3-6　裂缝复杂程度对储层压力影响云图

3. 裂缝支撑程度

油田现场实践和油藏数值模拟研究表明，实际裂缝的有效支撑缝长与压裂设计长度存在一定差异，实际支撑长度往往小于设计缝长。这主要是因为压裂液滤失，液体携砂性能差，以及支撑剂选择不合理导致其过早沉降，无法运移至裂缝尖端，裂缝远端处于无支撑状态。

图 3-7 所示为裂缝远端支撑剂充填对储层压力场的影响云图。投产 365d 后，裂缝前端 15m 无支撑时，裂缝尖端 10m 范围内储层压力接近原始地层压力；而裂缝全支撑时，裂缝尖端 10m 范围内储层压力下降。数值模拟结果表明，随着裂缝远端未填砂部分长度增加，储层压力扩散范围逐渐变小，裂缝尖端储层动用程度降低。

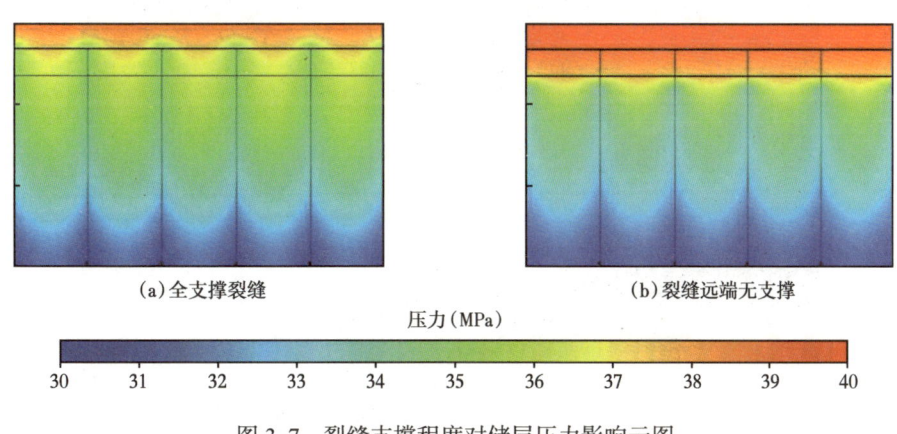

图 3-7　裂缝支撑程度对储层压力影响云图

二、多裂缝竞争扩展机理

水平井段内多簇压裂是实现密切割体积压裂的主要工艺手段,在实现密切割造缝前提下,将多条人工裂缝集中在同一压裂段内,可有效降低水平井分段压裂级数及硬分段作业成本,还能利用多裂缝应力干扰,增强裂缝复杂性。无论是塑性储层、还是脆性储层,无论储层是否发育应力弱面,多裂缝起裂并均匀扩展,都是践行体积压裂核心理念的基石与支柱。

井筒内机械分段是一种强制性硬转向技术手段,而段内多簇压裂属一次水力泵注下的软分流工艺方法,如图 3-8 所示[2],国内普遍称之为限流法压裂。水力多裂缝压裂,裂缝扩展形态受储层横向展布非均质性影响,各簇裂缝竞争水力能量,裂缝扩展不均匀。实时微地震、光纤监测和压后生产测井均表明,同一段内并非所有压裂簇都可以全部有效起裂,在"应力干扰"下,部分压裂簇没有形成有效的延伸裂缝,甚至未能形成有效裂缝,如图 3-9 所示。最终造成各压裂段产能差别较大,压裂簇实际贡献率极不均衡,有些簇甚至不出油气,严重影响了水平井体积压裂改造效果。

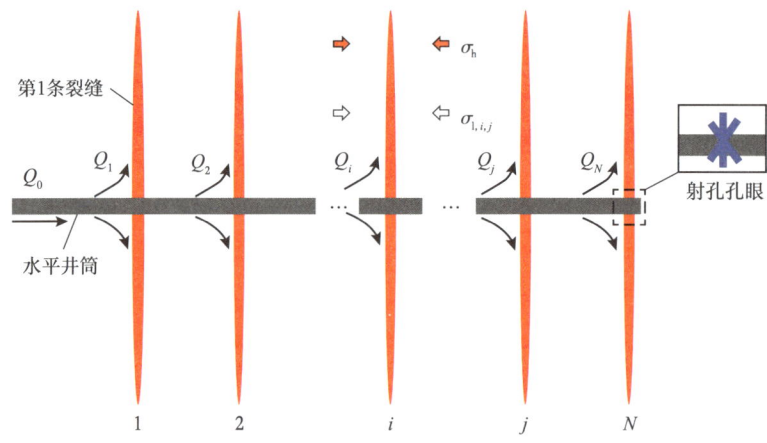

图 3-8 多裂缝水力分流(限流法)示意图

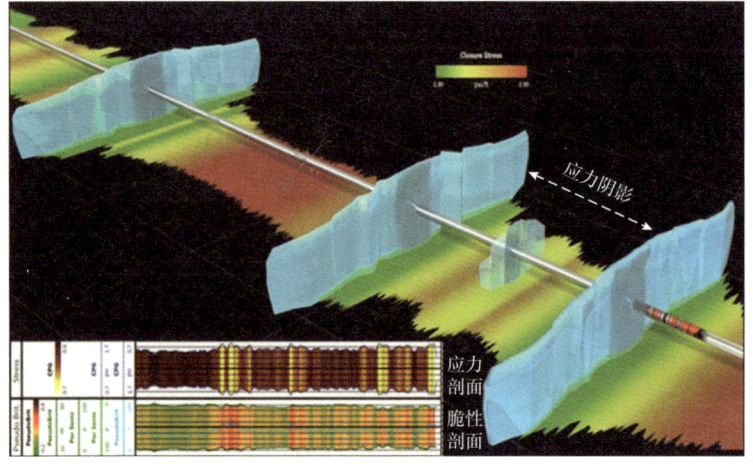

图 3-9 多裂缝不均衡扩展示意图

1. 储层非均质性

储层非均质性来源于岩石中大量的天然裂缝及层理界面、结构弱面等地质非连续性，这些裂缝或界面表现出与岩石基体不同的损伤和断裂特性（例如断裂韧性）。即便无天然弱面存在，不同岩性储层也表现出明显的材料差异性（例如密度、弹性模量及泊松比）。还有储层塑性、脆性及不同构造应力（张/压应力区）影响，使水力裂缝扩展极不均衡，尤其是界面附近扩展行为非常复杂。

2. "应力阴影"效应

水力压裂产生的裂缝会在地层中产生一定的诱导应力，改变储层岩石应力大小与方向，这种现象被称为裂缝"应力阴影"效应，在水平井分段多簇压裂时由于多条裂缝同时延伸，裂缝相互影响显著，会导致水力裂缝出现非均匀扩展现象，如图3-10所示。

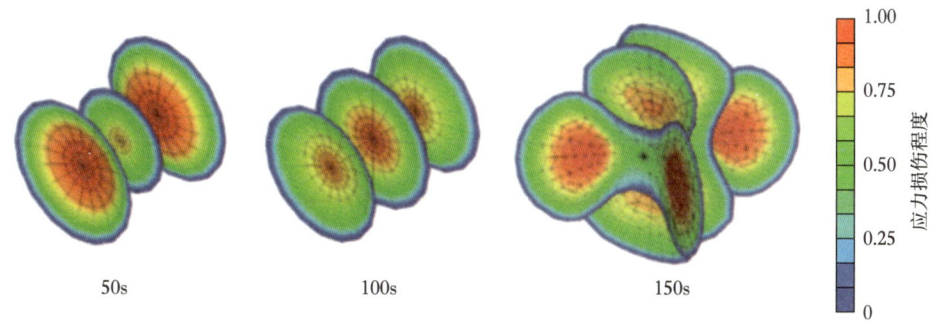

图3-10 "应力阴影"效应对水力裂缝动态扩展影响示意图

由于水力裂缝间诱导应力场影响，中间裂缝在延伸过程中裂缝宽度明显降低，从而增加了压裂液进入裂缝的流动阻力，最终导致各裂缝间的进液量平衡被打破。在整个多裂缝竞争扩展过程中，在压裂初期受诱导应力场影响较小的水力裂缝，在压裂后期进入的压裂液量更大，因而其延伸长度也更大。而在压裂初期受诱导应力场影响较大的水力裂缝在后期获得的压裂液量更小，其在后期扩展长度也更小，甚至停止扩展。

3. 三裂缝扩展模拟

图3-11所示为三裂缝水力扩展示意图，在水力裂缝延伸过程中，由于受到两边压裂簇扩展产生的应力影响，中间簇裂缝扩展长度小于外侧裂缝。随着缝间距增大，中间簇裂缝与外侧裂缝扩展差距减小。随着注入时间增大，外侧裂缝进液量逐渐增多并趋于稳定，而中间簇裂缝进液量逐渐减小并趋于恒定值。缝间距7.5m时，中间簇裂缝流量仅为外侧裂缝流量的13%；缝间距20m时，中间簇裂缝流量为外侧缝流量的29%。

三裂缝扩展过程中，外侧裂缝宽度最大，中间簇裂缝受两侧缝应力"挤压"作用，裂缝

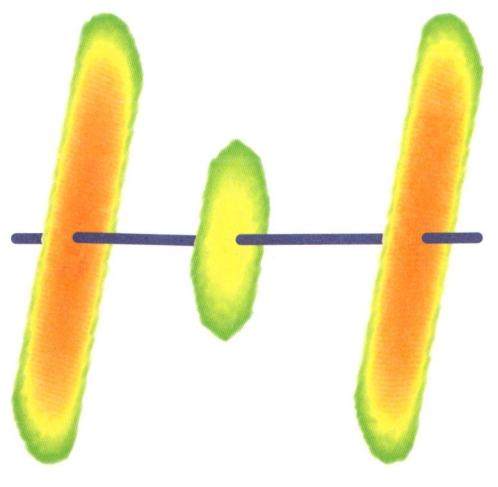

图3-11 三裂缝不均衡扩展示意图

宽度减小。虽然簇间距增加会改善多裂缝非均匀扩展问题，但较大的簇间距降低了水力裂缝的"密集切割"效应，并不是提高储层改造效果的有效途径。如何在不扩大裂缝间距前提下，优化施工参数来获得合理的裂缝形态，才是段内多簇压裂设计优化的工艺核心，如采用极限限流射孔、簇间暂堵转向或一段一缝压裂改造工艺等。

三、多裂缝均衡改造技术

在多裂缝压裂时，中间裂缝受外侧裂缝应力干扰较大，导致其扩展受阻，竞争扩展始终处于弱势地位。如果能降低中间裂缝扩展阻力，就能提高多裂缝扩展均匀程度[6]。减少中间缝扩展阻力主要从孔眼摩阻和应力干扰两方面考虑，孔眼摩阻的主要影响因素是孔眼直径及数量，而裂缝应力干扰的主要因素是裂缝簇间距。另外，压裂排量、压裂液黏度对裂缝扩展均匀度也有影响。

在密切割前提下，实现多裂缝均衡扩展，目前主要采用极限限流法压裂，同时强化压裂参数、优化簇间距等参数也能显著改善裂缝扩展不均匀缺陷。

1. 压裂参数优化

针对限流法压裂出现的多簇裂缝不均匀扩展现象，国内外普遍认识是压裂排量低、缝内净压力不够高，地应力非均质性、"应力阴影"及孔眼冲蚀造成多簇裂缝流量分配不均匀。

（1）压裂排量。

压裂排量对多裂缝扩展均匀程度有影响，当排量不断增大时，中间裂缝进液量占比不断增加，外侧裂缝进液量比例不断降低，裂缝扩展均匀性也不断增加。但由于储层天然的非均质性，很难达到各簇裂缝扩展齐头并进的理想目标。

在压裂液注入初期，多裂缝同步起裂并均匀扩展，随着缝间干扰的产生，以及缝间流量分配不均匀性的加剧，中间裂缝逐渐闭合，中间射孔簇很难形成有效裂缝。增大施工排量能够增大压裂液进入侧边裂缝摩阻，但在目前施工能力条件下，增大排量对于增大侧边裂缝注入摩阻的能力十分有限，不能平衡或消除缝间干扰作用。

（2）压裂液黏度。

随着压裂液黏度增大，井筒摩阻增大，发挥一定的限流作用。但中间裂缝进液量比例有所减小，外侧裂缝进液量比例略有增加，不利于压裂液在多簇裂缝之间平均分配。

2. 簇间距优化

在不同簇间距下，各簇裂缝进液量、扩展均衡度有所不同。当簇间距增大时，中间裂缝进液量不断增大，而两侧裂缝进液量则逐渐降低，"应力阴影"效应逐渐消除，裂缝扩展均衡度提升明显。

图3-12所示为不同簇间距下裂缝进液量与裂缝均衡度变化规律，当簇间距从10m增加到40m时，裂缝均衡度从0.58增加到0.67。在其他参数保持不变的情况下，裂缝均衡度在簇间距为10~30m时变化明显，簇间距为30~40m时，裂缝均衡度小幅增加。

在非均质储层中，因储层非均质性难以精细刻画，如采用非均匀布孔，裂缝均衡度始终小于等间距布孔。如果储层非均质性严重，应尽量保持等间距布缝，避免出现单一裂缝过度延伸影响压裂改造效果。

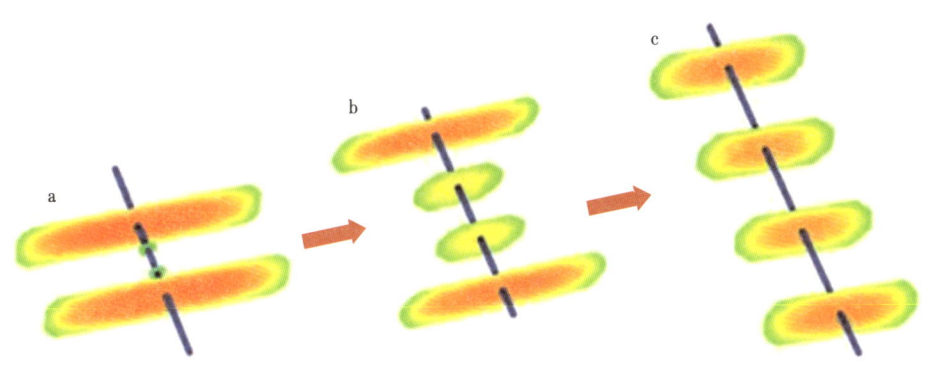

图 3-12 多裂缝大间距均衡扩展示意图

3. 极限限流压裂

壳牌公司 Somanchi 于 2017 年提出"压力条件下尽可能提高射孔摩阻",以保证各簇裂缝均匀扩展的方法,称之为"极限限流法"(射孔摩阻 15MPa 及以上,远大于 5MPa 以下的限流法射孔摩阻)。

极限限流压裂技术,是通过控制射孔密度减少射孔数量,在井口压力和设备条件允许范围内,通过增大注入排量,增大孔眼摩阻,利用孔眼摩阻来提高井底压力,使压裂液分流,提高段内各簇进液均匀程度。在压裂过程中,压裂液高速通过射孔孔眼,进入储层时产生孔眼摩阻,该摩阻随排量增大而增大,并使井底压力快速升高。一旦井底压力超过各射孔簇破裂压力,各簇同时被压开。通过调节射孔孔眼直径及数量,可同时改造不同破裂压力层段,如图 3-13 所示。

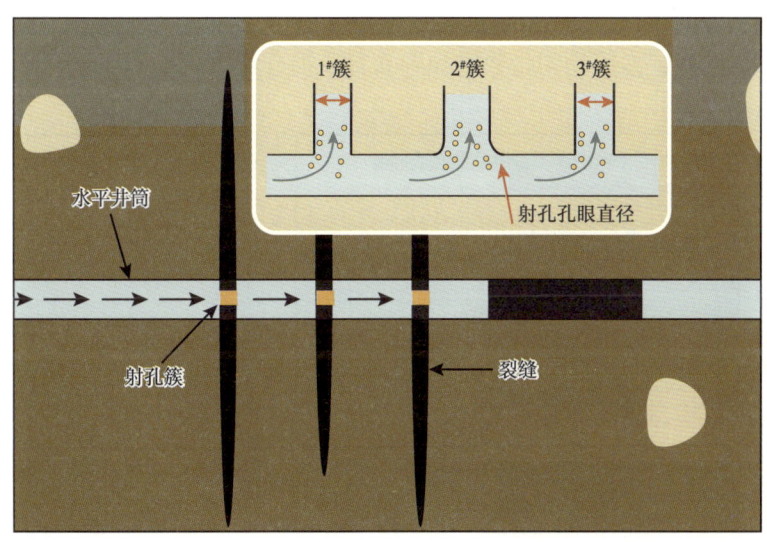

图 3-13 极限限流压裂工艺原理示意图

(1)等孔径布孔。

等孔径射孔是实现限流射孔的有效途径之一[7],下面以某区块为例,分析限流射孔簇参数与裂缝扩展间关系。

裂缝扩展模拟参数为：注入排量 14m³/min；杨氏模量 44GPa，泊松比 0.26；压裂液密度 1.1g/cm³，压裂液黏度 2mPa·s；最大水平主应力 88MPa，最小水平主应力 72MPa，裂缝韧性值 3.4MPa·m^{1/2}。在射孔簇间距相同的情况下，段内采用 6 簇射孔，射孔密度 6 孔/簇，模拟孔眼直径为 6mm、10mm 和 14mm 时，不同裂缝簇间距下的多裂缝扩展诱导应力场分布及裂缝形态变化，如图 3-14 所示（图中裂缝法向诱导应力沿最小水平主应力方向，红色线条表示裂缝，线条宽度表征裂缝宽度，彩色区域为诱导应力影响区域）。

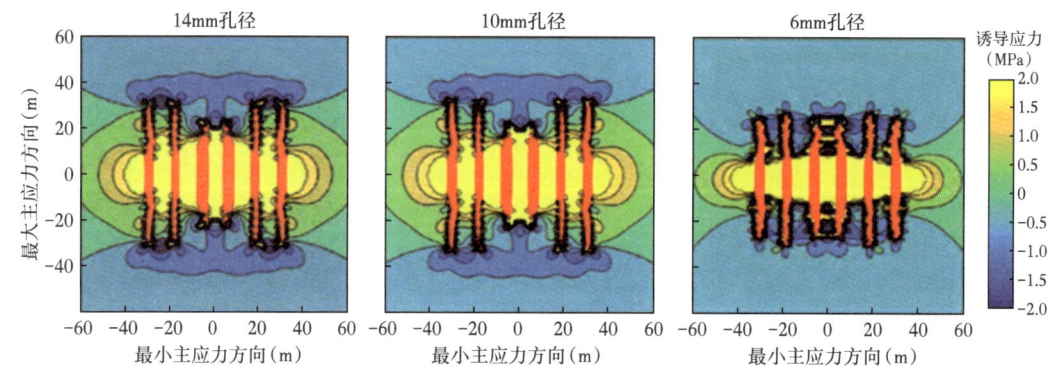

图 3-14　不同孔眼直径时裂缝扩展与诱导应力场分布图

通过增加压裂簇数密切割压裂，可有效地提高多簇压裂改造效果，但密切割簇间距较短，簇间诱导应力干扰严重。对比不同孔径下裂缝形态和进液量占比可以看出，当孔径依次减小时，中间簇进液量明显增加，中间簇裂缝长度显著增加，且孔径越小，中间射孔簇裂缝延伸越长，各射孔簇进液量变得更加均匀。

图 3-15 所示为不同孔眼直径下每簇进液量占比及裂缝均衡度示意图，孔眼直径由 14mm 降低到 6mm 时，多簇均匀指数增加到 0.71，提升约 1.4 倍。因此，统一降低射孔孔

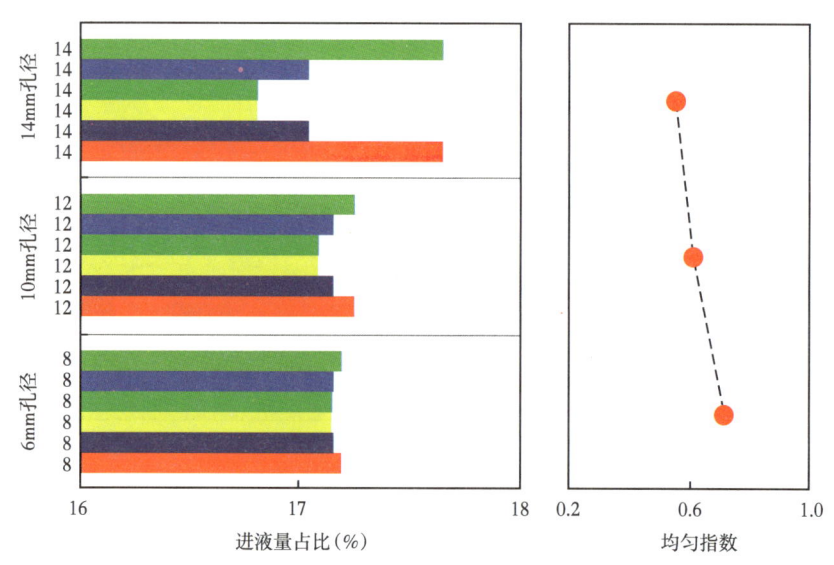

图 3-15　不同射孔孔径下各射孔簇进液量占比与均匀指数

径,增加段内所有簇的附加孔眼摩阻,可有效平衡多簇裂缝诱导应力负效应,有利于段内多簇压裂裂缝均匀扩展。在现场应用中,采用小孔径下的等孔径射孔技术,有利于多裂缝均匀扩展,提升射孔簇效率。

(2)等孔密限流射孔。

减小射孔数、增大孔眼节流压降是限流射孔技术的另一种有效手段[7],在均匀间距下,统一降低各射孔簇位置布孔数,将段内射孔总数由8孔/簇降低到6孔/簇、4孔/簇,此时孔径均为10mm,模拟所得六簇裂缝延伸时的诱导应力场分布及裂缝形态如图3-16所示。

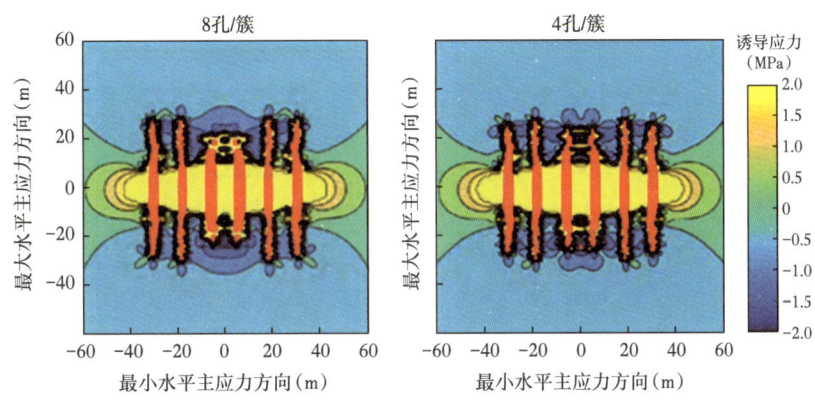

图3-16 不同射孔密度下裂缝扩展与诱导应力场分布图

由图3-17可知,与8孔/簇均匀孔密相比,6孔/簇射孔中间簇进液量明显增加,裂缝长度和宽度明显增加;同时两侧裂缝进液量降低,两侧裂缝长宽减小,多簇均匀性指数增加到0.8。当降低孔密到4孔/簇极限限流情况时,中间簇进液量在3种情况中最大,多簇裂缝均匀程度在3种情况下最高,说明多簇压裂段内整体采用低孔密极限限流射孔有利于均衡改造。但由8孔/簇降低到4孔/簇进行极限限流时,各簇孔数降低一半,单段总射孔摩阻增加约17MPa,对设备泵压需求进一步增大。

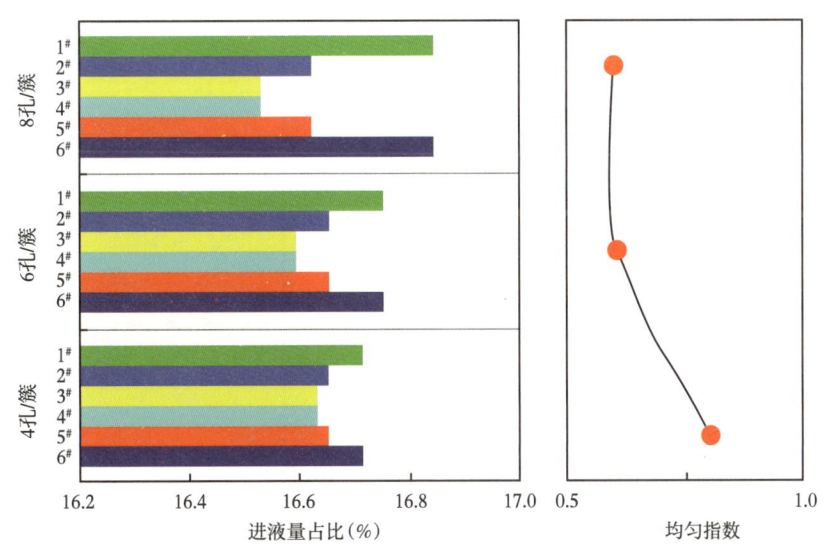

图3-17 不同射孔密度下各射孔簇进液量占比与均匀指数

(3)变孔密限流射孔。

对3种限流布孔策略进行对比[7]:

①增加中间簇射孔数并减少外侧射孔簇,总射孔数保持不变(36孔),即中间孔数增加2孔,两边各降低1孔(5-5-8-8-5-5孔/簇);

②中间孔数降低,两边孔数增加,总孔数不变(7-7-4-4-7-7孔/簇);

③6簇均匀布孔(6-6-6-6-6-6孔/簇)。

对比分析上述3种情况,对多簇裂缝形态影响如图3-18所示。

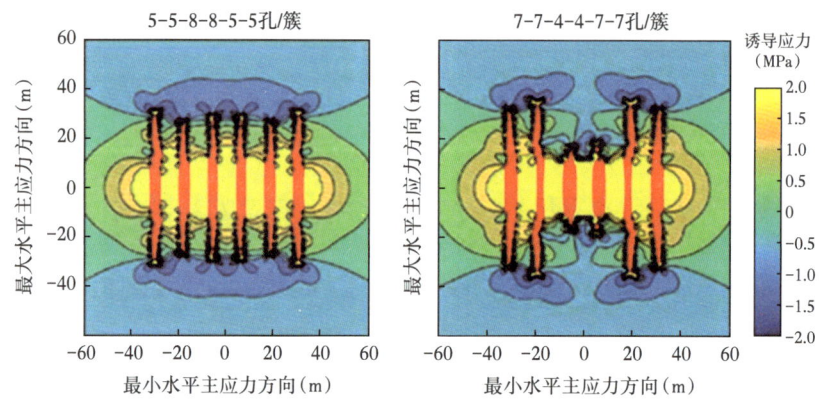

图3-18 不同射孔密度下裂缝扩展与诱导应力场分布图

如图3-19所示,与均匀六簇孔密6孔/簇时对比可以发现,保持段内总孔数不变,增加段内中间簇射孔数,同时降低段内两端簇内孔数时,中间簇进液量增加,裂缝长度和宽度明显增加,多簇均匀程度最高;降低中间两簇的射孔数,将增加相应簇射孔摩阻,加重了段内中间簇的应力阴影抑制效应,不利于多簇裂缝均匀延伸。

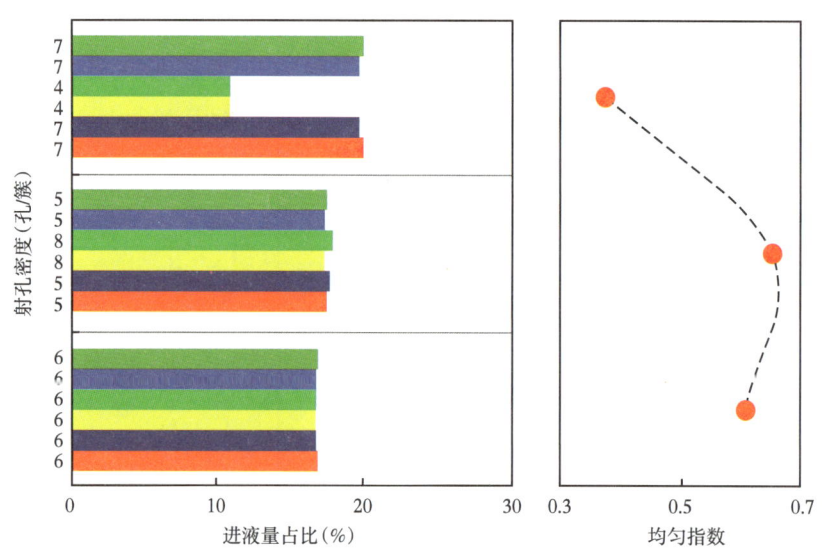

图3-19 非均匀射孔密度下的各射孔簇进液量占比与均匀指数示意图

4. 单裂缝压裂

扩大簇间距、极限限流射孔可有效改善多裂缝扩展均匀程度，但应力干扰始终存在。在储层非均质性、地应力参数难以准确获取的情况下，多裂缝设计优化极其困难，受制于成本管控，精细地质力学建模很难准确完成。

国内低渗透致密储层大多天然裂缝不发育、储层脆性中等偏低，甚至呈塑性，多裂缝压裂效果普遍不达预期。但同时又要实现密切割增产，故单裂缝压裂技术开始兴起，在低渗透油气藏、致密油气、页岩油体积压裂中增产效果显著。

单裂缝压裂技术在一个压裂段内部署一条裂缝，裂缝扩展均衡度受储层非均质性、缝间距影响较小，现场常称之为"一段一缝"压裂技术或"刀刀见血"精准压裂。对结构弱面发育或脆性储层，提高压裂排量即可提高缝内净压力，增强裂缝复杂程度。

图 3-20 所示为单裂缝压裂与多裂缝压裂裂缝扩展形态模拟图[8]，模拟参数选取黄金坝页岩气岩石力学参数进行计算，并充分结合平台布井模式、施工参数，以及压后分析数据。该区块岩石杨氏模量为 33090~34120MPa，平均 33605MPa，泊松比为 0.21~0.23，平均 0.22，优化设计缝间距在 20~35m 之间，井间距为 400m，最小水平主应力 55~60MPa，最大最小水平主应力差为 10~25MPa。裂缝高度在 20~75m 之间，净压力拟合得到缝内净压力为 10~25MPa。

为对比单裂缝多次压裂和多裂缝一次泵注改造效果，考察 6 簇（条）裂缝扩展形态，图 3-20a 编号为布缝次序，灰色横线表示水平井筒，水平井筒沿最小水平主应力方向。

模拟结果显示，单裂缝压裂时［图 3-20（a）］，受已压裂缝应力干扰影响，第 2 条裂缝在延伸 80m 后向第 1 条裂缝靠近偏转，并在半缝长 200m 处远离第 1 条裂缝，第 3 条裂缝扩展轨迹与第 2 条裂缝类似，只是偏转角度减小，第 4~6 条裂缝扩展形态类似；多裂缝压裂时［图 3-20（b）］，两侧裂缝扩展长度最长，为主扩展裂缝，中间裂缝扩展长度受到抑制。由于主扩展裂缝尺寸最大，该裂缝对周围裂缝的应力干扰作用最为强烈，因此，紧邻主裂缝的中间裂缝受干扰最为严重，扩展长度最短。同时，多簇压裂时中间裂缝发生了 6°~7° 偏转，有利于提高裂缝复杂度。单裂缝压裂可实现每簇裂缝的有效延伸，有利于单簇充分改造。

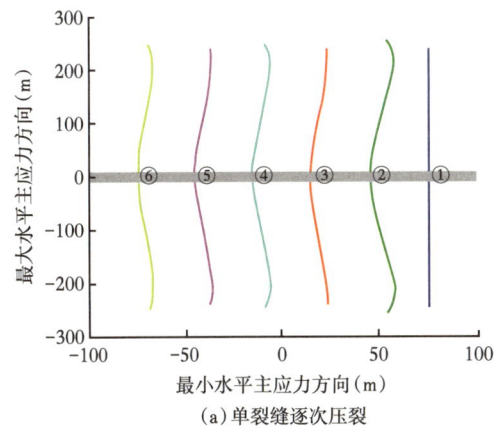
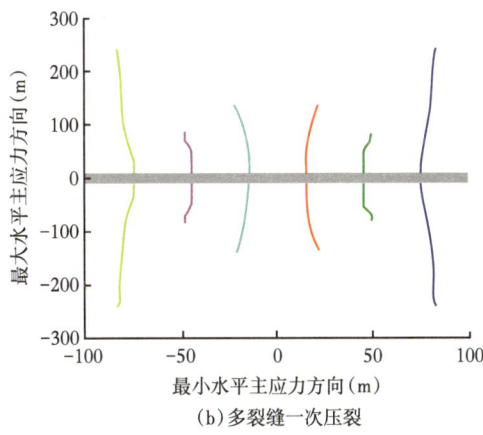

图 3-20　单裂缝和多裂缝压裂裂缝扩展形态对比图

四、密切割压裂工艺技术

1. 多裂缝压裂工艺

油气的高效开发离不开电缆桥射联作技术,随着水平井增产改造快速向大规模分段多簇"体积压裂"趋势发展,水平井多簇射孔技术逐渐发展成为水平井体积改造最常用的压裂方式之一。基于长水平段细分切割人工裂缝设计,考虑压裂效率及作业成本,国内已形成"多簇射孔密布缝+暂堵转向软分簇"为主体的高效体积压裂工艺。

以长$_7$页岩油为例[9],水平段地应力(簇间应力差1~3MPa)、岩石断裂韧性存在差异(簇间差值2~4MPa),考虑缝间扩展应力干扰,单段设计3~5簇裂缝。高排量注入(单簇排量大于2.5m^3/min,施工排量8~12m^3/min)可实现多簇裂缝均衡起裂及扩展。通过集成应用差异化分簇射孔和动态暂堵转向多簇裂缝控制技术,进一步提升多簇起裂有效性和裂缝复杂程度。基于限流法压裂原理,实施段内簇间差异化射孔设计。段内低应力簇适度减少孔眼数(最少3孔),高应力簇则适度增加孔眼数(最多12孔)。阶梯排量测试表明,差异化分簇射孔孔眼有效率可达到80%以上,较常规多簇射孔(50%~60%)明显提升。

利用高黏液体将绳结暂堵剂或多粒径组合暂堵剂等可溶转向材料携带至已开启的射孔孔眼、裂缝缝口或缝端,产生封堵作用将裂缝转向至未起裂的高应力区域。根据压力响应特征判识暂堵有效性,当暂堵瞬时升压或暂堵前后工作压力大于簇间应力差(3MPa)时,裂缝转向至高应力区域产生新缝的概率较大。井筒内光纤压裂监测与压后分簇试挤证实,段内多簇裂缝有效率达到80%以上。

对局部天然裂缝、断层发育区域或与长$_6$、长$_8$注水叠合区,平面及纵向应力分布差异极大,多簇射孔大排量压裂极易形成缝长和缝高失控的超大裂缝,严重影响改造和开发效果。选用连续油管水力喷砂分段压裂工艺(单段单簇),精准控制裂缝起裂和扩展。

多裂缝压裂施工时,缝口处净压力最高。脆性储层天然裂缝或层理发育时,井筒附近储层岩石"压碎"程度比较高,缝高控制也很好,但裂缝延伸长度受限,井间改造不充分,因此单裂缝压裂更受现场青睐。

多级簇式滑套也能实现多裂缝密切割压裂工艺,但用于裸眼井时,需使用喷射式压裂滑套,但由于完井工艺复杂,滑套压裂在多裂缝压裂施工中应用较少。

2. 单裂缝压裂工艺

目前,成熟的单裂缝压裂工艺主要有多级滑套分段压裂工艺、连续油管底封拖动压裂工艺,滑套压裂又可分为裸眼滑套和固井滑套两种。

裸眼滑套压裂因需管外封隔器分段,管柱刚性较大,段间距不宜过小,很难实现密切割造缝,目前工艺水平最小10m一段;固井滑套段间距可缩小至6~8m,但因套管长度一般为9.5~11.5m,实际也很难操作,因此滑套压裂最多一根套管接一个滑套。

连续油管底封拖动压裂对段间距大小适应性很强,完井套管柱结构与电缆桥射联作一致。在压裂位置未确定时,即可下套管固井;固井后还可根据储层特点,选择电缆桥射联作或连续油管拖动压裂两种工艺,但桥射联作缝长受限,而连续油管单裂缝压裂缝长控制更好。随着喷砂射孔工具及底封胶筒寿命的延长,连续油管压裂工具成本大幅下降,一次入井能完成上百条缝压裂,作业设备及连续管成本也被摊薄,工艺经济性越来越高。

五、技术适应性及设计要点

密切割压裂技术通过人工裂缝参数优化，实现井控单元内储量最大动用，主要基于水平井衰竭式开发井网提出，因此该技术适用对象为深层煤岩气、致密油气、页岩油气等品位级别的非常规油气资源。

密切割压裂改造思路由"体积压裂"向"裂缝控制有效改造体积+裂缝控制有效泄油气面积"转变，压裂设计的主要关键点包括：段内射孔簇数、裂缝间距、暂堵参数、施工排量、用液强度和加砂强度优化、压裂液体系优选，以及减缓新老井间压裂干扰[10]。

（1）精细分段优化射孔位置。

综合考虑测井品质、储层品质和压裂品质外，需要重点考虑三向地应力、缝间应力干扰引起的破裂压力差异，降低段内射孔簇开启的差异性，实现均匀进液、有效成缝。

（2）限流射孔优化射孔总数。

缝控体积压裂技术主张增加人工裂缝的条数来增大改造体积提高产量，单段内采用多簇射孔。如何保证段内各簇均衡起裂是关键：①通过多簇射孔完井提高孔密，降低单簇孔数，从而减小射孔簇长度，增加进液集中度，提高孔眼开启效率；②通过极限限流射孔减少单段总孔数，增加节流压差，提高缝内净压力，降低各簇破裂压力差异，保障各簇均匀起裂；③通过优化施工排量，以确保各簇在开启后有足够的流量给各个簇或缝提供足够的净压力使得裂缝不断延伸。

（3）综合渗流和应力干扰优化簇间距。

缩短簇间距以提高裂缝控制储量是缝控体积压裂的核心。在确保各簇均可压开的前提下，尽可能多地增加每段簇数，减小簇间距，利用总孔眼数来控制各簇的节流阻力，从而形成缝控基质单元，大幅度增加单位面积可动用储量，将传统井控储量模式发展成缝控可采储量模式，提高采收率。渗透率越低，启动压力梯度越高，启动压差越高，流体可流动距离越短，满足流动的有效体积有限。在相同的流动距离下，渗透率每降低1个数量级，所需的流动压差将增加1个数量级。页岩渗透率属于纳达西级别，有效渗流距离极短，综合页岩油气渗流距离和裂缝干扰距离来优化簇间距，实现了缝控储量最大化。

（4）优化暂堵剂用量。

压裂施工中运用暂堵剂，能有效避免传统施工中射孔簇压开不充分、簇缝之间缺乏有效连通等弊端，充分压开所有射孔簇，形成沿井筒分布的大范围纵横交错高强度裂缝网络，实现全方位基质渗流，增加油气产量和稳产能力，最大限度提高SRV。通过调整暂堵剂粒径、用量和投入时机，既可在裂缝内部暂堵，迫使裂缝转向增大改造体积；也可在裂缝缝口暂堵，打开全部射孔孔眼，实现裂缝转簇。

（5）低成本改造材料。

相较于常规储层改造，大规模体积改造压裂液及支撑剂用量大，因而压裂液及支撑剂是降低成本的主攻方向。近年来，压裂液朝着变黏滑溜水、可回收滑溜水及提高滑溜水使用比例的方向发展，而支撑剂逐步向石英砂替代陶粒的方向发展。

第三节 体积压裂改造方法

常规压裂改造以线弹性力学理论为基础,通常认为在较深储层压裂时,形成以井眼为对称的垂直双翼人工裂缝。对于复杂的非平面水力裂缝的延伸行为,一般以简化的多裂缝扩展、弯曲裂缝形态和"T"形裂缝形态等进行表征和分析,如图3-21(a)所示[11]。而缝网改造技术充分利用天然裂缝、岩石层理等天然结构弱面,在人工主裂缝侧向产生多级次生微小裂缝,使人工主裂缝与天然结构弱面、多级次生微小裂缝相互交织、沟通,从而形成裂缝网络系统,如图3-21(b)所示[11]。

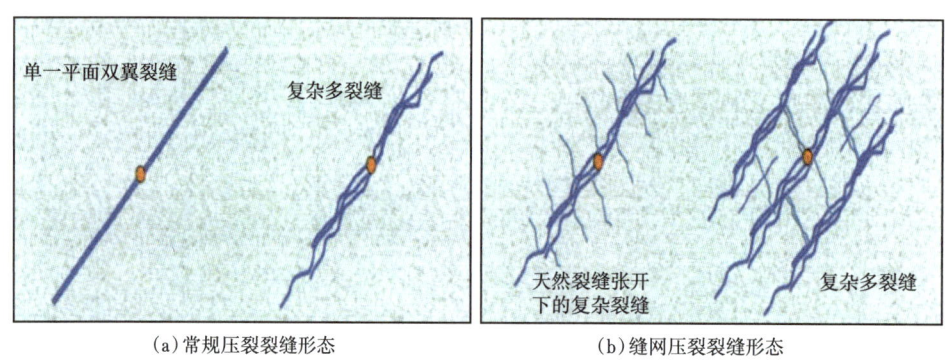

(a)常规压裂裂缝形态　　　　　　　　(b)缝网压裂裂缝形态

图3-21　常规压裂与缝网压裂裂缝形态对比示意图

缝网改造思想突破了传统储层改造观念,从限制裂缝非平面扩展行为到主动利用结构弱面形成大量、随机搭接的裂缝网络系统,显著增加储层流动区域的控制范围,表现为缝网体积对油气藏流动区域的控制,也被称之为体积改造的裂缝形态表征。

裂缝发育的低渗透、致密储层压裂,可以形成复杂的非平面裂缝网络,主裂缝延伸方向受主应力场控制,分支裂缝还受天然裂缝特征控制。

一、体积压裂缝网形成机理

利用体积压裂技术对低渗透、致密储层增产改造时,多条压裂裂缝相互作用,产生的诱导应力差与缝内净压力成正比。为实现低渗透、致密储层体积压裂形成缝网,须进一步优化缝内净压力。

一方面,为增大裂缝网络密度,需利用裂缝在储层中产生的诱导应力,使储层中的应力差减小,这有利于产生更多应力释放缝;另一方面,须合理控制诱导应力差,使之不能超过初始水平主应力差,否则将在水平井井筒上产生纵向裂缝,减小裂缝与储层基质接触面积,达不到体积缝网压裂的目的。

1. 多裂缝应力诱导转向

致密、页岩储层通常脆性较高,在体积压裂过程中,人工裂缝尖端会积聚大量能量,使裂缝尖端应力集中更加显著。压裂裂缝扩展过程中,在尖端形成塑性区,当塑性区内剪应力超过地层岩石强度后,在裂缝尖端形成端部诱导裂缝(即应力释放缝),因此诱导裂缝为剪切缝[12]（图 3-22）。在特定条件下，随着剪切裂缝张性扩展，在主裂缝周围形成一系列诱导裂缝。如果条件允许，这些诱导缝继续扩展，将成为体积裂缝的一部分。

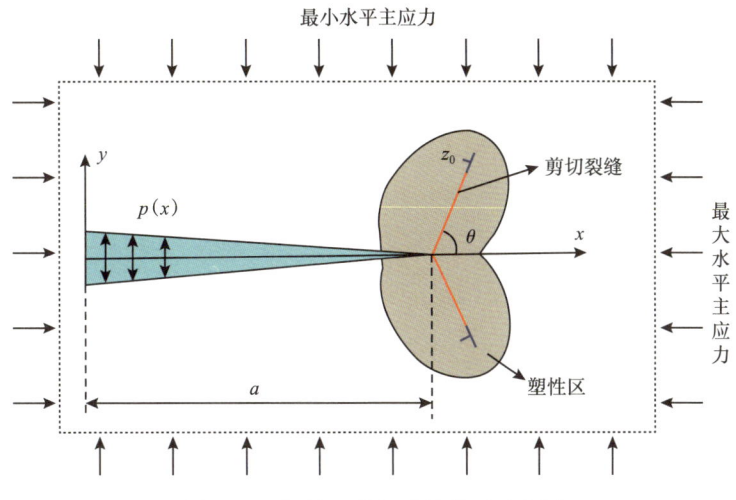

图 3-22　塑性区剪切裂缝模型示意图

对于非裂缝发育的脆性致密砂岩储层，应力诱导生成复杂缝，天然裂缝实质上也是由于应力变化后剪应力超过岩石抗剪切强度时发生剪切破坏形成，因此，非裂缝发育储层压裂形成缝网，从这种意义上是天然裂缝型储层形成缝网的一种特殊形式。

2. 复杂缝网改造力学机理

裂缝发育储层裂缝扩展模型如图 3-23 所示[13]。

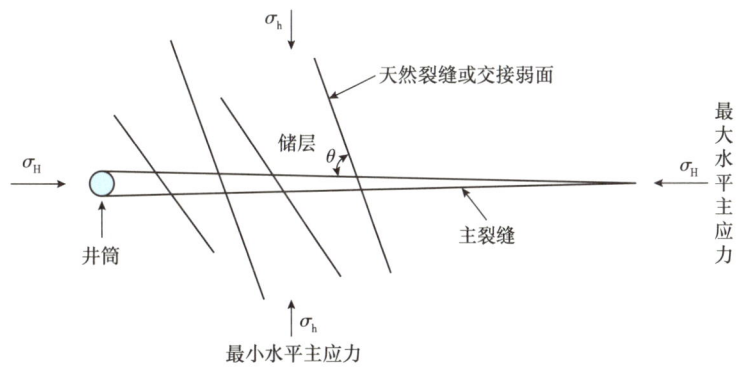

图 3-23　裂缝断裂模式示意图

根据 Warpinski 和 Teufel 破裂准则，当天然裂缝发生张性断裂时，有：

$$p > \sigma_n \tag{3-1}$$

当作用于天然裂缝的剪应力较大时，则天然裂缝容易发生剪切滑移，此时：

$$\lceil \tau \rceil > \tau_0 + K_f(\sigma_n - p) \tag{3-2}$$

式中：τ_0 为天然裂缝内岩石的黏聚力，MPa；τ 为作用于天然裂缝面的剪应力，MPa；K_f 为天然裂缝面的摩擦因数；σ_n 为作用于天然裂缝面的正应力，MPa；p 为天然裂缝近壁面的孔隙压力，MPa。

根据二维线弹性理论，剪应力和正应力由式（3-3）和式（3-4）表示：

$$\tau = \frac{\sigma_H - \sigma_h}{2}\sin 2\theta \tag{3-3}$$

$$\sigma_n = \frac{\sigma_H + \sigma_h}{2} - \frac{\sigma_H - \sigma_h}{2}\cos 2\theta, \quad 0 < \theta \leq \frac{\pi}{2} \tag{3-4}$$

当两条裂缝相交后，压裂液进入天然裂缝，天然裂缝近壁面的孔隙压力为：

$$p(x,t) = \sigma_h + p_{net}(x,t) \tag{3-5}$$

式中：p_{net} 为裂缝内净压力，MPa。

将式（3-3）、式（3-4）和式（3-5）代入式（3-1）后，整理得到发生张性断裂所需裂缝净压力为：

$$p_{net}(x,t) > \frac{\sigma_H - \sigma_h}{2}(1 - \cos 2\theta) \tag{3-6}$$

根据式（3-6）得到，当 $\theta = \frac{\pi}{2}$ 时，p_{net} 有最大值，最大值为 $\sigma_H - \sigma_h$。

同理，可得发生剪切断裂所需裂缝净压力为：

$$p_{net}(x,t) > \frac{1}{K_f}\left[\tau_0 + \frac{\sigma_H - \sigma_h}{2}(K_f - \sin 2\theta - K_f \cos 2\theta)\right] \tag{3-7}$$

当 $\theta = \frac{\pi}{2}$ 时，p_{net} 有最大值，最大值 p_{max} 为：

$$p_{max} = \tau_0 / K_f + (\sigma_H - \sigma_h) \tag{3-8}$$

天然裂缝 $\tau_0 = 0$，因此发生剪切破裂时，最大值为 $p_{max} = \sigma_H - \sigma_h$。

在缝网压裂中，储层内天然裂缝张开形成分支裂缝的力学条件为：施工裂缝内净压力超过储层水平主应力差值。

水平主应力差值可由式（3-9）计算：

$$\Delta\sigma = 2\sigma_h - p_i - p_f + S_t \tag{3-9}$$

式中：$\Delta\sigma$ 为水平最大与最小主应力差，MPa；σ_h 为储层最小水平主应力，MPa；p_i 为储层初始孔隙压力，MPa；p_f 为储层破裂压力，MPa；S_t 为岩石抗张强度，MPa。

二、体积压裂缝网形成条件

水力裂缝形态主要取决于储层条件，能否形成人工裂缝网络，受储层因素和破裂机制控制。缝网改造中裂缝产生除有基岩张性破坏外，还有天然裂缝剪切、滑移、错断等力学行为。

缝网压裂的力学控制条件：岩石脆性指数是多点起裂而形成多裂缝的基础，发育良好的结构弱面节理与天然裂缝是形成网络的必要条件，储层水平主应力差与天然裂缝逼近角是诱发缝网的控制条件，低渗透—致密储层是采用缝网压裂的前提[11]。

1. 岩石矿物组分与脆性指数

储层岩石矿物成分影响岩石力学性质，从而影响裂缝起裂方式和延伸路径。通常硅质含量较高且钙质填充天然裂缝发育的储层最易形成复杂缝网，增产效果好。黏土矿物含量较高的储层或者缺少硅质和碳酸盐岩夹层的储层实现体积压裂非常困难。

并非所有储层都适于利用体积缝网压裂实现增产，储层具有显著的脆性特征是实现体积改造的物质基础。脆性特征采用脆性指数表征，一般采用杨氏模量和泊松比来计算（图3-24），也有用矿物组分来计算脆性指数的方式。

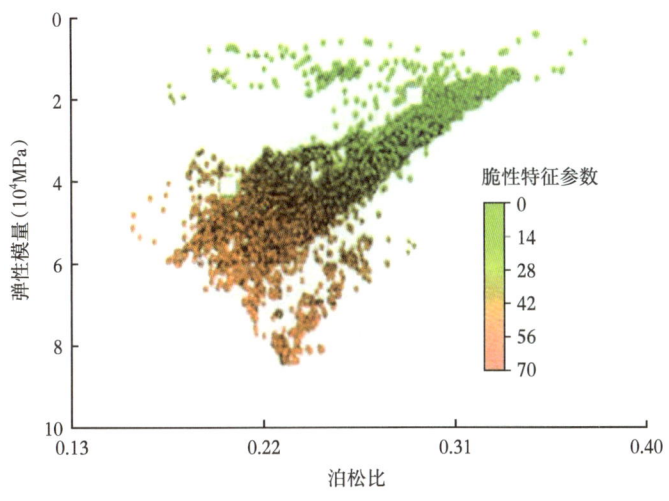

图 3-24　岩石脆性表征示意图

脆性指数越高，岩石可压性越好。只有当储层脆性特征参数大于40，岩石越易被"打碎"，才有可能形成网络裂缝，脆性指数越高，越容易形成缝网，岩石脆性与压裂裂缝形态关系图如图3-25所示。而对于脆性指数较低的塑性岩石，其形成缝网的可能性较低，更倾向于形成单一平面裂缝。

脆性特征参数	裂缝形态图		裂缝闭合剖面
70	缝网	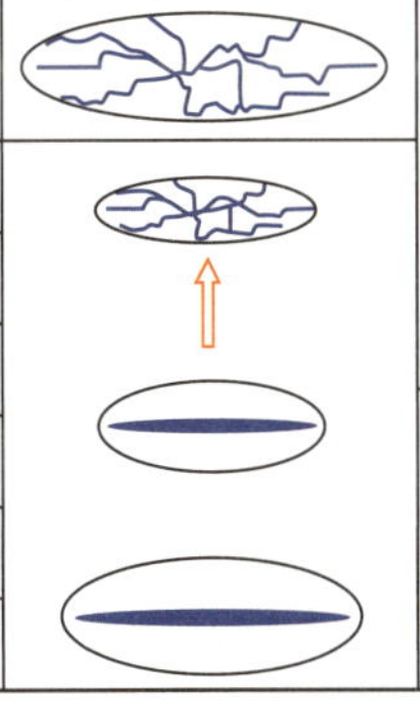	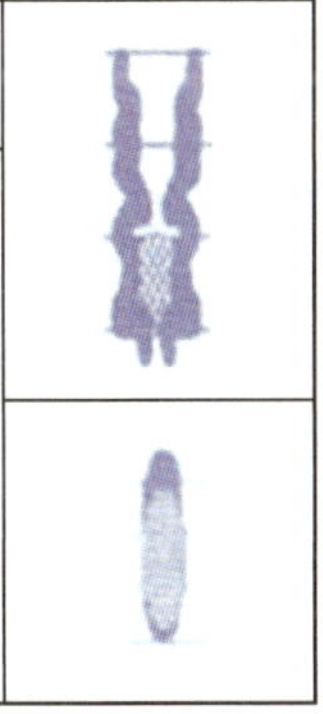
60	缝网		
50	缝网与多缝过渡		
40	缝网与多缝过渡		
30	多缝		
20	两翼对称		
10	两翼对称		

图 3-25　岩石脆性与压裂裂缝形态关系图

储层中脆性矿物，如石英或者碳酸盐岩等含量越高，越有利于产生复杂的裂缝网络系统。富含黏土矿物的储层塑性相对较强，不易形成复杂缝网。

2. 发育良好的结构弱面

储层中存在足够的结构弱面（通常表现为天然裂缝、节理及层理）或基质中的薄弱点，是实现体积改造的前提条件。结构弱面抗张、抗剪强度远小于基质岩石抗张强度，水力裂缝的产生和发展，首先是天然裂缝达到抗张或抗剪破坏而优先开启或破坏，并且相互连通；其次是压裂液经天然裂缝大量滤失并增加流体压力，从而促使更远区域天然裂缝张开或剪切破坏。

储层中结构弱面常常是成组出现、多组共存，每条天然裂缝可能相互切割，甚至在其附近还可能分布更低级别的结构弱面。储层弱面强度与方位、远场水平主应力差是单条天然裂缝影响水力裂缝扩展的最主要因素。

天然裂缝发育储层压裂时，因天然裂缝被压裂液充填，很难见到单一主裂缝，通常同时出现几条主裂缝及若干分支裂缝［图3-26（a）］，在岩性变化与节理连接处出现相似的裂缝及扭曲［图3-26（b）］。

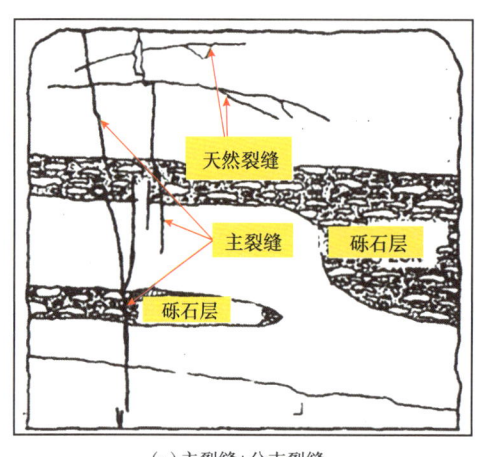
(a) 主裂缝+分支裂缝

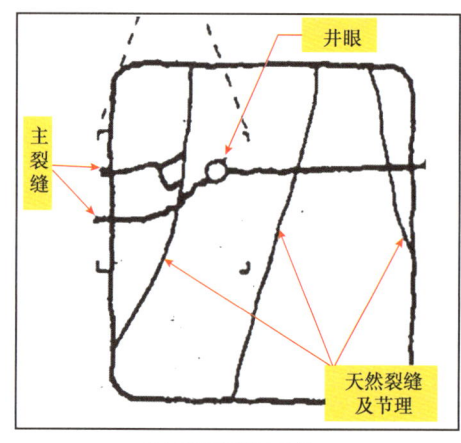
(b) 天然裂缝及节理

图3-26 天然裂缝储层水力裂缝延伸示意图

大量微地震监测结果已证实，滑溜水压裂先沟通天然裂缝，天然裂缝延伸方向与裂缝带方向相同。段塞封堵或换冻胶后，裂缝延伸方向迅速从天然裂缝带转向至最大水平主应力方向。

天然裂缝面摩擦力对水力裂缝延伸，存在一个正应力门限值。低于该值，水力裂缝延伸将会受到天然裂缝阻止，这个正应力反比例于天然裂缝面摩擦力。

天然裂缝是诱导复杂网络裂缝延伸的主因：压裂形成缝网的难易程度与天然裂缝、水平层理等结构弱面的自然分布方式与分布状态、裂缝内充填物矿物成分与充填程度、潜在缝或张开缝等密切相关。页岩中潜在的天然裂缝数量巨大，但因成岩作用和胶结作用而被封堵，用肉眼可辨识的天然裂缝数量有限，大的天然裂缝均被石英和方解石等充填。

3. 储层应力差与天然裂缝逼近角

在体积压裂过程中，由于储层岩石存在沉积层理弱面及天然裂缝，人工裂缝在延伸过程中会与天然裂缝或弱面发生交互作用，使天然裂缝不断扩张并使脆性岩石产生剪切滑移，形成天然裂缝（沉积层理）与人工裂缝相互交错的裂缝网络。

水力裂缝遇到天然裂缝，可能存在三种延伸状态，如图3-27所示。

（1）水力裂缝穿过天然裂缝，继续延伸；

（2）水力裂缝沿天然裂缝剪切延伸一定距离后，突破裂缝尖端，在天然裂缝面转向造缝，回到主应力方向；

（3）压开天然裂缝，水力裂缝沿天然裂缝方向继续剪切延伸。

缝网裂缝延伸模式主要受水平主应力差、逼近角（天然裂缝与水平最大主应力夹角）控制。当水平主应力差小于12MPa、逼近角小于30°，水力裂缝沿天然裂缝延伸；水平主应力差越小，水力裂缝更容易沿天然裂缝延伸，越容易出现复杂的分支多裂缝。

有限元流固耦合模拟表明，水力压裂脆性且裂缝发育储层时，主裂缝和天然裂缝在夹角较小的情况下（0°~30°），无论水平应力差多大，天然裂缝都会张开，改变原有的延伸路径，为形成缝网创造条件。在夹角为中等（30°~60°）情况下，水平应力差较低时，天然裂缝会张开，具有形成缝网的条件；但在夹角较大的情况下，无论水平应力差多大，天然裂缝都不会张开，主裂缝直接穿过天然裂缝向前延伸，不具有形成缝网的条件，如图3-28所示。

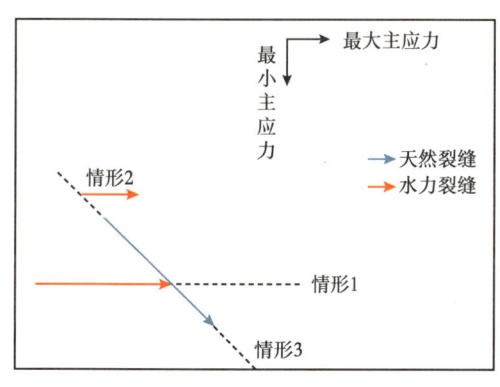

图3-27 水力裂缝与天然裂缝相交状态

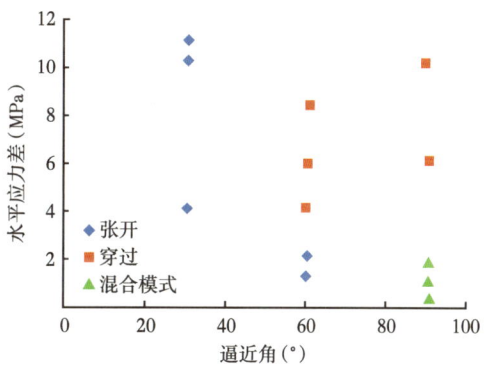

图3-28 水力裂缝与天然裂缝相交试验

4. 储层各向异性

影响体积压裂缝网形成的因素还有地应力的各向异性、沉积相变等。地应力各向异性越强，越易形成窄缝网，在主裂缝两侧不易形成分支裂缝，更不利于形成复杂缝网；相反，当地应力各向异性较弱时，体积压裂容易形成宽的缝网，改造体积扩大。

5. 储层渗透率界限

对天然裂缝发育储层，压裂后生产能力主要受控于主裂缝沟通的天然裂缝系统，其中短期产量主要来源于具有相对高导流能力的主裂缝，长期产量则主要依赖于储层发育的天然裂缝网络。采用大规模压裂，正是为了保证形成大范围的裂缝网络。

当渗透率$K \leqslant 1\text{mD}$，裂缝网络对产能极限贡献率在10%左右；当$K \leqslant 1 \times 10^{-2}\text{mD}$，裂缝网络对产能极限贡献在40%左右；当$K \leqslant 1 \times 10^{-4}\text{mD}$，裂缝网络对产能极限贡献在80%左右。储层渗透率越低，次生裂缝网络在产能贡献中的作用越明显，体积改造效果越好。

三、体积压裂工艺控制条件

形成缝网的工艺条件是,低黏压裂液是诱发复杂裂缝网络的前提,较高净压力系数是提高缝网波及区域的工艺手段。

1. 流体黏度性质

压裂缝网主要由大面积复杂交错的天然裂缝及人工裂缝组成,缝宽窄,保证裂缝延伸关键依靠流体滤失,滤失进缝内的高压流体迫使裂缝开启和延伸。液体黏度越低,压裂液滤失系数越大,压裂液越容易滤入微缝并使之延伸。

图 3-29 所示为天然裂缝发育储层冻胶压裂与滑溜水压裂微地震监测成果[11],滑溜水注入排量与冻胶压裂排量相同,但低黏度液体形成具有多分支裂缝网络;即便储层天然裂缝发育,冻胶压裂主要还是形成单一简单裂缝,改造体积较小,进一步说明了流体黏度越低,天然裂缝对水力裂缝延伸形态影响越大,缝网越复杂。

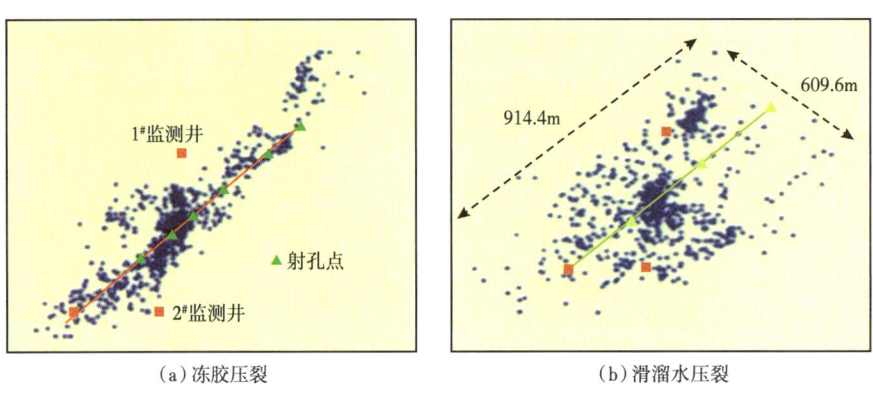

(a)冻胶压裂　　(b)滑溜水压裂

图 3-29　压裂液体系对裂缝形态影响示意图

2. 施工净压力系数

压裂施工压力相对大小可用净压力表征,假定最大最小水平主应力差为 $\Delta\sigma_c$,压裂施工净压力为 p_{net},定义相对净压力系数为 $R_n = p_{net}/\Delta\sigma_c$。

不同相对净压力系数下裂缝延伸复杂程度如图 3-30 所示[11]。净压力系数越高,天然裂缝对水力裂缝延伸形态影响越大,缝网越发育。

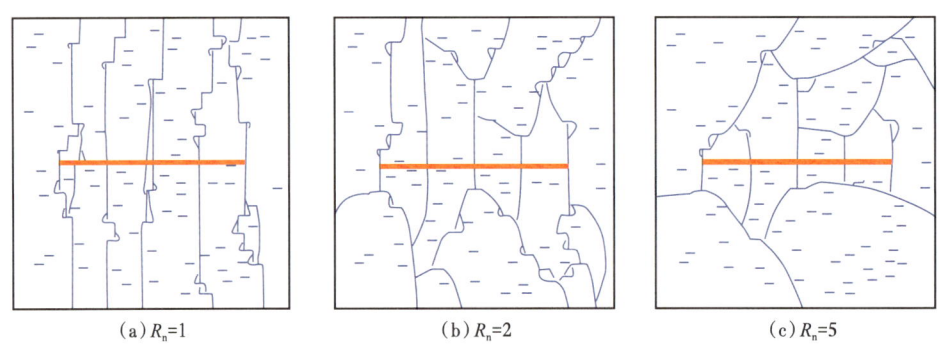

(a) $R_n=1$　　(b) $R_n=2$　　(c) $R_n=5$

图 3-30　不同净压力系数对裂缝复杂程度影响示意图

为保证裂缝内流体净压力满足天然裂缝起裂与扩展条件,形成复杂裂缝网络,必须优化压裂施工排量和压裂液黏度,并采取积极的增效工艺技术。

四、体积压裂工艺参数

低渗透、致密储层必须经压裂改造,才能获得工业油气流。不同的储层地质特征,要求的压裂改造工艺技术也有区别。应根据目标储层岩性特征、脆塑性特征、敏感性特征,以及微观结构特征,对压裂液类型及用量、支撑剂类型及浓度、泵排量等参数优化设计。

国外在 40 余年的体积压裂开发实践中,形成一套行之有效的体积压裂工艺参数选择方法,如图 3-31 所示[11],其中压裂液类型、施工排量、加砂浓度等与地层破裂与延伸特征有密切联系。如塑性储层压裂时,很难形成裂缝网络,利用黏度更高的凝胶或泡沫更容易实现好的改造效果。

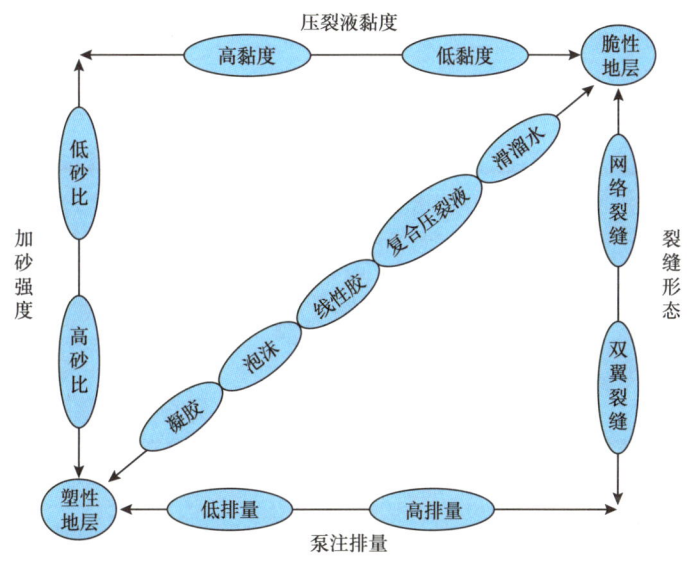

图 3-31 体积压裂工艺参数优化示意图

常规压裂及体积压裂设计对比见表 3-1。

表 3-1 常规压裂与体积压裂设计参数对比表

工艺参数	常规压裂模式	缝网压裂模式
压裂液	高黏、降滤、造主缝	低黏/混合压裂液、沟通天然裂缝
射孔	单段少(单)簇,避免多裂缝	多段多簇多裂缝压裂
缝间干扰	单缝压裂,避免缝间干扰	缩短缝间距,缝间干扰造复杂缝
粉陶段塞	封堵降滤、造主缝	随机封堵天然裂缝、促使裂缝转向
支撑剂	大粒径、高砂比、高导流	小粒径、低砂比、大砂量、低导流
排量	中低排量	大排量

裂缝发育低渗透、致密储层压后产量与裂缝网络控制区域密切相关，更与压裂液注入量高度相关。注入压裂液量越大，产生的缝网体积更大，且缝网形态更为复杂，压后产量也更高。

近 5 年来，体积压裂工艺参数逐渐出现分化，如低渗透、致密及页岩油压裂，大液量是第一选择，这主要与其渗吸采油机理相关；而煤层气、致密气及页岩气，则倾向于大砂量、高强度加砂，主要机理一是要在高压差生产条件下，解吸附提高气产量；二是小粒径支撑剂起暂堵作用，造复杂裂缝。

1. 滑溜水压裂

滑溜水压裂是指在低渗透油气或非常规油气压裂改造过程中，向清水中加入少量表面活性剂、减阻剂、黏土稳定剂和防垢剂等作为压裂液，通过大排量、大液量、大砂量、低砂比注入低黏工作液，产生有效的裂缝几何尺寸和导流能力，达到增产目的。

对于脆性指数较高、天然裂缝发育且裂缝面粗糙的油气储层，由于滑溜水压裂工艺的特殊性，压裂过程中剪切力使油气储层中的天然微裂缝易产生剪切滑移，形成剪切裂缝如图 3-32 所示[14]。

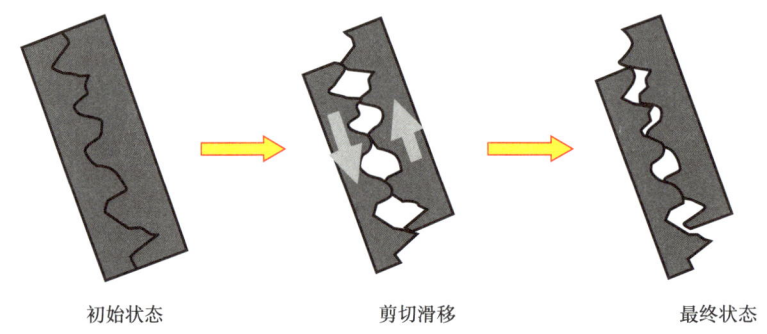

图 3-32　脆性岩石剪切滑移造缝机理

停泵后，张开的粗糙面不能恢复至其初始状态，从而使剪切作用产生的裂缝渗透率得到保持，提高了裂缝网络导流能力。对于基质渗透率不到 1mD 的页岩气储层，无支撑剂支撑的滑移裂缝导流能力足够满足生产要求。同时，压裂过程中岩石脱落下来的碎屑（特别是在页岩地层中）可能形成"自撑"式的支撑剂。另外，滑溜水压裂液黏度较低，有利于净压力在裂缝中远距离传播，进而利于远场复杂缝网的形成。

压裂液黏度是控制缝网复杂程度的关键参数之一，对缝内净压力有显著影响。滑溜水压裂液有利于人工裂缝沟通天然裂缝，形成复杂裂缝网络。滑溜水降阻率高，同等排量下沿程压耗低，井底压力高，反映在缝网形成过程中，提高了净压力。而且滑溜水黏度低，向微缝滤失能力强，裂缝系统缝宽小，在与线性胶、冻胶相同的注入条件下，裂缝面积较大，也有利于提高净压力。

2. 大排量压裂

在低渗透致密储层体积压裂过程中，大排量注入能有效提高缝内净压力，促使应力诱导缝产生并与天然裂缝沟通，也能使相邻人工裂缝间产生应力干扰作用。井下微地震监测数据表明，压裂参数对裂缝扩展范围有较大影响，注入液量和排量与裂缝带长度和宽度有较好的正相关性，如图 3-33 所示[13]。

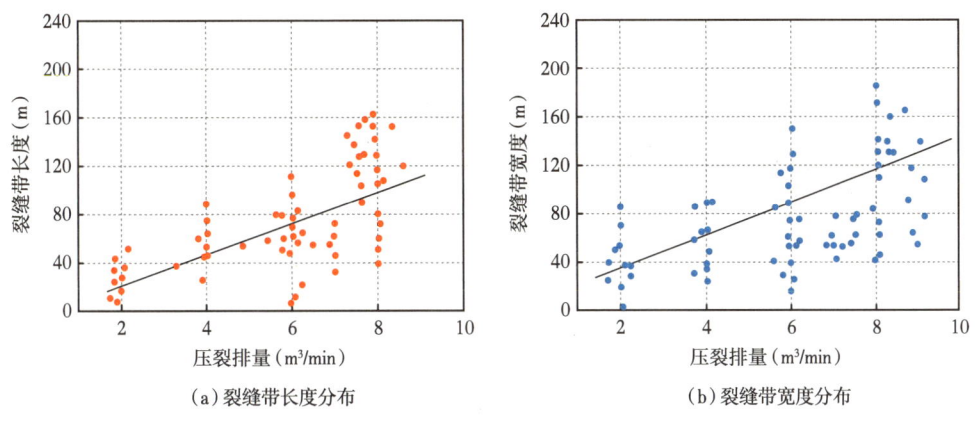

图 3-33 排量与裂缝带波及参数关系示意图

从图 3-33 可以看出，压裂施工排量越大，压后形成复杂裂缝带的长度和宽度也随之增大，说明水平井大排量体积压裂形成了压裂缝网。

压裂施工中，控制缝高能保证裂缝在储层中有效延伸，达到一定的缝长扩展范围，实现储层有效改造，在已确定的隔层及岩性条件下，裂缝高度主要受注入排量及液体黏度影响，通过分析净压力与缝高的关系：

$$p_{net} \propto \frac{E}{h}\left(\mu Q^{\frac{1}{2}} L\right)^{\frac{1}{3}} \qquad (3-10)$$

式中：p_{net} 为净压力；E 为弹性模量；h 为缝高；μ 为黏度；Q 为排量；L 为缝宽。

从式（3-10）可以看出，对净压力的影响，液体黏度影响高于注入排量影响。考虑黏度对缝高的影响，高黏液体将使裂缝高度大幅度扩展。因此，采用滑溜水大排量注入，由于液体黏度低，具有较好的控制缝高效果。

第四节 体积压裂改造工艺

一、暂堵转向压裂技术

水平井体积压裂通常使用桥塞射孔、投球滑套等机械分段工艺，改造效率较低，将机械分级与化学暂堵多缝压裂工艺结合起来，可以在同一水平压裂段内压开多条水力裂缝，有助于提高压裂改造效率与压后效果。

1. 暂堵转向工艺原理

暂堵转向压裂通过压裂液携带暂堵转向剂，能在原有老裂缝基础上产生分支裂缝（缝内转向），或在不同于老裂缝方向产生新裂缝（缝间转向），扩大泄油面积、提高采收率。

（1）缝内暂堵转向工艺。

缝内暂堵转向是把小颗粒人工封堵剂泵入老裂缝远端，形成缝端封堵区域，缝内净压力升高，老裂缝壁面应力薄弱处二次破裂，形成新裂缝或沟通更多与老裂缝相接的天然裂缝，使其延伸到离老裂缝更远的低动用或未动用剩余油气区，达到更好的增产目的，如图 3-34 所示。

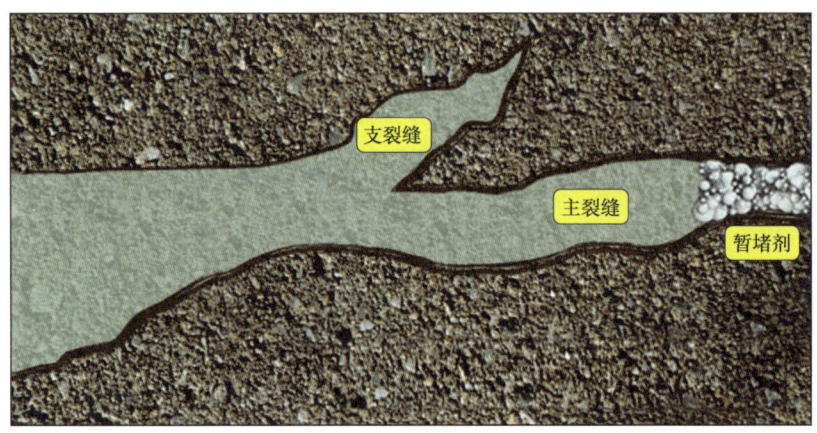

图 3-34　缝内暂堵转向压裂示意图

（2）缝间暂堵转向工艺。

缝间暂堵转向是把复合颗粒人工堵剂泵入老裂缝缝口，或用暂堵球、绳结式暂堵剂封堵老裂缝对应的射孔孔眼，井筒内压力升高，压裂液转向已射孔未起裂新簇位置，形成新裂缝，如图 3-35 所示。暂堵剂降解后，老裂缝封堵解除，新老裂缝共同参与油气生产，进一步增大储层改造体积、增加油气渗流通道。

图 3-35　缝间暂堵转向压裂示意图

2. 暂堵转向剂

暂堵剂是实现转向压裂的核心材料，随着应用需求升级及交叉学科介入，暂堵剂种类日益增多、功能也日渐丰富。根据溶解介质不同，暂堵剂可分为酸溶性、油溶性和水溶性三大类[15]；根据形态可分为粉末形、颗粒形、绒囊形、纤维形、绳结形、凝胶态、自组装和复配型暂堵剂等。

暂堵转向剂作用机理主要围绕"堵得住"和"解得开"两功能展开：根据最小流动阻力原则，暂堵剂随压裂液注入地层后大部分会优先流向老裂缝等高渗透区，暂堵完成后压裂液被迫转向未动用或动用程度低的低渗透区，形成新的油气泄流通道；作业完成后，暂堵颗粒可在岩层环境或解堵剂作用下降解，投产后随压裂液返排回地面，完成解堵，避免永久堵死储层。

（1）颗粒暂堵剂。

颗粒暂堵剂主要通过压裂液将暂堵剂颗粒由地面携带至目标储层裂缝处，先基于架桥理论堆积形成桥堵，再通过滤失作用形成滤饼，填充颗粒间空隙，最终实现封堵。架桥成功的关键是颗粒粒径和裂缝宽度有着良好的尺寸匹配，粒径满足裂缝宽度的1/3~2/3，桥堵效果最好，如图3-36所示。

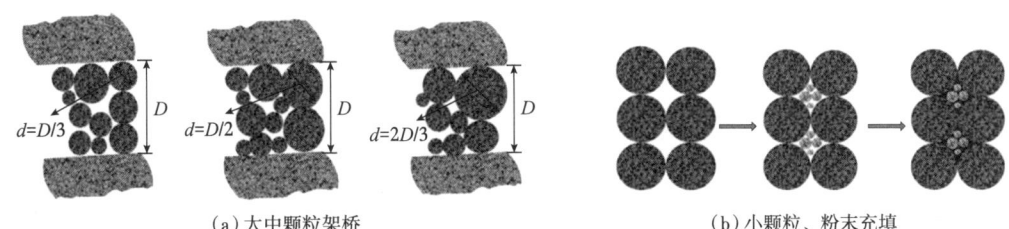

(a) 大中颗粒架桥　　　　　　　　(b) 小颗粒、粉末充填

图3-36　颗粒暂堵剂架桥/充填示意图

单独使用刚性架桥颗粒易造成较大空隙，封堵效果并不明显。实际施工多采用颗粒—粉末暂堵剂复配体系，即暂堵剂由起桥堵效果的颗粒暂堵剂和起充填作用的粉末暂堵剂复配而成，其中不同粒径颗粒混合，提高了堆积系数。这种复配方式可显著减少压裂液漏失，封堵强度高、普适性强、有效性好，正被广泛应用。

颗粒暂堵剂投入现场时间最早、应用范围最广，为满足储层环境及转向需求，颗粒暂堵剂已由多粒径单一材质向多材质、多形态、多功能复配方向发展。

（2）纤维暂堵剂。

纤维用作暂堵剂，主要是因为一维材料具有大的长径比，赋予其优异柔韧性及易变形特征。压裂液携带暂堵剂进入裂缝后，被粗糙缝壁捕获，并在裂缝内弯曲缠绕，再通过搭桥、聚团作用，形成网架结构，过流面积减小、流经阻力增加，形成压差。在压差作用下，纤维网架结构更加稳定，后续纤维缠绕也使网架变得更加致密，压差进一步增大。纤维网架在压差作用下失水、压实，空隙不断缩小，承压能力越来越强，直至断流、起压，完成封堵。

纤维暂堵剂一般与颗粒暂堵剂复配使用，多组分协同转向，可进一步提升暂堵效果。其中柔性纤维桥堵、刚性颗粒充填，进一步增强网架结构，与颗粒暂堵剂桥堵、粉末暂堵剂充填机理相反。

（3）绳结暂堵塞。

颗粒、纤维暂堵剂及其复配体系主要用于缝内暂堵转向施工，用于缝间暂堵时，需提高颗粒粒径、优化组分配比，操作比较复杂，远不及暂堵球应用普遍。

非常规油气体积压裂多采用滑溜水携砂，射孔孔眼冲蚀较大，而且泵注排量、注入规模都比较大，过砂后孔眼直径无法准确预判，且多为不规则孔眼，如图3-37所示。如果采用水力喷砂射孔工艺，因管柱振动，射孔孔眼更不规则。而暂堵球形状规则、变形能力差，难以有效封堵不规则优势孔眼，导致转向压裂效果不佳，如图3-38（a）所示。

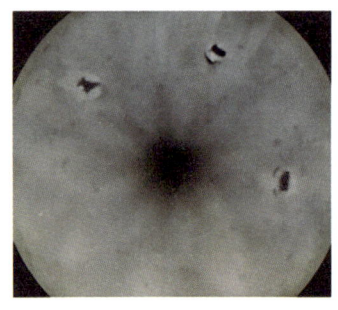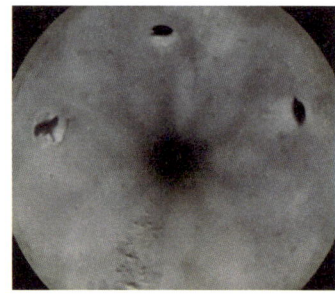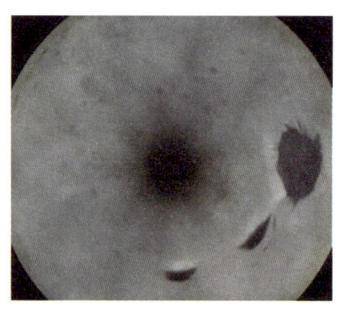

图 3-37 体积压裂射孔孔眼成像测井图

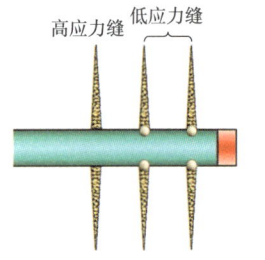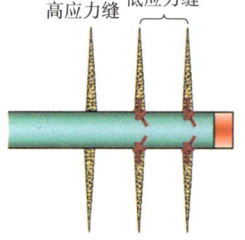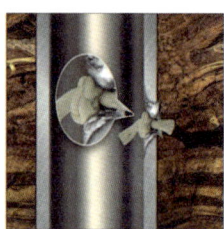

(a) 暂堵球封堵不规则孔眼　　　　　　　　(b) 绳结塞封堵不规则孔眼

图 3-38 暂堵球、绳结塞缝间暂堵转向压裂示意图

与常规刚性暂堵球不同，绳结暂堵塞是一种具有韧性、高封堵强度、完全降解的新型暂堵转向材料，如图 3-39 所示。其特殊的绳体+尾翼结构具有可变形的特点，能够封堵不同形状的不规则孔眼，既不会穿过孔眼，也能避免因压差降低而造成脱落。

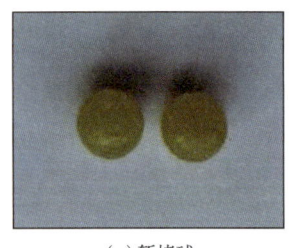

(a) 暂堵球　　　　　　　　(b) 绳结塞　　　　　　　　(c) 输送壳

图 3-39 缝间转向压裂暂堵材料

①绳结暂堵塞结构。

绳结暂堵塞外部由可溶性球壳包裹，能够降低输送摩阻，内部为绳结主体，主要由聚合物纤维通过纺丝、编织、裁切制成，球壳与绳结主体在井筒温度影响下均能完全降解。

②绳结塞暂堵原理。

一次压裂结束后，降低排量投入绳结暂堵塞，由于非常规油气藏非均质性强，段内基本存在一定的应力差异，流动过程中遵循向阻力最小方向流动原则，暂堵塞优先坐封至低应力孔眼处，外壳受到较小的压差即可发生破碎，释放出绳结暂堵塞卡住低应力孔眼形成临时封堵，如图 3-38（b）所示。在液流压差作用下绳结暂堵塞受到挤压产生变形，表面积增大的同时封堵区域也增大，且越压越紧，封堵各类不规则射孔孔眼，迫使液流转向高应力簇，产生新裂缝，增大改造面积[16]。

③绳结塞尺寸匹配。

转向压裂时，绳结暂堵塞封堵位置是射孔孔眼。但在压裂作业时，由于滑溜水携砂冲蚀孔眼及孔眼与裂缝之间压裂液流道偏转等因素影响，一般难以形成规则的孔眼形状及尺寸。若绳结暂堵塞尺寸过小，将会被压差压入孔眼中，无法形成有效封堵；若尺寸过大，则绳结外壳不易坐封，易被压裂液冲走。因此，合适的尺寸匹配对于暂堵转向效果至关重要[16]。

假设孔眼长轴长度为 a，短轴为 b，如图 3-40 所示。定义 $\gamma = a/b$ 为孔眼不规则度，其值受排量、砂量等因素影响，可依据不规则度的范围选择相应的暂堵材料。

当 $\gamma \geqslant 1.2$ 时，使用绳结塞暂堵；当 $\gamma < 1.2$ 时，既可使用绳结塞，也可使用暂堵球。

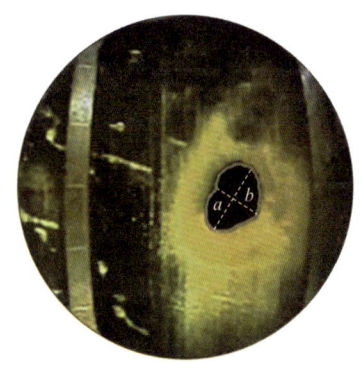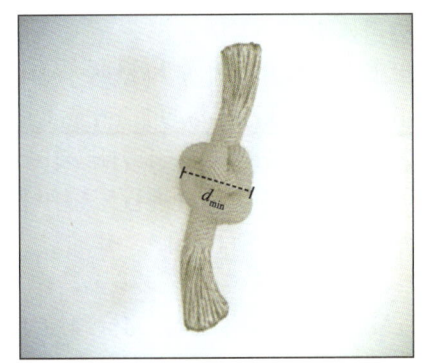

（a）孔眼不规则度示意　　　　　　　　（b）绳结塞尺寸示意

图 3-40　孔眼不规则度与绳结塞尺寸匹配图

对于暂堵球坐封条件，通常要求暂堵球直径 $D \geqslant 1.25d$，d 为射孔孔眼直径。与暂堵球不同，绳结塞形状也不规则，如图 3-40 所示。设绳结暂堵塞绳体最短处外径为 $d_{\min}$，保证绳结塞充分坐封条件为 $d_{\min} > d$。依据现场调整经验，绳结暂堵塞直径按 1.5~2 倍射孔孔眼直径优选。但在实际压裂作业中，孔眼直径还可能受到套变等因素的影响，需根据现场工况进行调整。

④返排降解。

压后返排时，绳结暂堵塞仅需要较小的压差即可解封，未能及时排出的绳结暂堵塞在一定时间后在地层温度作用下逐渐降解，伴随压裂返排液排出储层，不会堵塞储层孔道，具有储层保护效果。

二、水力脉冲压裂技术

水力脉冲压裂技术是一种利用动态加载水力能量致裂岩石，形成复杂裂缝网络的压裂技术。在同等水力能量条件下，致裂岩石能力更强，支撑剂携带距离更远，是一种前沿的压裂技术。

水力脉冲压裂技术已在煤层气井下瓦斯抽采中得到广泛应用，在储层中形成更多裂缝，同时更多地沟通已有裂缝，进而提高裂缝之间的连通性，提高储层渗透性，能够大幅度提高单井产量。

水力脉冲冲击造缝是一种动态加载水力能量致裂岩石的方式，较常规水力破岩更易形成冲击应力峰值，在天然裂缝和充填裂缝端产生应力集中，形成更大的剪切和拉伸破坏。同时，在交互冲击力下，脆性岩石更易造成疲劳损坏，易在主裂缝周围形成复杂的分支网络，有效连通天然裂缝，形成复杂裂缝网，实现体积压裂的目的。

常规水力压裂水力能量在传播过程中由于沿程阻力影响，在裂缝远端水力能量较弱，造缝效果较差。而水力脉冲压裂水力能量在传播过程中脉冲能量反射/叠加较强，传播过程中压力值波动大，形成冲击和振荡效应。同等水力能量条件下传播距离更远，相同位置处获得的压力值更高，水动力优势更明显，更容易在远井裂缝形成紊流流体，使支撑剂运移更远、有效支撑缝长更长。因此，水力脉冲压裂较常规水力压裂具有更大优势，能有效提高裂隙扩展规模和复杂程度，获得更好的压裂改造效果。

1. 变排量水力压裂

目前水平井体积压裂施工排量基本为恒定值，针对定排量压裂工艺所存在的局限性，GTI（Gas Technology Institute）的 Jordan Ciezobka 等提出了变排量水力压裂工艺。

该工艺方法的原理为，在水力压裂中将排量提高至最大值，接着快速降低至最小排量，最后迅速调整为常规排量进行压裂作业。快速变化的排量可以在井筒中形成一个压力波，从而冲击未打开的射孔孔眼，并通过压力脉冲激活天然裂缝，提高水力裂缝网络复杂程度。

为验证变排量水力压裂工艺的合理性，将此工艺应用于 Marcellus 页岩气井中。为方便对比，奇数段采用变排量压裂工艺，偶数段为定排量压裂工艺。施工结果表明，采用变排量压裂工艺后，施工压力降低，微地震监测结果表明变排量压裂工艺增加了裂缝复杂性。

压后产能分析表明，采用变排量压裂工艺后产能平均提高了 19%，且稳产时间显著增加，如图 3-41 所示。

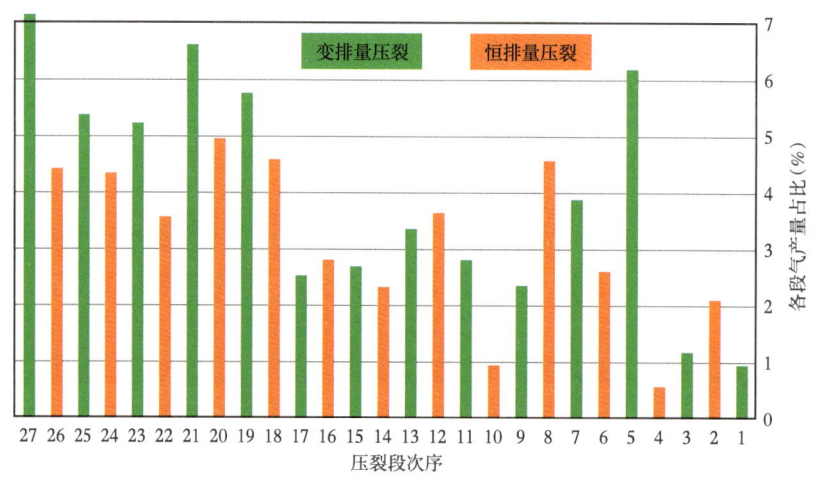

图 3-41　变排量与恒排量水力压裂工艺产能对比图

变排量压裂工艺条件下,支撑剂沉降区、悬浮区不断变换,处于一种动平衡状态。瞬间提高排量后,沉降区支撑剂被迅速悬浮、悬浮区支撑剂不断向前运移,可将更多的支撑剂带入裂缝深处,大幅改善支撑剂铺置剖面。

2. 变黏液交替泵注

采用滑溜水缝网改造,滑溜水摩阻低,能较好降低管程压降损失,大排量注入能实现较高的净压力。但由于缝口净压力始终大于缝端净压力,会导致近井筒附近形成的缝网复杂程度始终高于裂缝远端,在有限的液体体积条件下,很难实现井筒远端缝网横向控制延伸范围最大化。

图3-42所示为全程滑溜水缝网改造微地震监测缝网形态示意图,造缝网阶段全程加入滑溜水后,沿最大主应力方向,在近井筒附近缝网波及宽度大于远井场缝网波及宽度,缝网对远井场储层控制范围小,一定程度上影响缝网波及体积[12]。

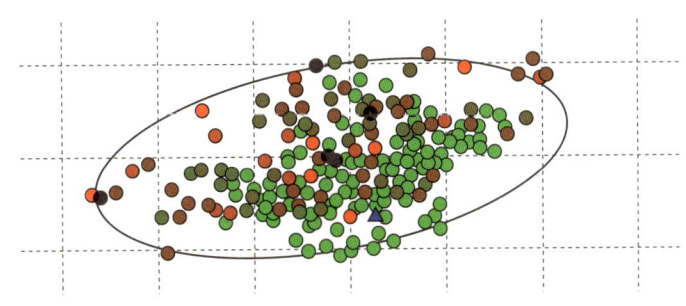

图3-42 全程滑溜水压裂造缝微地震监测图

采用滑溜水+清水+滑溜水交替注入方式,可改善缝网控制形态。主要是利用清水更低的黏度值,与岩石接触后能产生较高的界面张力,增大缝网摩阻,提高压裂液运移阻力。

采用滑溜水和清水交替注入方式,先采用大排量注入一定量滑溜水,使初期缝网形成一定规模,实现近井天然裂缝充分开启;然后再注入一定量的清水进入裂缝缝网系统,因为净压力沿裂缝主缝延伸方向逐渐减小,大部分清水优先进入近井筒附近缝网系统,提高近井筒缝网压裂液运移阻力;最后再注入滑溜水,能使大部分滑溜水作用于远井场,提高远井场缝网延伸程度。

图3-43所示为滑溜水+清水交替压裂微地震监测缝网形态示意图,远井场缝网波及宽度得到较大幅度提高,提高储层岩体控制体积。

3. 段塞式加砂压裂技术

段塞式加砂即在压裂施工过程中,注入一段混砂液后停止加砂,然后采用压裂液进行中顶,之后再继续加砂—中顶过程,直至完成设计加砂量。

段塞式加砂的目的不仅要实现裂缝支撑,还要增加缝内流动阻力,以达到增加缝内净压力并实现裂缝转向的目的。除此之外,段塞加砂还有以下技术优势:

(1)打磨射孔孔眼和近井扭曲的裂缝,减小近井摩阻,降低施工压力;
(2)封堵近井微裂缝,降低压裂液滤失,便于造主裂缝,提高压裂改造体积;
(3)每个支撑剂段塞进入地层后,施工压力均有一定程度的上升,裂缝内净压力提高使天然裂缝张开，可造新裂缝或实现裂缝转向，对于形成复杂的裂缝网络，增大储层改造体积有重要作用。

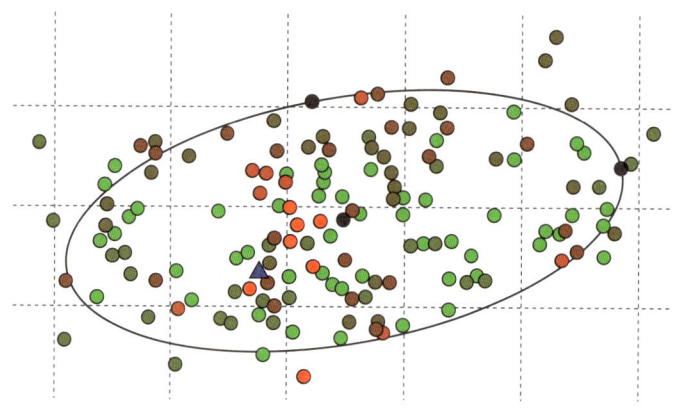

图 3-43　滑溜水 + 清水交替压裂造缝微地震监测图

三、多井压裂应力干扰

1. 多裂缝应力干扰

（1）诱导应力场。

平台井集中压裂时，由于邻井压裂支撑裂缝、本井前段压裂支撑裂缝的存在，以及压裂过程中缝内净压力变化，在裂缝周围产生诱导应力。距离裂缝越近，诱导应力越大，其中近井筒地带产生的诱导压应力最大、裂缝尖端处产生的诱导拉应力最大；对两口水平井压裂，靠近补偿井一侧的裂缝尖端诱导拉应力更大，两井中间位置主要受到诱导拉应力的作用。

诱导应力叠加在地应力上，造成近井地带地应力重新分布，水平主应力大小发生变化，最大、最小水平主应力方向发生偏转，可有效增加压裂裂缝复杂程度。根据线弹性断裂力学理论，张开型裂缝沿着最大水平主应力方向延伸，前几条已开启裂缝应力场复合后，正压裂缝发生转向的条件是受到的水平两向诱导应力差大于等于原始最大、最小水平主应力差。

最小水平主应力方向偏转主要集中在裂缝尖端区域，裂缝数量增多，最小水平主应力偏转范围和偏转幅度均增大。

（2）裂缝间距影响。

体积缝网压裂过程中，初始形成的两条裂缝间的距离对它们之间储层应力改变影响较大[14]。当第 1 次压裂裂缝与第 2 次压裂裂缝间的距离大于某一临界值时，第 2 条裂缝会背向第 1 条裂缝弯曲[图 3-44（a）]，即形成排斥型弯曲裂缝；相反，当第 1 次压裂裂缝与第 2 次压裂裂缝之间的距离小于某一临界值时，第 2 条裂缝朝向第 1 条裂缝弯曲[图 3-44（b）]，即形成吸引型弯曲裂缝。这是由于在第 2 条裂缝延伸过程中，邻近裂缝诱导产生的剪应力分布发生了变化。

排斥型弯曲裂缝将使两裂缝间相互作用产生的诱导应力差增大，而吸引型弯曲裂缝将使两裂缝间相互作用产生的诱导应力差减小。因此,可以利用弯曲裂缝对诱导应力差的影响来优化两条裂缝间的距离,第3条裂缝在延伸过程中能够充分利用产生的诱导应力差连通更多应力释放缝。

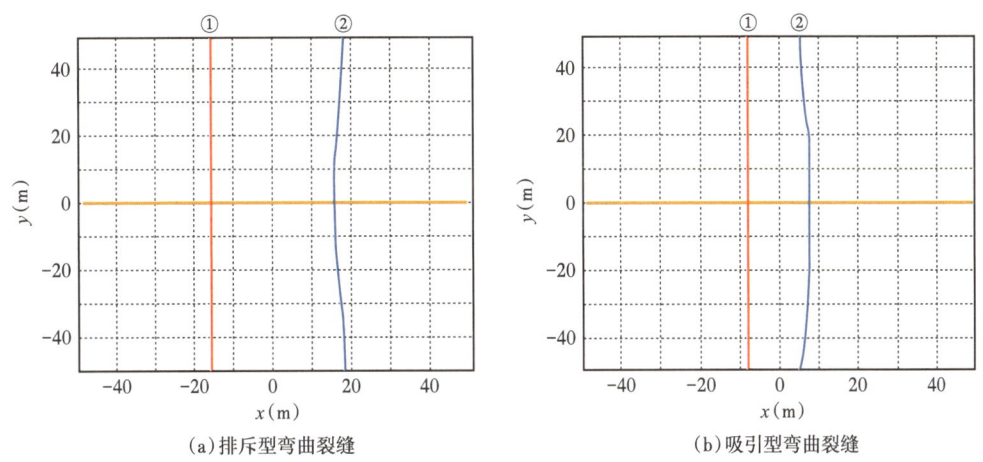

(a)排斥型弯曲裂缝　　　　　　　　　(b)吸引型弯曲裂缝

图 3-44　拉链式压裂裂缝干扰示意图

2. 单井顺序压裂

逐级压裂相邻两级按前后顺序依次施工,主裂缝间距离较短,可产生有效的应力干扰。靠近趾端的第一条裂缝产生后,对井筒附近原始地应力和井壁附近地应力产生影响,形成诱导应力。原始地应力场与诱导应力场叠合,将引起新裂缝转向。

压开第一条裂缝前,水平最小主应力方向与水平井井筒方向相一致。压裂后,水平最小主应力方向逐渐转向[17]。随着裂缝增多,水平最小主应力方向偏转范围增加,偏转角度也增加(图3-45黑色虚线),有利于形成扩展方向不同的新裂缝,促进缝网形成,增加油气藏增产改造体积。

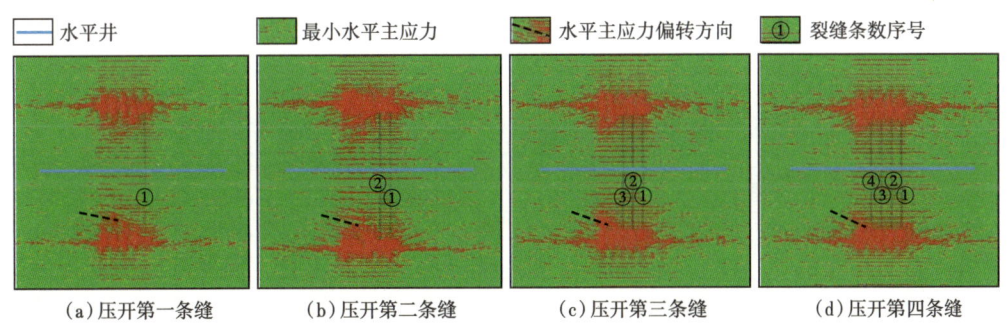

(a)压开第一条缝　　(b)压开第二条缝　　(c)压开第三条缝　　(d)压开第四条缝

图 3-45　逐次压裂最小水平主应力偏转矢量图

3. 拉链式压裂技术

对参与拉链式压裂作业的每口井来讲,本质上仍是逐级顺序压裂,复杂裂缝诱导机理与逐级压裂相同,但除同井裂缝干扰外,还有来自邻井已压裂缝的应力干扰,干扰强度更高,受效区域更广,缝网也更为复杂。通过裂缝间应力干扰,改变原地应力场,有效开启天然裂缝，增强改造效果。微地震监测结果表明，相对于逐级顺序压裂，两口水平井拉链式改造体积增加了50%以上。

拉链式压裂作业时，每个簇中形成的裂缝相互传播，因此靠近尖端的诱导应力迫使裂缝向垂直于主裂缝的方向传播，形成更加复杂的缝网和沟通更大范围的储层有利区域。

（1）单裂缝压裂。

受已开裂缝应力集中导致的诱导应力干扰，已开裂缝都会引起裂缝尖端或两边地应力大小和方向发生改变，但正压裂缝因存在净压力、已压裂缝缝内压力高于地层压力，诱导应力大小及影响区域有所差异，具体影响还需依靠力学软件进行模拟分析。

模拟6条裂缝分别为两口井对称布缝压裂模式和对称交错布缝压裂模式的裂缝扩展形态，结果如图3-46所示[8]。图3-46中A1表示A井的第一段压裂缝，B1表示B井的第一段压裂缝，其余编号含义与之相同。

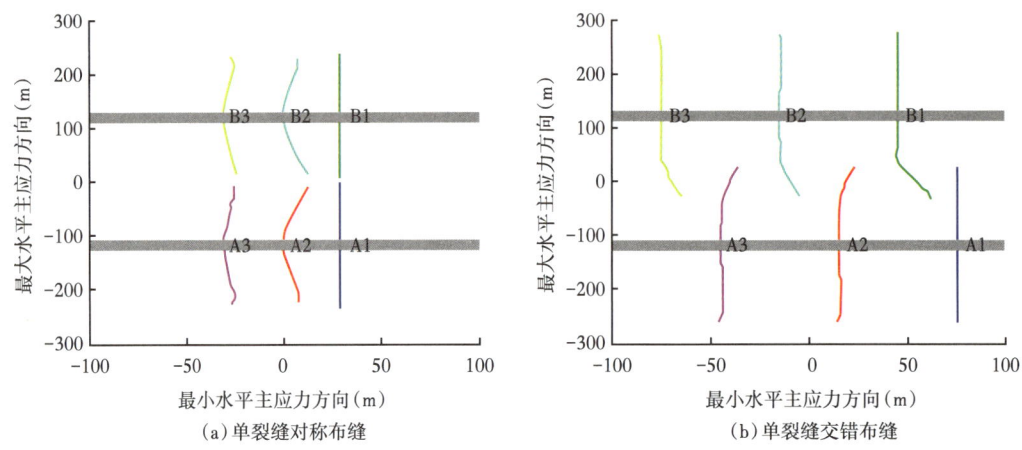

图3-46 两井对称和交错压裂裂缝扩展形态图

①两井对称布缝。

两口井对称布缝时［图3-46（a）］，压裂A1段后，在邻井压裂B1段，B1压裂缝仍沿直线扩展，因此对称分布的邻井压裂缝B1不受A1影响。压裂A2段时，A2受到A1影响，A2裂缝发生偏转，但偏转幅度较小，其他裂缝也是类似扩展形态。由此可知，应力干扰只作用于同井裂缝，并不作用于对称分布的邻井裂缝。因此，对称布缝可减小应力干扰影响和裂缝偏转幅度。

②两井交错布缝。

两口井交错布缝时［图3-46（b）］，井间区域裂缝发生偏转，而井外侧裂缝未发生偏转。A1段压裂后，井间区域的B1段裂缝在扩展至半缝长150m时，即与第1条裂缝有交叠时（由于井间距为400m），井间区域的B1裂缝向A1靠近偏转，平均偏转角度5.71°。A2裂缝则在扩展至半缝长30m时，开始靠近B1，平均偏转角度为5.52°，其他裂缝偏转形态也是类似，即与井间区域的邻近裂缝有交叠时，发生靠近偏转，偏转角度均为5°~6°，井外侧区域裂缝不发生偏转。由此可知，对于交错布缝模式，井间交错缝会向邻井裂缝靠近偏转。

由图3-46可知，相同缝间距下，交错布缝的裂缝覆盖面积大概是对称布缝的2倍，同时对称布缝存在较大裂缝未覆盖区，因此交错布缝方式是增大油气藏改造体积的高效方法。

③三井交错布缝。

中国石油页岩气平台作业通常是1个平台6口水平井，采用单边对称3口井模式部署。施工过程中，由于现场作业情况等原因，3口井布缝（压裂）顺序会发生变化，需从实际应力干扰影响出发，模拟平台作业布缝顺序对裂缝扩展形态的影响，结果如图3-47所示，图3-47（a）中编号"A1—B1—C1—A2—C2"表示布缝顺序为从A1到C2，其他图号含义与之类似[8]。

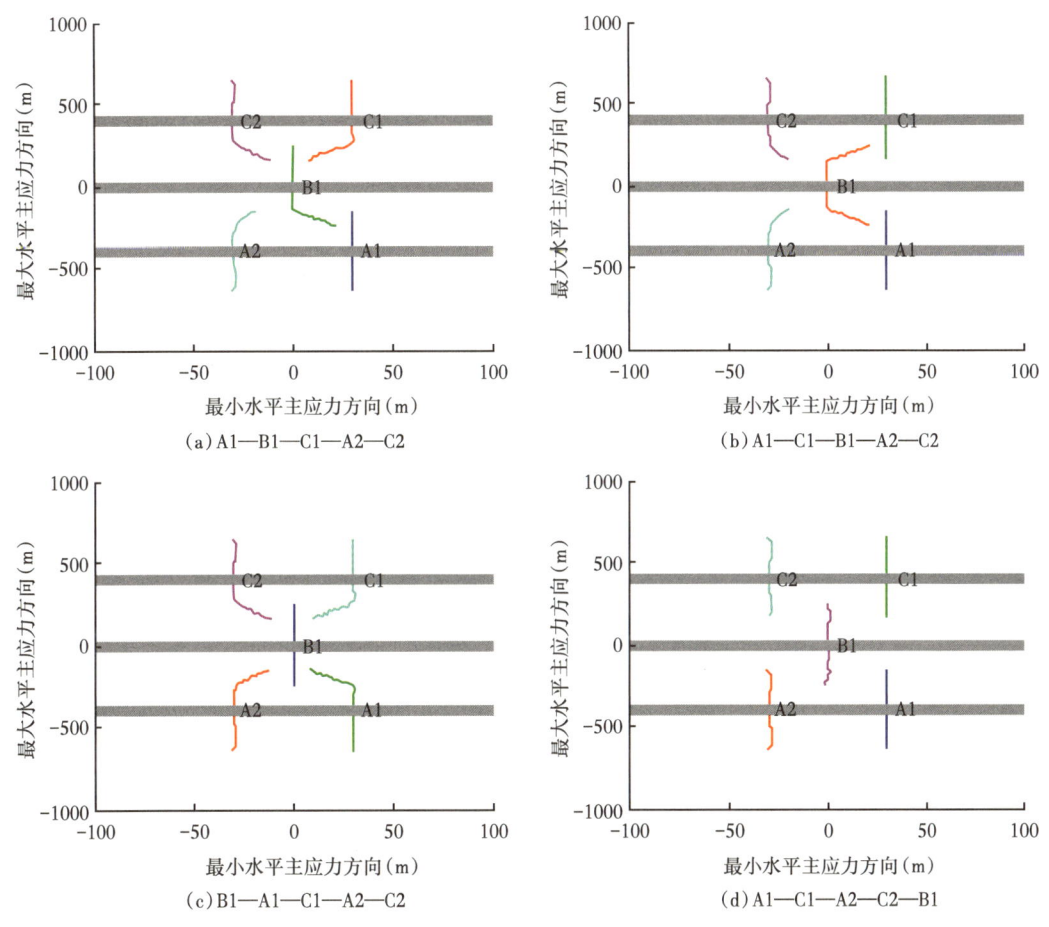

图3-47 三井不同布缝顺序裂缝扩展形态图

对于A1—B1—C1—A2—C2布缝顺序[图3-47（a）]，B1、C1、A2、C2压裂缝扩展至半缝长150m，即与邻井裂缝发生交叠时，后压开裂缝向邻井裂缝靠近偏转，偏转角度为5°~6°；对于A1—C1—B1—A2—C2布缝顺序[图3-47（b）]，A1压裂后，由于第2条压裂缝C1为A1的对称缝，C1未发生偏转，第3条压裂缝B1受到A1和C1影响，B1两翼裂缝扩展至半缝长150m时，分别向A1和C1靠近偏转，偏转角为4.62°，第4~5条压裂缝A2和C2在扩展至半缝长140m时，分别向B1偏转，偏转角为5.30°；对于B1—A1—C1—A2—C2布缝顺序[图3-47（c）]，由于先压裂缝B1对后续压裂缝均有影响，其他裂缝均向 B1 裂缝靠近偏转，偏转角为 5.71°；对于 A1—C1—A2—C2—B1 布缝顺序[图 3-47（d）]，施工时相邻段间距较大，因此 A2 和 C2 不发生偏转，同时 B1 段受到周围较为均衡的应力作用，B1 基本不偏转。

由于不同布缝顺序对应力场扰动效果不同，因此多裂缝扩展形态存在显著差异。对于平台作业，采用顺次布缝模式，如图 3-47（a）和图 3-47（b）所示，受早先压裂缝应力干扰影响，后续压裂缝向早先压裂缝靠近；采用间隔的布缝顺序，如图 3-47d 所示，后续裂缝偏转幅度减小，有利于裂缝直线扩展；而采用先压裂中间井，再压裂周围段的布缝顺序，如图 3-47c 所示，后续裂缝均向中间井裂缝偏转，有利于增大裂缝复杂度。

（2）多裂缝压裂。

两井或多井压裂时，有对称布缝和交错布缝两种方式。

①对称布缝。

对称布缝如图 3-48 所示。

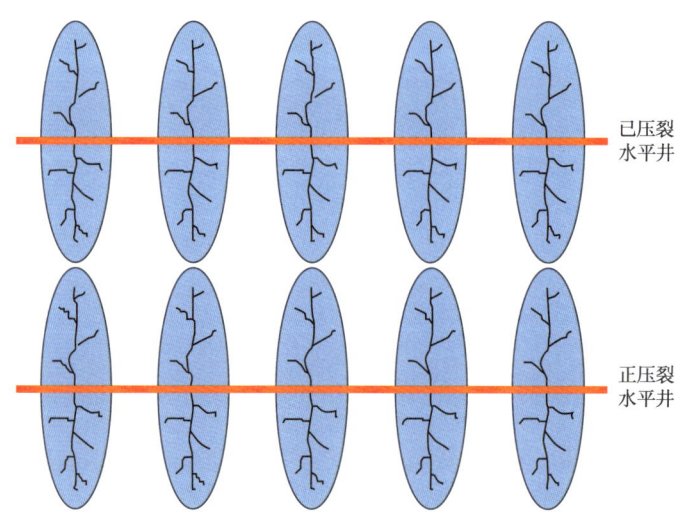

图 3-48 对称布缝拉链式压裂干扰示意图

双井压裂时，两井中间位置主要受诱导拉应力的作用，其中裂缝尖端处产生的诱导拉应力最大。如对称布缝，正压井裂缝更易沿邻井老裂缝方向扩展，使裂缝分布更加均衡。

②交错布缝。

交错布缝时，由于正压井中产生的裂缝处于已压井产生的两条裂缝之间，具有更大的应力干扰作用范围，进而容易形成更大范围的复杂裂缝网络，储层改造体积更大。由于两井延伸裂缝相交叠部分与井筒有一定的距离，降低了井筒附近应力反转可能性，避免了在井筒附近形成纵向裂缝，增加了远场裂缝网络复杂性。

拉链式压裂同时只有一口井在泵注，缝间干扰主要来自本井本段内不同射孔簇间裂缝干扰。如果储层天然裂缝或层理不发育，缝尖干扰仅影响裂缝延伸方向及中间缝缝长。但对于天然裂缝或层理发育储层，多条主缝同时延伸，有可能促进缝间应力薄弱面剪切滑移或偏转，形成次生剪切裂缝，将主裂缝连接成裂缝网络。并且簇间距越小、裂缝条数越多，应力干扰越强，裂缝网络越复杂，压后储层岩石被切割得越碎，这也是段内多簇压裂技术的初衷设想与终极期望。

4. 同步压裂技术

2009年，斯伦贝谢首次提出同步压裂工艺概念，即同时压裂同一平台水平段相邻的两口平行水平井，并在俄克拉何马东部Arkoma盆地Woodford页岩开发中投入试验，压后产量比拉链式压裂增加30%左右。

同步压裂打破常规压裂理念，两口井同时泵注，利用缝尖应力干扰，通过不同布缝方式，实现两井中间特定区域储层改造裂缝网络化。

与拉链式压裂一样，同步压裂也有对称布缝与交错布缝两种形式。

（1）单裂缝压裂。

对称布缝与交错布缝模式下，两口井同步压裂裂缝扩展形态如图3-49所示[8]，即A1和B1同时扩展。

两口井对称布缝时，同步压裂对称裂缝均为直线扩展路径［图3-49（a）］，拉链式压裂也是如此。由此可知，对称布缝时同步压裂和拉链式压裂改造效果相同。

两口井交错布缝时，同步压裂裂缝扩展形态如图3-49（b）所示，两条裂缝在扩展至井间裂缝半长200m处，即两条裂缝发生交叠（由于井间距为400m）时，两条裂缝开始相互靠近，平均偏转角度为9.16°，因此井间裂缝向井筒远端的扩展长度减小。如果采用拉链式压裂模式，井间裂缝交叠时同样是靠近偏转，但后续压裂缝偏转角度相对较小，有利于提高井筒远端储层改造体积。

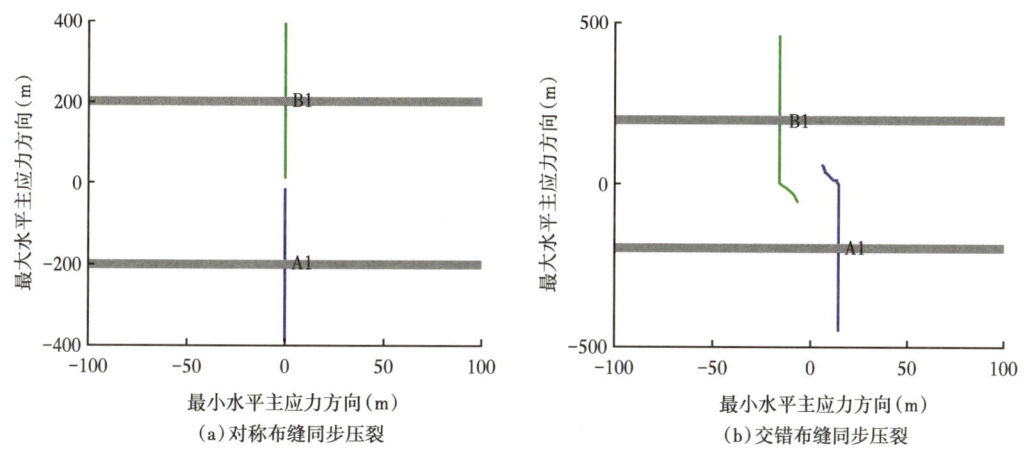

图3-49 两井同步压裂裂缝扩展形态图

（2）多裂缝压裂。

①对称布缝。

对称裂缝扩展时，裂缝尖端诱导应力从拉应力转换为压应力，裂缝沿最大水平主应力方向扩展受到抑制，缝长有限。裂缝尖端诱导应力使裂缝沿垂直于水平井轴方向扩展，缝高方向延伸比较充分。当相对裂缝延伸接近时，缝内净压力升高，促使主裂缝产生分支裂缝，增加了远井裂缝复杂性，也可能使主裂缝在缝高延伸方向发生偏转，相对裂缝一条向上延伸、一条向下延伸，并在裂缝末端重叠区域形成复杂裂缝，增大两井中间储层改造体积。

国外页岩储层相对较厚，对称布缝可扩大储层纵向改造体积。国内因储层薄、夹层多，一般选用立体开发方式，很少对称布缝，但对穿层压裂、高角度天然裂缝储层改造有一定的借鉴意义。

对称布缝同步压裂时，最小水平主应力偏转如图3-50所示。裂缝压开后，裂缝尖端最小水平主应力方向发生大幅度偏转，裂缝左右两侧也发生小幅度偏转，但两口井中间位置处，应力几乎不偏转。随着裂缝条数增多，应力偏转角度和范围逐渐增加，在图3-50中同一位置处，代表其最小主应力方向的黑色虚线与水平方向的夹角依次为0°、13°、17°、22°。

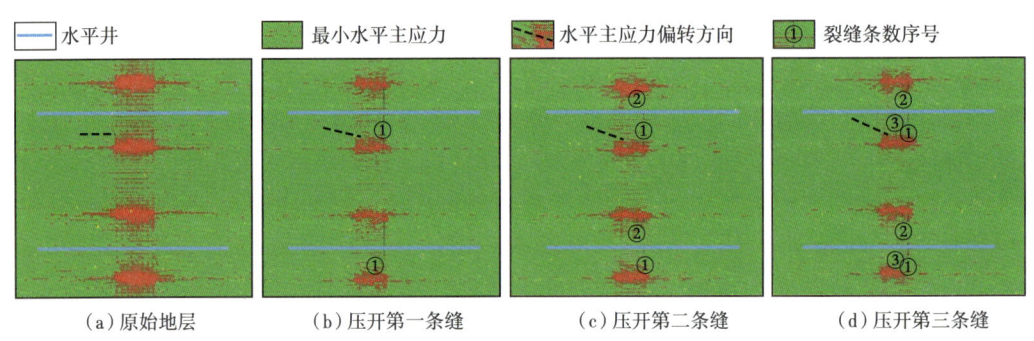

图3-50　同步压裂最小水平主应力偏转示意图

②交错布缝。

交错布缝时，两井中多条裂缝同时延伸，裂缝尖端附近区域产生应力干扰。近井筒附近，两井裂缝独自扩展且只在其自身属地范围内产生段内缝间干扰；当两井裂缝延伸至接近或重叠时，裂缝尖端全部集中在两井中间，缝间距成倍缩小，裂缝尖端互相之间距离更近，在裂缝尖端区域产生的应力扰动及应力偏转作用更强，可充分沟通储层中大量存在的天然微裂缝或层理缝，在两井中间远离井筒位置产生更复杂的裂缝网络，而井筒附近以平行主裂缝为主，如图3-51所示，这是同步压裂增产效果好的主要原因。

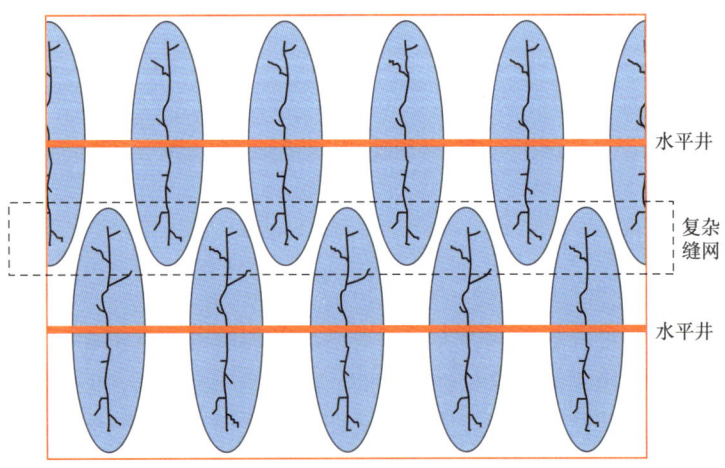

图3-51　同步压裂构建复杂缝网原理示意图

同步压裂由于其全新的压裂理念，扩展了复杂裂缝构建思路，使同步压裂压后产量更为可观。

由于水平井同步压裂主要利用裂缝尖端的应力干扰，要求裂缝尖端相距较近，但又不能使裂缝完全连通，因此裂缝半长优化设计与控制显得尤为重要。

参考文献

[1] 郑新权，何春明，杨能宇，等．非常规油气藏体积压裂2.0工艺及发展建议［J］．石油科技论坛，2022，41（3）：1-9．
[2] 胥云，雷群，陈铭，等．体积改造技术理论研究进展与发展方向［J］．石油勘探与开发，2018，45（5）：874-888．
[3] 吴奇，胥云，王腾飞，等．增产改造理念的重大变革——体积改造技术概论［J］．天然气工业，2011，31（4）：7-12．
[4] 吴奇，胥云，王晓泉，等．非常规油气藏体积改造技术——内涵、优化设计与实现［J］．石油勘探与开发，2012，39（3）：352-358．
[5] 于学亮，胥云，翁定为，等．页岩油藏"密切割"体积改造产能影响因素分析［J］．西南石油大学学报（自然科学版），2020，42（3）：132-143．
[6] 郭建春，曾凡辉，张涛，等．页岩储层水平井多段多簇压裂理论［M］．北京：科学出版社，2020．
[7] 卢宇，赵志恒，李海涛，等．页岩储层多簇限流射孔裂缝扩展规律［J］．天然气地球科学，2021，32（2）：268-273．
[8] 陈铭，胥云，吴奇，等．水平井体积改造多裂缝扩展形态算法——不同布缝模式的研究［J］．天然气工业，2016，36（8）：79-87．
[9] 慕立俊，赵振峰，李宪文，等．鄂尔多斯盆地页岩油水平井细切割体积压裂技术［J］．石油与天然气地质，2019，40（3）：626-635．
[10] 乐宏，杨兆中，范宇，等．宁209井区裂缝控藏体积压裂技术研究与应用［J］．西南石油大学学报（自然科学版），2020，42（5）：86-98．
[11] 胡永全，贾锁刚，赵金洲，等．缝网压裂控制条件研究［J］．西南石油大学学报（自然科学版），2013，35（4）：126-132．
[12] 史晓东．致密油藏体积压裂缝网形成及控制方法研究［D］．大庆：东北石油大学，2017．
[13] 卢云霄，郭建春．段塞式加砂技术在页岩气缝网压裂中的应用［J］．油气井测试，2014，23（5）：67-69，78．
[14] 李小刚，苏洲，杨兆中，等．页岩气储层体积缝网压裂技术新进展［J］．石油天然气学报（江汉石油学院学报），2014，36（7）：154-159．
[15] 赵明伟，高志宾，戴彩丽，等．油田转向压裂用暂堵剂研究进展［J］．油田化学，2018，35（3）：538-544．
[16] 张旺，吕永国，李忠宝，等．绳结暂堵塞性能研究及现场应用［J］．中外能源，2022，27（12）：63-69．
[17] 刘洪，廖如刚，李小斌，等．页岩气"井工厂"不同压裂模式下裂缝复杂程度研究［J］．天然气工业，2018，38（12）：70-76．

第四章 压裂液及配液水处理

压裂改造是非常规油气资源勘探开发的关键措施，但非常规油气储层特征与常规油气差异巨大，储层岩石通常表现为水湿，且储层原始条件下其含水饱和度远低于束缚水饱和度，外界流体进入储层后会发生自吸现象，吸附并置换出储层流体。这是非常规储层改造压裂液与常规压裂液最大的区别，常规储层改造压裂液以造缝、携砂为主，而非常规储层改造压裂液还承担着压后渗吸、置换储层流体的采油职能及人工裂缝水力支撑职能。

由于非常规储层物性很差，对压裂液性能要求更高，主要包括低伤害性、与储层配伍性良好、易返排及渗吸置换等。依据非常规油气储层对压裂液性能要求，国内外已开发出多种适合非常规储层压裂改造的非常规压裂液体系，包括滑溜水、线性胶及冻胶混合压裂液体系，二氧化碳前置压裂液、泡沫压裂液体系等。

第一节 压裂液概述

一、压裂液发展历程

1947 年，美国 Hugoton 气田使用汽油作为压裂液，压裂四层石灰岩，完成第一次水力压裂。但由于汽油较贵，之后很快采用原油作为压裂液，并一直广泛应用到 20 世纪 60 年代。

到 20 世纪 70 年代，高黏胶因能够携带较多细砂等固体颗粒，开始替代原油作为压裂液。

到 20 世纪 80 年代，交联胶作为压裂液，在压裂作业中开始盛行。

直到 20 世纪 90 年代，为降低成本，人们开始以滑溜水作为压裂液。近些年一直以滑溜水 + 瓜尔胶 + 冻胶混合液作为主体压裂液，在水平井体积压裂中广泛应用。

二、压裂液体系类型

经过 75 年的应用、研究及现场实践，国内外已经形成门类齐全，适用于各种油气藏改造的压裂液体系，目前仍朝着低成本、低伤害、环境友好方向发展。

1. 油基压裂液

20 世纪五六十年代，水力压裂施工主要使用油基压裂液。油基压裂液主要成分是原油、柴油或汽油等烃类，稠化剂为有机磷酸盐，交联剂为偏铝酸盐，破胶剂为强碱弱酸盐。优点是储层配伍性好、易返排，不会对水敏储层造成伤害，特别适用于强水敏、低压储层。缺点也很明显，成本高、不耐高温、滤失量大，且易燃，安全性差，适应范围较小。

2. 水基压裂液

水基压裂液因具有价格便宜、安全、可操作性强、综合性能好、适用性广等优点，在压裂液体系中占主导地位。配制主要需要稠化剂、交联剂、破胶剂和其他添加剂，如杀菌剂、助排剂、降滤失剂、黏土稳定剂、温度稳定剂等。

水基压裂液因材料来源广、价格便宜、配制工艺简单，能满足大多数储层压裂要求，所以此体系在国内外水平井体积压裂中应用最多。

3. 泡沫压裂液

20 世纪 80 年代，泡沫压裂液得到发展，部分取代了水基压裂液。泡沫压裂液主要成分是气相和液相，气相（如 CO_2 或 N_2）一般占 70% 左右，液相中加有起泡剂、稳泡剂等。泡沫压裂液优点是携砂能力强、滤失量小、伤害小、易返排等，比较适用于低压、水敏性储层，特别是气藏。缺点是无法准确掌握其流变性能，现场应用时很难对泡沫质量和压力进行很好地控制。

4. 清洁压裂液

低残渣、低伤害是人们多年来不断追求的压裂液发展目标。目前使用聚合物压裂液，如交联瓜尔胶、交联羟丙基瓜尔胶等，由于破胶和返排不彻底，对储层基质渗透率和人造裂缝导流能力产生伤害，影响压裂效果。

在一定条件下，由水溶性表面活性剂形成的黏弹性胶束压裂液，具有良好的流变性能、无固相残渣，成为新一代清洁压裂液。

清洁压裂液主要由季铵盐类阳离子表面活性剂组成[1]，这种小分子表面活性剂由长链脂肪酸衍生物合成，如图 4-1 所示。在表面活性剂水溶液中（图 4-2），当表面活性剂浓度大于临界胶束浓度时，可形成球状胶束（因极性相近，尾部亲油基团聚集在球状胶束中心，头部亲水基团分布在球状胶束表面），如图 4-3 所示。随着表面活性剂浓度及盐浓度增加，电解质压缩胶束界面双电层，胶束中表面活性剂分子之间的排列趋于紧密，胶束结构和体积发生突变，由球状向棒状和蠕虫状转变，如图 4-4 所示。继续增加表面活性剂浓度及盐浓度，溶解在盐水（KCl）中棒状和蠕虫状胶束聚集体，互相缠绕并结成空间网架结构（图 4-5），体系呈现黏弹性和触变性，形成凝胶，具备压裂液性能特征，无须交联就能靠其结构黏度有效携带支撑剂。

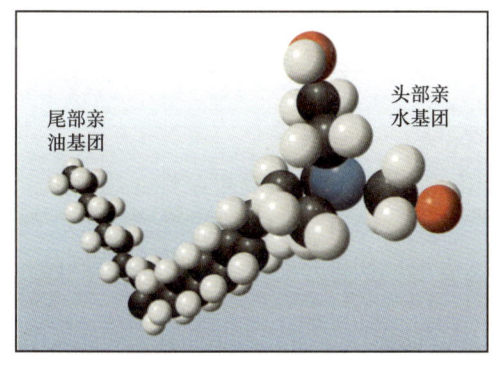

图 4-1 表面活性剂分子结构示意图

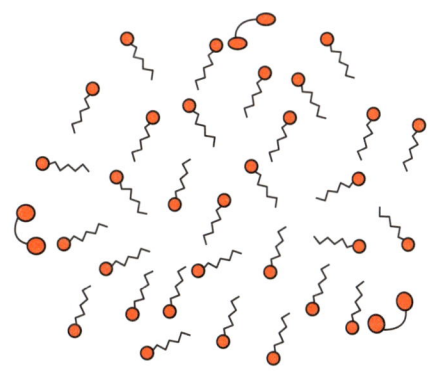

图 4-2 含油介质中游离分子示意图

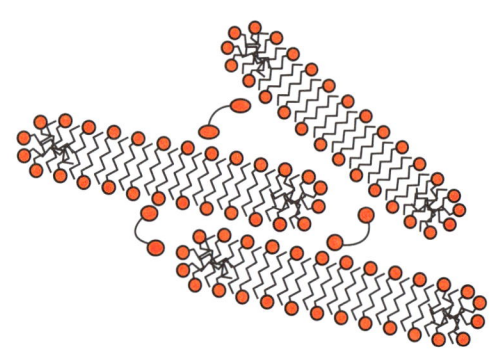

图 4-3　盐水介质中胶束结构示意图　　　图 4-4　蠕虫状胶束示意图

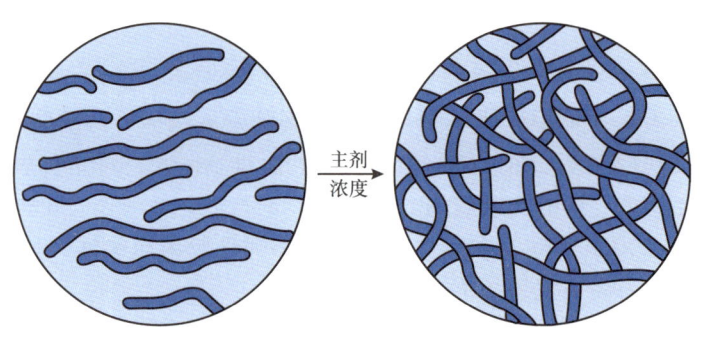

图 4-5　胶束聚集缠绕成胶示意图

黏弹性表面活性剂分子量低,表界面张力小,返排率高;压裂液摩阻低,可有效控制缝高;体系遇烃增溶,胶束膨胀崩解,或因地层水稀释、浓度降低,网架结构解体,因此不需添加任何破胶剂,无残渣,低伤害。

清洁压裂液对温度要求较高,黏度随温度升高先增加后降低,且黏度受剪切影响很大,因此流动阻力很小。此外,清洁压裂液因无法形成滤饼,所以滤失速度很快,其砂比通常无法达到瓜尔胶水平,而且施工费用也是相当昂贵,适用于低温浅井、低渗透、水敏储层。

清洁压裂液技术特点:

(1)流变性独特,黏度低,能有效输送支撑剂;

(2)可以调整控制滤失;

(3)较低加量时,可以实现较高黏度。

(4)配制方便,施工简单,易溶解,无须过多设备。

(5)无聚合物、环境友好、相容性好、无残留,无地层伤害,高可泵性。用量少,摩阻小,携砂力强,油井增产显著。

(6)不需交联剂、破胶剂和其他化学添加剂,无地层伤害并能使充填层保持良好。

5. 乳化压裂液

乳化压裂液主要成分是油、水及乳化剂,配液时把油、水按一定比例混合,先在其中加入表面活性剂进行乳化[2],再添加聚合物配制乳化压裂液。

乳化压裂液性能介于水基与油基压裂液之间，包括水包油和油包水两种体系，常用的是水包油乳化聚合物压裂液，外相是以植物胶为代表的聚合物稠化水溶液，占 30%~40%，内相是以原油或柴油为代表的液态烃，占 60%~70%。

乳化压裂液优点是黏度高、滤失小、残渣少，对地层伤害低，常用于水敏储层压裂改造中，缺点是体系流变性受温度影响严重，乳化作用不稳定。

6. 醇基压裂液

在强水敏储层开发中，水基压裂液对储层伤害大，须采用无水压裂技术，其中醇基压裂液是无水压裂技术的一种实现方法[3]。

醇基压裂液以醇类代替水作为压裂液基础原材料，分散相主要是醇类。特点是表面张力低、易返排，与地层流体配伍性好，特别适用于气井和易水锁低压储层；缺点是安全性差，且醇不易稠化，价格昂贵，限制了规模化应用。

在无水醇类材料中，无水甲醇和无水乙醇极易燃烧，与空气混合形成爆炸性混合物，不能用作压裂液基础材料。无水乙二醇不易挥发、低毒，沸点、燃点及闪点均较高，并且不易燃烧，可用于配制无水压裂液；改性乙二醇具有更高的沸点、燃点和闪点，更不容易燃烧，安全性能满足压裂现场作业要求。

为降低无水醇基压裂液使用成本，国内外又利用低分子醇作为互溶剂，配制醇瓜尔胶压裂液，具有低伤害、低滤失、返排能力强等特点，极大减轻了外来液体水锁对储层孔喉造成的伤害。相同加量下，甲醇水锁伤害率小于乙醇，一般选用 15% 甲醇配制醇基瓜尔胶压裂液。考虑羟丙基瓜尔胶在水中具有良好的溶解性，先将羟丙基瓜尔胶溶于水中，充分增黏后，再按比例将甲醇溶于羟丙基瓜尔胶溶液中，同时优选一种与醇水混合溶剂协同作用好的助排剂，进一步降低水锁。

7. 无水压裂液

水基压裂液体系存在水资源浪费、黏土膨胀和压裂液破胶不彻底伤害储层、返排不完全造成地下水污染，以及污水处理费用高等缺点。在强水敏储层开发中，水基压裂液对储层伤害巨大，存在诸多缺点，无水压裂技术随之兴起，有着许多水基压裂液不可比拟的优点。

除油基压裂液、醇基无水压裂液外，超临界 CO_2 压裂液、LPG 凝胶压裂液也是常见的无水压裂液体系。

超临界 CO_2 压裂液无水相，避免了水相液体对储层渗透率影响，特别适用于低渗透、低压及强水敏储层改造。该技术具有显著的增产、增能效果，对地层零伤害。在页岩气进行体积压裂时，具有较好的应用效果，节水效果明显。但 CO_2 压裂液黏度低、携砂能力弱，且漏失量较大，不适用于高渗透储层。

LPG 压裂液采用液化石油气（LPG）为压裂液基液，表面张力低、黏度低、密度低且能自然溶于储层流体，压裂后产生的有效裂缝面积更大，施工后几天内即可 100% 回收。因此，比常规压裂方法投产速度更快，极大地提高了气井增产改造的初期产能与长期产能，但成本较高，安全性也存在一定隐患。

三、压裂液各阶段功能

压裂液是压裂泵注时入井流体总称，因为在压裂过程中，注入井内的压裂液在不同阶段其作用各不相同，因此可将其分为前置液、携砂液和顶替液。

前置液主要作用是压开地层并形成一定几何尺寸的裂缝，对高温地层，前置液还具有一定的降温作用。因超临界 CO_2 蓄能比例高、破岩能力强、沟通天然裂缝及层理缝作用明显。在中低成熟度页岩油压裂中效果明显，前置液功能已不再满足于造缝，而是将复杂缝构建、蓄能及降黏功能集中于一体，满足非常规油气开发需求，类似应用还有 CO_2 或 N_2 泡沫压裂液。

在压裂液总量中，携砂液占比较大。携砂液主要作用是将支撑剂（一般为陶粒或石英砂）带入裂缝中并将支撑剂铺置在裂缝内。由于支撑剂改性技术进步及全悬浮压裂液技术成熟，携砂液与支撑剂技术逐渐合二为一，裂缝导流能力大幅提升。与其他压裂液一样，携砂液同样具有造缝和冷却地层的作用。

顶替液主要作用是将井筒中的携砂液替入裂缝中，对水平井压裂来讲，顶替液还有清扫井筒沉砂的作用，为后续井筒作业提供清洁、无障碍作业环境。

四、压裂液性能要求

压裂液作为压裂施工的"血液"，不仅是压裂机组功率转换为水力高压破岩的能量载体，而且是支撑剂携带介质，其性能除确保人工裂缝起裂、扩展及支撑要求外，还要考虑其与储层流体、储层岩石配伍性，一方面降低储层伤害，另一方面提高油气采收率。

压裂液性能是影响压裂作业成败关键要素，如压裂液流变性是影响水力劈尖作用的关键，也是压裂液悬浮携砂能力的重要体现；压裂液滤失性是影响裂缝尺寸及形态的主要因素；压裂液稳定性是保证高效安全压裂的基本条件。

在压裂施工过程中，一般都要求压裂液滤失小、携砂能力强、摩阻低、热稳定性强、配伍性好、易返排、便于配制。压裂液滤失小是造长缝、宽缝的重要基础，滤失性与其自身黏度和压裂液造壁性有关，压裂液黏度越大、滤失越小，造壁性越强、滤失量越低。压裂液悬浮携砂能力主要取决于压裂液黏度大小，较高黏度对悬浮携砂更有利，同时高携砂能力对支撑剂在裂缝中铺置十分有利。但压裂液黏度不宜太高，如果其黏度过高，虽裂缝高度较大，但不利于产生宽而长的裂缝。压裂液摩阻低主要是为了减小压裂液沿程损耗，提高用于造缝的有效水马力。热稳定性强主要是要求压裂液在地层高温环境下能够维持其固有性能，保证安全高效作业。压裂液配伍性好主要是因为压裂液进入地层后，与各种岩石矿物及储层流体相互接触，不易与地层油气产生物理、化学反应，不会引起地层水敏而产生沉淀颗粒。易返排主要指裂缝闭合后压裂液返排越快、越彻底，对储层伤害就越小。

第二节 水基压裂液及其添加剂

水基压裂液是以水为溶剂或分散介质，向水中加入稠化剂及其他添加剂配制而成，主要包括活性水压裂液、滑溜水压裂液、线性胶压裂液、水基泡沫压裂液、交联冻胶压裂液、黏弹性表面活性剂压裂液。其中活性水压裂液配方最为简单，在清水中加入表面活性剂及防膨剂即可，主要用于煤层气压裂。

在上述水基压裂液中，交联冻胶压裂液最为典型，应用时间最长，至今还在广泛使用。冻胶压裂液主要成分包括水、稠化剂、交联剂及破胶剂等主剂，辅剂有黏土稳定剂、降滤失剂、破乳剂、pH 调节剂、助排剂、杀菌剂等，功能性助剂有低温破胶激活剂、温度稳定剂、起泡剂、稳泡剂、消泡剂等。

目前，水平井体积压裂在用的水基压裂液以滑溜水、线性胶为主体，N_2 或 CO_2 泡沫压裂液应用呈上升趋势，交联瓜尔胶仍在部分区块继续使用。

一、水

水是压裂液重要组成部分，在压裂液成分中占比达到 90% 以上。随着水平井体积压裂技术在低渗透、致密、页岩油气开发中大规模实施，国内压裂液年用水量达到数千万立方米，压裂水源也从前期的淡水扩展为地表水（河流、湖泊、含盐湖水）、地层水、压裂返排液、油田采出水、热采净化水、海水及城市中水等，水质成分复杂多变，对压裂液性能影响不确定性增大，因此，配液前的水质分析及压裂液现场调控愈发重要。

二、稠化剂

压裂水黏度低、滤失大，很难满足压裂造缝及携砂要求，需要先稠化配制出原液。稠化剂是水基压裂液主剂，用于提高水溶液黏度、降低压裂液摩阻，以便输送支撑剂、增大裂缝宽度，增强人工裂缝导流能力，具有降低压裂液滤失，悬浮并携带支撑剂的作用。

稠化剂又称为增稠剂、减阻剂，目前广泛使用的有两大类，一类是天然植物胶，主要包含瓜尔胶及其衍生物（如羟丙基瓜尔胶、羧甲基羟丙基瓜尔胶、小分子速溶瓜尔胶等）；另一类是人工合成聚合物，如聚丙烯酰胺、超支化聚合物、多元共聚物等，产品种类最为丰富、功能也很齐全。

稠化剂在水中溶胀成溶胶，具有黏度高、滤失小、摩阻低等优点，且黏度大小可根据稠化剂浓度来调节。交联后形成具有高分子网架结构的高黏弹冻胶，进一步增强支撑剂悬浮及携带能力。

三、交联剂

交联剂通过交联离子（或基团），将溶解于水中的稠化剂线性大分子链上的活性基团，以化学键或配位键连接起来，形成三维网状结构。交联剂与稠化剂发生交联反应，使原液体系进一步增稠形成冻胶。冻胶流变性能直接影响压裂液携砂性能和造缝能力，裂缝长度也与冻胶性能密切相关。

交联剂分为无机交联剂和有机交联剂两大类，无机交联剂主要是两性盐类，常见的有硼砂（硼酸钠）、重铬酸钾、四氯化钛等；有机交联剂主要包括有机硼、有机锆、有机钛等。

交联剂选用由稠化剂可交联的官能团和稠化剂水溶液 pH 值决定，比较常用且已形成工业化生产的交联剂为硼砂、有机硼等。

四、破胶剂

在水力压裂作业中，稠化剂溶胀增黏形成胶液，再与交联剂化学键合形成冻胶，使压裂液保持一定的黏度，才能实现压裂造缝和携砂支撑作用。但在压裂施工结束后，高黏压裂液必须在破胶剂作用下快速降黏，使线性胶、冻胶破胶水化，并返排出油气储层。如果破胶不彻底，残液还有一定黏度，不仅会堵塞裂缝，造成返排困难，还可能将未破胶残液、添加剂残渣滞留在孔隙喉道中，降低油气储层渗透率，影响压裂改造效果。

破胶剂是线性胶、冻胶压裂液重要成分，其作用是支撑裂缝形成后，在地层压力、温度条件下，使连接成网状结构的高分子团化学键断裂，降解成小分子团，从而降低压裂液黏度，使压裂液迅速破胶水化而易于排出，降低压裂液对储层伤害。

在压裂液中添加破胶剂，既要保证压裂前后黏度需求，也要根据储层特征，减少油气储层伤害。理想的破胶剂是在造缝和携砂过程中，维持高黏；泵送结束后，压裂液迅速破胶水化。

目前，适用于水基压裂液的破胶剂主要包括以下几种。

（1）强氧化剂。

氧化剂主要利用自由基氧化降解作用，通过自由基氧化反应取代交联键和聚合物链氢原子，使稠化剂分子链氧化断裂，从而破坏聚合物分子与交联剂形成的交联结构，使聚合物压裂液破胶。在氧化剂作用下，聚合物分子量下降，凝胶黏度降低，从而有利于压裂液返排。

常用氧化剂包括过硫酸盐（过硫酸钠、过硫酸钾、过硫酸铵）、高锰酸盐（又称过锰酸盐）、溴酸盐、亚氯酸盐及过氧化物（过氧化镁、过氧化氢、叔丁基过氧化氢等）。过硫酸盐是压裂液最常用的破胶剂，瓜尔胶、聚丙烯酰胺聚合物凝胶都可用过硫酸盐来破胶[4]。过硫酸盐在水中溶解生成过硫酸根阴离子（$S_2O_8^{2-}$），具有很强的氧化负电势，其分解产生的硫酸根自由基（$SO_4^{\cdot-}$）能够与聚合物反应生成羟基自由基（$HO\cdot$）。羟基自由基是一种活性比活氧更强的氧化剂[2]，作为中间态物质仅能存在1ms，是目前世界公认的可高效降解各种环境污染物的物质。

氧化反应依赖于温度与时间，并在多种pH值范围内有效。

$$S_2O_8^{2-} \longrightarrow 2SO_4^{\cdot-},\ SO_4^{\cdot-}+H_2O \longrightarrow HSO_4^-+HO\cdot,\ 2HO\cdot \longrightarrow H_2O+\frac{1}{2}O_2 \quad (4-1)$$

对瓜尔胶聚合物，过硫酸盐产生的硫酸根自由基（$SO_4^{\cdot-}$）能够夺取聚合物主链上的任何一个氢原子，使植物胶及其衍生物缩醛键氧化降解，快速降低瓜尔胶聚合物分子量，实现快速降黏。

过硫酸盐反应活性与温度密切相关，以过硫酸铵为例，温度低于54℃时，过硫酸铵活性较低，不足以产生足够的自由基，破胶效果较差。而当温度高于93℃时，过硫酸铵与压裂液快速发生反应，导致压裂液提前降解，黏度快速降低，影响支撑剂携带性能，易造成脱砂，甚至导致砂堵。

过硫酸盐破胶剂适用温度为54~93℃，pH值范围在3~7。在实际应用过程中，应根据实际地层温度选择合适的还原剂和缓释剂。当温度低于54℃，氧化剂分解慢，氧释放缓慢，必须加入金属亚离子还原剂作活化剂，促进分解。在温度高于93℃时，需采用缓释技术，抑制氧化剂分解太快而造成压裂液黏度不可控。

（2）生物酶。

随着生物技术发展，出现了针对特定键裂解（水解）的生物酶，可将多糖聚合物降解至不可还原的水溶性单糖。生物酶降解作用为压裂液破胶提供了新的思路和方法，并从20世纪90年代开始，应用于压裂液中。

生物酶是由活细胞产生的具有催化功能的有机物，大部分为蛋白质，也有极少部分为核糖核酸（RNA）。同其他蛋白质一样，酶分子由氨基酸长链通过肽键结合在一起，无毒无害，容易被分解或吸收，对环境非常友好。

相对于氧化型破胶剂，酶作破胶剂具有更优越的性能，这归因于酶固有的特异性和"无限"的聚合物降解活性[4]。在充当催化剂加速降解反应的过程中，酶的结构不会改变，也不会消耗，能够更有效地降解聚合物，大幅降低压裂液残渣。

与氧化剂随机降解聚合物链不同，每种类型的酶只降解聚合物骨架中特定的键。如pH值为5~8，温度为25~50℃范围内具备活性的半纤维素酶，对HPG及羟乙基纤维素（HEC）有非常好的降黏效果，但对CMHPG分子量的降低效果较差。

已应用于压裂液破胶的生物酶有纤维素酶、半纤维素酶、果胶酶、α和β淀粉酶等。淀粉酶可使植物胶及其衍生物降解，纤维素酶可使纤维及其衍生物降解。

酶的活性与温度有关，高温下热力学稳定性差，活性降低，因此酶作破胶剂仅适用于温度低于60℃，pH值在3.8~8，最佳pH值为5的压裂液体系。国外开发了一种聚电解质纳米粒子体系，能够延缓酶破胶剂释放，保护酶不受碱性条件和高温影响。

除储层温度、压裂液pH值限制外，植物胶杀菌剂会影响酶的活性，降低酶的破胶作用，酸性酶对碱性交联聚糖硼冻胶黏度也有不良影响。

（3）有机酸。

有机酸，尤其是弱酸，可用于硼交联冻胶压裂液破胶。硼交联冻胶是在碱性条件下形成的，酸通过水解反应释放H^+，降低压裂液pH值，能够使硼交联聚合物链解交联，但酸不会降解聚合物骨架。

酸的破胶作用是逐渐改变压裂液pH值到一定范围，在此范围内压裂液性能不稳定。因交联条件不复存在，交联剂与稠化剂协同作用的交联网络结构逐渐解散。理论上，任何能释放H^+的酸都具有破胶作用，但盐酸等无机酸多为液体，H^+释放不受控制，难以满足前期交联、后期破胶使用条件。而有机酸多为固体粉末，且缓慢溶解，极易控制。常用固体酸有单宁酸和柠檬酸，一般采用胶囊包裹技术，可使硼酸盐交联的HPG聚合物压裂液在温度高于130℃的条件下逐渐破胶。由于固体酸成本高及配伍性等问题，实际应用较少。

甲酸甲酯、乙酸乙酯、磷酸三乙酯等有机酯在较高温度条件下也能释放出酸，使植物胶及其衍生物、纤维素及其衍生物缩醛键在酸催化下水解断键。但有机酯多为液态，实际使用很难控制。

（4）胶囊破胶剂。

在压裂施工过程中，若过早或过量加入氧化破胶剂，会提前降低压裂液黏度，导致无法正常造缝或携砂，严重时出现脱砂并堵塞井筒。若加量不足，残渣流体驻留在裂缝内，大幅降低裂缝导流能力，影响油气产量。

胶囊延迟破胶技术最早于20世纪80年代初期开始应用于压裂施工，已成为国内外压裂改造成熟技术。使用胶囊破胶剂，既能保证压裂液黏度及携砂效果，还能提高破胶效果，使压裂液破胶更彻底，减少地层伤害。

胶囊破胶剂是利用包裹技术，在普通破胶剂外包覆一层惰性膜，形成核壳结构，从而起到保护破胶剂和控制释放的作用。压裂结束后，破胶剂膜层在闭合应力作用下破裂，膜层降解或压裂液渗透,将破胶剂释放到压裂液中,大大地提高了氧化破胶的适用性和有效性。

胶囊破胶剂一般由囊芯和囊衣两部分组成。囊芯为破胶剂,一般为过硫酸铵、过硫酸钾等氧化剂。囊衣通过包裹技术在囊芯外形成一层惰性外壳,厚度一般为20~40μm,能有效阻挡水分进入。囊衣为成膜材料,主要为水(油)溶性材料或惰性高分子材料。

胶囊破胶剂释放受时间、温度及地层条件等多因素影响,主要的延迟释放方式为渗透释放和破裂释放。

①渗透释放。

水(油)溶性囊衣主要通过渗透作用来溶解,水(油)溶性囊衣外膜在水(油)中逐渐溶解,破胶剂快速释放。

胶囊破胶剂惰性外层如果包裹不均匀,囊衣表面有针状小孔或微裂隙,在干燥环境中不受影响。当破胶剂加入液体中,水通过囊衣小孔,缓慢渗透进入胶囊内部,逐渐溶蚀内部破胶剂,并使破胶剂溶液不断从小孔缓慢释放出来。破胶剂在水中时间越长、温度越高,释放量越大。

②破裂释放。

惰性包裹材料作为囊衣,可有效阻挡水分进入。因囊衣具有一定的强度和脆性,压裂过程中破胶剂不释放,内部也不会受到水侵。压裂结束后,通过裂缝闭合挤压作用,使胶囊破胶剂囊衣破裂,内部破胶剂快速释放,从而发挥破胶作用,释放过程如图4-6所示[5]。

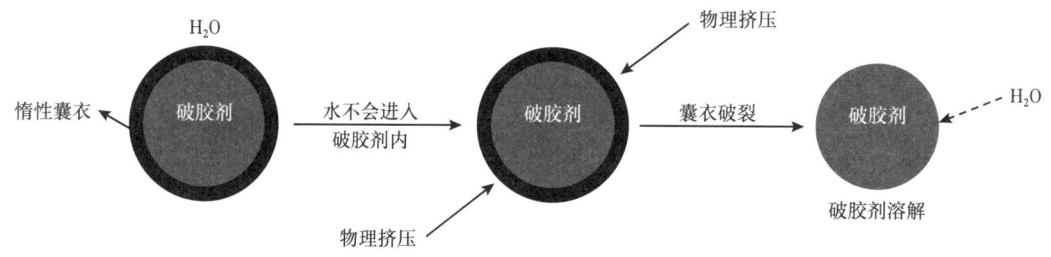

图4-6 胶囊破胶剂释放溶解示意图

胶囊破胶剂利用保护膜物理屏障作用阻止和控制破胶剂释放,这种释放方式有以下几个显著特点:

a.与时间、温度无关,地层裂缝闭合之前不会出现"逐渐破胶"过程而影响压裂液造缝黏度;

b.破胶剂位于裂缝内释放而破胶降黏;

c.可使用高的破胶剂浓度,压裂后破胶速度快,对地层伤害低。

五、黏土稳定剂

在对含有黏土矿物储层进行水力压裂时,压裂液水相与黏土矿物接触,引起黏土矿物水化、膨胀、分散和运移,对储层渗透率造成伤害,甚至堵塞孔隙喉道,对压裂效果影响很大。因此,压裂液中必须加入黏土稳定剂,避免黏土矿物水化膨胀及分散运移造成储层伤害[6]。

黏土矿物中黏土成分不同，产生伤害的机理也不同。不同的黏土稳定剂，只能适应不同地层的需要。从保护油气层的意义来看，黏土稳定剂选用不当，就会造成储层伤害，影响油气产量。

1. 黏土矿物结构及伤害机理

（1）黏土矿物基本结构。

黏土矿物有两种基本构造单元，硅氧四面体和铝氧八面体，其基本结构是由硅氧四面体和铝氧八面体按不同比例结合而成。

当两个基本结构层重复堆叠时，相邻的基本结构层间空间为层间域。由于不同的黏土矿物有不同性质、不同的层间域，譬如高岭石其晶层之间，由于氢键联结紧密，所以水不容易进入其中，很少晶格取代，因而表面交换的阳离子很少，属于非膨胀型黏土。而蒙皂石晶层两面全部由氧组成，层间作用力为分子间力，因而水容易进入，大量晶格取代导致晶体表面结合大量可交换阳离子，晶层中的水解离后形成扩散双电层，使得晶层表面反转为负电性而相互排斥，产生黏土膨胀。

（2）黏土矿物物性。

黏土矿物表面具有带电性（不单单是阳离子交换的结果）、吸附性（物理和化学吸附）、膨胀性和凝聚性。凝聚性是在一定电解质浓度时，黏土矿物颗粒在水中发生联结。正是由于黏土稳定剂成分和浓度的不同，黏土矿物的联结方式不同，防止黏土膨胀、分散、运移效果也不一样。

（3）黏土膨胀分散运移机理。

一般黏土中的蒙皂石和伊蒙混层是引起水化膨胀乃至分散的主要起因，即通常所说的水敏矿物。由于层间分子作用力不一样，蒙皂石水化膨胀后体积可达原始体积的几倍甚至数十倍以上，可造成孔隙喉道被封堵，渗透率大幅下降。非膨胀型的高岭石在砂岩孔隙中常以填充物的形式存在，并且与砂粒之间的作用力较弱，因此被认为是储层中产生微粒运移的基础物质，即通常所谓的速敏矿物。除此之外，黏土矿物还存在一定的碱敏、盐敏等。

2. 黏土稳定剂类型及机理

黏土稳定剂要防止黏土水化膨胀或者分散运移，必须使可交换离子尺寸大小与黏土孔穴大小相适应，有牢固吸附于黏土表面、防止水进入黏土层间的能力，还要遵从与压裂液体系相配伍的原则。

国内外在水基压裂液中使用的黏土稳定剂主要有两类，一类是无机盐如 KCl、NH_4Cl 等，可提供充分的阳离子浓度，防止阳离子交换而出现浸析作用，阻止黏土颗粒分散，并保持黏土颗粒晶状堆积层呈凝结或浓缩状态；另一类是有机阳离子聚合物，能够牢固吸附在黏土表面，束缚并阻止任何微粒迁移或膨胀。

（1）无机盐类。

无机盐类是应用最早、最成熟的黏土稳定剂，由于效果好、价格低，至今仍普遍使用。其作用机理主要有以下几点：黏土矿物离子交换受质量作用定律和离子价支配，离子价数越高，则吸引力越强，与黏土结合后不易离子化，微粒间相互排斥力弱，因而不易分散；另外，无机盐离子浓度效应、离子大小与黏土构造的适应性也是影响离子吸附牢固程度的重要因素。

无机盐类黏土稳定剂在水中可以解离，当盐浓度较高时，解离产生的阳离子可扩散进入黏土晶片间，减少黏土晶片间双电层斥力，使黏土膨胀受到抑制。任何水溶性盐都可抑制黏土膨胀，但在相同浓度下，钾盐抑制黏土膨胀效果最好，因为钾盐中钾离子太小，不仅可以进入黏土结构的硅氧四面体表面由 6 个氧原子围成的六角空间，而且还可以与周围的氧原子紧密结合，不易释放出来，有效抑制了黏土膨胀。如氯化钾、氯化铵等，黏土稳定效果好，价格低，但不耐冲刷，短期有效。提高无机盐使用浓度，也可提高黏土膨胀抑制能力，但对压裂液性能影响较大，特别是对稠化剂水化溶胀增稠性能影响明显。

目前使用的硼交联水基瓜尔胶压裂液，交联条件必须为碱性。由于铵离子本身是强酸弱碱盐，水解呈酸性，虽然其离子大小比钾离子更适于黏土构造孔穴，但在碱性体系中，铵离子易于与氢氧根离子结合，生成弱碱，因而不宜选择。所以在碱性体系中，钾离子虽然长久稳定性不好，但压裂液如果在压后能立即排液，还是无机盐中比较好的一种黏土稳定剂。

（2）阳离子表面活性剂类。

阳离子表面活性剂类黏土稳定剂通过自身阳离子特性，与黏土中的阳离子发生离子交换，牢牢吸附在黏土表面，不仅阻止其他离子与黏土发生离子交换，还能有效阻止水分子进入黏土晶层间。

由于阳离子活性剂存在储层润湿反转问题，虽然不影响岩石绝对渗透率，但黏土表面由强水湿性转变为强油湿性时，润湿性反转会使油相有效渗透率可能下降到 40%。

常用的阳离子表面活性剂有氟碳类季铵盐型阳离子表面活性剂（FC-3、FC-4）、十二（十六）烷基三甲基氯（溴）化铵、十二烷基二甲基苄基氯（溴）化铵、十四（十六）二甲基苄基氯化铵等，其中含有苄基的季铵盐具有杀菌功效，兼备杀菌和抑制黏土膨胀、润湿等多种功能。

（3）Gemini 双子表面活性剂。

双子表面活性剂是由两个双亲分子的离子头基经联结基团通过化学键联接而成，目前应用最多的是季铵盐类双子表面活性剂，具有低毒、广泛的生物活性、良好的吸附性能和水溶性等优点，尤其是杀菌效果优异，是一种"一剂多效"新型黏土稳定剂。

（4）有机阳离子聚合物类。

近年来，有机阳离子聚合物类黏土稳定剂发展最快、效果最好，且应用最广。该类聚合物具有多核或多基团，可在水中溶解产生高分子阳离子，正电荷密度高，通过静电力与黏土表面形成多点长效联结，既能中和黏土表面的负电性，还在黏土表面形成单层聚合物吸附膜，减少黏土颗粒与水作用，有效抑制黏土水化膨胀、分散和运移。聚合物在黏土表面吸附作用非常强而且不可逆，具有长效性，也不存在润湿反转问题，比无机盐类效能、耐温性、耐盐性更好，吸附能力更强，因而在压裂液中广泛应用。但由于聚合物分子链较长，吸附于黏土表面后，可能会堵塞孔喉，在低渗透、致密储层应谨慎使用。

常用的有机阳离子聚合物主要有 N-羟甲基丙烯酰胺、聚异丙醇基二甲基氯化钠、丙烯酰胺与丙烯酸乙酯三甲基氯化铵共聚物、丙烯酸钠与甲基丙烯酸乙酯三甲基硫酸铵共聚物等。

针对孔喉半径小、渗透率低的油气储层，小分子阳离子黏土稳定剂技术已经成熟。相比于传统大分子阳离子聚合物，小分子阳离子聚合物不仅表现出良好性能，且对地层适应性、耐酸性强,对环境友好。

六、助排剂

1. 助排剂功能原理

压裂液破胶后要及时返出地面,否则可能会引起水敏或水锁效应,从而降低储层渗透率,对储层造成严重伤害。对低压低渗透储层,贾敏效应(又称液阻效应、气阻效应)附加的毛细管阻力,是压裂液返排的主要阻力。

贾敏效应是指两相渗流过程中,若一相以液珠分散在另一相中运动,液珠流动通过岩石颗粒间毛细孔喉时,遇阻变形,液珠前后端液面弯曲曲率不同而产生的毛细管效应附加阻力,即水锁现象,如图 4-7 所示。贾敏效应是可以叠加的,即当一连串液珠堵住一连串毛细孔喉时,流体流动需克服所有液珠贾敏效应。表面张力越大,液珠变形能力越差,过孔喉阻力越大,返排压差越高。水的表面张力是 72mN/m,表面活性剂水溶液表面张力约 30mN/m,活性液珠变形通过砂粒间毛细孔时,对流体产生的毛细管阻力较小。因此,添加活性剂的压裂液易返排,可减少压裂液对油气层的伤害。

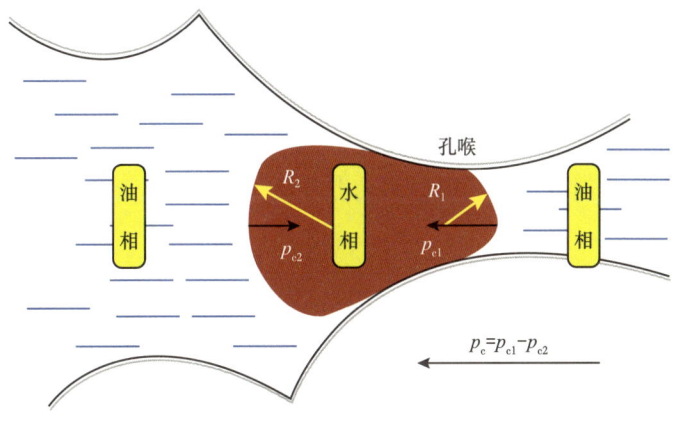

图 4-7 贾敏效应机理示意图

助排剂作用是为了降低压裂液表面张力或油(气)水界面张力,增大压裂液与岩石接触角(图 4-8),降低压裂液返排时毛细管阻力。

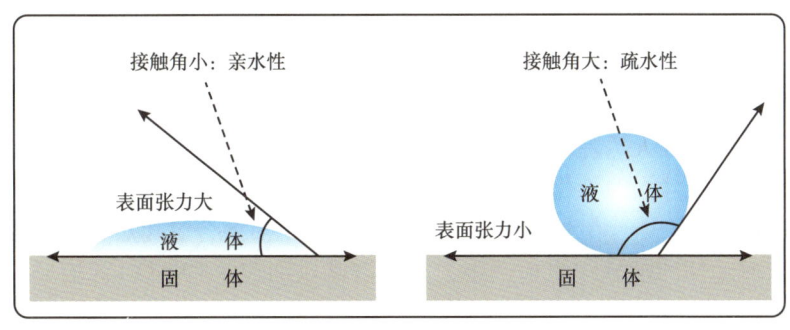

图 4-8 接触角与表面张力关系示意图

压裂用助排剂主要包括表面活性剂与微乳液两大类，在低压致密气及煤层气体积压裂中应用较多。致密油、页岩油气因大液量增能、渗吸置换等作用，压裂液在井内存留时间很长，压裂作业很少用助排剂。

2. 表面活性剂

压裂用助排剂主要是由表面活性剂复配而成，一般以某种表面活性剂为主，技术上已经由相同离子型表面活性剂复配，发展到现在由不同类型表面活性剂复配。不同表面活性剂之间互相协同，有一定的增效作用。助排剂还常添加醇醚等溶剂或助溶剂，增加油水互溶作用、提高表面活性剂利用率。添加的无机盐也与表面活性剂配合，增强表面活性剂降张力作用。

表面活性剂分为离子型表面活性剂（包括阳离子表面活性剂与阴离子表面活性剂）、非离子型表面活性剂、两性表面活性剂等。表面活性剂分子结构具有两亲性：一端为亲水基团，另一端为亲油（疏水）基团，如图4-7所示。亲水基团常为极性基团，如羧酸、磺酸、硫酸、氨基或胺及其盐类，羟基、酰胺基、醚键等也可作为极性亲水基团；而疏水基团常为非极性烃链，如8个碳原子以上的长链烃。

压裂液中加入少量表面活性剂，能使破胶液表面或油水界面状态发生明显变化。表面活性剂分子吸附在液体表面或油水界面，且定向排列，从而降低表面张力和界面张力，也能改变岩石润湿性、增大接触角，从而有利于返排。

表面活性剂类助排剂主要包括氟碳类表面活性剂、碳氢类表面活性剂两大类。全氟表面活性剂有良好的抗温及降张力性能，压裂现场应用较多；但使用成本较高，且对环境有一定污染，这也使助排剂从单一功能向多功能发展，应用碳氢系表面活性剂复配助排剂仍有应用前景。

3. 微乳液

微乳液是20世纪90年代研制出的新型助排剂，除W/O和O/W型外，还有双连续型。微乳液一方面可以降低地层岩石与压裂流体界面张力，改变岩石表面润湿性，降低毛细管压力，易于压裂液高效返排；另一方面由于其细小的粒径，可以进入岩石细小缝隙，提高压裂液与地层接触效率，降低储层水锁效应和防止结垢，提高油气井压裂增产效果[7]。

微乳液通常是油、水、表面活性剂及助表面活性剂自发形成的热力学稳定的各向同性的分散体系，透明或半透明，分为多相微乳液（上相、中相和下相）和均相微乳液。目前，常用的微乳液型助排剂以中相微乳液居多，但中相微乳液所需表活剂量较大，还需分离中间相、回收处理其上下相有效成分，既增加了操作成本，也不利于药剂充分利用。

七、防乳化剂

在水基压裂液施工结束后，压裂液与储层原油接触，因原油中存在胶质、沥青质、固体颗粒，以及石蜡晶等天然乳化剂，又因油水两相不相溶性，很容易形成水包油或油包水乳液，造成比孔喉尺寸大的乳化液滴堵塞孔隙，其次使残液黏度增加，导致排液困难造成储层伤害，影响油气产能。另外，破胶后的压裂液与原油混合乳化后，经储层裂缝进入生产流程，井筒流动使原油乳化更趋严重，采出液常以油包水（W/O）乳液形式存在，严重影响油水分离。

1. 原油乳化影响因素

压裂开发井原油乳化主要与原油、压裂液及剪切条件等因素相关：原油性质及组分对乳液稳定性影响各不相同，通常胶质和沥青质含有大量界面活性物质，吸附在油水界面，减弱了乳液中油滴碰撞机会，对原油乳化起到了主导作用；压后返排液中含有大量残余羟丙基瓜尔胶颗粒、表面活性剂、交联剂、破胶剂和无机盐等，均是良好的界面活性物质，吸附在油水界面，降低了界面张力；油水混合物在井筒中流动提供了剪切条件，为乳化提供能量，使采出液更易乳化。

2. 压裂液乳化能力

与聚合物滑溜水相比，瓜尔胶破胶液含有更多界面活性物质，原油与瓜尔胶破胶液形成的乳液稳定性高于聚合物滑溜水。破胶剂和交联剂在水相中离解出的阴阳离子，影响油水界面电荷分布，使界面活性物质更易吸附在界面层。在瓜尔胶基液、助排剂、防乳化剂、NaOH、交联剂和破胶剂这些瓜尔胶破胶液组分中，NaOH对原油乳化程度高于其他组分，主要是由于NaOH与原油中的酸性组分（环烷酸、芳香酸、脂肪酸）作用，产生具有界面活性的皂类。因此，碱性交联压裂液及其破胶后的离子成分、表面活性剂进一步加剧了原油乳化。

3. 压裂液防乳化机理

防乳化剂与助排剂是压裂液常用的表面活性剂，都能有效降低油水界面张力，其分子中的亲水基团和亲油基团促进液滴之间的聚并作用，具有一定的破乳和助排作用。但助排剂多用于气井、防乳化剂多用于油井，虽然同为表面活性剂，但化学成分差异较大，具体应用应结合储层流体性质优化压裂液体系配方。

在压裂液中加入表面活性剂可以达到防乳、破乳的目的，表面活性剂强烈地吸附于油水界面，顶替原油、压裂液中界面活性物质，使界面张力、界面膜强度大幅降低，防止或破坏压裂液与地层流体接触后形成水包油或者油包水乳液。

破乳剂与防乳化剂成分、机理相同，在乳液形成之后加入，用于采出液油水分离称为破乳剂；在乳液形成之前加入，防止或减轻原油乳化，称为防乳化剂。

4. 化学破乳技术发展

（1）第一代阴离子型破乳剂。

20世纪20年代，以脂肪酸盐、环烷酸盐、烷基磺酸盐为主的第一代阴离子型破乳剂被研制出来[8]，主要用于解决水包油型乳状液的破乳脱水问题，然而这类破乳剂的破乳效果并不理想，加上此类破乳剂用量大导致破乳成本高等一系列缺点的存在，使其逐渐被新研制出的破乳剂所淘汰。在20世纪30年代期间，磺酸盐型破乳剂占据了主导地位，该类型破乳剂主要是通过对20世纪研制出破乳剂进行磺化改性后得到的，然而随着工业的发展，该类破乳剂已经无法满足破乳要求。

（2）第二代非离子型破乳剂。

自20世纪40年代开始，第二代非离子型表面活性剂被研制出来，主要以OP、Tween系列的小分子量非离子破乳剂为代表，虽然破乳效果优于第一代破乳剂，但仍有许多不足。

（3）第三代非离子型破乳剂。

在20世纪50—70年代，以醇、酚及酚醛、酚胺树脂作为起始剂合成的聚醚破乳剂为主，该类破乳剂是具有高分子量的第三代非离子型破乳剂，在此期间对于聚醚破乳剂的研究层出不穷。20世纪80年代至今，在聚醚破乳剂的研究基础上，国内外成功研制出甲基丙烯酸甲酯与聚氧丙烯聚氧乙烯酸酯和丙烯酸丁酯共聚物、疏水缔合三聚物、阳离子酰胺化合物、磁性聚醚破乳剂等一系列新型破乳剂。

5. 聚醚类破乳剂

聚醚类破乳剂是我国目前应用最广泛的非离子型破乳剂，它是在催化剂作用下，起始剂与环氧烷基物质通过聚合反应所生成的产物。通过改变起始剂物质、环氧烷基原料的比例，能够合成众多系列破乳剂，聚醚破乳剂的可设计性强，能够针对不同原油设计不同的聚醚破乳剂。

我国自20世纪60年代开始，自主研制聚醚破乳剂，包括以不同起始剂如醇类、多酚类、酚醛、酚胺树脂合成嵌段聚醚破乳剂及其改性产物，20世纪70年代初，聚氨酯、聚磷酸酯类的高分子量聚醚破乳剂被成功研制，并广泛在油田中推广使用。20世纪80年代至今，非离子型嵌段聚醚破乳剂一直是我国破乳剂产品主体，并在高分子量嵌段聚醚基础上进行改性、复配及研制新型破乳剂。

八、杀菌剂

细菌种类很多、分布极广，繁殖生长速度很快，具有较强的合成与分解能力。细菌大量繁殖形成的菌体黏液和腐蚀产物，一是引起储层伤害，二是使植物胶及表面活性剂产生生物降解，造成压裂液腐败变质而失去应有的黏度及活性。

水平井体积压裂用水量大，但非常规油气开发区域淡水资源供应不足，油田采出水、压裂返排液被大量用于压裂供水。但瓜尔胶返排液碱性大，不同区域、不同储层细菌种类不同，微生物浓度差异很大。吉木萨尔页岩油压裂返排液配液，30min后黏度保持率仅有10%，而古龙页岩油返排液配液，3h后黏度保持率也是10%[9]，且加入交联剂无法交联，压裂液黏度指标很难满足施工要求。因此，必须加入杀菌剂，降低压裂液腐化降解速度。

在水基压裂液中加入杀菌剂，主要是为了防止因细菌降解而导致压裂液黏度下降，从而影响压裂液携砂、耐温性能等。

1. 压裂液细菌来源

（1）压裂液罐。

压裂水运输罐、贮存罐多为铁罐，容易滋生铁细菌，而压裂液罐内残余瓜尔胶又为细菌繁殖提供了营养，尤其是夏天或高温环境，细菌繁殖速度加快。杀菌剂可以消除液罐内聚合物表面降解，因此配液前必须彻底清罐，消灭细菌来源、中止细菌生长。

（2）压裂返排液。

返排液有硫酸盐还原菌（SRB）、腐生菌及铁细菌，其中SRB繁殖能力强而迅速，是杀菌的重点。返排液中存在营养物质，且其温度适宜微生物繁殖，微生物在管线中的腐蚀产物、菌体本身及代谢产物对返排液复配压裂液性能影响很大。

2. 杀菌剂类型及机理

压裂液杀菌剂种类很多，按大类可分成氧化性和非氧化性，常用的有氧化剂类、无机碱类、醛类和阳离子表面活性剂等。用于压裂液的杀菌剂应具备杀菌能力强、杀菌范围广，无腐蚀性、无毒或低毒，原料来源广、价格低、使用方便等特征条件，且与压裂液各组分配伍性好，不出现浑浊、沉淀及理化反应等现象。

（1）氧化性杀菌剂。

氧化剂类杀菌剂通过氧化作用使细菌内代谢酶失去活性，将活性酶分解为 CO_2 和 H_2O，或利用强氧化性直接氧化细菌，使细菌失去活性。根据作用机理划分，目前常用的氧化剂类杀菌剂有次氯酸型杀菌剂（例如，氯气、次氯酸钠、氯锭等化合物），溴及其化合物，稳定性二氧化氯，臭氧等。

高锰酸钾、过氧化氢、过氧乙酸等氧化剂能使菌体酶蛋白质中的硫基氧化成 -S-S- 基，使酶失效。

$$2R\text{-}SH+2X \longrightarrow R\text{-}S\text{-}S\text{-}R+2XH \tag{4-2}$$

氧化剂类杀菌剂具有杀菌速度快、广谱性高、处理费用低、对环境污染相对较小及微生物不易产生抗药性等优点，使用方便，杀菌效果好，可以和许多水处理药剂一起使用而不影响其作用。缺点是用量大、作用时间短，具有腐蚀性等，难以在压裂液中推广应用。

（2）非氧化性杀菌剂。

因结构及机理不同，非氧化性杀菌剂分为无机碱类、有机醛类、季铵/膦盐类、杂环类、噻唑类、氯酚类、含氰化合物及重金属类等[10]。

无机碱类如氢氧化钠等，不仅是瓜尔胶压裂液碱性交联调节剂，而且能控制压裂液细菌危害，其作用机理主要是通过提高体系 pH 值，达到杀菌的目的。

酚、醇、醛等是常用的有机化合物类杀菌剂。有机醛类起杀菌作用的是醛基，有还原作用，能与菌体蛋白质的氨基结合，使菌体变性。醛基上的氧带负电荷，碳带正电荷。带正电荷的碳与细菌蛋白质的氨基 NH_2 和硫基 SH 发生加成反应，从而破坏细菌蛋白质，导致细菌死亡。

$$R\text{-}NH_2+CH_2O \longrightarrow R\text{-}NH_2 \cdot CH_2O \tag{4-3}$$

传统的醛类化合物如甲醛、多聚甲醛是压裂液最常用的杀菌剂，但这类杀菌剂毒性大、刺激性强，不易生物降解，其应用在国外已受到限制。戊二醛在醛类杀菌剂中应用效果较好，但价格较贵。

目前压裂液体系中应用最广的杀菌剂为阳离子表面活性剂类杀菌剂，如季铵盐类、季膦盐类等。季铵/膦盐类杀菌剂主要是阳离子通过静电力、氢键力，以及表面活性剂分子与蛋白质分子间疏水缔合等作用，吸附带负电的细菌体并聚集在细胞壁上，产生室阻效应，导致细菌生长受抑而死亡；同时，其憎水烷基还能与细菌的亲水基作用，改变细胞膜通透性，继而发生溶胞作用，破坏细胞结构，引起细胞溶解和死亡。

阳离子表面活性剂，虽然具有良好的杀菌作用，但往往与压裂液中阴离子表面活性剂不配伍而影响其实际应用。季铵盐类杀菌剂，除常用的 1227（十二烷基二甲基苄基氯化铵）外，还有 1231（十二烷基三甲基苄基氯化铵）、1427（十四烷基二甲基氯化铵）等开始工业化应用。季膦盐结构类似于季铵盐，由于磷原子半径比碳原子大，极化作用更强，使得季膦盐更易吸附带负电子的细菌，杀菌及剥离效果好，但价格较贵，影响其推广应用。

非氧化型杀菌剂具有高效、广谱、低毒、药效快而持久、渗透力强、使用方便等特点。对压裂液滤饼有渗透、剥离作用，受硫化氢、氨等还原物质及压裂液 pH 值影响较小，但处理费用相对较高，容易引起环境污染，水中微生物易产生抗药性，因此需交替添加不同类型的非氧化性杀菌剂。

目前压裂用杀菌剂正向复合型、多功能方向发展，如黏土稳定—杀菌剂、交联—杀菌剂、杀菌—缓蚀剂等。

第三节　滑溜水压裂液

滑溜水体系能大幅降低压裂施工流体摩阻及泵注压力，降低压裂施工设备负荷，有效增加施工净压力，大幅改善体积压裂改造效果，已成为非常规油气资源有效动用关键技术。

一、滑溜水应用历程

在压裂技术发展初期，原油或汽柴油一直是压裂液配液首选，但由于施工安全性及作业成本，技术人员曾尝试用清水对储层进行压裂改造，但实际作业发现，清水压裂施工摩阻太高。

1948 年，Toms 无意中发现，在氯苯中加入 0.25% 的聚甲基丙烯酸甲酯可使流动阻力降低约 50%，由此拉开聚合物减阻技术研究序幕[11]。1950 年，施工摩阻较低的滑溜水开始用于油气藏压裂[12]，但由于携砂能力有限，一直未得到大面积推广应用。随着交联聚合物凝胶用作压裂液，滑溜水很快淡出油气作业者视野。直到 1997 年，Mitchell 能源公司首次将滑溜水应用到 Barnett 页岩气压裂增产中，压裂成本降低 65%、最终采收率提高 20%。此后，滑溜水压裂液很快扩展到美国 Haynesville、Marcellus、Woodruff 和 Fayetteville 等地区。

近二十年来，由于非常规油气开采快速发展，尤其是美国页岩气革命成功，滑溜水压裂液再次显示出其复杂缝网构建优势及低成本优越性。2004 年，滑溜水使用量占美国压裂液总用量的 30%，到 2020 年，国内外滑溜水使用量占比就已超过 80%。

二、滑溜水技术特点

传统凝胶压裂液使用较高浓度的稠化剂甚至交联剂，其残渣及滤饼会堵塞地层，并降低裂缝导流能力。而滑溜水压裂液只含少量减阻剂，易于返排，大幅降低了储层及裂缝伤害，同时滑溜水压裂液添加剂含量相对较少，且较为清洁，因此可以实现返排液循环利用，降低成本及环境影响。更重要的是，滑溜水黏度较低，压裂施工排量更高，可以沟通不同尺度的天然裂缝系统，从而使裂缝复杂性大幅增加，改造体积也大幅提高，增产幅度较大且有较长的高产期。

滑溜水压裂液缺点是黏度较低、携砂能力较差。支撑剂在裂缝中会过早沉降，造成支撑剂沿裂缝断面铺置不均匀，沉降后沙堤近高远低，对裂缝导流能力影响很大，甚至出现近井筒裂缝砂堵。解决该问题主要有两种方法：一是使用低密度支撑剂，降低支撑剂沉降速度；二是应用变黏滑溜水压裂液，低黏滑溜水构建复杂裂缝网络并实现段塞携砂，高黏滑溜水连续携砂并提高加砂强度。

三、滑溜水减阻剂

滑溜水压裂液主要成分是水，添加剂以减阻剂为主，其他还包括杀菌剂、黏土稳定剂及助排剂。储层流体性质不同、岩石矿物成分不同或压裂水来源差异，添加剂使用也会有所不同。其中，减阻剂是滑溜水压裂液中核心添加剂，包括聚合物类、表面活性剂类及多元复合减阻剂等[11]。

1. 聚合物类减阻剂

聚合物类减阻剂主要有人工合成聚合物,如聚氧化乙烯、聚丙烯酰胺及其衍生物等;天然聚合物,如瓜尔胶、黄原胶、羧甲基纤维素等。

（1）天然聚合物类。

天然聚合物具有来源丰富、环境友好、能够生物降解等优点,其中线性瓜尔胶及其衍生物是最早使用的滑溜水减阻剂,成本低、溶胀性好。在湍流条件下,当瓜尔胶浓度大于0.05%时,减阻效果很好,但减阻率并不随瓜尔胶加量增加而线性增加,而是增至最大值后再下降。另外,在高排量下,瓜尔胶减阻效果下降,在大排量体积压裂中性价比较低。

天然聚合物具有半刚性结构,柔性较差,虽然具有一定的减阻能力,但减阻率相对较低,且只有在高浓度条件下,才能体现出相对较高的减阻率,限制了其在滑溜水压裂液中的应用,主要还是用作压裂液稠化剂。与合成聚合物相比,天然聚合物水不溶物含量较高,对低孔低渗透储层伤害性较大,还有一个缺陷是易生物降解,进而影响减阻性能。

（2）合成聚合物类。

合成聚合物减阻剂主要是指聚丙烯酰胺（简称 PAM）,是一种水溶性线性高分子聚合物,在水溶性高分子化合物中应用最为广泛。聚丙烯酰胺是丙烯酰胺（简称 AM,分子式 $CH_2=CHCONH_2$）及其衍生物的均聚物和共聚物的统称。工业上凡是含有50%以上丙烯酰胺单体结构单元的聚合物,泛称聚丙烯酰胺。

聚丙烯酰胺及其衍生物是滑溜水最常用的减阻剂,因为丙烯酰胺单体活性高,容易得到高分子质量产品,且其价格便宜、方便合成。目前,粉末状和乳液状聚合物减阻剂都得到了广泛应用。

① 粉末状聚合物。

聚丙烯酰胺在水溶液中表现出多种离解性,包括非离子型、阴离子型、阳离子型,以及两性离子型。阴离子型聚丙烯酰胺加量为5mg/L即可实现有效减阻,但减阻率不随浓度增加而增加,而是增加到最大值后再缓慢下降。加量为5mg/L时,减阻率为18%,加量为25mg/L时,减阻率达到最大值,为23%。

与瓜尔胶相比,聚丙烯酰胺减阻率较低,需进一步合成提高减阻率。根据聚合物分子链几何形态,可将其分为线性、支化和交联三种类型。其中疏水缔合为主要形式,在聚合物分子主链上引入疏水基团,形成水溶性共聚物。疏水基团之间相互作用可形成空间网络结构,大幅增加溶液黏弹性。

聚丙烯酰胺作为一种线型高分子,分子链具有柔顺性和构象易变性,极易卷曲,分子链之间容易缠结。分子链结构单元包含酰胺基,容易和其他材料形成氢键,使之水溶性好、化学活性强,易于接枝或交联,获得支链或者网状结构修饰衍生物。分子链上带有大量极性基团,可与水及某些阴离子表面活性剂等进行络合,从而获得各种性能优良的聚合物产品。对离子型聚丙烯酰胺而言,分子链上的电荷使其在水溶液中的形态发生变化,使分子链变得更加舒展,容易产生静电吸引作用。

丙烯酸（AA）、2-丙烯酰胺基-2-甲基丙磺酸（AMPS）是丙烯酰胺（AM）最基础的聚合单元,其中丙烯酸（AA）是最简单的不饱和脂肪酸,化学性质活泼,可以发生多种化学反应,主要用于制备水溶性聚合物。丙烯酰胺（AM）与丙烯酸（AA）二元共聚物（AM-

AA）加量为10mg/L时，减阻率为42.5%。2-丙烯酰胺基-2-甲基丙磺酸（AMPS）含有耐温抗盐基团，如含磺酸基的高活性阴离子型强水化基团、带强离解基团的结构单元等，这些基团离解受电解质浓度影响较小，在高矿化度下稳定性也较好，表现出较好的抗盐性能。丙烯酰胺（AM）与2-丙烯酰胺基-2-甲基丙磺酸钠（NaAMPS）二元共聚物（AM-NaAMPS），加量为10mg/L时减阻率为33%，加量为100mg/L时减阻率增至60%。

合成聚丙烯酰胺降阻效果基本与瓜尔胶相当，但抗盐效果、抗剪切稳定性仍不达预期。随着合成技术的不断发展，丙烯酰胺共聚物在抗盐和抗温方面能力均有所提升，其中AA-AM-AMPS三元共聚物是典型范例，四元共聚物性能更佳。以丙烯酸钠、AM和十六烷基烯丙基二甲基氯化铵合成的三嵌段疏水缔合共聚物，减阻率随加量增加呈现先增后减再增再减的趋势，这是因为疏水基团缔合作用由分子内缔合转变为分子间缔合所致。此外，在极稀溶液中，疏水单体比例越大，减阻率越小；而在稀溶液中，疏水单体比例越大，减阻率越高。在极稀溶液和稀溶液中，减阻率均随水解度增大而增大。

②乳液状聚合物。

粉末状聚合物易于运输，但生产环节涉及干燥、粉碎、造粒等步骤，工艺烦琐且能耗较高。此外，粉末状聚合物在水中的分散、溶解性较差，施工作业过程中需配备干粉溶胀—混配设备，占地空间大且配液烦琐，难以满足现场大排量压裂下的快速溶解和即配即用要求。

聚丙烯酰胺及丙烯酰胺共聚物分子量高，溶解速度慢。为便于现场配液，采用反相乳液聚合法制备"油包水"（W/O）乳液和采用分散聚合法制备"水包水"（W/W）乳液，减阻剂产品状态为乳状液。现场使用时，不需要经过"溶胀"阶段，只需稀释乳液即得滑溜水。如采用二甲基二烯丙基氯化铵、丙烯酰胺、Span-80等物质，合成一种两性离子聚合物"油包水"乳液减阻剂，减阻率高达70%以上。

乳液减阻剂能在短时间内完全溶解，满足现场大排量压裂下即配即用要求。但"油包水"乳液减阻剂通常含有大量有机溶剂和表面活性剂，减阻剂成本较高；使用盐水配制时，存在难以破乳或破乳时间长的问题，无法满足高矿化度水或返排水配液要求。而"水包水"乳液减阻剂生产过程中不需要使用大量有机溶剂，更加安全环保；但产品有效含量不高，减阻剂相对分子质量、变黏效果均不如"油包水"乳液。

③减阻剂合成工艺示例。

下面以AA-AM-AMPS-DAC四元共聚物为例，说明抗盐减阻剂乳液合成机理[13]。

设计：AA-AM-AMPS-DAC四元共聚物以丙烯酰胺为主体结构单元，添加离子型结构单元和小阳离子单体进行共聚，通过反相乳液聚合获得聚丙烯酰胺类高分子减阻剂。由于聚合时添加了小阳离子单体，所以得到的减阻剂还具有一定的防黏土膨胀性能。

试剂：丙烯酸（AA）、丙烯酰胺（AM）、2-丙烯酰胺基-2-甲基丙磺酸（AMPS）和丙烯酰氧乙基三甲基氯化铵（DAC）均为工业品；引发剂、氢氧化钠、盐酸均为分析纯；高纯氮气；去离子水。

仪器：高温高压反应釜。

反相乳液聚合：在高温高压反应釜中按比例加入乳化剂、环己烷等，形成均匀的油相介质，将按一定质量比混合的AA、AM、AMPS和DAC水溶液（用NaOH溶液将其pH值调至7）慢慢滴加到油相中，搅拌均匀得到稳定的反相乳液体系。将加入试剂的高温高压反应釜放在 30℃ 水浴箱中，通入 N_2，乳化 30min，缓慢滴加适量引发剂进行反应，反应时间控制在 4~5h。反应完成后加入转相剂即得到反相乳液型减阻剂。

减阻性能评价：合成的反相乳液型减阻剂是一种乳白色或淡黄色黏稠液体，乳液表观黏度为 400~1000mPa·s，溶解速度小于 5min，0.1%~0.15% 减阻剂溶液减阻率可达 65% 以上。

随着剪切速率增大，减阻效果明显变好。在 $12000s^{-1}$ 剪切速率下，减阻率达到了 65.5%。这是由于聚合物大分子加入后，大分子线性基团在管道流体中伸展，使流体内部的紊动阻力下降，抑制了径向的湍流扰动，使更多的力作用在轴向流动方向上，同时吸收能量，干扰薄层间的水分子从缓冲区进入湍流核心，从而阻止或者减轻湍流，湍流越大抑制效果越明显，表现出的减阻效果越好。

耐盐性能评价：滑溜水体系加入氯化钾前后减阻率变化较小，说明其耐盐性能好。这是由于在聚合物链中加入了一定的耐温抗盐基团，如含磺酸基的高活性阴离子型强水化基团、带强离解基团的结构单元等，这些基团的离解受电解质浓度影响较小，其溶液的动力学性质变化也较小，所以该滑溜水体系在高矿化度下的稳定性也较好，表现出较好的抗盐性能。

2. 表面活性剂类减阻剂

具有特定结构的表面活性剂分子，在有机盐（如水杨酸钠）或无机盐（如氯化钠）等水溶液环境下，可自组装形成线性蠕虫状胶束，形成一种黏弹性三维网络结构，呈现出明显的减阻特性，具有机械降解可恢复、环境友好等优点。减阻型表面活性剂包括阳离子表面活性剂，如长链饱和烷基季铵盐（如十六烷基三甲基氯化铵）、不饱和烷基季铵盐（如烯醇基季铵盐）、Gemini 季铵盐、烷基酰胺丙基二甲胺；阴离子表面活性剂，如烷基硫酸盐/磺酸盐（如 4-苯乙烯磺酸钠）；两性表面活性剂，如十二烷基二甲基氧化氨等。

相较于聚合物减阻剂，表面活性剂抗剪切性能强，体系具有剪切恢复的优点。但在压裂环境中，仍存在强剪切失效、与其他压裂液添加剂（如稳定剂）配伍性差等不足之处。

3. 多元复合减阻剂

为获得更好、更稳定的减阻效果，将多种减阻剂混合使用，是工业界最常用的一种合成方案。多元减阻剂是指两种或以上减阻剂混合，利用不同减阻剂间相互作用达到协同减阻的目的。例如，将环氧丙烷接枝到丙烯酰胺上，形成聚丙烯酰胺—聚环氧丙烷二元共聚物，相较于聚丙烯酰胺或聚环氧丙烷，共聚物增大了聚合物分子量和聚集形态，提高了减阻效果和减阻稳定性；采用 N，N-二甲基丙烯酰胺、丙烯酰胺等合成的四元聚合物具有良好的流变特性，减阻率可达 69% 以上。

柔性聚合物（如聚丙烯酰胺、聚氧化乙烯）容易被剪切降解，刚性聚合物（如瓜尔胶、黄原胶、羧甲基纤维素）的抗剪切能力更强。将聚丙烯酰胺、瓜尔胶、黄原胶、聚氧化乙烯四种聚合物两两混合后，瓜尔胶—聚丙烯酰胺体系减阻效果最好。

除多元聚合物减阻体系外，表面活性剂与聚合物复配，也能合成高性能减阻剂。例如，将阳离子表面活性剂（十六烷基三甲基氯化铵）和聚丙烯酰胺混合，表面活性剂胶束会缠绕在聚合物分子链上，形成复杂的联结网络结构，湍流减阻效果更好、稳定性更佳，其中盐的作用是强化聚合物—胶束复合聚集体结构形成并稳定网络结构。还有，将十二烷基硫酸钠引入聚丙烯酸溶液，当 pH 值为 4 时，复合体系减阻效果明显好于聚丙烯酸溶液。

并非任意的减阻剂混合都能提高减阻效果,某些减阻剂之间不仅没有协同作用,反而会抑制各自的减阻性能。

四、滑溜水减阻机理

压裂液经高压泵增压后,沿压裂管柱或套管柱高速泵入井下,管内高速湍流会导致严重的摩阻增加。加入聚合物减阻剂不仅可降低施工摩阻,改善裂缝复杂程度,而且减少了设备水马力需求及燃料消耗。但聚合物湍流减阻技术成果为实验室发现,还需微观研究解释减阻机理。为此,国内外学者对高分子聚合物的流动特性、减阻效果和减阻机理等进行了深入研究,并且将聚合物减阻剂成功应用于非常规储层体积压裂。

目前,被广泛接受的聚合物湍流减阻机理主要有湍流脉动抑制和黏弹性两种微观解释[14]。

1. 湍流脉动抑制

由于聚合物主要针对湍流才有减阻现象,对层流几乎没有减阻效果,因此,减阻剂能抑制湍流旋涡产生,改变湍流旋涡结构、减弱湍流脉动强度,从而减少能量耗散,起到减阻效果。

管道流动一般分为3种流态,黏性底层、缓冲层和湍流层,如图4-9(a)所示。无减阻剂时,管壁附近存在一个较窄的黏性底层,流动规则,对流与能量耗散小,摩擦阻力小;管道中心附近处于湍流状态,流动不规则,湍流旋涡大,质量和能量扩散程度远大于层流状态;缓冲层流动介于层流和湍流之间,对流和能量扩散相对缓和。

减阻剂加入能抑制湍流脉动,减少能量耗散,增加黏性底层和缓冲层区间,能很好地解释聚合物湍流减阻现象,如图4-9(b)所示。

聚合物减阻剂抑制涡流主要依赖减阻剂在滑溜水中形成的网状结构,一旦网状结构遭到破坏,减阻率会出现明显下降。网状结构完全破坏后,减阻率趋于稳定的最低值。

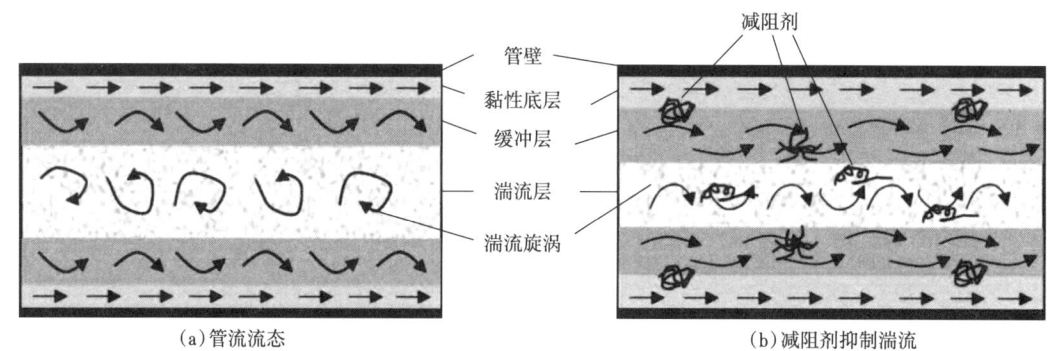

图4-9 湍流抑制减阻机理示意图

2. 黏弹性

湍流减阻用聚合物一般都有一定的黏弹性。这些黏弹性结构与湍流旋涡相互作用,通过弹性微观结构吸收部分湍流涡流能量,当对流到低应力区(如管壁层流区)时,再将储存的能量以弹性波释放出来,显著减小湍流能量耗散,达到减阻效果。当长链高分子聚合物处于蜷缩纠缠状态,分子链网状结构会吸收湍流耗散能量,如图4-10(a)所示;由于湍流剪切与流动拉伸双重影响，聚合物分子链会沿流动方向伸展，释放储存能量，改变涡流结构，减少涡流能耗，如图 4-10（b）所示。

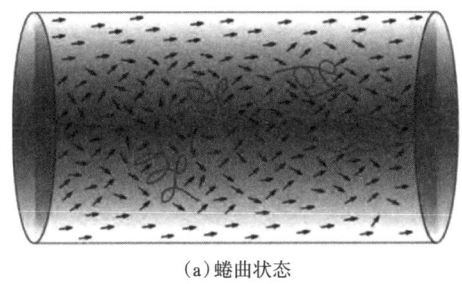 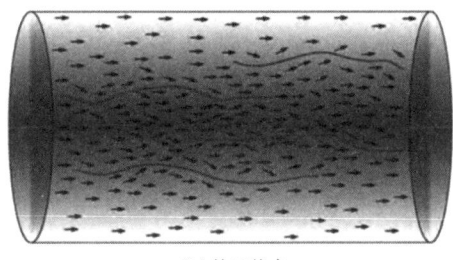

（a）蜷曲状态　　　　　　　　　　　　　　（b）伸展状态

图 4-10　聚合物黏弹性减阻机理示意图

黏弹性理论不仅能解释黏弹性减阻剂减阻现象，还能通过定量计算黏弹性应变与流体流速关系，分析减阻率和减阻流动机理。

滑溜水中网状结构的存在，使滑溜水表现出良好的黏弹性，这种结构稳定并具有伸缩能力的聚合物分子可以吸收涡旋结构本应耗散的能量，并以弹性能的方式储存在拉伸的网状结构中。由于网状微观结构参与了能量储存和释放过程，显著降低了湍流能量耗散，最终表现出良好的减阻效果。

对湍流流体减阻效果好的高分子减阻剂应该是溶解性能好、相对分子质量高的线弹性长链大分子聚合物，有弹性、具有螺旋结构的高分子聚合物的减阻效果较直长链的高分子线性聚合物要好。

五、变黏滑溜水

变黏滑溜水通过提高稠化剂（减阻剂）浓度的方式，将低黏滑溜水实时在线转变成高黏线性胶压裂液，达到低黏减阻、中黏造缝、高黏携砂目的，无须提前配液。稠化剂与配液水混合后，无停留时间，直接泵送注入地层，实现高强度高砂比连续加砂，压裂规模更大、降阻性能更好、储层伤害更低，满足造缝、携带大粒径支撑剂和高砂比施工要求。同时简化配液工序，在连续混配技术基础上进一步降低人力物力消耗，提高施工效率。

六、多功能滑溜水

近年来，随着非常规储层规模开发及水平井体积压裂技术推广应用，非常规储层改造工作量增加较快，压裂液用量也逐年增大。但随着效益开发理念加深，投资规模不断压缩，亟须在低成本高效能压裂材料和高效压裂工艺上寻求技术突破。

国内各区域储层特性不一，有些区块起裂压力高，难以快速达到设计排量，有些区块储层存在一定敏感性，对防膨能力要求高。现有的主剂＋辅剂＋功能性助剂配液模式，添加剂种类多、用量大，压裂液材料成本居高不下。在此背景下，国内滑溜水技术正由变黏向多效能融合发展。就稠化剂（减阻剂）主剂而言，不仅要求减阻剂在施工过程中可以通过调节加量实时调整液体黏度、实现即配即注连续施工，而且要兼顾水质适应能力强、降低表界面张力与防止黏土膨胀的作用，在实现增黏、降阻效果的同时，还具有防膨、助排等作用，达到一剂多效、一剂多能的效果。

根据压裂液对稠化剂多效能要求，通过在稠化剂分子链段上接枝表面活性剂基团和阳离子单体，当稠化剂在破胶剂作用下降解后，分子链段上的表面活性剂基团发挥降低流体与岩石表面张力作用，分子链段上的阳离子基团吸附在黏土矿物表面，抑制伊利石、蒙皂石的膨胀。

西部钻探通过引入大量乙氧基和疏水长链，合成了具有抗盐、助排功能的双月桂醇聚氧乙烯醚衣康酸酯（DT1223），再通过引入季铵盐基团、酰氧烷基、苯环和长链烷基，合成了具有抗盐、增黏、防膨功能的甜菜碱型功能单体 4-[苄基（3-十二烷基二甲基氨基 -2- 羟丙基）氨基]- 马来酰胺酸盐。基于各功能性单体协同作用，创新引入阳离子单体和表面活性剂大单体，合成 XZ-MFT 多效能稠化剂；该稠化剂 3min 溶胀率大于 85%，0.6% 加量条件下，表面张力小于 28mN/m，防膨率大于 70%，减阻率大于 70%，在 30000mg/L 水质矿化度条件下，黏度保持率大于 70%。

七、纳米排驱滑溜水

2011 年，国外学者提出纳米乳液驱油概念，其原理是利用纳米颗粒润湿反转机理，在油水间楔形膜位置产生结构分离压力，致使油滴从岩心表面脱离，岩石润湿性变为水湿。2017 年，国内通过接触角实验，分析纳米乳液将油湿的岩心反转成水湿岩心的时间及程度；并进一步证实，随着时间延长，浸泡在纳米乳液中的岩石表面会吸附更多纳米颗粒。

新疆油田针对玛湖致密砂砾岩油藏特性，合成具有非离子特性的纳米排驱滑溜水体系[15]。滑溜水由纳米乳液、减阻剂和配液水组成。通过使用微乳液技术，将油自发分散在非离子表面活性剂、醇和水混合体系中，形成纳米乳液。该体系继承了微乳液的纳米粒径，而非离子表面活性剂改善了压裂液添加剂与减阻剂配伍性，赋予压裂液以驱油功能，且其粒径较小，不发生乳化，不会堵塞储层。减阻剂为阴离子聚丙烯酰胺，分子量约为 700 万，通过丙烯酰胺、阴离子共聚单体、油和非离子乳化剂体系形成的反向微乳液聚合形成。

八、滑溜水压裂液性能评价

滑溜水性能评价及指标参照 NB/T 14003.1—2015《页岩气 压裂液 滑溜水性能指标及评价方法》及 SY/T 7627—2021《水基压裂液技术要求》（表 4-1）。

表 4-1 滑溜水技术指标

序号	项目	植物胶	合成聚合物		
			低黏滑溜水	中黏滑溜水	高黏滑溜水
1	运动黏度（mm²/s）	≤ 5	≤ 5	5~10	10~20
2	减阻率（%）	≥ 60	≥ 70	≥ 65	≥ 60
3	减阻率变化率（%）	≤ 5			
4	增黏速率（%）	≥ 80			

续表

序号	项目		植物胶	合成聚合物		
				低黏滑溜水	中黏滑溜水	高黏滑溜水
5	破胶液性能	表面张力（mN/m）	$\leqslant 32$			
		界面张力（mN/m）	$\leqslant 3$			
		防膨率（%）	$\geqslant 60$			
		破乳率（%）	$\geqslant 90$			
		与地层流体配伍性	无沉淀，无絮凝			

第四节　高抗盐瓜尔胶压裂液

瓜尔胶压裂液是常规油气井中应用最普遍的压裂液，主要成分为瓜尔胶或其改性产物，造缝效率和携砂能力都非常突出，支撑剂在成胶后的压裂液中基本处于静止悬浮状态，能够在低排量下将高浓度支撑剂携带到裂缝远端。

瓜尔胶压裂液具有的强携砂能力、低滤失量特点，使其在压裂施工中使用历史相对较长，配套工艺极其成熟。但随着压裂用水矿化度越来越高、成分越来越复杂，利用高矿化度水源连续混配瓜尔胶压裂液，存在很多问题。如稠化剂不溶胀或溶胀很慢、交联不易控制、耐温性能不达标、不易破胶或破胶慢、残渣多、现场配液泡沫大等，导致高矿化度水源，尤其是压裂返排液规模利用困难，而水源及水量问题又制约着水资源匮乏区域非常规储层效益开发。因此，完善并深化瓜尔胶压裂液抗盐技术，是拓宽压裂水源、保障非常规油气压裂的技术关键。

以新疆油田为例，每年压裂用水超过 $500\times10^4m^3$，但准噶尔盆地内为全国第二大沙漠，水源短缺问题极其突出。但油田开采过程中会产生大量高含盐油田采出水（含压裂返排液、油井采出水及稠油热采锅炉水），油田附近也存在高矿化度盐湖水及城市中水。若利用这些高含盐油田水配制压裂液，将非常规油气产能建设和水资源循环利用及环境保护相结合，对绿色油气田建设及难动用储量效益开发，意义重大。

一、瓜尔胶快速溶胀技术

瓜尔胶在高矿化度水中难以溶胀，主要是因为盐离子对瓜尔胶分子链构象影响较大，链坍塌明显，致使溶液储能模量和耗散模量降低，被压缩或坍塌的瓜尔胶分子链溶胀效率受到极大影响，导致溶胀速率变慢。

为提高瓜尔胶耐盐性及水溶性[16]，通常将磺酸基团引入瓜尔胶分子中，如采用 3-氯 -2- 羟基丙磺酸与瓜尔胶进行反应，制备耐盐性瓜尔胶衍生物；第二种方法是将磺化腐殖酸与羧甲基瓜尔胶溶液混合，利用磺化腐殖酸（磺化后的腐殖酸由于存在磺酸根，耐盐性大幅提高）上丰富的羧基、醇羟基等各种极性基团，与瓜尔胶以氢键化学键合，同时腐殖酸可与交联剂中金属离子配位，提高压裂液体系黏弹性，进而提高体系悬砂能力；第三种方法是通过改性合成两性离子瓜尔胶，引入两性基团，增强分子链间的空间位阻效应、抗盐性，以及亲水性能。

除对稠化剂进行耐盐改性外，还有一种方式是从瓜尔胶溶胀机理出发，通过加入一定比例的酸，提供足量的氢离子，加速与瓜尔胶分子链的氢键键合作用，能迅速提高瓜尔胶溶胀速率。为减少压裂水中 Ca^{2+}、Mg^{2+} 等多价阳离子对瓜尔胶压裂液性能影响，可根据多价阳离子浓度加入一定量络合剂。该方式操作更加简便、成本更低，有利于大规模利用高矿化度水进行瓜尔胶压裂液配制。

二、高抗盐瓜尔胶压裂液体系

1. 稠化剂

稠化剂作为压裂液主剂，用于提高水溶液黏度、降低液体滤失、悬浮并携带支撑剂，多为水溶性高分子聚合物，其中增黏能力及耐温、抗盐、抗剪切，以及残渣量是关键指标。

压裂液增稠剂主要分为两类：一类是天然植物胶及其衍生物，如瓜尔胶及其衍生物，另一类是人工合成聚合物，如聚丙烯酰胺（PAM）、部分水解聚丙烯酰胺（HPAM）、羟甲基聚丙烯酰胺（PHMA）、甲叉基聚丙烯酰胺（MPAM）、聚氧化乙烯类聚合物（PEO）等。

天然植物胶及其衍生物在抗盐、抗剪切方面具有一定优势，但破胶后残渣量较多、易受细菌作用降解，如目前使用较多的羟丙基瓜尔胶。人工合成聚合物与天然植物胶相比，具有黏度高、携砂性能强、残渣量小、对细菌不敏感等特点，但抗剪切性差、对矿化度及储液罐防腐要求较高。

瓜尔胶原粉在常温下的水合物可分为水溶性和水不溶性两部分，水溶性部分主要是半乳甘露聚糖，是工业使用的有效部分，水不溶性部分主要是分子量较大的半乳甘露聚糖、粗纤维、蛋白质等。实验室对羟丙基瓜尔胶（HPG）进行性能评价，结果见表4-2。

表4-2 HPG性能评价

项目	一级指标	测试结果
外观	淡黄色粉末	淡黄色粉末
水分（%）	≤10	7.7
水不溶物（%）	≤4.0	3.56
0.6%黏度（mPa·s）	≥110	113
pH值	6.5~7.5	7.0
0.125/0.09筛余量（%）	≤1	0.4
0.071/0.05筛余量（%）	≤10	8.5
交联性能	能用玻璃棒挑挂	能用玻璃棒挑挂
流动性	好	好

2. 促溶剂

西部钻探提出应用高含盐油田水连续混配瓜尔胶压裂液，解决水平井体积压裂用水短缺及高含盐采出水处理难题。在此理念推动下，研发了"有机酸＋络合剂"复合促溶技术，其中有机酸易溶于水，有3个H^+可以离解，工业生产方便，同时该有机酸又是一种络合能力很强的络合剂，加入高矿化度水中，可以络合钙镁离子，减少钙镁离子对瓜尔胶溶胀的影响。瓜尔胶在高矿化度水中3min溶胀率大于85%，满足现场12m^3/min连续混配施工需求。

3. 抗离子干扰交联剂

交联剂是决定压裂液黏度的主要因素之一。交联剂对体系的成胶速度、耐温稳定性和剪切稳定性，以及对地层及填砂裂缝的渗透率都有较大的影响。交联剂和稠化剂产生交联反应，使体系进一步增稠形成典型的黏弹冻胶。黏弹性好坏将直接影响压裂液造缝能力，与裂缝长度、宽度密切相关。

由于高含盐油田处理水和高矿化度盐湖水中含有大量的钙、镁等多价阳离子，其与葡萄糖酸钠的络合能力要强于硼离子。对高温储层，为提高冻胶抗温性，通常采用增加pH值来促进硼离子水解的方法（一般pH值在10~11，个别情况下达到12），使冻胶质量满足耐温要求。此时，钙镁离子在一定pH值范围内生成氢氧化物沉淀，消耗OH^-，抑制体系pH值的升高；而且随着温度的升高，发生沉淀反应的初始pH值降低。同时体系的pH值会在长时间内保持在较低范围，不利于交联反应的进行，另外氢氧化物沉淀会对地层造成伤害。

西部钻探从合成反应原理出发，考察了水基冻胶压裂液用有机硼络合物交联剂各项合成反应条件，得到抗温耐盐的有机硼交联剂最佳合成工艺。反应物用量以体积分数计分别为：硼砂20%，配位体（葡萄酸钠、多元醇A、氨基羧酸盐B）30%~35%，溶剂（体积分数0.25的丙三醇水溶液）45%~50%，催化剂为少量氢氧化钠；反应温度80℃，反应时间4h。

该有机硼交联剂能有效阻止水中钙镁离子对络合剂的争夺，化学性能稳定，耐温性能好。交联时间30~300s，150℃、170s^{-1}剪切90min黏度大于100mPa·s，最高使用水质矿化度达到27×10^4mg/L。

三、高抗盐瓜尔胶压裂液性能评价

高抗盐瓜尔胶压裂液体系性能评价方法及技术指标参照SY/T 5107—2016《水基压裂液性能评价方法》和SY/T 7627—2021《水基压裂液技术要求》（表4-3）。

表4-3 高矿化度水基压裂液技术要求

序号	项目		指标
1	基液表观黏度（mPa·s）	60℃≤T＜120℃	≤100
		120℃≤T＜180℃	≤120
2	增黏速率（%）		≥65
3	交联时间（s）	60℃≤T＜120℃	30~120
		120℃≤T＜180℃	60~300

续表

序号	项目		指标
4	静态滤失性	滤失系数（m/min$^{1/2}$）	≤ 1.0×10^{-3}
		滤失速率（m/min）	≤ 1.5×10^{-4}
5	耐温耐剪切能力（mPa·s）		≥ 50
6	破胶液性能	运动黏度（mm^2/s）	≤ 5
		表面张力（mN/m）	≤ 32
		界面张力（mN/m）	≤ 3
		残渣含量（mg/L）	≤ 600
		破乳率（%）	≥ 90
		与地层流体配伍性	无沉淀、无絮凝

注：高矿化度水是配液用水总矿化度大于20000mg/L，其中钙、镁离子总和大于500mg/L的溶液。

第五节 配液水处理

体积压裂用水量大，非常规水平井储层改造单井用水量一般为（2~5）×10^{4}m^3，高时可达（8~10）×10^{4}m^3。配制压裂液需要大量水源，而压裂返排又形成大量废水，给环保带来极大压力。要保障非常规油气压裂开发，首先要解决供水及水处理问题，应用返排液配液、实现压裂水循环利用是最理想、也是最现实的技术抉择。

为满足体积压裂大规模用水需求，压裂用水已从普通淡水扩展到高含盐地层水、高矿化度盐湖水，但供水能力始终有限，尤其是水资源缺乏的荒漠、戈壁油区。而压裂井周边同区或邻区，有大量压裂返排液或油田采出水可供使用，输水距离短，是压裂配液最佳水源。

一、压裂返排液化学成分

压裂液要实现造缝、携砂等功能，需要几种甚至十几种添加剂，才能满足性能要求。众多添加剂的加入及缔合、交联等反应，在压裂水中产生大量阴/阳离子、有机物、表面活性剂等化学成分。破胶后的压裂返排液，又引入储层流体及其相关反应物，使返排液化学成分更为复杂，给返排液配液造成很大影响，需要经过一系列工艺处理，才能达到配液要求。

压裂返排液成分与压裂液配方和储层流体密切相关，污染物比较复杂，具体包括植物胶、甲醛、水溶性高分子聚合物、固体悬浮物（包括黏土颗粒、压裂砂、地层微粒、破胶残渣等）、原油、溶解性有机物（钻井液处理剂、破乳剂等）、微生物、无机盐、无机酸等。

由于油气储层不同，地层水成分相差较大，返排液不仅含有压裂液中本身添加的多种化学物质，还含有少量油及地层水、储层矿物成分，高化学需氧量（COD）、高色度、高悬浮物和高溶解性总固体（TDS），直接外排将严重污染生态环境。表4-4所示为某油田返排液处理池水质检测结果，可以看出，其TDS远大于1000mg/L排放标准，COD也远大于 100mg/L 的排放标准，固体悬浮物为细砂。

表 4-4 某油田返排液处理池取样水质测定

项目	COD 化学需氧量 （mg/L）	TDS 水中溶解 物质总含量 （mg/L）	ORP 氧化还原电位 （mV）	SS 固体悬浮物 （mg/L）	pH 值	黏度 （mPa·s）
返排液	1000~1100	8780	75	130	5.5	3.6~4.6

二、返排液配液影响

破胶后的压裂液中，残渣和悬浮油颗粒是高悬浮物主要来源。如果不进行絮凝、除油及过滤处理，水不溶物颗粒和原油会影响配液质量，进而污染储层。初期返排的压裂液，因进入储层时间短，破胶液成分、盐含量等没有发生显著变化，需要掌握破胶液理化特性，如酸碱度、矿化度和含油量等指标，并以此为依据，加入调节剂进行处理，才能配制新压裂液。

原油因乳化作用，对高分子分散性能影响较大。返排液中含油时，可用除油器进行处理。

对于植物胶压裂液，pH 值、细菌、硼含量对交联影响最大。除去固体悬浮物、分离油后，还应采取适当方式去除返排液中的硼、二价金属离子、细菌等，适当调整 pH 值重新配液；而对于人工合成聚合物压裂液，pH 值、金属离子及矿化度对其影响较大。经返排液取样分析，仅仅通过除去固体悬浮物和油后进行配制压裂液，经过调节返排液 pH 值后配制的瓜尔胶压裂液及聚合物压裂液都能符合施工要求。

与回注及外排不同，返排液无须深度处理即可直接用于配液，既可以缩短返排液处理流程，降低处理成本，又可以在配液时少加一些添加剂，实现有效成分循环利用。

三、返排液处理流程

压裂返排液主要成分为油、悬浮杂质及大量压裂添加剂等。对于油、悬浮物的去除，目前较为直接的方法为沉淀、气浮、过滤等工艺。

压裂返排液有一定黏度，含有油，且悬浮物密度不一，有较大密度的碎渣，也有密度较小的固体悬浮物。单独采用传统沉淀方法，虽然可以去除水中较重的碎屑，但对较轻的固体悬浮物，去除效果不理想。为加强油和固体悬浮物处理效果，采用过滤方式进行处理。

根据以上分析，用于循环配液的返排液处理方案如图 4-11 所示，分工艺处理指标见表 4-5。

（1）两相分离、混凝、预氧化工艺。

气液分离，加入絮凝剂絮凝，使返排液彻底破胶，短时间内黏度下降，达到在斜板沉淀器内可顺利重力沉降。

（2）除油及斜板沉淀。

经混凝、预氧化后的压裂返排液，通过管道泵注入斜板沉淀器。在斜板沉淀器内，通过斜板浅池理论，将压裂返排液内通过混凝作用产生的絮凝物及油类快速分离沉淀到底部，后通过螺杆泵打入污泥池/污水池。

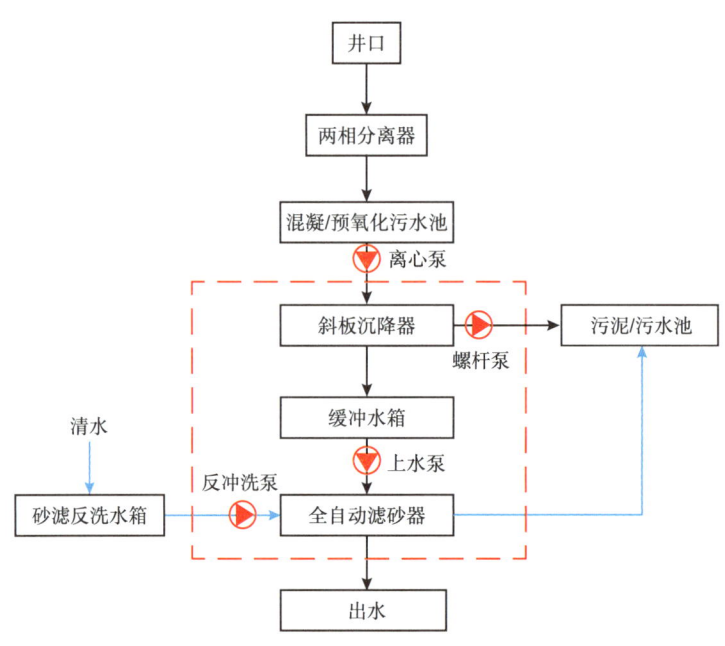

图 4-11 返排液处理工艺流程

（3）缓冲水箱。

斜板沉淀器出水通过自流进入缓冲水箱。

（4）全自动砂滤及砂滤反洗水箱。

经过砂滤后达到压裂返排液处理要求，悬浮物含量小于20mg/L，含油率小于10mg/L。砂滤出水可利用余压排入清水池。

表 4-5 返排液处理工艺分段控制指标

工艺参数	井口	两相分离、混凝预氧化池		斜板沉淀器		全自动砂滤	
		入口	出口	入口	出口	入口	出口
固体悬浮物（mg/L）	≤200	≤200	≤200	≤50	≤50	≤20	≤20
含油量（mg/L）	≤50	≤30	≤30	≤15	≤15	≤10	≤10
黏度（mPa·s）	≤5	≤3	≤3	≤3	≤3	≤3	≤3

四、返排液处理设备

压裂返排液处理设备主要有两相分离器、混凝预氧化污水池、污泥池/污水池、斜板进料离心泵、斜板沉淀器、螺杆泵、缓冲水箱、全自动砂滤装置、砂滤反洗水箱等设备。核心设备为斜板沉淀器和全自动砂滤装置。

1. 斜板沉淀器

功能原理：污水在向上流动（层流）的过程中，污泥沉降在斜板上，在污泥斗处进行收集，利用浅池理论将污水中的絮凝物快速分离。絮凝物及油类聚集到排油腔。清水通过排出廊道和出水管流出斜板沉淀器。

斜板分离技术是一种快速絮凝沉淀、快速分离技术,在污水处理絮凝阶段,利用介质重力沉降及载体吸附作用加快絮体生长,与清液分离,含有介质的絮体进入排泥腔,此时污泥含水率 98% 左右。

经过絮凝离心固液分离后,污水中含有的大量固体悬浮物得到有效去除,污水色度和浊度大幅度降低。

图 4-12 所示为处理能力 25m³/h 的斜板沉淀器,采用橇装方式满足移动施工要求。

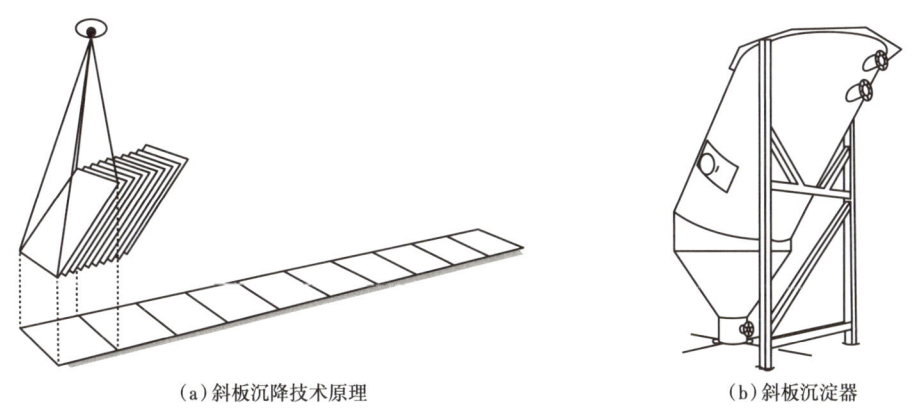

(a)斜板沉降技术原理　　　　　(b)斜板沉淀器

图 4-12　斜板沉淀器原理示意图

2. 全自动砂滤模块

全自动砂滤模块具有过滤精度高、自动反洗、设备体积小等优点,图 4-13 所示为处理能力为 20m³/h 的全自动砂滤装置,自带过滤泵及反洗泵、增压泵、管道、阀门、仪表及自动控制系统,系统控制如图 4-14 所示。

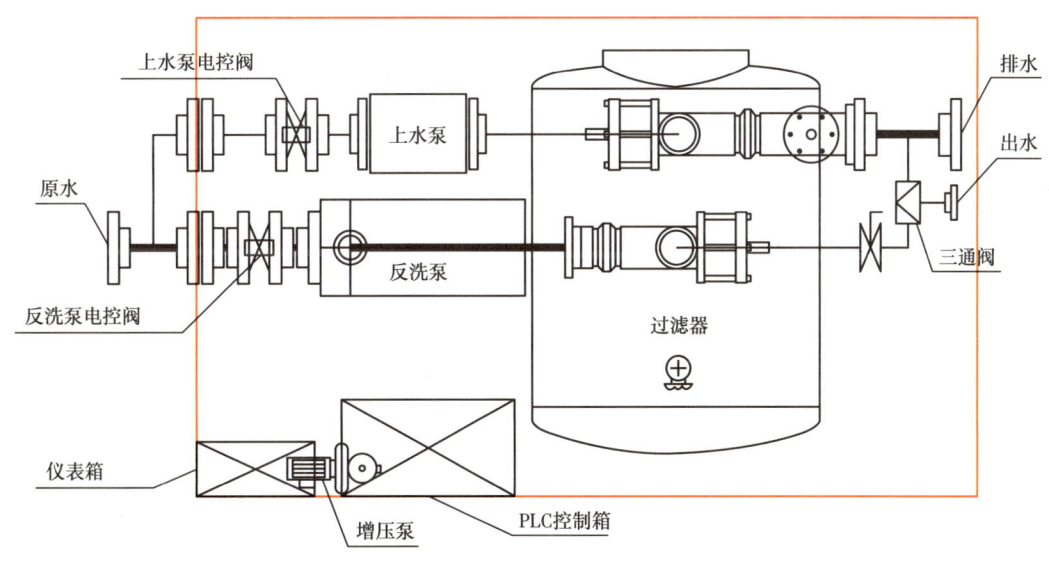

图 4-13　全自动滤砂工艺原理图

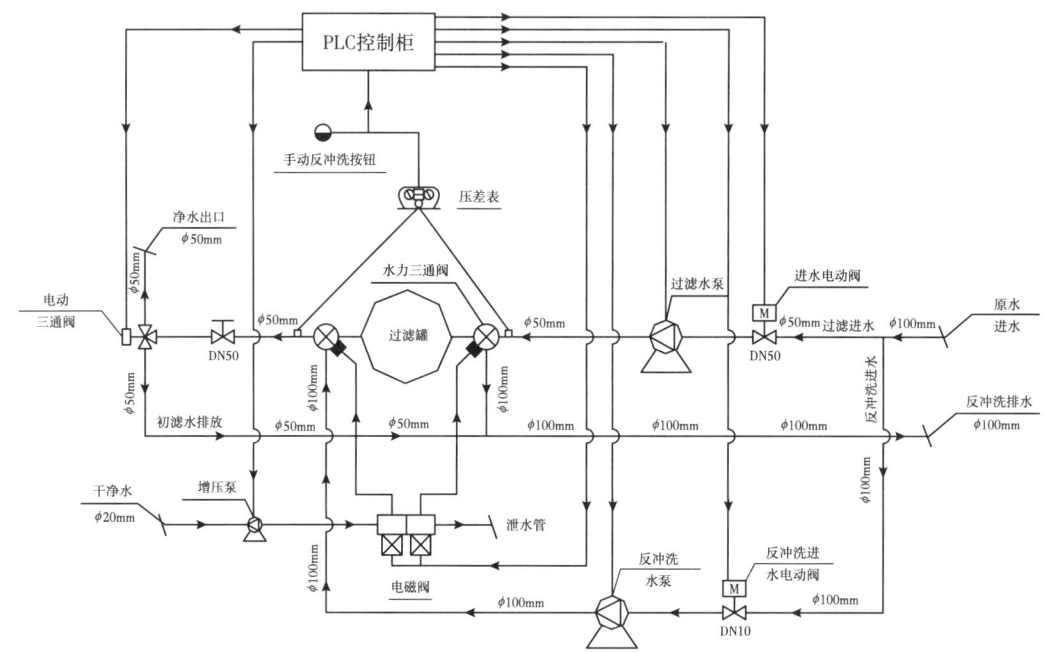

图 4-14　全自动滤砂系统控制图

（1）过滤。

打开进水电动阀，关闭反冲洗电动阀、初滤水电动三通阀，启动过滤水泵。当需处理的原水通过过滤设备时，水中悬浮物和一些被氧化的残留物被截留在过滤介质表层，过滤后清洁水进入循环水池。

（2）反冲洗。

当过滤系统运行一段时间后，过滤介质表层截污量不断增加，过滤设备就要进行反冲洗。共有 3 种方式可启动过滤设备进行反冲洗：

①进、出水压差（15psi）：当过滤系统运行一段时间后，随着过滤介质表层污物量的不断增加，系统的进、出水压差不断增大。当进、出水压差达到设定值后，过滤设备就开始进行反冲洗。

②时间：当系统的进、出水压差没有达到设定值时，系统也可根据设定的时间周期启动反冲洗。

③手动：人为强制进行反冲洗（手动反冲洗按钮）。

当 PLC 接到反冲洗信号时，过滤泵停止运行，关闭过滤进水电动阀，打开反冲洗电动阀，电磁阀得电，增压泵启动，水力三通阀开启切换，启动反冲洗水泵，两个水力阀同时开启，改变水流方向，过滤罐就开始进行反冲洗，反冲洗持续时间为 3min。

反冲洗运行 3min 后关闭其水力阀，停止反冲洗水泵，反冲洗过程结束。在整个反冲洗过程中，阀门的开启和关闭均由 PLC 控制，无须人工操作。

（3）初滤水排放。

反冲洗过程结束后，设备进入初滤水排放状态，过滤泵启动，电动三通阀打开，开始进行初滤水排放，初滤水排放持续时间为 3min。3min 后初滤水排放结束，电动三通阀关闭，正常出水，进入过滤状态。

五、返排液回收利用

返排液回收利用装置现场摆放如图 4-15 所示。

图 4-16 所示为某井返排液，除固体悬浮物外，还有大量的砂灰，使返排液看起来特别浑浊。将返排液引入预氧化池内进行快速絮凝，调节 pH 值到 5~6 之间。

图 4-15 返排液回收利用装置摆放示意图

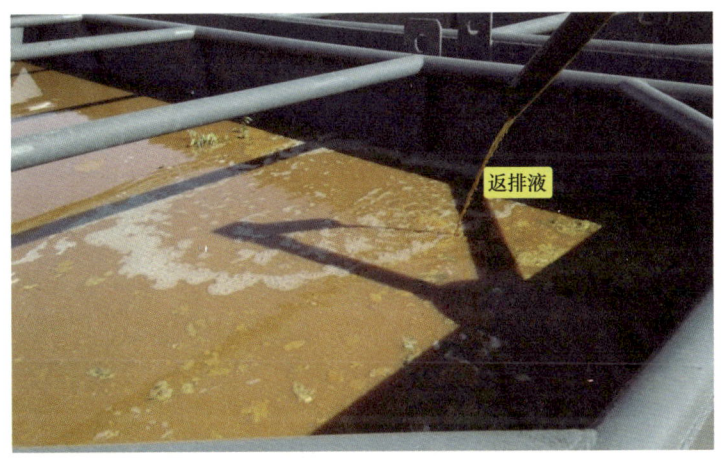

图 4-16 压裂返排液示意图

絮凝后的返排液经过斜板沉淀器罐体内壁和斜板模块间隔通道，自下往上进入斜板隔离板间，斜板模块由 20 块倾斜的平板组成，在污水从斜板间向上流动的过程中，污泥沉降在斜板上表面，泥水分离后清水在液面溢流进入水堰，通过排水管口自然流出到缓冲水箱，缓冲水箱的水进入全自动砂滤装置。水中的悬浮物和一些被氧化的残留物被截留在过滤介质的表层，过滤后的清洁水就进入循环水池。

沉积在斜板上表面的污泥在重力作用下和水流逆向流动，滑到污泥收集斗内，经过重力浓缩后，通过排泥口排出到污泥池内。

处理后的水样如图 4-17 所示，现场测试 pH 值为 6。利用处理后的返排液直接配制压裂液，瓜尔胶溶胀性能好、交联后冻胶状态好。

图 4-17　压裂返排液处理后水样示意图

六、油田采出水处理

油田采出水体系稳定，处理时首先需要氧化破胶。通过混凝使分散体系表面电性增加，胶体失稳，降低返排液黏度。破胶后进一步将高分子物质转化为低分子物质，然后经吸附或过滤去除水中不溶或微溶物。除此之外，使用油田采出水配液，还需添加杀菌剂、除硫剂和螯合剂进行处理。

1. 杀菌

油田采出水中含有多种细菌，其中腐生菌（TGB）、硫酸盐还原菌（SRB）和铁细菌（IB）的含量丰富且危害最大。TGB 和 IB 都为好氧细菌，可以将水中的氧气消耗殆尽，而这为无氧细菌 SRB 的生存创造了有利的条件，导致 SRB 细菌大量增殖。细菌在增殖过程中，会形成生物膜，堵塞岩层孔隙，降低地层渗透率。

目前，国内外控制污水中细菌数量的主要方法是直接向水中加入杀菌剂。杀菌剂可分为氧化性和非氧化性两类。氧化性杀菌剂包括氯气、次氯酸盐、氯化镍、卤胺、二氧化氯、臭氧、过氧化氢和高锰酸钾，其杀菌作用是由强氧化性质、原生质体结构的破坏或氧化细胞结构中的基团产生的。非氧化性杀菌剂主要包括重金属化合物、氯酚、季铵盐、有机氮硫化合物、活性卤化物、戊二醛等。在油田水处理中，非氧化型杀菌剂及衍生物应用范围较广，其杀菌作用是通过中和细胞壁上的负电荷，产生压力引起细胞死亡和渗入细胞质内使蛋白质沉淀杀死微生物。

2. 除硫

硫化氢具有强毒性和腐蚀性，是油气田开发中最为常见的有害气体。随着采油工艺技术发展，油气井中硫化氢成因越来越复杂。一部分来自地层物质在高温高压条件下的反应，另一部分则是由于油井内环境变化，促进了硫酸盐还原菌生长进而滋生硫化氢。生物和非生物成因共同作用，使油田采出水内含溶解或游离态硫化氢。如果不除硫直接配制压裂液，在混配系统搅拌、剪切作用下，硫化氢从配液水逸出，不仅会腐蚀管道、设备，同时由于其剧毒性和挥发性，极易造成环境污染，并直接威胁作业人员健康和生命安全。

目前，在采出水中加入的除硫剂主要是碱式碳酸锌，通常应用在硫化氢浓度较低的油气井，它的加入可以使硫化氢浓度显著降低，铁的电极电势比锌高，因而它的加入对铁质材料能形成有效保护。碱式碳酸锌通常在 pH 值较高的条件下使用，因为当采出水 pH 值较低时，除硫反应生成的氢离子可迅速与碱式碳酸锌发生反应，从而使其失去加入的意义，而且大量生成的锌离子还会影响稠化剂交联。

在集输站处理时，可同时进行高效脱硫与杀菌处理[17]。市场上的脱硫剂主要为胺类脱硫剂，不具备杀菌功能，并且脱硫后不稳定；而杀菌剂则主要是非氧化型杀菌剂，例如季铵盐类和杂环化合物类，但均无脱硫性能。长庆油田以静态脱硫和杀菌性能评价为依据，通过脱硫主剂与杀菌主剂筛选、优化及复配，研制出新型复合脱硫杀菌剂。该药剂表观硫容与杀菌效率分别达 800mg/L 和 99%，且不具有金属腐蚀性，与原油及油田各类助剂配伍性良好。复合脱硫杀菌剂可使油井硫化氢质量浓度由 8000mg/m³ 降至 0、硫酸盐还原菌数量由 100000 个 /mL 降至 10 个 /mL 以下，并能维持 1~7d，除硫、杀菌效果显著。

3. 去盐

油田采出水中盐含量较大、离子浓度较高，复配压裂液不溶胀、不交联、难破胶。处理时采用螯合增溶作用，螯合剂加入水中后，水中钙、镁离子会与之反应生成溶解度较大的螯合物，从而使钙、镁离子溶解，降钙低、镁离子对稠化剂溶胀影响。

参 考 文 献

[1] 张朝举，何兴贵，关兴华，等 . 国内低中温清洁压裂液研究进展及应用展望 [J]. 钻采工艺，2009，32（3）：93-96.
[2] 陆雷超 . 致密油藏胍胶压裂液不返排破胶降解机理研究 [D]. 北京：中国石油大学（北京），2019.
[3] 常学伟，李强，胡毅，等 . 醇基压裂液在强水敏储层改造中的应用 [J]. 江汉石油职工大学学报，2022，35（5）：42-44.
[4] 张瑜 . 微胶囊破胶剂的制备及其高温释放性能的研究 [D]. 天津：天津大学，2020.
[5] 崔伟香，王春鹏 . 压裂用胶囊破胶剂在高压液体中的释放研究 [J]. 油田化学，2016，33（4）：619-622.
[6] 吴丽蓉，李家平，邹永明，等 . 胍胶压裂液用黏土稳定剂的优选原则及其防膨机理 [J]. 新疆石油科技，2009，19（4）：14-17.
[7] 李超，王辉，刘潇冰，等 . 纳米乳液与微乳液在油气生产中的应用进展 [J]. 钻井液与完井液，2014，31（2）：79-84.
[8] 代轩瑞 . 含氟聚醚破乳剂的合成与评价 [D]. 大庆：东北石油大学，2021.
[9] 常青，邹春凤，蔡景超，等 . 胍胶压裂液用高效杀菌剂研究及现场应用 [J]. 钻井液与完井液，2023，40（4）：535-539.
[10] 易绍金，彭少华，鹿桂华，等 . 油田生产中的细菌危害与杀菌技术 [J]. 河南化工，2002（2）：3-4.
[11] 陈昊，毕凯琳，张军，等 . 非常规油气开采压裂用减阻剂研究进展 [J]. 油田化学，2021，38（2）：348-359.
[12] 黄趾海 . 新型滑溜水压裂液研究 [D]. 成都：西南石油大学，2014.
[13] 魏娟明，刘ూ坤，杜凯，等 . 反相乳液型减阻剂及滑溜水体系的研发与应用 [J]. 石油钻探技术，2015，43（1）：27-32.

［14］司晓冬，罗明良，李明忠，等.压裂用减阻剂及其减阻机理研究进展［J］.油田化学，2021，38（4）：732-739.
［15］何小东，朱佳威，石善志，等.玛湖致密砂砾岩油藏纳米排驱滑溜水体系［J］.钻井液与完井液，2019，36（5）：629-633.
［16］王丹丹，吕雷，岳柳青，等.油田采出污水回注处理工艺优化及水质提标［J］.石油化工应用，2023，42（5）：33-36，56.
［17］付博睿，周立辉，张璇，等.新型复合脱硫杀菌剂的制备及其对油井中含硫化氢气体的处理效果［J］.环境工程学报，2021，15（5）：1783-1791.

第五章　支撑剂及其改性工艺

压裂支撑剂是储层改造中用来支撑水力裂缝的关键核心材料，随着水平井体积压裂技术不断发展，支撑剂在水平井压裂开发中用量越来越大。除支撑裂缝、强化裂缝导流能力基本功能外，还起到暂堵转向、更大体积沟通天然裂缝的作用。

第一节　压裂支撑剂概述

一、压裂支撑剂定义

在水力压裂增产时，为防止压裂后人工裂缝在储层岩石压力下重新闭合，需要在裂缝内充填支撑材料，这些材料被称为压裂支撑剂，如图 5-1 所示。

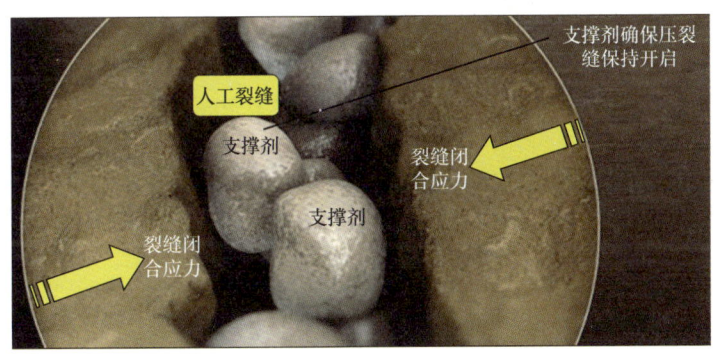

图 5-1　压裂支撑剂充填裂缝示意图

压裂泵注时，支撑剂与压裂液以一定的体积比混合，由压裂液携带并充填在人工裂缝中。停泵后，裂缝在储层岩石压力作用下收窄，支撑剂被卡在裂缝内、或在裂缝内沉降，迫使裂缝无法闭合，从而在储层中形成具有一定导流能力的油气渗流通道。

二、支撑剂发展历程

最早使用的支撑剂是从 Arkansas 河挖掘的河砂，与 1947 年第一次水力压裂试验相配套，起初砂子未清洗，也未进行标准筛析。

20 世纪 50 年代中期，随着对压裂砂经济适用要求的提高，石油行业开发出高质量砂源，并进行了筛选、清洗。首先使用的是来自伊利诺伊州渥太华县圣彼得地层的单晶石英砂，这种砂也被称为白砂或渥太华砂，颗粒由一个石英晶体组成，晶体内部有化学键结合在一起，结构紧密，如图 5-2 所示。与其他砂粒相比，渥太华砂强度非常高。

(a)单晶体石英颗粒　　　　　　(b)石英砂颗粒

图 5-2　白砂晶体颗粒示意图

随着压裂作业数量迅速增加，对支撑剂的需求也相应提高，这就需要有更多的供给来源。1958 年，在得克萨斯州布拉迪附近希科砂岩地层中开采出黄砂，这种砂为多晶结构，每个颗粒都是由两个以上的单晶石英聚集在一起而形成的集合体，如图 5-3 所示。由于多晶石英内部结构相对松散，每个颗粒中都存在解理面，因此造成支撑剂压碎率上升、强度降低。

 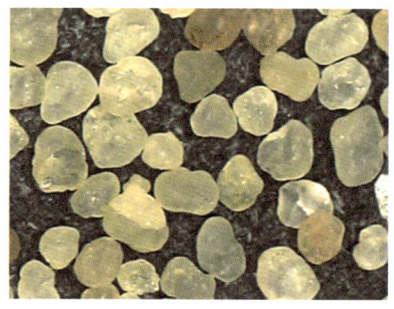

(a)多晶体石英颗粒　　　　　　(b)石英砂颗粒

图 5-3　黄砂晶体颗粒示意图

20 世纪 60 年代，随着深层压裂对支撑剂强度要求提高，人们逐渐认识到石英砂强度缺陷都和高闭合应力下点载荷脆性破裂有关。为此探索了具有更高强度和形变能力的新材料，但现场应用失败。直到 1970 年后，美国将铝硅土作为原材料，设计制备了陶粒支撑剂。与常规石英砂相比，陶粒支撑剂具有更高的强度和抗破碎率，其高圆球度和热化学稳定性也使裂缝导流能力得到进一步提升。但由于成本较高，仍无法撼动石英砂作为支撑剂的首选地位。

三、压裂支撑剂分类

支撑剂是一种具有一定强度与球度的固体颗粒物，水力压裂曾使用多种不同材料的支撑剂，如核桃壳、玻璃珠、塑料球、金属铝球等，综合考虑材料强度、硬度、加工工艺及使用成本，此类支撑剂已不再使用。

国内外最常使用的支撑剂包括石英砂、陶粒及在石英砂、陶粒基础上进行覆膜改造的功能性支撑剂，如图 5-4 所示。浅层油气井压裂一般使用天然石英砂，成本低廉，在低闭合应力下满足油气生产要求；深层油气井对支撑剂抗压强度要求较高，多使用人造陶粒，导流能力高、有效期长。

（a）天然石英砂　　　　　　　　　　　　（b）人造陶粒

图 5-4　压裂支撑剂目视及显微示意图

在水平井体积压裂作业中，密切割、强加砂已成为极限增产常规操作，压裂支撑剂占压裂材料整体成本已经突破 50%，支撑剂费用大幅攀升。人造陶粒抗压强度虽然较高，但其价格是天然石英砂的 3 倍，很难满足大规模体积压裂成本控制要求。考虑到体积压裂大液量增能作用，油气生产流压较高，对支撑剂抗压强度要求有所下降，天然石英砂用量大幅增长，"砂代陶"已成为低渗透致密油气效益开发最有效的降本手段。

四、支撑剂性能指标

支撑剂物理性能包括粒径范围、圆度、球度、强度、浊度、酸溶解度、密度和光洁度等，性能评价依据 Q/SY 17125—2019《压裂支撑剂性能指标及评价测试方法》。

1. 粒径范围

压裂支撑剂的粒径并不是单一的、均匀的，而是有一定的变化范围。若粒径分布范围较宽，在油气流带动下，小粒径的细颗粒会运移到大粒径支撑剂间空隙中，充填油气渗流通道、降低支撑裂缝导流能力。

支撑剂粒径范围按目数可分为 6/12 目、8/16 目、12/18 目、12/20 目、16/20 目、16/30 目、20/40 目、30/50 目、40/60 目、40/70 目、70/140 目，总计 11 种规格，每个规格都对应七个标准筛，筛孔尺寸由上而下逐级递减，见表5-1。落在公称粒径范围内的样品质量，不应低于总样品的 90%；小于公称粒径下限的样品质量，不应超过总样品的 2%；大于顶筛的样品质量，不应超过总样品的 0.1%。

低闭合压力下，大粒径支撑剂可提供渗透率更高的充填裂缝，但大粒径支撑剂输送比较困难，滑溜水携砂易堵，而且要求水力裂缝有足够的动态宽度，很难进入窄裂缝。又因为粒径越大，所能承受的闭合应力越低，因此，国内外水平井体积压裂广泛使用细粒石英砂，既有一定的抗压强度，又能充填狭窄的天然裂缝和分支裂缝。

2. 圆度和球度

支撑剂圆度表示颗粒棱角的相对锐度，球度是指颗粒与球形相近的程度。因大多数支撑剂力学性质偏脆，圆度、球度不好时，颗粒棱角易破碎，形成小颗粒堵塞支撑剂空隙，降低充填层渗透率。

表 5-1 支撑剂筛析实验标准筛尺寸组合表

筛孔尺寸（μm）	3350/1700	2360/1180	1700/1000	1700/850	1180/850	1180/600	850/425	600/300	425/250	425/212	212/106
标准规格（目）	6/12	8/16	12/18	12/20	16/20	16/30	20/40	30/50	40/60	40/70	70/140
筛组	4750	3350	2360	2360	1700	1700	1180	850	600	600	300
	3350	2360	1700	1700	1180	1180	850	600	425	425	212
	2360	2000	1400	1400	1000	1000	710	500	355	355	180
	2000	1700	1180	1180	850	850	600	425	300	300	150
	1700	1400	1000	1000	710	710	500	355	250	250	125
	1400	1180	850	850	600	600	425	300	212	212	106
	1180	850	600	600	425	425	300	212	150	150	75
	底盘	底盘	底盘	底盘	底盘	底盘	底盘	底盘	底盘	底盘	底盘

圆度、球度通过显微镜照相，再对比标准图版来确定，如图 5-5 所示。

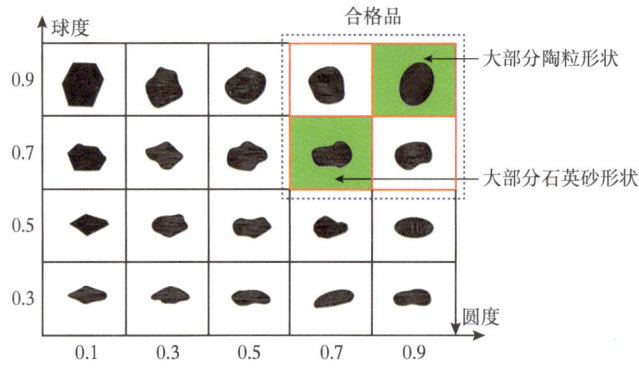

图 5-5 支撑剂圆度/球度评价标准图版

陶粒、覆膜陶粒平均球度、圆度不小于 0.7，其他类型支撑剂平均球度、圆度不小于 0.6，合格品与不合格品对比如图 5-6 所示。

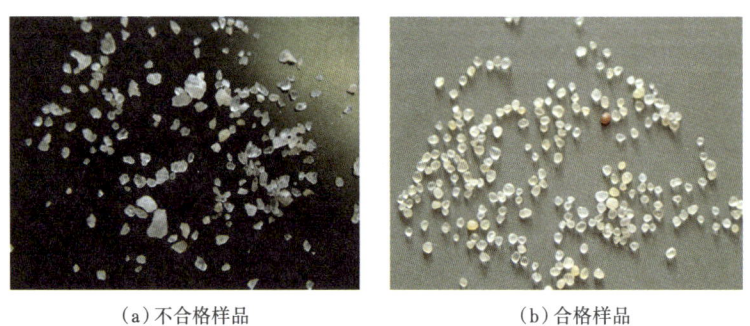

（a）不合格样品　　　　　　　　（b）合格样品

图 5-6 石英砂圆球度对照样品图

3. 酸溶解度

天然石英砂、陶粒酸溶解度不大于 7%，覆膜砂、覆膜陶粒酸溶解度不大于 5%。

4. 浊度

天然石英砂浊度不应超过 150FTU，陶粒和覆膜支撑剂浊度不应超过 100FTU。

5. 抗破碎能力

支撑剂强度是其性能最关键的指标参数，由于支撑剂材料及成型工艺不同，抗压强度差异很大，如图 5-7 所示。如石英砂抗压强度为 13.8~34.5MPa，人造陶粒抗压强度最高可达 34.5~103.4MPa。

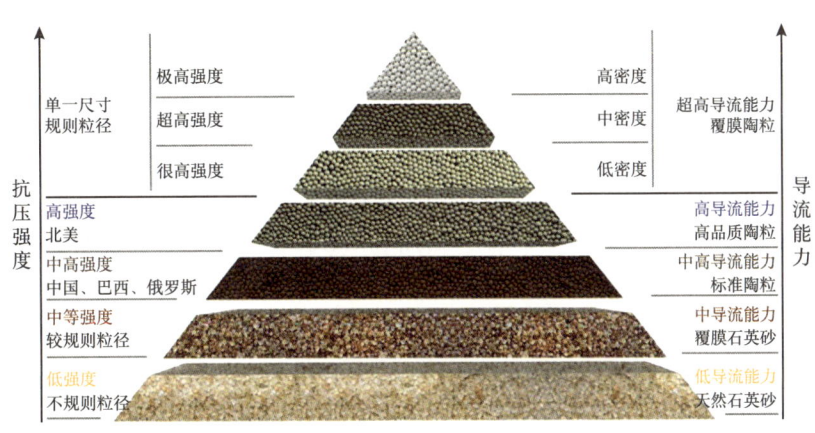

图 5-7 常见支撑剂抗压强度与导流能力对比图

压裂停泵后，裂缝闭合压力作用在支撑剂上。当支撑剂硬度比储层岩石大时，支撑剂就会嵌入岩层；当裂缝闭合压力大于支撑剂强度时，支撑剂被压碎。这两种情况都会导致裂缝闭合或充填层渗透率下降。为保证支撑裂缝导流能力，在不同的闭合压力下，对各种规格的支撑剂强度、破碎率都有一定的标准要求。

不同产地、不同材质、不同粒径支撑剂，其抗压强度、破碎率也不相同。即便是同产地、同材质，抗压强度、破碎率也不相同，一般粒径越大，抗压强度越低、破碎率越高。

抗破碎能力以支撑剂产生的最大破碎率不超过 10% 来确定，其承受的最高应力值，向下圆整至最近一级的抗压应力（1000psi 的倍数），见表 5-2。这个值代表样品能承受最大应力值，即在该应力下支撑剂破碎率不超过 10%。例如：在 33MPa 应力条件下，支撑剂产生了 10% 微粒，向下圆整至 1000psi×4，支撑剂在破碎率不超过 10% 前提条件下，能承受的最大应力值是 27.6MPa，抗破碎能力级别为 4K。

表 5-2 支撑剂破碎等级分类表

破碎等级	应力（psi）	应力（MPa）	破碎等级	应力（psi）	应力（MPa）
1K	1000	6.9	9K	9000	62.1
2K	2000	13.8	10K	10000	68.9
3K	3000	20.7	11K	11000	75.8
4K	4000	27.6	12K	12000	82.7
5K	5000	34.5	13K	13000	89.6
6K	6000	41.4	14K	14000	96.5
7K	7000	48.3	15K	15000	103.4
8K	8000	55.2			

第二节 支撑裂缝导流能力

一、导流能力概念及意义

支撑裂缝导流能力是指裂缝传导储层流体的能力,以支撑剂充填层渗透率(K_f)与裂缝宽度(W_f)乘积来表示,其大小综合反映了支撑剂颗粒均匀程度与物理机械性能,是选择支撑剂的重要依据。

二、导流能力测量方法

测量支撑裂缝导流能力可通过短期和长期导流能力实验两种方式,短期导流能力是在支撑剂充填层各级压力点受压时间不大于 1.5h 条件下,获取的导流能力实验值;长期导流能力实验是在指定地层岩板、水矿化度条件下,支撑剂充填层各级压力点连续受压时间为 50h±2h 时,获取的导流能力实验值。

对支撑剂性能进行比较评价时,一般采用短期导流能力实验,它是对支撑剂样品由小到大逐级加压,测量每一压力下通过支撑裂缝固定流量所产生的压差,从而计算裂缝导流能力。因短期导流能力实验介质为蒸馏水,用于现场时应将实验结果加以校正。

三、导流能力影响因素

支撑裂缝导流能力除受支撑剂物理性质、施工铺置浓度、压裂液破胶性能影响外,还受地应力、生产流压控制,其中生产流压与支撑剂抗压强度影响最大,而且许多因素都与支撑剂破碎率相关联,如图 5-8 所示。

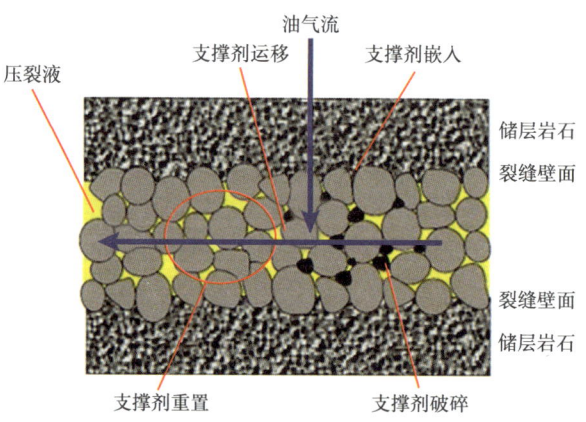

图 5-8 支撑剂导流能力影响因素分析示意图

1. 地应力与地层压力

压裂停泵后,支撑剂承受的裂缝闭合压力 p_p,是储层岩石最小水平主应力 σ_x 与地层孔隙压力之差。在油气生产阶段,最低地层孔隙压力应是井底流压 p_f,即:

$$p_p = \sigma_x - p_f \quad (5-1)$$

裂缝闭合压力（也称闭合应力）对导流能力的影响主要体现在支撑剂破碎率上，不同种类的支撑剂，破碎率随闭合压力增加而增加，导流能力随闭合压力增加而递减。

图 5-9 所示为石英砂和陶粒在不同闭合应力下破碎率和导流能力实验结果[1]。

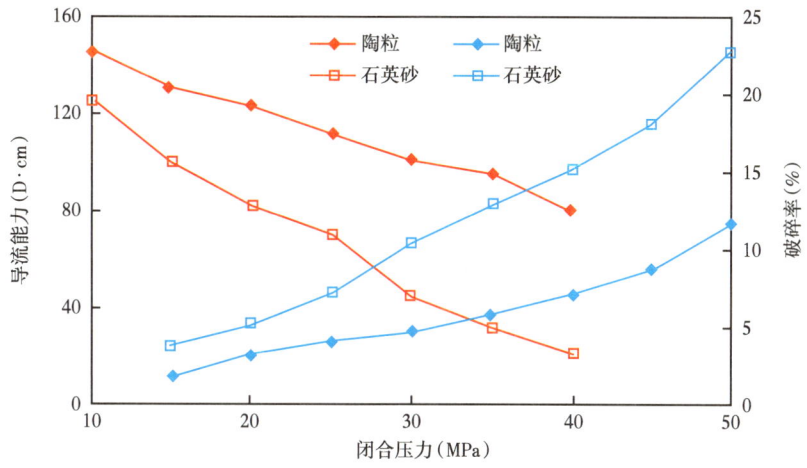

图 5-9　石英砂和陶粒破碎率及导流能力对比曲线

从实验曲线可以看出，随闭合应力增加，石英砂和陶粒破碎率均增大，导流能力均降低；当闭合应力大于 25MPa 后，石英砂破碎率快速增加，导流能力也快速下降，而陶粒破碎率增加平缓，导流能力下降幅度与 25MPa 前相当；相同闭合应力下，陶粒导流能力远大于石英砂，且随闭合应力增大，石英砂和陶粒导流能力差距逐渐增大，闭合应力 40MPa 时，陶粒导流能力还是石英砂的 4 倍。

闭合应力增大，石英砂或陶粒所受压力增加，破碎程度相应增大，破碎部分填充在颗粒之间，导致支撑剂充填层流动能力变差，支撑剂充填层渗透率（K_f）降低；部分破碎后支撑剂充填层宽度（W_f）减小，支撑剂充填层导流能力降低。石英砂抗压能力低于陶粒，在高闭合应力下破碎得更多，因而石英砂导流能力在不同闭合应力下均低于陶粒。

2. 压裂液性能影响

压后返排时，部分未破胶或破胶性能较差的压裂液及其残渣、残胶，以及裂缝壁面压裂液滤饼等滞留在支撑剂充填裂缝内，堵塞起导流作用的支撑颗粒空隙，都会造成裂缝导流能力急剧下降。

压裂液对裂缝导流能力的影响通过导流能力实验来评价，表 5-3 所示为不同类型压裂液体系对导流能力的保持系数实验结果。体积压裂入井流体以滑溜水及前置 CO_2 为主，导流能力保持系数很高，支撑剂选型及铺砂浓度设计无须考虑压裂液性能影响。

表 5-3　不同种类压裂液对裂缝导流能力的保持系数

压裂液种类	导流能力保持系数（%）	压裂液种类	导流能力保持系数（%）
生物聚合物	95	油基冻胶	45~70
泡沫	80~90	线性胶	45~55
聚合物乳液	65~85	瓜尔胶交联冻胶	10~50

3. 支撑剂物理性能

对裂缝导流能力影响比较大的物理性能主要有粒径、圆度、球度、强度和浊度，其中浊度影响不可忽视。

支撑剂粒径大小及其均匀程度影响支撑剂充填裂缝渗透率，粒径相对集中、分布比较均匀的支撑剂能提供更高的导流能力。

图 5-10 所示为油田常用的规格为 20/40 目和 40/70 目陶粒导流能力对比实验曲线[2]，破碎率相近的条件下，20/40 目陶粒导流能力明显优于 40/70 目陶粒。随着闭合压力升高，20/40 目陶粒导流能力下降显著，平均每 10MPa 下降 27D·cm；40/70 目陶粒平均每 10MPa 仅下降 6D·cm，说明 40/70 目陶粒导流能力受闭合压力增大影响不大，变化平缓。

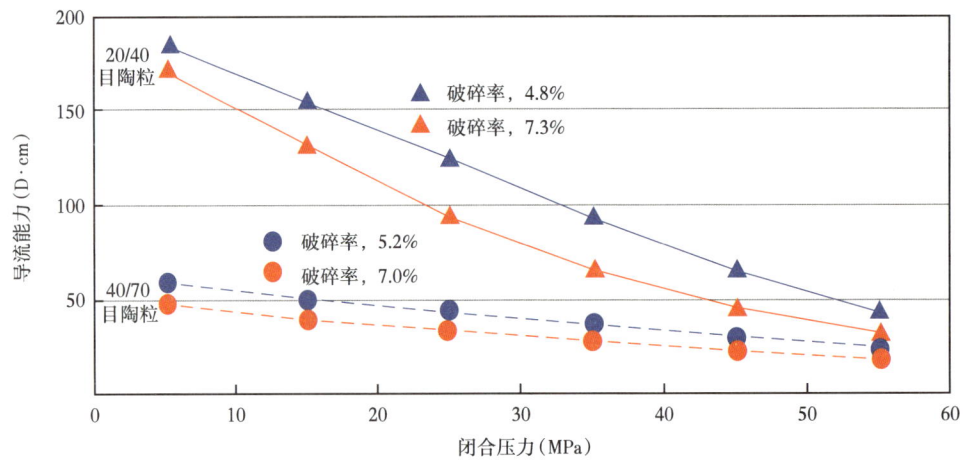

图 5-10　不同规格陶粒破碎率及导流能力对比曲线

圆度和球度好的支撑剂能承受更高的裂缝闭合压力，圆球体颗粒与不规则颗粒相比，由于表面受力更均匀，能承受更高载荷，因此在高闭合压力下，圆球度好的支撑剂能提供更高的导流能力。

支撑剂抗破碎能力以 10% 破碎率下承压强度来表征，强度高的支撑剂破碎率低、导流能力强。

4. 支撑剂铺置浓度

支撑剂铺置浓度是指单位裂缝壁面积上的支撑剂量（按一个壁面），单位为 kg/m^2。

裂缝导流能力随支撑剂铺置浓度增加而增加，单层铺置时导流能力较强，理论上可获得最大的裂缝导流能力。而多层铺置不仅可以降低支撑剂破碎程度，而且可以提高裂缝宽度。

图 5-11 所示为 20/40 目、30/50 目石英砂在不同铺砂浓度下导流能力对比曲线[3]，初期随着闭合压力增大，支撑剂导流能力快速降低，当闭合压力增大到 20MPa 左右时，导流能力降幅减缓。闭合压力为 24.14MPa、铺砂浓度为 $10kg/m^2$ 时，20/40 目、30/50 目石英砂导流能力分别为 80.2D·cm 和 30.23D·cm；而铺砂浓度为 $5kg/m^2$ 时，20/40 目、30/50 目石英砂导流能力分别为 8.29D·cm、13.32D·cm。即支撑剂铺置浓度越高、导流能力越高。所以在压裂时，可适当提高砂比、提高铺砂浓度，进而提高支撑剂导流能力。

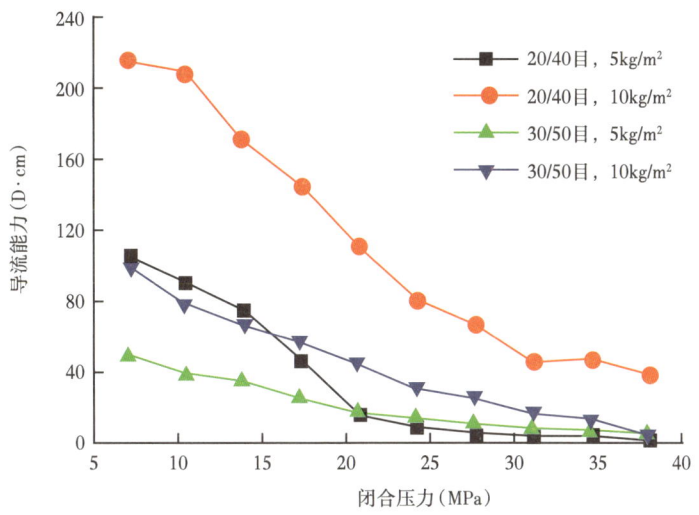

图 5-11 不同铺砂浓度石英砂导流能力对比曲线

在闭合压力为 20MPa 左右，铺砂浓度为 5kg/m² 时，20/40 目支撑剂导流能力急剧下降，而 30/50 目支撑剂导流能力下降不明显，这主要是由于在高闭合压力下，大粒径支撑剂由于接触面积小，承压能力低，所以破碎率较高，破碎后的碎屑堵塞支撑剂充填层，导致导流能力急剧下降。所以针对闭合压力大于 20MPa 的地层压裂，可考虑选用 30/50 目支撑剂，降低施工砂堵风险。

5. 支撑剂嵌入

支撑剂嵌入也是影响裂缝导流能力的一个因素，当裂缝闭合时，支撑剂颗粒在闭合压力作用下由缝壁嵌入到岩石中，如图 5-12 所示。由于增加了抗压面积，有可能提高支撑剂抗破碎能力，但支撑剂嵌入使裂缝变窄，从而导致裂缝导流能力下降。

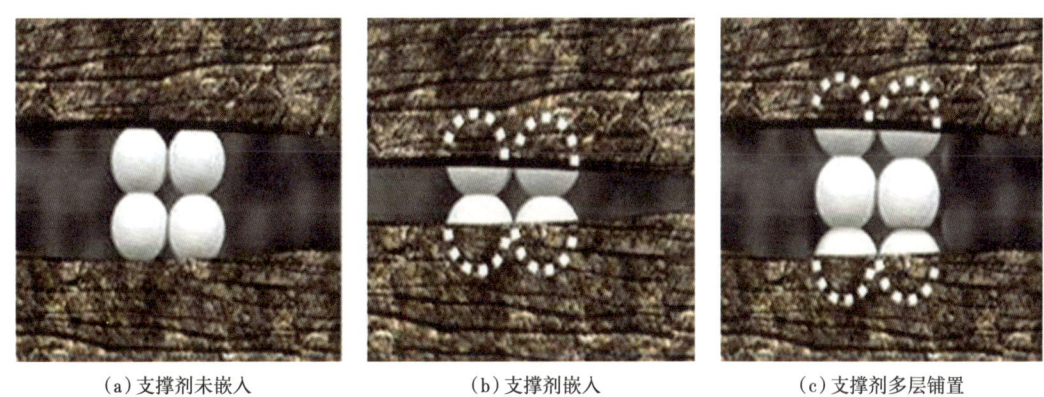

(a) 支撑剂未嵌入　　　　　(b) 支撑剂嵌入　　　　　(c) 支撑剂多层铺置

图 5-12 多层铺置减缓支撑剂嵌入原理图

支撑剂在裂缝中多层铺置时，有利于减缓支撑剂嵌入对导流能力的影响。靠近裂缝壁面支撑层对岩石有嵌入，而支撑裂缝中间层支撑剂不存在这一影响。因此，支撑裂缝铺置浓度（层数）越多，支撑剂嵌入影响就越小。

6. 地应力作用时间

长期导流能力实验显示，支撑裂缝在地应力作用下初期导流能力递减较快，几天后基本趋于稳定。但随着时间推移，裂缝导流能力下降，导致油气产量大幅降低，严重影响开发效果。

在一次采油时，随着油、气、水不断产出，地层压力将降低，地应力也随之降低。

根据 Eaton 公式，有：

$$\sigma_x = \frac{\mu}{1-\mu}(p_o - p_p) + p_p \tag{5-2}$$

式中：μ 为岩石泊松比；p_o 为上覆岩层压力，MPa；p_p 为地层孔隙压力，MPa。

为保持产量，常降低生产流压，以保持一定的生产压差，延长高导流裂缝有效期。井口压力下降后，注水补能也是为了提高地层孔隙压力，保持裂缝长期高导流能力。

体积压裂大液量蓄能提高了地层压力，降低了裂缝闭合压力。石英砂在此闭合压力下，导流能力与陶粒差距并不大。但由于其自身抗压强度较低、破碎率较大，尤其是闭合压力达到甚至超过 35MPa 时，石英砂会产生大量破碎，同时由于微粒运移、地层堵塞、支撑剂嵌入，以及压裂液伤害等因素影响，支撑裂缝导流能力大幅降低，必须实施重复压裂作业措施，重新充填并支撑人工裂缝，才能继续维持油气井产量。

四、压裂缝网应力敏感性

储层应力敏感性是储层岩石在上覆岩石重力和地层流体压力共同作用下，因地层压力下降过快造成岩石实际承受的上覆载荷增加，岩石骨架压缩变形导致孔隙变小或裂缝闭合，引起储层孔隙度及渗透率下降，最终导致油气产量更快递减，对最终采收率（EUR）影响很大。尤其是物性差、孔隙结构复杂、微裂缝发育的低渗透、致密储层，较常规油气藏具有更强的应力敏感性。

层理发育页岩储层、低角度天然裂缝发育储层，对上覆岩石重力比较敏感，经大规模体积压裂改造后，所形成的复杂缝网存在更强的应力敏感特征。直观表现为直井压后放大油嘴，产量不升反降；水平井放大油嘴，液量增大，但油气产量增幅不大。

体积压裂缝网敏感性诱因是裂缝闭合应力增加，本质是裂缝导流能力下降。增大生产压差首先会迅速闭合应力敏感性最强的无支撑裂缝，接着触发应力敏感性中等的弱支撑裂缝闭合，最后强支撑主缝也会因闭合应力超过支撑剂抗压极限而丧失部分导流能力。

控压生产有助于减轻应力敏感作用，虽然初期产量会受到一定影响，但最终累计产量比不控压要高出 30% 以上，可作为长期稳产措施，控压生产显然比较保守，确保支撑剂有效支撑才是减弱应力敏感性的进攻性手段，因此需提高压裂加砂量和加砂强度，保证高压差生产时裂缝导流能力。高角度裂缝发育层段，应力敏感性减弱，可适当降低砂比。

增大生产压差有助于基质渗流，增强页岩、煤岩解吸附作用，从而提高页岩气、煤岩气产量。在此需求驱动下，诞生了超大规模体积压裂技术。

五、压裂缝网多粒径支撑

层理发育页岩储层或天然裂缝发育的低渗透、致密储层，压裂过程中容易发生剪切破坏和和张性破坏，压裂裂缝不再是单一对称的平面两翼缝，而是形成不规则的、由不同尺度裂缝组合而成的多级网状复杂裂缝，裂缝缝宽从微米级到毫米级不等。

在射孔孔眼或压裂滑套附近，形成多簇与井筒直接连接且缝宽较大的优势主裂缝，以及在主裂缝两侧应力薄弱处形成分支裂缝，并在分支裂缝上继续分叉形成二级次生裂缝。主裂缝提供近井带渗流通道，而分支裂缝、次生裂缝沟通远端储层。

在裂缝网络扩展过程中，支撑剂随压裂液进入储层，在主裂缝内大量运移并沉降形成多层支撑剂铺置，而在主裂缝附近缝宽较小的分支裂缝内形成单层支撑剂铺置。远井地带由于裂缝宽度狭窄及压裂液携砂能力有限，存在大量剪切滑移作用形成的自支撑裂缝，如图 5-13 所示。

分支裂缝及次生裂缝多为剪切缝，裂缝不仅狭窄，而且弯曲，大粒径支撑剂很难进入。体积压裂为提高远端裂缝长期导流能力，采用多粒径组合支撑工艺[4]，即在一次压裂施工中按一定次序添加多种粒径的支撑剂，利用不同粒径支撑剂尺寸特性，在次生裂缝内充填细粒支撑剂（如 70/140 目或更小）、分支裂缝内充填小粒径支撑剂（如 40/70 目），主裂缝充填中粒径支撑剂（如 30/50 目）。

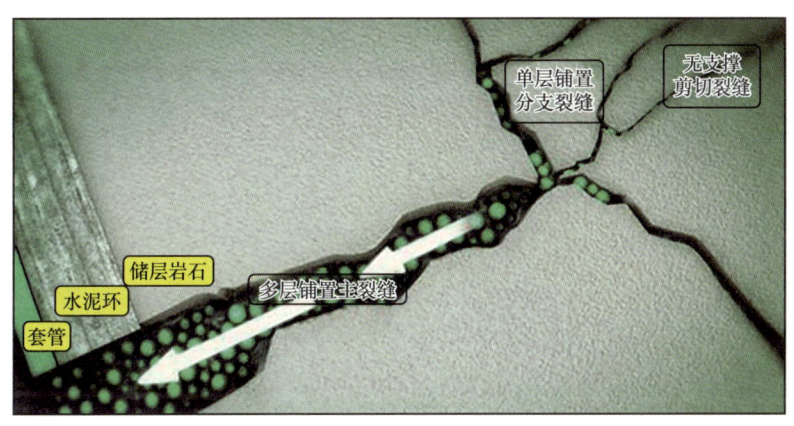

图 5-13　体积压裂多级支撑缝网示意图

多粒径组合支撑工艺充分运用了小粒径支撑剂流动性好、易进入狭窄裂缝的特点，延长了支撑裂缝长度，实现了裂缝宽度与支撑剂有效匹配，提高了支撑剂远端铺置能力。

由于小粒径支撑剂抗压强度高、滑溜水输送距离远，再配合高砂比施工，可多层铺置，使裂缝导流能力达到最佳。

第三节　石英砂支撑剂

石英砂是以石英为主要成分的矿物总称，在自然界分布广泛，储量位居我国硅质原料第二位。以天然颗粒状态从地表或地层中产出，石英岩、石英砂岩风化后呈粒状产出的石英砂称为天然石英砂，即天然颗粒状石英砂。而人工石英砂是将石英岩、脉石英等硅质原料，通过破碎、磨圆等机械加工手段，制成人工颗粒，也成为机制砂。天然石英砂圆球度好、粒度分布集中，生产流程无须破碎磨圆，具有天然的滚圆粒形和均匀粒度，只需经脱泥分级即可满足玻璃、铸造、压裂等行业粒度要求。

一、石英砂物理化学性质

天然石英砂一般呈块状或粒状集合体,体积密度约 1.75g/cm³、视密度约 2.65g/cm³,主要成分为石英,同时伴有少量的 Fe_2O_3 和 Al_2O_3,以及 CaO 和 MgO 等,仅能溶解于氢氟酸。

我国目前开采应用的天然石英砂主要有两种类型[5],一种是滨海沉积石英砂,包括滨海沉积矿和滨海河口相沉积矿,另一种是陆相沉积砂矿,包括河流冲积含黏土质石英砂和湖积石英砂矿。

表 5-4 所示为陕西某地河湖相沉积天然石英砂化学成分分析结果[6],砂粒呈松散状,部分砂粒可见黄色铁染现象。石英砂 XRD 物相分析图谱如图 5-14 所示,砂矿主要矿物组分为石英、钾长石、钠长石,其他矿物含量较低。

表 5-4 陕西某地河湖相沉积天然石英砂化学成分表

化学成分	SiO_2	TiO_2	ZrO_2	Al_2O_3	Fe_2O_3	CaO	MgO	K_2O	Na_2O	P_2O_5	烧失量
含量(%)	84.54	0.14	0.01	8.55	0.80	0.58	0.60	2.37	1.80	0.03	0.55

上述样品砂中主要脉石矿物为钾长石、斜长石、云母、赤铁矿、高岭石等,Al 存在于长石、云母、高岭石中,K 存在于长石、云母中,Fe 存在于赤褐铁矿中,Na 存在于长石中,Mg 存在于云母中,Ca 存在于长石中,Ti 存在于赤褐铁矿中。

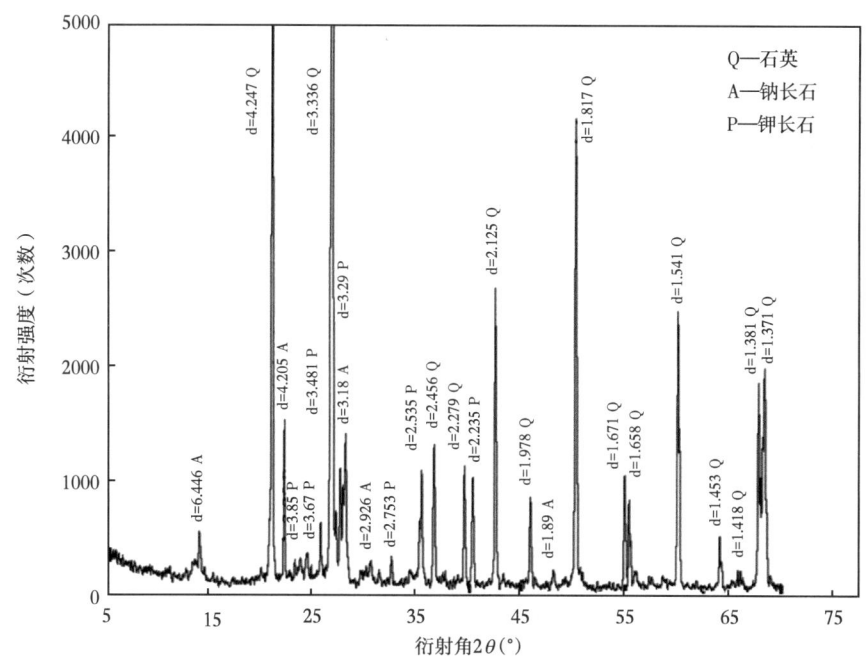

图 5-14 陕西某地河湖相沉积天然石英砂物相组成示意图

石英含量是衡量石英砂质量的重要指标,但不是衡量支撑剂的重要指标。高纯石英砂主要用于玻璃、硅片、光纤及电子行业,杂质石英砂因成分较多,提纯困难,多用作铸造型砂、3D 打印砂、石油支撑剂等产品。我国压裂用石英砂石英含量一般为 80% 左右，且伴有少量长石、燧石及其他喷出岩、变质岩等岩屑，优质石英砂石英含量可以达到 98%，但主要存在于球粒石英矿石中。

在水力压裂作业中，比较常见的石英砂支撑剂主要有两类，即白砂和黄砂，白砂性能较为优异，杂质含量少，石英含量高，破碎率低，圆球度高。北美地区压裂施工既用白砂，也用黄砂，主要依运输距离而定，一般就近使用。国内则以黄砂为主，石英砂破碎等级可达 4K、5K（10% 破碎率对应抗压强度为 28MPa、35MPa），品质与北美地区通用黄砂相当。

二、国内压裂砂生产概况

1. 国内压裂砂矿源

石英砂是一种分布广泛的脆性高硬度天然矿物，主要产于沙漠、河滩及沿海地区。支撑剂原砂来源主要有河道沉积砂、荒漠风成砂及石英岩矿，河道沉积砂由于河流长期冲刷，圆球度较高，且粒径稍大（20/40、30/50 目居多），是前四十年压裂砂主要供给来源。但随着低渗透、致密、页岩油气开发压裂用砂量大幅度提升，其产能已很难满足水平井体积压裂需求。

风成砂是国内目前压裂砂主要来源，多见于沙漠、戈壁沙丘，其粒径主要分布在 0.07~0.25mm 之间，含量高达 90% 以上，以细砂为主，40/70 目、70/140 目最为常见，有少量 30/50 目、20/40 目，粗砂较少。但在大型沙丘迎风面处有部分优质矿，粗砂含量较高。

阜康北部荒漠六号石英砂矿地层岩性均为松散堆积石英砂[7]，未胶结或极弱黏土质胶结，表面多为含黏土粉砂。多数沙丘西北坡较缓，为迎风坡，由此判断沙丘链主体为西北风所致。砂粒分选性差，大小不一，粉砂—粗砂粒级，粒径一般 0.01~1mm，粒径最大不超过 3mm。砂粒磨圆度好，风蚀特征明显，表面多呈毛玻璃状。主要矿物成分为石英，含少量长石及岩屑，其中石英含量约占 65%。粒径多在 0.7~1mm 之间，颗粒磨圆度高，形态呈球状、椭球状，圆度 0.6~0.9，球度 0.6~0.9，破碎率也符合支撑剂行业标准。

水平井体积压裂对小粒径石英砂需求较大，石英岩矿因石英含量高、小粒径强度好、破碎率低，国内外目前都通过破碎、磨圆、筛选等物理工艺将石英石加工成小粒径支撑剂，就近满足油气田体积压裂用砂需求。

2. 国内压裂砂产地

天然石英砂是石英砂岩经风化剥蚀和水力冲刷等作用而形成的矿物颗粒，价格低、密度小、粒径尺寸也与裂缝宽度相匹配，是最早被开发使用的压裂支撑剂。

我国石英砂产地众多，压裂砂主要集中在北疆大沙漠周缘、宁夏青铜峡、陕西定边、河北围场、辽宁喀左、内蒙古赤峰及通辽等地区，同属北方风成砂，尤以蒙冀辽三角区质量最好，支撑剂成品率也很高，但距离非常规油气聚集区域较远。

3. 国内压裂砂性能

选取以上不同产地石英砂支撑剂，筛分 600~710μm 颗粒，按照标准测试方法测试 21MPa 下的样品破碎率，结果见表 5-5[8]。

表 5-5　国内河湖相沉积天然石英砂化学成分及样品破碎率表

支撑剂产地	多伦	开鲁	青铜峡	围场	新疆	克什克腾旗
体积密度（g/cm³）	1.54	1.53	1.50	1.53	1.49	1.54
21MPa 破碎率（%）	2.26	2.67	3.62	2.51	4.95	2.41

在粒径分布相同的情况下，不同产地石英砂支撑剂的破碎率随体积密度的增加而降低，其中蒙冀辽三角区破碎率最低，体积密度也较为一致。体积密度最低的新疆石英砂破碎率最高，体积密度同为 1.54g/cm³ 的多伦石英砂破碎率优于克什克腾旗石英砂，体积密度同为 1.53g/cm³ 的围场石英砂破碎率优于开鲁石英砂。

图 5-15 所示为以上六地石英砂支撑剂显微照片[8]，对照 SY/T 5108—2014《水力压裂和砾石充填作业用支撑剂性能测试方法》标准中圆球度图版可以看出，多伦石英砂及克什克腾旗石英砂圆球度最优，其次是围场石英砂，最差的是新疆石英砂。体积密度测试原理决定了其数值会受自身圆球度的影响，因为粒径及材质相同的支撑剂颗粒圆球度越高、表面越光滑，支撑剂在固定高度下落至金属量筒内堆积越紧密，最终测得的支撑剂体积密度越高，从而间接影响支撑剂的铺砂浓度及破碎率。

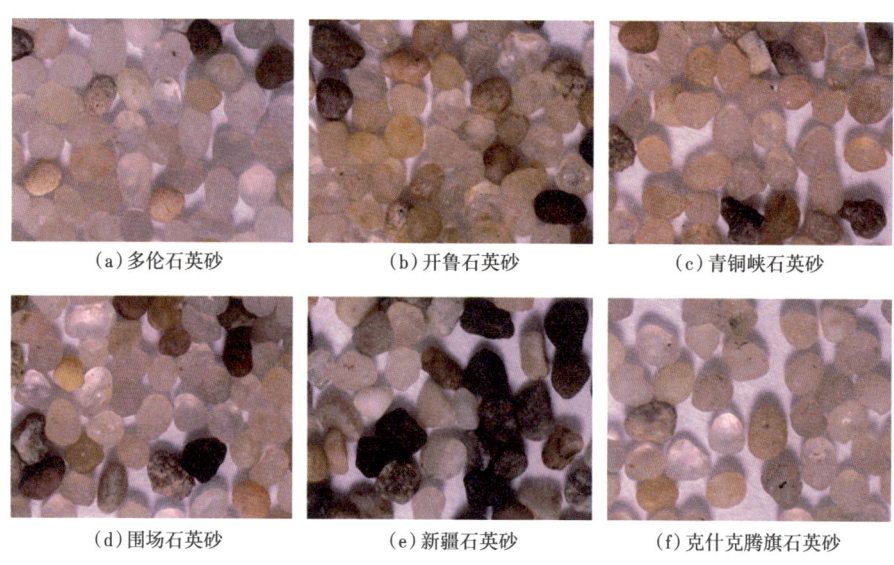

(a) 多伦石英砂　　(b) 开鲁石英砂　　(c) 青铜峡石英砂
(d) 围场石英砂　　(e) 新疆石英砂　　(f) 克什克腾旗石英砂

图 5-15　不同产地石英砂显微照片

4. 砂源本地化进展

受资源分布属性限制，国内石英砂支撑剂生产基地多集中于宁夏、河北、内蒙古等北方地区，而非常规油气田多分布于准噶尔、鄂尔多斯、四川三大盆地。除鄂尔多斯盆地外，北疆、西南油气区压裂砂运输成本高于生产成本，支撑剂成本构成中运输成本占 40%~60%[9]。如能实现砂源本地化，将极大降低支撑剂成本。中国石油积极引导油气田企业、地方企业就近建厂、就地取砂，已建成北疆、漠南、川西北三大示范基地，其中川西北为机制砂，其余均为天然砂。砂源本地化大幅降低了压裂成本，对非常规油气效益开发意义重大。

（1）新疆石西地区风成砂品质较新疆其他地区好，主要优势为距离油区近、运输费用低，基本可满足玛湖致密油区块及吉木萨尔页岩油区块产能建设需求。

（2）鄂尔多斯盆地风成砂资源主要位于青铜峡、定边，距离陇东致密油较近，砂源品质较好，满足长庆油田和延长油田致密油气压裂需求。

（3）四川地区砂源主要以石英矿砂为主，石英含量高，其中江油、青川地区 70/140 目粉砂与现场在用石英砂破碎率和导流能力相当，基本满足页岩气浅层压裂需求。

（4）长江流域 40/70 目、70/140 目河道砂在 35MPa 闭合应力下破碎率普遍高于 30%，不能满足现场水力压裂施工需求。

三、压裂砂生产工艺流程

为了使石英砂具备最佳的充填支撑性能，需要经过一系列加工处理如清洗、烘干、筛分等，才可以作为支撑剂进行使用。

由于石英矿成分十分复杂，天然石英砂含有各类杂质，实际生产中各砂厂生产工艺流程与设备都有一定的差异。高纯石英砂生产工艺流程主要是除杂和提纯，去除石英砂中少量或微量杂质，而作为支撑剂使用的石英砂，对颗粒杂质要求不高，砂厂流程较其他行业更为简单。

为节省高昂的运输费用，压裂砂厂一般都建在砂源地，洗涤水、烘干燃料消耗及水处理是最大的生产成本。随着电子、新材料、新能源行业高纯砂用量激增，石英砂价格上涨，矿权费用也随之上升。压裂砂虽然对石英砂品质要求不高，但用量很大、运输成本很高，大规模生产、先进设备提效、在线检测控质，是降低石英砂生产成本的主要途径。

1. 天然压裂砂生产

以天然石英砂为原料制造支撑剂，主要工序是水洗、烘干及多级筛分，工艺流程如图 5-16 所示。

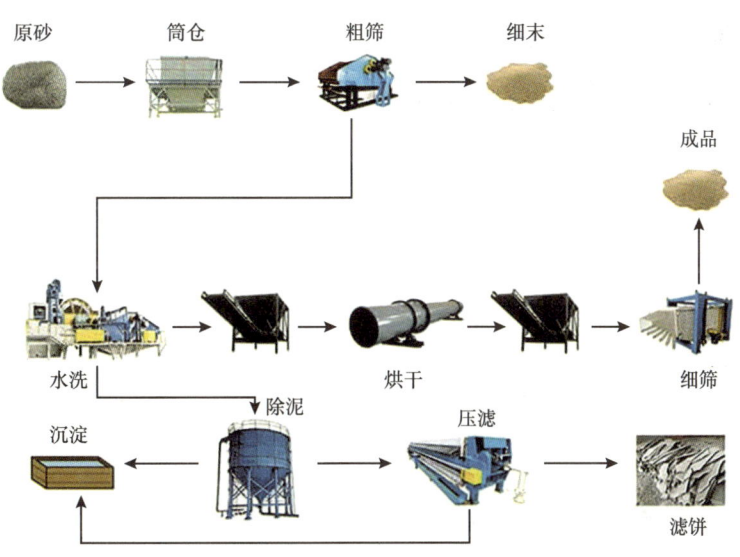

图 5-16 压裂砂生产工艺流程

（1）支撑剂制备流程。

我国支撑剂砂源以风成砂为主，原矿土质较多，水洗及烘干是最关键的生产工序。大多数砂厂都采用两级洗选，一次自然晾晒脱水、一次旋风烘干热气流提升风选收料，两级高位旋转筛分流程。

风成砂粉砂含量较高，粗砂很少，粗筛工序主要筛除粒径小于140目粉砂，减轻后续工序处理量。除粗筛外，后续还有六次筛分、一次烘干，连续生产。其中初级筛分是利用原料进入料斗上的平面筛剔除20目以上粗砂，末级筛分为干式3级，选用六角转筛制成20/40目、30/50目、40/70目、70/140目成品砂，其余四次筛分为湿式，兼有洗涤功能，由两级水力筛洗涤、一级螺旋洗涤和一级脱水筛分组成，在完成清洗和脱水功能的同时进一步剔除粉砂及细土。

（2）支撑剂制备机械。

风成砂细土含量高，水洗处理量较大，砂厂多选用螺旋式洗砂机，产量高，结构好，适合洗含泥量大的物料，设备如图5-17所示。

螺旋洗砂机借助固体颗粒密度不同，在液体中沉淀速度不同的原理，进行湿式机械分级。物料从输入端注入，螺旋叶轮由电动机和减速器驱动，将料斗内的物料向输出端推进。包裹在材料上的细土和杂质被水冲洗分开，过滤出的细砂液在螺旋叶片推动下从排放口溢出，符合要求的石英砂被螺旋叶轮带走，脱水后进入烘干流程。

(a) 双螺旋洗砂机

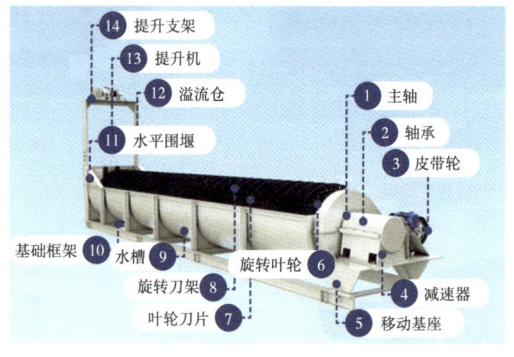
(b) 单螺旋洗砂机

图5-17 螺旋洗砂机结构示意图

采用湿法分离石英砂后成品中含有一定水分，还需烘干设备进行干燥脱水处理，目前国内外砂厂都采用转筒烘干机进行脱水处理，如图5-18所示。国外也有湿砂直接入井试验，但压裂现场相关设备配套仍不成熟，国内目前还处于探索中。

石英砂烘干机工作时，湿砂经输送设备送到料斗，由加料机送入烘干机加料端，通过倾斜加料管道顺利进入筒体内。筒体在工作过程中呈缓慢旋转运动，且与水平线呈一定的倾斜角度。石英砂先从高端进入筒体，在重力作用下缓慢向低端行进，与此同时，载热体由低端导入，不断向高端冲击，与石英砂物料进行逆向接触，在两者接触的过程中完成石英砂烘干。另外，筒体内设有抄板，可将石英砂物料不断地抄起又洒落，加大了石英砂与载热体接触面积，提高了烘干速率。

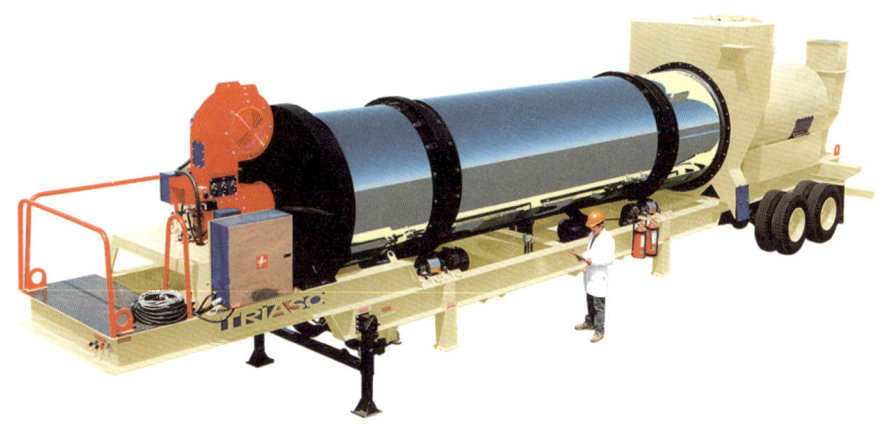

图 5-18 转筒烘干机结构示意图

北美地区石英砂生产自动化程度高，从采砂后的输砂—清洗—烘干—筛分—储存—装车全部为自动化，所有的控制和操作都在中央控制室，生产全过程视频监控，生产效率高、产量大。国内目前也在向这一方向发展，但小砂厂居多，产量也比较低，很难满足水平井体积压裂用砂需求。

2. 机制压裂砂生产

在天然颗粒类石英砂资源匮乏地区，压裂砂以机制砂为主。但硅含量较高的石英石，因结晶成岩，层理较多，不仅要粉碎消除结晶层理，还需磨圆消除棱角，提高圆球度，只适合生产 70/140 目细粒石英砂。球粒石英砂岩是机制压裂砂主要来源，破碎后可生产各种规格石英砂，如图 5-19 所示。

(a) 高纯石英石　　　　(b) 球粒石英石

图 5-19 机制压裂砂用石英矿石

（1）生产工艺流程。

机制砂生产流程如图 5-20 所示，与天然颗粒砂相比，增加了两次破碎、一次制粒或磨圆工序。

机制砂生产流程首先是将石英矿石由振动给料机均匀输送到颚式破碎机进行粗破，将大块的石英石破碎成小块。再将粗碎后的小块石英石输送到反击式破碎机进行中碎加工。产出的大颗粒经振动筛筛分出不同规格大小的石英颗粒，再进入制砂机，制砂机细碎后制成石英砂，再利用洗砂机洗去灰尘和杂质，得到干净优质的石英砂。

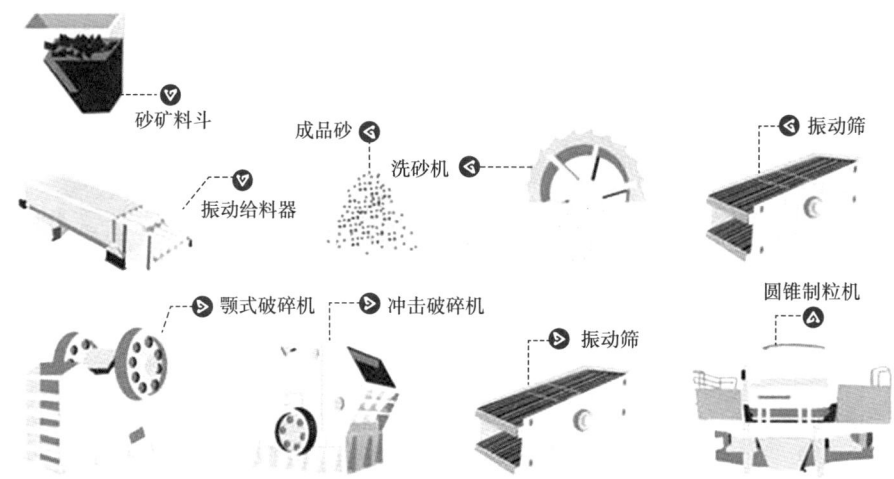

图 5-20　机制压裂砂生产工艺流程

（2）主体工艺设备。

一套完整的石英石制砂生产线由给料设备、粗碎设备、细碎设备、制砂设备、筛分设备，以及水洗设备共同组成，才能制造出优质石英砂。其中粗碎设备一般选用颚式破碎机，中碎设备选用反击式破碎机，细碎设备选用圆锥破碎机，最后采用制砂机，进行制砂整形。

石英砂机械加工设备如图 5-20 所示，主要功能如下：

①颚式破碎机，粗碎。

颚式破碎机可将大块的石英石经过初步的破碎加工，才能进入下一加工环节，具有破碎力度大、性能优、产能高等特点。

②反击式破碎机，中碎。

经过初步破碎后的石英石并不能直接进入下一加工环节，需要由反击式破碎机再次中碎加工，设备优势是投资小、效率高、产量大。

③制砂机，细碎。

经过反击式破碎机加工后的石英砂，其外形和规格较粗略，要想加工成精细砂，需要经过制砂机对其整形、制砂作业，石英砂即可得到合理利用，该机器的主要优势是节能、环保、性能优。

④洗砂机，清洗。

经过制砂后的石英砂，如果里面有粉尘或土，需要将其利用洗砂机进行清洗，经过清洗后的砂更精良、纯净。

⑤振动筛，筛分。

振动筛设备主要用在粗碎和细碎之间，它的作用是将处理后的石英砂进行筛分，将合格的石英砂筛分出来，不合格的石英砂原路返回继续粗细加工。

四、石英砂推广应用

1. 压裂砂应用现状

石英砂组分以天然矿物为主，在 20MPa 压力下出现破碎，耐压强度通常在 48MPa 以内。当裂缝闭合压力超过 35MPa 时，石英砂会产生大量破碎，微粒运移、堵塞及石英砂圆球度缺陷使支撑裂缝导流能力大幅降低，从而影响压裂效果。因此，石英砂难以满足深层高闭合应力支撑要求。

2. 压裂砂应用趋势

近年来，国内外压裂支撑剂逐渐向低成本方向发展，北美页岩气开发作业者为降低作业成本，大幅提高石英砂使用比例，并通过大幅提高支撑剂加量，改善支撑裂缝导流能力。美国压裂用石英砂[10]使用占比由 2012 年的 80% 提高至 2017 年的 95%[10]，而覆膜砂、陶粒由 10% 分别降低至 2%、3%。

虽然石英砂在深层压裂中逐渐被陶粒所取代，但相较于陶粒和覆膜支撑剂，石英砂具有现实的成本优势，国内外都已出现石英砂替代陶粒趋势。根据我国主要非常规油气井闭合压力的不同，石英砂可以部分或完全替代陶粒支撑剂，实现经济导流能力为核心的水力压裂作业。

3. 砂代陶试验效果

吉木萨尔页岩油压裂已经将石英砂使用比例提高至 100%，完全替代陶粒，在用液强度与加砂强度有所提高的情况下，水平井生产动态与陶粒压裂极为相似，压后最高日产油量甚至略高，具有较大的推广和应用价值。

第四节 陶粒支撑剂

陶粒支撑剂是指以高岭土、铝矾土、硅酸镁、软锰矿、白云石等为原料，经过混料、造粒、干燥、烧结等工艺制备的一种抗压强度大、圆球度高的压裂支撑剂。支撑剂物相成分主要是莫来石和刚玉，抗破碎能力优异，广泛应用于裂缝闭合压力大于 35MPa 的中深层、深层油气井压裂作业。

一、陶粒支撑剂发展历程

人造陶粒支撑剂最早出现于 20 世纪 70 年代，Exxon 石油公司生产研究部门发明了利用烧结铝土矿颗粒制造陶粒支撑剂的方法，其中铝土矿是一种 Al_2O_3 含量为 80% 的铝硅酸盐黏土。商业化生产最初出现在 1979 年，专门用于深层天然气井压裂。

早期的陶粒支撑剂以高抗压强度著称，且耐酸性良好，能够用于中深层油气压裂改造，其物相主要以刚玉为主，这种陶粒支撑剂以高品位铝矾土为主要原料，烧结温度在 1500℃ 以上，造价昂贵。

随着陶粒制备工艺快速发展，1982 年，以低品位铝矾土为原料制备的中高强度陶粒支撑剂问世，Al_2O_3 含量约为 70%，在深度超过 3450m 天然气井中得到广泛应用。

中强陶粒支撑剂取代了以刚玉作为主要强度贡献的陶粒支撑剂，其强度来源主要靠莫来石网状结构与刚玉晶体所组成的混合结构。由于铝含量更低，所需烧结温度也随之下降，且在中深层油气井的使用效果也很好，逐渐取代了高铝质高强陶粒支撑剂。

1985 年研制出轻质陶粒（LWC）支撑剂，其 Al_2O_3 含量约为 50%。尽管强度不及中强陶粒支撑剂，但轻质陶粒具有与砂粒类似的密度，球度和强度都得到大幅提高。主要用于浅地层中，可提供较砂粒或树脂覆膜砂更高的裂缝导流能力。

二、陶粒支撑剂物相组成

铝矾土被用于压裂支撑剂制备，最初是为了追求高抗破碎性能，一般采用铝含量高的高品位铝矾土作为原料。原料铝含量越高，其制备所需的烧结温度会越高，支撑剂抗压能力也越强。但由于高品位铝土矿资源有限，且制备过程能耗过高，高品位铝矾土已被行业近乎舍弃。国内目前使用的陶粒支撑剂多以低品位铝矾土制备，支撑剂主要包含莫来石相（$3Al_2O_3 \cdot 2SiO_2$）和刚玉相（$98\%Al_2O_3$），较最初的以高品位铝矾土制备的陶粒支撑剂，成本上得以控制。

陶粒按密度可以分为低密度陶粒、中密度陶粒和高密度陶粒，密度上的差异主要受支撑剂 Al_2O_3 含量、晶相组成、致密程度等因素影响。低密度陶粒主要含有方石英、莫来石及部分玻璃相。中密度陶粒中 Al_2O_3 含量较高，Al_2O_3 在与 SiO_2 反应形成足量莫来石后，多余的 Al_2O_3 将以刚玉的形式存在，因此，基体中主要含有莫来石和少量的刚玉。高密度陶粒晶相主要为刚玉，莫来石少量存在于刚玉间的空隙中，具有较高的密度和耐压强度。

三、陶粒支撑剂制备方法

陶粒支撑剂是在陶瓷工业的基础上发展而来的，多以铝矾土或其他铝矿物为基料，添加适量的矿物辅料制备而成，比较成熟的制备工艺有熔融喷吹法和烧结法。

熔融喷吹法是将经过预处理的原料进行混合，再将混合物料在高温下进行熔融并得到液态物料。然后用高压气体将熔融混合物喷出，喷出的液珠冷却后形成球状颗粒，即制得人造陶粒支撑剂。由于制备过程中消耗大量能源，技术成本较高、对设备精度及成球控制要求苛刻，且对环境不友好，该方法并未得到广泛应用。

陶粒支撑剂本质上是一种陶瓷产品，烧结法作为陶瓷制备主体工艺，在人造陶粒支撑剂制备上也在大规模使用。作为工业化最成熟的制备工艺，烧结法借鉴了耐火材料生产工艺，首先将铝土粉碎成颗粒尺寸为 15μm 以下的粉末，然后在一个高强度混合装置中使用水和胶结材料将其制成颗粒。经过干燥处理后，再使用高温炉对颗粒进行烧结，在烧成温度下熔融、晶化、致密成高强度的晶体结构，并形成最终产品。烧结法制备的陶粒支撑剂密实度高、强度大，已是国内外陶粒支撑剂主流制备方法。

在陶粒烧结工艺中，铝矾土和高岭土为基础原材料，黏土为胶结材料，白云石、方解石、锰矿粉为烧结助剂。原材料产地不同、配方比例不同，烧结温度、成品性能差异也很大，需根据原材料性能不断优化烧结参数。示例参数：烧结温度 1350℃、锰粉掺量 5%，铝矾土与黏土比例为 75:25，强度影响因素排列次序为，烧结温度＞保温时间＞锰矿粉掺量＞铝矾土与黏土比例。

相较于石英砂，陶粒原料选取和生产过程都比较严格，工艺流程也更为复杂，这些因素对陶粒质量和性能影响很大，因此，陶粒支撑剂生产成本也比较高。

四、陶粒生产工艺及设备

陶粒支撑剂生产工艺流程如图 5-21 所示，流程中所有的扬尘点均设置袋式收尘器，做到清洁生产，保护职工身心健康。

第五章 支撑剂及其改性工艺

图 5-21 陶粒支撑剂生产工艺流程

陶粒支撑剂生产工序及相关设备具体如下。

（1）破碎。

进厂的铝矾土，堆放在料棚内，块度为 300~500mm，水分约 8%。破碎时用铲车把铝矾土投入料仓，经过板式喂料机连续均匀喂入颚式破碎机，破碎后粒度为 50~80mm，然后经皮带机输送到反击式破碎机，粒度小于 20mm，破碎后的铝矾土储存在缓冲仓内。

（2）烘干。

缓冲料仓内的碎铝土，经过皮带机、提升机，进入到烘干机顶部的圆仓，仓下设置称重皮带喂料机，使碎铝土均匀进入烘干机，烘干后的铝矾土送入干土库（配料库）。沸腾炉采用低挥发分煤作为燃料，产生 800~900℃ 的热烟气。破碎后的煤粒为 5~8mm，由圆盘喂料机喂入沸腾炉炉膛，采用自动温度控制系统控制圆盘喂料机的喂料速度，稳定沸腾炉燃烧温度。采用袋式收尘器对出烘干机的废气进行净化处理，实现粉尘达标排放。

（3）配料。

各种物料均输送到配料库内，采用铝矾土、锰粉、外加剂进行配料。库下设置调速皮带称重喂料机，由微机配料系统实现物料的自动配比。配比后的物料，经皮带输送机进入粉磨系统。

（4）粉磨。

配比好的物料进入带有涡流选粉机的粉磨系统，制备细度 500 目以上的生料粉。烘干用的热风来自回转窑废气，利用剩余热量烘干粉末。粉磨系统采用闭路系统，磨机采用三仓管磨，涡流选粉机能改变选粉机转速，可以很方便地调整产品细度。选出的成品生料粉，由高浓度气箱脉冲袋式收尘器收集后，送入生料圆库。

（5）制粒。

生料圆库的生料卸出后，采用螺旋输送机和提升机输送到制粒机顶部的料仓，料仓下采用螺旋称重喂料机，把生料送入制粒机内。制粒用水经计量后也放入制粒机内，生料和水的比例可以调整。制粒机内的生料和水在机内高速旋转的搅拌棒和低速旋转的内筒作用下，形成生料球粒。料球出盘后，生料球粒由下部卸料管道排出，落入皮带喂料机上，由皮带机送入筛分装置，合格的输送到窑尾烘干机，过大的返回到原料粉磨流程。

制粒采用圆盘制粒机，如图 5-22 所示，具有成球速度快、效率高、圆度好、清洁生产的特点。可以根据回转窑产量，配备不同数量的圆盘制粒机。

图 5-22 圆盘制粒机设备流程

（6）烘干。

新制球粒含水约 15%，利用窑尾废气余热，在窑尾烘干机内，可使球粒水分降低到 8% 左右。烘干后的生料粒进入中间仓储存，供回转窑煅烧使用。

烘干机使用的窑尾废气温度约 500℃，经过烘干机利用，温度降为 150℃ 左右，适合窑尾袋收尘器工况。窑尾烘干机采用逆流式，在烘干机的热风端，另外设置燃烧器，以备窑尾废气热量不足时，为烘干机提供热风。

（7）煅烧。

烘干后的生料粒由中间仓卸出，经过提升机到窑尾。振动筛把生料粒分为合格和不合格两种，合格生料粒进入回转窑煅烧，不合格生料粒返回粉磨系统。

料球进入带有一定斜度的回转窑后，随回转窑旋转，逐步向窑头方向滚动，同时煤粉从窑头喷入窑内燃烧，在烧成带 1300~1350℃ 温度下，煅烧成陶粒，煅烧设备如图 5-23 所示。

图 5-23 回转窑煅烧设备流程

（8）冷却。

陶粒冷却采用回转式单筒冷却机，工作简单可靠，可减少能量消耗。陶粒出冷却机后，温度很低，可以用手抓起来。

冷却机的二次风进入回转窑，窑尾废气（包括窑尾烘干机的废气）采用袋式收尘器进行净化处理。回转窑尾另设增湿塔，对窑尾废气进行降温处理，使废气温度降低到袋式收尘器要求温度。

（9）筛分。

出冷却机的陶粒，直接输送到多级振动筛。按照标准要求，分为不同的粒径，进入不同的成品仓，仓下设置电子计量磅秤，重量合格的袋装成品由缝包机封口后，堆放在成品库房，以备发货。

五、陶粒支撑剂强度等级

陶粒支撑剂按强度可以分为中等强度陶粒和高强度陶粒两种。

中等强度陶粒使用铝矾土或铝质陶土（矾和硅酸铝）制造，其中氧化铝或铝质含量为46%~77%，硅质含量占12%~55%，主要用于闭合压力在34~59MPa内的压裂施工作业。国外细分为低密度中强陶粒和中密度中强陶粒两种类型，如图5-24所示，颗粒相对密度介于2.7~3.3之间，这种区别主要取决于物料的细度与加工工艺。

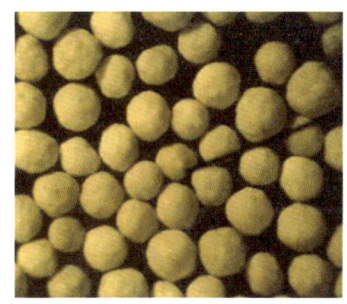 

（a）低密度中强度陶粒　　　　（b）中密度中强度陶粒

图 5-24　中等强度陶粒显微示意图

高强度陶粒由铝矾土或氧化锆物料制成。颗粒相对密度约为3.4或更高。其化学组分中氧化铝含量可达85%~90%，氧化硅占3%~6%，氧化铁占4%~7%，氧化钛占3%~4%。具有更大的密度，物料经热处理后，主要晶相是刚玉，也存在少量的莫来石晶相或玻璃晶相，颜色呈墨色，适用于深井、超深井压裂增产要求。

六、陶粒支撑剂导流能力

石英砂替代陶粒降本措施主要用于3500m以浅非常规油气体积压裂，但在3500m以深非常规储层，如泸州/永川页岩气、玛湖页岩油及玛18、达13致密油区域，陶粒仍是压裂主体支撑剂。

深层非常规油气具有复杂的高地应力特征，要求支撑剂未来必须能够承受更大的地层闭合压力，而石英砂在高闭合应力作用下将发生破碎，5%的微小颗粒将导致裂缝导流能力降低62%左右。与石英砂相比，陶粒支撑剂形状更为均匀，且具有较高的化学稳定性和热稳定性，以及更高的圆球度和抗压强度，在较高闭合压力条件下导流能力远高于同粒径石英砂，如图5-25所示。

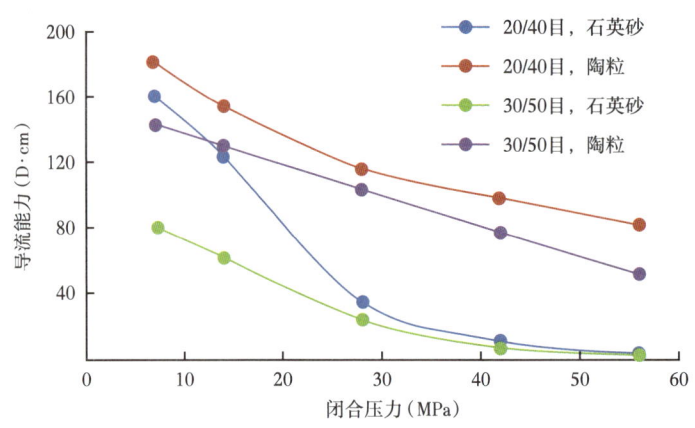

图 5-25 相同粒径石英砂与陶粒导流能力对比图

七、陶粒支撑剂密度优化

陶粒相对密度较大,对压裂液黏度和泵注排量要求较高,而且支撑剂沉降速度较快,易过早堆积在人工裂缝中,不易运动到裂缝末端,有效支撑距离较短,与体积压裂全域导流能力要求差距较大,限制了中高密度陶粒在水平井压裂中的广泛使用。而低密度陶粒沉降速度小,支撑剂输送距离更远、支撑剂铺置更为均匀,与滑溜水压裂工艺更为契合,因此小粒径、低密度、高强度成为水平井压裂支撑剂未来发展趋势。

陶粒支撑剂按密度大小可分为 3 类,即高密度(体积密度 $>1.8g/cm^3$、视密度 $>3.35g/cm^3$)、中密度(体积密度 $1.65\sim1.8g/cm^3$、视密度 $3\sim3.35g/cm^3$)和低密度(体积密度 $\leqslant 1.65g/cm^3$、视密度 $\leqslant 3g/cm^3$)。

国外以瓷土(Al_2O_3 含量低于 20%)、陶土(Al_2O_3 含量低于 25%)和高岭土(Al_2O_3 含量大约为 40%)为原料,在 1150~1380℃ 温度范围内制备出体积密度为 $1.3\sim1.5g/cm^3$、视密度为 $2.1\sim2.55g/cm^3$ 的支撑剂。其中 Al_2O_3 含量为 19.05% 的支撑剂体积密度为 $1.3g/cm^3$、视密度为 $2.4g/cm^3$,35MPa 下破碎率为 3.8%,52MPa 下破碎率为 9.5%。Carbo 公司以高岭土为原料,在 1200~1350℃ 温度范围内制备出体积密度为 $0.95\sim1.3g/cm^3$、视密度为 $1.6\sim2.1g/cm^3$ 的超低密度支撑剂,且烧结温度高于 1200℃ 时在 28MPa 下破碎率低于 15%。

国内将粉煤灰、煤矸石和棕刚玉粉尘废料等固体废弃物应用到支撑剂生产中,不仅经济环保,还开辟了支撑剂在原料选择上的新思路。其中以粉煤灰和铝矾土为主要原料,高岭土和长石为烧结助剂,制备出体积密度为 $0.998g/cm^3$、视密度为 $2.559g/cm^3$,22MPa 下破碎率为 8.241% 的低密度支撑剂;以煤矸石矿渣和粉煤灰矿渣为主要原料,TiO_2、ZnO 和白云石为矿化剂,制备出体积密度为 $1.54g/cm^3$,69MPa 压力下破碎率为 3%~5% 的高强度低密度支撑剂。

低密度与超低密度支撑剂对非常规油气开发提高采收率有重要意义,目前已在现场得到较多应用,并带来了一定经济效益。例如,美国宾夕法尼亚西南部的一口气井使用示踪剂对低密度支撑剂进行了测试,发现压裂后支撑剂分布在整个产层区域,说明低密度支撑剂提高了改造裂缝支撑体积。美国肯塔基州 Appalachian 盆地使用氮气泡沫携带超低密度支撑剂在一百多口井中使用,为深层煤岩气高强度加砂压裂提供了技术参考。我国沙溪庙组目前已完成三口井低密度支撑剂现场应用试验,平均无阻流量是常规支撑剂的 1.91 倍。美国的得克萨斯州采用以核桃壳为原料制备的 ULW-1.25 型超低密度压裂支撑剂来开采页岩气,仅需少量压裂液即可保持良好的导流效果。

八、纳米支撑剂

陶粒支撑剂一般有 20/40 目、30/50 目、40/70 目,以及 70/140 目等规格,粒径范围在 0.106~0.85mm 之间,这类支撑剂主要用于充填压裂裂缝和部分尺度较大的天然裂缝。但对微裂缝而言,常规粒径支撑剂无法进入,从而导致大量微裂缝在压后闭合,降低裂缝复杂程度和导流能力,影响压裂效果。特别是致密页岩等低渗透油藏,这种影响尤为明显。

针对上述难题,国外研制了纳米支撑剂。由于支撑剂粒径很小,可进入常规支撑剂不能进入的微细裂缝,还能有效降低压裂液滤失,保持缝内净压力,有助于裂缝拓展延伸及支撑剂输送。考虑支撑剂嵌入等影响因素,纳米支撑剂主要适用于致密坚硬的脆性储层,如致密页岩等。

纳米支撑剂原料主要来自飞尘,是火力发电厂的伴生品,属于污染废物回收再利用。煤燃烧后产生大量颗粒,其中较重的颗粒沉降到燃烧室底部,而较轻的颗粒在气流携带下被扬起带走,其中较轻的颗粒即为飞尘。飞尘是一种非均质的化学物质,主要成分有 SiO_2、Al_2O_3、Fe_2O_3、CaO 等,此外还包括 MgO、TiO_2 等,见表 5-6。为了防止大气污染,飞尘通常被静电除尘器收集。飞尘的化学性质主要取决于燃煤的性质,按照 ASTM C618 划分标准,飞尘主要被划分为 C 级和 F 级两种。C 级飞尘主要来自褐煤和次烟煤燃烧,F 级飞尘主要来自无烟煤和烟煤燃烧。

表 5-6 F 级飞尘主要组成成分及含量

成分	含量(%)	成分	含量(%)	成分	含量(%)
SiO_2	40~60	Fe_2O_3	5~25	MgO	1~2
Al_2O_3	18~31	CaO	1~6	TiO_2	1~2

在美国 Bakken、Barnett、Marcellus、Woodford、Utica 和 Fayetteville 页岩有使用滑溜水携小尺寸纳米支撑剂进行压裂完井的趋势。

第五节 覆膜支撑剂

石英砂和陶粒都是脆性材料,在地层高应力作用下,支撑剂之间是点对点接触,会发生应力集中造成脆性破碎。覆膜支撑剂主要以石英砂或陶粒为核心,在支撑剂表面人工包覆一层或多层高分子材料(主要是树脂),如图 5-26 所示。外敷层填平颗粒表面凹凸不平的地方,提高支撑剂圆度和球度、降低支撑剂视密度和体积密度,改善压裂液携砂效果,并使支撑剂运移至裂缝深处。

覆膜支撑剂表面的树脂膜不仅可以在地层高闭合压力下,使原来骨料颗粒间点接触转变为小面积接触,分散压力负荷使颗粒抗破碎能力增加,还可以通过连接单个支撑剂颗粒并将破碎的颗粒留在涂层内,减少支撑剂向井筒回流。更重要的是,由于树脂对支撑剂的包裹,可有效阻止支撑剂在破碎后阻塞裂缝,对裂缝导流能力提升也有一定积极作用。

(a)可固化覆膜砂　　　　　　　(b)树脂覆膜砂　　　　　　　(c)高强覆膜陶粒

图 5-26　覆膜支撑剂产品示意图

覆膜支撑剂既弥补了陶粒支撑剂密度大的缺陷，也改善了天然石英砂抗压强度低的不足，耐腐蚀性和导流能力也具有较大提高。但覆膜支撑剂制备工艺复杂，成本较高，在非常规油气压裂开采上主要用于尾追防砂，如图 5-27 所示。

图 5-27　覆膜砂尾追防砂示意图

一、覆膜技术发展历程

1945 年，在铸造砂生产领域，出现了最早的石英砂包覆材料酚醛树脂；1964 年，Halliburton 公开了一种使用糠醇包覆的砂粒或坚果壳用来作为水力压裂支撑剂，随后，各大公司开始相继研究这种树脂包覆支撑剂。1965 年，联合石油开发出一种聚合物—蜡—树脂混合物包覆的支撑剂，陶氏化学品开发出一种以砂粒、木屑、砖、混凝土为核，薄层黏合剂和外层可交联聚合物组成的支撑剂颗粒。

20 世纪 80 年代出现了呋喃树脂、环氧树脂及氨基树脂等包覆材料，并出现了预固化树脂覆膜石英砂，主要针对石英砂压缩强度低、导流能力差而研制，可代替石英砂和部分陶粒。随后，又开发出一种双涂层树脂覆膜支撑剂，一层树脂固化包覆在外层，提高颗粒间的键合作用，一层树脂固化包覆在内层，可用来提高强度。如今已发展到三层覆膜，最外层为惰性层，注入时不影响压裂液性能，支撑时不影响固结，如图 5-28 所示。

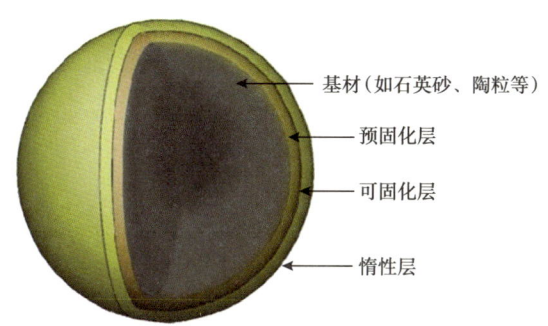

图 5-28 树脂覆膜支撑剂结构示意图

到 20 世纪 90 年代，树脂覆膜支撑剂已形成了系列产品，在美国及南美许多油气井中得到推广应用，满足各种油气井裂缝支撑要求。1997 年，支撑剂表面改性剂得到发展，并被引入到低温条件下支撑剂回流控制中。为克服难溶性表面改性剂给设备清洗带来的不便，Halliburton 又研发出一种可溶性水基表面改性剂，绿色环保，对环境危害小。

二、树脂覆膜工艺原理

树脂覆膜支撑剂制作方法是用树脂把支撑剂基材包裹起来，树脂薄膜厚度约为 0.0254mm，约占总重量的 5% 以下。利用酚醛树脂、环氧树脂或呋喃树脂制备覆膜支撑剂，是目前使用的工艺最简单、成本最低的支撑剂覆膜方法。全国各地砂厂目前均使用单一树脂材料进行支撑剂覆膜，但利用环氧树脂、酚醛树脂二元混合物对石英砂进行覆膜改性，所得支撑剂抗压强度和圆球度显著高于单一覆膜材料。

1. 覆膜用聚合物

聚合物是由小分子单体通过缩聚或加聚方法得到的大分子化合物，按照化学组成分为有机聚合物和无机聚合物。其中有机聚合物按照热学行为又分为热固性聚合物和热塑性聚合物。由于热固性有机聚合物易加工、高强度和低密度特性，因此在支撑剂覆膜中得到广泛应用。

热固性有机聚合物用作支撑剂涂层，可供使用的聚合物体系范围很广，具体选择哪一种，需综合考虑原料、工艺及成本。比较常用的树脂材料有环氧树脂、酚醛树脂、呋喃树脂、聚氨酯等。

支撑剂在支撑裂缝同时，还要承受深层高温和极端酸碱性，特别是酸洗清理裂缝工艺。酚醛树脂覆膜支撑剂在高温且强酸或强碱性条件下稳定性较好，在 400℃ 高温且 pH 值为 3 或 pH 值为 10 条件下，覆膜层浸出物都在 6% 以内，其中酚类物质浓度低于 1×10^{-6}。

2. 预固化树脂

支撑剂涂层可预固化或部分固化，根据固化方式不同，覆膜支撑剂分为预固化覆膜支撑剂和可固化覆膜支撑剂。

预固化覆膜支撑剂是在生产车间内形成完好的树脂薄膜包覆层，产品出厂为成品，施工时像普通支撑剂一样随携砂液进入裂缝。加工生产时在加热的基材（如陶粒、石英砂、果壳、聚合物等）上包覆一层或多层热固性树脂，再经加热固化形成三维网状结构。覆膜后支撑剂表面更光滑，不仅改善了圆球度，而且降低了酸溶度、增加了抗压强度。

预固化树脂主要增强支撑剂抗压强度、降低破碎率，图 5-29 所示为支撑剂覆膜前后破碎情况。

（a）未覆膜支撑剂　　　　　　　　　　　　（b）同粒径覆膜支撑剂

图 5-29　预固化覆膜支撑剂破碎示意图

3. 可固化树脂

压后排采生产过程中，常常出现支撑剂返吐和地层出砂现象，不仅侵蚀油嘴、阀门和井口设备，而且引起支撑裂缝长度和宽度减小，致使裂缝导流能力下降。

为了防止支撑剂返吐和地层出砂，国外在预固化树脂技术基础上，研制了可固化覆膜支撑剂。其原理是通过冷覆膜或热覆膜工艺，在支撑剂基材表面涂覆热固性树脂，压裂加砂时将其注入地层裂缝中。在地层应力、温度和活化剂作用下，骨料上的树脂软化，相互粘接和固化，形成一个过滤网；或直接在加砂时将液体热固性树脂与支撑剂混合并注入井下。该过滤网可防止地层出砂、支撑剂返吐并减少支撑剂嵌入地层，如图 5-30 所示。

 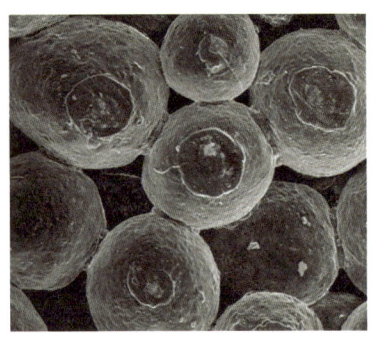

点对点固结
防止返吐
保持长期导流能力

图 5-30　可固化覆膜支撑剂固结示意图

可固化树脂支撑剂出厂时为半成品，在井下固结成最终产品；或在加砂前将传统支撑剂与液体树脂混合制造半成品

三、生产设备及工艺流程

覆膜砂生产设备由原砂仓、斗式提升机、称量斗、加热炉、混砂机、振动筛、冷却滚

筒、成品仓提升机、成品仓等主机，配以全自动控制的电器控制系统，气路、水路、除尘及燃料系统组成一条完整的生产线。工艺流程如图5-31所示。

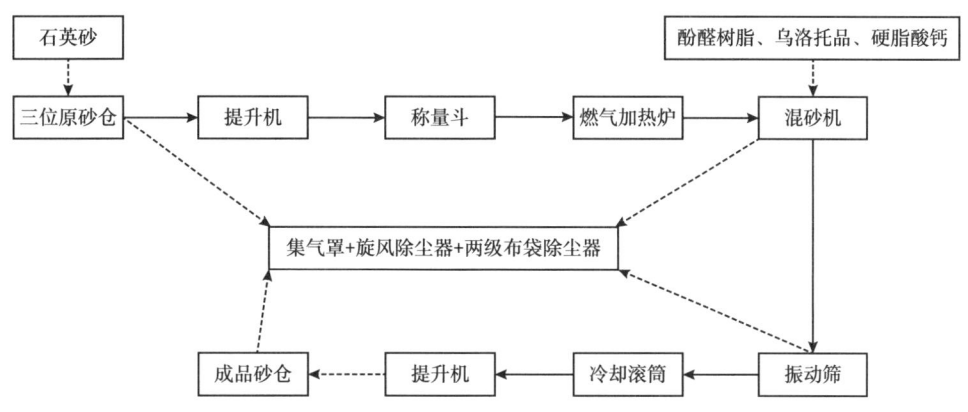

图5-31 覆膜砂生产流程示意图

（1）原砂仓。

原砂仓分三个料位，可将三种不同类型的原砂储存在同一个砂仓中。自动生产时可将三个料位中的原砂按照不同比例送料，生产出强度更高的覆膜砂。

（2）斗式提升机。

斗式提升机分为皮带式与链条式两种传动方式。

皮带式结构：使用定制的10mm高耐磨橡胶皮带，具有寿命长、更耐用等优点。

链条式结构：使用链条传动，相比较皮带式提升机，有更高的提升高度。

（3）称量斗。

称量斗配备自动称重装置，全自动生产线可设置每炉加料量。称量斗精度误差在0.1kg内，使每次加热的砂子质量近乎相同，确保生产出来的覆膜砂质量均衡。

（4）加热炉。

覆膜砂加热炉采用火焰直喷方式，是目前国内领先的加热炉。

传统加热炉通过介质传递热量，传导后热量损失严重，热利用率仅30%~40%，不仅浪费能源且受热不均匀。而直喷加热式，将热利用提高到95%以上，降低生产成本，提高生产产量。炉仓独特的内部结构使原砂在炉腔内呈瀑布式流动分散受热，加热效果更加均匀。

（5）混砂机。

经过加热的原砂在混砂机中与固体酚醛树脂相接触，利用加热后的热量将树脂融化，在混砂机中进行搅拌，使树脂均匀附着在原砂表面。

树脂的选用一般需要满足以下几个特点：聚合速度要快，黏合强度要高，发气性要低。软化点是加热炉内树脂聚合度的一项重要标志，软化点不同的树脂，其黏合强度也存在一定差异，在覆膜过程中要合理搭配比例，并且在一定时间点加入固化剂。固化剂的作用是使酚醛树脂在热作用情况下进行一系列固化反应，形成一种不溶物质。所以在制作覆膜砂之前要选择好固化剂并将固化剂按照一定比例加入制作过程中，能有效提高覆膜性能。

覆膜砂生产线带有完善的自动化控制系统，可自动控制各种辅料的添加时间、混砂时间、添加剂数量，误差在0.01kg内，避免因生产工人操作问题造成质量不稳定等情况。

（6）振动筛。

经混砂机覆膜后的砂粒在振动筛中进行筛分震碎，将凝结成块的覆膜砂均匀分散，有效冷却提高成品砂质量。

振动筛有旋震筛与方筛两种形式，旋震筛具有换网方便（仅需3~5min）、操作简单、清洗方便等优点。方筛拥有两层筛网，筛选后更加均匀。

（7）冷却滚筒。

冷却滚筒用于将覆膜后的砂粒进行快速冷却，前段冷却后段筛选。覆膜砂进入回旋式冷却器，在引风机作用下，物料与冷却介质充分接触，采用逆流方式将覆膜砂快速冷却。风机端连接除尘器，防止粉尘飞扬。

（8）成品仓。

冷却后的覆膜砂，再次经过斗式提升机送入成品仓进行储备。

（9）除尘。

由于覆膜砂在加热、混制及流动过程中，会产生一些粉尘；高温硅砂与树脂、乌洛托品及硬脂酸钙混合，将产生大量烟气和水雾。因此，全套设备配备除尘系统是十分必要的，一般采用布袋除尘器+旋风除尘器，满足大气污染物、挥发性有机物综合排放标准。

四、覆膜支撑剂性能

根据基材不同，覆膜支撑剂可分为覆膜砂、覆膜陶粒、覆膜果壳及全聚合物支撑剂。与原始基材相比，覆膜支撑剂综合性能有所提高，但成本也会增加。

1. 树脂覆膜砂

与天然石英砂支撑剂相比，树脂覆膜砂各项性能指标显著改善：

（1）体积密度由$1.64g/cm^3$降低至$1.6g/cm^3$以下；

（2）69MPa压力下破碎率由36%降低到4%以内，使覆膜砂能在较深的油气井中应用；

（3）酸溶度由5%降低至0.5%，提高了支撑剂对强酸性裂缝清洗液的耐受能力；

（4）浊度由95降低至30以内，显著降低了支撑剂对裂缝的堵塞及污染；

（5）圆球度由0.6提高到0.8，提高了支撑剂导流能力。

覆膜砂克服了天然石英砂性能缺点，在较高闭合压力下也能保持良好的长期渗透率，不仅可以防止支撑剂细粉运移、吐出和压碎等现象，还可以预防支撑剂嵌入地层。覆膜砂能承受56~70MPa的闭合压力，是强度介于低强度天然砂和高强度陶粒之间的支撑剂，尤其是5K~7K抗压等级，不仅可取代天然石英砂，也有代替陶粒的趋势。

覆膜砂在水平井体积压裂作业中的重要意义主要是推进支撑剂生产本地化，由于油气田附近天然石英砂强度不足或石英石粉料圆球度较差，覆膜不仅能改善支撑剂本征特性，还能通过高低温固化提高裂缝导流能力、控制支撑剂回流及减轻支撑剂嵌入。这就将高昂的支撑剂运输支出部分用于支撑剂提质，同时替代大部分陶粒，降低产能建设投资中支撑剂总体费用。

2. 树脂覆膜陶粒

覆膜陶粒增强支撑剂的抗压能力、导流能力、抗腐蚀性及回流控制，这是树脂覆膜技术产生的主要原因。覆膜陶粒产品生产初衷一是在现有陶粒支撑剂强度基础上进一步提高强度，满足超深井高闭合应力支撑要求，二是弥补煤矸石、粉煤灰、高岭土烧结强度的不足，扩大原材料来源，三是适应滑溜水体积压裂低密度陶粒应用需求。

以工业废料粉煤灰为原料，氧化锰和钾长石为助溶剂，烧结后制成的粉煤灰陶粒，经酚醛—环氧树脂覆膜后，所得支撑剂视密度由 $3.11g/cm^3$ 降低至 $2.64g/cm^3$，69MPa 压力下破碎率由 20.3% 降低至 3.76%；以廉价的高岭土为原料，氧化锌为添加剂，通过烧结得到的高岭土陶粒，进一步通过环氧树脂覆膜，所得支撑剂视密度降低至 $2.27g/cm^3$，69MPa 压力下破碎率降低至 1.16%；多孔莫来石基陶粒支撑剂，经酚醛—环氧树脂覆膜，所得支撑剂视密度降至 $1.9g/cm^3$，抗压强度和圆球度也有显著改善；以尿素为致孔剂，硅石为包裹材料制备的空心陶粒支撑剂，进一步通过环氧树脂覆膜，得到视密度仅 $1.03g/cm^3$ 的超低密度覆膜陶粒，55MPa 压力下破碎率为 17%，也比原始陶粒破碎率低。

3. 树脂覆膜果壳

由于果壳具有密度低、强度高，以及成本低廉等优点，1960 年后就被用作支撑剂。原始椰子壳、棕榈壳及核桃壳视密度在 $1.14\sim1.33g/cm^3$ 范围内，破碎率较低，但酸溶度和浊度非常高。利用热固性环氧树脂对椰子壳颗粒进行覆膜处理，所得覆膜支撑剂破碎率由 2.12% 降低至 0.16%，酸溶度和浊度分别降低至 1.8% 和 38，圆球度也由 0.7 提高至 0.8。

以果壳为原料，通过酚醛树脂浸渍后热固化，得到的超低密度支撑剂视密度为 $1.24g/cm^3$，吸水率由 30% 降低至 17%，导流能力由 41.8D·cm 增至 113.4D·cm，圆球度更是提高到了 0.86；以 20~40 目果壳颗粒为原料，通过酚醛树脂浸渍和环氧树脂包覆制备超低密度支撑剂，吸水率由 30.45% 降低至 6.58%，且 60MPa 压力下几乎没有破裂。

目前市面上已经广泛应用的覆膜果壳支撑剂是 ULW-1.25，经过聚合物覆膜改性后其视密度提高至 $1.25g/cm^3$，79℃ 下可承受的闭合压力为 42MPa，圆球度由原来的 0.5 以下提升到 0.62。

4. 聚合物支撑剂

由于有机聚合物具有接近甚至低于水的密度，因此聚合物复合材料成为滑溜水压裂最理想使用的超低密度支撑剂基材。市面出现的 ULW-1.05 聚合物支撑剂是一种经过热处理的聚合物复合微球，视密度为 $1.054g/cm^3$，圆球度高达 0.9，玻璃化温度为 145℃，130℃ 下能承受的闭合压力为 55MPa。

基于悬浮聚合能得到圆球度高的超低密度聚合物微球，还能通过提高交联密度、填充无机填料来改善聚合物复合材料的抗压强度和耐热性。由于聚苯乙烯（PS）具有优异的抗压强度和耐磨性、聚甲基丙烯酸甲酯（PMMA）具有较高的模量和耐化学性，基于交联 PS 或 PMMA 微球的复合材料都可用于超低密度支撑剂制备，并以石墨、炭黑、硅灰、粉煤灰，以及碳纳米管等无机填料对交联 PS 或 PMMA 进行填充改性，进一步提高聚合物微球支撑性能。

聚合物基材比果壳、石英砂及陶粒成本更高，今后还需通过工艺优化、原料替代来降低支撑剂生产成本，满足水平井体积压裂大规模、高强度加砂要求。

五、覆膜支撑剂产品优势

树脂覆膜支撑剂具有如下技术优势：
（1）树脂薄膜包裹基材，增加了支撑剂颗粒间接触面积，提高了支撑剂抗破碎能力；
（2）树脂薄膜可将压碎的基材微粒包裹起来，减少微粒运移及孔道堵塞，改善填砂裂缝导流能力；
（3）体积密度比中强度与高强度陶粒要低很多，便于悬浮，降低了对携砂液的要求；
（4）覆膜支撑剂具有可变形的特点，使其接触面积有所增加，可防止支撑剂在软地层中的嵌入。

第六节　自悬浮支撑剂

一、自悬浮支撑剂发展背景

水平井体积压裂大多采用滑溜水大排量携砂压裂，因滑溜水黏度较低、携砂能力差，支撑剂沉降造成其难以到达裂缝深处，难以形成长裂缝，且支撑缝长较短。支撑剂往往堆积在缝口处形成砂堤，裂缝远端支撑剂量相对较小，砂面曲线类似于抛物线，如图5-32所示。当裂缝闭合后，缝端处因支撑剂量少，导流能力较缝口处明显降低，生产一段时间后远端裂缝闭合，对油气产量影响很大。

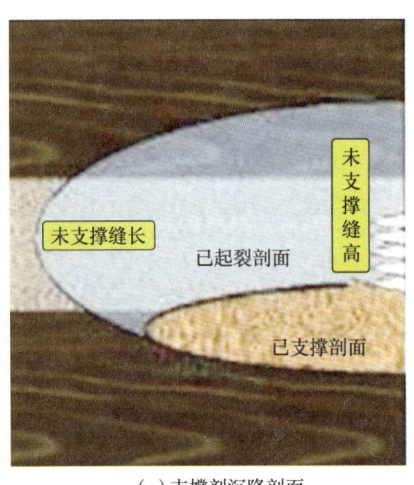

(a) 支撑剂沉降剖面　　　　　　　(b) 理想支撑剖面

图 5-32　滑溜水压裂支撑剖面示意图

另外，低黏度液体形成的支撑缝高也不够，有效支撑体积较小，如图5-33所示。

低黏液体压裂都是通过提高排量来提高携砂能力和造缝性能，但排量提高，管柱摩阻呈对数增长，泵注压力高、燃料消耗大；而增加液体黏度，达不到复杂裂缝改造目的，且易污染储层。因此，提高支撑剂在压裂液中的悬浮能力，是解决"砂堤式铺砂"的关键。

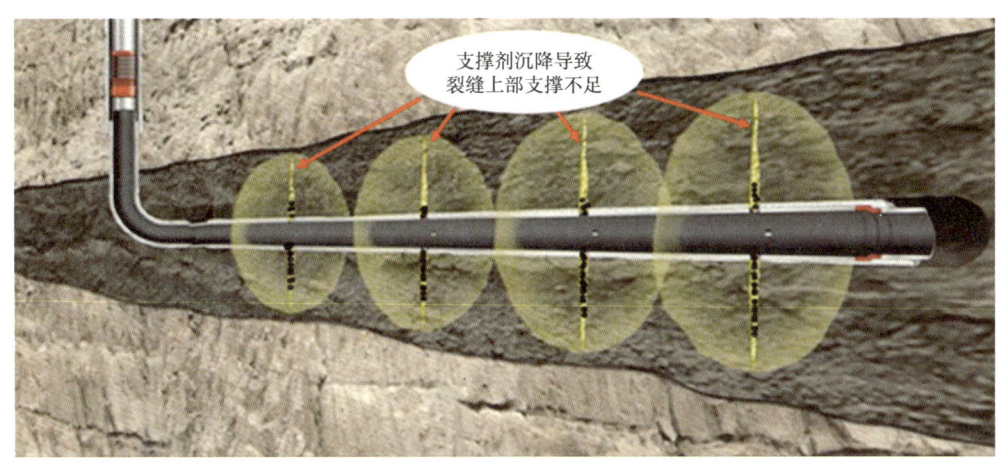

图 5-33　支撑剂沉降后铺砂剖面示意图

根据牛顿流体层流及湍流条件下的 Stokes 定律：

$$v_s = \frac{2(\rho_s - \rho_f)r^2}{9\eta} \tag{5-3}$$

式中：v_s 为支撑剂沉降速度，m/s；ρ_s 为支撑剂密度，kg/m³；r 为支撑剂颗粒半径，m；ρ_f 为压裂液密度，kg/m³；η 为压裂液黏度，mPa·s。

通过降低支撑剂沉降速度，改善砂堤形态，提高支撑裂缝全域导流能力。在此理论支撑下，小粒径支撑剂、低密度/超低密度支撑剂（图 5-34）、变黏滑溜水、高黏携砂液、交联冻胶等都是改善支撑剂铺置均匀性的有效手段，而大排量携砂则在同等沉降条件下将支撑剂铺得更远。这些技术手段往往需要综合运用，成本较高。

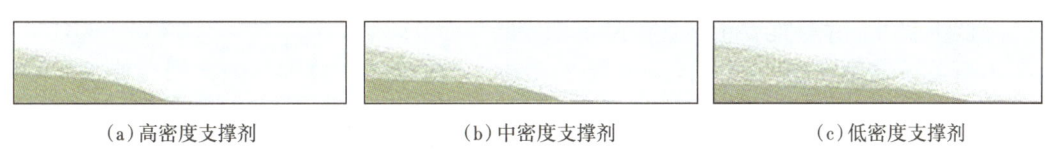

(a) 高密度支撑剂　　　　(b) 中密度支撑剂　　　　(c) 低密度支撑剂

图 5-34　不同密度支撑剂铺砂剖面示意图

自悬浮支撑剂无须任何辅助手段，仅凭自身独特的化学特性，即可自动悬浮在黏度极低的清水或减阻水压裂液中，并随压裂液运移到裂缝远端，实现裂缝中支撑剂的均匀铺置，大幅提高裂缝远端支撑效率及导流能力。

自悬浮支撑剂在不改变支撑剂基材强度、骨料密度的情况下，在低黏压裂液中减缓了支撑剂沉降，从而使支撑剂均匀悬浮在压裂液中，直到输送至裂缝远端，提高压裂裂缝有效支撑体积。

自悬浮支撑剂作为一种新型材料，将传统支撑剂与增稠剂功能合二为一，不借助压裂液黏度及泵注排量就能实现长时间悬浮，可实现清水压裂，降低施工成本，在低渗透、致密及页岩储层改造中具有显著的技术优势和应用前景。

二、自悬浮支撑剂发展历程

20世纪90年代出现了纤维混砂注入,提高了支撑剂在运移过程中的悬浮能力。针对体积压裂后铺砂效果未达预期问题,北美最早研发自悬浮支撑剂技术,将常规石英砂改性后可降低其在清水或滑溜水中沉降速率实现自悬浮,从而增大裂缝支撑体积,提升储层改造效果。

2013年,北美首次公开了自悬浮支撑剂体系抗剪切性能、减摩阻性能、耐盐性能,以及水力输送实验结果,并首次在Mississippi进行了自悬浮支撑剂现场试验。

2015年,美国专家提出临界砂比概念,并针对自悬浮支撑剂沉降运移性能进行了大型室内平板模拟实验,发现支撑剂在裂缝内均匀分布,没有明显的固液界面。

2016年,Fairmount Santrol公司在South Texas进行了自悬浮支撑剂与常规砂对照试验,压后60d的天然气产量比常规砂提高55%。

2017年,Preferred Sand公司生产的气悬浮支撑剂在北美地区和阿根廷低渗透—超低渗透地层进行了60井次现场应用。与常规压裂相比,压裂时间缩短41%、压裂液节约38%,预计最终采收率提高43%。

国内从2014年开始自悬浮支撑剂研发工作,各大支撑剂厂家都有自己的专利产品,但应用较少,主要原因还是性价比与石英砂差距较大。

三、自悬浮支撑剂技术原理

自悬浮支撑剂技术来源于覆膜支撑剂,国外在树脂覆膜及聚合物基材研究基础上,提出了自悬浮支撑剂产品概念。其中覆膜材料和覆膜工艺是实现手段,化学活性是技术关键。

自悬浮支撑剂是通过化学改性方法,如单体分子聚合、ATRP改性等技术,对支撑剂表面进行修饰后接枝聚合成新型化学支撑剂,从分子层面改性支撑剂,形成界面稳定的化学活性包覆层,提高化学支撑剂在滑溜水或清水压裂液中的悬浮性能,改善支撑剂运移状态,降低压裂液体系性能要求,达到降本增效的目的。

因石英砂密度低于陶粒,且成本低、来源广,自悬浮支撑剂一般选用石英砂作为基材。根据悬浮机理不同,自悬浮支撑剂分为三种,膨胀型支撑剂、黏弹型支撑剂和气悬浮支撑剂。

1. 膨胀型支撑剂

自悬浮支撑剂是在普通支撑剂颗粒表面包裹可水化膨胀的高分子聚合物涂层,经干燥处理后,形成可仓储、运输的粒状成品,与传统支撑剂差异不大。

(1)膨胀自悬浮机理。

压裂时支撑剂与水接触,高分子聚合物快速水化溶胀,同时支撑剂体积增大、体积密度降低,在支撑剂基材核周围形成稳固的水化层,如图5-35所示[11]。水化层增大了支撑剂浮力,与支撑剂重力在水中相平衡,使支撑剂在清水中保持悬浮状态并均匀分布。

自悬浮支撑剂表面涂层在水中溶解后,有少量长链分子伸展于水中并互相交联,在水溶液中产生三维网状结构,增加了邻水黏度,与浮力协同作用,使自悬浮支撑剂不借助增稠剂,就能在清水中长时间悬浮,产生与瓜尔胶压裂液相同的悬砂效果,从而减小稠化剂用量。

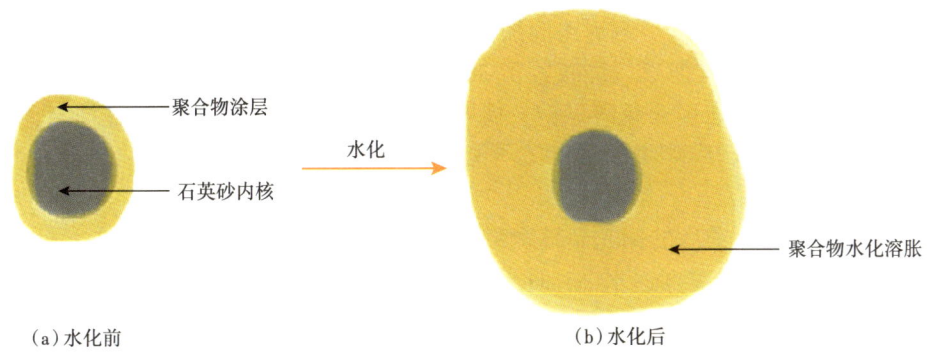

(a)水化前　　　　　　　　　　　　　(b)水化后

图 5-35　水化膨胀支撑剂自悬浮原理图

膨胀型自悬浮支撑剂悬浮效果主要依靠聚合物外膜遇水膨胀作用而产生，膨胀引起的沉降速度降低是支撑剂自悬浮的本质。膨胀倍数直接影响支撑剂浮力及体积密度，进而影响支撑剂运移能力。

（2）膨胀型支撑剂制备方法。

水化膨胀支撑剂利用了聚合物吸水溶胀机理，外敷涂层本质上还是压裂液增稠剂，制备工艺关键就是将传统增稠剂接枝聚合到支撑剂表面，图 5-36 所示为聚丙烯酰胺聚合物覆膜支撑剂制备方法[12]。

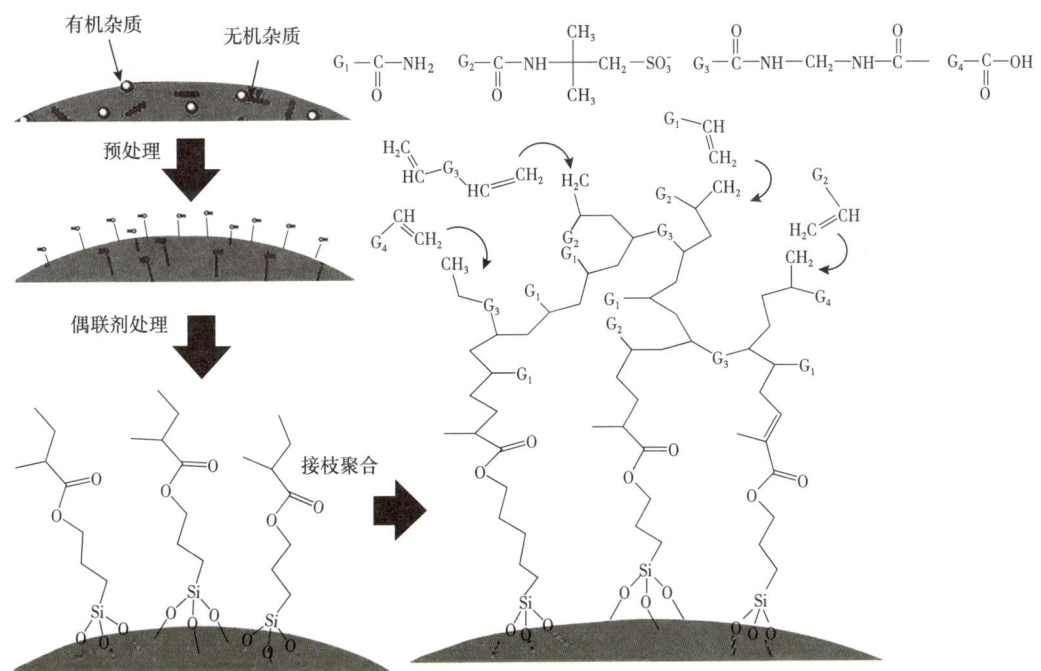

图 5-36　膨胀型自悬浮支撑剂制备方法示意图

用蒸馏水、有机溶剂（乙醇、丙酮、石油醚）润洗支撑剂数次，除去支撑剂表面有机、无机杂质；加入硅烷偶联剂浸泡 24h，真空干燥；将丙烯酰胺（AM）、丙烯酸（AA）、

2-丙烯酰胺基-2-甲基丙磺酸（AMPS）、N，N′-亚甲基双丙烯酰胺（MBA）四种共聚单体和表面处理后的支撑剂以一定的比例加入三口烧瓶中，加入质量分数为30%的氢氧化钠溶液，中和度为70%，把三口烧瓶置于30℃恒温水浴中，通氮气30min，在氮气保护下加入引发剂（过硫酸铵、亚硫酸氢钠、偶氮二异丁咪唑啉盐酸盐），搅拌均匀，静置反应6h后取出聚合体，切成碎块，在80℃干燥箱中干燥至恒重，再用粉碎机粉碎，过筛后制成自悬浮支撑剂样品。

自悬浮支撑剂遇水前后的偏光显微镜照片如图5-37所示[12]。

由图5-37可见，支撑剂遇水前，球状骨料外包裹一层薄膜，为膨胀型自悬浮支撑剂聚合物外层水化膜；支撑剂遇水膨胀后，分子链遇水逐渐溶解舒展，形成厚度近乎骨料直径的透明外膜。根据半径折算体积膨胀倍数为4.6，视密度由2.35g/cm³降至1.29g/cm³，支撑剂完全膨胀时间为90s。

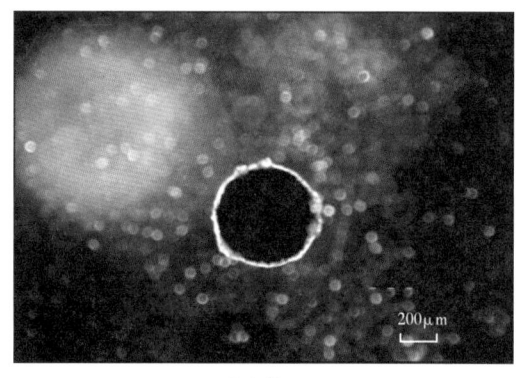
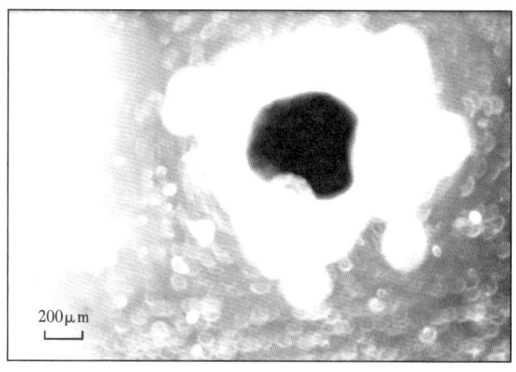

(a) 膨胀前　　　　　　　　　　　　　　　(b) 膨胀后

图5-37　膨胀型自悬浮支撑剂膨胀前后显微图

除压裂用聚合物增稠剂外，还可用吸水膨胀树脂覆膜制备膨胀型支撑剂，也可用聚合物和树脂复合材料来制备。吸水膨胀树脂也是一种增稠剂，主要用于束缚水修井液及漏失层暂堵固化水。

（3）破胶性能。

与增稠剂破胶机理一样，自悬浮支撑剂输送到位后也需要破胶，释放出支撑剂，破胶剂可选用传统氧化类破胶剂。

（4）导流能力。

①短期导流能力。

图5-38所示为20/40目自悬浮支撑剂与同粒径陶粒短期导流能力实验对比结果[13]。

从图5-38可以看出，随着闭合压力升高，支撑剂导流能力逐渐降低。未破胶时，提高铺砂浓度，导流能力提升幅度不大；在42MPa时，两种铺砂浓度导流能力接近，约为28D·cm；破胶后，自悬浮支撑剂导流能力至少提高31.3%。通过破胶前后5kg/m²、10kg/m²导流能力可以看出，影响自悬浮支撑剂导流能力的是破胶程度。因此在实际施工时，要确保自悬浮支撑剂破胶达到要求，防止导流能力伤害。同时也可以发现，充分破胶后的自悬浮支撑剂导流能力，与相同粒径的陶粒几乎一样，无太大差别。

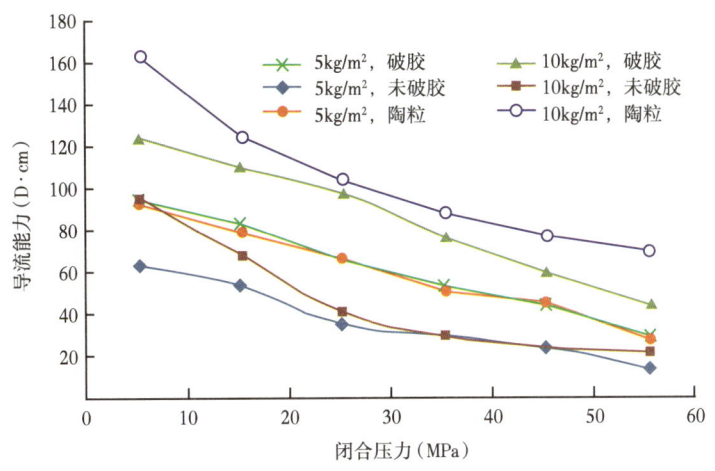

图 5-38　自悬浮支撑剂短期导流能力

②长期导流能力。

图 5-39 所示为闭合压力 42MPa、温度 90℃、时间 50h 实验条件下，2 种不同自悬浮支撑剂不同铺砂浓度、是否破胶的长期导流能力测试。

从图 5-39 可以看出，最初几个小时导流能力下降较快，之后保持较稳定状态。未破胶时，随着水流不断冲刷，支撑剂导流能力有所恢复，提升幅度约为 22.6%；破胶后，支撑剂导流能力没有出现升高现象，能够长时间保持一定的导流能力。

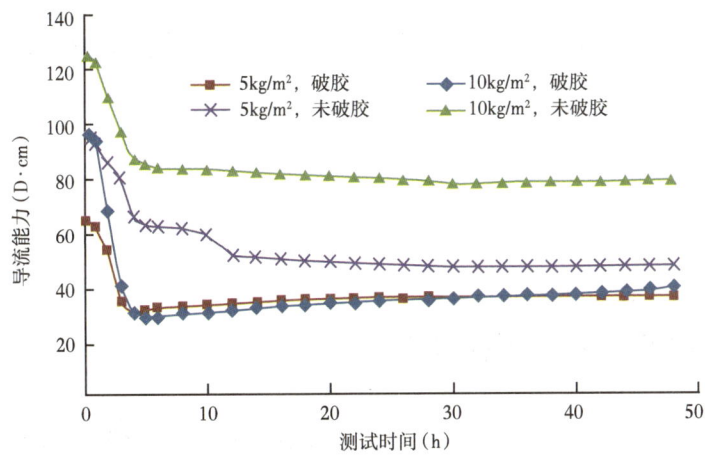

图 5-39　自悬浮支撑剂长期导流能力

2. 黏弹型支撑剂

黏弹型自悬浮支撑剂是采用支撑剂覆膜技术[14]，将压裂液增稠剂包覆在石英砂或陶粒表面，制备工艺与膨胀型自悬浮支撑剂相同。

压裂加砂泵注时，黏弹型支撑剂与清水压裂液接触，支撑剂表面的聚合物涂层遇水溶解，在水中分散溶胀，使支撑剂颗粒周边清水黏度及弹性增大，从而降低支撑剂颗粒沉降速度。在大排量泵注、高强度加砂工艺协同下，支撑剂涂层溶解形成的高黏压裂液与清水快速混合，使清水压裂液快速转换成黏弹性压裂液，流体密度、稠度系数增加，支撑剂悬浮在压裂液中，实现支撑剂运移及均匀铺置。

膨胀型自悬浮与黏弹型自悬浮支撑剂都是在石英砂表面包覆有机高分子聚合物膜，但作用机理不同。膨胀型自悬浮以涂层吸水膨胀、体积增大为自悬浮内因，仅有最外层分子一端吸附在支撑剂上，另一端溶解在水中互相缠绕减缓沉降速度，聚合物涂层分子始终未脱离支撑剂表面，只能依靠压裂破胶剂才能实现支撑剂与表面涂层相脱离。而黏弹型自悬浮支撑剂聚合物涂层分子溶解过程中，边溶解、边分散，直至所有聚合物分子全部脱离支撑剂，溶解在压裂液中增黏。黏弹自悬浮作用通过支撑剂表面增稠剂溶解、分散，压裂液增黏来实现，本质上仍是液悬浮支撑剂，因此可将支撑剂看作增稠剂的搬运工，压裂液黏度随支撑剂涂层溶解不断增大。

3. 气悬浮支撑剂

（1）车间覆膜支撑剂。

气悬浮支撑剂也采用支撑剂覆膜技术[14]，将疏水亲气聚合物涂层包覆在石英砂或陶粒表面，聚合物涂层改变了支撑剂表面润湿性，增加支撑剂表面对气体的亲附力。

压裂加砂时，将少量气体如N_2，加入携砂液，产生的气泡附着在支撑剂表面，形成气包砂自悬浮结构，导致其表观密度显著降低，如图5-40所示。

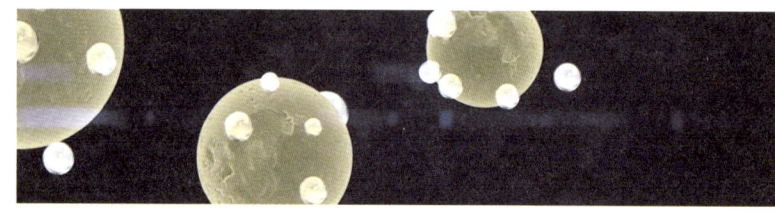

图5-40 气悬浮支撑剂技术原理示意图

气悬浮支撑剂可以在气体存在的条件下长时间保持悬浮状态，如图5-41所示。

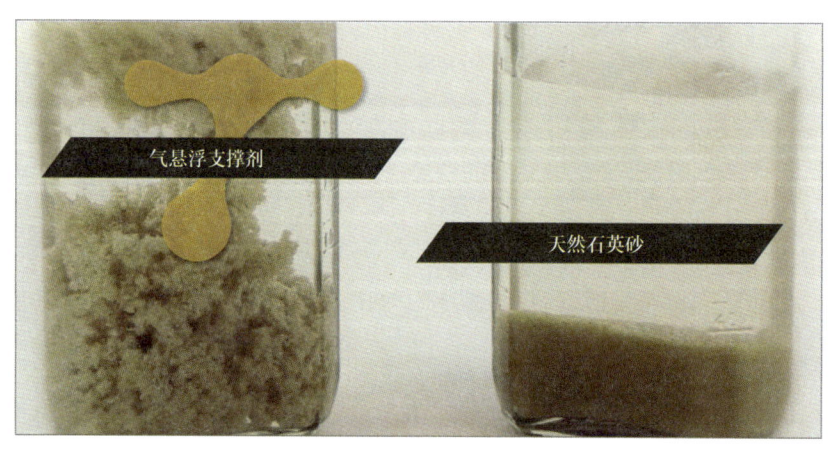

图5-41 气悬浮支撑剂沉降测试示意图

化学覆膜支撑剂制备技术主要由Badger矿业公司和Preferred砂矿公司所掌握。Badger是北美著名的支撑剂制造公司，其自悬浮支撑剂已经在50多个不同的油气公司进行了测试，应用500多口井、8000多级，累计产量提高60%。

（2）现场喷敷支撑剂。

相对于生产车间生产的气悬浮支撑剂，加拿大Trican公司研制亲气型表面活性剂MVP，可在现场施工时喷洒在常规支撑剂上，能够在支撑剂表面形成一层薄膜，在混砂车搅拌过程中吸附在支撑剂颗粒表面。泵注时向压裂液中添加少量氮气伴注，支撑剂上的亲气涂层吸附压裂液中的气相泡沫，使气体环绕于支撑剂周围，从而降低支撑剂的相对密度、增加滑溜水浮力，使支撑剂悬浮在滑溜水中，并随压裂液输送至裂缝深处。

现场喷敷支撑剂既没有改变原有支撑剂特性，也不改变压裂液与地层的配伍性，施工简单。压裂施工结束后，在地层压力下气泡破裂，支撑剂沉降在裂缝中。由于支撑剂分布的均匀性，使支撑剂铺置体积、支撑体积最大化，裂缝全域导流能力进一步提高，从而提高了油气产量。

气悬浮支撑剂不会增加滑溜水黏度，不仅保持滑溜水体系技术优点，还能使得支撑剂沉降量更少、分布更为广泛，显著改善普通支撑剂输送及铺置。在相同排量下，增大支撑剂浮力，使支撑剂在裂缝中能够运移得更高、更远，支撑更多的生产裂缝。

①悬砂能力测试。

在100mL清水中加入42g石英砂，也就是砂比420kg/m³。向其中一瓶水中加入2mL亲气型表面活性剂，两瓶同时摇晃1min后静置，悬砂效果如图5-42所示。

（a）添加亲气型表面活性剂　　　　（b）摇晃　　　　（c）静置

图5-42　气悬浮支撑剂悬砂测试示意图

②动态铺置实验。

模拟支撑剂在裂缝中铺置状态，可以看出自悬浮支撑剂产生的砂丘高度比传统支撑剂高出70%，如图5-43所示。

（a）天然石英砂　　　　　　　　　（b）现场喷敷支撑剂

图5-43　气悬浮支撑剂铺砂剖面试验效果图

③技术特点。

a. 现场混砂时向支撑剂喷洒或压裂作业前处理支撑剂,成本低廉,实施简单;

b. 现场混砂过程混入的空气,即可使气泡附着在支撑剂上,工艺简单;

c. 兼容性强,与各种支撑剂、水源和压裂添加剂兼容。

四、自悬浮支撑剂技术优势

自悬浮支撑剂技术优势包括以下几点。

(1)提高支撑剂输砂性能和裂缝远端支撑效率。

自悬浮支撑剂在压裂液中沉降速度慢,几乎呈全悬浮状态,与压裂液跟随性增强,压裂液无须较高黏度就可提高其携砂性能,使支撑剂在裂缝中运移更远,有效支撑裂缝更长,裂缝闭合后导流能力更高。同时,裂缝远端纵向支撑效率也较高,在同等施工条件下,可极大提高裂缝支撑面积及有效裂缝体积,从而提高产量。

(2)降低压裂液黏度及稠化剂用量。

由于支撑剂自悬浮特性,对压裂液黏度要求大大降低,甚至可用滑溜水或活性水进行压裂施工作业,还可有效携砂并均匀铺砂。因此,压裂稠化剂浓度可大幅降低,同时降低压裂液残渣伤害,裂缝导流能力同步提高。

(3)可有效控制裂缝高度。

由于对压裂液黏度要求大幅降低,可控制缝高过度延伸,裂缝高度可得到有效控制。即使是薄层压裂,由于支撑剂强悬浮性,低排量泵注也不易发生砂堵,可大幅提高缝长。

(4)提高泵送加砂强度,从而减少压裂水用量,提高低压煤层气、致密气高砂比压裂成功率,对压裂水缺乏油气田意义重大。

(5)砂堵概率减少,复杂工时降低。

在加拿大 Cardium 致密油层,常规滑溜水压裂 16 井次,自悬浮压裂 27 井次,砂堵情况从 50% 降低到 26%,连续油管冲砂洗井解除砂堵复杂从 31% 降低到 6%,有效降低了压裂施工总成本。

低黏度压裂液滤失大,压裂液造缝效率可能偏低,因此,需综合权衡考虑压裂设计。

五、自悬浮支撑剂试验应用

自悬浮支撑剂适用于低渗透、致密薄层油气藏或压裂液伤害较大的煤层气。这类储层压裂要求的支撑缝长相对较长,但裂缝高度又相对较小,如用常规支撑剂,早期就容易发生沉降砂堵。

该技术已在北美地区现场应用近千井次,平均累计产油量、累计产气量较对比井增加 15%~43%。国内自 2015 年开始对自悬浮支撑剂进行现场试验,多采用"前置液造缝 + 活性水携砂"工艺。前置液通常为瓜尔胶压裂液或聚合物压裂液,采用清水或活性水携砂,其中活性水由助排剂、防膨剂组成。携砂阶段砂比大于 10%,需全程添加破胶剂,并根据地层温度确定关井时间。

目前,自悬浮支撑剂已在吐哈、西南、江苏、大庆等油气田有所应用,整体效果较好,平均累计产油量、累计产气量较对比井增加 10%~344%,胜利页岩油、玛湖致密油水平井试验效果也很好,验证了工艺可行性及增产效果。

与常规石英砂相比，自悬浮支撑剂生产工艺复杂、成本高，从而抑制了该技术大规模推广应用。但随着体积压裂应用井次增加，研发成本、材料成本将进一步摊薄，可整体降低压裂综合成本。

第七节 自聚集支撑剂

一、高导流通道压裂技术

提高支撑剂充填层导流能力一直是水力压裂工艺设计及技术研究重点，相关材料技术包括高效破胶剂，降低压裂液返排对支撑剂的携带作用；高性能助排剂，改善压裂液返排率、降低储层伤害；高强度、低密度支撑剂，增大支撑裂缝几何体积；支撑剂表面改性，控制支撑剂回流、保持裂缝支撑形态。这些技术已全部应用于现场，但导流能力一直未达到预期效果。

针对裂缝闭合后人工裂缝导流能力较低的问题，斯伦贝谢整合了加砂、携砂、铺砂等技术，于2010年提出HiWAY高导流通道压裂技术，彻底颠覆了通过改善支撑剂充填层导流能力来获得高导流裂缝的传统认识，将以往连续、均匀铺砂改为段塞式、非均匀铺砂（图5-44），在裂缝中形成多个分散的"砂柱"[15]，"砂柱"间形成具有无限导流能力的油气运移通道（图5-45），使裂缝由"面"支撑变为"柱"支撑，最大限度降低油气运移阻力、提高油气产量。

经过多年发展，该技术已成为开发非常规油气资源的重要手段，尤其在致密气水平井压裂中，成效显著。

目前，该技术主要由斯伦贝谢、哈里伯顿所掌握，其中斯伦贝谢高导流通道主体技术为脉冲加砂、纤维裹砂、支撑剂聚集改性；而哈里伯顿则是将SandWedge聚砂剂、微粒合金支撑剂组合在一起，主要用于非常规油气大规模体积压裂。

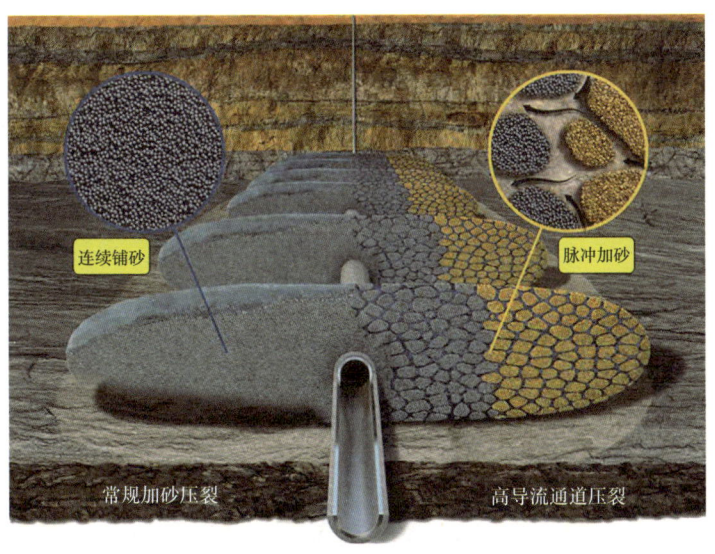

图 5-44　连续铺砂与非连续铺砂示意图

图 5-45　高导流压裂油气通道示意图

国产化技术则以中国石油大学（华东）为代表，已在国内各大油气田应用近百井次，尤以致密油气效果最佳。

二、非均匀铺砂技术

作为高通道压裂关键技术，非均匀铺砂技术决定了高导流裂缝通道能否形成及长期保持[16]。非均匀铺砂技术最早由 Tinsley 于 1973 年提出，随后 Willianm、Fast 和 Pugh 分别在 20 世纪 70 年代进行了几次现场试验，但受限于当时的工艺水平，并未实现规模应用。

非均匀铺砂技术实现主要依赖三种工艺途径：首先，通过采取特定技术使支撑剂实现"抱团"，即支撑剂在井筒或裂缝中以"团簇"状态运移；其次，改善压裂液性能，增大其携砂能力，阻止支撑剂"团簇"在运移过程中受剪切作用而发生分散；最后，对支撑剂进行表面改性，赋予其聚砂性能。当压裂液破胶后，支撑剂颗粒在裂缝闭合过程中仍能以"团簇"状态存在。

三、高导流通道实现工艺

主要通过以下工艺实现支撑剂"抱团"，并使其以支撑剂"团簇"的状态存在于井筒及裂缝中。首先，通过脉冲加砂技术使支撑剂在地面上即被人为地分为多个支撑剂段塞；其次，采用多簇射孔完井工艺，使支撑剂段塞进入裂缝前由大段塞分隔为体积更小的"团簇"[16]。尽管脉冲加砂能实现高频转换，但所形成的支撑剂段塞中支撑剂含量仍较高，裂缝闭合后可能被"压扁"而形成均匀铺砂。而多簇射孔可使大段塞高速过孔眼时，通过数量众多且分布较短的孔眼筛分作用，对携砂液实现分流，以多股分散液流注入裂缝，借助射孔孔眼实现支撑剂"团簇"的二次分割。

1. 伴注纤维裹砂

借鉴支撑剂回流控制技术中纤维对支撑颗粒的包裹携带能力，在支撑剂段塞中伴注纤维，可使支撑剂在井筒及裂缝运移过程中保持"团簇"状态。其机理在于纤维的加入，改变支撑剂颗粒的流变学性质，增大砂团的屈服应力，减小支撑剂在压裂液中的沉降速度，防止支撑剂在井筒中分散。同时，可降低因储层壁面对支撑剂"团簇"的剪切作用，而使砂团分散。另外，纤维形成的相互交错的网络结构，对支撑剂颗粒有较好的包裹和束缚作用，在裂缝闭合后，可增强砂柱稳定性，如图 5-46 所示。

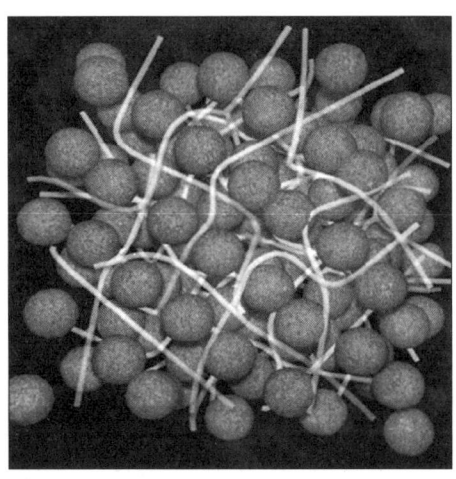

图 5-46　纤维缚砂示意图

纤维对支撑剂颗粒的作用主要是通过物理束缚使支撑剂"抱团"，由于未发生任何化学交联反应，未增加储层伤害。

2. 增大压裂液黏度分隔段塞

支撑剂"团簇"在井筒及裂缝中运移时，由于井筒及储层壁面的剪切作用，导致支撑剂"团簇"可能会发生分散，无法形成分散连续的"砂柱"，减少高导流生产通道；同时，也可能出现支撑剂聚并、段塞消失，导致裂缝闭合时支撑剂以均匀铺砂的形式支撑裂缝。

通过大幅提高压裂液黏度，使其远高于段塞携砂液黏度，可很好地分隔支撑剂段塞，保证支撑剂在运移过程中以"团簇"形态存在。

3. 脉冲加砂工艺

压裂液和携砂液分别从 2 根管线汇入高频转换开关，然后进入泵车组，再泵入井筒。在此过程中，压裂液和携砂液在高频转换开关作用下，以较高的转换频率交替注入，在到达井口前形成多个支撑剂段塞。

四、非固化树脂聚砂技术

1. 非固化覆膜改性技术

早在 1987 年，树脂覆膜技术就用于支撑剂回流控制。经过近几十年的发展，形成了以环氧树脂、酚醛树脂、呋喃树脂及糠醛树脂等为覆膜剂的预固化树脂覆膜支撑剂和液体树脂现场覆膜技术，在控制支撑剂回流方面取得了较好效果。

覆膜支撑剂一般多在砂厂车间内进行生产，工艺条件要远优于现场施工覆膜，但现场覆膜施工方式灵活，工艺参数适应性强。国外以水溶性树脂为主剂，在不添加固化剂的情况下，制备了支撑剂水基表面改性剂，仍能达到与可固化树脂覆膜支撑剂相同的回流控制性能。另外，依靠非固化树脂的黏性作用，还能有效阻止微粒运移，改善充填层的导流能力，保持裂缝清洁。

2. 支撑剂表面自聚集改性

自聚集支撑剂通过使用聚酰胺类非固化树脂，对支撑剂进行表面改性处理来实现[16]。该树脂是一种新型可再生的聚酰胺类共聚物，主要成分为脂肪酸与聚胺共聚物，不溶于原油及储层流体，且具有较好的耐酸碱能力，环境友好，与压裂液具有较好的配伍性，不会对压裂液性能有较大影响。

（1）聚酰胺自聚集机理。

适用于通道压裂的自聚集表面改性剂主要由聚酰胺主链和巨大的疏水基支链组成，如图 5-47 所示。涂敷于支撑剂表面后，由于石英砂表面亲水性，与自聚剂亲水端极性相近，亲水主链紧紧吸附在支撑剂表面，使自聚剂包裹在石英砂表面形成覆膜层。而自聚剂疏水支链远离支撑剂表面，像毛刷子一样伸展在支撑剂颗粒外，使覆膜层对支撑剂颗粒具有一定的黏聚性（树脂黏性作用，如图 5-48 所示），但在储层温度和压力下不发生硬化或固化。

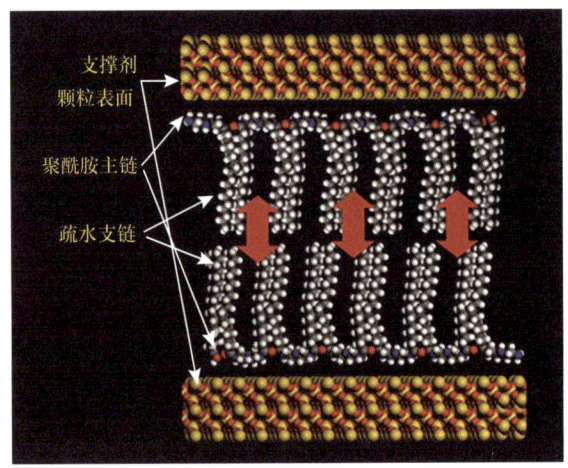

图 5-47　自聚集表面改性剂作用原理示意图

图 5-48　自聚集改性支撑剂黏聚效果示意图

根据相似相容原理，相邻支撑剂颗粒表面覆膜层的疏水支链会相互吸引并缠绕在一起，形成支撑剂聚集纽带，使支撑剂聚集成团，这就是支撑剂自聚集的核心原理，即亲水主链吸附而不固化、疏水支链缠绕聚集。支撑剂聚集后，相邻的碳原子相互键合，形成独特的"分子钩锁系统"，这种结构使改性支撑剂呈现内部"抱团"、外部"吸引"的特性。在外力剪切作用下，疏水支链在不破坏C—C间作用力的前提下相互分开，但剪切消除后又会重新锁合，像分子活性锁链一样，打开又闭合。

经过自聚剂改性处理的支撑剂，可以使支撑剂在地下裂缝中以砂团的形式存在，形成一个个砂柱，使裂缝由"面支撑"变成"柱支撑"，减轻支撑剂在地下的破碎、嵌入、蠕变及回流，提高裂缝导流能力。

自聚集支撑剂由于树脂黏性作用，会使支撑剂牢牢"抱团"，防止其在随压裂注入过程中，由于剪切作用而发生分散，同时亦可吸附储层中的粉砂微粒。又由于非固化特性，支撑剂"团簇"还有一定的变形能力，可有效避免其在通过射孔孔眼时发生脱砂。

（2）分子间物化作用。

非固化树脂涂层锚定在支撑剂颗粒表面，主要依靠以下三种物理化学作用：

①静电作用。

支撑剂带负电，聚酰胺类树脂带正电，依靠静电作用可使树脂亲水基团在砂粒表面锚定。但静电作用形成的锚定基团相对较弱，不稳定，易受到外力影响。

②氢键作用。

树脂中的极性基团能够与砂粒表面的硅羟基形成氢键，从而牢牢地吸附于颗粒表面，氢键作用强于静电作用力，可得到稳定的覆膜层。

③化学键作用。

在支撑剂砂粒表面首先涂覆偶联剂，使其包覆于砂粒表面，树脂类改性剂可与偶联剂发生化学反应形成牢固的化学键，此类锚定作用最为稳定。

3. 自聚剂功能特点

（1）改善支撑剖面，提高支撑剂导流能力。

相同质量的支撑剂，因自聚剂改善了支撑剂铺置剖面，整体孔隙度较连续铺砂提高20%，如图5-49所示。

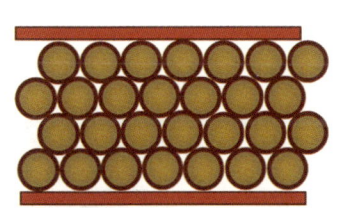 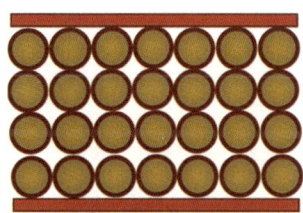 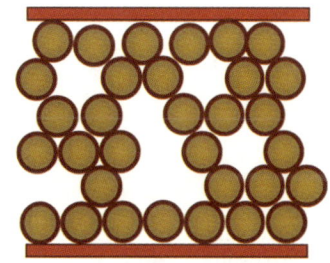

(a) 六面体排列(孔隙度26%)   (b) 四面体排列(孔隙度48%)   (c) 四面体排列(孔隙度大幅提高)

图5-49 非连续自聚集铺砂示意图

经处理后的支撑剂表面具有较高黏性，并且堆积体积增大，孔隙度增大，一定程度上可以增加支撑剂裂缝导流能力，自聚剂改性前后支撑剂铺置效果如图5-50所示。

加入自聚剂后，支撑剂之间黏性增加，在压裂液中的沉降速率更低，有一定的自悬浮功能，裂缝中的支撑剂分布也更为均匀，进一步增强了防砂效果，如图5-51所示。

 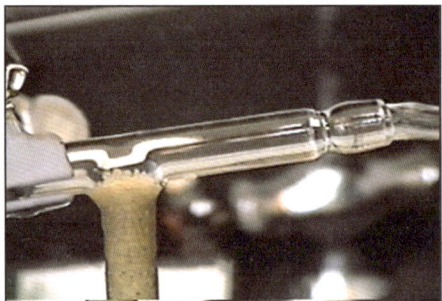

（a）天然石英砂　　　　　　　　　　　　（b）自聚集石英砂

图 5-50　直井自聚集铺砂实验对比示意图

 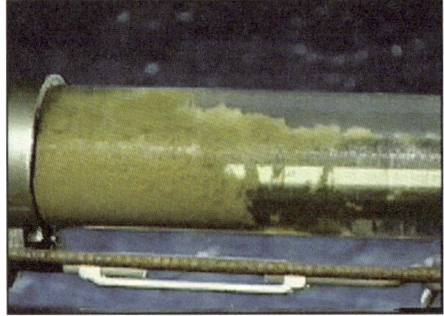

（a）天然石英砂　　　　　　　　　　　　（b）自聚集石英砂

图 5-51　水平井自聚集悬浮实验对比示意图

（2）增强支撑剂抗压能力，降低破碎率。

在反复加载实验中，经过自聚剂处理的支撑剂更难被压碎。

（3）减缓支撑剂嵌入和地层细粉侵入，提高裂缝导流能力和裂缝寿命。

图 5-52 所示为自聚剂改性支撑剂嵌入试验结果，未改性支撑剂嵌入和地层侵入严重，导致支撑裂缝导流能力降低，加入自聚剂后稳定了支撑剂裂缝—地层界面，支撑效果得到明显改善。

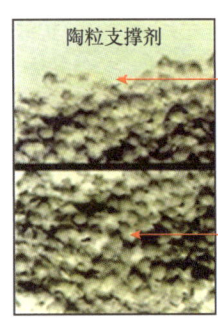  

图 5-52　自聚集支撑剂嵌入试验效果图

自聚剂吸附支撑剂微粉,稳定细粉或煤粉效果好,自聚剂改性前后支撑剂沉降效果如图 5-53 所示。左图液体浑浊,表明有细粉;右图液体澄清,说明自聚剂稳定细粉效果好。

图 5-53 支撑剂沉降对比示意图

(4)降低压裂液损伤,进一步提高裂缝导流能力。

支撑剂表面为亲水性,压裂水分子和增稠剂分子与未改性支撑剂都有反应,可能造成压裂液破胶不彻底,影响裂缝导流能力,如图 5-54 所示。加入自聚剂后,未固化覆膜将支撑剂与压裂液隔开,降低了压裂液损伤,进一步提高了裂缝导流能力。在渗透率恢复 API 测试中,使用同样的岩心和压裂液,加入自聚剂后导流能力恢复值增加了 130%。

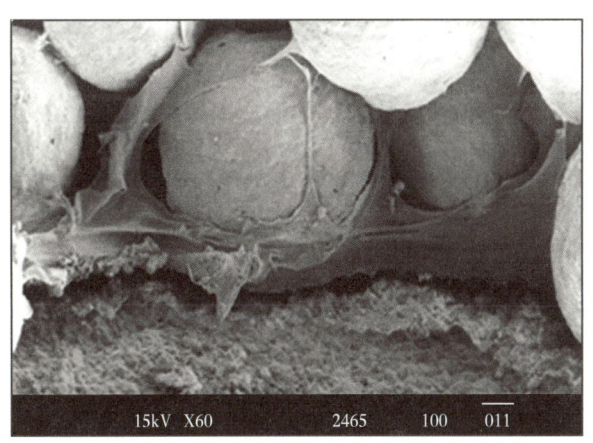

图 5-54 未破胶压裂液成膜示意图

(5)提高地层流体携砂启动速度,防止支撑剂返吐。

在常温下使用自聚剂涂覆后,携砂启动速度可以提高 3~5 倍。

4. 自聚剂改性现场操作

非固化树脂自聚剂分为干涂与湿涂两种操作方式,干涂是在支撑剂入井前,将液体自聚剂涂覆在支撑剂颗粒表面;湿涂自聚剂为可溶性水基表面改性剂,为胶束状,外层是水基乳化剂，内层是表面改性剂，施工时既可涂覆在支撑剂颗粒表面，也可添加在压裂液中。水溶性自聚剂性能稳定，在盐水压裂液中有很好的溶解性，但涂覆效果不如干涂。

（1）自聚剂添加浓度。

压裂过程中可全程添加自聚剂，但出于经济考虑，也可仅涂覆20%~30%的支撑剂，在泵注程序末尾开始添加。自聚剂用量与支撑剂目数相关，支撑剂粒径越大，所需自聚剂浓度越高；井温越高，自聚剂黏性越低，所需自聚剂浓度越高。

若地层存在细粉问题，推荐使用更高浓度的药剂。

（2）自聚剂添加操作。

树脂改性自聚剂为液剂，通常采用干涂覆方式加入混砂车搅笼底部。药剂添加速度与加砂速度成正比，可将液添管线插入支撑剂中，自动控制添加速度。

树脂改性自聚剂极易吸附于金属表面，不要在无支撑剂时泵注药剂。施工结束后，需使用少量溶剂清洗混砂车。

5. 自聚团支撑剂应用

非均匀铺砂技术可使裂缝闭合后形成以"砂柱"为支撑的有效裂缝，理论上具有无限导流能力，能显著改善水力压裂效果，实现油气藏改造大幅增产。

2014年，苏里格致密气、吉木萨尔页岩油水平井压裂引进高导流通道压裂技术，压后效果不明显，一是因为压裂规模较小，二是储层应力敏感性较强，石英砂支撑强度不够。从工艺适用性来看，高导流通道压裂技术更适用于储层应力敏感性不强的密切割压裂水平井。

国产化技术已在玛湖致密油水平井成功应用，生产效果也好于常规技术对比井，但由于支撑剂"抱团"工艺复杂、材料关联性高，该技术目前仍处于研究、试验阶段。

参 考 文 献

[1] 曹科学，蒋建方，郭亮，等.石英砂陶粒组合支撑剂导流能力实验研究[J].石油钻采工艺，2016，38（5）：684-688.

[2] 董小丽，潘文启，杨红英，等.压裂支撑剂性能对导流能力影响室内研究[J].石油工业技术监督，2017，33（8）：24-26.

[3] 熊俊杰.支撑剂铺砂方式对其导流能力影响研究[J].石油化工应用，2017，36（9）：32-34，42.

[4] 郭建春，路千里，刘壮，等."多尺度高密度"压裂技术理念与关键技术——以川西地区致密砂岩气为例[J].天然气工业，2023，43（2）：67-76.

[5] 金达表，张兄明，邹蔚蔚，等.我国天然硅砂的加工现状[J].中国非金属矿工业导刊，2004，（Z）41：93-96.

[6] 唐腾望，管俊芳，任子杰，等.陕西某河湖相沉积型天然石英砂工艺矿物学研究[J].矿产保护与利用，2023（2）：106-111.

[7] 孔维英.新疆阜康市北部荒漠六号压裂支撑剂用石英砂取得进展及发展前景[J].勘探开发，2022（12）：148-150.

[8] 王光，任龙强，丁香，等.石英砂支撑剂破碎率影响因素探讨[J].中外能源，2023，28（5）：56-60.

[9] 郑新权，王欣，张福祥，等.国内石英砂支撑剂评价及砂源本地化研究进展与前景展望[J].中国石油勘探，2021，26（1）：131-137.

[10] 周小金，段永刚，朱愚，等.长宁地区石英砂替代陶粒先导性试验及效果评价[J].钻采工艺，2020，43（1）：57-60.

[11] 黄博，熊炜，马秀敏，等.新型自悬浮压裂支撑剂的应用[J].油气藏评价与开发，2015，5（1）：

67-70.
[12] 张鑫，王展旭，汪庐山，等.膨胀型自悬浮支撑剂的制备及性能评价[J].油田化学，2017，34（3）：449-455.
[13] 黄博，雷林，汤文佳，等.自悬浮支撑剂清水携砂压裂增产机理研究[J].油气藏评价与开发，2021，11（3）：459-464.
[14] 梁莹.自悬浮支撑剂研究进展及应用现状[J].油气井测试，2022，31（1）：47-51.
[15] 钟森，任山，黄禹忠，等.高速通道压裂技术在国外的研究与应用[J].中外能源，2012，17（6）：39-42.
[16] 浮历沛，张贵才，葛际江，等.高通道压裂非均匀铺砂技术研究进展[J].特种油气藏，2016，23（5）：1-7.

第六章 二氧化碳压裂技术

水敏性储层压裂增产面临潜在伤害,压裂液进入储层后,黏土矿物膨胀锁住部分孔喉,将本可以采出的油气永久锁死在地层中。正因如此,油气田开发行业一直尝试用 CO_2 替代水作为压裂液,并在持续探索、试验及实践基础上,形成一系列不同工艺条件下的 CO_2 压裂技术。

CO_2 压裂技术充分利用 CO_2 流动性强、增加地层能量、降低原油黏度和置换吸附甲烷等特点,具有储层伤害小、增产幅度大、节水环保和降低碳排放等优势,成为非常规油气压裂开发关键技术。

第一节 概 述

一、二氧化碳压裂发展历程

20 世纪 60 年代初期,石油天然气行业开始使用液态 CO_2,美国率先开展了 CO_2 泡沫压裂技术研究,并于 70 年代首次进行了现场应用。20 世纪 80 年代初期,纯液态 CO_2 作为压裂液概念首次提出,即纯液态 CO_2 压裂技术,国内称之为干法压裂技术。时隔不久,该技术首次应用于加拿大砂岩油藏,标志着 CO_2 压裂技术进入快速发展阶段。从 20 世纪 90 年代开始,北美 90% 的气井和 30% 的油井采用 CO_2 压裂技术进行增产改造,并成功将液态 CO_2 压裂应用到页岩气增产作业中。到 20 世纪 90 年代末,CO_2 压裂年施工约 3600 井次,其中有一千多口井采用液态 CO_2 压裂工艺。

国内吉林油田拥有丰富的 CO_2 资源,于 1997 年引进美国 SS 公司 CO_2 增压泵、CO_2 罐车等设备,开展 CO_2 伴注、吞吐、泡沫增能压裂等增产作业。但由于 CO_2 增稠剂、减阻剂及密闭加砂装置等核心技术不过关,直到 2013 年才完成 CO_2 干法加砂压裂现场试验。从 2014 年开始,干法压裂工艺成功应用于高凝油、致密气、页岩气增产改造,最大砂比 30%、最大排量 $6m^3/min$、最大加砂量 $30m^3$,改造规模达到水基压裂技术水平。2018 年,新疆油田在直井 CO_2 前置蓄能压裂见效基础上,首次将 CO_2 压裂技术应用于深层稠油水平井分段压裂,并逐步扩展至吉木萨尔页岩油水平井体积压裂,压后产量提升 20% 以上、EUR 提升 10% 以上。在非常规油气开发与双碳目标驱动下,CO_2 压裂技术应用步入新阶段,未来有望在重质页岩油、致密气、页岩气、煤层气提高采收率作业中发挥巨大作用。

二、二氧化碳压裂技术现状

相比于常规水基压裂液体系,液态 CO_2 为介质的无水压裂液具有低伤害、防水敏、增加地层能量、地层内流体改质及减少对水的依赖、降低碳排放等优势,一直都是国内外压裂技术攻关重点研究方向。经过 CO_2 增产机理的深入研究和探索试验、关键核心技术的成熟配套，国内目前已形成 CO_2 干法压裂、准干法压裂、泡沫压裂及前置蓄能压裂等技术，工艺特点、适应性见表 6-1。

表 6-1 二氧化碳工艺技术对比表

工艺	密闭增稠纯干法	泡沫压裂	准干法	前置蓄能压裂
压裂液性质	98% 增稠液态 CO_2	60%~85% CO_2 与常规压裂液混合	70%~90% CO_2 与常规压裂液混合	30%~52% CO_2，本质是水基压裂
携砂能力	CO_2 增稠携砂砂比达 10%	泡沫携砂砂比达 30%	水相携砂砂比达 30%	水相携砂砂比达 30% 以上
压裂设备	密闭混砂车高压流程	传统混砂车、增压泵、压裂泵车（要求低温密封性好）		
特点	无水相；岩心伤害率 2%~6%	15%~40% 水相；岩心伤害率小于 15%	10%~30% 水相；岩心伤害率小于 10%	50%~70% 水相；岩心伤害率 15%~20%
适用储层	强水敏、强水锁	中等偏强水敏储层		低压、高黏

第二节　二氧化碳物理化学性质

二氧化碳是一种碳氧化合物，化学式为 CO_2，分子量为 44，分子构型为直线型，分子模型及空间结构如图 6-1 所示。

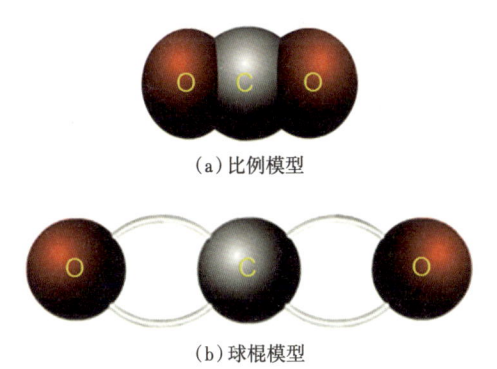
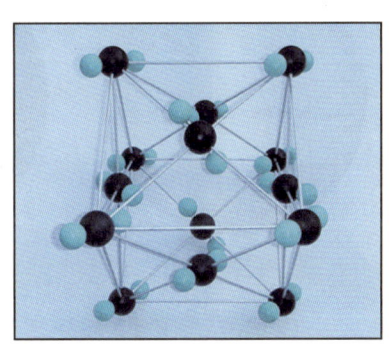

（a）比例模型

（b）球棍模型

（c）空间分子结构

图 6-1 二氧化碳分子结构

一、基本物理化学性质

CO_2 是空气中常见的化合物，在常温常压下是无色无味的气体，密度比空气大，在空气中体积占比 0.03%~0.04%，低浓度时无毒性。

CO_2 是一种无机物，化学性质不活泼，热稳定性很高（2000℃ 时仅有 1.8% 分解），不能燃烧，也不支持燃烧。因此性质稳定，无燃爆性、易液化，便于回收、运输及循环利用。

CO_2 能溶于水，水溶液呈弱酸性，因水合反应生成碳酸，所以是碳酸的酸酐。CO_2 与碱性氧化物或碱反应生成碳酸盐、碳酸氢盐，这是 CO_2 溶蚀储层矿物的化学基础。

CO_2 碳元素化合价为 +4 价，处于最高价态，因此 CO_2 具有氧化性而无还原性，但氧化性很弱。CO_2 属于酸性氧化物，具有酸性氧化物的通性。

二、不同环境下相态

CO_2 有气、液、固及超临界四种相态,相变曲线如图 6-2 所示,变化过程如图 6-3 所示。

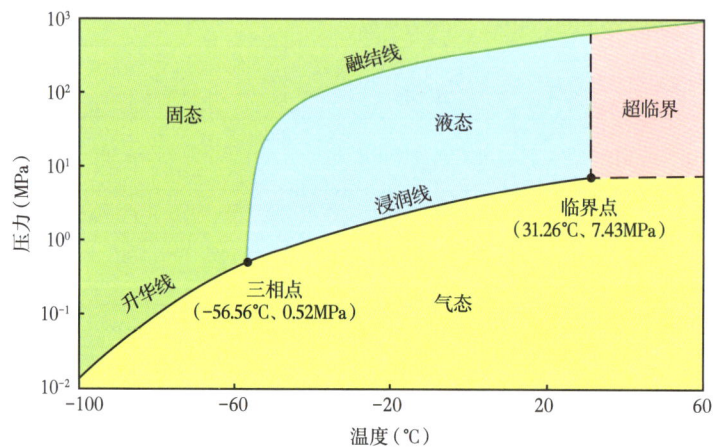

图 6-2 二氧化碳相态变化曲线

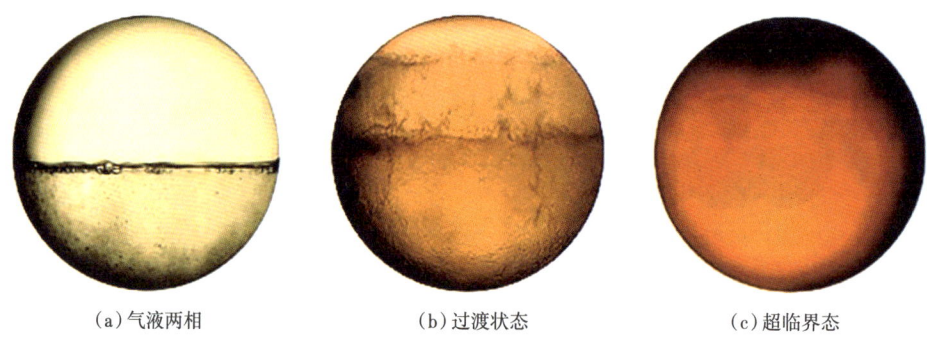

(a)气液两相　　　　　　　　(b)过渡状态　　　　　　　　(c)超临界态

图 6-3 二氧化碳相态变化过程

液态 CO_2 是非极性分子,介电常数、黏度和表面张力极低,可溶于极性较强的溶剂,也可溶于原油和凝析油中,但水基压裂增稠剂无法与之混溶增黏。

液态 CO_2 密度 $1.1g/cm^3$、表面张力 $3mN/m$、黏度约为 $0.1mPa·s$,气液膨胀比高达 530,即 -17℃、2MPa 储存条件下,$1m^3$ 液态 CO_2 可以转化成标况下 $530m^3$ 气态 CO_2,压缩比极高,这是 CO_2 增能压裂的物理基础。

CO_2 在温度高于 31.3℃ 同时压力大于 7.43MPa,达到超临界状态。密度 $0.6\sim0.9g/cm^3$,接近于液体,而黏度 $0.02mPa·s$,近似于气体,既具有液体的高密度又具有气体的低黏度。超临界 CO_2 扩散系数为液态 CO_2 的 100 倍,具有很强的穿透能力,是一种兼具气—液两相性质的特殊状态,对储层改造非常有利。

超过临界温度后,CO_2 在任何压力下都不以液态形式存在;超过临界压力后,CO_2 在任何温度状态下都不以气态形式存在;在温度、压力都超过临界点后,气液界面消失、气液性质共存。

超临界是一种既不同于气态又不同于液态的流体相态，却兼有二者的特性，用作压裂液具有表面张力极低、流动性极强，对非极性物质溶解能力较强等特殊性质，这是CO_2压裂区别于其他压裂技术的独特优点。

第三节　二氧化碳压裂原理

一、二氧化碳造缝机理

CO_2临界压力和临界温度条件要求都比较低，压裂改造时，在井筒中很容易达到超临界状态。在临界点附近，随压力、温度的微小变化，CO_2流体性质（密度、黏度、扩散系数等）有显著变化。

超临界CO_2黏度小、扩散能力强，地层破裂压力不明显，用作压裂液滤失很大，很难形成人工主裂缝，裂缝形态受层理、天然裂缝等弱应力面控制，水平压力差不是主控因素。破岩机理主要以剪切破坏为主，张性破坏很少。

与水基压裂液相比，超临界CO_2具有起裂压力低、易形成复杂裂缝网络、破裂断面粗糙等特点，起裂压力、裂缝形态及导流能力与水力压裂差异较大。

1. 降低岩石起裂压力

超临界CO_2与岩石之间的相互作用会对岩石的力学特性、矿物组成、孔渗特性等产生影响，导致岩石抗压强度和弹性模量随CO_2注入逐步降低，破裂压力也随着降低。岩石力学性质发生改变（如页岩变得更脆），可形成更复杂的缝网，大幅提升增产效果。

相同条件下液态CO_2岩石起裂压力远低于水力压裂。

图6-4所示为三轴应力条件下水、液态CO_2、超临界CO_2起裂压力曲线，对比起裂压力可以看出，相同条件下，超临界CO_2压裂岩石起裂压力比液态CO_2低15%，约为水力压裂的一半。

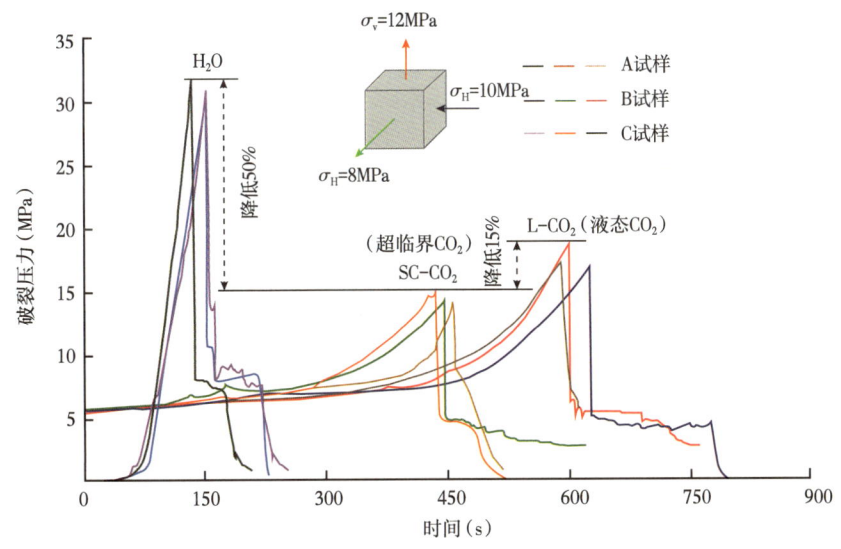

图6-4　三轴应力条件下不同压裂流体起裂压力曲线

（1）低黏、强扩散特性。

超临界CO_2黏度远低于水基流体，表面张力几乎为零，可进入任何大于其分子直径的空间。相比于水基压裂液，超临界CO_2能更有效地渗入岩石孔隙或基质、更容易穿透岩石中互不连通的微孔隙，将流体压力传递到岩石深部，在井筒周围形成高孔隙压力区。孔隙内压力增加会引起井筒周围有效应力降低，并降低岩石强度，使岩石更易起裂、诱发微裂缝，如图6-5所示[2]。因此，超临界CO_2起裂压力明显低于液态CO_2压裂和常规水力压裂。

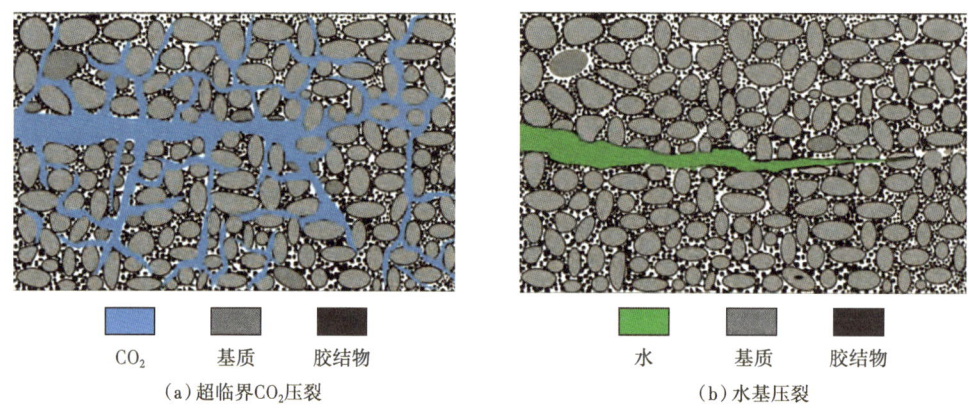

图6-5　不同流体压裂岩石破裂效果图

（2）低温热应力效应。

超临界CO_2黏度较小，传热性能很好。在岩石起裂的瞬时低压期，裂缝尖端因破裂生成的热量（热应力）能迅速扩散到低温CO_2流体中，显著增加岩石损伤破坏、有效降低地层破裂压力，有利于储层人工裂缝的形成。

（3）吸附膨胀效应。

CO_2在页岩表面吸附的自发性和相互作用力均高于CH_4，进而使页岩产生非均质性吸附膨胀，导致页岩的力学性质被劣化。而超临界态CO_2具有更强的吸附能力，会使这种劣化作用更加明显，对页岩的抗压强度和杨氏模量造成损伤，降低了页岩破裂压力。

（4）酸溶蚀作用。

CO_2的酸溶蚀作用，使地层岩石强度降低、破裂压力减小，有利于压开地层，形成复杂缝网。

2. 易于形成复杂缝网

超临界或液态CO_2黏度不足水基压裂液的1/100，通常只有0.02~0.17mPa·s，扩散性极强，约为水的10倍，压裂时具有极强的穿透能力。在裂缝延伸过程中，CO_2能进入水基压裂液无法进入的微小孔隙、喉道及微裂缝、天然裂缝和层理弱面，将压力传递到岩石更深部位，增强裂缝扩展能力，降低地应力对裂缝扩展方位的制约，有效沟通远端天然裂缝，形成更加复杂的裂缝网络，增加储层改造体积。

微地震裂缝监测结果显示，超临界CO_2压裂裂缝起裂信号在井筒周围各个方向上呈放射状密集均匀分布，而常规水力压裂裂缝起裂信号仅沿着最大水平主应力方向分布，如图6-6所示[2]，进一步证实了超临界CO_2压裂能够有效突破应力因素对裂缝形态的限制，促进复杂裂缝网络的产生。

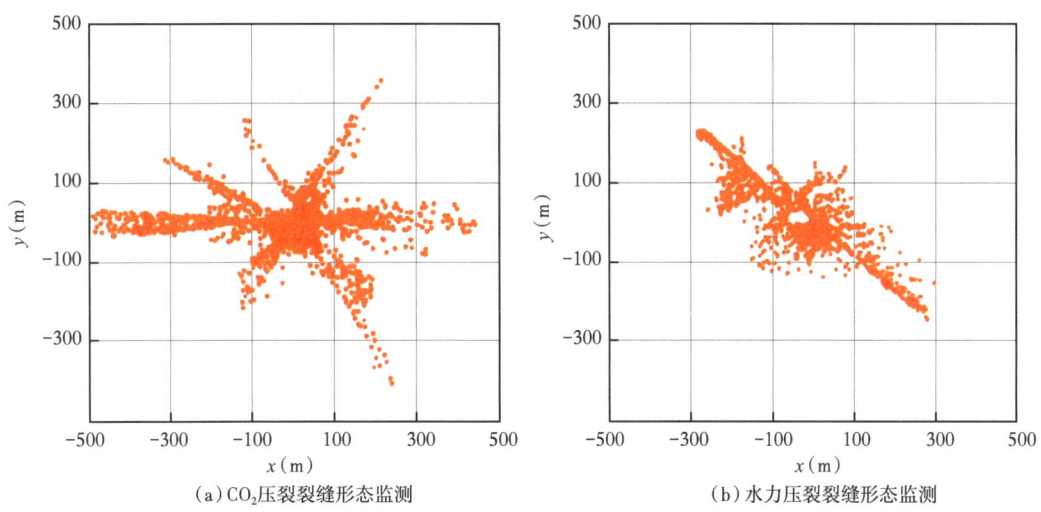

(a) CO_2 压裂裂缝形态监测　　　　　　(b) 水力压裂裂缝形态监测

图 6-6　CO_2 压裂与水力压裂裂缝形态对比图

CO_2 前置压裂形成的复杂裂缝可有效引导后续水力压裂裂缝扩展,形成具有高导流能力的复杂立体缝网,如图 6-7 所示[1]。同时,液态 CO_2 和水基压裂液交替注入,可对目的层产生脉冲压力,使缝内净压力波动变化,有利于连接老裂缝,增添更多分支缝,增加缝网复杂程度。

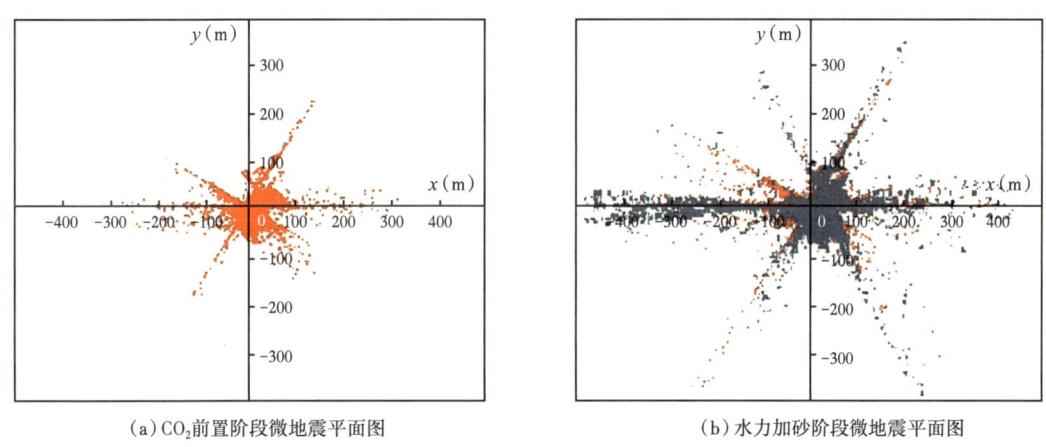

(a) CO_2 前置阶段微地震平面图　　　　　　(b) 水力加砂阶段微地震平面图

图 6-7　CO_2 前置压裂和水力加砂裂缝形态监测图

超临界 CO_2 与水基流体在热物理性质上差异较大,作用在岩石上的高压超临界 CO_2 流体在岩石起裂后进入裂缝瞬间,由于焦耳—汤姆逊效应会使流体温度发生骤降而产生温差,而水基流体几乎不会出现这种现象。这种温度变化会引起超临界 CO_2 流体相态变化,从而获得较高的裂缝扩展速度并促进形成复杂缝网。

3. 高导流能力

超临界 CO_2 压裂可沟通天然缝,通过剪切滑移作用和壁面高粗糙度形成自支撑,如图 6-8 所示。压裂后具有较高的基质渗透率恢复值和较高的导流能力,储层基质、裂缝端面及人工裂缝渗透性好。

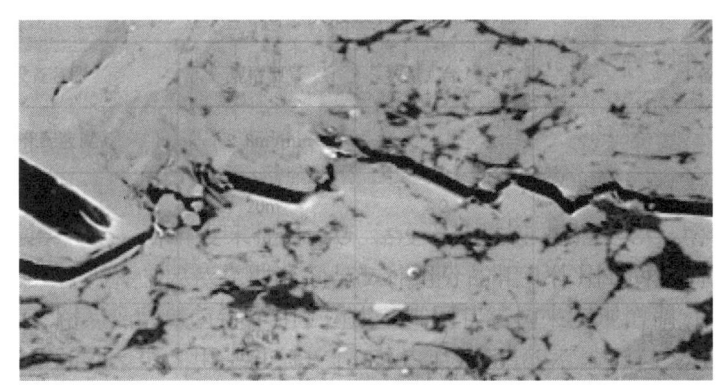

图 6-8　高粗糙度剪切滑移裂缝

（1）多级裂缝导流能力。

超临界 CO_2 压裂形成的多级裂缝比较复杂，并且能沟通天然裂缝提供压力支撑，但裂缝之间相互交叉、裂缝宽度逐级递减。裂缝交叉处相交角越大，支撑剂越难进入，加之缝宽较小且自身携砂能力较差，支撑剂很难充填至裂缝远端，裂缝导流能力主要由主裂缝提供，分支裂缝导流能力较小，有效性也不足。

（2）自支撑裂缝导流能力。

超临界 CO_2 由于其自身的物理化学特性，压裂时很容易形成自支撑裂缝，包括储层剪切滑移（类似于清水压裂），以及 CO_2 与水混合的微酸溶液腐蚀（类似于酸蚀裂缝）等。

二、二氧化碳压裂增能机理

CO_2 可压缩性的特点，赋予它储存能量的能力。当压力降低时，气体就会膨胀，因此提供了充足的能量，可缓解地层压力下降趋势，延长油气高产期。

1. 液态 CO_2 汽化增能

常温常压下液态 CO_2 与气态 CO_2 体积比约为 1∶517，压裂时 CO_2 以超临界相态注入储层，液态 CO_2 富集于储层裂缝附近。压裂投产后，储层温度恢复，随地层压力降低，液态 CO_2 在地层中汽化膨胀（$1m^3$ 液态 CO_2 约变成 $517m^3$ 气态 CO_2），由液态变为气态，体积迅速膨胀，增加了储层能量，有利于减缓地层压力下降速度，对低压、低渗透、水敏储层效果明显。

注入井内的 CO_2 一部分随油气生产采出，留在储层中的 CO_2 随压力下降而膨胀，起到补充地层能量的作用。

2. 原油膨胀提高驱油效率

CO_2 溶解于原油，可使原油体积膨胀、油相渗透率提高，增加了原油内动能及溶解气驱能量，致使驱油效率提高 6%~10%。

三、二氧化碳压裂增产机理

将超临界 CO_2 作为压裂介质，除形成人工复杂裂缝、增加溶解气驱能量外，还能与储层岩石发生物理化学反应，与油气水发生混相、萃取、溶解、吸附、置换等作用，实现压裂—提采一体化增产。

1. 溶蚀作用提高储层渗透率

CO_2 溶于水之后形成碳酸水，有一定的酸化作用，可提高储层的渗透性，其中砂岩渗透率提高 5%~15%，白云岩渗透率提高 6%~75%。

化学方程式：$CO_2+H_2O \rightleftharpoons H_2CO_3$，$H_2CO_3 \rightleftharpoons H^+ + HCO_3^-$。

CO_2 进入地层后，溶解在水基压裂液中，使压裂水酸化，可对储层中的长石、方解石、白云岩等钙质矿物、碳酸盐岩进行溶解和腐蚀，形成更多次生孔隙，如图 6-9 所示[1]，改善储层物性，提高油气渗流能力，还可以起到一定的解堵作用。

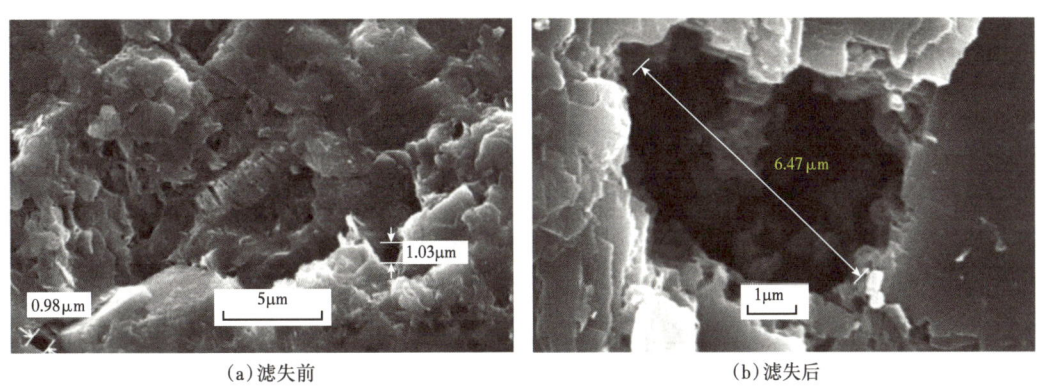

(a) 滤失前　　　　　　　　　　　(b) 滤失后

图 6-9　液态 CO_2 滤失前后岩心端面 SEM 对比

通过扫描电镜（SEM）、X 射线衍射（XRD）和 FTIR 等研究手段分析发现，超临界 CO_2 溶蚀效应引起页岩微观结构发生变化，页岩内部有机质和矿物成分（如蒙皂石、高岭石和方解石）出现不同程度减少，孔隙比表面积降低，从而形成了新的孔隙结构并使原有孔隙尺寸增加，如图 6-10 所示。

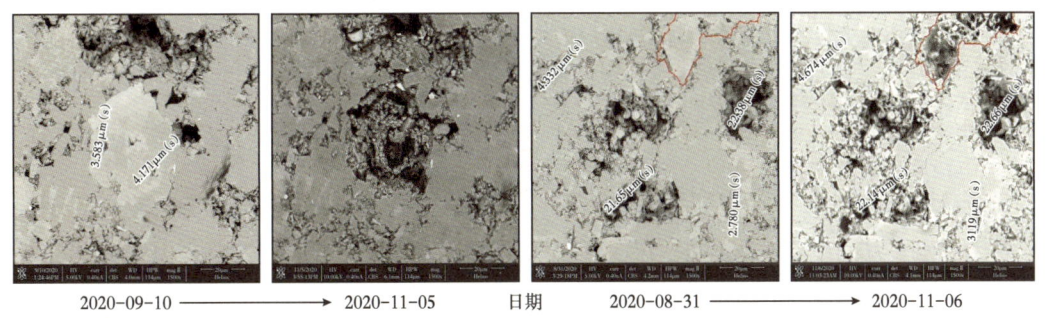

2020-09-10 ⟶ 2020-11-05　　日期　　2020-08-31 ⟶ 2020-11-06

图 6-10　超临界 CO_2 溶蚀前后页岩表面结构

2. 溶解作用降低水相流动性

CO_2 溶于水后，可使滞留在裂缝内的压裂水黏度增加 20%~30%，流动性降低 1/3~1/2，从而使油水黏度比降低，水相对油相的驱动作用增强，提高了油水置换效率，避免压裂水无效返排。

3. 溶解作用降低原油黏度

压裂结束后，液态 CO_2 在地层温度下逐渐汽化，溶解于原油中，大幅降低原油黏度

（30%~60%），提高原油流动性，还可降低高凝油析蜡温度。实验证明，CO_2在不同条件的原油中都有明显的溶解性和降黏作用，且CO_2溶解度越高、黏度下降越快。

4. 溶解作用降低油水界面张力

CO_2溶于原油时，油水界面张力降低，岩石表面亲水性增强，渗吸采收率增大。油水界面张力主要是通过两方面提高渗吸采收率，一是通过增大毛细管压力，提高水相对油相的驱动作用；二是通过提高原油形变能力，使其易于通过细小孔喉。

5. 扩散作用降低残余油饱和度

CO_2在油水系统中有很好的扩散作用，从而使CO_2在油水系统中得以重新分配，油相渗透率提高，最终使残余油饱和度明显降低。

6. 混相作用提高驱油效率

通过压裂方式注入地层的CO_2，当地层压力接近或大于最小混相压力时，CO_2与原油间表面张力会降到极小值甚至为零，气—油界面逐渐变得模糊，如图6-11所示。当气—液界面完全消失，原油与CO_2达到混相，此时拥有更低的密度、黏度，更好的流动性，更易被采出。

当CO_2与原油达到混相后，不仅可以消除界面张力的影响，还能萃取和汽化原油中的轻质烃，大幅降低原油渗流阻力，提高驱油效率

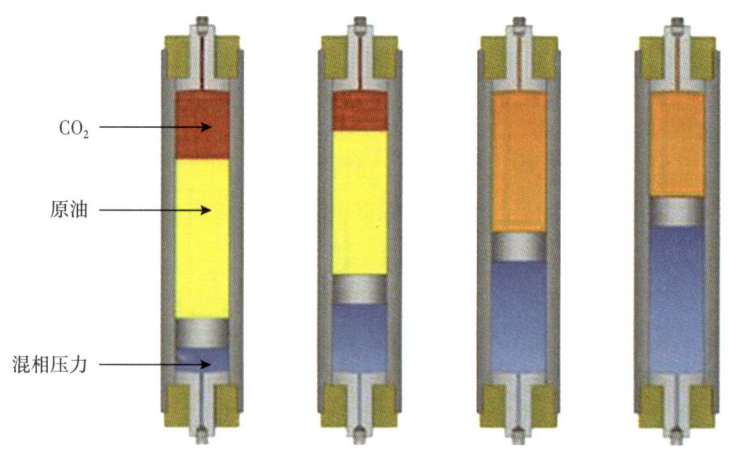

图6-11　快速增压法混相实验

当地层压力小于最小混相压力时，原油和CO_2之间存在较强的表面张力，原油与CO_2为两相或部分混相，只有部分原油溶有CO_2，原油物理性质并未得到大的改善，驱油效率低于混相。

7. 萃取作用改善油气流动性

萃取作用是超临界CO_2与原油混合后，萃取出原油中的轻质组分，从而减少原油中沥青质含量，改变其流动性使其更易被采出。同时，CO_2在驱油过程中会替换部分烃类而长期滞留于地层中，实现CO_2的永久埋存。

超临界CO_2密度接近于液体，具有较强的溶解性能，而且密度和溶解性随压力升高而显著增大。因此，在压裂施工的高压条件下，超临界CO_2具有较高的密度和很强的溶剂化能力，能够溶解裂缝附近的重油组分和其他有机物，减小油气在裂缝内的流动阻力，进一

步提高压裂增产效果。

超临界流体萃取技术是一种新兴的工业技术，通过向煤层中注入超临界 CO_2，能够溶解煤基质中部分有机质，如酯、醚、内酯类、环氧化合物等，从而有效扩增了煤体孔隙、裂隙，提高煤体渗透性，使得甲烷能够更加顺畅地流出，有利于煤层瓦斯解吸，提高煤层气产量。

8. 弱酸性抑制黏土膨胀

CO_2 是一种非极性分子，与地层岩石、流体配伍性好。当液态 CO_2 与地层水或压裂液接触后，生成弱酸性碳酸。碳酸水与储层岩石中的黏土矿物反应，能抑制黏土水化膨胀，还可解除裂缝面堵塞，从根本上避免了水锁效应和岩石润湿性反转等伤害，维持或提高储层渗透率，有效保护储层不受损害。同时，CO_2 可脱出黏土矿物中的结合水，使黏土矿物粒径变小。由于无水相或者少用水相，减少残渣产生，并避免水敏、水锁等现象发生，地层伤害进一步降低。

9. 吸附萃取促进油气置换

等温吸附测试表明，CO_2 在岩石表面的吸附能力是 CH_4 的 4~16 倍。当液态 CO_2 与岩石表面接触时，由于 CO_2 分子与岩石间的作用力更强，更具侵略性，可高效置换岩石表面吸附的 CH_4 分子，使 CH_4 由吸附态转变为游离态，从而提高气井产量。

不同于油水渗吸置换，CO_2 与原油置换为萃取作用，地层压力越高，置换能力越强。基于相似性原理，CO_2 分子极性极低，更容易溶解同样极性低的组分，即小分子量烷烃，而对于大分子量、极性较高的重烃组分，萃取能力较差。

四、压裂工况下二氧化碳相态变化

在 CO_2 压裂过程中，CO_2 相态变化十分复杂，如图 6-12 所示。图 6-12 中的 1—2—3—4—5—6—7 点接线，描述了 CO_2 在压裂施工运移过程中的相态变化。

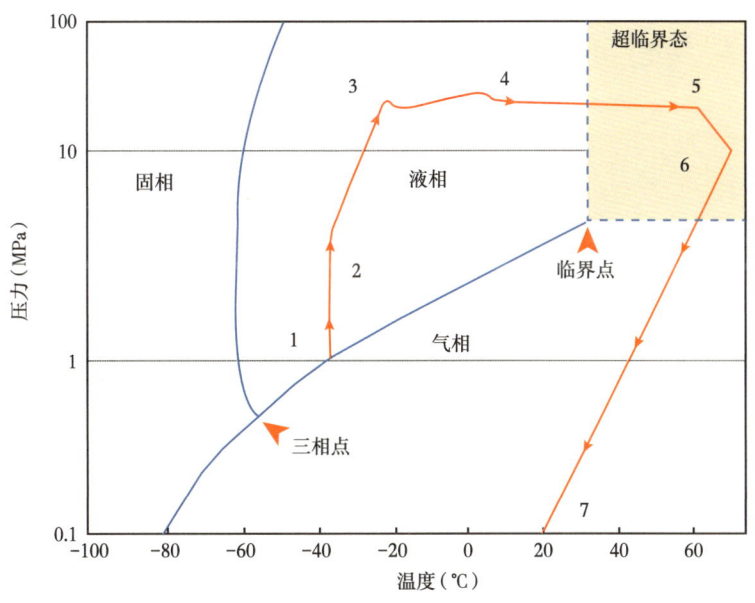

图 6-12 压裂工况下 CO_2 相态变化图

点 1：CO_2 运输及储存状态，1.0MPa 和 -35℃ 温压条件，即 CO_2 在储罐中以液态形式存储。

点 2：经过增压泵加压后，液态 CO_2 压力升高，在 1.8~2.2MPa、-25~-15℃ 温压条件下，注入压裂车。

点 3：CO_2 从增压泵注入压裂车，压裂泵出口处液态 CO_2 压力进一步升高至施工压力。

点 4：CO_2 从地面到井筒的变化过程。随着地层深度的增加，地层温度也增加，由于存在着热量交换，因此压裂液的温度开始上升。压裂液进入井筒，相当于压裂施工进行中的泵注阶段。

点 5：水基压裂液混合注入，随着流体进入地层，热量交换，液体温度逐渐接近井底地层温度。此时，CO_2 流体处于超临界态。

点 6：停泵，裂缝开始闭合，温度增加，压力下降至地层压力。

点 7：返排阶段，压力降低，CO_2 返排到地层表面。此过程，CO_2 从超临界状态转变为气态。

在整个压裂施工过程中，CO_2 的密度、黏度、溶解性能等性质都随着温压条件变化而变化。

五、二氧化碳压裂技术难点

1. 黏度低、携砂能力差

液态 CO_2 黏度较低，通常只有 0.02~0.17mPa·s，因而携砂能力差。为保证施工安全，只能降低砂浓度，并使用低密度支撑剂。同时，液态 CO_2 滤失速度快、滤失量大，施工时必须提高泵注排量，因此需要动用较多的压裂设备。

在 CO_2 用作压裂液时，使用增稠剂可大幅提高黏度，通常增黏达百倍以上，提高液态 CO_2 携砂能力和降滤失能力。

2. 液态摩阻大、难以有效造缝

液态 CO_2 为牛顿流体，在管柱中有较高的流动摩擦阻力。管柱中流动摩擦阻力遵循 Fanning 公式：

$$\Delta p_\mathrm{f} = \lambda \frac{l}{d} \frac{\rho v^2}{2} \tag{6-1}$$

式中：Δp_f 为摩擦阻力压降，MPa/m；λ 为摩擦系数；l 为管长，m；d 为管径，m；ρ 为流体密度，kg/m³；v 为流体流速（排量），m³/min。

从式（6-1）可以看出，Δp_f 与 v^2 成正比，随排量增加，摩阻迅速增大，高摩擦阻力与大排量施工提高携砂量矛盾显著，给现场施工带来更大挑战，因此，必须配套研制液态 CO_2 减阻剂。

3. 密闭作业、装备配套难度大

CO_2 压裂施工中，必须保持 CO_2 在地面处于液态，所有流体管道、泵阀都必须全程处于低温密闭状态，即使高温环境下也必须如此。尤其是混砂装置，需要密闭空间实现 CO_2 与支撑剂混合，不能使用常规混砂车，必须采用专用的密闭混砂设备。

第四节 二氧化碳压裂主体装备

与常规水力压裂相比，CO_2 压裂的泵输介质为低温可压缩性 CO_2，要求极低的地面温度（液态 CO_2 地面温度为 $-20\sim-17℃$），需带压储存及运输（液态 CO_2 储运条件为 $-17℃$，2.1MPa），并需密闭带压混砂等。与常规水力压裂相比，在施工设备要求、地面管线流程、施工作业安全等方面都存在很大差异。

CO_2 压裂工艺所需的设备包含液态 CO_2 储罐、液态 CO_2 增压设备、专用带压混砂设备、高压泵送设备、远程数据监视及远程控制系统，以及其他辅助设备，如图6-13所示。[3] 施工过程具有全密闭、高压、低温的特点，与常规压裂相比，对压裂设备性能要求更高。

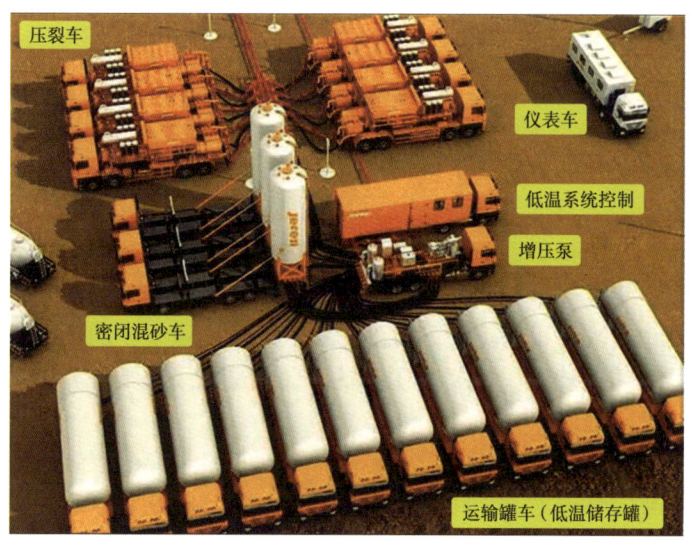

图 6-13 CO_2 压裂设备系统现场布局图

一、增压泵

液态 CO_2 在储罐中长时间运输和存储，通常处于饱和蒸气压作用下的临界平衡状态。这种状态下的液态 CO_2 相态十分不易控制，少量的吸热和降压都会造成大量液态 CO_2 汽化。因此，在 CO_2 压裂施工中，使用 CO_2 增压设备使处于临界平衡状态的液态 CO_2 在压力上超过临界平衡压力，使其在整个地面流程中即使从外界吸收部分热量也能保持液态，减弱吸热造成的 CO_2 汽化效果，同时 CO_2 增压设备还兼具下游压裂泵供液的作用。

国内早期使用的 CO_2 增压设备主要从美国 Stewart & Stevenson 公司进口，最大排量为 $2.5m^3/min$，扬程40m，性能指标只能满足当时的 CO_2 泡沫压裂作业，国外也有采用高压 N_2 通入 CO_2 储罐达到增压的目的。

随着 CO_2 压裂工艺技术的发展，对于大型 CO_2 压裂作业，$2.5m^3/min$ 的排量已满足不了作业规模的要求（目前最大排量要求 $16m^3/min$）。为满足作业规模要求，同时兼顾施工成本，烟台杰瑞开发了大排量的 CO_2 增压设备。这套设备包括台上发动机系统、增压泵注系统、气/液分离系统、进液排液系统和本地/远程操作控制系统，如图6-14所示。其中增压泵注系统配备了2台离心式CO_2增压泵,总排量达到$18m^3/min$,扬程达到70m,满足了大规模作业工艺要求。2台增压泵互为备用,既提高了作业可靠性,又降低了设备投入。

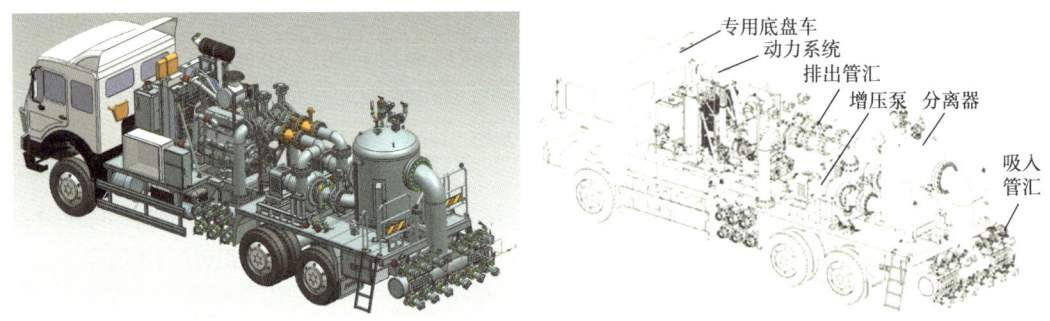

图6-14 大排量CO_2增压设备

CO_2增压设备主要由进液管汇、分离器、增压泵、排出管汇、气相管汇、动力系统、液压系统组成,槽车中液态CO_2经过进液管汇进入增压设备,经过分离器气液分离及缓冲,再由增压泵增压后,经排出管汇进入下游管汇系统,增压泵由发动机带动液压系统驱动,实现排量压力的调节。

气液分离器主要目的是实现液态CO_2入泵前的缓冲及气液分离,保证泵正常运转、减少气蚀。分离器主要由罐体,以及顶部放空保护装置、侧壁液位检测装置组成,实现CO_2缓冲分离、检测液位、液体采用上进下出的形式。罐体容积主要取决于设备设计排量,排量越大所需分离器的体积越大。根据现在设备设计排量范围,常规分离器的设计容积范围在$1\sim2m^3$之间。

CO_2增压泵有两种,一种是离心泵,另一种是滑片泵。离心泵结构简单、更易维护保养。离心泵工作原理与油田常规使用的离心泵是一致的,都是依靠旋转叶轮对液体的作用把原动机的机械能传递给液体。由于作用液体从叶轮进口流向出口的过程中,其速度能和压力能都得到增加,被叶轮排出的液体经过压出室,大部分速度能转换成压力能,然后沿排出管路输送出去。

图6-15所示为底盘发动机取力单泵增压系统,具体技术参数为:额定功率110kW,额定电压380V,变频范围$5\sim100Hz$,额定排量$8m^3/min$,额定扬程40m,工作压力2.5MPa,工作温度$-40\sim40℃$,转速1470r/min,橇装尺寸(长×宽×高)$6.4m\times2.3m\times2.5m$。

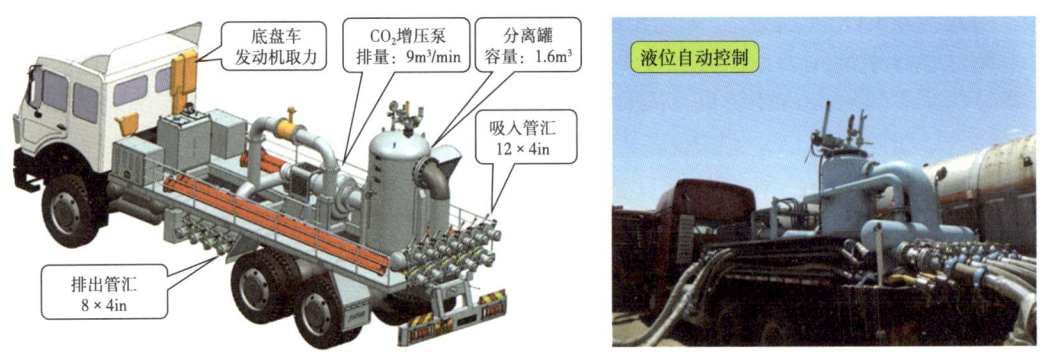

图6-15 底盘发动机取力增压泵

二、密闭混砂车

高压密闭混砂车是实施液态 CO_2 压裂技术的关键核心设备,主要作用是在密闭带压条件下将支撑剂与液态 CO_2 按一定比例混合输送给压裂车,需同时满足低温、带压、动密封、砂比控制等要求。

由于 CO_2 必须在一定的压力和温度(2~2.5MPa、-20℃)条件下才能保持液相状态,CO_2 混砂车实质上是一个大容量低温压力容器。对设备研发来讲,低温不是制约设备研发的主要因素,其难点是将支撑剂连续加入 2~2.5MPa 的压力环境中,这一点使用常规压裂的混砂装置显然不可能实现。基于这一现实的工艺要求,烟台杰瑞开发了用于 CO_2 压裂的专用带压混砂设备。基本设计思路是,将支撑剂预先存储在液态 CO_2 的高压低温环境中,当泵送前置液时,将支撑剂和压裂液通过阀门隔离,当需要泵送携砂液时,将该阀门打开,同时通过可计量的输送装置将支撑剂加入液态 CO_2 中,在地面管汇中实现支撑剂与液态 CO_2 的混合。

烟台杰瑞目前已经开发了 3 种专用带压混砂设备,它们分别是车载立罐式、车载卧罐式和橇装立罐式。下面以车载立罐式为例介绍该种设备的主要结构和工作原理。

图 6-16(a)是车载立罐式液态 CO_2 带压混砂车结构示意图。该混砂车包含了专用底盘、液压系统、支撑剂低温储罐、翻转举升系统、称重计量仪、混合器,以及储罐支撑机构等。其中支撑剂低温储罐用于存放经过预冷的压裂支撑剂,储罐有效容积为 25m³,罐体工作压力为 2.5MPa(-40℃)。

在加砂压裂作业流程中,通过 CO_2 液相管线向储罐内注入液态 CO_2,在保证储罐底部支撑剂浸润液态 CO_2 的同时,也对储罐内的支撑剂进行置换,储罐内压力与管道压力始终保持平衡。在压力平衡的状态下,支撑剂通过低温储罐的底部出料阀门,进入高精度喂料器的进料口。喂料器按照程序设定的浓度比例,将支撑剂按配比量加入下游的混合器中,与混合器中的高速流动的液态 CO_2 混合均匀,并形成紊流悬浮状态的携砂液后,再被输送到高压泵送设备,最终通过高压柱塞泵加压注入目标储层。在整个作业过程中,携砂液的浓度通过放射性密度计进行实时监测和反馈,混砂自动控制系统通过反馈的数据及时修正喂料器的速度,从而实现 CO_2 携砂液浓度的精确控制。

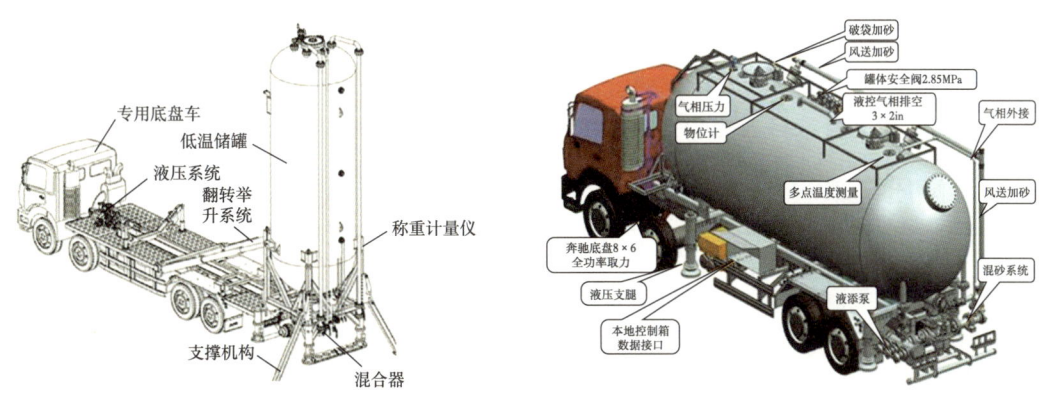

(a)立罐式密闭混砂车　　　　　(b)卧罐式密闭混砂车

图 6-16　密闭混砂车结构示意图

图6-16（b）所示为车载卧罐式密闭加砂设备，储罐容积27m³，额定压力2.5MPa，最大吸入流量8m³/min，最大排出流量8m³/min，最大喂料能力3000kg/min，外形尺寸1.2m×2.54m×4m，额定工作温度-20℃，最低工作温度-30℃。

为增大储罐容积，川庆钻探研制了橇装卧罐式密闭混砂设备[4]，如图6-17所示。定型后的CO_2密闭混砂装置总容积20m³、有效容积15m³、工作压力3.5MPa、最大输砂速度1m³/min，具有保温、承压、输砂控制、流量计量、砂浓度监测、远程控制等功能，稳定性、可靠性和安全性都比较高。

图6-17 橇装卧罐式密闭混砂设备

橇装卧罐式密闭混砂装置具有以下特点：

（1）采用罐式集装箱C3标准进行罐体总成结构及管汇流程设计，实现了支撑剂快速冷却，提高了螺旋输砂效率，保证支撑剂完全输出。

（2）在密闭承压容器中设计螺旋输送装置，解决了低温、带压、大跨度、重负荷条件下的动密封问题，使支撑剂与液态CO_2在密闭带压条件下混合，并能够在液态CO_2环境下进行密闭带压输砂控制和流量计量。

（3）通过工艺方法与数字化集成，设计了具备手动、自动一体式功能的远程集中控制系统，实现了对装置运行参数的实时监控及对砂比的精确控制。

三、高压泵车

常规压裂泵车，不论是柴驱、还是电驱，压裂流体都处于密闭状态。但在泵送液态CO_2时，因泵送温度在-25~-15℃，低温易产生蒸汽水锁和机械失效，CO_2汽化也会造成泵效降低甚至失效，因此应对高压泵车进行耐低温改造。

常规压裂泵上水管汇总成仅适用于水基压裂液，耐压级别低、不适于低温作业，为此需更换成耐压密封上水管汇总成，压裂泵密封总成也需更换成耐低温密封件，如图6-18所示。

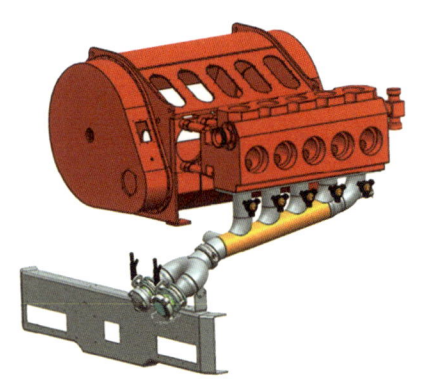 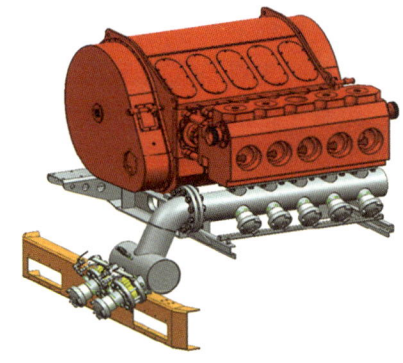

(a)水基压裂液上水管汇　　　　　　　(b)CO_2压裂液上水管汇

图 6-18　压裂泵上水管汇结构示意图

压裂泵上水管汇、密封件技术改造项点及技术要求见表 6-2。

表 6-2　压裂泵上水管汇耐低温改造技术项点

技术改造项点	常规低压管汇	CO_2 低压管汇
设计、检验标准	非压力管道	按照压力管道进行设计、制作、检验
作业温度	常温	低温
连接形式	沟槽连接	法兰连接
蝶阀	常温蝶阀	低温蝶阀
焊接要求	非全熔透焊接	全熔透焊接
检验要求	无须无损检测	无损检测
设计压力	1MPa	2.5MPa
安全装置	无	配置安全阀（防液态 CO_2 汽化导致超压）
柱塞泵密封件	常温密封件	低温密封件

四、地面管汇优化

除液态 CO_2 输送管汇外，为确保安全施工，地面整体设计三条管线，压裂主管线、泄压管线、循环排空管线。高压配件采用 PU 级 103.4MPa 耐低温耐高压管件，主管线加装单流阀、旋塞阀，每台过砂泵车连接处加装挡板式单流阀，不过砂泵车连接处加装锥形单流阀，泄压管线采用安全泄压阀与远程控制旋塞阀组合使用，实现超压泄压安全可控。

五、远程监控系统

CO_2 压裂施工过程中，地面管汇及设备始终处于低温高压环境下。为保证施工人员的生命安全，对整个井场实时监视和远程集中控制是必然要求，即实现无人化压裂井场。无人化井场集中监控系统包括设备监视系统、控制系统、数采系统和安全监视系统 4 个组成部分。

1. 设备监视系统

设备监视系统主要监视施工设备运行状况，保证施工连续稳定进行。在液态 CO_2 加砂压裂工艺过程中，液态 CO_2 相态变化对施工影响。当液态 CO_2 环境压力突降到对应温度饱和蒸气压以下时，液态 CO_2 开始汽化，汽化过程会从液态 CO_2 吸收大量热量，导致液态 CO_2 温度在极短时间内降低到对应压力凝点之下，形成固体 CO_2，俗称干冰（形成干冰的危险情况通常发生在环境压力低于 0.8MPa 以下）。作业过程中，局部突然失压形成的干冰会堵塞作业管线和设备，进而造成施工中断。因此需要配置一套远程设备监视系统，通过安装在设备关键点的压力和温度传感器，对施工流程实时监视，并设定压力和温度报警。

2. 控制系统

控制系统包含增压设备、带压混砂设备、压裂泵车的，以及高压井口管线远程控制。远程控制是实现无人化井场的核心部分，实现方式基于设备本地的电控液压系统，通过局域网组态的远程信号指令自动调整设备作业参数。为保证施工安全，配备全自动控制功能，包括气/液分离罐液位、密闭加砂、增稠剂添加，以及增压泵排量压力的自动控制。独立于全自动控制功能之外还需配备全自动保护系统，包括加砂保护系统及高低压部分超压保护系统等。以上自动控制和保护系统保证了系统运行可靠性，也保证了施工安全性。

3. 数采系统

基于常规压裂数采系统，拓展了采集参数范围，主要增加了地面设备压力、温度、流量、砂量和添加剂加量的实时采集。帮助工艺和施工人员非常直观地了解液态 CO_2 的物理性质，以及砂浓度精确控制操作方式，对改进工艺、提升操作水平，以及设备改进都非常有益。

4. 安全监视系统

安全监视系统包括但不限于井场区域内的环境安全监视，保护井场及其周围人员和动物生命安全，主体是气体浓度监测系统和视频监控系统。

当空气中 CO_2 体积分数高于 0.5% 时，会对身处其中的作业人员造成窒息等严重伤害。因此必须在井场安装气体检测仪器和报警系统，统称气体浓度监测系统。气体浓度监测系统主要由气体检测仪器、网络通信和监控软件等组成。根据井场设备排布和井场周围地形，一般配置 4~5 套气体检测仪，每套仪器包含 CO_2 浓度监测仪和氧气浓度监测仪 2 种仪表。检测仪通过通信电缆与浓度监测系统连接，进行数据的传输和报警信息的发送，监控软件系统输出气体浓度实时列表、气体浓度变化实时曲线和气体浓度超标报警等。

视频监控系统主要由远红外摄像头、高清摄像头、便携式 360° 旋转云台、视频网络通信和视频监控硬盘刻录机等组成。根据井场排布情况，一般配置 4~5 套摄像头和便携式 360° 旋转云台。采集的视频信号通过线缆传输到显示器和硬盘刻录机，分别进行影像显示和保存。操作人员可以通过视频影像，了解现场作业情况，及时调整操作，保证作业安全。

第五节 二氧化碳压裂工艺流程

CO_2 压裂施工配套烦琐，与常规水力压裂在设备上差异很大，科学合理地布置现场设备是施工成功的关键，也是安全保障的前提。

基于液态 CO_2 物理特性及 CO_2 压裂工艺要求，在工艺流程制定上，将 CO_2 压裂的施工工艺设计成 4 个子流程，如图 6-19 所示[5]。按施工顺序排列，包括系统增压、循环预冷、施工作业和系统放空。

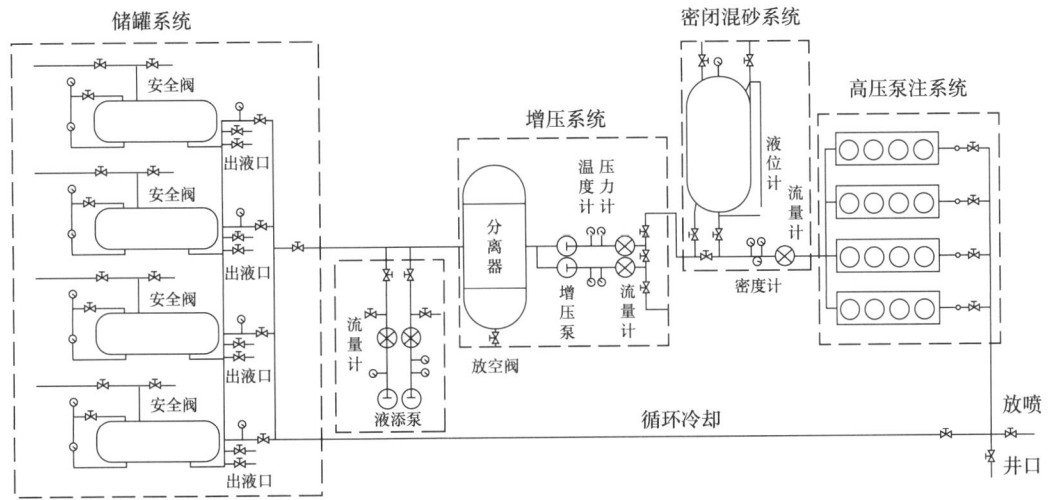

图 6-19　二氧化碳压裂地面工艺流程图

一、系统增压流程

系统增压流程主要是通过液态 CO_2 储罐中的气相 CO_2（2MPa 左右）在全部地面管汇和设备通道内建立 0.52MPa 以上的基本压力（一般需要超过 1.2MPa，通常增压到 1.6MPa 左右，兼具系统试压作用）。建立基本压力主要用于避免后续循环预冷流程中，管汇和设备中液态 CO_2 由于汽化吸热形成干冰。当管汇和设备所有压力监测点压力值达到设定值后，系统增压流程结束。在增压过程中，需要随时检查地面管汇和设备泄漏点，并及时处理。

二、循环预冷流程

当系统增压流程结束后，需要开启循环预冷流程。

循环预冷流程是通过储罐中的液态 CO_2，对所有地面管汇和专用设备进行循环预冷。与此同时，将液态 CO_2 注入支撑剂低温储罐中，对储罐中的支撑剂进行预冷。这一过程通过液态 CO_2 汽化吸热，将管线和设备温度降低到 -20℃ 左右。在循环预冷工艺流程中，液态 CO_2 增压设备是主要的流体驱动设备，储罐中的液态 CO_2 通过气液分离器进入到增压泵，再被增压泵输送到所有地面管汇、支撑剂储罐和压裂泵，然后通过高压管汇支路返回到增压输送泵吸入口,形成循环预冷流动。循环预冷重点是专用带压混砂设备储罐中的支撑剂和压裂泵液力端。

循环预冷过程中,液态 CO_2 吸热汽化形成的 CO_2 气体,则通过增压输送泵系统中的气液分离器集中并及时排放。当管汇和设备上安装的所有温度监测点的温度值达到设定值后,循环预冷流程结束。

三、施工作业流程

循环预冷流程结束后,进入施工作业流程。CO_2 压裂施工流程与常规压裂基本一致,包括地面管线试压、泵送前置液、泵送携砂液和泵送顶替液 4 个过程。CO_2 压裂一般采用套管压裂以提高排量、降低摩阻,泵送前置液过程即加入增稠剂。当储层形成足够长度和宽度的裂缝后,再通过专用带压混砂设备,向液态 CO_2 中加入支撑剂,液态 CO_2 携带支撑剂进入储层裂缝,支撑已形成的裂缝,维持储层裂缝的高导流能力。

在施工作业流程中,专用带压混砂设备是技术核心。预冷后的支撑剂,通过混砂设备喂料器和混合器,按比例加入液态 CO_2 基液中,混合形成液态 CO_2 携砂液,并通过高压泵送设备输送到储层裂缝中,最后按照施工设计要求泵送顶替液直到施工结束。

四、系统放空流程

施工作业完成后,依次关闭井口并开启高压放空端口,全部地面设备内剩余的液态 CO_2,全部从放空端口统一放空。为避免拆卸管线过程中,管线中残余干冰造成"冰炮"伤害事故,一般要求放空后静置 12h 以上,再拆卸管线。

第六节 二氧化碳压裂液增稠剂

干法压裂施工中,CO_2 压裂液需携带一定数量的压裂砂,支撑已压开的人工裂缝。而超临界 CO_2 黏度低、携砂能力差、液体易滤失,无法较好地将压裂砂携带至目的层。如果 CO_2 压裂液的黏度能得到有效提高,将大力促进水敏性低渗透油气藏和低压油气藏的有效开采和油气增产。因此,如何提高干法压裂中压裂液的黏度,而又保持干法压裂的无伤害特性,成为干法压裂技术研究中的重点问题。

一、液态二氧化碳增稠机理

对高分子量、极性、离子化合物来说,CO_2 是一种弱溶剂。因此,CO_2 一般不能溶解大部分水基压裂用聚合物、分散剂、自组装增稠剂、螯合剂和离子化合物。

CO_2 增稠剂首先必须是一种易溶于 CO_2 而不溶于水的添加剂,但常规低碳烃类增稠剂不溶于 CO_2,增黏效果差;其他一些增稠剂溶解所需的压力过高,现场无法提供高压环境来满足增稠剂溶解条件。增稠剂能否提升 CO_2 黏度,首先取决于增稠剂在 CO_2 中的溶解性,即增稠剂分子中必须包括亲 CO_2 疏水基团。溶解性好的增稠剂分子更易与 CO_2 分子相互作用,从而增加体系黏度,而且溶解性越高,分子间相互作用越大,增稠效果越好。

增稠剂溶解性仅是 CO_2 增稠的必要条件，而非充分条件。要实现增稠，增稠剂分子中还必须包含疏 CO_2 活性基团，使增稠剂分子链相互交叉、缠绕形成网状结构，起到增稠作用。理想的增稠剂应同时在超临界 CO_2 中具备溶解性和增稠性，不仅能够在适当温压下充分溶于超临界 CO_2，而且能够在超临界 CO_2 中通过分子间相互缔合形成分子聚集体，进而构成空间网状结构，从而在较低浓度下显著增加超临界 CO_2 黏度。即增稠剂分子由两部分组成，一是能溶于 CO_2 的亲 CO_2 疏水基团，二是含有一种或多种将 CO_2 增稠的疏 CO_2 活性基团，从而建立黏度增强、缔和、非共价的大分子网络。

1. 亲 CO_2 疏水基团溶解机制

能溶于 CO_2 的聚合物具备不结晶、无规则的结构，能增大物质混合熵。亲 CO_2 疏水基团主要有氟类、硅类、羰基类（酯、酸、酮、酰胺）、醚基类等，在 CO_2 中溶解度从大到小的顺序为：聚氟丙烯酸盐（PFA）、聚二甲基硅氧烷（PDMS）、聚醋酸乙烯酯（PVAc）、无定形聚乳酸（PLA）、聚甲基丙烯酸酯（PMA），如图 6-20 和图 6-21 所示。这类基团具有一定的链柔性、高自由体积和低内聚能密度，使聚合物具有较低的玻璃转化温度和空间位阻参数，形成在 CO_2 中有利的混合熵及弱溶质—溶质的相互作用，改善聚合物在 CO_2 中的溶解性。

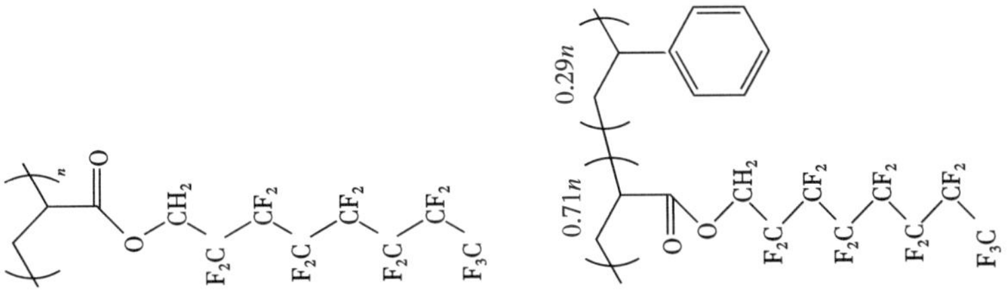

氟化丙烯酸酯　　　　　　　氟化丙烯酸酯—苯乙烯

图 6-20　氟化丙烯酸酯与氟化丙烯酸酯—苯乙烯共聚物分子结构图

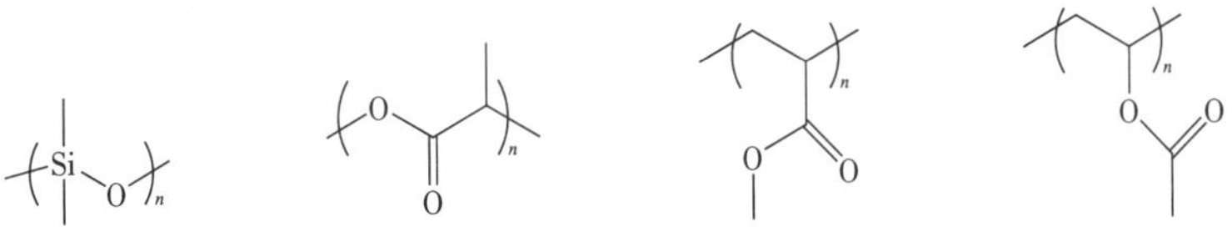

PMDS　　PLA　　PMA　　PVAc

图 6-21　硅类与羰基类亲 CO_2 聚合物

在 CO_2 与羰基化合物的相互作用中，CO_2 中的碳原子作为路易斯酸，聚合物侧链上羰基中的氧原子则作为路易斯碱，其本质是路易斯酸—碱相互作用[6]。

在 CO_2—羰基化合物系统中，羰基化合物与 CO_2 间相互作用的强度与其几何构型有关。电荷偏移和四极矩使 CO_2 既可作为接受电子的路易斯酸又可作为提供电子的路易斯碱，在一定条件下能够与亲 CO_2 官能团产生双重相互作用。除 CO_2 的碳与羰基氧之间的路易斯酸—碱相互作用，还伴随着 CO_2 的氧和羰基化合物的氢之间的协同 C—H···O 相互作用，路易斯酸—碱相互作用是 C—H···O 相互作用形成的必要条件，如图 6-22 所示。

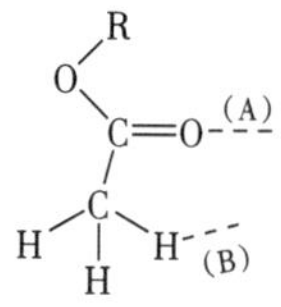

图 6-22　路易斯酸—碱作用原理

图 6-22 中（A）是 C=O⋯C 相互作用，CO_2 中带正电荷的碳作为路易斯酸与增稠剂分子结构中路易斯碱基团如羰基氧产生相互作用；（B）是 C—H⋯O 相互作用，CO_2 中一个带负电荷的氧被置于恰当位置时，会作为路易斯碱与带正电荷的氢通过较弱的 C—H⋯O 氢键产生相互作用，（A）、（B）共同作用形成一个稳定的六边形环状结构，为增稠剂在 CO_2 中的溶剂化提供了路易斯酸—碱相互作用之外的稳定机制。

含羰基的乙酸基团具有更高的亲 CO_2 性，乙酸官能团中的羰基与 CO_2 间的相互作用强度几乎是水二聚物中氢键相互作用的一半，高度乙酰化的化合物在 CO_2 中有较高的溶解度和混溶性。醚基与 CO_2 之间的相互作用与羰基相当，醚官能化硅氧烷比乙酸官能化类似物具有相当或更低的可混压力。此外，由于醚链段是柔性的，可以提高聚合物的链柔性，对内聚能密度影响也较小，有利于聚合物的溶解。

2. 疏 CO_2 活性基团增黏机制

疏 CO_2 活性基团主要有烷烃类碳氢化合物（甲基、丁基、己基、辛基等）、芳香族化合物（如甲苯等）、饱和脂肪族环状小分子烃（如环己烷），或通过 π-π 堆积（如苯乙烯）、氢键或疏溶剂缔合作用、分子间自组装形成梯形/梳形结构，在 CO_2 中建立黏度增强的、缔合的、非共价的大分子网络，有效增加 CO_2 黏度。

另外，向聚合物结构上引入羟基后，会明显出现羟基与 CO_2 互相排斥的现象，因此羟基也被认为是疏 CO_2 基团。

3. 增稠剂分子结构设计

超临界 CO_2 增稠剂应具备两亲特性，不仅含有足够的亲 CO_2 基团，也应含有适量的疏 CO_2 基团。亲 CO_2 基团能够使增稠剂充分溶于 CO_2，疏 CO_2 基团能够在不明显降低增稠剂溶解度的情况下通过分子间自组装有效增加 CO_2 的黏度。疏 CO_2 基团含量太少则不能有效增黏，太多则会使增稠剂溶解度明显降低。设计增稠剂分子时，需平衡增稠剂组分中两种基团的含量。

二、二氧化碳增稠剂技术进展

CO_2 增稠剂可划分为高分子聚合物（非氟、含氟和含硅）和小分子有机物（含氟和非氟）两大类，主要包括含氟类聚合物、含硅类聚合物、小分子化合物，其中含硅聚合物和含氟聚合物增黏效果相对较好。但由于成本及环境问题，含氟聚合物不具有现场实用性，高效、低成本、环保型增稠剂机理研究及分子结构设计、分子动力学模拟仍处于研究探索中，真正有经济价值的增稠剂尚未面世。

国外早在 1985 年就对 40 多种商用聚合物（油基压裂液增稠剂）进行了 CO_2 增稠测试，这些油溶性聚合物多以直链烃为主，分子量小，分子结构不规则，但只有 30% 的聚合物能溶于 CO_2 中，且溶解度太低，无法有效增加 CO_2 黏度。

1. 氟化聚合物类增稠剂

含氟类 CO_2 增稠剂，氟元素能大幅降低聚合物内聚能，使聚合物分子链更易溶于 CO_2。氟化丙烯酸酯是目前发现的在 CO_2 中溶解性最好的亲 CO_2 化合物，但将其聚合后得到的均聚物仅能使液态 CO_2 黏度增大 3~6 倍。

2000 年，国外采用自由基聚合法，将疏 CO_2 的苯乙烯作为缔合基团引入氟化丙烯酸酯中，制备了一种氟化丙烯酸酯—苯乙烯二元共聚物[7]，即液态 ployFAST 增稠剂，其最佳配方是摩尔分数 71% 的亲 CO_2 基团氟化丙烯酸酯单体和摩尔分数 29% 的疏 CO_2 缔合基团苯乙烯单体。该共聚物使用浓度为 1%~5%（质量分数），在储层温度和压力条件下能够溶于 CO_2，相较于纯液态 CO_2 黏度增加了 5~400 倍，增稠效果较好。但随着聚合物分子量增加，ployFAST 在 CO_2 中的溶解度减小。在此基础上，进一步制得轻度磺化的改性聚合物，如图 6-23 所示[8]。

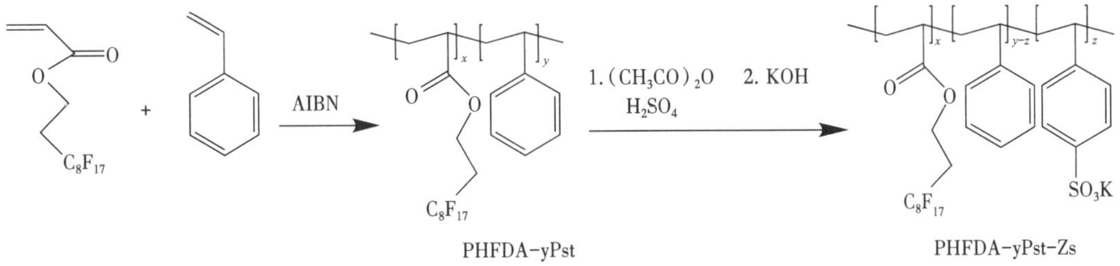

图 6-23 氟化丙烯酸酯—苯乙烯共聚物及其磺化聚合物分子结构

有机氟聚合物广泛应用于油田化学领域，如压裂过程中使用的助排剂，采油过程中使用的驱油添加剂、破乳剂，集输过程中使用的降凝剂、降黏剂等。含氟化合物是迄今为止最有效的亲 CO_2 化合物，含氟聚合物和含氟表面活性剂均易溶于超临界 CO_2，在 CO_2 增稠剂研究中表现优异，溶解性好与增稠效果明显。但含氟化合物存在两个缺点，一是价格昂贵，大规模使用经济成本过高；二是全氟化合物主要以废水形式进入水循环系统，无法被生物代谢，会对生物造成不同程度的伤害，例如减弱生殖细胞活性、干扰酶活性、破坏细胞膜结构等。随着可持续发展观念的提出，人们随即开始关注环境问题。

2. 改性硅氧烷类增稠剂

硅氧烷聚合物（PDMS，分子量为 19700）用于 CO_2 增稠时，在 17.2MPa、54℃ 温压条件下，向 CO_2 中加入 4%（质量分数）PDMS，20% 甲苯助溶使得黏度增加了 30 倍，从 0.04mPa·s 增加到 1.2mPa·s，但需要向体系中加入大量的甲苯作为助溶剂。

甲苯—PDMS 增稠体系可使超临界 CO_2 黏度增大 40 倍，达到 1.5mPa·s。尽管增稠幅度很大，但因为黏度基数太低，仍无法用于 CO_2 压裂增稠。同时助溶剂对黏度提升效果存在一个极限值，过量使用甲苯会降低压裂体系黏度。

在此基础上，国外又制备了一系列芳香族酰胺化的聚二甲基硅氧烷衍生物[9]，具有蒽醌-2-羧酰胺（AQCA）端基，能够增稠超临界 CO_2（助溶剂：己烷，质量分数 10%）的混合物。AQCA 封端聚二甲基硅氧烷结构中提供的亲 CO_2 基团 C=O 和 π-π 共轭基团苯环相对含量较低，产物为蜡状，需要在使用助溶剂的条件下方可溶于超临界 CO_2 起到增稠作用，如图 6-24 所示。

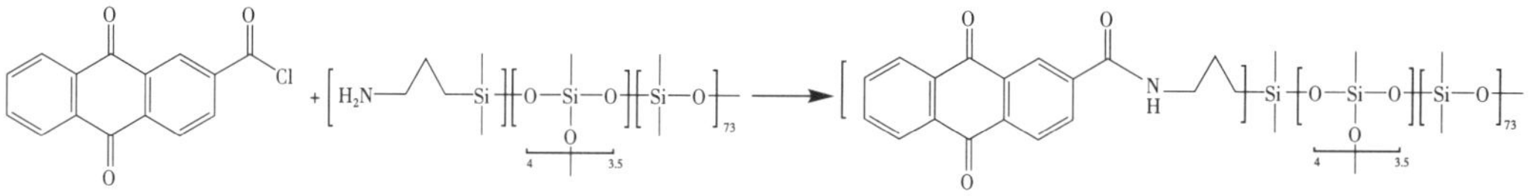

图 6-24　酰胺化聚二甲基硅氧烷衍生物

助溶剂通过增加 CO_2 溶解度来提升 CO_2 黏度，改性硅氧烷类 CO_2 增稠剂，PDMS 自身与 CO_2 并无相互作用，主要依靠助溶剂与 2 种组分的相互作用（助溶剂与硅氧烷相互作用、助溶剂与 CO_2 路易斯酸碱氢键作用）构成三维网状结构来实现增稠。

除聚氟丙烯酸酯外，聚二甲基硅氧烷（PDMS）、聚醋酸乙烯酯（PVAc）是目前在 CO_2 中溶解性最好的两种化合物，国内利用表面活性剂（AOT）自组装原理，通过四种特殊功能性单体在亲 CO_2 溶剂中共聚，在聚甲基倍半硅氧烷、聚二甲基硅氧烷支链上成功接枝上聚醋酸乙烯酯，制得两种新型无氟共聚物增稠剂。Si—O 起增稠作用，引入聚醋酸乙烯酯后增加了共聚物在 CO_2 中的溶解度，平均分子量约 50 万，是目前最高效、最环保的 CO_2 增稠剂。

聚甲基倍半硅氧烷—醋酸乙烯酯改性共聚物分子结构中有 Si—O—Si 梯形结构单元的硅氧烷，能够通过分子间自组装形成梯形结构，在 CO_2 中建立黏度增强的、缔合的、非共价的大分子网络，有效增加 CO_2 黏度。

聚二甲基硅氧烷—醋酸乙烯酯改性共聚物分子结构中，亲 CO_2 基团有硅氧基、羰基，疏 CO_2 基团有侧链上引入的甲基和两个羟基。利用亲 CO_2 基团和疏 CO_2 基团的相互排斥作用，减少分子内和分子间卷曲、缠结，通过分子间自组装高分子链，在 CO_2 中形成一个新的梳形共聚物，增大了分子链刚性和分子结构完整性。同时，通过分子结构中羟基产生的氢键缔合作用，使分子在 CO_2 中的黏度得到很大提升。

硅氧烷因为具有较低玻璃化转化温度、低内聚能及柔顺性好的特点，是目前 CO_2 增稠剂分子设计中增稠基团的主要选择方向。

3. 烃类增稠剂

考虑到聚醋酸乙烯酯（PVAc）与 CO_2 的相互作用，国内通过自由基聚合反应合成低分子量 PVAc，并以偶氮二异丁腈（AIBN）为催化剂、以苯乙烯为增稠基团，与 PVAc 发生聚合生成二元共聚物苯乙烯—聚醋酸乙烯酯[10]，反应机理如图 6-25 所示。

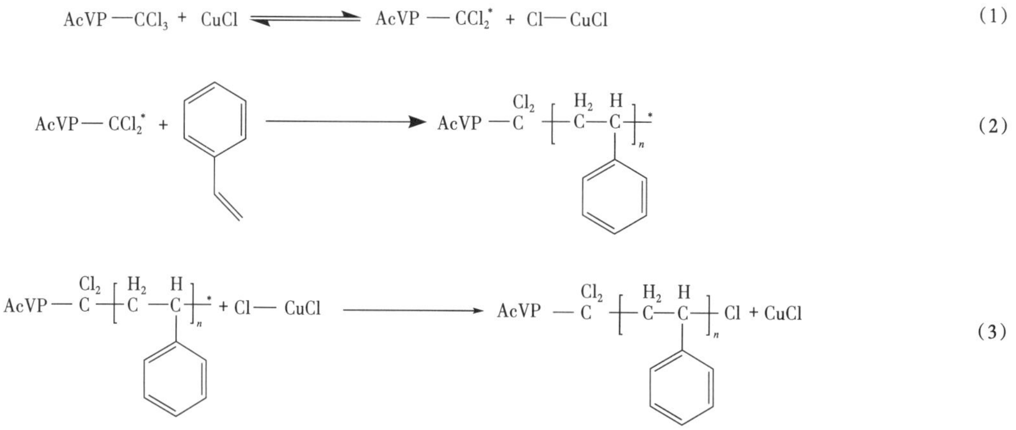

图 6-25　苯乙烯—聚醋酸乙烯酯共聚反应原理图

聚醋酸乙烯酯是公认的最易溶于超临界 CO_2 的聚合物，利用与苯乙烯聚合后带入大量 π-π 共轭键以增强共聚物的增稠效果，自身具备亲 CO_2 基团与苯乙烯增稠基团，理论上可以成为一种高效、低成本、低伤害的环境友好型增稠剂。

第七节 二氧化碳压裂工艺技术

CO_2 压裂技术在国内试验、完善已近 30 年，直至与水平井体积压裂技术相结合，才获得大面积推广应用。尤其在深层稠油水平井、重质页岩油水平井前置蓄能体积压裂中应用较多，与 CO_2 捕集与封存（CCUS）技术相结合，应用前景更加广阔。

CO_2 压裂采用液态 CO_2 部分或者全部替代水基压裂液，按照泵注时液态 CO_2 与水基压裂液体积比，即常说的"碳水比"，从低到高依次为 CO_2 前置蓄能压裂、CO_2 泡沫压裂、CO_2 准干法压裂、CO_2 干法压裂。按此排序，压裂裂缝复杂度、压裂液水敏伤害逐次降低，但增能蓄能、降黏解吸附等提高采收率作用一直保持。

一、前置蓄能压裂工艺

在 CO_2 压裂技术中，前置蓄能压裂工艺最为简单、应用也最为广泛。除深层稠油水平井、重质页岩油水平井体积压裂外，在页岩气体积压裂中应用工作量也开始增加，主要利用 CO_2 降黏、蓄能及沟通天然裂缝的特点，为扩展后期水基压裂改造体积、支撑远端支缝建立压裂通道。

1. 前置蓄能工艺原理

液态 CO_2 前置蓄能压裂技术，首先以液态 CO_2 为前置压裂液，利用 CO_2 低表面张力、低黏度、高扩散的特点，充分开启微裂缝与层理缝，增加人工裂缝的波及范围和复杂程度，并将 CO_2 压缩能量储存在裂缝远端，实现压裂—提采一体化作业；后续压裂利用水基压裂液携砂，进一步延伸并有效支撑裂缝，实现大规模体积改造。

从现场应用效果来看，采用液态 CO_2 前置增能压裂增产效果提高 50% 以上，是一种极具前景的非常规储层开采技术，近年来在非常规储层开发中逐渐应用。

2. 蓄能压裂设备流程

CO_2 前置蓄能压裂装置包含 2 组压裂泵车及相关高低压管汇，分别用于泵注 CO_2 和水基压裂液。因施工过程中对各单元部件、装置性能、程序执行等有温度、安全要求，地面设备流程应分区设计、分区管理。地面安装流程如图 6-26 所示，实际布局依井场环境、施工参数及具体装备而定。

前置蓄能压裂采用液态 CO_2 和水基压裂液交替注入方式，如果采用一套设备完成两种压裂液泵注施工，就必须克服液态 CO_2 和常规液体交替时造成的管道结冰堵塞问题，也很难释放地面管线中残余的液态 CO_2，安全风险较高。因此，现场一般配套两组设备，各自分开施工。

3. 蓄能压裂工艺流程

CO_2 前置蓄能压裂工艺按如下步骤进行：

（1）摆车和流程连接。

①设备到达现场后，按照设备布局图摆放设备。

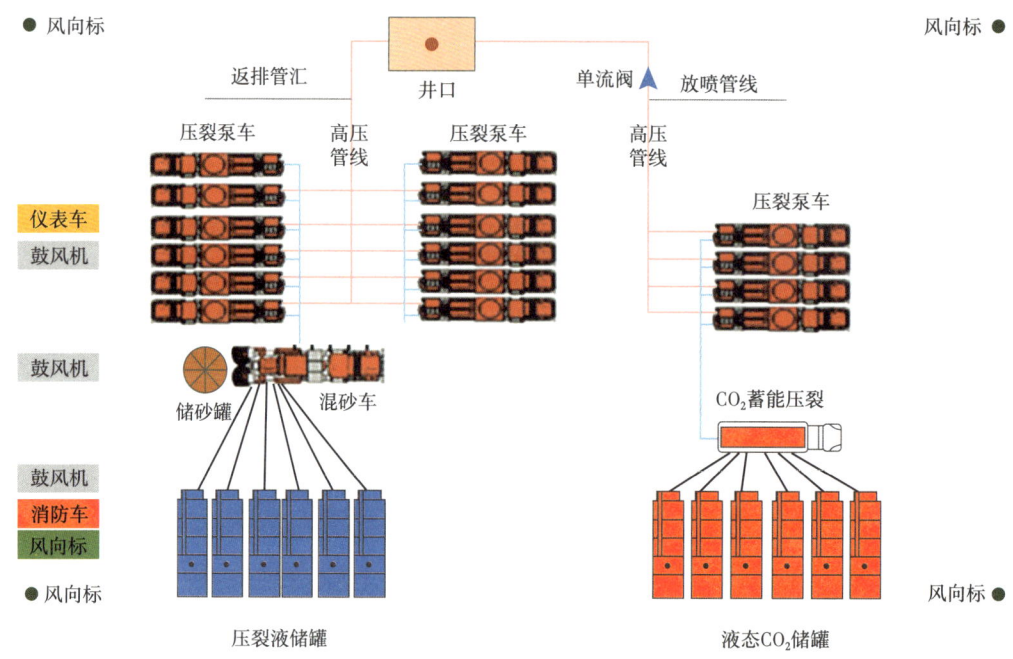

图 6-26　前置蓄能压裂井场布局示意图

②按照设计流程连接电缆、供液管线、高压管线和数据线。

③连接高低压管线时，严格检查密封垫圈和垫圈槽，保证垫圈槽干净无液，密封垫圈完好，连接完后必须将锤击活接头砸紧。

④连接前检查所有的高压管件和阀件在检测有效期内，所有管件和阀件上井前必须试压合格，安全阀设定在施工要求的压力点。

⑤ CO_2 排空泄压阀垂直于地面，不能对着设备或与地面平行。

（2）用 CO_2 循环冷泵。

①检查：检查各种高低压阀门是否开关正常，并确认阀门开关状态。

②扫线：将流程倒至扫线流程（高压流程单流阀后 CO_2 主旋塞关闭，排空泄压阀打开），打开罐车气相阀门对整个 CO_2 泵注系统进行扫线。确认吹扫干净，然后对系统进行试漏。

③试漏：扫线完成后，关闭 CO_2 排空阀。确认整个 CO_2 泵注系统到罐车气相压力，保证整个系统不刺不漏。

④循环冷泵：试漏完成后，将罐车气相和泵注流程隔断（系统内气相压力不泄），先打开循环冷泵旋塞，再打开罐车液相阀门，让液态 CO_2 进入泵注系统，当气液分离罐液面达到分离罐 2/3 位置以上，启动供液泵和压裂泵以小排量循环冷泵，冷却时间约 30min。保证整个系统，尤其是泵车液力端冷却充分。

（3）用 CO_2 试压。

确认泵车和整个泵注系统冷却充分后，泵车停泵，关闭循环冷泵旋塞阀。人员清场后，启动泵车开始试压，试压到施工设计要求压力，稳压 5min，高压流程不刺不漏。如果发现刺漏，停增压泵，关闭所有罐车液相阀门，排空泄压，压力落零并确保管线内无干冰后进行整改。整改完后再次进行试漏和循环冷泵，然后再试压，直到试压合格。

（4）泵注。

试压合格后，打开泄压阀，将高压管线内压力降低到2.5MPa。然后关闭泄压阀，打开主流程上单流阀后的旋塞阀，启动泵车开始泵注。从泵注开始，平均使用CO_2泵车，保证泵车不能因待命变热而不能正常上液。

（5）泄压和拆卸管线。

①泵注完成后，泵车停泵，增压泵停止供液，关闭罐车气、液相阀门，关闭主流程上单流阀后主旋塞。

②泄压排空：高压部分，缓慢打开排空泄压阀进行控制泄压，直至压力落零；低压部分，打开气液分离罐底部泄压阀进行泄压，直至压力落零。

③拆卸管线：确认管线内压力为零且管线内无干冰时，拆卸管线。

4. 前置蓄能压裂技术应用

2020—2022年在新疆油田吉木萨尔、玛湖、五区南等区块试验前置CO_2蓄能压裂技术，共实施9口水平井，吉木萨尔试验井增油32.3%~55.8%，五区南试验井生产336天累计产油量超过10000t，平均日产油30.1t，达设计产能1.25倍，均取得了较好的生产效果。

五区南试验井HW50A井位于扩边区，物性比主体区差，总压裂21级，前置11级，CO_2用量为3210t。和同类井对比，表现出：（1）压力保持好；（2）产液能力强，见油时间短，含水较低。

二、二氧化碳泡沫压裂技术

国外CO_2泡沫压裂时，CO_2先在地面汽化，然后注入井筒形成泡沫。国内是先用CO_2循环冷却管线，在地面直接将液态CO_2与冻胶混合注入井筒，在井下高温低压条件下形成泡沫。

1. 泡沫压裂工艺原理

CO_2泡沫压裂采用压裂泵车将液态CO_2经地面或井口三通与冻胶压裂液混合注入井内，利用液态CO_2与冻胶混合液进行加砂压裂。施工结束后，由于CO_2在温度和压力达到一定值后转变为气态，与压裂液中的发泡剂、助排剂等混合成泡沫，分散在压裂液中，使其体积膨胀，降低了压裂流体密度，提供了压裂液流体动力，从而提高了压裂液返排速度。

2. 泡沫压裂技术优势

CO_2泡沫压裂是在CO_2伴注工艺基础上发展起来的一种储层改造技术，由于泡沫混合液滤失小、造缝能力强，增加了裂缝延伸长度、增大了有效改造半径、提高了裂缝闭合后导流能力。另外，由于入井液量少，减少了储层污染，又因CO_2汽化增能，压后返排快，适用于低压，尤其是水敏储层压裂改造。

3. 泡沫压裂液体系

与常规水力压裂相比，泡沫压裂液体系具有明显的抗剪切性能、较强的携砂能力、低滤失、低伤害等特点，在低压、低渗透油气藏及煤层气改造中增产效果一直优于常规瓜尔胶压裂液。

(1)酸性交联技术。

在常规水力压裂中,羟丙基瓜尔胶(HPG)压裂液通常在碱性条件下交联、酸性条件下破胶,而 CO_2 压裂液呈弱酸性,pH 值为 3~5,使压裂液交联环境发生了变化,因此,首先必须解决增稠剂在酸性条件下的交联问题[11]。国外多采用羧甲基羟丙基瓜尔胶(CMHPG)或羧甲基瓜尔胶(CMG)作为 CO_2 泡沫压裂液稠化剂,解决了酸性条件下瓜尔胶压裂液交联技术难题。但国内压裂液稠化剂目前仍以羟丙基瓜尔胶(HPG)为主,交联时需使用酸性交联剂,增强泡沫压裂液流变性能,克服大量液态 CO_2 加入对压裂液的稀释作用。

目前已知的酸性交联剂以铝、铬、钛、锆等两性金属化合物为主,其金属离子在水中离解形成水合络离子,水解后生成羟基水合阳离子,溶液呈酸性,与酸性泡沫压裂液交联,与羟丙基瓜尔胶以羟桥连接形成稳定多核配合物。如无机锆盐与多羟基羧酸盐类反应物,可以在弱酸性条件下与瓜尔胶交联,黏度超过 700mPa·s。还可通过引入有机配位体葡萄糖酸钠来提高锆交联剂在酸性条件下的耐温性[12],同时提高单位交联点的交联强度,与羟丙基瓜尔胶交联形成的冻胶黏度可达 524mPa·s,耐温 170℃。

(2)起泡与稳泡技术。

CO_2 泡沫压裂液的关键是泡沫质量,一般来说,泡沫质量分数在 52%~96% 时称泡沫压裂,泡沫质量分数小于 52% 时称为增能压裂[12]。

压裂液中表面活性剂主要是 CO_2 在水中的溶解能力,还有起泡和助排作用,通常分为阴离子、阳离子、两性离子及非离子四种,其中阴离子表面活性剂起泡性能好,用量少,可作为起泡剂的主剂,但也存在泡沫半衰期较短,稳泡性欠佳等不足,因此压裂液中的表面活性剂通常复配使用,以应对复杂储层及流体状况。

(3)酸性泡沫压裂液配方。

泡沫压裂液体系由盐水、起泡剂、植物胶、稳泡剂和 CO_2 组成,适合 80~120℃ 储层温度的泡沫压裂液典型配方为:基液,羟丙基瓜尔胶 + 起泡剂 + 杀菌剂 + 黏土稳定剂 + 助排剂,黏度为 100~110mPa·s,pH 值为 7.0,CO_2 混入后泡沫压裂液 pH 值降为 3~5;交联液,酸性交联剂 + 破胶剂,酸性交联剂在 pH 值为 3~4 条件下,能与羟丙基瓜尔胶交联,形成可明显增稠及挑挂的凝胶。内相气泡分布和体积可控,气泡半衰期更长。

4. 泡沫压裂工艺方式

泡沫压裂施工有恒定内相、恒定泡沫质量和恒定排量三种施工控制技术[13],恒定排量又可分为恒定分排量与恒定总排量两种方式。泡沫液加入支撑剂后,泡沫压裂液外相仍为液相,内相变为支撑剂和气相。采用恒定内相和恒定泡沫质量控制方式,在操作上较为困难,泵车挡位排量变化难以达到设计要求的变化值,因此常采用恒定总排量方式进行施工。

(1)恒定内相压裂方式。

增加支撑剂浓度时,保持压裂液基液排量稳定,但相应降低液体 CO_2 的排量,其降低值取决于支撑剂的排量,使内相(气相 + 固相)和外相(液相)保持平衡,以保证压裂液的黏度恒定。

该压裂方式的优点为,既可以适当提高砂液比,又可避免井口压力过高;缺点是减少了高砂比段助排的 CO_2 加量,增加了现场操作难度。

（2）变泡沫质量施工方式。

变泡沫质量施工方式有两种：

第一种是在液体 CO_2 和压裂液基液排量都保持恒定的情况下加入支撑剂，优点是施工操作简便，不需要不断调整泵车排量，相同情况下有更多的 CO_2 注入；缺点是随着泡沫质量的增加，泡沫液黏度升高、井内排量增大，致使压裂管路摩阻损失过大，井口压力升高或压裂施工提前结束。

第二种是随着支撑剂浓度增加，逐渐降低液体 CO_2 排量，同时提高压裂液基液的排量，保持施工总排量不变。该工艺优点是能够降低加砂过程中压裂液管柱摩阻，使井口压力保持在较为稳定的水平，提高施工成功率；缺点是随着支撑剂浓度增加，助排的 CO_2 加量逐渐减少。

（3）恒定泡沫质量压裂方式。

该压裂方式的具体操作为，在增加支撑剂浓度时，相应降低压裂液、液体 CO_2 的排量，保持泡沫质量不变。该工艺优点是泡沫黏度稳定；缺点是施工过程中操作难度较大。

在实际压裂过程中，一般采用变泡沫质量第二种压裂方式，即随着支撑剂浓度的增加，逐渐降低液体 CO_2 排量，同时提高压裂液基液的排量，保持施工总排量不变。

5. 泡沫压裂工艺流程

与前置蓄能体积压裂一样，CO_2 泡沫压裂施工一般由两组设备进行，一组负责泵注水基压裂液和支撑剂，另一组泵注 CO_2，地面设备流程也基本相同。所不同的是，前置蓄能压裂液态 CO_2 与水基压裂液交替注入，而泡沫压裂是液态 CO_2 与水基压裂液同时注入，在压裂井口或井口前端的高压管线汇合进入井筒。

CO_2 泡沫压裂施工程序如下所示：

（1）根据 CO_2 压裂施工地面流程，连接好高压、液相和气相管线；

（2）清除管线内的积水与杂物（用 N_2 吹扫整个管路系统），同时检查低压管线的紧固及密封情况；

（3）打开槽车气相阀门，用 CO_2 气体向增压泵车、压裂泵车及管路系统充压，使系统压力达到 0.53MPa 以上，尽量使管路系统压力与槽车压力相平衡，以避免由于压差过大造成进液冲击；

（4）打开槽车液相阀门，使液态 CO_2 进入泵车管路系统，打开气液分离器上的放气阀，使分离器中的液位上升到 3 个液位控制阀之间；

（5）逐渐启动增压泵和主压车大泵，使液态 CO_2 循环流通，以冷却主压车大泵，降低大泵温度的目的是减少 CO_2 汽化，使大泵工作平稳；

（6）关闭槽车气相阀门及低压循环管线旋塞，打开高压排出管线上的旋塞，启动主压车进行 CO_2 泵注施工作业；

（7）调节增压泵前后压差至 0.68MPa 以下（压差过大会对叶片泵造成损伤），保证主压车供液充分，通过 3 个液位阀观察分离罐中的液位，通过放气阀控制液位在 3 个液位阀之间；

（8）施工结束后关闭主管线旋塞，打开泄压旋塞泄压，打开增压泵底部球阀，排放低压部分的残余 CO_2；

（9）待压力降为零后，开放空阀至无 CO_2 气体排出后拆卸管线。

三、准干法压裂技术

国内 CO_2 干法压裂一直未大面积推广应用,主要是因为存在如下问题:
(1)黏度低,携砂及降滤失能力差;
(2)摩擦阻力大,难以有效造缝;
(3)采用专用密闭混砂设备,加砂规模受限。
由此导致如下不可避免的后果:
(1)液态 CO_2 增稠性、减阻性和携砂性均欠佳,无法达到理想的增产效果;
(2)压裂设备成本、材料成本和施工成本均过高,无法大规模推广应用。
为解决以上难题,开发了常压混砂准干法压裂技术。

1. 准干法技术原理

常压混砂准干法压裂,是使用常规混砂车实时在线配制水相压裂液,并在其中添加水相增稠剂、CO_2 液相增稠剂、支撑剂及破胶剂等添加剂,然后通过地面高压泵以较大排量注入井口,与同步泵注的液态 CO_2 在井口高压三通管汇处进行混合,两相增稠后协同作用,形成具有足够黏度和结构的混合液相,即为常压混砂准干法压裂。

与 CO_2 泡沫压裂液相比,准干法压裂液配方内增加了 CO_2 液相增稠剂,提高了 CO_2 压裂碳水比,液态 CO_2 体积占比更高,抗水敏能力更强。与纯干法压裂相比,携砂能力更高,压裂效果基本接近纯干法压裂,因此被称为准干法压裂。

而且采用常压混砂车进行配液和混砂,不再使用密闭混砂车,加砂规模可调,解决了"采用专用密闭混砂设备,加砂规模受限"的问题。

2. 碳水比设计优化

CO_2 与水经化合反应生成碳酸,该反应为可逆反应。根据勒夏特列原理[14],当 CO_2 和水摩尔比越接近 $1:1$ 时,即碳水比越接近 $44:18$(约为 $70:30$)时,参与该反应的 CO_2 和水的量越多,形成饱和碳酸水溶液和碳酸分子。随着地层温度和压力升高,化学平衡将会向右移动,形成更易生成碳酸的动态平衡。

准干法压裂液中主要包含水、液态 CO_2、饱和碳酸水溶液、游离的碳酸分子等物质。在这种化学平衡下,游离水由于占比偏少,几乎全被体系其余物质所包裹和隔离(类似油包水乳液),水敏和水锁效应将会受到明显抑制,因此准干法压裂液对地层伤害会大幅降低。

3. 双增稠压裂液体系

常压混砂准干法压裂液采用水相和 CO_2 液相双增稠剂,分别对水基压裂液和液态 CO_2 进行增稠,混合后的压裂液具有更高的黏度,大幅提高了携砂能力和降滤失性能,解决了"黏度低,携砂及降滤失能力差"的问题。

在增稠剂分子结构设计上,通过改善准干法压裂液流型,大幅降低施工过程中的摩擦阻力,从而对地层形成有效造缝,解决了"摩擦阻力大,难以有效造缝"的问题。

(1)水相增稠剂。

水相增稠剂是一种自交联乳液,依靠聚合物分子间多元缔合作用在稀溶液中形成较强的空间网状结构,无须外加交联剂。同时,增稠剂液体组分极少、超快速溶、清洁环保、携砂能力强、减阻性能好、易破胶返排,兼顾了携砂和减阻两项性能,具体性能特点如下所示：

①清洁低伤害：压裂液中不含不溶物，配液时不会生成鱼眼，易破胶，无残留，无重金属成分，环境友好。

②高效悬浮性：稀溶液中自交联形成黏弹性空间网状结构，悬浮携砂能力强，砂比达80%以上。

③快速溶解：清水和盐水中 1~3min 基本溶解，基液黏度低，已具备携砂性能，适宜大规模连续配液。

④适应温度范围广：20~200℃ 均可使用，满足超低温破胶和超高温剪切稳定性。

⑤防膨助排效果好：破胶液具有一定防膨效果，表界面张力低，易返排，配合防膨剂和助排剂效果更好。

⑥降摩阻性能好：降阻率最高达到 78%。

⑦一体化压裂液：具有低黏高携砂特性，仅调整浓度，即可实现滑溜水和携砂液一体化操作。

（2）CO_2 液相增稠剂。

CO_2 液相增稠剂是一种线性嵌段共聚物，经多种亲 CO_2 单体在特殊溶剂中共聚生成，分散于液态 CO_2 后在特殊表面活性剂协助下发生 CO_2 溶剂化，分子链伸展形成很大回转半径，大幅增强内摩擦力，是液态 CO_2 增黏的技术基础。在超临界态下，会增强溶剂化程度并加快溶解速度，因而在一定温度范围内表现出很好的耐温耐剪切性，具体性能特点如下所示：

①单一助剂：溶解于液态 CO_2 后即具有压裂液性能要求的大多数功能。

②溶解性：外观为乳白色液体，不溶于水但可分散于水，特别容易分散和溶解于液态 CO_2、超临界 CO_2 及亲 CO_2 的有机溶剂。

③速溶高黏：1%~3% 浓度，常温下充分搅拌 2~3min 即可直接分散溶解在液态 CO_2 中并明显增黏，黏度 10~150mPa·s；0.5%~1% 浓度，常温充分搅拌可直接溶解；0.2%~0.5% 浓度，常温溶解需采用 0.5%~1% 助溶剂进行助溶，搅拌 3~5min 以上可直接溶解。

④减阻性能优异：在液态 CO_2 中溶解后为非牛顿流体，剪切稀释性好，降摩阻率可达60% 以上。

⑤悬砂能力强：呈黏弹性流体，动态携砂能力良好，可实现 30% 砂比甚至更高。

4. 工艺技术特点

（1）采用少量水基压裂液（30% 左右），用水相增稠剂在线连续混配携砂液，预加 CO_2 增稠剂协同增稠。水相砂比 60%~80%，混合后砂比高达 20%~40%。

（2）少量水溶有饱和 CO_2，如同干法压裂，避免水敏及水锁伤害。

（3）仅需水相及 CO_2 液相增稠剂，配液简便，综合成本较干法压裂低、性价比高。

（4）与干法压裂相比，准干法压裂避免使用密闭混砂车，降低了压裂技术难度。

（5）采用常压混砂设备，弥补了干法压裂携砂少、改造规模小的缺陷。

（6）仍然要使用少量水，用于强水敏储层仍存潜在伤害及添加剂残渣问题。

5. 准干法压裂技术应用

准干法压裂在延长致密气井已成功应用 4 井次，压裂层位为山$_1$、盒$_8$ 储层，孔隙度 6.95%~8.73%，渗透率 0.53~2.3mD，4 口井物性基本一致。压后现场测试，天然气无阻流量均超过 20000m³/d，而相邻区块常规压裂后大部分不出气，少部分产气也很难超过 10000m³/d，增产效果显著。

渤海湾盆地某井准干法压裂，目的层埋深 3700m，以细砂岩为主，孔隙度 7.8%、渗透率 0.5mD，低孔低渗透。黏土矿物含量 12.5%，为中等偏强水敏储层。施工累计用 CO_2 液体 910m³、水基压裂液 330m³，累计加砂 65m³。CO_2 注入排量 4.8m³/min、水基压裂液注入排量 1.7m³/min，施工压力 60~80MPa。措施后日产液 10.5m³、日产油 6.5m³、日产气 2.5×10⁴m³。返排率 120%，返排周期 15d。较以往压裂，单井日增油 2.5 倍、日增气 8.6 倍，增产效果明显提高。

四、干法压裂技术

1. 干法压裂工艺原理

CO_2 干法压裂技术使用 100% 液态 CO_2 作为压裂液，不含任何水相成分，单纯依靠液态、超临界态 CO_2 在储层中形成一条动态裂缝，为油气流动提供一条高导流能力清洁通道。需要加砂时，在液态 CO_2 内加入专用增稠剂，然后在密闭混砂罐内与支撑剂混合，再用高压压裂泵泵入井筒进行压裂。

2. 工艺技术优势

从本质上来讲，CO_2 干法压裂使用的压裂液是非水基压裂液，具有水基压裂液所不具备的独特优点，其中最重要的是避免常规水基压裂液中水相侵入油气层而产生的黏土膨胀等储层伤害。压裂液残渣少，可保证裂缝面和导流床清洁。

从投入产出比来看，纯干法压裂目前仅适用于水基压裂液无法有效增产的强水敏储层。

3. 干法压裂工艺流程

CO_2 干法压裂使用纯 CO_2 作为压裂液，地面流程中需接入密闭混砂罐，如图 6-19 所示。具体作业流程包括扫线、充气试漏、循环冷却、试压、泵注前置液、加注液添、混砂供砂、顶替、结束施工 9 个流程环节。

（1）扫线。

利用气态 CO_2 依次对增压泵、CO_2 混砂车、地面管汇、压裂泵车等低压、高压系统进行吹扫。

（2）充气试漏。

利用气态 CO_2 对高低压系统进行试漏，系统充压到 1.6MPa 以上检查并处理漏点，最终系统充压到与储罐压力一致。

（3）循环、冷却。

①充压合格后，打开 CO_2 罐车液相阀门，打开增压泵吸入、排出液相阀门，启动增压泵与压裂车建立循环。打开增压泵气液分离罐排放阀，液面高于分离罐 2/3 处时，启动供液泵，启动压裂泵以小排量循环冷泵。

②在高低压系统冷却的过程中，打开密闭混砂车冷罐补液阀门，使液态 CO_2 进入密闭混砂车储砂罐中，首先将调压阀的开启、关闭压力设置较低值 0.1MPa，随着罐内压力升高、调压阀开启排气，逐步提高调压阀的开启、关闭压力设定值，直至达到作业压力 3MPa。罐内温度与系统内液态 CO_2 一致时，标志着冷砂完成。

③循环、冷却合格后（泵头外部挂满白霜、管线无抖动，冬季循环 20min，夏季循环

30min），停压裂泵，关闭增压泵循环阀，关闭高压管汇循环阀。

（4）试压。

对主管线至井口 1# 主控阀按设计要求进行试压，合格后，开启排空阀进行放压，再关闭排空阀，进入循环冷却流程，启动增压泵、压裂泵循环冷却 3min，准备进入压裂泵注流程。

（5）泵注前置液。

开启主管线旋塞阀及井口主阀门，待增压泵达到设计所需的施工排量后启动压裂车。压裂车逐台启动，单车启动时间间隔约为 30s，达到设计排量。注入前置液过程中，调节 CO_2 密闭混砂车补液阀门，平衡储砂罐和主管线压力。

（6）加注液添。

启动液添泵，根据施工设计注入液添（稠化剂）。首先要确保液添管线中充满液体添加剂，然后打开相应的液添阀门，启动液添泵，逐步加速至要求排量。

（7）混砂注砂。

按照设计要求注入支撑剂。先打开密闭混砂车冷罐补液阀门，平衡储砂罐与系统压力后关闭冷罐补液阀门，然后启动绞龙，打开出砂蝶阀。根据加砂量要求，调节砂罐补液阀门开度，根据加砂速度向混砂罐进行补液，达到对应加砂速度的流量值，使补液流量与下砂量相一致。

（8）注入顶替液。

加砂结束后，先停液添泵，再关闭液添阀门，停绞龙，关闭下砂蝶阀，按设计顶替量注入液态 CO_2 顶替。

（9）结束施工。

接到停止供液指令后，停压裂泵，关闭 CO_2 槽车气、液相阀门，关闭主管线截止阀，关井口。开启排空阀门进行泄压、排气。待排空管线远端无气相时，方可拆卸高压管线。施工结束，整理井场。

4. 技术缺点与不足

（1）造缝能力差。

液态 CO_2 携砂能力差，摩阻高，不利于压裂造缝，产生的裂缝比传统水基压裂窄，影响裂缝导流能力。

（2）地层漏失大。

由于压裂液黏度较低，降滤失能力低，漏失问题相对严重，因而只适合于特低渗透、超低渗透或致密储层改造。

（3）相态变化复杂。

压裂过程中 CO_2 压裂液相态受压力、温度影响，相变难以准确预测与控制。

5. 干法压裂矿场应用

2013—2021 年，吉林油田、长庆油田共实施 CO_2 干法压裂 54 井次，改造对象主要为低—特低渗透储层，最大井深 3454m，施工排量 4.8~8.2m³/min，单段砂量 23~30m³，平均砂比 4.6%~15.3%，施工成功率高达 70%~90%，较常规压裂增产效果显著。

鄂尔多斯盆地苏东某井，压裂目的层为山西组山$_1$段，地层压力系数 0.86、基质渗透率 0.4~1.2mD、孔隙度 9%~13.9%，储层埋深 3240m，为低压、低孔、低渗透、水敏性储层。2013 年 8 月进行 CO_2 干法压裂试验，施工参数为增稠剂浓度 1%~2%、CO_2 液体量 254m^3、施工排量 2~4m^3/min、加砂量 2.8m^3、最高砂比 9%、平均砂比 3.5%、施工压力 28~46MPa。压后放喷返排，1 天后点火可燃，3 天后返排彻底，最高关井压力 16.4MPa，测试无阻流量 $3×10^4 m^3/d$。

第八节　二氧化碳压裂施工风险及应对措施

为保证压裂施工安全进行，二氧化碳压裂需配套卸荷旋塞阀、数据采集一体化系统、专用鼓风机、医疗急救、移动式监控摄像机、防爆对讲机等安全保障设备；编制 CO_2 安全技术说明书（MSDS）、设备操作规程、CO_2 压裂技术要求等标准规范；开展 CO_2 压裂工艺危害分析和施工现场风险评估；在每次施工作业前，编制 CO_2 压裂施工 HSE 作业计划书、HSE 检查表及现场应急预案等[15]。

CO_2 压裂工艺危害及防范措施，如下所示：

（1）CO_2 特性带来的设备故障（管线爆裂、甩龙等）。

① CO_2 施工要求专用设备设施具有耐高压、耐低温性能；

②在所有 CO_2 吸入管线上，任何两个阀门之间必须装一个泄压阀和一个自动安全阀（泄压装置）；

③管线内充满液态 CO_2 后，应要求所有人员离开液态 CO_2 区域，远离施工管线，包括吸入管线区域；

④不可在施工中紧固刺漏点或敲击刺漏部位。

（2）液态 CO_2 汽化吸热，温度降低，形成干冰，造成冰堵。

①泵注液态 CO_2 具有一定的危险性，必须遵守操作规程，确保 CO_2 始终以液体形式存在，防止出现干冰；

②地面管线、井口、放喷管线易形成干冰堵塞，处理不当易引起管线爆裂，要求整个施工系统密闭良好；

③管汇、线路、阀门等各连接部位必须密封，不渗不漏，试验压力达到使用压力的 1.5 倍（安全系数）；

④炮弹效应，人员不能任意穿越管线或站在放空口对面，防止管线爆裂或排空时因管线内外压力不一致打出干冰，造成人员伤害。

（3）人员冻伤。

①对参与人员进行 CO_2 施工存在的冻伤风险等进行讲解，确保参与人员了解冻伤风险点；

②施工人员应穿戴好劳动保护用品，特别是手套、护目镜（护目镜应同时保护太阳穴部位）、安全帽；

③进行 CO_2 装置操作的工作人员要配备棉手套、橡胶或塑料手套，严禁违章作业。

（4）人员窒息。

①若有 CO_2 外排或泄漏，所有参与施工的车辆和人员必须位于上风口，且平行于风向方向不能同时开展两项或以上工作；必须按照施工程序，完成一项后再进行另一项，防止风向下游工作人员受到影响；

②携带 CO_2 浓度检测仪，随时进行检测；

③施工现场必须配备 2 台以上正压式空气呼吸器，鼓风机、风向标等。

（5）CO_2 泄漏。

①CO_2 容器要进行检测，有合格检测报告方可使用；

②施工前，对高低压管线进行试压，对容易发生泄漏的点（各个接口处）进行重点监测；

③从槽车往储罐转移 CO_2 时，确认管线合格、连接正确后，才能打开阀门进行转移。

作业规范及 HSE 体系的建立，安全防护设施的完善配套，有效避免了 CO_2 施工作业过程中安全问题的发生。

参考文献

[1] 王香增，孙晓，罗攀，等．非常规油气 CO_2 压裂技术进展及应用实践［J］．岩性油气藏，2019，31（2）：1-7.

[2] 王海柱，李根生，郑永，等．超临界 CO_2 压裂技术现状与展望［J］．石油学报，2020，41（1）：116-126.

[3] 张树立，韩增平，潘加东，等．CO_2 无水压裂工艺及核心设备综述［J］．石油机械，2016，44（8）：79-84.

[4] 杨延增，叶文勇，聂俊，等．CO_2 密闭混砂装置在长庆苏里格气田的应用［J］．石油科技论坛，2017，36（S1）：148-150，201.

[5] 杨光，章光，郑业忠，等．新型 CO_2 加砂无水压裂技术研究［J］．现代矿业，2017，33（10）：83-85，91.

[6] 孙宝江，孙文超．超临界 CO_2 增黏机制研究进展及展望［J］．中国石油大学学报（自然科学版），2015，39（3）：76-83.

[7] Shi C, Huang Z, Beckman EJ, et al. Semi-Fluorinated Trialliyltin Fluorides and Fluorinated Telechelic Ionomers as Viscosity-Enhancing Agents for Carbon Dioxide [J]. Industrial & Engineering Chemistry Research, 2001, 40（3）: 908-913.

[8] Huang Z, Shi C, Kilic S, et al. Enhancement of the viscosity of carbon dioxide using styrene/fluoroacrylate copolymers [J]. Macromolecules, 2000, 33: 5437-5442.

[9] 刘斌，王彦玲，巩锦程，等．超临界 CO_2 增稠剂研究进展［J］．高分子材料科学与工程，2021，37（5）：181-190.

[10] 沈爱国，刘金波，佘跃惠，等．CO_2 潜在增稠剂苯乙烯醋酸乙烯酯二元共聚物的设计与合成［J］．石油天然气学报，2011，33（2）：131-134.

[11] 谢平，侯光东，韩静静，等．CO_2 压裂技术在苏里格气田的应用［J］．断块油气田，2009，16（5）：104-106.

[12] 陈挺，袁青，李风光，等．国内二氧化碳泡沫压裂现场应用及室内研究进展［J］．石油化工应用，2016，35（4）：10-14.

[13] 龚明峰，夏苏疆．苏北油田 CO_2 增能压裂工艺技术标准研究及应用探讨［J］．工艺技术，2017，11：189-140.

[14] 刘刚，白小丹，马中国，等．常压混砂准干法压裂技术的研究与应用［J］．钻井液与完井液，2021，38（3）：375-379.

[15] 宋振云，郑维师，兰建平，等．CO_2 干法加砂压裂工艺技术［C］．成都：IFEDC，2017.

第七章 电缆桥射联作技术

套管桥塞（可钻、可溶）分段压裂技术是国内外非常规油气压裂开发主要技术手段，与之配套的桥塞作业工艺为射孔与桥塞联作，简称桥射联作，包括电缆桥射联作、连续油管桥射联作两种方式，一趟作业即可实现桥塞分段、分簇射孔两项作业内容。因电缆作业装备投资少、起下速度快，且电缆射孔效率及孔眼条件更优于水力喷砂射孔，一般意义上的桥射联作均指电缆作业。

第一节 概 述

一、桥射联作压裂原理

电缆桥射联作是用电缆下入聚能射孔枪、桥塞及其坐封工具至斜井段，通过水力泵送将仪器工具串一趟同时下入压裂层段，磁定位校深后再通过分级点火技术坐封桥塞、分簇射孔，最后起出电缆及仪器工具串，实施空井筒大排量套管压裂，如图7-1所示。

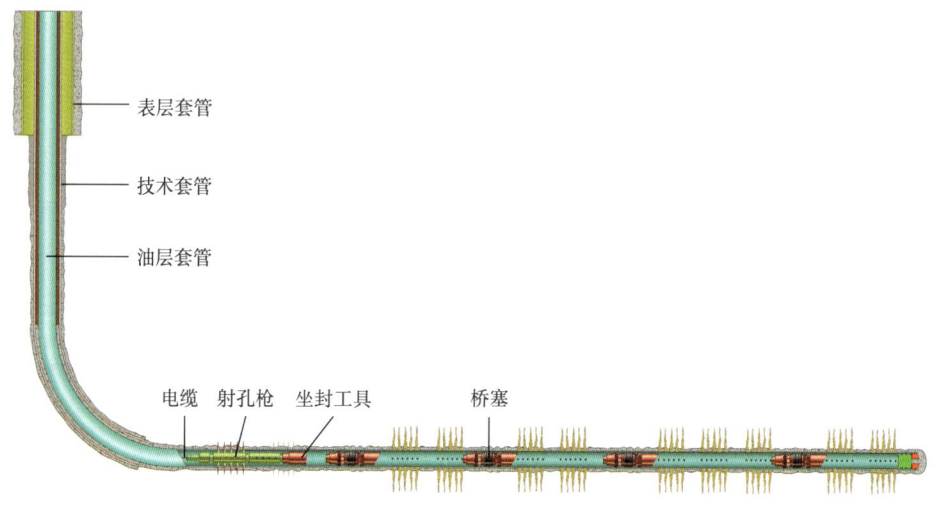

图 7-1　电缆射孔与桥塞联作工艺示意图

桥射联作技术将分簇射孔及桥塞分段两项工序整合在一起，电缆一次下井，率先完成桥塞分段，目的是将后续压裂能量集中在"段"上，实现分段压裂；然后完成射孔分簇，建立压裂液进入储层压裂通道及油气进入井筒生产通道，实现了段内精细分簇。又因为套管压裂泵注排量高，既满足了各簇裂缝独立扩展、均匀改造，又实现了缝间干扰，增加了裂缝条数，提高了裂缝复杂程度及储层改造体积。与其他分段压裂工艺相比，压裂改造程度、油气产出效果更好。

二、桥射联作技术优势

电缆桥射联作技术经过十余年的工具仪器国产化、现场应用实践及作业能力持续建设，已成为水平井体积压裂主体工艺技术，在水平井分段压裂工艺应用占比已超过70%，具有套管滑套分段压裂、连续油管分段压裂不可比拟的技术优势、效率优势及增产优势。

电缆桥射联作压裂工艺与非常规油气体积压裂理念更为契合，已成为非常规油气提高采收率及综合开发效益的重要手段。

1. 钻井提速技术优势

电缆桥射联作将水平井完井与分段压裂两大专业技术有效隔离开来，使其在继承传统工艺基础上独立发展，保持了技术发展专业化及连续性，为提速降本积累了更多成熟技术。如沿用传统井身结构，并通过技术集成实现了四开转三开、三开转二开技术飞跃，大幅度缩短了建井周期、降低了钻井成本，为非常规油气效益开发夯实了起步基础。还有水平井固井完井，完井套管不包含任何分段压裂工具，大幅缩减了井眼准备时间及通井趟数，确保长段水平井完井套管安全下入并成功固井，使水平段延伸距离越来越长，减少了地面井口数，真正实现了少井多产，降低了非常规油气产能建设投资，使更多难动用储量得到效益开发。

2. 井筒完整性优势

在桥射联作技术成熟应用之前，裸眼封隔器分段完井、投球滑套分段压裂是水平井压裂主体工艺。但封隔器仅在压裂期间高压泵注时起到储层分段封隔作用，投产后大多数封隔器分段失效，很难实施有效的分段措施作业。重复压裂也只有暂堵转向笼统压裂一种手段，技术针对性、有效性较差，很难满足非常规油气全生命周期投产压裂、注水蓄能、重复压裂、转抽生产井筒作业要求。

桥射联作压裂技术基于水平井固井完井，井筒完整性较好，不仅可满足生产阶段井下作业要求，而且无须复杂的井筒处理流程，就能在原井筒内实施水力喷射、跨隔封隔器拖动等重复压裂作业，还具备射孔孔眼暂堵、二次完井重建压力完整性井筒等多种重复压裂完井工艺，满足非常规油气全生命周期效益开发井筒完整性要求。

3. 细分切割增产优势

固井滑套分段压裂也具有井筒完整性优势，但滑套随套管柱下入，因完井管柱刚性较大，滑套间安装距离不能过小、很难实现细分切割压裂增产。而桥射联作在套管内分段、分簇，段间距、簇间距均不受限制，可以实现一根套管两簇射孔，具备精细密切割造缝条件，缝间干扰更强、缝网密度更高，不仅提高了裂缝复杂程度、控制了有效改造体积，而且缩短了油气渗流距离，提高了非常规油气初产及累产、降低了产量递减速度。

4. 大排量降本优势

桥射联作压裂采用套管压裂方式，施工排量较高，可同时满足多簇裂缝同步扩展并互相干扰，实现定点、多点起裂，裂缝位置精准。不仅有利于缩减段数、降低分段工具成本，还特别适合大排量、大液量特点的天然裂缝、层理发育储层复杂缝网改造。而连续油管环空压裂排量较低，更适用于低渗透、致密储层精细压裂改造。

5. 全通径井筒优势

（1）桥射联作压裂井筒为同一尺寸全通径固井套管，与多级滑套投球压裂相比，分压段数、压裂排量均不受限制，也不存在滑套打不开的风险，理论上可实现无限级分段压裂。

（2）施工砂堵发生后，压裂段上部保持通径，冲砂管柱下入不受滑套变径影响，砂堵易处理。

（3）套管桥塞可溶、可钻，压裂后可以迅速钻塞，钻磨碎屑可随油气液流排出井外，为后续作业和油气生产留下全通径井筒。

三、桥射联作工艺流程

1. 第一级空井压裂

首先采用连续油管或电缆爬行器传输射孔枪，完成全井第一级射孔作业；或在固井完井时在套管柱尾端连接趾端滑套固井，压裂前井口加压打开趾端滑套，从而在井筒与储层之间建立有效的压裂通道。然后大排量泵注，完成第一级压裂，为桥射联作工具串泵入建立循环通道，如图 7-2 所示。

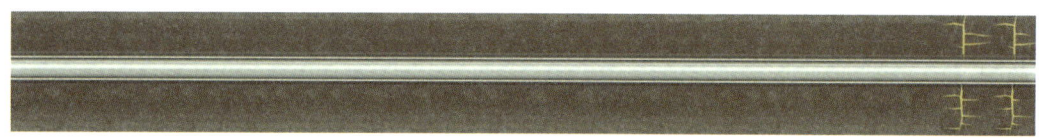

图 7-2　第一级空井筒压裂示意图

2. 第二级桥塞压裂

（1）下入仪器工具串。

用电缆连接桥射联作工具串入井，仪器工具串由多簇射孔枪及其定位仪器、桥塞及其坐封工具连接而成。直井段及小斜度井段依靠工具串自重自动下入，大斜度井段与水平井段，通过地面泵送产生的液压推力将工具串传输至第二级压裂层段。

（2）坐封桥塞。

校正井深后上提桥塞至坐封位置，通过地面控制面板，采用分级点火技术使桥塞火药燃烧，坐封桥塞，如图 7-3 所示。

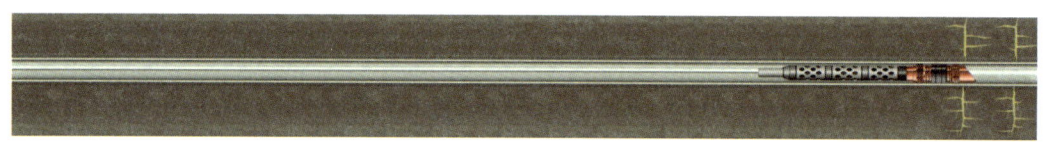

图 7-3　第二级压裂桥塞坐封示意图

（3）分簇射孔。

桥塞丢手、验封合格后，上提单芯电缆，将射孔枪对正到第一簇射孔位置，分级点火完成第一簇射孔；起爆成功后，上提电缆将射孔枪对正第二簇射孔位置，点火起爆后再上提电缆，依序完成剩余各簇分级点火射孔。

（4）起出仪器工具串。

第二级所有射孔簇点火成功后，上提工具串出井口，关闭井口，如图 7-4 所示。

图 7-4　第二级压裂分簇射孔示意图

（5）投球堵塞。

拆除防喷管后投球，并开泵将球推送至桥塞位置，封堵压裂球泵送循环通道，防止第二级泵注压裂液泄漏至已压层段，如图 7-5 所示。

图 7-5　第二级压裂投球封塞示意图

（6）大排量泵注压裂。

桥塞循环通道封堵成功后，逐次提高排量，完成第二级分簇压裂施工，如图 7-6 所示。

图 7-6　第二级压裂泵注施工示意图

3. 其余桥塞压裂

根据地质、工程设计要求，同方式逐级完成其余层段桥射联作、压裂泵注作业，如图 7-7 所示。

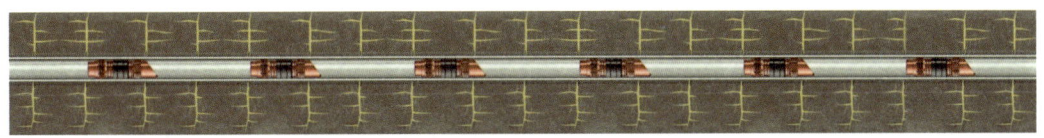

图 7-7　压裂施工结束井筒示意图

4. 压后桥塞钻磨

全井段射孔、压裂完成后，采用连续油管一次性钻除井内所有桥塞，如图 7-8 所示。

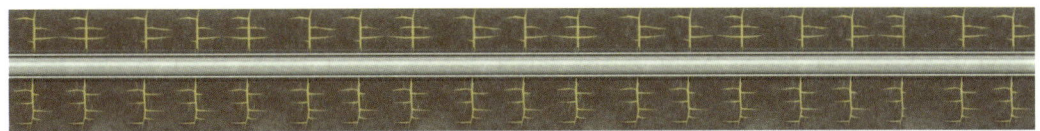

图 7-8　桥塞钻除后井筒示意图

四、关键核心技术

分级点火、水力泵送是电缆桥射联作关键核心技术，正因为分级点火技术突破，才将传统电缆桥塞坐封、电缆射孔等多趟作业内容组合成一趟施工，大幅提高了水平井套管桥塞分段、电缆分簇射孔作业效率。水力泵送则借鉴了水平井有线随钻测斜仪泵送坐键工艺原理，采用压裂车泵注压裂液推送桥塞，在未增加作业设备的条件下，成功替代修井机、连续油管作业机传输分段工具至目标储层，大幅降低了作业成本、成就了水平井体积压裂主体技术。

第二节　分级点火工艺技术

目前，分级点火技术主要通过两种开关来实现，一是在射孔接头内安装压控开关，最下一级桥塞火药或射孔弹导爆索起爆后，利用火药压力或井内液压打开压控开关压力传递通路，接通下一级点火线路，实现逐级按序分级点火，如图 7-9 所示[1]；二是利用可编址电子开关技术，在射孔接头内安装电子选发开关，通过地面电子系统向井下发送不同的脉冲指令，选择性打开某簇射孔枪或桥塞火药电子开关，接通电子开关对应电雷管，通电点火。

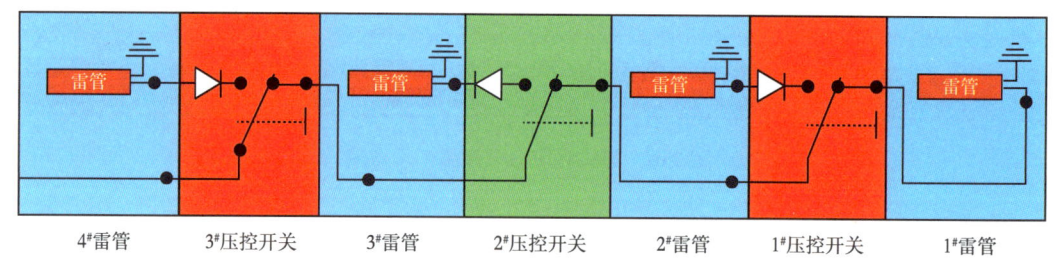

图 7-9　压控开关分级点火示意图

压控开关控制射孔枪及桥塞坐封工具自下而上按顺序逐级点火，只有在上一级射孔或桥塞坐封正常完成后才能进行下一级点火，不能跳级点火。一旦前一级起爆失败，后续各级点火都无法完成，顺序性很强，点火连续性极易被打断，在桥射联作中应用越来越少。而固定地址编码电子开关克服了压控起爆局限性，可对井下任意一个电子选发开关进行雷管点火，即可以跳级点火。在前端出现故障的情况下，仍可对后端进行点火，可携带备用射孔器材，提高分簇射孔成功率。

压控开关与电子开关一样，有两种工作状态：贯通状态和点火状态，两种状态不能同时存在。下井过程中均处于贯通状态，起爆时由贯通状态转为雷管点火状态。

一、电子选发点火技术概述

电子选发分级点火是在井下每根射孔枪和桥塞坐封工具内安装防射频电子雷管和可编址电子开关，射孔枪导爆索和桥塞坐封火药起爆雷管通过电缆连接至地面电子系统，每个电子雷管下端连接一个电子开关（电子开关有唯一地址编码，与电子雷管一一对应）。下井前先在控制软件内准确输入电子雷管对应的电子开关地址序列，下井后通电核对无误后泵送至相应压裂层段。点火前由地面软件系统先对每个电子开关进行编址，点火时，地址被选上的可编址电子开关将电缆缆芯与其连接的防射频电子雷管导通，然后由点火面板控制点火，如图 7-10 所示。

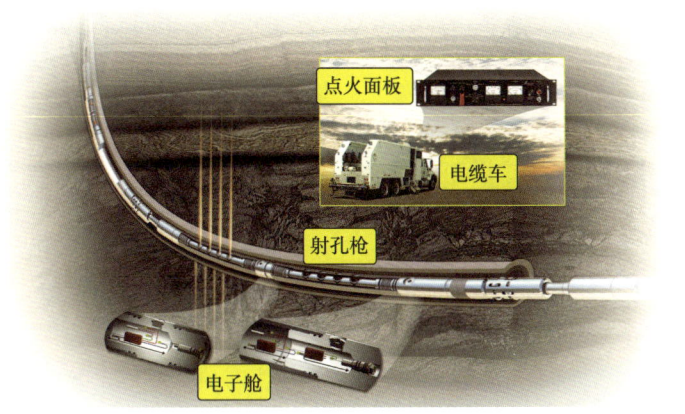
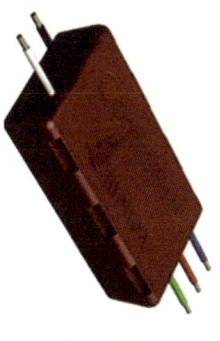

图 7-10　电子选发分级点火技术原理

地面电子系统可以对井下电子开关工作状态进行实时监控，并予以记录。电子开关与电子雷管之间通过安全隔离系统互相分隔，下部桥塞或射孔枪点火后不会影响上部未点火射孔枪，也可对未点火射孔枪内的可编址电子开关重新进行编址。每次点火时，点火地址选择以可编址电子开关最新编址为准。施工时，无论射孔起爆还是桥塞坐封，都是通过电子开关进行控制。地面控制先检查电子雷管对应的电子开关地址编号是否正确，然后再接通雷管进行点火。

固定地址电子开关具有唯一的编码地址，克服了浮动地址电子开关存在的安全隐患，电子雷管与电子开关之间唯一的对应关系，使分级点火控制准确率达到 100%。

二、防射频电子雷管

电缆桥射联作要求点火操作必须非常安全，避免外来电流造成的意外点火。因外部杂散电流难以精确预计，防止外来电流措施标准很难描述。最理想的是雷管不受任何外部电流影响，但很难生产制造，普通电雷管达不到这种要求。

由于杂散电流比不点火电流高，加在雷管点火线上必然造成意外点火。在此严苛的技术条件下，防射频电子雷管得到大面积推广应用，除防止外来电流影响外，这种雷管只能通过特殊的点火面板起爆，可防止意外点火。

电子雷管又称数码雷管，是采用电子控制模块控制起爆过程的电雷管。电子雷管内置电子控制系统，可实现控制起爆时间、测试点火元件状态、控制通信功能等。相比传统工业雷管，具有安全性高、便于管理、抗静电、延期精度高、网络可检测等优点。

1. 电子雷管结构原理

（1）电子雷管内部结构。

防射频电子雷管主要由集成电路、电容、电熔丝、主装药和次级装药组成，如图 7-11

所示。普通电子雷管内部没有集成电路和电容,电熔丝可以通过输入几安培电流直接点火;而防射频雷管通过一个内置电容对电熔丝进行点火,电容由毫安级的小电源充电,充电和放电是通过集成在雷管上的电子芯片来控制。

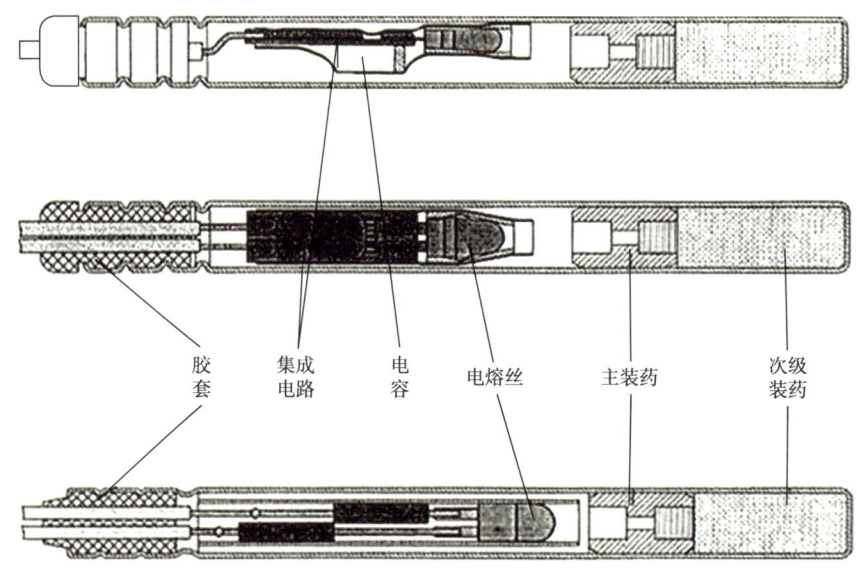

图 7-11　防射频电子雷管内部结构

(2)电子雷管工作流程。

地面点火面板发出一个电压序列后(图 7-12),电容先充电到 2V 左右,就可以满足雷管电子线路工作。但这个电压还不能激发电熔丝,只有在集成电路接收到一个特殊的电压序列后,电容才能充电到所要求的点火电压。电容充电后,后续再传递来一个特殊的电压序列,以闭合电子开关,这个电子开关控制电容放电以激发电熔丝,1~2mA 的电流就可以满足电容充电并激发雷管。

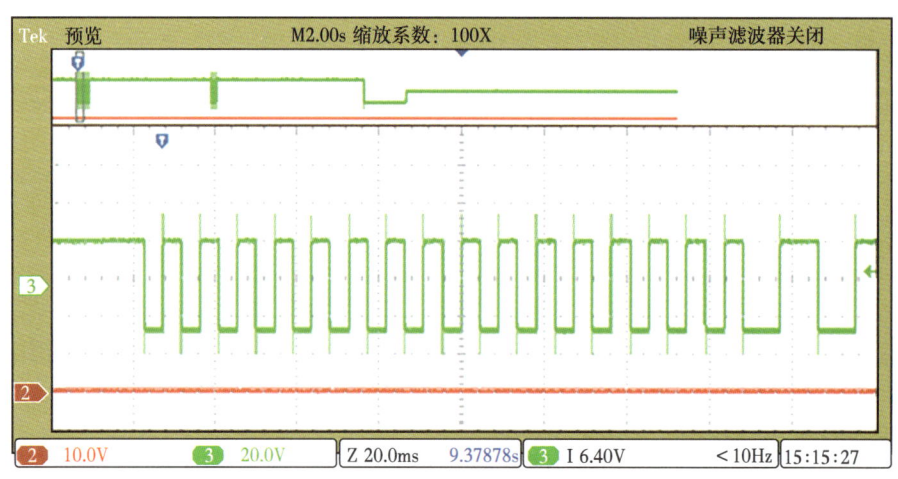

图 7-12　地面系统发射的脉冲指令

(3)电子雷管集成电路设计。

防射频电子雷管集成电路主要包含有 3 部分:模拟电路、数字电路和点火模块,如图 7-13 所示。

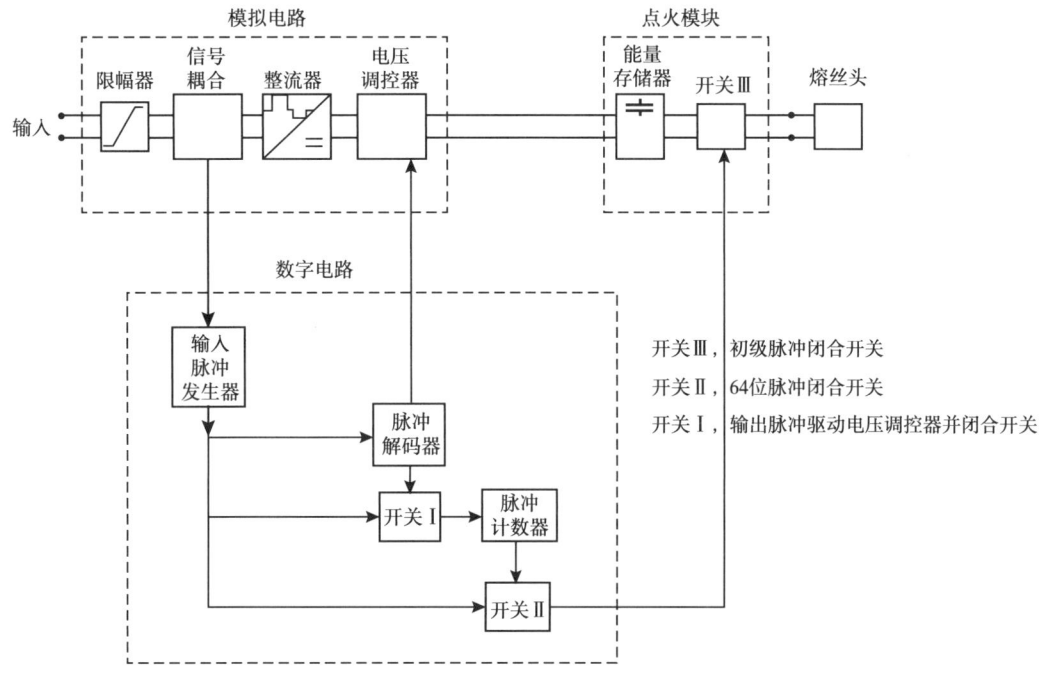

图 7-13　电子雷管集成电路框图

模拟电路内的电压门槛可以限制输入电压小于 20V,可以屏蔽很多过高的外部电压;信号耦合时,每次极性变化都会产生一个脉冲,输入脉冲发生器后,再通过数字电路进一步处理;信号耦合后的能量存储到点火模块的电容器内,它通过一个整流器进行充电。

在整流器和初级能量存储器之间有一个数字可调的电压调控器,它可以给电容器充电直至达到最低的电子线路工作电压。

数字电路内,耦合后的脉冲信号传递给输入脉冲发生器,再从发生器传递给脉冲解码器、开关Ⅰ和开关Ⅱ。最初开关Ⅰ和开关Ⅱ均处于打开状态,如果脉冲解码器识别出正确的脉冲序列,它将驱动电压调控器并闭合开关Ⅰ,当电压调控器通过这种方式驱动后,电容器充电,电压大约在 3s 内加载到雷管输入端。一旦电容器充电,脉冲通过开关Ⅰ到脉冲计数器;当记录完 64 个脉冲,脉冲计数器发出一个脉冲闭合开关Ⅱ,输入脉冲发生器的后续脉冲传递通过开关Ⅱ并闭合开关Ⅲ;开关Ⅲ被激发后点火头通过电容器点火。

64 个脉冲设计是为了增加系统安全性,防射频电子雷管激活后,在点火脉冲发出之前如果断电,电容不会起爆点火头,并能够通过电子线路在 2min 内进行放电,可重新激发使用。

电子雷管可区分干扰信号,在安全模式下直到干扰电源断开。

(4)电子雷管外部结构。

防射频电子雷管优点是进水后失效,雷管外观结构如图 7-14 所示。

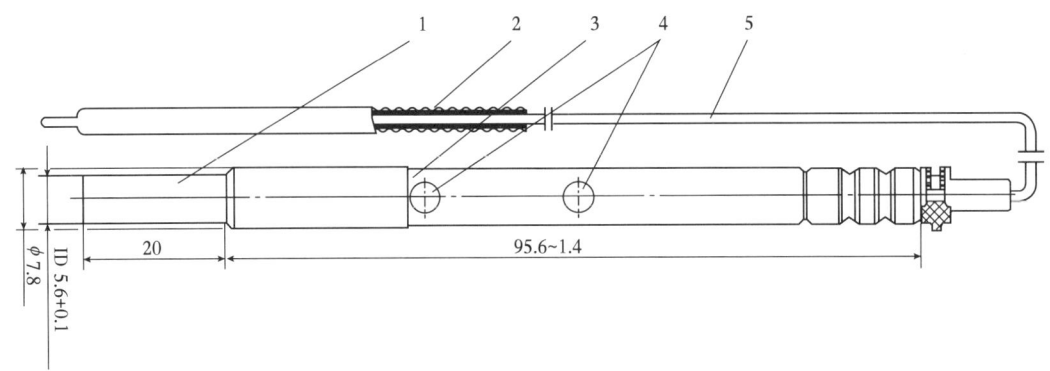

图 7-14 电子雷管外观结构图
1—加长接；2—保护胶套；3—铝壳；4—进液孔；5—接线

某型防射频电子雷管技术指标见表 7-1。

表 7-1 某型防射频电子雷管主要技术指标

性能	指标
耐热性	150℃ @ 1h
阻值	12.7kΩ±3.2kΩ（测量电压 12V）
点火	只能用厂家配套的数字点火面板操作
防静电	2500PF，30kV
防高频	200MHz，200V/m（50V 和 20A 安全测试）
流体失效	水中 2min
装药	初级装药 80mg PbN6 1.23grain、基本装药 600mg RDX 9.26 grains
保存期限	5 年（5~30℃，最大 65% 相对湿度，通风密封在真空袋）

2. 雷管安全特性

防射频电子雷管最显著的特点是高安全性，可避免外部电流造成意外点火。

（1）杂散电流和杂散电压。

就杂散电流和杂散电压而言，防射频电子雷管远比其他电子雷管更安全。电压低于 15V 时，电子雷管阻值很高，这意味着低电压下没有风险。

防射频电子雷管可承受 100mA 电流 5s、180mA 电流 2s、1A 电流 0.25s，50V/20A 电流不能使雷管点火，220V 交流电也不能激发电子雷管。考虑长时间通电，电流超过 50mA 时芯片会损坏。

（2）静电安全。

脉冲能量低于 0.2mJ/Ω 时，不会损伤电子线路。人体释放 25kV 静电，产生大约

0.05mJ/Ω 点火脉冲，因此电子雷管操作可靠性不受静电影响。30kV 电压下，电子雷管不受 2500pF 电容器激发。

（3）闪电安全。

闪电能量足以直接激发导爆索或射孔弹，因此，闪电期间，禁止地面操作爆炸物，但闪电诱发的杂散电流不能激发电子雷管。

（4）高频安全。

普通雷管具有不同程度的抗高频辐射敏感性，而防射频电子雷管暴露在高频 100kHz~18GHz、电磁场 200V/m 环境下依然安全。在频率 110MHz、磁场强度 100V/m 环境中，电子雷管可完全操作；在 150~200V/m 环境下，仅有个别雷管不能使用，但不会点火。

（5）其他影响。

叠氮化铅是雷管主炸药，也是冲击能量激发雷管和导爆索最危险的成分。叠氮化铅冲击能量小于 5J，不锈管保护时，可承受的冲击能量为 70J。激发 HMX（奥托克金）的冲击能量是 10J，装进导爆索后能承受的冲击能量为 20J，安全系数高达 3.5。

3. 点火电路测试

传统电子雷管桥丝有一稳定阻值，而防射频电子雷管阻值与输入电压相关。12V 电压时，电子雷管阻值约 12700Ω，电流 1mA。将 12V 电压作用在点火电路上，电流为 1mA，测试面板即可显示工作正常。点火电路测试面板如图 7-15 所示，其用途是装雷管前后在地面测试并确认枪串中所有开关通信正常。该装置自带充电电池，内置触摸式键盘和日光工作液晶显示屏。

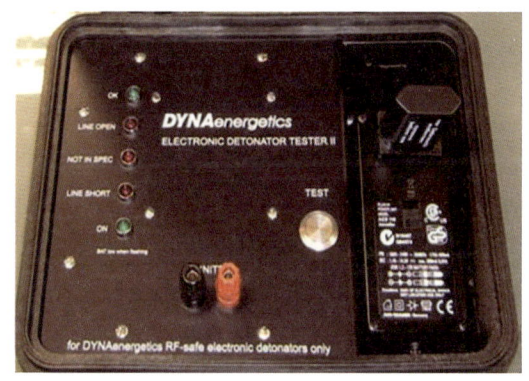

图 7-15 数码电子雷管检测仪

三、电子选发开关

电子选发开关安装在每簇射孔枪和桥塞坐封工具专用接头内，可依次按照编址对桥塞火药和射孔弹导爆索进行点火起爆，不会影响防射频电子雷管安全特性，而且增强了分级点火系统安全性。

1. 开关工作原理

可编址电子选发开关内包含两个数字可寻址的单刀双掷开关，地址被选中后，电缆连接到点火回路或其旁边的雷管上，如图 7-16 所示。

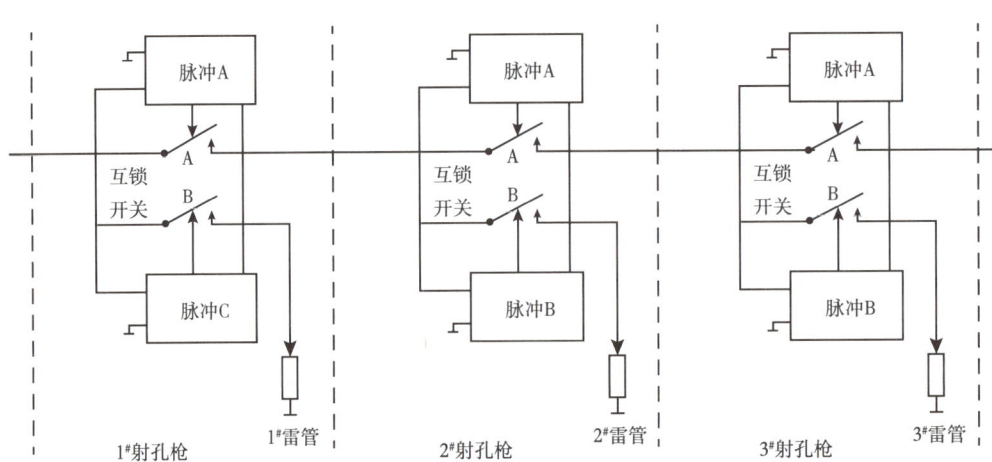

图 7-16　电子选发开关导通原理图

可编址电子开关下井位置确定后,通过地面软件操作就可以对点火流程进行排序,并一直保持最新状态(随软件次序变更),如图 7-17 所示。如果电缆断电后重新连接,可编址电子开关地址将返回到无连接状态。

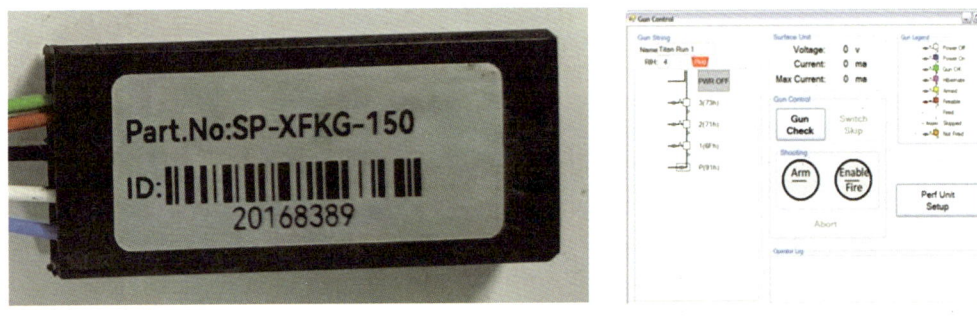

图 7-17　电子选发开关及软件排序示意图

电子选发开关通过地面射孔面板发射的脉冲信号激活,为了不干扰雷管点火程序,开关激活信号时序采用一个 8 字节宽脉冲编码。图 7-18 所示为第五级射孔枪点火时电子开关接通脉冲,解码成功后,雷管点火。

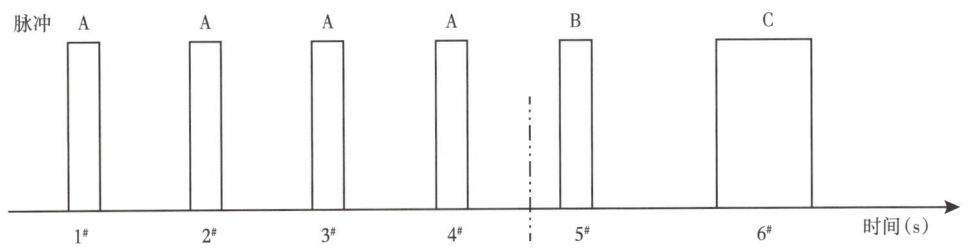

图 7-18　第五级射孔电子开关接通脉冲

脉冲 A 表示通过、B 表示连接到雷管、C 表示通过多级开关连接到点火回路

2. 开关接线方式

电子选发开关和电子雷管安装在射孔枪或坐封工具底部（注意按入井次序，底部后入井），接线时选发开关连接在每级电子雷管上端。每个电子开关都是相同的，任何一个都适配于每个电子雷管，如图 7-19（a）所示，开关好坏可接灯泡进行测试。

电子选发开关用硅橡胶保护，引出 5 根接线头，分别连接上一级输出端、下一级输入段、开关地线、雷管火线和雷管地线，如图 7-19（b）所示。桥塞火药起爆为分级点火第 1 级操作，仅需 3 根接线即可完成，分别是上级输出端、雷管火线和地线，其余 2 根线按厂家说明书连接。

(a) DYNA 电子选发开关

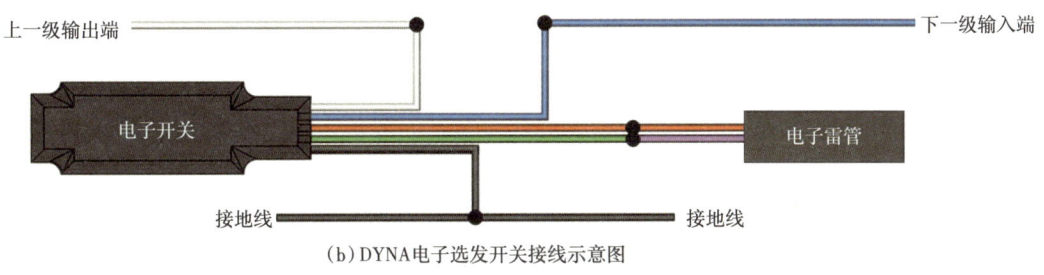

(b) DYNA 电子选发开关接线示意图

图 7-19　DYNA 电子选发开关和接线图

四、多级点火面板

多级点火面板可以控制系统分级点火，主要功能是向选发开关和电子雷管发送脉冲指令，雷管点火过程完全受面板控制。同时，它也是单芯电缆测井地面系统的一部分，用于磁定位（CCL）或伽马校深，测井信号通过多级点火面板从电缆连接到数采系统。如果连接射孔枪，可由面板直接控制点火。

多级点火面板主要包含电源、微处理器及安全点火控制元件，电源给多级开关和电子雷管供电，微处理器与电脑通信。

1. 面板操作控制

点火面板操作控制按钮如图 7-20 所示。

图 7-20　DYNA 多级点火面板

（1）操作安全开关。

安全/操作开关置于安全状态时，开关通过一个 1kΩ 电阻将电缆对地短路在安全状态，面板电流保持在重置状态；置于操作状态时，电缆连接到面板电路上。

（2）工序转换开关。

在安全开关处于操作模式下，工序开关为射孔状态时，多级点火面板控制井下点火程序；开关为测井状态时，电缆与数采系统连接。

（3）发光点火按钮。

同时按压两个点火按钮（$1^\#$ 和 $2^\#$），雷管连接到多级点火面板充电激发。分级点火时，每级点火都需同时按压激发。为了安全，两个按钮在 0.5s 内要同时按下并至少保持 3s。

点火按钮上的发光二极管在面板供电时打开，按下两个按钮激发后，开始闪烁。发光二极管也可当作错误提示，若按下一个按钮，就只有这一个灯亮；若一个按下超过 15s，这个灯就开始闪烁；如果两个按钮按下超过 15s，两灯交替闪烁。

（4）重置按钮。

在前一级雷管点火后、下一级雷管点火前，必须按下重置按钮。

（5）信号指示灯。

当有信号送达开关或雷管时，信号指示灯会闪亮；当有信号在面板和电脑之间的 USB 线传递时，USB 指示灯闪亮。

2. 面板脉冲序列

多级点火面板能形成 A、B、C、D 四种不同的脉冲序列，A 序列用作脉冲穿过多级点火开关，开关无动作；B 序列用作多级点火开关连接到雷管上；C 序列通过多级开关送达雷管并在此解码，如果解码成功，雷管点火；D 序列用作开关伽马短节，如果发出 D 序列，GR 开关置于通过模式。

脉冲序列 A、B 和 D 通过电脑控制程序激发，并由面板上的微处理器发送。同时按压点火按钮，微控制器发送序列 C，点火按钮上的发光二极管开始闪烁，并在实际点火前 4s，闪烁频率加快。

第三节　桥射联作工具系统

桥射联作工具串自上而下依次由电缆头、磁定位器、加重杆、多级点火头、射孔枪、桥塞点火头、桥塞坐封工具、桥塞坐封推筒及桥塞共同构成，如图 7-21 所示。

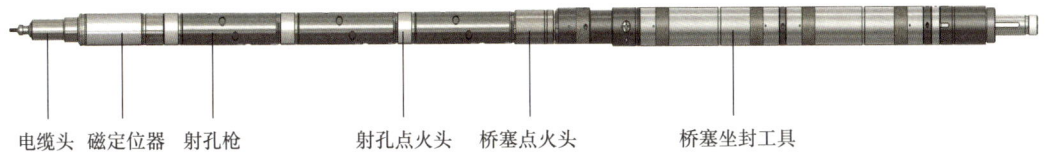

电缆头　磁定位器　射孔枪　　　射孔点火头　桥塞点火头　　　桥塞坐封工具

图 7-21　桥射联作工具串结构示意图

一、井下仪器与射孔器材

1.磁定位器

（1）工作原理。

磁定位器是测量油套管接箍位置的测井仪器，可配合地面数采系统，寻找井下套管接箍位置，校准射孔深度。当磁定位器在套管中滑过接箍时，由于仪器周围磁介质发生变化（接箍环形缝隙造成介质不连续），引起磁力线重新分布，使感应线圈磁通量发生变化，从而产生感应电势，放大电路将此信号通过电缆传输到地面数采系统，记录并标记井深，为分级射孔定位提供井深基准。

（2）结构组成。

磁定位器由保护筒及其上下接头、永久磁钢、测量线圈及减振器等部件组成，如图 7-22 所示。

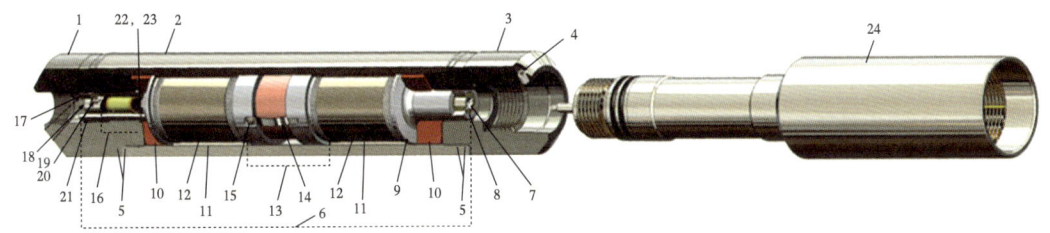

图 7-22　磁定位器结构示意图

1—上接头；2—保护筒；3—下接头；4—定位螺钉；5—密封圈；6—传感元件总成；7—单芯电缆插座；8,17—绝缘套；9—隔振环；10—减振器；11—磁钢套；12—永久磁钢；13—感应线圈；14—接地弹簧；15,19—端子螺钉；16—双向二极管；18—电缆插座；20—压接端子；21—隔振环；22—接插件；23—垫片；24—快速转换接头

上下密封接头由本体、单芯电缆插座等部分组成，密封性好，能在高温高压环境下安全工作；永久磁钢以同极性相对的方式排列，形成一个恒定的强磁场；测量线圈由线圈骨架和线包组成，测量时线圈在磁场中滑行；减振器保护磁性定位器内部组件在射孔冲击下不受损伤。

双向二极管由两个硅二极管反向并联组成，如图 7-23 所示。测量时，可防止感应线圈产生的信号电压经过雷管而短路（因测量线圈的信号电压不会超过硅二极管的导通电压），使测量信号可以顺利通过缆芯到达地面仪器记录。点火时，高电压（220V）双向二极管近似短路，不论用直流正负电或交流电点火均可通过。形象地说双向二极管就像一个自动开关，测量时它处于关闭状态，点火时它处于打开状态。

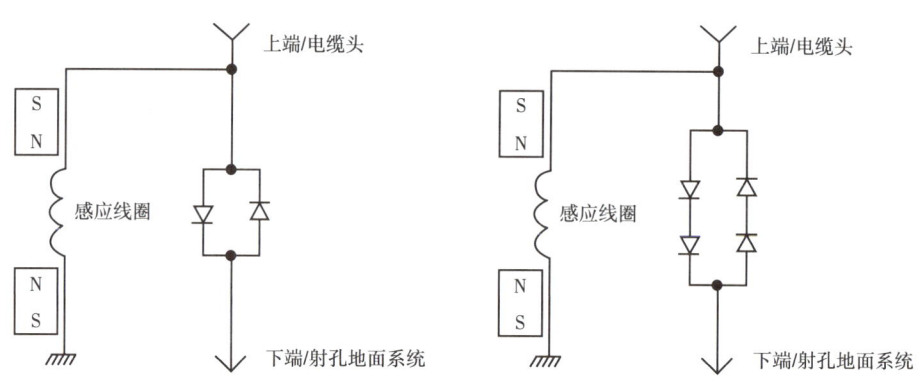

图 7-23　双向二极管保护电路

2. 雷管仓

可选址分级点火射孔工艺作业中使用的雷管仓（图 7-24）主要有以下作用。
（1）安装防射频电子雷管和可编址的电子开关；
（2）安装在每级射孔枪的下部，可防止射孔枪进水炸枪；
（3）对各级射孔枪进行隔离，保证前一级射孔点火不影响后一级射孔作业。

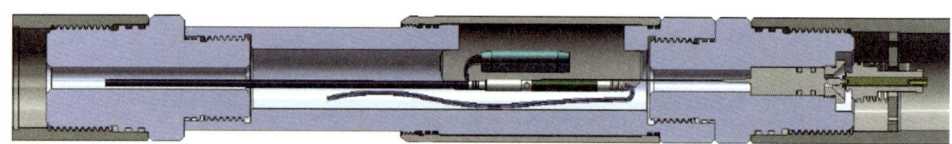

图 7-24　雷管仓结构示意图

3. 分级射孔器材

桥射联作工具串中每级射孔枪由单独的分级点火系统控制，通过地面系统发出的电信号使对应的各级射孔枪起爆射孔，如图 7-25 所示。

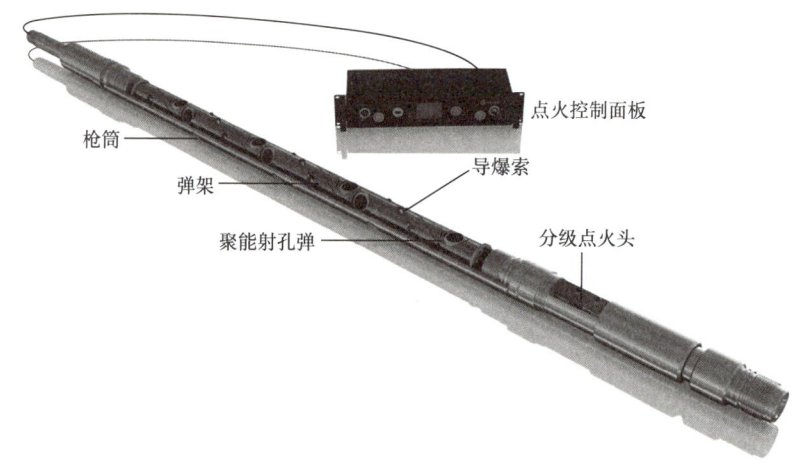

图 7-25　分级点火射孔器材

国内现用的分簇射孔工艺主要包括四类，分别为常规射孔、等孔径射孔、定面射孔及定向射孔。单簇射孔枪有效射孔长度 0.45~1m，型号主要包括 73、86、89 型等，耐温 150℃，耐压 105~140MPa，适用于 4.5~5.5in 套管井分簇射孔作业。

（1）常规射孔。

常规分簇射孔枪采用螺旋式布弹方式，结构及部件如图 7-26 所示。

射孔枪由安装在枪筒内的弹架、射孔弹、导爆索及枪筒组成，射孔弹按不同相位角螺旋排布在弹架上，并用导爆索连接成一串，电缆贯通线也缠绕在弹架上。枪筒上下由雷管仓接头密封，导爆索连接在电子雷管上，电缆贯通线连接在选发开关接线上。

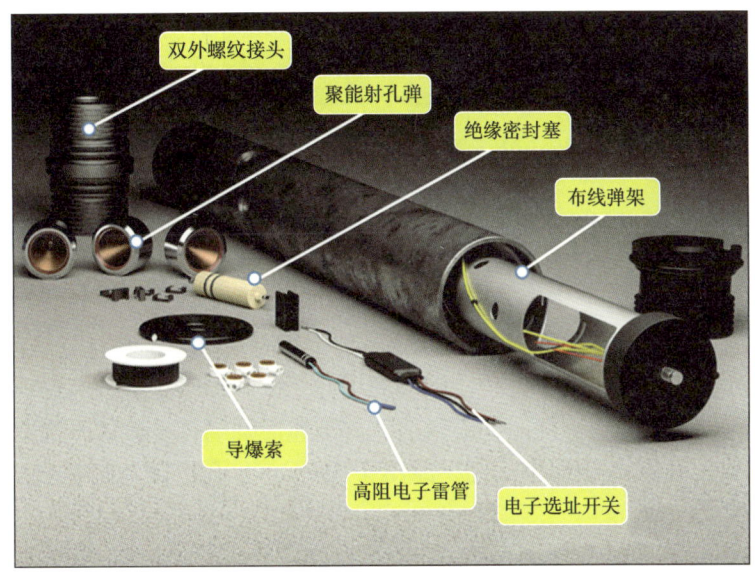

图 7-26 螺旋布弹射孔器材

国内外通用的聚能射孔弹主要由起爆药、主火药、药型罩、金属弹壳等组成，如图 7-27 所示。分级点火时，电子选发开关控制电子雷管起爆，引爆导爆索，然后由导爆索传爆到串联射孔弹，先引爆射孔弹起爆药，再起爆主火药实现聚能射孔。

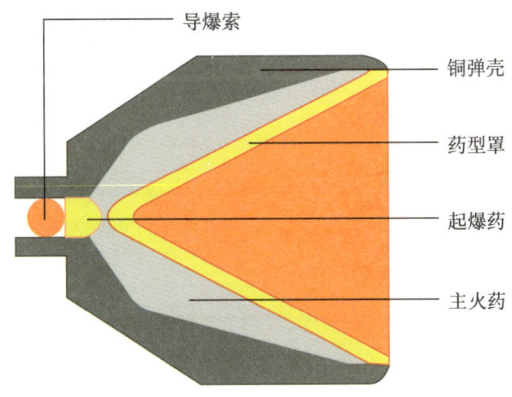

图 7-27 聚能射孔弹结构

为提高射孔穿透深度,增强射孔起裂效果,施工多采用超深穿透射孔弹,装药为奥托克金(HMX)火药,射孔弹在井下的耐温时间、耐温温度都有所提高。导爆索装药为黑索金(RDX),内护层采用棉纱编织、外护层采用尼龙编织,如图7-28所示,热收缩率低,长时间在井内不易发生变形。

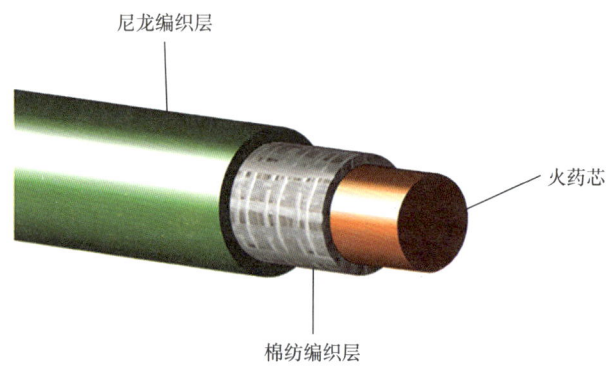

图7-28 导爆索结构

(2)等孔径射孔。

在水平井射孔作业中,除特殊要求外,工具串中一般都不加扶正器。由于重力原因,射孔枪会躺在井筒下侧套管壁上,致使枪筒周围与套管间隙不一致。由于套管和枪筒之间空隙填满压裂液,当间隙不一样时,火药射流流核速度及半径受流体干扰不同,射孔弹在套管周向上形成的孔眼直径大小不同,如图7-29所示。孔眼限流造成裂缝扩展不均衡,影响储层改造效果。

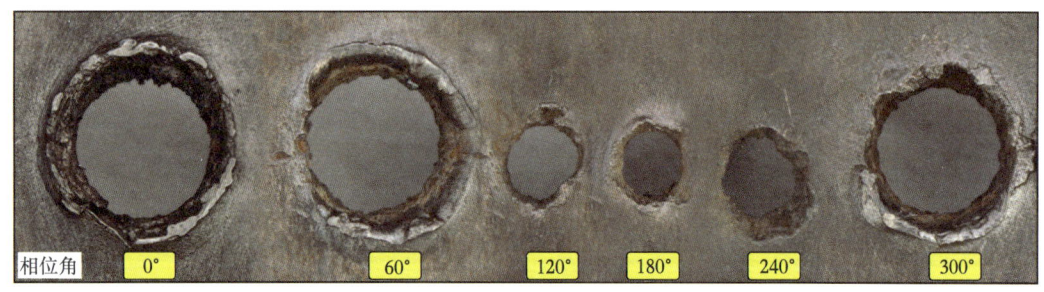

图7-29 不同相位角射孔孔眼大小示意图

药型罩是射孔弹的核心元件,深穿透射孔弹为了达到穿透深度,药型罩采用顶部薄、底部厚的变壁厚结构。根据射流成型理论,变壁厚药型罩形成的射流具有直径细、拉伸长、头部速度高、尾部速度低,以及射流速度梯度大等特点,射孔时易受到流体介质干扰。

射孔间隙与射流粗细、速度梯度是影响射孔孔眼大小的主要因素(图7-30),为降低流体介质对火药射流的影响,要求射孔弹成型射流速度梯度小、射流直径不宜太细[2]。根据聚能装药理论,药型罩为等壁厚结构时,成型射流梯度小、射流直径相对较粗。在此理论基础上,国外采用等壁厚药型罩结构设计,率先研制了等孔径射孔弹,药型罩如图7-31

所示。药型罩上半部分结构为锥形等壁厚，保证射流前半段的稳定性，下半部分内壁采用弧线设计，可保证射流穿深。

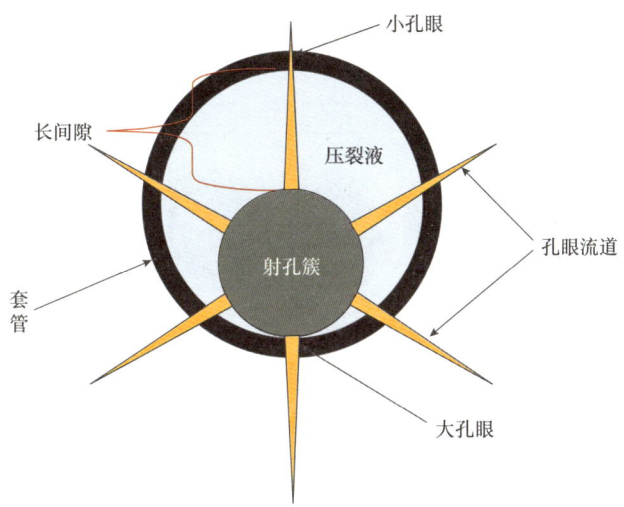

图 7-30　射孔间隙与孔眼大小关系图

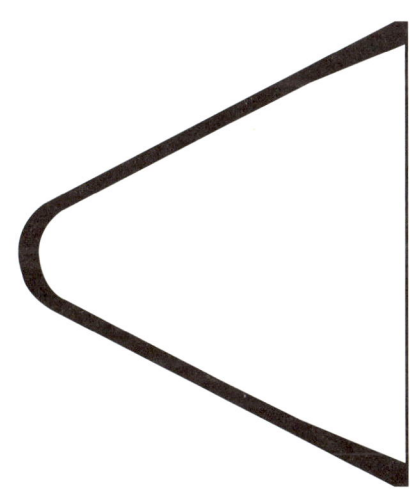

图 7-31　等孔径射孔弹药型罩

2020 年下半年起，国内全面推广等孔径射孔技术，解决常规射孔枪因枪套不同间隙导致射孔孔眼大小不一致，致使压裂过程中各射孔孔眼进液量差距大，影响压裂改造效果和储层均匀动用的工程难题。等孔径射孔已在新疆油田、川南页岩气及大港页岩油等区块应用 50 余万发、1000 余井次。射孔后套管上每个孔眼发挥了同等作用，平均降低射孔孔眼摩阻 8% 以上，降低施工压力和破裂压力 5% 以上，提高注液量和加砂强度 6% 以上，为非常规油气藏的高效动用创造了更好的孔道条件。

等孔径射孔效果如图 7-32 所示。

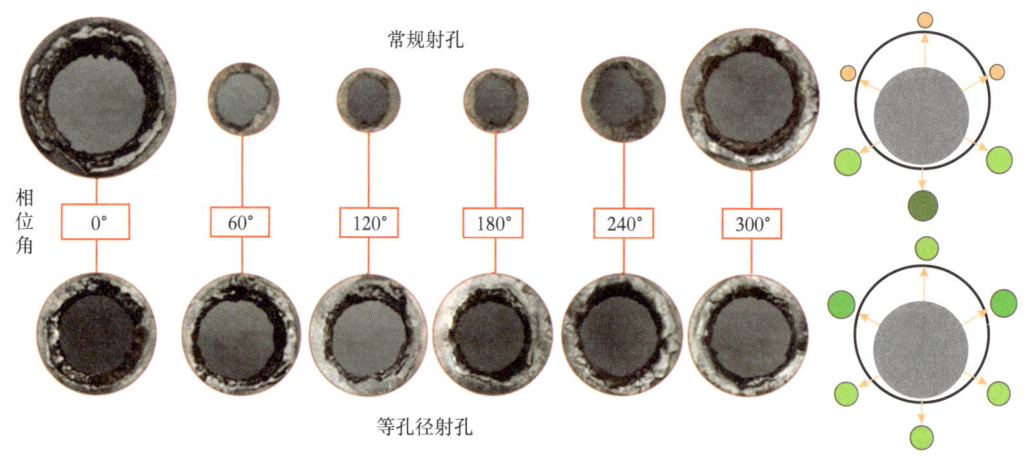

图 7-32 等孔径射孔与常规射孔效果对比图

（3）定面射孔。

水平井分簇射孔通常采用螺旋射孔方式，在天然裂缝、层理不发育储层压裂时，在一簇射孔段内容易产生多条裂缝，不仅向外扩展方向不同，而且互不相交，很难汇聚成主裂缝。多条窄裂缝竞相扩展，不仅容易造成段塞砂堵，而且施工排量低、泵注压力高，前置液泵注时间长、液量大，无效的燃料消耗、设备损耗及材料浪费较多，对水平井压裂效率及施工成本影响很大。

针对此问题，国外研发了定面射孔技术，如图 7-33 所示，基础技术为定射角射孔，通过改变射孔弹朝向控制射孔孔道走向，使压裂裂缝沿孔眼汇聚方向扩展，能更有效地产生主裂缝、减少多裂缝，获得更好的起裂效果。

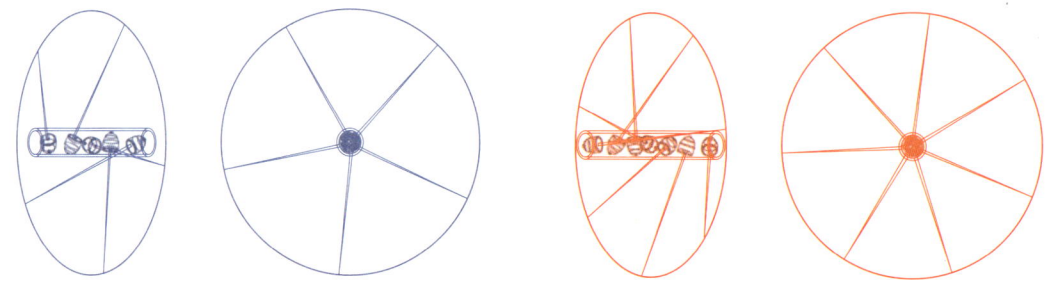

图 7-33 定面射孔技术原理示意图

定面射孔技术设计使用有角度的射孔弹，每颗射孔弹均朝向同一个平面。射孔时，射孔弹按照设计角度发射，在套管、水泥环及储层内形成多个斜孔眼。压裂时所有孔眼压力集中作用在一个裂缝面上，能够有效降低破裂压力、控制裂缝走向。

（4）重力自定向射孔。

在水平段钻井过程中，因各种原因，有些水平井井眼轨迹穿越油气产层钻进至目的层上方或下方，而煤层顶板水平井为抽采瓦斯、防止出砂及煤粉侵入，有意识将井眼轨迹设计在煤层顶板。压裂时需采用定向射孔技术，精准控制裂缝起裂，引导裂缝向产层方向扩展,提高油气井产能,达到最佳开采效果。

目前,成熟的水平井定向射孔工艺有两种,一是重力自定向、二是电驱动强制定向。因水平段重力效应显著,重力自定向工艺应用较多,电驱动则主要应用于光纤避射施工作业。

重力自定向是在每只射孔枪枪筒内设置一套独立的定向系统,定向机构主要包括偏重块及轴承。轴承安装在弹架两端及中间位置,并在装弹孔最大夹角中心点设置一定数量的偏重块。采用这种偏心结构可以使射孔弹在枪身内通过重力自行定向,如图 7-34 所示。

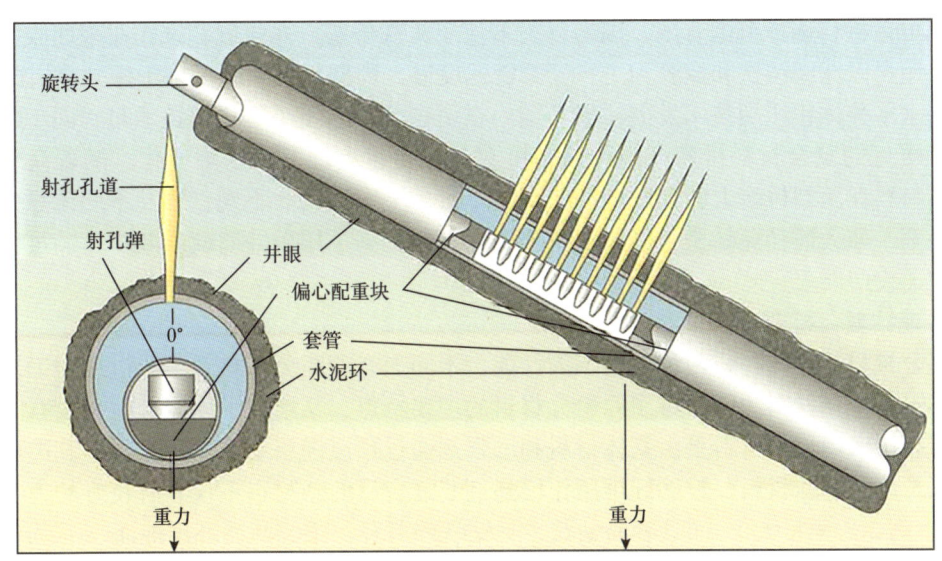

图 7-34 重力自定向射孔原理示意图

水平井分簇定向射孔相位通常采用 180° 和 0° 两相位,如图 7-35 所示,也可根据需求设置不同的相位角度。

图 7-35 定向射孔枪射孔弹相位图

自定向射孔器材利用重力自定向原理,在弹架内增加偏心配重块,使射孔器重心始终偏于一边,可根据生产需要布置射孔弹射流发射方向;导爆索采用外绕弹架方式与枪管保持合理间隙,无论枪管如何转动,射孔定向始终不变。弹架两端定位盘组件中装配有滚动轴承,弹架内装有偏心配重块。由于重力和支撑力之间存在偏转角,合力、合力矩不等于零,在合力矩作用下,弹架组件会自动旋动,直至配重块位于下方,使合力、合力矩都等于零,系统达到平衡,实现射孔弹在枪身内自动定向。轴承类型选用旋转支撑常用的角接触球轴承,拥有良好的径向支撑,以及一定的轴向支撑能力。弹架上端轴承与轴及外圈孔位置相对固定,以实现弹架组件在该方向上的轴向定位,而弹架下端轴承与外圈孔可以相对移动。由于定向分簇射孔中射孔器是随机旋转的,因而需要将电子开关和雷管一起封装在射孔枪内随弹架一起转动，保证通电及电子寻址可靠性。

二、桥塞及其坐封工具

桥塞是采油、试油及措施作业中最常用的套管内封隔工具，广泛应用于油气井分层挤注、分层测试、分层开采及漏失层封堵，水层、干层和废弃层封闭等作业。作为分层作业最重要的层间隔离工具，桥塞产品也随着工艺要求不断创新，二者既相互影响，又交替进步。从最初的可回收桥塞（合金钢）到可钻桥塞（铸铁），再到速钻桥塞（复合材料）、可溶桥塞（铝镁合金），在封隔性能稳步提升的前提下，可钻性得到大幅度改善直至自动降解。

因可钻材料选择范围有限，国内以前多使用铸铁桥塞，并通过套铣作业来回收。因关键部件用料以球磨铸铁和橡胶为主，套磨铣速度慢、周期长，桥塞仅用于探井分层试油。

在水平井体积压裂技术发展初期，国内在引进北美电缆桥射联作技术时，同步购置了可钻性更好的复合材料桥塞，简称速钻桥塞，并迅速实现了技术国产化。随着众多新工艺、新材料在压裂桥塞上的创新应用，诞生了很多不同结构、不同材质、不同清除方式的新型桥塞，如大通径免钻桥塞、可溶桥塞等，大幅提高了压后井筒疏通效率，满足压裂水平井快速投产要求。

1. 速钻复合桥塞

复合材料是由两种或两种以上不同性能、不同形态的高分子材料，通过成型工艺组合而成的一种多相材料，既保持了原组分材料的主要特点，又增加了原组分材料没有的新性能。压裂桥塞用复合材料是由基体材料和增强剂通过预浸铺层工艺复合而成，其中环氧树脂是最常用的基体材料、玻璃纤维用作增强剂。复合后的新材料不仅具有良好的力学性能（比强度高、比模量大），而且容易钻铣，且钻铣碎屑轻，很容易循环出地面、不易卡钻。

速钻复合桥塞由坐封丢手系统、密封系统、锚定系统和芯轴等组成，结构如图7-36所示[3]。其中坐封丢手系统由悬挂套、挡环和坐封环组成；密封系统由长胶筒、短胶筒组成；锚定系统由上卡瓦、下卡瓦和上锥体、下锥体组成。与金属材料相比，复合材料虽具有一定的可加工性，但其加工精度远不及金属材料，很难车削出精密的连接螺纹，国内外都采用销钉、套管连接方式，将桥塞各部件连接成一体。

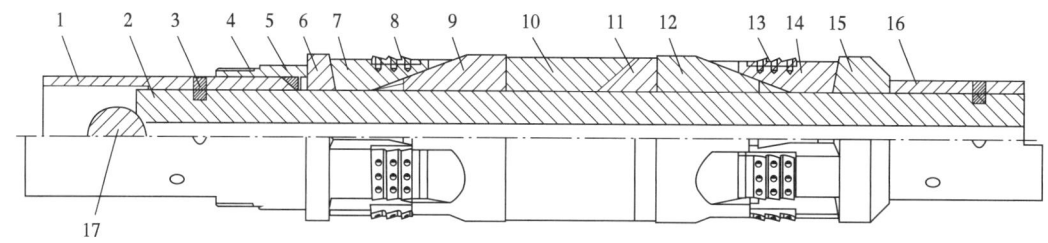

图7-36 复合材料速钻桥塞结构示意图

1—上套筒；2—芯轴；3—定位销钉；4—悬挂套；5—挡环；6—坐封环；7—上卡瓦体；8—上卡瓦牙；9—上锥体；10—长胶筒；11—短胶筒；12—下锥体；13—下卡瓦牙；14—下卡瓦体；15—支撑环；16—下套筒；17—压裂球

作业时，坐封工具与悬挂套通过螺纹连接，悬挂套、挡环、上套筒、芯轴和下套筒通过固定销钉连接。坐封工具推动坐封环、上卡瓦、上锥体、长胶筒、短胶筒和下锥体移动，当坐封力达到设计值时，下卡瓦首先破裂锚定，再随着坐封力增大，胶筒、上卡瓦依次张开，实现坐封。坐封力继续增大，悬挂套剪切环断裂，坐封工具与桥塞脱手。

桥塞上下端面采用啮合结构设计，防止钻磨时桥塞打转。桥塞下端加入泵送环，提高了压裂液泵送效率，小排量泵注即可将工具串送入待压层段，减轻了桥塞泵送附加的过顶替现象。

速钻复合桥塞主体结构采用复合材料，只有少量部件由铸铁（如卡瓦）、黄铜（如剪切销钉）、铝（加强芯轴）及橡胶（密封胶筒）组成。随着硬质合金齿、陶瓷齿性能提升，镶齿复合材料卡瓦［图 7-37（c）］逐步替代铸铁卡瓦［图 7-37（a）］，同时复合材料强度提升，铝芯内衬［图 7-37（b）］也很少使用，桥塞可钻性更强、钻磨效率及作业安全性更高，单只桥塞钻磨时间平均在 12~30min 之间。

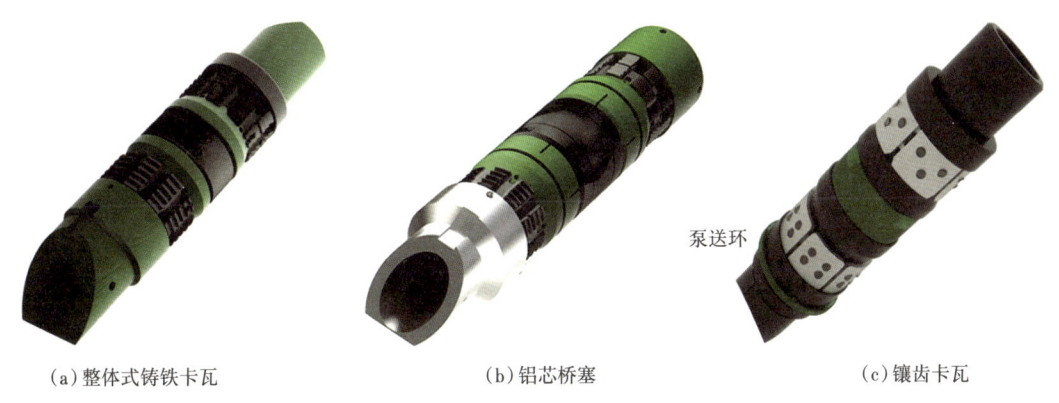

(a) 整体式铸铁卡瓦　　　　(b) 铝芯桥塞　　　　(c) 镶齿卡瓦

图 7-37　单卡瓦钢体桥塞外观结构图

油气田复合材料大量使用促进成型工艺和材料性能不断进步，桥塞耐温从最初的 120℃ 提高到目前的 232℃，耐压从最初的 70MPa 发展到目前的 105MPa，桥塞内通径也从最初的 50mm 扩大到目前的 76mm，整体性能得到大幅度提高。

北美页岩油气分布广、储量大，相应的桥射联作工作量大、桥塞用量多，可针对行业要求专门开发高品质复合材料，可钻性极高。国内桥塞用复合材料是从市场成熟产品或石油行业外筛选的，性能、可靠性距离国外还有一定的差距。

2. 大通径免钻桥塞

套管桥塞分段压裂结束后，一般都是把桥塞全部钻铣完才投产，防止井筒堵塞影响产量。但随着非常规油气开发向深层挺进，水平段也不断加长，高地层压力及管长附加的高循环压耗，钻磨施工泵压很高，重负荷造成连续油管疲劳加剧，带压钻磨风险较大。

大通径桥塞压后无须钻磨即可建立内径较大的排液生产通道，能有效解决上述问题。桥塞内通径可达到 70~90mm，与桥塞配套的大直径可溶压裂球在井内液体环境下能快速溶解，不会堵塞油气流动通道。

可溶球与大通径桥塞结合使用，桥塞依靠较大的内通径，充当不可溶解的球座，可溶球为压裂作业提供暂时封隔。目前，大通径桥塞主要有两种结构，无中心管的可膨胀套筒式和有中心管的普通桥塞式，主体结构大多采用金属材料。

（1）可膨胀套筒桥塞。

可膨胀套筒桥塞由于没有中心管，坐封后工具内通径较大，结构如图 7-38 所示。

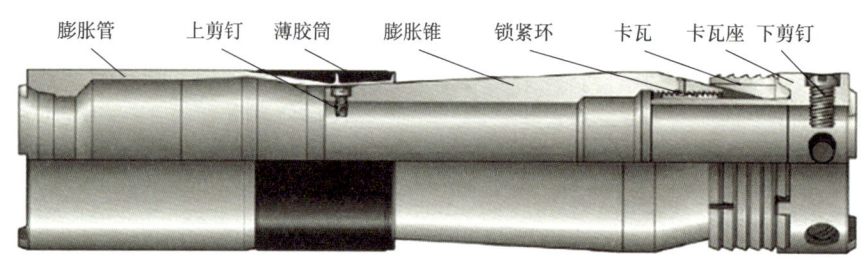

图 7-38 可膨胀套筒桥塞结构示意图

下井时,电缆坐封工具中的通芯拉杆从桥塞上端插入桥塞内腔,通过上剪钉和下剪钉连接在桥塞上,坐封工具推筒端面与桥塞上端面接触。坐封时,推筒在火药燃烧产生的推力作用下,推动膨胀管沿膨胀锥爬坡下行,膨胀管下端薄胶筒膨胀后贴在套管内壁上,限制膨胀管继续下行直至停止,上剪钉被拉断;通芯拉杆拉力从上剪钉传递到下剪钉,带动卡瓦座上行,整体卡瓦在膨胀锥底锥面作用下分瓣破裂,锚定在套管上;同时,薄胶筒内膨胀环嵌入套管内壁,胶筒与套管内壁也越贴越紧;随火药推力增大,下剪钉被拉断,卡瓦座被锁紧环固定在膨胀锥上,坐封工具与桥塞分离。压裂时,大尺寸压裂球坐在膨胀管上,胶筒越压越紧,密封能力进一步增强。

可膨胀套筒桥塞坐封时,膨胀管需要发生较大塑性变形,同时还要保证强度要求,膨胀管选材和结构尺寸优化是工具可靠性关键变量。

(2) 单卡瓦钢体桥塞。

单卡瓦钢体桥塞结合复合桥塞、铸铁桥塞结构特点,将现有桥塞中内径较小、管壁较厚的复合材料中心管换成内径较大、管壁较薄的金属中心管,中心管外套装组件厚度同步变薄。因金属管硬度、强度较高,壁厚减小、内径增大,对桥塞强度影响不大。另外,由于金属管结构强度较高,坐封过程中不会因管壁较薄或塑性特征等原因发生损坏,可顺利完成坐封,保证压裂施工正常进行。

由于压裂球坐在桥塞顶部端套上,压裂时继续压缩胶筒、增强密封,因此采用了目前流行的单卡瓦结构,桥塞长度更短,如图 7-39 所示。

图 7-39 单卡瓦钢体桥塞外观结构图

大通径免钻桥塞在设计上是永久性坐封,仍然具有铸铁桥塞钻磨通病,即如果发生提前坐封情况,钻磨还是比较困难的。

大通径桥塞虽满足油气生产要求,但留在井筒内的桥塞本体还是对井径形成限制,未来可能会使井下作业复杂化,还可能影响生产。因此,大通径免钻桥塞目前仅在少数深层水平井被成功应用,并未得到大规模推广,还需要不断积累应用经验,为长水平井开发深层非常规油气做好技术储备。

3. 可溶桥塞

压后桥塞钻磨是套管桥塞分段压裂作业中一项重要的作业内容，业界一直努力试图取消该工序，或降低桥塞清除难度。随着可溶球在多级压裂层段隔离中的成功应用，可溶桥塞开始兴起，并逐渐成熟，替代速钻桥塞趋势已很明朗。

（1）可溶材料。

可溶桥塞用于多级压裂，部件选材需满足井下压力和温度条件下的力学性能，确保既能在本级压裂泵注全过程锚定可靠、密封有效，又能在压后很快分解。可降解高分子复合材料低温下溶解速度较慢，且材料强度较低，仅适用于部分井况。2010年，国外研制出一种新型可溶合金材料，不仅具有段间封隔所需的物理强度和化学性能，而且在各种井底条件下都能控制降解。这种可溶合金首先应用在压裂球上，具有质量轻、强度高、溶解可控等特点，并在多级压裂中迅速替代了不可溶解的树脂球。

借鉴可溶材料在压裂球上的应用，完井工具生产厂家开始采用镁铝合金材料制造桥塞，其降解物是一种细小的粉末，不会影响压裂液返排和油气生产。数小时到数天，桥塞就会慢慢降解，转化为氢氧化物，同时释放出少量氢气，直到完全溶解。

铝镁合金主要用于制造压裂桥塞支撑机构，要想实现桥塞整体溶解，作为密封机构的橡胶筒也要用可溶材料。目前主要采用水解溶解机制，以可水解聚合物为基体，对橡胶材料进行改性，制造可降解橡胶弹性体，不仅具有传统橡胶的强度与弹性，也能在井下流体中自主降解。

弹性体水解是其与水反应而使聚合物发生化学分解，其原理是通过提高橡胶的吸水性，破坏聚合物链上活性基团化学键，从而使弹性体分子连接减弱并断裂，实现弹性体降解。随着井下地层温度升高，降解作用会进一步增强。

图7-40所示为承压70MPa、耐温80~120℃可降解橡胶筒，降解过程中材料不发黏，降解颗粒最终小于2mm。

（a）可降解橡胶筒　　　　　　　　　　（b）橡胶筒降解颗粒

图7-40　可降解橡胶筒及其降解颗粒

（2）可溶桥塞结构。

铝镁合金桥塞结构与双卡瓦复合桥塞非常相似，但比复合桥塞更加短小，主要由可溶合金本体、锚定机构，以及同样可溶的密封胶筒组成，双卡瓦可溶桥塞如图7-41所示。

图 7-41　双卡瓦可溶桥塞结构示意图

桥塞锚定机构为可溶卡瓦镶嵌硬质合金或陶瓷卡瓦牙,桥塞溶解后卡瓦牙可在通井时带强磁工具捞出;密封件为可溶胶筒,是一种不可逆材料,溶解后呈碎粒状,随压裂液一同返排出井筒。

可溶桥塞结构最早从复合桥塞演变而来,但这种原始的双卡瓦设计造成桥塞体积较大,严重影响其溶解速率,单卡瓦、径向膨胀胶筒成为短桥塞设计主流方向,如图 7-42 所示。

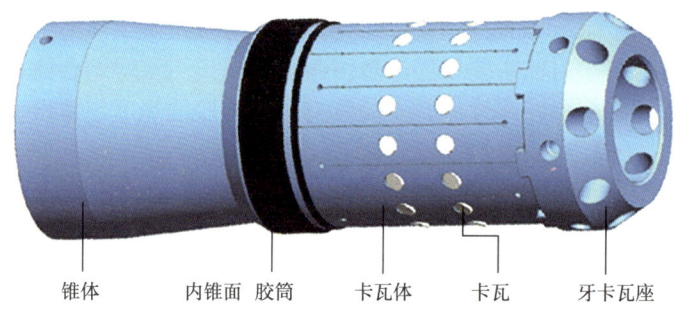

锥体　内锥面　胶筒　卡瓦体　卡瓦　牙卡瓦座

图 7-42　单卡瓦可溶桥塞结构示意图

短桥塞将密封胶筒与锚定卡瓦放置在同一个锥体上,密封方式不再是轴向压缩、径向膨胀形成密封,而是利用锥体使密封胶筒直接径向胀封。密封原理的改变,实现了密封胶筒小型化,桥塞长度仅是复合桥塞的 1/3~1/2。另外,这种结构的桥塞坐封丢手后不需要中心杆,因此其另一个特点就是大通径,也能提供足够通径的油气通道。

(3)工艺技术优势。

铝镁合金溶解性能与井下温度和矿化度密切相关,桥塞在压裂液中可以溶解,一定时间内完全溶解。在含有一定浓度电解质溶液中,溶解加快。因此,可溶桥塞在水平井套管桥塞分段压裂中具有明显的技术优势,压裂时能提供稳定的段间封隔,压裂后无须钻磨,在井内压裂液中逐渐降解直至消失,大幅减少甚至不再需要连续油管钻磨作业,降低了钻塞作业工程风险及施工成本,特别适用于深井、长水平井。

可溶桥塞解决了长水平段连续油管自锁造成的桥塞无法钻除的生产难题,降低了套变水平井桥塞钻磨技术难度及作业风险,弥补了大通径桥塞未能实现井筒全通径、无法开展生产测井及重复压裂等措施作业的不足,最大程度保证了井筒完整性。

(4)工艺技术应用。

可溶桥塞和复合桥塞现阶段正处于并行发展阶段,国外复合材料可钻性好、磨鞋铣削能力强、螺杆钻具动力强劲，仍坚持使用复合桥塞；国内出于成本考虑，可溶桥塞应用更多，但仍需连续油管钻磨或通井，且桥塞耐压能力最大为70MPa，深层水平井应用较少。

可溶桥塞对井下环境及介质要求较高，现场应用要根据材料溶解特性，考虑井下温度、压裂过程、返排流程，详细规划施工方案，提高可溶桥塞应用效果。完全溶解的压裂桥塞无须额外的磨铣作业，部分油气田在压裂结束后即开始排液，未给桥塞溶解留足时间，地层出砂易导致砂粒与未溶解桥塞堆积成团而堵塞井筒。

随着可溶材料技术进步，可溶解桥塞应用范围正逐步增长，等真正不需要连续油管作业时，复合桥塞在分段压裂段间封隔中应用将大幅减少。

4. 电缆桥塞坐封工具

与封隔器独立坐封原理不同，桥塞设计不含任何动力机构，坐封时需使用额外的坐封工具。根据坐封动力来源，坐封工具可分为火药坐封、液压坐封和电动坐封三种，分别适用于不同的作业装备和行业，如修井、连续油管作业以液压坐封工具为主，试油则使用电动坐封工具。电缆桥射联作队伍不仅有民爆物品操作资质，而且掌握了分级点火技术，施工仍采用传统的火药坐封方式。

（1）坐封工艺原理。

桥塞坐封依靠芯轴及套装在芯轴上的活动部件相对运动来实现，在外力作用下，坐封工具中心连接杆提拉芯轴，工具推筒下压锚定及密封组件，从而使桥塞上下卡瓦被锥体胀裂锚定在套管内壁上，同时橡胶筒压缩膨胀，封隔套管内壁与芯轴环形空间。

（2）火药坐封工具。

目前，在用的火药坐封工具有Baker 10#、Baker 20#，其中Baker 20#坐封工具由燃烧总成、液压总成、推压总成三部分组成，结构如图7-43所示。

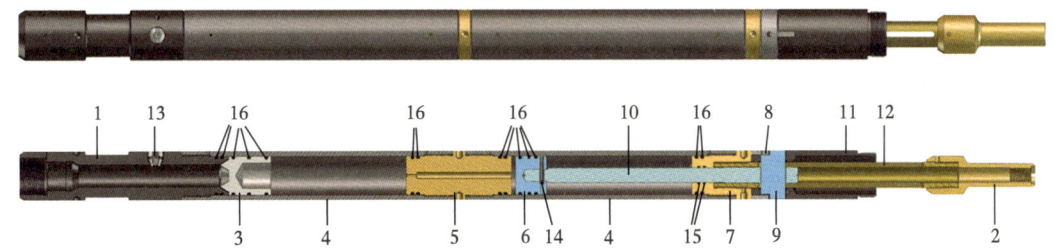

图7-43 Baker 20# 坐封工具结构图

1—火药筒；2—适配器；3—浮动活塞；4—油缸；5—油嘴短节；6—推压活塞；7—缸盖环；8—连接套；9—十字头；10—活塞推杆；11—桥塞推筒；12—中心拉杆；13—泄压阀；14—定位横销；15—缸筒密封圈；16—推杆密封圈

燃烧总成由泄压阀组件（图7-44）、点火短节（图7-45）及其内置点火器、火药筒及其内置火药柱组成；液压总成由浮动活塞，上油缸、下油缸及连接上下油缸的油嘴短节，缸盖环及连接在其下端的中心拉杆、内适配器组成；推压总成由推压活塞、推杆、连接套、十字头、推筒组成，推杆上端通过横销连接在推压活塞上，下端也采用横销连接，但横销穿过中心拉杆侧面纵向贯通槽，将连接套、十字头、推筒和推杆连成一体，连接件可沿中心拉杆相对运动。

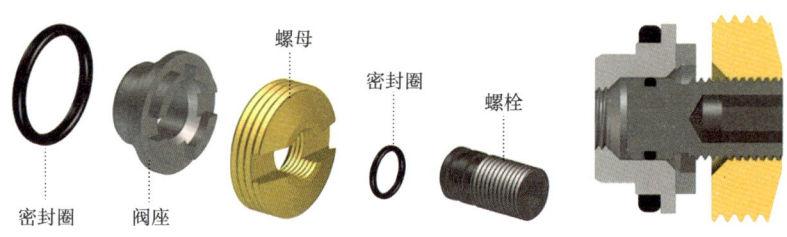

图 7-44 泄压阀结构示意图

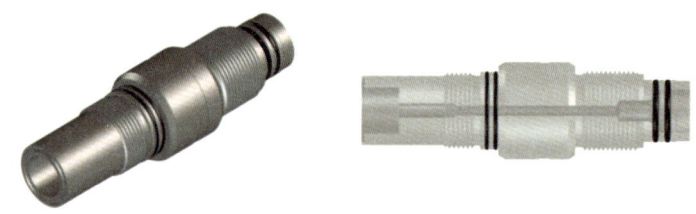

图 7-45 点火短节结构示意图

第一级分级点火电路连通后,点火器通电点火,引燃火药筒内慢燃火药,使燃烧室内产生高压气体。在高压气体推动下,浮动活塞下行推动液压油通过延时缓冲嘴流出,从而启动推压活塞,推动十字头下压坐封推筒,坐封推筒下行挤压桥塞芯轴外套组件,锚定卡瓦并压缩胶筒膨胀,达到封隔井筒的目的。当胶筒、卡瓦与套管配合到不可压缩时,剪断芯轴释放销钉,使坐封工具与桥塞脱开,完成丢手动作。

(3) 快装坐封工具。

Baker 20# 坐封工具是水平井桥射联作最常用的电缆桥塞坐封工具,它利用动力火药燃烧产生的高压气体推动活塞及推筒运动,并使用液压油作为缓冲、传压介质,实现桥塞坐封及工具脱手功能。该工具坐封行程长、后坐力小,但存在装配部件多、连接长度大、保养及装配耗时费力、手动泄压风险高等问题。同时,井下压力会直接作用在活塞杆上,削弱其实际坐封能力。

2017 年,国外公司设计出一种快装坐封工具,如图 7-46 所示。可直接利用动力火药燃烧产生的高压气体驱动推筒进行相对运动,在桥塞坐封同时自动泄除内部压力,具有结构简单、质量轻、连接长度短、无须注油泄压、现场使用方便等优势。

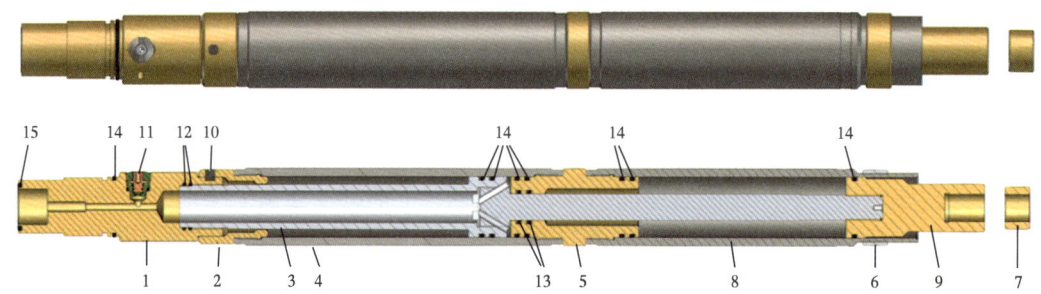

图 7-46 快装桥塞坐封工具结构图

1—点火短节;2—阻尼接头;3—火药筒;4—上缸套;5—缸套短节;6—锁紧环;7—锁紧螺母;
8—下缸套;9—活塞拉杆;10—剪切销钉;11—泄压阀;12,13,14,15—密封圈

（4）连接适配器。

桥塞坐封实际上是将芯轴及其外套组件相对运动，转换为坐封工具中心连接杆与推筒相对运动，这就需要适配器将桥塞与坐封工具内外分别连接成一体。

根据桥塞结构设计，连接适配器可分为上提式和下压式两种连接方式，如图 7-47 和图 7-48 所示。

图 7-47　上提式适配器连接结构图

图 7-48　下压式适配器连接结构图

三、工具系统送入技术

工具串能否顺利下至压裂层段，与储层压力、裂缝吸液能力、井筒参数（内径、狗腿度、清洁程度等）、管串参数（外径、长度、重量等）、电缆及防喷设备性能参数高度相关。如工具串重量决定了管串能否在直井段顺利下行，工具串长度决定了管串能否通过最大狗腿段，泵送排量决定了管串行进速度及电缆张力、工具冲击力大小。

1. 斜井段工具串通过能力

桥射联作工具串长度一般为 9~15m，工具串最大外径处为桥塞，与套管间隙较小，一般只有 6~8mm。通过斜井段时，因工具串长度、外径及刚性与井身弯曲性不相匹配，泵送阻力较大。当工具串总长过大时，会发生遇阻、遇卡现象。为防止该现象发生，需确定能通过作业井最大狗腿度位置的工具串最大长度。

2. 直井段自重下行能力

在直井段控制绞车下放时，工具串依靠自身重量和电缆重量，克服井内和井口阻力自动下行。在井内压力恒定的情况下，下行阻力基本保持不变。工具串在直井段能否顺利下入，工具总重量是决定因素。尤其是工具串刚入井时，电缆重量最小，若工具串重量偏小，总重力无法克服下行阻力，直井段就难以下入，应在工具串中加入合适重量的加重杆，增加工具串总重量。

工具串带压下行时，电缆要穿过防喷盒内多段阻流管，还要注入密封脂进行动密封。工具串下行需克服电缆在井口阻流管内产生的摩擦力、井筒内压裂液对工具串产生的浮力及井内高压对电缆产生的向上的推力，只有工具串总重量大于三阻力之和，工具串才能顺利下入。

3. 水力泵送排量控制

水平井段泵送桥射联作工具串时，理想状态是压裂泵推动管串匀速运动。如果泵送排量过大，则对电缆产生负荷；泵送排量过小，管串受摩擦力影响，行进速度会逐渐降低直至停止。因此，需对关键参数进行控制及优化，计算电缆头受力并预测变化情况，推荐泵送时的注入排量和电缆运行速度，从而指导泵送设计，使泵送工艺全程能够得到有效控制。

4. 上倾井泵送控制

上倾井指井斜超过 90° 的水平井，在井斜小于 95° 的上倾井中，泵送流程与下倾井基本类似。井斜超过 95° 的上倾井，需充分考虑停泵后因上倾导致的工具串滑动影响：

（1）充分考虑井斜、套管和工具串摩擦系数，通过一定排量平衡工具串下滑力；

（2）桥塞坐封脱手瞬间，拉力突然释放，准确判断桥塞坐封时间，保持一定排量；

（3）准确判断工具串及电缆井下状态，再实施射孔枪点火。

5. 水力泵送工艺流程

当井斜小于 95° 时，水力泵送施工工序如图 7-49 中 A—E 所示；井斜大于 95° 时，施工程序如图 7-49 中 A—J 所示。

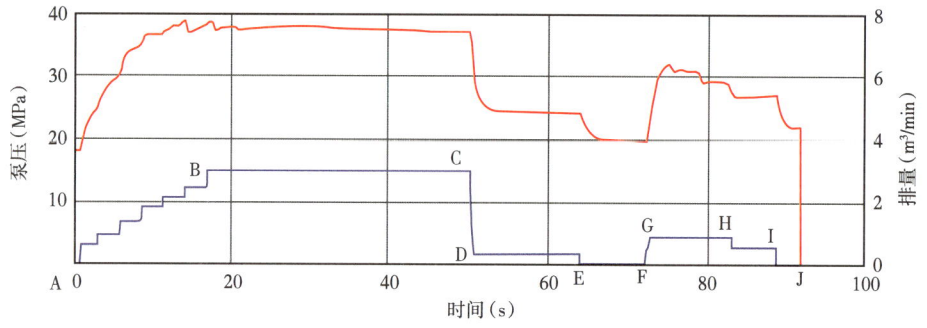

图 7-49 水力泵送排量控制示意图

（1）A—B：根据设计逐级增加泵送排量，直至井斜 80° 达到最大排量。

（2）B—C：水平段确认接箍、张力正常的情况下控制速度，保持最大排量泵送。

（3）C—D：下倾井泵送到位，按照设计先停泵再停车，依次上提坐封桥塞，逐级起爆射孔枪；上倾井逐级减排量（$3m^3/min$、$2.1m^3/min$、$1.3m^3/min$、$0.5m^3/min$、$0.3m^3/min$），保证工具串不下滑，继续按下述步骤操作。

（4）D—E：保持排量 $0.3\sim2m^3/min$ 上提坐封桥塞，点火后等待 1.5min，观察张力变化。

（5）E—F：确认桥塞点火成功，停泵等待 4min，实现桥塞上下压力平衡。

（6）F—G：上提电缆，观察张力变化确认桥塞脱手后，提排量至 $0.8m^3/min$。

（7）G—H：保持排量 $0.8m^3/min$，逐级上提起爆射孔枪。

（8）H—I：降低排量至 $0.6m^3/min$，上提确认接箍张力正常后，停泵。

（9）I—J：停泵上提电缆，刮缆器压力调至 10MPa。

四、分簇射孔定位工艺

桥射联作工具串进入水力泵送阶段后，保持地面数采系统下测状态，利用磁定位器测量套管接箍信号，保存并记录 CCL 测量曲线。当工具串泵入预定深度后停泵，对比 CCL 曲线和 CBL 放磁曲线，校正深度，根据桥塞和射孔位置计算上提值。上提电缆至桥塞位置，点火坐封桥塞，继续上提至预定位置，依次完成各簇射孔。

CBL 与 CCL 对比校深前提是完井套管中有短套管或特殊长度套管。一般至少下 2 个短套管，一个在造斜段中下部（井斜 45°~60°），另一个在水平段中间位置。如果之前没有可用于对比的 CCL 曲线，第一次泵送需要下自然伽马（GR）+磁定位器（CCL）来测量，用作后续作业校深对比曲线。

在深度校正过程中，通常采用下测对比、上提校深的方法，坐封或射孔时采用预置深度倒计时停车点火的方法，深度误差能够控制在 ±10mm。

第四节　电缆防喷装置

电缆防喷装置是桥射联作带压施工井控设备，为电缆带压作业提供安全可靠的井口控制。当井内有压力时，通过注入高压高黏密封脂使电缆在静态和动态工况下均能密封井口；注脂密封失效或其他意外情况时关闭电缆防喷器，防止井喷事故发生。

电缆防喷装置主要由井口防喷装置、地面控制系统两部分组成，如图 7-50 所示。

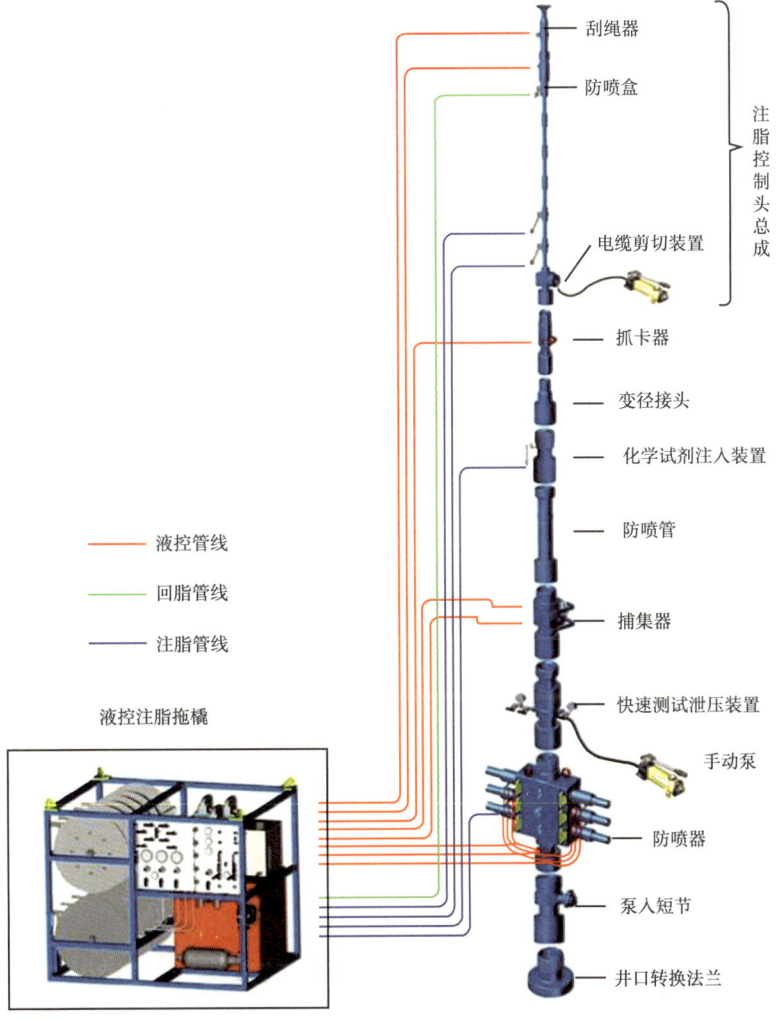

图 7-50　电缆防喷装置组件示意图

一、井口防喷装置

井口防喷装置由电缆密封控制头、防喷管及上下捕捉器、电缆防喷器总成三部分组成，防喷器在井口安装试压后，整个作业期间都不需拆卸，直至桥射联作施工结束。其余组件整体连接，随仪器工具串一起连接、一同拆卸，即每级作业都需连接、拆卸一次。

1. 电缆密封控制头

（1）电缆密封控制原理。

电缆密封控制头由静密封、动密封两种结构对电缆实施密封，如图 7-51 所示。

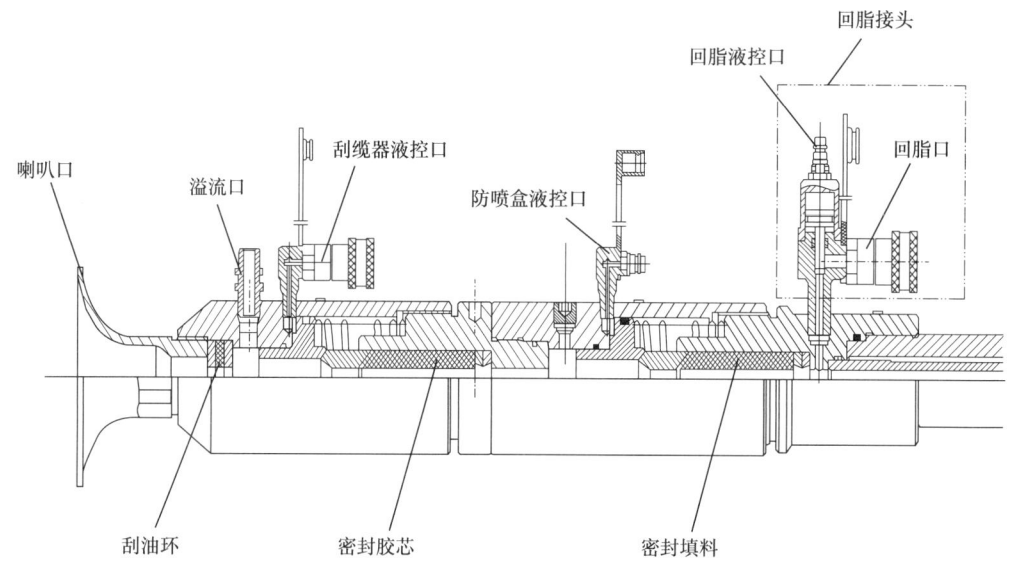

图 7-51　电缆密封控制头结构图

上密封为静密封，通过手压泵将液压油泵入液压缸，推动活塞挤压密封胶芯，使其抱紧电缆实现密封，密封程度取决于手压泵压力大小。

下密封为动密封，采用阻流式密封结构。因电缆外径与阻流管内径差值很小，阻流管和电缆之间的缝隙很小，对井内流体外溢产生很大阻力，从而降低井口压力。阻流管节数越多，压降越大，但电缆下井也越困难。为防止井内流体从电缆外间隙向上流出，利用注脂泵将密封脂从单向阀注入并充填在阻流管与电缆间隙中。由于密封脂黏度很高，配合窄间隙可有效密封井内压力、防止井内流体上窜，从而达到动密封目的。

（2）电缆密封控制结构。

电缆密封控制头自上而下由喇叭口、刮缆器、防喷盒、注脂头、阻流管及应急球阀组成。

①喇叭口。

在电缆密封头最上端有一个喇叭口，保护电缆不打硬弯，即作为电缆保护器。喇叭口下部也有一个较薄的刮油环，也能刮掉上行电缆上密封脂，其压缩程度通过旋动喇叭口来掌握。

②刮缆器。

喇叭口下端为刮缆器,刮缆器内装胶芯,与防喷盒密封填料相同。通过刮缆器液控口控制活塞压缩密封胶芯,刮掉上行电缆上黏附的密封脂,使上行电缆带出的密封脂大为减少,可通过回脂口回收再利用,减少井口环境污染。

③防喷盒。

刮缆器下端为防喷盒,防喷盒内有一段密封填料,通过液控口控制防喷盒内活塞压缩密封填料抱紧电缆。

在密封脂密封井口效果不是很理想的情况下,关闭回脂管线截止阀,用液控系统给防喷盒内活塞加压(最大液控压力不大于21MPa),压缩密封胶芯,此时密封填料可起到一定的电缆密封作用,在密封脂和密封填料双重密封下,可完全密封井口。密封填料的压缩程度根据现场情况通过液控系统灵活调节,使之既能有效密封电缆又能让电缆顺利起下。

④注脂头。

注脂头上有一注脂口、一回脂口,通过下面的注脂口向阻流管与电缆间隙内注入高压高黏度密封脂实现密封作用,密封脂同时也能填充电缆外层铠装钢丝间的空隙。高压密封脂经较长阻流管及窄间隙到达上面回脂口位置时,阻力损失使密封脂压力几乎为零,通过回脂口回收密封脂。

开井后如发现回脂口有高压流体溢出,老办法只有关闭回脂管线末端截止阀。但在高压或气体溢出的情况下,人员无法安全操作。为此在注脂密封头上加装了安全回脂接头,可通过手压泵控制回脂接头内的活塞,将高压流体封堵在整套装置上部。待注脂压力建立、系统工作正常后,泄去手压泵压力即可正常回脂。

⑤阻流管。

电缆在防喷盒内行进时,阻流管主要起到阻止井内高压流体外泄的作用,阻流管及其组件如图7-52所示。阻流管越长,对井内流体阻力越大。阻流管数量取决于阻流管长度,可根据井内压力状况增减,压力高的井可适当增加阻流管的数量。阻流管外径尺寸相同,内径根据所用电缆新旧及外径尺寸变化进行选择,当间隙大于0.2mm时应更换阻流管。

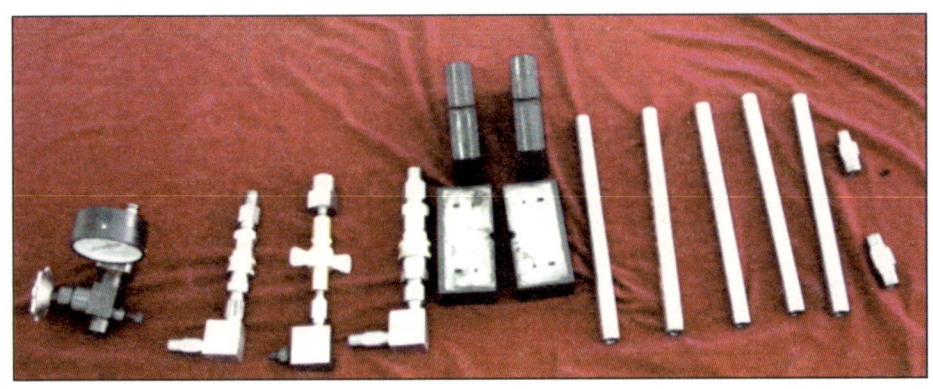

图7-52 阻流管及其组件

⑥阻流球阀。

密封头下部设计有一个安全阻流球阀装置,如图7-53所示。目的是当电缆意外地从密封头抽出时,钢球能及时堵住密封头内通孔,防止在井口阀门未来得及关死前井内压力液流或气流通过密封头向外喷。

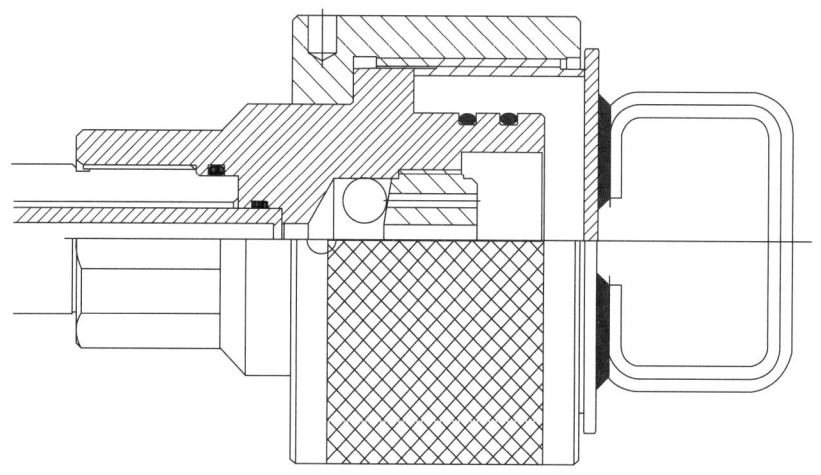

图7-53 安全阻流球阀装置结构示意图

2.防喷管及上下捕捉器

(1)上捕捉器。

上捕捉器安装在电缆密封头下部,是防喷管上部的一套安全装置,如图7-54所示。其主要用途是在工具串自井下提至防喷管顶端时自动抓住绳帽,防止上提速度过快或上提力过大使电缆头撞击电缆密封装置,从而造成电缆从电缆头中脱落或电缆被拉断后仪器落井。

上捕捉器主要由阻流球阀、上下壳体、芯套、活塞、机械爪、液压接头及活接头螺母等组成,如图7-54所示。捕捉器上部也设有一个安全阻流球阀装置,作用和密封头下部球阀一样。

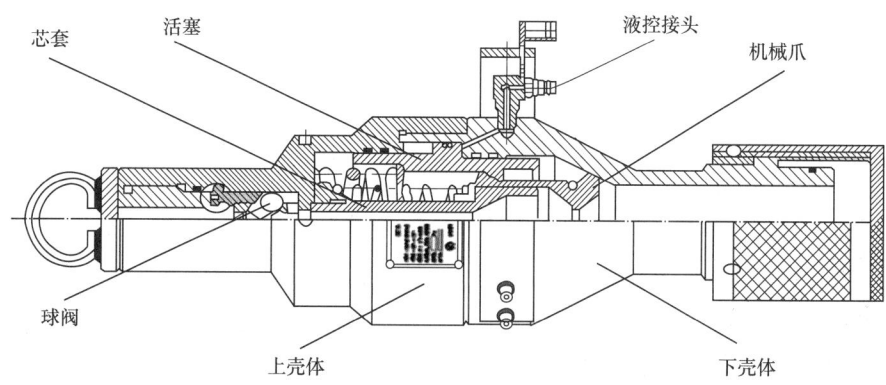

图7-54 上捕捉器结构示意图

释放电缆绳帽时，由液控系统加压使液力推动捕捉器内活塞，活塞带动机械爪，机械爪张开，绳帽即可自动释放。

（2）防喷管。

防喷管在桥射联作施工时容纳仪器工具串，上部与电缆密封控制头连接。当仪器工具串全部进入防喷管后，才能与下端的电缆防喷器连接。

根据现场需要，防喷管可以多根串接组合使用，最大可装入仪器工具串长度为15m。

（3）下捕捉器。

下捕捉器主要作用是防止仪器工具串从井下提升到防喷管后，电缆被意外拉断或抽脱而造成仪器落井。下捕捉器在不作业和下井作业过程中处于常闭状态。

下捕捉器安装在防喷管以下，在仪器下井前，通过液控系统驱动活塞，活塞推动扭杆沿转轴转动，使得拨叉竖起打开；仪器下井后，撤去液控压力，拨叉在扭簧恢复力作用下自动复位到原来的水平位置，即拨叉处于关闭状态，电缆可从拨叉中间槽内通过，不影响电缆起下；上提仪器进入井口后，直径较大的电缆绳帽将拨叉顶起成竖直状态，直至仪器串完全通过，在弹簧作用下，拨叉恢复成水平状态，把仪器串阻挡在防喷管内，以防重新落入井下。

下捕捉器主要由壳体、连接接头、防坠落组件和放喷组件等组成，如图7-55（a）所示，防坠落组件如图7-55（b）所示。

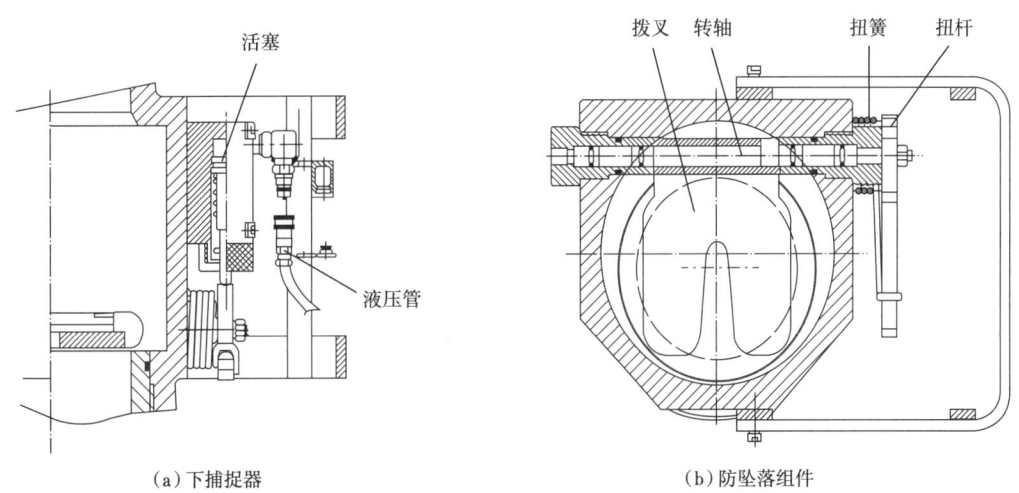

(a) 下捕捉器　　　　　　　　(b) 防坠落组件

图7-55　下捕捉器及其防坠落组件结构示意图

由于扭杆和拨叉是同步调动作的，上提仪器，绳帽撞击拨叉动作时，井口作业人员通过观察扭杆动作就可确认仪器提升位置。

下捕捉器连接接头上开设有放喷口，装配有泄压管、压力表、截止阀、压力传感器和快速接头等零部件，如图7-56所示。压力表直接显示井口压力，截止阀用来卸除关井后防喷管内余压，压力传感器连接到液控系统上，用于直观显示井口压力；快速接头公端可以在仪器上提至防喷管内关闭井口阀门后，插入放喷管线实现防喷管泄压和放喷。

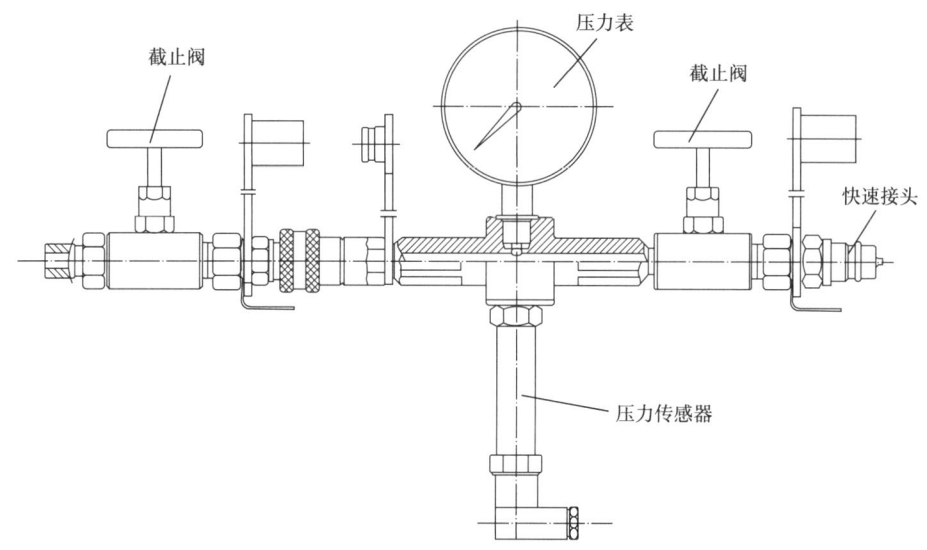

图 7-56　防喷管泄压组件结构示意图

3. 电缆防喷器总成

电缆防喷器总成包括三闸板液压防喷器、试压/排液三通及转换法兰。

（1）三闸板液压防喷器。

电缆防喷器用于桥射联作过程中，发生突发事件如防喷器以上部分发生泄漏、桥射联作工具串鱼卡等需要关闭井口，防止井喷。在井内有电缆时，压裂井口平板阀不能关闭，强行关闭将切断电缆造成仪器工具串落井，采用电缆防喷器可带电缆关闭井口，不会对电缆造成破坏，还能确保井口封闭。

防喷器壳体一侧中部安装有两个平衡阀，因防喷器关闭后不能带压开启，需要开启时，必须先打开平衡阀让闸板体上下压力平衡后才能打开防喷器。开井时应保证闸板打开为全通径，以防发生仪器与闸板磕碰情况。

防喷器配置有全封、剪切、半封三副闸板，半封闸板主要用于电缆出现鸟窝事故或密封头、防喷管有其他故障需维修时，密封井口。由于铠装电缆外层有钢丝螺旋沟槽，直接使用橡胶件密封，常会出现密封效果不佳的情况。通过在两闸板之间增加注脂口，注入高压高黏密封脂，可阻塞沿电缆周圈产生的微小泄漏。

闸板前密封和顶密封为橡胶制品，其特点是在外力作用下弹性变形大，能均匀地紧贴在密封表面上，阻止压力泄漏。关井时必须四处密封，即闸板前密封与电缆之间的密封、闸板顶密封与壳体之间的密封、壳体与端盖之间的密封、端盖与控制杆之间的密封同时起作用才能起到封井作用。

（2）三通。

三通通过外接水龙带，主要用于排放防喷管内余液，也可给防喷管试压，三通上安装有压力表可直观反映井口压力。

在仪器下井作业过程中，三通一直处于关闭状态；当仪器从井下提至防喷管内关闭井口阀门后，可打开旋塞阀，排放系统内残余液体以便拆卸防喷装置，不污染井场。

（3）转换法兰。

为适应不同井口装置，通过转换法兰，可将电缆防喷器与各种型号井口装置连接。

二、地面控制系统

地面控制系统包括液压控制系统、注脂控制系统及其动力装置，主要为电缆密封控制头、液控上捕捉器、液控下捕捉器、液压防喷器液控操作提供高压液压油，并为密封头注脂和防喷器注脂提供高压密封脂，最高注脂压力98MPa、最高液控压力21MPa。

地面控制系统主要由注脂泵、气动液压泵、蓄能器、连接管路、操作面板、方管框架、防护外壳等部件组成，如图7-57所示。

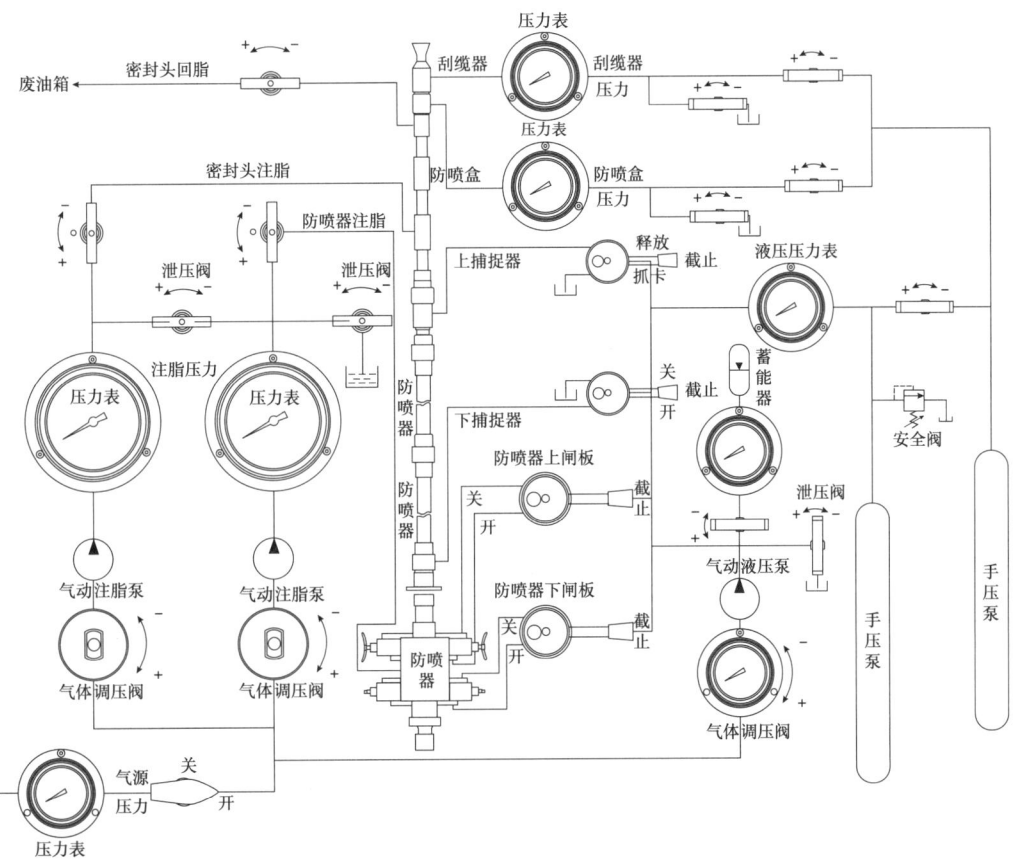

图7-57 液控和注脂压力控制面板示意图

方管框架为系统的基础部件，注脂泵、气动液压泵、蓄能器、连接管路安装在框架内部。主体操作面板上设置有换向阀操作手柄、气体调压阀、压力显示仪表、截止阀、二通球阀、手动泵操作窗口。面板上刻画有系统液压原理，显示清晰明了、操作方便，系统结构紧凑、操作简单、性能可靠。

地面控制系统共有3个注脂滚筒和4个液压滚筒，滚筒转动利用锥齿轮机构，使用手柄单独旋转收放管线，可减轻劳动强度。

1. 注脂系统

注脂系统主要元器件由注脂泵、三联件、气体调压阀、高压截止阀、压力表、密封脂箱、各种转换接头、注脂/回脂滚筒及注脂管线等组成。

注脂泵为两台气动林肯泵，在启动前应连接好密封头和防喷器注脂管线，注脂压力要高于井压5~10MPa。两泵并联连接，若一个泵无法正常工作时，另一个泵可随时启动。

2. 液压系统

液压系统主要由气动液压泵、手压泵、蓄能器、截止阀、压力表、液压油箱、各种接头、液压滚筒及液压管线等部件组成。液压系统中液压源动力由气动液压泵提供，两个手压泵为辅助操作，其中一个手压泵用于刮缆器和防喷盒手动操作，另一个手压泵主要作为系统辅助操作。

囊式蓄能器作为系统备压，主要用于关闭防喷器时，为其提供压力油。蓄能器工作压力为21MPa，因此为蓄能器充压时，必须确保压力充至21MPa后方可停泵。

3. 柴油空压机

空压机主要为气动注脂泵、气动液压泵提供动力气源。可移动式柴油空压机主要由柴油机、空压机机头、储气罐、油箱、机架、电子启动装置和防护罩等部件组成，具有结构紧凑、性能好、运转可靠、使用寿命长、操作维护方便等特点。

第五节　桥射联作施工作业流程

一、施工作业准备

1. 作业设备及工具就位

（1）电缆车就位。

①现场施工设备地面布置严格执行《射孔技术规范》。

②绞车摆放在距井口15~20m的上风口或侧风口，绞车滚筒中心正对井口。

③绞车、吊车，以及拉运仪器的车辆摆放满足施工需求。

（2）辅助设备及工具就位。

①设立安全警示标志和警戒线。

②井口电缆防喷装置摆放要方便组装。

③工具与工具箱按照大小依次摆放成一线。

2. 安装防喷器

（1）安装法兰连接头。

①使用法兰螺丝扳手，卸掉清蜡阀门顶部螺纹法兰连接螺栓。

②取下法兰及密封钢圈，清洁阀门顶部钢圈密封槽，涂抹密封脂，将新钢圈放入密封槽内。

③清洁法兰连接头的钢圈密封槽，涂抹密封脂。

④将法兰连接头平稳放在清蜡阀门法兰上，使上下法兰螺孔对齐、四周间隙一致。连接法兰螺栓，使用法兰螺丝扳手拧紧螺帽。

注意：在紧螺帽时，对角依次循环拧紧，使各螺栓拉力一致，保持四周间隙一致。清洁密封室，涂抹密封脂。

（2）安装防喷器。

①清洁密封头，检查、更换损坏的"O"形密封圈。

②将防喷器吊至井口螺纹连接头上方，平稳下放，将密封头坐入螺纹连接头密封室内，拧紧活接头螺纹。

③清洁防喷器上端密封室，并涂抹密封脂。

④将防喷器控制软管与防喷器、地面手压泵连接，两个手压泵分别控制内侧开启和外侧关闭的液压室。

注意：上压裂树操作人员必须系挂安全带。

3. 射孔电缆准备

（1）放电缆。

①操作油门控制阀将发动机转速控制在1500r/min。

②调节系统压力阀，使系统压力能启动绞车滚筒为宜。

③操作滚筒换向阀（控制阀）下出电缆，下出电缆的长度是绞车至井口距离+防喷管长度的1.5倍。

④在下出电缆时应用人拉电缆至井口，注意滚筒上的电缆不应有松垮现象，下出足够长度电缆以后，拉紧刹车，将所有控制阀回位。

（2）安装注脂密封管串。

①卸掉注脂密封管串防喷盒上的压帽及压紧柱塞总成。

②依次卸掉防喷盒内活接头、防喷盒主体、密封填料限位器、压紧格兰、橡胶密封填料。

③将电缆依次穿过防喷盒压帽、压紧柱塞总承、防喷盒内活接头、橡胶密封填料、压紧格兰、防喷盒主体、密封填料限位器、阻流管串。

④按照顺序依次安装好橡胶密封填料、压紧格兰、密封填料限位器、防喷盒主体、防喷盒内活接头。

（3）制作马笼头。

①正常施工中，每下井三次必须制作电缆绳帽。电缆如有损坏，必须重新制作电缆绳帽。

②兆欧表和万用表测量通断、绝缘。

③接CCL地面测试信号、数据应正常。

二、仪器工具串组装

1. 射孔枪安装

（1）取出弹架。注意区分上下端。

（2）将射孔弹从弹架底部依次开始安装，应使导爆索完全进入弹体尾部凹槽内，并将射孔弹牢靠固定在弹架上，弹架尾部留出40cm导爆索。

（3）将点火线系在弹架点火头上，沿导爆索进行螺旋布置，从弹架尾部中心孔穿出并用胶带固定在弹架上，尾部留40cm余量，点火线不能安装在射孔弹的药型罩上。

（4）将弹架从枪身顶部装入，弹架顶部凸出部分正对枪身内凹槽部分。装弹架过程中应避免损坏点火线和导爆索，安装过程中严禁使用工具进行敲击。

（5）剥出射孔枪顶部点火线2~3cm绝缘层露出芯线，将点火线连接头安装在弹架上，接上点火线并缠上黑胶布绝缘。用万用表检测点火线与枪身的绝缘性。

2. 雷管仓安装

（1）清洁检查螺纹及"O"形密封圈槽，确保无磨痕，更换新"O"形密封圈，并在螺纹上涂抹螺纹脂，在"O"形密封圈上涂抹密封脂。

（2）将隔离短节上不带密封堵头端连接到上部射孔枪枪尾，枪尾的点火线从短节中心孔穿出置于仓室内，上扣时应避免损伤点火线。

（3）用专用工具装好隔离密封塞，将射孔枪与隔离短节连接好。

（4）最后一只射孔枪的隔离短节下端连接桥塞坐封工具点火头。

3. 坐封工具与桥塞安装

（1）清洁检查螺纹及"O"形密封圈槽，确保无磨痕，更换新"O"形密封圈，并在螺纹上涂抹螺纹脂，在"O"形密封圈上涂抹密封脂。

（2）根据桥塞坐封深度的温度，确保电缆坐封工具内加入适量的油。确保坐封工具的所有连接紧实。

（3）用手将复合材料桥塞坐封套筒旋到坐封工具。

（4）将适配轴旋入到桥塞，使用小号管钳将适配轴上紧到桥塞铝芯中。注意：上紧时不要超过剪切槽，力量比徒手上紧稍微大些即可。

（5）在适配轴上部螺纹使用扭力弹簧，防止上提工具时将适配芯轴掉落在井眼内。

（6）在适配轴下部螺纹使用例如LOCTITE®类的螺纹密封胶。将适配轴旋入位于桥塞底部的铜制剪切短节。检查桥塞底部，确认适配轴拧出剪切短节。

（7）将桥塞和适配芯轴组合送入坐封套筒，然后到达坐封工具。顺时针旋转直至芯轴螺纹完全紧入。此步骤无须使用管钳上紧，徒手上紧即可。

（8）旋转坐封套筒，直至套筒接触到桥塞顶部。确认桥塞顶部和坐封套筒底部之间无空隙。同时确保坐封套筒和坐封工具有足够的螺纹连接。可看到的坐封工具螺纹不应超过2圈。

注意：如果空隙无法消除，坐封工具需要重新检查组装。

（9）按标示方向装入药柱，在点火头内装入发火雷管。

（10）安装点火头插针，将点火头牢固连接到坐封工具本体上。枪间连接线及点火头接线胶套，用线固定。

4. 电子开关安装

（1）入井前将电子开关和模拟雷管连接好后，接入点火控制面板，用软件对电子开关进行检测，确保功能正常。

（2）将电子开关接入每根射孔枪下部的隔离短节中。各连接处用防水绝缘胶带密封，确保绝缘可靠。

5. 仪器串整体连接

（1）根据"方案设计"下井仪器串组合，连接仪器串。

（2）将射孔枪与隔离短节、桥塞坐封工具连接。

（3）更换炮头新"O"形密封圈，并在螺纹上涂抹螺纹脂，在"O"形密封圈上涂抹密封脂，连接到最上端一支射孔枪顶部，将点火线从中心孔中穿出。

(4)更换点火头"O"形密封圈,并在螺纹上涂抹螺纹脂,在"O"形密封圈上涂抹密封脂,将点火线从点火线绝缘胶套穿入,剥除绝缘层露出 3cm 芯线与点火头接线柱牢靠连接。将点火头绝缘胶套插入接线柱后固定并用绝缘防水胶布密封。

(5)将点火头放入炮头中,连接炮头和快边接头。

(6)所有工作完成后将防射频雷管连接到隔离短节舱室中电子开关上,做好绝缘密封。

(7)将防射频雷管与导爆索进行可靠连接。

(8)将电子开关、防射频雷管及各连接导线整理放入隔离短节舱室,用胶带固定后,将隔离短节密封外筒拧紧。

(9)不能使桥塞对坐封工具、接箍定位器和桥塞本身承重。通过操作坐封工具本身使其承重。当仪器串提升至空中后,注意防止桥塞磕碰到地面压力管线和阀门,防止损坏设备和人员受伤。

三、防喷管安装

1. 连接防喷管

(1)将防喷管放到防喷管支架上,卸掉活接头护丝,清洁检查密封接头与密封室,更换损坏的"O"形密封圈,并在"O"形密封圈上和密封室内涂抹密封脂。

(2)将密封头与密封室对接到位,上紧活接头螺纹。

(3)按照以上方法,依次连接下节和上节防喷管。

(4)将电缆绳帽穿过防喷管串,将阻流管串与防喷管串对接,上紧活接头螺纹。

(5)拉电缆将连接好的仪器串送入防喷管中。

(6)清洁防掉器的密封室,清洁、检查防喷管的密封头,更换损坏的"O"形密封圈,并在密封室和密封头上涂抹密封脂。

(7)将防掉器连接在防喷管底部,并拧紧活接头螺纹,防掉器的防掉闸板处于关闭状态。

2. 安装吊装装置

(1)将夹板上在防喷管的上部接头处,上紧连接螺栓,使夹板牢固夹住防喷管主体,夹板上端应与防喷管接头靠紧。

(2)将钢丝绳套两端用"U"形卡分别固定在起吊夹板两端的圆孔内。

(3)将夹板上的两根钢丝绳套,分别上在三角夹板下端两边的螺孔内。

(4)将天滑轮安装在三角吊板突出的支架螺孔内。

(5)将电缆导入天滑轮槽内,上紧防跳挡板。

(6)吊装装置提升拉力最小应达到钢丝破断拉力的 5 倍。

3. 安装密封控制管线

(1)将半封控制软管上的快速接头与控制头上的快速接头连接。

(2)将注脂管线与注脂密封管串下端的注脂接头连接并拧紧。

(3)将回流管线与注脂密封管串上部的溢流接头连接并拧紧。

(4)安装好的管线固定在防喷管上。

4. 安装地滑轮

(1)用链条将地滑轮固定在井口法兰上。

(2)连接好地滑轮使电缆通过的夹角为 90°。

5. 起吊防喷管串

（1）将起吊三角吊板的钢丝绳套挂在吊车大钩上。

（2）指挥吊车上提防喷管串至电缆防喷器上方，三角吊板突出支架部分应正对绞车。

（3）将电缆导入地滑轮槽，注意防止地滑轮护板夹伤电缆，上好护板，紧固护板螺帽。

（4）通知绞车岗盘直电缆，严禁电缆在地面打扭。

（5）清洁、检查防掉器密封头，更换"O"形密封圈并涂抹密封脂。

（6）指挥吊车司机缓慢下放防喷管串，与电缆防喷器连接，并使防喷管串顶部的电缆滑轮正对绞车滚筒，拧紧活接头螺纹。

（7）指挥吊车上提防喷管串。

6. 连接地面控制系统

（1）将注脂泵泵体插在专用密封脂桶内并固定好。

（2）在注脂泵的出油端安装上控制阀门及压力表，将注脂管线与出脂接头连接。

（3）将压缩空气调节器连接在空气马达的供气入口上。

（4）用空气软管将空压机与压缩空气调节器连接。

（5）检查发电机接地良好，机油清洁足量，各开关、阀杆处于非工作位置。

（6）检查空压机机油足量，各开关、阀杆处于非工作位置。

7. 防喷管连接至井口

（1）在电缆无拉力状态下，将张力显示器归零。

（2）手压电缆并通知绞车岗上提电缆，将整个仪器串拉至防喷管顶部。

（3）将机械计数器、电子计深装置归零并记录下滚筒最外层电缆的圈数。

（4）对防喷装置进行整体试压。

（5）缓慢开启清蜡阀门，开阀时应站在阀门侧面，绞车岗记录清蜡时间，认真填写施工记录。

（6）观察井口压力变化，调节注脂泵空气调压阀，使注脂压力逐渐升高，注脂压力应比井口压力高 2~4MPa 或高于井口压力 20%。

（7）待防喷管内压力与井口压力平衡后，观察井口防喷设备各连接处有无渗漏。

四、电缆桥射联作

1. 工具串下入及泵送

（1）全开防掉闸板，操作绞车缓慢下放射孔仪器串。待仪器串通过防掉闸板后，再将防掉闸板恢复关闭状态。

（2）在下入桥塞过程中，垂直段下放速度不超过 3600m/h。特殊情况下需要放缓。

（3）工具下放至离井口 100m 时停车，打开软件进行开关测试，确认正常后继续下放。

（4）入井仪器串到达造斜点以上 100m 减速下放，再次进行开关测试，并且磁定位跟踪。当悬重小于正常悬重 20% 时利用泵车进行泵送操作。

（5）开始以 0.16m³/min 的速度泵注液体。而后增加泵速到 0.32m³/min。

（6）密切注意电缆张力，当接近 30° 造斜点时，将下放速度减缓至大约 2700m/h。

（7）当斜度增加，缓慢增加泵压和泵速到 0.64m³/min、0.96m³/min、1.28m³/min，以此类推。确保间隔压力和泵速增加时不对仪器串造成冲击。在向下泵注过程中，泵速和泵压不得超过 2.4m³/min 或 5000psi（34.5MPa），下放速度不超过 4000m/h。

（8）泵送过程中绞车操作手应适时与泵车操作员沟通，泵送排量控制在保持电缆张力在垂直段自重加 300kg（2.94kN）。

（9）根据套管短节深度确定电缆预计下深，距坐封位置 120m，调整泵速，下放速度，降至 1380m/h 以下。

（10）下放测出桥塞位置以下两个套管接箍后停车。

2. 射孔桥塞联作

（1）校深。

①上测，从套管接箍开始丈量上提值，与计算的上提值相符时停车。

②将下测曲线与综合曲线对比，找出深度差值，进行深度校正。

③确定深度无误后准备点火坐封桥塞。

（2）桥塞坐封。

①点火坐封桥塞时井口有专人进行监控。

②通过软件和地面点火面板给井下仪器发送信号，激发点火坐封。

③软件显示点火成功，绞车控制面板显示张力变化 100kg（0.98kN）左右，井口监控人员明显感觉电缆有振动，说明桥塞已坐封，停止 5min 后，方可上提电缆，注意张力变化。

（3）分簇射孔。

①上提仪器串到射孔位置过程中，先在电缆上丈量做标记，然后 CCL 测量接箍曲线。

②开始用 300m/h 的速度上提仪器串，40m 后才能加速，但速度不能超过 3000m/h。

③在上提过程中，清洁电缆，在滚筒每层电缆上喷油保护。

④测量定位时，上下表差误差小于 0.1m，上提值误差应小于 0.03m。

⑤测量定位速度应小于 1000m/h，起下速度小于 3000m/h。

⑥相邻两次电缆长度变化小于 0.3m。

⑦操作员核对接箍深度和套管长度是否与套后放—磁曲线图吻合，接箍深度误差 ±3m，套管长度误差 ±0.1m。

⑧确认无误后，操作员方可点火。

⑨软件显示点火成功，绞车控制面板显示张力变化 100kg（0.98kN）左右，井口监控人员明显感觉电缆有振动后，方可上起电缆。

3. 工具串起出

（1）整个起下过程中绞车操作员密切注意电缆的运行状态及深度（计数器）、张力的变化情况，如有异常应停车检查处理，并在滚筒上将电缆排整齐，不应有叠垮现象

（2）如果仪器串在井内遇卡，严禁猛提、猛放，应用人工背动解卡或上、下活动解卡，解卡提升拉力必须控制在电缆拉断力范围以内。

（3）随着电缆重量的不断减轻，调节系统调压阀、扭矩阀，不断减小系统压力，将绞车的提升拉力始终控制在绳帽的弱点拉断范围以内。

（4）仪器串起距井口 50m 时，打开防掉器闸板，停止动力上提，用人工背动或手压电缆将仪器串起入防喷管内，关闭防掉器闸板，核实电缆层数和最外层电缆圈数。

（5）通知绞车岗缓慢下放电缆，探测防掉器闸板 2~3 次，与绞车岗共同确认仪器串完全进入防喷管内，关闭清蜡阀门。

五、级间收尾作业

1. 防喷管拆卸

（1）将放空管线牢固连接在放空阀上。
（2）人员侧对放空阀出口，站立于上风口或侧风口，缓慢开启放空阀门。
（3）缓慢释放防喷管内压力并将放出流体装入回流放空筒内。
（4）放空完毕后，开关放空阀2~3次，确认完全放空。
（5）拆除防喷管与井口连接。
（6）通知绞车岗下放电缆至松弛状态，将地滑轮内电缆导出。
（7）指挥吊车放松起吊装置至无悬重，但吊装绳索处于伸直状态。
（8）卸掉防喷管与防喷器活接头螺纹，指挥吊车上提防喷管串。
（9）指挥吊车将防喷管串提离井口，放置到防喷管支架上。

2. 投球

（1）将球投至压裂井口主阀门上，关闭清蜡阀门。
（2）用泵车加平衡压后，开主阀门，将球泵送至桥塞球座。
（3）仪表车观察起压证明球到位，可以进行压裂作业。

3. 工具串拆卸

（1）按照安装时的相反顺序，依次拆卸防喷器和井口螺纹连接头或法兰连接头，装上井口原有的清蜡防喷管或螺纹法兰。
（2）按照与安装步骤相反的顺序，依次卸下防掉器、坐封工具、射孔枪、电缆绳帽等。
（3）将电缆从防喷管内拉出，通知绞车岗将电缆盘上滚筒。
（4）按照与安装步骤相反的顺序，依次卸下防喷管起吊装置、电缆密封控制管串、防喷管。
（5）盘电缆、回收设备/工具。
（6）将电缆回盘至滚筒上，拉紧滚筒刹车，所有操作阀复位至初始状态，并将电缆固定在滚筒上。
（7）清洁回收工具，工具在工具箱内按"重不压轻，硬不压软"的原则摆放整齐，拆卸和放置工具时，注意保护裸露的螺纹。
（8）设备分类装车并固定好，检查吊装绳索、卡扣，保证运输吊卸安全。

第六节　作业复杂管控技术

一、电缆防喷装置失封

电缆射孔作业期间，有一专职人员在井口观察压力，一旦发生压力泄漏，立即采取以下措施[4]：

（1）停止电缆运动，并立即抱死应急密封器的胶皮密封。如果有泵入作业，通知停泵。观察泄漏点，如果发生在井口注脂控制头，可能是由于电缆运动过快，注脂速度跟不上密封脂损失速度，密封罐内密封脂不足，压缩空气动力源不足等原因造成。

（2）调高密封脂注入压力，加快注入速度。

（3）如果不成功则需启用三翼防喷器（BOP）。

（4）然后找到并解决泄漏的问题。

（5）打开三翼 BOP，观察有无压力泄漏，慢慢活动电缆，确认正常后转入正常作业程序。

（6）如果在此过程中三翼 BOP 失效，及时联系甲方监督协调处理。

二、无法正常泵送

当无法正常泵送桥塞工具串时，通常是因为井眼没有清洗干净，井筒碎屑造成桥塞仪器串遇阻；或者是因为地层原因，造成泵送时井口压力超过防喷装置工作压力，应采取以下措施：

（1）应立即停止电缆下放，并逐渐减小泵速。

（2）以小排量（$0.5m^3/min$ 以下）继续泵入，以较慢速度上提电缆，逐渐增加排量，然后慢慢下放电缆，冲散砂桥，电缆地面张力保持在安全范围。

（3）电缆张力正常显示后，继续作业。

（4）尝试无效后，电缆提入防喷管，关闭阀门。

（5）通知甲方，等候甲方作业安排。

三、仪器或电缆遇卡

桥塞坐封后仪器遇卡时，首先试压确认桥塞是否成功坐封。

（1）若坐封正常，根据电缆弱点设计，逐步提拉解卡。若多种努力失败，考虑释放电缆弱点后用连续油管打捞。

（2）下放或上提过程中井下工具遇卡，首先在电缆弱点设计范围内逐步提拉解卡，未果情况下，采用控制一定限度的正压或负压，配合电缆张力解卡。最后考虑释放电缆弱点后用连续油管打捞。

（3）电缆遇卡时，判断原因，是属于流管砂卡、电缆断丝、电缆变形的哪种情况导致。若流管砂卡，采用大排量化学注入泵，分级挤注解卡剂疏通流管，根据电缆弱点设计，逐步提拉电缆解卡。

（4）若电缆断丝，启动电缆断丝应急程序：关闭电缆防喷器，释放防喷管压力及液体；拆开防喷管，安装电缆卡子；切除变形的钢丝，维修主电缆后起出，或反穿电缆后起出。

（5）若电缆变形，关闭电缆防喷器，释放防喷管压力及液体；拆开防喷管，安装电缆卡子；用电缆整形工具修复电缆，直至电缆可以穿过控制头；仍然无效时，采用反穿电缆方法解卡。

四、电缆跳丝

（1）关闭三翼防喷器闸板并进行注脂操作。

（2）拆卸防喷管泄压堵头，释放掉防喷管剩余压力。

（3）拆卸防喷控制头，检查电缆及阻流管情况。

（4）从捕集器上部拆开防喷管，安装提缆器。

（5）放松电缆，进行修复工作，直至电缆可以穿过控制头。

（6）拆掉提缆器，对接防喷管，平衡压力。

（7）打开三翼防喷器，慢慢上提电缆，提出工具串。

（8）当确定无办法处理需剪切电缆时，采用电缆防喷器剪切闸板剪断电缆。

五、电缆意外泵脱

（1）泵送过程中突然砂堵，即刻被冲开时如导致意外泵脱，启动工具串落井应急处置程序。提出电缆后确定井下是否残留电缆。

（2）若残留电缆，制定打捞方案，连油下特制打捞工具打捞；若无残留电缆，采用常规打捞方案，连油打捞。

六、桥塞坐封异常

（1）桥塞点火失败时，起出整个仪器串，找到并解决问题，重新下井。

（2）桥塞点火成功后不能脱手或桥塞在下井过程中意外坐封时，基本处于半坐封状态。提拉解卡不能成功时，首先采用振动解卡方法（桥塞点火后半坐封），其次选择压力控制方法解卡。仍不能解卡时需要释放电缆弱点后起出电缆。若桥塞点火后半坐封，更换桥塞位置，再次施工；若中途意外坐封，用连续油管钻塞。

（3）球笼式桥塞坐封后，如试压不成功，若能满足泵送条件，继续泵送坐封新桥塞。无法泵送时，建议射开1簇，建立循环通道，再次组织泵送。其次，起出下井管串，磨掉问题桥塞后，重新施工。

七、分簇射孔异常

（1）桥塞坐封丢手后，上提电缆点火，未见明显射孔信号，说明射孔工具已失效，经确认后征求现场监督意见，井口无关人员离场，起出射孔枪串。

（2）检查射孔工具串，查明失效原因，更换射孔枪及连接头等配件，仔细检查电路、密封等问题。

（3）重新装枪，用连续油管传输射孔。

参 考 文 献

[1] 欧阳飞.分簇射孔与桥塞联作技术研究与应用[D].北京：中国石油大学（北京），2019.
[2] 孙程亮，贾萧鹏，杨大昭，等.73型GH等孔径射孔弹研制[J].测井技术，2023，47（3）：380-384.
[3] 邢洪宪，李清涛.复合材料压裂桥塞的研制及测试[J].石油机械，2015，43（10）：86-89.
[4] 刘延东.H公司石油射孔工程桥射联作施工质量控制研究[D].石家庄：河北地质大学，2023.

第八章 多级滑套分段压裂技术

多级滑套分段压裂是将完井生产滑套串联在套管柱上,完井时随套管柱下入井内,串联滑套间采用封隔器或水泥环分隔。压裂时可采用憋压、投球憋压(泵送飞镖或其他管内堵塞物)、泵送电缆(或钢丝)作业工具或连续油管作业逐级开启每一只滑套,为水力压裂打开套管柱与储层连接通道,实现多级分段压裂工艺。根据生产需要,压裂后还可用连续油管作业工具关闭/重启压裂滑套,形成不同井段多种生产工艺组合。

滑套压裂工具均为完井生产领域成熟产品,通过不同完井生产滑套排列组合及工艺优化,并采用封隔类工具或注水泥环方式分隔滑套,再结合不同的滑套开启或关闭方式,形成系列化工具产品及丰富多样的工艺体系,将油气行业成熟稳定的完井生产工具扩展应用至多级分段压裂技术领域,实现了低渗透油气藏、页岩油气水平井效益开发。

第一节 压裂滑套完井技术

一、完井生产滑套

完井生产滑套属于井下流动控制工具的一种,主要功能是控制油管柱与油套环空之间的连通与关断。API SPEC 19AC 将滑套归为完井辅件的一个产品子类。滑套的主要用途有:完井后诱喷、循环压井、气举、试油测试、多层开采、分层注水、多级注水泥等。

二、分段压裂完井滑套

完井生产滑套一般与油管完井管柱连接,分段压裂滑套多用于钻井后套管、尾管完井管柱结构。用作压裂端口的完井生产滑套一般采用向下打开式,大多为外筒内套双层结构。外筒与套管柱连接,筒壁加工多个用作压裂端口的贯通孔。内套可沿外筒内壁轴向滑动,控制端口开启或关闭。完井时内套封闭压裂端口、压裂时内套下滑打开泵注端口,生产阶段可通过控制内套滑动,关闭或重启对应生产端口。

三、压裂滑套开关方式

在多级分段压裂工艺中,滑套主要用作压裂生产端口,水力压裂时压裂液从滑套端口泵注进储层,生产阶段储层流体从滑套端口排出至井筒,再自喷或举升至地面。

压裂滑套是实现多级分段压裂工艺的核心工具,关键要"打得开、关得住、封得严"。相较于完井生产滑套,压裂滑套具有更高的开关稳定性、密封性和施工可靠性。滑套开关稳定性由打开方式和定位机构决定,结构方式种类较多、各具特色,相应的施工工艺也差异较大。

作为一种流体控制工具，完井生产滑套多用于海洋油气高渗透井或陆上油气高产井，一般采用钢丝、电缆等试油测试作业方式控制滑套开关。多级分段压裂滑套开关方式与套管完井、水力压裂工艺高度关联，封闭管柱可采用井口憋压方式打开，管柱与储层贯通后可投球或下工具封闭管柱内流体通道，再憋压打开滑套。根据滑套开关方式，分段压裂滑套可分为压差滑套（含趾端滑套）、投球滑套、全通径滑套等。

在多级滑套分段压裂工艺中，工具系统不仅要解决滑套间环空分隔、套管柱压裂端口开启两项技术关键，还要考虑套管柱内已压井段与待压井段隔离要求，大多数工具厂家将滑套开关与管内分隔功能集中到一趟工具上，大幅提高了分段压裂施工效率。

四、滑套间环空分隔方式

完井作业时压裂滑套多级串联入井，要实现每一级滑套独立压裂并不受其他已压滑套、待压滑套影响，必须对串联滑套实施环空压力封隔。目前，环空封隔主要有裸眼封隔器、水泥环两种方式，相应形成裸眼封隔器分段压裂、固井滑套分段压裂两大工艺技术系列。

1. 裸眼封隔器分段

封隔器作为一种非常通用的井下工具，主要通过弹性元件变形密封实现环空封隔，为油气井正常生产提供有效的机械密封手段，也能保障各类井下作业工艺措施的顺利实施。

用于裸眼完井的封隔器又称为套管外封隔器，是一种与套管连接，用来封隔套管与井壁环形空间的永久式封隔器。在裸眼井分段压裂完井管柱中，封隔器是关键核心部件，在压裂施工中最高承压达 70~90MPa，其性能直接关系到分段压裂改造工艺成败。

图 8-1 所示为裸眼封隔器分段压裂管柱结构示意图。

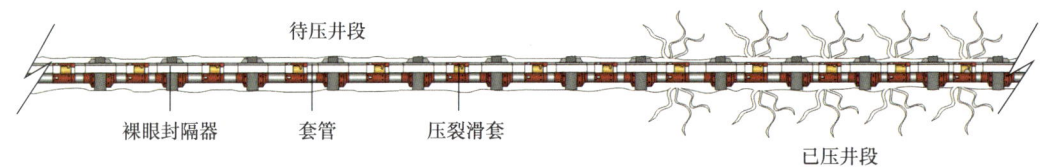

图 8-1　裸眼井分段压裂储层段管柱结构示意图

目前，用于裸眼井压裂的分段封隔器以水力压缩式封隔器为主，水力扩张式封隔器、遇水自膨胀封隔器在部分油气田及一些特殊井中也有应用。

（1）水力压缩式封隔器。

水力压缩式封隔器是国内陆上油田常用的套管内封隔器，在采油、井下作业中应用较多，裸眼井很少使用。北美油服行业率先将压缩式封隔器应用于裸眼水平井分段压裂并取得成功，国内油气田也引进该技术，并逐渐在水平井分段压裂施工中推广应用，已完全实现了技术国产化。

水力压缩式封隔器通过液压推动液缸，施加载荷使胶筒受到轴向压缩而产生径向膨胀，从而密封套管与裸眼环形空间，具有结构简单紧凑、密封可靠、承压高、适应井径范围广等特点，满足裸眼井分段压裂施工要求。

图 8-2 所示为 Baker Hughes 裸眼井分段压裂完井系统使用的双液缸压缩式裸眼封隔器。

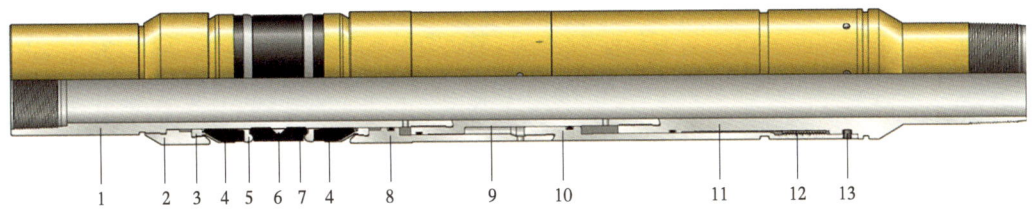

图 8-2 双液缸压缩式封隔器结构示意图

1—中心管；2—定位套；3—上下防凸罩；4—上下胶筒；5—上下隔环；6—控制环；7—中胶筒；
8—上缸套；9—筒体；10—下缸套；11—下接头；12—锁紧环；13—剪切销钉

双液缸压缩式封隔器采用双缸三胶筒结构，由筒体总成、胶筒总成和液缸总成三部分组成。筒体总成包括中心管 1、筒体 9 及下接头 11，中心管上部为套管内螺纹、下接头下部为套管外螺纹，筒体通过上下螺纹与中心管、下接头连接，中心管、筒体上钻有与双液缸对应的传压孔。胶筒总成包括定位套 2、上下防凸罩 3、上下胶筒 4、中胶筒 7、上下隔环 5 及控制环 6，支撑环嵌在中胶筒内，三胶筒由隔环分开并提高胶筒密封组骨架强度，上下胶筒由防凸罩保护。液缸总成包括上缸套 8、下缸套 10、锁紧环 12 及剪切销钉 13，上缸套与中心管组成上液缸、下缸套与筒体组成下液缸，下液缸通过剪切销钉固定在下接头上，下液缸与下接头间装有锁紧环。

图 8-2 所示封隔器采用上行液缸，通过液压驱动坐封。液体通过传压孔进入液缸，当压力升至 20MPa 左右时，推动双液缸上行，剪断防中途坐封销钉，同时压缩组合胶筒使其径向膨胀，贴紧裸眼井壁，从而封堵封隔器与裸眼间环空。液缸上行时，锁紧机构使其不能回退，液缸只能向压缩胶筒方向运行，从而保证管柱泄压后即使液缸不再产生推力，压缩胶筒也无法回弹，保证密封效果和封隔长久性。

胶筒是裸眼封隔器核心部件，采用具有耐腐蚀及耐高温性能（长期耐温达 180℃ 以上）的氟橡胶制成，密封单元采用 2 个硬（外）胶筒及 1 个软（中）胶筒组合形式，在下入和循环过程中可有效保护胶筒，防止与井壁摩擦造成损坏，提高承载及密封能力。防凸罩作为保护胶筒的特殊机构，优选具有良好延展性并具备一定强度的金属材料（如金属铜）制作，随胶筒同步膨胀，将橡胶变形限制在防护罩控制范围内，可防止胶筒沿轴向过度变形而造成密封失效。

（2）水力扩张式封隔器。

水力扩张式套管外封隔器是一种安装在套管短节或套管本体外侧的膨胀式封隔器，采用通道控制阀机构，通过井下流体使橡胶筒总成膨胀，并在套管与裸眼井壁之间产生密封效应，主要用于裸眼完井、筛管完井及半程固井、低压易漏井固井，还可用于固井后环空气窜控制，在裸眼井分段压裂完井工艺中也有应用。

水力扩张式封隔器由中心管、橡胶筒总成、控制阀机构、定位套、滑套和剪销等组成，如图 8-3 所示。中心管为一段套管本体，可直接与套管接箍相连。橡胶筒总成套在中心管外，两端由定位套、滑套（带剪切销钉）固定在中心管上，控制阀机构可安装在胶筒两端定位套或滑套上。橡胶筒径向膨胀时产生轴向拉力，带动滑套剪断销钉，并在水力作用下充分膨胀至控制阀关闭，膨胀液被封闭在膨胀腔内，确保管内泄压后胶筒仍处于膨胀密封状态。

图 8-3　水力扩张式套管外封隔器结构示意图

叠层钢片橡胶筒密封结构如图 8-4 所示，从胶筒总成横截面（图 8-5）来看，由内到外是内胶囊、叠层钢片和外胶筒，内外胶筒间由高强度不锈钢片叠加成加强层，并与外胶筒硫化成一体，叠层钢片可提高封隔器承压能力及支撑能力。由于结构和制造工艺限制，内胶囊难以像外胶筒那样直接硫化在叠层钢片上，而是先压制成型，再穿入叠层钢片内。坐封时从中心管打压，液体经中心管传压孔、控制阀机构进入膨胀腔，内胶筒进液膨胀，撑开叠层钢片和外胶筒，并紧压在裸眼井壁上，阻断橡胶筒前后环空通道。

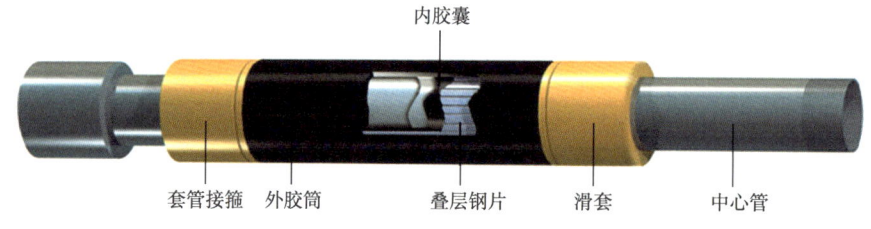

图 8-4　管外封隔器胶筒结构剖视图

图 8-5　水力扩张式胶筒结构示意图

控制阀为双阀机构，由一只锁紧阀、一只限压阀构成，两阀串联排列、阀槽沟通，并装有过滤装置，可防止完井液颗粒堵塞阀孔及进液通道。

锁紧阀有两个作用，一是限定封隔器打开压力，这个压力根据施工作业情况确定，锁紧阀工作原理如图 8-6 所示，下井前锁紧阀用安全销锁死。当封隔器内外压差达到某一值时，销钉被剪断，锁紧阀打开，高压液体经限压阀进入胶筒。二是当封隔器膨胀后，套管内泄压回零，锁紧阀阀芯在弹簧力及管外压力作用下回到原始位置，同时锁座在弹簧力作用下被推到压帽台阶上，阀芯被锁死，不管套管内有多高压力也不会再次打开锁紧阀。

锁紧阀安全销须在使用前从封隔器外部安装，其规格大小将决定封隔器膨胀压力。采用不同大小的安全销，可再一口井中安放多个套管外封隔器而避免其中任何一个过早膨胀。

限压阀主要起保护胶筒的作用，在胶筒膨胀过程中，当膨胀压力超过封隔器额定压力时，限压阀销钉被剪断，限压阀关闭，胶筒进液孔道被堵死，套管内压力大小对封隔器胶筒内压无影响，实现安全胀封。

锁紧阀、限压阀工作原理如下所示（图8-6）：

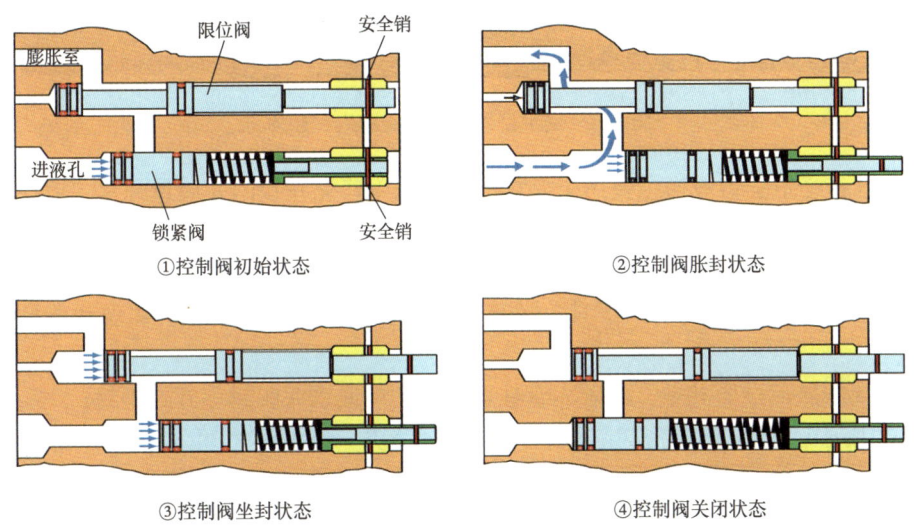

图8-6　控制阀工作原理示意图

①开始放入时，锁紧阀由安全销锁紧关闭，克服下套管时管内压力；

②套管下完后，管内憋压，压力达到预定界限时，锁紧阀安全销切断，管内液体通过锁紧阀进入膨胀部件；

③当膨胀部件与环空压力差达到限压阀设定压力时，限压阀关闭；

④为进一步保护元件膨胀后不受管内压力变化影响，泄压后管内压力降低，锁紧阀永久关闭。

（3）遇水自膨胀封隔器。

由于定向井、水平井有弯曲井段，水力压缩式封隔器在入井过程中易碰伤胶筒，影响其机械密封能力。在井径变化比较大、井眼不规则的裸眼井中，常规封隔器胶筒较短，封隔效果不理想，同样影响分段压裂施工效果。

遇水自膨胀封隔器采用极性橡胶制成，通过吸收井内地层水或完井液发生体积膨胀，进而实现环空封隔。与液压封隔器相比，膨胀封隔器无须地面操作即可坐封，可显著提高其密封可靠性。由于胶筒膨胀率高，尤其适用于不规则井眼及井径扩大率较大的井眼，且遇水膨胀橡胶材料具有自修复功能，即使胶筒碰伤，也不会影响密封效果。

遇水自膨胀封隔器独特的密封原理彻底颠覆了以机械和水力进行密封的传统封隔器工艺技术，封隔器结构简单，基本单元包括接箍、基管、挡环和胶筒（图8-7）。极性橡胶具有良好的耐油性、耐磨性和耐酸碱性能，且与吸水聚合物相容性较好。以极性橡胶为基体材料，添加吸水聚合物、炭黑等补强材料，采用物理机械共混法制备混炼胶，将其缠绕在基管外壁并硫化成自膨胀胶筒。理论上，橡胶膨胀为任意方向，即硫化在基管上的橡胶可在轴向、径向同时膨胀。为保证密封效果，在胶筒两端增加限位挡环，并用螺钉紧固。胶筒经介质浸泡后只能径向膨胀，径向挤压力的加大不断增加轴向摩擦力，实现环空压力封隔目的。

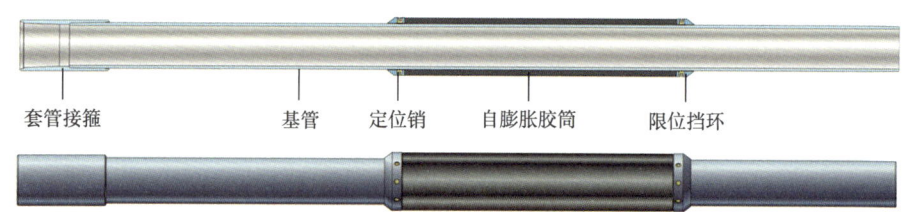

图 8-7　遇水自膨胀封隔器结构示意图

遇水自膨胀封隔器最初主要用于海洋油气分段生产完井及固井质量强化，应用在裸眼井分段压裂完井工艺上，具有如下技术优势：

① 结构简单，安装方便；

② 操作简单，不需要下入工具，没有活动部件，较低压差下也可实现动态自主膨胀密封；

③ 胶筒膨胀后贴紧井壁，无须靠管柱重力、加压或水泥胀封等方式坐封；

④ 适用于任意形状的密封界面，可用于套管井、裸眼井和套损井等，密封过程如图 8-8 所示。

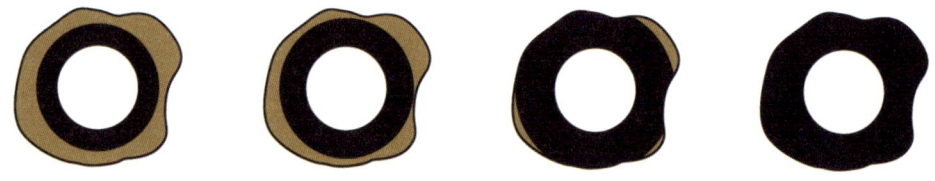

图 8-8　遇水自膨胀封隔器截面封隔示意图

2. 水泥环分段

封隔器是裸眼井多级分段压裂必不可少的环空封隔工具，在深井、高含气油井、气井等高压井及裂缝性油气藏压裂中应用较多。对投产后还需重复改造，注水、注气补能及措施作业频繁的低压低渗透油井及高含水气井，生产中后期井下作业、提高采收率措施应用频繁，对井筒完整性及套管外永久封隔质量要求较高，与套管注水泥完井工艺相适应的分段压裂技术发展迅猛。除电缆射孔与桥塞联作、连续油管底封拖动压裂等主体技术外，固井滑套分段技术（含连续油管开关滑套）逐渐完善、工具结构不断创新、系统质量及可靠性不断提升。

图 8-9 所示为固井滑套分段压裂完井管柱结构示意图。

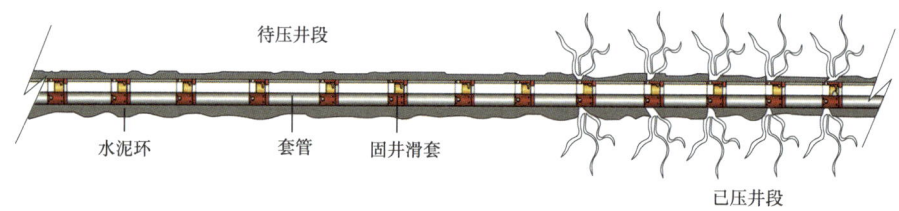

图 8-9　固井滑套分段压裂储层段管柱结构示意图

裸眼井滑套压裂裂缝起裂位置不明确，两封隔器间裸眼段内仍属笼统压裂，但可自然选择工程"甜点"，对工程"甜点"与地质"甜点"相一致的储层，如裂缝发育储层，压裂效果较好。因管外水泥环全井段充填，固井滑套压裂裂缝起裂位置一般为滑套端口，工艺上称之为精准压裂，对储层评价及地质认识要求较高，固井滑套位置可精准部署至地质"甜点"。

第二节 裸眼滑套分段压裂技术

裸眼滑套分段压裂技术将封隔器分段完井、投球滑套分段压裂及尾管悬挂技术有机组合成一体，采用预置管柱施工，一次下入、连续投球压裂，具有施工方便、可靠性强及施工效率高等优点，首次实现了长段水平井分段压裂改造，并在全球各大油气田进行了广泛试验与大面积推广应用，对应用水平井技术高效开发页岩油气藏、低渗透油气藏具有重要的推进作用。

一、裸眼井分段压裂技术发展

自水平井技术诞生以来，油气田技术人员一直都致力于解决油气储层分段注入、分段开采、分段增产及定点作业技术难题。随着封隔器技术的发展，水平井层间封隔难题得到缓解，裸眼封隔器承压能力不断提高，满足压裂工艺环空封隔要求。以此为基础，Baker Hughes 在 20 世纪 90 年代初期研究完成 PSI 水平井完井系统。该系统可一次实现射孔压裂施工，压前一次下入多级封隔器，依次分段射孔分段压裂，达到分段增产改造的目的。

20 世纪 90 年代中期，Phillips 石油公司联合油田服务商、工具制造商开展裸眼井分段酸化压裂（MSAF）工具系统研制工作，核心工具是带有捕球机构的多级投球式压裂滑套，即在滑套内安装级差式球座，并采用与球座通径相匹配的压裂球逐级打开滑套端口、分隔正压井段与已压井段，如图 8-10 所示。从水平井趾端到跟端，滑套通径逐级增大，与之对应的是，投入井中的启动球尺寸也逐级增大。直径最小的压裂球开启趾端滑套，直径最大的压裂球开启跟端滑套。级差式球座及其压裂球配置思路解决了多级滑套逐级快速开启技术难题，并在英国北海 Joanne 油田白垩系油藏四口水平井分段酸化中试验成功[1]，其中 M1 井下入 6 个投球滑套，M3 井、M4 井及 M5 井各下入 9 个投球滑套，后三口井均实现了每井 10 段酸化改造，创造了水平井分段压裂酸化级数新纪录。

(a) 小通径投球滑套

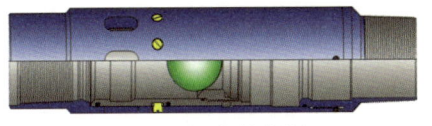

(b) 大通径投球滑套

(c) 滑套启动球

图 8-10 投球压裂滑套结构示意图

2001 年，Baker Hughes 推出 Frac-Point 裸眼井分段压裂完井系统，应用级差式投球压裂滑套替代 PSI 系统射孔工艺，简化了分段压裂工序流程，大幅提高了分段压裂施工效率，工具系统与工艺流程基本成型，应用规模不断扩大，工具结构与工艺优化不断创新、材料性能也不断提升，奠定了水平井分段压裂主体技术地位。

国内陆上油气田自 2008 年开始应用裸眼封隔器分段压裂技术开发致密气、致密油，工具产品全部依赖进口，其中以 Schlumberger 引进的 MultiFRAC 完井系统（PackersPlus 生产）、安东油服引进的 FracPoint 完井系统应用最多，2012 年推广应用至页岩油气开发试验水平井。

吉木萨尔页岩油 18# 水平井完钻井深 5325m、裸眼段长 2063m、压裂级数 23 级、投球滑套级差 0.1in，创造了国内油田投球滑套分段压裂最大级数、最小级差两项工艺纪录，完井井身结构如图 8-11 所示。为提高工具系统可靠性，下入不同开启压力压差滑套两个，采用"浮鞋+浮箍"双保险组合，23 级滑套全部正常开启，每级施工均按设计完成，单级最大加砂量达到 166.8m³。

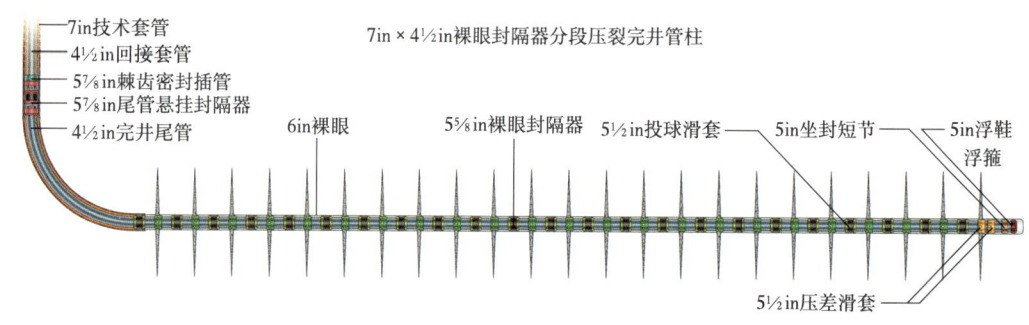

图 8-11　裸眼封隔器分段压裂完井结构示意图

裸眼滑套分段压裂工具国产化开始于 2008 年，2010 年投入现场试验，2015 年全面替代进口产品，形成 9⅝in×5½in、7in×4½in、5½in×3½in、5½in×2⅞in、5in×2⅞in 五大产品系列，耐压 70MPa、105MPa。页岩油气藏、低渗透油气藏开发水平井多采用 7in 技套、4½in 完井管柱，裸眼尺寸为 6in 或 5⅞in；5½in、5in 套管开窗侧钻井采用 3½in、2⅞in 完井管柱，适应 4¾in、4⅝in、4½in 及 4¼in 尺寸井眼；9⅝in×5½in 工具多用于海上油气田及碳酸盐岩分段酸化，井眼尺寸一般为 8½in。

裸眼封隔器分段压裂是水平井压裂技术发展初期主体工艺技术，随着射孔桥塞联作、连续油管压裂等全通径、密切割压裂工艺技术的完善与提升，裸眼封隔器分段压裂技术应用占比有所下降，但在高温高压深井、气井、侧钻小井眼分段压裂中仍占据主导地位。

二、裸眼井分段压裂工艺原理

裸眼封隔器分段压裂完井是通过封隔器将裸眼段分隔成需要单独改造的储层区间，利用滑套建立区间管内外过流通道，控制压裂液进入区间油气层进行压裂。

该工艺管串上预置多个投球式滑套，安装到井中适当位置，在压裂过程中，从井口投入压裂球，滑套中有捕球机构，压裂球与滑套中的封堵结构相互配合，实现已压裂层级的分隔。由于采用压裂球开启滑套，无须使用连续油管、油管管柱、电缆或钢丝绳等井筒干预，从原理上实现了一趟管柱完成所有层级的压裂作业，大幅提高了水力压裂作业效率。

1. 裸眼井分段压裂完井管柱

裸眼封隔器分段、滑套投球压裂技术将完井管柱与压裂管柱合二为一，管柱系统由封隔器完井系统与滑套压裂系统两功能单元组成，完井系统主要包括棘齿密封插管、尾管悬挂封隔器、压缩式裸眼封隔器、坐封短节及浮箍、浮鞋等附件，滑套压裂系统包括投球滑套与压差滑套，管柱结构如图 8-12 所示。

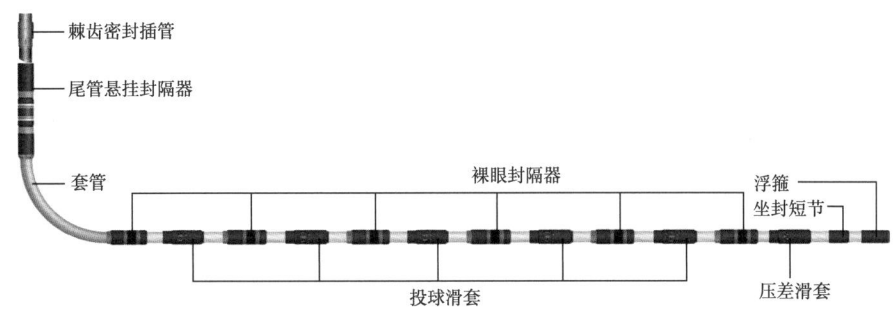

图 8-12　裸眼封隔器分段压裂完井管柱结构示意图

2. 裸眼井分段压裂工艺流程

（1）尾管悬挂与封隔器坐封。

裸眼滑套分段压裂管柱以裸眼封隔器、尾管悬挂封隔器为支撑，在裸眼通井顺畅后，利用钻杆一次性下入分段压裂完井尾管柱，工具系统部件按图 8-11 所示次序依次接入尾管柱。投球滑套按通径从小到大依次入井，所有压裂滑套入井前均应处于关闭状态。下放遇阻时循环洗井，上提下放缓慢通过遇阻井段。

尾管柱系统送入裸眼设计位置后，循环洗井，将井内钻井液替换成等密度无固相完井液，再泵入坐封短节启动球，永久关闭完井液循环通道。

井口憋压并按照工具系统设计压力坐封裸眼封隔器、尾管悬挂封隔器，将尾管柱悬挂并锚定在上层技术套管上，并通过裸眼封隔器实现滑套间压力封隔，卡封封隔器间压裂井段。

悬挂验证、环空验封合格后，投球憋压或旋转管柱将送入工具退出尾管悬挂器，起出送入钻杆。

（2）压裂管柱密封回接。

从工艺原理上来讲，尾管柱送入工具起出后，井筒已具备分段压裂实施条件。但由于技术套管抗内压强度低，且裸眼钻进时技套内壁有磨损，进一步降低了井筒承压能力，正式压裂前还需回接压裂管柱。回接时在套管柱下端连接回插工具，插入并锁紧在尾管悬挂封隔器回接筒内，管柱上端悬挂在油管头上，验封合格后安装井口，结束完井作业。

（3）连续投球分段压裂。

多级压裂滑套包括 1 个压差开启滑套和多个投球开启滑套，因尾管悬挂、封隔器坐封工作压力小于压差滑套开启压力，完井作业后所有压裂滑套均处于关闭状态。压裂前井口憋压，应用压差原理打开第一级压裂滑套，建立第一级压裂液泵送通道、第二级压裂滑套启动球循环通道，并按照设计泵注程序开展第一级压裂施工。第一级携砂液顶替到位后停泵，从井口投入第二级压裂启动球，由于启动球直径与投球滑套内置球座通径一一对应，泵送的启动球穿越第二级后所有投球滑套球座，坐落在第二级压裂滑套（井内第一个投球滑套）球座上，循环通道关闭，继续憋压打开第二级滑套。压裂时在泵注压力作用下启动球始终坐落在第二级球座内，从而将正压井段与已压井段隔开。后续各级压裂依次类推，继续从小到大逐级投入启动球，并逐级泵注，在不动管柱情况下，实现裸眼井所有预置段改造。压裂改造结束后返排，压裂球依次上返至地面或就地溶解。

使用开启压力不同的双压差滑套，开启压力设置一高一低，低压滑套打开后，滑套内外连通，高压滑套很难再开启。只有在低压滑套因机构阻卡难以开启时，继续升压可打开高压滑套。

使用水力压缩式封隔器时，因压裂施工压力远高于封隔器坐封压力，泵注时封隔器胶筒继续压缩变形，封隔器环空承压能力进一步提高。

三、裸眼封隔器分段压裂技术特点

1. 工艺技术优势

（1）由于采用压裂球开启滑套，无须使用连续油管、油管管柱、电缆或钢丝绳等井筒干预，从原理上实现了一趟管柱完成所有层级的压裂作业，大幅提高了水力压裂作业效率。

（2）完井管柱与压裂管柱为同一套管柱，省去固井和射孔相关环节，有效降低了施工成本与作业时间。

（3）避免固井作业对油气层的污染伤害，对致密气开发尤其重要。

2. 技术缺点与不足

（1）多级串联封隔器完井验封。

这是一个老问题，多级封隔器应用中的验封问题在国内外都没有很好地解决，裸眼封隔器分段压裂工艺同样存在这个问题。由于分段压裂技术在应用中一口井中要下入十多级、甚至二十多级管外封隔器，封隔器验封问题更加突出。

（2）裸眼封隔器密封失效。

水力压缩式封隔器密封件胶筒较短，这样的结构设计应用于裸眼井中，裸眼井壁不稳定、压裂施工及随后的油气生产，地层应力大，造成地层结构变化，封隔器的工作寿命存在极大不确定性；发生串层、水淹油气层，对后期油气生产影响大。

（3）完井装置后期处理困难。

由于该工艺装置作为完井尾管悬挂和生产管柱，采用永久式封隔器，起出困难，影响后期措施作业。

四、工具系统完井单元部件

裸眼井滑套分段压裂完井系统是完井工艺中单元部件最多、工具性能要求最高、动作执行准确率最高、施工工艺最复杂的一种完井技术系统，单元部件整体要求如下：

（1）一体化设计保证最大通径；

（2）工具简短，方便施工；

（3）下入井筒阻力小，极易通过窄井段和斜井段；

（4）作业时间短、程序少，成功率高；

（5）封隔分层可靠，压裂施工滑套开启明显。

完井系统单元部件包括浮鞋、浮箍、坐封短节、压缩式裸眼封隔器、尾管悬挂封隔器及回接密封插管，尾管悬挂封隔器、回接密封插管两部件下入套管内，其余部件均下入裸眼内。

1. 浮鞋、浮箍

浮鞋连接在尾管柱末端，起引鞋和回压阀作用，可提高尾管引导能力，管柱漂浮也能降低尾管摩阻。下尾管中途可正循环洗井解决下放遇阻难题，到位后正循环替液并泵送坐封启动球。

与套管注水泥用浮箍不同，在压裂完井管柱底部接入浮箍，无水泥承托环功能，主要作备用回压阀，确保液流只能单向导通、密封可靠和耐回压，强化尾管柱漂浮作用。

浮箍、浮鞋由阀筒与阀体总成两部分组成，如图8-13所示。筒体与阀体总成通过螺纹连接、"O"形密封圈密封。筒体上端为套管内螺纹，浮箍筒体下端为套管外螺纹、浮鞋筒体下端为球面引鞋。阀体总成由阀座、阀框、阀球、球托、弹簧、缓冲套、阀杆、阀杆套组成。阀座为大小头结构，外圆面均加工成螺纹，上螺纹将阀体总成悬挂在筒体上，下螺纹用于连接阀框。阀框为平底筒形结构，上部加工成内螺纹、下部剖切成十字框架，主要功用是支撑阀球及弹簧等阀芯组件，阀杆套通过螺纹连接在框底十字中心。阀芯组件包括阀球、球托、缓冲套、阀杆与弹簧，阀球与阀座下端内锥面配合实现单向密封，球托、阀杆通过螺纹连接在阀球上。缓冲套为胶筒，安装时套在阀杆上，可缓冲阀球冲击，避免阀芯组件因剧烈撞击而损坏。阀杆插入阀杆套内，阀杆套起扶正限位作用。弹簧弹力通过球托作用于阀球，使其与阀座内锥面紧密接触，阀球可在弹簧或返流单独或共同作用下完成坐封，功能可靠性大大提高。

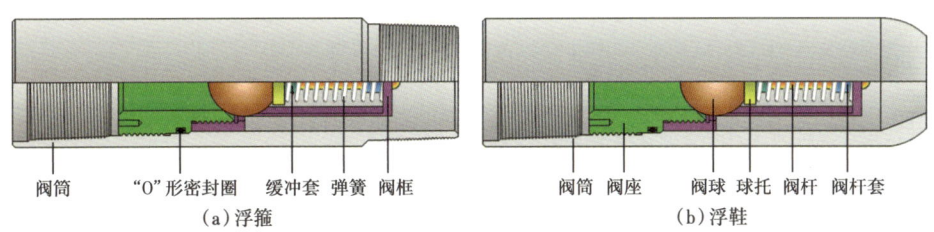

图8-13　浮箍、浮鞋结构示意图

分段压裂水平井裸眼段长、轨迹蜿蜒曲折，尾管柱下入摩阻较高，常规浮鞋很难引导尾管柱顺利下放到位，需在管柱末端连接旋转自导向套管浮鞋，如图8-14所示[2]。

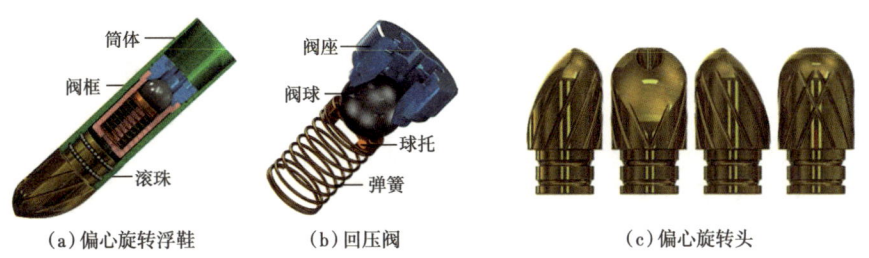

图8-14　旋转自导式浮鞋结构示意图

旋转自导向浮鞋组成部分主要包括筒体、偏心旋转头、回压阀三部分。回压阀通过螺纹连接安装在筒体内，偏心旋转头通过两道滚珠槽及槽内滚珠连接在筒体下端，在外力作用下，偏心头可自由旋转。

偏心旋转头圆柱状本体设有主、副两个球形引导面，主球面坡度较大，引导通过能力强于常规半球式引鞋。下套管过程中，偏心头引鞋引导面与井壁摩擦会产生不同旋向的力矩，使引鞋向相应方向旋转，自动调整导向方位，提高套管柱通过能力，防止套管在狗腿段遇阻。套管遇阻时，可通过反复"上提+下放"的方式调整引导方向，辅助管柱通过遇阻井段。

2. 坐封短节

坐封短节是完井管柱系统正循环通道开关机构，由筒体、阀套、阀芯、剪切销钉、"O"形密封圈及配套关闭球组成，如图8-15所示。阀套为大小头结构，套筒中部开有旁通孔，大头通过外螺纹悬挂在筒体内、"O"形密封圈密封，小头下端套筒内加工环形定位槽，小头与筒体环形空间为完井液循环通道。阀芯设计为开有旁通孔的柱形套筒结构，轴孔未贯通，筒壁加工关闭球坐封台肩。阀芯外套开口环、"O"形密封圈，安装时插入阀套内，内外旁通孔同心同径，并用剪切销钉固定。阀套与阀芯上端加工成锥形孔，引导关闭球落座。

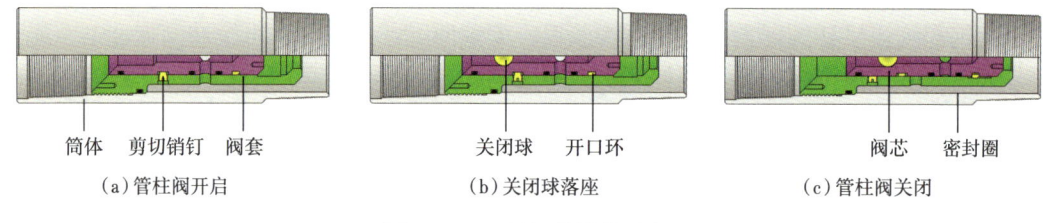

(a) 管柱阀开启　　　　　　(b) 关闭球落座　　　　　　(c) 管柱阀关闭

图8-15　坐封短节结构示意

管柱下入过程中，套管柱与裸眼环空通过短节内旁通孔连通，便于灌浆及循环。管柱下深到位，正循环洗井、替液后投入关闭球，坐封循环通道，管内压力升高，推动阀芯剪断销钉下移，关闭阀套旁通孔，开口环卡入阀套定位槽内，永久锁紧阀芯。

坐封短节关闭后，环空与管柱通道截断，短节具备双向承压能力，管柱内腔封闭成一高压密闭系统。继续憋压，分段用裸眼封隔器、悬挂用套管封隔器永久坐封；送入管柱丢手、压裂管柱回接后，再用此密闭系统打开压差滑套，建立压裂流体通道。

3. 裸眼封隔器

裸眼封隔器是完井工具单元中主体部件，其入井数量与压裂级数基本一致。封隔器芯轴与套管尺寸相当，芯轴外胶筒总成及其坐封机构外径、长度对封隔器刚度、承压能力影响较大，也影响完井管柱正常下入。随着水平段越来越长、压裂段越来越短，要求封隔器尽可能缩短长度方便下入，而不规则裸眼、高压井对封隔器性能提出了更高的要求。

水力压缩式封隔器按胶筒数量分为单胶筒、双胶筒与三胶筒三种，按液缸数量分为单缸和双缸两种。图8-16所示为一款单缸单胶筒裸眼封隔器，长度较短，外径也较同尺寸其他封隔器略小，方便工具串顺利入井，承压70MPa，满足大部分水平井分段压裂技术要求。

如图8-16所示，单缸单胶筒压缩式封隔器由芯轴1、液缸总成、胶筒总成、限位机构四部分组成,液缸总成、胶筒总成套装在芯轴上,由限位机构固定。芯轴上下为套管内外螺纹,筒体上开有传压孔。液缸总成包括剪切销钉2、隔销3、锁紧环4、缸套5及"O"形密封圈6,缸套与芯轴组成液缸,"O"形密封圈位于传压孔两侧,一个安装在芯轴外,另一个安装在缸套内,密封液缸环腔。缸套上端通过剪切销钉固定在芯轴上,坐封压力通过销钉数量来调节,下端加工成锥形坐封斜面。液缸与芯轴间装有两片瓦状锁紧环,锁紧环内外面加工成棘齿,与芯轴外棘齿、缸套内棘齿相匹配,隔销插在锁紧环间芯轴定位孔内。胶筒总成包括上下外防凸环7、上下内防凸环8、上下滑环9、胶筒10及其支撑环11,胶筒材质为氢化丁腈橡胶或氟橡胶,支撑环嵌在胶筒内。内外防凸环设计为台阶装配,均切有开口,安装时开口方向相反。内防凸环与滑环、外防凸环与锥套间采用锥面接触,坐封时三环互楔,既能防止胶筒变形从肩部凸出,又组合推进胶筒压缩变形。定位机构包括外锥套12、定位环13和定位套14,定位环切成两半环,环内加工矩形齿,与芯轴矩形槽相匹配。定位套通过螺纹连接在外锥套上,两定位半环夹在外锥套与定位套之间,矩形齿卡在芯轴矩形槽内,将定位机构牢牢固定在芯轴上。

裸眼封隔器采用液压坐封,液体通过传压孔进入液缸,当压力升至20MPa左右时,缸套受力剪断销钉并推动液缸下行,上下锥套插入防凸环内,防凸环张开并包紧胶筒使其径向膨胀,贴紧裸眼井壁,封堵封隔器与裸眼间环空。液缸下行时,缸套带动锁紧环同步下行,缸套停止时锁紧环内外棘齿将缸套固定在芯轴上,使其不能回退,泄压后压缩胶筒无法回弹,保证永久性封隔。

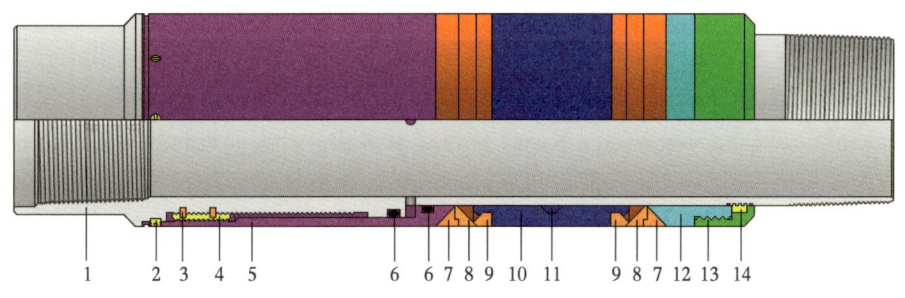

图8-16 单缸单胶筒压缩式封隔器结构示意图

1—芯轴;2—剪切销钉;3—隔销;4—锁紧环;5—缸套;6—"O"形密封圈;7—上下外防凸环;8—上下内防凸环;9—上下滑环;10—胶筒;11—支撑环;12—外锥套;13—定位环;14—定位套

4. 尾管悬挂封隔器

在裸眼井分段压裂完井系统中,悬挂封隔器主要用于滑套压裂完井管柱的送入、套管内双向锚定及环空封隔,同时还配套具有锁紧功能的回插装置,以实现压裂管柱的二次回插密封。

与尾管注水泥固井用悬挂器不同,在分段压裂作业中,完井时需要将尾管柱悬挂在技术套管内某一预定位置,压裂时还需防止井底高压推动整个管柱上行发生轴向窜动,因此要求悬挂器必须具备双向锚定功能。尽管有多型压裂专用悬挂器用于现场试验,但国内外应用最多的还是将悬挂与封隔部件一体化集成设计的双卡瓦悬挂封隔器,其结构如图8-17所示,液缸总成、胶筒总成与单胶筒单液缸裸眼封隔器基本一致,核心设计是在胶筒总成两端集成了上下卡瓦悬挂机构。

如图 8-17 所示，双卡瓦悬挂封隔器由筒体总成、液缸总成、密封总成及锚定机构四部分组成。

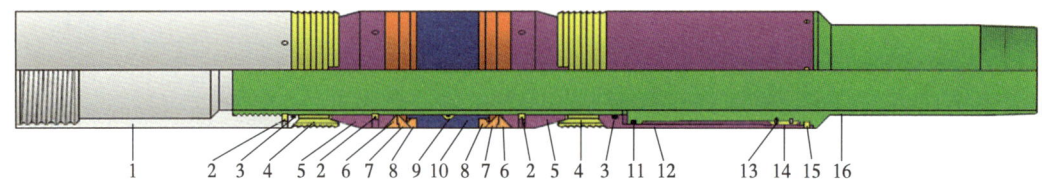

图 8-17　尾管悬挂封隔器结构示意图

1—回接筒；2—定位螺钉；3，11—"O"形密封圈；4—上下卡瓦；5—上下锥套；6—上下外控制环；7—上下内支撑环；8—上下滑环；9—胶筒；10—控制环；12—缸套；13—隔销；14—锁紧环；15—剪切销钉；16—芯轴

筒体总成包括回接筒 1、定位螺钉 2、"O"形密封圈 3 和芯轴 16，回接筒与芯轴采用螺纹连接、"O"形密封圈密封，定位螺钉防止螺纹松开，芯轴筒壁开有传压孔。回接筒上部特殊螺纹用于连接并锁紧送入插管或回接密封插管，下端面加工成短锥面，坐挂时可支撑并锚定上卡瓦。

液缸总成包括"O"形密封圈 3 及 11、缸套 12、隔销 13、锁紧环 14、剪切销钉 15，密封总成包括上下外控制环 6、上下内支撑环 7、上下滑环 8、胶筒 9 及其控制环 10，与图 8-16 所述裸眼封隔器液缸结构、密封机构完全相同，液缸上端面加工成短锥面，坐挂时可支撑并锚定下卡瓦。

锚定机构包括上下卡瓦 4、上下锥套 5 及其定位销钉 2，上、下卡瓦是实现双向锚定的主要技术手段。上下卡瓦结构相同、装配方向相反。与固井悬挂器分瓣式卡瓦不同，压裂封隔器多采用整体式卡瓦，卡瓦外表面有应力槽，可保证在液缸推动下，卡瓦沿应力槽均匀碎裂后沿锥套上行实现坐挂。卡瓦材料为球墨铸铁，外表面进行渗碳处理，保证卡瓦在坐挂后齿牙可嵌入技套内壁。锥套两端设计成长、短双锥面，短锥面用于胶筒压缩，长锥面伸进卡瓦内，液缸上行时剪断锥套定位销钉，长锥面将轴向力均匀转化为径向力，将整体式卡瓦均匀撑裂成分瓣式卡瓦。

5. 回接密封插管

在裸眼井分段压裂作业中，一般需要回接作业将压裂管柱从尾管悬挂器延伸至井口，提高压裂井筒承压能力，将回接管柱底部的回接工具，插入悬挂器顶部回接筒中，实现上、下管柱锁紧与密封。图 8-18 所示回接密封插管是一种成熟、可靠的回插装置，插入后插管外螺纹与回接筒内螺纹互相啮合，实现了回接管柱锁紧锚定，防止高压情况下管柱向上发生轴向窜动。

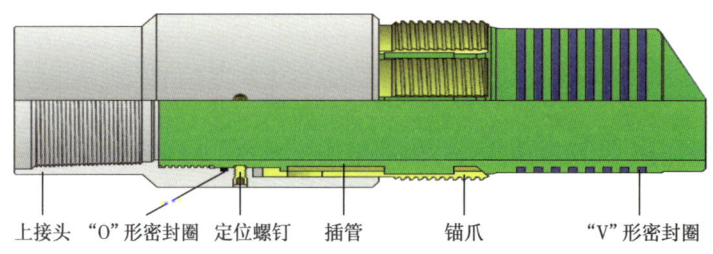

上接头　"O"形密封圈　定位螺钉　插管　锚爪　"V"形密封圈

图 8-18　回接密封插管结构示意图

回接密封插管由上接头、"O"形密封圈、定位螺钉、插管、棘齿锚爪及"V"形密封圈构成,如图8-18所示。锚爪为筒形结构,下端加工为外棘齿,并剖切成六瓣,但棘齿爪间开口未贯通,通过筒体上部未剖切部分形成一整体零件。装配时锚爪悬挂在插管台肩上,棘齿爪用插管肋筋均匀隔开,爪头内倒角与插管斜台肩角度一致。锚爪根部沿肋筋方向开有多个圆孔,提高棘齿爪弹性变形能力,方便工具插入。上接头与插管通过螺纹连接在一起,连接处用"O"形密封圈密封、定位螺钉防止退扣。插头顶部切有斜角,方便插管伸进回接筒。

棘齿爪伸进回接筒时,锚爪根部顶在上接头内,爪头回缩,工具顺利插入回接筒内。插管受拉时,插管斜台肩撑开棘齿爪,棘齿爪外螺纹与回接筒内螺纹紧密啮合,将回接管柱锁紧在尾管柱上。插管与回接筒间采用两组"V"形密封圈与"O"形密封圈组合密封方式,密封压力更高,并且可以做到双向密封,压裂时可有效隔断压裂管柱与技术套管,确保压裂管柱压力完整性。

棘齿密封插管不仅用于回接,也能连接在钻杆柱底部,用于尾管柱送入。插管与回接筒锁紧螺纹方向为右旋,正旋管柱即可实现丢手。

五、工具系统压裂单元部件

裸眼井分段压裂工具系统压裂单元包括压差滑套、级差式投球滑套,滑套总个数与压裂级数相同,配置两个不同开启压力压差滑套时滑套数只能算一个。

1. 压差滑套

永久式封隔器坐封后,管柱内腔仍处于密闭状态,压差滑套是不动管柱建立压裂通道唯一方式。压差滑套安装在完井管柱下部,是多级压裂第1级流体通道。滑套开启主要通过管柱内憋压,利用内滑套上下截面积差产生的压力差启动,开启压差可通过改变剪切销钉数量来调节。

压差滑套结构如图8-19所示,由筒体总成和滑套总成两部分组成。

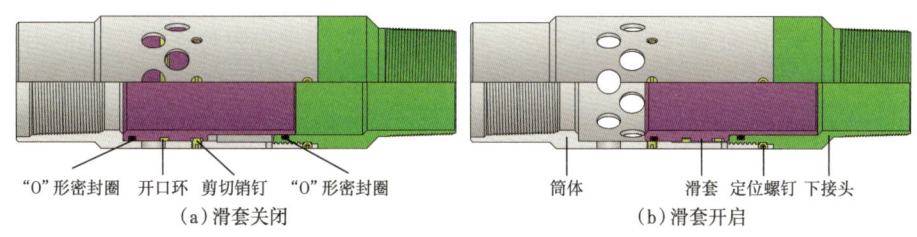

图8-19 压差滑套结构示意图

筒体总成包括筒体、定位螺钉、下接头和"O"形密封圈,筒体上部为套管内螺纹,筒体与下接头采用螺纹连接、螺钉限位。筒体靠近上螺纹筒壁开有两排圆孔形压裂端口、靠近下螺纹筒壁开有2个排出孔。筒体内通径上小下大,呈浅台阶状。下接头与滑套采用"O"形密封圈密封,接头下部为套管外螺纹。

滑套总成包括滑套、"O"形密封圈、开口环和剪切销钉,滑套为大小头筒形结构,上端环形截面积大于下端环形截面,这是压差方式开启滑套的结构基础。滑套与筒体通过剪切销钉连接并由上部"O"形密封圈密封,与下接头"O"形密封圈共同形成井内压力屏障,为压差开启提供一密闭空间。滑套外壁开有两道矩形环槽，用于安装开口环及剪切销钉。

压差滑套采用井口憋压的水力方式开启，因滑套大小头端面上大下小，压力条件下滑套受力向下，销钉承受滑套剪切力。升压时滑套剪断销钉快速下移，压裂端口开启，滑套下端顶在下接头台阶上。开口环在滑套带动下，从筒体小通径进入大通径后张开，永久锁紧滑套防止其意外上行关闭。

压差滑套虽然结构简单，但对其可靠性要求极高。裸眼段长、压裂级数多、井况复杂或高产气井，一般都下入两个开启压差不同的压差滑套，确保万无一失。

2. 投球滑套

压差滑套打开后，管柱与储层泵注通道打开，管柱内腔失去密闭性，因此压差滑套仅能实现一次压裂，后续各级压裂滑套开启均需借助前级压裂泵注通道来实现，级差式投球滑套就是据此原理来设计。

（1）投球滑套结构原理。

与压差滑套不同，级差式投球滑套利用上级压裂流体通道，泵送启动球并通过憋压方式打开滑套。在结构设计上，投球滑套在压差滑套基础上增加与滑套联动的球座及与之匹配的启动球。

投球滑套结构如图 8-20 所示，由筒体总成、滑套总成、球座总成和启动球四部分组成。

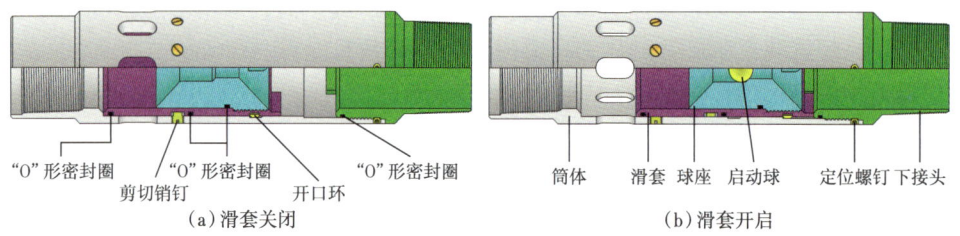

图 8-20 投球滑套结构示意图

筒体总成包括筒体、定位螺钉、下接头和"O"形密封圈，筒体上部为套管内螺纹，筒壁开有多个条形压裂端口筒体与下接头采用螺纹连接、螺钉限位、"O"形密封圈密封，接头下部为套管外螺纹。筒体靠近上螺纹筒壁开有多个条形压裂端口，筒体内通径上小下大，呈浅台阶状。

滑套总成包括滑套、"O"形密封圈、开口环和剪切销钉。滑套为直筒形结构，下部筒内壁加工有内螺纹，用于连接球座；外壁开有四道矩形环槽，用于安装开口环、剪切销钉及两个"O"形密封圈。滑套与筒体通过剪切销钉连接，并由两个"O"形密封圈密封压裂端口两侧。滑套下端切有半缺口，与下接头半缺口相互配合，防止钻磨时滑套旋转。

球座总成包括球座及其密封圈，球座与滑套通过螺纹连接成一体，采用"O"形密封圈实现压力密封。

压裂结束后，地面投放启动球并泵送至与球尺寸相对应的滑套位置，启动球落在球座上，与球座形成密封副，泵送流体通道关闭，暂时封闭已压层段；继续憋压，球座带动滑套剪断销钉，推动滑套下移，压裂端口露出。开口环也随滑套下移，并在筒体下部大通径处张开，将滑套固定在筒体上，防止滑套意外关闭。

投球滑套通过改变球座内径与不同大小的启动球配合实现系列化，是实现多滑套分级压裂的核心技术手段。完井时，球座安装在投球滑套内，依球座内径尺寸，从小到大依次随压裂完井管柱一起下入井内；压裂泵注时，启动球从小到大依次投入，逐级打开投球滑套压裂端口，实现多级滑套压裂改造。

传统投球式多级压裂滑套中，滑套的通径是逐级变化的。从水平井趾端到跟端，滑套通径逐级增大，与之相应的是，投入到井中的压裂球尺寸也逐渐增大，直径最小的压裂球开启最趾端的滑套，直径最大的压裂球开启最跟端的滑套。

（2）级差与尺寸匹配。

投球滑套内置形状和尺寸都固定的压裂球球座，为了保证压裂球入座后密封可靠性，相邻两级压裂球的直径差不能过小，因此，级差式投球滑套压裂系统能达到的压裂级数是有限的。

相邻两级压裂球直径差或球座坐封内径差称之为级差，启动球及球座尺寸按级间尺寸差（级差）排列，其大小主要取决于管柱尺寸、压裂排量及过砂量，一般为 1/16in、1/8in 及 1/16in，也有些厂家还用 1/10in 级差。吉木萨尔页岩油 18# 水平井 23 级压裂，使用 22 个投球滑套，其中前 6 个投球滑套级差 1/10in、后 16 个投球滑套级差 1/8in，如图 8-21 所示。

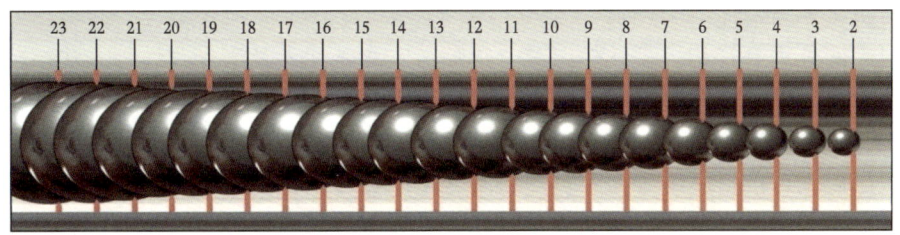

图 8-21　JHW018 井投球滑套配置示意图

级差式投球滑套压裂级数有限，最大可压级数受管柱尺寸及级差大小影响，小尺寸管柱如 2⅞in、3½in，最大可压级数较少；大尺寸管柱如 4½in、5½in，最大可压级数较多。级差越小，说明球座耐冲蚀能力越强，可压级数越多。图 8-22 所示为 4½in 压裂管柱 20 级压裂系统压裂球，采用 1/8in 与 3/16in 组合级差。

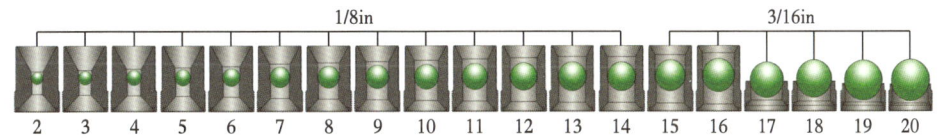

图 8-22　4½in 套管柱 20 级压裂系统球与球座匹配示意图

从管柱跟端到趾端，投球滑套流通截面呈现递减趋势，最大施工排量也逐级降低，小直径球座最大允许施工排量都较低。为满足体积压裂大排量施工要求，目前多采用小级差、大直径压裂球座。

（3）级差式球座。

在水平井多级压裂施工中，受携砂液高速冲蚀影响，球座内表面不均匀、不光洁甚至尺寸变大，易导致球和球座密封不严，常出现滑套未开启或开启信号不明显等异常，因此球座不仅要易钻，对耐冲蚀性要求也较高。如图 8-23 所示，小直径球座在施工中冲蚀较大，容易造成球座台阶磨窄，复合材料球坐封不严，尤其是 1/16in 级差球座或可溶解球，出现重压或漏压现象，影响改造效果。

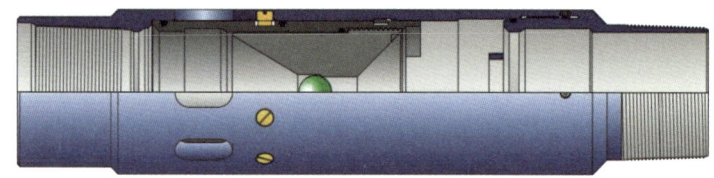

图 8-23　小直径球座压裂滑套示意图

级差式投球滑套内置球座造成生产井筒缩径，地层砂、支撑剂易在滑套台阶处沉积堵塞井筒，影响油气生产，冲砂管柱也无法下入，增产、措施作业无法进行，因此需钻除球座，实现井筒全通径。球墨铸铁具有较高强度、易于钻削加工及铣磨，是球座加工最佳材质。

球座冲蚀受排量、砂比、携砂液黏度及支撑剂粒径、圆球度影响较大，除限制不同尺寸球座最大泵注排量外，工具厂商还采用表面镀膜方法保护球座基体，使球座级差不断缩小、压裂级数不断增加。

材料表面处理有气相沉积、热渗镀、热喷镀、离子注入及激光改性等方法，其中激光改性速热速冷，硬度高、变形小，有利于提高疲劳强度，最适于球座表面处理。

（4）启动球。

压裂用启动球按材质可分为工程塑料和合金两类，两种材质还可分为可溶、可钻两种类型，目前主要应用可溶性铝镁合金、可降解工程塑料。

水平井压裂技术发展初期，PEAK（聚芳醚酮）、酚醛树脂等可钻复合材料球应用较多。PEAK 树脂是一种亚苯基环通过醚键和羰基连接而成的聚合物，分子结构中含有刚性苯环，具有优良力学性能、耐高温和耐腐蚀等特点，分子结构中的醚键又使其具有柔性，可混合纤维增强剂挤出成型。酚醛树脂球采用浇铸法制造，塑料球强度较高，表面光滑，但密度较大，不会在压裂液中溶解。

可溶塑料球采用可水中分解的 PLA（聚乳酸）材料生产，先把 PLA 材料制成圆棒，然后通过车床加工成压裂球。PLA 也叫生物降解聚乳酸塑料，由玉米淀粉发酵得乳酸，脱水缩合成丙交酯，再开环聚合成聚乳酸，具有可降解物性。PLA 塑料压裂球可以在压裂液中溶解，溶解速度较长，如图 8-24 所示，密封性也比可溶金属压裂球要好。

（a）聚乳酸塑料球（1.5g/cm³）

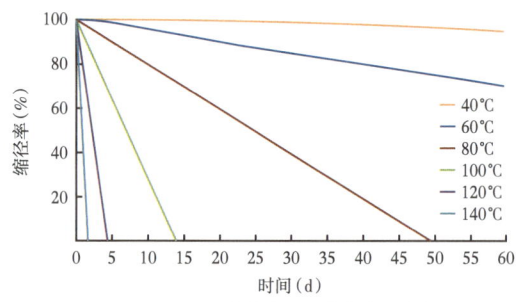
（b）3in 可溶球在压裂液中缩径速率

图 8-24　聚乳酸塑料球溶解示意图

压裂后井筒流体是一种电解质溶液，轻金属在井筒溶液中会发生电化学腐蚀，腐蚀速率与材料组分和溶液温度、矿化度相关。可溶合金球据此原理设计，基材为镁铝类合金，经组分优化及材料成型，满足可溶要求，图 8-25 为镁铝合金压裂球溶解过程示意图。

图 8-25　镁铝合金压裂球溶解示意图

镁铝合金材料具有较高的比强度、比刚度、比弹性模量，以及良好的铸造性、切削加工性能，添加 Zn、Ca、多孔陶瓷等材料可增加合金强度，添加 Ni、Cu 等金属可加快合金电化学腐蚀速率。

可溶合金球采用核—壳包覆型结构设计，高致密、低杂质、均匀金属层应用高压氢还原技术制备，金属组分比例易于调整和精确控制。

贝克休斯 IN-Tallic 可降解压裂球包覆层由纳米级可控电解金属材料制成，如图 8-26 所示，可有效控制包覆层电化学反应时间，保证滑套开启与压裂泵注正常进行，满足多级滑套压裂大排量、高砂比和长时间作业要求。

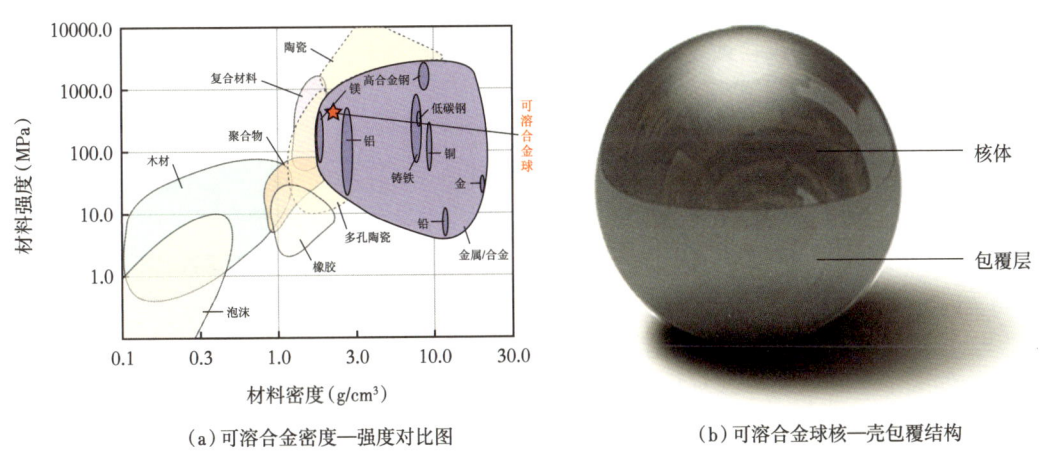

（a）可溶合金密度—强度对比图　　　　（b）可溶合金球核—壳包覆结构

图 8-26　贝克休斯 IN-Tallic 可降解压裂球材料及包覆结构示意图

六、分段压裂完井设计原则

裸眼水平井分段压裂以裸眼封隔器完井为基础，为增加水平井产能，根据地质情况，综合考虑裂缝方位、裂缝展布、裂缝干扰、裂缝间距设计等情况，结合测井解释，确定单井分段数量及间距。通过提前安装封隔器管串，隔断预压储层。

1. 裸眼封隔器坐封位置选择

裸眼封隔器坐封位置选择需要综合考虑地质上储层改造需求、井眼轨迹、井径大小等因素，除满足井径相对较小、井眼规则等条件外，还要考虑储层裂缝发育、渗透率和孔隙度等相关因素，确保此处在压裂施工中不会因为地层渗漏而失败，具体要求如下：

（1）物性较差的泥质砂岩段；

（2）电性较差的井段；

（3）井径变化较小、没有明显扩径的井段；

（4）钻时较长的井段；

（5）尽量避开裂缝发育井段。

2. 套管锚定封隔器坐封位置确定原则

套管锚定封隔器坐封位置由最大井斜、固井质量、压裂时压裂管柱受力及尾管密封胶筒位移等几个因素决定，具体要求为：

（1）由于棘齿密封插管与套管锚定封隔器连接后，大直径筒体较长，要求所下位置最大狗腿度不超过 $12°/30m$。

（2）比对技术套管固井质量测井曲线，确保套管锚定封隔器坐封位置固井质量要好，并避开套管接箍（CBL/CCL）。

（3）套管锚定封隔器回接密封承压，要求满足压裂砂堵时达到的最高施工压力。

（4）坐封位置距套管鞋上 100m 以上、水泥返高 300m 以下。

（5）为保证套管锚定封隔器坐封及丢手成功，尽可能将套管锚定封隔器坐封在直井段，靠近造斜点附近。

3. 压裂滑套端口位置确定

压裂端口放置于本级物性、气测显示最好，应力较低的储层段。

4. 管柱结构设计技术要点

（1）最大限度利用裸眼井段，使水平段产层得到有效动用。

（2）井口装置、完井管柱及压裂工具匹配合理。

（3）裸眼起始段（A 点附近）为砂岩储层，且技术套管固井质量合格，因套管鞋附近井径较大，为保证环空封隔可靠，将最后一级两个裸眼封隔器，一个放置在技术套管内，另一个放置在裸眼内。

（4）管柱配长时，确保相邻两个裸眼封隔器不会同时处在井眼曲率较大井段。

（5）如果水平井段全部发育良好、渗透率高，建议以 2 只封隔器中间连接 1~2 根套管作为 1 只封隔器来使用，这样相当于加长了封隔器的密封段，将有利于压裂施工。

（6）在完井管串下入前，在水平井段内注入一定量的固体润滑剂，减小完井管串在水平段的摩阻，有利于完井管串顺利下到预定位置。

（7）工具串通过狗腿度大于 $8°/30m$ 的井段时要格外注意下入速度。

（8）完井管串下入裸眼井后应尽快进行压裂施工，避免井壁长时间浸泡在完井液中，出现不稳定因素，保证压裂施工顺利进行。

（9）在压裂时间无法保证的情况下，封隔器坐封液体应与完井液性能一致，确保完井液的性能稳定，从而有效保护井壁，防止坍塌。

5. 通井工艺设计

裸眼封隔器分段压裂完井管柱中，封隔器、滑套等大直径、长筒工具数量较多，管柱系统刚度高，管柱下入本身就比较困难。再加上井深、水平段长、井眼条件差、通井管柱设计不合理等原因，通井时效过长，使钻井液长时间停滞在井筒内。复杂问题发生概率、井控风险及作业费用都相应提高。因此，完井管柱能够顺利下入井底非常关键，而模拟完井通井技术是确保完井管柱"下得去"的主要方式。

针对完井管柱通井困难这一突出问题，国内外技术人员进行了一些研究和实践，认为：

（1）井眼条件差导致的机械卡钻是通井困难的主因。一方面井眼轨迹不规则，狗腿大，产生台阶、键槽等井眼复杂情况，造成管柱下入摩阻大；另一方面，地层岩屑易堆积在水平井造斜段和水平段底部，导致卡管柱、井眼封堵等事故。

（2）钻井液性能与地层不匹配导致的卡钻不容忽视。钻井液密度高，地层压力低，使通井管柱被黏附在井壁上造成压差卡钻；钻井液润滑性能和携砂性能差也会导致通井困难。

现场常用螺旋铣柱来模拟完井管柱中的裸眼封隔器，因此，铣柱与裸眼封隔器的匹配度是模拟通井成功的关键。一般采用井下工具"可通过的最大狗腿度"来表征铣柱与裸眼封隔器的匹配度，计算铣柱与裸眼封隔器的可通过最大狗腿度，并在此基础上系统优化螺旋铣柱结构设计、通井钻具组合设计，铣柱结构如图 8-27 和图 8-28 所示。

图 8-27　单螺旋铣柱结构示意图

图 8-28　双螺旋铣柱结构示意图

七、完井作业工序

1. 通井技术交底

在完井电测结束后立即召开通井技术交底会，必须请有关单位人员全部参加，包括但不限于工具服务人员、现场监督、钻井队及其他相关方人员，主要交底内容是阐明施工流程、目的及钻具组合，明确施工责任，分析施工过程中存在的风险，重点提示铣柱通井、套管刮削过程中应注意的问题。

2. 原钻具通井

（1）通井作业步骤。

①钻杆称重：下钻到套管锚定封隔器坐封位置时进行钻杆称重，并记录称重重量。

②通井至井底后，用原钻井液循环洗井（循环钻井液过振动筛），直到进出口钻井液性能一致，之后用高黏钻井液循环 1.5 周，清扫井筒。

③裸眼井段短起 1 趟，起钻到套管鞋处，再下钻通至井底，用原钻井液循环（循环钻

井液过振动筛），直到进出口钻井液性能一致。

④起出原钻具通井管柱。

（2）工序作业要求。

①过技术套管连接工具部位（如分级箍、回接筒、可钻式浮箍、可钻式浮鞋或碰压座等）时，要缓慢通过，严禁旋转，遇阻加压不得超过 30kN；如果加压 30kN 仍不能通过，不得强行下放，起出钻具，确定下步处理方案后再进行施工。

②通井不顺畅时，在摩阻大的井段反复提拉 2~4 次。

③在下钻过程中遇阻，则进行划眼，直至在不划眼的情况下可顺利通井至井底（遇阻不大于 80kN），保证井眼光滑顺畅，并用原钻井液循环洗井。

④通井后如果不能及时进行下一步工序，每 12h 短起下 1 趟，并循环洗井。

⑤循环洗井过程中注意活动钻具，一方面有助于破坏岩屑床，另一方面可防止卡钻。

3. 单铣柱通井

（1）通井管柱结构。

三牙轮钻头（无喷嘴）+双母转换接头+加重钻杆 1 根+螺旋铣柱+斜坡钻杆（水平段、造斜段）+加重钻杆（直井段）+斜坡钻杆（直井段）+顶驱。

（2）通井作业步骤。

①钻杆称重：下钻到套管锚定封隔器坐封位置时进行钻杆称重，并记录称重重量。

②通井至井底后，上提 2m，用原钻井液循环洗井（循环钻井液过振动筛），直到进出口钻井液性能一致，之后用高黏钻井液循环 1.5 周，清扫井筒。

③裸眼井段短起 1 趟（短起后如仍有遇阻再追加短起下 1 趟），起钻到套管鞋处，不旋转钻杆将钻头通到井底，用原钻井液循环一周半（循环钻井液过振动筛），直到进出口钻井液性能一致。

④起出单铣柱通井管柱。

（3）工序作业要求。

①通过技术套管连接工具部位（如分级箍、回接筒、可钻式浮箍、可钻式浮鞋或碰压座等）时，要缓慢通过，严禁旋转，遇阻加压不得超过 30kN；如果加压 30kN 仍不能通过，不得强行下放，起出钻具，确定下步处理方案后再进行施工。

②无阻卡时下钻速度控制在 40~50s/根。

③在狗腿度大的井段要特别注意，适当放慢速度，密切注意负荷变化。

④如通井不顺畅，在阻力大的井段反复提拉 2~4 次。

⑤过技术套管鞋时要缓慢通过，严禁旋转管柱。

⑥在下钻过程中如遇阻，上下活动钻具，并循环钻井液；遇阻负荷控制在 50kN 左右，每次可增加 20kN，上下活动管柱，最大下压负荷 200kN，顺利通过后在该遇阻井段至少再通井 2 次以上，直至无阻卡，保证井眼光滑顺畅，并用原钻井液循环。

⑦循环洗井过程中注意活动钻具，一方面有助于破坏岩屑床，另一方面可防止卡钻。

4. 双铣柱通井

（1）通井管柱结构。

三牙轮钻头（无喷嘴）+双母转换接头+加重钻杆 1 根+螺旋铣柱+加重钻杆 1 根+螺旋铣柱+斜坡钻杆（水平段、造斜段）+加重钻杆（直井段）+斜坡钻杆（直井段）+顶驱。

（2）通井作业步骤。

①钻杆称重：下钻到套管锚定封隔器坐封位置时钻杆称重，并记录称重重量。

②在下钻过程中如遇阻，上下活动钻具，开泵划眼；划眼控制在30kN左右，划眼停泵后，下放立柱最大下压负荷200kN，顺利通过后在该遇阻井段至少再通井2次以上，直至无阻卡，保证井眼光滑顺畅，并用原钻井液循环。

③通井到井底后，上提2m，用原钻井液循环（循环钻井液过筛），直到进出口钻井液性能一致。短起1趟（短起后如仍有遇阻再追加短起1次），短起过程中，裸眼井段先起钻1000m，分段洗井，清洁岩屑床，起钻到套管鞋处，再下钻通井到井底，用原钻井液循环（循环钻井液过筛），直到进出口钻井液性能一致。

④上提通井工具到套管鞋以上1.5m处，进行正循环洗井2周（排量1m³/min），将碎屑等从造斜段套管中清理出来。

⑤起出双铣柱通井管柱。

（3）工序作业要求。

①通过技术套管连接工具部位（如分级箍、回接筒、可钻式浮箍、可钻式浮鞋或碰压座等）时，要缓慢通过，严禁旋转，遇阻加压不得超过30kN；如果加压30kN仍不能通过，不得强行下放，起出钻具，确定下步处理方案后再进行施工。

②无阻卡时下钻速度控制在40~50s/根。

③在狗腿度大的井段要特别注意，适当放慢速度，密切注意负荷变化。

④如通井不顺畅，在阻力大的井段反复拉2~4次，并开泵划眼两遍以上。

⑤过技术套管鞋时要缓慢通过，严禁旋转管柱。

⑥在下钻过程中如遇阻，上下活动钻具或正向旋转钻具，并循环钻井液；遇阻负荷控制在50kN左右，每次可增加10kN，上下活动管柱，最大下压负荷200kN，顺利通过后在该遇阻井段至少再通井2次以上，直至无阻卡，保证井眼光滑，并用原钻井液循环洗井。

⑦在通井过程用钻杆通径规通钻杆。

⑧循环洗井过程中注意活动钻具，一方面有助于破坏岩屑床，另一方面可防止卡钻。

⑨测量钻头和通井规磨损程度，外径应大于裸眼封隔器的最大外径。

5. 套管刮削

（1）刮削管柱结构。

通井规+加重钻杆1根+套管刮削器+加重钻杆+斜坡钻杆+顶驱。

（2）刮削作业步骤。

①将套管刮削器下至套管锚定封隔器坐封位置上下50m，反复刮削3次，记录管柱上提下放悬重和旋转扭矩，达到稳定扭矩所需转数，为套管锚定封隔器操作提供参考。

②刮削过程中要求分段循环钻井液，直到进出口钻井液性能基本一致。

③将套管刮削器下至套管锚定封隔器坐封位置以下50m，正循环洗井2周，确保所有固体碎片从套管中清除。

④起钻，检查井下工具磨损情况。

6. 三铣柱通井

（1）通井管柱结构。

三牙轮钻头（无喷嘴）+双母转换接头+加重钻杆1根+螺旋铣柱+加重钻杆1根+螺

旋铣柱+加重钻杆1根+螺旋铣柱+斜坡钻杆(水平段、造斜段)+加重钻杆(直井段)+斜坡钻杆(直井段)+顶驱。

(2)通井作业步骤。

①钻杆称重：下钻到套管锚定封隔器坐封位置时钻杆称重，并记录称重重量。

②通井到井底后，上提2m，用原钻井液循环(循环钻井液过筛)，直到进出口钻井液性能一致。

③裸眼井段短起1趟(短起后如仍有遇阻再追加短起1次)，起钻到套管鞋处，再下钻通井到井底，用原钻井液循环(循环钻井液过筛)，直到进出口钻井液性能一致。

④上提通井工具到套管鞋以上1.5m处，进行正循环洗井2周(排量1m³/min)，将碎屑等从造斜段套管中清理出来。

⑤静止模拟下完井管柱24h，再干通到底，洗井两周，两水平段打封闭液提钻，起出三铣柱通井管柱。

(3)工序作业要求同双铣柱通井。

7. 下入完井工具

(1)工具连接要求。

①将裸眼井段每个封隔器的坐封位置与实际井斜数据进行对比，确保下入过程中不会有封隔器坐封在大狗腿度井段。

②对比裸眼井径测井曲线，保证封隔器坐封位置井径扩大率不大于8%。

③坐封短节、投球滑套球座要求在车间和现场通径，下级启动球能通过、本级启动球能落座。

④所有钻杆、套管和入井工具必须使用其可以通过的最大通径规进行通径测试，现场只准有一个通径规。

⑤测量套管长度、编制下入管柱清单，并要有人复核。

⑥完井工具按顺序排列编号，摆放在钻台上，套管螺纹要清理干净。

⑦在下放、上提过程中，要特别小心，注意悬重变化，保证工具居中。

(2)管柱入井步骤。

①在完井管柱入井前及下入作业过程中，工具服务工程师负责检查如下内容(但不限于)：完井工具下入顺序(特别是投球滑套次序)；完井工具在钻台的入井检查，监督上扣扭矩是否合适；场地必须有服务工程师负责工具入井次序的确认。

②完井工具入井前再次检查工具摆放顺序及剪切销钉是否与设计相符。

③连接并检查浮鞋，做灌浆测试，观察管内有无液面，下入工具时要小心，井口和转盘面居中，注意过防喷器和井筒内台阶，一定要缓慢。

④在下完井管柱过程中，套管钳不应夹工具本体，工具工程师应全程负责跟踪和监督。

⑤管柱入井完毕，连接套管锚定封隔器前，要检查卡瓦、胶筒和剪切销钉数量，符合入井要求方可连接入井；灌满钻井液，记录上提下放悬重，在大钩上提全部悬重后，提出卡瓦或吊卡；缓慢下放管串，确保锚定封隔器过井口时不碰不挂；按入井次序下入钻具，注意悬重变化。

⑥在接立柱下钻过程中，要求每下10立柱时，使用敞口软管往钻具内灌注钻井液并记录好上提、下放悬重(使用细软管灌浆，避免空气残留在钻杆内发生井控风险)。

⑦在完井管柱出套管鞋进入裸眼前,灌满钻井液,然后接顶驱打通循环,泵速低于 0.3m³/min,记录上提下放悬重。

⑧连续将完井管柱下入到裸眼段内设计深度,下入速度不少于 2min/柱,每柱上提大钩时灌浆,尽量减少管柱在裸眼段的静止时间。下至预定深度后,记录上提、下放悬重。

⑨接顶驱上提管柱到尾管悬挂器坐挂深度划线,用轻钻井液以 0.1m³/min 的低排量启动循环,最大排量不要超过 0.3m³/min,以保证钻杆内外压差低于 6MPa,待循环见液正常后,根据环空返出情况可缓慢提高泵速到 0.6m³/min,但确保压力不大于 10MPa。

⑩替完轻钻井液后,开始顶替盐水,先以 0.1m³/min 低排量起泵顶通,压力控制在 5MPa 以内,待观察环空稳定返出,缓慢提高排量到 0.3m³/min,但循环压力不得大于 10MPa。等盐水替入到达完井管柱引鞋位置,停泵,泄压,降低管柱,断开顶驱,准备投球,泵送坐封作业。

(3)工序作业要求。

①在裸眼段下入过程中如有遇阻显示,最多下压 50kN 试通过 3~5 次;如不能通过,将管柱上提 3m 左右,用水泥车小排量循环,泵压控制在 7MPa 以内,并记录泵速、泵压,通知技术主管。

②循环结束,继续试着下放管柱;如果还不能通过,上提管柱 3m 左右,继续建立循环,并同时下放管柱;循环压力控制在 7MPa 以内。

③下工具时锁死转盘,不要旋转管柱。

④对正连接,先用管钳手动上扣再用套管钳上紧,整个上扣过程管串不发生错扣、倒扣。

⑤下放速度:直井段不低于 40s/根,裸眼段不低于 2min/根。

⑥下放套管锚定封隔器时一定要格外注意,保持居中,遇阻则停止下入,防止提前坐封。

⑦下到 7in 套管鞋位置时,停止下入,记录上提、下放悬重。

⑧继续下入到预定深度,在进入裸眼段时不到预定深度尽可能不要循环,如果在裸眼段遇阻,停止下入,等待技术负责人分析原因,确定解决方案。

⑨如果还不能通过,加大下压吨位,最大不超过 150kN。

⑩如果还不能通过,汇报制定下步措施。

8. 坐封、验封与丢手

(1)按要求连接 700 型水泥车、高压管线等,试压 30MPa 不刺不漏为合格。

(2)投球。

①将坐封短节的堵球投入到井筒里(投球前测量球的直径)。

②投球之后,接顶驱上提,使管柱处于悬挂器坐封标记位置的拉升状态,开始继续顶替、送球作业。根据套管锚定封隔器至 7in 技套环空计算容积及 6in 裸眼与完井管柱环空计算容积,用水泥车以 0.4m³/min 的排量送球,顶替完井液替换悬挂封隔器以下尾管环空段和裸眼环空段轻钻井液,到预算的容积前,减小排量到 0.16m³/min,缓慢起压,防止压力瞬间过高剪切脱手销钉或打开压差滑套。

③继续泵入送球,以低于 0.16m³/min 排量或使管内压力小于 13MPa,循环顶替使封

堵球坐在球座上。

④碰压并憋压到循环阀设置剪切压力，如果不碰压，提高泵入排量到 0.5m³/min，泵入 1m³ 液量，最大过替量不超过 7m³，如果还不碰压，准备投备用球。

（3）坐封。

①一旦确定坐封短节堵球入座，继续缓慢憋压至封隔器坐封压力，坐封套管锚定封隔器、水力压缩式裸眼封隔器，将压力维持在坐封压力与压差滑套开启压力之间，维持时间 20min。

②将钻柱内压力维持在坐封压力，在上提悬重基础上，增加 15t 上提力，维持 10min。

③将钻柱内压力维持在坐封压力，在钻柱下放悬重基础上，下放 15t 下压力，维持 10min，确保套管锚定封隔器上下两个方向都已锚定。

④如果坐挂不成功，压力高于先前 1MPa，重新憋压坐封，最高不超过压差滑套开启压力的 80%。

（4）验封。

①套管锚定封隔器坐封完毕，泄掉钻具内压力，关闭防喷器，对环空加压至 15MPa，验证套管锚定封隔器胶筒密封情况，稳压 30min，压降小于 0.5MPa 为合格。

②环空泄压。

（5）丢手。

计算中和点，根据计算结果及钻具称重，上提或者下放管柱至中和点位置，继续上提 5~10kN，正转管柱 5 圈，观察回转的圈数，如果没有回转显示，继续正转管柱 15 圈，观察悬重变化，使套管锚定封隔器丢手，如果锚定封隔器没有丢手，重复上述步骤，直到丢手为止。

（6）丢手后替浆。

丢手后，上提管柱 10m，根据井口至锚定封隔器位置计算井筒容积，使用水泥车正循环顶替完井液替出套管锚定封隔器以上钻井液，起出送入管柱及棘齿密封插管，起钻过程中每 10 立柱灌一次完井液。

（7）井口观察后效。

尾管送入工具提出后，灌满完井液，关防喷器，边准备回接工具，边观察套压，观察时间 12h。

9. 拆换井口装置

（1）拆除井口防喷装置。

①尾管送入工具提出后，灌满完井液，边准备回接工具，边观察后效。

②拆除套管头与钻井四通连接螺栓，移除防喷器组。

③检查技术套管露出部分表面是否有缺陷。

④在距法兰面一定高度处切断技术套管，并将切口倒成 10×30° 坡口，并打磨光滑。

⑤清洗套管头法兰垫环槽，并放好密封垫环。

（2）安装采油树大四通。

①清洗大四通下部内腔 BT 型密封圈安装槽，将 BT 型密封圈安装好，并在密封圈内表面涂抹一层轻质黄油。

②清洗大四通上部法兰密封垫环槽，放好钢圈，小心吊起油管头四通，让其保持

水平，调整好方位，平稳放下并缓慢地套在技术套管上（注意，不要让密封圈被带出或损坏）。

③按对角线方向对称上螺母，按 API 推荐扭矩上紧。

④卸下大四通下法兰上的注塑接头螺母，同时，卸下观察孔上的接头。

⑤将注塑泵管线接头与注塑接头连接，并向注塑孔注入塑料密封脂，若有密封脂从观察孔溢出，则停止注塑，并将卸下的接头安装到观察孔上。

⑥继续注塑至法兰额定工作压力或 80% 的套管破裂压力（以两者较低的压力为准）。

⑦对两道 BT 型密封完成注塑后，卸下试压接头螺母。

⑧将试压泵管线接头与密封试压接头连接，对两道 BT 型密封试压至法兰额定工作压力或 80% 的套管破裂压力（以两者较低的压力为准），保压 15min。

⑨将试压泵管线接头与法兰试压接头连接，对套管头与大四通的连接法兰试压至法兰额定工作压力或 80% 的套管破裂压力（以两者较低的压力为准），保压 15min。

⑩试压完成，上好所有接头螺母。

10. 压裂管柱回接

（1）下入回接管柱。

①检查棘齿密封插管密封圈和棘齿螺纹，测量其有效长度。

②根据套管锚定封隔器坐封位置，配置回接管柱及其入井次序。

③按配置顺序下入回接管柱，套管上扣扭矩符合 API 标准要求。

④距离套管锚定封隔器之前 2 单根时停止下入，在该深度检查上提、下放时管柱重量。

⑤缓慢下入回插管柱探封隔器，仔细观察悬重变化，直到出现遇阻现象。

（2）试插回接管柱。

①看到遇阻显示后，下放加压 60~90kN，完成回接插入锚定密封；上提 100kN、下压 100kN 测试锚定密封插入情况，直到密封回插管柱组件完全进入到回接筒内，管柱悬重恢复下放状态重量。

②再次缓慢下压并观察悬重变化，下放悬重 50kN、100kN，划线标记套管位置，确定深度以调整井口短节。

③丢手：上提管柱到中和点，过提 5~10kN，正转管柱 50 圈，倒开锚定密封。

（3）连接油管悬挂器。

①将双公油管短节与悬挂器底部螺纹连接，并于其顶部连接提升短节（按 70% 扭矩上紧）。

②仔细检查油管悬挂器装配是否正确，确定其密封面及密封圈等重要部位没有任何划痕损伤，如果有，必须修复或更换，并于其表面均匀涂抹一层黄油。

③确定油管头上所有顶丝已退出内腔，并将油管悬挂器与井口调整短节连接。

（4）插入回接管柱。

①根据井口配长，用短节、油管挂调整井口，缓慢上提回接管柱。

②缓慢、居中下入油管挂，使棘齿密封插管正式插入回接筒内，并使油管挂完全坐在油管头承载台阶上，放松油管至所有管柱重量由油管头支撑。

③按 180° 方向对称旋入顶丝、均匀压紧压环，并按 API 推荐扭矩上紧顶丝。

④环空试压15MPa，稳压10min，以确定密封回插管柱插入成功，如果不成功，重复上面步骤，再不成功，提出管柱检查更换备件，重新回插。

⑤环空泄压。

⑥逆时针旋转提升短节，将其收回。

（5）安装采油树。

①仔细清洗油管头上部内空、端面密封垫环槽、油管悬挂器颈部密封槽，并清除毛刺。同时，检查密封部位有无损伤，如有应修复。

②在油管头上部法兰密封垫环槽安装相应的密封垫环，并用干净布料将上述作业区遮严。

③水平吊起采油树，确定好方位后，缓缓将其吊至油管头正上方，将采油树与油管头的连接螺栓装于采油树下部法兰螺栓孔内。

④确保采油树生产阀与油管头套管阀上下对齐后，水平、缓慢放下采油树，待全部螺栓进入油管头上部法兰螺栓孔后，将采油树安装到位。

⑤按对角直线方向对称上紧连接螺栓，并按API推荐扭矩上紧。

⑥卸下采油树下部法兰上的试压接头螺母，将试压泵管线接头与法兰试压接头连接，对悬挂器主密封、副密封、法兰密封垫环区试压，保压15min。

⑦试压完成，上紧所有接头螺母。

11. 开启压差滑套

（1）按要求连接700型水泥车、高压管线等，试压30MPa。

（2）增加回接管压力超过压差滑套剪切销钉设定压力15%左右，开启压差滑套压裂喷砂口。

八、完井施工技术要求

（1）送完井工具的钻杆必须通径：第一次通井管柱起出时，从钻杆内投通径规，起钻时检查通径规是否落到底部。

（2）下井油套管及短节必须用标准通径规逐根进行通径。

（3）下钻过程中严禁造成井下落物。

（4）下井管柱必须对每个扣进行检查，有损伤或不合格的扣严禁下井。

（5）下井管柱不能有损伤或弯曲变形，下井油套管内壁必须清洗干净。

（6）油套管扣必须抹密封脂。

（7）必须按标准扭矩上扣。

（8）封隔器进入裸眼后，控制下管速度40~50s/根。

（9）封隔器进入裸眼后，必须连续下钻，不得间断。

（10）封隔器进入裸眼后，接立柱和单根管柱静止时间不能超过3min。

（11）封隔器进入裸眼后，如果遇阻，遇阻负荷不得超过15t。

（12）下管速度在套管段内不得快于25s/根，下管过程中如遇阻，严禁强行下放，下放负荷不得超过15t，如超过15t还不能下行，请示后采取应急措施。

（13）相关方一定要在地面检查好所有入井工具（入井油管、套管、接头及短节等井下工具），检查好螺纹，按设计要求准确下钻。下钻前必须丈量和记录入井工具的型号、内

第八章 多级滑套分段压裂技术

外径、长度等数据,并记录在工程班报中;钻具位置必须符合设计要求;井口紧固,不刺不漏,压力表、指重表齐备完好。

(14)下完井管柱前,钻井队一定要进行设备维护,确保下完井管柱期间设备运转正常。

(15)施工中如发生意外情况,由现场施工领导小组共同研究决定措施。

九、应急处理措施

1. 铣柱通井管柱遇阻

(1)严格控制钻压:当悬重突然下降超过 50kN,立即停止下钻。

(2)在现场技术小组的指挥下上下缓慢活动管柱。

(3)如不能解决,低泵压正循环钻井液。

(4)如狗腿度大的井段反复活动循环仍不能通过,起出通井铣柱,采用牙轮钻头提高转速和排量对遇阻点进行修复,直至起下摩阻降至 50~60kN 时,再采用单铣柱、双铣柱通井,如摩阻仍为 50~60kN,则可考虑打入润滑剂后起钻,再行下入完井工具。

(5)若反复通井还不顺畅,可考虑调整通井方案,根据井内实际情况,采用螺杆钻或者其他扩眼器通井。

2. 铣柱通井管柱遇卡

(1)在现场技术小组的指挥下上下缓慢活动管柱。

(2)如活动不开,开泵进行钻井液循环,同时进行倒转划眼。

(3)如不能解决,卡死管柱时用解卡剂泡解后倒划眼,划出遇阻段,起出管柱检查铣柱外径后,再次下入通井管柱;对于遇阻点正划眼通过,每次短起下入时都反复划眼,直到摩阻变小,通井顺畅时再考虑工具下入。

3. 完井工具遇阻或遇卡

(1)在现场技术小组的指挥下上下缓慢活动管柱。

(2)如果上提下放管柱,还能缓慢下入,继续活动管柱,接顶驱用水泥车循环钻井液排掉钻杆里面的空气,减小浮力,钻井液黏度控制在 50~55s,钻井液剪切值控制在 7~9Pa,控制泵压 4~6MPa,排量 0.1~0.2m³,待出口返出稠钻井液时,循环 10min,继续下入。

(3)若遇阻卡死也可以采用解卡剂进行泡解解卡,同时不断活动钻具。

(4)若遇阻严重,上下活动钻具,防止卡死,并立即请示相关部门,确定下步措施(根据下入深度距设计位置距离判断是就地坐封还是起出完井管柱)。

4. 投球不到位

(1)加大送球泵液排量。

(2)如还不能解决,再投 1 个同样规格的备用球,继续操作。

5. 工具丢手失败

(1)确认丢手旋转圈数是否达到设计要求。

(2)可以每次多上提 5kN,尝试正转 20 圈丢手。

第三节 固井滑套分段压裂技术

裸眼封隔器分段压裂、桥射联作分段压裂是水平井体积压裂主体技术手段,国内外现场实践均获得显著改造效果，但应用上也存在一定的局限性。裸眼封隔器分段压裂裂缝起裂位置不明确、压后钻磨才能实现全通径井筒、后期井筒完整性差、措施作业困难；桥射联作分段压裂工序流程复杂、井下复杂频发，除压裂队、射孔队外，还需动用连续油管作业队开展压前井筒准备、压中复杂处理及压后桥塞钻磨等作业，动用设备及人员较多，施工协调工作量大、作业效率低、成本高。

固井滑套分段压裂技术吸收了封隔器分段压裂效率高、桥塞分段压裂井筒完整性好的技术优点，突破了封隔器、桥塞分段压裂技术局限性，丰富了水平井体积压裂技术手段。

一、压裂滑套固井技术

与分段压裂主流技术相比，固井滑套分段压裂技术在工具结构原理、施工工艺上都有很大区别。固井滑套分段压裂以裸眼封隔器压裂工艺原理为基础，融合套管注水泥井筒完整性技术优势，具有一定的工艺先进性，施工效率高、作业成本低。另外，该工艺对井眼质量要求也比较低，而且不射孔，不需要封隔器、桥塞等工具，作业风险小、过程可控性强。

1. 固井滑套压裂原理

固井滑套分段压裂技术在完井固井时随套管下入压裂滑套，然后采用不同方式打开滑套进行压裂。首先根据测录井数据及地质研究资料确定压裂滑套位置，再根据设计要求将固井滑套、套管、扶正器等完井管柱下入井中，然后注水泥固井封隔套管外环形空间，固井完成后根据滑套结构原理采用相应方式打开滑套进行压裂施工。

2. 固井滑套压裂管柱

固井滑套压裂管柱包括浮鞋、浮箍、胶塞座、趾端滑套、级差式投球滑套、生产套管及其扶正器等附件，如图8-29所示。

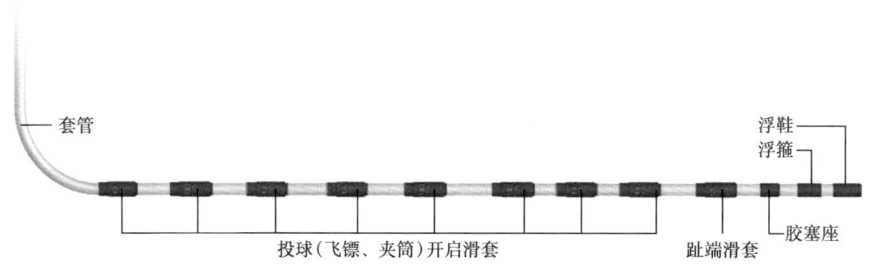

图8-29 固井滑套压裂管柱结构示意图

3. 压裂滑套固井流程

根据油气层地质认识及测录井解释数据，确定压裂级数及滑套位置，并按上述结构顺序将完井管柱下入井内，注水泥固井充填管外环形空间。水泥浆凝固后，井口憋压开启趾端滑套，准备压裂。

为确保套管内残留水泥浆被驱替干净，一般都利用柔性胶塞顶替水泥浆，胶塞可通过中等尺寸球座。还可在胶塞后投入刮削球，刮削球由特殊材料制成，可伸缩380%~440%，可通过小内径球座而不损坏，具有良好的刮削功能。

压裂滑套外部端口装有纤维质保护套，使滑套免受固井水泥影响，内部设计有保护衬套，使锁定装置免受水泥影响。

4. 固井滑套开启方式

固井滑套分段压裂工艺按滑套开启方式，可分为以下四种滑套：

（1）憋压打开式，是第一级滑套开启主体方式，主要用于趾端固井滑套。

（2）投球打开式，级间转换无须起下管柱、施工周期短，压后需钻铣球座实现全通径井筒。

（3）飞镖打开式，应用液压管线连接滑套，控制手段丰富，但飞镖井斜不能超过30°，不适用于水平井。

（4）夹筒打开式，一种新型全通径无限级固井压裂滑套，滑套可打捞、成本低、效率高，应用前景广阔。

二、趾端固井滑套

传统意义上，连续油管传输射孔是水平井趾端开孔的主要手段，需要昂贵的设备、复杂的程序和大量作业时间才能完成。而固井趾端阀技术，无须动用连续油管，直接地面打压开启，形成井筒与产层之间直接通道，在现场操作安全性和作业成本经济性上都有明显的优势。

趾端滑套作为第一级压裂滑套，随套管一起入井并固井，水泥浆完全凝固后通过井口加压直接开启，无须额外措施，可代替连续油管射孔，提高作业效率、降低作业风险和成本。

1. 活塞型趾端滑套

活塞型趾端滑套是指滑套开启前筒体内外通过活塞隔开，活塞由剪切销钉固定在筒体上，压裂端口两端通过"O"形密封圈密封。开启时管内加压，活塞筒滑行，露出压裂端口，筒体内外连通，趾端滑套开启。

活塞型趾端滑套与裸眼井压差滑套结构基本相似，但考虑到固井胶塞影响，采用上行式滑套结构，如图8-30所示，可以保证固井时胶塞下行不会提前打开滑套或出现其他井下复杂情况。趾端滑套由筒体总成与滑套总成两部分构成，筒体总成包括上接头、筒体、下接头、"O"形密封圈、定位螺钉及破裂盘，上、下接头通过螺纹连接在筒体上，采用"O"形密封圈密封、螺钉定位，筒体中部圆周上均匀分布长方形喷砂孔；破裂盘装在下接头上，3只破裂盘按120°分布设计。滑套总成包括滑套、开口环、剪切销钉及"O"形密封圈，滑套通过剪切销钉固定在筒体上，滑套顶部活塞环插入下接头与筒体环形空间，与破裂盘一起组成液压开启腔。

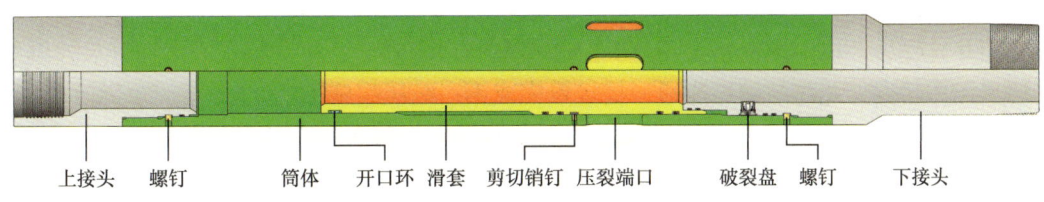

图8-30 活塞型趾端滑套结构示意图

压裂喷砂孔采用可溶性材料封堵,避免固井时水泥进入滑套内;内滑套采用上行开启的方式,防止固井作业导致滑套意外开启;滑套内表面采用特殊涂层处理,避免水泥固结,影响正常开启;破裂盘传压孔采用高温固体黄油封堵,避免固井水泥进入。

趾端滑套需具备精准控制启动压力的能力,如果启动压力过高,现场试压结束后滑套不能正常打开;如果启动压力过低,管柱下入及固井替浆过程中滑套可能提前打开。经室内实验及现场验证,滑套启动压力误差需控制在设计值的3%以内。滑套开启机构主要由破裂阀和活塞组成,其中破裂阀是打开滑套的关键部件。当压力达到破裂盘启动压力时,阀片破裂,压力传导到活塞上,活塞在液压作用下移动,直至滑套完全打开。采用三破裂盘开启方式,保证开启精度误差小于等于2%,增大滑套开启成功率。

2. 破裂型趾端滑套

破裂型趾端滑套是指滑套开启前筒体内外通过破裂盘隔开,破裂盘既是隔离装置,又是开启后压裂端口。开启时管内缓慢加压,压碎破裂盘,筒体内外连通,趾端滑套开启。

破裂型趾端滑套是在滑套筒体上开孔,一般15个,每列3个,共5列,如图8-31所示。结构简单,作业简便,无可动部件,方便安全下入。筒体孔眼内小外大,外孔用于安装破裂盘,内孔用作传压孔。开启压力受控于破裂盘设置,与储层压力无关。井口压力加上静液柱压力就是滑套开启压力,为绝对压力。滑套内径设计与套管一致,无须特殊固井附件即可顺利完成固井作业。

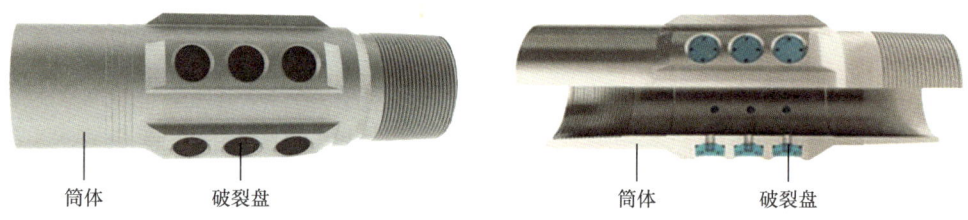

图 8-31 破裂型趾端滑套结构示意图

第一级压裂可配置多个趾端阀,从而实现多簇射孔效果,可用于大型加砂压裂,以最高效的方式实现第一级压裂。

三、投球开启滑套

固井滑套分段压裂在施工效果和作业时间上,较桥塞分段压裂技术有明显优势,其中采用投球方式打开固井滑套是最简单、最可靠的工艺选择。与裸眼封隔器分段压裂相比,水泥环替代裸眼封隔器、趾端固井滑套替代裸眼压差滑套,完井部件数量减少、密封更加可靠,从而使得作业效率、井筒完整性得到大幅提升。

1. 投球滑套压裂原理

固井候凝后井口憋压,当泵压达到趾端滑套开启压力后,第一级压裂滑套开启,继续泵注水泥环起裂,井筒与储层连通,提排量完成第一级压裂施工。

后续各级压裂通过投球滑套来实现,泵注前按由小到大的直径顺序依次投入压裂球,每一级压裂球都与滑套球座相匹配,憋压开启投球滑套,逐级进行压裂施工。

2. 投球滑套结构原理

级差式投球固井滑套利用上级压裂流体通道,泵送启动球并通过憋压方式打开滑套。

投球固井滑套结构如图 8-32 所示,由筒体总成、滑套总成、球座总成和启动球四部分组成。筒体总成主要包括上接头、筒体和下接头,筒体与上、下接头采用螺纹连接、螺钉限位、"O"形密封圈密封。筒体上部筒壁开有多个斜条形压裂端口,筒体与滑套通过剪切销钉连接,并由"O"形密封圈密封压裂端口两侧。

上级压裂结束后,地面投放启动球并泵送至与球尺寸相对应的滑套位置,启动球落在球座上,与球座形成密封副,泵送流体通道关闭,暂时封闭已压层段;继续憋压,球座带动滑套剪切销钉,推动滑套下移,压裂端口露出。

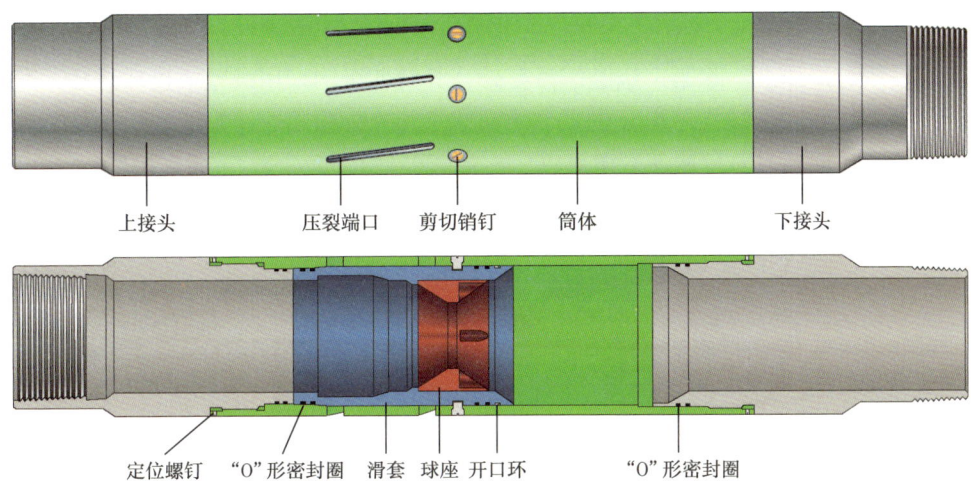

图 8-32 级差式投球固井滑套结构示意图

3. 工艺技术特点

(1) 工艺技术优势。

①采用压裂滑套与生产套管组合固井方式,井筒完整性好、生产寿命长。

②一趟工艺管柱完成全部压裂施工,节省了施工时间、提高了施工效率。

③不用考虑封隔器密封问题,有效避免了因封隔失效导致的施工风险。

④施工完成后可钻铣球座,实现生产通道全通径,有利于后期措施作业。

(2) 工艺缺点及不足。

①投球式固井滑套结合了裸眼分段压裂投球式滑套的特点,具有无须多次起下管柱、施工周期短、施工难度较低等优点,但由于憋压球和球座存在尺寸限制,所以不能实现无级差压裂。

②滑套球座为下行打开方式,胶塞通过时存在提前打开滑套的风险。

③固井过程容易损坏滑套,固井质量保障难度大。

④由于球座内径小于套管内径,在水泥浆顶替过程中,胶塞通过球座时,胶碗变形较大,容易造成胶塞损伤,影响顶替效果,而且球座下方处易残留水泥浆,进而影响滑套的打开性能。

四、一球多簇固井滑套

级差式投球滑套压裂时,一个压裂球一般仅打开一个滑套,单段造缝能力受到限制。

另外，单滑套施工排量有限，不能满足体积压裂大排量施工要求。桥塞压裂虽能满足大排量泵送施工，但作业时间长、配合装备多、施工程序烦琐。一球多簇分段压裂滑套能很好地弥补现有级差式滑套的不足，使投球滑套分段压裂具有桥射联作分簇压裂工艺效果。

一球多簇分段压裂滑套能够在投入一个压裂球的情况下，依次打开多个压裂滑套，一次施工可以完成多点压裂操作，且压裂效率高，解决了现有压裂工具只能单点压裂的问题，减少了施工程序、降低了施工成本。

1. 分簇压裂管柱结构

固井滑套分簇压裂管柱包括浮鞋、浮箍、碰压座、趾端滑套、级差式投球滑套、生产套管及其扶正器等附件，如图8-33所示。使用破裂盘作趾端滑套时，滑套多个串联，也可实现第一级分簇压裂。除第一级趾端滑套外，其余各级均采用级差式投球滑套，通过级差实现级间转换。同一级投球滑套由多个活动球座和一个固定球座串联使用，可一球打开多个压裂滑套，同样具有分簇压裂效果。

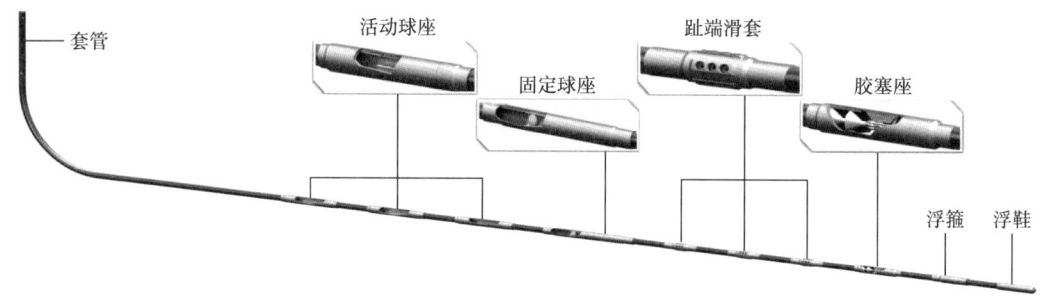

图8-33　一球多簇分段压裂管柱结构示意图

2. 工艺技术原理

固井候凝后井口憋压，当泵压达到趾端滑套开启压力后，第一级压裂滑套开启，继续泵注水泥环起裂，井筒与储层连通，提排量完成第一级压裂施工。

第一级压裂结束后，井口投放第二级压裂启动球，并用压裂泵推送。压裂球到达本级第一个活动球座时起压，压裂球推动滑套剪断销钉下行，本级第一个压裂端口打开，同时压裂球被释放移动至第二个活动球座，重复活动球座操作打开所有簇式滑套，压裂球被推送至固定球座处，憋压打开本级最后一个滑套开始分簇压裂，压裂球作为级间隔离装置继续发挥作用。按由小到大的直径顺序依次投入剩余压裂球，重复前级所有操作，逐级完成后续压裂施工。

完井管柱每段采用投球方式，每段球座内径尺寸存在级差，最小球座尺寸决定着完井管柱改造的分段数量。在大排量作用下球座节流压差对滑套性能有较大影响，因而允许的施工排量和球座内径尺寸间存在制约关系。

3. 关键工具部件

一球多簇分段分簇压裂技术通过投放一个压裂球，一次开启段内多簇滑套，而各具结构特色的活动球座是实现该功能的关键部件。另外，簇式滑套数量决定着该段压裂点数量，是实现多点压裂的关键。

图8-34所示为一款标准的簇式滑套结构，滑套由筒体总成和滑套总成两部分组成。

筒体总成包括上接头 1、筒体 5、下接头 12、定位螺钉 2、"O"形密封圈 3、定位套 4 及破裂盘 6，筒体与上下接头通过螺纹连接、"O"形密封圈密封、定位螺钉止退，压裂端口圆孔内安装破裂盘。滑套总成包括滑套 8、"O"形密封圈 7、开口环 9、内锥导向套 10、活动球座 11，球座采用特殊材料加工，通过径向开槽后压挤在滑套内，滑套隔离压裂端口与工具内腔。当启动球到位后推动球座，进而带动滑套剪切销钉下行，滑套在破裂盘屏蔽下继续运动，直到球座下行至筒体内凹槽，球座失去径向支撑弹开，孔径变大，启动球顺利通过，继续采用相同原理打开下一簇式滑套。当所有簇式滑套打开后压裂球坐封在固定球座处，并打开该滑套，继续升压端口盘阀破裂，本级所有压裂端口全部打开，实现多簇压裂点开启。

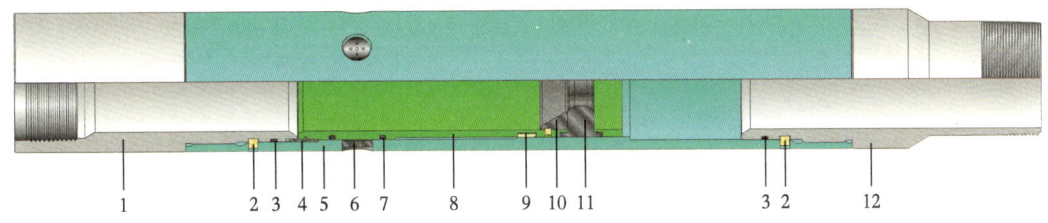

图 8-34　带破裂盘簇式滑套结构示意图

1—上接头；2—定位螺钉；3，7—"O"形密封圈；4—定位套；5—筒体；6—破裂盘；8—滑套；
9—开口环；10—内锥导向套；11—活动球座；12—下接头

各公司的簇式滑套虽各有独特之处，但都同时具有以下功能特点：（1）投一只压裂球启动该级所有滑套；（2）压裂球停在最后一个固定球座上；（3）球与球座配合形成密封；（4）管柱憋压推动滑套打开，实现井筒与储层连通；（5）憋压球能顺利通过球座并到达下一个簇式滑套。

4. 工艺技术特点

（1）一球多簇分段压裂固井管柱技术优势在于能实现多点压裂改造，使储层在多个压裂点处暴露，形成多簇裂缝，最大限度地连通油气藏，从而提高油气采收率。

（2）一球多簇式滑套的主要优点是球座材料特殊，实现段内滑套通径同尺寸。

（3）与常规裸眼滑套外径、长度接近，不存在下入问题。

（4）压裂端口数量和尺寸等参数可依照压裂要求调整。

（5）由于同时产生多裂缝，从而促进裂缝网络的产生，也提高了近井地带导流能力。

五、飞镖开启滑套

1. 工艺技术原理

飞镖开启滑套是一种无限级同尺寸固井压裂滑套，应用液压方式控制滑套变径。基本工作原理是将一个趾端固井滑套、多个飞镖开启滑套与完井管柱连接并一趟下入井内。滑套间采用液压管线连接，可借助本级压裂井底压力响应控制下一级滑套变径，并通过变径实现级间转换。

飞镖分段压裂完井管串中，飞镖座内径最小，固井所用胶塞尺寸必须小于飞镖座内径，确保胶塞顺利穿过滑套。为保护滑套不受猛烈撞击，应选择柔性胶塞及配套碰压装置，保证固井施工正常碰压。替浆过程中，柔性胶塞通过滑套时，应降低顶替排量。

2. 滑套工具结构

按工具结构原理,飞镖开启固井滑套也称为液压控制滑套,主要包括趾端滑套、液压控制滑套及其飞镖、液压控制管线 4 个部件,如图 8-35 所示。液压控制滑套由滑套总成、筒体总成内外两层结构组成,通过滑套总成下行打开筒体上的压裂端口。筒体总成由上筒体、下筒体两部分组成,上、下筒体间采用螺纹连接、"O"形密封圈密封,定位螺钉防止退扣。下筒体侧壁开有轴向长孔,为液压单元入口,外接液压管线连接在上一级压裂滑套出口;上筒体肩部开有轴向短孔,是液压单元出口,通过液压管线连接在下一级压裂滑套入口处。滑套总成由滑套、活塞、开口环及阀座组成,滑套与阀座通过螺纹连接在一起,"O"形密封圈密封、螺钉防退。活塞与开口环安装在滑套与阀座筒体内,活塞、滑套与阀座组成一环形液压腔,与下液压孔连通,如图 8-35(a)所示。

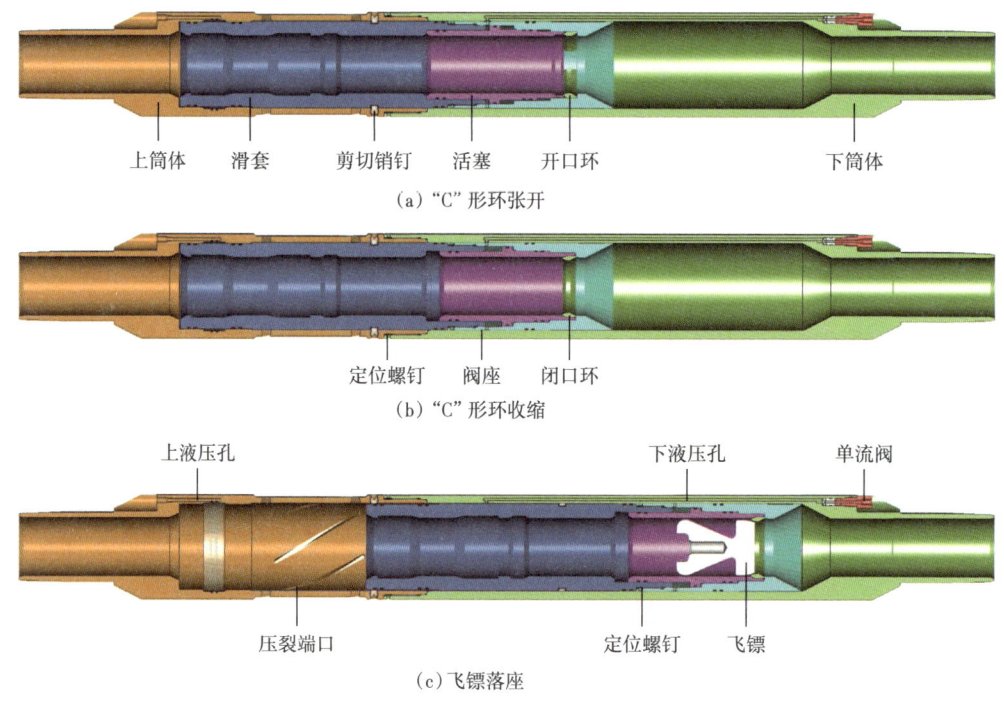

图 8-35 飞镖开启滑套结构原理示意图

初始状态下,"C"形开口环自由张开在阀座内,滑套依靠剪切销钉固定在筒体上,筒体上的压裂端口被滑套及其"O"形密封圈封闭,滑套处于关闭状态。液压管线入口压力升高后,活塞下移将"C"形开口环挤压成"O"形封闭环并收紧在活塞内,球座形成,如图 8-35(b)所示。

首级压裂采用憋压方式打开趾端滑套,压裂端口露出,液压管线入口与井筒内腔连通,提排量压裂造缝的同时,井底压力通过液压管线传到下一级飞镖开启滑套液压腔内,活塞通过锥面楔入将开口环收进活塞筒内,将"C"形环挤压成"O"形环,开口环封闭成整体,滑套内径缩小,为后续压裂飞镖建立支撑阀座。第一级压裂结束后,先向管柱内投放飞镖,泵送飞镖并落入第二级阀座。向管柱内施压,飞镖封隔已压层段,起压后继续憋压,飞镖压紧阀座,滑套拉断剪切销钉后下移,第二级压裂滑套打开,压裂端口、与下一级滑套相连的液压控制管线入口露出，在本级压裂施工同时控制下一级滑套变径，如图 8-35（c）所示。依序类推，按照上述所述步骤，逐级完成后续所有压裂施工。

3. 分段压裂工艺流程

飞镖分段压裂将滑套、喷砂口与液控系统功能集成在一个滑套上，完井时将压裂滑套与套管一起入井，固井后直接投注飞镖进行压裂，其工艺流程如下：

（1）依照设计将压裂滑套与套管串连接，测井校深，保证滑套位置准确无误。

（2）实施固井、测井、井口安装及套管试压作业。

（3）采用井口憋压方式打开趾端滑套，建立第一级压裂泵注通道，压裂造缝同时收紧第二级开口环，建立第二级飞镖支撑座。

（4）第一级压裂结束后投入飞镖，泵注飞镖入座后，隔离已压层段，套管内形成密闭空间。

（5）井口加压，剪断销钉组，滑套下行。

（6）滑套下行过程中，同时激活液控系统，推动第三级活塞下行，将第三级"C"形开口环挤压成"O"形封闭环，建立第三级飞镖支撑座。

（7）滑套下行至锁紧位置，压裂喷砂口打开，形成水力压裂通道。

（8）通过水力喷砂，高能砂流破裂水泥石，连通改造层位，达到增产目的。

（9）从下到上，依次投镖实现多级分段压裂，最后通过放喷返排，返出飞镖。

4. 工艺技术特点

（1）压裂结束后，飞镖可以收回，且滑套内径相同，对改造层数没有限制，理论上具备无限级压裂能力。

（2）不动管柱进行分段压裂施工，成本较低、施工周期大幅缩短。

（3）压裂前滑套存在被打开的风险，而且该滑套结构复杂，对材料性能要求较高。

（4）环形飞镖座与飞镖所形成的坐封如若不严，将导致压裂失效。

六、夹筒开启滑套

1. 工艺技术原理

夹筒开启滑套是一种新型无限级全通径固井压裂滑套，采用同一尺寸夹筒及可溶性压裂球开启压裂滑套，工具结构简单可靠、开启方式新颖独特，是近几年压裂工具技术领域少有的创新性产品。

压裂施工时，先憋压打开趾端滑套完成第一级压裂，为后续压裂滑套开启建立夹筒泵送通道。第一级压裂结束后，将与井下滑套相对应的夹筒和可溶球组合投入井筒并启泵传送，夹筒到达与其相匹配的内滑套后，夹筒坐封在内滑套上，泵送通道关闭起压并打开固井滑套，井筒与水泥环连通，提排量进行压裂施工。压裂完成后继续投入下一级夹筒带可溶球，打开下一级滑套并进行压裂施工，直至完成后续所有固井滑套分段压裂。

理论上，全通径固井滑套入井数量不受限制，可实现无限级压裂。与级差式投球滑套相比，夹筒开启滑套无级差，滑套全通径、夹筒同外径，经工具打捞后可实现真正意义上的全通径井筒。

2. 滑套工具结构

夹筒开启滑套压裂工具主要包括全通径固井滑套、夹筒和可溶球 3 个部件，固井滑套由筒体总成和滑套组成,通过滑套滑动来开关位于筒体上的压裂端口,如图 8-36 所示。初始状态下,筒体上的压裂端口被滑套封闭,并依靠销钉固定,滑套处于关闭状态。滑套内壁上的凹槽与泵入的夹筒外表面凸台——匹配对应,夹筒作为开启滑套的钥匙。可溶球坐封于夹筒上端面,用于封闭下部已压裂段,其材质为镁铝合金,在高氯返排液环境下能够自行溶解,压裂结束后即可放喷投产。

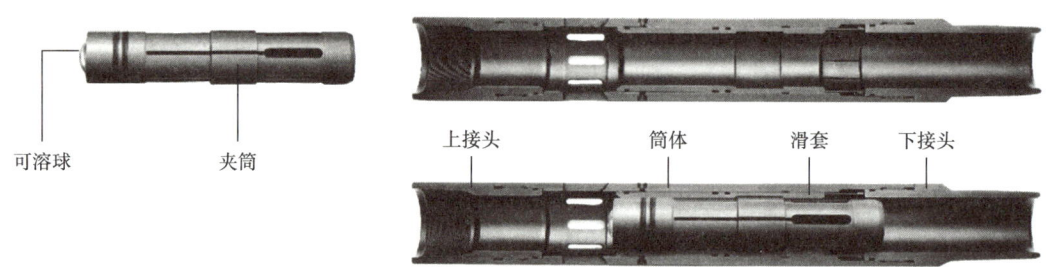

图 8-36 夹筒开启全通径固井滑套结构示意图

夹筒开启滑套工作原理如图 8-37 所示[3],压裂前按对应滑套序号投入夹筒带可溶球,泵送至滑套位置,夹筒依靠凸形台阶与滑套凹形环槽配合实现夹筒定位并坐封,井筒成为临时密闭腔体。继续打压,筒体与滑套之间的固定销钉在压力作用下剪断,可溶球、夹筒与滑套组合相对筒体向下滑动,压裂端口开启、滑套打开。滑套成功开启后,继续泵入压裂液,压力瞬时增高,高压流体通过压裂端口击碎滑套外固井水泥环,并穿透地层,实现套管与地层连通,达到类似射孔的效果,随后即可实施对应层段的压裂施工。对于下入多段滑套的压裂井,可重复以上滑套打开过程,逐级投入对应滑套夹筒。由于每个夹筒外表面有 3 组凸台型面与滑套凹槽型面进行匹配,只有所有型面全部匹配,夹筒才能在对应滑套落座;当有 1 组及以上型面不匹配时,夹筒会滑过滑套,继续下移,直至到达对应匹配滑套位置,实施自下而上的多级压裂。

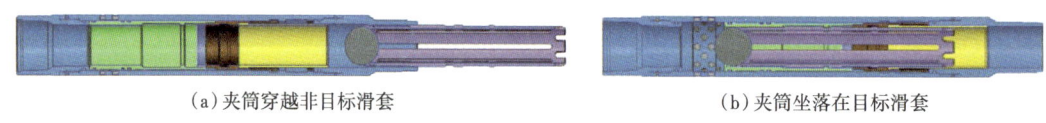

(a) 夹筒穿越非目标滑套　　　　　　(b) 夹筒坐落在目标滑套

图 8-37 夹筒动作原理示意图

3. 工艺技术特点

新型无限级全通径滑套分段压裂与常规泵送桥塞射孔分段压裂、投球滑套压裂相比,具有以下技术特点:

(1) 滑套与夹筒匹配设计消除投球级差,可以实现无限级压裂,且压裂规模不受限制。

(2) 滑套单段单簇作业方式实现水平段密切割精细压裂。

(3) 压裂施工连续高效。每段压裂后,投入球和夹筒,打开滑套后即可转到下一级压裂施工,大幅提高压裂施工时效。

(4) 压裂改造后即可投产,提高生产效率。投入的可溶球随返排逐步溶解,套管井筒实现大通径低阻生产,后期可用连续油管带工具捞出夹筒,实现全通径。

（5）固井滑套打开连通地层方式替代电缆射孔作业，可溶材料无须连续油管钻塞，可减少地面配套设备，降低施工风险。

第四节 滑套压裂工具技术进展

一、双膨胀裸眼封隔器

裸眼封隔器是裸眼水平井分段压裂管柱重要部件，现场主要使用的水力压缩式、水力扩张式或化学膨胀式封隔器基本能满足各类储层裸眼封隔要求，但对井径扩大率较大或不规则井眼，封隔器承压能力很难满足裸眼井分段压裂技术要求，造成压裂丢段或段间窜通。

为提高裸眼封隔器在大井眼、不规则井眼封隔可靠性，威德福设计了一种水力压缩与机械扩张双重膨胀封隔器，密封胶筒扩张率较大，可适应特殊裸眼段分压技术要求。

1. 双膨胀裸眼封隔器结构

双膨胀裸眼封隔器采用单缸长胶筒结构，由芯轴1、液缸总成、活塞总成、长胶筒11和限位机构五部分组成，液缸总成、活塞总成、长胶筒、限位机构套装在芯轴上，由限位机构固定，如图8-38所示。

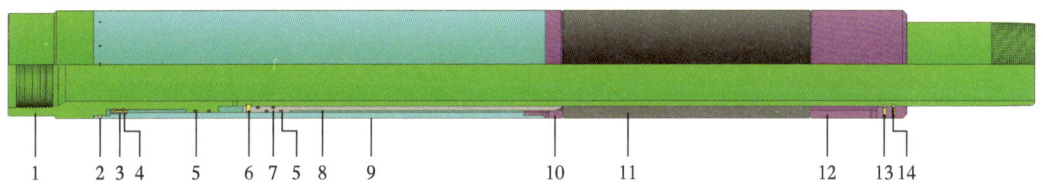

图8-38 双膨胀裸眼封隔器结构示意图

1—芯轴；2,6—剪切销钉；3—锁紧环；4—隔销；5,7—"O"形密封圈；8—活塞；
9—缸筒；10—压缩套；11—长胶筒；12—支撑套；13—限位螺钉；14—定位钢球

芯轴上下为套管内外螺纹，轴筒上开有传压孔，传压孔上侧为液缸密封凸台。

液缸总成为胶筒第二级膨胀机构，包括剪切销钉2、锁紧环3、隔销4、"O"形密封圈5、缸筒9及压缩套10，缸筒与芯轴组成液缸，两个"O"形密封圈安装在芯轴凸台上，密封于传压孔上侧。缸筒上端通过剪切销钉固定在芯轴上，第二级坐封压力通过销钉数量来调节，下端加工成内螺纹，与压缩套连接。液缸与芯轴上部环形空间装有两片锁紧半环，锁紧环内外面均加工成棘齿，与芯轴外棘齿、缸筒内棘齿相匹配，隔销插在锁紧环间芯轴定位孔内，使两片双面棘齿锁紧环均匀排布。压缩套为开有排液孔的筒形结构，上部外螺纹与缸筒连接，内部加工有锥形台阶，是活塞总成坐落机构。

活塞总成为胶筒第一级膨胀机构，包括外密封圈5、剪切销钉6、内密封圈7及活塞8。活塞为大小头筒形结构，安装在缸筒与芯轴环形空间内，并通过剪切销钉固定在芯轴上。活塞大小头过渡有台阶，与压缩套内锥面相匹配，下端为长锥楔，可插进长胶筒内。内外密封圈均安装在活塞上，且均为两组，密封传压孔下侧液缸。

长胶筒套装在芯轴外，上端内部硫化成为倒角状，引导活塞尾锥楔进。

限位机构包括支撑套12、限位螺钉13和定位钢球14，支撑套为胶筒压缩膨胀支撑机构，通过双排钢球连接在芯轴上。支撑套上开有排液孔、钢球安装孔，球孔用限位螺钉充填。

2. 双膨胀坐封工艺原理

（1）第一级膨胀。

地面加压，芯轴内压力升高，液压经芯轴传压孔作用在活塞上，活塞销钉被剪断，液压推动活塞下行，活塞尾锥插入胶筒与芯轴间隙，并越过胶筒插进支撑环与芯轴环空内，胶筒径向扩张完成第一级膨胀。

（2）第二级膨胀。

活塞下行到位后，活塞大头外台阶坐落在压缩套内锥面上。压力继续升高，缸筒销钉被剪断，活塞拉动压缩套、缸筒下行，压缩套压缩胶筒径向扩张完成第二级膨胀，封隔裸眼与套管环空。缸筒下行时，带动锁紧环同步下行直至胶筒膨胀到位、缸筒静止，锁紧环通过内外双面棘齿将缸筒固定在芯轴上，使缸筒不能回退，泄压后压缩胶筒无法回弹，保证长期封隔。

二、球座可取式滑套

球座可取式投球滑套是专为裸眼水平井多段压裂设计的，滑套为双层结构，内球座可全部取出，形成全通径井筒，充分释放水平井产能；外滑套可下入工具自由开关，实现水平井堵水、选择性注水及重复压裂等。

1. 工艺技术原理

球座可取式全通径滑套压裂分段原理与常规投球滑套基本相同，区别主要是压后球座处理方式不同。常规级差式投球滑套压后需钻磨球座实现全通径，而球座可取式投球滑套则采用打捞机构将井下投球滑套所有球座一次提出井口，形成全通径，便于下一步下入工具进行措施作业。压裂施工结束后，下入专用打捞工具，将打捞爪插入球座上部打捞颈形成连接，然后将球座提出井口。

2. 滑套结构原理

球座可取式投球滑套由筒体总成、滑套总成及可取式球座组成，结构如图8-39所示。筒体总成、滑套总成与常规投球滑套结构相同，用于建立预制管柱和地层之间的流体通道。压裂时地面泵送启动球至球座位置，加压剪断滑套销钉，液压推动压裂球及滑套下行，锁钩张开挂在筒体上，筒体压裂端口露出，为压裂泵注建立流体通道。

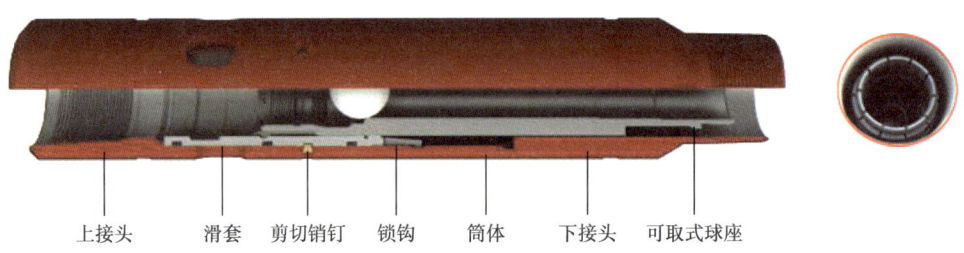

图8-39 可取式球座结构示意图

可取式球座为一筒形结构，上部车有内螺纹，与工具或球座下部打捞头外螺纹插入连接，震击后可整体取出球座；内螺纹下部筒体外圆面加工环形凸台，筒壁开有多条竖槽，使凸台成夹筒结构，并具备一定弹性，压裂时凸台卡在滑套环槽内；筒体下部为一外螺纹，筒壁竖槽贯通，功能类似打捞头，可插入下一球座内螺纹。

可取式球座顶部内螺纹属内卡瓦式设计，可以在分段压裂全部结束后，使用连续油管下入内卡打捞器将滑套及压裂球捞出。内卡打捞器与球座底部设计完全相同，内外螺纹啮合将井内各级球座"首尾相连"在打捞器上，实现一趟管柱捞出所有井内滑套。打捞前，可取式球座弹爪抱紧滑套环槽，爪头固定在内槽中。当卡瓦打捞头加压进入球座顶部打捞颈后，上提将抓头从环槽拉出，弹爪回收，可取式球座脱离滑套被提出。再次下入时，下压球座，弹爪穿过滑套环槽收缩下入，依次捞取每只球座。

3. 球座打捞流程

（1）下入球座打捞工具；
（2）工具进入球座前，循环冲砂；
（3）打捞头卡住球座，震击使球座与滑套分离；
（4）打捞管柱下至下一球座，操作同（2）~（3）；
（5）全部球座与滑套分离。

三、簇式喷射滑套

簇式喷射滑套是贝克休斯专为非常规储层改造设计的新一代裸眼滑套分段压裂工具，集成了簇式投球滑套与喷射压裂端口两项革命性技术，可提升压裂液使用效率、有效均衡裂缝排布、实现油气藏接触面积最大化。

1. 工艺技术原理

簇式滑套原本应用在固井滑套分段压裂技术上，因裸眼滑套压裂端口外环空贯通，常规裸眼压裂用投球滑套很难在端口位置直接形成水力裂缝，不能直接用于裸眼井段内分簇。喷射压裂技术应用高速射流冲击方向性及射流间负压自然封隔作用，可在裸眼段内压出多条水力裂缝，将其集成在裸眼封隔器分段压裂工艺中，与成熟、可靠的裸眼滑套分段压裂工具共同使用，裸眼封隔器分段，滑套分簇，可实现一段多簇密切割压裂工艺。

2. 簇式喷射滑套结构

一段多簇压裂管柱中，段内所有滑套均使用同一个开启球，一次打开多个滑套。每段最后一簇滑套使用固定球座，上部其余滑套均使用扩张式变径球座，如图8-40所示。

变径球座喷射滑套由筒体总成、滑套总成两部分组成，筒体总成包括上接头1、筒体9、下接头14、定位螺钉2、"O"形密封圈3及喷嘴6，筒体与上下接头通过螺纹连接、"O"形密封圈密封、定位螺钉止退，压裂端口圆孔内安装喷嘴。滑套总成包括定位卡环4、剪切销钉5、"O"形密封圈7、滑套8、开口环10、定位螺钉11、内锥导向套12、活动球座13。喷射滑套与簇式滑套基本相同，主要变化是压裂端口圆孔安装喷嘴，替代破裂盘。

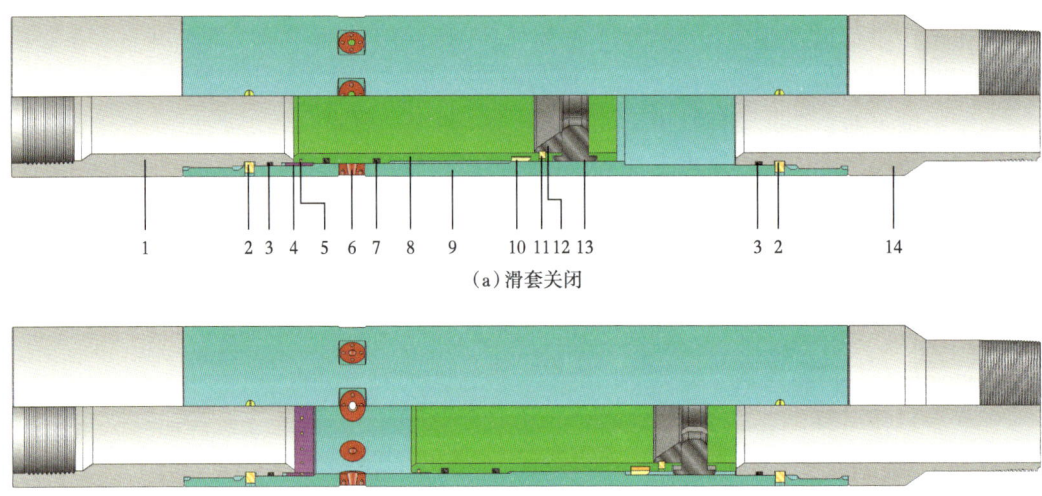

图 8-40 簇式喷射压裂滑套结构示意图

1—上接头；2—定位螺钉；3—定位套；4—销钉卡环；5—剪切销钉；6—喷嘴；7—"O"形密封圈；8—滑套；9—筒体；10—开口环；11—定位螺钉；12—内锥导向套；13—活动球座；14—下接头

3. 分簇压裂工作原理

上级压裂完成后，地面泵球坐入第一簇变径球座，滑套销钉剪断后下行，第一簇压裂端口露出，继续升压，变径球座扩张，压裂球进入下一簇滑套。重复上述操作，直至压裂球落入最后一簇固定球座。

一段内所有滑套开启后，开始压裂。压力喷嘴在节流效应作用下，使压裂液对井壁产生高速冲击，有助于井壁微缝产生并起裂、延伸、扩展。相邻两喷嘴相位角为 45°，确保水马力全方位覆盖。

滑套入井前，所有喷嘴均用复合材料暂堵。压裂泵注后，喷嘴内暂堵机构被击穿，且在压裂过程中，支撑剂磨蚀使喷嘴完全消失，压后返排及生产时，滑套无限流作用。

四、全通径投球计数滑套

簇式滑套、复合桥塞是国内外水平井体积压裂主体作业工具，压裂后储层段井筒内会残留球座或桥塞，导致井筒堵塞或低液现象、无法开展二次改造等措施作业，需要将球座和桥塞钻除。针对这两类压裂技术存在的井筒问题，国外逐步发展起全通径分段压裂技术，该技术施工速度快、压裂规模大、压裂后井筒全通径，满足体积压裂增产技术要求。全通径分段压裂滑套作为实现这一技术的核心部件，一直被国外公司垄断，国内仍处于现场试验及产品定型阶段，还未大面积推广应用。在众多试验产品中，计数滑套研究最多，机构手段丰富多样、结构设计屡出新意。

全通径投球计数滑套概念最早由威德福提出，并于 2012 年投入现场试验，当年实现商业化并获得世界石油大奖（最佳完井技术奖）。计数滑套具有压裂级数不受限制、管柱内全通径、无须钻除作业、利于后期液体返排及后续工具下入等优点，为低渗透及非常规油气资源开采提供了又一利器。

1. 投球计数滑套结构

全通径投球计数滑套由筒体总成、计数器、滑套总成、球座总成四部分组成，如图 8-41 所示。计数器、滑套组件、球座组件均安装在筒体内，筒内组件外观如图 8-42 所示。

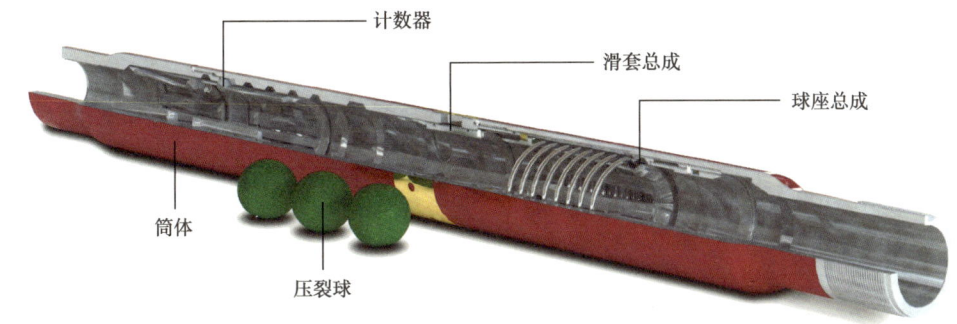

图 8-41　全通径投球计数滑套部件总成示意图

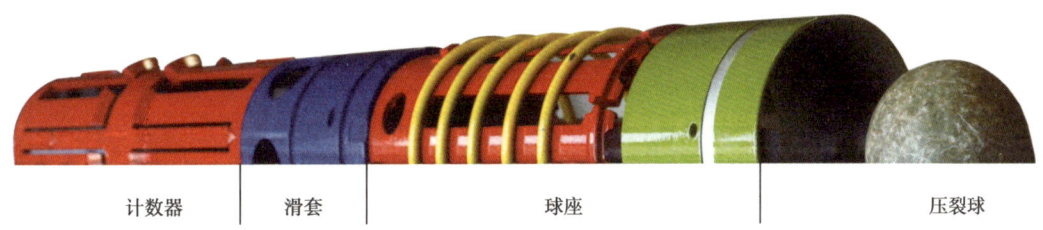

图 8-42　投球计数滑套筒体内组件外观示意图

图 8-43 所示为投球计数滑套结构示意图。

筒体总成自上而下依次为上接头 1、上筒体 2、下筒体 19、下接头 20，筒体各组件采用螺纹连接、"O"形密封圈密封，并用定位螺钉固定。上筒体上部内壁加工有多道环形计数槽、终止槽，槽数与级次相关，筒壁中部钻有外端口，端口外套有保护环，防止井内岩屑从外端口进入筒内，从而造成筒内机构阻卡。上筒体下部内壁加工有纵向导向槽，导向槽确保滑套打开时内、外端口同孔。

计数器 5 为笼式结构，如图 8-44 所示，带双排反向弹性卡爪，与计数筒配合使用。

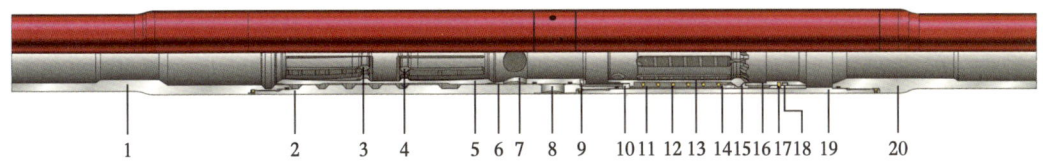

图 8-43　全通径投球计数滑套部件总成示意图

1—上接头；2—上筒体；3—上卡爪；4—下卡爪；5—计数器；6—滑套；7—内端口；8—外端口；9—导向销；
10—限位环；11—弹簧套；12—复位弹簧；13—卡爪式变径球座；14—弹簧座；15—球座套；16—落座筒；
17—剪切销钉；18—"C"形开口环；19—下筒体；20—下接头

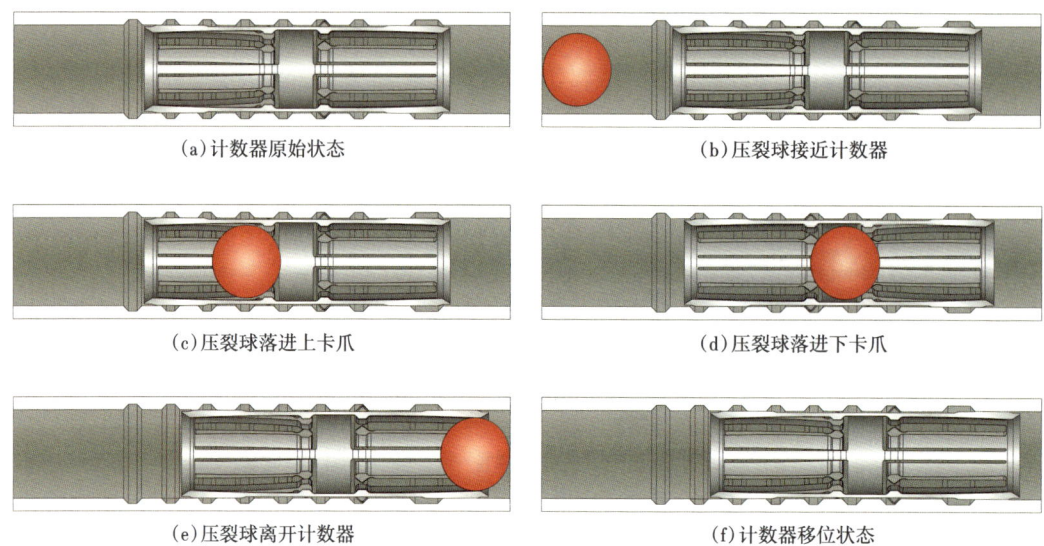

图 8-44　全通径投球滑套计数器结构示意图

计数器停止状态下（过球前与过球后），上卡爪 3 抵靠在上筒体内壁，收拢成球座，下卡爪 4 张开落进计数槽，如图 8-44（a）、图 8-44（b）、图 8-44（e）、图 8-44（f）所示；压裂球通过计数器时，首先坐落在上卡爪上，如图 8-44（c）所示；压裂球推动计数器前移，上卡爪张开落进计数槽、下卡爪收拢成球座，压裂球被泵送至下卡爪上，如图 8-44（d）所示；压裂球继续推动计数器再次前移；上卡爪脱离计数槽恢复收拢状态，下卡爪张开落进下一道计数槽，压裂球通过计数器，如图 8-44（e）和图 8-44（f）所示。即过一次压裂球，计数器前移一位，直至计数器触碰滑套、球座总成。

筒体计数槽数目决定了压裂级数，威德福短计数筒内置 5 道计数槽、长计数筒内置 10 道计数槽，可实施 5 级或 10 级压裂。压裂级数增加时，可增加计数筒数目。但随着计数筒长度增加，管柱系统刚性也在增加，工具串下入困难，因此"无限级"只是理论概念，"全通径""无钻磨"才是计数滑套研发的真实意义。

滑套总成由滑套 6、"O"形密封圈、导向销 9 组成，上部钻有内端口 7，与上筒体外端口 8 共同组合成压裂端口，导向销与筒体导向槽配合，确保滑套直行到位后内外端口重合。

球座总成由内外部三套机构组成，外部机构自上而下依次为限位环 10、弹簧套 11、弹簧座 14、球座套 15，卡在下筒体大端环槽内；内部机构上为卡爪式变径球座 13 及复位弹簧 12，下为球座卡爪收拢机构，包括落座筒 16、剪切销钉 17、"C"形开口环 18，落座筒通过剪切销钉连接在球座筒上。在计数器未触碰滑套、球座前，球座卡爪具有一定弹性，可容压裂球通过球座卡爪进入下一级滑套。

2. 滑套动作原理

全通径计数滑套开启原理如图 8-45 所示，滑套开启前计数器、计数槽相对位置如图 8-45（a）所示，计数器上卡爪抵靠在筒体内壁，收拢成球座，下卡爪张开落进最后一道计数槽，计数器与滑套几近接触，后续具体动作分解如下：

第八章 多级滑套分段压裂技术

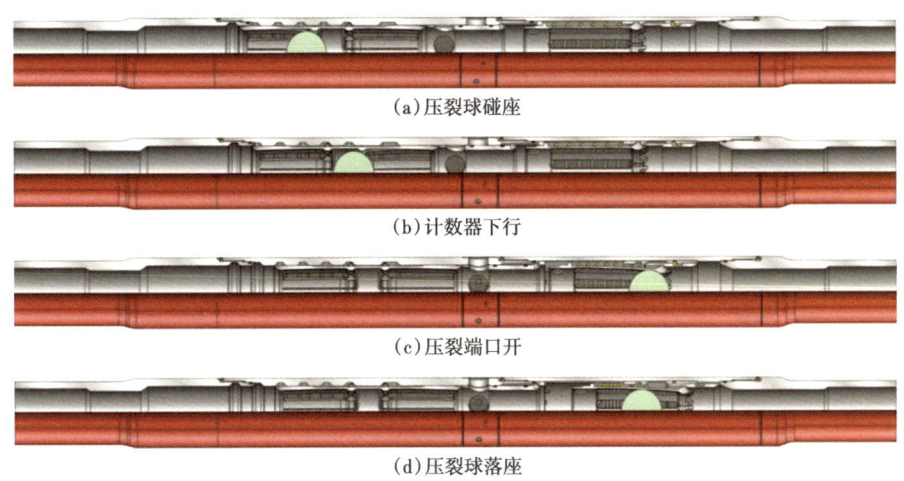

(a)压裂球碰座

(b)计数器下行

(c)压裂端口开

(d)压裂球落座

图 8-45 全通径投球滑套开启动作分解示意图

（1）压裂球泵送到位后坐落在计数器上卡爪上，推动计数器下行并与滑套顶端接触，带动滑套直行准备开启。

（2）下行过程中下卡爪脱离最后一道计数槽后收拢成球座，上卡爪张开伸进倒数第二道计数槽，压裂球从上卡爪脱离坐落在下卡爪上，继续推动计数器、滑套下行，如图 8-45（b）所示。

（3）计数器、滑套下行过程中，滑套推动球座使弹性卡爪伸进落座筒内，卡爪收拢成球座。

（4）计数器上卡爪伸进最后一道计数槽、下卡爪伸进终止槽，计数器恢复全通径，压裂端口打开。计数器、滑套动作停止，压裂球继续下行，如图 8-45（c）所示。

（5）压裂球下行落进球座卡爪上，岩石起裂，提高排量压裂，球座推动落座筒剪断销钉后顶在下接头上，开口环张开防止落座筒复位，如图 8-45（d）所示。

（6）泵注结束后管内压力下降，球座在弹簧作用下复位，球座卡爪张开，压裂球正常返排。

3. 工艺技术特点

（1）工艺技术优势。

投球计数滑套采用投球打开方式，无内封隔器、液控管线及专门的开关工具，只需向压裂管柱内投置多个同一尺寸的压裂球即可开启全部滑套，施工工艺简单，作业效率较高，压裂完后管柱通径大。

（2）技术缺点及不足。

投球计数滑套结构复杂、动作繁杂、执行机构环环相扣，对工具系统可靠性、工艺实施准确度及井筒条件要求极高，尤其是众多执行机构暴露在套管内，任一环节出现问题都可能影响系统运行。目前，机械式步进计数方法仍然存在较为显著的可靠性问题。一方面，投入井中的其他物体可能导致机械计数器误计数；另一方面，压裂过程中泵入的高速携砂液会对井下工具产生磨蚀作用，降低机械式计数器可靠性；最后，由于工具结构尺寸限制，计数器长度有限，这也从客观上限制了全通径计数滑套可获得的总压裂级数。

全通径投球滑套中滑套结构参数对压裂球驱动滑套动作压力影响较大，施工过程中可能会因为排量冲击、管柱振动等因素导致滑套提前开启，进而影响后续压裂。

参 考 文 献

[1] D.W. THOMSON，田红．一种经济的完井装置的设计与安装—用于白垩地层水平井的多层酸化压裂处理[J]．国外油田工程，1999（4）：30-34.

[2] 李社坤，周战云，任文亮，等．大位移水平井旋转自导式套管浮鞋的研制及应用[J]．石油钻采工艺，2017，39（3）：323-327.

[3] 夏海帮，包凯，王睿，等．页岩气井用新型无限级全通径滑套压裂技术先导试验[J]．油气藏评价与开发，2021，11（3）：390-394.

第九章　连续油管拖动压裂技术

近二十年来，国内外页岩油气开发已经具备较大规模，相关技术及开发经验自北美开始，迅速扩散至中国、澳大利亚等地，形成不同类型页岩油气成熟开发配套技术。尤其是水平井体积压裂技术，新产品层出不穷、新工艺创新不止，射孔桥塞联作、多级滑套投球压裂、连续油管底封拖动压裂主体工艺地位日渐稳固，在推进压裂酸化技术取得长足进步的同时，带动连续油管相关行业蓬勃发展、应用规模不断扩大。

第一节　概　　述

一、连续油管压裂酸化

不间断循环、连续带压作业是连续油管最强技术特点，在此基础上成就了众多井下作业工艺新技术，也与压裂酸化连续泵注工况高度契合，在水平井增产作业中具有一定的潜力和优势。

早期在对水平井实施措施改造时，遇到许多直井从未见过的技术难题，尤其是完井时如何实现分段、压裂时如何实现级间转换，是研究的重点和攻关的难点。为解决这些难题，完井生产、电缆射孔、连续油管三大专业从工具组合与工艺优化入手，历经多年试验及不懈努力，形成多级滑套分段压裂、射孔桥塞联作压裂、连续油管拖动压裂三大分段压裂主体工艺技术。其中连续油管拖动压裂技术成型最早，率先应用于水平井分段改造，且随着精细压裂、密切割改造在低渗透、难动用储量开发中的试验应用，连续油管拖动压裂技术有望得到大规模推广应用。

1. 连续油管拖动酸化

我国引进和利用连续油管作业技术始于 1977 年，主要在四川盆地进行酸洗、酸化、注氮排残酸、气举降液等一些简单的气井作业。随着水力喷射技术在措施作业中的引进、完善及创新，连续油管拖动酸化技术在 20 世纪 90 年代中期基本成熟，并在水平井措施改造中大显身手，工艺效果显著提升。

对于水平井，常规笼统酸化大部分酸液消耗在管柱底端，储层其他部位很难得到有效改造，达不到理想的改造目的。拖动酸化时，把连续油管下到水平段最深处，低压注酸替出水平段压井液，然后进行拖动酸化，即根据水平段储层分布规律，在注酸同时控制提升连续油管速度直至酸液覆盖全部水平段。由于采用了旋转射流，可以让整个水平段储层都能接触到地面原始浓度的鲜酸，与连续拖动操作相结合，解决了水平井均匀布酸难题。

此外，连续油管注氮还可以进行酸化后液氮气举排液，缩短了酸岩反应时间，提高了残酸返排效率，减少了增产作业中的二次损害。

2. 连续油管分段压裂

连续油管分段压裂利用连续油管在不压井、带压工况下连续起下、不间断泵注的装备技术优势，采用连续油管作为压裂工具传输管柱，开发能在一次或多次起下作业中实现多个储层分段改造的工艺技术及作业工具。在工具定位需要上提下放机械操作时，可带压连续拖拽、不受工具长度和层段跨度制约。连续油管压裂是一种安全、经济、高效的增产改造技术，特别适合具有多个薄油气层的直井逐层压裂，或用于水平井分段压裂改造。

连续油管在压裂作业中的应用最早出现在1992年，2000年前后，国外石油院校、跨国油服公司在水力喷射实验模拟及连续油管拖动酸化实践中，认识到射流效应具有"水力封隔"作用，无需封隔器即可隔离已压层段。哈里伯顿在此认识基础上，将水力喷射技术与水力喷砂射孔技术集成应用至连续油管压裂，诞生了连续油管喷射压裂技术，施工排量$3m^3/min$左右，首次实现了连续油管加砂压裂改造。BJ、斯伦贝谢又在此技术基础上引入砂塞、底封，形成连续油管填砂压裂技术、连续油管底封拖动压裂技术，压裂液、支撑剂泵送通道也从连续油管转换至连续油管与套管环空，施工排量提升至$5\sim6m^3/min$，可实现较大规模压裂改造。与此同时，无限级固井滑套分段压裂、跨隔封隔器拖动压裂也逐渐兴起，连续油管压裂技术手段进一步丰富，配套工具逐步完善、性能指标大幅提升，满足不同储层、不同井型分段压裂改造需求，真正体现了"无所不能"的装备技术优势。

连续油管压裂结束后，底封、双封等段间隔离工具可随连续油管一同起出，实现了井筒全通径。即便采用砂塞、桥塞隔离压裂层段，压裂后无须倒换作业装备，直接冲砂、钻塞，也可实现井筒全通径。而电缆桥射联作，压前、压中及压后都离不开连续油管作业支持，设备、队伍倒换频繁，作业成本较高。

二、连续油管多级改造工艺

由于直井多层和水平井分段改造作业需要，产生了各种各样的连续油管压裂酸化工艺技术和方法。由于实现方法不同，大致可分为射流、砂塞、桥塞、底封、双封等分段方法及配套工具。按压裂酸化流体泵送通道，连续油管多级压裂改造工艺还可分为油管压裂、环空压裂和套管压裂三大类，每一类都有不同的工艺技术实现方法。

1. 油管多级压裂

油管多级压裂以连续油管为压裂液、支撑剂泵送通道，包括连续油管水力喷射压裂和跨隔封隔器拖动压裂两种实施工艺。

连续油管水力喷射压裂先利用磨料射流技术喷砂射孔，再通过连续油管泵注压裂液，并通过射流负压效应实现级间水力封隔。加砂压裂以连续油管注入为主、环空补液为辅，连续油管拖动实现级间转换。

跨隔封隔器拖动压裂是在已射孔井眼中下入双封隔器拖动压裂工具，先机械坐封支撑封隔器，再通过喷砂器节流效应液压坐封环空封隔器，压裂液及支撑剂自始至终都从管内泵注，主要用于老井多级重复压裂。

2. 环空多级压裂

环空压裂以连续油管与套管环空为压裂液、支撑剂泵送通道，包括连续油管填砂压裂、连续油管底封拖动压裂和无限级固井滑套分段压裂三种实施工艺。填砂压裂工具结构、管柱系统与喷射压裂基本相同，但压裂通道不同，前者从环空加砂压裂，后者以油管压裂为主。底封拖动与滑套压裂管柱工具基本相类似，主要区别是完井套管系统压裂通道建立方法不同，前者采用喷砂射孔，后者采用机械开关滑套。

连续油管填砂压裂采用水力喷砂射孔、环空加砂、顶替时为下一级压裂预留砂塞实现分段，连续油管拖动实现级间转换。

连续油管底封拖动压裂先采用磨料射流技术喷砂射孔，建立井筒与储层压裂通道，再应用底部封隔器实现压裂分段、连续油管拖动实现级间转换。

无限级固井滑套分段压裂是在固井完井时在套管柱上接入全通径压裂滑套，压裂时通过机械方式将底部封隔器坐封在滑套上，环空憋压打开滑套，建立井筒与储层压裂通道。

3. 套管多级压裂

套管多级压裂以全通径套管为压裂液、支撑剂泵送通道，以连续油管桥射联作压裂工艺为主。小尺寸套管或油管完井井筒填砂压裂时，因环空尺寸小，需起出连续油管提高施工排量，此种工艺也属套管多级压裂。套管压裂前先应用连续油管喷砂射孔技术建立井筒与储层流体通道，预留砂塞或坐封桥塞实现分段，连续油管起下实现级间转换，工艺技术理念与电缆桥射联作完全相同。

三、连续油管拖动压裂技术优势

与投球滑套、桥射联作等多级压裂方式相比，连续油管拖动压裂具有以下技术及成本优势：

（1）可用一套作业设备进行直井多层、水平井多段增产作业，改造级数不受限制；

（2）可自由选择增产改造目的层位，并根据储层特性针对性开展差异化压裂设计，以获得油气井最大产能；

（3）逐层压裂时，对目标层以外储层可实时有效隔离，避免压窜干扰；

（4）环空压裂时，井口施工压力较低，施工排量加倍提升，为多簇体积压裂提供足够水功率；

（5）压裂管柱起下速度快，工序转换、级间转换效率大幅提升，从而缩短作业时间；

（6）一次下管柱压裂级数多，国内已实现底封拖动压裂一趟作业60级，国外同工艺高达100级。

四、连续油管压裂井口装置

受连续油管管径限制，为克服高摩阻施工的不利影响，连续油管压裂大多采用环空加砂压裂方式。支撑剂直接冲击连续油管外表面，造成连续油管外表面严重损伤，从而影响使用寿命，甚至将连续油管刺坏或断裂落井而造成事故。为保护井口压裂头附近连续油管，必须安装高强度、耐冲蚀的连续油管保护器，如图9-1所示，满足连续油管环空压裂安全需要。

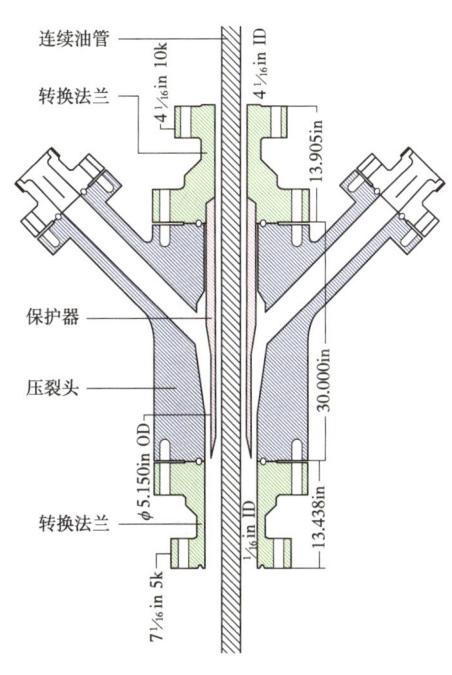

图9-1 连续油管保护器

第二节 水力喷砂射孔技术

除无限级固井滑套、跨隔封隔器拖动压裂预制通道外，其余连续油管压裂工艺均采用磨料射流技术在套管上喷砂射孔，建立井筒与储层压裂通道。

磨料射流是 20 世纪 80 年代初出现的一种在水射流中加入固体磨料颗粒，用于切割、清洗、除锈的水力技术。磨料工作液通过高压喷嘴喷射成高速磨料射流，可高效切割金属、非金属及石材。

一、喷砂射孔工艺原理

水力喷砂射孔是将喷砂射孔枪用连续油管下入井内待射层位，地面通过混砂车将石英砂加入射孔液（一般用滑溜水或瓜尔胶原液）中，再用压裂泵车将固液两相流体沿连续油管泵送至井下。高压射孔液经射孔枪喷嘴喷出，将压力能转化为动能，形成高速磨料射流，利用射流所携磨料颗粒的高频冲击和磨蚀作用，依次射穿套管、水泥环及地层岩石，形成一定直径和深度的纺锤形孔眼，从而完成水力射孔，如图 9-2 所示。

根据水动力学动量—冲量原理，固体颗粒受水载体加速，高速冲击套管和岩石，产生切割作用。水力喷砂射孔介质是砂浆，其中射孔液是携带砂粒、传递能量的载体，水动量传递给砂粒后，砂粒被加速，高速冲击套管及岩石，产生剥蚀破坏，形成冲蚀磨损。高压射孔液从连续油管泵入，通过射孔枪喷嘴形成高速射流，喷孔后从连续油管与套管环空返出地面，如图 9-3 所示。

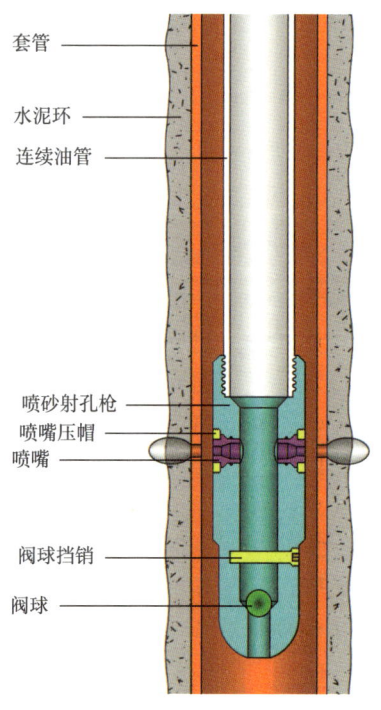

图 9-2 喷砂射孔工艺示意图

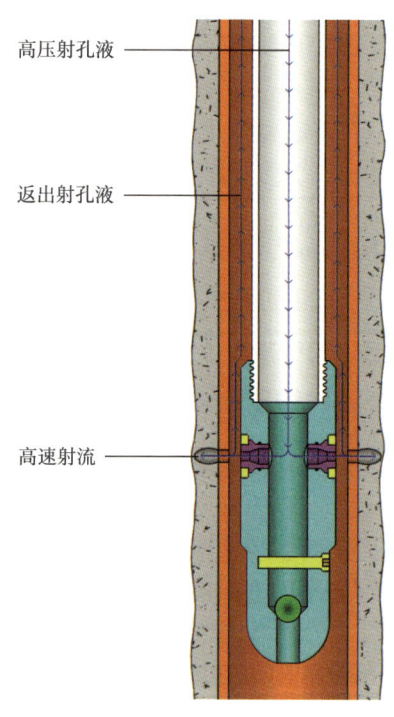

图 9-3 射孔液流程示意图

二、磨料射流喷孔机理

在水力喷砂射孔初期,套管表面受射流垂直冲击。根据塑性材料冲蚀磨损理论,射流中夹杂大量磨料,当磨料入射能量大到足以使套管表面产生塑性变形时,射流尖端部位在套管内壁上形成"锥形凹槽"或"三角形断面"。在射流持续冲击作用下,"凹槽"或"断面"宽度逐渐增大形成唇形压坑,如图9-4所示[1]。压坑附近亚表层中形成应变层,一部分材料被挤压到压坑周围形成凸起唇缘,并在随后的冲击中继续被破坏。压坑底部随射流冲击不断向前延伸,直至射穿套管。

石英砂磨料一般具有负前角,法向冲击难以一次切削成型,只能推挤或形成犁沟使材料变形,产生凸起或唇缘。同时,飞溅返回的磨料小冲击角反复切削,

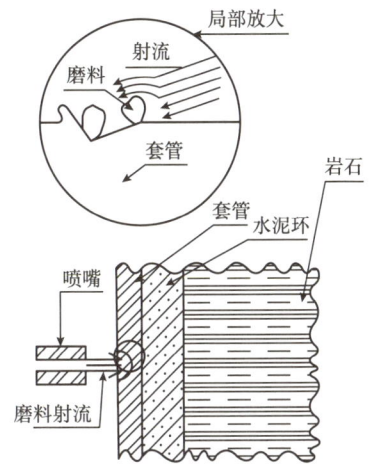

图9-4 套管成孔原理示意图

也形成犁沟。套管延性材料塑性变形超过其延伸极限后,便会在材料表面产生裂纹,反复锻打、挤压变形导致材料片状脱落,表现为压坑—唇形—锻打—剥落的磨损机理,直至磨料射流穿透套管成孔,如图9-5和图9-6所示。

图9-5 钢板喷孔形状

图9-6 套管喷孔形状

磨料射流穿透套管后即直接冲蚀切割水泥环和近井地层岩石。磨料射流对脆性材料的冲蚀远比套管延性材料复杂,现在公认的破环形式是赫兹锥状裂纹、径向裂纹和横向裂纹。射流冲击初期,强大的冲击载荷产生的拉应力首先在岩石表面引起环状赫兹锥形裂纹。随着接触力增加,射流冲击正前方会形成一系列近似平行于冲击表面的横向裂纹。这些横向裂纹延伸到岩石表面,引起破碎屑和破碎坑。在射流冲击岩石产生裂纹的同时,水流在水楔作用下挤入裂纹,起到延伸和扩展裂纹的附加作用,从而增强冲蚀破碎能力。

高压水射流冲蚀水泥环和近井地层岩石过程分为两个阶段,初期以应力波作用为主,形成岩石损伤破坏的主体;后期主要是射流准静态压力使岩石内已有的微孔隙、微裂纹等损伤继续扩展,并汇聚形成宏观破坏,使岩石孔眼直径扩大,如图9-7和图9-8所示。

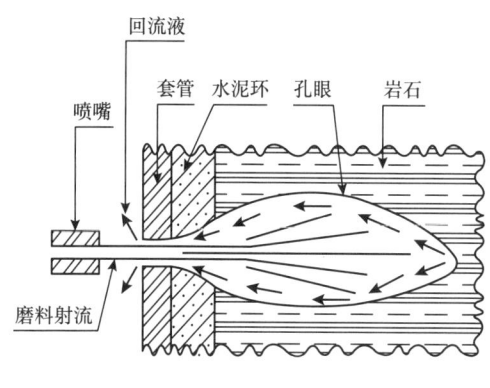
图 9-7　岩石成孔示意图

图 9-8　岩石喷孔形状

三、喷砂射孔技术参数

1. 喷嘴

喷嘴是水力喷砂射孔核心执行元件。喷嘴的作用是通过内孔横截面的收缩，将高压水压力能聚集并转化为动能，以获得最大射流冲击力。因此，要求喷嘴必须具有较高的流量系数。同时受磨料冲蚀影响，要求喷嘴也必须具有良好的耐磨性。

2. 磨料

在磨料选择上，油气田一般都选用石英砂，材料来源广、成本低。砂粒粒径、椭圆度、硬度和砂比对射孔参数影响较大。

含砂量越高，砂粒在单位时间内冲击岩石的次数越多，射孔效果越好。但砂粒在较高浓度时在孔道内相互碰撞、相互干涉，反倒减少了有效冲击次数，从而影响喷射效果，过高的含砂量也容易引起砂堵。实验表明含砂比（体积比）为 5%~8% 时，喷射效果最佳。

砂粒直径越大，质量越大，冲击力越大，取喷嘴直径的 1/6 为最佳，即粒径为 0.4~0.8mm 的石英砂可满足现场施工要求。

3. 射孔液

砂粒需射孔液携带才能达到高速冲击要求，现场要求射孔液携砂性能好、摩阻低、抗剪切、不污染环境，滑溜水及低浓度瓜尔胶原液均满足施工要求。

4. 射孔管柱

水力喷砂射孔管柱一般由单流阀、喷砂射孔枪、水力锚、丢手接头及其他连接件组成。单流阀实现正注时流体只能经喷嘴对地层射孔，反循环洗井时作为冲砂通道。丢手接头确保在管柱卡埋时上部管柱能够正常起出。防砂水力锚确保施工期间射孔枪不移位，保证射孔孔眼规则。

5. 施工排量

喷嘴的最佳射流速度设定为 190m/s 左右，可针对管柱内径及长度进行优化调整。

6. 喷射时间

在一定的工作压力下，当射流达到一定深度后，继续延长喷射时间是无意义的。喷射时间一般在 15~20min，液体利用率最高。

四、喷砂射孔技术特点

与聚能射孔相比，水力喷砂射孔具有深穿透、大孔径、低孔密、易定向的特点，并具有一定的增产效果和降低地层破裂压力的作用。

（1）在地层内形成较好的定向孔而更利于裂缝起裂，可在高破裂压力地层实现高效压裂。

（2）利用高压水射流定向喷射在地层中产生导引孔辅助水力压裂，实现油气层改造和油气井增产。

（3）水力喷砂射孔不仅能得到清洁通畅的炮眼，而且穿透深，能解除近井地层污染，对污染半径小的储层可起到射孔、解堵的双重目的。

（4）在孔眼周围形成清洁通道，不会形成压实带造成储层伤害。普通射孔弹利用聚能穿甲原理破岩射孔，在孔眼周围形成致密挤压层，使得渗透率降低，造成严重的射孔污染。

第三节 连续油管水力喷射压裂技术

一、工艺技术起源

1998 年，Jim B. Surjaatmadja 根据水力学经典公式伯努利方程（图 9-9），将射流技术从喷砂射孔延伸到水力压裂上，提出水力喷射压裂方法，并由 Halliburton 率先应用于裸眼井多级酸化压裂作业（图 9-10）。水力喷射压裂是一种集喷砂射孔、喷射压裂、射流隔离于一体的增产改造措施，不需要使用砂塞、桥塞、封隔器或其他机械隔离措施。

伯努利假定液体是连续的不可压缩流体，理想状况下（不计损耗），流体任意两点能量是不变的，即流体速度快的地方压力低，流体速度慢的地方压力高。

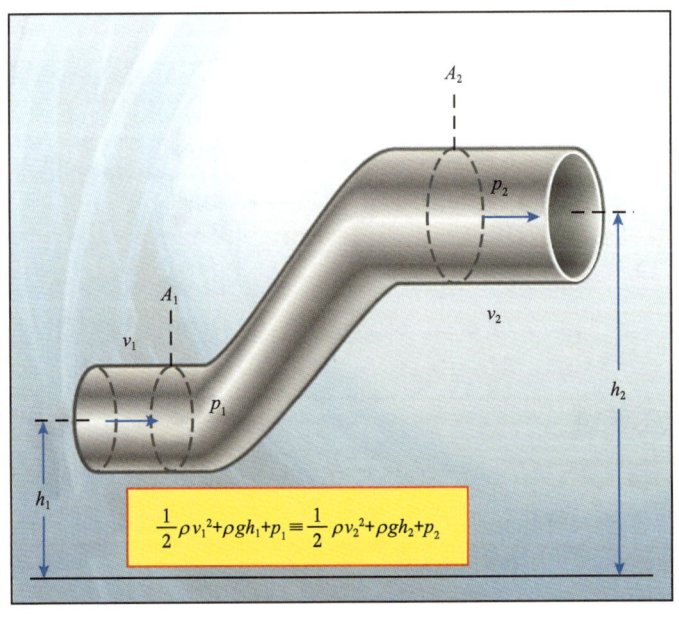

$$\frac{1}{2}\rho v_1^2 + \rho g h_1 + p_1 \equiv \frac{1}{2}\rho v_2^2 + \rho g h_2 + p_2$$

图 9-9 伯努利方程

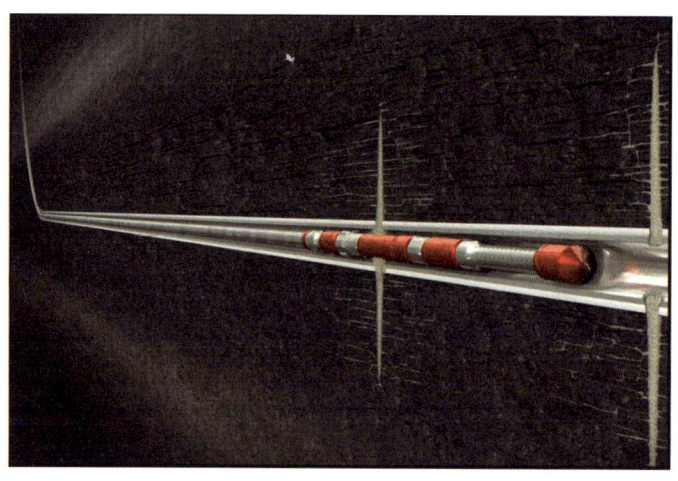

图 9-10　Halliburton SurgiFrac^SM 压裂管柱

二、工艺技术原理

水力喷射分段压裂技术将射流泵与水力压裂工艺相结合，与喷砂射孔共用同一工具管柱。射孔完成后，关闭射孔液循环通道，并从油管和环空同时泵入压裂液。管内压裂液通过喷嘴形成高速射流，进入已喷成的射孔孔眼内。压裂液射向地层岩石时流速急剧下降，压力快速上升，产生增压作用。当射流增压与环空压力叠加超过岩石破裂压力时，地层自然破裂。裂缝形成后，每个喷嘴及对应孔眼如同"射流泵"一样工作，将高速射流引入裂缝。射孔孔眼相当于射流泵扩散管，环空压裂液在射流抽吸作用下进入孔眼，如图 9-11 所示，使裂缝充分扩展，满足加砂要求。

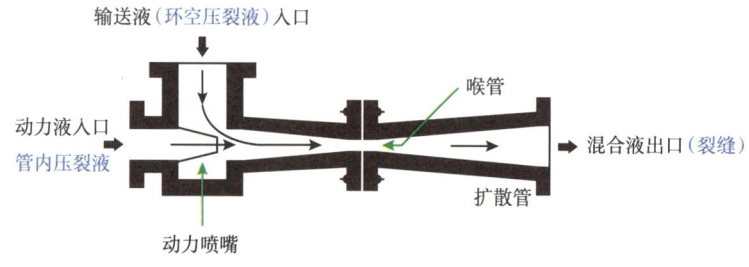

图 9-11　射流泵工作原理示意图

三、工艺技术关键

1. 射流增压起裂

压裂时高速射流进入射孔孔眼，由于环空封闭、孔眼体积有限，射流速度迅速衰减，动能转化为静压能，增加孔内流体压力。射流冲击到孔眼末端，产生稳定的滞止压力。射流增压效应使孔眼压力始终高于环空压力，裂缝会优先在射流位置孔眼末端起裂，而没有射流作用的地层不存在增压效应，因而不会起裂。

在地层压开前，孔眼流体沿射流外缘返回环空，在套管孔眼处与中心射流存在强烈的对冲作用，使得返回流体产生回流压力，进一步提高了孔眼压力。

2. 降低起裂压力

水力喷砂射孔射流冲击及磨料撞击使孔眼顶端产生众多微裂缝，在一定程度上降低了起裂压力，采用全程携酸喷砂射孔也可缓解高破裂应力带来的泵压负担。

常规压裂要对整个井筒加压，破裂压力比裂缝扩展压力要高。水力喷射压裂由于能量集中在孔眼末端，压裂时泵压平缓，未见明显的破裂点，消除了常规压裂破裂压力峰值，如图9-12所示。

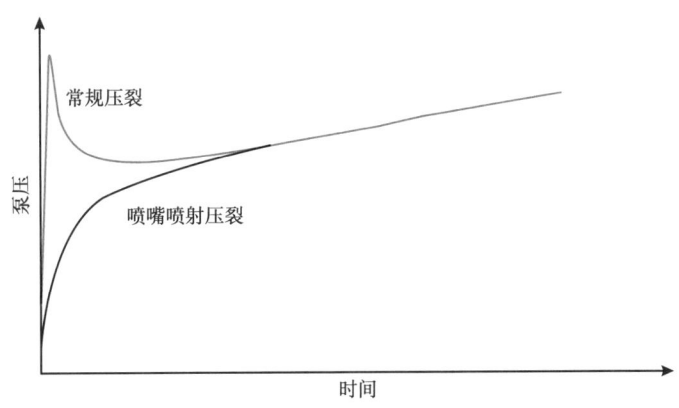

图9-12　常规压裂与喷射压裂施工泵压对比图

3. 射流自动封隔

喷射压裂压裂液自管柱内泵入，经喷嘴高速喷射形成淹没射流，在射流速度及方向约束下，管内压裂液只能进入喷嘴对应孔眼。

由于喷嘴出口射流速度最高、压力最低，环空压裂液在压差作用下被射流卷吸进入裂缝。保持环空压力低于已压层段裂缝延伸压力，环空压裂液也只能进入射流所在位置裂缝，而不会进入其他裂缝（除滤失外），从而起到了自封隔作用，无须任何井下机械封隔设备，依靠射流即可实现有效封隔，完成分段压裂。

4. 环空压力控制

为获得一定的井底压力以维持裂缝延伸并补偿射流卷吸，还需从环空补液控制井底压力。受裂缝延伸、射流卷吸、地层滤失等因素影响，环空补液量无法准确计算，经验设计为环空排量占油管排量的30%~40%，环空压力低于已压井段裂缝延伸压力。喷砂射孔阶段，通过调整节流控压管汇油嘴大小，防止已压层段排液过快；喷射压裂阶段，通过调整环空排量、控制环空压力，确保已压层段不被压开。

四、工艺技术流程

如图9-13所示，水力喷射压裂工艺技术流程如下：

（1）空井筒下入喷射压裂工具串，通过机械式套管接箍定位器校核井深，将喷砂射孔枪对准最底层压裂段。

（2）从连续油管泵注射孔液，进行水力喷砂射孔，射孔液从环空返出，射开后环空泵液压开地层。

（3）连续油管泵注压裂液，加砂时携砂液从连续油管泵注，环空低排量伴注，保持环空畅通并监测井底压力。

（4）顶替到位后，上提工具串至下一层段，喷砂射孔、环空压裂，并依次完成其余层段压裂施工。

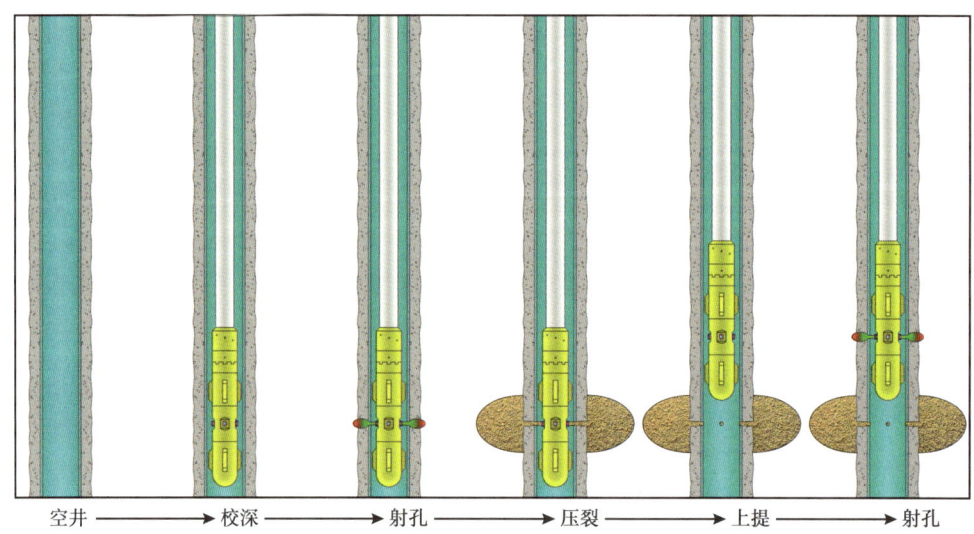

图 9-13　水力喷射压裂技术流程示意图

五、喷射压裂管柱

连续油管喷射压裂工具结构简单，长度短，有反循环通道，砂卡概率低。工具串自上而下由卡瓦 / 铆钉连接器、液压丢手接头、双翼扶正器、喷砂射孔枪、反循环阀、接箍定位器、反循环筛管及引鞋组成，如图 9-14 所示。其中，反循环阀作用是射孔、压裂时封闭喷嘴以下内循环通道，不允许压裂液从底部向环空中流出，只能从喷嘴高速喷出形成射流。反循环时，环空压裂液可从筛管流进油管内，顶开阀球返到地面，可用于砂堵时反循环冲砂。

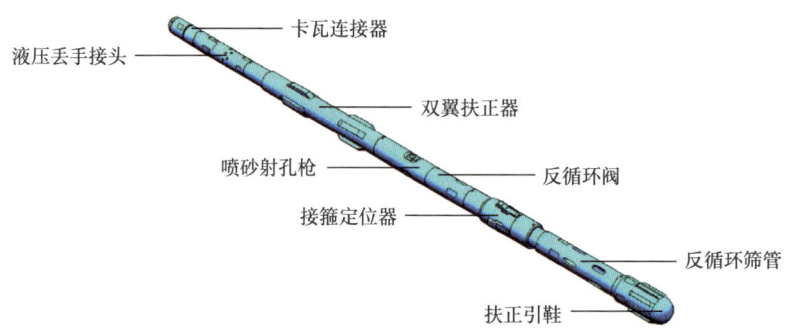

图 9-14　连续油管喷射压裂工具串结构示意图

喷砂射孔枪由多个喷嘴及枪身组成，如图9-15所示。喷嘴总成按一定相位角安装在枪身侧孔内，是喷砂射孔、喷射压裂及射流封隔最重要的执行元件。喷嘴是高速射流发生装置，通过内孔横截面的收缩，将高压流体压能转化为动能，以获得最大的射流速度或冲击力。

喷嘴大小及数量对喷射压裂水力参数计算十分重要，可根据连续油管承压极限，结合井身结构、压裂工艺要求优化喷嘴组合、喷嘴间距及相位角，确定现场施工排量及地面泵压，还可根据压裂层段地应力分布状况优选喷嘴方位。

水力喷射压裂中携砂液全部从连续油管泵入，支撑剂高速通过喷嘴形成切割作用，造成喷嘴磨损严重，降低喷嘴使用寿命。多级压裂时喷嘴磨损更加严重，压裂2~3级就需换工具，对喷嘴材料要求较高，必须具有高硬度、高耐磨性。

除喷嘴磨损外，喷嘴周边枪身磨损也很严重，主要是由喷砂射孔时磨料射流回溅造成的。

六、工艺技术特点

（1）水力喷射压裂与连续油管作业相结合，大幅提高了喷射压裂作业速度，级间转换时间短、效率高，作业安全可靠。

（2）水力喷射压裂能较准确地在指定位置控制裂缝起裂，裂缝按射孔方向延伸约15m，再转向最大主应力方向。

（3）水力喷射压裂依靠水动力封隔实现级间分隔作业，工具管柱简单可靠，耐温性能要好于封隔器或桥塞，适合于井下高温环境。

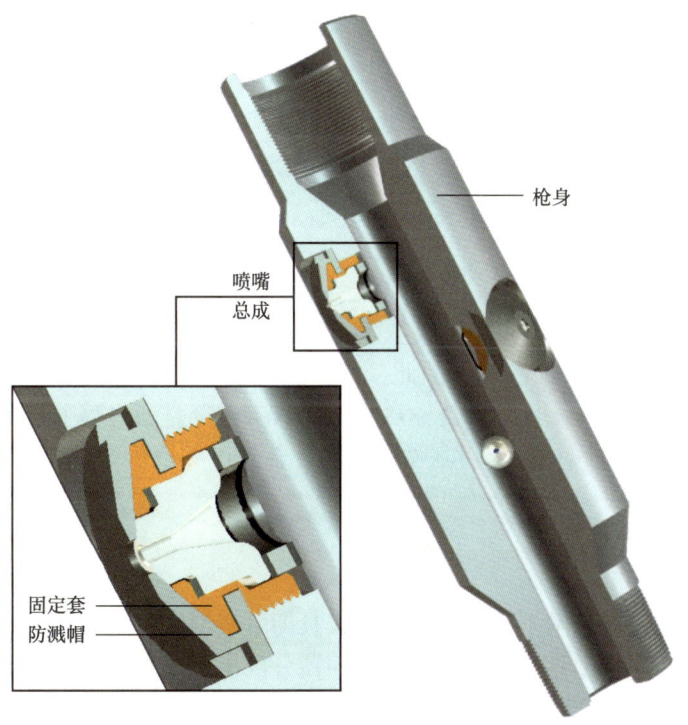

图9-15 喷砂射孔枪结构示意图

（4）砂堵后可立即反循环冲砂，压后井筒保持全通径，方便后续排液、投产。

（5）水力喷砂射孔孔眼深、孔径大，无压实作用，可降低近井筒应力集中，压前无须酸化预处理。

（6）水力喷射压裂省去了聚能射孔弹作业工序及施工费用，省时高效，平均每级压裂时间为2~3h，缩短了完井周期、加快了投产进度。

（7）与封隔器压裂相比，喷射压裂可规避封隔器坐封不严或无法解封带来的工程风险。

（8）喷射压裂可降低地层破裂压力，提高压裂施工成功率。

七、工艺技术局限性

1. 压裂排量及规模受限

连续油管尺寸小、摩阻大，与常规压裂相比，施工排量受限。即便选用大尺寸连续油管（$2\frac{3}{8}$~$2\frac{7}{8}$in），施工排量也很难达到不动管柱喷射压裂效果。受喷嘴及枪身磨损限制，压裂规模也比较小，多用于中深井小型措施改造作业。

2. 压裂管柱伸缩

水力喷射压裂过程中，施工管柱内外温度和压力都会发生较大变化。温度降低导致油管收缩，油管内压力则可引起其膨胀并使管柱缩短，这些变化将引起油管伸缩，从而影响喷嘴定位的准确性。

井下成像及地面试验证实，喷砂射孔孔眼形状并非圆形，而是以井轴方向为长轴的椭圆孔眼，这主要是由射孔排量的小幅波动或温度压力变化引发管柱动态伸缩造成的。如果管柱伸缩、振动过大，会使磨料射流无法定点喷射，分散水力能量，形成的射孔孔眼孔径大、孔深短，不利于射流增压起裂及水动力封隔。

3. 压裂液剪切严重

在喷嘴处压裂液由于流速增大，剪切严重，对压裂液携砂性能要求高。适当提高稠化剂浓度，提高其抗剪切性能，实验表明在$510s^{-1}$剪切速率下，冻胶黏度保持在$150mPa \cdot s$以上，满足施工要求。

4. 喷嘴寿命短

水力喷射压裂主要的问题之一是喷嘴的使用寿命。国外在该工艺开发初期，仅12.5~15t支撑剂通过喷嘴后即发生喷嘴故障。随着喷嘴材料的不断改进，现在的预期寿命是每个喷嘴可处理25~30t支撑剂。因此，在多层压裂或压裂规模较大的情况下，喷嘴寿命仍然是一个限制因素。采用油管传输压裂时所有支撑剂是通过喷嘴进入地层，再加上施工排量低，携砂液长时间打磨、切割喷嘴，通常在施工两段后必须要上提管柱检测更换，这样就会延长非生产时间。

八、技术应用范围

水力喷射分段压裂技术不使用任何封隔工具即可实现多级改造，解决了裸眼完井、筛管完井多级增产改造技术难题，也为裸眼封隔器分段压裂完井提供了安全、简便的重复改造手段，对固井质量差的新井、管外窜槽的老井及套损井，均可实施投产改造或重复改造，如图9-16所示。

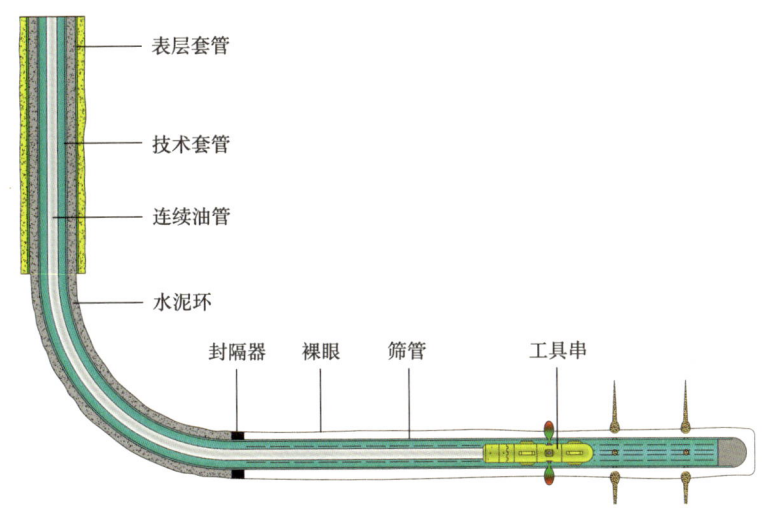

图 9-16 筛管完井喷射压裂管柱结构示意图

第四节 连续油管填砂分段压裂技术

一、工艺技术原理

连续油管填砂分段压裂技术使用连续油管喷砂射孔，压裂时上提连续油管至安全井段，通过环空加砂、连续油管补液方式实施压裂改造，顶替结束前预留砂塞，再下连续油管冲砂至下一层段继续喷砂射孔，逐级拖动完成其余各层段压裂，最后冲砂投产。

二、工艺技术流程

填砂压裂工艺技术流程如图 9-17 所示。

（1）空井筒下入压裂工具串，通过机械式套管接箍定位器上提校核井深，将喷砂射孔枪对准最底层压裂段。

（2）从连续油管泵注射孔液，进行水力喷砂射孔，射孔液从环空返出，射开后环空泵液压开地层。

（3）上提工具串至预计砂液面以上位置，环空泵注压裂，连续油管低排量伴注，保持油管畅通并监测井底压力。

（4）环空加砂结束后，按预留砂塞高度计算顶替量。通过欠顶替措施，按 1000kg/m³ 以上砂浓度留砂塞封隔已压层。

（5）沉降 1~2h 后，探砂面。砂面过高，反循环冲砂至设计砂面位置；砂面过低，反循环填砂，再探砂面。

（6）以高于上一级压后停泵压力 5MPa 左右为标准，对砂塞进行试压，试压后开始喷砂射孔、环空压裂，并依次完成其余层段压裂施工。

（7）所有层段压裂结束后，反循环冲砂，将井筒内沉砂冲出地面。

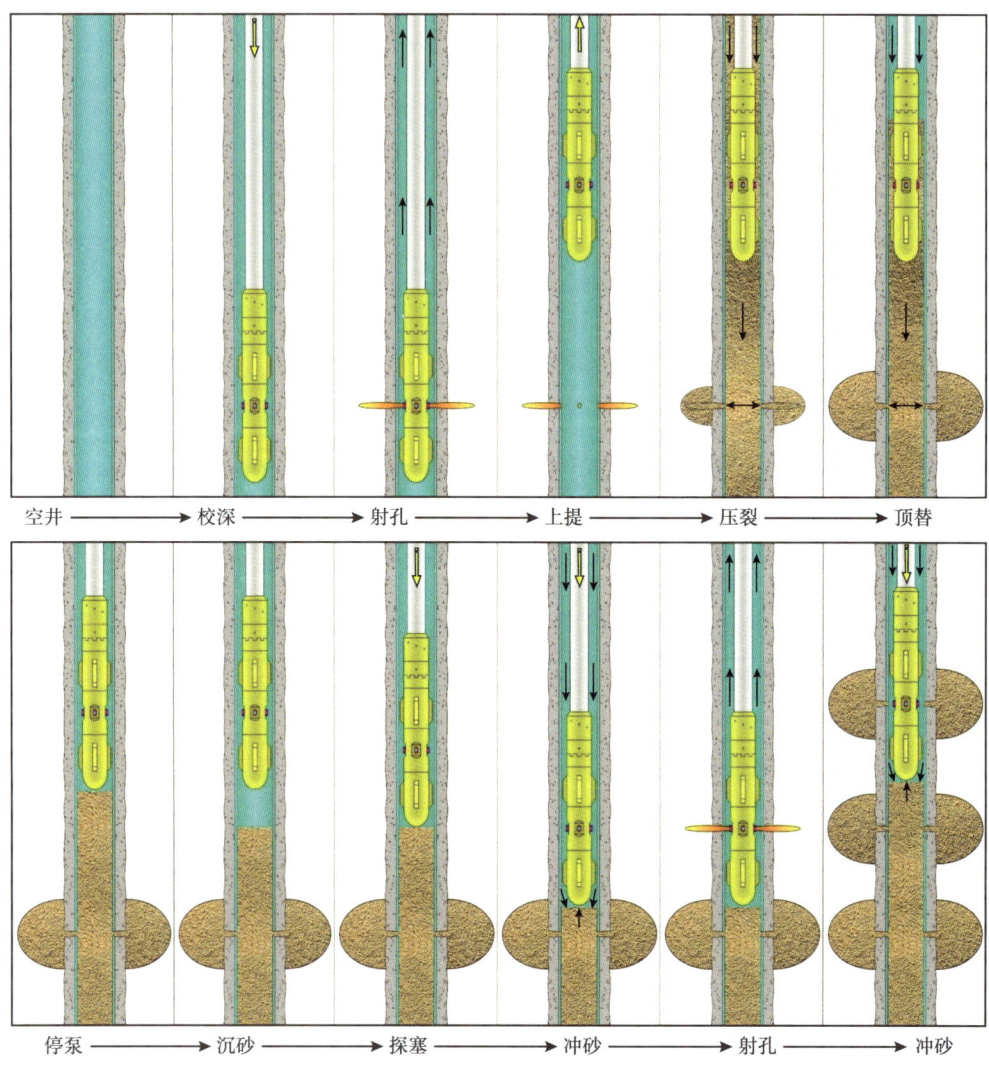

图 9-17　填砂压裂工艺技术流程图

三、工艺技术管柱

砂塞分层压裂工具串与喷射压裂管柱类似，如图 9-18 所示，但管串结构更简单，长度更短。

1. 改进工具串结构

喷射压裂反循环进液口距离砂面太远，液流扰动不能有效冲起砂塞，冲砂效率低。以缩短进液口与砂面距离为目的，进行工具串结构优化，将反循环阀、反循环筛管、扶正引鞋三件工具合成为一体。

2. 调整工具连接顺序

将接箍定位器连接到射孔枪之上，缩短喷嘴与砂塞距离，可正循环冲砂并降低砂卡概率。

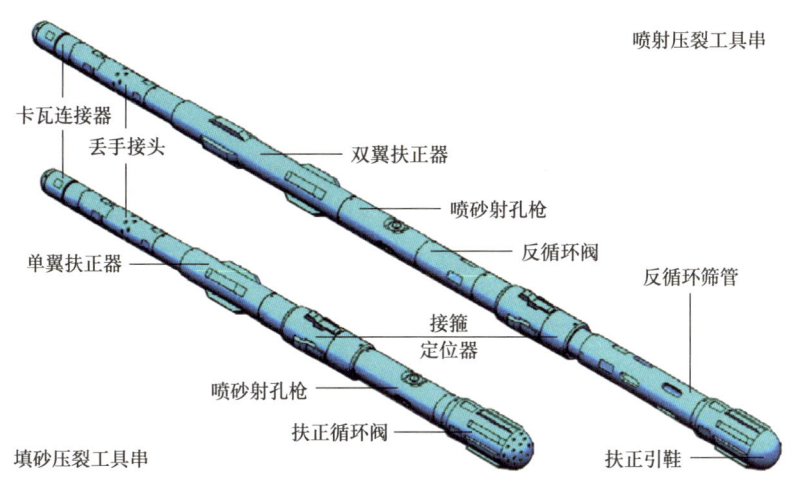

图 9-18 填砂压裂工具串和喷射压裂工具串结构示意图

3. 管柱结构特点

（1）井下工具串结构简单，配套难度小，施工风险低。

（2）通过机械式套管接箍定位器精确定位，可对纵向上多个薄互层进行灵活分层，进而达到精细压裂的目的。

四、工艺技术关键

1. 水力喷砂射孔

通过连续油管泵入 120kg/m³、20/40 目的携砂液，然后进行喷射射孔，喷射时间不少于 10min。

2. 节流控压

水力喷砂射孔时环空打开，通过节流阀控制环空压力（超过前一阶段压裂停泵压力 3.5~5.2MPa），该环空压力可保持地层液体不通过砂塞流动；破裂试验时关闭环空。

3. 泵酸降低破裂压力

通过连续油管泵入 15% 的 HCl，同时在环空中注入少量的酸液。在保证连续油管注入速度的同时，关闭环空，将剩余酸液挤入地层，直至压开地层。

通常在喷射作业后期泵入酸液酸蚀地层，仅通过环空泵入压开地层。现在，对该工艺加以改进，即在环空和连续油管中同时泵入酸液。高应力储层中，在地层被压开前，停泵数分钟，让酸液更好地酸蚀地层，以达到较好的破裂效果，这种方法有利于较为致密储层的改造。

4. 连续油管伴注

一旦地层被压开，按照预先设计的排量向环空中泵入一定的液体；同时降低连续油管的排量（0.1m³/min），使油管内的液体尽量接近静止状态，以便监测井内压力变化，还可防止连续油管堵塞。

5. 反循环填砂

在测试压裂完成后，将连续油管上提至足够的深度处，以确保砂塞的形成（一般高于喷射孔眼30~91m）。在主压裂完成后，进行反循环洗井，返出剩余的支撑剂。让连续油管下方的支撑砂沉积1h，再利用连续油管探塞。若无法探到砂塞，用上述方法泵入第二个砂塞。

6. 砂塞试压

砂塞要求试压到50~70MPa，但很难达到要求。推荐试压程序为：给环空加压至超过瞬时停泵压力约7MPa后保压，如果1min内压力降不超过3.5MPa，则视为试压合格。

五、工艺技术难点

1. 砂塞控制难度大

由于层间距小，所以要求准确控制砂面位置，但受地面压裂管汇、液体性能、沉降时间等因素的影响，导致计算的砂面位置和实测位置相差较大，需反复进行填砂、冲砂作业。

填砂施工后，砂塞沉降等待时间至少需1h，之后探砂面。如果砂塞高度太低，需要反循环填砂，然后又需要至少1h的沉降时间。

2. 对设备操作要求高

对连续油管设备及操作人员水平有较高要求，一旦设备出现故障或操作不连续，将导致反复冲填砂，严重影响作业进度。

3. 对井口保护要求高

环空大排量注入时，高速压裂液对连续油管外壁和套管头有冲蚀伤害，需要配套井口保护装置，对套管和套管头抗压要求较高。

六、工艺技术优势

砂塞暂堵环空压裂技术结合了填砂压裂和连续油管压裂技术特点，主要技术优势包括：

（1）通过连续油管带压拖动，层间填砂封隔，施工段数不受限制。一趟管柱完成多层、多段射孔及压裂。

（2）采用环空压裂，管柱摩阻小，有利于增大压裂施工规模，并根据储层改造需要灵活控制排量和砂比，确保每个层段都能获得充分改造。

（3）环空压裂对连续油管磨损很小，可以保证一盘连续油管完成多口井压裂施工。

（4）预留砂塞用于隔离各压裂层段而不是机械隔离，不仅提高了近井筒导流能力，还减轻了压裂之后清理机械封隔的作业费用。

（5）压裂结束后，井筒保持大通径，能实现压后生产测试评价。对多层改造井具有一定优势，井筒完整度较高。

（6）水力喷射环空压裂技术先向油管中泵入流体完成水力射孔过程，压裂液全部通过环空泵入，压裂时油管内的流量可保持为较小值，油管柱能起静管柱作用，用于实时监测作业过程中射孔及其附近的压力状况。

（7）水力喷射环空压裂技术较有效地解决了喷嘴寿命短和流量较低的问题，适用于对小的产层段单独压裂或把长井段分为较小井段压裂，具有更高的现场适用性及可操作性，可以应用于深井大规模加砂或者多层分压。

（8）环空压裂降低了对压裂液摩阻性能、耐高剪切性能的要求，拓宽了压裂液的选择范围。

七、技术应用范围

该工艺既可用于直井，也可用于定向井，不受井筒条件限制，尤其适合于特殊结构井，非标准尺寸。

水力喷射分段压裂技术不使用任何机械密封装置即可实现多级改造，解决了套变井、小井眼、管外窜槽、隔层条件差，以及地应力异常等特殊井分层改造问题，为疑难复杂井提供了安全简便的多级压裂技术，也可以在裸眼、盲管甚至套管完井的水平井内进行分段压裂。

（1）5½in 套管开窗侧钻，悬挂 4in、3¾in 尾管完井，采用常规分层压裂技术，目前暂无适合的高温高压小直径封隔器，无法实现分层压裂。

（2）固井质量差、管外窜槽，又需分层压裂的井，采用常规压裂易造成层间窜、管外窜或砂堵，最终造成大修事故。

（3）套变井分层压裂时，因套管轻微变形，入井封隔器本体外径相对缩小，过变形段后，封隔器存在不坐封的可能性，或者施工压力高，导致封隔器失效，造成砂堵。

（4）目的层离水层近或隔层差的井，采用常规水力压裂时，由于目的层井深、储层渗透率低，压裂时压力高，无法有效控制缝高、易压窜水层。

（5）大斜度井封隔器分层压裂面临两大风险：一是井深，封隔器坐封不严；二是封隔器能坐封，但压后无法解封，导致大修。

第五节　连续油管底封拖动压裂技术

一、工艺技术原理

底封拖动环空压裂技术是用连续油管一趟下入带底封喷砂射孔管柱，如图 9-19 所示，

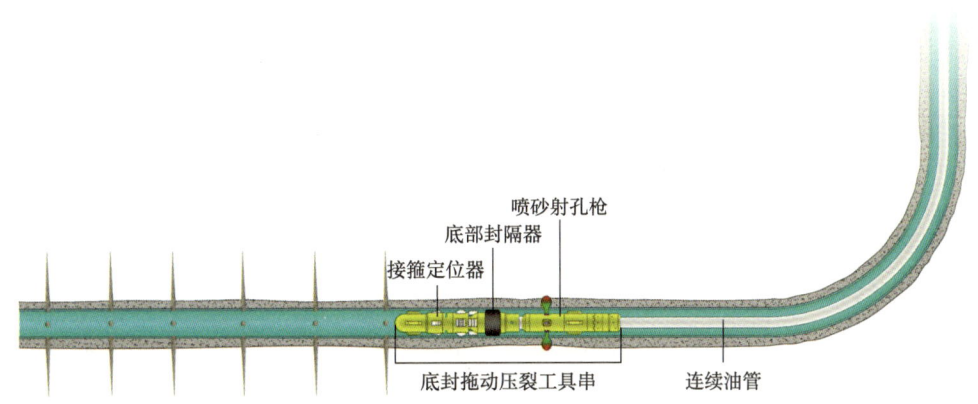

图 9-19　连续油管底封拖动压裂工艺原理示意图

至人工井底后上提，接箍定位器校深，再下放连续油管坐封底部封隔器，通过喷砂射孔打开压裂通道，环空压裂后上提连续油管，底部封隔器解封，完成第一级压裂改造；继续拖动连续油管完成其余各级喷砂射孔、环空压裂作业，最后提出连续油管排采。

一套工具完成所有任务，工具串起出后保留全通径井筒，具备生产条件且便于后期作业。不需要其他辅助工艺，高效、节能，一趟管柱施工，能实现无限级压裂。

二、工艺适用范围

（1）适用于直井、大斜度井、水平井等套管注水泥完井。

（2）适合多层段压裂改造、薄互层压裂改造、较大规模压裂改造、选择性压裂改造、长水平段压裂改造。

三、压裂工艺管柱

连续油管底封拖动压裂管柱由连续油管、连接器、丢手接头、双翼扶正器、喷砂射孔枪、压力平衡阀、底部封隔器、接箍定位器及引鞋组成，如图9-20所示，其中连接器、丢手接头为连续油管通用工具，其余组件为拖动压裂专用工具。与填砂压裂管柱结构相比，工具系统增加了底部封隔器，替代砂塞实现级间分隔。

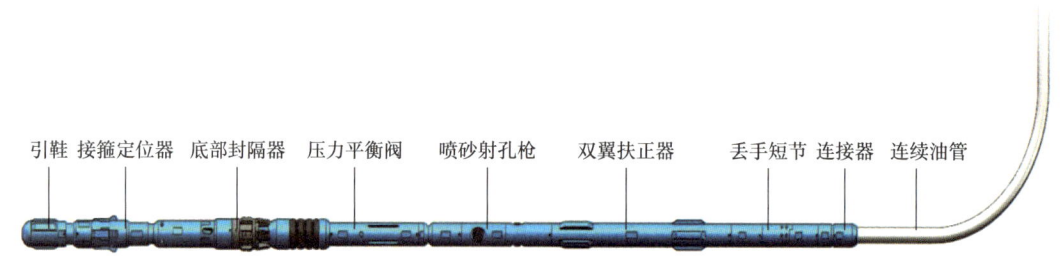

图 9-20　连续油管底封拖动压裂管柱组成示意图

根据完井套管尺寸，底封拖动压裂已形成 4½in、5in、5½in 三种压裂工具尺寸系列。4in、3½in 小套管因内径小，目前仍未设计制造出相配套的底部封隔器，压裂工艺仍以填砂压裂为主。表9-1 所示为 5½in 套管连续油管底封拖动压裂工具技术参数。

表 9-1　5½in 套管连续油管底封拖动压裂工具技术参数

序号	名称	外径		内径	长度	连接螺纹
		in	mm	mm	m	
1	外卡连接器	3⅛	79.4	41.3	0.23	2in CT & 1½in AMMT Pin
2	液压丢手接头	3⅛	79.4	31.8	0.44	1½in AMMT Box & Pin
3	双翼扶正器	4⁹⁄₁₆	115.9	46.0	0.69	2⅜in10 STUB ACME Box & Pin
4	喷砂射孔枪	3⅞	98.4	46.0	0.33	2⅜in10 STUB ACME Box & Pin
5	压力平衡阀	3⁹⁄₁₆	90.5	30.2	0.60	2⅜in 10 STUB ACME Box & 2in 10 STUB ACME Pin

续表

序号	名称	外径		内径	长度	连接螺纹
		in	mm	mm	m	
6	底部封隔器	4⅝	117.5	41.3	1.34	2in 10 STUB ACME Box & 2 9/16 in 10 STUB ACME Pin
7	机械式套管接箍定位器	5 3/16	131.8	39.7	0.37	2 9/16 in 10 STUB ACME Box & Pin
8	引鞋	4½	114.3	39.7	0.23	2 9/16 in10 STUB ACME Box

注：耐温：150℃；耐压：70MPa；总长：4.23m；最小作业层厚度：2m。

四、压裂工具组件

1. 外卡瓦连接器

外卡瓦连接器通过卡瓦实现与连续油管的连接与锁定，是一种高强度的连续油管连接器，与连续油管内通径一致，具有优异的抗拉伸及抗扭能力，是连续油管底封拖动压裂、桥塞钻磨、冲砂气举等作业最常用的连续油管连接工具。

外卡瓦连接器外观结构如图 9-21 所示。

结构特点：（1）可承受更大的拉伸载荷；（2）双密封设计保证高压密封性能；（3）与连续油管内通径一致；（4）无须特殊的井口安装工具即可完成安装。

2. 液压丢手接头

液压丢手接头用于工具串遇卡时，通过油管投球憋压，实现连续油管与下部工具串脱开，结构如图 9-22 所示。

结构特点：（1）操作灵活，丢手力可调；（2）独特卡槽式设计，有效抗扭；（3）球座设计，液压辅助丢手。

图 9-21 外卡瓦连接器示意图

图 9-22 丢手接头结构示意图

3. 扶正器

扶正器用于实现整个工具串居中，提升水力喷砂射孔的成功率，保证喷射孔眼规则。按扶正翼数量，扶正器可分为单、双翼两种，双翼扶正器结构如图 9-23 所示。

图 9-23 双翼扶正器结构示意图

结构特点：（1）最大过流面积设计，满足大排量加砂压裂要求；（2）特殊表面处理，抗冲蚀性极强；（3）八翼错布设计，提升管柱居中度。

4. 喷砂射孔枪

喷砂射孔枪是利用伯努利原理，通过喷嘴节流，使油管内的高压射孔液变换成高速射流将套管和水泥环射穿，沟通储层与井筒，工具结构如图 9-24 所示。

结构特点：(1) 喷嘴采用独特硬质合金，单喷嘴过砂量大于 $60m^3$；(2) 本体表面特殊处理，抗冲蚀反溅能力极强；(3) 喷嘴孔眼直径、布置相位灵活可调。

5. 压力平衡阀

压力平衡阀主要作用是配合底部封隔器实现顺利解封，在底部封隔器解封时，平衡底部封隔器上下压差，降低解封载荷，结构如图 9-25 所示。此外，平衡阀还可以提供反循环通道，用于砂堵过程中建立循环通道。

结构特点：(1) 上提开启，下压关闭，动作灵活；(2) 可反复开关 500 次以上；(3) 密封效果好，可承受 70MPa 压差；(4) 有反洗通道，工具串具备"自清洁"功能。

压力平衡阀结构为单向阀设计，施工砂堵可反洗井，同时上提可快速平衡封隔器上下压差，便于解封转层。

图 9-24 喷砂射孔枪结构示意图　　　　图 9-25 压力平衡阀结构示意图

6. 底部封隔器

底部封隔器实现重复坐封、解封功能，保证层间有效封隔，防止压裂过程中层间干涉，可对下部已压裂层位实施有效隔离，从而保证对目标层位的精细压裂。

连续油管压裂用底部封隔器与采油常用的 Y211 封隔器结构类似，但材料性能、技术指标更优，寿命更长，如图 9-26 所示。

图 9-26 底部封隔器结构示意图

结构特点：

(1) 上提解封，下压坐封，换向灵活。

(2) 独特高耐压耐磨胶筒，承压高。

(3) 内藏式排砂通道，降低砂卡风险。

(4) 卡瓦型式可调，满足不同钢级套管的使用。

(5) 高性能密封胶筒材质和单体式密封结构，能实现高温高压多次密封。

(6) 独特的卡瓦、锚定机构和坐封机构，具有坐封容易，承力、解封可靠的特点，可有效减小卡瓦对套管的损伤。

(7) 封隔器关键部位设计防砂卡冲砂孔槽，可有效防止砂卡。

7. 套管接箍定位器

(1) 功能作用。

定位：机械式套管接箍定位器在过接箍时有明显的示重变化，据此可以精确校准工具串深度,实现定点精准射孔,原理如图 9-27 所示。

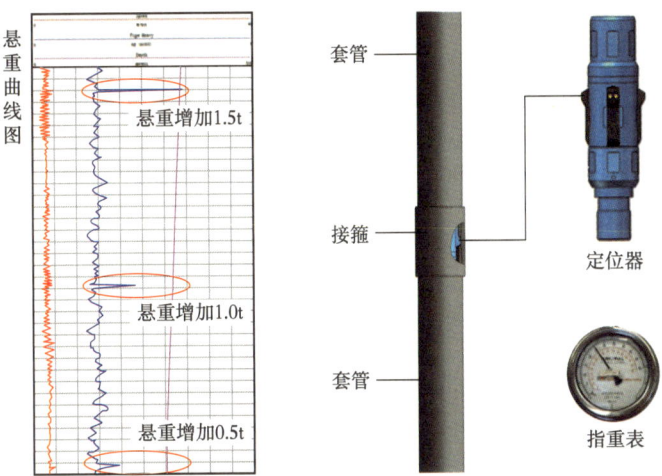

图 9-27 套管接箍定位器原理图

锚定:Y211 封隔器坐封时需锚定卡瓦组件,以实现精准换轨及卡瓦坐挂。锚定器结构功能与接箍定位器类似,在工具串组合设计中已逐渐用接箍定位器取代锚定器,如图 9-28 所示,简化了封隔器结构。

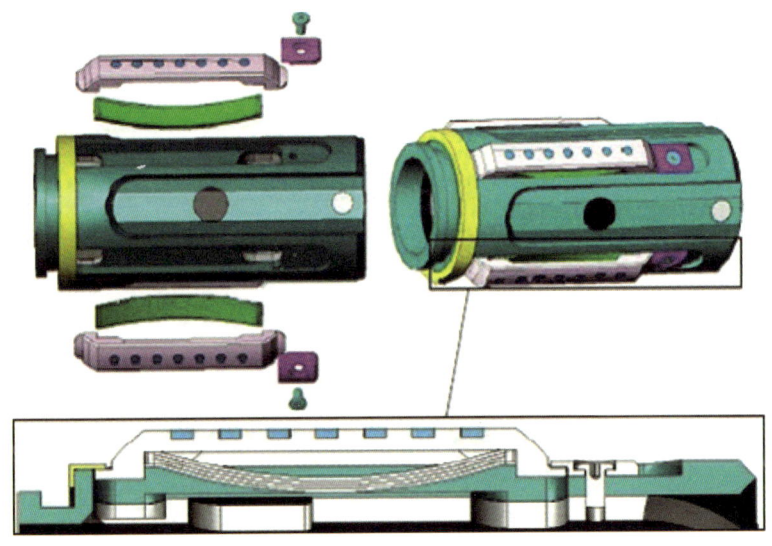

图 9-28 多片叠加弓形弹簧锚定器

(2)结构原理。

机械式套管接箍定位器结构如图 9-29 所示,在本体上安装有弹性卡爪,如图 9-30 所示,弹簧膨胀使定位卡爪紧贴套管内壁。卡爪上下采用不同角度倒角设计,使其下井时能平稳通过套管接箍,上提时弹性卡爪进入接箍内套管本体端部缝隙,因卡爪上角度改变了摩阻方向,需加大上提力才能克服摩擦力,迫使卡爪压缩弹簧收缩变形,卡块脱出接箍缝隙。通过连续油管悬重变化曲线，结合接箍测井曲线对比，精准探测套管接箍位置，实现工具串精准定位。

图 9-29 接箍定位器结构图

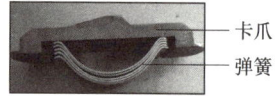

图 9-30 弹性卡爪结构图

（3）结构特点。

①套管接箍定位器所用弹簧为多片叠加的组合弓形弹簧，感应力一般为 5~30kN，过接箍有明显的载荷显示。

②卡爪独特耐磨处理（硬质合金柱、碳化钨涂层），信号显示长久稳定。

③过接箍显示示重可调（弹簧片数）。

④有排砂通道，在砂浆环境中可正常工作。

8. 引鞋

引鞋连接在整个工具串最下端，结构如图 9-31 所示，引导工具串顺利入井。

图 9-31 引鞋结构示意图

结构特点：（1）底部流线型设计，引导性强；（2）扶正条设计，具有一定扶正功能。

五、工具技术原理

1. 下放

下放管柱，换轨销钉（如图 9-32 中轨道图圆点所示）一直处于短槽上死点（下放工况），轨迹中心管通过换轨销钉推动卡瓦组件，工具串下行，如图 9-32 所示。

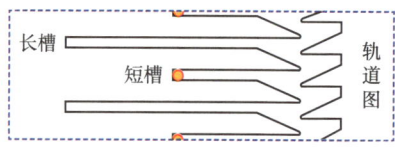

图 9-32 工具串下放状态示意图

2. 换轨

停止下放，准备换轨。

3. 换轨

上提管柱，打开平衡阀，如图 9-33 所示。

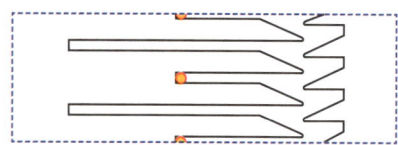
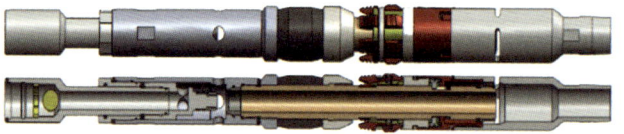

图 9-33 平衡阀打开示意图

第九章 连续油管拖动压裂技术

4. 换轨
继续上提，轨迹中心管上行，换轨销钉脱离短槽、处于换轨初始点，如图9-34所示。

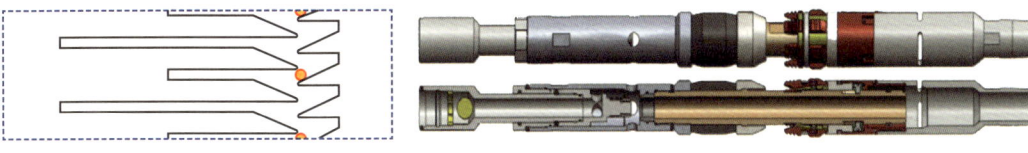

图 9-34 封隔器换轨状态示意图

5. 换轨
继续上提，换轨销钉进入换轨下半区，到达下死点，中心管从卡瓦组件拉出至最大位置；继续上提，工具串上行，完成下放与上提工况转换，如图9-35所示。

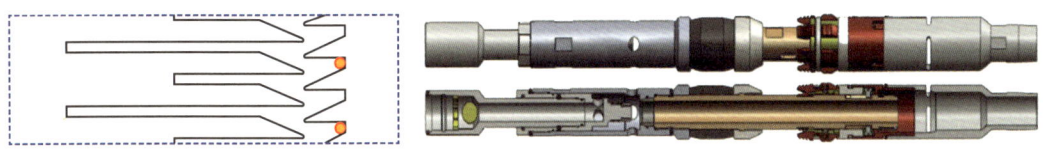

图 9-35 底部封隔器上提示意图

6. 上提
停止上提，准备换轨至坐封工况。

7. 换轨
下放管柱，关闭平衡阀，如图9-36所示。

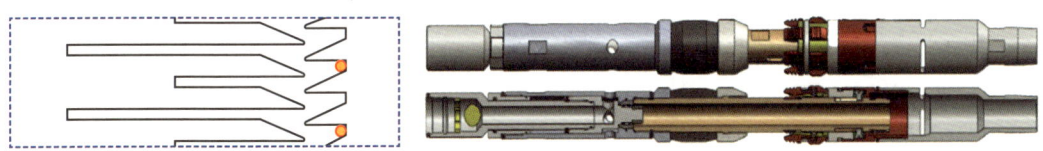

图 9-36 平衡阀关闭状态示意图

8. 换轨
继续下放，轨迹中心管下行，换轨销钉进入上半换轨区，如图9-37所示。

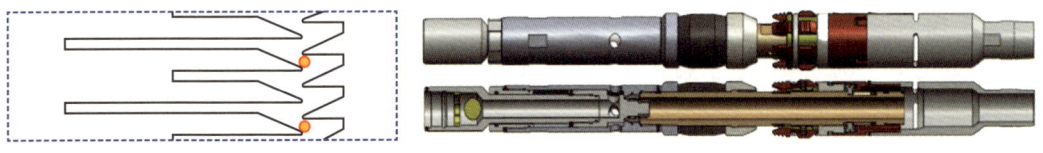

图 9-37 封隔器换轨状态示意图

9. 换轨
继续下放，轨迹中心管下行，换轨销钉处于换轨结束点，进入长槽轨道，如图9-38所示。

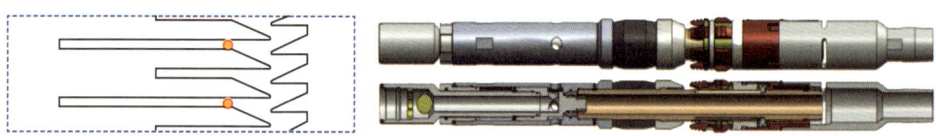

图 9-38　换轨销钉初入长槽示意图

10. 坐封

继续下放，轨迹中心管下行，换轨销钉到达长槽上部，锥座压紧、卡瓦张开、胶筒胀封，封隔器坐封，如图 9-39 所示。

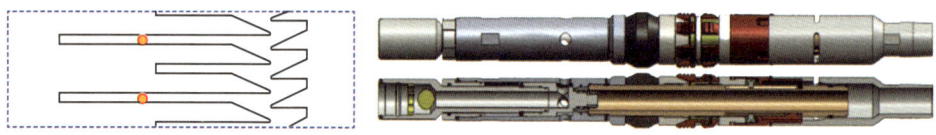

图 9-39　底部封隔器坐封示意图

11. 解封

上提管柱，打开平衡阀，如图 9-40 所示。

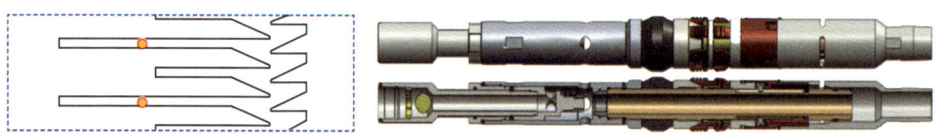

图 9-40　平衡阀打开示意图

12. 解封

继续上提，轨迹中心管上行，压缩胶筒复位、锥座退出、卡瓦松开，换轨销钉脱离长槽，进入下半换轨区，如图 9-41 所示。

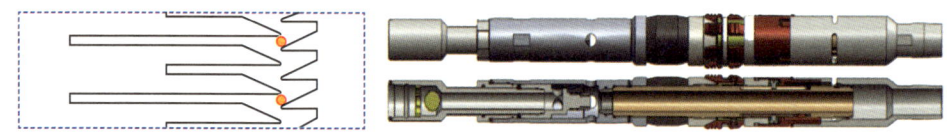

图 9-41　封隔器解封示意图

13. 解封

继续上提，轨迹中心管上行，换轨销钉到达下死点，工具串处于上行状态，如图 9-42 所示。

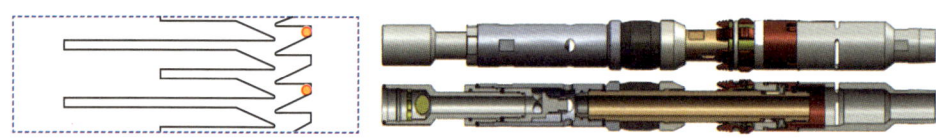

图 9-42　工具串上提状态示意图

六、工艺技术流程

连续油管底封拖动工艺技术流程如图 9-43 所示。

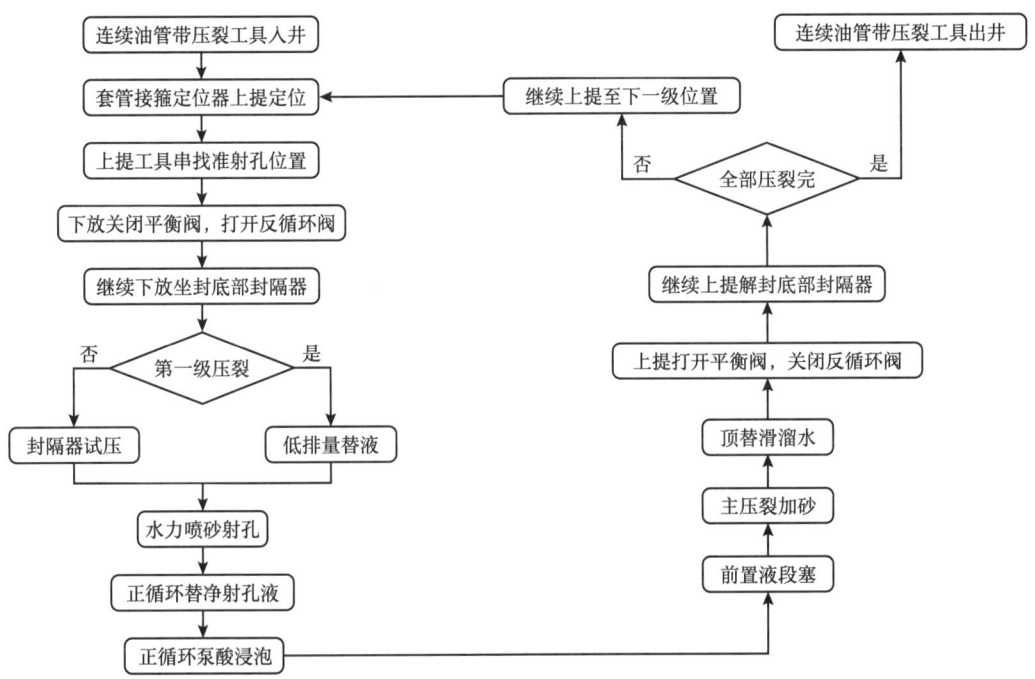

图 9-43　连续油管底封拖动压裂工艺流程图

七、工艺技术特点

（1）克服聚能射孔弹压实作用，解除近井地带封堵效应；
（2）精细化分层分段，精细化压裂，对层段级数无限制；
（3）连续油管上提下放实现底部封隔器解封、坐封，工艺灵活，转层快速；
（4）施工效率高，使用 1 套工具串就可完成超过 50 层的分段压裂施工；
（5）环空加砂压裂，可满足大液量、大排量、高砂比改造要求；
（6）施工结束后可快速进行放喷，减少了压裂后对油气层的污染；
（7）起出工具串后，井筒清洁完整、全通径，方便后续采油及修井作业。

第六节　连续油管射孔桥塞联作技术

一、工艺技术背景

在水平井分段压裂改造中，国内外主要使用电缆射孔与桥塞联作技术，具有封隔可靠、分压级数不受限制、压裂排量高、施工规模大、裂缝位置精准等特点，在非常规油气及低渗透、超低渗透储层改造中得到广泛应用。

电缆射孔与桥塞联作需要：

（1）连续油管作业队通井、冲砂、打捞、钻塞并配合完成第一级射孔；

（2）射孔队完成桥塞坐封和套管射孔；

（3）压裂队冲洗砂包并配合泵送桥塞；

（4）技术服务方优选射孔井段和桥塞坐封位置，还要准备泵送液，考虑顶替后井筒清洁、无沉砂。

在油田服务领域，上述四项业务都不是一个公司能够同时拥有的，这就造成射孔与桥塞联作施工中，动用设备多、服务人员多、作业工序多、控制节点多，最终导致组织协调难、应急能力弱、施工效率低、交叉作业多、施工风险高，尤其在出现井下复杂或发生工程事故时，推诿扯皮，很难提高效率、保证质量。

另外，采用电缆分级点火实现桥塞坐封及多簇射孔，需动用火工品，安保手续多、监管要求高，对恶劣气候条件适应性差；受电缆承重影响，射孔簇数有限，影响体积压裂规模；对工具性能及施工参数要求较高，一旦桥塞坐封后不能丢手或沉砂造成射孔枪卡，电缆将被剪断，造成井下事故。

二、电缆作业技术局限性

1. 斜深度大于6000m

由于电缆自身的张力有限，这时的井深对电缆具有一定的挑战，起下的风险很高。

2. 水平段大于3000m

目前水平段长度越来越长，甚至超过3000m。水平段过长，会造成泵送时间延长，这样不仅会降低总的施工效率，同时也会增加入井的液量，加大了对储层的伤害。

3. 停泵压力过高

电缆下入工具串都是带压作业，对动密封的要求较高，而电缆作业目前常采用注密封脂办法进行动密封，密封压力受到一定限制。在停泵压力过高的储层施工时，作业风险加大，施工效率也很低。

4. 地层吸液能力差的水平井

在水平井段采用电缆下入工具串的方式，由于电缆自身性质，必须进行地面供液泵送才能将工具串泵入到预定位置。当地层的吸液能力比较差时，稍微泵送就可能导致过高的泵送压力，这会造成泵送速度过慢甚至无法泵送到预定位置。

5. 过顶替

在施工过程中为避免井底沉砂对下入工具串造成的风险，一般采用过顶替措施。这种施工方式会造成缝口的导流能力大大降低，在生产过程中缝口的紊流效应将会逐步显现，这会对产量的提高产生巨大影响。

6. 轻微套变导致无法下入预定位置

轻微的套变就可能导致桥塞无法下入到预定位置，致使不得不舍弃一定的水平段来保证后续桥塞的坐封，这不仅影响总的改造体积和压后产量，也造成了综合成本的增加和经济效益的降低。

三、工艺技术原理

喷砂射孔与机械桥塞联作技术是用连续油管一趟完成压裂桥塞下入、坐封、丢手工序后,拖动连续油管至喷砂射孔枪对准第一簇射孔井段,喷砂射孔后再拖动连续油管完成其余各簇喷砂射孔作业,最后提出连续油管实现大排量多级套管压裂。

喷砂射孔与机械桥塞联作利用连续油管设备就可完成整趟作业,仅一家公司就可以承担全部作业,施工时动用的设备少、工序少、人工少,可以避免使用火工器材,安全性能高,对井况的适应性强,可根据体积压裂要求完成多簇射孔,射孔后进行光套管压裂,管柱摩阻小,有利于增大施工规模。桥塞钻除后井筒为全通径尺寸,便于油气井生产后期二次改造作业。

四、联作工具串结构

喷砂射孔与机械桥塞联作工具管柱由连续油管、连接器、液压丢手接头、刚性扶正器、接箍定位器、喷砂射孔枪、液压坐封工具和桥塞及其适配器组成,如图9-44所示。

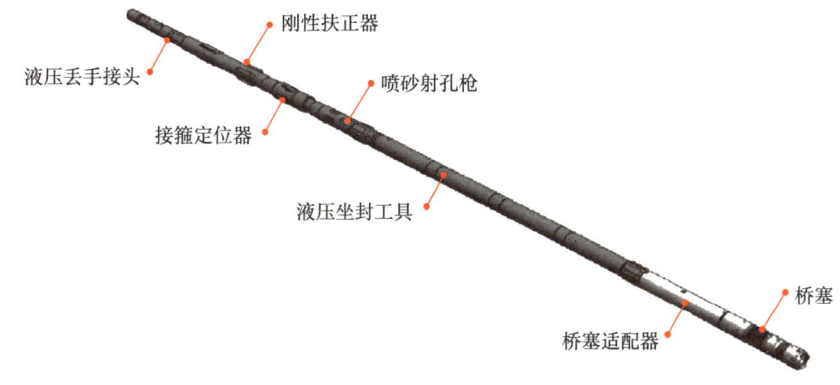

图9-44 连续油管桥射联作管柱结构示意图

连续油管与连接器连接,将工具管柱串连接在油管上,利用扶正器提高管柱串的刚性,在施工过程中使管柱串居中,如图9-45所示。

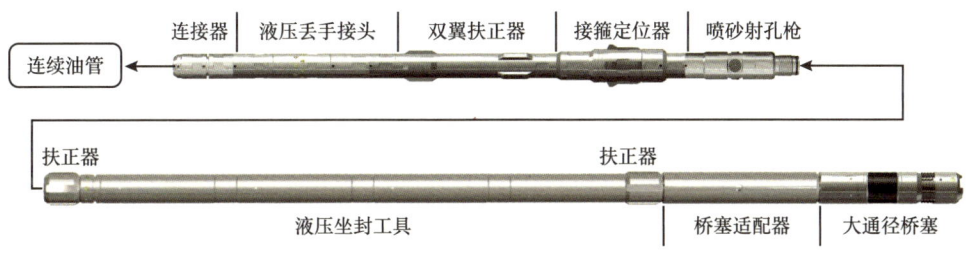

图9-45 连续油管桥射联作管柱连接示意图

1. 套管接箍定位器

接箍定位器校深准确,确保射孔位置精准。接箍定位器中包含弹簧和卡块,弹簧顶住卡块,使卡块紧贴套管内壁,通过卡块与套管接触的摩擦力来精准定位。接箍定位器上的卡块和套管壁接触,能给连接在其下的喷砂射孔滑套提供扶正作用。接箍定位器上的卡块使用耐磨材料制成或在卡块表面作耐磨处理,例如增加耐磨层。

2. 滑套式喷枪

滑套式喷枪应用在各种射孔工艺中，在滑套喷枪入井及桥塞坐封过程中，喷射通道处于关闭状态，如图9-46所示。桥塞坐封后上提喷枪至射孔位置，投球憋压剪断滑套销钉，滑套下移露出喷嘴，建立水力喷射通道，实现喷砂射孔。

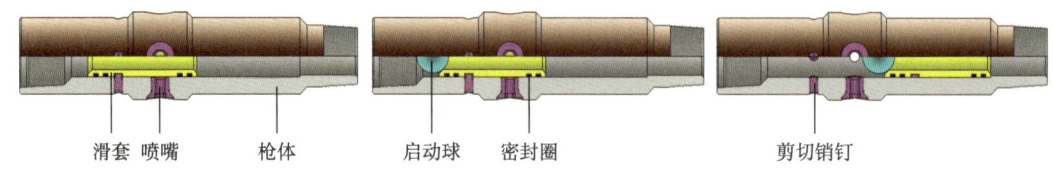

图9-46 滑套式喷枪结构示意图

特点：（1）优化的结构设计及表面处理技术，极大提高喷枪抗返溅冲蚀性能；（2）喷嘴布放位置及数量均可调节。

3. 液压坐封工具

（1）部件功能。

液压坐封工具结构如图9-47所示，下端连接桥塞及其适配器，可通过连续油管下入井中，到位后投球憋压，启动坐封工具，坐封桥塞，并完成桥塞脱手作业。

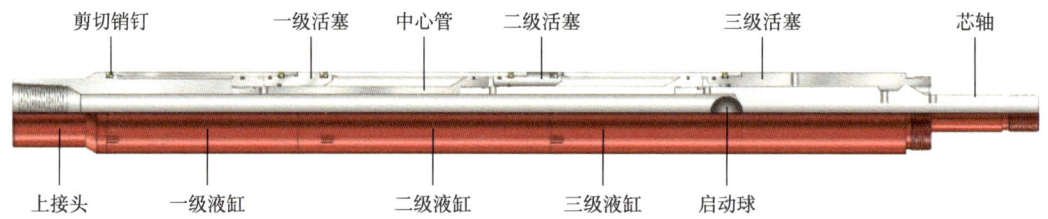

图9-47 液压坐封工具结构示意图

（2）结构特点：

①多级液缸设计，作业压力低；

②在桥塞坐封前后均可建立循环；

③选配不同适配接头，可适用于各类桥塞。

五、工艺技术流程

1. 下射孔工具串

用连续油管将射孔工具串送入井内，通过套管接箍定位器校深。引鞋连接在整个工具串的最下端，引导工具串顺利入井，如图9-48所示。

图9-48 首段射孔工具串入井示意图

2. 首段分簇射孔

应用喷砂射孔工艺开始第一簇射孔，结束后上提开始第二簇射孔，依次类推，直至完成本级所有簇喷砂射孔，如图 9-49 所示。

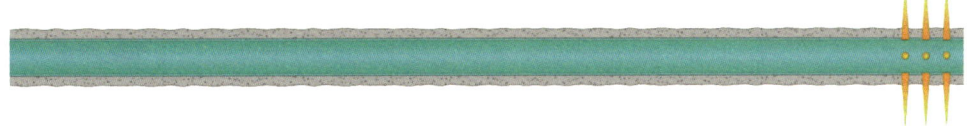

图 9-49　首段分簇喷砂射孔示意图

3. 首段压裂施工

提出喷砂射孔工具串，启泵完成首段压裂施工。

4. 下桥射联作工具串

用连续油管将射孔桥塞联作工具串送入井内，通过套管接箍定位器校深，下压裂桥塞至预定位置，使桥塞对准设计坐封位置，如图 9-50 所示。

图 9-50　桥射联作工具串入井示意图

5. 液压坐封桥塞

（1）循环洗井且通道顺畅后，从地面投 ϕ15.9mm 钢球，泵送推球。

（2）待钢球落在坐封工具球座后，连续油管内加压 20MPa，坐封桥塞并丢手。

（3）地面观察指重表，若连续油管悬重下降，证明丢手完成。

（4）环空试压 25MPa，稳压 5min。

6. 第二段喷砂射孔

（1）上提连续油管，通过接箍定位器校深，将射孔枪对准第一簇裂缝设计位置，从地面投 ϕ22.2mm 钢球；待钢球落在射孔枪滑套上，连续油管内加压 35MPa，剪切滑套连接销钉，滑套与钢球一同下落至滑套座，封堵下面通道。

（2）从连续油管内泵注射孔液，当射孔液距离喷嘴 200m 时，提高排量喷砂射孔，射孔液经射孔枪本体喷嘴，射穿套管、水泥环和近井地层，形成射孔孔眼并从油套环空返出，如图 9-51 所示。

图 9-51　桥射联作工具串射孔示意图

（3）射完第一簇后，根据工艺需求，上提连续油管，重复第一簇喷砂步骤，依次完成其余簇射孔。

7. 第二段压裂

（1）射孔完成后，将联作工具串上提至井口防喷管内，井内结构如图 9-52 所示。

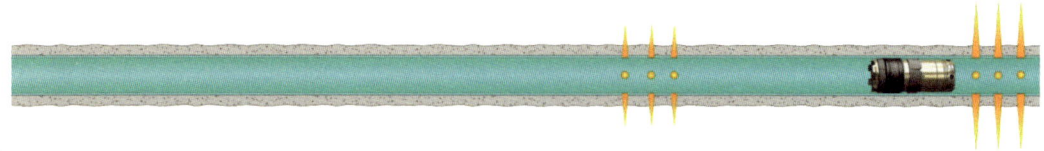

图 9-52 桥射联作工具串起出后井筒示意图

（2）投球封闭桥塞循环孔，从光套管泵注压裂液进行大排量压裂施工，如图 9-53 所示。

图 9-53 桥射联作压裂示意图

8. 后续各级压裂

重复 4.~7. 施工步骤，完成本井后续所有级次压裂施工。

六、工艺技术优势

喷砂射孔与机械桥塞联作技术实现了一趟管柱坐塞和分簇射孔，与常规电缆射孔与桥塞联作工艺相比，具有一定的相似度，但该工艺可解决电缆作业无法克服的一些问题，具备以下技术优势：

（1）可应用于深井或长水平段井，使用井深可达到 6000m；
（2）在高停泵压力井该工艺仍然可以使用；
（3）可替代常规连续油管传输射孔，便于分簇射孔；
（4）微套变井可以应用该技术，受井眼尺寸影响相对较小；
（5）在出现井下复杂情况时该技术可应用于补救；
（6）节约了连续油管起下时间及综合成本；
（7）分级压裂级数及射孔簇数不受限制；
（8）推桥塞风险小、用液少，砂堵易处理。

第七节　连续油管开关滑套压裂技术

一、技术原理概述

无限级固井滑套压裂技术是将全通径压裂滑套随套管入井后注水泥固井，压裂时通过连续油管下入底封拖动压裂工具串，将封隔器坐封在滑套内筒，环空憋压打开滑套，滑套打不开时喷砂射孔重建压裂通道，如图 9-54 所示。

压裂作业通过环空泵注，压后上提油管，封隔器解封，继续拖动连续油管完成其余各级滑套开孔、环空压裂作业。工具串一次入井、压裂级数不受限制，压后井筒全通径。

第九章 连续油管拖动压裂技术

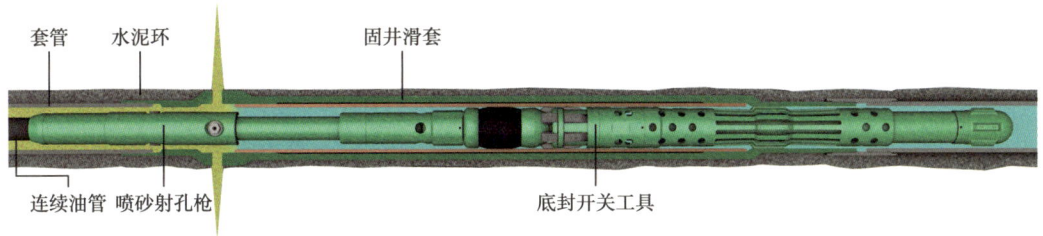

图 9-54　连续油管开关滑套压裂工艺示意图

二、固井滑套完井工具

采用无限级固井滑套压裂技术，无须改变钻井、完井方式，按照正常的钻完井程序，下入与套管相匹配的压裂滑套，如图 9-55 所示，将无限级固井滑套作为套管串的一部分，与套管串一同下至设计压裂位置，并按正常程序固井。

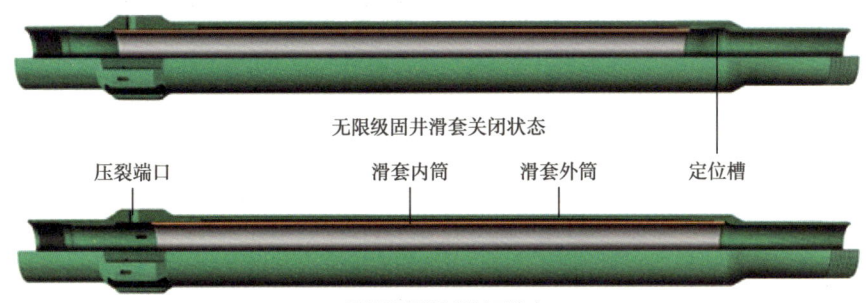

图 9-55　无限级固井滑套开关状态示意图

1. 压裂用趾端固井滑套

下套管时随套管一起下至井底，不干扰固井施工，启动压力设置值超出固井施工压力，如图 9-56 所示。工作筒强度超出套管串扭矩或与之匹配，满足工艺需要。

具有如下特点：（1）简短设计，与 4½in、5in、5½in 套管相匹配；（2）流道大，允许进行大排量施工；（3）牢固的一体化工作筒，抗内压超过 19000psi（131MPa）。

图 9-56　趾端固井滑套外观示意图

343

2. 无限级固井滑套

无限级固井滑套连接在套管上，和套管一起固井，并被定位在要压裂的层位上，实现了管外级间封隔，消除了投球滑套或压差滑套使用局限性。

无限级固井滑套按长度分长筒和短筒两种，短筒型滑套包含滑套总成和套管连接短节，采用上内下外扣型设计，便于操作和组装，如图9-57所示，技术参数见表9-2。

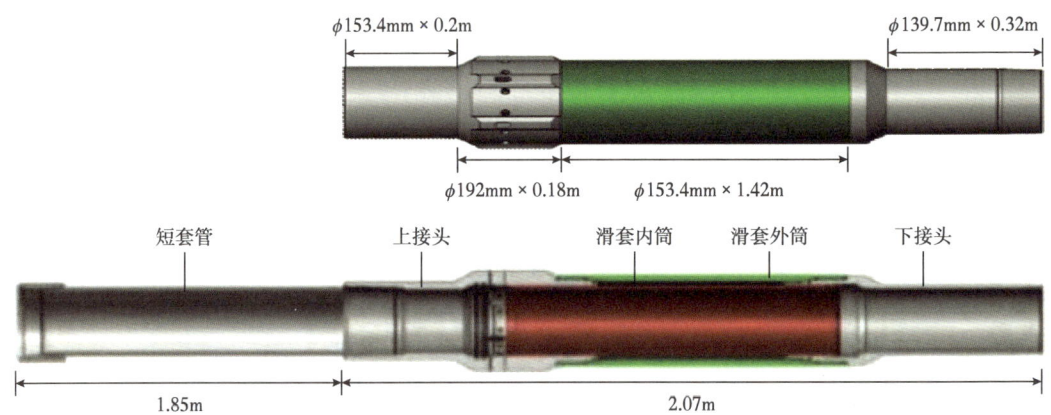

图 9-57　短筒型无限级固井滑套结构示意图

表 9-2　短筒型无限级固井滑套技术参数

滑套规格（in）	外径（mm）	内径（mm）	长度（m）	耐温（℃）	耐压（MPa）	材质	开启压差（MPa）
5½	192	121	3.92	150	70	P110	15

长筒型无限级固井滑套结构如图9-58所示，滑套各组件外径一致，滑套总成由上下接头、上下密封圈、内外筒及剪切销钉组成，结构极其简单，动作可靠性高。上接头中间开有压裂端口，下接头中间为开关工具串定位槽，上下接头通过螺纹与外筒实现连接；内筒与上下接头内采用"O"形密封圈密封，并通过压裂端口间剪切销钉固定在上接头上。

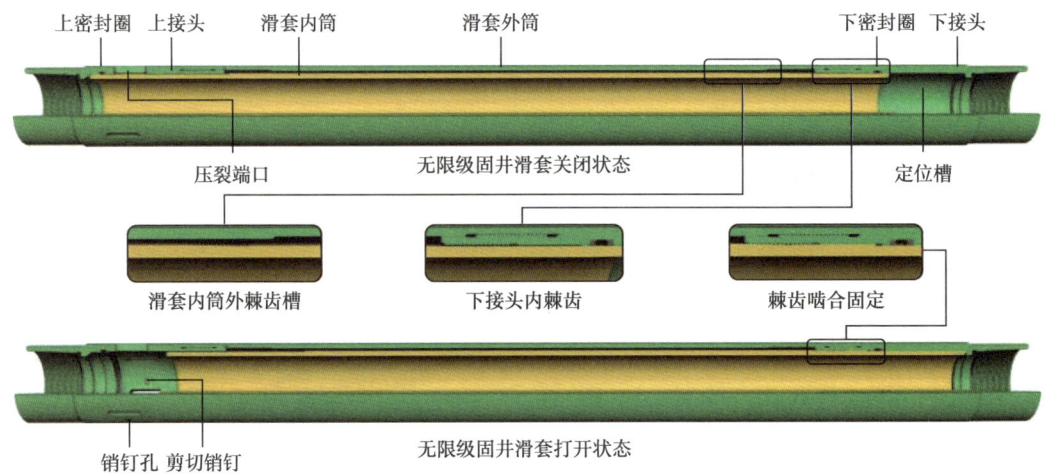

图 9-58　长筒型无限级固井滑套结构示意图

下接头上端内圆面加工成棘齿形状，内筒下部外圆面加工有棘齿槽。销钉剪断后，滑套打开，下接头内棘齿卡在内筒外齿槽内，内筒与套管柱联结固定，压裂端口永久打开。

三、可重复开关滑套

1. 滑套结构原理

可重复开关滑套根据使用工况需要进行多次打开关闭作业，定位机构采用爪簧结构，如图9-59所示。下接头上端加工成爪簧，内筒下部外圆面加工有两道爪簧槽，爪槽相嵌对滑套内筒起轴向固定作用。爪簧头内侧上下设有倒角，初始状态下，滑套关闭，爪簧嵌入在滑套内筒下环槽内。

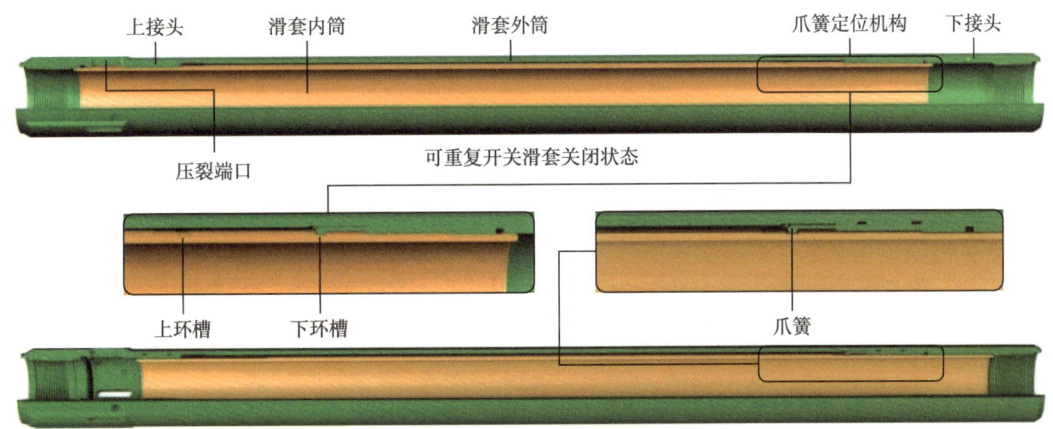

图9-59 可重复开关固井滑套结构示意图

当内筒受轴向压力时，爪簧在环槽上斜面挤压下张开，爪簧头外侧抵在滑套外筒内壁上。下压力足够大时，爪簧变形，内筒下行，爪簧头滑出下环槽。当内筒上环槽移动到爪簧头时，爪簧弹力释放，爪簧头弹入上环槽内，从而实现滑套打开状态下内筒定位。当内筒受拉时，滑套上行，爪簧头重新弹回下环槽，如图9-60所示。

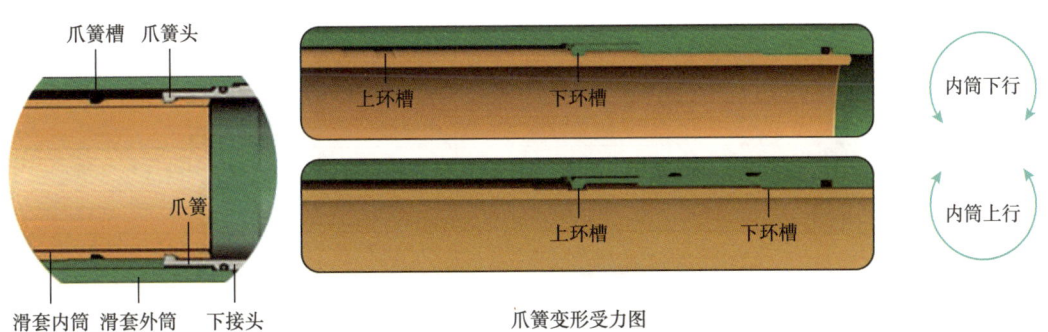

图9-60 可重复开关固井滑套定位原理图

2. 可重复开关滑套技术特点

（1）每一级压裂结束后关闭滑套，使该级裂缝自然闭合，避免出砂；

(2)压裂时可任意选择压裂顺序,不必逐级压裂;

(3)可选择部分层位压裂后生产一段时间,再根据需要压裂剩余层位;

(4)可压裂所有层位,但只打开部分层位进行生产;

(5)生产过程中发现某层出水严重时,可单独下一趟工具将某一级或几级关闭,从而缓解水淹;

(6)生产一段时间后,如需对某级重复压裂,可将所有滑套关闭后,将某滑套打开,单独对该层进行重复压裂,压裂结束后将其他滑套全部打开,从而延长单井寿命、增加累计产量。

四、固井滑套压裂管柱

无限级固井滑套压裂技术采用可重复坐封封隔器,机械式开启滑套,封隔器可以逐级打开每一个滑套。这种技术不需要泵送桥塞、不需要投球,因此也不需要钻磨,作业过程安全高效。

无限级固井滑套压裂工具串主要由卡瓦连接器、液压丢手接头、刚性扶正器、喷砂射孔枪、压力平衡阀、可重复坐封封隔器、滑套定位器、测压短节及引鞋组成,如图9-61所示。反循环阀、压力平衡阀、压缩封隔器及滑套定位器采用一体化设计,测压短节、引鞋连接在封隔器中心管上,结构紧凑、长度缩短,尤其适合水平井压裂作业。

图 9-61 无限级固井滑套压裂管柱结构示意图

NCS 无限级固井滑套压裂管柱技术参数见表 9-3。

表 9-3 NCS 滑套开关工具串技术参数

序号	工具名称	工具扣型	外径(mm)	长度(cm)	累计长度(m)
1	连接器	2in CT×2.5in SA Pin	79.4	20.0	0.02
2	丢手接头	2.5in SA Box×2.5in SA Pin	79.4	30.5	0.51
3	扶正器	2.5in SA Box×2.5in SA Pin	118.1	91.5	1.42
4	球座	2.5in SA Box×2.5in SA Pin	79.4	11.0	1.53
5	扶正器	2.5in SA Box×2.5in SA Pin	118.1	91.5	2.45
6	喷砂射孔枪	2.5in SA Box×2.5in SA Pin	94.0	31.0	2.76
7	平衡阀	2.5in SA Box×2$\frac{3}{8}$inSA Pin	82.5	61.3	3.37
8	封隔器	2$\frac{3}{8}$inSA Box×2$\frac{3}{8}$in SA Pin	118.1	78.0	4.15
9	滑套定位器	2$\frac{3}{8}$inSA Box×2.5inSA Box	132.0	62.5	4.77
10	转换接头	2.5inSA Pin×2$\frac{3}{8}$inEUE Box	78.0	16.0	4.93
11	压力计	2$\frac{3}{8}$inEUE Pin×2$\frac{3}{8}$in EUE Pin	78.0	71.5	5.65
12	引鞋	2$\frac{3}{8}$inEUE Box	118.1	20.0	5.85

注:压力级别,承受压差 8500psi。

五、固井滑套压裂工具

1. 可重复坐封封隔器 / 压力平衡阀

可重复坐封封隔器锚定在滑套内筒上,既是压裂滑套机械开关工具,也是级间隔离工具。作业时,封隔器下放坐封、上提解封,可实现一次入井多次重复坐封;平衡阀上提打开、下压关闭,可平衡胶筒上下压差,助力封隔器解封,如图 9-62 所示。

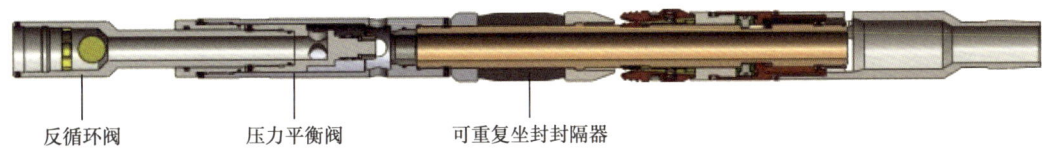

图 9-62 可重复坐封封隔器 / 压力平衡阀结构示意图

重复坐封封隔器中心管加工有 J 轨换向槽,实现封隔器自动坐封和解封,结构原理如图 9-63(a)所示。

(1)工具串下入预定深度后下放,定位器摩擦块与内筒壁贴紧,从而提供坐封所需的初始摩擦力;继续下放,平衡阀关闭,如图 9-63(b)所示。

(2)中心管下移,导向销进入长轨槽,卡瓦在锥体下压时撑开,从而卡在内筒壁;胶筒随中心管下移过程中,受到压缩而扩张,与内筒壁形成环形密封,坐封完成,如图 9-63(c)所示。

(3)上提工具串,平衡阀开启,封隔器导向销换向,封隔器解封,如图 9-63(d)所示。

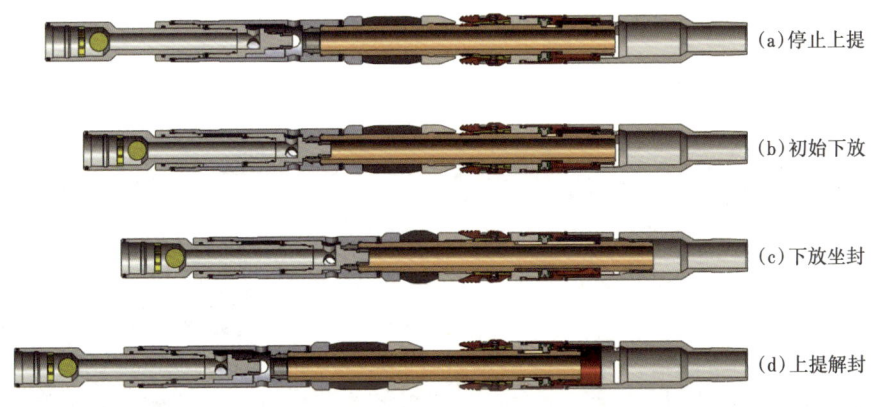

图 9-63 可重复坐封封隔器 / 压力平衡阀工作原理示意图

2. 滑套定位器

滑套定位器中间为凸台结构,本体上有沿周向均匀排布的宽缝,使凸台具有一定弹性,形成弹簧键,如图 9-64 所示。上提工具串时,弹簧键嵌入滑套底部凹槽内,连续油管悬重增加,可清楚判定封隔器已进入滑套内筒。定位器弹性可通过缝宽和缝长来调整,易于控制。井内残留水泥时弹簧键变形影响较小,不会出现卡死现象,可靠性较高。

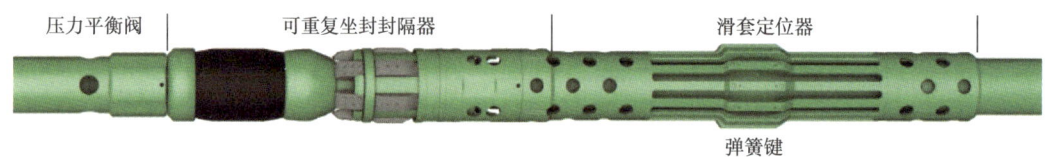

图 9-64　滑套定位器结构示意图

3. 泄压短节

在第一级滑套打开前,在工具串的末端需要一个泄压通道。泄压机构是一个破裂盘阀,位于滑套定位器下部、封隔器中心管上,如图 9-65 所示。当封隔器推动滑套下移时,盘阀破裂,流体进入中心管内。

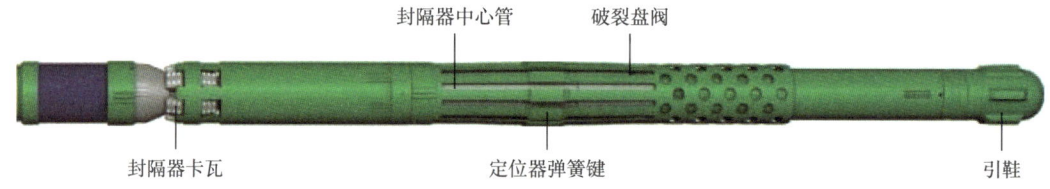

图 9-65　泄压短节结构示意图

4. 喷砂射孔枪

喷砂射孔枪可对光套管进行射孔,当滑套打不开或地层压不开时,无须重新起出工具,可上提工具串至其他位置,坐封封隔器、喷砂射孔重建压裂通道,代替滑套沟通井筒与储层,还可根据施工情况随时在任意位置增加压裂级数,如图 9-66 所示。

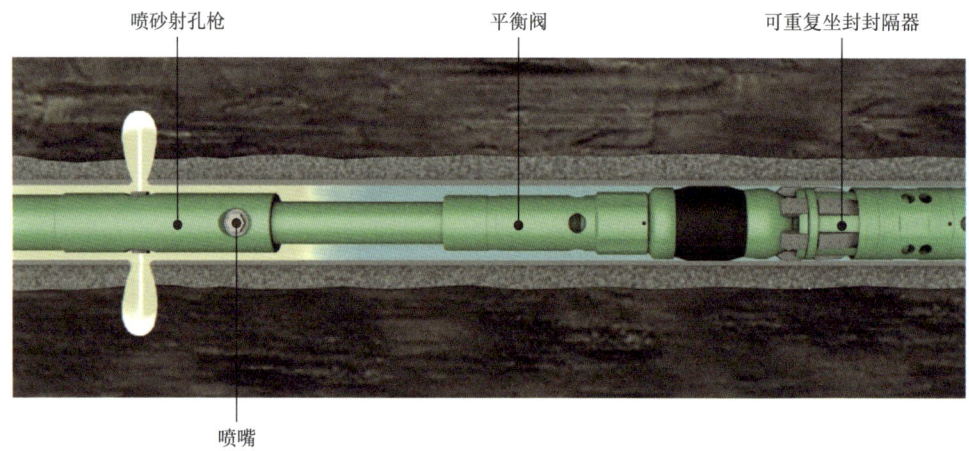

图 9-66　喷砂射孔枪位置示意图

4 个喷嘴水力喷砂射孔面积相当于 16 颗聚能射孔弹射孔面积:
(1)喷砂射孔孔径:1in,4 孔横截面积:$4×π×1^2/4=3.14\text{in}^2$。
(2)聚能射孔孔径:0.5in,16 孔横截面积:$16×π×0.5^2/4=3.14\text{in}^2$。

5. 井下压力/温度计

在拖动压裂工具串封隔器上、下各安装一套存储式压力/温度计，记录每一级施工井下数据，如图 9-67 所示。

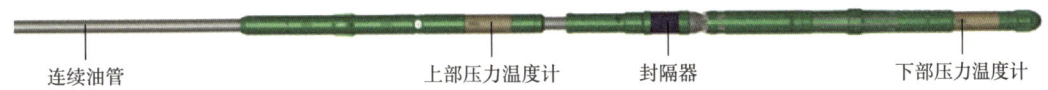

图 9-67　井下压力/温度计位置示意图

井下压力/温度计可帮助压裂工程师解决以下问题：

（1）压力封隔及沟通情况：封隔器、固井水泥环的封隔情况。
（2）裂缝延伸情况。
（3）确定最小的压力级间距：通过多次尝试，不断缩小级间距，在保证压力封隔良好的情况下确定最小的压裂级间距。
（4）反应砂堵情况：井下压力的变化可直观反映砂堵情况。
（5）优化压裂程序：井下压力数据没有管柱摩阻干扰，可以更精确分析油藏特性，为后期该区块压裂设计提供更精准的油藏资料。

存储式压力/温度传感器结构如图 9-68 所示，图 9-69 所示为井下封隔器上下实测压力/温度曲线，从曲线图可以看出：

（1）下部压力不随上部变化而改变，表明压力封隔良好；
（2）上部温度反映压裂液对井筒的冷却作用；
（3）下部温度反应地层温度逐渐回升。

图 9-68　存储式压力/温度传感器

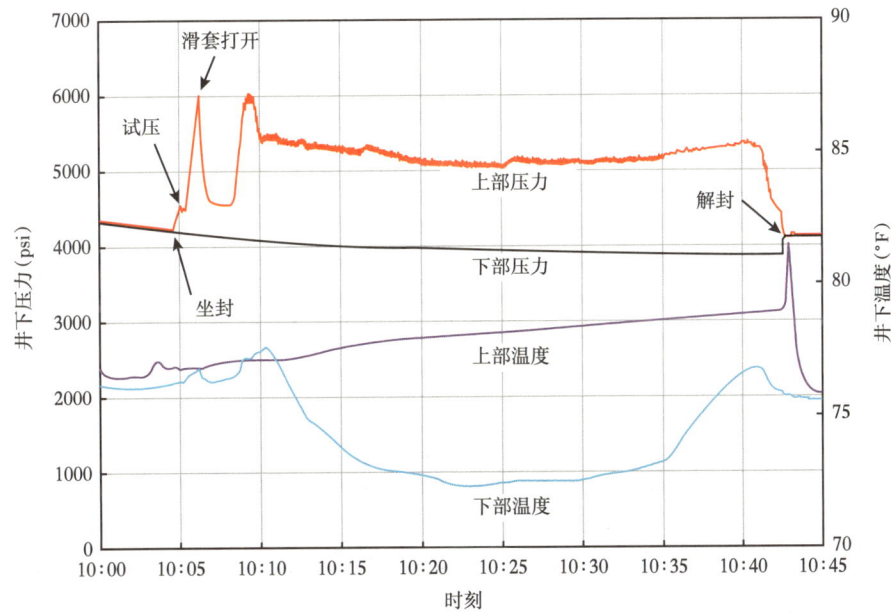

图 9-69　井下实测压力/温度曲线图

六、施工工艺流程

（1）将底封拖动压裂工具串与连续油管连接，并匀速下入井内。工具串进入斜井段后，通过刚性扶正器、封隔器卡瓦、定位器弹簧键及引鞋使整个工具串处于居中位置，降低工具串与套管摩阻，使工具串顺利入井，并通过连续油管下深、封隔器行程及悬重变化找正井底位置。

（2）压裂工具串触底后，缓慢、匀速上提工具串，此时注意观察表盘悬重指示，滑套定位器弹簧键嵌入滑套下部凹槽后，继续上提悬重增加，立即停止上提作业，可重复坐封封隔器准确定位在滑套内筒上。

（3）缓慢下放工具串，封隔器卡瓦锚定于滑套内筒壁，平衡阀关闭，继续下放，轴向下压载荷撑开卡瓦，下压力作用在滑套内筒上，同时挤压胶筒将封隔器上下井筒隔开，封隔器坐封。

（4）封隔器锚定、坐封后，在胶筒上部环空打压，因封隔器与滑套内筒通过卡瓦锚定成一体，环空压力增加15MPa后，工具串和滑套内筒一起向下推移，从而打开滑套端口，沟通井筒和地层。采用液压方式打开滑套，克服了连续油管在水平段内自锁、下推力可能打不开滑套的难题。

滑套打开过程中，压裂工具串与滑套内筒一起向下推移，连续油管下压力减轻，并通过地面悬重显示出来。

滑套打开时，工具串与滑套内筒一起向下推移，环空容积增大，压力降低，通过实时井底压力、连续油管压力及地面环空泵压显示出来。

一旦滑套打开，滑套内筒与工具串同步下移，定位器弹簧键收拢并脱离定位槽，进入套管短节；与此同时，滑套内筒滑移至凹槽位置，定位槽关闭。在滑套打开而地层不进液时，排除压裂滑套打不开的嫌疑。

（5）压裂时，从环空泵注压裂液进入滑套对应储层；压裂过程中，连续油管可实时监测井底压力，并根据压力变化，实时调整前置液规模、砂浓度和排量，提高压裂成功率，低排量下也可用连续油管泵注压裂液。

（6）压裂结束后，上提连续油管，打开平衡阀，解封封隔器；上提工具串至下一级滑套位置，逐级完成所有压裂；压裂结束后，起出井内连续油管及工具串，排液投产。

七、可重复开关滑套操作方法

可重复开关滑套压裂工具仍采用底封作业方式，但卡瓦结构发生变化，从单卡瓦设计变为上下双卡瓦结构，如图9-70所示。

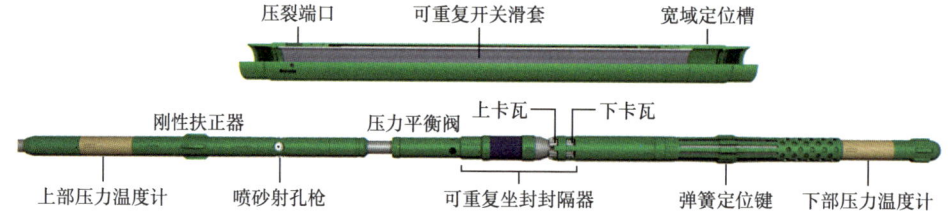

图9-70 双卡瓦底封开关工具结构示意图

双卡瓦底封开关工具上下卡瓦状态如图 9-71 所示，图 9-71a 所示为正常起下时，双向卡瓦呈收起状态；图 9-71b 所示为开滑套时，上卡瓦卡住滑套中心管，打压开滑套；图 9-71c 所示为关滑套时，下卡瓦卡住滑套中心管，上提关滑套。

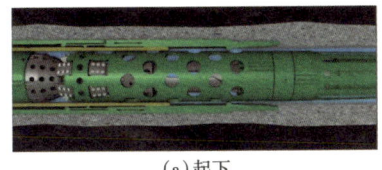 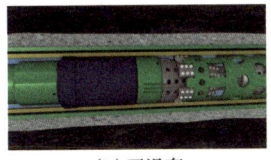 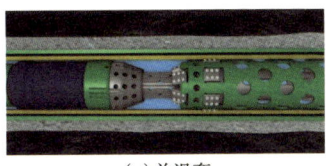

(a) 起下　　　　　　　　(b) 开滑套　　　　　　　　(c) 关滑套

图 9-71　双卡瓦底封开关工具卡瓦状态示意图

可重复开关滑套作业技术流程如图 9-72 所示：

第一级压裂结束后，上提连续油管，打开平衡阀、解封封隔器。在工具串上提过程中，卡瓦水力锚激活滑套关闭功能；工具串上提至下一级位置，重复打开滑套、环空压裂步骤，并且在压裂结束后关闭本级滑套，使裂缝自然闭合，减少出砂。从上一级压裂结束到下一级压裂开始，只需要 5min 即可完成准备工作。

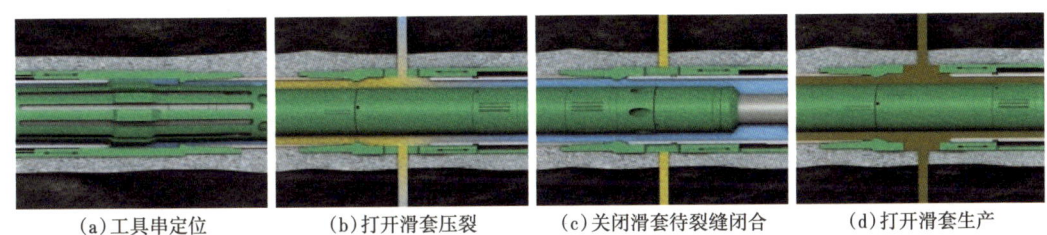

(a) 工具串定位　　(b) 打开滑套压裂　　(c) 关闭滑套待裂缝闭合　　(d) 打开滑套生产

图 9-72　可重复开关滑套作业技术流程

全部压裂结束后，工具不用提出井口，只需上提到直井段，通过连续油管液压激活滑套打开功能、断开滑套关闭功能。之后将工具串下入井底，上提逐级打开所有滑套，起出工具即可投产。

八、工艺技术优势

与射孔桥塞联作相比，无限级固井滑套压裂工艺优势如下。

1. 施工水马力低

无限级固井滑套压裂技术，集中水马力在单级压裂点，不需要将水马力施加在多个射孔簇，只需要三分之一的水马力即可达到与其他工艺相当的压裂效果。

2. 降低压裂车用量

无限级固井滑套压裂排量 4~6m³/min，一般只需要 3~5 台 2500 型压裂车，而射孔桥塞联作每级压裂 4~6 簇，排量 12~16m³/min，需要 12~16 台 2500 型压裂车。

3. 降低施工泵压

井口压力降低 40%，对井口装置压力等级、套管钢级/壁厚要求较低。

4. 环境伤害低

无限级固井滑套压裂降低了施工排量，也相应降低了施工压力，压裂施工仅使用较少的水马力，降低了设备油料消耗、噪声污染，需要的井场面积更小，设备动员和作业人员也大大减少，降低了 HSE 风险。

5. 压裂液用量少

连续油管拖动压裂，前置液可提前循环至目的层位，能有效减少压裂液用量，连续油管所占的充填体积，也降低了压裂液用量，并且不需要泵送桥塞或推球，比其他方式节约 10%~20% 压裂液使用量。

连续油管不仅能带压传送工具，而且能实时监测压裂时井底压力，更准确地分析裂缝延伸情况。比如，可避免当出现砂堵情况时无法提前预见，从而导致压裂液的大量损耗。

6. 作业周期短

与射孔桥塞联作相比，无限级滑套压裂采用连续油管带井下工具连续带压作业，级与级之间不需要拆卸井口装置，无须中断井口流程。只需几分钟时间解封封隔器并移到下一级，重新坐封并打开滑套。从上一级压裂结束到下一级压裂开始，只需 5min 即可完成准备工作，级间转换速度快，车组待命时间短、利用率高。在水源供应充足的情况下，每天可完成 7~9 级压裂。

7. 施工成本低

无需投球、无需射孔、无需桥塞封隔，压后更无须带压钻磨，消除了射孔桥塞联作工具串、连续油管钻磨工具串卡钻等工程事故及井下复杂情况，作业风险小、施工成本低。

8. 快速解除砂堵

一旦出现砂堵，可用连续油管快速循环，高效解决砂堵问题。

9. 压后快速投产

压裂结束后，起出工具串，全通径井筒，无需钻磨桥塞、球座，快速投产。

九、增产效果分析

与缝网压裂干扰理念不同，无限级固井滑套压裂以避干扰、密切割、精细压裂增产理念为主，将支撑剂泵入指定地层进行精确改造，从而充分改造所有储层，如图 9-73 所示。

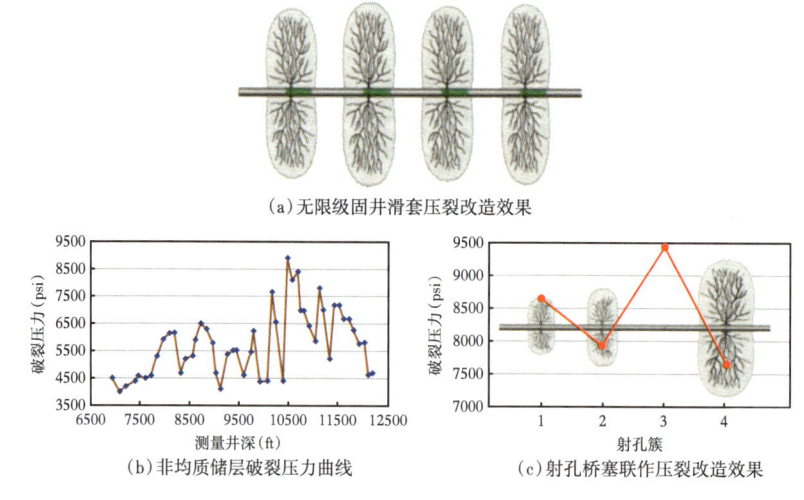

图 9-73 无限级固井滑套与桥射联作压裂效果对比图

1. 工艺增产技术原理

（1）精确压裂定位。

在固井套管内，无限级固井滑套压裂技术通过打开滑套或喷砂射孔方式压裂，从而设计好最佳压裂规模，对储层段进行精确地压裂改造。但是用桥塞/射孔完井，就无法确定某一簇是否被有效地压裂改造。如果用滑套/球座裸眼完井，起裂位置在相邻两个封隔器之间，甚至会在封隔器的位置上起裂，这将导致压裂改造的不均匀，并难以确定压裂改造的间距。

（2）无级数和级间距限制，可选择任意级数和级间距，达到最佳产量。

（3）更有效的支撑剂充填。

在压裂的过程中，连续油管可以实时监测压裂时的井底压力。根据地层的压力响应，实时调节加砂量、砂浓度和排量，从而控制裂缝规模，避免砂堵。

2. 桥射联作压裂劣势

用射孔桥塞联作方式压裂，由于储层的非均质性，各射孔簇破裂压力大小不一，压裂液和支撑剂主要进入破裂压力低的地层，改造比较充分，而破裂压力高的地层改造不充分，甚至未改造。

桥射联作压裂劣势表现为：

（1）实际段长、簇间距无法预先判断；

（2）压裂缝长不一致；

（3）储层沟通性差；

（4）已经过微地震监测证明。

图9-74所示为井下成像显示的射孔桥塞压裂后孔眼情况，有效改造的射孔簇被支撑剂打磨光滑，未有效改造的射孔簇管壁光滑，但孔眼仍有毛刺，未改造的射孔簇没有进液，孔眼没有被支撑剂打磨光滑，毛刺较多。

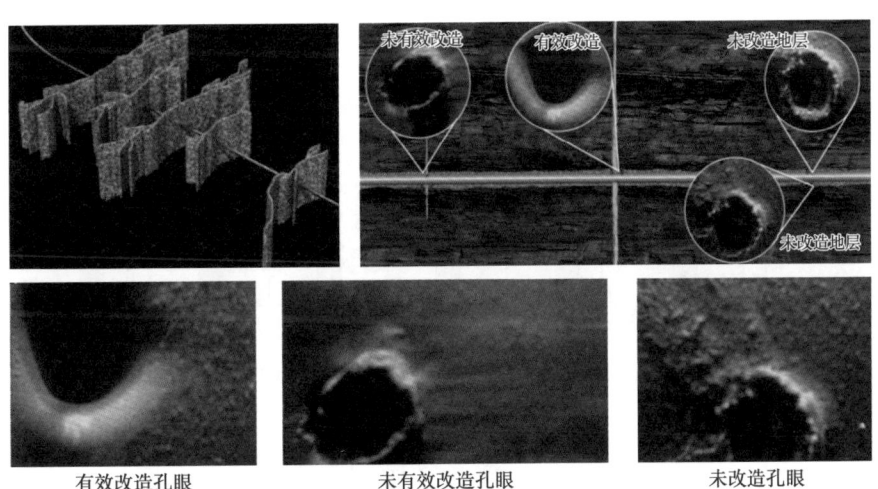

图9-74 桥射联作压裂效果成像评价分析成果图

3. 无限级滑套压裂增产优势

固井滑套精细压裂优势表现为：

（1）压裂级间距提前设定好，比较一致；

（2）每级支撑剂用量相当，支撑缝长较一致；

（3）储层沟通性最大化。

在井网部署上，油气田希望压裂工艺能以更低的成本覆盖更多的产油层，从而实现储量动用最大化、压裂工艺最优化，如图9-75所示。

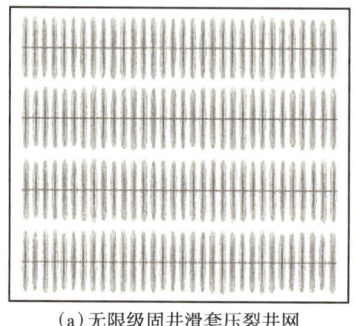
（a）无限级固井滑套压裂井网

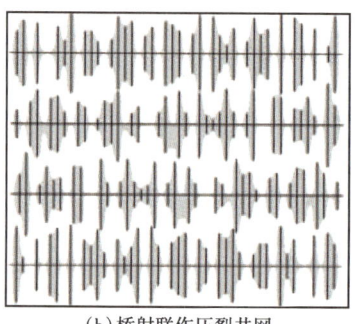
（b）桥射联作压裂井网

图9-75　桥射联作与固井滑套压裂开发井网部署对比图

放射性示踪剂显示，射孔桥塞联作不能完全改造所有射孔簇，而无限级固井滑套基本都能完全改造，很少出现落级丢簇现象。据SPE144326统计[2]，射孔桥塞联作工艺，大概只有2/3的射孔簇对生产有贡献，其余1/3射孔簇未被有效改造，如图9-76所示。

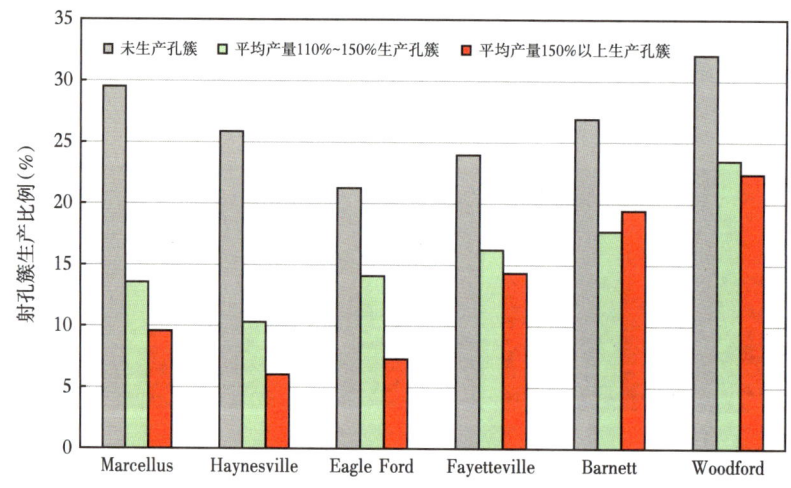

图9-76　桥射联作压裂效果示踪剂评价分析成果图

参 考 文 献

[1] 李根生，牛继磊，刘泽凯，等．水力喷砂射孔机理实验研究［J］．石油大学学报（自然科学版），2002，(2)：7，31-34.

[2] CAMRON MILLER, GEORGE WATERS. Evaluation of Production Log Data from Horizontal Wells Drilled in Organic Shales［J］. SPE144326.

第十章　水平井重复压裂技术

对非常规油气而言，水平井已成为主要开发手段，压裂也从增产措施升级为开发方式，并发展了多种体积压裂技术，包括变排量压裂、同步压裂、重复压裂等，形成了以蓄能体积压裂投产、衰竭式开采为主流的开发模式[1]。但由于储层能量无法持续补充，再加上未支撑裂缝闭合、支撑剂失效等原因，即使获得较高的初期产量，仍存在产量递减快、采油速度低、采收率低等问题，对非常规油气经济开采造成极大挑战。

非常规油气储层基质渗透率低，众多传统增产措施及提高采收率技术很难奏效，重复压裂仍是非常规油气提高采收率主体技术手段。

围绕补能、降递减、提高采收率，国内目前已开展了气、水、剂不同注入介质的吞吐、驱替、压裂三大类二十多种接续开发方式试验，主要包括重复压裂、二次补能增能压裂、注水增能吞吐、表面活性剂吞吐、纳米剂吞吐、CO_2 吞吐与驱替等。与重复压裂有效期相比，吞吐、增能仅为阶段性增产方法，一般两三个周期后生产效果会迅速变差。国内外非常规油气提高采收率试验表明，如果没有重复压裂等措施配合，压裂开发水平井井筒间剩余油将难以有效动用。

第一节　概　　述

一、重复压裂技术发展历程

重复压裂技术最早出现于美国，20 世纪 60 年代，国内也陆续开展了重复压裂现场试验。受限于当时的技术认识和工艺水平，认为重复压裂的增产机理是已闭合裂缝重新充填或原有裂缝的进一步延伸，施工规模必须大于首次改造才能达到重复压裂增产效果[2]。到 20 世纪 80 年代后，国外从重复压裂力学机理、数值模拟、设计优化、材料创新、工具研制等方面对重复压裂技术进行重新梳理、评价和认识，在延伸原有裂缝、张开老裂缝及压开新裂缝三个方面开展了系统性应用研究，配套形成了一系列成熟可靠的技术手段，并在持续的现场实践中，提高了不同储层重复压裂地质认识、积累了丰富的增产经验，大幅提高了非常规油气井累计产量及开发效益。

2000 年以来，美国约有 600 口页岩油气水平井进行重复压裂，工艺多采用暂堵转向、连续油管拖动压裂及井筒完整性重建三种。国内水平井重复压裂起步于未压裂投产水平井（筛管完井或射孔完井）后期压裂增产，随着第一批压裂投产水平井陆续进入低产期，国外先进工艺在不同油气藏水平井重复改造中得到推广应用，目前仍处于探索、试验、评价及成本优化阶段。

二、水平井重复压裂生产需求

现阶段水平井重复压裂主要用于：(1)一次改造规模小，二次压裂增加段数和簇数，加大液量，进行大规模补能。(2)潜力层段未压裂或压裂改造不彻底，二次压裂优选压裂层段。(3)压裂工艺较初次改造有较大提升，比如在暂堵材料、工艺及压裂设备等方面有较大进步，增加了裂缝长度、高度，压后平均岩块尺寸更小，切割更细密，能够形成压裂体积更大的复杂缝网；或者提高砂量以增加裂缝导流能力；或者在重复压裂中使用封堵剂等材料对储层中的高渗透裂缝进行封堵，迫使低渗透裂缝开启并提高压裂效率[1]。

非常规油气先导开发试验水平井，在实施首次压裂增产时，由于分段压裂工艺受限、完井设计不合理、分段分簇参数欠佳、压裂规模小、排量低等原因造成产量低、甚至关井，这类水平井是目前重复压裂主攻目标。

三、水平井重复压裂技术现状

水平井重复压裂方式多样，目前已有诸多现场实践，并取得较好的增产效果。从多层段分级压裂方法来看，水平井重复压裂工艺分为两大类，一是原井筒重复压裂，该类工艺不改变水平井井身结构，压裂泵注时通过分级工艺实现分层段精细压裂，如多级暂堵转向压裂、大管径油管喷射压裂、跨隔封隔器拖动压裂，也可对原井筒内射孔孔眼、老裂缝进行暂堵或永久封堵，重建原井筒压力完整性，再采用传统桥射联作工艺进行重复压裂；二是在原井筒内下入小套管，通过注水泥或机械膨胀、化学膨胀方式坐封管外封隔器，重建新井筒，重复压裂采用桥塞（砂塞）分段、双层套管射孔压裂工艺。

以上两类七种重复压裂工艺各有其优缺点，既可单独施工，也可相互组合，如新井筒重建与暂堵转向压裂相结合、原井筒封堵与喷射压裂相结合等，具体应结合实际井况，不断优化组合类型，实现工艺匹配最佳、成本控制最优、预期效果最好的重复压裂作业理念。

四、水平井重复压裂应用挑战

与投产压裂相比，重复压裂剩余油气潜能评价手段少、准确性差，井筒完整性改善技术、精准分段压裂工艺还不够成熟，导致水平井重复压裂成本较高，增产效果还需进一步提高。

水平井压裂开发初期，井身结构、完井工艺复杂多变，但剩余资源生产潜力好、重复压裂可选层段多。因井型特殊，复杂结构水平井重复压裂主要考虑工艺问题，要根据实际井况配套合适的重复压裂工艺，并对标先进技术不断完善、改进。

当前水平井重复压裂技术仍处于发展阶段，主体工艺技术还不明确，在剩余油评价、新老缝模拟、井筒完善、工艺配套等方面存在很大的进步空间。尤其在地质认识与工艺匹配方面，还要深化压裂—采油（气）一体化技术配套，运用监测解释、数据分析和智能评价等先进技术手段解决与设计优化相关的疑难复杂问题，如不同层段剩余油潜力分析、不同区块重复压裂效果差别较大等。还要解决工艺参数不确定性问题，如暂堵转向剂注入量、注入时机、井下分流调控，不断提高重复压裂技术适应性、工艺匹配性，提升多次重复压裂改造效果。

第二节 水平井重复压裂造缝机制

无论是投产压裂、还是重复压裂，多层段分级压裂始终是水平井压裂核心理念。分级工艺有软方法，也有硬手段，软方法成本低、硬手段针对性强，实施时经常软硬结合。但不管采用何种工艺，都源于两种造缝机制，一是原位复压老裂缝，包括延伸老缝造新缝、暂堵老缝转向造新缝两种成缝模式；二是换位补孔造新缝，同时针对老缝处理，又衍生出老缝封堵、暂堵造新缝、复压延老缝三种成缝模式。

一、延伸老缝造新缝

延伸老缝造新缝，是在原有裂缝基础上，通过增大压裂施工规模，重新张开已经闭合的老裂缝，并进一步延伸老裂缝，扩大裂缝接触面积、恢复甚至提高裂缝导流能力，再次提高单井产量，增加最终采收率（EUR），造缝原理如图 10-1 所示。

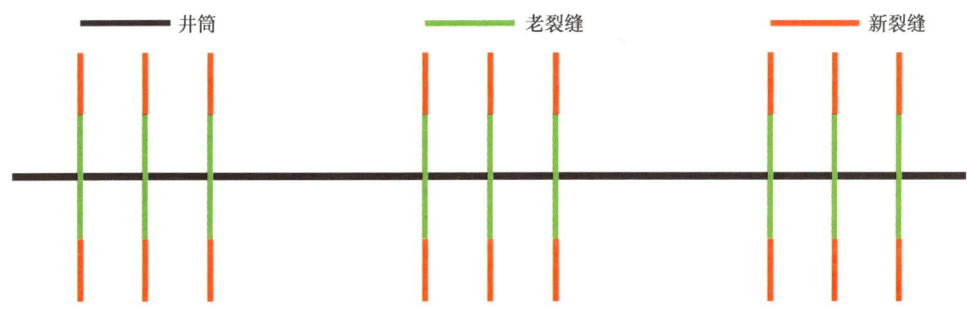

图 10-1 老缝延伸重复压裂造新缝模型

延伸老缝造新缝主要用于以下两种情况：

（1）储层认识不足导致初次压裂规模较小、人工裂缝展布与储层动用不匹配，产量较低，通过加大规模进行重复压裂，增加缝长、扩大泄流面积，提升储层动用程度，进而提高油气产量；

（2）水平井生产一段时间后，因地层压力自然降低或生产压差控制不当，未支撑裂缝闭合或支撑剂失效导致裂缝导流能力降低，影响油气渗流，产量降低，通过重复压裂可重新张开闭合裂缝，并用高强度加砂工艺重新提供有效支撑，恢复裂缝导流能力，提高油气产量。

与吞吐、增能等采油工艺结合，延伸老缝造新缝可用于重复压裂初产较高的非常规油气水平井，压裂前首先要做好注水、注气或注剂补能工作，提高地层压力。

二、暂堵老缝转向造新缝

老缝暂堵转向压裂采用压裂液携带暂堵剂进入原有裂缝，通过暂堵剂对原有裂缝延伸方向进行封堵，在老裂缝内形成高压环境。随着缝内净压力上升，老裂缝壁面应力薄弱点起裂，形成新的裂缝或沟通更多微裂缝。压裂液转向到前次未压裂区域，增大了岩石破碎体积,增加了油气泄流通道。暂堵剂降解后,老裂缝封堵解除,泄流面积成倍增加,如图 10-2 所示。

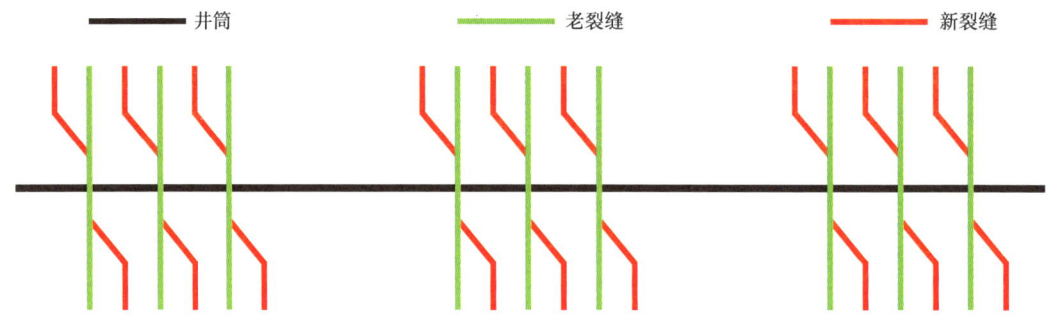

图 10-2　老缝暂堵重复压裂造新缝模型

暂堵转向压裂有助于恢复老裂缝导流能力,又能将新裂缝引导至未压裂区域,提高了人工裂缝波及面积,施工简单、成本低。但暂堵剂用量无法准确把握、暂堵是否成功难以判断,需要与微地震、水锤波等压裂监测手段联合使用。

暂堵转向压裂对裂缝、层理发育储层重复压裂比较有效,段内多簇压裂效果最好,可缝内转向,也可簇间转向,即便不能压出完整的主裂缝,也能沟通更多的天然裂缝或层理。如果在上千米的水平井筒中实施笼统压裂,老裂缝暴露面积极大,很难建立起有效的封堵空间,始终无法提高缝内净压力。如果不采用有效的分段工艺,最终增产效果仅与增能压裂相当。

三、封堵老缝、补孔造新缝

封堵老缝、补孔造新缝,是采用水泥类、树脂类封堵剂或其他永久性封堵剂将水平井段已有裂缝、射孔孔眼全部封堵,作业目的一是保留原通径井筒,二是为重复压裂造新缝重建井筒压力完整性。

封堵老缝重复压裂强制性隔离并废弃已压层段,井筒压力完整性较好。新开裂缝处于未动用区域,增加了横向裂缝数量、提高水平段与产层接触面积,油气生产波及以前未能改造到的新区域,如图 10-3 所示。

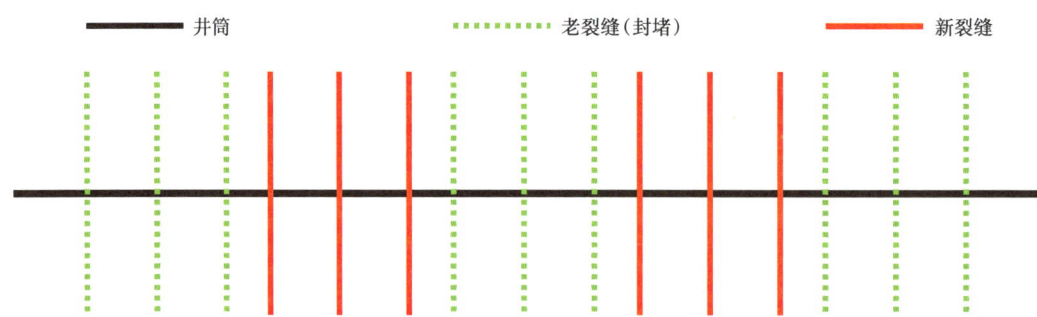

图 10-3　封堵老缝重复压裂造新缝模型

四、暂堵老缝、补孔造新缝

暂堵老缝、补孔造新缝，是采用非固化类封堵剂或其他暂堵剂将水平井段已有裂缝、射孔孔眼全部封堵，重复压裂后投产，非固化类封堵剂降解或在地层压力作用下被反向冲开，实现新老裂缝共同生产，但老裂缝未压裂，如图10-4所示。

裂缝、孔眼暂堵后井筒承压能力比永久性封堵稍低，可结合喷射压裂工艺，应用水力封隔与暂堵封隔共同实现井筒完整性。

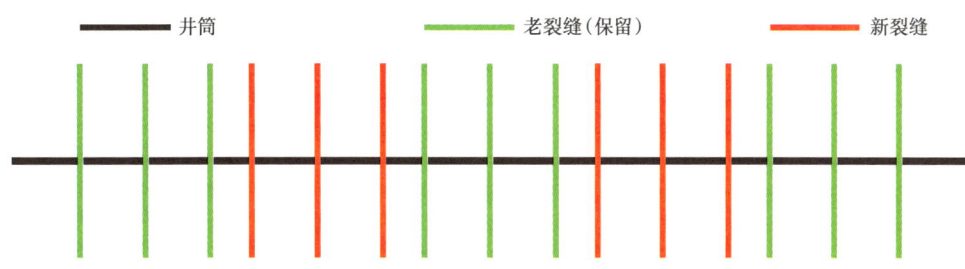

图10-4 暂堵老缝、补孔造新缝模型

五、重压老缝、补孔造新缝

重压老缝、补孔造新缝是水平井体积压裂中裂缝形态最复杂、裂缝波及面积最广、预期效果最好的一种新老缝同时改造工艺，但实现难度较大，需在原井筒中下入小尺寸套管，精细封隔已压层段。压裂时老缝暂堵转向压裂，新缝按新井压裂参数施工，如图10-5所示。

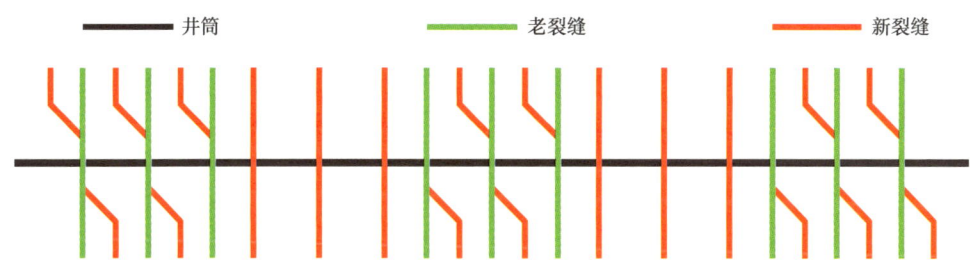

图10-5 新老缝同时重复压裂模型

新老缝同时重复压裂工艺适用于早期簇间距较大的水平井，后期投产的体积压裂水平井，射孔簇间距较小，新射孔簇一般布置在原射孔簇中间，可不再考虑老裂缝影响，全部按新钻水平井统一进行设计优化。

第三节 重复压裂设计优化

水平井重复压裂设计包括储层评估、选井选层、重复压裂时机选择、设计方案优化。

一、重复压裂效果影响因素

影响水平井重复压裂效果的因素很多，根据油气田实践和国内外专家经验总结，可以归纳为四类，分别为地质因素、完井因素、生产因素、岩石力学因素。各因素内部之间关系复杂，在不同程度上影响压裂效果。

（1）地质因素。

地质因素是油井产能的主控因素，主要包括储层渗透率、孔隙度、含油饱和度、含油砂岩长度、油层厚度、自然伽马、地层流体黏度等。

（2）完井因素。

完井因素代表了初次改造规模的大小，主要包括压裂段数、簇数、段间距、簇间距、单段液量、单段砂量、排量等。

（3）生产因素。

生产因素代表了地层能量保持水平和采出程度，主要包括返排率、地层压力、初期日产量及含水率、目前日产量及含水率、累计产量等。

（4）岩石力学因素。

岩石力学因素是储层改造的核心因素，代表了能否形成复杂缝网，主要包括储层脆性、地应力、天然裂缝密度、储隔层应力差、杨氏模量、泊松比等。

二、重复压裂地质评价

水平井重复压裂要想取得经济上的成功，最重要的因素在于选井，需掌握候选井地质特征、甜点分布、剩余油气生产潜力等，结合历史生产情况和生产测井数据优化重复压裂地质设计。

重复压裂地质评价需要从初次完井参数、井下复杂、井位是否在"甜点"区、生产期间压力损耗等方面分析初次压裂效果欠佳的主要原因。其次，分析储层品质对生产效果的影响，地质力学特征和储层非均匀性，使水平段射孔簇产量贡献呈非均匀分布，这是影响产量的主要原因。

重复压裂地质设计主要内容为，确定产层能量和可采储量，评估前次压裂裂缝有效程度及失效原因，对前次压裂及生产历史进行油藏模拟，通过评估获取重复压裂施工所需的信息参数，如地层是否具备期望的生产能力、累计产量及采收率，裂缝导流能力等。

三、潜力水平井优选

潜力水平井优选是重复压裂实施的基础，通过水平井部署、人工裂缝方位及波及体积、储层物性、剩余可采储量分布、地层压力变化、地应力及岩石力学等参数综合分析，对重复压裂工艺可行性及有效性进行评估，并确定改造工艺类型。

水平井选井优先选取剩余油饱和度高，具备足够的可采储量，地层压力保持较好，并且井筒全通径和固井质量合格的油气井，该情况下可以使得重复压裂效果得到提升。

常用的选井方法有矿场经验法、人工神经网络、模糊评判法、灰色关联法等，在实际应用中应遵循以下原则：

（1）水平井初次压裂后产量较高，并且油井周边剩余油饱和度高，具备足够的可采储量，地层压力保持水平较好。

（2）井筒状况符合重复压裂要求，未发生变形，能下入桥塞等工具，并且固井质量合格。

（3）在生产过程中，未发现井筒遗留前次压裂的封隔器残留或者有结蜡、出砂结垢等情况，水平段全通径是重复压裂选井的首要前提。

（4）初次压裂设计由于储层认识不清，裂缝间距偏大、压裂液和支撑剂选取不恰当、工程参数偏小等原因导致产量低于预测产量。

（5）压裂施工结束后返排过程中，油嘴选取不恰当，导致返排过快，支撑剂被携带出地层，裂缝过早闭合。

（6）重复压裂候选井与邻井有足够的间距，不会出现因提高施工规模导致溢流、水窜等问题。

（7）重复压裂候选井一侧有长时间生产老井时，应对老井进行能量补充，防止出现单侧裂缝过长，影响压裂效果。

四、重复压裂时机选择

准确确定重复压裂时机是重复压裂成败的关键之一，重复压裂过早，上次压裂增产期没有充分发挥完压裂效果及效益，若重复压裂过迟，不能及时接替增产损失了累计产量。

压裂投产后油气井的生产特征一般分为三个阶段[3]：

（1）线性流阶段。

此阶段原油从支撑裂缝前缘流向井筒，为压后高产阶段，但产量下降较快。

（2）拟径向流阶段。

此阶段原油一方面从支撑裂缝前缘流向井筒，另一方面也从裂缝两侧基岩流入井筒，此阶段产量已低于第一阶段产量，但是生产能力仍高于油层未经过压裂改造前的产量，此阶段产量较稳定。

（3）径向流阶段。

此阶段支撑裂缝已失去高导流能力，原油生产能力已恢复至压裂前水平。

压裂增产是有一定期限的，压裂经过线性流、拟径向流直至径向流后增产期结束。此时，产量处于经济生产下限，如果其他条件成熟应考虑重复压裂。

重复压裂施工前，利用油藏数值模拟、裂缝数值模拟等多种手段，对候选井指定合理的压裂时机，并结合生产测井、生产分析优化地质设计。

五、井筒完整性评价

初次压裂后井筒强度及完整性是重复压裂成功的保障。大规模体积压裂期间，井筒历经多次压力加载与卸载，加上压裂初期注入的酸液，套管强度可能会受到破坏。因此需开展体积压裂套管疲劳分析，确定生产套管剩余强度，为重复压裂施工限压提供依据。还要对投产后历次井下作业情况进行分析，是否有井下复杂情况影响套管完整性。

六、压裂采油一体化设计

重复压裂时裂缝倾向于向初次改造后的应力薄弱区优先延伸，非均匀扩展，无法重新动用储层，导致增产效果不佳，这是工程设计工艺优化的主要内容，也是重复压裂提产的关键。

确定剩余油气生产潜力区，并在此基础上开展针对性工艺设计，是重复压裂设计核心技术。目前倾向于按照原井筒增能压裂、老裂缝二次充填压裂，原井筒补压新缝及新井筒重复压裂作业次序，部署水平井生产期间多次重复压裂持续提产措施作业。

体积压裂水平井生产后期地层压力降低、压差置换能力减弱。重复压裂实践证明，提升地层压力，可以起到裂缝缝长增大、加速微裂缝开启、人工裂缝延伸更平衡等作用。针对体积压裂水平井，采用重复压裂时可以先泵入一定体积的活性水或者驱油液，然后进行大液量的重复压裂，最后再焖井一定时间。这种方式可以补充地层能量，通过大液量的重复压裂激活地层能量，最后焖井过程中在复杂裂缝网络中通过渗吸进行油水置换，进一步提升油井产量。

第四节 原井筒重复压裂技术

体积压裂水平井井身结构设计中，油层套管尺寸多为 $5\frac{1}{2}$in，如川南页岩气、吉木萨尔页岩油等。玛湖致密油小三开油套尺寸为 5in、苏里格致密气小井眼水平井油套尺寸为 $4\frac{1}{2}$in。在衰竭式开采工艺下，投产压裂 EUR 很难满足低品位储层开发经济效益。油气田作业者要求承包商在不改变井身结构的前提条件下实施重复压裂作业，为后续多轮次增产措施保留井筒作业空间。

一、暂堵转向压裂技术

因地应力场变化有限，大规模重复压裂难以形成新的裂缝系统，只是在原裂缝系统中重新充填和延伸。要使水力压裂产生不同于老裂缝的新裂缝或沟通更多天然裂缝，就必须提高缝内净压力。除提高泵注排量外，还有两种方式可增加缝内净压力，一是通过压裂液性能调整和施工参数控制，形成缝内脱砂；二是通过压裂液携带暂堵转向剂，形成缝内桥堵。

缝内脱砂施工操作控制困难，成功率低，很难在水平井中推广应用。目前仅用于油溶性暂堵剂直井重复压裂，暂堵剂在砂比达到最高时与支撑剂共同加入，可以在缝内创造更好的脱砂条件。而缝内桥堵因暂堵剂种类齐全、功能丰富，施工作业参数更易控制，在低渗透油气藏直井开发中增产效果显著，已发展成独立完善的专项技术，专业术语称之为暂堵转向压裂。

暂堵转向压裂工艺是体积压裂增强裂缝复杂程度、改善簇间均匀程度的主要方法，在水平井重复压裂施工中应用最早、现场实践最多，一度处于主体工艺地位。这主要是因为开放式水平井筒内机械隔离手段极其有限，分段技术难度远高于投产压裂封闭式作业井筒。

1. 重复压裂裂缝转向机理

由于前次压裂支撑裂缝的存在，以及长期生产过程中地层流体压力变化，在裂缝周围产生诱导应力。距离裂缝越近，诱导应力越大，最大处在井眼附近。诱导应力叠加在地应力上，造成近井地带地应力重新分布，井眼附近水平应力大小发生变化，最大、最小水平主应力方向反转，即原始最大水平主应力变为当前最小水平主应力、原始最小水平主应力变为当前最大水平主应力，如图 10-6 所示。等水平应力点为反转边界，边界之外主应力方向与原始地应力相同，边界之内主应力方向与原始地应力相反。

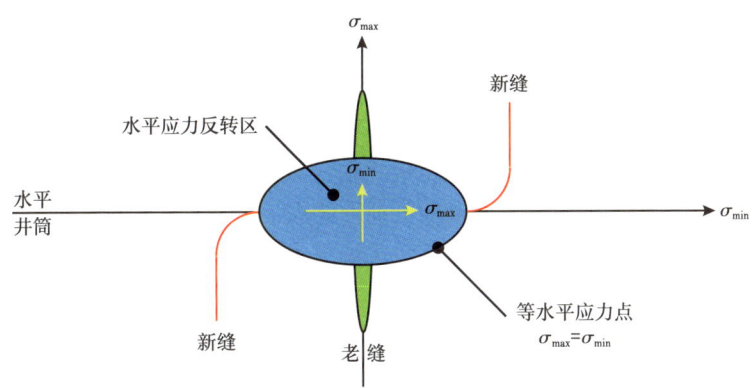

图 10-6 重复压裂新裂缝延伸模型

由岩石破裂准则可知，裂缝总是产生于强度最弱、应力最低处，因此水力裂缝总是沿着最大主应力方向延伸。因主应力方向反转，重复压裂时新裂缝沿垂直老裂缝方向起裂，并一直延伸到等水平应力边界处。过边界后应力场方向恢复到原始应力状态，重复压裂新裂缝重新转向到平行于老裂缝方向继续延伸。

原始两向应力差是决定水平应力是否反转的关键因素，如果两向应力差较大，应力方向反转根本不可能发生。因此，重复压裂候选井储层应力状态决定了新裂缝起裂位置、方位和延伸轨迹。

2. 暂堵转向压裂工艺

暂堵转向压裂通过压裂液携带暂堵转向剂，在原有老裂缝基础上产生分支裂缝（缝内转向），或在不同于老裂缝方向产生新裂缝（缝间转向），扩大泄油面积、提高采收率。

暂堵剂可跟随压裂液注入阻力最小方向，进入已开裂缝，在裂缝端部或射孔孔眼处产生桥堵，使后续工作液不能进入桥堵前压裂通道，在一定的水平两向应力差条件下，就会产生二次破裂进而改变裂缝起裂方位以产生新缝。

在裂缝延伸过程中，如果投入颗粒相对小的暂堵剂，则会在裂缝延伸前端形成暂堵层，裂缝内憋压，产生端部脱砂的压裂效果。压力升高以后，老裂缝壁面上会产生分支裂缝，分支裂缝延伸产生新裂缝。在经过一段时间以后，初次形成的暂堵层会逐渐溶解，老裂缝与新裂缝共同支撑后期生产，提高压裂井产量。

暂堵转向压裂改造大多采用笼统注入方式，对储层改造部位和裂缝的控制程度低，容易偏向跟端及储层压力较低的井段，这是目前暂堵转向压裂效果不好的主要原因。而重建井筒精细改造成本高，为避免无效改造、过度改造，应结合连续油管坐封桥塞分段工艺，适当缩短笼统注入长度，降低重复压裂作业成本。尤其在密切割工艺已经压碎储层的实际井况下，重复压裂造新缝意义不大，重新张开并支撑老裂缝才是今后攻关的重点任务。

二、遇水膨胀颗粒封堵技术

在不损失井筒内部作业空间的强制要求下，如要实施大规模重复压裂，则需要重新建立井筒压力完整性，这就要使用高承压堵剂封堵水平井射孔孔眼及已压老缝，也包括套损或套漏部位。

高承压暂堵是水平井最理想的重复压裂工艺，压裂前先暂堵井筒内所有压力泄漏点，保证重复压裂施工阶段中不发生泄漏。然后重新下桥射联作工具，进行分段压裂作业。投产后，暂堵塞在地层压力反冲下有效返排，老裂缝重新打开，与新裂缝一起生产。

目前常用的水泥类、凝胶类堵剂，封堵孔眼、裂缝或套损、套漏部位的能力有限，无法达到再次压裂的承压要求。为克服现有堵剂性能缺陷，国外已开始试验吸水膨胀橡胶颗粒，结合不同尺寸的微细刚性颗粒，无须固化即可重建低压、甚至亏空的水平井筒，满足多轮次重复压裂对高承压作业井筒的期望与要求。

1. 遇水膨胀复合颗粒

复合颗粒遇水膨胀堵剂由不同尺寸遇水膨胀橡胶颗粒和不同尺寸微细刚性架桥颗粒组成，如图10-7所示。未膨胀的颗粒经泵送填充到射孔孔眼和已开老缝中，粉细颗粒进入缝内支撑剂或地层砂空隙并充填裂缝，不同尺寸封堵颗粒互相架桥，但颗粒之间有空隙［图10-8（a）］，初步具备一定的承压能力（2MPa左右）；橡胶颗粒驻留后开始吸水膨胀，并充填桥堵空隙［图10-8（b）］，最终形成承压高达70MPa的密封塞，满足多轮次、大规模重复压裂承压要求。

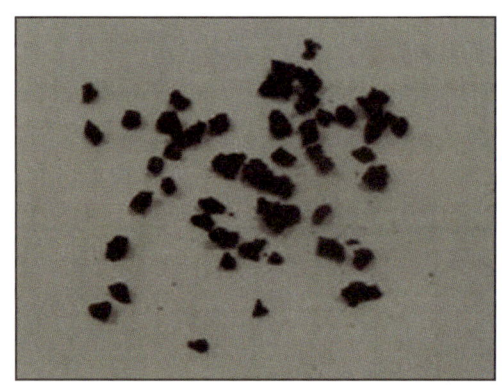 

图10-7　遇水膨胀橡胶颗粒与刚性充填颗粒

复合颗粒膨胀时间与颗粒表面积、井筒温度及流体矿化度相关。

 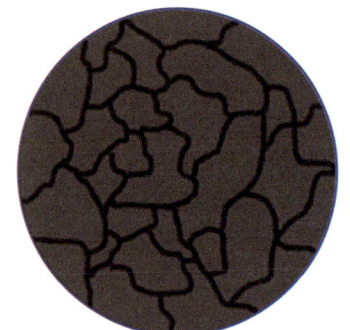

(a) 颗粒之间存在空隙　　　　　　　　(b) 吸水膨胀充填空隙

图10-8　遇水膨胀橡胶颗粒密封机理

2. 全井筒多点封堵原理

堵漏前将复合颗粒加入混砂车内,由滑溜水等低黏液体携带,并泵送至射孔孔眼内,如图 10-9 所示。颗粒充填裂缝及射孔孔眼后开始膨胀,井筒内承压能力不断提高。

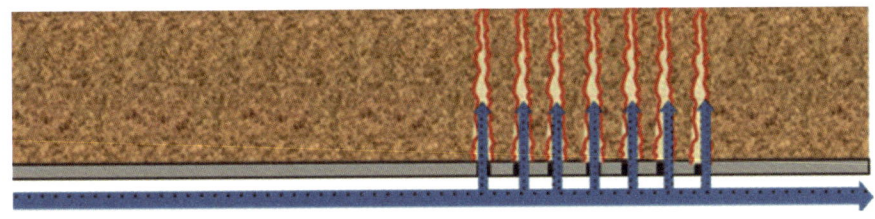

图 10-9　裂缝—孔眼笼统封堵示意图

复合尺寸膨胀颗粒具有极佳的驻留性,进入已开老缝后迅速在射孔孔眼内形成架桥,而且可以自转向,以填充所有射孔孔眼(含井筒高边射孔孔眼),并在每个孔眼形成一个承压高达 70MPa 的密封塞(图 10-10),实现不同压力、不同孔隙度裂缝—孔眼组合体笼统封堵。

图 10-10　射孔孔眼形成密封塞

3. 施工作业程序

(1)以 160L/min、480L/min、800L/min 泵注排量泵注低黏滑溜水,进行注入试验,掌握已开老缝吸收性,以便现场调整膨胀颗粒使用浓度及颗粒配比。

(2)在混砂车混砂罐内混配 30kg/m³ 封堵剂并搅拌均匀,泵注时连续混配,实现即混即注。

(3)以低于地层破裂压力的最高排量泵注滑溜水。

(4)泵注膨胀颗粒封堵剂,观察泵注压力变化情况。

(5)如果泵注压力不高于起始压力 2MPa,继续分批次泵注浓度 50% 膨胀封堵剂,直至压力升高至 2MPa。

(6)以原排量顶替滑溜水。

(7)下入连续油管,循环出井筒内多余的复合膨胀颗粒。

(8)地面憋压 2MPa,关井膨胀。

(9)按 35MPa、70MPa 双压力台阶试压,验证井筒压力完整性。

4. 工艺技术优势

复合尺寸膨胀颗粒封堵技术具有承压能力高、耐酸碱、全通径及低成本、可多次重复的技术特点，可完全替代管柱类井筒重建技术，尤其适用于 $4\frac{1}{2}$in、5in 小套管完井水平井大规模重复压裂。

与二次完井井筒重建技术相比，原井筒再造重复压裂施工机具、泵注排量均不受影响，能形成全新的复杂裂缝，获得更高的产量效果。与喷射压裂技术相结合，几乎可适应各类储层、井深及各种复杂井况。

三、大通径油管喷射压裂技术

水力喷射压裂集喷砂射孔、喷射压裂和水力隔离等多种工艺于一体，工具管柱结构简单。因压裂液从油管注入，施工排量受限，在水平井体积压裂作业中并未普及，仅用于复杂井况下补充压裂，避免丢段影响开发效果。但其独一无二的水力封隔特性，为水平井原井筒重复压裂找寻出一条工艺新途径。

与球座、桥塞、封隔器等机械类硬分段工艺相比，喷射压裂水力封隔属水力类软分段，其特性源于高速射流负压效应。依据伯努利能量守恒原理，压力能、动能相互转化。泵注排量越大、射流速度越高，射流压力越低，正压层段与已压层段、待压层段压差越大，水力封隔效果越明显，这是喷射压裂工艺应用于原井筒重复压裂施工的工艺原理，也是改进喷射压裂工艺、适应重复压裂技术需求的理论依据。

1. 提高井筒承压能力

高速射流负压效应虽具有一定的簇间隔离效果，但射流气蚀、空蚀现象降低了能量转换效率，因此射流造负压能力也是有限的。为消减气蚀、空蚀现象，多采用环空泵注措施。为避免环空压裂时压裂液进入正压段前面老的射孔簇，需注水蓄能、注气增能提前对地层压力进行补充，消减层段间地层压力差异，也可对原射孔孔眼进行封堵。

2. 大管径油管拖动压裂

在压裂井筒准备技术日渐成熟的前提条件下，大管径连续油管拖动喷射压裂、不压井作业机拖动大油管喷射压裂将成为水平井重复压裂主体技术，如图 10-11 所示。尤其是低渗透油藏、致密油、页岩油水平井，全生命生产周期中开新缝、撑老缝、补能等增产措施作业比较频繁，在原井筒内多轮次重复压裂是提高采收率的主要技术措施。

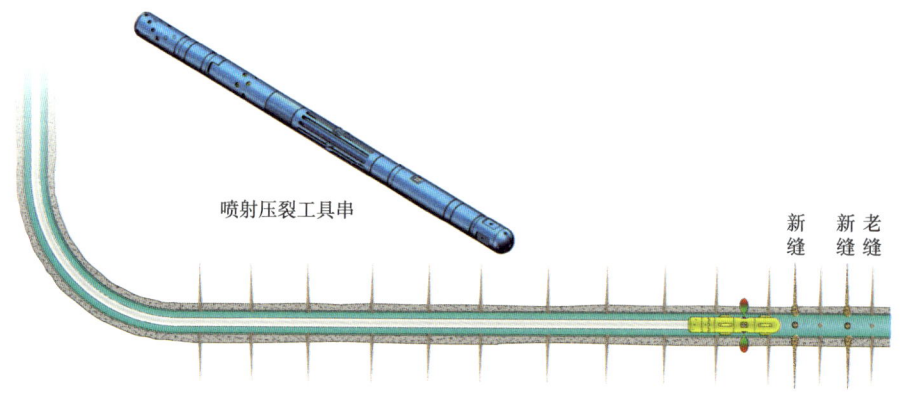

图 10-11 水力喷射重复压裂示意图

四、跨隔封隔器拖动压裂技术

跨隔封隔器拖动压裂利用连续油管带跨隔封隔器实施分段压裂，通过跨隔封隔器封隔压裂层段前后已压层段、喷砂器对准新压裂层段，利用连续油管泵注压裂液和支撑剂进行压裂，重复坐封、解封封隔器并逐段上提连续油管，从而实现分段压裂。

该工艺主要用于射孔老井多级选层重复压裂，应用于新缝补孔压裂时，可采用油管传输射孔一次性打开所有待压层段，也可用连续油管带压喷砂射孔。跨隔封隔器拖动压裂可以实现针对性单独压裂，同时不需要其他工具辅助封隔，压裂后能够实现全通径，施工工序简单，工作效率高。

跨隔封隔器拖动压裂时，压裂液全部从连续油管注入。因连续油管内径小、摩阻高，施工排量受限。另外，管内沉砂影响封隔器坐封、解封和拖动，施工安全隐患较大。近期国内外已逐渐应用不压井作业装备，拖动大尺寸油管开展跨隔封隔器压裂。

1. 工艺技术原理

该工艺采用大尺寸油管带压下入双封拖动压裂管柱，通过机械式套管接箍定位器准确校核油管深度。工具管柱下到位后上提下放坐封底部 Y211 封隔器，低排量泵注，在喷砂器喷嘴节流压差作用下，坐封上部 K344 封隔器，提高排量直接压裂，无须投球，如图 10-12 所示。

压裂完成后停泵，油管与油套环空压力恢复平衡，上部 K344 封隔器解封；带压上提油管，Y211 封隔器解封，继续上提管串至下一层段继续压裂。

2. 压裂管柱结构

跨隔封隔器拖动压裂管柱结构如图 10-13 所示，连续油管与连接器连接，实现与工具串的连接，利用水力锚、封隔器、定位器与井壁接触后管柱刚性，在泵注中保持管柱串居中。

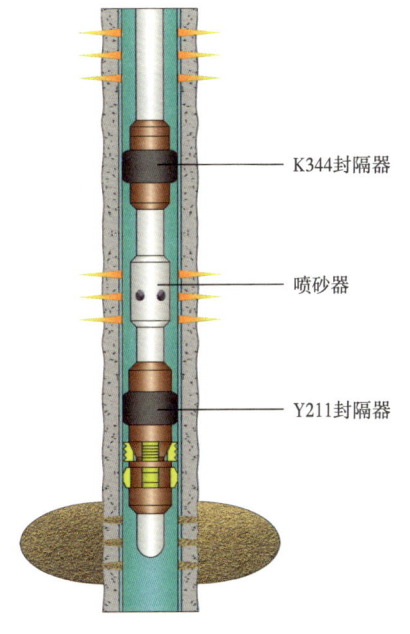

图 10-12 双封拖动压裂示意图

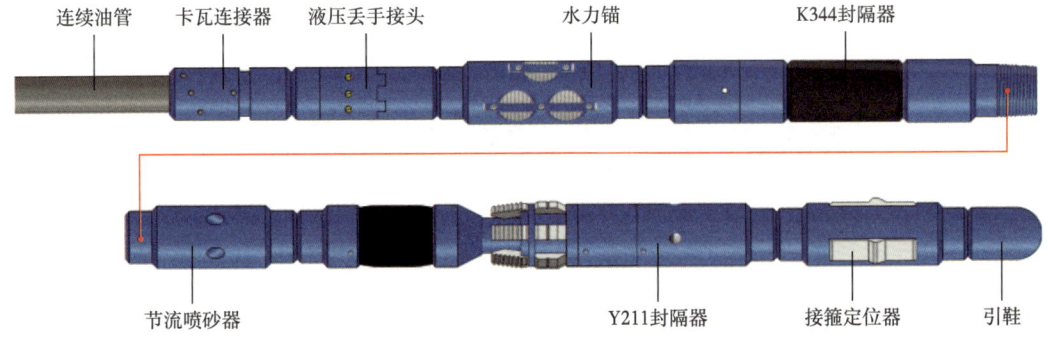

图 10-13 跨隔封隔器拖动压裂管柱结构示意图

3. 压裂管柱组成

（1）液压丢手接头。

液压丢手接头结构如图 10-14 所示，由上接头、连接体、下接头、活塞、剪切销钉及密封圈组成。连接体为筒形弹爪结构，通过上部外螺纹连接上接头，并采用"O"形密封圈密封、螺钉定位防止松扣并承受扭矩。连接体下部开有贯通至底部的纵向直槽，加工成弹爪结构，安装时弹爪头伸进下接头定位槽内。连接体内安装有丢手活塞，并用剪切销钉固定在连接体上，销钉两侧装有"O"形密封圈。活塞装入连接体后，弹爪头被限制在下接头定位槽内不能内缩，实现了弹爪筒与下接头硬连接。下接头上筒体周向加工有矩形承扭槽，与连接体外承扭槽互相配合，可传递扭矩。连接体与下接头采用两道"O"形密封圈密封。

液压安全接头是从油管中投球，使内部球座与球形成密封活塞面，从地面加泵压。当压力达到设定值时，剪切销钉剪断，活塞下行，实现不转动管柱而将管柱安全丢手或回收，上、下接头交叉嵌入式的设计使丢手更加灵活，同时有效传递扭矩，下接头内设计有标准的打捞颈，便于回收。

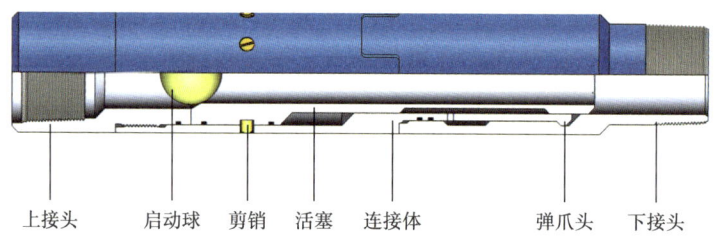

图 10-14　液压丢手接头结构示意图

（2）水力锚。

①部件功能。

水力锚主要用于作业时锚定井下管柱，防止封隔器下部压力较高引起管柱窜动，从而使封隔器坐封失效。

②工具结构。

水力锚结构如图 10-15 所示，由锚体、弹簧座、密封圈、弹簧、卡瓦、压条及螺钉组成。锚体为一厚壁筒结构，上下加工有油管内外连接螺纹。厚壁筒开有旁通孔，用于安装弹簧及卡瓦组件。旁通孔未贯通，可为饼状弹簧座提供支撑，并用"O"形密封圈密封。弹簧安装在支撑座与卡瓦内圆孔中，并用压条、螺钉将卡瓦固定在旁通孔内。

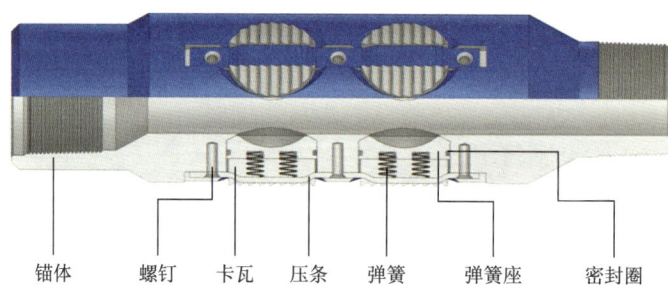

图 10-15　水力锚结构示意图

③动作原理。

坐挂：从油管内加泵压，卡瓦在液压作用下，克服弹簧弹力向外伸出，锚定在套管上，压力越高，锚定力越大。

解挂：卸掉油管内压力，使油管内压力等于油管外压力，卡瓦即可在弹簧力作用下缩回。

（3）K344封隔器。

K344封隔器是一款特制的扩张式高压封隔器，该封隔器内部设有启动活塞，活塞采用特殊材料及特殊处理工艺提高其耐磨性，通过压差坐封封隔器。

K344封隔器结构如图10-16所示，由上接头、芯轴、下接头、上端套、扩张式胶筒、下端套及密封圈组成。芯轴上下为油管外螺纹，与上、下接头内螺纹相连接，芯轴开有旁通孔，用于传递油管内压力。上、下端套硫化在扩张式胶筒上，并套装在芯轴上。安装时先将上接头与芯轴连接在一起，再将上端套、胶筒及下端套硫化组件套装在芯轴上，并通过上端套内螺纹与上接头连接，固定胶筒上端，最后连接下接头。膨胀时胶筒径向扩张，下端套可沿芯轴自由滑动。解封时压差消失，胶筒依靠自身弹力缩回。

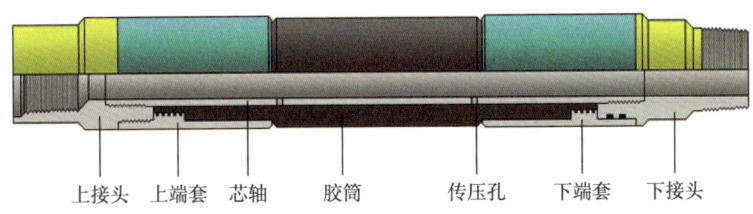

图10-16 水力扩张式封隔器结构示意图

（4）节流喷砂器。

用于直井、水平井分层分段压裂施工，与K344封隔器配合使用，如图10-17所示。

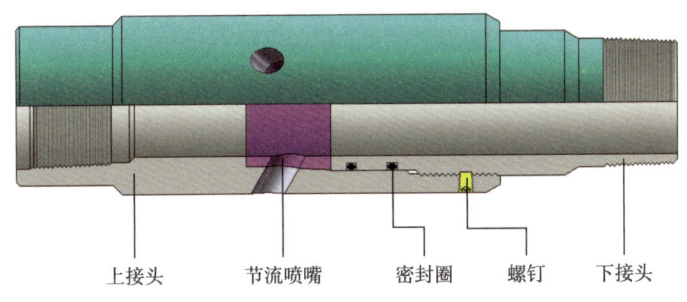

图10-17 节流喷砂器结构示意图

喷砂器为3个ϕ18mm孔，节流面积为7.63cm^2，施工排量6m^3/min，初始节流压差4.76MPa，当量直径31.2mm。

滑套剪钉开启压力：16~18MPa。

单层过砂量：100m^{3}以上。

（5）Y211封隔器。

Y211封隔器是一款专门用于连续油管射孔压裂底部封隔的高压封隔器，特别适用于连续油管下井，无须提供扭矩，采用上部加载荷坐封，如图10-18所示。

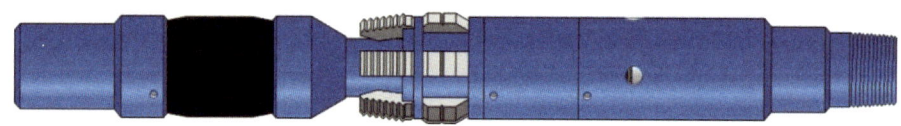

图 10-18 Y211 封隔器结构示意图

坐封：通过上提、下放操作一次，封隔器由下井状态转换为坐封状态，再上提、下放一次，封隔器由坐封状态进入下井状态，重复动作，不断循环。

解封：解封时，直接上提即可。

（6）接箍定位器。

接箍定位器是一种井内定位装置，用于工具串在井内找正位置，如图 10-19 所示。套管定位器可定位在套管接箍处，以确保封隔器的工作位置准确。

（7）盲堵。

盲堵是一种在管柱下井过程中起导向作用的工具，如图 10-20 所示

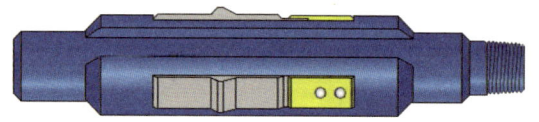

图 10-19　接箍定位器

图 10-20　球形引鞋

4. 施工工艺流程

（1）拖动压裂工具入井。

地面上连接连续油管工具串，确认无误后方可入井。下入速度 10~15m/min，下入井深至 100m 时做工具坐封测试。坐封测试完毕，下放工具串至测点标准套管接箍附近，测得标准套管接箍，校核连续油管深度为电测深度，然后匀速下放连续油管，校准封隔器坐封深度，坐封 Y211 封隔器。

技术要求：

①在工具入井前，仔细检查工具外观，如有磕碰伤、裂缝、变形等则不能入井；检查确认所有工具的基本性能参数及销钉压力等级。

②严格按照设计的管柱连接图，依照工具顺序进行入井，一旦发现顺序有误则立即报告，起出工具串重新调节工具顺序再进行下入。

（2）压裂施工。

①压裂过程中实时监测地层压力变化，指导现场压裂施工。

②压裂加砂前及整个施工过程中确认交联液性能，推荐使用延迟破胶，执行设计中的破胶剂加入量，防止提前脱砂砂堵。压裂完成后，过量顶替一个连续油管的容积。

③在压裂过程中，实时观察连续油管的张力变化，使其保证在一个安全的范围内。

④整个压裂施工过程中高压区严禁无关人员走动，随时远距离观测井口套管头、表套、井口渗漏状况，如有风险立即停止施工。

（3）解封上提管柱。

①压裂结束后，匀速上提连续油管解封封隔器，解封过程中根据连续油管的张力变化，判断工具状态。

②若压裂完成，封隔器无法正常解封，汇报给项目部，开启滑套循环阀洗井，平衡K344封隔器管内外压力，即可解封。

③上提解封完成后，将连续油管更换至另外一层拖动压裂施工。

5. 工艺技术特点

跨隔封隔器拖动压裂工艺具有以下特点：

（1）连续油管传送。

①所有井下工具在多段压裂改造完成后均可全部取出；

②不受储层类型、完井方式限制，特别适用于已射孔井。

（2）可选择性逐层压裂。

①针对性强，可控制各层段处理规模；

②小直径封隔器有可靠的防卡、解卡机构，降低工具砂埋或砂卡风险。

（3）施工效率高。

①更加有效、准确地进行重复压裂施工作业；

②减少水马力需求，减少压裂车组费用；

③连续作业，减少压裂设备待命时间，提高地面设备使用效率。

第五节　新井筒重复压裂技术

随着侧钻小井眼分段压裂技术（图10-21）日渐成熟及推广应用，其思路方法、配套工具也在水平井重复压裂增产作业中大放异彩，丰富了水平井重复压裂技术手段。为早期改造不充分水平井提供了增产方案，解决了前期不达产水平井经济效益难题，也为压裂水平井长期增产、提高单井EUR奠定了技术基础。

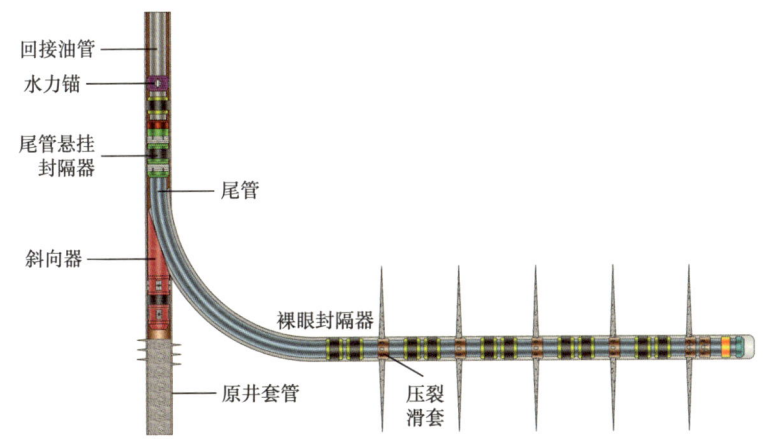

图10-21　侧钻小井眼裸眼封隔器分段压裂管柱结构

新井筒重复压裂技术基于水平井二次完井工艺，其原理是在已压裂水平井内下入小尺寸二次完井管柱（小套管或膨胀管），先用注水泥、密封胶筒等方法封隔原压裂层段、再将尾管柱悬挂在原井套管上，为重复压裂重构一个压力完整性新井筒。该方法封隔效果好，能实现对亏空段射孔簇的完全封堵。

新井筒为小井眼，其分段工具、压裂参数与同尺寸侧钻小井眼分段压裂极其相似，实质是将侧钻小井眼分段压裂管柱下入固井完井水平井内，封隔已压层段后重新压裂新层段。

与侧钻小井眼完井工艺相对应，套管二次完井技术有套中固套、膨胀管补贴和管外封隔器完井三种，其中套中固套工艺在重复压裂水平井二次完井中应用最多，完井工具、分段压裂工具配套最为成熟。

一、新井筒复压工艺流程

1. 剩余油气潜力分析

对原井筒进行剖面测试或生产测井，获得原井筒射孔簇产量贡献，分析原井筒中各段、各簇采出程度，再结合原井筒初次压裂改造效果，明确剩余油气潜力分布情况，优化重复压裂地质设计。

2. 新井筒重构

对原井筒进行通径处理，下入小套管，并通过注水泥或管外封隔器胶筒化学膨胀形成有效的簇间封隔，或直接补贴膨胀管重建新井筒，试压合格后进行后续压裂施工，确保新井筒完整性。

3. 重复压裂工程设计

根据剩余油气生产潜力分布情况，确定重复压裂射孔位置，保证压裂精确性的同时降低施工难度。并结合新井筒实际结构，进行重复压裂排量设计和泵注程序优化，实现精准压裂，提高重复压裂改造效果。

4. 双层套管射孔压裂

在剩余潜力高的井段进行簇间补孔、剩余潜力低的井段进行原位补孔，开展分段分簇压裂施工。如需重复压裂原井射孔簇，还需采取暂堵转向压裂技术实现簇间转换。

二、套中固套二次完井

套中固套二次完井工艺是在原井筒内下入小尺寸套管固井，注水泥封隔初次压裂射孔孔眼，在原井筒内形成新井筒后再次进行压裂，如图10-22所示。为保证窄间隙、高环空压耗固井工况下水泥浆能顺利返至直井段，下套管前要对原井筒进行防漏处理并开展承压试验。

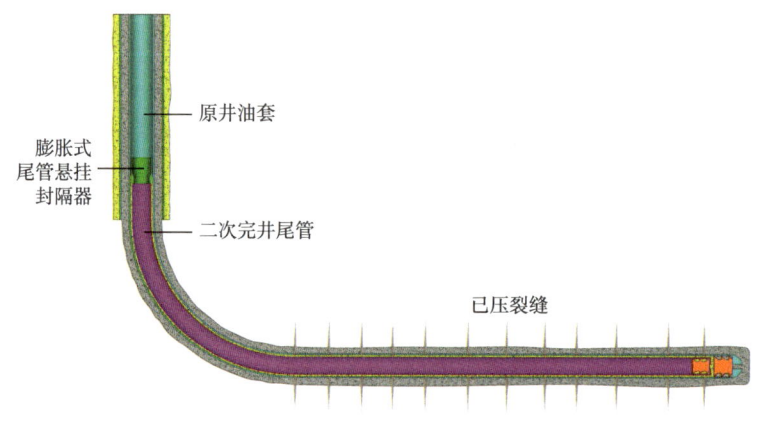

图10-22 "套中套"机械封隔重复压裂工艺

国内体积压裂水平井目前多采用外径139.7mm、壁厚9.17~12.7mm油层套管，或外径127mm、壁厚9.19~11.1mm油层套管，可以下入外径88.9mm小套管固井。环空间隙较小时，选用微接箍油管替代小套管。

该技术完井成本低，但注水泥技术难度大，不仅要求完全封堵已有射孔孔眼，而且要实现有效的簇间封隔。

1. 井筒重构作业步骤

（1）连续油管作业，井筒清洁、鹰眼检视、压井。

①井筒预处理：连续油管冲砂、通井至人工井底，开展直井段刮削，验证原井筒畅通情况。

②鹰眼检视炮眼：连续油管尾带 ϕ54mm 鹰眼井下电视，检测原炮眼冲蚀状况，定性分析原射孔簇进液进砂情况，为重复压裂设计优化提供依据。

③压井：选用无固相固化水修井液压井，检验原井筒是否满足二次固井承压需求。

（2）大修作业，充能、堵漏作业。

①通井、刮削：用 ϕ73mm 小节箍钻杆通井至人工井底，开展水平段套管刮削。

②补能：若漏失严重不能建立循环，则注水补能，直至修井作业能建立循环。

③承压堵漏：若地层能量亏空发生漏失，清洁疏通过程中不能有效建立循环，需对炮眼进行堵漏，满足窄间隙固井承压要求。

（3）大修作业，下尾管。

①尾管选择：选择钢级140、外径 ϕ88.9mm 无接箍油管，内径 ϕ76mm，接头尺寸94.25mm，接头抗内压98.08MPa。

②尾管处理：粘贴树脂扶正器，保证套管居中，并降低入井摩阻。

③尾管试下：原钻具带 ϕ88.9mm 无接箍油管2根（带扶正器）下至井底，验证井筒通过能力。

④下尾管：尾管柱结构为 ϕ73mm 外加厚油管 + ϕ89mm 膨胀式尾管悬挂器 + ϕ88.9mm 无接箍油管串 + 浮箍 + ϕ88.9mm 无接箍油管1根 + 浮鞋，其中膨胀尾管悬挂器可以提高脱手位置环空承压能力，下入前使用 WellPlan 软件模拟套管下放摩阻及循环压耗。

（4）大修作业，注水泥设计。

①水泥浆体系选择：采用新型增韧水泥浆体系，满足窄间隙水泥环分段压裂承压要求。

②循环压耗模拟：根据井下最大当量密度开展承压试验，预防注水泥漏失。

③3D模拟：水泥混浆少，射孔段水泥全覆盖。

（5）大修作业，注水泥施工。

①尾管下到位后循环，观察并记录泵送压力。

②摆放固井设备，泵注管线试压50MPa。

③批混水泥浆，按程序泵送。

④悬挂器膨胀上提脱手，小排量循环洗井，起出 ϕ73mm 外加厚油管。

⑤候凝48h，试压70MPa。

（6）连续油管作业，通井、测声幅、首段射孔。

①钻塞、通井：使用2in连续油管 + ϕ54mm 螺杆动力钻具 + ϕ68mm 磨鞋钻扫灰塞，并

在悬挂器位置多次起下验证通过能力，最后下探人工井底位置。

②测声幅：连续油管尾带声幅测井工具，检查封固段固井质量，校核尾管接箍位置。

③首段射孔：连续油管尾带 ϕ60mm 射孔枪，进行首段射孔。

2. 固化水修井液

压裂水平井多采用衰竭式开采方式，地层压力大幅下降，大部分压裂层段地层压力低于静水压力，常规清水或盐水修井液作业时会出现大量漏失，很难建立修井液循环。二次固井时，因尾管与套管环空间隙小、循环压耗高，对原射孔段承压能力要求极高，因此需采取防漏或堵漏技术措施。

压裂水平井射孔簇多，预示着井筒泄漏点多，无论是注水泥还是桥堵，都很难实现水平段射孔簇全覆盖。目前水平井作业多采用全液相笼统式防漏、暂堵修井液体系，不仅能建立循环，还具有一定的承压能力。

固化水修井液、绒囊修井液是应用最广泛的两类暂堵型修井液，都满足全液相笼统式防漏、暂堵作业要求。固化水也称之为束缚水，采用高分子吸水材料作为固化剂，可以束缚其本身重量 100 倍以上的清水或盐水，使之不能参与自由流动，体系中已没有自由水，用手或滤纸就可以将这种体系托起，如图 10-23 所示。

(a) 配液水及树脂材料

(b) 固化水修井液

图 10-23　固化水修井液及吸水树脂

在正常井温下，高分子吸水材料在正压差作用下物理脱水形成暂堵层，阻断修井液渗漏。井温升高或压差增大，高分子吸水材料所形成的暂堵层会逐渐或瞬间化学演变成胶质暂堵层，具有更高的强度和更低的渗透率。

固化水修井液体系黏度在 25~110mPa·s 之间，暂堵层可承受 11~20MPa 的正压差，是目前最理想、最有效的防漏、暂堵修井液体系，满足二次固井注水泥作业要求。

3. 二次固井工具

（1）膨胀式尾管悬挂器。

膨胀式尾管悬挂器是侧钻水平井压裂完井、水平井重复压裂二次完井最常用的尾管悬挂工具，喇叭口承压能力高，满足压裂施工要求。膨胀管压缩硫化橡胶既有悬挂作用又有密封作用，结构简单，端口内通径可达 103~105mm。

该工艺在国外试验之初未使用尾管悬挂器，而是采取套管切割工艺，尾管口承压完全依靠窄薄水泥环，重复压裂过程中常出现喇叭口泄漏，需中断压裂作业实施带压堵漏施工，或直接终止压裂施工，导致丢手段影响重复压裂效果。后期采用了丢手接头，也只是省掉了套管切割工艺，并未解决喇叭口密封问题。压裂用尾管悬挂封隔器环空承压能力勉强满足重复压裂要求，但存在内通径小，喇叭口台阶影响压裂桥塞泵送，易挂卡。

膨胀式尾管悬挂器内通径大、台阶平缓、承压能力高，是压裂井完井首选工具，其结构如图10-24所示。悬挂器由管柱接头、中心杆、防启动丢手、膨胀管体、悬挂密封橡胶（内嵌硬质合金卡瓦）、膨胀装置、固井胶塞、悬挂套管接头组成。

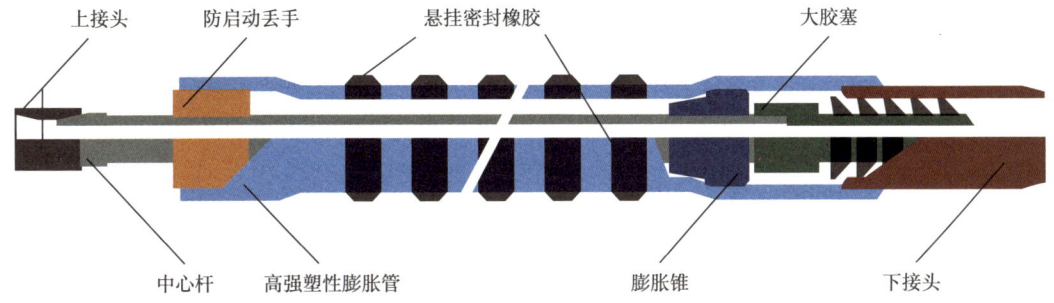

图10-24　膨胀式尾管悬挂器结构示意图

膨胀式尾管悬挂器采用不锈钢膨胀管，通过液压和机械驱动力迫使膨胀锥运动，将膨胀管胀大并紧密贴合在套管内壁上，形成可靠密封，同时采用软硬结合方式悬挂，承受尾管悬重。

（2）套管扶正器。

二次完井环空间隙小，无法采用成熟的整体式弹性扶正器。目前选用特种树脂扶正器，黏合到套管上，无须接箍和止动环，如图10-25所示。

该扶正器特点：低摩阻，降低扭矩和阻力；形状和黏合位置可灵活设计；可磨可钻；抗磨损；黏结力强。

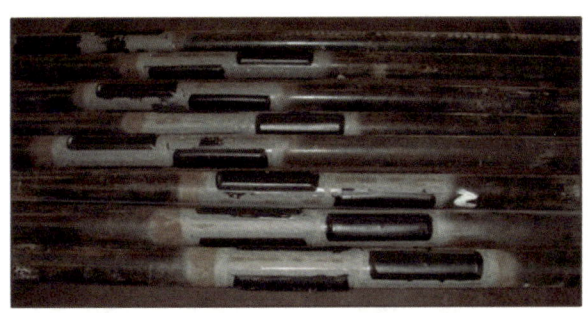

图10-25　扶正器安放居中度计算及现场图片

4. 国内外应用情况

2016年套中固套机械封隔重复压裂技术在北美成功应用，压后平均初期日产气量达初次压裂后的72%。随着技术日渐成熟，初期日产气量恢复率逐年提升，甚至超过初次压裂后日产气量的111%。该技术已经在北美等多个气田推广应用，国内起步虽晚，但依托成熟的二次完井技术、侧钻小井眼分段压裂技术，试验进展很快，目前已在长庆致密油开展规模化推广应用，川南页岩气试气效果也达到试验要求。

三、膨胀管补贴二次完井

膨胀管二次完井技术来源于实体膨胀管补贴,在体积压裂水平井中应用主要是为了解决压裂过程中的局部套损、误射孔及修补套管泄漏,满足产能建设阶段压裂井筒完整性要求。随着单趟补贴长度不断加长,膨胀管补贴技术应用逐渐从压裂水平井井筒修复,转至重复压裂水平井井筒重建。

膨胀管二次完井技术与膨胀管补贴在技术原理上没有区别,只是一趟补贴长度不同、膨胀管壁厚有差异。套管补贴常用双相不锈钢膨胀管,抗内压、抗外挤、耐腐蚀能力强,而二次完井因补贴段长,管材用量大,多选用价格更为经济的低碳合金钢,膨胀管壁厚稍薄或强度、刚度稍低,便于水平井长井段膨胀管下入及液压膨胀作业,如图10-26所示。

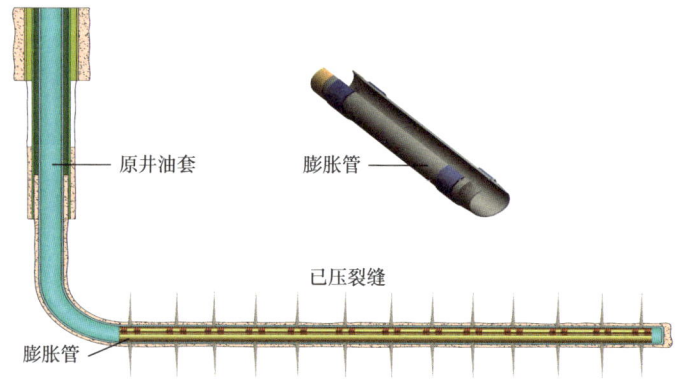

图 10-26 膨胀管二次完井结构示意图

1. 钢管冷拔工艺原理

膨胀管通过冷拔钢管使其内外径同时扩大,以满足井下施工所需尺寸要求,其技术原理类似于金属塑性冷加工中的管材拉拔。利用钢管金属塑性变形特性,使用膨胀锥对其进行径向膨胀,膨胀管在膨胀锥挤压作用下进入塑性区域,发生塑性永久变形,从而使膨胀管内、外径同时扩大,达到冷拔扩管的工艺目的,如图10-27所示。

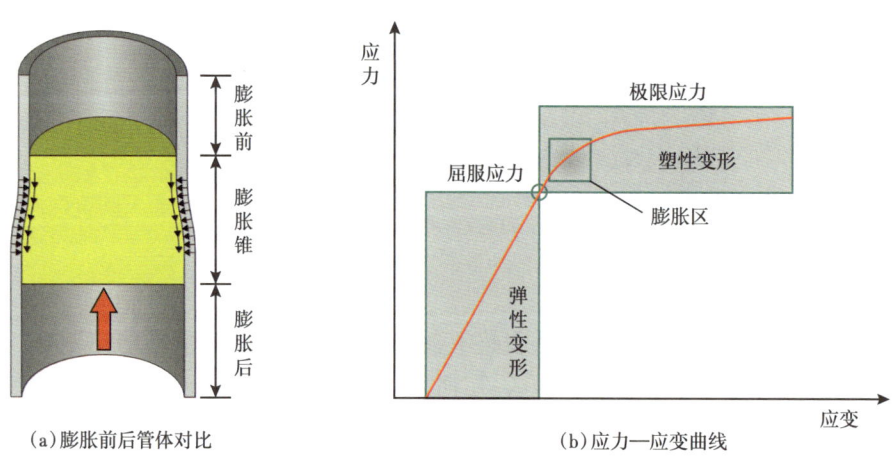

图 10-27 钢管冷拔工艺原理图

与热拔管工艺相比，冷拔扩径率较低，还对钢材有一定性能要求。冷拔扩管时，必须施加足够的应力才能使膨胀管产生从弹性区进入塑性区的变化。最佳膨胀区域位于塑性应变初始阶段，这样就可以在材料不产生任何破坏的情况下安全增加膨胀管外径。同时，钢管在拉拔过程中，会有冷作硬化的特性，因此可以提高膨胀管强度。

2. 膨胀管补贴工艺技术

施工人员将膨胀管下入复压井水平段后，从送入管柱泵入高压流体，流体通过中心杆传递压力至发射室。送入管柱因直井段自重不能移动，膨胀锥处于静止状态，而膨胀管柱处于自由状态，地面高压驱动膨胀管强行越过膨胀锥向前移动。当管外密封胶筒移动至膨胀锥位置时，膨胀管与胶筒一起膨胀，将胶筒压缩在膨胀管与套管环空内，实现了膨胀管与套管间的密封锚定。在胶筒柔性锚定作用下，膨胀管不再向前移动，井内高压迫使膨胀锥后退，送入管柱悬重下降，此时上提送入管柱，并保持上提速度与液压膨胀速度相当，膨胀锥在液压作用下迫使膨胀管发生膨胀，同时不断挤压密封胶筒，将膨胀管牢牢锚定在套管上，如图10-28所示。

膨胀锥上行至膨胀管跟端后，膨胀锥与膨胀管脱离，泵压骤降，修井液从套管涌出，管柱悬重恢复，补贴完毕。膨胀管全部膨胀并通过密封胶筒锚定在套管上，已压裂射孔簇全部被密封胶筒隔开，新井筒重构完成。

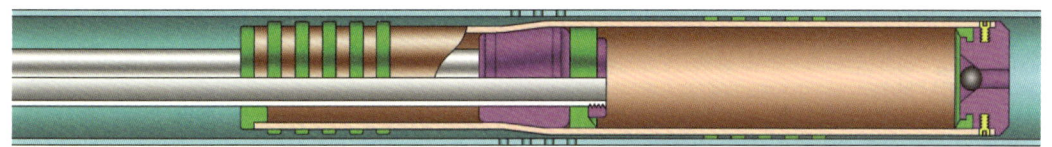

图10-28　膨胀管补贴技术原理

膨胀管外密封机构与膨胀螺纹密封性是保证二次完井质量的关键因素，膨胀管可能并不与套管接触，更无法实现金属密封。环空密封全部依赖管外密封胶筒，而膨胀管除抗内压、抗外挤及连接作用外，还要作为胶筒基管，为管外密封提供一定强度的骨架支撑，如图10-29所示。

 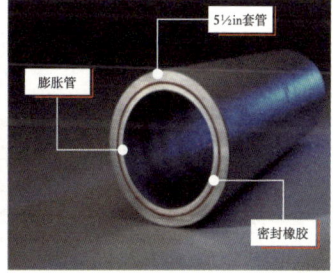

图10-29　膨胀管密封结构原理图

3. 膨胀管完井优势

（1）膨胀管能对原有无产能射孔簇实现完全封堵，重建井筒内压完整性。相比于暂堵转向重复压裂，封堵更彻底，提高了重复压裂有效性。

（2）膨胀管封堵成功后，作业人员像初次完井一样，对每条裂缝都能进行有效处理，压裂液流向、裂缝延伸控制更加精准。

（3）与套中固套相比，避免了尾管固井的烦琐操作，以及固井质量的不可预见，环空封隔更加可靠。

（4）膨胀管的使用，大幅减少了井眼内径损失，为后续措施留有宝贵的作业空间。

4. 施工作业工艺流程

（1）定径刮铣。

在膨胀管入井前，先用管内柱状铣刀铣削生产套管，刮铣掉基础套管内壁上的水泥残渣并修整微小变形，保证膨胀管顺畅下至水平段预定位置。

（2）首趟补贴。

下入首趟膨胀管管串至井底，并开始加压膨胀。

（3）中间多趟补贴。

连续多趟下入中间段膨胀管到水平段预定位置，每段膨胀管可通过端对端的方式对接在一起，每下入一趟就需加压膨胀一次。

（4）末趟补贴。

下入最后一段膨胀管至水平井跟端并膨胀收口。

（5）低压测试。

关闭井口，使用清水对上部密封进行低压测试，稳压 5min，压力不降，试压合格。

（6）钻铣附件。

使用与膨胀管通径相适应的平底磨鞋，将底堵等附件钻除，使整个膨胀管连通。

（7）井筒完整性测试。

这次试压非常重要，要检测的不仅仅是膨胀后管体抗内压强度是否合格，还要检测膨胀后的螺纹及管外密封机构是否能达到重复压裂施工要求。

5. 施工注意事项

水平井膨胀管二次完井一次补贴长度长达 500m，对施工操作控制及作业参数要求极高，关键是现场工程师需根据泵压、悬重变化正确判断膨胀状态。由于膨胀管出厂前经检验合格密封包装，其主要作用是保护膨胀螺纹、防止管体碰撞变形，同时避免管内进入沙土、颗粒等杂质。特别是发射室一旦有杂物进入很难清洁干净，因此在使用前避免拆封。司钻操作时避免起下钻碰撞接箍、膨胀管口，避免膨胀中途卸单根导致环空沉淀卡钻。一旦进入补贴阶段，应一鼓作气，连续补贴完毕。

四、管外封隔器二次完井

二次完井尾管窄间隙固井质量保证技术难度大，膨胀管补贴工具及作业费用高，在套变水平井重复压裂施工中推广需克服众多井筒复杂，施工周期长、作业费用高。为满足不同井况水平井重复压裂技术需求，国外已开始试验管外封隔器二次完井技术，无须动用注水泥或机械膨胀等高难度技术手段，即可实现簇间有效封隔。

管外封隔器二次完井技术借鉴了侧钻小井眼分段压裂完井工艺，考虑到新井筒内径较小，不再下入投球滑套，仅采用其管外封隔及尾管悬挂技术思路，压裂施工时通过双层套管射孔技术打开压裂通道，如图 10-30 所示。具体做法是在原井筒处理完毕后，按重复压裂设计封隔位置在小套管间连接管外封隔器,封隔器下入水平段并用膨胀式尾管悬挂器悬挂在直井段原套管上。

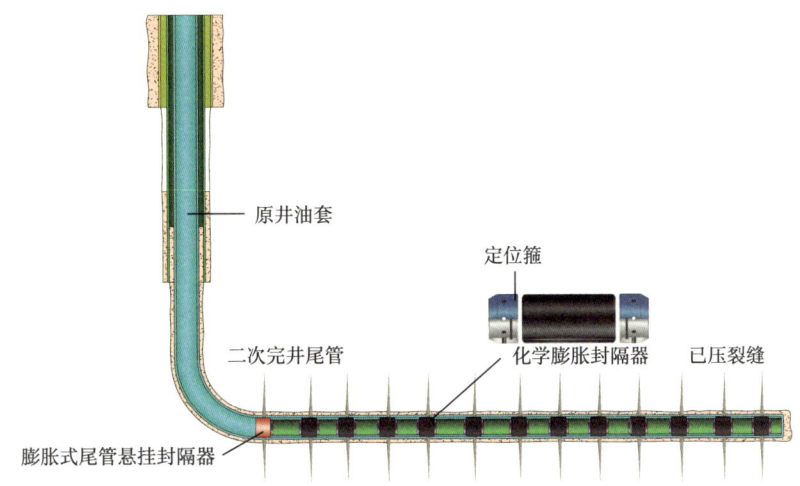

图 10-30　管外封隔器二次完井结构示意图

按坐封方式不同,管外封隔器分为液压膨胀封隔器和化学膨胀封隔器,考虑到环空间隙较小,重复压裂主要使用化学膨胀封隔器。化学膨胀胶筒在井下条件下吸油/吸水膨胀,无须作业干预。

体积压裂水平井已压射孔簇较多,重复压裂完井时因小套管长度不一,重复压裂位置调整余地小,可直接将遇油/遇水膨胀胶筒储备在现场,下入时安装在小套管上,便于精确调整安放位置。与常规裸眼完井相比,因环空较小,二次完井封隔器化学胶筒也比较薄。

五、小套管分段压裂工艺

目前用于 $3\frac{1}{2}$in、$3\frac{3}{4}$in、4in 小套管分段压裂的成熟工艺有电缆桥射联作压裂、连续油管桥射联作压裂、连续油管填砂压裂。重复压裂多选用高效的电缆桥射联作压裂工艺,能精准控制起裂位置和压裂液走向,提高重复压裂增产效果。

二次完井由于套管尺寸偏小,并且与地层相隔两层套管和两层水泥环,导致射孔有效孔眼直径偏小,水力摩阻造成施工排量偏低,进而导致射孔簇压裂不均,可适当增加压裂段数、减少段内射孔簇数。

1. 双层套管桥射联作

通过地面试验和成功经验对比,射孔要确保穿透双层套管并延伸一定距离,如图 10-31 所示。选择 ϕ65mm 可溶桥塞、ϕ60mm 射孔枪,射孔弹型号 DP26RDX9-4XF,工作压力 105MPa,相位 60°,孔密 20 孔/m,地面试验双层套管穿深 330mm。

2. 新缝起裂及延伸

新井筒重构后,裂缝起裂仍受储层物性影响,仍然需要酸处理井筒附近储层。小套管影响主要表现在流动摩阻上,但在裂缝延伸之前,井筒中流体流动很小,即使井身结构发生变化,作用在裂缝起裂的压力是一样的,对裂缝起裂没有影响,裂缝起裂表现和初次压裂施工一致。

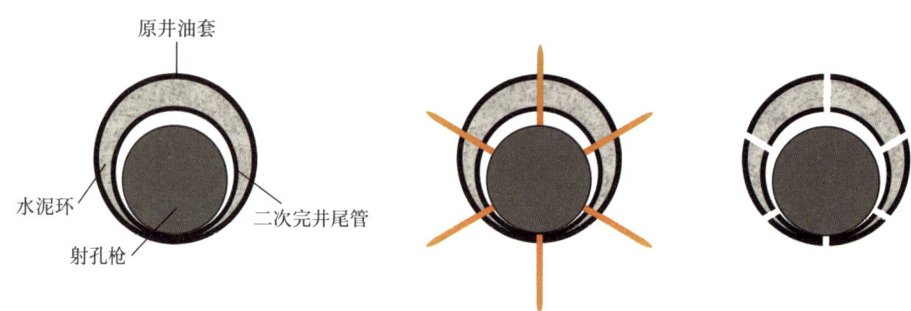

图 10-31 双层套管射孔示意图

3. 新缝均匀起裂

要摆脱老裂缝的影响并实现新缝均匀开启是个综合性的问题,首先要通过地质油藏评价技术和炮眼检测手段选择好新射孔点。炮眼检测手段目前主要依靠井下鹰眼检测,能通过炮眼的冲蚀情况,定性判断首次压裂进液进砂及后续生产情况。

4. 缝控体积压裂

主导思想和设计原则是各簇间剩余潜力以簇间补孔/簇压裂为主,原簇未动用或低动用剩余潜力以原位补孔重复压裂恢复导流能力为辅,针对不同补孔类型进行差异化设计,既考虑未动用老簇与一次改造簇间补孔的方式,又考虑没有老簇的全新补孔的泵注工艺设计。

主体控制技术是裂缝规模优化、压裂液设计、泵注工艺设计、暂堵转向工艺,见表 10-1。

表 10-1 射孔段类型及控制措施

类型	段内射孔簇	压裂改造难点	针对性技术对策
Ⅰ类	老孔+新孔	(1)老缝亏空影响裂缝延伸; (2)如何有效封堵老缝	预处理循环:补充地层能量; 短携砂循环:改造未充分动用原射孔簇; 段内簇间暂堵转向:封堵老射孔簇; 混合液体循环:改造新射孔簇
Ⅱ类	新孔	(1)射孔簇不能均匀开启; (2)如何避免压到老缝	密切割+限流射孔; 优化与老簇间距与压裂规模
		(3)近井多裂缝+漏失大,加砂困难	控破裂工艺、粉砂段塞; 盐酸预处理; 冻胶+变黏度滑溜水

参 考 文 献

[1] 许宁,满安静,徐萍,等.非常规油藏补能提采开发方式研究进展及路径优选[J].中外能源,2023,28(8):38-46.

[2] 曾雨辰.转向重复压裂技术研究与应用[D].成都:西南石油大学,2006.

[3] 刘建英,怀海宁,刘安兵,等.王窑区油井重复压裂影响因素及合理时机探讨[J].承德石油高等专科学校学报,2010,12(2):25-29.

第十一章 水平井压裂监测技术

水平井压裂施工时,如何使每一压裂段都得到有效改造、形成高导流人工裂缝或缝网,仍是水平井压裂开发面临的一项巨大挑战。若某些压裂段未能实现有效改造或压裂效果未达预期,水平井产能将得不到最大限度发挥,制约了非常规油气藏开发经济效益。因此,需要对水平井压裂进行诊断分析,对水平井压裂液注入分布、有效人工裂缝扩展延伸、压裂形成的缝网规模、完井效果等进行评价。

压裂监测技术是认识人工裂缝形态的有效手段,综合运用各种裂缝监测技术,适时开展取心、测井等矿场试验,可为井网布局优化、压裂设计分析、压裂效果评估、开发方案部署等提供借鉴。

国外大量水力压裂井裂缝监测表明,水力压裂裂缝具有惊人的复杂性和多变性。若不采用裂缝监测校正,使用压裂软件模型对裂缝延伸进行预测是不可靠的。通过监测增加对裂缝延伸的认识,提高水平井压裂开发效益。

压裂监测技术分为直接监测和间接监测两大类,直接监测又可细分为远场监测技术和近井监测技术。远场监测技术从邻井或地面采集传感器数据,可获得裂缝延伸及扩展信息,包含微地震监测、微形变监测、广域电磁法监测、邻井光纤声波监测、深横波成像监测(DSWI)等;近井监测技术包含水锤波分析、示踪剂、井温测井、分布式光纤监测(DTS/DAS)、射孔成像监测等。间接监测技术包含净压力分析、试井分析、产量分析等。

第一节 微地震监测技术

基于水力压裂实现对储层的人工造缝,以提高采收率,地层裂缝延伸必定产生微震波场。正是基于该思路,国内外目前均采用地面或井下布置检波器的方式来采集这种微震信号,通过信号检测、参数估计,然后反演计算震源方位,拟合多个震源而得到储层裂缝长度、高度、宽度、方位、倾角、改造体积等空间信息,是目前比较有效、且可靠的一种压裂裂缝监测技术。

一、微地震监测原理

微地震监测技术是通过观测、分析地下岩石活动中所产生的微地震事件来监测生产作业影响、效果及地下状态的地球物理技术,其理论基础源自声发射学和地震学。

微地震事件发生在裂隙之类的断面上,由于地层内地应力呈各向异性分布,剪切应力自然聚集在断面上。通常情况下这些断裂面是稳定的,但当原来的应力受到生产作业或地下自然干扰时,岩石中原来存在的或新产生的裂缝周围就会出现应力集中、应变能增大;当外力增加到一定程度时,地下裂缝的原有缺陷就会发生微观屈服或变形、裂缝扩展,从而使应力松弛，储藏能量的一部分以弹性波（声波）的形式释放出来，产生小的地震，也就是所谓的微地震。

水力压裂或高压注水时，井底压力升高，超过岩石抗张强度时，岩石就发生破裂，形成裂缝，并在破裂瞬间发射声波，即沿裂缝边缘发生微地震，检波器就是通过检测这种声波来对裂缝进行定位。实际微地震的频段从几十到几百赫兹，相当于 -2~2 级地震。一般来说，震级越小，频率越高。

在泵注作业期间引发的微地震事件，在空间和时间上分布复杂，但不是随机的，可以在数千米范围内用高灵敏度复合检波器捕捉到，如图 11-1 所示。

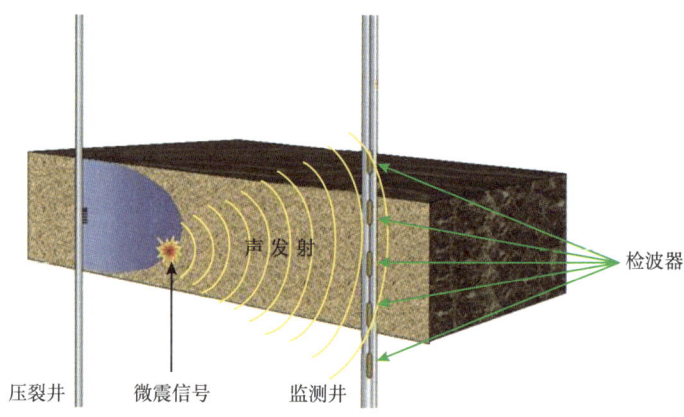

图 11-1　井中微地震监测技术原理图

应用微地震技术监测压裂作业，就是采用检波器检测水力压裂时地层岩石产生的微地震信号，再用地震走时定位理论计算震源位置，由微地震震源空间分布可以描述人工裂缝轮廓及其几何形态。

二、微地震监测方式

根据检波器放置位置，微地震监测方式可分为地面监测和井中监测 2 种方式，如图 11-2 所示，核心是监测定位方法。也可联合开展地面采集与井中采集，统一处理微震信号，提高定位精度。

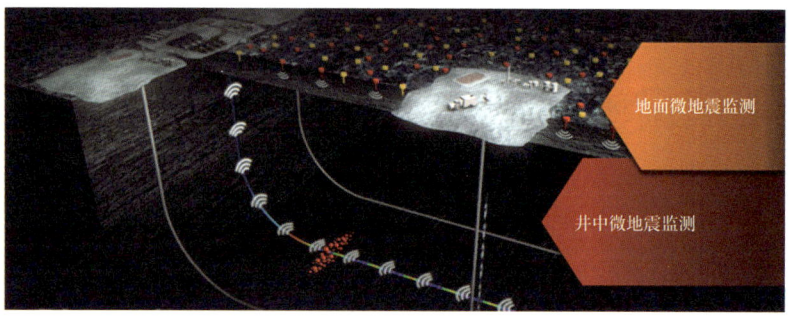

图 11-2　微地震监测方式

三、震源位置反演方法

反演产生微地震的准确位置是技术关键。微地震波包括纵波（P）和横波（S），纵波快于横波，井中监测环境近似为均匀介质，其震源定位方法就采用纵横波时差法，使用两者的到时作为约束，建立地震波速度模型，采用解析法求解，反演破裂的空间位置[1]。

设 $q_k(x_{qk}, y_{qk}, z_{qk})$ 点为第 k 次破裂时的破裂源，$p_i(x_{pi}, y_{pi}, z_{pi})$ 为第 i 个测点，d_{ki} 为 q_k 和 p_i 两点间的距离，则有：

$$d_{ki} = \left[(x_{pi} - x_{qk})^2 + (y_{pi} - y_{qk})^2 + (z_{pi} - z_{qk})^2\right]^{\frac{1}{2}} \quad (11-1)$$

设介质内纵波、横波的平均速度 v_p 和 v_s 已知，且在 p_i 点记录信号可以确定两者到达的时间差 ΔT_{ki}，则有：

$$\Delta T_{ki} = d_{ki}/v_p - d_{ki}/v_s \quad (11-2)$$

整理可得：

$$d_{ki} = \Delta T_{ki} v_p v_s / (v_p - v_s) \quad (11-3)$$

联立式（11-1）和式（11-3）可得：

$$\left[(x_{pi} - x_{qk})^2 + (y_{pi} - y_{qk})^2 + (z_{pi} - z_{qk})^2\right]^{\frac{1}{2}} = \Delta T_{ki} \frac{v_p v_s}{v_p - v_s} \quad (11-4)$$

测点 p_i 坐标已知，式（11-4）仅含有 3 个未知数，即破裂源坐标 $q_k(x_{qk}, y_{qk}, z_{qk})$，当测点个数大于等于三个时，即可利用该方程组求解破裂源坐标。

四、微地震监测仪器

微地震监测仪器系统由高灵敏度复合检波器、GPS 导航仪、数据采集器、数据处理站、计算机及其软件系统五部分组成。有些厂家将数据采集器与检波器合二为一，可直接将微震信号传输至数据处理器，综合利用了现代信号处理技术、计算机技术和通信技术的最新进展，反映了微地震监测的最新技术发展。

地面，井中微地震监测通过增加监测站数量和分布密度，有效提高了接收信号的信噪比（SNR），现场可给出初步的震源机制信息，增加了对监测对象的地质特性描述。

由于监测站数量、信号分辨率的增加，对信号处理能力带来巨大挑战，仪器软件系统充分利用了大规模并行计算技术，首次将大规模并行计算引入到现场监测之中。

1. 高灵敏度复合检波器

检波器是微地震监测设备关键仪器，由于微地震能量非常弱，频率很高（为 100~1500Hz），传播方向复杂，要求微震监测用检波器是高灵敏度、高频、体积小的三分量检波器。由于井下高温、高压、高腐蚀性恶劣环境，井中检波器及有关连接件、信号传输线等应具有耐高温、高压和耐腐蚀性能。

图 11-3 所示为井下检波器、地面检波器安装示意图，井下检波器采用串联方式，采集数据经编码后上传至地面解码并处理。

(a)井中检波器　　　　　　(b)地面检波器

图 11-3　微地震检波器安装示意图

高灵敏度复合检波器内置一只高灵敏度的低频声发射检波器和一只 VSP 检波器。低频声发射检波器频率范围为 500~1500Hz，VSP 检波器频率为 200~400Hz，因此可检测到从 200~1500Hz 频率范围的微地震信号。

高灵敏度复合检波器的敏感元件是压电陶瓷材料，采用高灵敏度压电晶体制作，可以捕捉到远距离的微地震信号，具有灵敏度高、稳定性强、重复性好、经久耐用等特点。但由于陶瓷材料的高脆性使得传感器容易在高空跌落和大力冲击下损坏，使用时切忌碰撞，要小心轻放，运输时也需使用原厂包装，如图 11-4 所示。

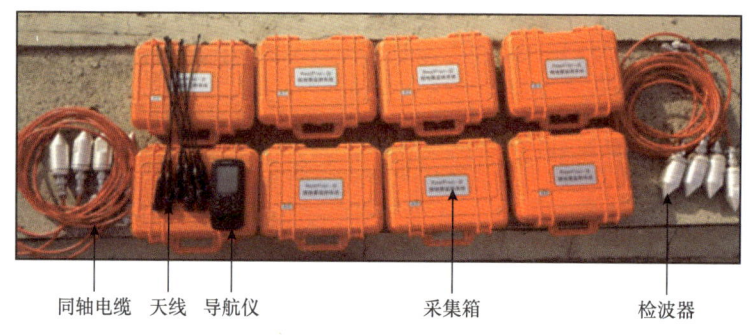

同轴电缆　　天线　导航仪　　　　采集箱　　　　　检波器

图 11-4　地面检波器及其连接装置

为便于信号传输，检波器内置了高增益低噪声的电流性放大器，可将信号放大后进行长达 200m 的远距离传输。但为了避免信号衰减导致的精度下降，传感器电缆最好使用整根低噪声同轴电缆，长度控制在 100m 以内，且中间不能有接点。

检波器采用防水结构，可直接埋入地下使用，回收时要紧握金属壳体，切忌直接拉拽电缆。

2. GPS 导航仪

微地震 GPS 导航仪主要用于确定井口坐标及各检波器位置，由空间卫星、地面监控和用户接收三大部分组成，能准确定位当前位置，最小误差在 3m 以下。

3. 高精度数据采集器

高精度数据采集器对检波器采集的微地震信号进行预处理，信号经二次高倍放大后无线传输至数据处理站进行集中计算，提高了信号质量，减少了现场施工困难，实现了高分辨率/高采样率前端采样，远距离无线数字传输，支持大规模、高密度现场监测。

数据采集器内置大容量可充电锂离子电池，充满电后可以连续工作 6~8h，无需交流电源，非常适合野外监测作业，如图 11-5（a）所示。采集器为低功耗设计，没有电源开关，当检波器接上时自动打开电源，检波器拔出时自动进入待机状态。

4. 数据处理站

数据处理站包括三套数据处理器，主要负责分站数据接收和处理，采用 USB 接口与计算机相连，无需机内插板，体积小巧，使用方便，可带电拔插，无需外接电源。处理器采用 16 位低功耗高速 A/D 转换芯片，使用自动通道扫描技术和大容量 FIFO 缓冲存储器，具有很高的数据传输效率，可连续不间断采集数据并实时存储，如图 11-5（b）所示。

 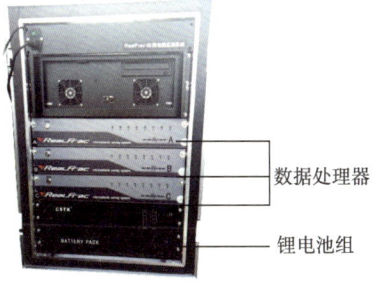

(a) 无线数据采集箱　　　　　　　　(b) 数据处理站

图 11-5　微地震监测数据采集分析与处理单元

5. 计算机软件系统

高速计算机上装有两款处理软件，分别用作数据采集分析和后期数据处理。

除基本的数据采集、存储和回放外，软件系统还包括波形图、震源实时定位、3D 裂缝轮廓描绘等功能，如图 11-6 所示，并提供了图形化的功能组合操作，能随意组合各功能模块，完成各种分析任务。

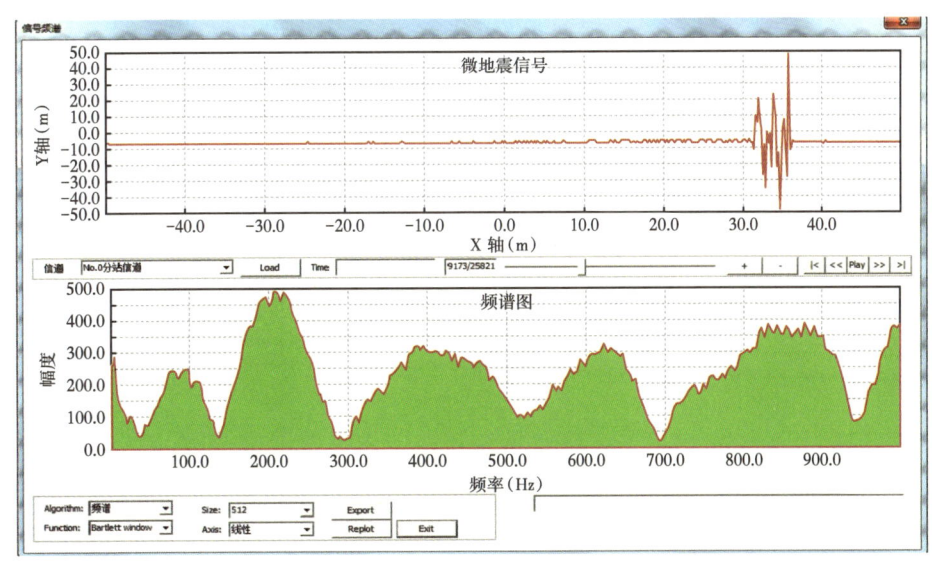

图 11-6　微地震信号频谱图

在处理算法上，基于反演计算和三角定位，增加了实时正演计算方法，可有效利用地层速度曲线，解决了反演定位中（类三角法）假设地层均匀分布的前提，提高了测量结果的空间定位精度，还增加了利用微地震信号的成像技术。

五、地面监测作业步骤

地面微地震监测是在以井口为中心的地面区域内布设大量检波器形成3D测网，进行微地震信号数据的拾取和分析。检波器一般放置在距地表20~30cm处，测线径向延伸可达几千米，监测覆盖的范围更大，不受采集平面方位角的限制，可以更准确地确定裂缝的走向。井中微地震监测是在监测目标区域周围邻近的一口或几口井中布置检波器阵列，尽量减少地面干扰对微地震信号能量衰减的影响。

1. 明确监测井概况

明确监测井概况，了解监测井所处的区块、层位，以及所在的地理位置，明确压裂目的层深度和储层厚度。

2. 检波器布局及优化

在接到监测任务后，提前到井场进行现场勘测，使用高精度GPS导航仪对井口坐标进行测量。根据监测井周围地理环境，确定出合适的检波器间距，一般要大于监测井的设计缝长。根据所测得的井口坐标和确定的检波器间距计算出检波器的大地坐标位置，利用高精度GPS找到对应的分站位置并布置分站。

采集站平面布置的基本原则是：

（1）根据项目目的设计合理的采集站分布图；

（2）尽量降低背景噪声干扰；

（3）保证仪器在允许的环境条件下可靠地连续工作。

图11-7所示为一口水平井24分站监测分布图。

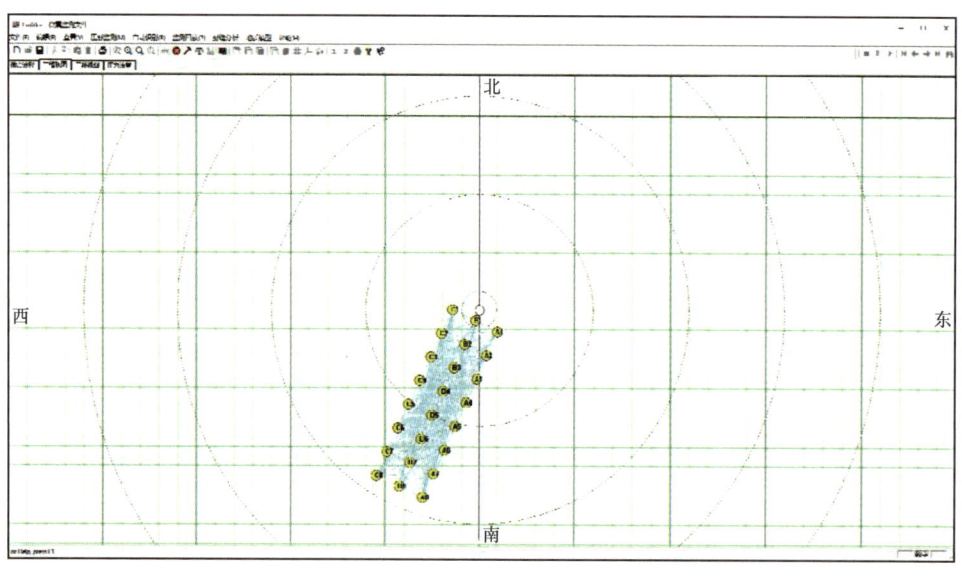

图11-7　水平井微地震监测检波器布局图

针对地表对地震波吸收严重的问题，采集采用低频检波器（小于4.5Hz），增加地震波的采集频带宽度，最大限度接收微地震的有效信号。

地面监测采用面积组合的微地震接收阵列方式，并采用增加地震波接收道数（至少8道）的方法，克服地表地震波的衰减作用，提高地面接收到的有效地震波处理叠加道数，改善压裂造成的微破裂点的反演定位成像精度。

3. 监测数据采集

在进行数据采集前，应先对主站进行布置，布置原则是，监测过程不受其他配合单位的影响，能保持持续工作状态。主站的位置应该选择位置相对较高的地方，且尽量处于各分站的中心位置，便于各个分站信号接收和处理。在压裂泵注开始前，应首先观察主站指示灯，确认各分站的信号都能接收到，在压裂泵注开始前五分钟，打开采集软件，对各个检波器进行噪声训练，噪声训练能够提前熟悉井场周围噪声，并在正式监测时对干扰噪声进行过滤，提高监测的准确性。压裂正式开始后，打开监测按钮，输入监测井段深度，开始自动采集、处理数据，实时显示微地震波形和监测状态。

4. 监测数据处理

通过软件将采集得到的原始数据导入，经软件处理分析后可得到：
（1）监测得到压裂裂缝的缝长、缝高和方位角等参数；
（2）认识压裂施工参数变化过程与地下裂缝的产生在时间上的相互关系；
（3）分析得出压裂井周边储层的最大主应力方向。

对于暂堵压裂的监测井，通过压前压后裂缝方位玫瑰图的对比，可以大致判断本次压裂改造是否成功。

六、微地震解释思路与方法

微地震监测水力压裂裂缝解释是根据水力压裂破裂机理、事件点的破裂时间先后顺序、空间组合特征和事件的可信度进行事件筛选与优化，对压裂裂缝的几何特征（缝长、缝宽、缝高），SRV体积进行量化解释，如图11-8所示[2]。

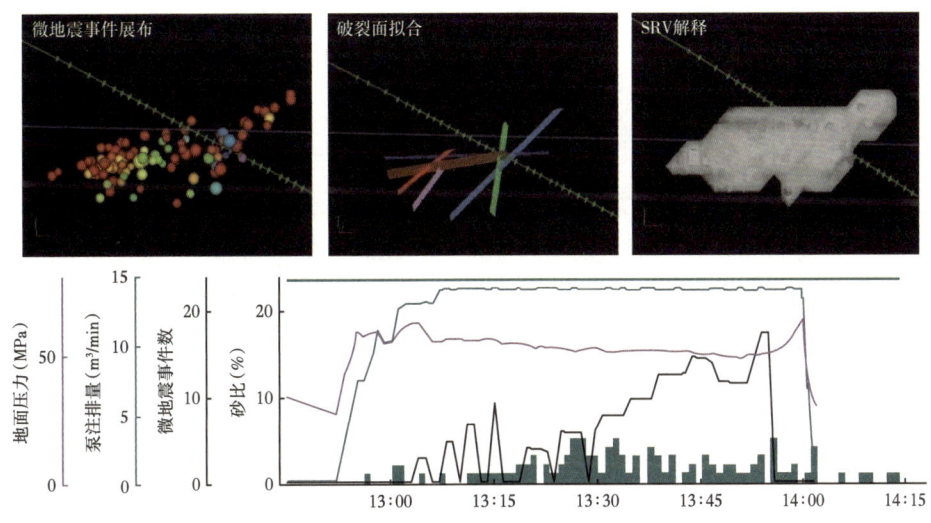

图11-8　微地震事件与压裂作业参数联合解释

微地震监测数据处理解释流程如图 11-9 所示。

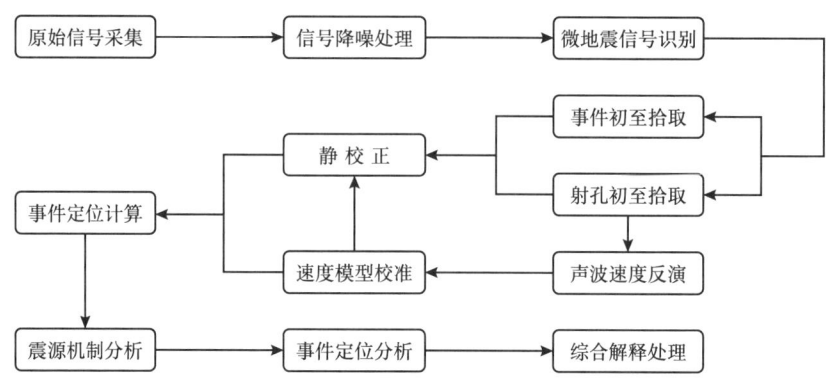

图 11-9 微地震监测数据处理解释流程

微地震的产生具有不确定性，定位时也有一定的误差，一般要根据压裂井的实际情况给予合理的解释。如果同一区块做过多口井的微地震监测工作，那么可以进行综合对比分析。微地震监测成果综合分析解释要结合以下几个方面：地层岩性、地质地震特征、射孔方式、压裂方式、压裂规模、压裂液类型、水平井段间距和簇间距、监测距离、压裂施工参数、开发整体效果（图 11-9）。

综合地质、工程数据及监测解释，不仅可评价压裂效果，还可深入认识储层可压性和压裂工艺有效性。

具体的微地震监测解释流程如下[3]。

（1）对微地震信号进行自动拾取，辅以人工质控，实时定位微地震事件。根据微地震事件时空分布，定量描述压裂裂缝波及的长度、高度、宽度、方向、改造体积等，总结微地震事件分布规律，重点描述微地震监测反映的特殊现象。

（2）将微地震事件与能表征储层特征的三维地震、测井、地质等数据，能反应施工过程的压裂施工曲线、压裂施工参数，以及压裂井、周边井生产数据等结合，解释微地震事件的平面分布和纵向分布，查明特殊微地震现象产生的原因和压裂裂缝的形成过程。通过多数据融合分析，验证监测结果的准确性。

（3）建立微地震和储层、工程的相关性，准确评价压裂改造效果，深化对储层的地质认识。

（4）微地震监测对于建立精确的油气井地质力学模型有重要作用。通过裂缝监测可以建立压裂裂缝的几何模型，从而对油井产能预测、裂缝优化、完井设计和单井经济效益分析提供有用的参考。

（5）将微地震监测结果与压裂工程结合，评价压裂施工参数和暂堵剂效果，解释压裂过程中套管变形现象产生原因和周边井产量波动原因，实时指导压裂施工，提高压裂改造效果，降低套管变形几率。

（6）后期综合示踪剂解释成果、压裂井压后产量等数据，进一步对微地震监测结果进行验证。通过综合微地震监测结果、生产数据、储层性质、压裂工程，进行一体化分析和评价，提出区块开发建议，指导后期区块高效开发。

七、微地震与地震联合解释

微地震监测解释对地质认识要求较高,与地震解释相结合,开展综合解释技术研究是行业发展趋势,具体内容主要包括定性分析与定量研究两项工作:

定性分析是应用三维地震属性解释微地震事件产生的主控因素,异常微地震事件,检验微地震定位成果的准确性,验证地震预测的有效性等。

定量分析主要研究微地震震级与岩石脆性指数、杨氏模量的关系,确定微地震事件发育区域的杨氏模量区间,为后续的压裂施工参数设计提供可用的数据参考,对后续井的压裂效果提前做出预判。

八、井中微地震应用实例

该项目在准噶尔盆地东部吉木萨尔页岩油区域[2],其中 A 井和 B 井在同一个平台,C 井和 D 井在同一个平台,4 口井的水平段长度均为 1500m 左右,方位角均为 253°,4 口井的水平段井轨迹近似平行。压裂工艺采用电缆泵送桥塞和射孔联作方式,通过套管内下速钻桥塞实现对水平段的分段封隔,桥塞分段后电缆射孔实现井筒与地层的连通。4 口水平井采用"拉链式"压裂方式,A 井和 B 井拉链压裂,C 井和 D 井拉链压裂,4 口井共监测定位 22305 个事件,监测效果很好(图 11-10)。

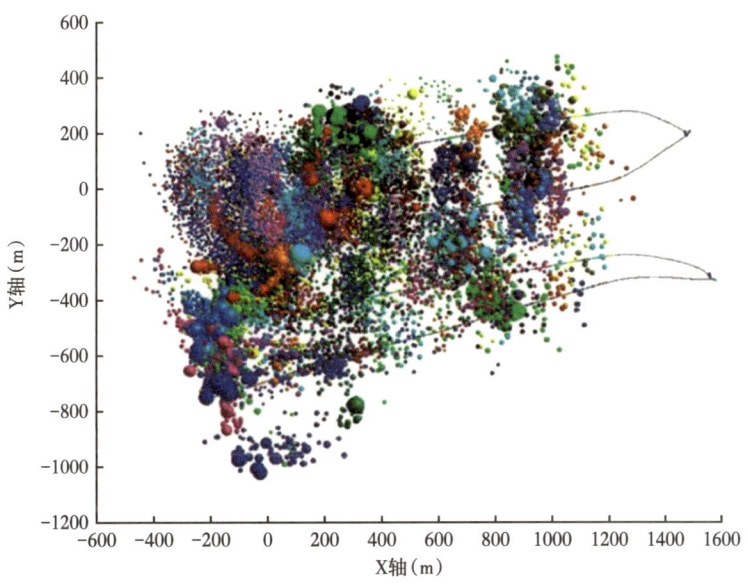

图 11-10 准噶尔盆地东部页岩油分段微地震事件俯视图

在 4 口井压裂施工过程中,A 井设计 33 段压裂,第 32~33 段由于邻井压力过高,放弃压裂,共监测 31 段;B 井设计 33 段压裂,其中第 24 段由于下桥塞遇阻,放弃压裂,共监测 32 段;C 井共压裂 32 段,全部进行了有效监测;D 井设计压裂 34 段,其中第 12、24、26、27、30 段由于射孔枪遇阻,放弃压裂,共监测 29 段,监测结果如图 11-11 所示。

实时调整方案是根据微地震监测压裂改造过程中出现的问题,现场有针对性地实时调整设计方案。例如：(1)在 B 井第 21 段、A 井第 22 段和第 23 段压裂施工过程中，微地震事件重复出现同一区域且震级较大（图 11-12），微地震事件实时显示已经沟通天然裂缝带，导致 B 井第 25 段套管损坏，第 24 段射孔枪无法下到设计深度，放弃第 24 段压裂施工；(2) D 井第 9 段事件分布在第 9 段射孔点两侧，但第 10 段和第 11 段压裂时微地震事件均出现在第 12 段射孔位置附近两侧，且井筒附近有大震级事件发生，推测该位置存在天然裂缝带或小断层，导致第 12 段套变，致使射孔枪遇阻，无法下放到第 12 段进行射孔作业，最终放弃第 12 段压裂施工（图 11-11）。

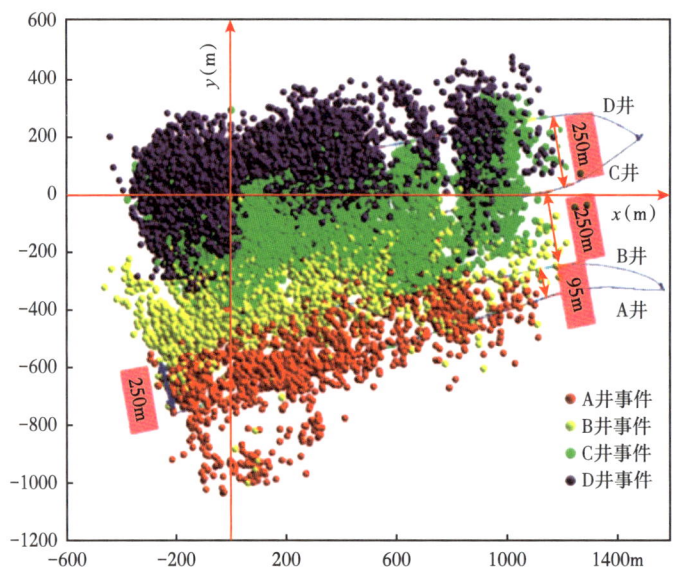

图 11-11　准噶尔东部页岩油分井微震事件俯视图

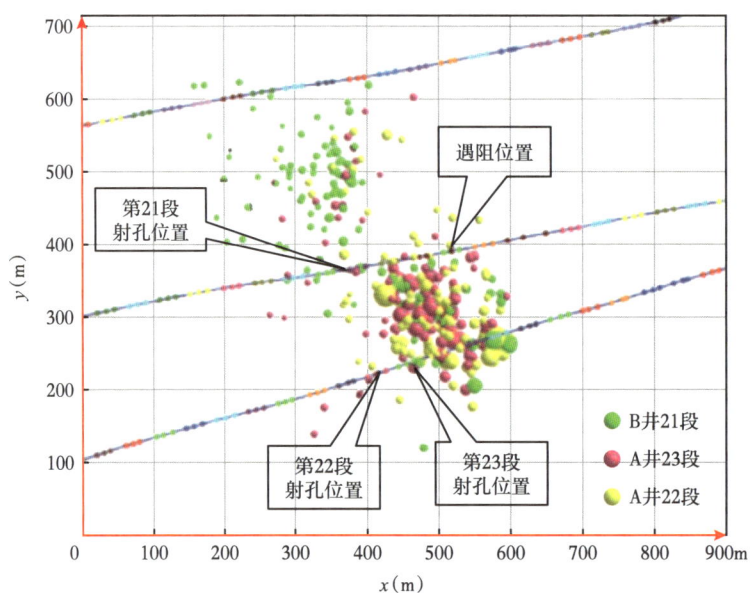

图 11-12　准噶尔东部页岩油两井微地震事件异常图

第二节 微形变监测技术

体积压裂引发的微小甚至不易觉察的地表隆起、沉伏等远场岩土力学变形效应，以及压裂井周边井筒变形，能有效反映储层岩体裂缝的开启、闭合、流体迁移等地下动态信息。国外利用地表变形监测数据反演水力压裂中储层应力、孔隙压力状态等参数，研究发展成微形变监测技术，仪器、算法及软件日渐成熟。国内在地质灾害监测（如山体滑坡）及地质工程、矿山领域应用较多，但算法都比较简单；在油气井压裂监测方面，与地球物理相关的反演算法至今仍不成熟，仪器与软件还需从国外引进。

微形变监测技术通过远场地表变形或邻近井筒变形监测数据，可以得到水力压裂过程中深部储层动态信息，有助于指导非常规油气资源开采。但压裂引起的地表位移场极小，很难直接测量，但位移场的梯度即倾斜场是容易被倾斜仪记录到的。地表变形主要由裂缝方位、倾角、体积和裂缝中心深度决定，其中最敏感的参数是倾角，其他依次是方位角、体积和裂缝深度。根据监测得到的位移场，可以运用反演方法计算出水力裂缝的各个参数。

微形变方法监测的是裂缝体积分布，如果天然裂缝没有张开或者由于支撑剂没有进入导致裂缝又闭合，则在地表就不会产生相应的位移场和倾斜场。微形变能够较好地监测压裂有效体积，弥补微地震方法在监测压裂有效性和压裂体积分布等方面的不足。

一、微形变监测技术原理

微形变监测技术通过测量压裂造成的地层岩石形变，通过数学逆运算得到水力裂缝的长度、高度和延伸方位。

水力压裂是将地下岩石分开，使两个裂缝面分离并最终形成具有一定宽度的裂缝。裂缝内高压引起储层岩石变形，变形场向各个方向辐射，造成地表和井下地层变形[4]，导致地面或井筒倾角变化。这种地层变形的量级为微米级，几乎是不可测量的，但可以测量变形场的变形梯度（即倾斜场）。因此，可以在压裂井周围地面或邻井井下布设一组倾斜仪，测量压裂引起岩石变形而导致的地层倾斜，再通过地球物理方法反演出压裂裂缝参数。

倾斜仪测量的是相对于垂直方向的角度变化，目前能够探测到小于十亿分之一弧度的精度，主要用来测量极其微小的地层变形量。

图 11-13 所示为微形变监测技术原理，显示了从地面倾斜仪和邻井井下倾斜仪观察到的水力裂缝造成的地层变形。

如图 11-13 所示，压裂裂缝在地面引发的变形场示意图中，垂直裂缝在地面上会在沿裂缝走向上形成一个凹槽，凹槽方向即为裂缝方位角。在凹槽两侧形成两个"鼓包"，"鼓包"对称性反映

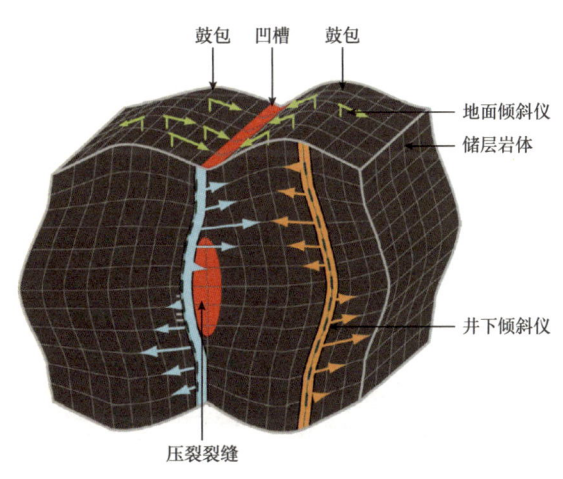

图 11-13 微形变监测技术原理示意图

了裂缝倾角变化。

不同类型裂缝引起的地层变形,在地面的变形场如图 11-14 所示[5]。变形场不受储层岩石力学特性和原地应力场的影响,比如一条定尺寸的南北向扩展的垂直水力裂缝,不管裂缝位于低模量的硅藻岩、非常硬的碳酸岩还是疏松的砂岩,在地面产生的变形模式将是一样的,变形形态为具有南北向趋势的、由周围对称隆起环绕的峡槽(若裂缝有倾斜,则隆起不对称),隆起的大小取决于裂缝的体积和裂缝中心的深度。

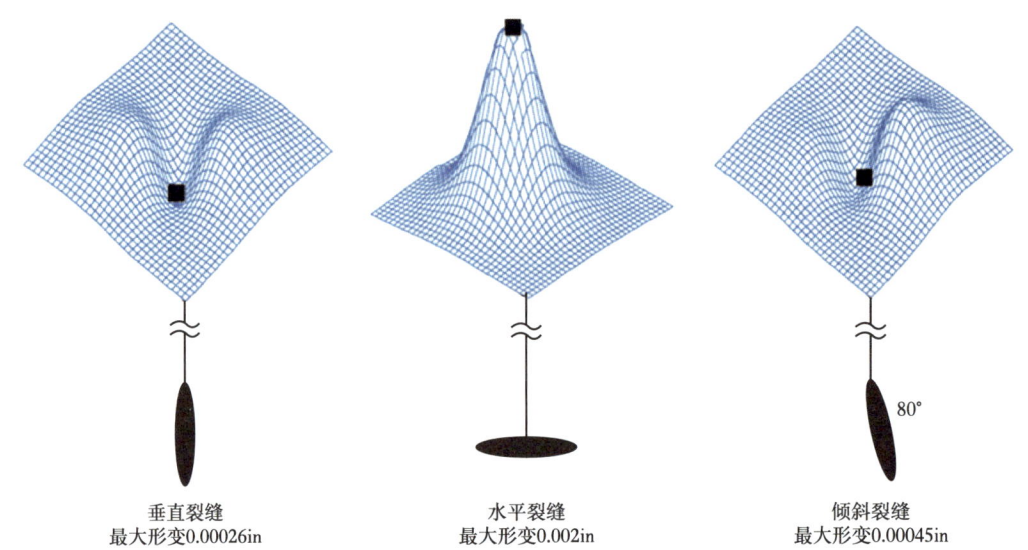

图 11-14 不同倾角裂缝对应的地面变形场示意图

二、倾斜仪测量原理

倾斜仪用来测量在裂缝位置以上接近地面或井筒的多点处压裂导致的地层倾斜,然后根据地球物理反演,确定造成大地变形的裂缝参数。

倾斜仪结构原理与气泡型水平尺基本相似,如图 11-15 所示。当仪器倾斜时,在充满可导电液体的玻璃腔内,气泡产生移动,仪器可以探测到气泡两端两个电极之间的电阻变化,这种变化是由气泡的位置变化所引起的。最新一代的高灵敏度倾斜仪能够探测到小于 10^{-9} 弧度的倾斜角变化,仪器内部结构如图 11-16 所示。

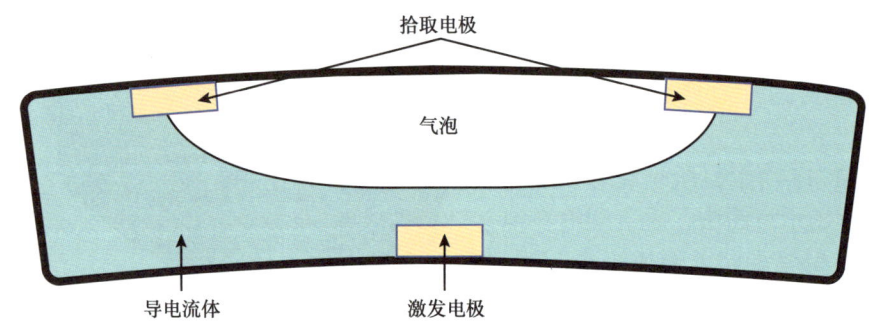

图 11-15 倾角测量原理图

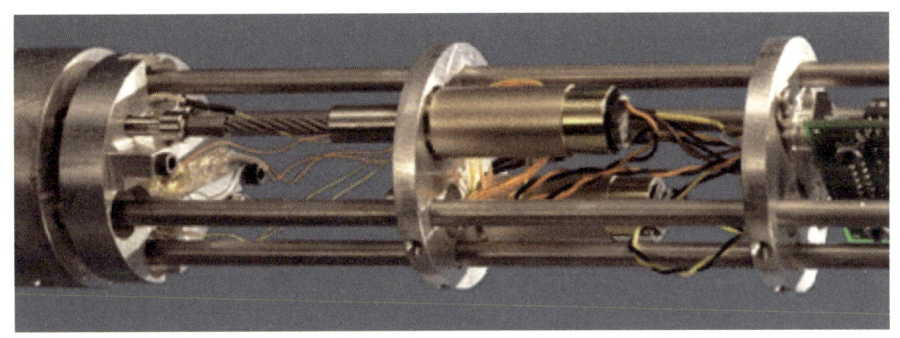

图 11-16　倾斜仪内部结构图

按照测量位置不同，倾斜仪可分为地面倾斜仪和井下倾斜仪[6]。

1. 地面倾斜仪

倾斜仪安置在压裂井周围监测孔中（孔深 3~12m），监测井与压裂井的距离取决于压裂层的深度，一般为 90~1000m。地面倾斜能够可靠地确定几个主要裂缝参数，如裂缝方位角、倾角及较低精度的距裂缝中心深度、裂缝不对称发育引起的裂缝偏移。

2. 井下倾斜仪

自 1997 年起，国外开始利用钢丝电缆将线性排列的井下倾斜仪（通常 5~8 只倾斜仪）放置在一口或多口邻井中，接近压裂层深度。由于倾斜仪分布于压裂处理层段深度，与地面倾斜仪相比通常更加靠近裂缝（30~900m），所以能够比较准确地测绘裂缝尺寸（图 11-17），并且实时测定随时间变化的裂缝高度、长度和宽度。

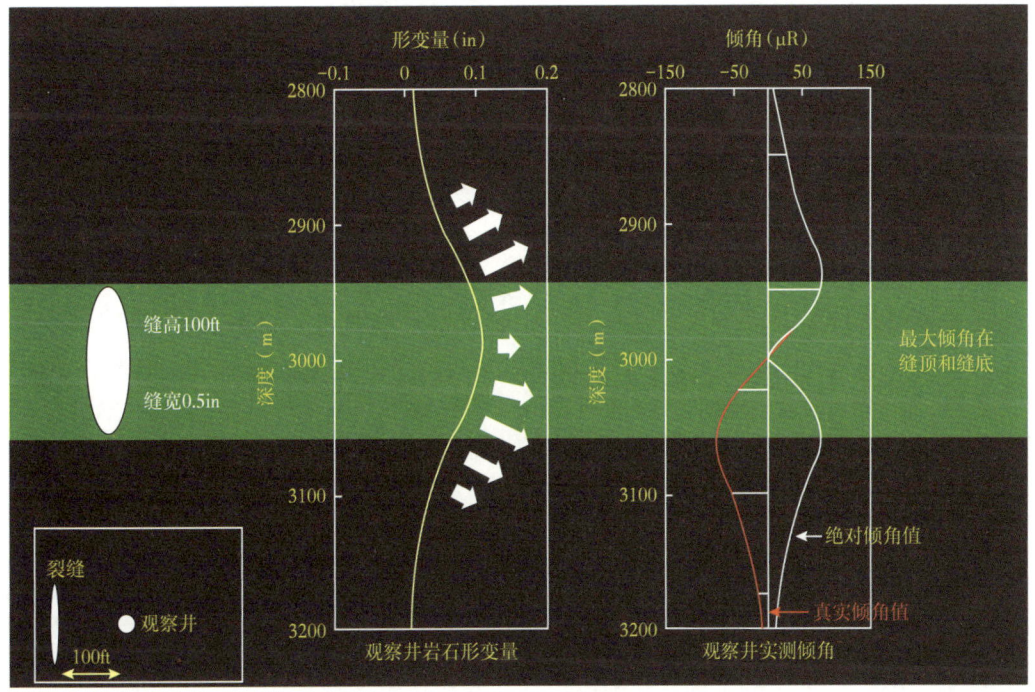

图 11-17　井下倾斜仪裂缝高度解释图

三、地面监测仪器设备

Pinnacle 地面微形变监测系统由地面倾斜仪、处理分析软件、数据采集系统等组成,用于测量水力压裂过程中地面和施工井邻井变形,从而反演水力裂缝方位、缝高和缝长等信息。

1. 地面倾斜仪

(1)主要构成。

电子罗盘仪、模拟放大器、调平马达、数据传输与存储系统、传感器和传输电缆等,如图 11-18 所示。

图 11-18 地面倾斜仪测量设备

(2)主要技术参数。

倾角分辨率:1nR(纳弧度);测量范围:±60~6000μR(微弧度);尺寸:$\phi 2.8 \text{in} \times 43 \text{in}$;承压能力:500psi。

2. 数据分析软件

TiltPT 是 Pinnacle 公司进行倾斜仪数据处理分析的软件系统,由自主研发、不断更新的程序所组成,是唯一用于分析倾斜仪数据的软件工具。通过数学方法解决地球物理的反演问题,旨在利用地面倾斜仪测量数据获得裂缝方位角、倾角及裂缝垂直和水平裂缝分量等。

四、地面微形变监测工艺

1. 地面倾斜仪监测孔布置

确定倾斜仪孔眼位置时,首先要用 GPS 绘制一张地面井位图,包括压裂井井位及压裂井周围道路、村庄、河流等,分别以压裂井预压层平均深度的 30%、50%、75% 为半径,以压裂井预压层在地面垂直投影为圆心画 3 个圆,对于水平井则以压裂段在地面垂直投影为圆心画多个圆,如图 11-19 所示。在井的东、西、南、北尽量随机布置大致相同数目的孔眼,使孔眼密度分布大致均匀[7]。

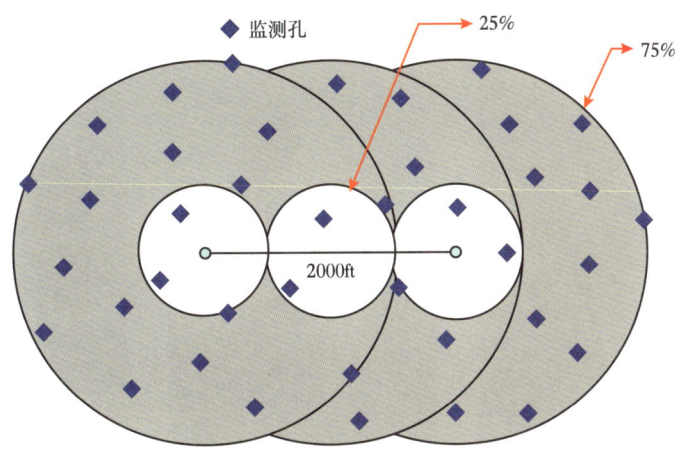

图 11-19　监测孔布置示意图

2. 监测孔结构

监测孔设计采用机械或人工的方法构筑直径为 200mm、深度为 12m 的孔眼,在孔眼中下入直径 4in 的 PVC 管,PVC 管下端要用端帽堵死,防止孔眼中的水进入 PVC 管。4in PVC 管用混凝土固定,确保 PVC 管和井壁固定良好,这样才能有效传递地面变形信号。在水泥未凝固前,在 4in PVC 管外套入直径 10in PVC 外管,确保 4in PVC 管顶部到 10in PVC 管顶部有至少 400mm 的空间来放置电池(通过电池给仪器供电),如图 11-20 所示。

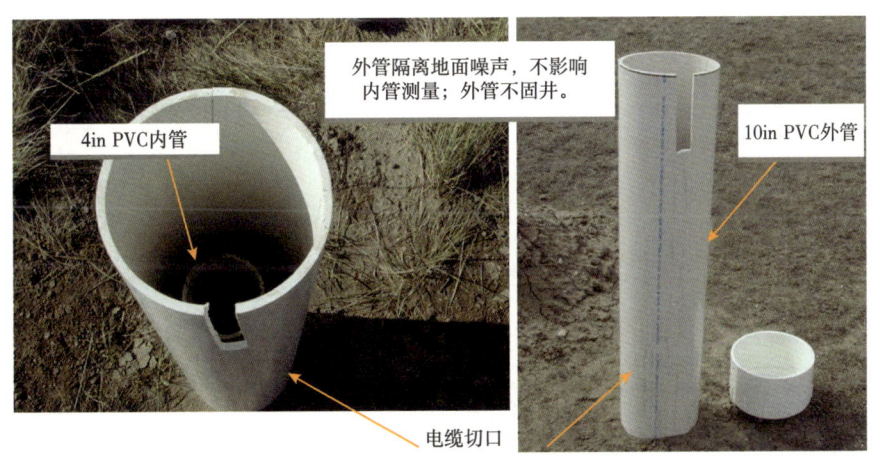

图 11-20　监测孔结构示意图

3. 现场监测作业

在压裂前 3~5 天下入仪器,以便更好地稳定和采集背景信号。通过电缆把地面倾斜仪下入到监测孔 4in PVC 管中，并往管内填砂，使砂面刚好埋没倾斜仪（图 11-21），地面倾斜信号通过管内砂塞传给倾斜仪。仪器连接完成后，通过软件启动仪器，工作正常后，封好 10in PVC 管头。由于采用电池供电，仪器一直处于数据采集状态并把数据存储在仪器内的数据存储装置内，压裂完成后继续采集 4h 压后信号，然后关闭仪器下载数据。

图 11-21　地面监测仪器安装示意图

五、倾斜仪技术优势及不足

（1）地面倾斜仪和井下微地震是目前最先进的裂缝监测技术，反演计算可以得知裂缝方位、高度、长度、不对称性和延伸范围等方面的空间展布特征。

（2）地面倾斜仪在裂缝方位、裂缝对称性方面可靠性比较高，而裂缝长度、高度解释结果可靠性比较低。

（3）井下倾斜仪在诊断裂缝高度、长度、宽度方面可靠性较高。

（4）压裂井中直接放置倾斜仪，明显要比在邻井中安置倾斜仪更具优势：一是实时检测缝高；二是无需监测孔；三是分段压裂可测；四是信号更强、数据更准确、解释更贴近实际裂缝。

对于地面倾斜仪监测，由于倾斜仪距离裂缝较远，无法确定单个和复杂裂缝的尺寸，精度相对于井下倾斜仪较差，同时不适用于深井。对于井下倾斜仪监测，随着监测井和压裂井距离增大，裂缝缝长和缝高分辨率降低。

六、地面微形变监测实例

大牛地气田 R 井组是一"米"字形水平井组，水平段平均垂深 2540m 左右。应用地面倾斜仪对 R-1H 井、R-3H 井和 R-5H 井进行压裂裂缝监测（井位分布如图 11-22 所示）。其中，R-5H 井和 R-3H 井采用水平井同步压裂工艺，R-1H 井采用水平井单井分段压裂[5]。

1. 监测方案优化及实施

一般来说，布置单一水平井测点时，依据射孔深度、水平段长度和施工规模确定倾斜仪支数和布置范围。对于丛式水平井组，测点的布置范围要根据 3 口井水平段的位置进行优化设计，因此测点布置范围要远大于单一水平井的范围，测点数量也比单一水平井要多。

根据 R 井组实际情况及目前已完钻水平井水平段长度和压裂施工参数，监测单井单段压裂需布置 36 支地面倾斜仪。根据 3 口水平井多段压裂需要，统筹考虑井深允许的倾斜仪布放机动余量，设计 55 支倾斜仪可以满足监测要求。在水平井射孔位置，以深度的 25%~75% 为半径的环形范围内随机布孔。倾斜仪地面观测点布置在以措施段中心位置为圆点、以 635m 和 1905m 为半径的环形范围内，并在井的东、西、南、北随机布置大致相同数目的监测孔。依次压裂 R-1H 井、R-3H 井和 R-5H 井，倾斜仪以中间井为基准进行布放，左右适当增加。图 11-22 是根据这 3 口井的压裂监测任务设计的测点布置优化方案。

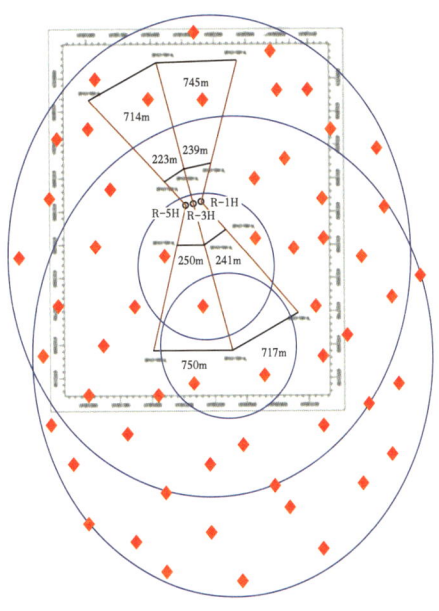

图 11-22　R 井组地面倾斜仪设计测点分布

结合设计方案和现场地表实际条件，在井组地面 4km² 范围内布置了 54 支地面倾斜仪，如图 11-23 所示。

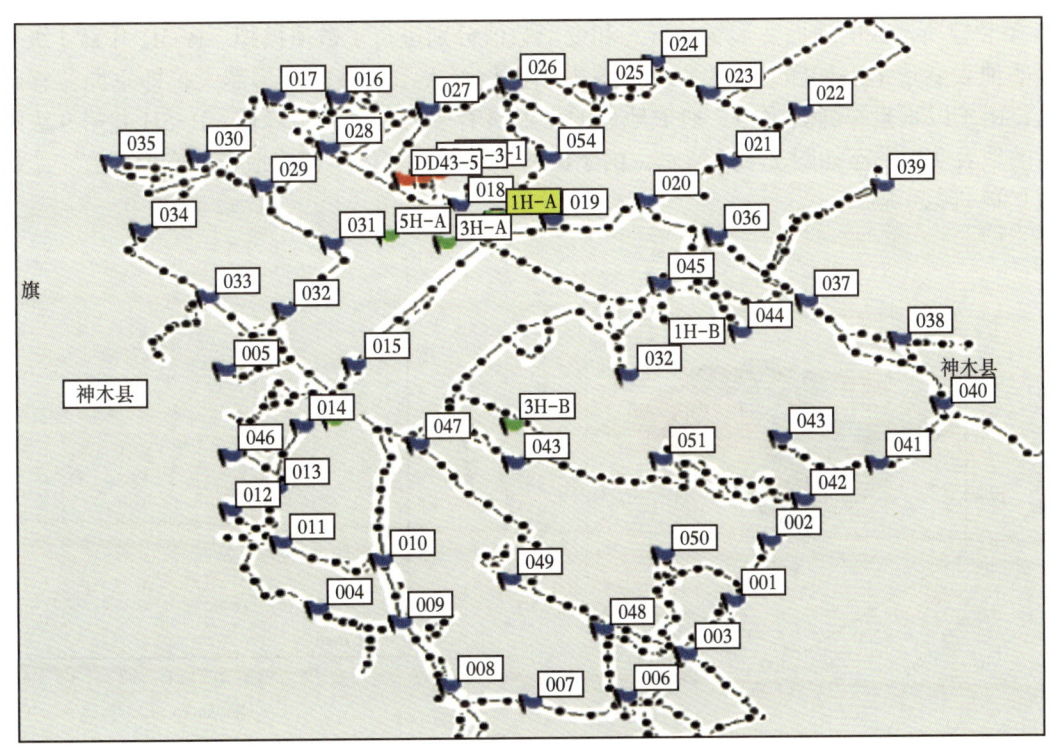

图 11-23　R 井组地面倾斜仪实际测点分布

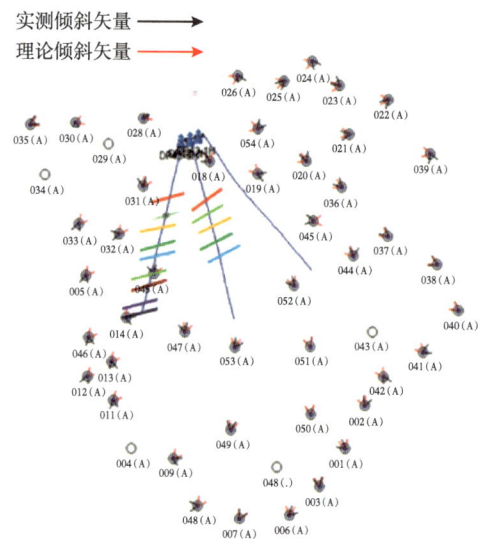

图 11-24　R 井组地面倾斜仪裂缝监测方位图

图 11-23 中，3 口井的井口用红旗代表，各井水平段的两端用绿旗代表，倾斜仪测点用蓝旗代表。每一个蓝色测点都是通过 GPS 现场定位确定的。在现场布置完地面倾斜仪后，由于现场压裂作业临时调整，只对 R-3H 井和 R-5H 井进行压裂裂缝监测。

2. 压裂裂缝监测分析

在现场压裂作业过程中，R-3H 井因投球滑套提前打开，放弃了前 3 段施工，实际采用地面倾斜仪对 R 井组的 R-5H 井和 R-3H 井这 2 口水平井进行了同步压裂裂缝监测。这 2 口井共压裂 15 段，得到 15 个裂缝监测结果，其中包括裂缝方位、裂缝半长、裂缝的水平分量和垂直分量，以及压裂裂缝扩展而引起地表变形的趋势面及其矢量场。

图 11-24 所示为 2 口水平井的裂缝方位示意图，清晰地反映了 2 口水平井的位置、每一段裂缝的方位、地面倾斜仪测点的分布和井口的位置等参数，其中沿着水平井段的彩色短线分别代表了每一段压裂裂缝和方位。

裂缝监测结果表明，R-3H 井水平井分段压裂裂缝方位为北偏东 53°~71°，裂缝半长 112~149m；R-5H 井水平井分段压裂裂缝方位为北偏东 67°~76°，裂缝半长 107~142m。对 15 条裂缝所造成的地面变形场的形态和变形数值分别进行了数值模拟。R-5H 井第 4 级裂缝的地表变形形态如图 11-25 所示，图中颜色越深表示地表的变形越大，即垂向位移越大，由于以垂直裂缝为主体，造成地表的变形具有一大一小 2 个峰值。R-5H 井第 9 级裂缝的地表变形形态如图 11-26 所示，由于以水平裂缝为主体，造成地表的变形仅有一个峰值（单一隆起）。

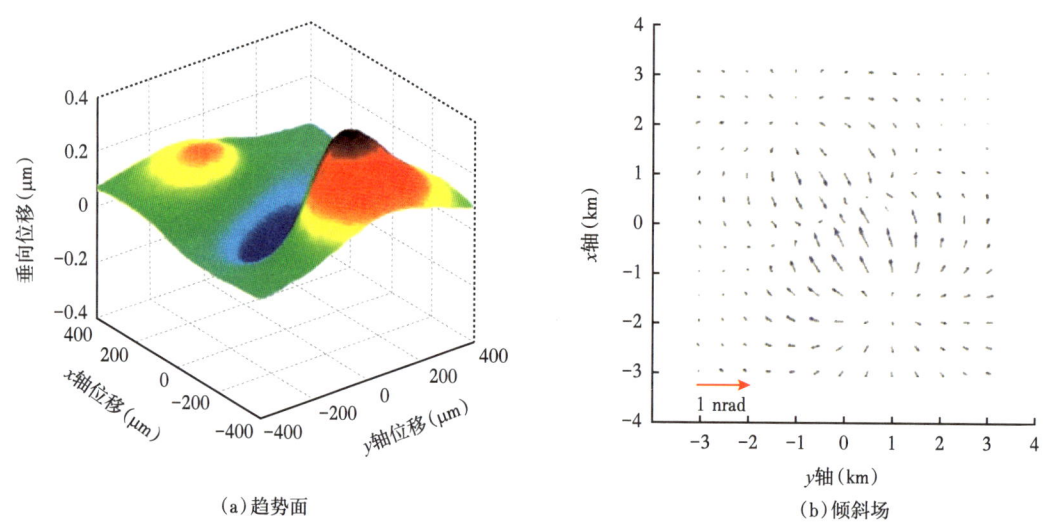

（a）趋势面　　　　　　　　　　（b）倾斜场

图 11-25　R-5H 井第 4 级压裂地表形变模拟图

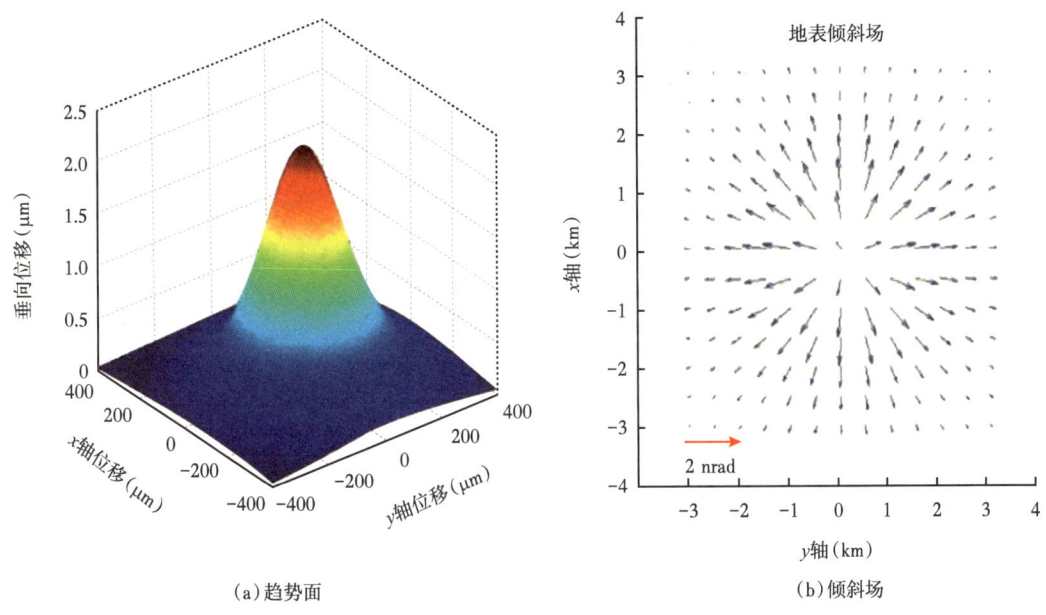

(a)趋势面　　　　　　　　　　　(b)倾斜场

图 11-26　R-3H 井第 9 级压裂地表形变模拟图

第三节　分布式光纤监测技术

一、分布式光纤传感器

20 世纪 70 年代，光纤开始应用于电信领域。随着光电领域技术进步，人们很快发现光纤本身也可以作为传感材料，光纤周围的温度、流动、压力和应变等物理场变化对光纤内部传输的激光信号产生影响，造成激光信号强度、偏振态、相位、传输时间、光谱和相干性等参数发生改变。如果将返回的激光信号参量变化解调成电信号，则可以实现对外界物理场的测量，这就是光纤传感器的基本工作原理[8]。

分布式光纤传感器以光纤作为敏感元件和信号传输介质，光纤是系统唯一的敏感元件，也是信号向前传播、向后反射的唯一介质。每米光纤都可看作是一个独立的传感器，也都能感应到光纤所处环境参数变化。整根光纤由连续分布的、等长度（最小分辨长度）的光纤传感单元组成，相邻传感单元之间没有间距，真正实现了沿光纤分布式连续测量，如图 11-27 所示。

分布式光纤传感器集传感和传输于一体，可实现远距离、大范围的传感与组网；可连续感知光纤路径上每一点的温度、压力、应变、振动等物理参量的空间分布和时间变化，单根光纤就能获得多达数万点的传感信息。

分布式光纤传感器传感单元为光纤，其所测量的物理量除依赖于光纤以外，更多依赖于调制解调设备和算法。所测得的物理量多为任意一段光纤传感器所处位置物理量平均值。拿温度举例，就是 10km 光纤上每 1m 范围内温度的平均值。

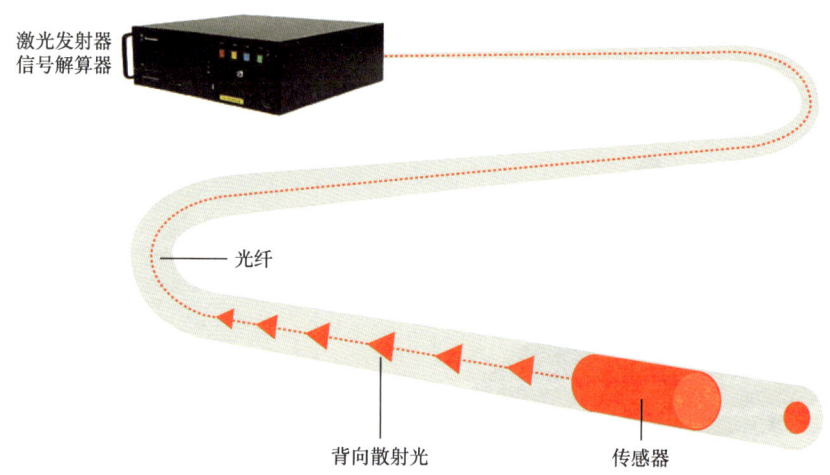

图 11-27　分布式光纤传感器结构示意图

二、分布式光纤传感原理

1. 光纤传感散射效应

激光在光纤中传播时会发生散射现象，这是分布式光纤传感的理论基础。如图 11-28 所示，地面脉冲激光器以一定脉冲宽度（脉冲持续时间）向光纤发射宽带光脉冲，由于光纤自身的微小缺陷或密度变化等局部不均匀性，引起入射光在光纤中传播的光学路径发生变化，从而向各个方向发生散射。也可以理解为，光作为粒子进入光纤后，和光纤内的一些固有杂质发生碰撞，碰撞后形成的粒子弹射至各个方向，频率也变了很多，这些光统称为散射光。其中，小部分散射光沿光纤返回，此即为背向散射光（也称之为后向散射光）。背向散射光信号通常会和光纤所处位置、温度、应力、应变、振动等物理量有对应关系，因此研发了各种设备接收、记录并处理背向散射光信号，通过测量背向散射光信号变化，对分布式光纤传感器所处环境相关物理量进行测量。

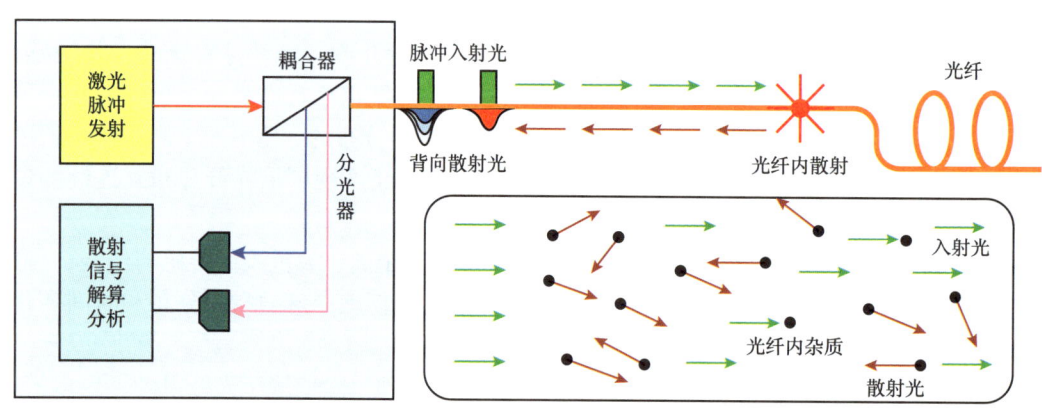

图 11-28　分布式光纤传感原理示意图

根据入射光与光纤自身非均匀点碰撞特征,光的背向散射可分为弹性散射和非弹性散射两大类。

弹性散射是由光纤光学性质(折射率)的微小变化引起的,特点是散射前后能量保持不变,即入射光与散射光的频率和波长保持一致,而相位发生变化,如瑞利(Rayleigh)散射。

非弹性散射是指光纤分子运动或热运动导致的散射,特点是散射粒子内部结构或能量发生变化,散射信号强度、频率和入射光相差很远,但具有一定的频移量。频移产生了斯托克斯光(Stokes)和反斯托克斯光(Anti-Stokes)两个新波段,其中非常高频的分子振动造成的频移为拉曼(Raman)散射(THz级别),较低频的分子振动造成的频移为布里渊(Brillouin)散射(GHz级别),背向散射光光谱如图11-29所示。

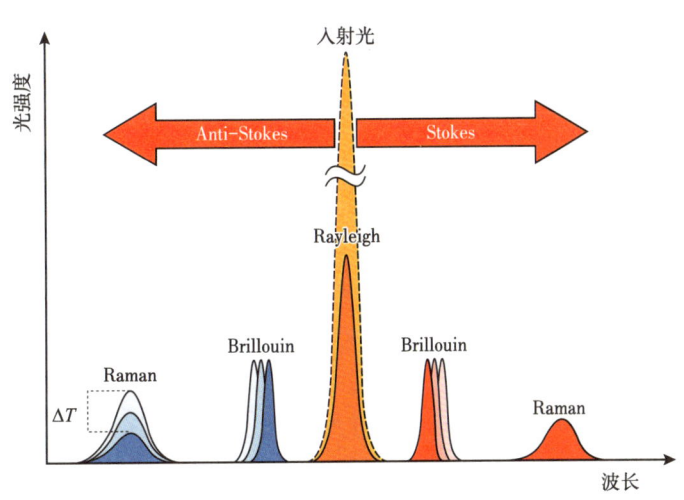

图 11-29 背向散射光光谱图

基于不同散射效应的传感技术可以检测不同的物理参量:基于瑞利散射的光纤传感主要用于检测振动与声波信号,基于拉曼散射的光纤传感主要用于温度测量,而基于布里渊散射的光纤传感主要用于应变与温度的双参数测量。

2. 分布式光纤温度传感技术

1982年,Hartog首次提出分布式光纤温度传感技术[9],标志着光纤传感技术从最初的单点和准分布式传感发展为分布式光纤传感,这一进步大大降低了光纤传感器的应用成本,提高了长距离沿程测量准确度。

分布式光纤温度传感技术简称为DTS(Distributed Temperature Sensing),拉曼散射温敏效应是DTS进行温度传感测量的物理机理[10]。当光纤所处物理场(温度、压力等)发生变化时,光的散射特性也会发生相应变化。反射回入射端的拉曼散射光,含有斯托克斯光和反斯托克斯光两种频率成分。两种光以入射光为中心对称分布,长波一侧为斯托克斯光,短波一侧为反斯托克斯光,如图11-29所示。其中,反斯托克斯光散射强度由处于激发态的分子个数决定,温度越高,处于高能激发态的分子越多,可见反斯托克斯光的强度直接受环境温度影响。而斯托克斯光与温度无关，两者光强的比值只与光纤所处环境温度有关。斯托克斯光作为拉曼散射参考通道，用来消除光信号噪声，同时还可有效消除光源的不稳定和光纤传输过程中的损耗影响。通过检测两者光强度的比值，可得到光纤所处环境温度信息，这就是 DTS 技术的基本原理，如图 11-30 所示。

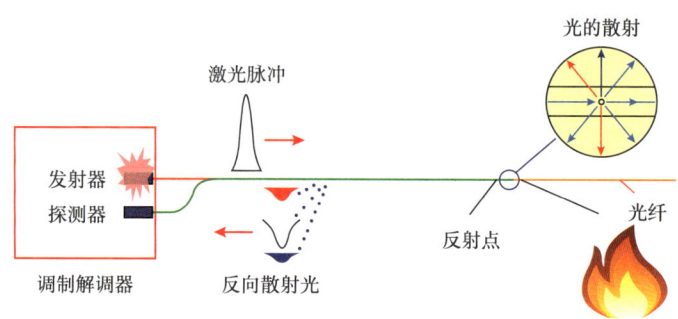

图 11-30　光纤测温原理图

传感光纤所处温度场温度为 T 时，依斯托克斯光和反斯托克斯光信号功率 $P_S(T)$、$P_{AS}(T)$ 反算，得温度分布曲线函数为：

$$T=\frac{h\Delta\nu T_0}{k\Delta\nu-kT_0\ln\left[\frac{P_{AS}(T)}{P_S(T)}\bigg/\frac{P_{AS}(T_0)}{P_S(T_0)}\right]}\tag{11-5}$$

式中：h 为普朗克常量；$\Delta\nu$ 为光子频移值；T_0 为参考温度值；k 为玻尔兹曼常数。

3. 分布式光纤声波传感技术

瑞利散射沿光纤方向强度线性衰落，外部环境如温度、压力变化也对光纤的衰减特性产生影响，引起瑞利散射强度变化。美国海军研究实验室 2000 年提出了根据瑞利散射信号相位差计算光纤动态应变的方法[11]，这一研究标志着基于瑞利散射的分布式光纤传感技术能够对声波和其他振动引起的应变进行实际测量，这一技术被称为分布式振动传感（Distributed Vibration Sensing，DVS），国内外石油行业一般将其称为分布式声波传感（Distributed Acoustic Sensing，DAS）。

分布式光纤声波传感技术是一种利用激光在光纤中的背向散射来获取沿线环境物理量变化的先进感知技术，其原理是基于光的瑞利散射效应[12]。利用相干瑞利散射相位差对光纤应变的高度敏感性，采集声波应变数据，并通过频率滤波、时间域和深度域堆叠等先进技术进行处理，对环境变化产生的声波信息进行长距离、分布式监测。

瑞利散射光强度比拉曼散射和布里渊散射都高，可通过地面记录瑞利散射光强度和相位来反映光纤时—空应变状态，从而揭示外部事件发生的时间、位置及程度。

（1）声波传感物理基础。

如图 11-31 所示，当光纤受到声波压力 p 作用时，瑞利散射光相位发生变化 $\Delta\Phi$，从而实现从声波信号到光波相位变化信号的调制，即：

$$\Delta\Phi=\frac{\pi Lp}{\lambda E}\left[n_f^3(1-\mu)p_{11}+n_f^3(1-3\mu)p_{12}+4n_f\mu\right]\tag{11-6}$$

式中：L 为声波扰动位置处光纤长度，m；p 为声波压力，Pa；λ 为光的波长，m；E 为光纤杨氏模量，Pa；μ 为光纤泊松比；n_f 为光纤折射率；p_{11} 和 p_{12} 为光纤弹光系数。

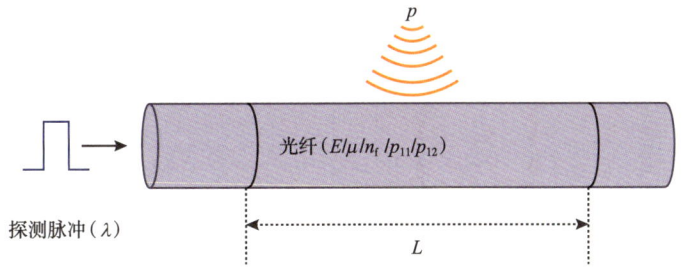

图 11-31　分布式声波测量参数图

（2）光纤声波测量原理。

从式（11-6）可以看出，光脉冲在光纤中传输时，声波对光纤的影响，相当于给某段光纤施加了一个作用力 p，导致光纤局部发生应变（轴向拉伸或压缩）。光纤应变会引入一个相位调制项，使瑞利散射光相位发生变化，且相位变化与光纤轴向应变成线性关系，因此可通过测量计算区域 L 两端之间的光差分相位变化，提取外部事件声波属性，实现分布式声波传感测量，如图 11-32 所示。实际应用中可通过空间差分干涉等方法对声波信号进行调制，应用相位解调技术计算瑞利散射光相位差变化，实现声波信号的还原。

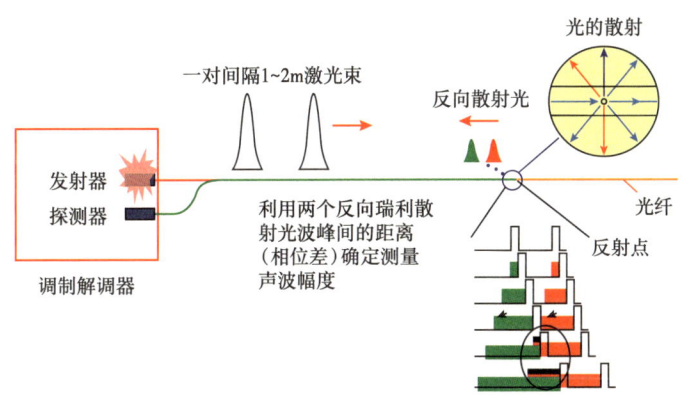

图 11-32　分布式光纤声波测量原理图

应用光纤测量声波信号时，瑞利散射效应将光纤转换为成千上万个光速时钟同步的传感单元，能提供数以千计的传感器检测点和可重复的时间推移成像。由于采样间隔小，避免了测量范围内因同时拉伸或压缩出现的相互抵消的假频，从而得到相对精确的相位差，如图 11-33 所示[13]。

光纤传感系统的本质是监测脉冲宽度内所有背向散射信号的叠加，即脉冲宽度越大，在光纤中传播长度越长，分辨率也越高，地面监测配置的窄线宽激光器提升了传感系统这一性能。

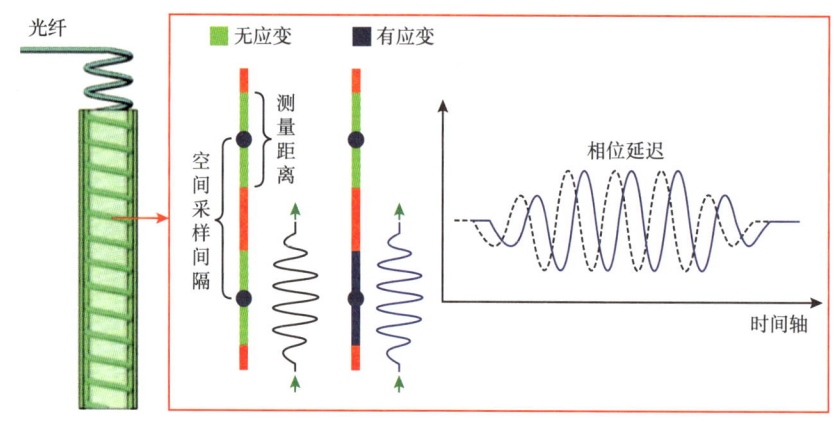

图 11-33 分布式光纤声波采样参数图

4. 光时域反射原理

分布式光纤监测技术利用光散射特性，开发出与散射光特性相应的调制解调设备与解释算法。当光纤周围的温度、压力及应力应变发生改变时，散射光信号的强度、相位、光谱和相干性等参量受到较大影响，对地面接收的散射光信号变化进行解析，就可获知沿光纤分布的物理场变化，实现对光纤周围温度、压力、流动情况及应力变化等参数进行测量。受限于传感光纤的一维空间结构，扰动源被局限在光纤轴向一维坐标上。

分布式光纤传感基于光时域反射（Optical Time Domain Reflectometry，OTDR）实现事件定位，其原理如式（11-8）所示。

沿光纤发射一束脉冲光，该脉冲光会以略低于真空中的速度向前传播，同时向四周发射散射光，散射光的一部分沿光纤返回到入射端，最终测得散射光发射位置与入射端的距离为[14]

$$C = \frac{C_0}{n} \qquad (11\text{-}7)$$

$$L = \frac{C \Delta t}{2} \qquad (11\text{-}8)$$

式中：C 为光纤中光速，m/s，一般取 200000000；C_0 为真空光速，m/s，一般取 299792458；n 为光纤有效折射率；L 为发射散射光位置与入射端的距离，m；Δt 为所发入射光和所收反射光之间的时间差，s。

光时域反射原理是 1976—1977 年提出的，为分布式光纤传感技术的应用实现提供了最重要的技术基础。据此，可通过背向散射光返回信号接收器的时间来判断事件发生的位置，通过背向散射光强度、振幅或相位变化量化外部事件的严重程度。

三、分布式光纤监测技术

水力压裂泵注时，压裂液波及区域温度、压力、振动等物理量随时间、排量、砂比等参数发生变化，这些外界事件扰动光纤使其产生局部变形，导致背向散射光信号变化。作为传感元件的光纤，将携带被扰动和未被扰动的背向散射光返回地面信号接收器，从而实现沿光纤分布的水力压裂参数定量监测与定性分析。

分布式光纤监测技术使用光纤本身作为传感器，监测沿井眼长度上的温度、声学和应变信息，既能用于水平井压裂监测，还能用于各种不同阶段生产动态监测等井下永久性监测。

用于油气行业的光纤监测技术包括光纤电缆监测技术、分布式光纤温度传感技术、分布式光纤声波传感技术、分布式光纤应变传感技术 DSS（Distributed Strain Sensing）、单点式光纤传感技术及配套的解释处理软件等。

光纤电缆监测技术采用光电电缆，在缆铠内部埋置的多光纤电缆中有一根电导线，通过该电导线为井下仪器供电，用于驱动电缆牵引器、电动马达、转向工具等井下作业工具。电缆中的光纤通过 DTS 和 DAS 等传感技术实现对井眼的动态监测。单点式传感技术将小型、耐用、高精度的温度和压力传感器单元安装在高带宽光纤电缆上，提供准确的温度和压力测量数据。这些单点传感器可以被重复使用，并放置在沿光纤的目标检测位置，构建准分布式测量系统。DSS 用来确定套管变形位置和严重程度，或提供增产措施期间射孔孔眼处产生的应力大小。

目前，油气行业 DTS 技术应用最为成熟，DAS 技术也得到越来越多的重视与发展，二者技术原理对比见表 11-1。已形成完善的 DTS/DAS 配套监测体系，在水平井压裂、生产动态监测及井下工具工况诊断方面有较多应用，如图 11-34 所示。

表 11-1　分布式光纤传感技术对比表

项目	分布式光纤温度传感 DTS	分布式光纤声波传感 DAS
光纤结构	多模光纤	单模光纤（相比多模光纤损耗小，长距离测量性能更佳）
散射原理	非弹性拉曼散射	弹性瑞利散射（散射过程中无能量损耗）
敏感信号	温度	声波
影响参数	振幅随温度变化，反斯托克斯光信号振幅变化更显著	相位发生变化，而波长和频率保持不变（瑞利散射光的强度比拉曼散射和布里渊散射都高）
监测结果	温度—时间—距离光瀑图，可以观察到任意时刻任意位置的温度状况	光强—时间—距离光瀑图，可以观察到任意时刻任意位置的应力变化，或者观察任意时间的震动源的位置与强度
精度	相比 DTS，DAS 光纤可发送和采集更多的信号数据，结果更精确；例如，DTS 沿光纤每 4s 发送 1 个读数，而 DAS 每秒可以发送 10000 个读数	

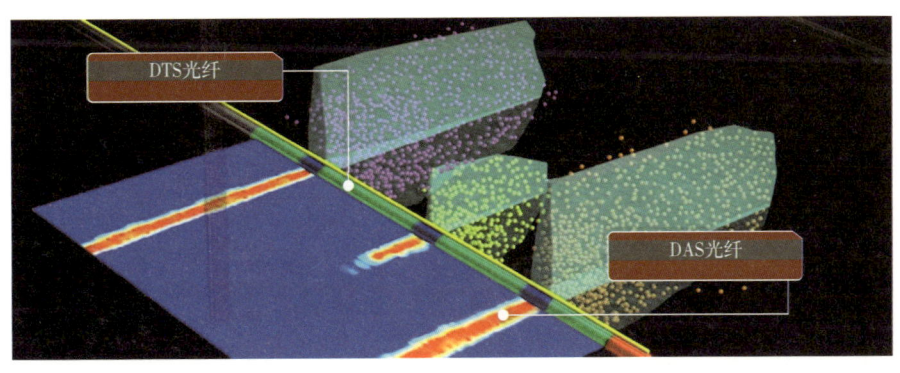

图 11-34　分布式光纤温度/声波（DTS & DAS）传感系统

1. DTS 监测技术

DTS 监测技术在油气行业应用历史较长[8]：1993 年，Shell 首次在挪威 Brunei 油田海上生产平台安装应用 DTS 系统，开展井下温度的实时监测。2006 年，Halliburton 在印度尼西亚首次应用 DTS 监测小型压裂施工，对泵注、地层破裂、关井、再次泵注压开地层等施工过程中实时温度剖面变化进行定性分析，获得关于压裂裂缝扩展高度的信息。在水力压裂 DTS 监测理论研究方面，众多学者已经建立 DTS 水力压裂监测模型，能够对水平井多级多簇水力压裂的注入、停泵关井、返排及生产过程进行模拟，模型一般由井筒、油藏和裂缝三部分的流动、滤失和传热模型耦合而成，上述正演模型配合反演算法，即可实现对压裂缝长和导流能力分布、压后产液剖面分布的解释分析。

2. DAS 监测技术

DAS 监测技术是光纤传感领域最新研究成果，虽然问世较晚，但很快实现了商业化应用，并迅速被油气行业应用于勘探开发，成为非常规储层水力压裂监测的热点技术[8]。2009 年，Shell 在加拿大一口致密气井中首次使用 DAS 技术，监测测井、射孔和压裂全过程；2014 年，Maersk 首次在北海油田的水力压裂施工中，应用了 DTS/DAS 联合监测方法。

由于 DAS 可以监测的振动或声波信号频段很宽，可通过提取不同频段的数据用于分析井下事件。已有的应用包括井筒流动监测、出砂监测、人工举升监测优化、井下桥塞或射孔作业监测等，同时还正在被用作井筒分布式检波器，开展地震波和微地震事件监测。

DAS 基于光纤干涉对振动（声音）的敏感性监测光纤沿线振动，振幅越大表明该位置进液强度越大。振幅波峰处表示监测点位置，井段各个监测点的声波振幅均较大，说明各段进液强度均较大，各裂缝均持续进液，此段整体改造较充分。压裂监测技术原理则是根据压裂过程中各簇位置温度变化，噪声强度增大判断是否进液，根据声音振幅大小解调出每簇的进液量，DTS 和 DAS 二者相互验证，分析不同段簇的压裂改造效果，如图 11-35 所示。

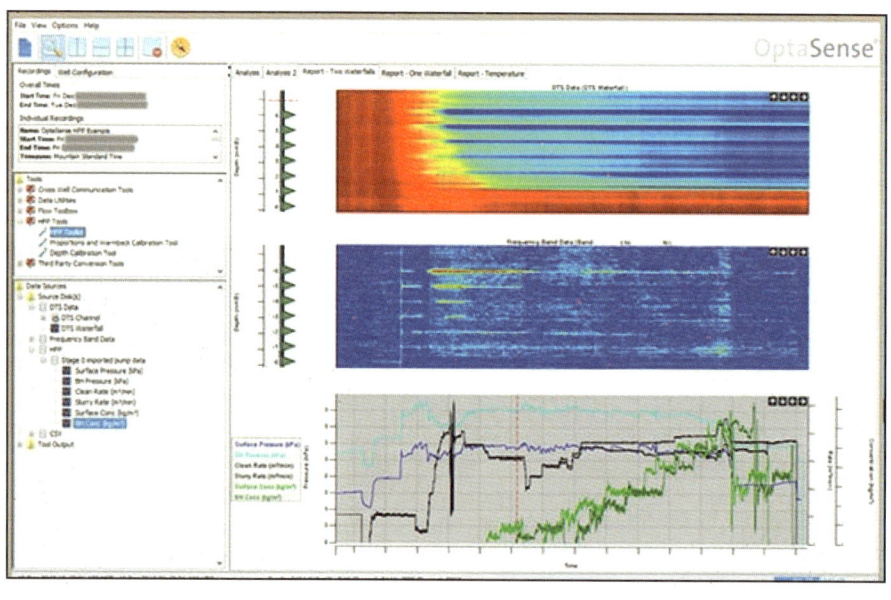

图 11-35　某段压裂 DTS & DAS 联合监测解释成果

应用于石油行业的 DAS 传感系统正在从单纯的"强度型"向"相位型"过渡,"强度型"DAS 系统仅提供声波或振动信号幅值计算的强度信息[12]。DAS 系统最初应用于水力压裂施工监测时,主要通过对井筒中声波信号的强度监测来判断各压裂级(簇)进液情况。基于相干光时域反射技术的"相位型"DAS 传感器,不仅能够获得声波或振动信号的强度信息,还能通过相位解调技术监测动态应变,满足水力压裂、套管变形等方面的监测需求。动态应变监测一般是对时间尺度约 1s 以内发生的快速应变进行探测,实质上获取的是应变率,即应变随时间的变化率,仪器关闭后保持光纤不受干扰,再开启后测量的应变绝对值与之前的测量值也不具有相关性和可比性。用于水力压裂中邻井超低频应变监测的 DAS 传感器就属于动态应变监测。

四、分布式光纤监测设备

目前在油田现场应用的分布式光纤传感系统,一般由专业的光纤设备公司提供服务并负责光纤安装。设备系统主要由地面主机和井下光纤两部分组成,一般还配备相应的服务器进行解调后的数据初步处理和网络传输,图 11-36 所示为 Silixa 监测主机设备。

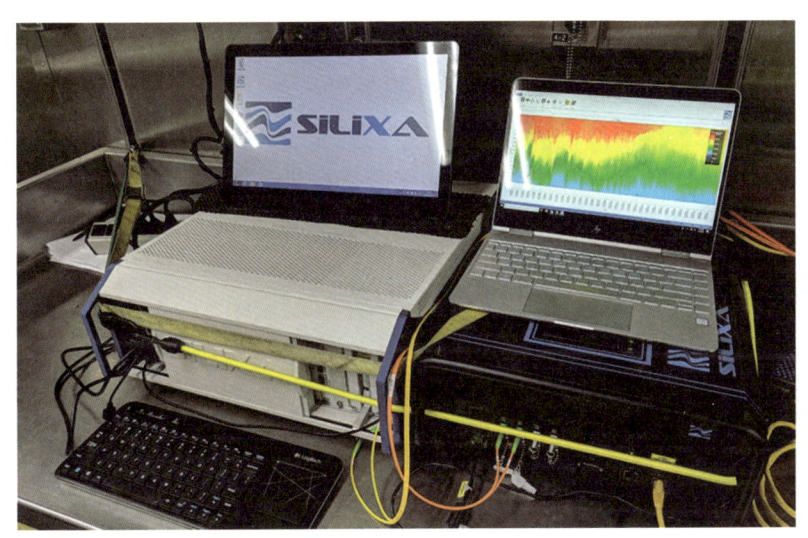

图 11-36 分布式光纤地面设备

监测主机是系统运行和信号分析的核心设备,调制器将激光调制成光脉冲并注入光纤,解调器对探测到的后向散射光进行解调,光电探测器完成光电转化,转化后的微弱电信号经放大电路放大,经数据采集卡采集并传输给计算机,再通过复杂的软件计算方法,将反射光信号解析为测量数据。用于油气行业的调制解调器不同于电信系统的激光发生器,而是单波长或多波长窄线宽激光器。

1. 光纤温度监测设备

DTS 监测设备应用采样速率 100M 的 SBS 采集卡,保证空间分辨率达到 1m 水平。通过滤除拉曼散射光中混合的瑞利散射光,测温精度可提高到 ±1℃。结合 DTS 温度监测原理,DTS 系统框图如图 11-37 所示。

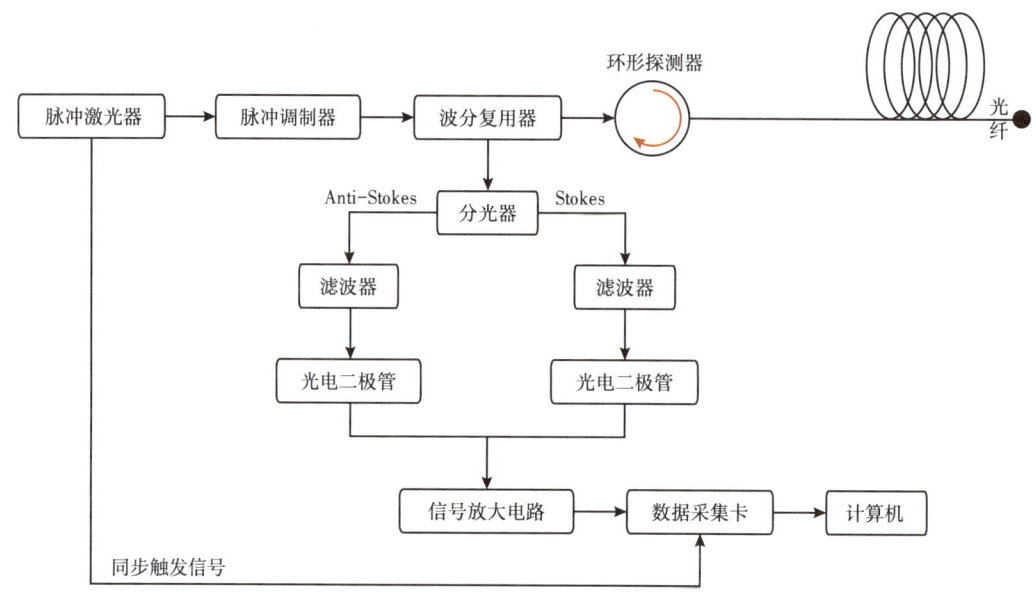

图 11-37　分布式光纤温度传感系统框架图

激光器经同步控制模块激发后，发出脉冲光经光脉冲调制器联通到传感光纤中，后向散射的拉曼光经环形器探测混杂的瑞利光，返回到光纤波分复用器 WDM，再至光处理系统，利用分光器将不同频率的斯托克斯光和反斯托克斯光分开，进入不同的处理系统。其他散射光及干扰光经滤波器被滤除，通过光电转换装置 APD 进行处理，最后通过数据采集与处理软件，将光信号转换成直观的温度数据成像图。

2. 光纤声波监测设备

DAS 设备利用窄线宽高相干光源进行传感探测，通过调制器将光源输出的连续相干光调制为脉冲光，通过掺饵放大器使得功率较低的脉冲光得到放大，放大后的脉冲光注入传感光纤后，在环形器附近将返回后向瑞利散射光，最后通过数据采集和处理，解调出光波在光纤中的相位信息并确定外部干扰位置。

地面 DAS 调制解调器功能主要包括相干激光信号发射、脉冲调制、放大、原始瑞利散射光信号接收、光电转换、相位解调等。

DAS 调制解调器输出的一般为高带宽声波原始数据，数据量非常大，达到每天数万亿字节，通过相应的数据服务器可将其转换为窄带宽的相位或频段数据，大大降低数据量至十亿或兆字节，这一量级的数据才能进一步通过网络服务器发送给远程的数据使用者或系统维护人员。

3. 传感光纤

光纤是光导纤维的简称，其主要材质是高纯度的石英玻璃，里面含有少量的硼、磷等杂质，粗细与人类发丝相当。传感光纤可进行分布式温度/声波测量及数据传输，激光脉冲注入光纤后，通过散射效应将测量信号反馈至地面进行解析。

根据安装位置不同，传感光纤可分为永久式和回收式两种监测方式，下井光纤也有所不同。

（1）永久式监测光纤。

光导纤维的典型结构是细长多层多轴圆柱实体的复合纤维，自外向内为护套、涂覆层、包层、纤芯。常见的护套使用聚乙烯或尼龙等塑料，涂覆层采用硅酮树脂或聚氨基甲酸乙酯，包层为玻璃，纤芯为石英纤维，如图11-38所示。

图11-38 光导纤维

作为传输和传感元件的光纤以不同的形式嵌入在光缆中，根据嵌入光纤数目，光纤可分为单模光纤和多模光纤，如图11-39所示[13]。

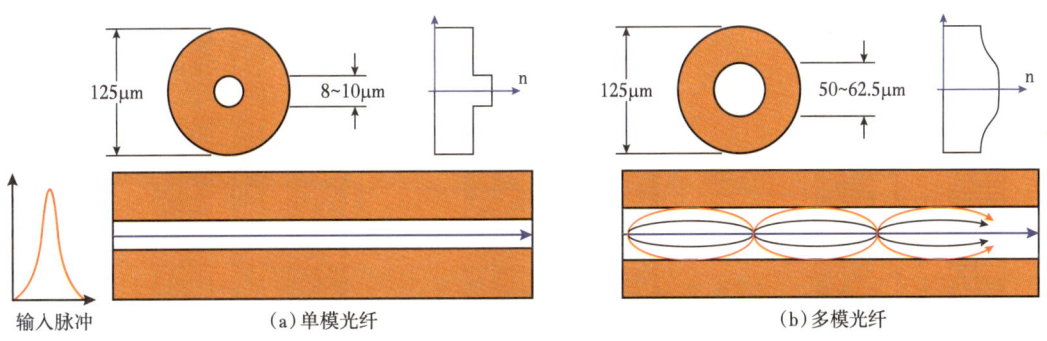

图11-39 单模光纤与多模光纤原理示意图

多模光缆可通过多个光纤组合传输多种模式的光，多模光缆的玻璃芯直径通常为50~62.5μm。单模光缆只传输一种与光纤平行的光信号，单模光缆的玻璃芯直径一般为8~10μm。单模光缆损耗要比多模光缆小很多，在长距离应用上表现出更好性能。基于拉曼散射的DTS监测技术，由于数据采集需要更多的光功率，通常采用多模光纤。而基于瑞利散射的DAS监测技术通常采用直径9μm的单模光纤，光的传输方式是平行于光纤自身，消除了多模光纤多模式光的高色散，可提供更高精度的数据。

（2）回收式监测光纤。

回收式监测光纤为光电混合多层缆线结构[12]，结构如图11-40所示。最中心可放置最多四根单模或多模光纤，光纤外部包裹金属管，金属管外是低电阻电缆包层，再外层是氟橡胶绝缘层。最外部为铝制包层，能够为缆线提供机械强度并起到防腐蚀作用。缆线整体直径不超过1/8in，如果下入连续油管中，占用空间也非常小。

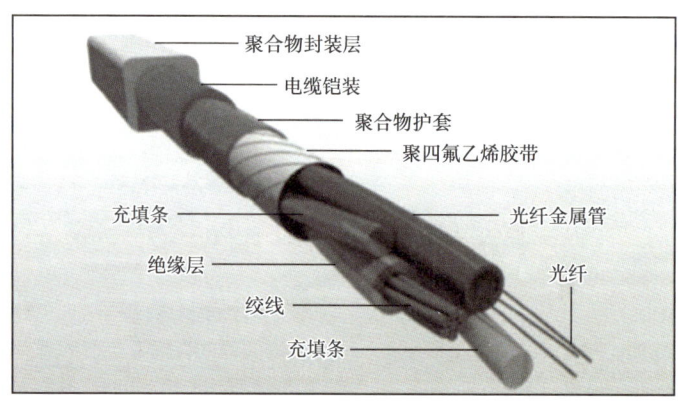

图 11-40 光电复合缆

五、井下光纤安装方式

分布式光纤传感器可永久、半永久、插入式安置在油气井内,如图 11-41 所示[12]。针对不同的监测需求及井况环境,如安装复杂性、可重复使用性及数据精确度等,选择合适的井下光纤安装方式。

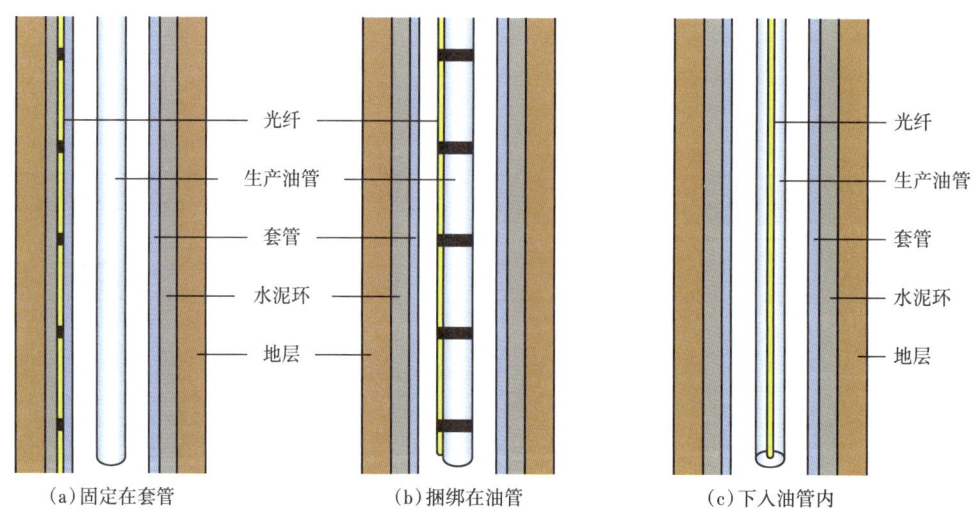

图 11-41 井下光纤安装方式

1. 永久式安装

光纤固定于套管外壁,随套管一同入井,还可用水泥浆固井。入井光纤不可移动,属于永久式安装。该方法优点是不影响井筒内作业,同时作业对光纤也不存在破坏作用。光纤耦合性强,数据质量高,可实现水平井固井、完井、压裂、生产及关井等全周期的连续剖面监测。

2. 半永久安装

典型的半永久安装是将光纤固定在生产油管外壁,随油管一同入井。可采用平行捆扎和缠绕捆扎两种方式固定光纤，安装灵活方便，也可与其他监测电缆同时捆扎，多用于气井智能完井。

3. 插入式安装

插入式安装是将光缆置于生产油管内部，也可安装在连续油管内用于作业工况监测。对于水平井，主要采用连续油管、井下牵引器携带的方式将光纤送至井下预定位置，属于可回收的安装方式。通常适用于短周期的井筒内温度/声波测试，多用于油气井增产作业等、生产过程中的井下温度、声波动态监测。

六、分布式光纤监测解释及应用

1. 压裂液注入及漏失监测

分布式光纤传感用于水力压裂监测以来，压裂井在本井泵注过程中的 DTS/DAS 联合监测应用最为广泛，矿场试验结果也最为丰富，DAS/DTS 信号与进液射孔簇、级间封隔漏失等位置都具有较好的一致性。综合分析 DAS/DTS 数据有助于更好地理解段内簇改造是否均匀，评价暂堵转向效果，解释完井作业问题的不利影响，包括封隔器失效、下套管后水泥胶结不良、作业困难导致中途停泵等。

水平井分段压裂泵注时，地面冷压裂液不断注入地层，当前压裂段温度大幅降低，与未压段、已压段温度存在明显差异。通过实时监测压裂段温度变化，建立注入温度剖面解释模型，可对各压裂段的进液情况、注入量进行分析。

在压裂液不断注入地层过程中，压裂液流动对井下分布式光纤产生冲击，将导致振动和声波，这种振动和声波的强弱与流体流速存在直接关系。压裂施工时，通过对各压裂段的振动和声波进行监测，可实现对注入液量的计算分析。

因光纤对振动和声波的灵敏度比温度更高，所以 DAS 还可识别出温度响应较弱的压裂注入位置(射孔簇)。根据各射孔簇的进液时间和携砂液砂比，估算各射孔簇的压裂液注入量、支撑剂注入量，通过软件模拟出压裂段内各个射孔簇形成的裂缝规模。

由于 DAS 分辨率较高，解释出的数据精度也较高，DAS 解释获得的压裂液注入体积分布可转化为每簇的恒定注入率，将该注入率作为 DTS 正解模型的已知参数输入，计算油藏的温度分布。然后通过温度反演，得到与 DTS 实测温度相匹配的各簇固定注入速率下的温度分布，从而预测水力裂缝注入流体沿裂缝方向的分布，大大提高了 DTS 反演的效率和准确性。

2. 裂缝起裂及扩展监测

非常规油气储层改造时，并不是所有的射孔簇都能形成有效裂缝，某些压裂段甚至无法形成有效裂缝。受裂缝扩展的不均匀影响，大部分压裂液进入少部分裂缝，使得这些裂缝迅速扩展，而其余裂缝由于压裂液供给不足，无法继续扩展，严重制约水平井压裂增产效果。

生产阶段的 DTS/DAS 瀑布图解释结果显示，并非压裂段内所有射孔簇都有进液，部分射孔簇完全没有流量贡献，说明这些射孔簇并没有形成有效支撑裂缝，属于无效射孔簇。究其原因，可能是高速注入的压裂液和支撑剂对射孔孔眼的不断冲蚀、磨损会导致射孔孔眼变大、孔眼限流作用变差，会导致段内射孔簇进液不均，也可能是分段压裂完井设计、压前地质认识与井下实际应力存在一定的偏差。

分布式光纤应变监测通过声信号的低频（小于 0.05Hz）滤波，可获取压裂过程中的光纤应变，进而实现裂缝扩展动态的实时监测。

光纤光缆通常预先固结于监测井水泥环内，压裂过程中在监测井入射脉冲激光，激光由光纤传导并实时感测，其中脉冲激光的背向散射信号返回地面解调系统，经解调可得到裂缝扩展过程中的光纤应变和应变率实时动态，从而进行裂缝扩展动态诊断。该技术需要在耦合"井筒—射孔"平面三维多裂缝扩展模型基础上，构建裂缝扩展诱发光纤应变和应变率的理论计算模型。通过对比单簇、多簇、多段多裂缝扩展过程中光纤应变信号的演化特征，揭示多裂缝扩展诱发光纤应变与应变率的演化机理，从而实现利用分布式光纤应变信号诊断裂缝扩展动态的目的。

七、套管外敷光纤监测实例

1. 试验选井

JLHW203A 井位于金龙油田金龙 2 井区，开发目的层二叠系上乌尔禾组，油藏为低渗透含砾砂岩储层，埋藏深度 3916~4128m，储层跨度约 30m，主要储集空间为孔隙，裂缝不发育。

2. 井身结构

JLHW203A 井采用三开井身结构，油层套管外径 ϕ139.7mm，钢级 BG125V+BG110V，下深 5122m，人工井底 5096.7m，光纤下深 5048.8m。为了避免光纤在下入及注水泥固井过程中发生方位偏移，在水平套管段安装偏心滚轮扶正器，确保光纤在预设位置保持不变，如图 11-42 所示。

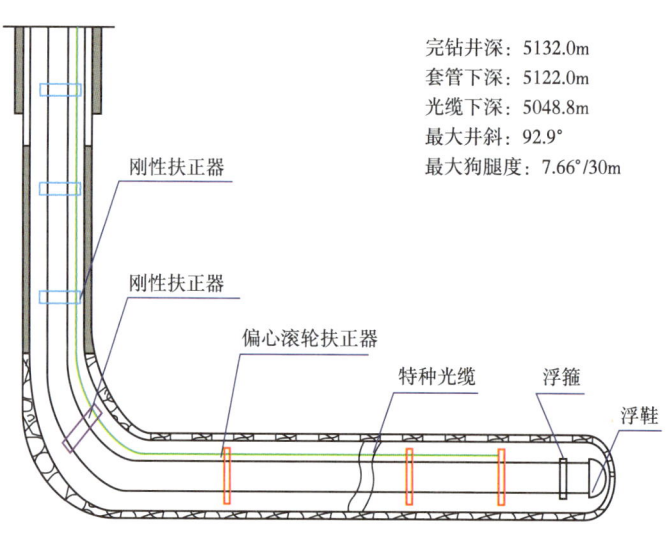

图 11-42　JLHW203A 井井身结构示意图

3. 管外敷光纤方位探测

为了准确判断水平段光纤位置，避免射孔时射断光纤，采用穿缆连续油管+MOT 磁通量探测仪器探测水平段 87 个扶正器位置处光纤方位，水平段光纤主要集中分布在 180°~360° 区域内，各套管两端的光纤方位差值主体介于 0°~45° 之间，井下光纤无严重的扭转现象,如图11-43所示。

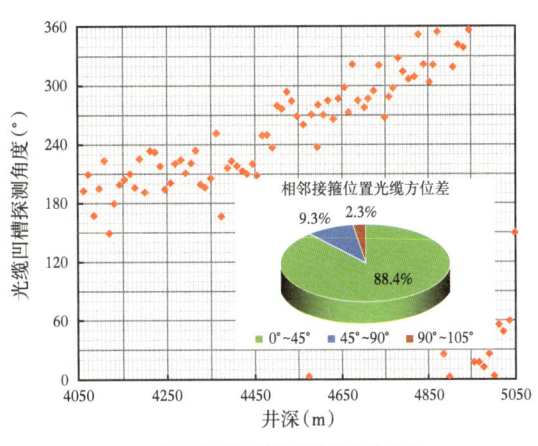

(a) MOT磁通量方法探测曲线

(b) 水平段探测点光纤方位分布

图11-43　MOT磁通量方位探测曲线和水平段探测点光纤方位分布

4. 套管外敷光纤避射

以套管两端光纤覆盖范围为射孔危险区域,在危险区域中心线对侧射孔。综合考虑JLHW256井定向射孔试验结果,定向射孔采用双线型布孔方式、方位夹角60°,增大裂缝起裂概率、降低施工泵压,如图11-44所示。

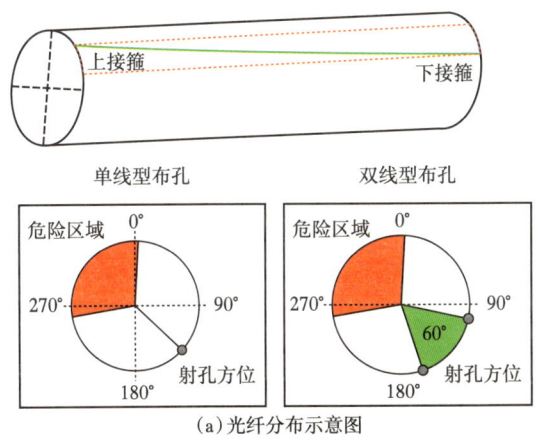

(a) 光纤分布示意图

(b) 单线型布孔

图11-44　套管外敷光纤分布示意图和单线型布孔

5. 压裂施工概况

遵循地质"甜点"为前提、段内优选应力差异小及低地应力区域、满足管外光纤监测试验需求的分段分簇原则,JLHW203A井水平段长1066m,共分为14段59簇,簇间距52.7~97m,平均73.2m,段间距8~33.5m,平均15.2m。设计施工排量8~12m³/min,支撑剂选取40/70目石英砂与20/40目陶粒,平均砂比15%,最高砂比23.1%。采用管外光纤监测技术,对JLHW203A井共完成14段压裂及监测施工,光纤监测、光纤避射均成功。通过可视化监测软件动态显示了桥塞坐封丢手、分簇射孔、压裂球入座、各簇进液光纤声波强响应信号等，为压裂参数实时调整 10 余次提供了支撑。

6. 实时监测及压裂指导

以具有代表性的第 11 级压裂为研究对象，该级共 6 簇，编号为 11-1、11-2、11-3、11-4、11-5、11-6。设计施工排量 10~12m³/min，光纤监测结果如图 11-45 所示。通过实时监测，前置液阶段排量小于 10m³/min 部分簇未进液，12m³/min 时各簇均有信号显示，但存在强弱差异，排量大于 14m³/min 各簇均进液信号均匀。在段内射孔 6 簇情况下，综合统计平均单簇排量大于 2.5m³/min 时，可满足起裂需求。

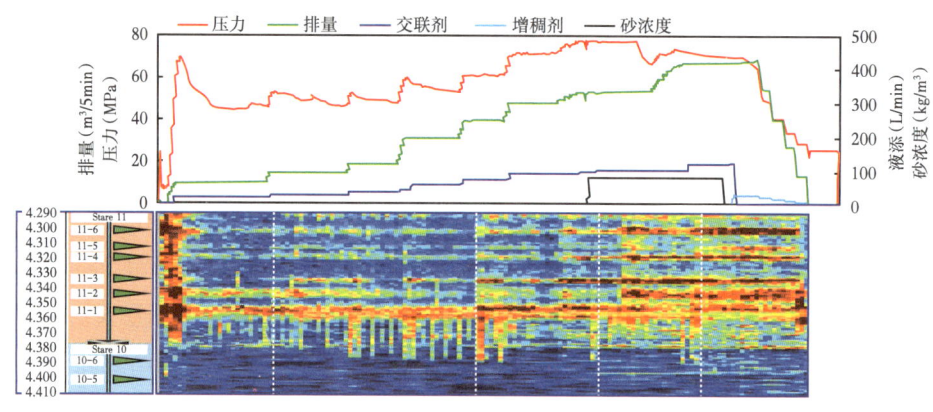

图 11-45　JLHW203A 井第 11 段前置液阶段监测图

JLHW203A 井第 11 段压裂监测结果显示光纤振动和温度信号清晰准确，实时直观展示了在不同排量下，各簇的开启情况及进液强度情况，较为清晰地展现出大排量有利于各簇均衡起裂，监测结果有效。基于该现场试验，形成了一套实时调整施工排量、改进压裂方案的工艺方法。

此外，通过光纤可视化监测发现，JLHW203A 井共 14 段，优势进液簇与最小主应力相关性仅占比 33.3%（第 5 段、第 8 段、第 9 段、第 14 段），机械比能与优势簇结果符合率高达 66.7%，机械比能越小，越有利于人工裂缝起裂扩展，如图 11-46 所示。

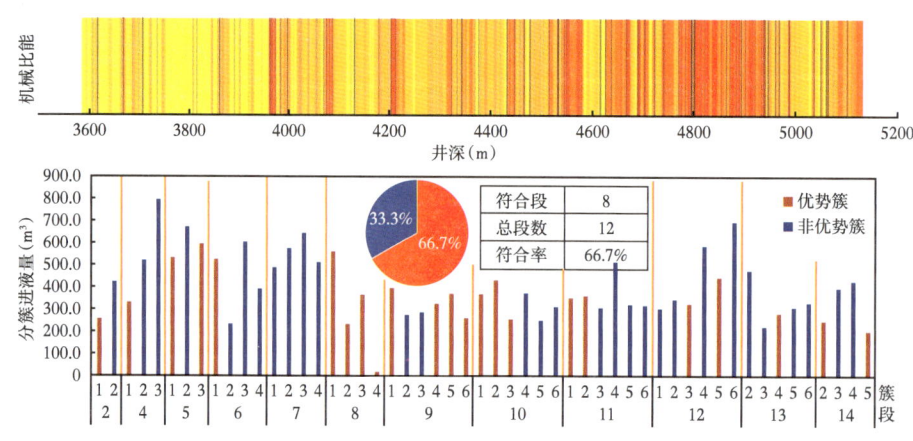

图 11-46　JLHW203A 井各段优势簇与机械比能关系

对比第 10 段暂堵前，第 10-4、10-5、10-6 簇不进液，加砂 70m³ 后暂堵，暂堵未能有效调整各簇均衡进液；第 11 级暂堵前，第 11-3、11-4、11-5、11-6 簇不进液，加砂 10m³ 后暂堵，监测显示第 1 簇封堵，其余簇全开，如图 11-47 所示。结果说明加砂后暂堵难度增大，且加砂量越大越不利于暂堵。

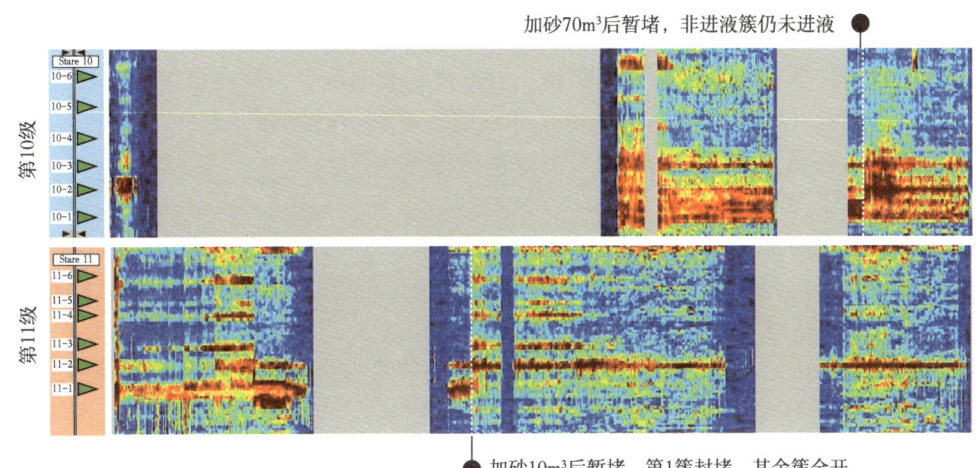

图 11-47　JLHW203A 井第 10~11 级暂堵前后光纤监测结果

7. 总结及认识

（1）大排量有利于各簇开启，段内 2~4 簇排量 10~12m³/min 可满足压裂需求，段内 6 簇时，排量大于 14m³/min 有利于各簇均衡起裂；

（2）优势进液通道与最小主应力存在相关性，但相关性不强，机械比能与优势进液通道相关性较好，对砾岩油藏水平井分段分簇具有重要指导意义；

（3）在加砂阶段初期，暂堵更容易封堵优势进液簇，实现段内相对均匀地改造；

（4）不同尺寸的暂堵剂组合的暂堵效果优于单一尺寸的暂堵剂；

（5）单段 48 孔井段，泵送暂堵剂排量不小于 4m³/min（单孔流量大于 0.1m³/min），暂堵效果较好。

八、光纤技术优势与不足

分布式光纤监测技术近年发展迅速，从国际最新的井下动态监测技术发展趋势来看，该技术已成为水平井压裂监测的优势技术手段之一，在美国、加拿大等非常规储层压裂动态监测中已有较多应用，并取得了较好的应用效果。

光纤监测技术优势主要表现在以下三个方面。

（1）与传统的井下监测方式相比，光纤监测直接将光纤作为载体实现信号传输和接收，可以实现生产、注入等各种情况下的井下实时监测，获得从地面到井底的分布式数据信息，无电子元件、不受电磁辐射干扰、耐高温、化学反应呈惰性、性质稳定、抗破坏能力强、不易损坏。因其自身既是传感介质，又是数据传输介质，在以下方面更具优势：

①可实现长距离（大于 10km）、连续的温度 / 声波动态实时测量与监测。

②空间分辨率（小于 0.4m）、温度测量精度（±0.01℃）高。

③安装便捷、维护方便、监测周期灵活可控,对监测对象所处环境影响较小。
④温度测量不受流动状况影响、信息量成本低。
⑤现场工况适应能力强,在潮湿、高温环境中同样适用。
⑥测量稳定、无延迟,可抗电磁干扰等。

(2)可以对压裂施工全过程进行实时连续监测,对压裂动态进行实时跟踪,从而及时获知各压裂段的裂缝起裂及延伸情况,诊断完井管柱及井下工具的工作状况等,进而对压裂改造效果进行快速评估,以便对压裂施工方案进行及时调整,提高压裂改造效果。

(3)分布式光纤可实时监测沿全水平井段的温度和声波剖面,对井下动态进行定性、定量地评价,从而指导水平井生产及压裂改造措施的执行。

同时存在以下不足:

(1)通常需要将光纤预置于套管外,和套管一同入井然后固井,增加了固井和射孔难度,射孔时必须考虑避开光纤,防止光纤受损、断裂。因为光纤一旦断裂,就无法进行测量,目前在光纤"避射"方面还没有十分成熟的技术。

(2)压裂监测用的分布式光纤通常是预置于完井管柱上,如果出现套管破损等情况,就难以保证光纤不受损伤。

(3)DAS测试数据量庞大,数据量通常都是以TB为单位,对监测数据的保存、传输都形成了巨大考验。

(4)通常DAS对水平井分段压裂监测的应用多以定性分析、诊断为主,尚未形成成熟的理论模型和方法进行定量解释。需要从光学、声学、力学、数学、水平井压裂诊断及评价等多方面开展综合研究,建立DAS数据反演解释理论模型,从而"翻译"出DAS携带的井下信息,协同DTS数据反演降低多解性、提高解释结果的准确性。

第四节 压裂水锤波监测技术

为丰富水平井体积压裂评价手段、辅助现场作业决策,实现压裂资源的有效配置,压裂水锤波监测技术应运而生。该技术是一种非干扰实时监测技术,通过采集压裂施工过程中水击振荡变化而产生的压力波信号,可实时定量诊断压裂改造进液点深度,并对段内多簇是否进液进行有效评价,确定压裂簇的改造情况,判断改造井段是否需要进行二次封隔、暂堵措施或调整改造规模。

一、水锤波理论基础

1. 水锤概念

在长距离管输、城市供水管网系统中,因水泵启停(或排量变化)、闸阀开关(或开度变化)、管道泄漏或堵塞等(图11-48),都会使管道内某一截面流体速度瞬间急剧变化,引发

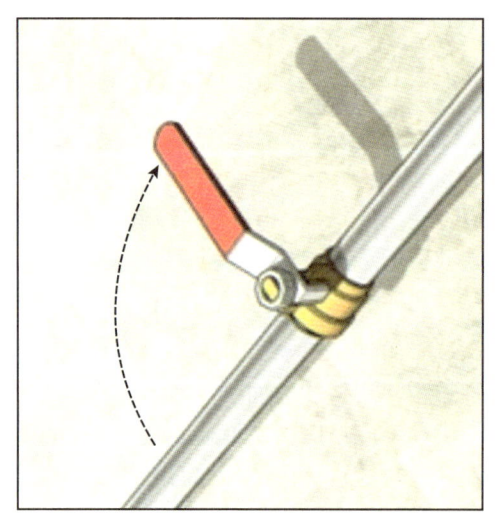

图11-48 闸阀突然关闭

动量交换（图 11-49），造成流体压力快速交替变化（图 11-50），在管道内产生一系列水力冲击波（增/减压波），工业上称为水锤、学术上称为有压瞬变流。

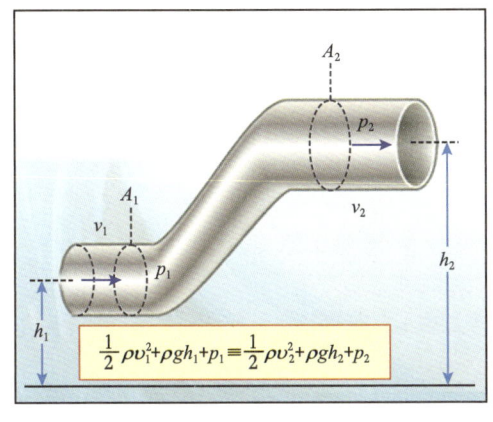

图 11-49　流体动量交换机理图

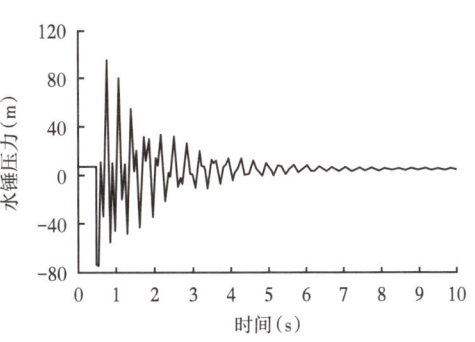

图 11-50　供水管道停泵水锤压力振荡示意图

2. 理论基础

自 20 世纪初，Joukowski、Allievi 等学者为水锤理论奠基以来，瞬变流研究经历解析、图解、电算等阶段，已发展成流体工程一个成熟的学科分支，如图 11-51 所示。

(a) 尼古拉·叶戈罗维奇·茹科夫斯基
俄罗斯空气动力学和水动力创始人
1847—1921

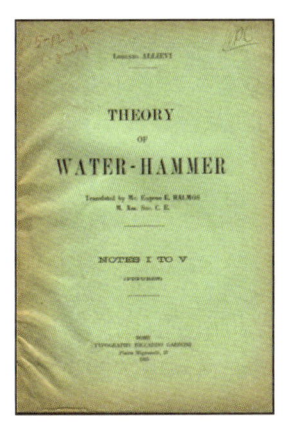

(b)《水锤理论》英译本，1925
洛仑佐·阿列维，意大利工程师
Lorenzo Allieve, 1871—1941

图 11-51　水锤理论奠基者及早期理论著作

水锤是流体的一种非恒定（非稳定）流动，即流体运动中所有空间点处的一切运动要素（流速、加速度、动压强、切应力与密度等）不仅随空间位置改变，而且随时间改变。从本质上说，水锤是管道瞬变流动中的一种压力波，惯性和反射是水锤发生的主要原因，惯性维持了流体运动状态，反射又改变了运动状态，这两者的对立统一是水锤现象的实质。

3. 水锤效应

水锤效应（也称水击效应）是流体压力振动在管道内引起的机械波动，物理过程包括压力波的产生、传播、反射、干涉及消失，如图11-52所示。

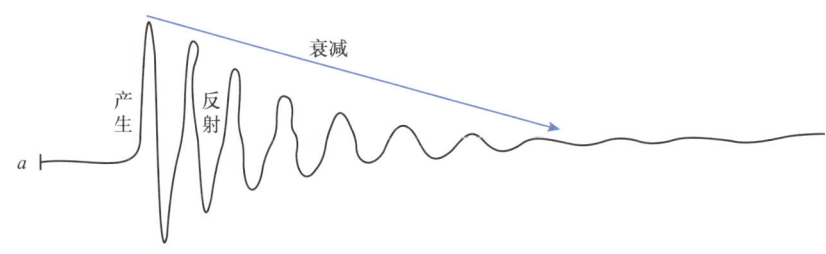

图11-52　水锤波物理过程示意图

（1）压力波产生：瞬变流事件。

任何导致压力管道流体速度发生快速变化的干扰或动作都会触发水锤效应，可看作外输能量向管流系统注入压力波。对于瞬时触发，相当于输入单个压力波信号，如快速关阀；对于持续触发，相当于连续输入一系列压力波信号，如缓慢关阀。

（2）压力波传播：边界反射。

瞬变流事件发生后，压力波沿管网拓扑结构传播。由于管网系统存在边界，波传至边界时发生反射，导致压力波在边界处叠加转换，造成压力波增强或衰减，并有可能在未产生压力波的分支管道上产生新波。反射波继续传播，并在其他边界处继续转换，如此反复振荡，直至瞬变流过程结束或产生新的瞬变流事件。

（3）压力波衰减：能量耗散。

水锤效应是管道流体在两个稳态之间的短暂过渡状态，传播过程通常为几十秒到几分钟不等，随着声音、摩阻、振动、漏失等能量耗散而快速衰减甚至消失，系统恢复至稳态工况。

4. 水锤分析

瞬变流分析用于长距离管输、供水管网安全分析、防护设计及管道检测。随着系统复杂性增加，管况检测也发展为流体力学、传感器、信号处理、大数据等学科交叉技术，衍生出众多检测方法，如反问题分析、时域法、频域法、小波分析等，可以从实时压力或流量数据中提取瞬态特征信息，快速定位管道故障（泄漏、堵塞、爆管或误操作等）。

压裂监测常用的分布式光纤传感（DAS/DTS）技术，也来源于管道检测，如图11-53所示，在油气领域应用研究日趋活跃，相关的信号处理算法也日渐完善。

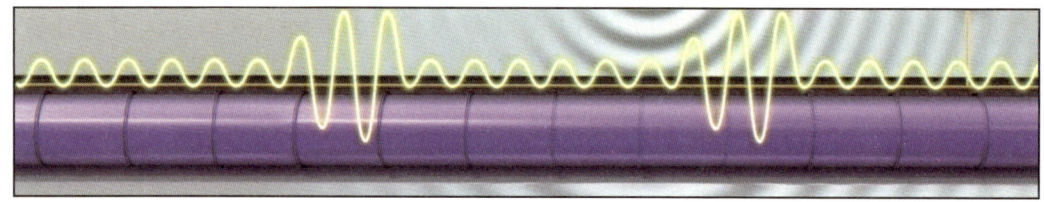

图11-53　分布式光纤管道检测

二、压裂水锤波概述

水力压裂泵注时,井筒也是有压管道。由于存在波产生的基本条件(波源事件和传播介质),水锤现象不可避免。在水平井多段压裂过程中,由于流量快速变化会产生短暂的不稳定流动,例如在快速关井、停泵等工况下,流体被强制快速改变流动方向或者瞬间停止流动,此时流体压力会发生快速振荡,射孔、投球、开滑套等工况也会产生水锤现象。其中停泵后的压力脉动反映了流体在井下反射的次数,通过对该压力信号进行分析解释,可以计算进液点。

按波源位置来分,压裂水锤有地面和井下两种激发类型,地面激发由机组控制或误操作造成,井下激发受压裂事件驱动。

泵组激发水锤波:压裂车、压裂机组启/停(或提/降排量)及超压停车。

事件激发水锤波:支撑剂沉降(缓慢关阀)、压裂砂堵、滑套开启球落座(投球滑套分段压裂)、桥塞封堵球落座、转向剂暂堵、降解球堵孔等闸阀关闭事件;裸眼/固井滑套开启、套管泄漏/断裂、封堵球破碎/降解、暂堵剂冲开、桥塞移位、射孔簇进液、地层起裂、裂缝窜通、隔夹层突破、压裂液分流/转向、聚能射孔、桥塞坐封等闸阀开启事件。

1. 压裂停泵水锤

大量的压裂施工压力数据显示,在压裂停泵期间,往往伴随着剧烈的压力波动。停泵时,井口处压裂液流量在极短时间内降为零,使得井口处压力出现一个突然的下跌,而流体具有惯性和可压缩性,这个压力突降将以压力波的形式向井底传播,并在井底反射,形成水锤。

图 11-54 所示为吉木萨尔页岩油 JHW018 井 23 级压裂停泵水锤波,其中第 10 级、第 12 级、第 14 级、第 16 级、第 19 级为不停泵连续投球压裂,无停泵数据。

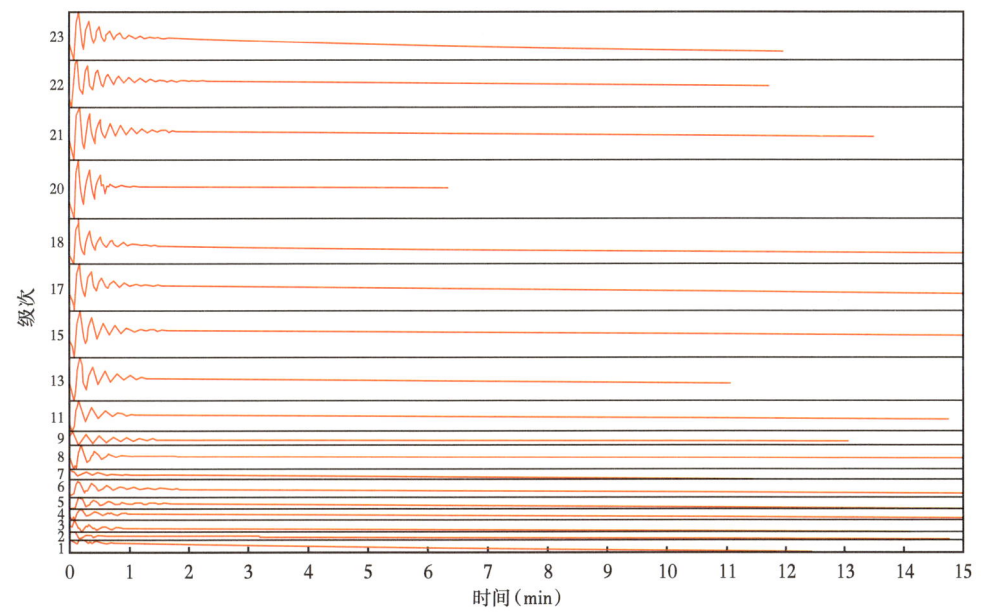

图 11-54 JHW018 水平井压裂停泵水锤曲线

图 11-55 所示为吉木萨尔页岩油 JHW020 井第 10 级停泵水锤波曲线，后续坐封桥塞、射孔也有明显的水击效应。

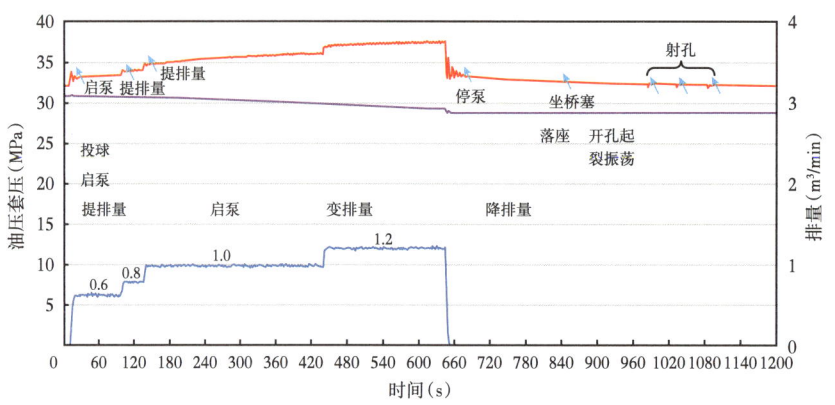

图 11-55　JHW020 水平井第 10 级停泵水锤曲线

2. 压裂开孔水锤

图 11-56 所示为吉木萨尔页岩油 JHW018 井 23 级投球滑套开孔水锤波，图 11-57 为该井第 20 级滑套开启、提排量水锤波曲线。

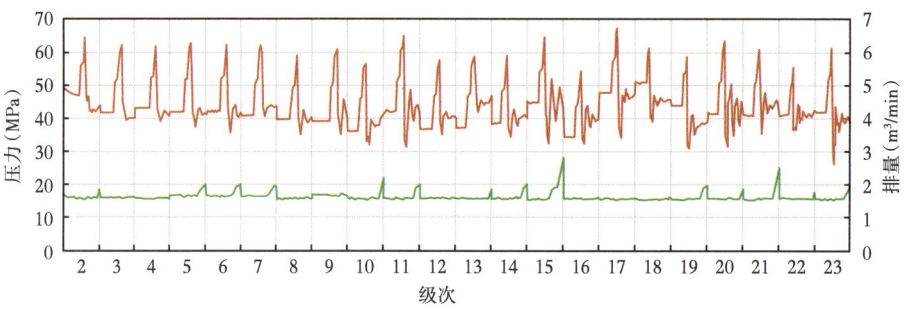

图 11-56　JHW018 水平井投球滑套开孔水锤曲线

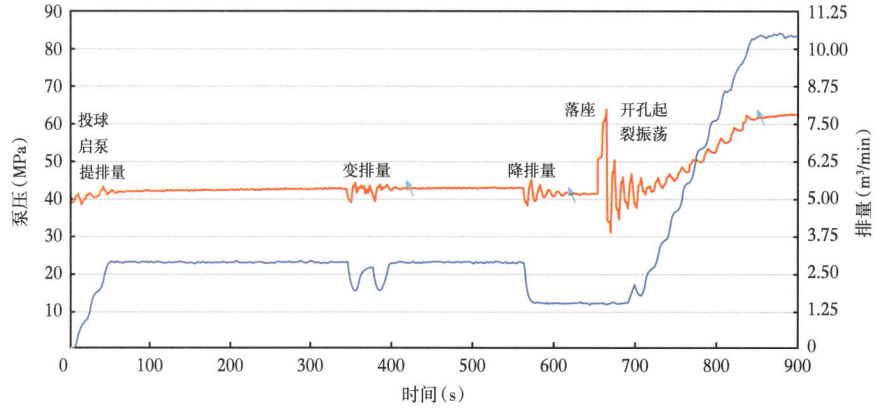

图 11-57　JHW018 水平井第 20 级滑套开启水锤曲线

压裂水锤波由井筒管路中的压力波从井底到井口来回往复形成,在压力振荡全部衰减前,压力计能够采集到部分周期性的压力振荡产生的压力信号,对这段水击压力信号进行反算分析,从而获取进液点深度。通过进液点数据,可以判断段内各簇是否得到充分改造。

三、压裂水锤波监测技术

1. 水锤波监测技术原理

压裂水锤波监测技术是一种非干扰实时压裂监测技术,通过采集压裂施工中水击振荡变化而产生的压力波信号,对高频压力信号进行降噪处理,再根据基于贝叶斯统计的管路波速模型,识别压裂事件激发的压力波频率与波速,确定水锤波信号源深度[15]。

压裂水锤波监测技术具有解释精准、造价成本低、现场实施便捷、不耽误压裂施工效率等优点,可为射孔簇开启效果评价、机械桥塞封隔有效性评价提供实时的技术参考,指导作业人员及时对未充分改造井段进行二次封隔或者调整改造规模,从而保障储层改造效果,促进油气藏效益开发。

2. 水锤波信号定位方法

基于瞬态理论的压裂水锤波监测方法,利用地面压力计采集高频压力波信号,过滤噪声并获得有用事件信号(事件源脉冲信号和井筒反射波信号),通过时域或频域分析抽取反射信号,结合水击周期与水锤波波速,就可以计算出进液点位置。

(1)时域分析法。

波反射是最早基于时域分析的监测方法,其基本原理是在已知压力波传播速度的情况下,通过监测压力波从井下事件位置反射的传播时间来定位,其原理如图11-58所示。如波源来自地面,压力监测点收集到的反射信号传播时间由两部分组成:压力波从地面到井下事件位置的传播时间和反射压力波从井下到地面监测点的传播时间;如波源来自井下,地面压力监测点收集到的反射信号传播时间就是反射压力波从井下到地面监测点的传播时间。

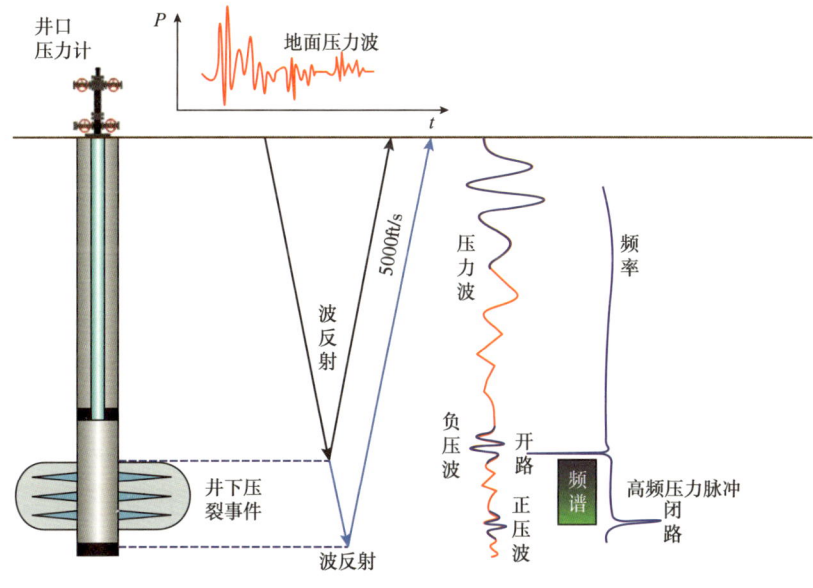

图 11-58 时域分析法原理图

时域分析法需要精确检测未知形状的低幅压力信号，这些信号被掩盖在背景噪声中，特别是在小能量压裂事件情况下。

（2）频域分析法。

水锤波监测的主要目的是定位井下未知、意外及被动事件，如支撑剂沉降、射孔、孔簇进液、起裂、窜通及暂堵、桥塞移位等分流事件，事件能量低，持续时间短，很难形成完整、稳定的水锤波（图11-59所示为射孔产生的低能量水锤波），应用时域分析法计算时间长、定位准确难，无法满足实时监测要求。

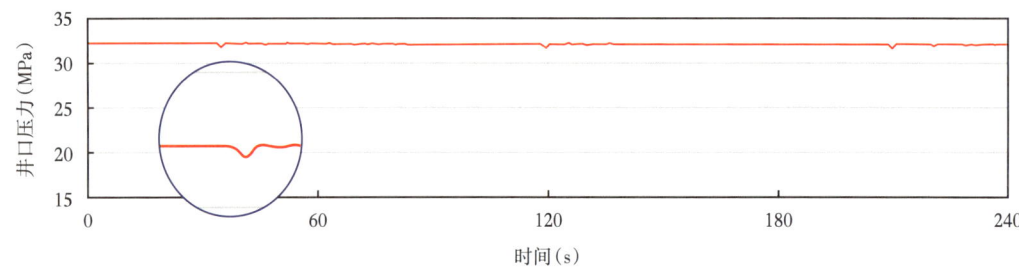

图11-59　井下低能量压裂事件

频域分析法使用快速傅里叶变换等方法，将降噪过滤后的压力信号从时域转换到频域，再利用转换后频域信号来捕捉并定位井下压裂事件，其原理如图11-60所示。

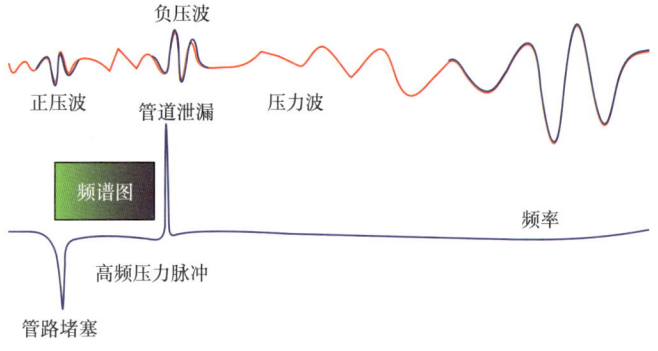

图11-60　频域分析法原理图

四、倒频谱分析算法

压裂水锤波监测技术利用地面压力计采集高频压力波信号，过滤噪声获得有用信号，有用信号可分为压力源脉冲信号和井筒反射波信号，通过倒频谱分析抽取出反射信号，结合水击周期与波速，就可以计算出进液点的位置；再采用优化算法及对历史数据进行修正，缩小频域的不确定性；最后将实际数据与预测数据结果进行比较，并迭代校正全部波速与频率计算结果，保证评价结果与进液点位置的准确性[16]。

1. 阻抗分析

水力学中，振荡压力与振荡流量的比值称为阻抗，阻抗是一个由振幅、频率与相位定义的复数：

$$Z = \frac{He^{i\omega(t+\phi)}}{Qe^{i\omega t}} = \frac{H}{Q}e^{i\omega t\phi} \tag{11-9}$$

式中：Z 为阻抗，Ω；H 为水头，m；Q 为井筒流量，m³/s；t 为时间，s；ω 为角频率，rad/s；ϕ 为水头与流量相位角，(°)。

阻抗分析中，另一个重要的概念是特征阻抗，用来描述压力与流量运动方向均相同的情况。压力与流量发生振荡的套管中，假设摩擦系数是常数，此时的相位角等于 0 或 $\pi\omega$，因此，式（11-9）中的虚部不再存在，其表达式可以简化如下：

$$Z^c = \frac{\rho c}{A} \tag{11-10}$$

式中：ρ 为流体密度，kg/m³；c 为波速，m/s；A 为导管横截面对应的面积，m²。

压力振荡在井筒中传播时，由于井筒几何形状的变化（包括井筒半径变化或者桥塞的存在），以及井筒完整性的变化（包括裂缝与漏失），振荡压力在这些位置会发生变化，可以定义反射系数如下：

$$R = \frac{Z_2^c - Z_1^c}{Z_2^c + Z_1^c} \tag{11-11}$$

式中：R 为反射系数；Z_1^c 为压力波通过流道之前的阻抗，Ω；Z_2^c 为压力波通过流道之后的阻抗，Ω。

考虑压力波在裂缝处的反射，由于裂缝提高了井筒的截面积，此时的反射系数 R 为负值。

2. 裂缝处压力反射特征

水击波压力在裂缝处发生反射，在数据形式上可以假设为与周期性脉冲响应信号发生作用，周期性脉冲响应中的反射系数就是上述阻抗分析中的反射系数。其数学形式如下：

$$w(t) = \delta(t) + \sum_{n=1}^{\infty} R^n \delta(t - kT) \tag{11-12}$$

式中：$w(t)$ 为裂缝处的冲激响应函数；$\delta(t)$ 为单位脉冲函数；k 为压力脉冲的周期数量；T 为压力脉冲的周期。

3. 压力波的倒谱分析原理

停泵后的地面压力可以被描述为地下压力信号与噪声信号之和，其表达式为式（11-13）。压力信号 $u(t)$ 是需要处理的有用信号，当压力计比较灵敏时，会将地表机械振动引起的压力波动记录下来，这部分信号就是噪声信号 $n(t)$。首先通过 FIR 低通滤波器对数据进行预处理，过滤高频的噪声信号，保留需要的压力信号。

$$y(t) = u(t) + n(t) \tag{11-13}$$

式中：$y(t)$ 为采集到的压力信号；$u(t)$ 为需要处理的有用信号；$n(t)$ 为噪声信号。

在水平井压裂停泵瞬间，井口处压裂液流量在极短时间内降为 0，使得井口处压力出现一个突然的下跌。由于流体具有惯性和可压缩性，这个压力突降将以压力波的形式向井底传播，并在井底反射，形成水锤。该压力波在裂缝处发生反射，反射过程可以使用式（11-14）的卷积过程表示：

$$u(t) = s(t) * w(t) \tag{11-14}$$

式中：$s(t)$ 为原始压力信号；$w(t)$ 为裂缝处反射产生的信号；* 为卷积符号。

对于多段压裂的情景，压力波会在不同的裂缝处均产生反射，多个信号叠加。同时，压力波在井筒传导过程中，其振幅不断地衰减。压力波信号中由反射产生的部分最终会趋于 0。

（1）压力卷积信号的倒谱变换。

停泵压力由于裂缝处的反射，地面高精度压力监测计信号是由原始水锤波信号与反射信号产生的卷积序列。如果想要得到裂缝的信息，必须通过信号处理方法得到卷积信号中的 $w(t)$。倒谱（Cepstrum）技术就是一种能够处理卷积信号的方法，该技术最早用来处理地震波的反射过程。首先对上述信号进行傅里叶变换：

$$F[(s*w)(t)] = F(s)F(w) \tag{11-15}$$

傅里叶变换能够将卷积信号变换为乘积信号，但是乘积域信号仍然难以区分 2 个不同的信号，因此，对乘积信号进行对数变换，成为相加信号。

$$\log[|F(s)F(w)|] = \log[F(s)] + \log[F(w)] \tag{11-16}$$

$$\hat{u} = F^{-1}[\log|F(u)|] = \hat{s} + \hat{w} \tag{11-17}$$

通过式（11-17）将乘积信号变换为相加信号，此时的变换仍然在频率域，需要将信号重新变换回时间域。倒谱变换就是对信号进行上述一系列的处理，变换得到的结果仍然在时间域。为了与原始时间相区别，将自变量称为倒频（Quefrency）。倒谱变换在地震信号处理、声音信号处理中有着广泛的应用，其完整定义见式（11-16）。

由于裂缝处的阻抗为负值，在时间倒谱图中，阻抗负值较大处是进液点位置；压力波在井筒反射时（如多段压裂中的桥塞），对应倒谱为正值。在压裂施工期间，考虑将多段压力的倒谱图进行对比分析，能够发现其对应在负值较大处。

（2）进液点位置计算。

根据倒谱计算得到裂缝处的压力波对应的反射时间，建立进液点位置的计算方法：

$$2x_L = ct_p \tag{11-18}$$

式中：x_L 为进液点位置；c 为波速，m/s；t_p 为倒谱分析中压力波反射时间，s。

4. 模拟数据验证

首先使用水锤波数值模拟数据进行倒谱分析，验证倒谱方法，确定进液点位置的正确性。数值模拟参数设置为，井指数 $R=5\times10^{-5}$MPa/($m^3 \cdot d$)、井筒存储常数 $C=0.02m^3$/MPa、惯性系数 $I=100kg/m^4$、井筒截面积 $A=1.52\times10^{-2}m^2$、波速 $c=1194m/s$。

选择图 11-61 中的数值模拟数据，边界条件设定裂缝位置分别在 1200m，1230m，1260m 处。由于裂缝位置的冲激响应有固定的统计学特性，并且数值模拟过程中不会产生噪声干扰。为了清晰地说明该理论，选取一个窗口绘制二维图像进行解释。

从倒谱图中，能够发现在 2.01s，2.06s，2.11s 存在 3 个极值，根据井筒中的波速计算公式能够推导裂缝的位置，并且极值的间隔相等，与模型中设定裂缝间隔相等的条件吻合。在 4.12s 附近也出现 3 个极值，并且峰值与之前相比呈现下降趋势，验证了井筒反射冲激响应方程中周期的存在。

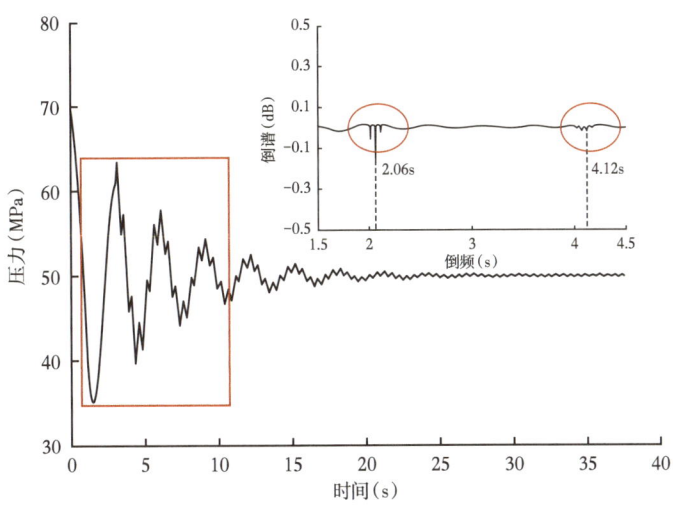

图 11-61　井口压力倒谱变换图像

在算例中，周期 T 对应图 11-61 中的 2.06s，周期 $2T$ 对应图 11-61 中的 4.12s。根据对冲激响应函数的分析，倒谱的峰值在每个周期位置按照指数函数衰减。根据波速 c=1194m/s 能够计算出裂缝位置分别为 1199m，1229m，1259m。

实测数据中，存在的裂缝条数较多，即倒谱域中的峰值也较多；另外，每个裂缝反射产生的信号对应的峰值分别在 T、$2T$、$3T$ 位置出现，所以在图中呈现的峰值数量多。研究每个裂缝对应的深度仅需要分析第 1 个 T 对应的时间，仅仅通过二维图像判断第 1 个周期的位置比较困难，绘制短时倒谱变换的云图（x 轴为时间，y 轴为倒频，颜色表示倒谱幅值）能够比较直观地发现裂缝引起的压力波反射情况。

五、压裂水锤波监测流程

压裂水锤波监测技术是一组高频数字采集与精细化信号处理技术，通过高频压力传感器采集水击效应的压力波形，再通过带通滤波器降噪，最后用信号处理与反演计算软件解释压裂作业井下进液点位置，或定位其他压裂事件，达到指导现场决策的目的。图 11-62 所示为斯伦贝谢用于压裂水锤波监测的井筒听诊器系统。

1. 信号采集

通过高频压力信号采集器获取超 200 点/s 的数据，保证分析结果的精确度。

2. 信号过滤

采集的高频原始压力信号进行时域噪声过滤及频域不确定性处理，进而获得有用信号。

3. 信号处理

根据流体性质、压力、温度及井筒参数，通过优化算法迭代获取准确的压力信号。

4. 解释与评价

通过快速的数据采集与计算实现实时解释，通过嵌入 Techlog 平台的 WWS 插件进行解释结果可视化呈现，帮助快速现场决策。

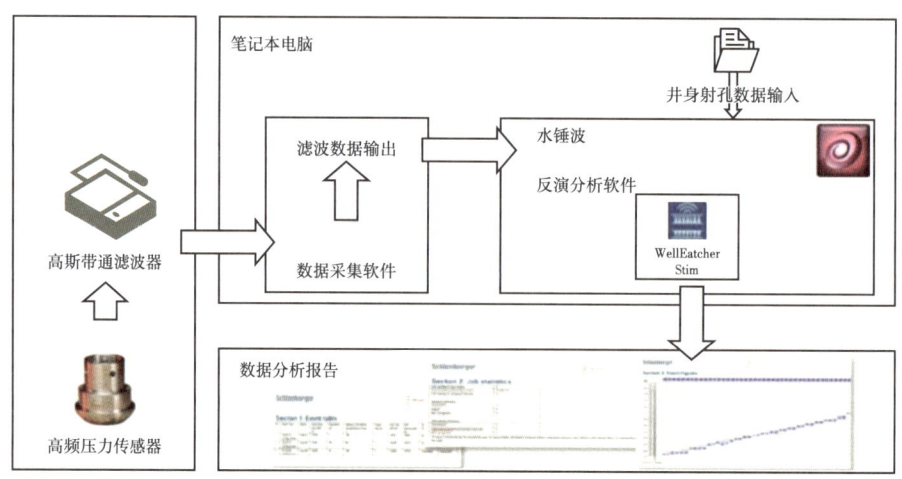

图 11-62　斯伦贝谢井筒听诊器系统框架图

六、压裂水锤波监测设备

压裂水锤波监测设备由高频压力传感器、带通滤波器、计算机及解释软件组成,如图 11-63 所示。其中软件是系统关键技术核心,开发难度高、算法复杂。

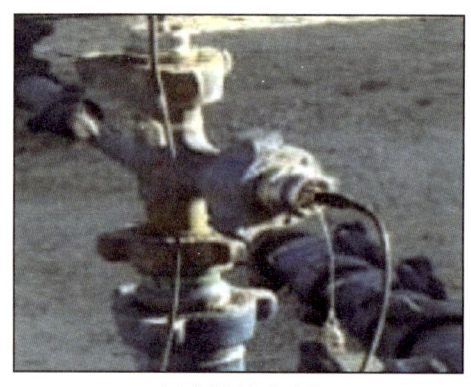
(a)高频压力传感器

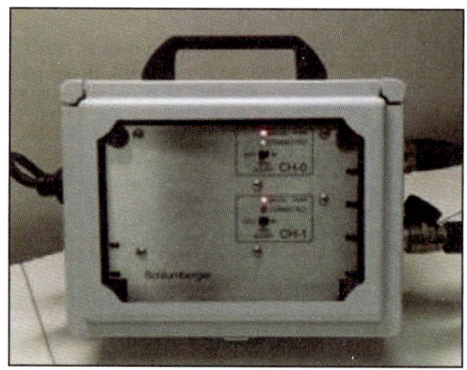
(b)带通滤波器

图 11-63　压裂水锤波监测系统设备

1. 高频压力传感器

压裂水锤波是一种瞬态现象,传播时间取决于激发能量和反射面积,周期通常都很短,常用的低频压力传感器记录精度低,需采用高频压力传感器实时采集压力数据。得益于较高的测量分辨率,高频压力传感器能够发现水锤压力的短时间脉动。斯伦贝谢高频压力采集系统每秒可以采集约 200 组数据,大幅降低由于数据精度造成的误差,如图 11-63(a)所示。

2. 带通滤波器

高频传感器采集的压力信号受采集环境、电磁干扰、管汇振动及压裂泵柱塞往复运动等影响，原始数据中包含很多噪声信号，而时域分析法需精确辨识瞬态水锤波信号，除停泵、球落座及砂堵等高能量事件外，其余压裂事件产生的水锤波能量弱、幅度低、频率高、持续时间短，常被掩盖在背景噪声中，需进行降噪处理，即通过软硬件滤波去除干扰信号，提取真实压力数据。

压裂水锤波监测应用高斯衍生带通滤波器 [图 11-63（b）]，过滤零频或高频噪声信号。其中噪声信号包含宽带电子噪声、压裂泵柱塞往复运动引发的窄频谐振峰；而零频趋势分量主要是由压裂施工压力变化小造成的。

3. 计算机及解释软件

专业数据分析处理软件通过时域噪声过滤，频域不确定性处理，进一步解释出井下压裂事件及进液点位置参数，辅助压裂施工决策。

七、水锤波监测作业步骤

监测系统由装于靠近井口高压管汇上的传感器记录压力信号，通过单级停泵或转向后停泵对水击压力信号进行监测解释，给出该压裂段的进液点深度。

1. 传感器的连接

在压裂作业前期设备连接阶段，将采集专用压力传感器连接在井口阀门与单流阀之间（与常规高压管汇的压力传感器接入方式一致），并尽可能靠近井口，使井筒听诊器能够在泵送及停泵后持续采集数据。

2. 采集线路的连接与调试

传感器由 4Pin 数据线连接至高频压力采集器上。采集器输出线路为 USB 接口，连接至解释计算机上。采集器使用 110V 电源，通过 220-110V 变压器转换电压。正确连接后，通过使用压力采集软件 HFFM 对压力信号进行调试，并通过对比压裂压力传感器数据进行校验。

3. 压裂（转向）监测

一般将采集器及电脑放置于仪表车中，配合主压裂施工。在压裂开始阶段，采集器开机持续记录压力信号，在单级施工完成后，采用瞬时停泵监测连续的水击压力变化 3~5min。通过 TechLog 插件对采集到的信号进行时域频域转换获取倒谱图，从而求取进液点深度。该过程在任何一次停泵监测后均可作为一次数据源进行进液点分析。

4. 数据汇总

各段施工结束后，及时处理解释各簇进液点分布情况。整口井压裂作业结束后，汇总各段数据，提交各段进液点分布图，同时提交各段处理后的进液点深度、解释精度、本段内进液点概率、机械分隔有效性等数据。

八、水锤波监测技术应用

压裂水锤波监测具体应用场景包括压裂滑套开启情况，井下桥塞/球座谈会封隔有效性，暂堵转向作业等。

压裂水锤波监测可以在现场实时诊断压裂改造位置，通过在压裂早期对未充分改造的井段进行二次封隔措施或者调整改造规模，从而实现资源的有效配置。与此同时，通过汇总统计并对比分析桥塞等完井工具封隔效果，评价不同完井工具有效性及适用性。

按监测工艺来区分，水锤波监测分为井中监测和井间监测两类：井中监测配合暂堵转向压裂，可以定性/定量分析转向有效性，有利于指导现场操作与决策，也可同时分析并指导完井、射孔等相关操作，提供全井段裂缝覆盖率等核心信息；井间监测主要是监测压裂邻井水锤波效应，判断是否存在压裂干扰，如图 11-64 所示。

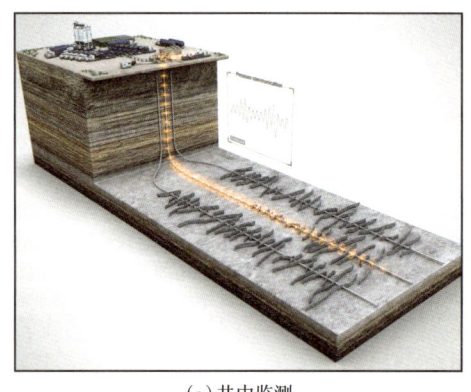

(a) 井中监测　　　　　　　　　　(b) 井间监测

图 11-64　压裂水锤波监测形式

1. 暂堵转向效果分析

水锤波诊断分析表明，并非所有压力升高即代表暂堵转向成功，暂堵转向成功也并不一定产生较大范围的压力增长，如图 11-65 所示。

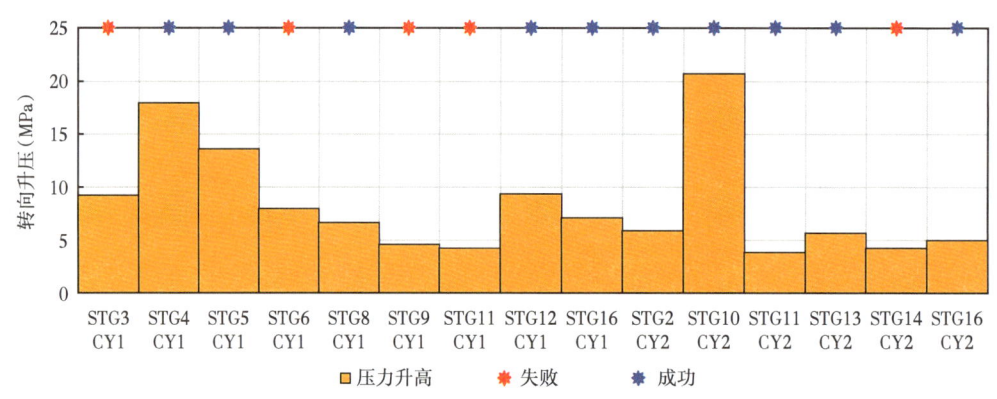

图 11-65　水锤波监测分析与转向升压对应关系示例

（1）苏 14H-A1 井。

图 11-66 所示为苏 14H-A1 井第 1 级暂堵转向压裂施工曲线，射孔簇位置：① 4952m；② 4921m。图 11-67 所示为该井水锤波监测解释成果。

（2）那平 B 井。

那平 B 井第 3 段压裂施工，油传射孔 2 簇：4901~4903m、4910~4911m。

由于井筒限制，第 2~3 段之间未下入桥塞；第 3 段地应力相对第 1~2 段较高，施工存在重复压裂前两段风险；测试压裂后通过暂堵转向调整进液通道（图 11-68）。

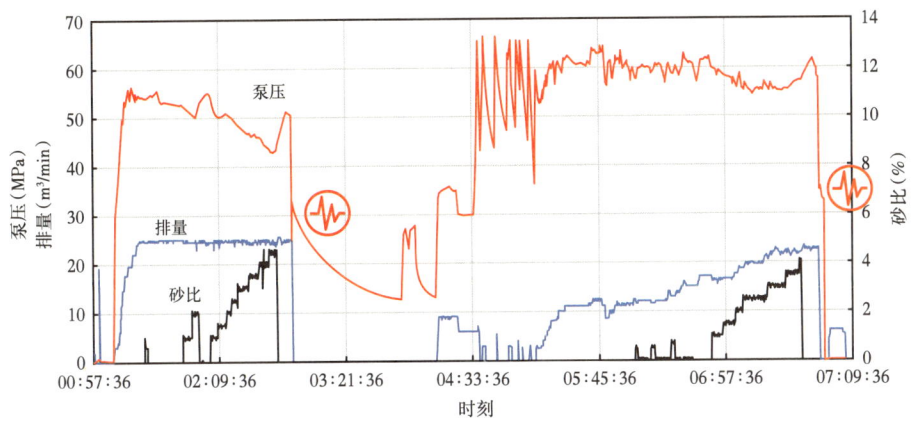

图 11-66 苏 14H-A1 井第一级压裂施工曲线

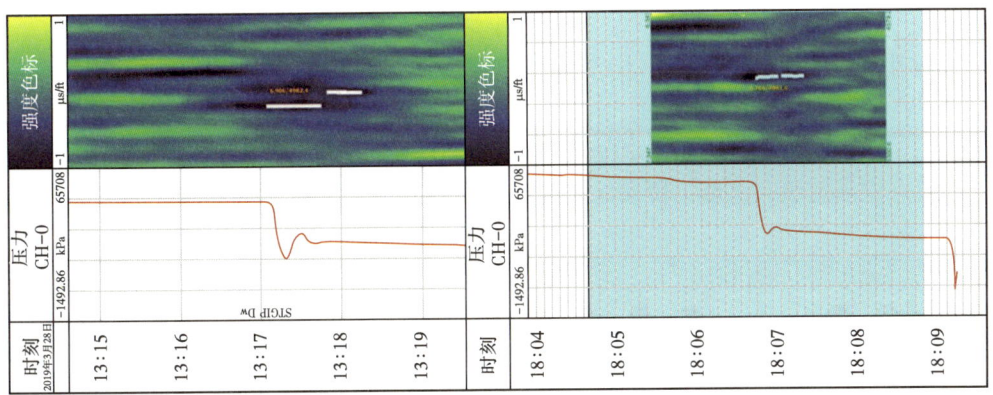

图 11-67 苏 14H-A1 井水锤波压裂监测解释成果

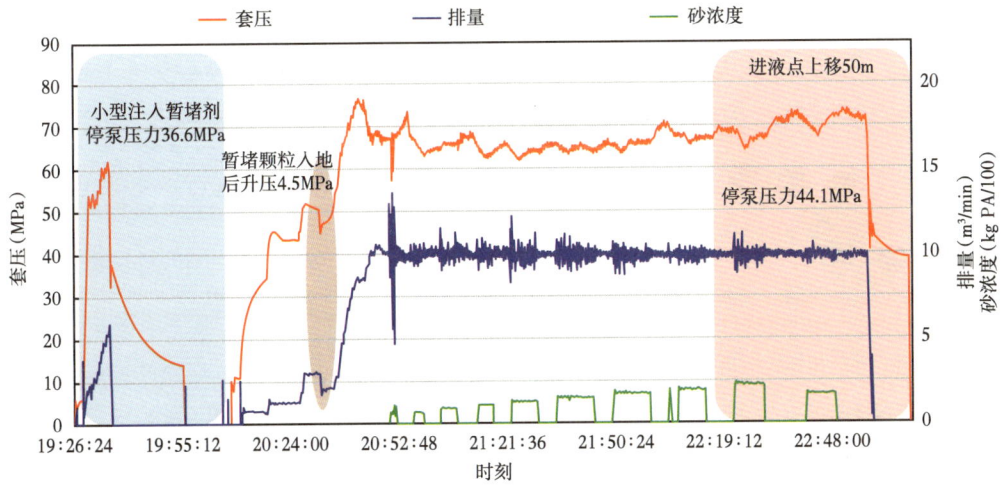

图 11-68 那平 B 井第 3 级压裂施工曲线

通过水锤波监测技术诊断分析，确定无桥塞测试压裂进入前一级，直接进行转向，并根据压力响应进入第三级主压裂作业（图 11-69）。

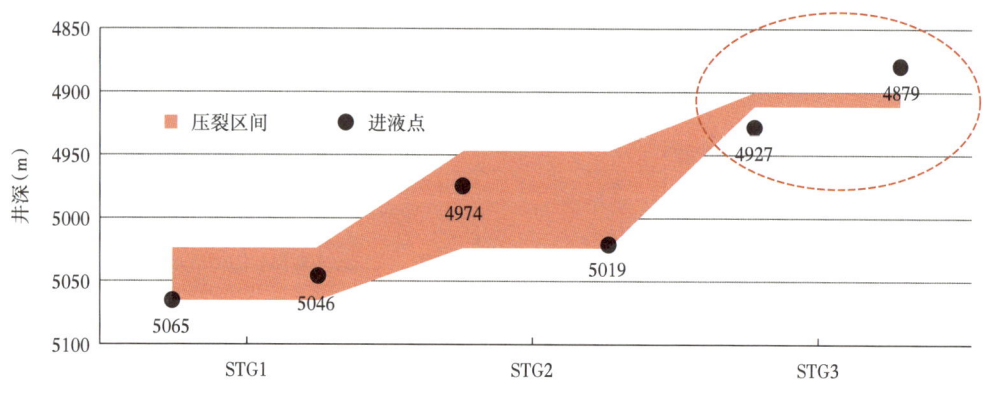

图 11-69　那平 B 井水锤波监测分析成果图

2. 射孔簇进液分析

（1）Y203-H 井。

图 11-70 所示为 Y203-H 井水锤波监测解释分析成果图，第 5 级投球无迹象，经分析确定进液点位于前级，重新下桥塞后进液点前移。

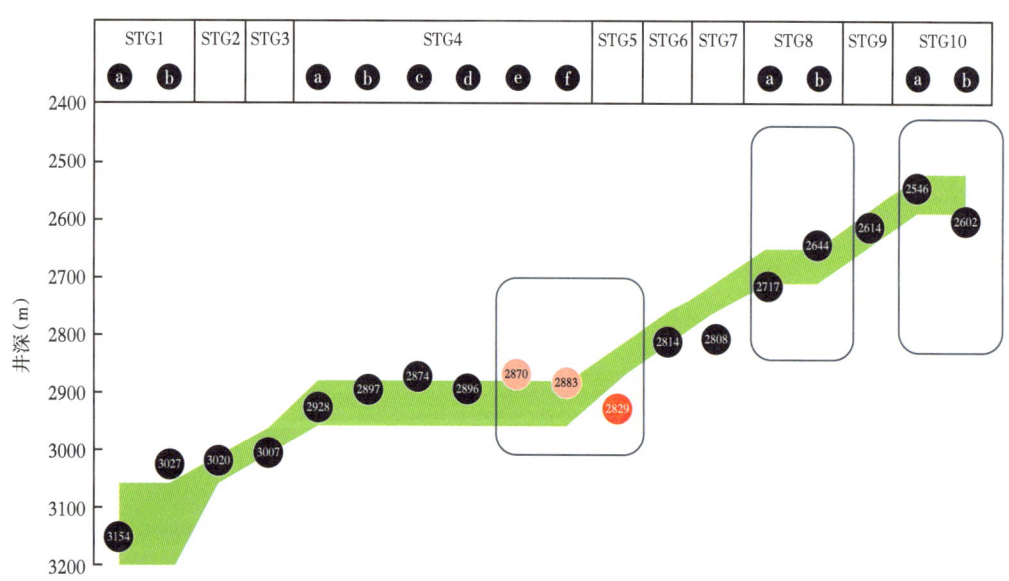

图 11-70　Y203-H 井水锤波监测分析成果图

（2）Y168-H 井。

图 11-71 所示为 Y168-H 井水锤波监测解释分析成果图，第 3 级进液点变化不明显；第 4 级投球无迹象，但通过水锤波监测分析，确定机械分段成功，继续施工；第 6 级第一次进液点位于层段内、第二次进液，说明桥塞有漏失现象。

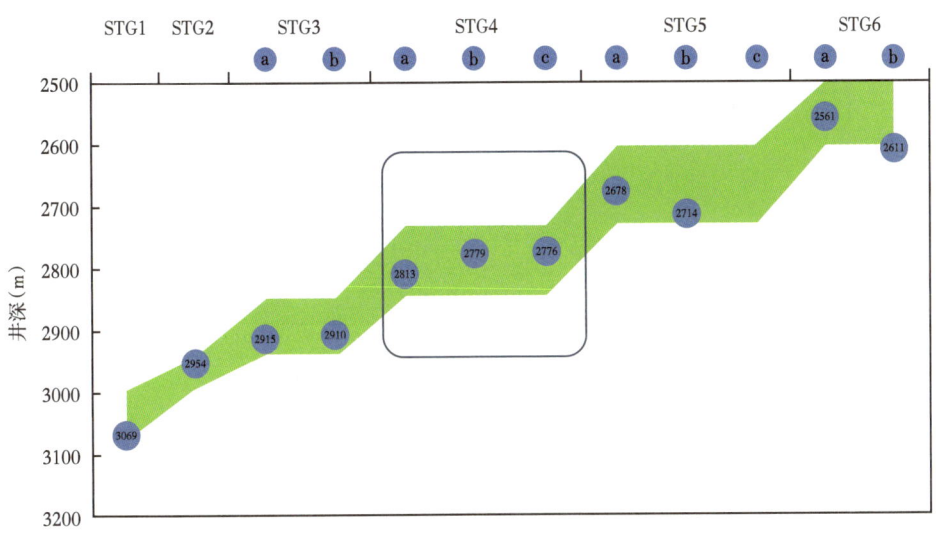

图 11-71　Y168-H 井水锤波监测分析成果图

九、压裂水锤波监测实例

1. 川南页岩气压裂监测

在四川盆地某水平井压裂过程中使用上述倒谱分析方法，对页岩气龙马溪组一口井某段 8 簇进行监测分析。在压裂过程中，使用高精度压力监测设备记录压力，得到停泵压力后进行短时间倒谱分析，对应的压力曲线与倒谱图如图 11-72 和图 11-73 所示，根据倒谱压力波动范围与倒谱图中颜色分布情况，判断存在 5 处裂缝[16]。

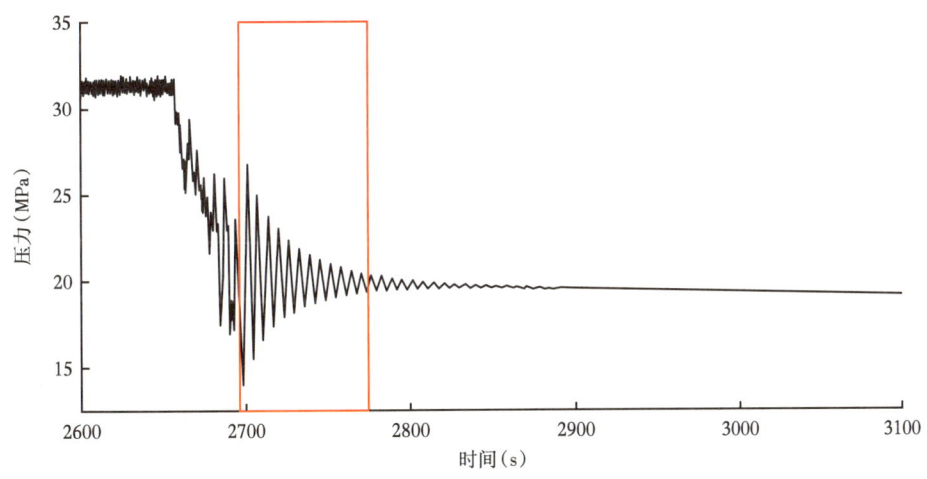

图 11-72　川南页岩气某井水锤波压力曲线图

为了使可视化结果更加直观，对计算得到的倒谱结果归一化，极小值对应裂缝处的反射，在图 11-73 中，白色亮线表示对应极小值。

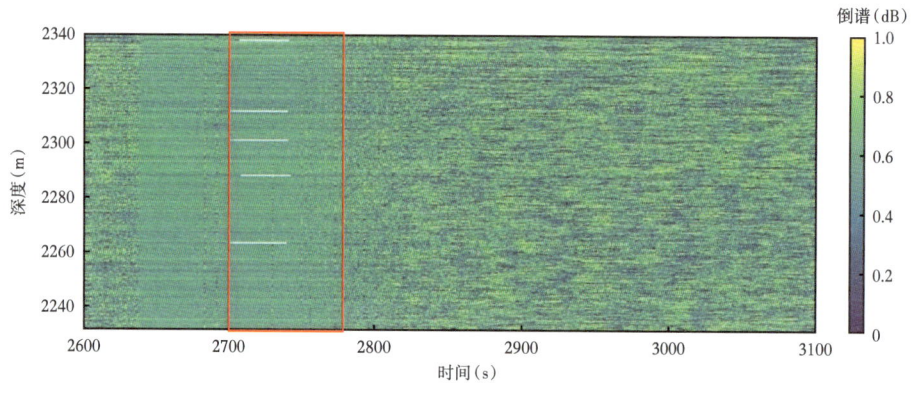

图 11-73 川南页岩气某井水锤波信号倒谱图

图 11-73 中共发现 5 处裂缝,图中的白色表示进液点位置(图中深蓝色条带表示倒谱负值极小位置,为了更直观,使用白色条带进行了标注,读取时根据图中白色条带像素位置结合坐标轴计算得到其对应的深度),读取结果见表 11-2。

表 11-2 川南页岩气某井射孔位置与倒谱反演结果对比图

簇号	射孔井段(顶—底)(m)	倒谱峰值时间(s)	倒谱反演位置(m)
1	2334.5~2335.0	3.91	2336.43
2	2326.0~2326.5		
3	2317.5~2318.0		
4	2309.0~2309.5	3.87	2311.20
5	2300.5~2301.0	3.85	2300.01
6	2292.0~2292.5		
7	2283.5~2284.0	3.83	2286.57
8	2274.0~2274.5		
9	2264.5~2265.0	3.79	2268.37

第 1 簇、第 4 簇~第 5 簇、第 7 簇与第 9 簇反演结果与设计方案接近。以第 1 簇孔眼进液为例进行分析。设计位置介于 2334.5~2335m,倒谱反演结果大约在 2336.43m 附近,反演结果与设计位置存在较大差异;对于第 4 簇、第 5 簇、第 7 簇、第 9 簇孔,反演结果与设计位置差异较小,较大的误差仅存在于第 1 簇裂缝反演计算。分析原因主要包括井筒中复杂环境导致压力波的传导与理论认识存在差异;另一方面,压力波的传导速度也存在一定的误差,目前压力波相关的计算公式均依赖于流体与套管的相关参数,较多的误差叠加导致了最终反演结果不是非常准确。

对于第 2 簇、第 3 簇、第 6 簇、第 8 簇孔,倒谱反演没有发现裂缝存在,压裂效果不理想,导致没有出现裂缝的相关信号。原因可能是压裂初期压裂液迅速进入导流能力较好的孔眼,随后井筒压力快速降低(远低于压裂前的憋压),由于流体压力低于剩余部分孔眼的破裂压力,因此,没有被压开;另一方面,压裂液压开部分孔眼后,导致周围地层应力增大,岩石进一步压实,造成未被压开的孔眼压裂难度增加。

2. 玛湖致密油监测

MH6×××井位于玛湖区块玛18井区，措施目的层$T_1b_1^2$，套管固井完井，完钻井深5490m，垂深3870.96m，水平段长1440m。采用射孔桥塞联作分段压裂工艺，分20段进行压裂，第14~20段进行井筒听诊器监测，共监测9次水击效应，除第14段监测3次停泵，其余各段均监测1次。获取水击数据质量6次较好，3次较差（图11-74）。

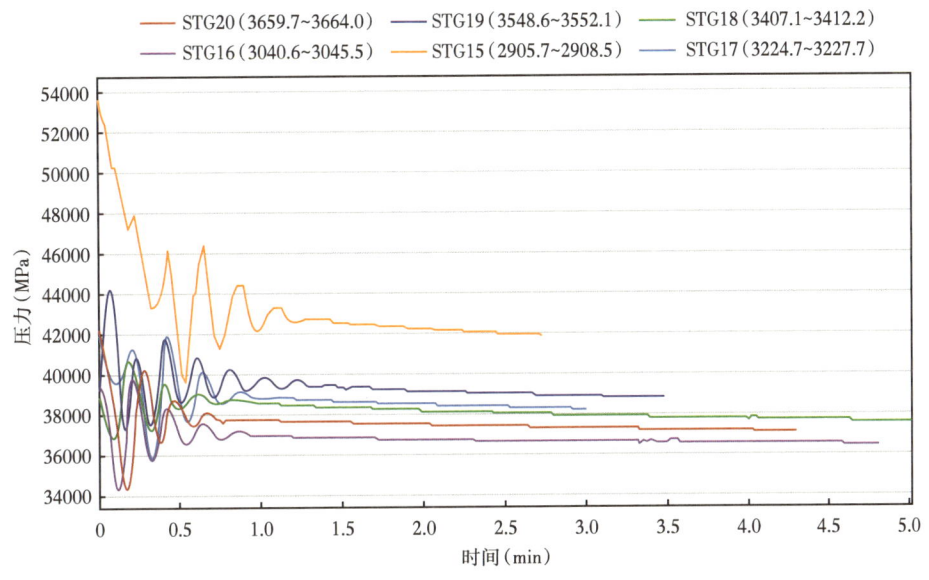

图11-74　MH6×××井第15~20段水锤波压力曲线

通过对第14段~第20段水击效应进行数据处理解释（图11-75），第14段、第16段、第17段、第19段、第20段桥塞封隔效果良好，压裂改造均在本段内发生；第15段、第18段疑似桥塞封隔失效，第15段压裂液进液在第14段、第15段内，第18段主要进液在第17段内。第14段球落座后、试挤超压及主压裂不同阶段进液点发生动态变化。

第14段施工前置液阶段两次超压停泵及主压裂施工结束停泵，三次停泵前进液点均在段内，并发生了不同阶段的动态变化，表明该段可能实现了高强度改造，如图11-76所示。

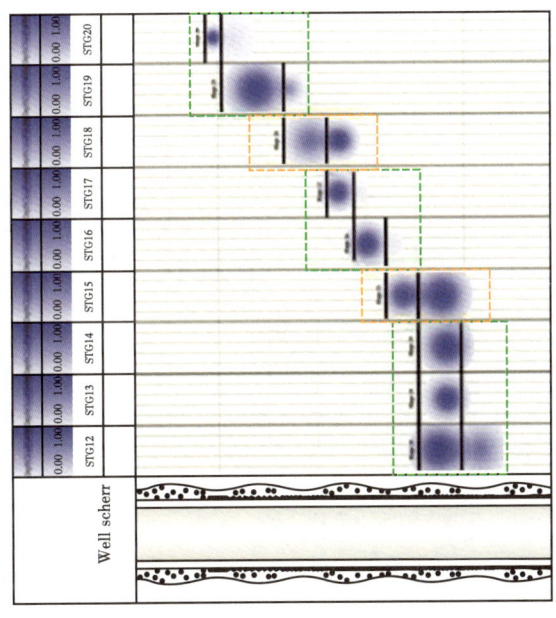

图11-75　MH6×××井第15~20段水锤波解释成果

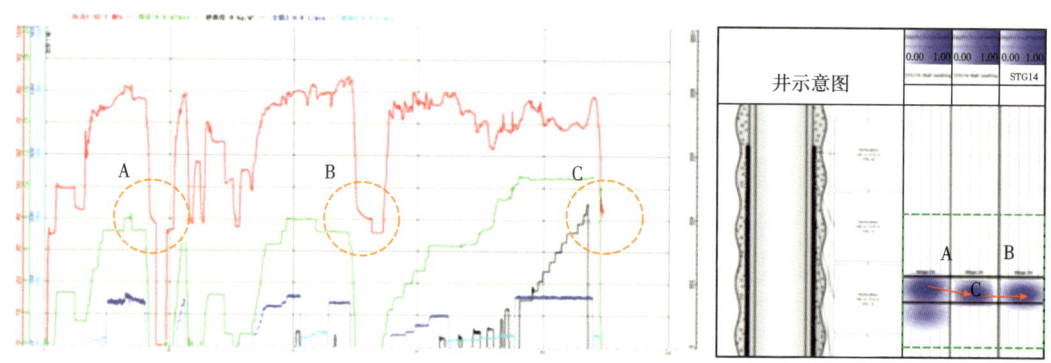

图 11-76　MH6×××井第 14 段压裂施工曲线和解释结果

MH6×××井第 15 段共进行一次停泵监测，在主压裂施工结束后进行：第 15 段送球入座阶段，有明显起压响应，说明压裂初期桥塞坐封良好；停泵水击解释进液点同时覆盖第 14 段、第 15 段范围，表明在第 15 段压裂改造期间，部分携砂液窜通至第 14 段；结合前置液段塞期间压力陡降后，施工压力与第 14 段压力特征基本一致，判断在第 15 段压裂过程中桥塞机械封隔部分失效，存在第 14 段重复改造的可能，如图 11-77 所示。

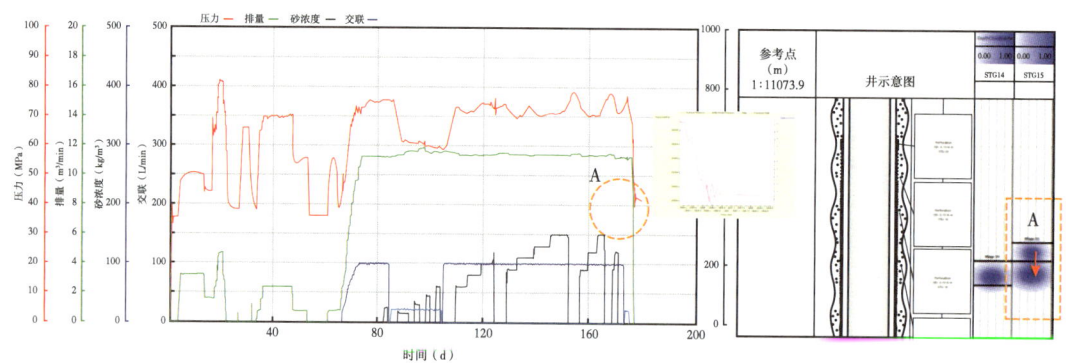

图 11-77　MH6×××井第 15 段压裂施工曲线和水锤波解释结果

第五节　示踪剂监测技术

示踪剂能伴随注入流体进入油气藏，指示流体注入方向、渗流速度并随油气生产返回地面，通过产出液示踪剂浓度检测分析地层信息。油气田可以运用示踪剂监测数据结合动静态资料、压裂施工参数及微地震等测试手段，综合评估压裂效果，指导后续压裂施工参数调整及工艺优化。

一、示踪剂技术概述

1. 示踪剂发展历程

1965 年，Brigham 等选用第一代化学示踪剂，研究注入流体的运动规律与油藏非均质特征[17]，到目前第四代微量物质示踪剂作为评价非常规储层压裂改造效果的技术手段，示踪剂随着油田不同时期的生产开发需求，经历了以下四个阶段的转变。

（1）化学示踪剂。

化学示踪剂分为三类：

第一类是易溶的无机盐，如SCN^-、NO_3^-、卤素（Br^-、I^-）等，一般被用作水相示踪剂。因带电荷与地层相同，吸附量较小，使用分光光度计即可检测；

第二类是荧光染料（如茜素红、胭脂红等），该类示踪剂稳定性较差，在地层中容易被吸附，已逐渐被替代；

第三类是小分子有机化合物，如卤代醇、卤代烷烃等，可用作油相示踪剂、分配型示踪剂使用，但小分子醇易被细菌吞噬，生物稳定性差，使用时需加入甲醛等杀菌剂。

（2）放射性同位素。

放射性同位素示踪剂主要是氚（^3H）元素，因为氚化氢（^3HHO）与注入水物性特征相仿，且具备用量少、配伍性强、检测精度高等特点，也有用^{14}C与^{60}Co等。但因其放射性，不可避免会对人体有害，大规模使用受到一定限制。

（3）非放射性同位素。

非放射性同位素即稳定性同位素，无放射性危害，如^{12}C、^{15}N、^{18}O等，具备放射性同位素用量少、检测精度高等特点，又克服了放射性同位素对环境与操作人员存在的潜在伤害风险。非放射性同位素示踪剂种类少，检测时需中子活化，成本较高，不利于推广。

（4）微量物质示踪剂。

微量物质示踪剂是近些年快速发展的新型示踪剂，主要指储层中含量极少或根本没有的物质，如稀土元素、纳米材料与聚合物颗粒等。此种示踪剂同样用量少、精度高，且种类多、检测方法简单高效，是较为理想的示踪剂，尤其应用在水平井分级多段压裂效果评价中。

2. 示踪剂技术特点

化学示踪剂种类多、检测方法便捷，一度成为油田使用最广的示踪剂，但用量大、成本高、易吸附、易生物降解，已逐渐呈淘汰趋势。

放射性同位素示踪剂具有放射性，使用及取样过程操作复杂，易对人员造成伤害，国内大多数油田使用受限。因技术成熟、检测方法简单，国外仍在使用。

非放射性同位素虽克服了放射性危害，但检测时需要中子活化，检测分析过程复杂，极大增加了使用成本，未及推广就已被其他技术手段替代。

微量物质示踪剂选用地层流体中含量极少的元素作为标记物，其特点是地层本底浓度极低、检测精度高，可通过示踪剂产出数据定量分析与解释地层，有较高的准确性。化学示踪剂虽然仍是油田应用的"主力军"，但微量物质示踪剂是今后研究的重点方向，尤其在水平井体积压裂分段产能评价中，具有不可替代的工艺效果。

3. 示踪剂技术要求

随着示踪剂在油气田开发领域的广泛应用，不同检测目的的示踪剂应满足以下7个条件：

（1）不存在于自然界的物质，地层本底浓度低，无其他来源干扰；

（2）具有稳定的饱和度，与注入流体配伍良好，不产生沉淀，不改变流体物理化学性质；

（3）非常惰性，不与任何物质发生化学反应；

（4）具备适应地层能力，与目标介质物理亲和，不易与储层岩石发生吸附；

（5）气剂只与天然气亲和，耐温、耐盐、耐酸碱，稳定性好；

（6）具有 PPB（十亿分之一）甚至 PPT 级（万亿分之一）痕量示踪能力，检测方法便捷、精准程度高；

（7）无毒无害，不伤害地层，不会对施工人员造成伤害。

二、示踪剂压裂监测技术

示踪剂检测是一种新兴的压裂监测技术，在不改变水平井完井工艺，也不干扰油气井正常生产的情况下，获取水平段产液剖面、见油/气时间及油气水产出位置等关键信息。

该方法是在每级压裂时，将不同检测目标的多种示踪剂随压裂液、支撑剂同步注入相应的压裂层段。根据不同的监测目的，选用与压裂液配伍的示踪剂。液体示踪剂、油/气/水分相示踪剂既可单独加入，也可组合加入，也能全部加入。压裂施工结束后，颗粒类示踪剂溶解在不同层段产出流体中。压后返排时，不同井段独有的示踪剂随压裂液、储层产出流体返回至地面，以一定时间间隔定期密集取样，通过实验室化验分析测试不同示踪剂产出浓度，确定各层段改造后的油气水产量贡献率，分析井下流体通道关系，认识各压裂段油水运动规律，还可验证压裂段是否存在机械堵塞，为体积压裂效果评价奠定基础。

1. 压裂监测示踪剂

非常规油气体积压裂井水平段长、段间距小、段数多，对同一体系示踪剂要求入井种类多，检测仪器成本低，服务方便快捷。应此需求，示踪剂厂家也在积极扩大示踪剂产品组合，适应监测井越来越多的压裂层段。

随着化学、材料技术进步，示踪剂也在不断更新换代，已由传统的无机盐和放射性元素向更加安全可靠、高测试精度的稀土元素和有机物等微量物质发展[18]。

（1）稀土元素。

稀土是化学元素周期表中镧系元素镧（La）、铈（Ce）、镨（Pr）、钕（Nd）、钷（Pm）、钐（Sm）、铕（Eu）、钆（Gd）、铽（Tb）、镝（Dy）、钬（Ho）、铒（Er）、铥（Tm）、镱（Yb）、镥（Lu），以及钪（Sc）和钇（Y）17 种元素的总称。钪和钇常与矿床中的镧系元素共生，因而具有相似的化学性质，属于稀土元素。镧、铈因其地层含量一般较高、稳定性差而放弃使用，钷因自然界不存在而不选用。

稀土元素示踪剂由镧系金属氯化物、乙二胺四乙酸二钠（EDTA，螯合剂）、二乙烯三胺五乙酸（DTPA，络合剂）、氢氧化钠（NaOH）等通过络合反应，形成稳定的金属络合物溶液，pH 值可依据使用条件利用碳酸钠、稀盐酸等进行调节。示踪剂可以溶液形式保存待用，也可烘干造粒，以便保存。

稀土元素用作示踪剂，具有背景浓度低、性质稳定，以及种类多等优势，已广泛应用于水力压裂监测。但水溶性示踪剂随压裂液进入地层，生产后返出快，监测周期短。在此需求驱动下，长效颗粒类地层水示踪剂、油溶性示踪剂不断应用于现场，种类也越来越多，目前已实现了规模化应用。

长效颗粒示踪剂，即将示踪剂吸附于固体颗粒上并与支撑剂混合注入地层。由于示踪剂存在于颗粒内部，遇水/油后缓慢释放，能够解决压裂液返排快和示踪剂扩散技术难题。

多孔陶瓷颗粒具有颗粒分选性好、粒径可调、孔隙度高、比表面积大等特性，是颗粒示踪剂最佳载体。

（2）有机微量物质。

目前，国内外常用的微量物质示踪剂成分为有机化学物质，在自然界中不存在。因其种类多、来源广泛、成本低及示踪性能良好等优势，近年来已成为国内外各大示踪剂公司的主流产品。

有机物质示踪剂是惰性化学物质，不是由地层产生的，可以在极低的浓度水平下检测到，检测精度已达到十亿分之一。同时有机物质示踪剂为非放射性产品，安全可靠，身体可以接触，不需要特殊的安全措施。

有机物质示踪剂按产品形态分为液体示踪剂和固体示踪剂两大类，液体示踪剂从压裂机组低压端加入，返排时取样；固体示踪剂为颗粒状，从混砂车漏斗加入，可以随压裂砂进入地层缓慢释放，比液体示踪剂更加长效。

液体示踪剂主要用于监测压裂液返排情况，国外目前已有42种地面仪器可识别的压裂液示踪剂，可同时满足单井42级监测。每级分别添加不同的示踪剂，以解析不同压裂层段裂缝特征、确定压裂层段返排次序，还可以诊断井间压裂沟通情况及井筒堵塞。

固体示踪剂主要用于油、气、地层水生产情况，监测对象具有明显的指向性。其中，油溶性示踪剂提供分层段原油产量信息，可分层段评价产量贡献、诊断完井技术有效性，产品种类已达38种；地层水示踪剂诊断油气层产水情况、井间沟通情况，35种产品均具备长效和缓释技术；气体示踪剂随压裂液注入井筒、随支撑剂部署在地层深处，在井温作用下分裂成气态，以气体形式返回地面。气体示踪剂可定量分析各层段产气情况，产品种类已有17种，采样器如图11-78所示，检测实验室如图11-79所示。

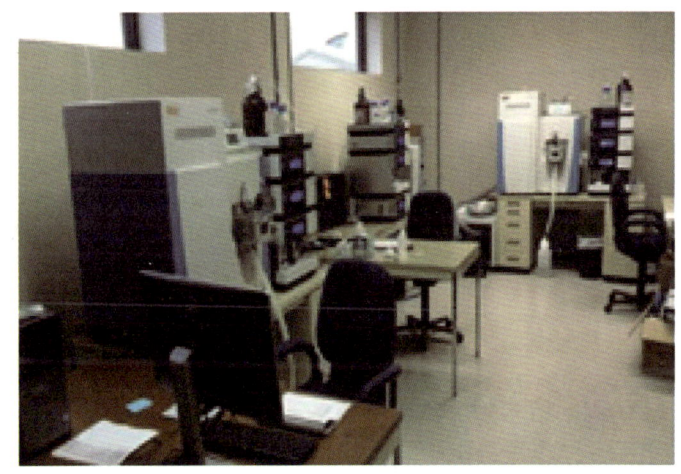

图11-78 气体采样器　　　　图11-79 示踪剂检测实验室

2. 示踪剂监测分析仪器

（1）稀土元素示踪剂检测仪器。

由于返排液中可能含有泥沙、支撑剂等，为防止返排液中镧系金属离子水解后吸附在固体颗粒上影响测试结果，需要采用硝酸—双氧水半干式消解法，对返排液样品进行消解处理。

处理好的样品可使用电感耦合等离子体发射光谱仪（ICP-AES）或电感耦合等离子体质谱仪（ICP-MS）对元素种类、含量进行测试。

ICP-AES 和 ICP-MS 的进样部分及等离子体是极其相似的，ICP-AES 测量的是光学光谱（165~800nm），ICP-MS 测量的是离子质谱，如图 11-80 所示。

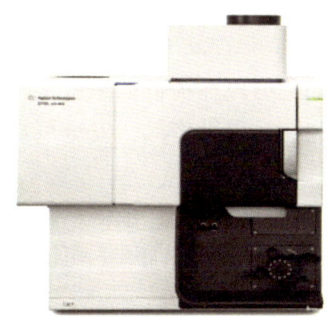

(a) Agilent 5110 ICP-AES　　　　(b) Agilent 7500cx ICP-MS

图 11-80　安捷伦电感耦合等离子体发射光谱仪、电感耦合等离子体质谱仪

（2）有机物示踪剂。

有机微量物质类示踪剂可以利用液相色谱—质谱联用仪（LC-MS）或气相色谱—质谱联用仪（GC-MS）进行分析，测试精度达 10^{-12}~10^{-9}（ppt~ppb）级别，真正实现了痕量检测。目前，国内大部分酸化压裂实验室都配套有这两种仪器，如图 11-81 所示。

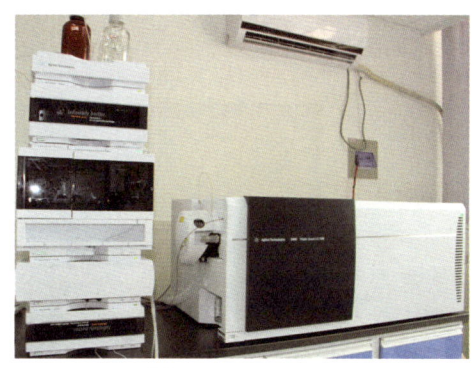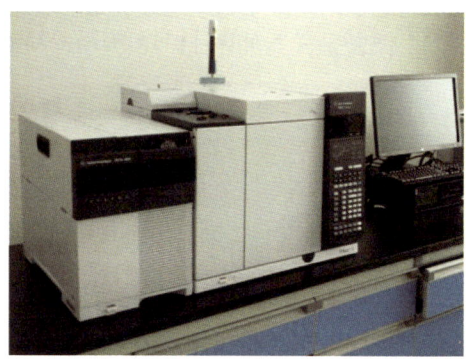

(a) Agilent 6400 LC-MS　　　　(b) Agilent 5977A GC-MS

图 11-81　安捷伦液相、气相色谱—质谱联用仪

3. 示踪剂监测分析软件

水平井体积压裂作业段数多、示踪剂种类多，压后示踪剂数据分析量大，国内多采用 Excel 数据表进行统计分析，至今未配套功能丰富、算法成熟的专业化数据分析软件，压裂评价效率低。

图 11-82 所示为 STS 公司示踪剂数据分析软件，不仅可按平台、单井，也可分段、分时月处理示踪剂监测数据，还可结合井网部署、测井解释、压裂参数、排采数据、生产制度进行综合分析，实现地质工程参数与监测数据可视化比较。在大数据、机器学习技术手段辅助下，能最大程度挖掘数据背后规律性信息，提高地质认识、工艺技术应用水平。

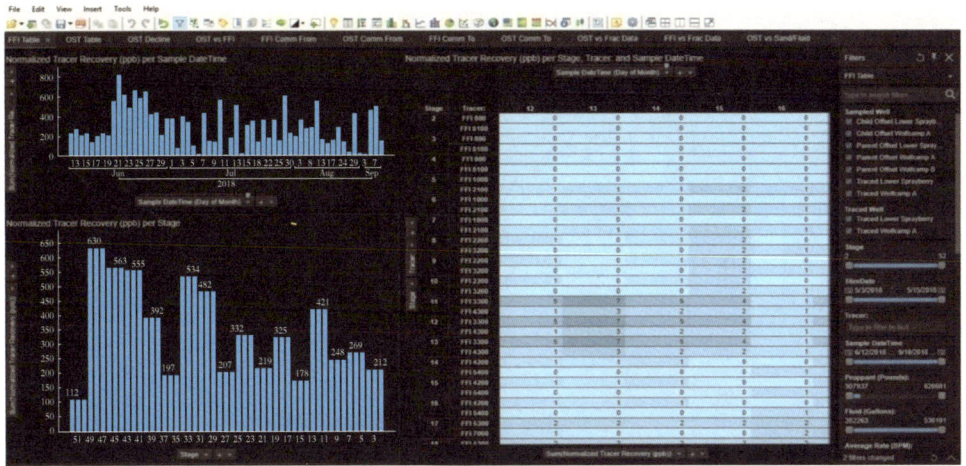

(a)水溶性示踪剂监测数据分析报告

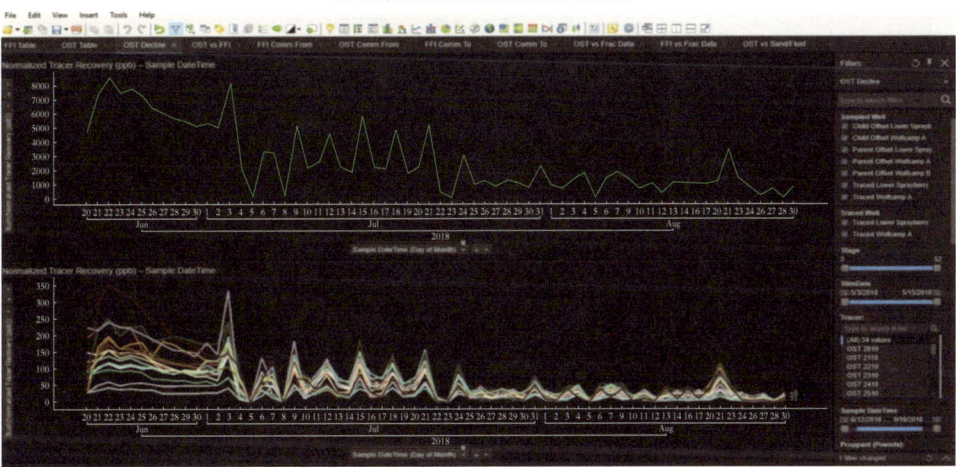

(b)油溶性示踪剂产量递减分析报告

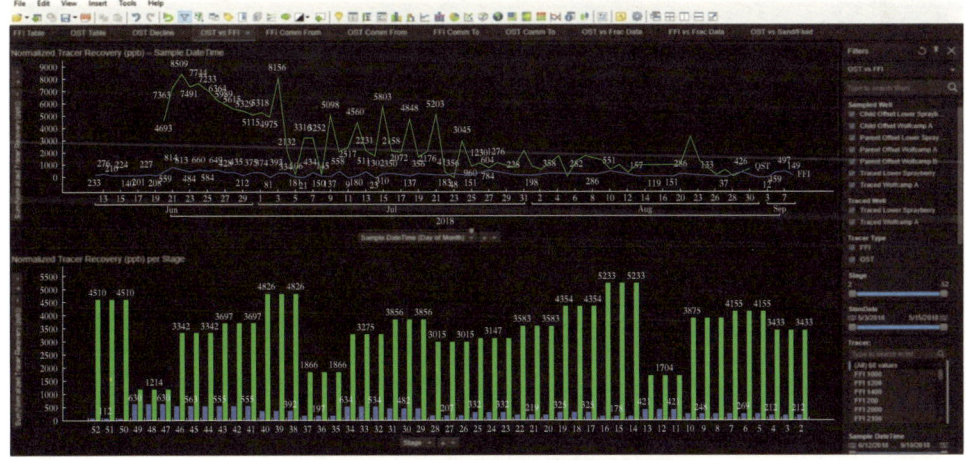

(c)水溶性—油溶性示踪剂合并数据分析报告

图 11-82　示踪剂数据分析软件应用示例

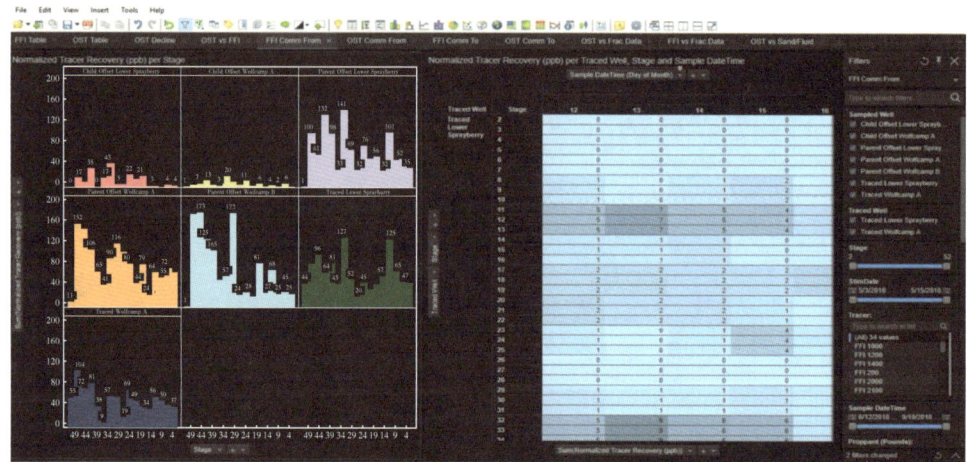

(d)水溶性示踪剂—邻井压裂干扰分析报告

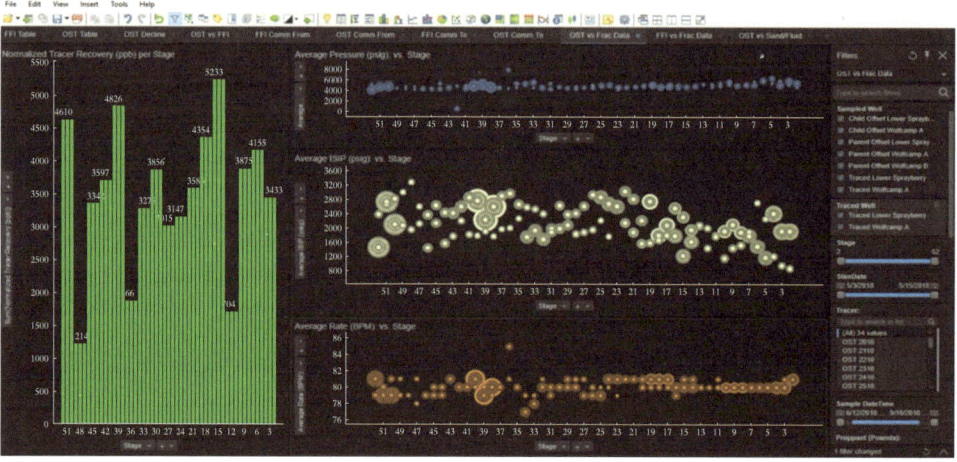

(e)油溶性示踪剂—压裂泵注参数分析报告

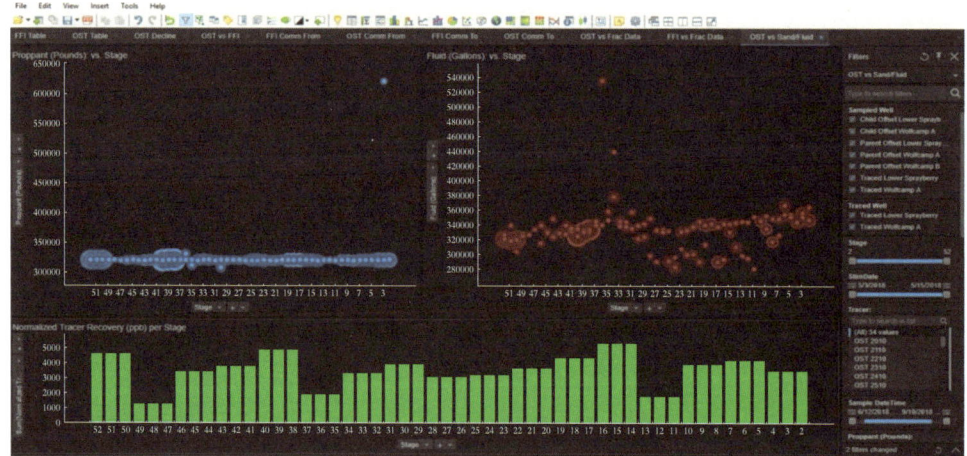

(f)油溶性示踪剂—压裂材料用量分析报告

图 11-82　示踪剂数据分析软件应用示例（续）

三、示踪剂监测技术应用

示踪剂监测技术主要应用在井间连通性测试、水平井产液剖面测试及压裂监测，在低渗透油气、致密油气、页岩油气及煤层气体积压裂开发中，使用多种微量物质示踪剂，可以确定各段储层压裂液返排次序、产油气贡献和裂缝特征，对后续完善体积压裂改造方案提供有利技术依据。

1. 储层物性验证

分析示踪剂监测浓度与水平段储层渗透率、孔隙度对应关系，可确认压裂"甜点"对产量贡献，也可将示踪剂浓度曲线与水平段裂缝参数进行对比分析，估算储层改造体积、缝网形态。

图 11-83 所示为吉木萨尔页岩油 18# 水平井示踪剂分析结果。

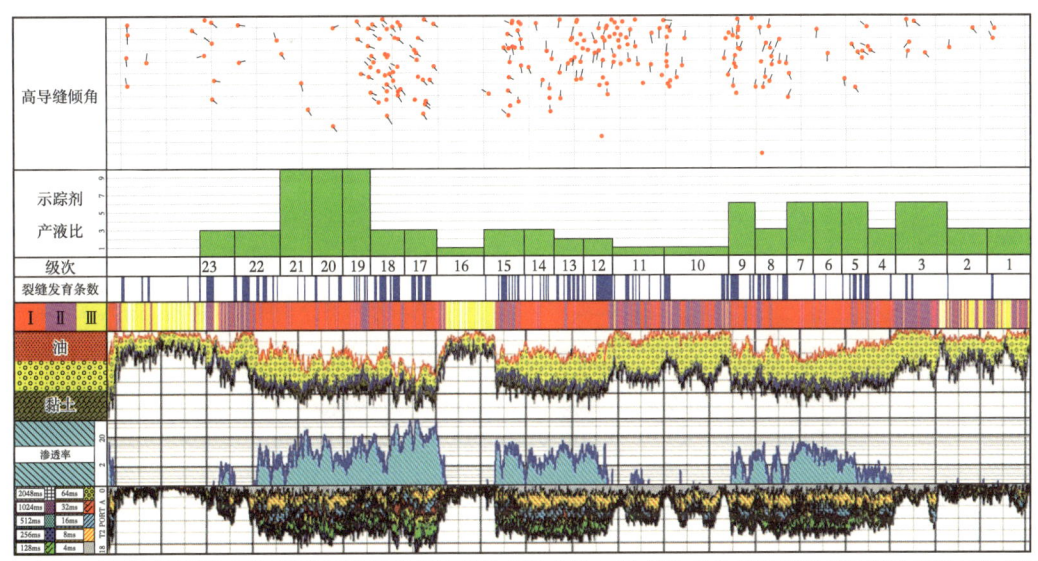

图 11-83 水溶性示踪剂—测井地质数据分析报告

2. 井网部署优化

水平段间距是影响非常规油气采收率、体积压裂成本的关键参数，国内外都通过微地震、示踪剂监测技术不断优化经济、合理的水平段间距参数，实现非常规油气效益开发。

加拿大一家油公司为确定经济有效的水平井网间距，在井距 160m、310m、415m 三口试验井上开展了示踪剂监测，用于确定合适的井间距，井网如图 11-84 所示。

160m 间距试验井：使用水溶性压裂液示踪剂，850m 外提取到示踪剂，井间沟通非常严重。

310m 间距试验井：使用水溶性与油溶性两种示踪剂，井间有部分沟通。

415m 间距试验井：使用水溶性与油溶性两种示踪剂，只发现一级压裂液沟通。

经过上述试验，油公司将井间距确定为 415m。

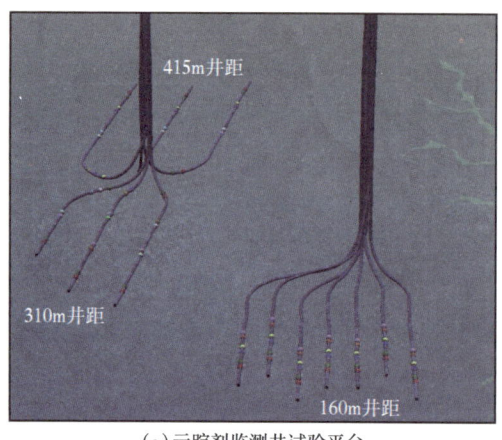
(a)示踪剂监测井试验平台

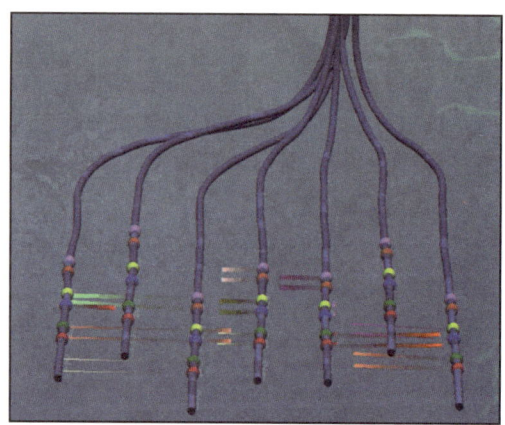
(b)160m井距监测成像图

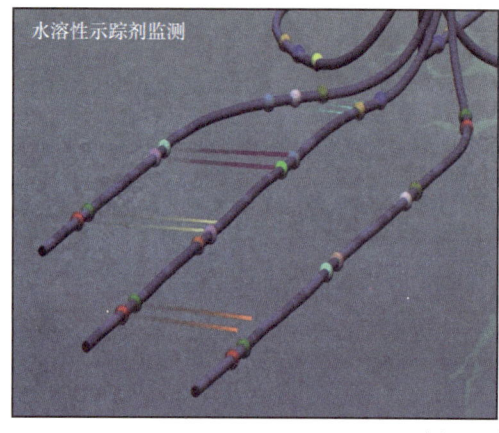
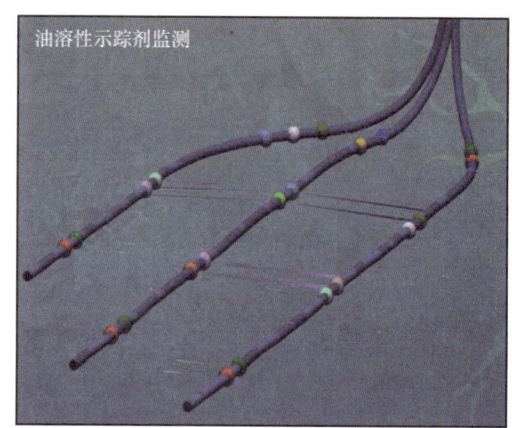

(c)310m井距监测成像图

图 11-84　示踪剂监测确定井间距

3. 桥塞溶解检测

为验证可溶桥塞溶解情况，在 Wolfcamp 井间距 800ft 的两口井上进行试验，选择最开始 5 级放入压裂液示踪剂，结果 B# 井里的桥塞根本没有溶解、A# 井里的桥塞 11d 后才溶解，如图 11-85 所示。

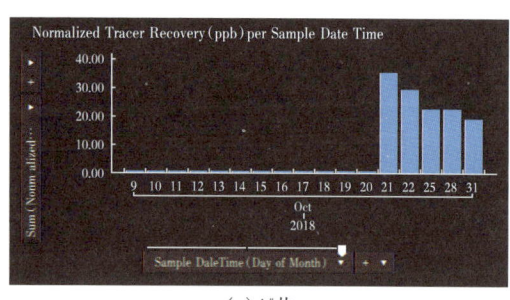
(a)A#井

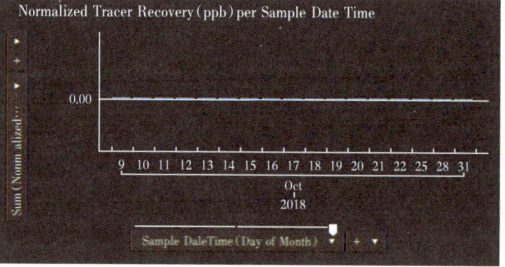
(b)B#井

图 11-85　桥塞溶解试验监测成果图

4. 井筒堵塞分析

某井压裂投产后,将近一半压裂级数未监测到示踪剂,钻磨桥塞后示踪剂数据恢复正常,证实射孔簇或井筒堵塞,如图 11-86 所示。

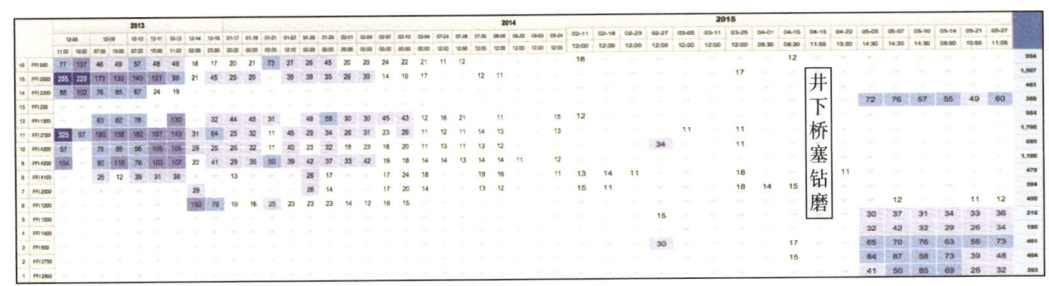

图 11-86 井筒堵塞监测分析成果图

5. 产液剖面测试

产液剖面测试是示踪剂监测的主要内容,主要用于分析压裂段产能贡献率,辅助"甜点"识别。图 11-87 所示为水平井产液剖面数据分析,其中红色代表气相示踪剂、绿色代表油相示踪剂、蓝色代表压裂液示踪剂。

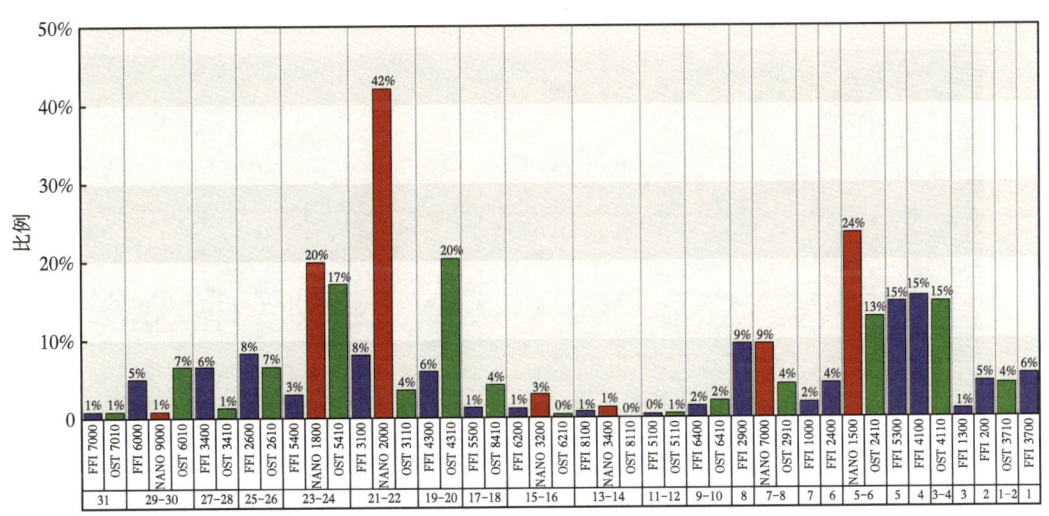

图 11-87 水平井产液剖面数据分析

6. 井间干扰分析

示踪剂是目前监测压裂干扰最准确的方法,可从位置关系分析压窜原因。图 11-88 所示为两口井与邻井监测数据对比分析结果,其中 41# 井采用水溶性示踪剂、61# 井使用水溶性和油溶性两种示踪剂,均清晰提取到压裂干扰信息。

7. 压裂返排跟踪

图 11-89 所示为某井水溶性、油溶性示踪剂监测结果,跟踪时间长达 20 个月,可根据监测成果分析压裂液返排率与油产量关系,掌握压裂井生产规律。

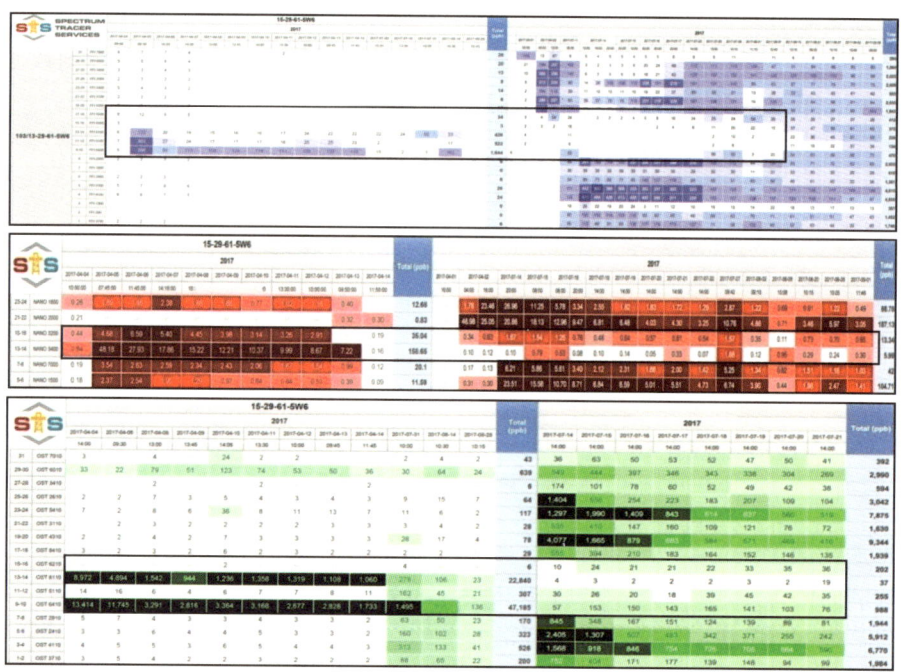

图 11-88　压裂井间干扰监测成果图

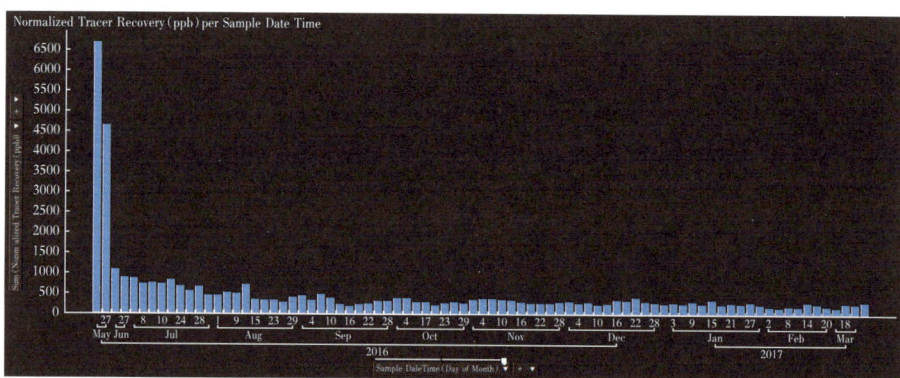

(a)水溶性示踪剂长期跟踪监测成果图

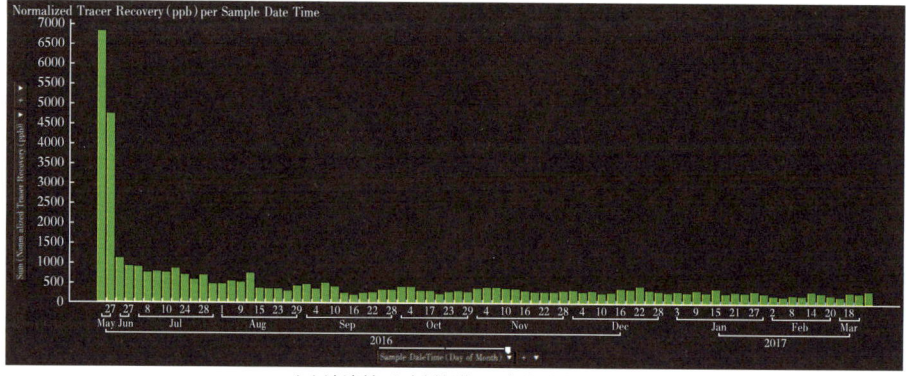

(b)油溶性示踪剂长期跟踪监测成果图

图 11-89　某井示踪剂长期跟踪监测成果图

四、示踪剂监测技术优势

与微地震、生产测井等监测手段相比，示踪剂监测服务成本低、经济性好，深受油气田欢迎，已在水平井体积压裂中得到规模化推广和常态化应用，北美 30% 的水平井都在使用示踪剂进行压裂监测。

（1）示踪剂监测操作便捷，无须动用管柱，可实现阶段监测。

（2）示踪剂投放与压裂施工同步进行，安全可靠，无作业风险。

（3）监测解释为动态分析建立了一个定量的生产剖面信息。

（4）可诊断整个井筒生产情况、堵塞状况，掌握桥塞是否可溶。

（5）数据基于真实取样结果，数据采集可以持续几个月到几年。

参 考 文 献

[1] 王明春.井中微地震监测技术在非常规水平井压裂中的应用[J].内江科技，2022，43（5）：20-21，57.

[2] 梁雪莉，刘海龙，承宇，等.微地震监测解释技术在非常规油气储层的研究与应用[J].新疆石油天然气，2021，17（3）：53-58.

[3] 赵超峰，王海波，郭伟，等.页岩气压裂微地震监测技术及其在四川盆地威远地区 X 平台的应用[J].地球物理学进展，2022，37（5）：2089-2096.

[4] 周健，曾义金，陈作，等.青海共和盆地干热岩压裂裂缝测斜仪监测研究[J].石油钻探技术，2021，49（1）：88-92.

[5] 周健，张保平，李克智，等.基于地面测斜仪的"井工厂"压裂裂缝监测技术[J].石油钻探技术，2015，43（3）：71-75.

[6] 赵小充，雷月莲，李佳，等.水力压裂裂缝监测仪器概述[J].石油仪器，2010，24（6）：57-59，102.

[7] 修乃岭，严玉忠，骆禹，等.地面测斜仪压裂裂缝监测技术及应用[J].钻采工艺，2013，36（1）：50-52，11.

[8] 隋微波，刘荣全，崔凯，等.水力压裂分布式光纤声波传感监测的应用与研究进展[J].中国科学：技术科学，2021，51（4）：371-387.

[9] Hartog A. A distributed temperature sensor based on liquid-core optical fibers [J]. Journal of Lightwave Technology, 1983, 1（3）：498-509.

[10] 王刚，吕京生，刘金清，等.基于分布式光纤温度传感的煤层气井测试[J].光电子·激光，2020，31（12）：1299-1305.

[11] Posey R, Johnson G.A. Strain sensing based on coherent Rayleigh scattering in an optical fiber [J]. Electron Lett, 2000, 36: 1688-1689.

[12] 隋微波，温长云，孙文常，等.水力压裂分布式光纤传感联合监测技术研究进展[J].天然气工业，2023，43（2）：87-103.

[13] 李晓蓉，刘旭丰，张毅，等.基于分布式光纤声传感的油气井工程监测技术应用与进展[J].石油钻采工艺，2022，44（3）：309-320.

[14] 冯晓炜，赵毅，杨鹏，等.分布式光纤温度监测技术在压裂水平井产剖解释中的应用[J].油气藏评价与开发，2021，11（4）：542-549.

[15] 胡俊杰，周小金，周拿云，等.井筒听诊器技术在川南页岩气田的应用研究[J].钻采工艺，2022，45（6）：65-69.

[16]王晓强,赵立安,王志愿,等.基于水锤效应与倒谱变换的停泵压力分析方法[J].油气藏评价与开发,2023,13(1):108-116.

[17]孟令韬,鲍文辉,郭布民,等.示踪剂技术在压裂效果评价中的研究进展[J].石油化工应用,2022,41(3):1-4,23.

[18]陈福利,刘立峰,林旺,等.致密油水平井分级压裂示踪剂监测与评价技术[M].2017油气田勘探与开发国际会议(IFEDC 2017).

第十二章 工厂化压裂装备

工厂化压裂作为美国"页岩气革命"和致密油规模化开发的关键技术，推动了页岩气、致密油气资源的经济高效开发，目前已在北美大规模应用。与一套车组一次只对一口井施工的常规压裂相比，工厂化压裂是规模化、标准化和流程化的高层次压裂模式，具有加快施工速度、降低施工成本、提高设备利用率和增强改造效果等诸多优点。但工厂化压裂单井场内设备众多、连续施工时间长，且具有"大排量、大液量、大砂量、高压力、高风险"典型施工特征，对压裂设备及其配套提出了更高要求[1]。

2010年以来，随着工厂化压裂技术在国内的试验及推广，我国工厂化压裂地面装备发展迅速，并取得了良好的应用效果。

第一节 柴驱系列压裂装备

柴驱压裂装备主要包括压裂泵注设备、混砂设备、混配设备、仪表设备、供液设备、供砂设备等其他辅助设备。

一、压裂车

压裂车是压裂施工的主要设备，作用是在高压工况下向井内大排量注入高压、大排量的压裂液，将地层压开，并把支撑剂填入地层裂缝。压裂车实物如图12-1所示（宝石2500型）。

图12-1 宝石2500型压裂车

1. 压裂车部件系统

压裂车主要由柴油机、变速箱、柱塞泵、底盘车、液压系统、高低压管汇系统、润滑系统、控制系统等组成。

柴油机：压裂车的动力源，为柱塞泵提供动力。

变速箱：压裂车的传动机构，通过改变传动比，为柱塞泵提供动力。

柱塞泵：通过泵的回转机构将动力源的旋转运动转化为执行端的往复运动，将发动机、变速箱的机械能转化为压裂液动能，实现流体的输送和循环。

底盘车：为柴油机、变速箱、柱塞泵等部件提供运输载体。

液压系统：用于启动台上发动机并驱动车台上发动机风扇。

高低压管汇系统：连接压裂车和地面管汇，通过压裂车从地面低压管汇吸入压裂液，再泵出至地面高压管汇。

润滑系统：主要为柱塞泵提供润滑介质。

控制系统：控制发动机启动/熄火、油门调整、紧急熄火和变速箱的换档，为所有电气设备和仪表供电，确保压裂作业时仪表显示正常。

2. 压裂车部件主要型号

国内 2500 型压裂车主要大件型号见表 12-1。

表 12-1 2500 型压裂车大件参数表

形式	车载/半挂/橇装
底盘	Benz/MAN/Kenworth/HOWO
发动机	MTU16V4000S83、Cummins QSK60、CAT3512E 一体机
变速箱	Allison9832、TwinTA90-8501、TwinTA90-7601C、CAT 一体机
柱塞泵	FMC2700、FMC3000、SPM2800、Jereh2800Q、Jereh2800QP、四机 2800Q、三一 2800Q、宝石 QPI2800A

3. 压裂泵类型

国内压裂泵注装备主要型号为 2000 型、2300 型、2500 型，其中 2500 型压裂车是车载压裂设备主流产品，在国内各区域水平井压裂中占比最大。各个厂家陆续推出多款 2500 型压裂车，适用于非常规油气田高压力、大排量压裂施工。

4. 主要技术参数

宝石 2300 型、2500 型压裂车主要技术参数见表 12-2。

表 12-2 宝石 2300/2500 型压裂泵注设备主要参数对比表

技术参数	2300 型设备参数	2500 型设备参数
外形尺寸（长×宽×高）	≤12000mm×2550mm×4000mm	≤12500mm×2550mm×4000mm
质量（不含油水）	≤40000kg	≤44000kg
柱塞泵最大理论压力	103.4MPa（15000psi）（4in 柱塞）	137.9MPa（20000psi）（4in 柱塞）
整车最大排出压力	103.4MPa（15000psi）	137.9MPa（20000psi）
整车最大排量	2.45m³/min（4in 柱塞）	2.81m³/min（4in 柱塞）
整车最大输出功率	1680kW（2300hp）	1860kW（2500hp）

5. 不锈钢液力端。

近年来,国内生产制造厂商使用不锈钢材质制造的液力端(简称不锈钢液力端),符合水平井工厂化压裂施工作业工况,在承压等级小于等于105MPa作业工况下,不锈钢液力端平均使用寿命达到800h以上,相比普通碳钢材质,液力端寿命提高近一倍以上(图12-2)。

图12-2 不锈钢材质液力端

二、混砂车

混砂车的主要作用是将压裂液和支撑剂、添加剂进行搅拌,混合均匀后供给压裂车,并辅助输送各类添加剂,配合压裂车施工(图12-3)。

图12-3 杰瑞130bbl混砂车

1. 主要部件系统

混砂车主要由动力系统、燃油系统、散热系统、电气系统、气路系统、液压系统、混合及管汇系统、液添系统、输砂系统、仪表及控制系统等组成。

动力系统:主要为台上的工作部件提供动力。

燃油系统:给台上发动机及底盘发动机提供动力燃料。

散热系统:对台上发动机及液压系统进行散热。

电气系统:为控制部件、照明灯等仪器仪表提供稳定的电源。

气路系统:气路系统主要由压缩机、贮气瓶、过滤减压装置、气控执行器及管路系统等组成，主要用于驱动蝶阀等辅助设备。

液压系统：从台上分动箱和底盘取力器取力，通过液压泵、液压马达等部件，驱动排出离心泵、吸入离心泵、螺旋输送器等。

混合及管汇系统：主要由两台排出泵、吸入管汇、排出管汇、混砂罐、液添系统等组成，其作用是将输入的压裂液和支撑剂按比例混合并搅拌均匀，再由输砂泵供给各辆压裂车。

液添系统：通过液添泵将交联剂与添加剂泵入混合罐与基液完全混合并输出至下水管线。

输砂系统：通过2套12in螺旋输送器，根据需求向混合罐内输送支撑剂。

仪表及控制系统：通过手动控制和触摸屏控制两种方式配合，实现发动机油门控制，吸入泵、排出泵、输送器转速控制，化学添加剂控制，搅拌器、电源、工作灯等开关控制功能。

底盘车：为台上动力、散热、液压混砂、液添、输砂等系统提供运输载体。

2. 主要技术参数

国内混砂车主要型号为100bbl、130bbl，其中130bbl为目前主流装备，适用于大、中型压裂施工，表12-3所示为杰瑞、四机厂100bbl混砂车主要技术参数。

表12-3 国内100bbl混砂车主要参数对比表

序号	技术参数	杰瑞100bbl混砂车	四机100bbl混砂车
1	底盘车型号	奔驰Actros4144 8×6（440hp）	奔驰Actros4144 8×6（440hp）
2	柴油机型号	CATC13（500hp）	DDSS60（500hp）
3	排出泵型号	Mission12×10	Mission12×10
4	外形尺寸（长×宽×高）	≤12200mm×2500mm×4000mm	≤12200mm×2500mm×4000mm
5	质量（不含油水）	≤30500kg	≤41000kg
6	最大理论排量	16m³/min	16m³/min
7	最大排出压力	0.5MPa	0.5MPa

宝石机械主要生产100bbl、130bbl混砂车，技术参数见表12-4。

表12-4 宝石机械混砂车主要技术参数

技术参数	100bbl混砂车参数	130bbl混砂车参数
外形尺寸（长×宽×高）	≤13000mm×2550mm×4000mm	≤13000mm×2550mm×4000mm
质量	≤36000kg	≤36000kg
最大流量	16m³/min（清水）	20m³/min（清水）
额定排出压力	0.6MPa	0.6MPa
最大输砂能力	10000kg/min（40/70目石英砂）	11500kg/min（40/70目石英砂）
混合罐容积	1.8m³	1.8m³

三、仪表车

仪表车作用是远距离控制压裂设备并监控混砂设备，采集和显示施工压力和排量，进行实时数据采集、施工监测及裂缝模拟，并对施工全过程进行分析（图12-4）。

仪表车核心系统有三大控制模块，即自动控制模块、数据采集模块和网络传输模块，包括如下主要部件系统。

供电系统：给全车提供电力支撑。

冷暖系统：控制车厢内温度高低，使车内保持舒适的温度环境。

数据采集与监控系统：通过数采软件采集处理现场作业数据，并对整个作业起到监督和指导作用。

压裂车控制系统：主要由液晶显示器、工控机组成。工控机可通过以太网连接至压裂设备，通过形成环形网络实现对压裂设备的实时控制。

通信系统：由防爆对讲机及配套单充、头盔式耳麦、组合充电器组成，保证指挥、操作人员能在嘈杂的作业现场保持相互之间即时沟通。

图 12-4　宝石仪表车

四、混配车

混配供液车的主要作用是向混砂设备供给调配完成的压裂液，主要由动力系统、燃油系统、电气系统、气路系统、液压系统、混合及管汇系统、仪表及控制系统等组成（图12-5）。

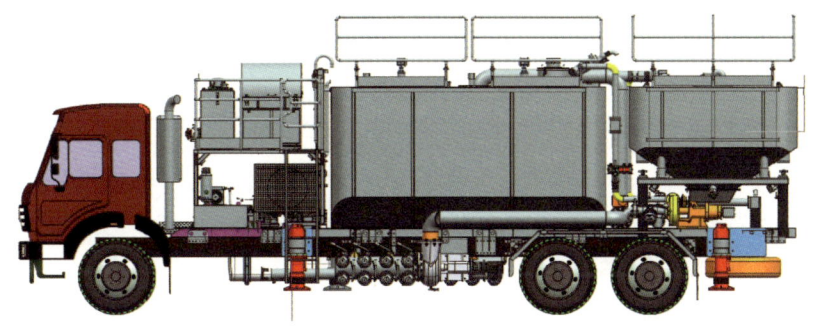

图 12-5　混配车

1. 混配车部件系统

动力系统：采用底盘取力方式，整台设备以底盘发动机为动力源，底盘发动机通过全功率取力器带动传动轴驱动分动箱，分动箱驱动液压系统工作。

燃油系统：燃油系统为底盘车发动机提供充足的燃料供应，以满足施工作业需求。

电气系统：为控制部件、照明灯等仪器仪表提供稳定的电源。

气路系统：气路系统主要由压缩机、贮气瓶、过滤减压装置、气控执行器及管路系统等组成，主要用于驱动蝶阀等辅助设备。

液压系统：通过液压系统驱动分动箱实现对三台闭式柱塞泵、两台开式柱塞泵、一台齿轮泵的有效控制，从而为台上各类执行机构提供液压动力。

混合及管汇系统：主要由吸入管汇，排出管汇，喷射管汇和取样管汇组成，其作用是将液体添加剂和清水按比例进行混合，并将完全水合的压裂液供给混砂车。

仪表及控制系统：通过手动控制和触摸屏控制两种控制方式配合，实现吸入泵、排出泵、输送器转速控制，化学添加剂控制，搅拌器、电源、工作灯等的开关控制功能。

2. 混配设备类型

工厂化压裂现场使用的混配设备主要型号为 $10m^3/min$、$12m^3/min$ 和 $16m^3/min$。底盘车主要是使用 Benz 4144 8×6 底盘，$10m^3/min$ 和 $12m^3/min$ 混配车动力均来源于底盘车发动机。$16m^3/min$ 混配车增加一台 C9（300hp）发动机作为补充动力单元，为台上运转提供动力。

3. 主要技术参数

表 12-5 所示为宝石 $12m^3/min$ 和 $16m^3/min$ 混配车主要技术参数。

表 12-5　宝石机械混配车主要技术参数

主要技术参数	$16m^3/min$ 混配车	$12m^3/min$ 混配车
外形尺寸（长×宽×高）	≤12500mm×2550mm×4000mm	≤12500mm×2550mm×4000mm
质量	≤32000kg	≤32000kg
混配流量	2.5~16m³/min	1.5~12m³/min
配液浓度	0.2%~0.6%（粉水质量比）	0.2%~0.6%（粉水质量比）

第二节　电驱系列压裂装备

一、电驱压裂电气装备

电驱压裂装备主要由变压器、变频器、变电整流橇等装备组成。

1. 变压器

变压器主要作用是将 35kV 的网电降压至 10kV，输入至变频器橇中，向电驱压裂橇提供电力。

工作原理：利用电磁感应原理，通过给初级线圈通电，使变压器中铁芯产生交变磁场，然后让次级线圈产生感应电动势，从而实现电压的变化。

组成结构：主要由铁芯、绕组线圈、绝缘材料、引线等部分组成。电驱压裂现场使用的 35kV 变压器主要包括 35kV 配电橇，输入 35kV，输出 10kV 的油式变压器橇。

2. 变频器

主要作用是将网电提供的电源进行转化和处理，向电驱压裂设备提供安全、可靠、稳定的电源（图 12-6）。

图 12-6　变频控制房

变频器工作原理：主电路中的整流器将交流电转变为直流电，直流中间电路将直流电进行平滑滤波，逆变器最后将直流电再转换为所需频率的交流电。

变频器结构：主要由高压进线装置（包括 10kV 高压接线端子，10kV 高压配电柜）、高压断路器及高压保护装置、整流变压器、高压 3 电平变频器（薄膜电容）、液体冷却装置、快速插接出线装置、变压器电磁涌流缓冲装置等组成。

变频器输入电压为 10kV，额定单线输出电压分 3300V 和 4500V。国内不同厂家变频器在尺寸、质量、品牌等都有差异，见表 12-6。

表 12-6　不同厂家变频器主要参数对比表

型号	烟台杰瑞	东电宏华	石化四机	宝石	三一
驱动方式	一拖二、一拖三	一拖二	一拖二	一拖二	一拖二
变频器品牌	中加特	ABB/汇川	中车永济	中车（ABB）	禾望/汇川
尺寸（m×m×m）	8×2.55×3	11×3×3	10×2.55×2.8	9×2.55×2.8	6×2.55×2.7
质量（t）	25	32	28	25	22

3. 变电整流橇

变电整流橇主要作用是向电驱混砂橇、电驱混配橇等电驱辅助设备提供安全、可靠、稳定的电流。

工作原理：主电路中的整流器将交流电转变为直流电，直流中间电路将直流电进行平滑滤波，逆变器最后将直流电再转换为所需频率和电压的交流电并输出。

10kV 高压变电整流单元主要组成部分有，高压进线装置、高压断路器、高压保护装置、1250kVA+630kVA 变压器、整流单元、直流滤波储能单元,以及熔断器、高压上电缓冲装置、上电直流充电装置及绝缘检查装置、630kVA 输出侧（380VAC）匹配 1250A 电动断路器等部件。

二、电驱压裂作业装备

电驱压裂作业装备主要由电驱压裂橇、电驱混砂橇、电驱混配橇、变电整流橇等装备组成。

1. 电驱压裂橇

电驱压裂橇是将电力作为动力源,通过启动电动机带动传动轴驱动压裂泵工作,代替了传统的柴油发动机作为动力源,节约燃油消耗成本、减轻低压噪声对人员伤害,实现"零排放",达到绿色、低碳、环保作业要求,是当前社会实现能源转型的必然产物（图 12-7）。

图 12-7　电驱压裂橇

电驱压裂橇主要包括以下部件：橇架、电动机、不锈钢柱塞泵、润滑系统、散热系统、高低压管汇系统,以及监控系统。

电动机：主电动机采用交流电动机,变频驱动,强迫风冷,作为电驱压裂橇的动力源,为柱塞泵提供动力。润滑电动机主要驱动动力端润滑泵,实现动力端润滑。

不锈钢柱塞泵：使用不锈钢材质,相比普通碳钢材质的柱塞泵,具有排量大、承压高、寿命长等更优秀的性能指标。

高低压管汇系统：连接压裂橇和地面管汇,承接压裂液由低压管汇进入高压管汇。

润滑系统：包括动力端润滑系统和密封润滑系统,主要为柱塞泵提供润滑介质,保护金属件不受损坏。

监控系统：控制电动机启停、电动机转速、设备工作照明灯开关等,具备远程、近程手动/自动操作控制系统,具备压力、流量及工作状态运行记录等功能。

2. 电驱混砂橇

电驱混砂橇主要作用同混砂车一致,不同点在于去除了底盘车,采用橇装结构,使用电动机代替柴油发动机，驱动混砂装置运行，具有更加经济、环保、低噪等特点。

混砂橇包括以下部件：橇架、动力系统、液压系统、混合系统、管汇系统、螺旋输送器系统、液体添加剂系统、干粉添加剂系统、液压系统、仪表控制系统、控制室等。

130bbl 电驱混砂橇满足最大清水流量 20m³/min，最大排出压力 0.5MPa，输砂能力 11500kg/min。设备采用变频电动机一体机，体积小、扭矩大、控制精准且操作方便；输砂绞龙系统采用 12in 绞龙 2 个，8in 绞龙 1 个，提高输砂流量，满足工厂化压裂高砂比要求；配置干粉添加剂装置 1 套，液体添加系统 4 套。

3. 电驱混配橇

主要作用同混配供液车一致，不同点在于电驱混配橇采用电动机代替柴油发动机，驱动混配装置运行，具有经济、环保、低噪等特点。

电驱混配橇主要功能是将干粉（通常为瓜尔胶粉或者聚合物）和基液（通常为水）按比例进行混合，可按比例添加液体添加剂，最终向下游设备提供合格的压裂基液。设备功能全面，可以进行即时混配，也可进行批量混配；既可将干粉与水进行混合，也可将浓缩胶液与水进行混合，是压裂作业中必不可少的设备之一，尤其是大、中型压裂作业。

混配供液橇主要包括以下部件：动力系统、高压变频电动机、液压系统、混合系统、控制监控系统等。

动力系统：整套设备的动力来自高压变频电动机，通过挠性联轴器连接分动箱，分动箱将动力传递至液压系统，实现执行部件运转。设备作业时，操作人员指令信号通过电气系统，传递给液压系统的执行元件，从而实现对配液过程中各参数的自动调节。

液压系统：通过液压系统驱动分动箱，实现对三台闭式柱塞泵、两台开式柱塞泵、一台齿轮泵的有效控制，从而为设备各类执行机构提供液压动力。

混合系统：混合系统主要由吸入离心泵、高能混合器、扩散箱、混合罐、搅拌器、液位计、排出离心泵等组成，实现清水和混合物质的高效、精准混合。

控制监控系统：通过操作控制台上的手动控制装置，完成对混配橇各系统的手动控制；通过控制台上的触摸屏，可以实现对混配橇进行自动控制。

第三节　工厂化作业设备

一、连续加油装置

用于向施工现场压裂设备提供柴油的连续供油装置，可在同一时间集中对 20 台压裂设备提供柴油，降低人员劳动强度，缩短供油周期（图 12-8）。

从结构组成上可分为 1 台主橇和 2 台分橇，主橇负责提供燃油，分橇负责连接柴驱设备油箱。

变频控制柜：800mm×600mm×1800mm。

防爆电动机：YB3 7.5kW。

主橇供油管线：2 根。

主橇供油距离：50m。

分橇控制柜：550mm×340mm×1150mm。

分橇加油枪：40把。
分橇供油距离：50m。

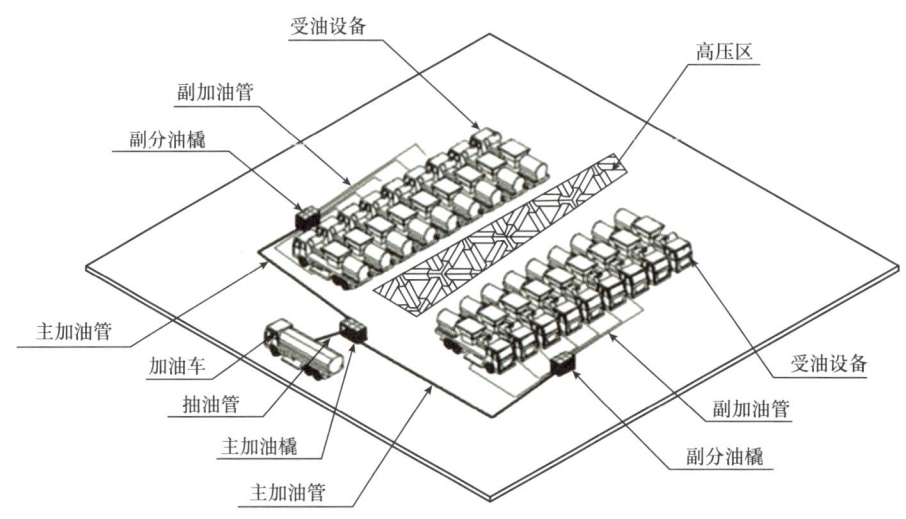

图12-8　连续加油装置

二、储砂输砂半挂车

1. 储砂输砂半挂车概述

工厂化压裂现场供砂设备的作用是运输、存储、输送压裂用支撑剂到混砂设备，连续输砂设备能够连续、稳定、高效、准确地提供工厂化压裂需要的各种型号的支撑剂，保证压裂质量和施工效率。

CST75型储砂输砂半挂车主要用于油气田作业中向储砂罐、运砂罐车等设备中输送支撑剂，包括固定仓和扩展仓，总共分有6个独立料仓，罐体扩展时的容量分别为15m³、12m³、12.5m³、12.5m³、12.5m³、10.5m³，共75m³（图12-9）。

图12-9　储砂输砂半挂车

（1）主要技术参数。

外形尺寸：14500mm×2620mm×4160mm。

整备质量：24500kg。

罐体未扩展时最大储砂量：60m³。

罐体扩展时最大储砂量：75m³。

最大输砂量：240m³/h（4m³/min）。

（2）主要部件系统。

输砂车由液压系统、皮带输送系统、螺旋输送系统、砂罐总成、底盘总成等系统组成。

液压系统：设备以电动机为动力源驱动液压系统，通过液压油缸实现上料系统和卸料系统的升降和翻转、罐顶扩展仓的升降、罐顶投料闸板和罐底下料闸板的开关等功能。

皮带输送系统：一共有3套皮带输送系统，分别为上料系统、罐底输料系统、车尾部的卸料系统，所有皮带系统均通过电动机驱动。

螺旋输送系统：罐顶的螺旋输送器通过电动机驱动，把上料系统传送上来的物料分投到各个料仓内。

砂罐总成：用来储存支撑剂，以满足大砂量连续作业需求。

底盘总成：为台上液压系统、皮带输送系统、螺旋输送系统、砂罐总成提供运输载体。

2. 连续输砂橇

连续输砂橇在压裂施工现场存储不同型号的支撑剂，向混砂车连续提供大量支撑剂。

连续输砂橇包括固定仓和扩展仓，总共分有3个独立料仓，最大输砂能力为6m³/min，其主要参数如下（图12-10）：

外形尺寸：14100mm×2570mm×3600mm。

整备质量：22000kg。

罐体扩展时最大储砂量：80m³。

最大输砂量：360m³/h（6m³/min）。

图12-10　连续输砂橇

3. 智能免破袋连续输砂橇

120m³智能免破袋连续输砂橇，根据流水线作业特点，配备了砂袋自动吊装系统、自动破袋、自动上砂的装置（图12-11）。

图 12-11 智能免破袋连续输砂橇

120m³ 智能免破袋连续输砂橇，砂罐一共分为 4 个容积 30m³ 的料仓，每个料仓顶部各有 1 个下料口，料仓内部之间通过隔板相互隔离。

组装后的外形尺寸（长×宽×高）：13000mm×2500mm×8500mm（分三层，不包含罐顶护栏高度）。

储砂罐总质量：30000kg。

有效容积：120m³。

皮带上料输砂量：180m³/h（3m³/min）。

砂袋自动吊装额定负载：2t。

自动吊装及卸料效率：约 2 袋（1.5t）/min。

4. 连续输砂箱

LX06 型连续输砂橇可通过电子秤实时监测砂箱质量，通过控制砂箱底部的闸板，调整下砂速度，最后通过输砂皮带完成输砂作业。

砂箱可通过叉车进行拆卸与组装，避免了吊装作业。

LX06 型连续输砂装置主要结构由输砂系统和 4 个 15m³ 砂箱组成，最大输砂速度 6m³/min，主要部件由砂箱、液压系统、皮带传输系统、电子秤系统、控制系统等组成（图 12-12）。

最大输砂量：6m³/min。

容纳砂箱数：4 个。

砂箱容积：15m³。

砂箱质量：4000kg。

砂箱外形尺寸：2500mm×2438mm×3500mm。

额定功率：35.5kW。

输砂橇质量：14500kg。

输砂橇外形尺寸：12800mm×2450mm×3100mm。

图 12-12　LX06 型连续输砂箱

5. 自动上砂橇

主要用于在压裂施工井场配合连续输砂设备，通过地面加砂的方式向连续输砂橇提供支撑剂，规避了人员高空加砂作业安全风险（图 12-13）。

图 12-13　自动上砂橇

自动上砂橇主要由电动机、输砂传送皮带、操控系统、支架等部件组成，其主要参数如下：

外观尺寸：9100mm×2500mm×2500mm。

质量：6900kg。

最大上砂量：$1m^3/min$。

额定电压：380V。

三、供液系统

工厂化压裂现场供液系统的作用是存储、输送压裂液体到混配设备，供液系统能够连续、稳定、高效、准确地提供工厂化压裂需要的各种性能的液体，保证压裂质量和压裂施工效率。

1. 拼接式蓄水池

利用拼装的方式可临时搭建一座小型"水库",通过供液管汇实现液体输送,减少液罐车等供液设备的投入及运输成本,缩短压裂施工周期。

拼装式蓄水池主要由支架、水囊、水泵组成,外观尺寸为:50000mm×25000mm×1500mm,可容纳1500m³液体(图12-14)。

图 12-14　拼接式蓄水池

2. 子母柔性水罐

压裂施工现场储备液体的容器,具有可折叠和升降功能,实现对大容量压裂液的盛装。按用途可分"子罐"和"母罐","母罐"由4个210m³折叠罐组成,主要用于储备清水,"子罐"由2个150m³折叠罐组成,主要用于过渡压裂液。"子母"罐的搭配,相比传统的60m³卧式储液罐,有效节约了井场占地面积70%,同时减少了搬迁车辆及运输费用(图12-15)。

图 12-15　子母柔性水罐

子母罐由底座、转液泵、"X"形支架、水囊、网兜等部件组成,技术参数如下。

210m³ 罐水囊尺寸(mm):2650+20×9620+20。

210m³ 罐储湿重:52.5t。

150m³ 罐水囊尺寸(mm):2650+20×5760+20。

150m³ 罐储湿重:37.5t。

3. 玻璃钢酸罐

用于施工现场存储盐酸的专用设施,盐酸主要用于解除射孔孔眼堵塞或溶解地层岩石颗粒,从而提高储层渗透率(图12-16)。

图 12-16　玻璃钢酸罐

玻璃钢酸罐从内向外由内衬层、结构层、外表层三层组成，由树脂、纤维毡、玻璃纤维缠绕纱等材料制成。

外观：9300mm×2400mm×2250mm。

容量：26m^3。

三相异步电动机：YX3-160L-2。

蝶阀：4in 不锈钢耐酸碱蝶阀。

第四节　压裂管汇与井口装置

压裂管汇、压裂井口装置、压裂返排管汇和采油/气树是水平井压裂、排采作业中必不可少的关键装备，用于完井后井口固定、井筒流体压力控制、采油/采气作业，以及压裂液输送、压裂层段转换，需要在超高压、高温差及酸性高腐蚀等复杂恶劣条件下具备安全可靠工作的能力。

随着页岩油气开发向深层延伸，压裂流体输送、返排管汇设备向更高工作压力（20000psi 以上）、高性能级别（PR2 级）、高可靠性、长使用寿命和高性价比方向发展。

一、单通道井口管汇

该装置采用 5$\frac{1}{8}$in 和 7$\frac{1}{16}$in 通径管汇，利用多组万向节进行组合衔接，实现多角度及各个方向的自由连接和调节，替代了传统的 3in、4in 高压活动弯头，达到硬性管汇连接的目的（图 12-17）。

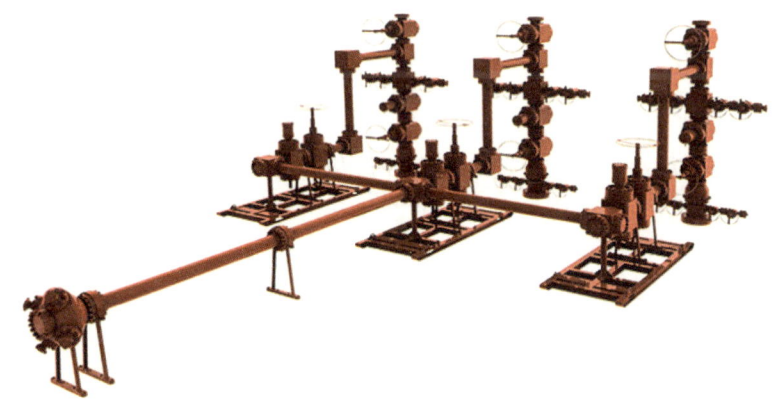

图 12-17　单通道压裂井口管汇

单通道压裂井口管汇按承压级别可分为 15000psi 和 20000psi 两种类型，以 15000psi 5⅛in 管汇为例，其参数如下：

管汇主通：5⅛in（130mm）。
额定工作压力：15000psi（103.4MPa）。
材料级别：EE-1.5。
额定温度：-29~121℃（PU 级）。
产品规范等级：PSL 3。
产品性能等级：PR2。
工作介质：压裂液/油/气。

二、柔性压裂管汇

用于连接压裂泵注设备和压裂井口的柔性压裂管线、压裂管汇橇、旋转高压分流橇的统称。使用柔性压裂管线（图 12-18），数量仅为常规活接头式连接的 1/3，现场连接点数减少 60% 以上，管汇连接时间减少 50% 以上，提质增效效果明显（图 12-18）。

柔性压裂管额定工作压力 15000psi，3in 管额定排量 3m³/min，5⅛in 管额定排量 14.6m³/min，使用环境温度 -29~55℃，满足压裂、酸化施工要求。

图 12-18　柔性压裂管汇

三、大通径井口装置

压裂作业要求井口装置耐高压，并满足一定的排量要求。当压裂液进入到压裂井口时，会因为高压与振动，以及支撑剂磨损对井口装置造成冲蚀，从而导致井口松动、流道损伤等，缩短压裂井口装置使用寿命。而大通径井口装置，可有效降低上述风险，提高施工安全性。

压裂井口装置由油管头总成、井口总控阀和压裂树 3 部分组成，注入头是压裂树核心部件，用于连接高压管汇，如图 12-19 所示。压裂井口装置额定压力应大于预测最大施工压力，压裂主管汇上应有限压保护措施。压裂结束后，关闭总控阀，将压裂（射孔）树更换为采油（气）树，即可转换成排采井口装置，如图 12-20 所示。

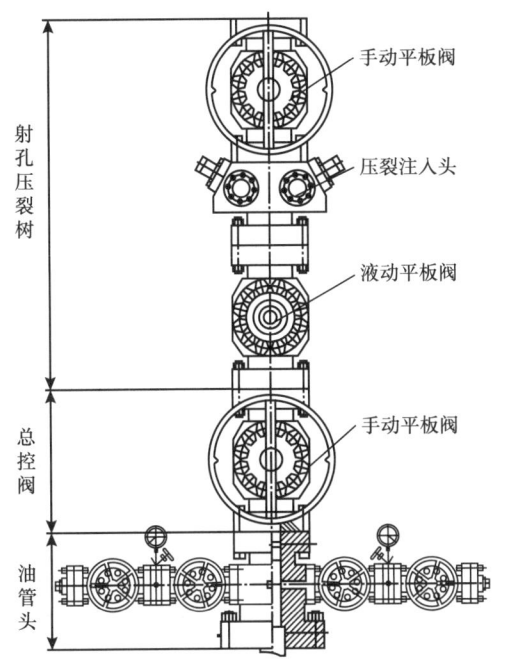
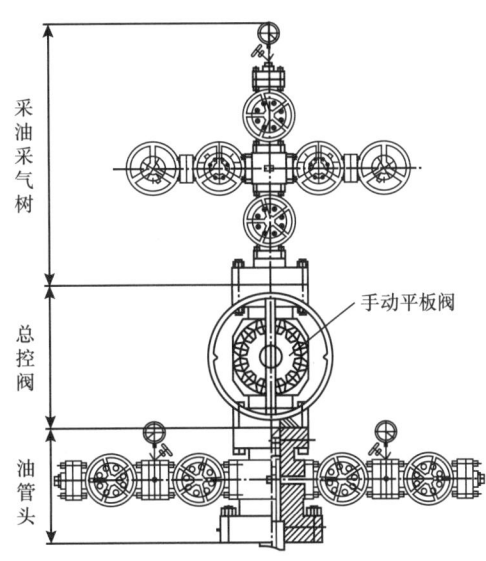

图 12-19　压裂井口装置示意图　　　　图 12-20　排采井口装置示意图

平板阀是井口装置最关键的流体控制单元，需满足耐高压、耐腐蚀、密封可靠、开关迅速的作业要求，实现对井筒流体的有效控制，避免因功能失效而导致流体泄漏，对人员、设备和环境造成危害。因井口装置通径大、承压高，手动平板阀开关圈数多、开关时间长，对开关频繁的井口闸阀，多使用液动平板阀，可大幅提高压裂效率。

井口装置主要技术性能指标见表 12-7。

表 12-7　井口装置主要性能指标

参数	KL180-140 型	KL180-105 型
油管头四通主通径（mm）	180	180
油管头压力级别（MPa）	140	105
油管头四通上部连接	6BX 7$\frac{1}{16}$in-140 BX156	6BX 7$\frac{1}{16}$in-105 BX156
油管头四通下部连接	6BX 11in-140 BX158	6BX 11in-105 BX158
压裂主阀型号	PFF180-140	PFF180-105

四、砂堵返排管汇

水平井体积压裂加砂强度高、滑溜水携砂能力弱，施工砂堵很难避免。尤其是主加砂阶段，井筒内沉砂量大，如不能及时返排解堵，后期就需动用连续油管作业设备进行冲砂，恢复作业成本高，而大量高价值压裂设备等停，对工厂化作业效率、效益影响都很大。

与试油试气返排不同，压裂砂堵停泵压力大、返排流速高、含砂流体刺蚀强，还要保持返排作业连续性。双筒除砂器容量有限，很难满足砂堵后大砂量连续返排解堵要求，旋流除砂器成本高、动用难，也满足不了砂堵后立即返排的时间要求。因此，针对高压含砂流体流动特性，西部钻探研制了一套专门用于砂堵返排的耐刺蚀压裂返排管汇，可实现高压高浓度含砂流体连续控压返排，提高了节流装置耐刺蚀能力和压裂砂堵返排效率。

砂堵返排管汇是在节流管汇技术基础上，应用了可封零、耐刺蚀节流阀，节流阀可全封闭，结构可在线进行更换，如图12-21所示。

图 12-21　耐刺蚀压裂返排管汇

耐刺蚀压裂返排管汇可以实现远程液动控制，避免了高压区带压开关操作，现场应用已超过 50 井次，一次检修可连续使用 4 井次，大幅提高了砂堵返排效率和解堵作业安全性。

第五节　工厂化压裂设备配套

为优化工厂化压裂设备设施配套、井场布局及压裂施工，推进压裂标准化、专业化、机械化、信息化进程，实现降成本、提能力、增效益的目标，中油技服制定了工厂化压裂设备配套指导意见，规范了压裂设备设施配套要求。

一、压裂设备

压裂设备主要包括压裂泵车、混砂车、仪表车、连续加油装置、酸罐、清水罐等，具体配置见表 12-8。

（1）压裂泵车以 2000 型及以上车型为主，压裂车组的供液能力不低于设计施工排量的 1.25 倍；并根据连续工作时间情况，备有一定数量的压裂泵车。

（2）混砂车以 100bbl 及以上型号为主，并根据现场施工情况，备有一定数量的混砂车、仪表车。

（3）交联剂车、液罐、酸罐等根据实际情况确定。

表 12-8 压裂设备设施配套清单

序号	设备名称	规格型号	数量（台/套）	备注
1	压裂车（主施工）	≥2000 型	—	按施工排量测算
2	压裂车（推塞）	≥2000 型	1~2	
3	混砂车（主施工）	≥100bbl	2	建议 1 备 1 用
4	混砂车（推塞）	≥100bbl	1	
5	仪表车（主施工）	系统配套	1	
6	远程监控指挥系统		1	
7	连续加油装置		1	
8	油罐车		1	考虑倒换用车
9	交联剂罐（或车）		1	按实际自定
10	酸罐		1	按实际自定
11	清水罐车		1	按实际自定

二、供砂设备

供砂设备包括储砂车、连续输砂车、叉车、储料平台等，具体配置见表 12-9。

表 12-9 供砂设备设施配套清单

序号	设备名称	规格型号	数量（台）	备注
1	储砂车		1	
2	连续输砂车		1	满足最高砂比
3	叉车		1	
4	储料平台		1	

（1）使用连续输砂装置进行供砂保障，供砂能力满足现场连续施工需求。

（2）连续输砂车至少同时存储 3 种类型的支撑剂，各类型支撑剂的容积满足压裂施工需要，供砂速度达到施工最高砂比要求。

（3）叉车单车的装载、运输能力与举升能力满足现场施工需要。

（4）储料平台面积满足支撑剂的临时存放及叉车的运输作业，支撑剂底部和顶部铺好防渗雨布。

三、供液设备

供液设备设施主要包括自动混配车、干粉罐车、添加剂罐车、缓冲罐等，具体配置见表 12-10。

表 12-10 供液设备设施配套清单

序号	设备名称	规格型号	数量（台/套）	备注
1	自动化配液设备	≥ 8m³/min	1~2	
2	干粉罐车	20m³	2	一用一备，用于瓜尔胶液配制
3	添加剂罐（车）	—	1	液体添加剂分类存储
4	缓冲罐	50m³	2	具备液位监测功能

（1）连续混配车的配液质量符合设计要求，配液速度满足压裂施工的排量需求，排量达不到要求要适量增加缓冲罐。

（2）干粉罐车可拖车移动，密闭防潮，单罐车的容量满足单日/单井压裂施工需求。

（3）添加剂罐车可拖车移动，密闭，能容纳3种液体复合添加剂，添加剂容积满足单日/单井压裂施工需求。

（4）缓冲罐内设有液位计便于观察液面，缓冲容积满足施工井顶替用量。

四、供水设施

供水设备设施主要包括江河及水源井取水设备（地面泵橇）、移动拼接式蓄水池、立式柔性水罐等，具体配置见表12-11。

（1）综合考虑压裂施工的日用水需求及单口水源井的供水速度情况，确定水源井数量。

（2）根据单日压裂用水需求及水源井供水情况，确定蓄水池、立式柔性水罐容积大小，并具备水位监测功能。

（3）地面泵橇具备抽真空的能力，泵水速度满足压裂施工的排量需求。

表 12-11 供水设备设施配套清单

项目	设备名称	规格型号	数量（套）	备注
水源	江、河或水源井取水设备	泵组或电潜泵	1	满足连续施工需求；储水设备具备水位监测功能
蓄水设备	移动拼接式蓄水池	≥ 2000m³	1	
	立式柔性水罐	210m³	4~10	

五、井场布局

工厂化压裂设备井场布局如图12-22所示。

第十二章 工厂化压裂装备

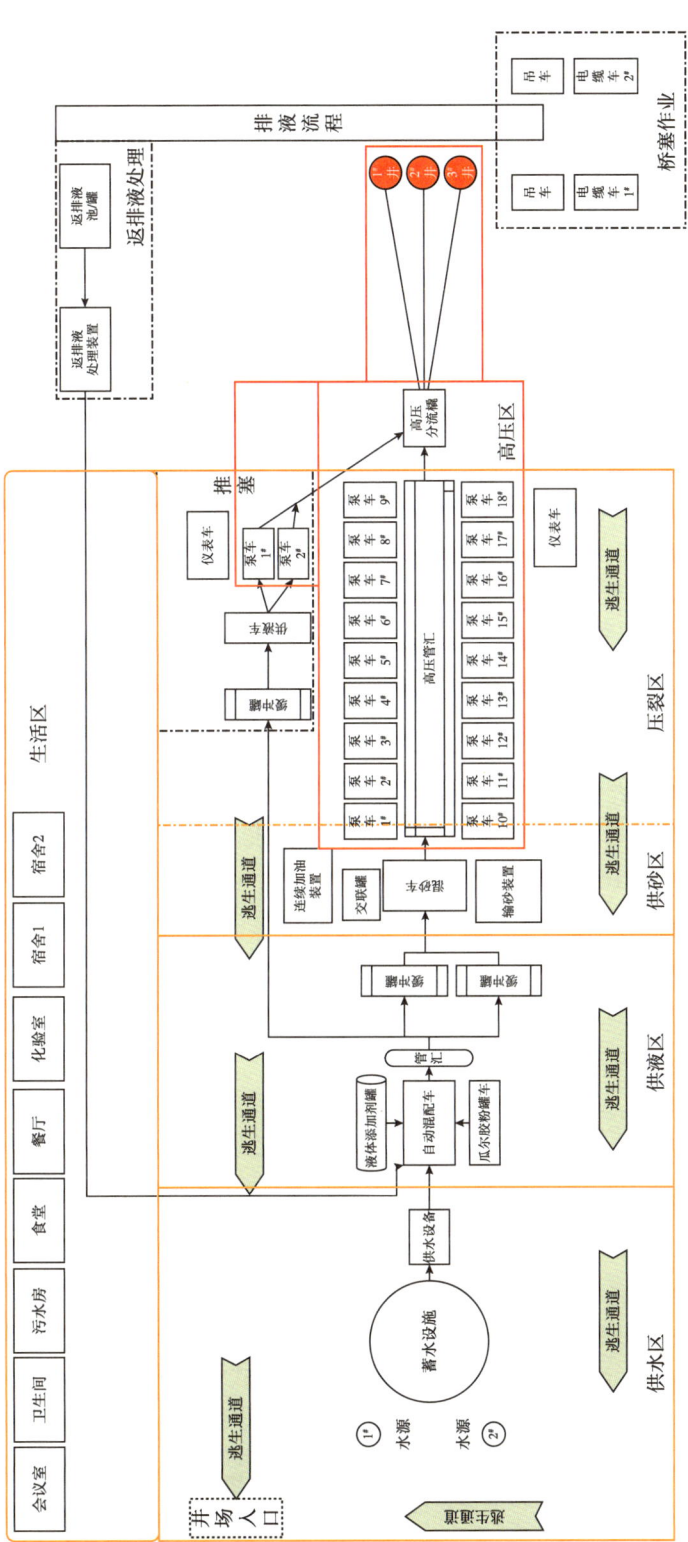

图 12-22 工厂化压裂设备井场布局图

第六节 典型区域压裂设备配套示例

一、长庆陇东页岩油区域

施工参数：压力 40~55MPa、排量 10~12m³/min。

全电驱配置：电网容量需求 16000kVA，机组功率 40000hp❶，8 台 5000 型电驱压裂橇。

半电驱配置：电网容量需求 8000~9000kVA，机组功率 40000hp（电驱、柴驱各一半），5 台 5000 型电驱压裂橇 +6 台 2500 型柴驱压裂车。

二、威远、长宁、玛湖、吉木萨尔区域

施工参数：压力 55~85MPa、排量 12~14m³/min。

全电驱配置：电网容量需求 25000~30000kVA，机组功率 60000~70000hp，12~14 台 5000 型电驱压裂橇。

半电驱配置：电网容量需求 13000~15000kVA，机组功率 60000~70000hp（电驱、柴驱各一半），6~7 台 5000 型电驱压裂橇 +12~14 台 2500 型柴驱压裂车。

三、泸州深层页岩气区域

施工参数：压力 85~110MPa，排量 16~18m³/min。

全电驱配置：电网容量 36000kVA，机组功率需求 80000hp，16 台 5000 型电驱压裂橇。

半电驱配置：电网容量 18000kVA，机组功率需求 80000hp（电驱、柴驱各一半），8 台 5000 型电驱压裂橇 +16 台 2500 型柴驱压裂车。

第七节 压裂供电与设备功率匹配

一、压裂现场供电方案

目前，电驱压裂装备投入规模受限于井场供电能力，现阶段主要有网电、燃气发电和储能三种供电方案。在网电发达的区域，可根据供电能力采用 35kV 线路进行全电驱压裂；在网电不发达的地区，可用燃气发电、储能供电作为补充。

1. 全电网供电

作业区域及周边具备 10kV 以上的网电，即可实现电驱压裂装备的应用，若网电大于 10kV（如 35kV）还需增加一台降压变电站。

根据供电能力，一条 110kV 线路能分出 3~4 条 35kV 线路，一条 35kV 线路能分出 4~6 条 10kV 线路。35kV 线路由井场变压器变为 10kV，经变频器转为电压 3.3kV 或 6.6kV、频率 0~85Hz 的交流电接入电驱压裂设备。以 5000 型电驱压裂橇为例，电力设备配置和供电流程如图 12-23 所示。

---

❶ 1hp=0.735kW。

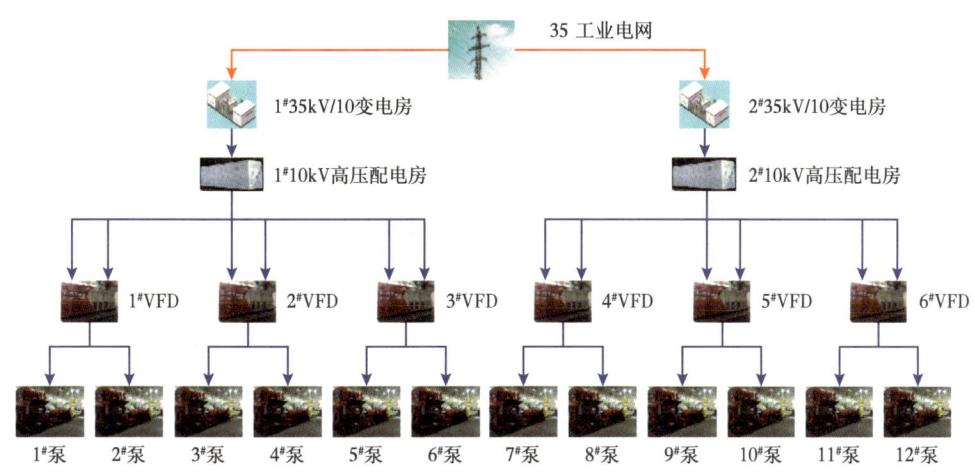

图 12-23　全电网供电流程

全电网供电压裂装备主要有：变压器、开关柜、变频器、电驱压裂橇、低压供电橇、电驱混砂橇、电驱混配橇、仪表橇、电驱输砂橇等。

2. 燃气轮机发电

作业区域及周边无电网条件，可使用燃气轮机发电，由燃气轮机与发电机组成，工作原理是：燃气轮机将压缩后的空气与天然气混合后燃烧，产生高温燃气，推动叶轮旋转输出机械能，从而带动发电机产生电能。

天然气的来源主要有 4 种方式（图 12-24），一是井口提供气源；二是架设管道提供气源；三是 LNG 压缩天然气提供气源；四是 CNG 液态天然气提供气源。

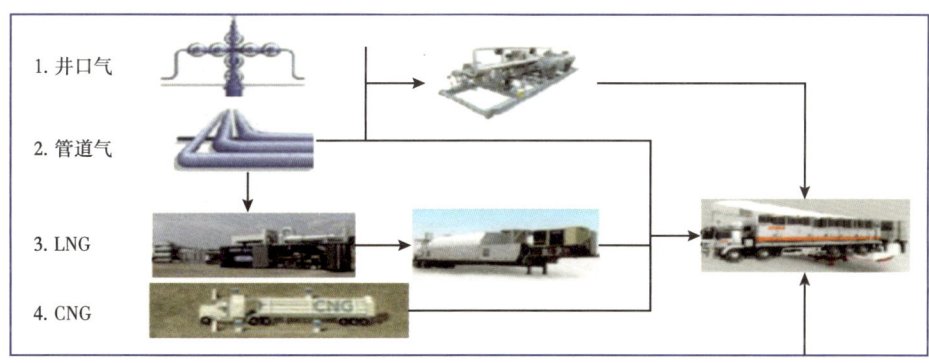

图 12-24　燃气存储介质

区块作业可以由多台燃气发电机组组网，同时向电驱压裂作业和钻井作业提供电源，提高燃气发电机组使用率。目前，国内井口气、CNG 和 LNG 的价格差别较大，井口气 0.8~1 元 /m³、CNG 3.5~4 元 /m³、LNG 5~6 元 /m³，1m³ 气可发电 2.7~3kW·h，使用井口气经济效益最好。

3. 储能装置供电

大功率储能装置可以弥补电网功率的不足，最大电容量 5000kW·h，如图 12-25 所示。

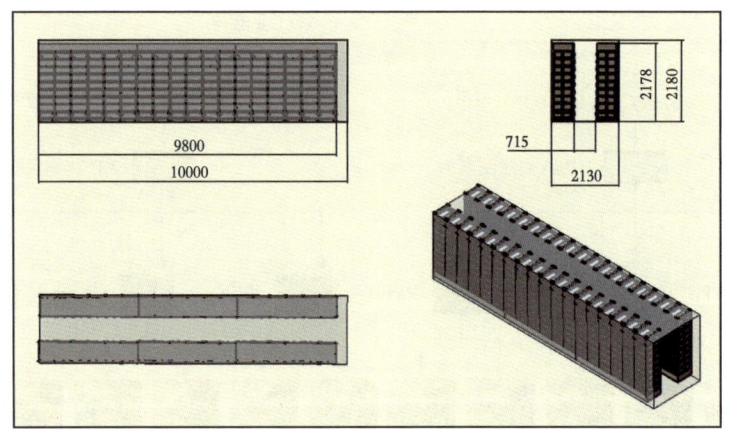

图 12-25　大功率储能装置外观示意图

现场一般采用 4 套储能装置，通过线路并联的方式使用，最大总容量为 20000kW·h，最大释放功率为 10000kW。

4. 多源复合供电

作业区域及周边电网电量不足，可以通过发电机组来弥补，使用发电双路供电满足井场电驱压裂装备用电需求。

单路 10kV 电网负载能力约 8MW，无法供给整个井场用电；通过配套储能系统可解决部分供电容量问题，同时提高井场供电安全性。

在 16m³/min@90MPa 施工工况下，12 台 5000 型电驱压裂橇需配备一拖二变频控制房 6 套、10kV 配电房 2 套、3MW 储能装置（含电池柜和 PCS 柜）4 套，供电能力约 24MW。

图 12-26 所示为川庆钻探两路 10kV 电网 + 储能 + 发电供电流程。

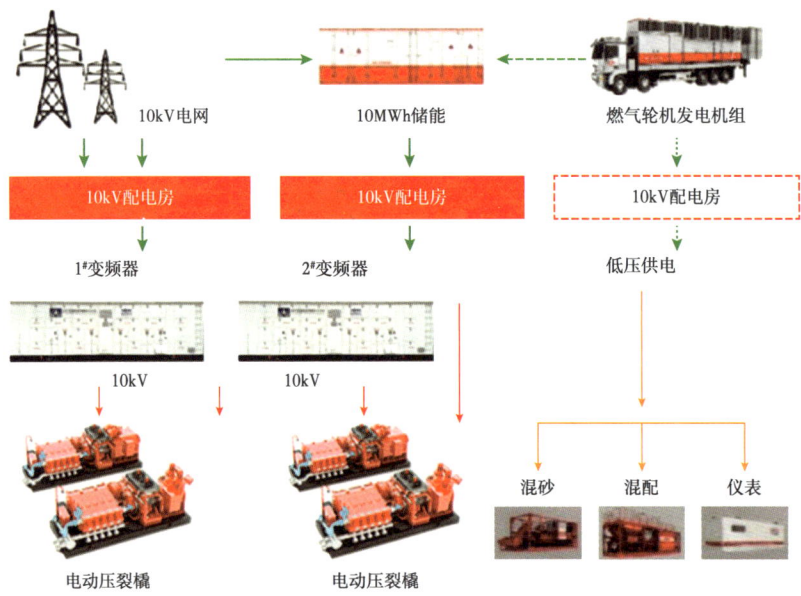

图 12-26　电网 + 发电 + 储能多源供电流程

二、压裂设备功率匹配

1. 压裂施工功率计算

压裂泵注施工功率取决于施工排量及地面泵压,按式(12-1)计算:

$$W_{\mathrm{p}} = 16.67 p_{\max} Q_{\lim} \tag{12-1}$$

式中:W_{p}为压裂泵注所需功率,kW;$p_{\max}$为地面最大泵压,MPa;$Q_{\lim}$为极限排量,m³/min。

2. 柴驱压裂车(橇)数计算

设压裂车单车功率为H_η,机械效率为η,则所需压裂车台数为:

$$N_1 = \frac{W_{\mathrm{p}}}{\eta H_\eta} + (1 \sim 2) \tag{12-2}$$

式中:N_1为施工所需压裂车台数;H_η为压裂车单车功率,kW;η为机械效率。

设压裂车单车排量为q,则所需压裂车台数为:

$$N_2 = \frac{Q_{\lim}}{q} + (1 \sim 2) \tag{12-3}$$

施工设计的压裂车数取决于上述二者的最大值。

3. 电驱作业压裂橇数计算

根据2017年实施的《石油天然气钻采设备压裂成套》规定,泵使用功率不宜超过额定输出功率的80%;功率储备系数在连续作业情况下,限压低于80MPa时取1.5以上,高于80MPa时取1.8以上。

计算所需最大压裂橇总功率W_{s}:

$$W_{\mathrm{s}} = \frac{W_{\mathrm{p}}(1.5 \sim 1.8)}{0.8} \tag{12-4}$$

计算所需最大压裂橇数N:

$$N = \frac{W_{\mathrm{s}}}{H_\eta \times 0.746} \tag{12-5}$$

4. 电驱作业所需电量功率P计算

$$P = \frac{W_{\mathrm{p}} + W_{\mathrm{o}}}{\eta_{\mathrm{n}} K} \tag{12-6}$$

式中:P为所需电量功率,kVA;W_{p}为设计最大施工功率,kW;W_{o}为其他电动设备功率,取1200kW;η_{n}为电网容量系数,取0.9;K为系统功率因数(变压器、开关、VFD等),取0.9。

5. 计算举例

某区域页岩油压裂,低黏压力40~55MPa,排量10~12m³/min。计算所需主压泵数和电力。

所需主压泵数:

$$W_p = 16.67 \times 55 \times 12 = 11002 \text{ (kW)}$$
$$W_s = 11002 \times 1.5 \div 0.8 = 20629 \text{ (kW)}$$
$$N = 20629 \div (5000 \times 0.746) = 5.53 \text{ (台)}$$

因此，主压泵数取 6 台。

所需电功率：

$$P = (11002 + 1200) \div 0.9 \div 0.9 = 15064 \text{ (kVA)}$$

三、压裂作业电力供应

按理论计算，一条 35kV 线路最大供电能力分别可供 5000 型、6000 型和 7000 型电驱压裂橇 16 台、13 台和 11 台；一条 10kV 线路最大供电能力分别可供 5000 型、6000 型和 7000 型电驱压裂橇 3 台、3 台和 2 台，见表 12-12。

表 12-12 线路供电能力及驱动设备数

线路	供电能力（kVA）	可供设备（台）		
		5000 型	6000 型	7000 型
35kV	36000	16	13	11
10kV	8000	3	3	2

考虑线路沿途钻井用电、油田生产需求，以及电网公司迎峰度夏的负荷管理，实际上一条 35kV 线路可供电驱压裂橇台数小于理论值。

参 考 文 献

[1] 刘克强，王培峰，贾军喜，等 . 我国工厂化压裂关键地面装备技术现状及应用 [J]. 石油机械，2018，46（4）：101-106.

第十三章　工厂化压裂作业技术

工厂化作业是在油气田开发阶段，对油气储层展布认识清楚的前提下，为降低地面建设、钻完井成本，提高作业效率，以丛式井批量钻井、批次压裂、批次投产为手段的钻完井作业模式。

所谓工厂化，即将丛式井平台作为一个各专业联合作业的工厂，采用类似工厂、车间的管理流程或工序方法，通过现代化的作业设备、先进的工艺技术和精益化的管理手段，科学合理地组织油气钻井、压裂、试采等施工作业。

第一节　概　　述

一、北美工厂化作业概况

油气田开发工厂化作业理念最早是由加拿大 EnCana 能源公司提出的[1]，并应用于 Horn River 页岩气开发建设。它通过 1 部钻机、1 支钻井队重复、批量化作业，在 1 个平台钻成多口水平井，首次建成"井工厂"，作业模式也被称之为"平台化钻井（Pad Drilling）"。工厂化钻井利用最小的平台面积，实现了井网覆盖区域最大化、设备利用率最大化，之后又逐渐被推广到致密砂岩气开发中。

2005 年，Halliburton 首次提出工厂化压裂模式[2]，其初衷是想利用水平井井间和段间应力干扰，使裂缝发生转向并不断激活天然裂缝，从而增大储层改造体积，提高采收率。但经过实践验证，油公司意识到可以通过交叉作业，减少设备动迁，从而大幅度提高作业效率、降低产建成本。该模式采用循环压裂液体系，适用于丛式井组开发，是一种高效有序的压裂作业生产模式。之后压裂"井工厂"这一概念逐渐扩展为"工厂化钻完井"，即多口井钻井、射孔、压裂、投产和整个生产流程都是通过一个平台来完成，多个平台又控制一个完整的开发区域，作业场所也逐渐由传统的单井井场转变为丛式井平台。由于提效降本优势明显，这项技术很快在北美得到大面积推广应用，使页岩气开发商业价值趋于最大化，也引发了全球范围内的页岩气勘探热潮。

北美非常规油气钻井、压裂过程中十分注重综合经济效益，想方设法缩短钻井周期，降低单段压裂费用、单位产量费用成本。因此，大量先进钻井与压裂技术被应用到工厂化作业过程中，且在不断创新。除了先进技术，北美非常规开发也十分注重项目管理方法，各工序之间的配合与各工序内作业安排，兼顾了时间与成本考虑，单口井的工程周期可以控制在一个月以内。采用井工厂方式作业，每个平台在 2~3 个月内即可见产并实现现金回流，具有良好的经济效益。

二、国内工厂化作业概况

我国从 2010 年开始探索应用"井工厂"作业技术，最初应用于苏里格致密气、川渝页岩气水平井开发先导试验，后逐步拓展至致密油、页岩油开发领域。

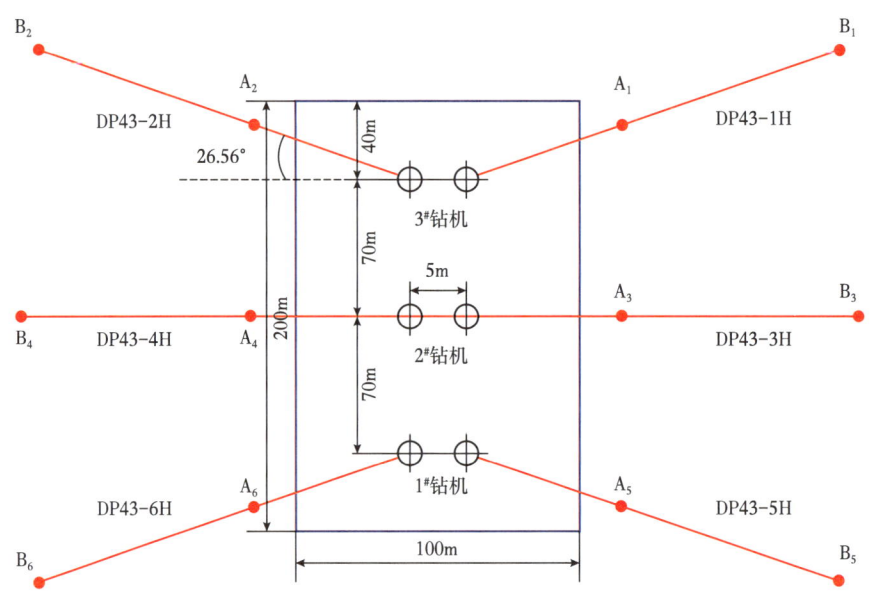

图 13-1　DP43-H 丛式水平井组井眼轨道示意图

2011 年 6 月，中国石化在大牛地气田 DP43-H 丛式水平井组率先实施"井工厂"作业[3]，该井组由 6 口水平井组成，水平段"二维放射形"布置。6 口井分为 3 个井组，每组 2 口井之间距离仅 5m，井组之间相距 70m，如图 13-1 所示。与常规单井相比，钻井周期缩短 16.3%，建井周期缩短 26.9%，机械钻速提高 12.8%；同时 6 口井压裂施工共用时 13d，与 6 口水平井单压累计 30d 相比，节约了超过一半的时间。

长庆油田针对黄土塬井场受限特点，按照"多层系、立体式、大井丛、工厂化"的开发新思路，根据多小层叠合特征，利用长$_6$段、长$_7$段致密储层三维地质模型，在陇东页岩油华 H60 平台 3 套小层立体布置 22 口水平井，平均水平段长 1500m，单层井距 300m，一次动用 390×10^{4}t 石油地质储量；百万吨产能建设节约土地 0.93km^2，压裂时效提高 30%。2021 年 6 月，华 H100 平台建成亚洲陆上最大页岩油水平井平台，部署水平井 31 口，平台占地 30 亩❶，地下实际开采储层辐射面积超 4 万亩，动用储量高达 1000 多万吨，预计年产量可达 15×10^{4}t 以上。在集约式开发模式下，建设百万吨页岩油产能减少了 80% 的用地，用工总量只相当于传统模式的 12%~15%，实现了"少井多产"的中国页岩油大规模开发模式。

川庆钻探适应油田大平台开发要求，针对干旱缺水、建产周期长等问题，不断创新工厂化作业模式。钻井方面，彻底打破一队一机传统模式，创新一队多机组织模式，人员精简 25%、设备减少 36%，钻井效率再提高 20%，华 H100 平台钻井周期缩短至 14.8d；录

---

❶ 1 亩约为 666.7m^2。

井方面，开展大平台整体录井、整体导向，设备和人员共享优化，精简20%以上，录井和导向高效联动，施工效率和实施效果超出预期；固井方面，平台整体安装固井橇、立式罐、高压管线，设备和人员减少40%以上，实现全天候固井作业、施工零等待；压裂方面，打破试油概念，将传统作业需要的多支队伍整合为井筒作业队、压裂作业队两支综合队，总体人员减少20%，整体效率由每天2.2段提升至8.8段。华H40平台24h压裂18段，入井总液量 $2.78 \times 10^4 m^3$，砂量4455t，接近理论极限。

中国石油在借鉴国外先进技术和精益化管理理念基础上，结合区块现状及作业需求，以"集群化部署、工厂化作业"为原则，以"流程化、批量化、标准化"作业为核心，实现资源集中化、施工专业化、组织模块化、流程标准化，建立了水平井重点上产区块工厂化作业模式，初步实现了非常规油气储量有效动用，为原油稳产、天然气增产探索出现实路径。

第二节 平台井工厂化压裂

一、工厂化作业必要性

常规压裂施工，一套车组一次只对一口井施工，且压裂液、支撑剂用量相对较小，对后勤保障能力要求不是很高。因压裂规模小、排量低，储层改造体积有限，很难实现难动用储量的规模效益开发。

丛式水平井大规模体积压裂能大幅提高施工排量和作业注入量，扩大储层改造范围，实现难动用储量连片开发。但大规模体积压裂对施工周期、作业成本、生产保障提出了很高要求，大批量入井材料及大型设备保障也增加了施工组织难度，开展工厂化作业势在必行，而丛式水平井平台部署也使工厂化压裂施工成为可能，一般作业平台部署丛式井6~8口，大平台布井多达20~30口，满足工厂化作业基本条件。

二、工厂化压裂内涵及概念

大规模体积压裂需要动用25~40台大型压裂装备及辅助设备，一次投资高达3~5亿元。最大程度发挥装备作业效率，是降低体积压裂成本的关键。实施工厂化压裂作业，一要提高效率、降低成本，二要利用应力干扰，尽可能多地沟通天然裂缝和层理，产生更复杂的裂缝网络，增加有效改造体积，提高最终可采储量。

工厂化压裂就是在一个井工厂（丛式井场或平台）范围内，应用系统工程方法和最优化理论，完善配套成熟技术，将井下复杂与地面故障影响降低到最小，避免高价值压裂机组无效等停，最终实现连续泵注压裂液和支撑剂的施工目的。

工厂化压裂最大特点是体积压裂机组、分段作业设备连续施工，一机多井、拉链作业、交叉施工是国内外最常用的工厂化作业工艺，可大幅提高设备利用率，减少设备动迁及安装频率，降低工人劳动强度。

三、工厂化压裂作业系统

工厂化压裂作业系统由连续泵注单元、连续供砂单元、连续配液单元、连续供水单元、工具作业单元及后勤保障单元组成，每个作业单元基本上是压裂"井工厂"的一个生产车间。

连续泵注单元包括混砂车、压裂泵车、高低压管汇、压裂井口装置，仪表车与各类流体控制阀及其远程控制箱。

连续供砂单元主要由自动上砂橇、连续输砂车（橇）或免破袋连续输砂橇、连续输砂箱、立式砂罐组成。散装砂由密闭自卸车运送至平台，并经上砂橇输送至输砂车（橇）储砂舱；袋装砂由平板车、半挂车运送至平台，吊车装砂或免破袋装置上砂。

连续配液单元以水化设备和缓冲罐为主，干粉添加剂既可散装进场，也能袋装进场，液体添加剂由罐车拉运，酸性液体由专用车辆运送，储存在平台玻璃纤维罐中。

连续供水单元包括平台内外两部分，平台外部分由水源地、供水泵、污水处理装置和远距离输水管线组成，平台内部分包括分配器、上水/排出管线、过桥、储水罐（池）等主要设备及离心泵等。

工具作业单元主要由电缆射孔车、井口密封系统（防喷管、电缆防喷盒等）、吊车、井下工具串（射孔枪、桥塞等）组成。

后勤保障单元主要有燃料罐车、润滑油罐车、配件卡车、餐车、野营房车、发电照明系统、卫星传输、生活及工业垃圾回收车等。

四、工厂化压裂系统布局

以玛湖致密油玛131井区两口水平井拉链式压裂为例，平台尺寸如图13-2所示。

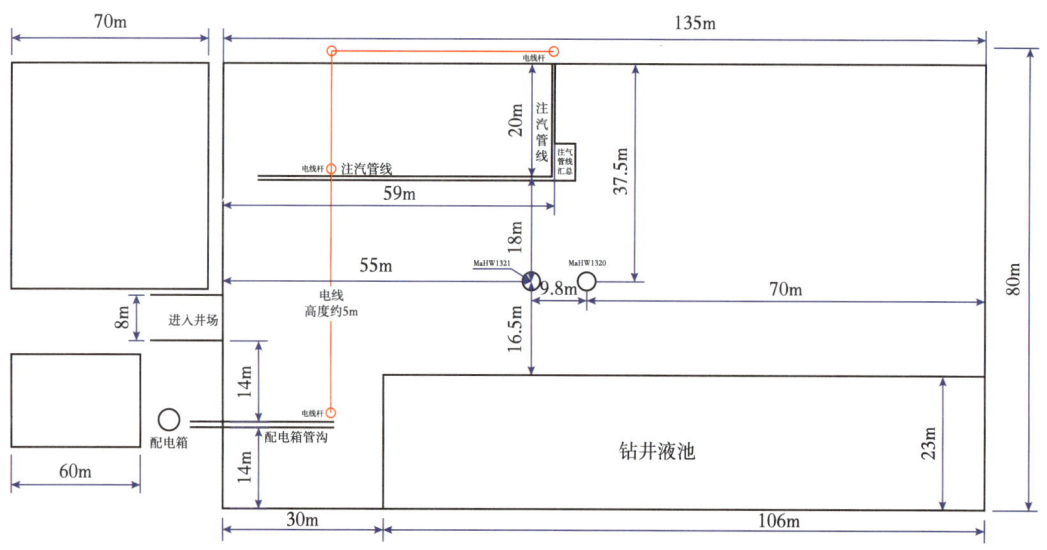

图13-2 玛湖拉链式压裂水平井平台示意图

平台整体尺寸为135m×80m的长方形，井口在平台中央，两口井井口相距10m，有一尺寸为106m×23m的不规则形钻井液池。

1. 作业系统布局方案

方案一：斜向布局，可减小外扩面积，但井场标准化视觉效果稍乱，如图13-3所示。

方案二：纵向布局，设备能够摆放整齐，但井场外扩面积较大，如图13-4所示。

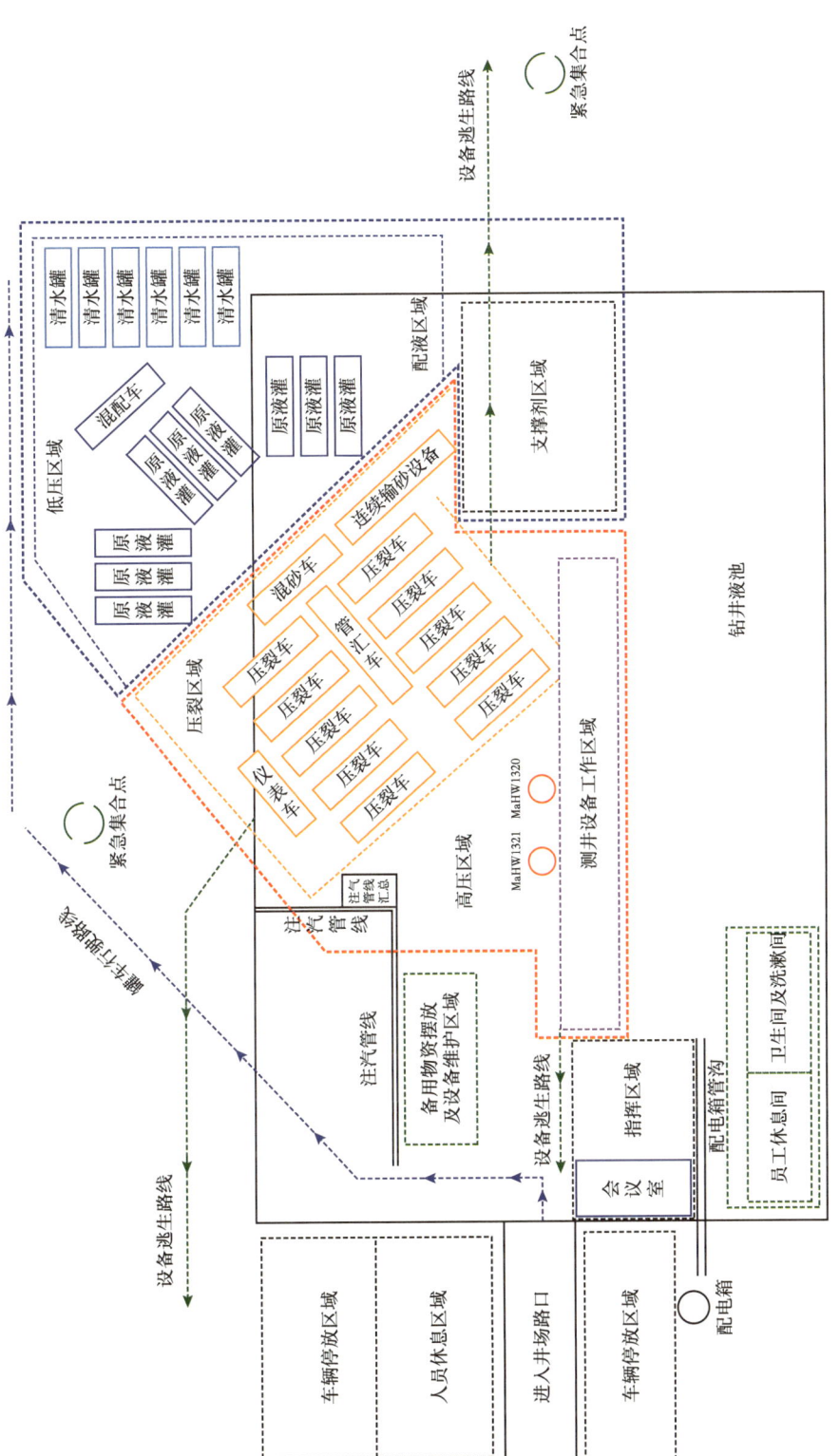

图 13-3 玛湖工厂化压裂作业系统斜向布局示意图

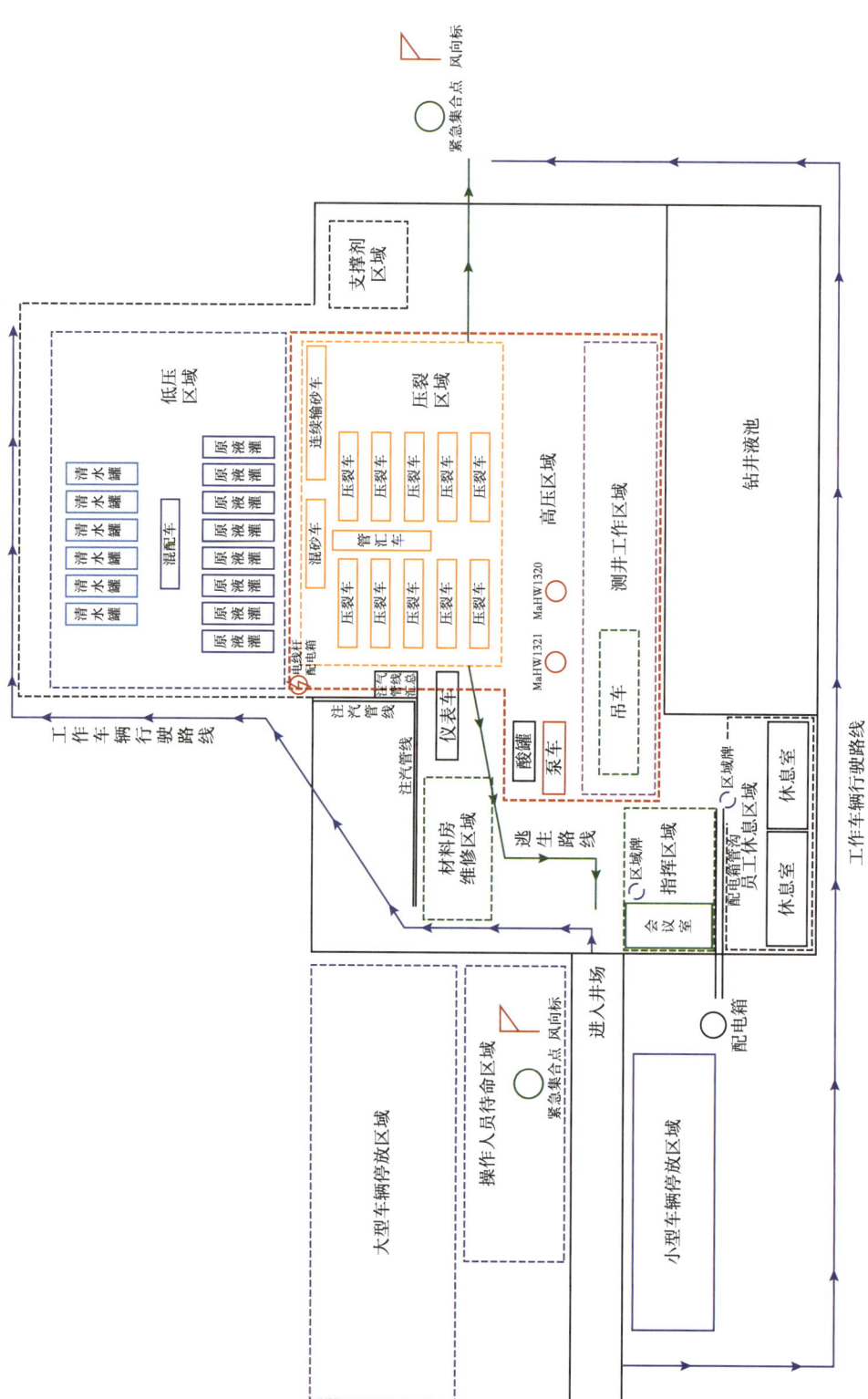

图 13-4 玛湖工厂化压裂作业系统纵向布局示意图

2.作业系统功能区划

压裂施工划分为 7 个区域，为高压（井口）区、高压（设备）区、连续输砂区、资料录取区、连续混配区、低压区、射孔工作区，其他区域分为指挥区域、材料储备区域，如图 13-5 所示。在连续输砂区向外拓展一块 10m×10m 区域放置支撑剂，井场外设立车辆停放区和人员待命区，现场需要修建行驶道路，便于车辆通行。

五、工厂化压裂作业流程

工厂化压裂是两口或两口以上的水平井进行拉链式压裂、同步压裂或者双压裂（最少四口井）。规范化压裂流程根据压裂工序展开，所有设备协调同步工作，提高设备的综合利用效率，减少段间非生产等待时间。

整个压裂施工过程中，主辅设备一次摆放到位，高低压管汇一次连接，液罐不用多次吊装搬运。段与段、井与井之间的流程切换，通过倒换高低压管汇流程中的阀门实现，以减少辅助工序时间，能够大幅提高压裂效率。

压裂液连续混配可为连续泵注提供压裂液保障，速溶瓜尔胶、免混配变黏滑溜水可以保证压裂液性能在短时间内达到施工要求。压裂前集中上水至蓄水池，只需配备少量缓冲水罐，提高蓄水池至缓冲水罐间供水能力，保证压裂液连续混配要求。

六、工厂化压裂施工管理

工厂化管理是对人、机、物、料实行定制化管理，达到标准统一、默契协同、有机结合的最优作业工况。

工厂化管理应用于大规模压裂施工，主要是为解决传统施工组织作业效率低、成本压力大等问题。通过全过程系统分析，建立一套科学有效的生产组织模式指导压裂施工作业，具体可分为作业程序管理和施工体系管理两项内容。

（1）作业程序管理。

作业程序管理是把施工现场按照物料、供水、配液、输砂、泵注、作业及后勤保障等不同的功能单元按区域进行划分，并依据施工流程将各个功能区连成一个整体，实现流水线连续作业。

（2）施工体系管理。

施工体系管理是通过体系方法，对施工方案设计、现场设施布局、物料储备供应、施工环节衔接、设备人员部署、岗位操作标准和重点工作内容进行科学优化、合理匹配，实现部署模板化、管理流程化、施工标准化，最大限度发挥人力、物力资源效能，提升施工效率，保证改造效果。

七、工厂化压裂作业特点

1.作业流程化

连续供水、连续配液、连续输砂为压裂施工连续泵注创造了条件，实现了不间断流水线作业，也可以表述为，作业流程化保障了施工连续性。

2.多专业协同作业

同专业不同工种同步作业、不同专业交叉作业，提高了系统内各作业单元设备整体利

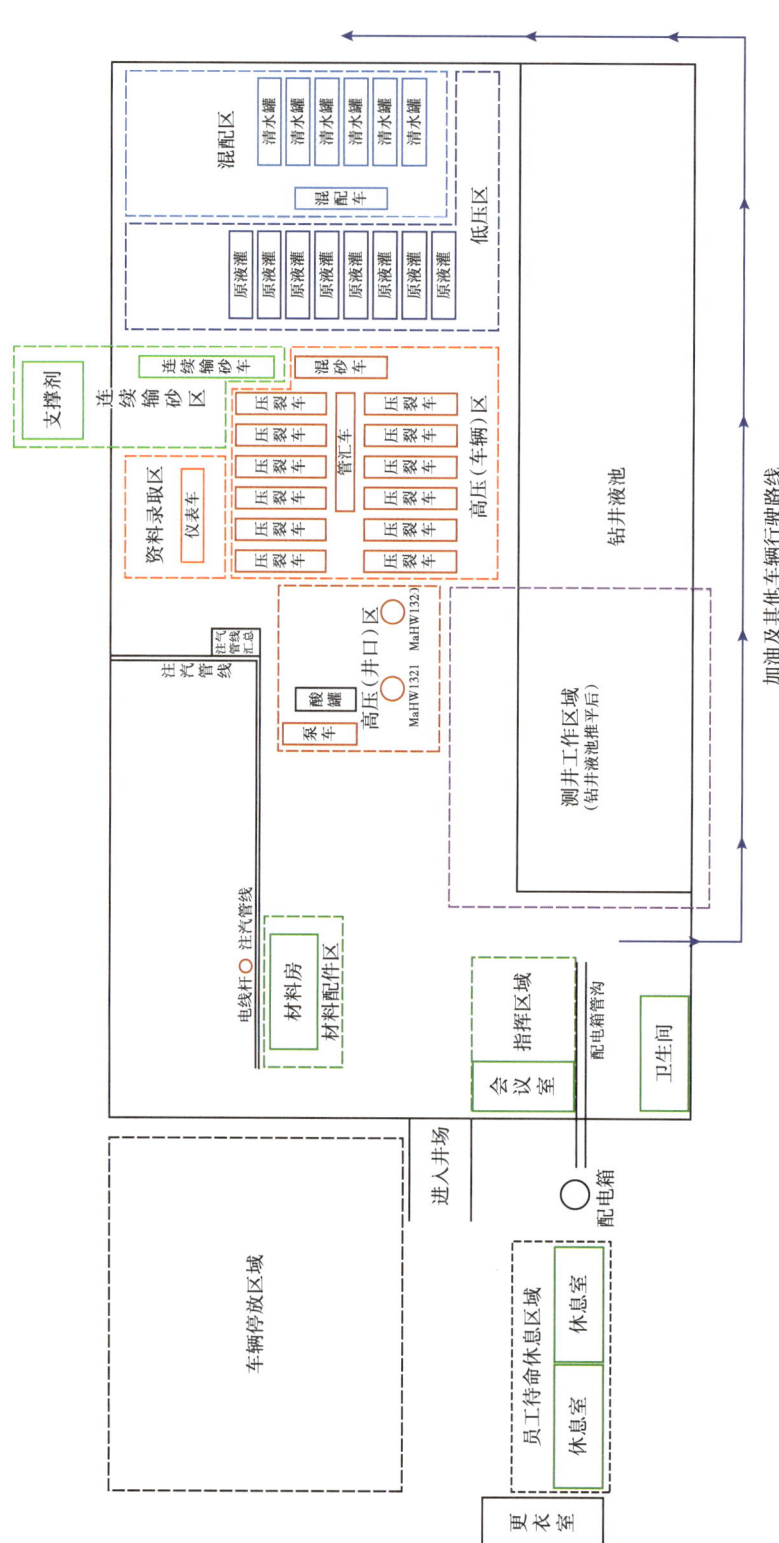

图 13-5 玛湖工厂化压裂作业系统功能区划示意图

第十三章 工厂化压裂作业技术

用率，缩短了施工周期。苏里格气田苏 53 区块采用同步压裂、连续混配等技术[4]，仅用 13d 时间分 2 批次共 6 个轮次，完成 13 口井的压裂作业，周期缩短 64%。

3. 设备集中度高

工厂化压裂作业期间，所有的压裂设备都布置在平台上。设备集中度高，不需要移动设备及物料，就能对相隔数米甚至数十米的丛式井组实现不间断连续压裂，提高了设备利用率，降低了设备动迁及安装成本。

4. 资源利用率高

对多个丛式井组，单平台施工井数越多、单井施工段数越多，越能充分发挥工厂化压裂系统作业效率，因此，大平台多层系立体开发逐渐成为非常规油气开发主流方案。

第三节 工厂化压裂作业工艺

目前，工厂化压裂作业模式有逐级压裂、拉链式压裂、同步压裂及双压裂。

一、逐级顺序压裂

单井逐级压裂是水平井压裂技术发展初期常用的压裂模式，也称为顺序压裂。一般是从水平段趾端向跟端逐次压裂，如图 13-6 所示。逐级压裂对施工要求较低，但作业时效较低，至今仍广泛应用于水平井分段压裂，尤其是区块内无法连成平台的独立水平井。

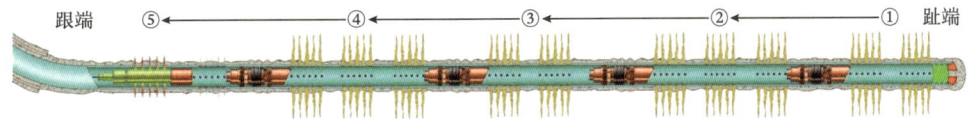

图 13-6 逐级压裂作业模式示意图

逐级压裂技术使用一套压裂车组、一支射孔队伍，每一级作业射孔与压裂顺序施工，互相交替作业。施工时始终有一方等待另一方，级间转换时间较长，作业时效低。应用于平台井时，先逐级完成第一口压裂，再开始第二口、第三口井……

二、拉链式压裂

拉链式压裂技术是将同平台两口或多口平行、距离较近的水平井压裂井口连接到压裂管汇出口，共用一套压裂车组、一支射孔队在两口或多口相邻井之间进行 24h 不间断拉链式交替压裂。在一口井进行压裂的同时，另一口井实施桥射联作，两项作业同时进行，交替更换，如图 13-7 所示。

 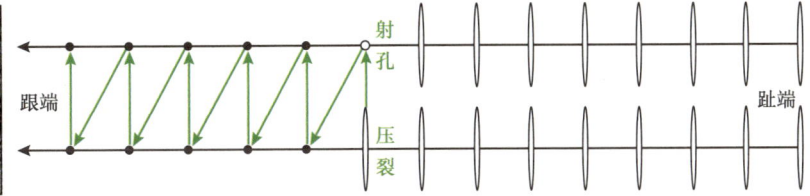

图 13-7 拉链式压裂作业模式示意图

拉链式压裂类似于普通工厂作业，是通过优化施工模式，利用各个模块的无缝衔接，实施流水化作业，保障压裂设备及其他作业设备的利用率，减少设备动迁和安装，降低劳动强度的同时实现连续不断的压裂施工作业。

由于采用交叉作业，因此其所需要的设备数量更少、设备利用率更高，是国内外平台井主要的工厂化压裂作业模式。相对于每口井单独逐级进行压裂，拉链式压裂将距离较近的水平井井口连接，通过分流管汇实现流程转换，共用一套压裂车组不间断交替分段压裂，有助于提高作业效率，降低运行成本，普遍得到业界认可。压裂公司至少选择两口井进行拉链作业，也可以选择平台上的多口井，如图 13-8 所示。

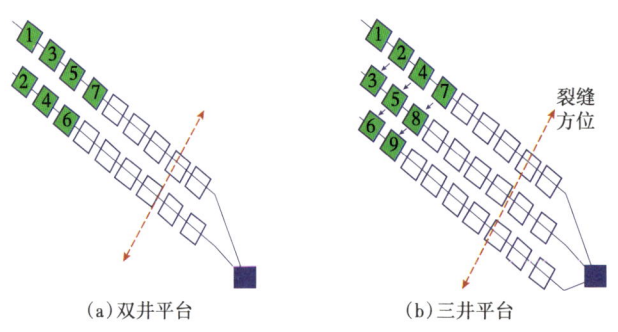

图 13-8　平台井拉链式作业次序

1. 交错布缝增强应力干扰

为进一步增强邻井间应力干扰，产生更复杂的缝网，水平井开发目前均已采用交错布缝方式，产生的诱导应力影响范围更广。尤其对于靠近两口井中间区域各点诱导应力值影响更大，有利于应力转向从而形成复杂裂缝，增加有效改造体积，从而达到提高压裂效率和采收率的双重目的。

交错式布缝如图 13-9（b）所示，这种方式克服正对布缝尖应力扰动区域较小，以及施工程序复杂的限制，能产生更大范围的应力干扰，促使在井间区域形成复杂裂缝网络，增大储层改造体积。同时，在两口井裂缝相交的重叠部分与井筒之间存在一定的距离，避免了在井筒附近产生纵向裂缝。此外，主裂缝缝宽受诱导应力影响较小，有利于降低砂堵危险。

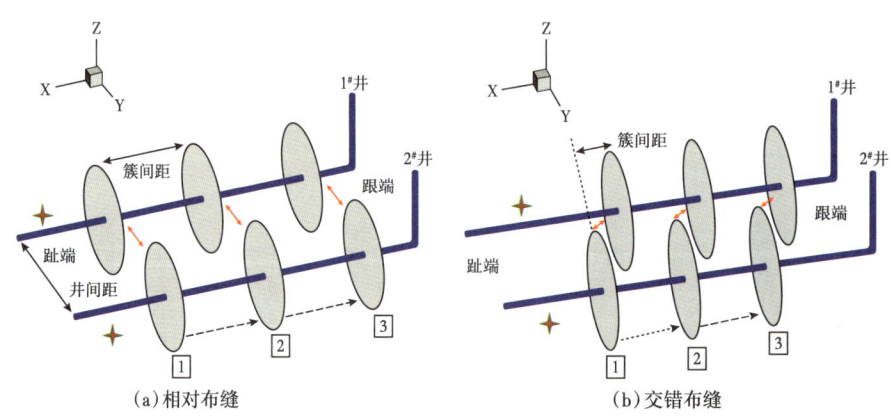

图 13-9　拉链式压裂作业布缝示意图

在水平井拉链式压裂设计中应充分考虑裂缝间距影响，保证改造体积复杂度和扩展范围的统一。由于裂缝受应力干扰影响的程度各不相同，处在内部的裂缝更易发生转向，且偏转角度存在差异，同向布缝不易控制井间诱导应力场，因此，交错布缝受到越来越多的重视。

2. 拉链式压裂参数优化

（1）裂缝簇间距优化：根据油藏数值模拟结果及邻井以往生产情况、开发方案等分析。

（2）射孔参数优化：射孔的基本原则是既要总射孔孔眼摩阻最低，又要保证能有足够的限流阻力，使得每簇都能被压开。

（3）裂缝参数优化：通过实测地层参数建立模型，利用压裂设计软件优化。

（4）井口压力预测及排量优化。

（5）施工参数优选：根据该区以往井的压裂施工情况和模拟结果进行参数优化。

3. 拉链式压裂工艺优化

除裂缝参数优化外，在工艺设计中还应考虑以下技术措施：

（1）为实现充分改造，采用快钻塞多簇射孔工艺，提高压裂施工效率，实现密切割体积改造的目的。

（2）前置液采用大排量滑溜水注入方式，充分压开储层，增强裂缝复杂度。

（3）对首段及钻遇到的泥岩段，考虑采用酸液进行预处理，降低破裂压力。

（4）滑溜水阶段采用段塞式加砂，通过段塞打磨降低近井裂缝扭曲和裂缝不规则产生的弯曲摩阻，同时依靠滑溜水携砂特点在裂缝底部形成砂堤，避免缝高过度延伸。

（5）采用低浓度、低伤害瓜尔胶体系，降低储层伤害的同时保障主裂缝的高导流能力。

（6）采用"40/70目+20/40目"组合支撑剂，实现各级裂缝的有效支撑。

（7）提高加砂浓度，从而保证水力裂缝的长期导流能力。

（8）根据各段地质差异，开展个性化设计，确保施工顺利和压后效果。

4. 国内拉链式压裂应用实例

（1）威202H2平台概况。

威202H2平台共部署6口水平井，上、下半支各3口，井口间距5m，井排间距30m，水平段间距400m，平均井深4688m，平均水平段长1453m，如图13-10所示。平台采用双钻机工厂化作业，2014年6月19日开钻，2015年3月21日开始压裂，是威远区块第一个整装平台工厂化压裂。

（2）连续作业流程。

为最大程度提高时效，经过工序优化，确定本平台压裂采用"3+3"拉链式压裂模式，即将整个平台压裂施工分为两轮，每轮拉链压裂3口井，采用流水线作业模式。

平台内主压裂区域划分为连续供水区、连续供液区、连续供砂区、连续泵注区和桥塞射孔区，如图13-11所示。配液用水由威远河输送至威202中心水池（19000m³），再转输至威202H2平台蓄水池，24h供水充足。

桥塞射孔联作与压裂泵注交叉进行，在压裂施工期间对其他井进行泵送桥塞和射孔作业，大量减少工序数量和等停时间。在夜间不施工的情况下，单日依然能实现4段的压裂施工，作业效率得到大幅提高。

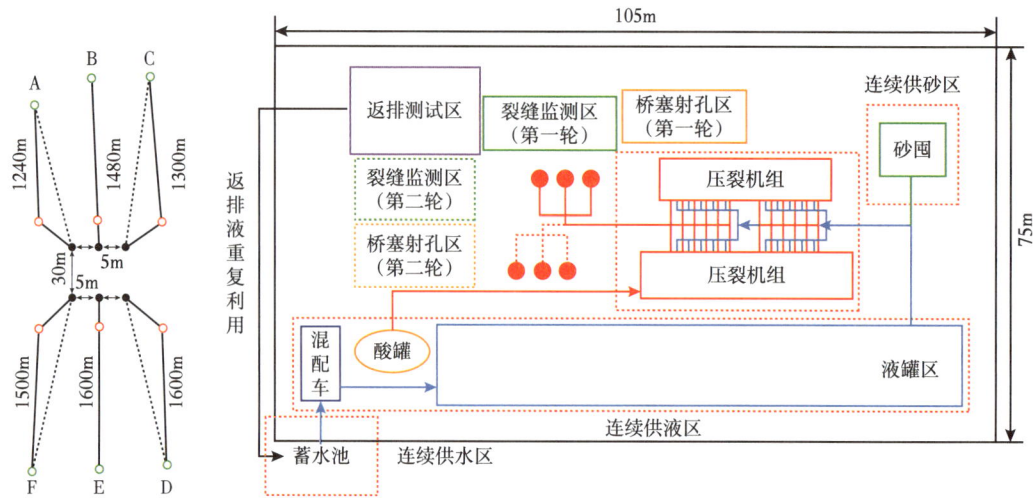

图 13-10 水平井井眼轨迹示意图

图 13-11 威 202H2 平台施工区域划分图

（3）主体工艺技术。

根据威 202H2 平台井钻遇小层物性特征，有针对性选择液体和支撑剂的不同组合，采用"全程低黏滑溜水＋陶粒"段塞式加砂的主体技术。对于脆性较好（脆性指数大于 50%）、应力差异系数小（小于 0.2）的层段，采用全程低黏滑溜水（1~3mPa·s）加低密度陶粒的施工模式；对于近井地带物性好、天然裂缝发育、钻遇程度不高，采用前置胶液造缝、降滤，降低近井地带多裂缝开启概率，有利于后期滑溜水阶段液体效率的提高；对于层理缝发育、液体效率低、砂比敏感的层段，低砂比阶段采用滑溜水加砂，后期采用活性胶液携砂，提高加砂强度和铺砂浓度。

（4）综合管理模式。

威 202H2 平台推行"统一组织管理、统一作业模式、统一技术规范"的管理模式，保证了工厂化压裂作业生产组织平稳有序，工序衔接连续紧密，同步交叉作业安全可控，异常情况处置及时有效，技术措施针对性强，保证了压裂施工的连续、安全和高效。

（5）拉链式压裂作业效果。

威 202H2 平台压裂施工时间为 44d，首轮连续 23d 完成 58 段压裂，日均压裂 2.52 段，施工效率达到国际先进水平；施工总液量 189023.74m^3，总砂量 6677.45m^3，平均单段液量 1853m^3，平均单段砂量 65.5m^3；率先放喷的 D 井和 E 井最高日放喷气量分别为 31.87×10^4m^3 和 20.83×10^4m^3，测试日产气量分别为 28.77×10^4m^3 和 20×10^4m^3[5]。

三、同步压裂技术

1. 工艺技术原理

同步压裂是指在相邻的两口或多口水平井上，在同一时间，通过多套压裂机组对几口水平井的某一段进行同时压裂施工作业的工艺技术方法，该工艺技术实质是利用两口水平井同时压裂产生的相向延伸裂缝之间的相互力学干扰，促使裂缝转向，从而实现水力裂缝成网延伸，提高储层改造程度和改造范围，为储层流体提供立体式的高速流动通道。

双机组、双射孔同步压裂设备投入巨大，等停时间长，设备、队伍利用率较低，作业成本较高。本质上是为了增强应力干扰，扩大储层改造体积、提高裂缝复杂程度，因此施工次序至关重要。图 13-12 所示为交错布缝双井平台，为达到应力干扰最大化目的，压裂时先依次序压完 A 井第 1 级、第 2 级，B 井第一级裂缝处于 A 井第 1、2 级中间，同步压裂时将 A 井第 3 级与 B 井第 1 级配对同时进行压裂，即 B1 与 A3 同步。再将 B2 与 A4 配对，同步压裂，依次类推。

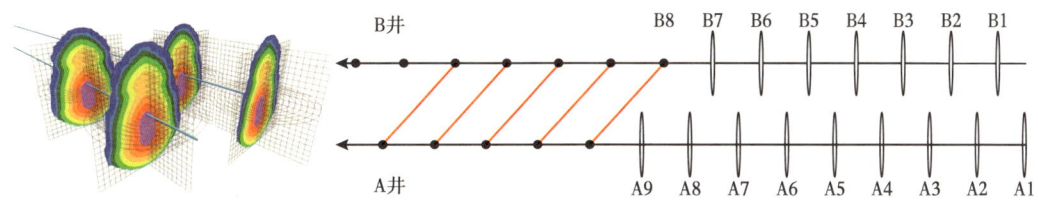

图 13-12　同步压裂作业模式示意图

2. 增产技术机理

同步压裂作业依次从水平段趾端向跟端方向进行，如图 13-12 所示，正在压裂的 B 井第 8 级主裂缝受到 A 井第 8 级和第 9 级处应力的共同干扰，使 B 井第 8 级处的压裂效果更好。

同步压裂会产生局部诱导应力场的变化，使得裂缝之间相互干扰，在一定程度上增加了裂缝的复杂性。"错位"同步压裂中间主裂缝宽度和长度受应力干扰影响较小，可以显著降低应力反转的概率及砂堵的风险，有利于形成较为复杂的缝网系统，还可以降低压裂施工难度。

同步压裂能否形成复杂裂缝网络，主要受就地应力和诱导应力控制，因此开展就地应力场研究是技术是否可行的关键。

3. 同步压裂设计优化

（1）同步压裂技术参数优化时，首先要考虑影响储层中压裂裂缝延伸的地质因素，主要包括储层物性、岩石矿物组成、岩石力学特征及天然裂缝分布等。基于以上同步压裂的基本原理及影响储层中压裂裂缝延伸的地质因素，对同步压裂过程中的施工排量、布孔间距、射孔参数、导流能力、前置液体积分数、平均砂比和加砂参数进行优化。

（2）射孔间距越小，虽然裂缝相互作用增强，但总体缝网带宽减小；间距越大，缝网带范围扩大，但相互作用减弱，缝网横向延伸不充分，缝网密度减小。

（3）加砂规模直接影响裂缝几何尺寸，通过分析研究区目的储层特征，利用压裂软件进行多个方案产能模拟，确定了合理的加砂规模。

4. 同步压裂技术优势

相比于逐级压裂和拉链式压裂，同步压裂优点如下：

（1）多井同时作业，节省时间。

（2）增大井间应力干扰，促使裂缝延伸范围变大，形成有利的复杂缝网，增产效果显著。

（3）对工作区环境影响小，完井速度快，压裂成本低。

同步压裂可多井同时进行作业，增大了井间应力干扰，克服了交替压裂引起近井地带应力转向，形成纵向裂缝，导致压裂砂堵的问题，同时压裂成本相对较低，增产效果显著。而应用拉链式压裂模式，在应对突发的复杂问题时可重新选井压裂，同步处理复杂状况，同时形成的裂缝网络更充分，改造体积更大。因此，目前平台更多的还是采用拉链式压裂模式。

（4）工厂化压裂作业模式主要针对桥射联作压裂工艺，为提高同步压裂作业效率、保障增产效果，目前同步压裂多采用连续油管拖动压裂、多级滑套投球压裂分段工艺。

5. 同步压裂技术应用实例

（1）试验平台基本情况。

试验区内部署2个水平井平台，H2平台4口水平井、H3平台3口水平井，均为上倾方向，如图13-13所示[7]。

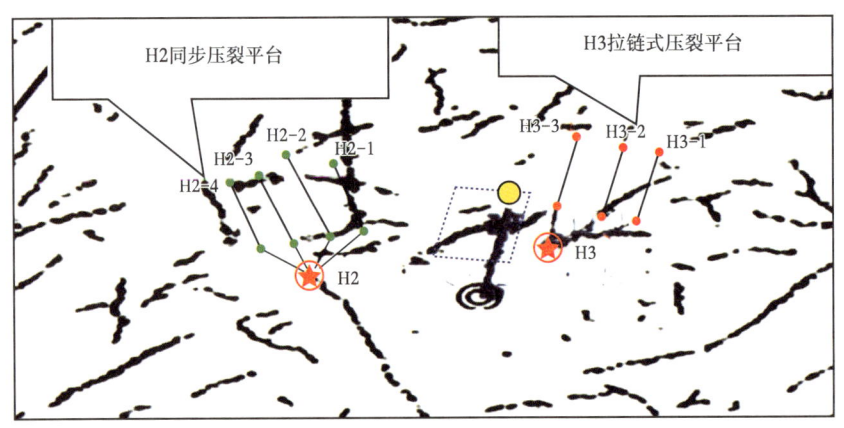

图13-13 同步压裂现场试验平台部署图

（2）体积压裂改造思路。

①采用大规模滑溜水体积压裂形成复杂缝网的压裂理念，实现对天然裂缝、岩石层理的沟通，形成天然裂缝与人工裂缝相互交错的裂缝网络，使得裂缝表面与储层基质的接触面积最大化。

②采用复合桥塞+分簇射孔联作工艺，压裂结束后可短时间钻掉所有桥塞，从而减少压裂液在储层的滞留时间及对储层的伤害。

③为了试验不同的工厂化压裂模式，H2平台1#井与2#井拉链压裂，3#井与4#井拉链压裂，采用2套车组同时压裂，试验采用同步压裂作业模式，如图13-14所示；H3平台1#井与2#井采用拉链压裂作业模式，3#井单独压裂，如图13-15所示。

④结合区块前期开发经验，以及三维地震资料优化分段、射孔、施工规模及参数。每段设计规模：滑溜水1800m³，支撑剂100t。

⑤采用井中或地面微地震监测技术，实时监测压裂裂缝走向、动态调整压裂方案。

⑥采用压裂、试气一体化组织管理模式。

（3）工厂化压裂准备。

①供水系统：修建储水池2个（H3平台储水池为17000m³，H2平台储水池为7000m³）向井场供水，从河流修建ϕ273mm×7.5km供水管线向储水池供水。

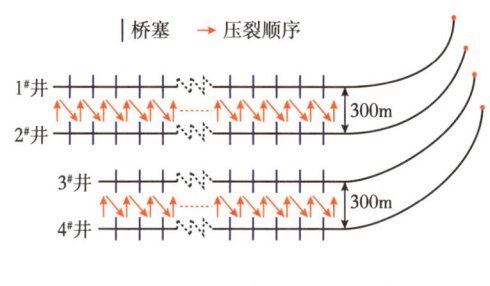

图 13-14　H2 平台同步压裂次序图　　图 13-15　H3 平台拉链式压裂次序图

②射孔+桥塞封隔系统：2 个井组第 1 段均采用连续油管传输射孔，H2 平台采用测井电缆设备 2 套，进口桥塞；H3 平台采用测井电缆设备 1 套，自主国产桥塞。

③后勤保障系统：采取作业人员轮班制，现场储备易损配件，施工间隙补给油料，现场设置休息区，配备消防车、救护车等措施。

（4）压裂实施情况。

H2 平台 4 口井设计压裂 56 段，因疑似套管变形，1#井、3#井桥塞无法下入，各有 4 段放弃改造，实际压裂 48 段，射孔 141 簇，作业期间采用地面微地震监测技术实时监控裂缝情况。

H3 平台 3 口井设计压裂 32 段，实际完成 32 段，射孔 96 簇。其中 1#井、2#井进行 24h 拉链式压裂，3#井单独压裂，作业期间采用 3#井井中微地震实时监控裂缝情况。

（5）压裂施工效率。

H2 平台采用 2 套压裂机组同步压裂模式，平均每天压裂 4 段；H3 平台 1#井、2#井采用 1 套压裂机组 24h 拉链式压裂模式，平均每天压裂 3.6 段；3#井采用单独压裂，平均每天压裂 2 段。

工厂化作业效率较单独压裂提高约 1 倍，但从机组利用率分析，同步压裂车组实际利用率低，配套要求高，川南地区实施难度较大；拉链式压裂机组利用率最高，更适合四川山地页岩气开发[6]。

四、双压裂增产技术

1. 双压裂技术概述

双压裂是一个新颖的想法，通过一个压裂队同时向两口井泵注，从而获得显著的泵注效率。这种方法事先需要进行大量的作业规划，以精确校准所有现场服务，并为可能需要实时更改作业设计的任何地下压力反应做好准备。通过对增产作业设计、射孔方案、现场服务提供商、泵送设备和监测进行规划和优化，确保增产作业安全有效。

该技术由斯伦贝谢首创，2021 年获评世界石油（World Oil Awards）最佳完井技术奖。

双压裂增产技术（Dual Fracturing Stimulation）又被称为同步压裂（Simul-Frac）技术，特指使用一套压裂机组、一支压裂队伍同时压裂两口井的增产技术。

对熟悉页岩油气行业的人来说，双压裂增产技术更像是同步压裂技术重出江湖，但就增产与提速两项指标而论，二者之间还是有本质区别。同步压裂技术早就在 2011 年应用于俄克拉荷马州、得克萨斯州页岩压裂，但那时的同步压裂泛指使用两套压裂机组同时压裂两口井，能为油气田带来的效率收益并不高，而且，拉链式压裂，即两口井交替压裂已成为行业内公认的作业标准。从施工效率来看，拉链式压裂实际上已实现了两口井同步作业（一口井射孔、另一口井压裂），这就造成双压裂与拉链式压裂之间的概念混淆，掩盖了双压裂在强制提速前提下的诱导应力增产本质。

2. 双压裂技术原理

拉链式压裂与同步压裂一般是针对两口井，而双压裂一次作业至少需要四口井。在一支压裂队使用一套机组同时对两口井进行压裂泵注的同时，两只射孔队、两套射孔装备同时对另外两口井开展桥射联作施工，即四口井同时都有作业内容，所有作业队伍及装备都不闲着，作业一方也不用等待另一方。

从技术原理来看，双压裂既不同于拉链式压裂、也不同于传统的同步压裂，而是拉链式压裂与同步压裂的组合，即双压裂＝拉链式压裂＋同步压裂。将四口井分成两组，组内实现同步压裂，组间实现拉链式作业。

双压裂现场统一供水、供砂及生产、后勤保障，在 A 组（A1、A2）井压裂时，B 组（B1、B2）井同时射孔，然后对 A 组与 B 组井进行拉链作业，如图 13-16 所示。

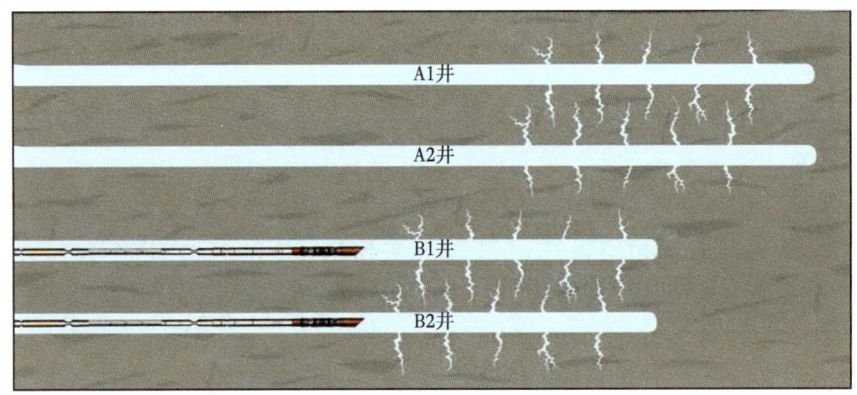

图 13-16 双压裂作业模式示意图

双压裂与传统压裂施工流程对比见表 13-1。

表 13-1 双井同步压裂与传统拉链压裂施工流程对比

作业模式	井号	施工流程				
单机组双井压裂	A1 井	第 1 段压裂	第 2 段桥射	第 2 段压裂	第 3 段桥射	第 3 段压裂
	A2 井					
	B1 井	等停	第 1 段压裂	第 2 段桥射	第 2 段压裂	第 3 段桥射
	B2 井					
单机组四井拉链	A1 井	第 1 段压裂	第 2 段桥射	等停	第 2 段压裂	第 3 段桥射
	A2 井	等停	第 1 段压裂	第 2 段桥射	等停	第 2 段压裂
	B1 井	等停		第 1 段压裂	第 2 段桥射	等停
	B2 井	等停			第 1 段压裂	第 2 段桥射	等停

续表

作业模式	井号	施工流程				
双机组四井拉链	A1井	第1段压裂	第2段桥射	第2段压裂	第3段桥射	第3段压裂
	A2井	等停	第1段压裂	第2段桥射	第2段压裂	第3段桥射
	B1井	第1段压裂	第2段桥射	第2段压裂	第3段桥射	第3段压裂
	B2井	等停	第1段压裂	第2段桥射	第2段压裂	第3段桥射

在北美二叠盆地2个独立平台共计8口水平井，进行双井同步压裂技术应用，较传统增产方式施工效率至少提高了55%，减少了压裂泵车使用数量并大幅度降低了整体完井成本。

3. 玛湖区域应用实例

（1）油藏地质概况。

玛湖致密油是国内原油增储上产重要领域，四井平台位于玛湖凹陷北斜坡区，油藏类型为受构造、岩性控制的岩性—构造油藏。开发层位为三叠系百口泉组二段，储层岩性主要为灰色、灰绿色砂质细砾岩，含砾粗粒岩屑砂岩，其次为不等粒岩屑中细砂岩。4口水平井分别以A1、B1、A2、B2命名，完井采用ϕ127mm×11.1mm TP110V/TP125V套管固井。4口水平井垂深2484~2601m，水平段长1450~1585m，平均油层钻遇率93.3%，测井解释平均"甜点"钻遇率81.1%，其中Ⅰ类油层平均厚度295m，Ⅱ类油层平均厚度617m，Ⅲ类油层平均厚度303m。测井解释油层孔隙度9.9%~11%，渗透率2~3.491mD，平均含油饱和度56%。4口井的储层特性存在差异，但单井水平段长度、钻遇率、物性相近，可保障双井同步压裂施工同步进行。

（2）压裂设计优化。

根据油藏地质情况，确定储层改造设计原则。以"密切割、高强度、缝尖干扰"为改造核心理念，采用桥塞分段压裂和等孔径射孔组合，保证施工成功率及改造规模。压裂液采用免混配变黏压裂液体系，降低液体成本。针对初期排量提高困难的改造段，采用酸处理和低砂比段塞工艺，确保快速达到设计排量。

双井同步压裂平台分段分簇，在簇间距一致的条件下减少段间距和单段簇数；在加砂强度和单孔排量一致的条件下，降低单段施工排量，提高液砂比，增加单井段数，确保储层改造效率。在保持加砂强度和单孔排量一致、用液强度和簇数相当的情况下，玛湖四井平台双井同步压裂方案设计总段数110段，段间距48.2m；总簇数220簇，即每段2簇，簇间距24.1m。通过压裂软件优化不同加砂规模下的裂缝参数，确定裂缝半长为100m左右，主体加砂规模为35m³/簇。支撑剂使用承压等级不小于28MPa的石英砂，前置液采用40/70目石英砂，主支撑剂采用20/40目石英砂。现场使用变黏滑溜水体系，采用高黏造缝、低黏段塞和变黏连续携砂的泵注程序。

拉链压裂方案和双井同步压裂方案设计见表13-2。

表13-2 双井同步压裂与拉链压裂施工参数对比

压裂	段数	段间距（m）	簇数	单段簇数	排量（m³/min）	单孔排量（m³/min）	用液强度（m³/m）	加砂强度（m³/m）	液砂比（m³/m³）
拉链压裂	80	66.8	229	3~4	12	0.25	19.57	1.39	14.12
双井同步压裂	110	48.2	220	2	16（8+8）	0.25	22.33	1.39	16.11

(3)地面配套设备。

根据玛湖区域压裂施工特点,需要对现场的供水系统、仪表指挥系统、高低压系统、桥射队伍进行部署和优化,对4口及以上多井平台采用1套压裂车组同时进行2口井压裂作业。由于地层非均质性,不具备2口井自行分流注入的能力,因此,2口井的高压设备需要独立分开,并通过1台仪表车实现2口井的同时指挥,优化后的地面流程如图13-17所示。施工现场使用1套供水系统、1套仪表指挥系统、2套高低压系统和2支桥射队伍。优化后单车组排量由 $12m^3/min$ 增至 $16m^3/min$,即每口井排量为 $8m^3/min$。现场使用4台电动橇+13台压裂泵车,支撑双井同时施工。

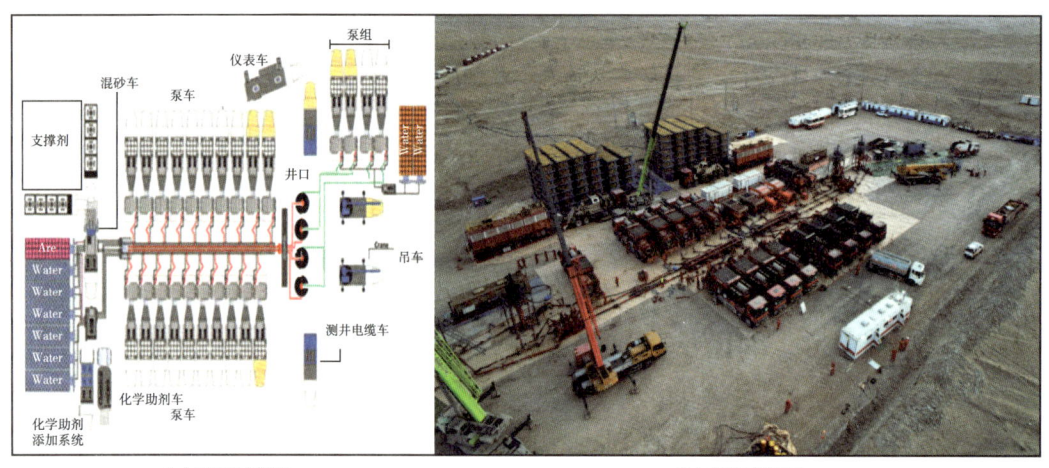

图13-17 双井同步压裂施工现场地面设备布局

(4)施工作业效率。

玛湖四井平台双井同步压裂历时11d,共完成110段压裂施工,单日最高施工14段,共泵入压裂液 $125189m^3$、支撑剂 $7360m^3$,单日最大泵注液量 $15311.1m^3$、支撑剂 $960m^3$。双井同步压裂相比于传统拉链作业完井时间及日均施工段数均有显著提高。由表13-3可以看出,在同等水马力条件下,相对4井和5井平台拉链作业,双井同步压裂完井时间缩短45%,日均施工效率提高70%;日均入井液量分别提高150%、11%,日均入井砂量分别提高72%、2%;单车组日均入井液量分别提高88%、96%,单车组日均入井砂量分别提高41%、99%;日均泵注时间分别提高49%、41%,日均泵注时间占比最高达到65.8%,日均泵注时间显著增加。段间完全转换时间显著缩短,双井同步压裂施工110段只需57次同步段间转换,转换段间总时间最短,平均段间完全转换时间仅0.93h,同比拉链作业平均段间完全转换时间分别降低60%、34%。综上,对比传统拉链作业,双井同步压裂能有效提高压裂施工效率。

(5)压裂改造效果。

多井同步压裂时,2口井水力裂缝之间的应力干扰促使复杂缝网形成,从而可获得更高的单井产量。玛湖四井平台双井同步压裂井,在邻井已经转抽的情况下仍旧在自喷,由图13-18可以看出,双井同步压裂井最高日产油量18t。

表 13-3 双井同步压裂与传统拉链压裂施工效果对比

井平台	总段数	单井排量（m³/min）	泵车数量	日均段数	单日最高段数	完井时间（d）	日均入井液量（m³）	单车组日均入井液量（m³）	日均入井砂量（m³）	单车组日均入井砂量（m³）	泵注总时间（h）	日均泵注时间（h）	平均层间转换时间（h）	转换总时间（h）
双井同步压裂	110	8.0~9.5	17	10.00	14	11.0	11380.9	609.4	669	39.4	173.8	15.8	0.93	52.73
单车组4井拉链	80	12.0~14.0	14	3.24	6	24.7	4536.0	324.0	390	27.9	261.8	10.6	2.35	185.65
双车组5井拉链	108	15.0~17.0	33	6.75	11	16.0	10238.4	310.3	655	19.8	179.2	11.2	1.41	66.27

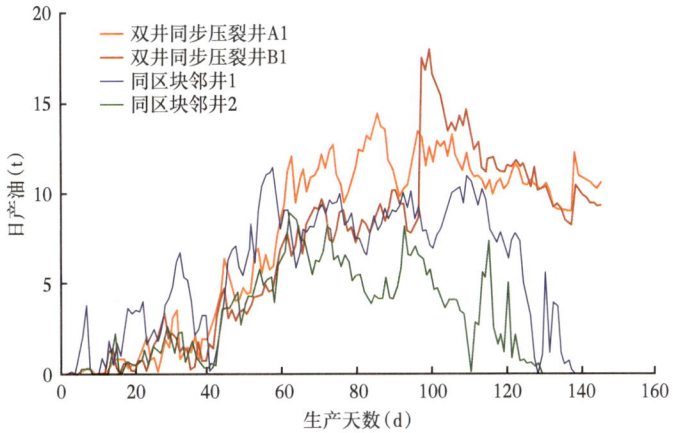

图 13-18 同区块双井同步压裂和传统拉链压裂改造效果对比

对玛湖四井平台的 2 口井（A1 和 B1）在 2 种作业模式下的缝网改造体积进行模拟，结果如图 13-19 所示。可以看出，传统拉链式压裂每段裂缝扩展不均匀，但双井同步压裂每段裂缝扩展均匀，同等加砂规模下支撑面积提高 12.6%~15.5%。对改造后的产量模拟发现，双井同步压裂后一年期单井累计产液、累计产油量均比拉链式压裂高 14.8%~19.3%，见表 13-4。从模拟结果可以看出，双井同步压裂对于增加水平井改造体积具有较大的促进作用，"密切割、高强度、缝间干扰"的改造思路有助于增大改造规模，形成更加复杂的缝网。

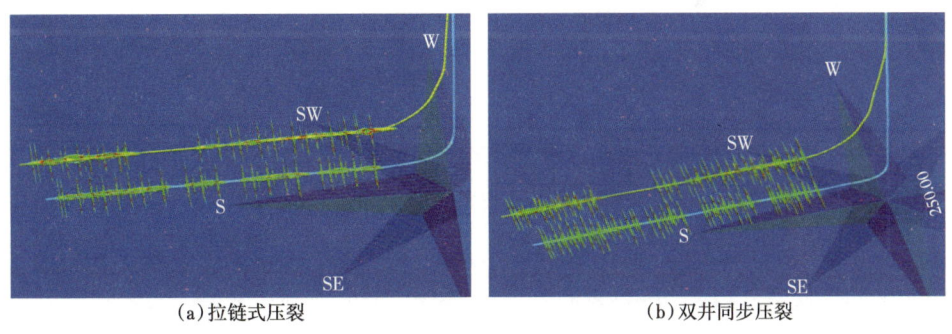

图 13-19 拉链式压裂与双井同步压裂改造裂缝缝网模拟图

表 13-4　拉链压裂与双井同步压裂累计产量模拟结果

井号	压裂方式	改造体积（m³）	年累计产液（t）	年累计产油（t）
A1	拉链式	406043	12457	7474
A1	双井同步	480576	14867	8920
B1	拉链式	508282	13618	8171
B1	双井同步	572320	15638	9383

（6）施工同步情况。

施工同步是指在双井同步压裂施工中配对的 2 口井同时起停工作，是双井同步压裂的一个重要指标。图 13-20 展示了双井同步压裂的各段同步情况，其中相同颜色标记的为同时起停段。双井同步压裂共 110 段，有 52 段（26 次）同时起停泵，非同步 58 段，整体同步率 47.3%。

该平台压裂未同步的原因包括地质、工程和设备因素。首先，4 口井地质情况存在差异，其中 A1 井穿越 300m 泥岩段，造成 4 口井分段分簇不统一并导致了 16 段未同步；其次，有的井段因施工压力过高需要进行挤酸、泡酸等操作，或压力突增引起加砂困难，额外施工操作导致的时间差造成 22 段未同步；再次，由于混砂车、泵车、分流橇、井口液动阀、射孔设备和供水系统等设备的维护造成了 20 段未同步。从这次施工同步情况可以看出，双井同步压裂施工还有巨大的提升空间，只要减少由于工程和设备导致的未同步段数量，就能够更大地提高施工效率。

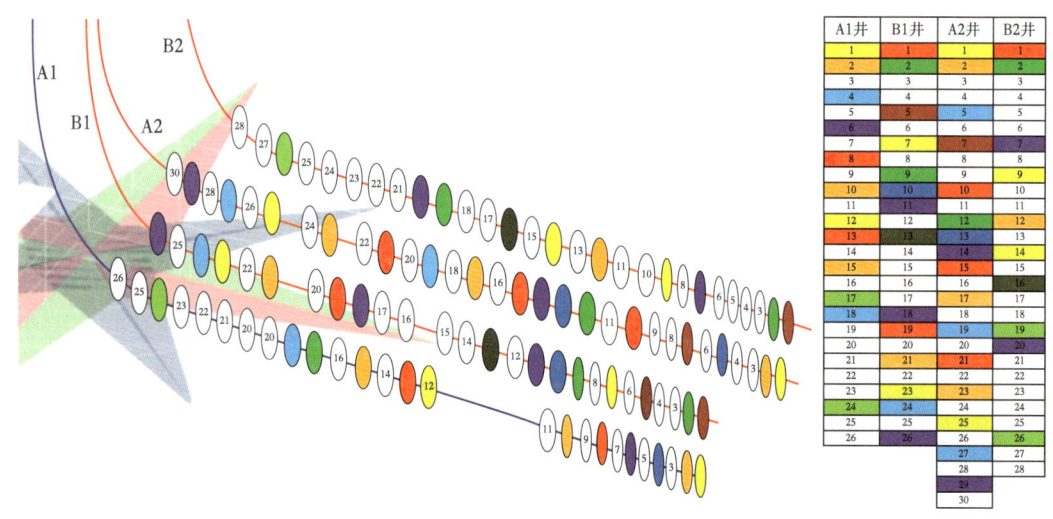

图 13-20　玛湖四井平台双井同步压裂施工同步情况

施工压力曲线是压裂施工情况的重要指示，在此次双井同步压裂施工中，由压力突增导致的未同步段有 22 段，占总未同步段的 38%；共出现压力突增段 50 段 63 次，占比 45.5%。分析认为，压力突增原因：①该井区裂缝起裂主要为砾岩裂缝扩展，与常规砂岩剪切破坏不同，砾岩裂缝存在纵向劈裂破坏和剪切破坏多种模式，裂缝扩展形式主要有止裂、偏转绕行、穿砾及裂纹被砾吸附等，砾石的屏蔽作用会使裂缝遇砾石受阻，从而形成复杂扩展延伸路径，导致施工压力突增；②水力裂缝穿过泥岩段导致施工压力突增；③射孔孔眼堵塞导致施工压力突增。

和同区块邻井作业相比，双井同步压裂作业时施工压力突增概率较大。表 13-5 给出了该区块水平井压裂施工过程中压力突增次数及所占比例，施工压力突增不仅会影响压裂施工效率及施工安全，还会造成材料消耗增加。双井同步压裂较常规压裂有着更少的射孔簇，在两簇射孔施工模式下，射孔孔眼堵塞可能是造成施工压力突增的主要原因。

表 13-5　同区块不同平台压裂井施工压力突增情况统计

平台井类型	簇数	压力突增段数	压力突增次数	段数占比（%）
双井同步压裂平台	2	50	63	45.5
三井平台	3~6	13	17	19.1
双井平台 1	3~6	14	16	35.0
双井平台 2	3~6	9	13	23.7

在双井同步压裂施工过程中，除了出现因压力突增导致的耗时耗液外，也出现了总计 12 段的压力突降，共计突降 15 次，占总段数的 10.9%。造成这种情况的主要原因为：①桥塞失封和移位导致液体流入其他压裂段内造成压力突降；②在冲蚀作用下，压裂液冲开了原先被支撑剂所堵塞的流动通道；③有新裂缝产生，形成了新的流动通道。其中瞬间压降大于 10MPa 的情况有 10 段，占总压力突降段数的 83.3%，此种情况可认为是桥塞失封或是移位导致的压力突降。

（7）技术推广建议。

双井同步压裂在玛湖四井平台的成功实施，达到了"降排量、减车组"的目的。从实施效果看，特别是从单车日均注入液量和砂量分析，施工排量降低，车组利用效率提高，单日改造段长增加。同时，在缝间干扰作用下，形成了更加复杂的缝网和更大的改造体积，增加了油井产量。较传统拉链式压裂，在减少施工时间和施工成本的同时，还能达到更好的储层改造效果。

但从目前的实践来看，双井同步压裂技术还存在一些问题。首先，分段内射孔簇数与压力突增的关系尚不明确。压力突增是影响施工效率及施工安全的重要因素，也是造成材料消耗的重要原因，要继续评价 2 簇与多簇跟压力突增的关系，确定玛湖致密油双井同步压裂施工最佳射孔方案。结合地质工程一体化方法，明确双井同步压裂技术增产机理，形成配套提产设计优化方法、压后评估方法，以及双井同步压裂技术模板。

其次，压裂设备是双井同步压裂施工的核心，关键核心设备是混砂车，接下来现场需要升级改造混砂车，使单台混砂设备具备两套独立排出系统，以达到同一低压系统双井同步压裂的目的。同时，未来还需深化单台仪表设备，使其具备两套独立数据采集和智能操作系统，单套高、低压管汇橇具备两套独立高、低压管汇施工流程。

玛湖四井平台双井同步压裂实践，为下一步规模应用提供了成功经验。双井同步压裂作业在提高作业效率、降低运行成本的同时，还能通过井间和段间的应力干扰形成更加复杂的缝网，形成更大的储层改造体积，提高油气井产量，是未来国内非常规储层高效经济的压裂改造工艺[8]。

第四节　工厂化压裂作业工法

西部钻探在水平井大规模体积压裂施工组织中，优化了人员、设备、材料、技术、管理等各个单元环节，建立了高效的联动管理体系和运行机制，并通过技术创新、管理优化等途径，在吉木萨尔页岩油、玛湖致密油效益开发历程中，探索出工厂化压裂施工"七·四·三"作业工法，大幅提高了作业效率，降低了施工成本。

一、压裂准备"七提前"

1. 提前与甲方就工作计划与设计对接

在公司层面，项目经理部与油田每周开展工作对接，共同优化设计、组织与施工，促进效率提升，合力破解影响施工效率的关键问题。

在各区域项目组层面，每口井施工前与甲方深入对接，调动各方资源，争取充足的水源供应与配合方的有力支撑，达到合力攻坚的目的。

2. 提前做好井筒准备

为保证桥塞顺利入井，减少事故复杂，在每次施工前使用连续油管对井筒进行通洗，确保井筒内无砂床、无卡点，提前进行第一段射孔，建立压裂通道。

3. 提前做好压前准备

标定压裂、备压、射孔等各单元、各环节准备时间，提前做好井场勘查、搬迁、设备运输等压前准备。

4. 提前制定"一井一策"保障方案

对施工复杂进行实时统计分析，结合储层钻遇情况进行针对性、个性化设计，优化射孔位置、段塞数量、粒径组合、砂量及隔离液用量，减少施工复杂。

优化设计应对施工风险，制定地层起裂难、砂堵、管线刺漏等复杂情况应急措施及预案，做到快速处理施工复杂，减少等停时间。

5. 提前供水供电

新疆油田区域干旱少雨、水资源匮乏，压裂提速易受到供水效率制约，需提前进行水源点供水管线敷设，以及储水设施搬迁安装，同时提前做好集中电网铺架，为24h连续施工提供必要条件。

6. 提前与射孔对接

平台井施工须提前与测井公司射孔队伍对接，配备2套射孔桥塞联作工具，对能够同时开展的工序进行归类、合并，同时对每日进度进行详细策划，共同开展施工提速。

7. 提前准备施工材料

针对化工料、石英砂、酸液等易耗物资，提前做好采购及发运工作，确保施工顺利开展。在页岩油等区域设立石英砂储备点，细化石英砂需求计划，做好物资动态跟踪、滚动发运，直达现场、直接入井。

二、生产组织四同步

1. 现场配液与车组摆放同步进行

化工料提前进场，车组连接同时进行，现场配液同步完成，立即实施压裂施工。

2. 施工用水与蓄水同步到位

根据供水能力、单日消耗量及所处区块运距，采取管输及罐车拉运的供水模式，做到供水量和消耗量相对平衡，施工用水和蓄水同步进行，保障现场24h连续施工。

针对压裂现场水源紧张和环保问题，持续优化液体配方，在玛湖、车排子区域开展盐湖水和稠油净化水配液工作，逐步探索出一套成熟的配液流程，共同破解供水难题。

3. 设备加油与检修同步开展

在现场配置加油车，在射孔时段内同时完成加油和检泵工作。

组建了"全天候"设备专业维保队伍，分区域负责检泵、电气、液压、机械等设备维保。

4. 平台井压裂作业与射孔准备同步进行

平台井拉链式作业是提速提效的有效途径，可实现压裂施工与射孔桥塞同步进行，压裂车可连续作业，较单井施工效率提升30%以上。

三、甲乙双方三共享

1. 技术共享

与油田公司共同制定提速模板、共同研究方案、共同优化参数，全面共享技术成果。

2. 信息共享

搭建信息化平台，与油田、协作方、内部各单位充分共享施工设计、压后效果等信息，助力效率效益提升。

3. 材料共享

积极协调油田就近落实场地，发挥物资共享中心作用，实现压裂物资"一站式"供应，节约成本费用。

第五节 工厂化压裂提速方案

为进一步做好工厂化压裂提速提效工作，全面提升水平井体积压裂服务保障能力，中油技服在深入调研川渝页岩气、玛湖致密油、陇东页岩油等重点上产区块压裂提速技术基础上，借鉴国外油服公司先进经验，组织各成员企业技术专家，研究制定了压裂提速提效方案（九改九提）。钻探企业按照"标杆示范、整体推进、全面提升"的总体思路，积极推行"即到即压、即压即走、人休机不停"的高效压裂施工工法，并结合自身服务区块实际情况，不断探索提速工艺、创新作业工法，工厂化压裂年均提速15%以上，打造了川南页岩气、玛湖致密油、陇东页岩油等多个提速提效示范基地，为水平井压裂开发低品位油气藏积累了雄厚的作业能力。

一、改变生产组织模式，提升整体运行效率

（1）设立区域压裂生产指挥中心。统一生产运行，统一调配资源，提高设备整体运行效率。

（2）建立"专业化"服务队伍。要以压裂机组为中心，组建备压、维保、供应等专业化队伍，各有分工，各司其职。

（3）提前压裂准备，实现压裂机组"即到即压、即压即走"。

（4）建立现场压裂总监制。统一协调压裂队、专业化队伍，以及压裂施工过程的生产组织，确保压裂施工有序运行。

（5）推行冬季和24h施工模式。在具备条件的区域，要实施24h连续作业，推进冬季压裂施工，增加压裂作业时间。

（6）推广平台化批量钻井、批量压裂模式。部署多井平台，推行批量钻井、批量完井，降低综合成本，也为压裂提速创造条件；优化钻井、压裂生产运行，避免同平台和附近区域钻压干扰造成压裂等停。

二、改变用工模式，提升人员保障能力

（1）强化人力资源整合，员工转岗到施工、保供、压前准备等专业化队伍。

（2）建立转岗实训基地，开展转岗培训，使转岗人员迅速形成生产能力。

（3）试行搬安、供水、供电、供砂等压前准备及保供料业务外包方式，减缓缺员问题。

三、改善主体压裂装备性能，提升设备可靠性

（1）提高压裂泵车性能。全面推广不锈钢压裂泵头、碳化钨阀体阀座，提高泵阀箱使用寿命，保障长时间大排量施工。

（2）推广电动压裂泵。加快电动压裂泵现场推广试验，缓解压裂车组数量不足，降低能耗、噪声，提高效率和效益。

（3）强化装备资源配备。根据区域压裂特点，合理配备压前准备配套设备数量与压裂机组的比例，确保压裂准备先行。

四、改进现场辅助设备配套，提升自动化水平

（1）推广高效辅助设备。推广拼接式蓄水罐、柔性蓄水罐、聚氨酯远程供水管线、快速连接式高低压管汇橇等压前准备设施，提高蓄水能力和压前准备效率，减少拉运次数。

（2）推广免破袋连续输砂装置。免破袋连续输砂装置，无需破袋，减少大型吊车高空作业，减少操作人员，实现自动吊装、自动运行、自动卸料、自动返回。

（3）推广连续加油装置。试验、推广连续加油装置，实现在线自动密闭加油，减少停泵加油耗时，缩短转段时间。

（4）推广井口快装装置。引进高效快装压裂井口和单管万向式井口管线，加快自主研发、试验和应用，提高转段效率和安装时效。

五、改变设备检维修方式，提升装备完好性

（1）依托设备制造厂家建立区域维保修中心，提供专人24h维保修服务；同时，建立内部流动型维保修队伍，负责现场维保修工作，保证装备的完好性。

（2）建立健全设备设施定期维护保养机制和易损件定期更换制度，进一步降低压裂装备故障率。

六、改进泵送射孔工艺，提升射孔速度

（1）引进高强度专用泵送电缆，提升复杂情况处理能力；研发配套新型射孔器材、引进快装井口装备，减少地面装配、井口连接时间，修订现有相关标准，提高起下速度。

（2）引进井下张力深度系统及泵送工况监测软件，实时掌握泵送状态，实现泵送排量精确控制，提高泵送射孔一次成功率。

七、改善压裂施工工艺，提升压裂速度

（1）推广连续加砂和大段塞加砂工艺，提高液体利用率，缩短压裂泵注时间。

（2）应用微地震监测等手段，提前预警，采取实时调整排量、减少液量、暂堵转向等措施，减少套变和砂堵发生。

（3）应用连续油管底封拖动、裸眼分段压裂、可开关滑套、可溶桥塞、可溶球座、不动管柱分层分段压裂等工艺，提高区域压裂施工效率。

（4）推广完井趾端滑套，优化玛湖等特殊区域射孔参数及酸预处理方案，减少泡酸耗时，快速建立压裂通道，为压裂泵注赢取时间。

八、改进内部考核机制，提升全员积极性

（1）按照机关科室、专业队伍服务于压裂现场的原则，建立内部考核机制。

（2）实行项目制管理，由压裂项目总监对各专业队伍进行量化考核，考核结果与绩效挂钩。

九、改进统计方式，提升时效统计科学性

健全完善压裂车组 365d、24h 全过程全周期时效统计体系，构建全周期非创效时间分析机制。

压裂提速提效是一项系统工程，涉及企地协调、井组部署、井筒状况、压前准备、供水、供电、供砂、射孔、泵注、转段、设备性能、人员配备等各方面，既要各环节有序衔接、各专业协同互助，加强生产组织协调，又要强化顶层设计、注重示范引领、固化成熟标准。

第六节　体积压裂复杂预防及治理

实现连续不间断泵注既是工厂化压裂工艺核心，也是其技术初衷，任何破坏施工连续性、造成施工中断甚至停工的工程事件，如供应不足、设备故障、安全隐患、操作失误及井下复杂或井筒事故，都是工厂化作业管理的重点内容。尤其是井下复杂和井筒事故，更是井工厂区别于其他工厂车间的显著特征，始终是工厂化作业管控的重中之重。

随着体积压裂规模不断增大（液量、砂量提高）、强度不断增加（排量、砂比提高）及滑溜水携砂降本，井下工况更加复杂多样。体积压裂提产、强制性降本与工厂化作业提效矛盾开始显现，压裂施工效率在突飞猛进之后又徘徊不前。穷尽一切技术及管理手段预防复杂、精准设计提前预判预警、准确识别复杂迹象并快速干预及既成复杂快速处理，是今

后工厂化作业提速增效重点努力方向。

水平井体积压裂现场比较普遍的井下复杂主要有压裂砂堵、套管变形、井间窜扰，其中砂堵与套变对工厂化压裂施工效率影响最大。

一、压裂砂堵防治

压裂砂堵是水平井体积压裂最常见的风险之一。砂堵是在压裂施工中，压裂液进入支撑剂难以进入的孔眼、人工裂缝窄隙处或储层弱应力面，支撑剂在压裂液中浓度增加，导致支撑剂桥堵或裂缝内脱砂而引起施工压力急剧升高，瞬间达到限压而被迫中止施工的现象。

砂堵限制了压裂加砂量及储层改造程度，对增产效果有一定影响。很多时候还需要连续油管冲砂甚至连续油管补孔才能恢复正常施工，使工序复杂化，不仅延长了施工周期，还造成了压裂设备、射孔设备无效等停；连续油管作业设备动迁，也增加了施工成本。

1. 压裂砂堵机理分析

压裂砂堵一般发生在压裂液流通道急剧变化处，这是砂堵的本质原因。压裂液通道发生变化，如缝隙变窄或孔眼变小，造成部分支撑剂不能随压裂液一起进入变化后的新通道。支撑剂在新通道前压裂液中浓度上升，造成支撑剂桥堵或脱砂[9]。

桥堵是指支撑剂在通过宽度较窄的裂隙时，支撑剂在裂隙壁面或端口"架桥"形成堵塞，作用过程较脱砂快得多。其压力特征是前期平稳波动，桥堵后压力迅速攀升。

脱砂是指支撑剂过早沉降而形成的堵塞，这类砂堵作用过程比较缓慢，受压裂液、支撑剂性能影响，并受沉降速度控制。其压力波动通常是循序渐进，施工泵压呈波浪状持续上涨。

在水平井体积压裂过程中，携砂液高速通过射孔孔眼时，部分携砂液因液流惯性，在射孔簇间、压裂桥塞前滞留许多低速区、死液区，如携砂液黏度低、砂比高，很容易将支撑剂沉积在井筒内，如发展过快，很快堵塞射孔孔眼，地面无一丝砂堵迹象，施工压力快速爬升，并迅速形成砂堵。

2. 地质工程因素分析

影响加砂压裂施工砂堵的地质、工程因素主要有：塑性地层、弯曲裂缝、多裂缝、弱应力面、压裂液滤失、液体携砂性能、砂比提升过快，以及前置液用量过少等。水平井砂堵原因类似，但有其特殊性，如低黏液体高砂比携砂，更容易导致支撑剂沉降。

水平井体积压裂射孔簇数多、裂缝条数多，施工排量高，按理说砂堵概率应低于直井低排量油管压裂。尤其是天然裂缝或层理缝发育储层，弱应力面多，地层吃砂能力强，即便主裂缝砂堵，也能尽快打开其他压裂通道。

压裂砂堵屡治不止，主要原因还在于以下五点：

（1）地质因素。

①水平井多簇压裂因近井裂缝面不完整、分支裂缝窄、裂缝转向等可能性，易导致砂堵异常。

②主裂缝延伸突遇断层、弱应力天然裂缝或层理缝，人工裂缝上下延伸突破泥岩隔层或砂体突然尖灭裂缝延伸受限，其砂堵特征是压力小突降后缓慢爬升。

③砂砾岩储层天然裂缝及层理缝不发育，地层吃砂能力弱，易导致砂堵。

④塑性储层因井筒应力集中，各射孔孔眼裂缝面独立成狭窄缝，互不连通，难以形成有效主裂缝，在施工压力未正常前就打段塞，造成段塞砂堵。

⑤近井筒裂缝太多且整体几何尺寸偏小，无法形成优势主缝，支撑剂在井筒附近沉积。

（2）设计因素。

①盲目追求加砂量或高砂比，设计加砂量过大或砂比过高易造成砂堵。

②前置液量少，且滑溜水黏度低携砂性能弱，造缝不足、动态缝宽不够，后期加砂困难。

③设计支撑剂粒径大，大粒径不易进入窄缝隙发生砂堵。

④滑溜水黏度较低，在施工排量受限时，不能将支撑剂携带至裂缝远端，近井筒地带支撑剂快速沉积，容易造成砂堵。

（3）施工因素。

①砂比提升过快，未根据压力变化及时调整泵注程序。储层对砂比敏感时，砂比提升1%即可能造成压力剧烈变化。

②滑溜水低排量多簇起裂，压裂液滤失进入储层，在未形成有效裂缝前打段塞造成段塞砂堵。

③施工中设备故障使排量降低，易造成砂堵。

④技术人员对压裂缝网形成机理及施工时压力变化规律认识较少，施工指挥失误多。

3. 压裂砂堵预防措施

认识压裂砂堵的影响机理，就可针对性地改进、完善压裂施工工艺，有效避免压裂砂堵。

（1）压裂设计。

①设计要密切结合测录解释，避免在干层中分段分簇。

②勿追求过高加砂量、高砂比、提砂比阶梯，设定保守加砂量及加砂程序。

③试挤阶段缝口摩阻过高，可设计酸处理以降低压力值。

④施工不宜过度降低液体黏度，低黏液体携砂不宜设计过高砂比和过低液砂比。

⑤按"一井一策、一段一设计"的理念有针对性地进行设计，施工最高砂比、最高排量、砂液比等要结合储层情况进行合理设计，避免脱离储层适应性盲目设计。

（2）设计交底。

①相关技术和指挥人员在压裂泵注前，应仔细分析压裂地质设计、工程设计，对相关设计参数进行合理预判。

②对地质沉积、地层岩性、邻井压裂情况等有清楚的认识。

③在施工作业前对关键岗位操作人员进行技术交底，确保指令与操作相统一。

（3）泵注施工。

①施工前调整好液体性能，确保液体性能稳定，施工中定期检测液体，异常时应及时停砂，避免因液体质量不合格发生砂堵。

②整个施工过程，保持高度警惕，密切关注压力变化，并对压力变化进行合理预判。

③在压力起伏过大的情况下，不要轻易加砂提排量。

④对压力异常层段，按压裂设计注入大于设计量的前置液。

⑤发生设备故障必须要停泵时，在确保安全的情况下，应停砂顶替一个井筒后再停泵。

4. 泵压爬升紧急处理

砂堵是压裂支撑剂在井下输送、铺置过程中非正常工况的一个累积效应，砂堵预防的难点主要集中在砂堵迹象识别上。大多数砂堵在既成事实前都有一个压力爬升过程，这是施工指挥人员唯一能识别的预警信号。虽然所有压力爬升并不一定最终导致砂堵，但如果此时正在加砂，停砂不停泵、继续跟踪压力趋势，并结合段内/簇间应力差异、天然缝、层理缝发育等地质特点和段内多簇压裂等工艺特点预测砂堵概率，是压力爬升阶段最明智的技术决策。

泵压爬升紧急处理对指挥人员经验及技术水平有较高的要求，从施工曲线上看，当压力曲线未直线爬升前是地层内发生脱砂或桥堵，压力直线上升则是射孔孔眼砂堵。

与直井相比，水平井段内多簇压裂工艺及裂缝、层理发育储层，为压裂砂堵迹象紧急处置提供了更多思路及工艺选择。

（1）段内多簇压裂工艺。

由于受簇间应力差异、射孔完善程度，以及段内岩性变化等因素影响，分簇射孔压裂可能造成非均匀改造。砂堵时，不同簇堵塞程度不同，这一现象有利于将未完全进砂但已开启未延伸的裂缝重新压开，如图 13-21 所示 [10]，这也是停砂后不停泵继续压裂的决策依据。

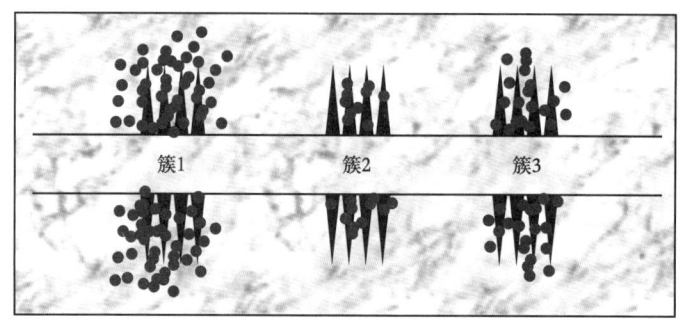

图 13-21 段内多簇压裂砂堵示意图

（2）裂缝/层理发育储层。

天然裂缝或层理发育储层中广泛存在弱应力面，张开弱应力面的压力要低于基岩破开压力。可通过提高压力压开新缝，这也是压力爬升阶段应急处理的有效方法。

5. 小排量振荡解堵

压裂砂堵分为稳定堵塞和不稳定堵塞两种类型，稳定堵塞表现为"砂液均不进"，不稳定堵塞表现为"砂不可进、液可以进"或者"可建立低排量泵注通道"。

（1）稳定堵塞。

稳定堵塞与储层压不开压力表现极其类似，可在限压条件下反复启泵—停泵—外排，振荡解堵，直至地层稳定进液，从稳定砂堵转变为不稳定砂堵。这一方法仅对段塞加砂或低砂比有效，对主加砂阶段满井筒砂堵慎用，尝试一两次不成功，果断采取全井筒返排解堵措施。

（2）不稳定堵塞。

对不稳定堵塞，砂堵后首先进行小排量试挤，疏通井筒或裂缝。如试挤排量很低（小于 0.7m³/min），也可振荡松散水平段沉砂。

低排量试挤时要注意以下几点：

①试挤时采用低黏液体，将井筒内的支撑剂缓慢推进裂缝，避免高黏液体大量携带支撑剂封堵缝口而超压。

②试挤起始阶段应用低排量，试挤排量越低提排量阶梯也相应越低，排量在 2m³/min 以下时，提排量阶梯应在 0.1~0.3m³/min；排量在 2m³/min 以上时，提排量阶梯可控制在 0.3~0.5m³/min。

③第一阶段试挤液量一般在一个井筒容积左右，待压力下降至正常值后提排量，每个排量档至少需泵入一个水平段容积的液量。

④如试挤排量达到 2m³/min 以上，但压力较高且平稳，可采取挤酸措施，酸溶蚀近井地带酸溶矿物，探求新的裂缝起裂点。该方法是一种辅助解堵手段，在压力不平稳的情况下慎用，以防挤酸过程中酸液未到位就出现超压现象。如酸浸后施工压力仍然较高，可二次泵酸解除近井污染。

6. 压裂砂堵返排技术

如低排量试挤、小排量振荡解堵失败，应采用控压返排措施，利用井底压力排出沉积于射孔段附近及近井地带的的支撑剂，达到解堵复工的目的。

砂堵后及时返排是解堵的有效手段之一，也是最便捷的解堵方式。

（1）返排解堵技术措施。

①选择合适油嘴或节流阀开度，控制一定的井口压差，防止裂缝内支撑剂返出，增加解堵难度。

②返排时通过形成较大的压力激动，利用水击效应冲击射孔簇附近堆积的支撑剂，疏通井筒，建立液流通道。这一方法可通过远程操控全关闭耐刺蚀节流阀或超级动力油嘴来实现。

③放喷时应一次性将井筒内支撑剂排完，一般 2~3 个井筒容积，出口无支撑剂即可。

（2）控压返排地面装置。

压裂砂堵控压返排管汇包括油嘴管汇、超级动力油嘴、节流管汇、耐刺蚀节流管汇等。

常规油嘴管汇、节流管汇不具备耐刺蚀性能，一次 2~4h 的返排，就会对油嘴、节流阀、平板阀及连接五通造成严重的刺蚀损伤，只能依靠套管阀门控制井口。

（3）砂堵返排注意事项。

①砂堵返排前，关闭压裂管线上的阀门，切断压裂设备，放掉压裂管汇中的压力。

②返排管汇安装时应在套管阀门出口安装高压三通，因砂堵后停泵压力较高，开启套管阀前可通过三通打好背压，打开井口套管阀门，然后开启管汇前旋塞阀进行泄压、返排作业。

③现场需备足外排罐及收液罐车，并预留充足的罐容。一旦错过最佳时机，极有可能造成排堵失败，此时就需连续油管冲砂甚至补孔，不仅影响施工周期，还会增加处理成本。

④根据工艺需要及现场情况，调整可调式节流阀控制压力。

⑤控制出口流量,防止返出液溢出污染周边环境。

⑥对返排出的压裂液及时转运处理,做好相关环境保护工作。

⑦检查或更换油嘴时,操作人员戴护目镜站在油嘴侧面,放尽余压后,方可卸掉油嘴,在卸油嘴过程中不能用眼睛观察油嘴孔眼。

7. 连续油管冲砂/补孔

在以上手段均无法解堵的情况下,后续只能采取连续油管冲砂。该方法周期长、工序复杂,严重影响作业进度,是解决砂堵的最后救急手段。

二、压裂套变防治

平台井水平段间距较小,压裂过程中受井间窜扰、地层错动等各种复杂因素影响,可能造成套管发生变形,导致桥塞无法泵送至预定位置,严重制约水平井体积压裂开发效率。尤其是页岩油气,压裂套变已成为制约水平井高效开发的"卡脖子"问题之一。

为系统科学地解决套变问题,提高压裂速度,中油技服组织成员企业,开展页岩气压裂套变专项治理工作。围绕页岩气压裂套变防治目标,按照一体化防治原则,全力攻坚套变难题,在套变规律、机理、预防措施等方面取得新的认识,形成了页岩气井压裂套管变形防治手册[11],助力页岩气压裂提速提效再上新台阶。

1. 压裂井套变特征

(1)形变几何特征。

变形面明显,变形长度较短,剪切特征明显。

(2)能量累积特征。

随着压裂实施,能量积累,应力/能量逐渐释放,套变的长度、幅度逐渐加剧。

经大量套变井通井及测井证实,套管变形点位置主要集中在水平井 A 点附近(±200m),占 46.8%;中间段(200~800m)位置占 48.9%;95.7% 套管变形发生在压裂段中后部。

(3)地质构造特性。

套变多位于断层、裂缝发育处或岩性/层理界面。

(4)微地震监测特征。

微地震监测证实,套变伴随着大震级微地震事件,多数沿井筒分布,少数事件震级增大。

2. 压裂套变原因分析

体积压裂通过大排量、大液量、大砂量在储层中形成复杂裂缝网络,从而取得效益产能。压裂初期,裂缝沿最大主应力方向延伸,随着裂缝内净压力增大,超过了水平主应力差值,开始形成复杂裂缝网络。如果压裂液进入天然裂缝、节理、层理发育段,裂缝内孔隙压力提高,裂缝黏滑系数降低,容易激发天然裂缝滑动,从而造成套变。

造成地层滑动的影响因素主要有三点:一是水平地应力差越大,裂缝面更容易沿着天然弱面滑移;二是高压、大排量压裂液泵入会降低裂缝面有效正应力,导致沿层理面、裂缝或岩性界面发生剪切错动,即裂缝内净压力越大,裂缝面越容易沿着天然弱面滑移;三是裂缝方向与最小地应力夹角对滑移量的影响较大(图13-22)。

对长宁、威远地区 150 余口井地质、钻井和压裂等参数进行大数据统计分析,具体参数包括改造段数、单段加砂量、单段压裂液用量、施工排量、固井质量优等率等 12 个参数。根据参数与套变相关性强弱分析，得出单段压裂液用量和套变有显著关系。随液量增加套变现象越明显，单段加砂量与套变存在正相关关系，用量越大套变现象越明显，固井质量优等率与套变呈现显著的负相关关系。

大量实验及研究表明，页岩气压裂套变机理为：岩层在地应力和流体压力共同作用下，沿先存薄弱面（断层和裂缝）发生剪切活动导致套变。

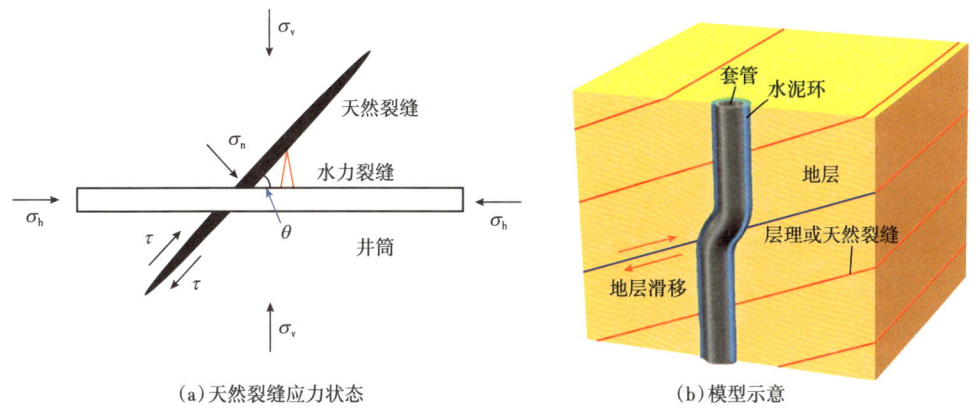

图 13-22　地层滑移套变示意图

（1）套变形状完全符合剪切变形特征；
（2）剪切变形是沿断层和裂缝（大裂缝）发生，因此与断层和裂缝密切相关；
（3）剪切变形产生的套变量会随着能量的不断释放而逐渐增加，因此与时间相关；
（4）剪切变形产生的套变量与累积的能量有关，其他条件一致的情况下，从 B 点向 A 点能量的累积是不断增加的，因此产生的套变也不断增加。

3. 防治原则及工作方法

（1）压裂套变防治原则。

以预测为基础，以优化设计与实时监测、实时调整为手段，控制套变发生的频次及变形量，提高压裂施工效率，提高井筒的完整性，实现改造体积的最大化。

（2）套变防治工作方法。

按照工程地质一体化防控思路，综合应用地震、地质、测井资料，压裂前预测套变潜在的风险位置，评价风险程度，并优化压裂设计；在压裂过程中实时监测裂缝扩展，分析风险并实时调整；压后综合分析，实现套变治理目标。

4. 套变风险预测分析

水平井压裂前应对套变风险进行评价与预测，利用物探、测井、地质和钻完井资料对井眼附近的断层、裂缝、岩性界面、弹性异常、地应力异常等进行综合识别，预测出套变风险点及风险级别。

按照引起套变风险的大小对以下七个要素进行分级：
（1）待压裂段穿过断层或在断层边缘；
（2）待压裂段穿过裂缝；

（3）待压裂段存在应力异常，即待压裂段与相邻段之间的应力差值大；

（4）待压裂段存在弹性属性异常，即待压裂段与相邻段之间的弹性属性差值大，如横波属性异常，杨氏模量属性异常等；

（5）待压裂段的测井GR存在异常，即待压裂段与相邻段之间的GR值差异大；

（6）待压裂段存在岩性变化，即待压裂段与相邻段之间的矿物组分差异较大；

（7）待压裂段井轨迹变化较大，即待压裂段狗腿度大于$5°/30m$。

其中出现要素（1）的点定义为Ⅰ级套变风险点；要素（2）、要素（3）与要素（4）、要素（5）、要素（6）分别同时出现一种要素的点定义为Ⅱ级套变风险点；要素（2）~要素（7）中出现一种要素的点定义为Ⅲ级套变风险点。

5. 地质要素识别方法

地质特征是套变的主控因素，识别地质风险要素是套变防控的主要技术措施。

（1）断层。

应用三维地震解释成果识别较大断层，利用曲率、相干、蚂蚁体追踪等手段识别较小断层，并与钻井过程中的地层、岩性变化情况及地质导向中的随钻测井资料相互印证；预测出断层的性质、产状、断开层位、延伸长度、断距等要素特征。

（2）裂缝。

①钻录井：综合钻井、录井实际资料，利用钻、录井过程中的井漏、钻时异常、气测异常等识别钻遇裂缝。

②测井：利用阵列声波资料中斯通利波能量的衰减定性判断裂缝的发育层段；利用成像测井资料解释井筒裂缝的产状，区分裂缝的类型，评价裂缝的张开度、充填物及渗滤性等特征。

③物探：利用相干、曲率、蚂蚁体追踪等裂缝预测技术手段解释的三维裂缝数据，预测和识别井筒及井周发育的潜在天然裂缝带，解释裂缝带延伸长度、裂缝发育密度等特征。

（3）岩性界面。

①录井：钻井过程中，利用岩性变化、钻井异常、元素录井含量变化、伽马能谱变化、碳酸盐含量分析变化等识别岩性变化界面。

②测井：基于测井资料的矿物组分解释结果，识别岩性变化界面。

③物探：利用地震资料反演的岩石三维弹性属性数据（如：脆性、泊松比、杨氏模量等属性），识别和预测岩性变化界面。

（4）异常地应力。

①物探：应用三维地震资料，结合井约束，建立高精度的三维应力场，预测应力大小、方向及分布特征，预测应力异常及薄弱点。

②钻井：钻井过程中，因钻头破岩、钻具旋转摩擦、钻井液压力、阻卡情况等因素导致井筒周边应力局部变化，形成异常应力界面。

6. 设计优化措施

（1）地质设计优化。

根据套变风险点的分级建议，压裂分段应做到以下几点：

①射孔位置应避开Ⅰ级套变风险点，推荐不小于20m，应适当增大Ⅰ级套变风险点分

段长度；

②Ⅱ级套变风险点改造段及前 1 段，应适当增大分段长度，推荐增大 10~15m；

③压裂段的划分应遵循同一压裂段内储层物性相似的原则，同一压裂段原则上不跨小层，即不同小层应划分在不同的压裂段；

④天然裂缝发育段原则上不与基质段划分在同一压裂段内；

⑤A 点以下 20~30m 区域如为Ⅰ级套变风险点，不宜实施 A 点附近及以上区域的改造。

（2）压裂参数优化。

对于Ⅰ级套变风险点压裂段，风险点改造段及前 1 段的施工排量不超过 10m^3/min，用液强度不超过 23m^3/m；Ⅱ级套变风险点改造段及前 1 段，排量不超过 12m^3/min，用液强度不超过 25m^3/m；Ⅲ级套变风险点改造段，结合压裂实时微地震监测与施工压力特征，实时调整参数；各级套变风险点压裂段压裂时，应保持压力平稳，避免施工压力波动过大。

（3）射孔工艺优化。

①对于套变风险段采用多簇射孔，每段由 3 簇增加为 6 簇，每簇长度由 1m 降为 0.5m，簇间距由 20m 降为 10m。

②采用等孔径射孔，避免套管局部受力不均，实现多裂缝均匀起裂，降低套管局部应力集中导致的套变风险。

③射孔位置应避开井筒漏失段位置、断层/裂缝位置。

7. 施工监测与实时调整

水平井压裂时，应采用微地震等技术手段，对裂缝扩展进行实时监测、实时解释，并根据压裂过程中的套变风险评估及应对措施，实时调整优化压裂施工参数。

出现以下现象：

（1）压裂段在套变风险点附近，而且微地震事件点在套变风险点集中出现；

（2）连续 2 段（含）以上微地震事件点集中分布在井筒附近，且事件能量较大（-1.5 级以上）；

（3）连续 3 段（含）以上微地震事件点在某一位置重复出现，且在三维空间中，事件无明显向外延伸或依压裂次序，事件分布逐渐收紧；

（4）施工压力有明显升高时。

当上述现象出现任意一种时，应考虑减少 5%~10% 的施工规模及施工排量；当上述现象出现任意两种或以上时，应考虑减少 10%~20% 的施工规模及施工排量；或调整压裂工艺，可实施转向措施，使压裂裂缝事件点不集中分布或沿套变风险点分布。

8. 压后综合分析

压裂施工结束后，应结合实际套变点，综合测井资料、压裂资料和地震地质资料分析原因，总结规律。

（1）开展套变预防措施有效性评价，压裂后对套变井概率、套变段概率进行统计分析，综合压裂裂缝监测成果、压裂参数，评价套变风险预测与预防措施的有效性。

（2）套变影响因素综合分析，应对已发生套变和未发生套变风险点的地震、地质、测井、压裂、微地震等资料总结分析，寻找规律，更新认识。

（3）总结分析压裂参数（如：排量和压力）与相邻段的异同；分析套变处压裂裂缝事件点与相邻段的差异；分析套变位置的地震属性有何异常，总结规律，为邻井压裂设计提供参考。

（4）分析套变风险点的压裂裂缝事件点有无异常表现，对比压裂施工参数有何调整，分析地球物理资料异常特征，总结规律，为邻井压裂套变风险点设计提供参考。

9. 套变处理对策

如发生套变，应尽可能避免丢段，实现改造体积的最大化，处理步骤如下：

（1）首先选用更小外径的可溶桥塞分段；

（2）若不具备小外径桥塞下入条件，小于150m的短变形段可采用堵塞球暂堵转向压裂；

（3）大于150m的长变形段推荐采用连续油管喷砂射孔+填砂分段压裂；

（4）现场实施应及时调整套变段的施工规模等压裂参数，避免套变加剧；

（5）宜开展多臂井径测井，评价套变程度，指导套变井段压裂工艺优选。

第七节　井控风险及防控措施

以水平井大规模体积压裂为主体的工厂化作业技术，在低渗透、致密油气、页岩油气、煤层气开发中大面积推广应用，作业过程新增井控风险，主要集中在管汇刺漏、砂堵返排及井间窜扰三个方面。

一、高压管汇刺漏风险

由于压裂液体系改变，滑溜水乃至清水携砂，加剧了高压管汇磨损，最终导致管线爆裂，井控风险增加。

风险控制措施：严格执行Q/SY 02626—2022《压裂酸化高压管汇使用管理规范》中"加砂压裂高压管汇流体的最大流速不应超过12.2m/s的要求，高压管汇的最大排量选择推荐数值"的规定，同时结合施工所用压裂液体系，根据施工压力和排量，应在设计中明确施工用高压管汇的压力等级、尺寸，以及连接方式，设计值不能超过推荐的最大允许排量值。

二、砂堵返排井控风险

压裂砂堵以后，现场采用的解堵措施首选返排作业。如果能返排解堵，可避免连续油管冲砂解堵的无效工序时间，但高压、高含砂流体返排，带来的是返排系统被快速刺蚀，闸阀开关失效，最终只能依靠套管闸阀控制井口。风险防控措施如下：

（1）明确压裂砂堵后利用返排解堵的条件，压裂施工砂堵时井口压力超过最大施工压力时，不允许返排解堵。

（2）利用返排进行解堵时，应对井口返排压力进行控制，防止泄压过快造成压裂砂大量堆积堵塞返排管汇系统，以及造成管线、弯头等磨损加剧形成刺漏点，防止发生井口失控。

（3）返排期间应检测套管压力，密切观察窜气情况，压力超过其自身抗内压强度50%时要缓慢泄压，防止挤坏套管，防止过快泄压增大窜槽缝隙。如环空窜气严重，且有进一步增大趋势，应立即实施压井作业。

三、井间窜扰井控风险

压窜是指压裂作业时,压力窜通至相邻井,造成邻井压力上升的现象。

（1）压裂窜扰井控风险。

①压裂时井间窜通有可能造成邻井正钻井或在修井发生溢流,甚至更为严重的井涌与井喷。

②压窜易导致相邻生产井压力升高,严重时超过井口承压能力,造成井喷失控。

（2）风险防控措施。

①压裂工程设计人员要根据地质设计,对具有窜通风险的邻井在交底会上进行风险提示。

②压裂施工前通知作业区监督,并确认监测人员到位后方可开泵,施工过程中实时保持通信畅通,一旦发现邻井窜通要及时停泵。

③压裂前根据井控要求确保周边采油井停抽,高风险井应提前更换压力级别相当的井口并关井,低风险井应提前装压力表监测。

④相邻有钻修井施工时,压裂施工前通知周边井队做好监测。

⑤监测人员要清楚作业风险和控制措施,遇有紧急情况能迅速作出正确反应。

参 考 文 献

[1] SRINIVASAN K, DEAN B. An overview of completion and stimulation techniques and production trends in granite wash horizontal wells [C]. SPE144333, 2011: 1-24.

[2] 张焕芝,何艳青,刘嘉,等. 国外水平井分段压裂技术发展现状与趋势 [J]. 石油科技论坛, 2012, 31 (6): 47-52.

[3] 张金成,孙连忠,王甲昌,等. "井工厂"技术在我国非常规油气开发中的应用 [J]. 石油钻探技术, 2014, 42 (1): 20-25.

[4] 刘乃震. 苏53区块"井工厂"技术 [J]. 石油钻探技术, 2014, 42 (5): 21-25.

[5] 刘旭礼. 威202H2平台"工厂化"压裂作业实践 [J]. 天然气勘探与开发, 2017, 40 (1): 63-67.

[6] 任勇,钱斌,张剑,等. 长宁地区龙马溪组页岩气工厂化压裂实践与认识 [J]. 石油钻采工艺, 2015, 37 (4): 96-99.

[7] 李军龙,何昀宾,袁操,等. 页岩气藏水平井组"工厂化"压裂模式实践与探讨 [J]. 钻采工艺, 2017, 40 (1): 7-8, 47-50.

[8] 孟磊峰,屈刚,曾从良,等. 玛湖致密油藏水平井双井同步压裂技术 [J]. 石油钻采工艺, 2022, 44 (6): 746-751.

[9] 翟恒立. 页岩气压裂施工砂堵原因分析及对策 [J]. 油气井测试, 2015, 24 (1): 60-62.

[10] 李奎东. 页岩气水平井桥塞分段压裂超压砂堵处理技术 [J]. 江汉石油职工大学学报, 2014, 27 (6): 14-16.

[11] 何昀宾,张平. 页岩气井压裂套管变形防治手册（试行）北京：中国石油集团油田技术服务有限公司, 2019.

第十四章　连续油管配套作业技术

连续油管作业占地面积小，搬迁速度快，起下效率高，操作简单省时、安全可靠，在压裂水平井带压作业方面具有明显的技术优势，且在众多作业领域已完全替代修井机或不压井作业装置。对常规作业装备难于处理的井下难题，应用连续油管技术也能迎刃而解，被誉为"万能作业机"。

在水平井体积压裂施工中，连续油管作业不仅用于拖动压裂，还在投球滑套分段压裂、桥射联作分段压裂作业中承担着压前井筒准备、压后井筒处理工作，也用于压裂施工过程中的井筒应急处理及施工连续性保障。

第一节　压裂井连续油管作业概述

一、多级滑套投球压裂

（1）压差滑套打不开时，应用连续油管喷砂开孔、机械冲孔或烟火切割开窗，建立首段压裂通道；
（2）压裂砂堵、沉砂造成投球不到位或压裂后，应用连续油管冲砂解堵；
（3）投球滑套打不开或有特殊工艺要求，应用连续油管开关滑套；
（4）压裂后应用连续油管钻铣球座，或为重复压裂做好井筒准备。

二、射孔桥塞联作压裂

（1）连续油管在射孔桥塞联作压裂改造中能够提供套管堵漏、井筒刮削、存储式声幅测井、射流清垢、模拟通井、传输射孔等压前井筒准备作业，为射孔桥塞联作创造一个清洁的井筒环境，减少井下复杂情况；
（2）压裂施工过程中可应用连续油管钻磨中途坐封的压裂桥塞、冲砂解堵、带压补孔、打捞落井射孔枪串及在高压条件下输送并坐封桥塞以便更换刺漏的井口装置，使暂时中断的压裂作业尽快恢复正常；
（3）压后带压钻磨压裂桥塞、打捞桥塞碎屑、坐封暂堵桥塞，为下油管投产奠定技术条件。

第二节　一体化通井技术

桥射联作分段压裂技术靠泵送将电缆作业工具串输送至待压井段，无论是上提还是泵推能力，都极其有限。一旦阻卡，依靠自身能力很难有效处置，只能从弱点拉断电缆，再动迁连续油管作业设备来处理。因此，压裂前的井筒准备极其重要，一要完全清除固井胶塞顶替后滞留的井壁水泥环/水泥带、上扣时套管外螺纹小直径端部断丝或断环、上扣挤出的套管螺纹密封脂及套管内壁铁锈，防止电缆作业工具串遇阻；二要清除井筒低边沉积的固井顶替液内杂质，保持压前井筒工作液清洁，防止第一级压裂将井筒内杂质推进射孔孔眼或压裂裂缝内，造成压不开或施工压力高、加砂困难等井下复杂情况。尤其是套管内壁铁锈层，对压裂液性能破坏很大，无论是瓜尔胶还是聚合物，对 Fe^{3+} 都极其敏感。现场实践还证明，压裂前几级也是桥射联作工具串阻卡最频繁的井段，由此可见，一个完整、规则、清洁的压裂井筒对施工效率、成功率的重要性。

一、工艺技术原理

井筒内阻卡物一般附着在套管壁上，能 360° 无死角清理井壁的井下工具主要是高压射流旋转冲洗头和套管刮削器。连续油管通、刮、洗一体化井筒准备是利用连续油管尾带通井规及高压射流旋转冲洗头，边下边用高压旋转射流清理套管壁附着物。到达目标深度后循环洗井排出井筒杂质，同时检查套管通径及变形、破损情况；或使用套管刮削器刮削井壁，清除套管壁上黏附的固体杂物。

若固井后井筒内存在水泥残留、螺纹脂和其他杂物较多，导致通井困难时，可用带磨鞋的螺杆钻具对井筒进行钻扫，确保套管内壁干净、井筒畅通。

二、关键作业工具

1. 钻磨型通井工具串

钻磨型通井工具串是将连续油管钻磨工具中平底磨鞋替换成偏心梨磨，利用梨磨旋转时偏心作用，实现井壁 360° 无死角刮削；同时在梨磨本体垂直于井壁及向上喷射方向，安装有高压射流喷嘴，在螺杆钻具旋转工况下，起到高压旋转射流冲洗头作用。为保护套管，切削元件对焊在梨磨锥体肋条上。作业工具串组合为卡瓦/铆钉连接器+重载马达头总成+水力振荡器+螺杆钻具+偏心喷射梨磨，如图 14-1 所示。

图 14-1 钻磨型通井工具串

2. 喷射型通井工具串

喷射型通井工具串将高压旋转射流冲洗头引入工具串中，并配套了 3 种螺旋刮削通井规，双重作用提高井壁清洁度。作业工具串组合为卡瓦/铆钉连接器+重载马达头总成+螺旋刮削式通井规+旋转射流冲洗头，如图 14-2 所示。

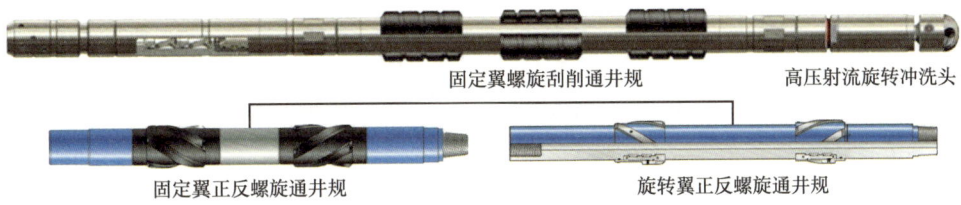

图 14-2 喷射型通井工具串

3. 刮削型通井工具串

刮削型通井工具串将套管刮削器与高压旋转射流冲洗头两种井壁清理工具组合在一趟管柱上，旋转冲洗头反扭矩由刮削器刮板承受。为防止刮削器旋转扭伤连续油管，在刮削器顶部接有旋转接头。作业工具串组合为复合连接器+马达头总成+旋转接头+套管刮削器+旋转射流冲洗头，如图 14-3 所示。

套管刮削器由本体、弹簧、刀板等组成，刀板通过内置弹簧与井筒内壁贴合，再通过上提下放清除套管壁上黏附的固体物质。

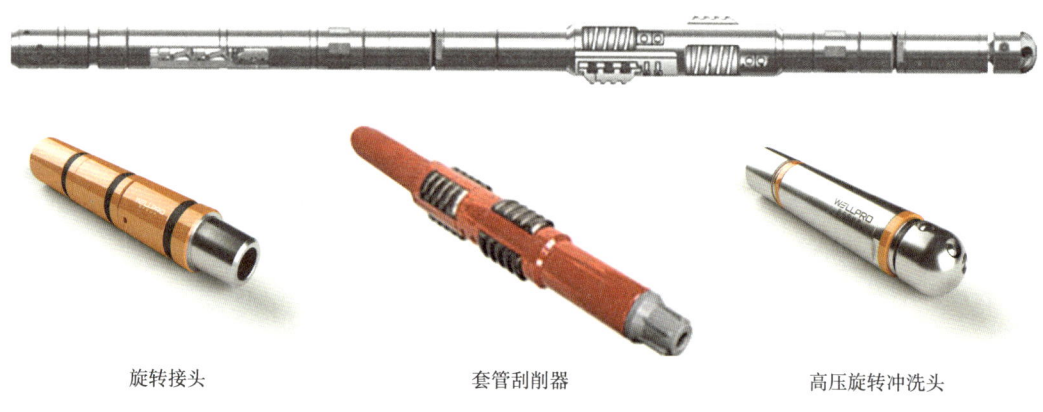

图 14-3 刮削型通井工具串

三、工艺技术要求

（1）通井规最大外径应小于井筒内径 6~8mm。
（2）通井工具串有效长度宜大于拟使用工具串长度 50~100mm。
（3）通井过程中，需保持循环排量稳定；不得强压强下，通井规遇阻后可更换螺杆钻具+磨鞋进行钻扫作业；若钻扫完成后通井规依然无法通过，为了解套管屈曲变形程度，可增测 40 臂工序验证套管变形程度，便于后续施工。
（4）通井过程如需提钻，需保持循环排量稳定，将工具串提至防喷管内，停泵，关闭井口主阀门，泄压拆防喷管，更换工具串。
（5）通洗井组合作业过程中，若井口失返，应保持连续泵注，上提连续油管。
（6）刮削工具组合不宜在套损套变井段、射孔井段等进行刮削作业。
（7）连接工具前应测量刮削器尺寸，工具入井前应检查刮削器弹簧、刀片、锁紧螺钉。

四、施工作业步骤

1. 通井作业步骤

（1）在工具入井前，核实每一部件所需求的尺寸，仔细检查工具外观，如有磕碰伤、裂缝、变形等不能入井。
（2）测试连续油管在不同施工排量下的摩阻。
（3）连接通井作业工具串。

（4）连接防喷管，按井控要求试压，合格后开始下钻。

（5）前50m下钻速度控制为5m/min以内，到达150m井深后，控制下钻速度在15m/min。每下入500m做上提测试，并记录悬重；在经过井径有限制的位置，比如滑套或缩径，下放速度应减小到5m/min以内。

（6）通井遇阻时，宜对遇阻位置反复冲洗，再尝试通过；至少应下探3次，最多不宜超过5次，深度误差应小于0.5m。通井距设计位置100m或复杂井段50m，应将下钻速度调整在10m/min以内。

（7）下放探到人工井底后，悬重下降10~20kN，重复下探2~3次，确定遇阻位置，在滚筒计数器前后管体喷漆做标记，并洗井干净。

（8）泵注设备发生故障，应上提管柱至安全井段，并在不同位置间断活动连续油管。

（9）通井中途遇阻时，应上下活动连续油管，遇阻加压载荷不宜超过表14-1推荐值。

（10）通井过程中，如发现异常，或遇到复杂情况，应按应急预案处置。

表14-1 连续油管遇阻加压载荷

连续油管外径（mm）	遇阻加压载荷（kN）
31.8	3~10
38.1	5~15
44.4	5~20
50.8	10~30
60.3	10~40

2. 刮削作业步骤

（1）刮削作业时在反复刮削段，起下速度应小于5m/min。

（2）刮削时在施工位置上下20~30m，应反复刮削三次。

（3）刮削结束后，应循环1.5倍井筒容积工作液。

（4）刮削工具起出后，应检查有无损伤、刮痕等印迹。

（5）刮削器型号应按照套管内外径大小进行选择。

3. 连续油管起出

（1）链条夹紧、张紧和驱动压力应符合连续油管上提作业要求。

（2）连续油管最大上提速度不应大于30m/min，水平段最大上提速度不应大于20m/min，复杂井段应提前50m将上提速度降到10m/min以下；离井口50m，应将上提速度降至5m/min。

（3）连续油管最大上提拉力应小于连续油管屈服强度的80%。

（4）当深度计数器显示值为零时，应通过试关井口阀方式，判断连续油管及工具串是否起出井口或采油树。

（5）确认连续油管及工具串起出井口后，应关闭井口总阀门。

（6）工具起出后，应检查通井规、刮削器等工具有无损伤、刮痕；发现痕迹应记录，分析原因。

第三节　分簇传输射孔技术

桥射联作压裂时，射孔孔眼是井筒沟通储层的唯一通道。第一级压裂前，因井筒密闭，还未建立起桥射联作工具串泵送通道，需要采用其他技术手段建立压裂通道，如趾端固井滑套、电缆爬行器拖动射孔或连续油管传输射孔。因压前需要动迁连续油管作业设备通井、测声幅，连续油管传输射孔与压裂井筒准备一般合并成一次作业。

除第一级压裂通道开启外，连续油管传输射孔作业还用于压裂中途补孔作业，如储层压不开、砂堵冲砂后进液通道仍然打不开及套变、误射孔后的大段暂堵分压工况。

除桥射联作压裂外，连续油管传输射孔还可用于多级滑套分段压裂时，压差滑套或投球滑套打不开情况下的技术应急处置，通过射孔建立压裂通道。

一、传输射孔技术原理

传输射孔工艺原理是将一口井所需要的射孔枪全部串联在一起，使用连续油管将硬连接管串下入待压井段，通过连续油管设备自带的深度计数器校深，更准确的是采用工具系统接箍定位器机械或电子校深后定位，调整射孔枪位置使射孔弹对准射孔井段，利用加压（含延时）或电子点火方式起爆。

连续油管传输射孔在水平井作业中具有不可替代的先天性技术优势，不仅可进行带压射孔，还可实现分簇射孔。

二、连续油管分簇射孔

在连续油管内穿电缆情况下，借助目前成熟的电子选发技术，射孔簇数不受限制。但大多数时候，现场能动迁的连续油管作业设备基本不穿电缆，传统的压力激发式起爆器最多能实现两簇射孔，环空憋压第一簇射孔起爆，管内投球憋压第二簇射孔起爆。

在无缆连续油管一次入井多簇射孔技术需求下，延时射孔技术逐渐成熟，其射孔枪串如图14-4所示[1]。其中，环空憋压坐封桥塞，管内投球第一簇射孔起爆，后续簇射孔均为延时起爆。

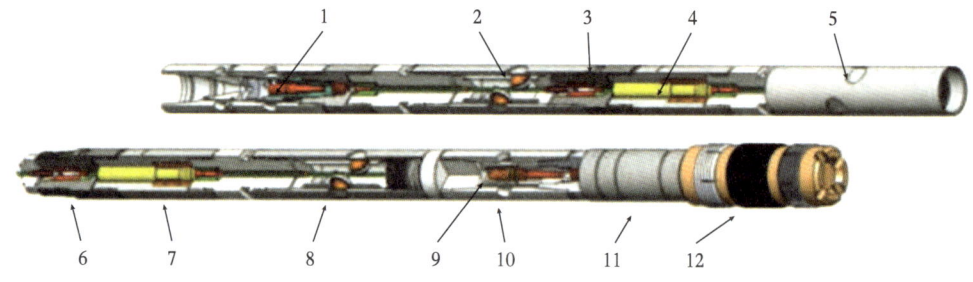

图14-4　延迟型多级点火桥射联作工具串

1—投球起爆装置；2—射孔枪；3—点火传爆组件；4—延时火药；5—射孔枪；6—点火传爆组件；
7—延时火药；8—射孔枪；9—筛管；10—压力起爆装置；11—坐封工具；12—桥塞

延迟射孔作业程序如下：
（1）下管串，使桥塞对准坐封层位；

（2）环空加压至超过静液柱压力 2500psi，起爆压力装置，坐封桥塞；

（3）提升连续油管到射孔层段，加压测试桥塞；

（4）投球坐封起爆装置，加压点火第一根射孔枪；

（5）提升连续油管到下一簇射孔层位，等待 6min 延时火药燃烧，第二根枪点火射孔；

（6）提升连续油管到下一簇射孔层位，等待 6min 延时火药燃烧，第三根枪点火射孔；

（7）如果还有射孔枪，则重复上述步骤，直至所有射孔枪点火射孔；

（8）起出管串。

延时射孔采用HTD起爆系统（水平延时起爆辅助顺序传爆），当第一根射孔枪起爆后，剩余的其他所有射孔枪都会被顺序起爆。因此，一旦第一根射孔枪作业完成后，必须在设定的时间内提升管串到下一簇射孔井深，避免射孔顺序发生错误。

三、传输射孔工具串

无缆连续油管传输射孔工具串组合：连接器+双活瓣单流阀+液压丢手接头+转换接头+起爆器+射孔枪。

穿缆连续油管传输射孔工具串组合：连接器+电缆马龙头+起爆器+射孔枪。

四、传输射孔工具

射孔工具串结构由射孔簇数而定，除射孔枪外，射孔工具还包括起爆器和传爆管。

1. 压力起爆器

压力起爆器工作机理是直接起爆或投球后在井口施加一定的压力，压力作用于起爆器活塞上，活塞在井口压力和液柱压力共同作用下，剪断剪切销钉后快速运动，激发点火装置，引爆起爆器，进而起爆射孔弹。

施工时先根据井深和射孔液密度，计算起爆器在井内的静压力，按单个销钉剪切压力，安装所需数量的剪切销钉。从安全角度出发，设计压力必须大于井内射孔层段顶界处液柱静压力 10MPa 以上，引爆时向油管或环空内加压即可起爆。

2. 传爆管

传爆管用于传递起爆器激发后的爆轰，并起爆射孔枪上的导爆索，继而引爆射孔弹，射孔枪串之间的传爆也需使用传爆管。

五、作业技术要求

（1）连续油管射孔工具外径宜小于最小作业通径 6mm，外缘台阶倒角宜小于 45°。

（2）连续油管连接器抗拉、承压应符合表 14-2 的相关要求。若用于特殊工艺作业，还应满足抗扭和投球通径要求。

表 14-2 常用连续油管连接器拉力和压力测试表

项目	测试值				
连续油管外径（mm）	31.8	38.1	44.5	50.8	60.3
拉力（kN）	80	100	120	150	200
压力（MPa）	35	35	35	35	35

（3）工具串应使用单流阀，单流阀应直接连在连续器下端。若用于特殊工艺作业，应评估井控风险并根据工艺需求进行选择。

（4）工具串宜使用丢手工具，满足下列要求：

①剪钉数量设置应满足丢手压力或丢手拉力要求。

②使用液压丢手时，启动压力应在连续油管预计最高施工压力范围内；丢手压力应小于丢手以上工具额定工作压力，丢手球应能通过连续油管和丢手以上工具。

③使用机械丢手时，丢手剪切拉力设置应小于连续油管末端计算最大拉力。

④丢手下部工具外径不大于丢手工具，且较短时，可不使用丢手工具。

（5）使用非开孔起爆器，可不接单流阀；使用环空起爆工具，起爆器应接在射孔枪下部。

（6）使用延时起爆装置多簇射孔时，延时时间不宜小于7min，且簇间距不宜超过30m。

（7）射孔枪外径应小于井筒最小通径位置15mm以上。

（8）若采用压力起爆方式引爆，泵注设备额定工作压力应大于设计引爆压力10MPa以上。

（9）射孔前准备。

① 射孔作业前，应模拟通井至射孔底界以下 5m 以上。

② 射孔前，井内射孔液液面应在井口。

（10）射孔作业。

①开泵加压宜逐级进行，泵注压力应控制在安全范围内。

②内起爆，超压停泵压力设置不宜超过破裂压力80%；外起爆，宜控制在50MPa以内。

③外起爆时，连续油管内应补平衡压力，连续油管内外压差值宜小于20MPa。

④射孔管串起下过程中，操作应平稳，符合通井管柱入井速度控制要求。

⑤下入射孔管串过程中，应控制连续油管内外压力小于起爆压力15MPa。

⑥射孔完成后，上提连续油管出井口，应检查射孔弹发射率。

六、分簇射孔应用实例

1. 作业井况简述

某油田 A 井水平段长 482m，井斜基本控制在 85°~90°，轨迹整体平滑，未钻遇断层。完钻井深 3879.20m，井深 3570m 处井斜角达到 89.6°[2]。

2. 井下工具串优化

该井采用分簇射孔及桥塞联作工艺，井下工具串为 ϕ50.8mm 连续油管 +ϕ73mm 外卡瓦连接器 +ϕ73mm 双瓣式单流阀 +ϕ73mm 液压丢手接头 +ϕ73mm 转换接头 +ϕ86mm 分簇射孔枪总成 +ϕ87mm 桥塞坐封工具 +ϕ111mm 套管桥塞。

3. 现场施工作业

该井使用 50.8mm 连续油管带桥射联作工具串，分四次完成 7 簇射孔（2 簇 +2 簇 +1 簇 +2 簇），顺利完成水平段四级压裂。

（1）下入连续油管至预计层段，使用黏度 2mPa·s 滑溜水，以 200L/min 排量循环下油管，每 500m 做一次悬重测试；进入造斜段后，下放速度控制在 15m/min。

（2）环空开泵，逐渐打压至 25MPa，坐封桥塞并下探确认。

（3）上提连续油管至预计层段，从连续油管内投球，并泵送推球，打压射孔后上提（簇间距 +1 根枪长 + 延时装置长度），进行第 2 簇射孔。

（4）本次施工一次成功，整个过程 210min，而且在射孔后，可以带压作业，保证了作业过程中的井控安全。

（5）射孔后，井口压力由 0MPa 升到 6.5MPa，说明射孔成功。

第四节　连续冲砂工艺技术

连续油管带压冲砂是体积压裂施工中最基础的配套作业技术，在全部工艺中占比很大，也造就了众多新工具、新工艺，创新程度很高。

在水平井体积压裂施工中，连续油管冲砂集中应用在压裂中途砂堵处理、压后钻磨及投产后井筒清理作业中。尤其是压后钻磨（桥塞或球座），经常是钻磨与冲砂交替进行，施工作业难度较大。对低压易漏水平井、生产中后期产层亏空水平井，冲砂风险很高，卡钻频繁，是连续油管冲砂作业难点与痛点。

一、工艺技术概述

冲砂是油气田井下作业最常见的施工工序，按循环方式不同，可分为正冲砂、反冲砂和正反冲砂三种作业工艺。其中正循环冲砂应用最多，无论是连续油管、还是修井机作业，施工操作都非常成熟。

反冲砂具有携砂能力强、上返速度快及不会卡管等优点，但水平井射孔簇数多、连续油管摩阻高，冲砂作业又基本集中在产层，反冲砂往往造成井底激动压力增大，冲砂液被憋进产层，很难形成有效循环，现场使用较少。对天然气井或气油比较高的油井，反冲砂易导致环空气体压缩，增加循环阻力，井控风险也很大，也不建议反循环冲砂。

除携砂液正常循环外，冲砂作业还要借助井下工具实现水力喷射对积砂的冲击作用，反循环很难满足这一要求。但对环空较大的作业井，反冲砂工艺还是很有效的。

正反冲砂虽具有更强的携砂能力，但操作更复杂，水平井冲砂现场已极少使用，仅在卡管等复杂工况处置时使用。

连续油管在冲洗类作业中有着非常大的优势，现已从前期的光管冲砂作业，到携带一些简单的工具冲砂；发展到目前，已能根据井况和作业要求，灵活选择多种新工具、综合应用多类新工艺。

二、水力喷射冲砂工艺

水力喷射冲砂作业是用地面泵注设备，将冲砂液通过连续油管输送到井下，因工具喷嘴节流作用，出口建立起一定的射流速度，冲砂液通过射流冲击井内积砂，使积砂产生松动进而被冲砂液携带出井口。有些井受时间和压力等因素影响，积砂板结严重，如采用光管冲砂，出口速度有限，不能建立起足够的射流速度，积砂不能被有效搅碎而冲起。

水力喷射技术除了能进行常规冲砂洗井作业外，通过调整工具结构、参数和作业介质,也能用于除垢、解堵、切割和拖动酸化、酸压等作业。

1. 多孔冲洗头

多孔冲洗头是冲洗作业中最简单、最常用的一种工具,其工具组合如图14-5所示。常用滚压(或凹坑)连接器与连续油管直连,工具外径可与连续油管尺寸一致,具有良好的可通过性及冲洗效果。为提高喷射效果及可操作性,目前常用喷嘴式多孔冲洗头,喷嘴孔径大小、数量可现场调节。工作时,流体通过冲洗头喷嘴时产生节流,形成高速射流,达到强力冲洗的目的。

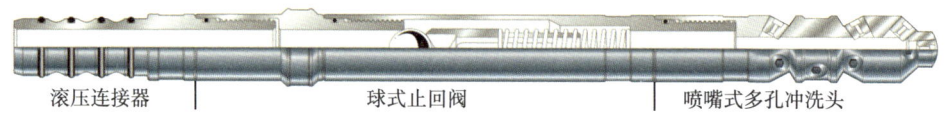

图14-5 多孔冲洗头冲砂工具组合

2. 旋流冲洗头

旋流冲洗头由上接头、"O"形密封圈、旋流套、旋流器和喷嘴组成,其结构如图14-6所示。工作时,流体通过旋流器叶片,流体轨迹发生改变,强迫流体沿旋流器导引方向流动,产生三维速度,即轴向、径向与旋转。最终流体经过喷嘴后高速旋转喷出,喷射出的流体呈圆锥状,可以应用在复杂井作业中,有一定的破岩能力,清洗效果好。

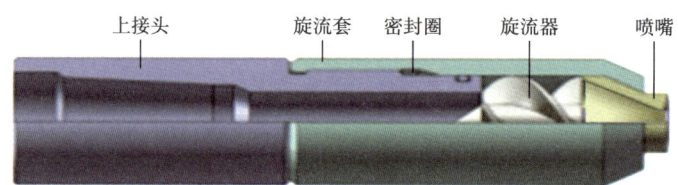

图14-6 旋流冲洗头

3. 旋转冲洗头

旋转冲洗头分为非限速与限速两种类型。

图14-7所示为非限速旋转冲洗头[3],主要由上接头、旋转套和下堵头三部分构成。旋转套上装有射流喷嘴,沿工具轴向上下各4个,用于清扫管柱内沿程沉砂及内壁污垢;沿旋转套外圆切向对称安装2个喷嘴,为旋转套旋转提供动力。冲洗液流经喷嘴时,压能转变为动能,高速冲击生产管柱内壁,冲击破坏管壁积垢,并利用高速旋流形成的湍流,携带管内沉砂及其他杂质上返至井口,实现高效冲洗的目的。

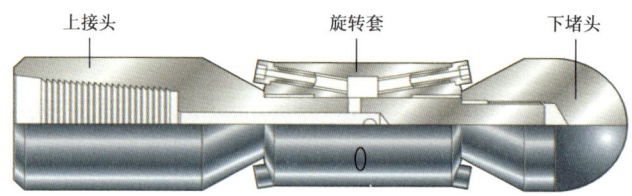

图14-7 非限速旋转冲洗头

图 14-8 所示为限速型旋转冲洗头[4]，主要由上接头、限速环、芯轴、下接头、喷头与喷嘴等部分组成。工作时，流体通过上接头芯轴，最终通过偏心安装的喷嘴流出，形成高速射流清洗管壁。由于偏心安装，喷嘴出口流体产生反作用力驱动喷头转动，通过限速环进行速度控制，防止喷头旋转速度过快，保证射流有一定的驻留时间，以便达到清洗的效果。通过控制施工排量大小可调整喷嘴射流速度，控制旋转速度，以满足现场施工需求。

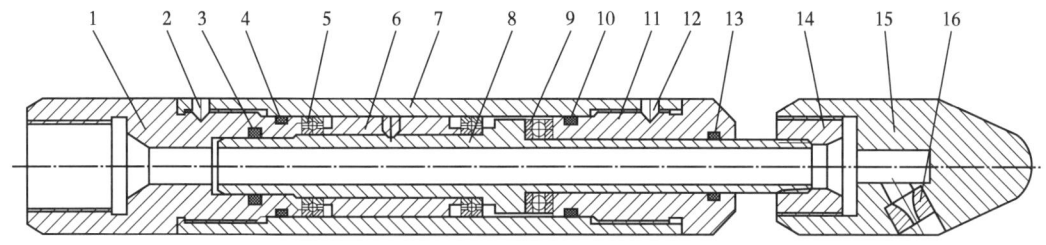

图 14-8 限速型旋转冲洗头

1—上接头；2—螺钉；3,4,10,13—密封圈；5—深沟球轴承；6—限速环；7—本体；
8—芯轴；9—止推轴承；11—下接头；12—螺钉；14—转换接头；15—喷头；16—喷嘴

4. 喷射冲砂作业流程

（1）探砂面。

①探砂面下放速度应小于 5m/min。遇阻后，应反复探砂面 2 次以上，遇阻砂面载荷下降应大于 10kN。

②探到砂面后，记录砂面位置，上提管柱至砂面以上 5m，开泵循环正常，再缓慢下放管柱冲砂。

（2）正循环冲砂。

①应控制出口排量与泵注排量基本一致。

②冲砂下放速度以 5~10m/min 为宜。

③载荷变化应控制在 10~20kN，遇阻应停止下入，待载荷恢复后再下入。

④大斜度井段、水平井段冲砂，每进尺 100~200m 宜上提 5~10m 测试载荷，校验载荷一次。

⑤若冲砂无进尺，应上下活动连续油管。反复冲洗无效时，应起出连续油管。

⑥应连续泵注。若中途停泵，应上下活动管柱，立即启动备用泵。直井段应提到砂面以上 50m，水平段应提到造斜点以上。

⑦应注意井口压力变化，若井内压力突然上涨，应及时调节注入头链条张紧压力和夹紧压力，同时增加防喷盒压力。

⑧宜根据出口返砂情况，间断泵注 20~40mPa·s 高黏携砂液。

⑨应安排专人观察返排情况，定时取样，全程计量出口排量。若出口排量减小，应上提连续油管且加大排量持续泵注，待出口稳定后再进行冲砂；若出口排量明显低于泵注排量或失返漏失严重，应继续保持循环，上提连续油管至安全井段，分析原因并采取措施后继续作业。冲砂至目的深度后，应继续泵注循环，定点循环 10min 以上后，边循环边上提连续油管出井口，上提速度宜为 10~20m/min。

5. 作业技术要求

（1）冲洗头和单流阀应等外径，若冲洗头或其他工具外径大于单流阀外径时，应使用丢手工具。单流阀推荐使用双活瓣单流阀，管柱不应带通井规及其他大直径工具。

（2）冲砂液应具有较强的携砂能力和适宜的相对密度，并备用20~40mPa·s高黏携砂液。

（3）直井段冲砂，最小上返流速不宜小于2倍颗粒沉降速度；水平井段冲砂，最小上返流速不宜小于6倍颗粒沉降速度。

（4）每冲砂100~200m，根据出口返砂情况，及时上提冲砂工具串至安全井段，且管柱上提速度不应大于环空液体上返速度。

（5）冲砂过程中，应准确控制回压，并预防边冲砂边出砂复杂情况。

三、氮气泡沫冲砂工艺

水平井衰竭式开采中后期，地层压力下降快，甚至出现地层亏空。在常规流体冲砂洗井作业中，由于入井液漏失及滤失，往往会对油气产层造成一定的污染，影响作业后产能。国内部分低渗透油藏、致密油气藏、页岩油及深层煤岩气，开发前地层压力系数就小于1，压后冲砂、钻磨桥塞漏失严重，甚至不能建立正常的洗井循环。

使用氮气泡沫流体可有效解决上述问题，一是泡沫流体密度低，有利于建立环空循环；二是泡沫流体黏度高，携砂效果好，在较低的上返速度下，其携砂能力远高于清水或其他类型的冲砂液。

使用泡沫冲砂能有效控制环空压力、建立正常循环，也能减少漏失和地层污染，主要用于大尺寸井眼或地层压力系数小于1.0的漏失井冲砂作业。

连续管具有提速度、提效率和降成本、降风险的优势，与氮气泡沫流体技术相结合，已成为低压水平井冲洗、钻磨作业最佳工作液选择。

1. 泡沫冲砂技术原理

氮气泡沫冲砂是利用泡沫流体密度小、黏度高、携带性能好的特点，将泡沫流体作为携砂液，并控制泡沫密度平衡地层压力，在连续油管和环空中实现连续不间断循环，并依靠泡沫流体冲散井内积砂，达到清除井底沉砂的目的。

泡沫冲砂液相对于水及混气水具有较大的黏度和较好的悬浮能力，通过氮气推举，泡沫冲砂液从连续油管注入到达井底，水平段砂粒悬浮在泡沫流体中，随流体一起在环空循环并返出地面。

2. 泡沫冲砂液配制

氮气泡沫流体是一种可压缩的非牛顿流体，具有许多优点，如密度低且方便调节、黏度高、摩阻低、携砂能力强，以及在地下与天然气混合不易发生爆炸等。

氮气泡沫流体是由内充气体、泡沫基液等形成的分散体系，其中液体是连续相，气体是不连续相。现场施工时将氮气通过增压橇、泡沫基液通过柱塞泵同时注入泡沫发生器，经叶轮高速旋转剪切，液体与气体充分混合，气体被分散到液体中，从而形成连续稳定的均匀泡沫流体。

泡沫基液由水、起泡剂和稳泡剂按一定比例配制而成，起泡剂采用多种高效表面活性剂复配，起泡能力强。使用稳泡剂的目的是通过提高液相黏度，降低流动度，增加液膜表面强度来减缓泡沫的排液速率，提高泡沫稳定性。

泡沫密度是用气液混合比控制的，用清水作为基液配制泡沫液，泡沫液密度为 $0.3{\sim}0.9\mathrm{g/cm}^3$，且调整十分容易，甚至还可以更低。作业时，泡沫液相对密度应控制在地层压力系数 80% 以内，泡沫气相分量在 55%~95% 范围内。

3. 氮气泡沫发生器

氮气泡沫发生器将氮气与泡沫基液充分混合后形成均匀的泡沫流体，其结构原理如图 14-9 所示，与稠化剂水化装置基本相似，同属静态混合器。

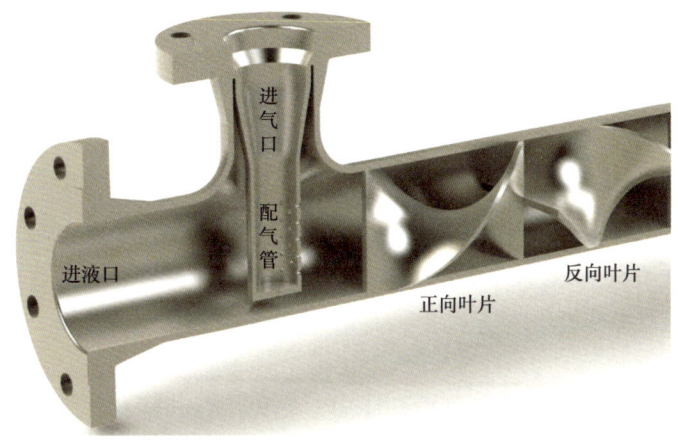

图 14-9 泡沫发生器结构

泡沫发生器内有气液混合腔和气液搅拌叶轮。气体直接进入配气管，与基液混合，先分散成小气泡；初步混合的泡沫液经过固定式叶轮，多次改变流向并充分搅拌混合，气泡粉碎，分裂成微小气泡分布在基液中。搅拌叶轮越多，混合越均匀。

4. 地面工艺流程

连续油管氮气泡沫冲砂作业设备包括连续油管车、制氮车、增压泵、泡沫发生器、柱塞泵（压裂车）、高压管汇、基液罐及外排罐等。柱塞泵将配好的泡沫基液泵入泡沫发生器，同时泵入氮气混合形成氮气泡沫液，泡沫液作为携砂介质泵入井筒进行冲砂作业，地面工艺流程如图 14-10 所示。

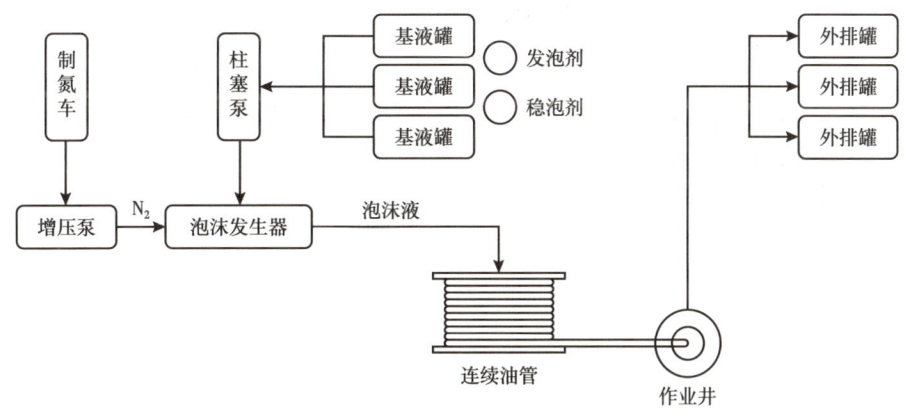

图 14-10 氮气泡沫冲砂工艺流程

5. 冲砂作业步骤

（1）连续油管接近砂面 50m 时，应增大排量到冲砂施工排量，开始冲砂作业。

（2）当井内失返，应降低泡沫密度，并上提连续油管 5~10m，井口返出泡沫液时，再下放连续油管继续冲砂。

（3）冲砂至目标井深，应循环泡沫液清洗井筒，返出口无砂时泵车停止供液，用氮气气举出井内泡沫液，停泵。

（4）上提，起出连续油管。

（5）返出泡沫液应进入敞口罐或放喷池，消泡、沉砂。

6. 泡沫冲砂技术优势

（1）冲砂液密度低。

氮气泡沫密度低，可实现低压或负压循环，以免漏失。

（2）冲砂液黏度高。

在较低的返速下，泡沫流体携砂能力远高于空气、水甚至压裂液。氮气泡沫黏度高、滤失量少、液相成分低，可大幅减少对产层的伤害。另外，氮气泡沫悬浮能力强，可以把井内固体颗粒或其他附着物携带至地面。

（3）可实现负压。

泡沫冲砂液在井筒中所形成的低液柱压力，避免了将井壁及井筒中的污染堵塞物挤入产层，并在较高地层压力与较低液柱压力之间形成负压，诱使近井地带污染物返吐，对顺畅裂缝极为有利。

四、射流泵负压冲砂工艺

在低压漏失水平井冲砂工艺选择上，国内外采用不同的工艺方法。国内以氮气泡沫结合水力喷射冲砂方式为主，工艺配套继承于小修作业，推广应用于连续油管作业。国外以射流泵负压冲砂为主，既有同心连续油管作业，也有并行连续油管作业，如图 14-11 所示。

(a) 同心连续油管　　　　　　　　(b) 并行连续油管

图 14-11　射流泵负压冲砂用连续油管

射流泵技术用于低压易漏水平井负压冲砂，在工艺上主要需实现两点，一是将射流泵采油工艺原理用于抽砂，二是应用同心管或平行管实现动力液与携砂液独立循环，不再依赖低压漏失井筒。

1. 负压冲砂技术原理

同心管负压冲砂技术原理如图 14-12 所示，来自地面动力泵的高压动力液沿同心管环空下行，越过射流泵桥式筒（轴向通道连接同心管环空与高压腔、径向通道连接同心管内腔与井筒，两通道互不相通），即动力液沿桥式筒轴向通道进入高压腔；少部分动力液由冲砂喷嘴喷出，冲击井底，搅动沉砂后，上返到桥式筒入口（横向通道）；大部分动力液由携砂喷嘴喷出，由于射流速度高，射流周围压力降低，形成负压区，将冲砂喷嘴搅起的沉砂与高速喷出的携砂液一起吸入喉管，在射流携带下进入扩散管，速度降低，压力升高到射流泵排出压力，混合后的携砂液沿同心管内管返回地面。即在高压腔内，通过喷嘴分流，动力液分流成冲砂液和携砂液两路，一路用于射流冲砂，另一路用于射流举升。随着射流泵的逐渐下放，不间断循环完成负压抽砂作业[5]。

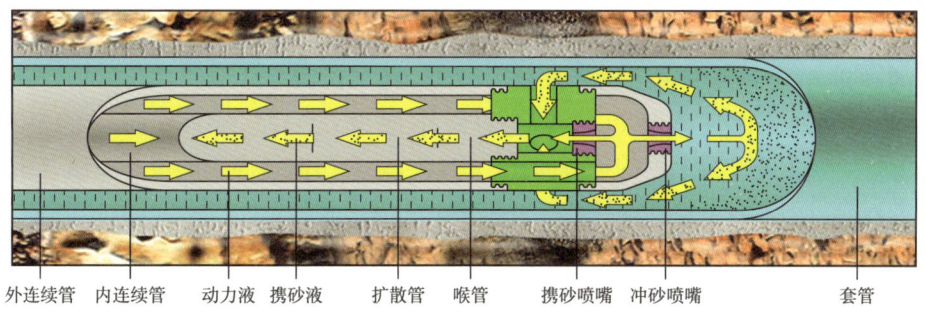

图 14-12　射流泵负压冲砂技术原理图

2. 负压冲砂工艺参数

（1）动力液分配。

要使射流泵负压工作区压力保持稳定，井内动液面就需保持不变。为实现这一要求，冲砂喷嘴喷出的液体量约等于射流泵的吸入量。考虑到高压射流泵的容积效率最高为 42%，忽略其他因素影响，射流泵的有效吸液量为工作流量的 42%。通过冲砂喷嘴流量 Q_W 与通过举升喷嘴流量 Q_S 关系为 $Q_W/Q_S=0.42$，根据 $Q_W=k_W A_W \Delta p_W^m$、$Q_S=k_S A_S \Delta p_S^m$，其中 k_W、k_S 分别为冲砂喷嘴与举升喷嘴流量系数，Δp_W、Δp_S 分别为冲砂喷嘴与举升喷嘴压降。m 为压力指数，搅砂喷嘴与高压喷嘴结构形式相同，喷出同一种液体，可近似认为 2 个喷嘴压力指数相等。对同一种工作液及同一流道类型喷嘴而言，$k_W=k_S$，又因两个喷嘴从同一个高压腔供液，$\Delta p_W \approx \Delta p_S$，可得 $A_W/A_S=0.42$，即 $D_W/D_S=0.65$（图 4-13）。

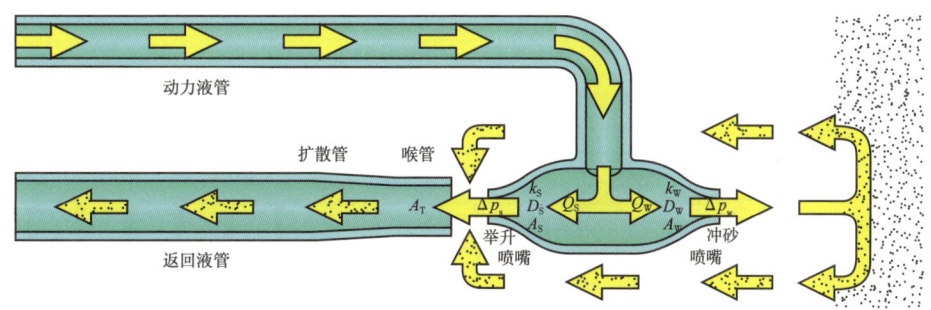

图 14-13　射流泵负压冲砂水力参数示意图

（2）负压抽砂能力。

射流泵负压抽砂能力取决于举升喷嘴与喉管过流面积之比。A_S 为高压喷嘴过流面积，A_T 为喉管过流面积，常取 $A_S/A_T=0.17\sim0.4$。取值接近上限时，喷射液柱四周环形供液面积相对较小，导致吸液量较小，使其成为一个压头相对较高、排量相对较低的射流泵。这种射流泵适应于深井抽砂。如果在浅井中使用，虽然流量会增大，但过大的流量使流速太高，水力损失太大，效率极低。取值接近下限时，喷射液柱四周的环形供液面积相对较大，导致吸液流量较大，而产生的压头较低。这种泵适用于浅井抽砂。如果在深井中使用，虽然压头会增大，但较大的环形面积使大量的低速液体与高速动力液之间产生较高的湍流损失，射流泵效率极低。因此，A_S/A_T 为井深函数，设计计算同一般采油射流泵。

（3）抽砂液排量。

根据地面试验与现场实践，保证将砂粒带至地面的水力条件为 $v_t>2v_d$，v_t 为抽砂液返回地面的上升速度；v_d 为砂粒在静止冲砂液中的自由下沉速度。

由前式可知，保证砂粒返回地面的最小速度 $v_{min}=2v_d$，冲砂所需的最低流量 $Q_{min}=v_{min}A_b$，A_b 为冲砂液上返的过流面积。由此可计算所需地面泵的最小流量，或在已知地面泵最大流量的情况下合理选择冲砂管尺寸。

砂粒从井底上升到地面所需要时间 $t=H/(v_t-v_d)$，H 为冲砂深度。用 t 与实际返回时间比较，可间接检测井下射流泵工作情况、冲砂效果及冲砂液黏度是否合适。

3. 负压冲砂技术流程

并行连续油管冲砂作业管柱流程如图 14-14 所示，同心连续油管冲砂作业管柱流程如图 14-15 所示。

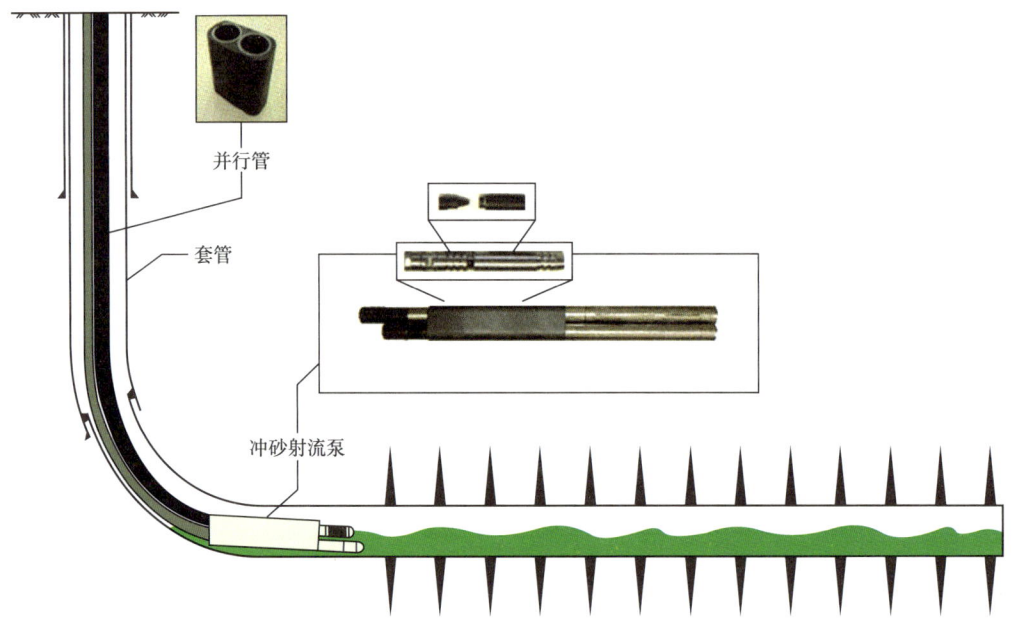

图 14-14 并行连续油管冲砂作业管柱

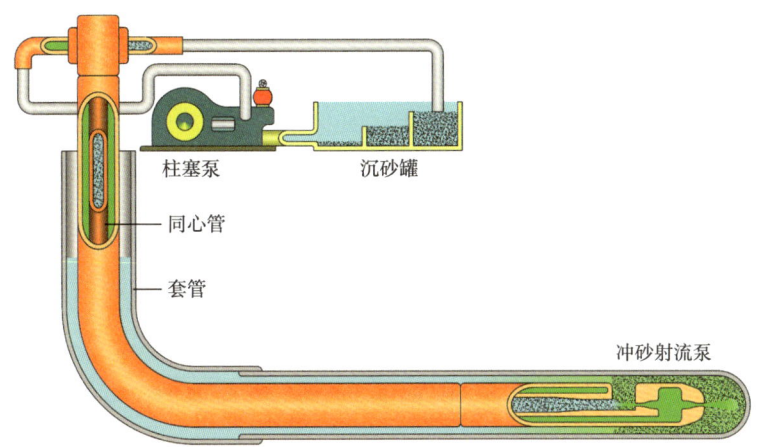

图 14-15　同心连续油管冲砂作业管柱

五、连续冲砂技术特点

（1）连续循环，动态冲洗，更适应复杂井况；
（2）通过性强，适应过油管、过滑套、过封隔器等复杂作业；
（3）带压作业，更好地保护储层；
（4）高效率，更少的人员动用，高作业时效，高清洗效果；
（5）灵活多样的工艺模式，有利于衍生新的作业类型和问题解决方案。

第五节　带压钻磨技术

除水力喷射分段、拖动封隔器分段技术外，水平井体积压裂均需借助井下工具实现段间封隔，如桥塞、球座等。但受分段工具、井内落物影响，压裂投产后产层出砂，极易堆积在工具或落物背后，引起井筒堵塞；堵塞位置以下层段油气生产暂停，从而造成产量下降，需带压钻磨疏通井筒通道，恢复油气生产。

桥塞钻磨、球座钻铣是连续油管带压钻磨的主要作业内容，需针对不同类型、不同材质的桥塞、球座采取相应的铣磨工具及工艺参数，疏通井眼，确保正常生产。

桥塞、球座是在压裂前或压裂中安装在井内管柱上，本身都是可钻材料。现场作业中也有钻磨工具串、桥射工具串、压裂工具串遗留在井内，但因其材质较硬，本身就耐冲蚀，连续油管钻磨时间较长，多选用大修作业套铣方法处理。

一、带压钻磨工艺概述

连续油管带压钻磨工艺是在体积压裂施工结束后，采用连续油管将钻磨/铣工具串下至桥塞/球座位置，通过地面设备泵注钻磨液驱动螺杆钻具带动铣磨鞋旋转，桥塞/球座在工具串施加的钻压作用下以剪切变形方式被切削，桥塞/球座碎屑在高压水射流作用下被钻磨液冲离井底并上返环空，由钻磨液循环携带出井筒，直至井内桥塞/球座全部被钻除，恢复井筒畅通。

二、带压钻磨工具串

连续油管材质软、管壁薄,承扭能力低,很难将地面扭矩传递到井底,而且国内外大部分连续油管作业设备不具备地面旋转功能,因此带压钻磨旋转动力主要由螺杆钻具或涡轮钻具提供。典型钻磨/铣工具串自上而下依次设计为:连续油管+复合连接器+双翻板止回阀+液压双向震击器+液压丢手接头+螺杆/涡轮钻具+磨鞋/铣锥,如图14-16所示。其中震击器是防卡工具,在井况不甚复杂时推荐入井,可在卡钻时提供震击力,随时随地快速解除沉砂或碎屑卡钻,避免卡钻后无法活动解卡而需割管上大修处理。

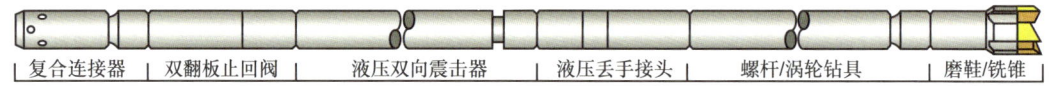

图 14-16　连续油管带压钻磨/铣工具串

连续油管下入深度受摩阻及连续油管屈曲限制,除在钻磨液中加入金属减阻剂降低连续油管与套管摩阻外,还需在工具串中加入水力振荡器,提高连续油管延伸长度。典型工具串结构为以下两种,一种带震击器、另一种不带震击器。

1. 带震击器钻磨工具串组合

复合连接器+双翻板止回阀+液压双向震击器+液压丢手接头+水力振荡器+螺杆/涡轮钻具+磨鞋/铣锥/钻头。

2. 无震击器钻磨工具串组合

复合连接器+重载马达头(含内防喷工具)+水力振荡器+螺杆/涡轮钻具+磨鞋/铣锥/钻头,如图14-17所示。

图 14-17　带水力振荡器无震击器钻磨/铣工具串

三、压裂桥塞可钻性分析

压裂桥塞、压裂球座材质同为可钻性材料,但不同结构、不同材料可钻性差异很大,这是国内连续油管钻磨作业机速慢、效率低、阻卡频繁的根本原因。其中复合桥塞作为分段压裂中临时封隔已压层段和待压层段的核心工具,由丁腈橡胶、球墨铸铁、强化玻璃纤维等材料通过缠绕成型、模压成型等工艺加工制造而成,其特定的材质和结构、钻磨效率和成屑尺寸要求都对钻磨工具优选提出更高要求。

随着工具厂家专利保护意识的提高,压裂桥塞结构设计越来越复杂,材质也五花八门。仅可钻桥塞,除球墨铸铁芯轴外,桥塞本体以复合材料、可溶材料(主要是铝镁合金)为主,胶筒为橡胶,卡瓦为整体铸铁材料或复合材料镶嵌硬质合金齿、陶瓷齿,剪切销钉为黄铜。即便是可溶桥塞,因压裂结束时间远早于全井桥塞全部溶解时间,又受井温和矿化度等因素影响,导致溶解慢和溶解不彻底,压后也需下入钻磨工具清除井筒残余的可溶桥塞。

国产桥塞在复合材料、胶筒可钻性方面虽然与北美仍有一定差距,但影响施工安全的关键因素还是卡瓦。大部分球墨铸铁整体式卡瓦韧性较强,钻磨时很难压碎,又不容易返出,不仅破坏磨鞋硬质合金齿,而且钻磨速度慢,甚至造成严重的卡钻事故。当卡瓦本体材质为复合材料时,卡瓦齿多选脆性较好的陶瓷或硬质合金材料,镶嵌在卡瓦体,如图 14-18 所示。即便遇卡,多次上提下放也可挤碎卡瓦齿,不会造成严重的卡钻事故。

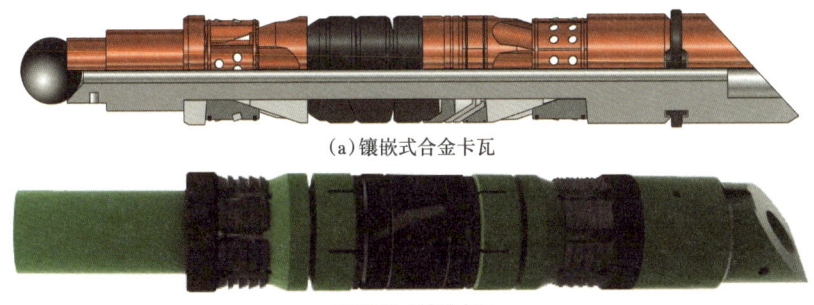

(a)镶嵌式合金卡瓦

(b)整体式铸铁卡瓦

图 14-18 复合桥塞卡瓦结构示意图

四、关键作业工具

磨鞋和螺杆钻具是连续油管钻磨工具串中最直接的作业工具,磨鞋是切削刃具,螺杆钻具为磨鞋旋转提供动力。高效钻磨成功的关键,是根据井况选择合适的钻磨工具,并通过不同工具相互配合有效控制钻磨参数和操作流程。

1. 磨鞋

国内外压裂配套钻磨作业普遍使用硬质合金磨鞋作为复合桥塞、铸铁球座磨削或切削工具,其本身不含运动部件,结构简单、加工容易,经济耐用。牙轮钻头成屑尺寸小,反扭矩也小,但需要较大钻压;尤其是长水平段作业时趾部加压困难,磨铣活动部件如卡瓦、压裂球时容易蹩跳,对连续油管及其工具串伤害较大,国外在复合桥塞钻磨作业中已有应用案例(图 14-19),但远未普及。PDC 钻头钻塞速度快、耐磨性好,在国外应用越来越多,已出现替代磨鞋趋势;尤其是长段水平井,压裂段数多、桥塞用量大,PDC 钻头一趟钻塞数量高达上百个。国内也已开展了 PDC 钻头钻塞试验,但钻磨效果远不及磨鞋,这主要是因为国内外桥塞材质、可钻性差异很大。国产桥塞主要确保压裂分段可靠性,在可钻性方面考虑较少。

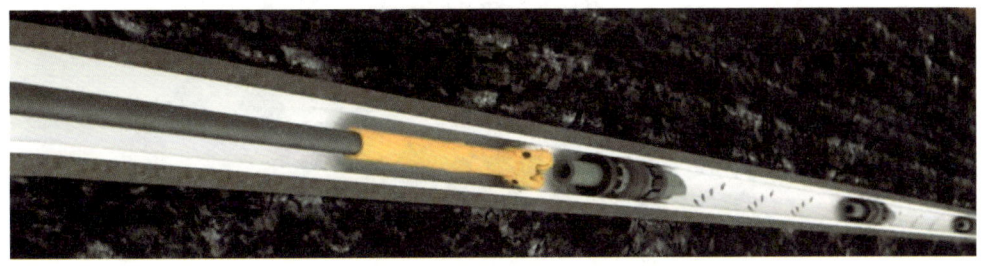

图 14-19 牙轮钻头钻磨桥塞示意图

（1）磨鞋几何形态。

磨鞋设计考虑的主要因素包括外径（通常为通径的94%~96%）、切削面几何形态（凸形、凹形、平面、切削和尖锥等）、刃型（刃面数量、径向角、刃面角）、流道和水眼（涉及清洗、通道大小、直线或弯曲等）。按切削韧几何形态，磨鞋可分为刀翼磨鞋、蝶翅磨鞋和面底磨鞋，前者主要用于复合材料切削，与PDC钻头切削机理相似，刀翼数量为3~6条，后者专注于铸铁材料磨削；切削韧周向旋转轨迹为切削面，按切削面几何形态，磨鞋可分为平面磨鞋、凹面磨鞋、球面磨鞋、锥面磨鞋等。图14-20所示为常见磨鞋外形及切削面形态。

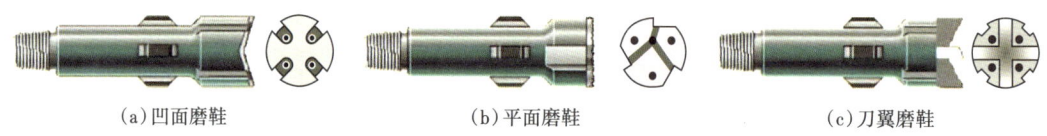

(a) 凹面磨鞋　　　　　(b) 平面磨鞋　　　　　(c) 刀翼磨鞋

图14-20　常见磨鞋结构外形及切削韧几何形态

平面磨鞋磨削速度慢、碎屑小，对卡瓦、压裂球等小件活动物无法磨铣，主要用于固定钻磨物磨削；凹面磨鞋磨铣速度、碎屑形态与平面磨鞋一样，但其独特的凹面切削刃，尤其适用于磨铣不固定的大颗粒钻磨物。刀翼磨鞋切削能力强、磨铣速度快，但碎屑较大。

（2）硬质合金切削元件。

硬质合金磨鞋是在磨鞋基体上钎焊硬质合金切削元件而成，切削元件也常被称为硬质合金齿，由难熔金属的硬质化合物和黏结金属（主要是钴）通过粉末冶金工艺制成。

磨鞋上使用的硬质合金以钨钴类（YG）为主，从外观形状来看，有颗粒状和柱状两种。前者是将烧结碳化钨合金压碎成随机形状和随机粒径的颗粒；后者是将碳化钨粉末放入成型模具型腔中，在一定温度下模压成一定形状的合金块，如对称金字塔形、圆柱体形、星形、圆角长方体形、短四棱柱形、短六棱柱形等不规则形状，如图14-21所示。

图14-21　硬质合金柱类切削元件

国产磨鞋切削元件以前普遍采用短圆柱形硬质合金，将其插入磨鞋本体后表面钎焊。因硬质合金材质偏脆，钻压过大时合金断裂破坏较多，磨铣效果很差。目前已全部改用硬质合金颗粒或片状、块状异形硬质合金柱，磨鞋寿命大幅提高，如图14-22所示。

图 14-22　硬质合金柱类凹面磨鞋

（3）磨鞋选型及结构优化。

应用连续油管钻磨复合桥塞时，应发挥井下动力钻具低钻压、高转速技术特点，选择切削元件布齿密度高、自锐能力强的磨鞋或铣锥。因复合桥塞结构差异大、材料成型工艺多、材质品种复杂，可钻性差异极大，应根据井内桥塞具体性能，选择合适的磨鞋。

磨鞋外径应略小于套管内径 8~10mm 为宜，既可以扶正钻头，又不会损伤套管。因国产桥塞卡瓦钻磨时不易断裂，碎块较大，为防止卡瓦块循环不出卡死磨鞋，前期选用磨鞋外径尺寸较大，仅比套管内径小 4mm，意图将卡瓦碎块压制在磨鞋以下，再用小件落物打捞工具捞出。因磨鞋外径较大，切屑不能及时返出，重复切削较多，钻磨速度慢。随着可循环随钻强磁杆本体强度增强，磁杆随钻打捞技术日渐成熟，磨鞋外径选取已回归标准。

磨鞋切削能力、桥塞可钻性是国内外钻磨效率差距巨大的主要原因，也是影响连续油管行业效益的重要因素。国产压裂桥塞在复合材料、胶筒、卡瓦可钻性上还需提高，只有改善桥塞可钻性，才具备刀翼型磨鞋、PDC 钻头等高效钻磨工具推广应用条件。

（4）铣锥选型及结构优化。

压裂球座材质以球墨铸铁为主，机械性能、可钻性差异不大，多选用梨形磨鞋或铣锥进行钻铣，如图14-23所示。压裂球座有开放式和沉入式两种结构型式，如图14-24所示。一般大尺寸压裂球匹配开放式球座，小尺寸压裂球匹配沉入式球座，也有生产厂家全部选用开放球座。压裂球目前以可溶球为主，前期有部分塑料球，甚至钢球。其中实心钢球

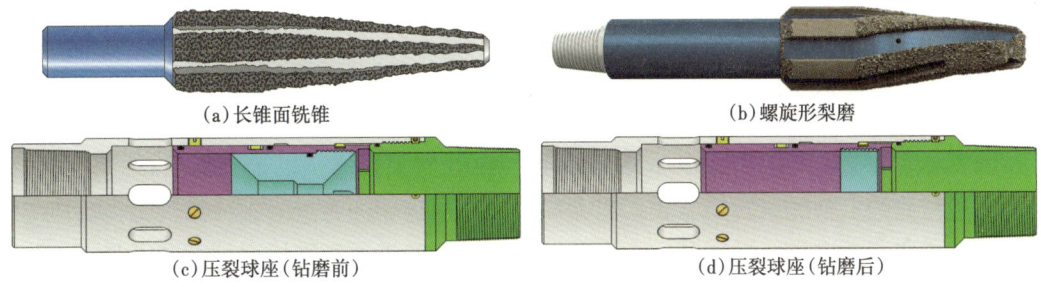

图 14-23　压裂球座及其钻磨工具

无法钻磨，只能采取小件落物打捞措施。如果钢球落在开放式球座上，可用外卡爪打捞器抓取，或用球面磁捞打捞，如图14-25所示；当钢球落在沉入式球座内，采用套铣方式进行打捞或直接用套铣工具钻铣井内全部球座。塑料球无需打捞，可用凹面磨鞋反复冲击或碾压使其破碎，因此梨磨或铣锥并不是球座钻磨唯一工具类型，应根据井下实际情况正确选用钻磨工具。

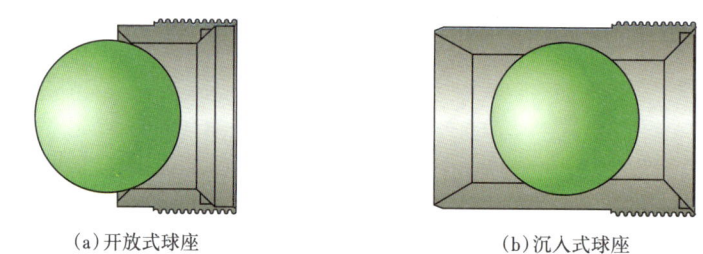

(a)开放式球座　　　　　　(b)沉入式球座

图14-24　压裂球与球座结构匹配型式

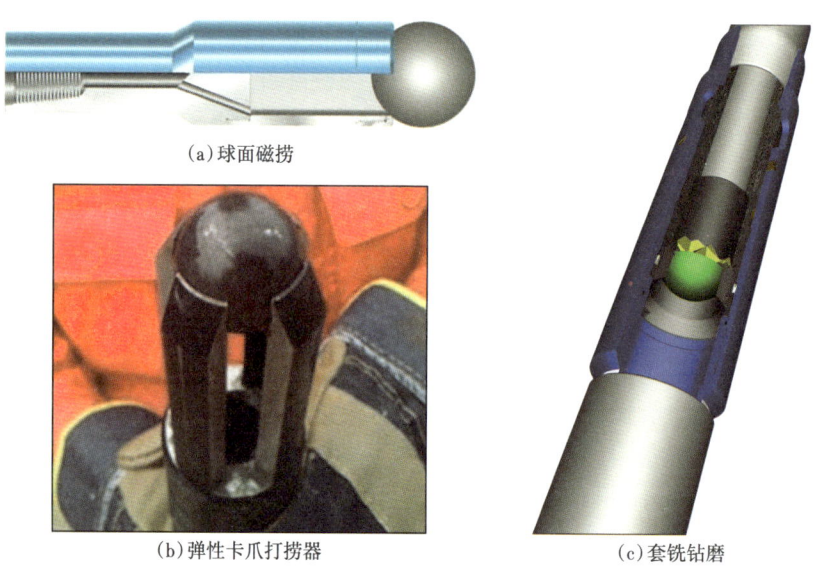

图14-25　压裂球打捞/套铣工具

2. 螺杆钻具

连续油管自身不能旋转，钻磨作业由井下动力钻具提供动力。井下动力钻具能把钻磨液能量转化为钻磨切削动力，主要包括容积式螺杆钻具、叶片式涡轮钻具等，如图14-26所示。国内螺杆钻具生产制造、配套应用最为成熟，小尺寸涡轮钻具刚开始现场试验，钻磨作业应用较少。井下动力钻具转速较高，特别适合磨铣等高转速作业。

螺杆钻具是利用莫依诺（Moineau）原理，以井筒工作液为动力介质，把液体压力能转换为机械能的一种能量转换装置。当井筒工作液从连续油管进入螺杆钻具时，高压工作液迫使转子在定子中做行星运动，产生的扭矩和转速通过万向轴传递到钻磨工具上，达到磨铣的目的。

钻磨时，螺杆钻具直接带动连接在其传动轴上的磨鞋/铣锥回转，整个连续油管仅作为输送高压工作介质的通道和支撑磨鞋/铣锥反扭矩的杆件，不做回转运动。

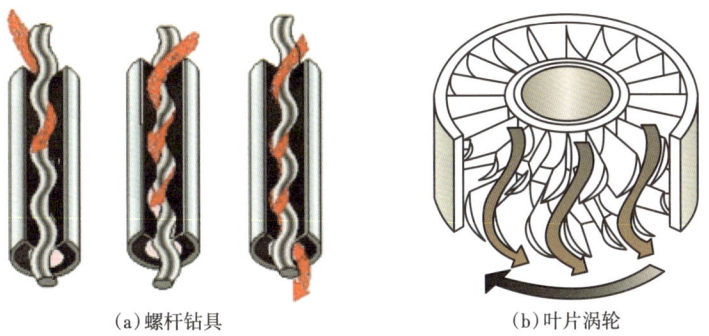

(a) 螺杆钻具　　　　　　　　(b) 叶片涡轮

图 14-26　井下动力钻具结构示意图

（1）螺杆钻具结构原理。

螺杆钻具由旁通阀总成、马达总成、万向轴总成、传动轴总成组成，如图 14-27 所示。其中马达总成是最关键的动力部件，将水力能转化为机械能；万向轴总成把马达转子的行星运动转换为传动轴总成的定轴转动；传动轴总成将马达的旋转动力传递给钻头，同时承受钻压所产生的轴向和径向负荷。

马达总成　　　　　　万向轴总成　　　　　传动轴总成

图 14-27　螺杆钻具主体结构

（2）螺杆钻具动力总成。

马达总成由转子、定子两部分组成，如图 14-28 所示。定子是内衬橡胶的金属钢管，包括钢制外筒和硫化在外筒内壁的橡胶衬套，衬套内孔为一个螺旋曲面的型腔，与转子相啮合形成密封腔。转子是由合金钢加工而成的具有特殊曲面的螺旋杆，上端是自由端，下端与万向轴相连。

螺杆钻具按马达转子端面线型"头数"（又称瓣数），可分为单头钻具和多头钻具。因转子线型和定子线型是一对摆线类共轭曲线副，若转子头数为 N，则定子头数必为 $N+1$，定子头数始终比转子多 1 个。

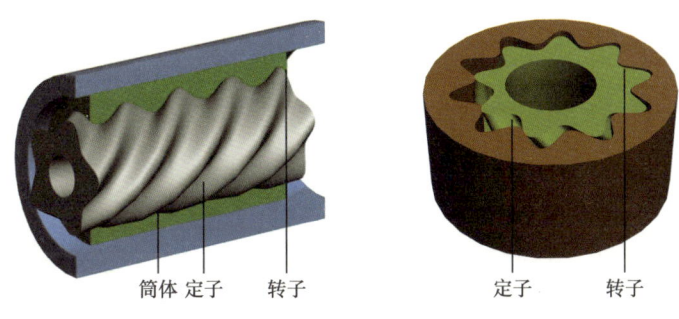

筒体　定子　转子　　　　　定子　转子

图 14-28　马达总成结构示意图

连续油管作业螺杆常用头数为 5/7/9，如图 14-29 所示。同等尺寸下，马达头数越多，转速越慢，扭矩越大。

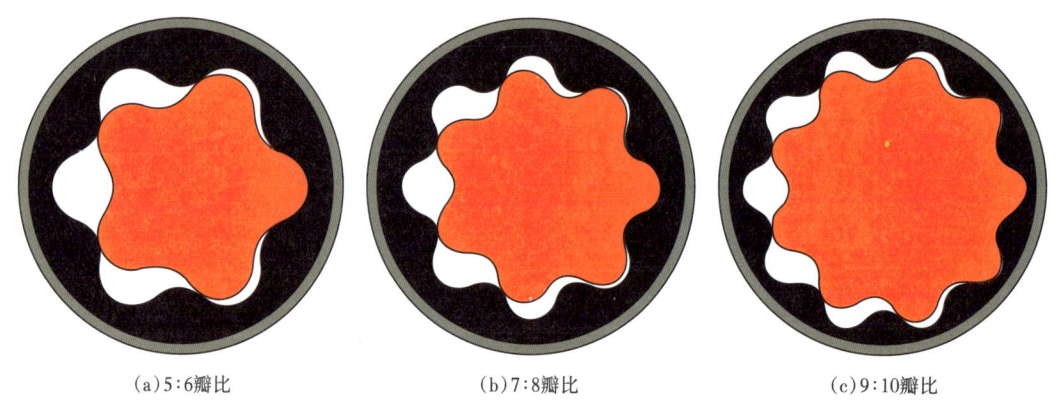

(a) 5:6瓣比　　　　　　(b) 7:8瓣比　　　　　　(c) 9:10瓣比

图 14-29　螺杆钻具头（瓣）数示意图

（3）螺杆钻具工作特性。

螺杆马达是典型的容积式钻具，工作原理遵从能量守恒定律。钻磨工作液排量是螺杆钻具唯一输入参数，经马达压降将水功率转换成机械能，形成转速和扭矩两个输出参数。

图 14-30 所示为 $2\frac{7}{8}$ in 螺杆钻具（七头、四级）马达压降与转速、扭矩、输出功率关系曲线图，大部分生产厂家还提供有钻具参数计算软件，配合连续油管设计分析软件，可进一步优化钻磨工程设计。

从图 14-30 可以看出，马达转速受钻磨液排量控制，排量越大，马达转速越高，输出扭矩与马达压降成正比。由于定子橡胶衬套在高压差作用下漏失和变形较大，转速随压降增大而降低，但扭矩仍与压降呈线性关系，表明螺杆钻具实际上仍有良好的过载能力；当钻压增大，钻头阻力矩增加，马达压降随之增大，输出扭矩增大，以克服阻力矩，同时引起相应的转速降低。

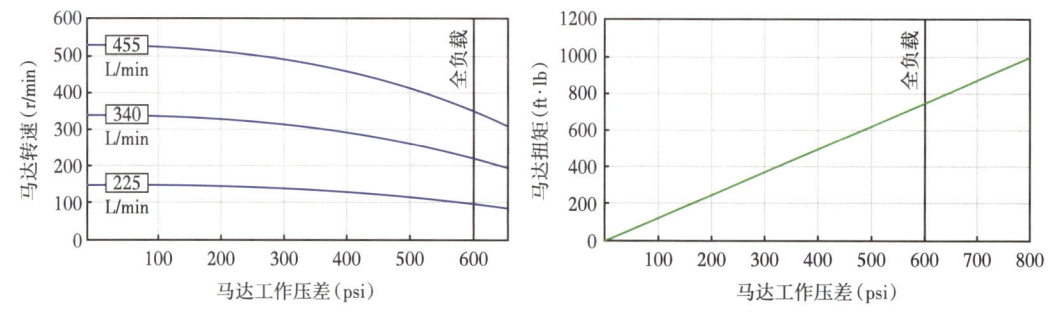

图 14-30　螺杆钻具工作特性曲线

（4）等壁厚定子。

常规定子橡胶衬套在高压差作用下漏失和变形较大，工作扭矩、输出功率及使用寿命都比较小。国外在连续油管钻塞作业中已普遍使用等壁厚螺杆钻具，其定子橡胶衬套厚度相同，如图 14-31 所示。定子金属外壳内表面为螺旋曲面（与橡胶衬套内表面一致），在螺旋曲面上注胶形成厚度相等、均匀的橡胶衬套。

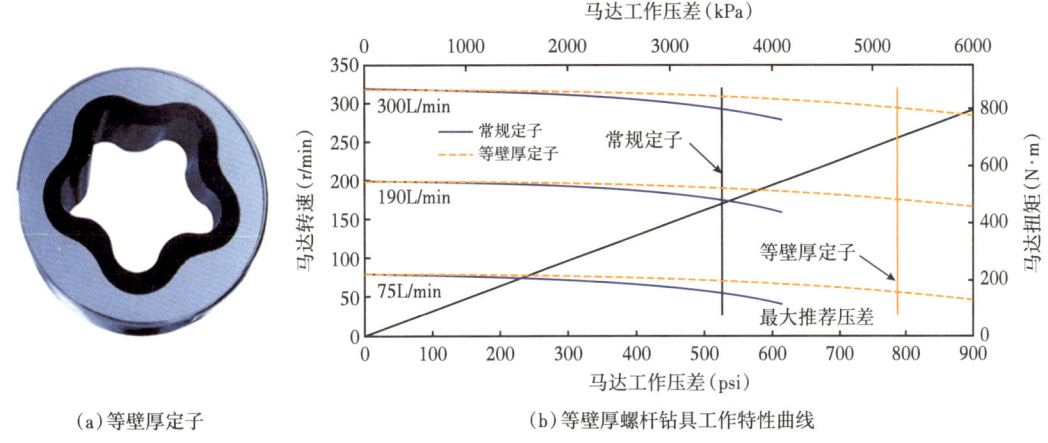

(a) 等壁厚定子　　　　(b) 等壁厚螺杆钻具工作特性曲线

图 14-31　等壁厚定子及其工作特性曲线

与常规螺杆钻具相比，等壁厚螺杆钻具输出功率大、输出扭矩稳定。等壁厚结构一方面增强了橡胶衬套在定子外壳内的耐冲击和抗变形能力，另一方面等壁厚橡胶在硫化过程中不易出现老化、掉胶等问题，硫化效果更佳。基于等壁厚橡胶衬套变形量小的特点，在进行螺杆钻具性能参数设计时，可增大定子与转子的过盈配合量，从而提高马达每级密封腔压降，提升扭矩输出能力。

在相同级数、线型、长度和定转子配合条件下，等壁厚螺杆钻具由于提高了容积效率而使转速更快。由于提高了机械效率而产生更大的扭矩，因此在相同输入功率条件下，等壁厚螺杆钻具较常规螺杆钻具有更大的输出功率。

(5) 螺杆钻具工作参数。

目前，现场钻磨作业所用连续油管尺寸为 2in、2$\frac{3}{8}$in，配套螺杆钻具为 2$\frac{7}{8}$in、3$\frac{1}{8}$in，最优排量为 360~540L/min。国内钻磨以 2in 连续油管、2$\frac{7}{8}$in 螺杆钻具为主体，北美以 2$\frac{3}{8}$in 连续油管、3$\frac{1}{8}$in 等壁厚螺杆钻具为主体，连续油管延伸距离更远，马达排量更高、压降更宽，钻压/功率也更大。部分作业者甚至已开始使用全金属螺杆钻具，钻磨效率远高于国内。这也是国外普遍应用刀翼磨鞋、PDC 钻头钻磨桥塞的根本原因。

国外已成功研制出全金属螺杆钻具，并完成了井下试验，目前正处于产业化推广阶段。国内对全金属螺杆钻具的研究，主要还停留在试制阶段，已经研制出一些物理样机。但经过试验，仍然存在效率低、寿命短、成本高等问题，还需要进行技术攻关。

(6) 螺杆钻具使用。

螺杆钻具扭矩与马达压降成正比，因此，可以将泵压表作为井底工况监视器或传感器，由压差变化来判断并分析井下扭矩和钻压监测。

图 14-32 所示为螺杆钻具工作时地面泵压变化图。

钻具提离井底时，螺杆钻具无负载空转，钻具压降为一个常数，该值随钻具结构及规格不同而有所差异。下放工作后，随钻压逐步增加，循环泵压逐渐上升，泵压增量与钻压或输出扭矩增量成正比；当马达压降达到最大推荐值时，产生最佳扭矩；继续增大钻压，马达压降超过额定负载，钻具将发生泄漏。

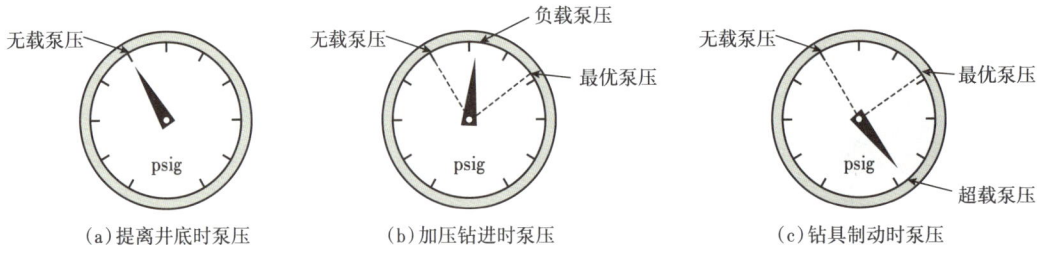

图 14-32 螺杆钻具工作泵压指示图

螺杆钻具正常工作时，表压随钻压增减而升降。如果泵压突然增加，继续增加钻压而泵压不再增加，说明钻具已经发生泄漏，定子与转子间密封失效，钻磨液流过马达总成，但钻具旋转部件已被钻压卡死而无法旋转。一旦发生钻具制动，应迅速将钻具提离井底降低负载，避免长时间制动造成钻具损坏。

3. 双向震击器

震击器分为机械式、液压式和液压机械式 3 种，按其功能可分为上击器、下击器和双向震击器。钻磨作业一般采用液压双向震击器，当磨铣不彻底而导致上提下放阻卡时，通过震击器双向反复震击进行解卡。

4. 水力振荡器

连续油管在水平段钻磨进尺增加，机械摩阻也增大，长水平井作业时无法在钻磨物上施加有效钻压。水力振荡器在压力脉冲作用下能持续产生轴向振动，减少钻具与套管壁间的机械摩擦，不仅可提高连续油管延伸作业能力，满足长水平段作业井施工要求，而且在低钻压下能有效增强连续油管加压敏感性，显著改善钻压传递效果，减少频繁上提下放等无效作业。

与井口连接式作业管柱不同，连续油管水力振荡器只能放在工具串上，而钻井、大修、带压作业等施工作业不仅可以连接多个机械振荡短节，而且不同振荡短节可以放置在水平段不同位置。因此，连续油管水力振荡器延伸作业能力有限，还需提高水力振荡器功率或使用大尺寸刚性管柱、金属减阻剂共同降低水平段机械摩阻。但在改善钻磨作业钻压传递效果方面，水力振荡器作用显著。

图 14-33 所示为连续油管作业用阀式水力振荡器[6]。

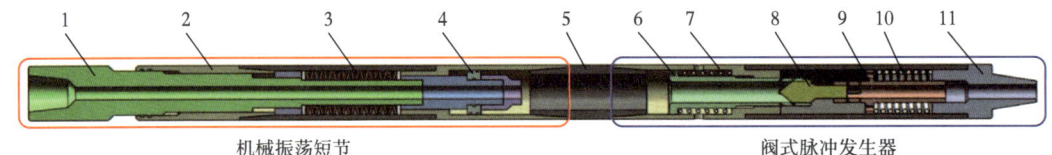

图 14-33 阀式水力振荡器
1—振荡芯轴；2—传动短节；3—碟簧组；4—承压活塞；5—连接短节；6—启动阀；7—调节弹簧；
8—节流阀芯；9—活动阀套；10—复位弹簧；11—下接头

振荡工具工作时，钻磨液流经机械振荡短节、进入脉冲发生器水眼，然后从启动阀旁通孔进入节流阀环空，并从活动阀套节流孔流出。水力脉冲产生机制就是反复改变节流孔过流面积，通过节流压降反复循环产生压力脉冲。启动阀在工具内外压差作用下向下运动，带动节流阀芯与活动阀套旁通节流孔部分重合，节流孔出露高度达到最小值，流道过流面积减小，在活动阀套上下两端形成压差。活动阀套在压差推动下向下运动，节流孔过流面积逐渐增大。当活动阀套向下运动至极限位置时，活动阀套在复位弹簧反力作用下开始上行复位，节流孔过流面积逐渐减小。活动阀套在弹簧水力压缩和弹性恢复工况下沿轴向往复运动，使节流孔过流面积发生周期性改变，从而在振荡短节承压活塞端面产生周期性波动压力。

当波动压力增大时，钻磨液压力推动承压活塞和振荡芯轴压缩碟簧组，芯轴伸出；当压力减小时，在碟簧组弹性力作用下，芯轴复位。在周期性波动压力推动下，振荡芯轴往复运动，使工具串产生周期性轴向振动，减小工具与套管壁间机械摩擦，减轻连续油管托压效应。

5. 文丘里捞筒

钻磨返出物主要是胶筒、复合材料、铸铁卡瓦或铸铁球座碎块，但较大或较重的碎块不易返至地面，常堆积在井下工具环空部位，造成钻磨工具被卡等井下复杂情况；而沉降在磨鞋下的大块或重质碎块无法上返至环空，随磨鞋一起旋转，影响继续钻磨；对于地层漏失较大的水平井，大量钻磨碎屑因无法循环返出，也堆积在磨鞋与桥塞本体之间，很容易造成持续钻磨无进尺现象。因此，钻磨中途需采用文丘里捞篮、强磁打捞杆清理井筒残余碎屑。

文丘里捞筒工作原理是将流体泵入连续管，钻磨液从上接头底部斜喷嘴高速喷向筒体斜通孔，喷嘴与旁通孔共同组成一个完整的负压射流泵结构，喷嘴出口与旁通孔环空因射流效应形成负压区，使打捞筒处于真空状态，工具底部挡板在压差作用下被掀开。高压动力射流从旁通孔向下喷射，冲击钻磨碎屑后形成漫流，携带碎屑从工具底部被吸入筒内。携屑钻磨液经滤网固液分离后，碎屑沉降在打捞筒内，液体被吸入喷嘴与旁通孔环空，与高压射流混合后，大部分钻磨液沿油套环空返回地面，少部分被射流裹挟，重新进入捞筒参与局部反循环，如图14-34所示。

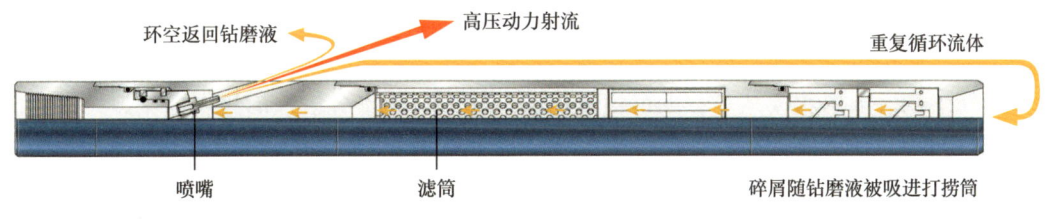

图14-34 文丘里捞筒结构原理

除碎物打捞功能外，文丘里捞筒还可用于局部反循环钻磨工艺，基础管柱结构具体为，复合连接器+马达头总成+螺杆钻具+文丘里捞筒+反循环磨鞋。

6. 随钻强磁打捞杆

文丘里打捞筒随钻功能仅适用于局部反循环钻磨工况，常规正循环随钻打捞多使用抗扭强磁打捞杆或随钻打捞杯，因桥塞钻磨金属碎屑量大，打捞杯容量有限。随着强磁打捞杆结构设计优化及抗扭能力提高，磁杆打捞工具已能承受螺杆钻具制动时最高反扭矩，在连续油管正循环钻磨作业同时，实现了随钻打捞功能。

随钻强磁打捞杆结构如图 14-35 所示，该工具用于打捞金属碎屑，如复合桥塞铸铁卡瓦或硬质合金齿。强磁打捞杆采用嵌入式结构设计，磁铁卡在棱形本体凹槽内，可防止磁铁脱落，又增加了吸附面积、储存容积，使磁铁吸附的金属碎屑不至于在起下过程中剐蹭掉落；打捞杆中心有水眼，可通过流体循环将碎屑携带至打捞杆环空。

随钻强磁打捞杆在径向上吸附井内金属碎块，多组磁铁结合设计保证磁力线分布均匀，最大程度地吸附井下金属碎块，实现边钻磨边打捞的施工目的。

图 14-35　可循环抗扭强磁打捞杆

强磁打捞杆随钻打捞工具串结构为，复合连接器 + 重载马达头总成 + 水力振荡器 + 抗扭强磁捞杆 + 螺杆钻具 + 磨鞋。如井下金属碎屑较多，特别是可溶桥塞硬质合金齿数量较多时，可切换至小件落物打捞功能，管柱结构为复合连接器 + 马达头总成 + 水力振荡器 + 抗扭强磁打捞杆（可多个串联）+ 多孔冲洗头（义丘里打捞筒）。

五、钻磨参数优化设计

1. 钻压

钻压是连续油管钻磨 / 铣作业最重要的工艺参数，也是最难精准控制的工艺参数。根据合金刀具切削理论，低钻压、高转速可获得较高的切削速度。应用于井下钻磨 / 铣时，若钻压过大，磨鞋 / 铣锥切入钻磨物过深，要么切削不动，造成动力钻具滞动而憋泵，频繁上提下放不仅影响钻磨效率，也极大损害了动力钻具寿命；要么碎屑过大，呈厚片或小块状，很难返排并易造成复杂卡钻。钻压过小时，动力钻具空转较多，很容易造成地面泵功率和动力钻具功率空耗，无法保证足够的钻磨效率。

理想钻压是切屑呈长条或薄片状，介于长丝状与厚条状之间，如切屑呈厚片状或块状，说明钻压过大。目前，下放连续油管施加钻压是通过液压控制，操作人员已无司钻握刹把手感。应根据钻磨物材质、切削速度、切屑形状及长期实践，培养连续油管操作人员心理感知能力。一般多次憋泵，即可估算出最大钻压，同步分析地面悬重变化规律、掌握摩擦阻力大小，即可取得最佳钻压参数。

实践证明，在磨鞋 / 铣锥上施加 5~7.5kN 的力，切削速度最高、铣屑尺寸最易携带。其中球磨铸铁最佳钻压为 5kN、复合材料最佳钻压为 10kN。但在现场实际操作中，滑动摩阻对真实钻压影响很大，而钻压绝对值又很小，很难通过地面悬重及灵敏度估计实际钻压。而钻压过大时，连续油管轴向力超过其正弦屈曲临界力，就会发生螺旋屈曲，导致摩阻增加，甚至造成连续油管自锁。为有效克服摩阻、传递钻压，钻磨作业已广泛使用金属减阻剂、水力振荡器及其他降摩减阻工艺手段。

根据现场经验，钻磨时钻压一般保持在 5~15kN，最大不能超过 20kN。与此同时，泵压会升高 0.5~3MPa，悬重逐步恢复实现钻磨进尺。动力钻具功率较强时，钻压参数可适当放大。根据实际钻磨过程中钻压、泵压变化和进尺情况，可判断出钻磨桥塞的不同部位。

2. 排量

排量是连续油管钻磨作业过程中最重要的参数，不仅关系到螺杆钻具工作状态和钻磨效率，而且影响环空返液的流速及携屑效果。

最小理论排量的确定，需要考虑水平井底磨屑上返经过的三个井段：水平井段、斜井段和直井段，不同井段磨屑上返情况不同。一般认为倾斜井段，即井斜角在 30°~60° 之间的井段，切屑颗粒最难上返，故采用斜井段的临界返速计算最低环空排量。

磨屑上返所需最小排量为：

$$Q = 2\pi(r_C - R_T)v_c \tag{14-1}$$

式中：Q 为排量；r_C 为环空外半径，即套管内径；R_T 为环空内半径，即连续油管外径；v_c 为斜井段临界返速或切屑沉降速度。

斜井段临界返速计算，可利用水平井岩屑床止动模型，计算斜井段环空止动流速。

实际施工过程中环空排量应高于计算值。在切屑形状较小或重量较轻时，切屑上返对排量依赖性不大，因此控制钻压、保持切屑形态最为关键。优化的设计排量一般满足钻磨液环空返速大于 2 倍的切屑沉降速度，保证紊流流态下携屑效果。

3. 下放速度

在磨铣阶段，连续管的下放速度控制不好很容易憋坏动力钻具，对钻磨物磨铣也不彻底，要求操作人员要结合数据采集系统，或者根据操作经验控制好磨铣速度。

六、钻磨工作液组合优化

1. 滑溜水 + 线性胶组合

连续油管钻磨作业正常切屑较小，用清水即可循环出地面，为降低连续油管循环压耗，现场一般使用 0.05%~0.1% 滑溜水作为钻磨液，黏度为 5mPa·s 左右，摩阻约是清水的 30%~40%，以减阻作用为主。但在钻磨物结构复杂或作业参数不当时，常出现厚片状和小块状切屑，如韧性很强难以碾碎的铸铁卡瓦、弹性很好难以撕裂的密封胶筒，重复切削不仅影响钻磨速度，而且大概率要造成卡钻等复杂事故。因此要根据井况和磨铣碎屑分析，配制携带能力强的胶液段塞，黏度 30~40mPa·s，增强切屑有效携带能力。目前现场多采用"滑溜水钻磨 + 胶液段塞携屑 + 短起下清扫"组合技术，同时满足降低施工泵压和携带切屑功能。

线性胶受井筒温度及井下工具持续剪切影响，多次循环后黏度大幅降低、携屑性能下降，并出现摩阻增大、泵压上升等施工困难，重复使用率低，需不断补充增稠剂保持钻磨液性能。

2. 泡沫钻磨液

连续油管钻磨工具阻卡主要发生在钻磨液失去循环的工况下，如地面泵故障造成钻磨液长时间无法循环，切屑沉降卡钻。除此之外，还有低压井、循环漏失井，钻磨液漏失无法建立正常循环，卡钻风险也很高。

泡沫液具有密度小、携带能力强等诸多优点，能更有效地将井内砂粒、碎屑携带至地面。随着连续油管泡沫冲砂技术的成熟配套与推广应用，连续油管泡沫钻磨技术也在低压漏失水平井井筒清理中得到试验与应用。

泡沫钻磨液与泡沫冲砂液配方类似，主要成分包括氮气、起泡剂及稳泡剂。起泡剂一般由 2~3 种表面活性剂复配而成，稳泡剂作用机理与增稠剂类似，现场多用 HPAM、HPG、CMC，以及纳米 SiO_2 颗粒，兼具稳泡与降阻两方面功能。

3. 纤维清扫液

为解决水平井、大斜度井坍塌掉块情况下的井眼清洁问题，钻井行业率先采用雷特超级清洁纤维作为清扫液处理剂。

超级清洁纤维是一种由 100% 原生材料聚丙烯，经过特别处理制成的人造纤维，呈单纤维丝形态，密度 $1.0g/cm^3$，具有安全环保、惰性、高分散性、超强悬浮性等特点。纤维与钻井液混合并扩散后，在不增加钻井液黏度的情况下，成倍增强钻井液的悬浮能力，可有效携带砂粒、砾石、岩屑、掉块，甚至磨铣金属碎片、钻头牙齿等，有效减少井下复杂和事故。

压裂液中加入清洁纤维，可以提高压裂液携砂能力；加入钻磨液中，可以去除磨铣作业中的金属或非金属碎屑，在保持井眼清洁、预防井下复杂方面具有显著功效，可替代高黏胶液清洁井筒。

单纤维丝独有的超细、均长度、高分散特点，对柱塞液泵吸入/泵出、井下动力钻具、内防喷工具和磨铣鞋水眼没有影响。清扫液配制简单，返出后清洁纤维全部由振动筛去除。

与钻井裸眼相比，压裂井筒内容积较小，$1m^3$ 清扫液可在环空建立 100m 长的段塞，清洁纤维用量少，综合成本低，完全满足滑溜水钻磨复杂工况下的井筒清洁要求。

七、钻磨施工作业流程

体积压裂用桥塞、球座虽然都是复合材料、球墨铸铁等可钻材料，但不同厂家材质性能差异很大，工具结构更是五花八门。有些井下工具虽能满足分段压裂段间封隔要求，但可钻性较差、钻磨时间长、效率低。部分复合材料成形工艺落后，钻磨过程中分散成片状结构缠绕在连续油管上，甚至出现胶筒穿在工具管体上，造成工具串严重阻卡。因此，施工作业必须从工具安装、试压、测试、连续油管下入、桥塞下探、桥塞钻磨、循环冲洗、连续油管起出等步骤规范带压钻磨施工流程，最大限度避免井下复杂及工程事故，提高施工效率，确保连续油管钻磨施工顺利完成。

1. 工具安装及测试

（1）工具串记录。

测量下井工具长度、最大外径，投球验证工具最小内径，并详细记录管柱结构。

（2）工具串连接。

连接井下动力钻具以上工具串组件，入井工具螺纹涂抹高温润滑脂，使用拉力器上紧上满，确保工具连接牢固，避免长时间钻磨造成工具脱落。

（3）拉力测试。

工具串接好后地面做阶梯式拉力试验，试验拉力分别为 5t、10t、15t，工具无位移为试验合格。

（4）试压。

连接试压丝堵，在丝堵上装 60MPa 压力表，连续油管及工具试压 35MPa，时长 15min，压降小于 0.7MPa，连接处无刺漏为合格。

（5）钻具旋转测试。

拆掉试压丝堵，连接螺杆钻具和磨鞋并直立固定，逐级加大排量升压，观察旁通阀启闭和钻具旋转情况，并记录对应的循环压力，作为钻磨过程中参数指导。

2. 连续油管下入

（1）校准深度与载荷，确认采集系统正常工作，测量补差，计数器归零。

（2）打开井口阀门，下连续油管钻磨管柱，工具通过井口、井筒内径突变处、造斜段时要注意控制减速。连续油管过井口时，下放速度应小于 5m/min；造斜段下放速度控制在 10m/min 以内，水平段速度控制在 5m/min 以内。

（3）下放过程中，直井段每 500m，水平段每 300m 做一次提拉测试。上提连续油管，活动距离控制在 5~10m，注意观察并记录连续油管悬重变化情况。

（4）进入造斜点后，用泵车小排量（排量 0.25m³/min）循环钻磨液，为井下动力钻具降温，防止井下工具过热造成性能降低。

3. 带压钻磨

（1）在磨铣物上方 30~50m 处做最后的拉力测试，并上提下放几次，确认由摩擦、弯曲或螺旋屈曲产生的附加阻力，记录提放悬重与深度关系，为后续作业提供参考。

（2）缓慢下放连续管探鱼顶，观察悬重变化，悬重变化明显时停止下放。一般认为悬重下降 10~20kN 时遇到鱼顶，连探 2 次，并记录鱼顶位置和悬重数据。

（3）确认探至磨铣物后上提 10m，增加泵排量达到设计值；待泵压稳定后，记录悬重，地面泵车设置超压保护。

（4）缓慢下放油管，接触桥塞后，根据设计施工参数加压开始钻磨桥塞，超压停泵后先上提再开泵循环。

（5）钻磨时应根据磨铣材料特点控制施工排量、泵压及钻压等施工参数，以便实现快速钻磨。施加钻压要缓慢，不能超过井下工具最高钻压和许可工作压差。

（6）钻磨过程中，应计算井内碎屑返出时间，地面操作人员观察出口返出情况，出现异常及时向指挥汇报。每一循环周至少检查一次碎屑捕捞装置，检查碎屑返排情况，随时做好切换捕捞管汇闸阀准备，避免大量碎屑堵塞返排出口；每 30min 检测一次循环液体的密度、黏度，并将其记录在施工报表中；若钻磨过程中侧翼法兰堵塞，应及时停泵，缓慢上提连续油管，打开备用循环通道，快速建立循环，预防卡钻事故发生。

（7）钻磨过程中，连续油管操作人员应密切观察负载和泵压变化。如果泵压有急速上升趋势，应立即停泵上提，待悬重正常后保持原排量开泵；然后继续下放至磨铣面，保持钻压在固定范围内且泵压稳定，钻磨一段时间后悬重和泵压逐渐降低说明钻磨正常。

（8）在整个钻磨过程中，主要观察悬重和泵压变化，参考井口压力、返排量判断井底工况，从而实时调整并优化钻磨参数。钻磨要缓慢，尽量减少憋泵和上提，减少动力钻具的损害和连续油管疲劳。

（9）每钻磨完 1 个桥塞或球座，缓慢上提连续油管 3~5m，泵注胶液或纤维清扫液 3~5m³，将钻磨碎屑循环出井。循环时密切观察出口返排情况，待返排液内无碎屑后，开始下推连续油管钻磨下一目标物。

（10）每钻磨完 3 个桥塞或球座，下探至下一目标，进行一次短起下作业。每次短起时泵注 8~10m³ 胶液，待其从连续油管内返出时开始以 5m/min 的速度缓慢上提连续油管，当短起至造斜点时再次泵入 3~5m³ 胶液充分洗井，防止大量钻磨碎屑堆积在磨鞋下面，便于下一级钻磨。

（11）根据钻磨物数量及钻磨情况，决定是一次性钻磨完，还是中途短起清理井筒，检查工具工作情况。

（12）如中途停止作业，需将连续油管上提至造斜点以上安全位置。

（13）施工过程中，要求现场技术人员对磨铣过程中出现的问题，具有正确判断并给出有效处理方法的能力，否则易造成卡钻等重大工程事故。

4. 连续油管起出

（1）钻除井内全部目标后下推至人工井底，定点泵注 10m³ 胶液，再泵注工作液顶替，待胶液全部返出连续油管后，上提连续油管。

（2）起管时保持循环至直井段，避免井内残余碎屑卡住连续油管，必要时可一直保持循环状态。

八、套变井钻塞技术措施

（1）根据多臂井径测井结果，选择合适的小磨鞋完成套变井段桥塞钻磨。

（2）由于磨鞋直径较小，钻磨过程中容易发生卡钻事故。每个桥塞钻磨结束都要进行短起下，将井底碎屑尽量循环返出。

（3）每钻完 2~3 个桥塞都要进行一次打捞，将本体、卡瓦、胶筒碎片等清理出井筒。

（4）钻磨过程中及时统计捕屑器中碎片重量，如数量不够，继续进行打捞。

（5）钻磨过程中发生遇卡，谨慎控制泵压，注意返排流量与压力。如果返排压力和流量降低较多，及时调整施工参数，防止碎屑堆积卡死连续油管。

（6）钻磨过程中遇卡遇阻，要严格控制钻磨参数，耐心循环解除阻卡。

九、带压钻磨工艺技术优势

（1）与修井机作业相比，连续油管钻磨无需压井作业，高压井钻磨作业节省了高密度无固相钻磨液费用，而且施工效率高、施工周期短，综合成本低。

（2）与带压作业机作业相比，连续油管钻磨无需接单根、起下速度快，施工周期短、作业效率高，总体成本更低，而且井控、安全可靠性更高，具有明显的代差优势。

（3）连续油管钻磨作业实现了连续油管起下、钻磨过程中连续不间断循环，能进行长时间持续钻磨。特别是在水平井钻磨施工时，避免了接单根作业而造成的卡钻问题，极具经济性。

（4）连续油管钻磨实现了边钻铣边冲砂连续施工，无需中途更换作业工具。在工具性能、参数优化最佳条件下，可实现一趟管柱完成钻磨作业。

（5）连续油管管柱挠性大、不旋转，钻磨工具易下入，而且避免了刚性管柱工具接头旋转对套管的磨损，井筒完整性更优。

第六节 桥塞带压封隔技术

在水平井体积压裂作业中，有两种情况需带压下桥塞封隔已压层段：一是井口泄漏，或上部套管接箍泄漏、破裂甚至脱扣，亦或是误射孔或管体穿孔，下桥塞后更换井口或修复上部套管，最后钻桥塞恢复压裂作业；二是钻完桥塞后采用小修作业机下油管（主要用于低压油井，气井或高压油井需带压作业机下油管），也需下桥塞封隔已压层段，下完油管后井口加压憋开桥塞内堵投产。

一、桥塞暂堵工艺概述

连续油管带压下桥塞是水平井分段压裂开发中一项重要的暂堵工艺，该工艺是用连续油管将桥塞下至设计深度，循环畅通后通过泵车将坐封球推送到坐封工具，憋压坐封桥塞，实现对已压层段的暂时封堵并确保封堵安全、有效。

与常规压井方式相比，连续油管下桥塞有其不可替代的优点：一是可带压作业，既保证了施工安全，又减少了完井液消耗及其对储层的污染；二是起下速度快、作业时间短，非常适合工程应急处置。

二、关键作业工具

连续油管下桥塞工具串一般为，连接器+双翻板止回阀+液压/机械双作用丢手接头+贝克$10^{\#}/20^{\#}$液压坐封工具+桥塞。其中，液压坐封工具、桥塞是工具串核心组件，图14-36所示为桥塞及其连接工具，图14-37所示为液压坐封工具。装配时，先将桥塞推筒旋套在坐封工具外，再用剪切销钉将适配器连接在桥塞芯轴上，并依次将连接杆、适配器连接在坐封工具芯轴上，最后将桥塞推筒套在芯轴连接件外，并与坐封工具下接头旋紧。

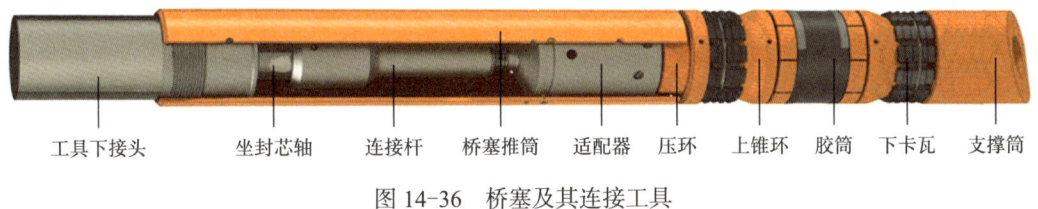

图14-36 桥塞及其连接工具

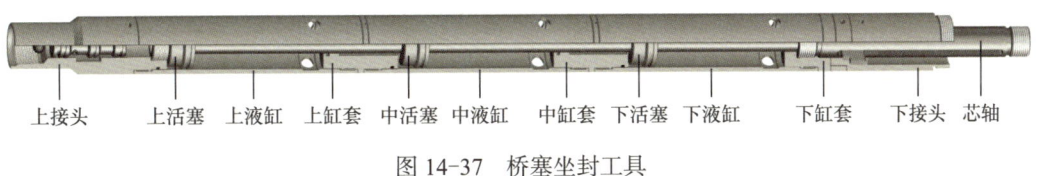

图14-37 桥塞坐封工具

桥塞是一种井下封堵工具，可进行临时封堵、永久式封堵、选择性封堵和不压井作业等，为满足暂堵需求，桥塞应具有耐腐蚀性、可回收性、单流式等特点。坐封工具为三级活塞—液缸结构，坐封力大，坐封可靠。

三、工具技术原理

连续油管带压坐封工具技术原理是，先将液压坐封工具及可钻式桥塞通过剪切销钉连接在一起，然后把坐封工具及桥塞通过上接头连接在连续油管工具串上，和油管一起带压下入井内。桥塞到达待封位置后，先用泵车充分洗井，达到冲洗球座、洗出井内污物的目的。

循环洗井彻底后，在连续油管入口处投球、启泵循环推球至坐封工具芯轴内球座，循环通道关闭。循环液通过球座上部芯轴旁通孔进入芯轴、活塞、液缸组成的封闭腔内，起压后液缸与上接头连接销钉被剪断，液缸下行作用在桥塞推筒上，同时水压产生的反作用力使芯轴、连接杆、适配器产生向上的拉力。这两个作用力同时作用在桥塞上、下卡瓦上，使上、下卡瓦和上、下锥体沿桥塞中心管向下运动，挤压胶筒，使其轴向压缩径向膨胀封住套管。随着水压力的增加，上、下卡瓦沿其应力槽裂开成均匀的卡瓦片卡紧套管，实现坐封。当水压超过丢手压力时，适配器销钉被剪断，坐封工具从桥塞脱离。

四、坐封施工技术要求

（1）为满足压后完井需要，即工具能够长期预留井内，免受井内介质腐蚀失效，桥塞采用耐腐蚀材质，确保了桥塞能够长期工作于井下。

（2）在施工过程中，应使用大尺寸连续油管，可以减少泵车推球时的摩阻。

（3）输送过程中为防止桥塞中途坐封，连续油管内压力要低于套管压力。

（4）泵车推球时要控制注入量及注入压力，防止注入量过大导致压力瞬间上升，影响桥塞坐封。

（5）工具具有正反洗功能，连续油管下放困难时，可进行循环辅助工具下井。

（6）桥塞入井前，测量桥塞坐封球的尺寸小于连续油管及工具内径，确保坐封球可以泵送到位。若坐封球不满足要求，可根据井内施工情况，将坐封球提前放置在坐封工具内，下放到位后开泵坐封，中途禁止开泵。

五、带压坐封施工步骤

（1）安装连续油管井口防喷立管及专用防喷器。

（2）工具下井前准备工作：确认工具准确无误、检查工具上下螺纹无损伤、工具内腔无任何杂物、胶筒无刮痕及损伤。

（3）管柱下井：连续油管过井口时，进井速度应小于 5m/min；入井过程中，下井速度平稳，为 10~15m/min。

（4）坐封桥塞操作规程。

①到预定坐封位置后，用合适排量反洗井。

②投球入座，一般采用自由落体到位（直井不允许泵送）。当井底压力较大时，可采用小排量循环送球到位；如果是水平井作业，投球后 5min 即可大排量泵送。

③投球到位后，分段打压，一般打压 10MPa 稳压 3~5min，之后每递增 5MPa 稳压 3~5min，直至丢手（每种工具丢手力值不同）。

④最高打压压力 = 工具丢手压力 +8MPa，如遇最高压力仍无法有效坐封丢手，由于管柱摩擦挂卡，可能造成实际上提负荷大于此井口上提负荷计算值，适当加大上提力，直至工具丢手即可。

⑤验证坐封：起连续油管前，进行探塞，缓慢下放管柱进行探塞，探着力不大于 50kN。工具无位移，证明坐封可靠，提出送封工具。

（5）打捞操作。如需后续打捞，用连续油管连接专用捞筒，下井至桥塞坐封位置与其碰撞抓锁鱼顶，上提即可解封。

六、工艺技术特点

（1）连续油管可以带压作业，提高了施工安全性，降低了井控风险。
（2）作业前无需压井，起下作业过程中不需补液，减少了压井液的使用。
（3）连续油管起下速度快，提高了施工效率。

第七节 带压解卡打捞技术

在水平井桥射联作施工过程中，因套管变形、井筒沉砂、螺纹断丝等井下复杂造成桥射联作工具串阻卡，在电缆张力范围内无法活动解卡时，需动用连续油管作业设备进行带压解卡或带压打捞作业。另外，连续油管作业工具串，如拖动压裂、通井、冲砂、钻磨工具串等，在套损井压裂、低压漏失井作业中也经常发生阻卡，丢手后也需就地解卡打捞。

一、工具串阻卡类型

压裂水平井在作业过程中常见阻卡类型有以下几种：

1. 落物阻卡

在体积压裂井筒作业中，落物阻卡主要指套管外螺纹因上扣过紧，造成前几扣螺纹在根部断裂成细环，固井时胶塞能顺利通过，井筒准备时也未感觉到异常。但当桥射联作几级后，受压裂液冲刷、工具串碰撞，螺纹断裂环脱离套管接箍后进一步断裂成丝，导致桥射联作工具串卡在井筒内。

在桥射联作施工中，因井口误操作，如关闭井口平板阀切断射孔电缆，造成电缆及工具串落井，这类事故出现的原因主要是射孔队与压裂队职责不清或检查、操作不细致。

2. 施工管柱阻卡

传输射孔、拖动压裂、连续油管作业等施工管柱因射孔枪变形、工具串刚性过大、沉砂（含钻磨碎屑）、套变，甚至套管错断造成管柱阻卡或套损位置以下工具串不能正常起出。如连续油管底封拖动压裂时，底部封隔器以上套管变形、错断（剪切破坏）造成压裂工具串阻卡。

3. 井下工具串阻卡

作业管柱遇卡后，从弱点拉断电缆或管柱从工具串丢手后留在井内的测井电缆、井下工具串。如不能顺利丢手，则需压井并动用大修作业装备实施穿心打捞。

压裂作业中落鱼一般分为管状体、绳状体两类，包括电缆、连续油管、工具串等。

二、工具串解卡技术

水平井解卡工艺技术主要针对斜井段和水平段内落物实施，常规直井解卡方法很难适用。因此，应根据井下阻卡情况及落物类型，采取相应的解卡技术。

1. 液压增力解卡技术

针对水平井井斜角大，在井口活动管柱能量传递效果差、不易解卡的难题，利用液压增力器把垂直拉力转变成水平拉力并具有增力效果，两力共同作用实现解卡。

图 14-38 所示液压增力解卡工具，包括泄压阀、液压锚定器和液力拉拔器三部分。

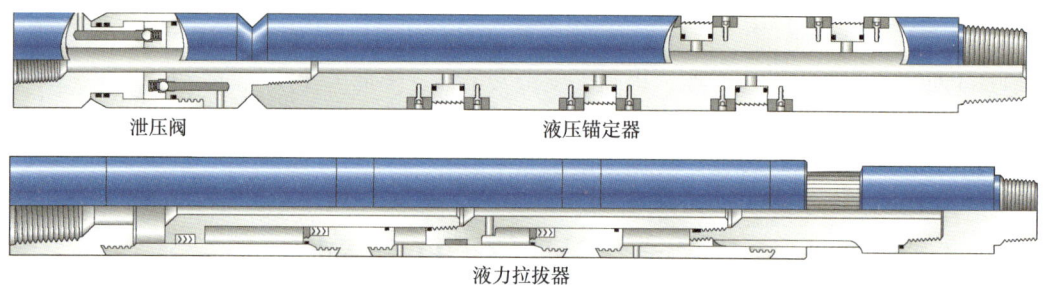

图 14-38　液压增力器结构示意图

2. 震击解卡技术

震击器（包括上击器、下击器、双向震击器）、加速器是连续油管震击解卡标准配套工具，主要针对水平井钻压传递困难的实际情况，采用震击器并配合加速器共同作用进行震击解卡（图 14-39）。

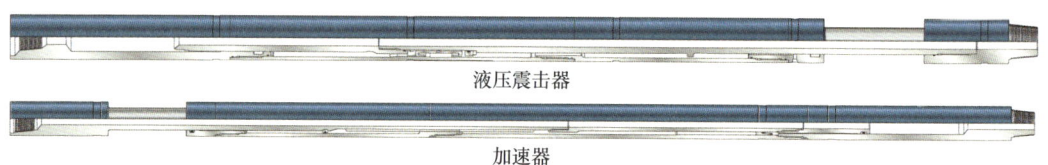

图 14-39　连续油管震击解卡工具

对上提阻卡，优先选用下击器解卡；下放阻卡，优先选用上击器解卡；阻卡比较严重、阻卡时间较长时，优先选用双向震击器+加速器强力解卡。

三、工具串打捞工艺

在抓获落鱼时，应根据井下落物情况及井身结构特点，选择功能不同的打捞工具并应用相应的打捞工艺进行作业。

1. 管类落物打捞

管类落物主要包括断脱在井内的大直径工具串，如通井工具、压裂工具、射孔工具等外径大、刚性强的金属管具，也包括连续油管冲砂、钻磨类工具串，外径尺寸不是很大，但砂埋严重或碎屑卡死，处理难度都很大。管类落物一般采用卡瓦类打捞工具对本体外部进行抓取，或用打捞矛从落鱼内孔进行打捞。由于连续油管管体不能转动，一般采用捞筒配合超低速动力钻具对管体外部进行打捞，为避免打捞后不能正常解卡，一般采用可退式捞筒进行打捞施工。

压裂井内管类落物包括管状物和柱状物两类，因电缆作业工具、连续油管作业工具内孔很小，除与丢手接头配套使用的卡爪打捞矛外，一般很少用内捞工具，打捞作业以外捞工具如打捞筒为主。

（1）卡爪打捞矛。

连续油管阻卡后一般从丢手接头处脱手，留井部分筒体内带有卡爪打捞接口。解卡打捞时可下入卡爪打捞矛，在不破坏工具内部结构的前提下，捞矛卡爪进入并固定在丢手接头打捞接口上，抓获阻卡后留在井内的工具串。

卡爪打捞矛为液力释放式打捞器，具有以下优点：

①能够快速、方便地打捞落鱼，且不会破坏落鱼结构；

②作业时不影响连续管内流体循环；

③不仅可完成对落鱼的打捞，还能将井下工具送到目标位置。

液力释放卡爪打捞矛结构如图 14-40 所示，打捞矛在连续管带动下向下运动，芯轴底端尾锥伸进落鱼筒体内。当卡爪底端与落鱼筒壁接触后，卡爪在落鱼筒壁顶力作用下压缩副弹簧，芯轴继续随连续油管下行，爪头内凸台落进芯轴收缩槽内。在落鱼筒壁挤压下，爪头收缩进芯轴环槽内。芯轴继续下移，带动卡爪伸入落鱼筒体内，直到套筒与落鱼筒壁接触并继续压缩主弹簧，卡爪外凸台在落鱼筒体打捞接口处张开。上提捞矛，除芯轴连接件外，其余组件在弹簧压缩下与落鱼并未发生相对位移，卡爪内凸台脱离芯轴环槽，顶在环槽下大径处，完成落鱼抓取，如图 14-41 所示。

落鱼被抓获后，如需丢手，下压工具串使打捞矛处于中和点位置再稍微下放，使卡爪内凸台落在芯轴环槽内。对连续油管施加 5MPa 内压力，液缸带动套筒向上移动并压缩主弹簧，套筒带动卡爪上移并压缩副弹簧；继续保持压力，上提打捞矛，卡爪在落鱼筒壁挤压下收缩进芯轴环槽内，继续上提打捞矛，完成落鱼释放，芯轴外套组件在弹簧恢复力作用下复位。

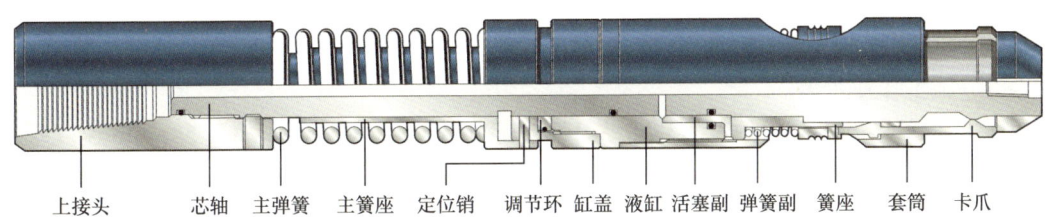

图 14-40　液力释放式卡爪打捞矛

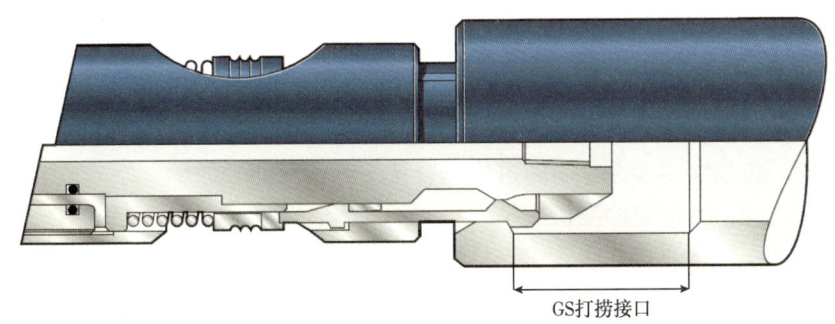

图 14-41　液力释放式打捞矛捞获示意图

（2）卡瓦打捞筒。

液力释放式卡瓦打捞筒是连续油管带压打捞主流工具，其结构如图 14-42 所示。卡瓦筒套入管状落鱼后，下放连续油管，爪形卡瓦在鱼头顶撞下，推动副弹簧座并压缩副弹簧，爪形卡瓦外锥面脱离卡瓦筒内锥面，爪形卡瓦张开，鱼头进入卡瓦内，副弹簧弹力释放，使卡瓦外锥面与卡瓦筒内锥面重新接触（因落鱼外径限制，接触面较自由状态小，卡瓦端部位置有差异），下放连续油管至落鱼顶在芯轴上并压缩主弹簧，直至主弹簧压至极限，钻压有显示时停止下放。缓慢上提连续油管，上接头、液缸、卡瓦筒上行，在卡瓦筒内锥面作用下，爪形卡瓦内缩、卡瓦齿嵌入落鱼外壁面，抓获落鱼。

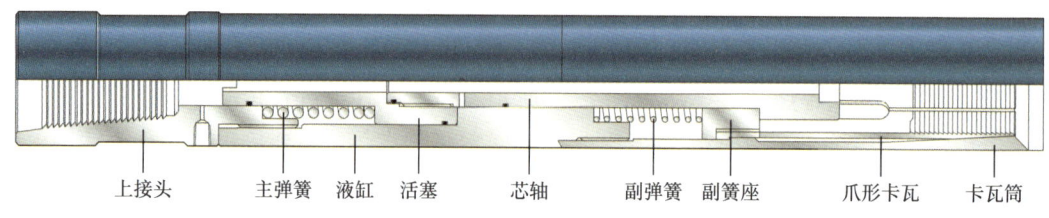

图 14-42 液力释放式打捞筒结构示意图

需要脱手时，依据打捞前称重，调整井口拉力，使打捞筒处于管柱中和点位置，再稍微下放管柱，使卡瓦外锥面与卡瓦筒内锥面脱离接触。油管内打压 5MPa，液压推动活塞带动芯轴上行，主副弹簧均被压缩，副弹簧座带动爪形卡瓦顺落鱼向上爬行，卡爪远离卡瓦筒内锥面并在卡瓦筒内张开。继续保持压力，上提连续油管，卡瓦环落鱼上行并脱开落鱼，实现液力释放。继续上提，落鱼与工具脱离，压力下降，芯轴、卡瓦在主副弹簧作用下复位。

（3）打捞工具串组合。

连续油管连接器 + 双活瓣单流阀 + 震击器 + 振荡器（选装）+ 液压丢手 + 可退式或不可退式（打捞筒）。

（4）施工作业步骤。

①打捞工具下放至鱼顶位置以上 5~10m，应开泵清洗鱼头，以小于 5m/min 速度缓慢下放管柱探鱼顶，载荷明显下降、泵压上升，探得鱼顶后，应停止下入。

②上提下放打捞时，在探到鱼顶后，再加钻压 5~10kN。

③鱼顶位置以上 10~50m，上起速度应小于 5m/min，确定上起平稳后，再逐步加大上起速度。上起过程中，速度应控制在 15m/min 以内，尽可能平稳；过井口时，应防止落鱼坠落。

（5）打捞技术要求。

①打捞作业前，应了解前期作业及工具遇卡、丢手过程，以及工具尺寸与强度参数；落实落鱼位置、鱼顶深度及在井筒内可能位置状态等情况。

②宜先通洗井，大排量冲洗鱼头。

③鱼顶情况不明，通洗井后，应先打印。

④根据需要可在工具组合中增加加速器、扶正器等工具。

⑤打捞工具入井前，应在地面检查其灵活性，强度应满足要求、安全可靠。

⑥打捞工具的选择应根据井内落物情况，优先选用常规打捞工具，其外径尺寸由油套管内径决定，实际打捞尺寸应根据铅模显示，或鱼顶内、外径和形状决定，并绘制工具草图。

2. 绳类落物打捞

绳类落物主要是指射孔电缆，特点是电缆在井筒内呈不规则弹性螺旋状分布，下部堆积紧密，上部排列稀疏，鱼顶无准确位置。

(1) 绳缆打捞工具。

常用绳缆打捞工具为外捞钩、内捞钩和鱼嘴钳。

图 14-43 所示为高强度板型外捞钩,与打捞矛同为内捞工具。对称型板钩在钩体上按 90° 相位角排列,打捞时将工具插入井筒堆积的绳缆内上提即可。外捞钩上部应有挡环,防止电缆上窜造成卡钻,挡环厚度应小于 20mm,外径宜比套管内径小 6mm。

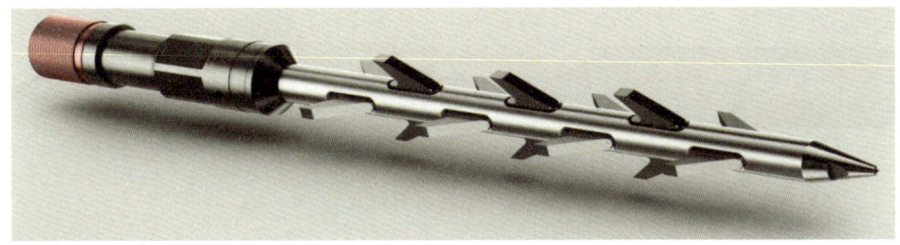

图 14-43　高强度板型外捞钩

外捞钩对井筒内堆积稀疏的绳缆打捞效率较低,但在工具旋转作用下,捞获成功率增大。一般连续油管不具备旋转功能,因此,外捞钩在国外连续油管打捞中应用较少,国内因操作习惯,目前仍在使用。

内捞钩结构为筒状,与打捞筒同为外捞工具,卡钻概率低。内捞钩对绳缆类落鱼鱼头敏感性很高,是应用连续油管打捞电缆的主体工具。无论井内电缆堆积稀疏或紧密,内捞钩在不旋转的情况下打捞成功率都很高,也很少发生绳缆缠绕在工具上造成卡钻。图 14-44 所示为高强度板型内捞钩。

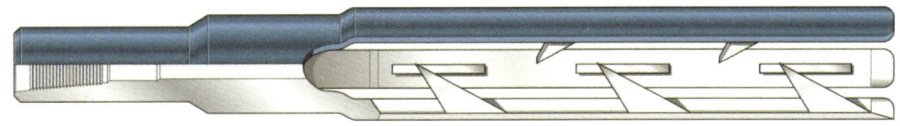

图 14-44　高强度板型内捞钩

液压鱼嘴钳是一种小件落物打捞工具,可用来打捞散落在工具串上的短电缆。工具入井时,钳夹处于关闭位置。到预定井深后开泵,循环流体在工具上产生压差,活塞推动钳夹打开,停泵后钳夹抓获电缆,如图 14-45 所示。

图 14-45　液压鱼嘴钳

(2) 绳缆打捞工具串。

绳缆类落物打捞工具组合:复合连接器＋双活瓣单流阀＋震击器＋振荡器(选装)＋液压丢手＋超低速螺杆钻具(选装)＋内(外)捞钩或鱼嘴钳等打捞工具。

(3) 绳缆打捞工艺。

对长段落井电缆,打捞前要理清井内电缆总长、规格,不应采用打印的方法确定鱼顶位置,而是根据经验预判,并在打捞中摸索鱼顶。当打捞工具刚接触鱼顶时,地面指重表并无显示。首次工具下入时，应在电缆自身长度被自重压缩 1/3 的地方去寻找落鱼；到预计深度后，上提油管 30~50m（根据电缆长度调整）；上提过程中，认真观察指重表灵敏针变化情况。若已捞上，就可继续上提；若无显示，则继续下放连续油管，探测位置比前次加深；重复上述操作，直至捞上电缆。

绳缆打捞最难的是掌握准确的鱼顶位置，国外在外捞钩技术基础上，广泛使用鱼顶探测器，如图 14-46 所示，并形成多套组合工具。

图 14-46　鱼顶探测器 + 外捞钩组合工具

（4）绳缆打捞施工步骤。

①打捞管柱下至预测鱼顶上部 100m 井深，下放速度应控制在 10~15m/min。

②下至预测鱼顶以上 50m，应测试并记录连续下放、静止及上提载荷后，再继续下入。

③下至预测鱼顶以上 10m，下放速度应控制在 5m/min 以内。

④下入过程中，载荷下降，应立即停止下放管柱，加压 3~5kN，观察载荷有无增加。如无增加，应每次加深 5kN，逐步加大打捞钻压至 10kN 以上，继续打捞。

⑤打捞绳缆落物应慢下、逐步加深，微压多次打捞。

⑥绳缆落物捞出后，应清洗干净，测量其长度。无法测量的，应称重，折算捞出落物长度。

四、带压解卡打捞优势

连续油管在解卡打捞作业中具有以下技术优势：

（1）在水平井或大斜度井中产生较大的轴向力，振动或强拉使落鱼解卡。

（2）可以实现各种冲洗流体循环应用，实现流体高压冲洗、喷射或酸浸溶解砂子、泥垢和其他碎屑等，将鱼顶冲洗干净。

（3）打捞灵活，打捞周期短，可根据现场实际情况，随时更改措施。

参 考 文 献

[1] 陈建波. 连续油管分簇射孔技术发展现状 [J]. 石油管材与仪器，2017，3（3）：7-9.

[2] 张朔，马杰，刘德正，等. 连续油管分簇射孔技术在 J23H1 井中的应用 [J]. 石油化工应用，2019，38（10）：34-36.

[3] 张云驰，王丙刚，李清涛，等. 基于 Fluent 的连续油管冲砂喷头性能仿真 [J]. 机械工程师，2022（3）：99-100，103.

[4] 盖志亮，刘洪翠，辛永安，等. 连续管冲砂洗井技术的应用 [J]. 石油机械，2017，45（2）：78-82.

[5] 李树臻，李光磊，王亚娟，等. 油井负压冲砂装置研究 [J]. 石油矿场机械，2004（3）：21-23.

[6] 汪伟，柳贡慧，李军，等. 阀式水力振荡器结构设计与性能参数研究 [J]. 石油机械，2022，50（8）：17-23.

第十五章 水平井体积压裂实践及认识

丛式水平井体积压裂是有效动用非常规油气资源的主体技术手段,通过平面多层系立体井网部署,实现储量控制最大化;再依靠密切割、大排量、大液量等体积压裂工艺"打碎"致密储层,使水力裂缝壁面与储层基质接触面积最大、渗流距离"最短",并通过支撑剂充填,大幅提高储层压后渗透率,实现非常规油气"立体开发"。

水平井体积压裂技术经过多轮次"试验、优化、实践、认识"迭代,迅速契合各区块地质特点,形成全系列地质工程一体化综合技术,有力支撑了川南海相页岩气,吉木萨尔、陇东、古龙陆相页岩油效益开发,为中国"页岩革命"积累了丰富的实践经验。

第一节 川南页岩气压裂技术实践及认识

2010年,我国第一口页岩气井——威201井实施压裂作业。经过10多年发展,从无到有,从单一到配套,形成了适合四川南部(简称川南)地区地质工程特征的体积压裂2.0工艺技术体系,使我国页岩气勘探开发取得重要阶段成果。基于中国石油10余年来对页岩气压裂的探索与实践,总结页岩气压裂工艺、配套技术及压后效果评价等方面取得的进展,剖析川南地区页岩气压裂现状及面临挑战,以期从川南地区页岩气持续高效开发中获得经验[1]。

一、川南页岩气地质工程特征

中国石油在川南地区的页岩气勘探开发历经10余年探索,目前在长宁、泸州等地已迈入工业化开采新时期。随着勘探开发不断推进,研究发现与北美相比,我国页岩气地下、地面条件复杂,勘探开发难度更高。

地质方面,与北美相比,川南页岩气总有机碳含量、孔隙度、含气量、脆性矿物含量、埋深、压力系数等储层关键参数相当。因川南地区页岩经历多期构造运动,断褶发育,保存条件复杂,成熟度高,储层条件总体比北美差(表15-1)。

表15-1 川南地区与北美页岩气参数对比

页岩气区参数		北美	川南地区
地质条件	优质页岩厚度(m)	61~107	20~50
	总有机碳含量(%)	2~6	3~5
	含气量(m^3/t)	2.8~9.4	4~8
	孔隙度(%)	4~12	3~7.5
	脆性矿物含量(%)	65~75	60~80
	干酪根类型	I—II型	I型
	镜质组反射率(%)	1.8~2.5	2.1~3

续表

页岩气区参数		北美	川南地区
工程条件	构造复杂程度	简单	中等—复杂
	埋深（m）	1500~4000	2000~5000
	泊松比	0.21~0.3	0.21~0.26
	杨氏模量（GPa）	6.9~24	30~60
	水平应力差（MPa）	3~6	10~24

工程方面，川南页岩气储层埋藏更深，地应力场更复杂，应力差更大，压裂形成的水力裂缝形态相对单一，复杂程度偏低。储层滤失大，压裂缝宽较窄，支撑剂加入困难，同时容易诱发套管变形（简称套变）、压窜等井下复杂。

地表条件方面，与北美平缓的地表条件相比，四川盆地山高坡陡，人口稠密，工厂化作业难度较大。

二、川南页岩气体积压裂技术

针对川南页岩气储层高应力差不易形成复杂缝网、天然裂缝发育导致加砂困难等问题，研究形成了以"段内多簇+高强度加砂+大排量泵注+限流射孔+暂堵转向"为核心的体积压裂2.0工艺，加砂强度和改造体积大幅提升，支撑了页岩气规模建产（表15-2）。

表15-2 体积压裂2.0工艺主体参数

序号	类别	参数或工艺
1	分段工艺	泵送桥塞、分簇射孔、分段压裂
2	桥塞类型	可溶桥塞
3	压裂液体系	变黏滑溜水
4	支撑剂	70/140目石英砂+40/70目陶粒
5	施工排量（m³/min）	16~18
6	用液强度（m³/m）	25~35
7	加砂强度（t/m）	2.0~3.5
8	射孔参数	相位角60°、总孔数36/48孔
9	簇间距（m）	5~10
10	段长（m）	60~70
11	单段簇数	6~11

1. "电缆泵送桥塞+分簇射孔"工艺

川南页岩气水平井作业为降低压裂施工中的井筒摩阻，满足大排量施工需要，主要以ϕ139.7mm套管作为完井管柱，压裂工艺首选"电缆泵送桥塞+分簇射孔"工艺。

首段压裂通道的建立，是水平井体积压裂的关键环节。对地层倾角不大且井眼轨迹光滑的水平井或下倾井，首段一般用连续油管进行射孔，若拖压现象严重或有自锁现象，可以配合金属减阻剂，保证连续油管下入指定射孔深度。对井眼轨迹不够光滑的水平井或上倾井，采用套管启动滑套或电缆带爬行器，建立首段压裂通道。

2. 段内多簇 + 限流射孔 + 暂堵转向技术

一定段长下，通过减小簇间距、增加每段簇数，有利于提高缝网复杂性、增加缝网密度、增大缝网体积；配合限流射孔技术，通过减少射孔数，利用孔眼摩阻来提高井底压力，使压裂液分流，提高段内各簇进液均匀程度；同时通过一次或多次投入暂堵球或颗粒暂堵剂，控制液体流向分布，促进多簇裂缝均衡起裂扩展，达到提高单井有效改造体积及储量动用率的目的。

3. 小粒径组合支撑剂高强度加砂

水平井大规模注液 + 控压生产使支撑剂承压仅为直井的 50%~60%，大幅降低了支撑剂承压能力要求；同时，小缝间距又降低了裂缝导流能力需求，将簇间距缩小一半（由 11m 降至 5.5m），所需导流能力降低 40%~80%，为石英砂替代陶粒创造了条件（图 15-1）。

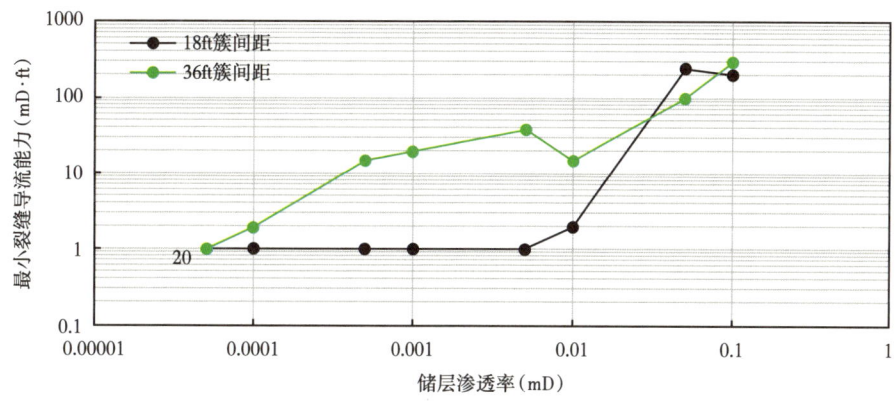

图 15-1　不同簇间距对导流能力需求曲线

川南页岩气面临杨氏模量高和滑溜水压裂缝窄等问题，为有利于支撑剂顺利进入到裂缝远端，保证施工成功，一般采用 70/140 目和 40/70 目组合支撑剂施工。其中 70/140 目支撑剂主要用来打磨孔眼、降低压裂液滤失和支撑微裂缝，40/70 目支撑剂主要用来支撑分支缝和主缝。

4. 大排量低黏滑溜水连续加砂

岩石脆性是页岩储层选择压裂液的重要依据，国外学者为此建立了脆性与裂缝形态关系图（表 15-3）。

根据国外已有页岩开发经验，随着岩石脆性增加，压裂液选择从交联压裂液逐步向滑溜水压裂液过渡，形成的裂缝由双翼对称裂缝向复杂网络裂缝过渡；在支撑剂选取上，岩石脆性指数越高，液体体积用量越大，支撑剂用量越少，支撑剂浓度越低。川南页岩储层矿物组分结果表明，脆性矿物含量普遍大于 60%，高脆性特征明显，且敏感性弱，压裂液首选低黏滑溜水。

表15-3 岩石力学脆性与裂缝形态的关系图

脆性特征参数	裂缝形态示意图	裂缝闭合剖面
70	缝网	
60	缝网	
50	缝网与多缝过渡	
40	缝网与多缝过渡	
30	多缝	
20	两翼对称	
10	两翼对称	

5. 微地震监测技术

微地震监测采用高灵敏度、宽频带和高采样率检波器和记录仪器，对微地震信号进行处理。压裂时，近井地带将会出现应力集中，当净压力高于地层破裂压力时，岩石遭到破坏，形成裂缝并延伸扩展，产生的振动形成地震波。压裂过程中整个水平段都有可能进液，裂缝扩展不均匀。通过分析微地震监测数据，压裂过程中实时调整施工参数，调整暂堵剂用量、优化暂堵剂投送时机等措施，对页岩气压裂改造非常重要。

三、现场应用

在泸203HX水平井体积改造中，应用"段内多簇+高强度加砂+大排量泵注+限流射孔+暂堵转向"体积压裂工艺。该井采用可溶桥塞分簇射孔分段压裂工艺，1800m储层长分30段压裂，平均段长60m。主体段射孔6簇，单簇长0.5m，簇间距5.5~10m，平均簇间距9.1m，射孔相位角60°。施工累计注入液量48287.4m³，其中低黏滑溜水43623.4m³，占比90.3%，中黏滑溜水1938m³，高黏滑溜水2340m³，酸液308m³，助溶剂78m³，平均单段液量1609.5m³；累计注入砂量5667.5t，其中70/140目石英砂3967.5t，占比70%，40/70目陶粒1700t，最高砂浓度180kg/m³，施工压力平稳，整体施工难度小（图15-2）。施工排量16~18m³/min，施工压力89.5~104.5MPa，计算井底净压力13.5~18.5MPa，均高于平均两向应力差12.5MPa，为复杂裂缝形成和扩展提供了保障。

为进一步扩大裂缝复杂程度，根据天然裂缝发育和施工压力变化，其中27段实施暂堵转向工艺，平均压力涨幅1.97MPa，暂堵效果明显。微地震监测结果显示，总SRV达17780.66×10⁴m³，平均单段SRV为592.69×10⁴m³，达到了体积改造形成复杂缝网的目的。该井压后排液 5d 见气，9mm 油嘴放喷测试获日产气 23.84×10⁴m³，195d 累计产气 2770.46×10⁴m³，平均日产 14.21×10⁴m³，生产效果较好。

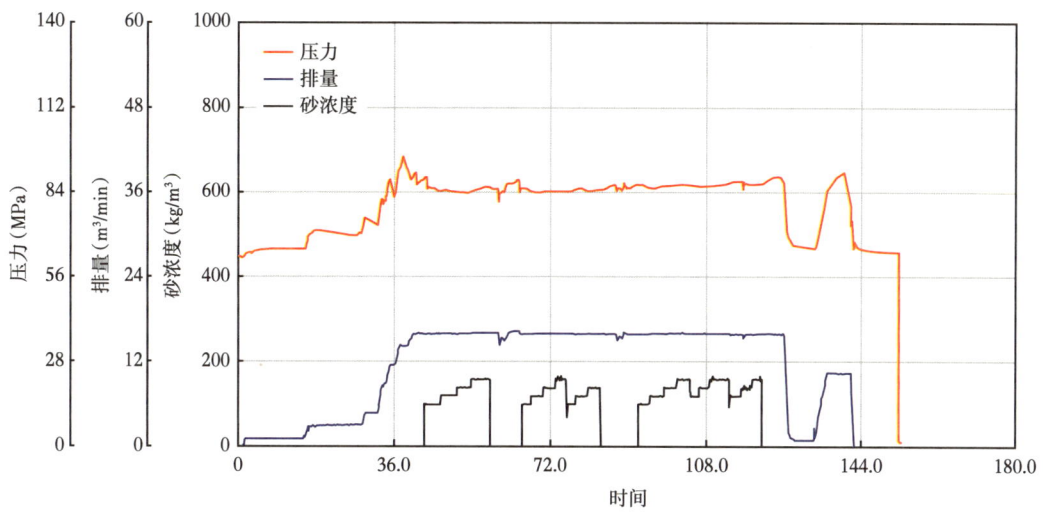

图 15-2　泸 203HX 典型段施工曲线图

四、结论与认识

（1）从提高裂缝复杂程度、增大改造体积、保持裂缝长期导流能力等目标出发，通过优选压裂工艺及其技术参数，形成了以"段内多簇+高强度改造+大排量+限流射孔+暂堵转向"为主的深层页岩气水平井体积压裂关键技术，提高了体积改造的有效性。

（2）段内多簇压裂通过簇间应力干扰增加裂缝复杂程度，缩短基质中任一流体到裂缝的渗流距离，提高簇间储层动用程度；同时段内多簇还配套采用限流射孔技术和暂堵转向技术，提高射孔簇开启动用效率，促进裂缝均匀扩展，增大改造体积。

（3）增大排量、降低支撑剂粒径和密度，有利于提高支撑剂铺置距离，支撑剂也越容易进入支缝和微缝。小粒径组合支撑剂还有利于增大加砂强度，提高有效支撑裂缝体积。

（4）针对页岩气压裂裂缝窄、高砂比进地层困难的难题，采用低黏滑溜水全程大排量连续加砂工艺，并延长非砂比敏感段施工时间，有效实现提高单段加砂强度。

第二节　陇东页岩油压裂技术实践及认识

陇东页岩油开发经历了直井常规压裂、水平井分段压裂等技术试验阶段，后期采用水平井分段体积压裂技术，投产初期油井产量较高，但随着开采延长，产量呈现递减趋势。有些井在第一年尤为明显，产量递减量高达 50%。经水力裂缝扩展分析发现，鄂尔多斯盆地长₇段页岩油采用常规大排量压裂，难以形成较为复杂的体积缝网。

针对鄂尔多斯盆地低压与低脆性指数及微纳米孔隙发育等特征，研究人员积极探索新技术，依靠理念突破和技术创新，在地质"甜点"和工程"甜点"双优选的基础之上，形成了以"造缝、增能、渗吸"为特色的一体化设计思路，实现了提高页岩油产量的目标。

一、陇东页岩油地质特征

陇东地区是甘肃省主要含油气盆地之一，位于鄂尔多斯盆地西缘部分。陇东盆地是在古生代沉积基础上形成和发展起来的中生代大型内陆坳陷型盆地，发育有砾岩为主的河流、湖泊相沉积。

鄂尔多斯盆地石油主要发育于中生界三叠系延长组和侏罗系延安组，延长组为主力油层组，纵向分为长$_1$—长$_{10}$共10个油层段，其中长$_7$段为最大湖泛期的一套广覆式富有机质泥页岩与细粒砂质沉积，自生自储、源内成藏，为典型的陆相页岩油层[2]。储层埋深为1600~2200m，基质渗透率为0.11~0.14mD，孔隙度为6%~12%，含油饱和度为67.7%~72.4%，压力系数为0.77~0.84[3]。

长$_7$段岩石类型主要为砂岩和泥页岩两大类[2]，其中砂岩以致密细砂岩为主，粉砂岩次之，石英质量分数为40.3%。单砂体厚度普遍小于5m，储层致密，储层岩石脆性指数为35%~50%，平均值43.3%，为中等偏高；储层裂缝、微裂缝发育概率在60%左右，裂缝密度为3条/10m，天然裂缝及水平层理较发育；水平主应力差为4~6MPa，平均值5.1MPa，压裂后可实现一定程度的复杂裂缝系统。

与国内外页岩油（致密油）相比，长$_7$页岩油具有其独特性，见表15-4[3]。相比国内页岩油，压力系数低、物性差，但原油黏度小、埋藏浅；相比北美二叠盆地页岩油，脆性指数低、压力系数低。

表15-4 鄂尔多斯盆地与国内外其他盆地页岩油特征参数对比

特征参数	鄂尔多斯盆地延长组	准噶尔盆地芦草沟组	三塘湖盆地条湖组	松辽盆地白垩系	北美二叠盆地
沉积环境	湖相	湖相	湖相	湖相	浅海相
深埋（m）	1600~2200	2700~3900	2000~2800	1700~2200	2134~2895
油层深度（m）	5~15	10~13	5~20	10~30	400~600
孔隙度（%）	6.0~11.0	8.0~14.6	8.0~18.0	5.0~18.0	8.0~12.0
渗透率（mD）	0.110~0.140	0.010~0.012	0.100~0.500	0.020~0.500	0.010~1.000
含油饱和度（%）	67.7~72.4	78.0~80.0	55.0~76.5	48.0~55.0	75.0~88.0
气油比（m³/t）	75~122	18~22			50~140
原油黏度（mPa·s）	1.21~1.96	11.70~21.50	58.00~83.00	4.00~8.00	0.15~0.53
压力系数	0.77~0.84	1.20~1.60	0.90	1.10~1.32	1.05~1.50
水平应力差（MPa）	4~6	5~9	1~5	3~56	1~3
脆性指数（%）	35~45	50~51	31~54		45~60

二、陇东页岩油体积压裂技术

1."甜点"综合评价技术

针对页岩油非均质性强的特征，形成了"甜点"评价技术。精确识别与划分"甜点"，是页岩油体积压裂开发长水平井精细布缝、压裂增产提效的基础，长$_7$页岩油"甜点"评价的重点是单砂体预测和可压性评价。在盘克、庆城北三维区,采用砂体、含油性及脆性指数等多属性融合技术,在平面上进行地质、工程"甜点"识别,指导水平井井位优化部署。水平井单井产油能力主要受水平段储层品质和工程品质影响,水平段"甜点"优选至关重要。基于岩性、物性、含油性的图像融合技术,建立水平井储层分级评价标准(表15-5),确保水平段在油层"甜点"内穿行,改造位置在水平段"甜点"上。在水平段储层分段分级精细评价基础上,优选射孔段,指导改造参数和工艺模式的差异化设计[4]。

表 15-5 长 7 段页岩油水平井 RCQ 分级评价标准

综合品质		储层品质(RCQ)分级		
		Ⅰ类	Ⅱ类	Ⅲ类
储层品质	黏土含量(%)	<25	<35	<40
	孔隙度(%)	>10	6~10	<6
	含油饱和度(%)	>70	50~70	<50
工程品质	最大水平主应力(MPa)	<30	30~34	>34
	脆性指数(%)	>50	40~50	<40
	破裂压力(MPa)	35~41	38~44	40~47

2. 水平井细分切割压裂技术

陇东地区页岩油储层脆性指数低、天然裂缝不发育、不易形成复杂缝网,进行分段多簇体积压裂时,受储层物性、地应力、各向异性及水力裂缝簇间干扰等因素影响,簇间进液不均,达不到储层均匀改造的目的。水平井细分切割压裂技术实现了多裂缝打碎储层,形成一定程度的复杂体积缝网,最大限度地增加改造体积,提高了储层有效动用率。

利用软件模拟分析段内多簇压裂和单段单簇细分切割压裂时的裂缝扩展情况(缝高、缝长固定,缝宽变化)[5],多簇压裂方式下(图15-3),2簇压开缝长260m,缝高92m;3簇压开缝长210m,缝高67m;可见所有簇都能均匀开启,压窜邻井(井距400m)的风险很高,压穿相邻含水层的风险也升高。单段单簇压裂方式下,各裂缝长度为180m,缝高52m,可以确保储层各射孔位置均匀分布,能够保证每段均匀开启、充分改造,避免了压窜邻井的风险。

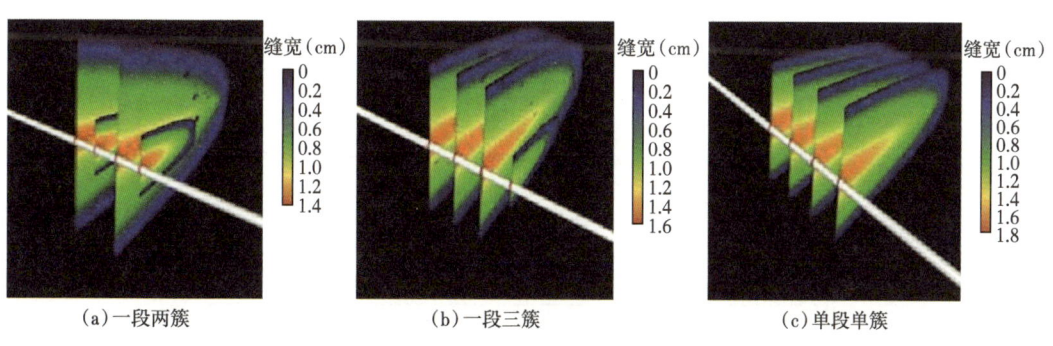

(a)一段两簇　　　　(b)一段三簇　　　　(c)单段单簇

图 15-3 不同压裂方式下的裂缝扩展对比

长₇段页岩油水平井水平段长1500~2000m，井距为300~400m，主体采用可溶球座细分切割体积压裂工艺、变黏滑溜水压裂液体系，单段压裂入地液量为1300m³左右，单段支撑剂用量140m³左右，排量为10~12m³/min，单段簇数为4~6簇，簇间距由20~30m降低为5~10m，缝间产生应力干扰形成了复杂缝网（图15-4）。

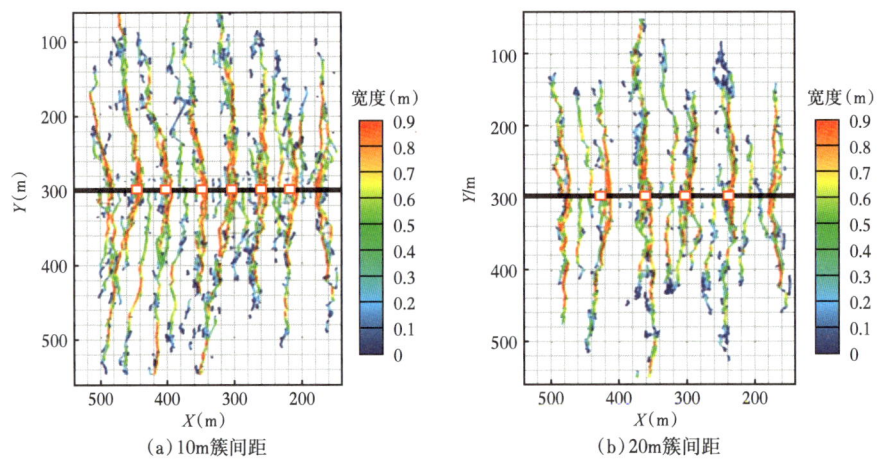

图15-4　陇东页岩油水平井不同簇间距多簇裂缝扩展模拟

3. 压焖采一体化采油技术

页岩油储层原始地层压力低、物性差，水平井不能采取常规的能量补充方式开发。提高水平井规模体积压裂入地液量，在造缝同时，对地层进行超前补能，地层压力系数由0.8上升到1.3，弥补了长₇段页岩油天然能量不足的劣势（图15-5）。压裂后进入焖井阶段，在渗吸作用下，压裂液在基质内充分实现油水置换，压裂液进入小孔隙，原油置换到压裂缝等高渗透区，压裂缝中的含水饱和度逐渐降低，使得开井后排液期缩短，初期含水率降低。现场统计显示，水平井在压裂焖井60d后投产，能获得较高的产量，并有效降低初期含水率。

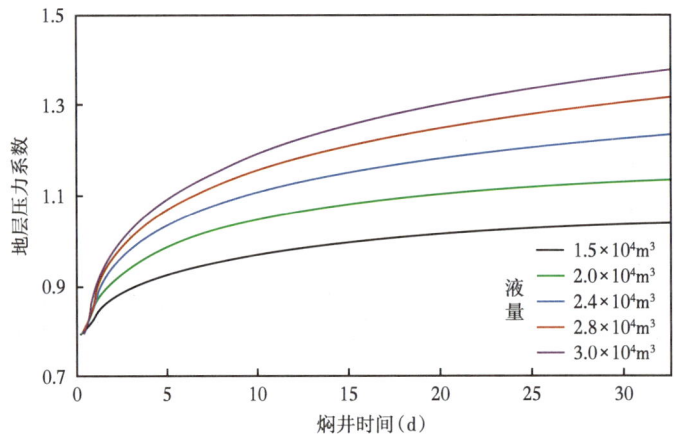

图15-5　陇东页岩油水平井焖井时间与地层压力系数关系

4. 极限分簇射孔技术

采用极限分簇射孔技术增加射孔簇数,可以改善初期改造不均匀的问题,大幅减少单簇孔数,以提高压裂初期井底压力和孔眼同步起裂概率,实现多簇同时起裂。H1井第16段和H2井第20段采用等孔径定点射孔,射孔段长60~80m,射孔簇数8~12簇,单簇孔数2孔,阶梯排量测试孔眼有效率在80%以上,较常规射孔提高20%~30%(表15-6)。

表15-6 极限分簇与常规射孔多簇起裂有效性对比

井号	段序	射孔技术	簇数	孔眼总数	有效孔眼数	孔眼有效率(%)	有效进液簇
H1	15	常规	6	54	25.8	47.8	3
	16	极限	10	20	16.7	83.5	8
H2	19	常规	4	36	25.7	71.3	3
	20	极限	10	20	18.5	92.3	9

5. 多级动态暂堵转向技术

多粒径组合暂堵剂进入裂缝后易形成桥堵,抑制裂缝继续延长,使缝内净压力不断提高。当压力升高幅度超过最大和最小水平主应力差时,可以实现裂缝转向或开启侧向微裂缝,使人工裂缝更加复杂,最大程度增加储层改造体积,提高改造效果。

6. 渗吸驱油技术

由于页岩黏土孔隙中盐度存在差异性,在渗透作用下高盐度一端压力升高,进而将黏土微孔隙中的油置换出来。同时,页岩孔隙分布复杂,富含的黏土可起半透膜作用。长$_7$段储层孔喉细微,在毛细管力作用下,亲水储层能够实现"油水置换",使毛细管力在驱油过程中发挥出正能量。由长$_7$段页岩油储层岩心渗吸试验结果得知(图15-6),渗吸对驱油贡献占比可达33%,采用纳米驱油多功能滑溜水可促进渗吸作用[6]。

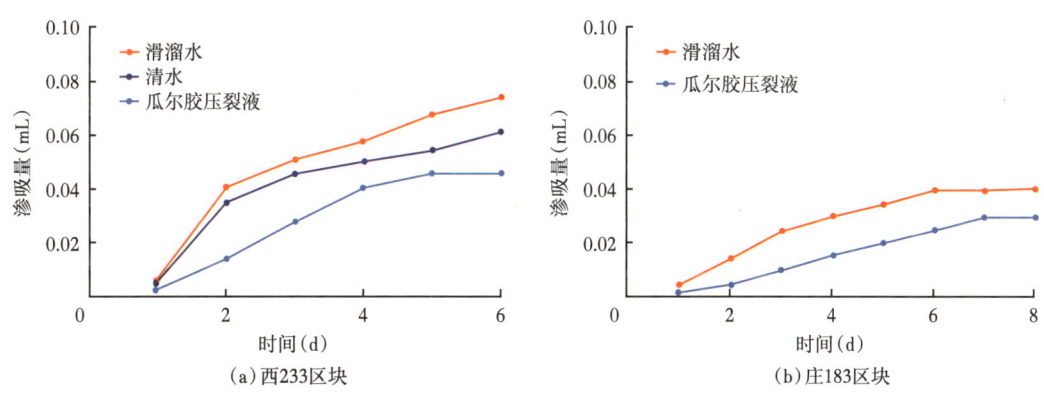

图15-6 长$_7$段页岩油渗吸试验结果

三、现场应用效果

长庆油田陇东地区XP237井组平均井距为308m,采用页岩油水平井细分切割压裂工艺,砂比为15%,每段加砂量为55.7m³,40/70目与20/40目支撑剂比例为2:1,每段1簇,段数为38~42段。单段单簇细分切割改造井XP237-72井有效储层长度和改造强度均比同平台邻井略低（表15-7），但日产油量比邻井平均日产油量高15.6%，累计产油量比邻井平均累计产油量高39.5%（图15-7），且含水率明显低于同平台邻井。通过"精细分段、定点布缝"，达到了精准改造效果，提高了单井产量[5]。

表15-7 XP237平台各井改造和投产数据对比

井别	井号	投产时间	目前情况		段数	簇数	入地液量（m³）	加砂量（m³）	水平段长度（m）	油层钻遇率（%）	加砂强度（m³/m）	进液强度（m³/m）
			日产油量（t）	含水率（%）								
对比井	XP237-71	2018年2月18日	8.85	16.3	31	67	29660.6	3261.3	2237.0	79.8	1.8	16.6
	XP237-74	2018年8月03日	17.53	25.8	22	62	26418.5	3321.4	1876.0	85.3	2.1	16.5
	XP237-75	2018年8月19日	8.62	33.7	26	67	28779.0	3102.7	1682.3	79.3	2.3	21.6
	XP237-76	2018年8月19日	14.87	18.5	18	58	22676.4	2842.8	1934.6	87.1	1.7	13.4
应用井	XP237-72	2018年5月21日	14.90	19.2	40	40	23467.7	2610.0	1535.0	99.7	1.7	15.3

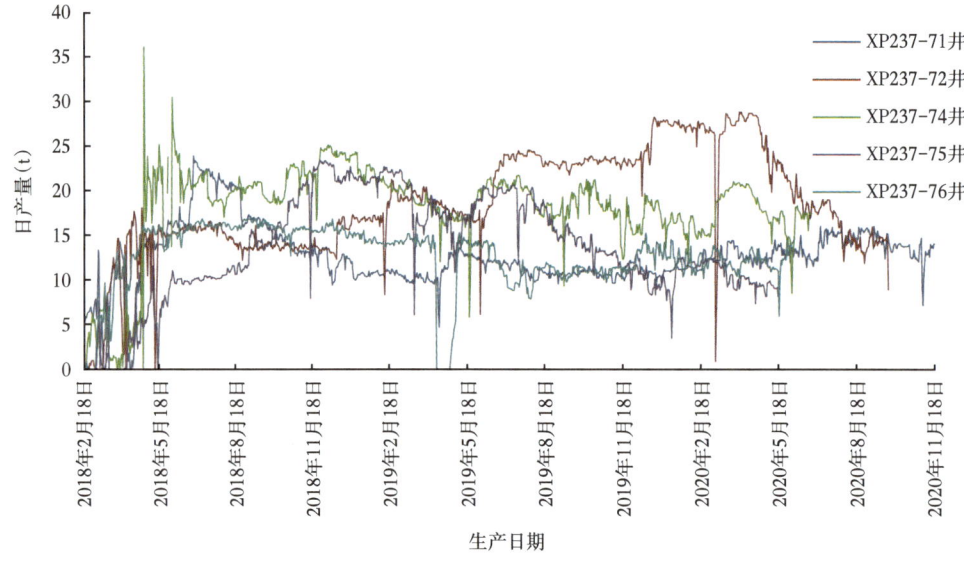

图15-7 XP237平台各井产油量曲线

四、结论与认识

（1）页岩油水平井单井产量主要受水平段储层品质和完井品质的影响，根据水平井储层分级评价标准，确保水平段在油层内穿行，射孔改造位置在水平段"甜点"上。

（2）陇东地区页岩油储层脆性指数低、天然裂缝不发育、不易形成复杂缝网，采用水平井细分切割压裂技术，通过优化射孔参数、排量及单段压裂规模等，能够保证段内各簇均匀开启、充分改造，避免了压窜邻井的风险。

（3）压焖采一体化采油技术通过滞留在地层裂缝网络中的压裂液等外来流体，补充地层能量，而多功能滑溜水增加了基质改性和渗吸置换驱油功能，除了提高地层压力，提升单井产能,也大幅延长了稳产时间。

(4)采用极限限流分簇射孔技术,增加射孔簇数并大幅减少单簇孔数,通过孔眼节流实现多簇同时起裂,并结合多粒径组合暂堵剂,实现裂缝缝口及缝内转向,使人工裂缝更加复杂,最大程度增加储层改造体积。

第三节 吉木萨尔页岩油压裂技术实践及认识

吉木萨尔页岩油水平井分段压裂改造实践主要经历了勘探、开发试验、动用突破三个阶段[7]。2012年在页岩油区块部署2口勘探水平井,采用当时较为成熟的裸眼滑套压裂工艺进行分段压裂,压后自喷生产,但生产压力和产量递减快,持续稳产能力差,整体压后效果未达预期。主要原因是一类"甜点"钻遇率和加砂规模较低,且受完井工艺、工具等因素制约,簇间距较大(平均80m),排量受限,导致水平段改造不充分,储层动用程度低。

2016—2019年,吉木萨尔页岩油水平井采用段内2~3簇、簇间距15m左右进行分段压裂,一定程度上提高了单井日产量,但储层改造形成的人工裂缝复杂程度仍然相对较低,单井压裂效率低、成本高,低产出矛盾突出。2020年以来,通过进一步技术攻关和现场试验,基本确定了高密度切割+高强度低成本改造理念,形成了适合吉木萨尔页岩油地质工程特征的压裂技术。

一、吉木萨尔页岩油地质特征和改造难点

吉木萨尔凹陷芦草沟组页岩油储层渗透率0.01~0.8mD,平均0.08mD,孔隙结构细小,覆压孔隙度1.2%~20.4%,平均7.34%,具有低孔、特低渗特征;喉道半径集中分布在0.3μm以下,原油黏度由凹陷中部向东部边缘逐渐增大,地层原油流动性差,需通过大规模水力压裂形成人工裂缝,实现页岩储层的有效开采。

吉木萨尔页岩油藏因其独特的地质特征,给水平井体积压裂带来巨大挑战,主要表现在以下几个方面:

(1)岩性致密,储层低孔、特低渗,对人工裂缝依赖程度高。

(2)发育微纳米孔喉系统,覆压渗透率0.014~0.09mD,渗透率极低。地面原油质稠,流度低,地层油黏度适中。储层改造需更短的渗流距离降低流动阻力,以提高供液能力。

(3)岩性多为过渡性岩类,纵向变化快,呈薄互层状,受层理及薄互层发育影响,人工裂缝纵向扩展受限,易沿层理不对称扩展并发生转折,对人工裂缝有效延伸及分支缝、层理缝等微细裂缝有效支撑提出更高要求。

(4)储层天然裂缝不发育,水平两向应力差较大(7~12MPa),脆性中等,人工裂缝形态以平面缝为主,难以实现复杂缝网体积改造。

二、吉木萨尔页岩油体积压裂技术

针对吉木萨尔页岩油地质特征和改造难点,基于非常规油藏"缝控储量"理念,综合考虑前期水平井体积压裂试验已证实的产液强度与射孔簇数、压裂规模、优质"甜点"钻遇率有正相关性等认识,经过多年实践,确定了"高密集切割+高强度低成本改造"体积

压裂改造思路,即采用高密度裂缝切割提高改造体积、大排量施工确保多簇均衡起裂、多粒径组合支撑剂充填确保裂缝导流能力、大规模压裂实现有效支撑的改造技术,主体改造工艺参数见表15-8。压后效果表明主体改造工艺能够满足生产需求。

表15-8 吉木萨尔页岩油主体工艺技术参数表

		高密度切割+高强度低成本改造	技术目的
分段参数	工艺	桥塞+分簇射孔	增大缝控储量动用程度;降低压裂施工成本
	分段/簇参数	段长45m,单段6~8簇为主;簇间距5~10m	
压裂参数	施工工艺	全滑溜水加砂	开启多缝;增加裂缝复杂程度
	施工参数	施工排量:14~16m³/min;平均砂比:5%~10%	
	压裂规模	加砂强度:2~4m³/m;液砂比:9~10m³/m³	增大改造体积;补充地层能量
	压裂液体系	聚合物型免配变黏压裂液	降低导流能力伤害,降本
	支撑剂类型	70/140目、40/70目、30/50目石英砂	多尺度裂缝有效支撑

1. 段内多簇压裂技术

页岩油储层改造主要以形成主裂缝和分支裂缝相互交织的复杂缝网、获得最大储层改造体积为目标。采用分段多簇射孔压裂形成多条裂缝,各裂缝之间受应力干扰影响,裂缝扩展延伸难度增大,裂缝延伸净压力升高,使微裂缝剪切开启,容易产生分支裂缝或次级裂缝,整体形成复杂缝网,充分改造储层。

段内多簇压裂技术是在射孔簇间距适当减小的情况下,单段内进行多簇射孔(6~8簇),适当缩短簇间距,增加段内人工裂缝数量(图15-8),利用簇间诱导应力实现裂缝转向。通过优化射孔簇数和压裂参数、采用暂堵转向等技术手段,使产生的人工裂缝复杂程度进一步提高,增大裂缝表面与储层基质接触面积,实现储层的体积改造,从而最大程度改造储层。与常规分段压裂相比,可大幅缩短作业周期,降低作业成本,提高作业时效。

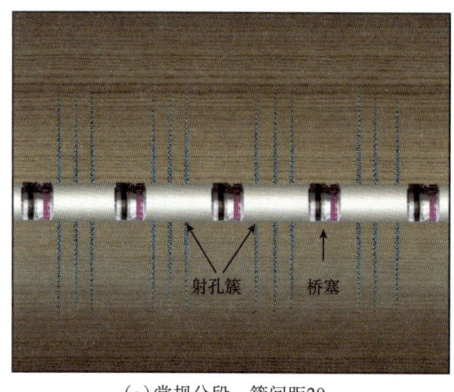
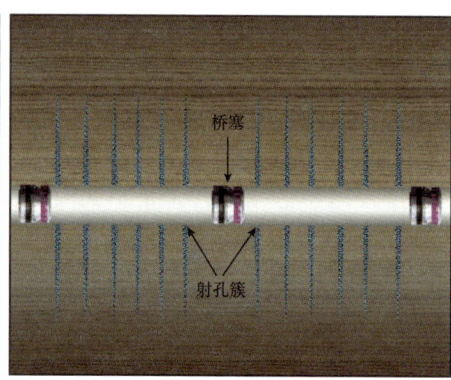

(a)常规分段,簇间距20m   (b)段内多簇,簇间距10m

图15-8 水平井段内多簇示意图

射孔簇均衡起裂是影响段内多簇压裂效果的重要因素之一，生产测井表明，压裂改造时射孔簇不能全部开启或充分扩展，影响增产效果。为提高射孔簇效率，配套采用限流射孔技术和暂堵转向技术，同时优化射孔簇数及施工参数，改善段内各簇压裂液进液分布，提高裂缝复杂程度，促进段内多簇裂缝均衡起裂。

2. 限流射孔压裂技术

限流射孔压裂技术，是通过控制射孔密度减少射孔数，在井口压力和设备条件允许范围内，通过增大注入排量，增加孔眼摩阻，利用孔眼摩阻提高井底压力，使压裂液分流，提高段内各簇进液均匀程度。压裂液高速通过射孔孔眼进入储层时产生孔眼摩阻，该摩阻随排量增加而增大，并使井底压力快速上升。一旦井底压力超过各簇破裂压力，各簇同时被压开，通过调节射孔数，可同时改造不同破裂压力层段（表15-9）。

表 15-9 段内多簇射孔孔数分配表

单段簇数	自下（段底）而上（段顶）每一射孔簇的孔眼数（个）												总孔眼数（个）
	第1簇	第2簇	第3簇	第4簇	第5簇	第6簇	第7簇	第8簇	第9簇	第10簇	第11簇	第12簇	
6簇	7	7	6	6	6	6							38
8簇	6	6	5	5	5	4	4	4					39
9簇	5	5	5	5	4	4	4	3	3				38
10簇	5	5	5	4	4	4	3	3	3	3			39
12簇	4	4	4	3	3	3	3	3	3	3	3	3	39

3. 暂堵转向压裂技术

压裂改造过程中，由于储层非均质性等因素，导致应力小、易破裂的射孔簇优先破裂，而且裂缝延伸过程中，总是沿着应力小的方向扩展，从而降低裂缝的复杂程度。针对水平井多簇压裂产生的多簇裂缝延伸不均衡的问题，依据压裂液向阻力最小方向流动的原则，在多簇压裂施工中途投入大颗粒高强度可溶暂堵材料，对近井筒裂缝及射孔孔眼进行桥堵，压裂液转入相对高应力射孔簇，促使新裂缝产生［图15-9（a）］；投入不同粒径组合的暂堵材料封堵缝口或者主缝，提高缝内净压力，使得裂缝沿其他方向或者弱面扩展［图15-9（b）］。综合采用缝口暂堵和缝内暂堵相结合的方式，封堵射孔孔眼和暂堵流动

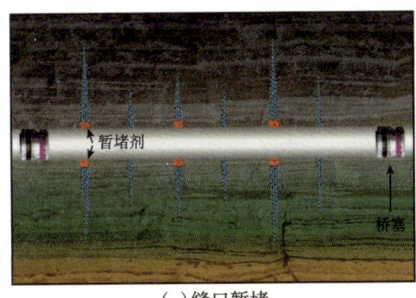
(a) 缝口暂堵

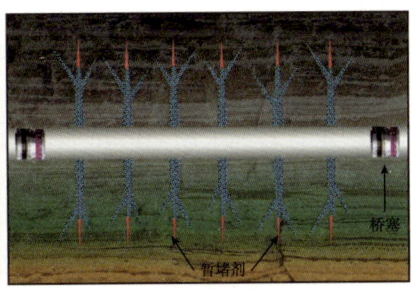
(b) 缝内暂堵

图 15-9 水平井暂堵转向压裂工艺原理

阻力较小的通道，压开之前未开启的簇，同时提高缝内净压力，促使新的裂缝产生，形成复杂缝网，增加人工裂缝波及体积，使措施层段得到充分改造。

段内多簇暂堵转向压裂技术关键是优选合适的可溶性暂堵剂及用量，优化施工工艺，提高射孔簇的开启效率，尽可能压开全部射孔簇并形成复杂缝网。可溶暂堵材料主要采用不同粒径粉末暂堵剂和颗粒暂堵剂组合、与孔眼匹配的暂堵剂和暂堵球组合等。

根据储层温度、压力等特征，通过分析施工曲线，并结合射孔簇开启（根据井下实时监测资料判断）、储层物性、岩石力学、裂缝发育等情况，及近井地带污染、地层吸液能力、管柱摩阻等因素，预测段内各簇起裂顺序，确定暂堵材料投入时机。根据压力、排量判断压开簇数，优化暂堵剂加量；加入暂堵剂后，结合升压情况（升压3MPa以上）、井下微地震监测等技术手段，判断暂堵效果；若暂堵失效则补投暂堵剂。

4. 高强度压裂改造技术

吉木萨尔页岩油水平井压后自喷生产，但生产压力和产量递减快，持续稳产能力差，主要原因为加砂规模较低，地层能量逐渐消耗。因此加砂规模由1.3m³/m提高至4m³/m，确保裂缝导流能力；同时提高用液强度，由12.7m³/m提高至27.9m³/m，通过大液量注入，配合CO_2增能、压后焖井、控压返排等手段，使注入的压裂液/CO_2滞留在地层中，保持地层能量。自2019年开始在J1××3H井开展CO_2前置蓄能压裂试验，增油效果良好，2021年继续对数口井开展此项作业。J1××3H井生产818天，百米累产油2085t，对比邻井JHW151井、J1××0H井、J1××4H井、J1××8H井，平均百米累计产油1099t，增油89.7%，百米经济效益141万元，增油效果显著。

5. 低成本改造技术

（1）石英砂替代陶粒。

吉木萨尔页岩油储层埋深3200~4500m，考虑井底流压，预计有效闭合应力28~44MPa。前期部署的勘探井均采用全陶粒作支撑剂，压裂改造成本较高。

推进页岩油深层石英砂全替代现场试验，可实现压裂降本。为明确石英砂替代深度界限，开展室内支撑剂破碎和导流能力实验，有效闭合应力增加，小粒径石英砂破碎率低和导流能力损失较小，可以满足页岩油压裂裂缝导流需求，为石英砂替代陶粒试验奠定了技术基础。2020年在下"甜点"水平井J10××7H井（垂深4088.44m）开展全石英砂等量替代陶粒试验，该井改造段长1300.5m，分压27段89簇，簇间距14.6m，加砂强度2.0m³/m。累计生产610天，累计产油11961t，平均产油19.6t/d。J1××4H井和J1××7H井均为三类区，主体改造参数基本相当，压后生产效果和自喷能力也基本相当，证明石英砂具备页岩油全区应用的条件（图15-10和图15-11）。

目前吉木萨尔页岩油采用70/140目、40/70目、30/50目组合支撑剂，提高了小粒径占比，在工艺上实现了全程滑溜水连续携砂。

（2）免配变黏滑溜水携砂技术。

变黏压裂液通过调整高黏降阻剂配液浓度，实现滑溜水、线性胶和交联液就地实时切换，现场实现压裂液黏度广域调整（3~150mPa·s）。相对于瓜尔胶压裂液体系，聚合物体系可实现直混免配功能，且储层伤害更小，可根据实际施工情况随时调整聚合物浓度，进一步降低液体成本。

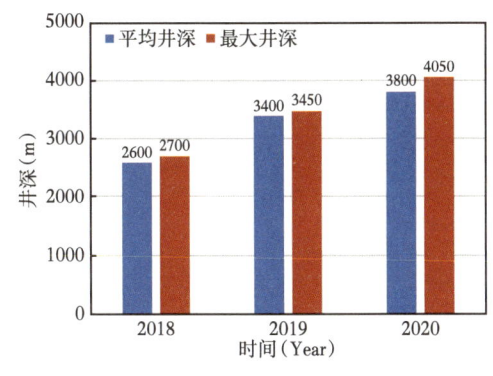
图15-10 石英砂替代陶粒历程图

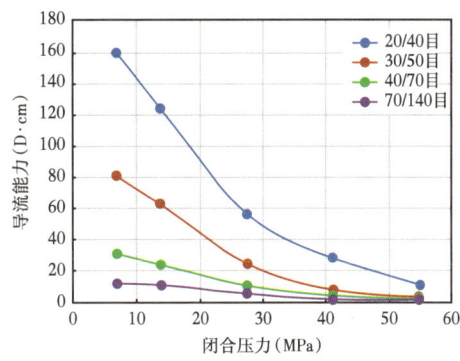
图15-11 不同粒径石英砂导流能力评价

2021年在下"甜点"3600m以深水平井，全滑溜水连续携砂工艺技术指标取得突破，低黏滑溜水实现40/70目石英砂280kg/m³连续加砂，高黏滑溜水实现30/50目石英砂420kg/m³连续加砂，施工压力基本保持平稳（图15-12）。

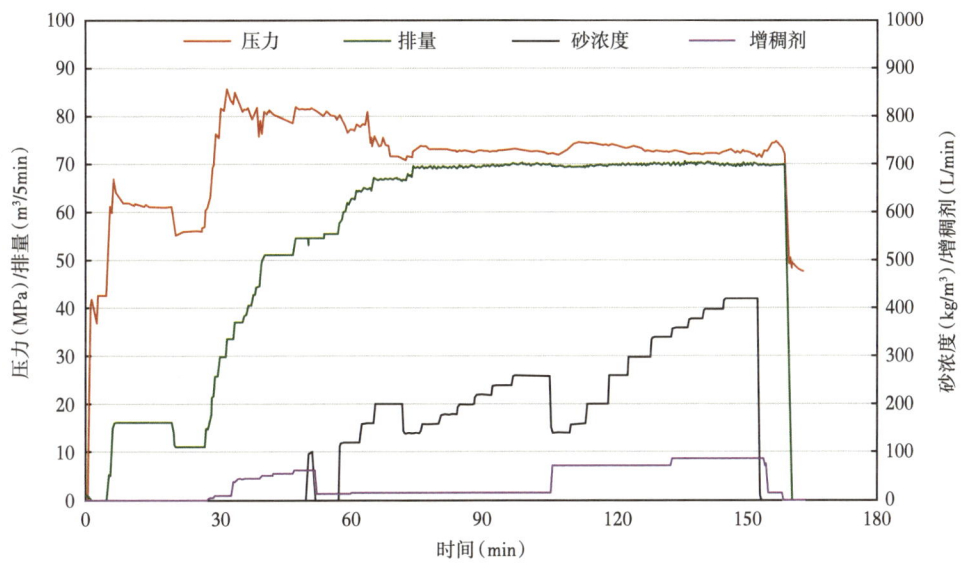
图15-12 JHW0××4井滑溜水全程携砂施工曲线图

三、现场应用效果

2021年在吉木萨尔页岩油下"甜点"58#平台8口水平井，采用极限限流配合暂堵工艺进行压裂改造。水平井试验采用段长40~50m、单段6~8簇、簇间距5~8m的段簇组合形式，加砂强度4m³/m，液砂比10.2m³/m³，支撑剂为石英砂，其中70/140目：40/70目：30/50目比例1：3：6，采用免配变黏压裂液施工。

平台单井产量快速上升，19天达到设计产能（较前期同层井提前28d），40t/d以上稳产39天，180天单井平均累计产油6000t以上，平均单井产油30t/d，含水率30%以下，整体生产效果较好(图 15-13)。

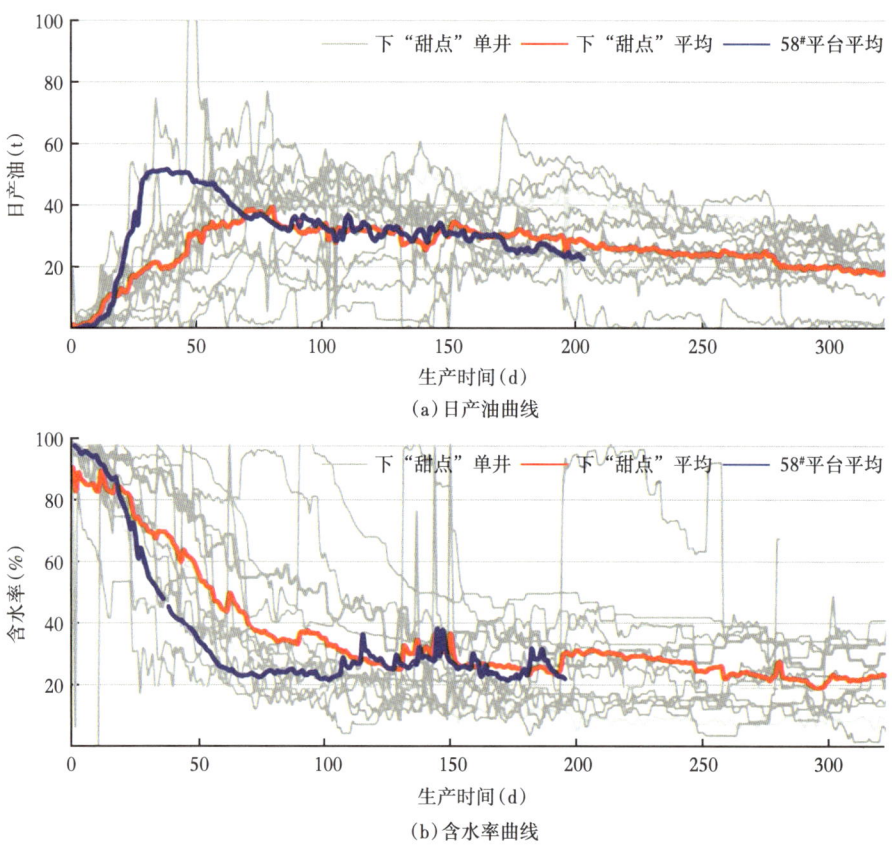

图 15-13　58#平台与同层井日产油及含水率对比图

结合实际施工顺序，对 58#平台 312 级压裂开展三维裂缝反演，解释单井裂缝长度 118m，高度 29m，整体改造程度达到设计目标。微地震监测显示事件点分布密集且均衡，解释 SRV 接近 $32000×10^4m^3$，裂缝复杂度高，压裂效果好(图 15-14)。

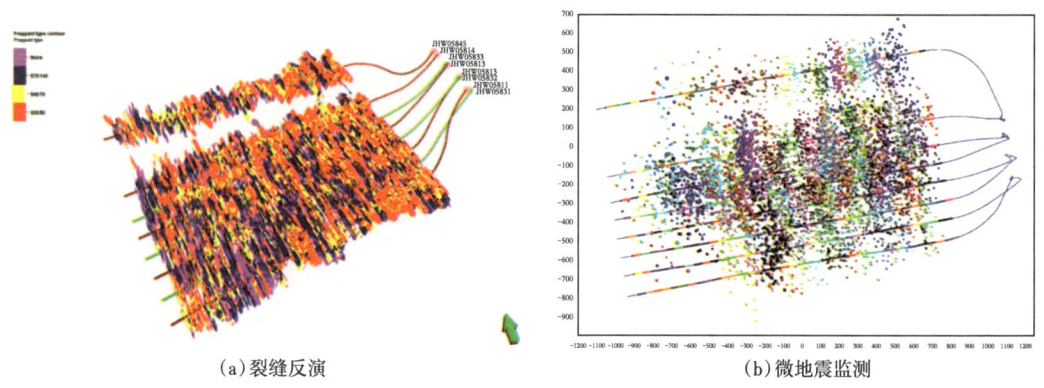

图 15-14　裂缝反演及微地震监测结果图

四、结论与认识

（1）针对吉木萨尔页岩油细分段压裂工艺导致的作业周期长、压裂成本高的问题，通过应用极限限流射孔技术、暂堵转向技术和压裂工艺参数优化，形成了吉木萨尔页岩油水平井段内多簇压裂技术。

（2）现场应用效果表明，以极限限流射孔+高密度切割+高强度改造+暂堵转向为主的段内多簇压裂技术，在页岩油有较好的适应性，并通过集成应用 CO_2 前置增能、压后焖井、控压返排等技术手段，利用超临界状态下 CO_2 与地层原油混相降黏、萃取溶解置换及增能等作用，降低地层能量递减速率并提高最终采收率（EUR）。

（3）低成本改造技术主要包括低成本支撑剂技术（石英砂替代陶粒）、低成本压裂液技术（免混配可变黏压裂液替代瓜尔胶压裂液）及可溶桥塞技术（可溶桥塞替代速钻桥塞）。在一定的地层闭合应力条件下，小粒径石英砂破碎率低、导流能力损失较小，满足页岩油压裂裂缝的导流能力需求；免混配可变黏压裂液残渣含量远低于瓜尔胶压裂液，对储层伤害更小，具备直混免配功能，从而降低配液成本，还可根据实际施工情况随时调整变黏乳液浓度，可进一步降低液体成本；可溶桥塞在压后焖井过程中，依靠地层温度及高矿化度地层流体，可自行溶蚀降解，大幅降低后期井筒清洁处理周期，从而降低压裂综合成本。

参 考 文 献

[1] 付永强，杨学锋，周朗，等. 川南页岩气体积压裂技术发展与应用[J]. 石油科技论坛，2022，41(3)：18-25.

[2] 付金华，牛小兵，淡卫东，等. 鄂尔多斯盆地中生界延长组长$_7$段页岩油地质特征及勘探开发进展[J]. 中国石油勘探，2019，24（5）：601-614.

[3] 石道涵，张矿生，唐梅荣，等. 长庆油田页岩油水平井体积压裂技术发展与应用[J]. 石油科技论坛，2022，41（3）：10-17.

[4] 焦方正. 陆相低压页岩油体积开发理论技术及实践——以鄂尔多斯盆地长7段页岩油为例[J]. 天然气地球科学，2021，32（6）：836-844.

[5] 李杉杉，孙虎，张冕，等. 长庆油田陇东地区页岩油水平井细分切割压裂技术[J]. 石油钻探技术，2021，49（4）：92-98.

[6] 赵振峰，李楷，赵鹏云，等. 鄂尔多斯盆地页岩油体积压裂技术实践与发展建议[J]. 石油钻探技术，2021，49（4）：85-91.

[7] 王磊，盛志民，赵忠祥，等. 吉木萨尔页岩油水平井大段多簇压裂技术[J]. 石油钻探技术，2021，49（4）：106-111.

第十六章　数智化压裂技术展望

　　人工智能（AI）是一门以数学、电子、软件、网络、计算机、测控技术与仪器等理工类专业为基础的战略性新兴学科，理论上涵盖了大数据、传感器、物联网、信号处理、信息安全等学科领域，技术上包括云计算、数据湖、区块链、计算机视觉、移动互联网、机器学习、类脑推理、自主无人系统、灯塔工厂等专业方向，已成为工业4.0时代最耀眼的焦点技术。油气行业也面临一个快速变化的数字化环境，国际石油公司十年前就开始与Google、Cisco、Micosoft、Intel、IBM及Facebook合作，将人工智能技术应用于油气勘探开发全过程，华为、腾讯、百度、阿里也已布局油气资源领域人工智能技术开发，通过大数据、人工智能新技术，实现了数据自动采集、实时在线监控、智能生产优化及技术经济决策，其应用正以磅礴之力赋能油气行业高质量跃升，推动了油气行业数智化技术变革。

　　智能化开发油气藏、建设数字化油气田是行业发展趋势和研究热点，对降低成本、增加产能具有重要作用。国际能源署IEA预测，该技术可使油气生产成本下降20%、采收率提高5%。以人工决策为主体的传统油气开发采收率为35%左右，剩余资源开发潜力巨大，但由于地质复杂、埋藏深、储层薄，与国外相比开发难度更大，亟须加快数字化、智能化开发技术攻关和应用研究。

　　油气田开发、油气井工程数字化和智能化，可建立覆盖全生命周期的油气井知识数据库和油气田开发决策模型，达到全面感知、自动操控、趋势预测和决策优化的生产运营新目标。国内外各大油公司、服务商在数字井工厂、智慧油气田建设上取得长足进步，正处于从数字建设到智能化决策的重要转型阶段。

　　随着人工智能技术的快速发展及其在油气领域的广泛应用，数智化压裂技术也取得局部进展，如关联参数智能优化、智能压裂设备及工具、压裂风险智能预警、泵注参数智能调控、智能监测仪器及智能解释算法等。尤其是基于模拟预测、数据分析的储层地质建模、压前地质评价、增产措施目标优选、设计参数智能优化、压后效果评价分析，新算法及配套软件层出不穷，创新应用不断加深。但与物探、测井专业相比，储层改造技术领域人工智能及大数据应用偏少，智能化程度较低，还未形成一个完整的数智化压裂技术体系；部分智能压裂关键技术仍处于理论研究或室内测试阶段，现场应用还比较少，仍不满足压裂缝网经济排布、精准定位、有效支撑、长期贡献的目标理念。

　　水平井体积压裂技术因储层改造体积增加，大幅提高了单井产量，已在北美非常规油气开发中获得广泛应用并取得巨大成功，国内陆上油气田也形成以"密切割、强加砂和暂堵转向"为核心的水平井体积压裂技术。但随着压裂规模越来越大、施工排量越来越高，体积压裂成本大幅上升，压后产量却未能成比例增加。提高非常规油气压裂开发产出投入比，突破低品位油气资源效益开发技术瓶颈，快速提升地质工程一体化、"井工厂"压裂数智化水平，实现以页岩为主体的非常规油气效益开发。

第十六章 数智化压裂技术展望

第一节 数智化压裂技术发展历程

数智化压裂技术将人工智能及大数据、云计算等信息技术综合应用于压裂设计、施工及返排生产全生命周期，最大限度提高压裂设计的科学性与针对性、压裂施工的精准性与高效性、压后多节点生产系统的整体协调性。其核心基于"地质工程一体化"动态优化理念，通过压裂参数的智能优化、压裂材料的智能响应、压裂设备及工具的智能操控和油气井全生命周期的智能生产等途径，实现多簇裂缝起裂与延伸特性的实时精准描述及四维可视化仿真。

智能压裂技术的发展历程可分为以下 4 个阶段[1]：

第 1 阶段，基于模糊数学的压裂设计优化及数据分析。模糊数学在石油行业应用较早，但直到 20 世纪 90 年代才被引入水力压裂设计中。因为影响油井压后产能的因素很多，并且各因素与产能间存在非线性关系，通过数理统计方法很难进行量化分析。利用模糊数学方法分析各影响因素之间的灰色关联度，综合评判各因素权重，再结合模糊评判方法分析压后增产效果，可以对压裂选井、方案设计等做出预测评价。在裂缝参数优化方面，通过正交方案设计，开展了多因素条件下裂缝参数优化研究，为压裂设计优化奠定了理论基础。随着 BP 神经网络、模糊算法、遗传算法等智能计算取得突破并逐步用于井网裂缝参数优化，智能压裂技术开始萌芽。

第 2 阶段，利用机器学习方法预测压裂设计中的关键参数。与人类提高自己的学习能力类似，机器通过人工智能分析大量数据、获取有用信息，从而不断提高自身的学习和预测能力。自从 2006 年 G. E. Hinton 等人发表深度神经网络编码开始，机器学习方法得到快速发展，被广泛应用于地质参数预测和工程参数优化等方面。例如，利用机器学习方法预测岩石孔隙压力、力学性质、地质"甜点"等压裂关键参数，极大地提高了压裂设计效率。

第 3 阶段，利用人工智能优化压裂方案设计。随着学习能力增强及预测精度不断提高，人工智能技术逐渐被用于压裂方法优化。通过分析大量已开发井数据，训练智能模型，建立压后产量与多影响因素之间的联系，对选井、选层、射孔井段、支撑剂类型、加砂强度、压裂液类型和用液强度等压裂设计关键参数进行辅助优化设计。人工智能算法为压裂设计优化提供了一种快捷、有效的解决方法，不仅避免了大量烦琐的数值模拟工作，而且对人员技术水平和计算设备性能要求更低，便于大范围推广应用。

第 4 阶段，人工智能用于压裂作业智能服务。随着大数据、云计算、数字孪生等信息技术的快速发展，人工智能不断向集成化和系统化方向发展，并逐步用于解决压裂作业中一些复杂的系统问题：开发了基于机器学习的井下风险预警系统，能够实现支撑剂砂堵等井下复杂预警；压裂智能控制技术研究取得较大进展，研制了可以远程控制或通过编码开关的智能滑套、自动化及半智能化控制的压裂车组，并进行了现场应用。例如，哈里伯顿公司 2018 年推出的压裂控制自动化软件，Prodigi 智能压裂服务系统，可以在压裂过程中自主、智能地调整泵送排量，以适应井下复杂工况，促进压裂簇均衡起裂、扩展。同时，该系统通过实时分析压裂曲线变化、建立砂堵预警模型，对施工过程中可能发生的砂堵进行提前预警，提高了技术作业安全性。其他智能压裂控制系统，如 StimCommander、SmartFleet 等，近几年也纷纷问世。大型智能压裂控制系统包含了智能优化、智能诊断、智能监测、智能控制等多项技术，标志着一体化智能压裂技术发展取得重大突破[1]。

第二节 智能压裂设备及控制系统

近年来，随着国内页岩油气的大规模开发，压裂设备装机功率、控制性能得到大幅度提升，基本实现了自动控制。通过人工设置相关参数，可以实现压裂施工过程中液量、砂量、砂比精确控制及排量的半自动控制，但无法自动诊断井下工况、自动调整施工参数，智能化程度不高，仍需要大量技能操作人员，也需要凭借经验调整泵注参数，处理不好或反应不及时还会引起砂堵等井下复杂。

今后油气上产将以非常规、低渗透、深层资源为主，压裂装备只有不断向大功率、电动化、自动化和智能化方向发展，才能满足工艺技术发展需求，确保实际形成最优裂缝形态及更广的复杂性，最大限度发挥储层生产潜力。

人工智能技术在压裂装备领域的应用目前主要集中在一键压裂智能控制系统、设备智能监控及维护系统、压裂管汇数字化管理系统、压裂安全智能监控系统及压裂水质在线监测、压裂液性能在线监测、压裂液智能混配系统。通过数据驱动及智能传感技术，实现压裂设备智能操作、维护、巡检、检修及安全预警，开展潜在风险评估和及时预警，提升"井工厂"压裂效率。

一、一键压裂远程控制系统

传统压裂作业泵注施工时，施工指挥需要向混砂车、混配车、输砂橇、液罐组、井口等区域负责人不停喊话，传达指令、接收信息，员工露天作业或台上操作设备，劳动强度大、安全风险高。随着网络控制技术进步及压裂设备控制性能提升，利用数字化远程控制技术，升级改造电驱、柴驱压裂装备及配套设施，实现远程"一键压裂"已具备现实基础，并在国内外现场开展了初步应用。

压裂设备主要采用工业以太网网络控制，机组形成环网，通过网络远控箱实现对机组的集成控制，达到对发动机、传动箱等执行机构的远程操作控制。目前电驱设备也继承了这种控制方式，建立适用于压裂成套设备控制特点的异型工控网，满足成套压裂设备作业对网络传输和控制方面的需求。根据现场设备实时状态和压裂工艺实际需求，对接入网络内的设备进行自适应控制；通过对工业以太网技术的研究，解决网络通信堵塞、控制及时性和可靠性等问题。

1. "一键压裂"系统开发概况

西部钻探2020年提出"一键压裂"概念，实现压裂装备硬件、软件国产化，使压裂装备达到标准化、电动化、自动化、数字化、智能化。"一键压裂"主要分为软件部分和硬件部分，软件部分主要为：根据施工设计"一键式"导入泵注程序，压裂施工工序自动执行，工序流程自动切换；硬件部分主要为：施工现场关键设备，通过软件自动控制压裂泵、混砂装置、输砂装置、配液装置、供液装置的启动、运行、检测及停止。"一键压裂"系统通过数字化和自动化控制，达到关键设备无人值守，设备自动运转、数据参数智能控制、作业工序执行标准的开发目标。

西部钻探压裂工控技术人员与设备厂家详细对接技术方案，并驻厂监造，对数控仪表舱、压裂车、混砂车、混配车、输砂车、高低压闸阀等装备，进行功能测试及工艺优化，细化压裂关键工序、关键流程管理，制定网络维护、设备操作和自动化流程操作三大类、17项操作规程，并开展全员操作培训，确保"一键式"智能压裂项目顺利实施，实现精准、安全操作。员工在数控仪表舱内轻点鼠标，就可实现自动供液、自动切换液体、自动开关阀门、精确调整砂比浓度等一系列施工程序。通过高清电子屏，现场施工画面及压裂曲线、工艺参数、能耗数据等一目了然，实现了全流程、集成化、远程控制的全自动压裂，提高压裂施工效率，有效降低操作安全风险和员工劳动强度（图16-1）。

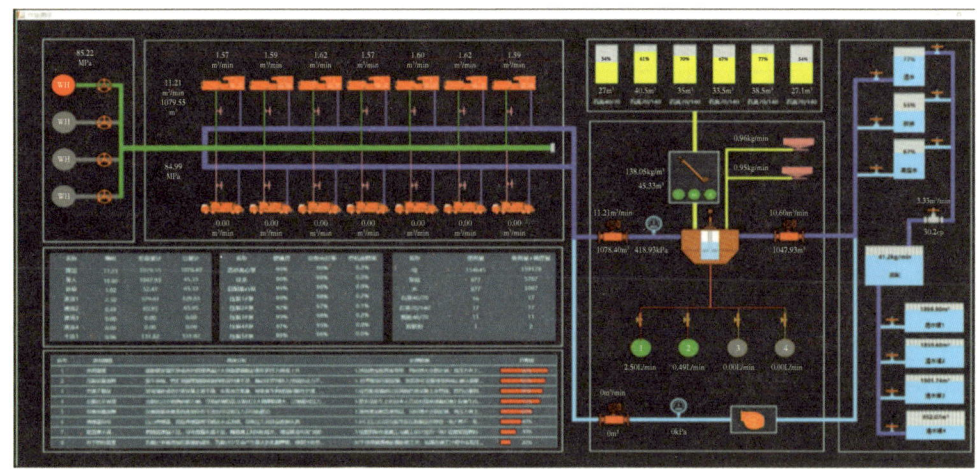

图 16-1 "一键压裂"信息数据图

2. "一键压裂"系统建设进展

西部钻探自主研发的"雪豹"一键压裂系统，分三阶段建设，目前已完成第二阶段建设目标。

（1）第一阶段：现场关键设备集中控制。

将压裂施工现场泵注设备、混砂设备、输砂橇、柔性水罐、混配设备、液动控制器等核心设备进行数字化、自动化改造，在现场仪表设备内部，完成对上述设备的集中控制（图16-2）。

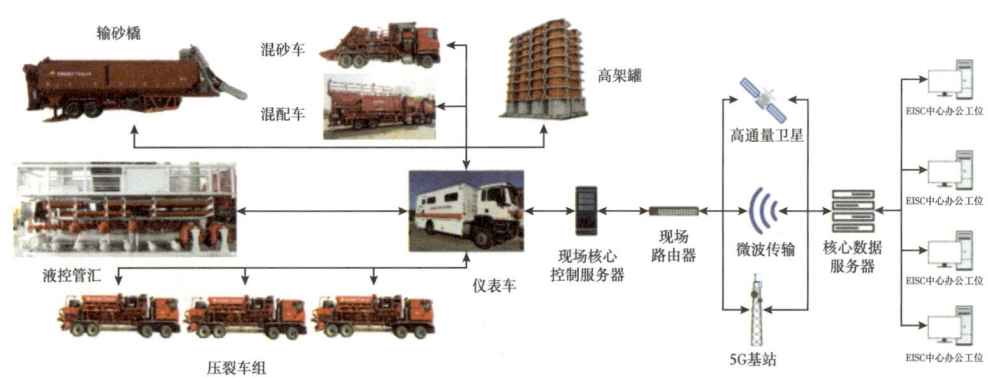

图 16-2 现场关键设备集中控制

（2）第二阶段：一键控制、远程控制阶段。

以数字技术为手段，将现场各类压裂设备、各个施工节点在空间上进行横向关联，工艺流程上纵向串联，对其控制方法、控制逻辑进行整合、完善、升级。从整体出发，实现关键设备之间的联动控制、自动控制，实现超远程实时控制功能，为转变压裂施工方式、降低运行成本、提升作业安全保障、减少工程复杂，奠定良好的硬件基础（图16-3）。

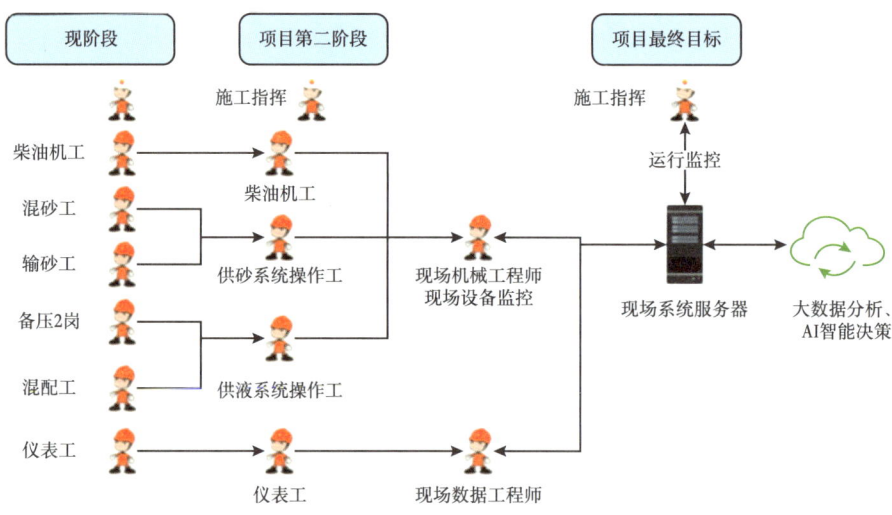

图16-3　一键控制远程智能优化流程

（3）第三阶段：智能控制、一键压裂施工阶段。

利用AI算法，系统不断学习人工操作、泵注程序、仪表参数修正，最终实现人工智能对压裂作业全过程掌控，并根据施工井工程信息及设计人员工艺思路，给出最贴合实际的施工方案，并对作业过程中出现的各类异常情况，在第一时间给出解决方案（图16-4）。

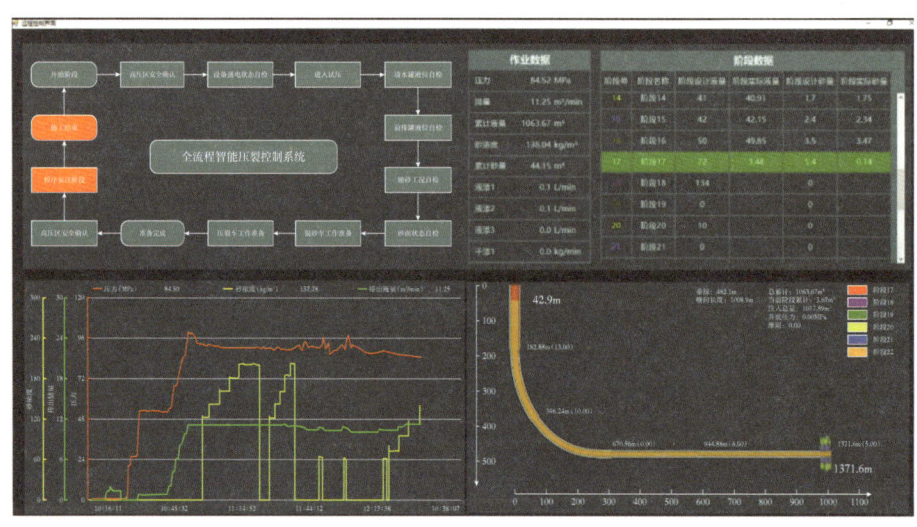

图16-4　远程网络控制系统界面

二、压裂设备智能监控系统

设备运行智能监控系统，可以通过传感器采集系统收集海量数据，再根据数据变化，发现金属疲劳、管体开裂等事故隐患，并及时预警。生理极限注定人类无法判断设备内部细微变化，当能看到的时候，实际上已经来不及弥补。但AI设备可以随时掌握事故发生之前的所有细节，然后计算找到看似正常数据中存在的设备隐患。

设备运行状态对生产安全、节能降耗至关重要，全方位的实时监测，为设备运转工况分析、预防性维护及设备管理提供了大量基础数据。其中，局域网在信息采集与数据分析方面发挥着重大作用，在机械设备故障监测与诊断上，局域网将计算机与监测设备连接起来，运用计算机强大的运算功能准确分析机械设备运行状态与稳定程度。

传感器是实现设备运行状况监测的关键器件，在设备运转部位安装传感器，获取运行参数，再利用数据融合技术，将传感器采集到的设备信号加以处理，经降噪分析后，及时提取故障特征。现代化的故障诊断主要是对传感器物理量进行检测与判断，诊断流程为"故障信号采集+故障信号处理+故障模式识别"。其中信号处理是从传感器所采集的故障信号中提取故障特征并进行诊断分析，但泵注系统大排量、高噪声、高负荷的作业条件，使故障信号所含信息繁杂，传统信号处理方法难以精确提取故障特征；而模式识别旨在通过人工智能模型，自主学习故障信号特征，进而实现故障分类，但诊断所需要的传统智能模型包括人工神经网络，也存在着诊断精度低且稳定性差的问题。

随着当代最新传感技术、非线性原理和方法、最新信号处理与设备故障诊断技术的融合，知识进程的发展，神经网络、虚拟现实、数据库等技术的不断更新与发展，在机械设备故障监测和诊断技术方面取得了突出的研究成果，设备故障诊断日趋多样化、智能化。

1. 工况监测与故障诊断

随着页岩气等大规模压裂技术水平提升，压裂施工作业对压裂车承压载荷、单机功率、可靠性、排量及智能化提出了较高要求。压裂车部件之间相互作用、互相关联，且结构复杂，倘若其中一个零件出现故障，就容易导致整个设备出现故障，甚至引发连锁反应，进而对人身安全和设备安全构成威胁。因此，有关大型机械设备状态监测和故障诊断，一直是设备厂家和作业单位关注的重点。

现阶段压裂泵注系统故障诊断主要是通过日常巡检、定期维护及故障返修来分析，但定期的人工检查缺乏及时性与全面性，难以发现设备内部故障。要提高运行设备在线监控和远程诊断的能力，需增加相应部件传感单元、故障预警和动态分析系统，并在现有的控制系统基础上进一步升级改造，提高压裂机组智能化水平，满足压裂机组的智能化操作需求。

西部钻探在"一键压裂"系统数据采集基础上，针对压裂装备台上发动机、变速箱、电动机、动力端、液力端、滤芯等关键零部件运转状态进行监测，预估使用寿命时间，自动提示各部件的维保时间，并对更换滤芯工作进行监测，跟踪配件更换情况，记录设备全生命周期维修保养情况，实现装备智能维保（图16-5）。

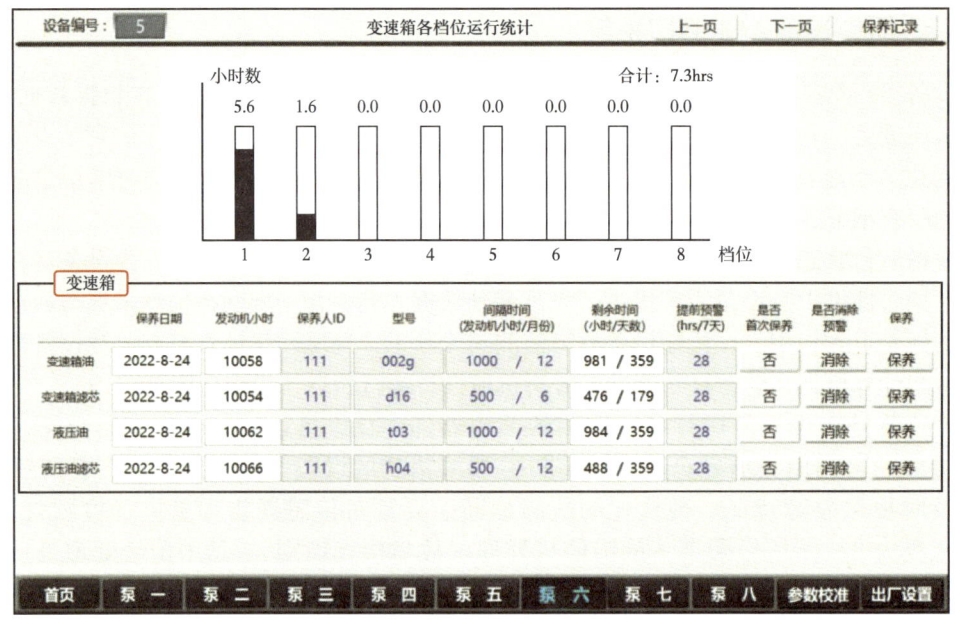

图 16-5　西部钻探压裂车发动机维护保养界面

设备运行状态监测与故障诊断，是现代设备管理中由定期维修过渡到视情维修的关键环节，也是设备管理现代化的必要手段。在监测诊断时，首先要充分采集数据，建立正常状态的标准谱和典型故障谱，为全面推行设备的视情维修提供充分的依据。

2. 电传感振动监测

压裂机组台上柴油机及压裂泵均为大功率往复动力机械，工作环境恶劣、工况多变。在工厂化作业模式下，设备运转时间长、负载高，滑溜水携砂冲蚀快，因机械疲劳或冲蚀磨损造成设备故障率、维修成本大幅上升，机器寿命成倍缩短。开展常态化工况监测、精确掌握部件寿命、及时实施预防性维修，是降低工厂化压裂设备成本、提高压裂效率的重要途径[2]。

柴油机、压裂泵内部结构复杂，运动部件多且常为异形结构，又包裹在缸体或泵壳内，运转状态下很难接近，仅能通过传感器直接或间接采集工况信息。对往复式机械设备，能提供工况信息的参量很多，如功率、温度、压力、油耗、烟度、转速、振动、噪声和油样等，这些参量从不同角度反映了设备运行状态。因构件运动时都会产生一定频率和幅值的振动信号，磨损或故障情况下也能激发某种特征频率信号或使该频率信号幅值增加。以振动信号为主要监测诊断参量，能比较全面地反映设备运动工况和故障特征。

振动监测的目的在于找出正常振动信号与异常故障信号之间的差异，诊断流程是先采集相应位置振动信号，然后通过相应的信号处理技术，提取信号中所隐含的异常特征，进而判断出故障位置、原因及严重程度。

（1）振动传感信号采集。

振动信号包括振动位移、速度和加速度，往复式动力机械振动信号中含有大量高频成分，应采用加速度计或压电传感器采集、监测加速度信号。在选择监测点位置时，首先要考虑该测点能否明显反映所测部件振动特征信息，同时也要考虑其他运动部件对该信息的影响要尽量小。台上柴油机主要故障部位在曲轴轴承和活塞、连杆，以及气门阀位置，在排气管稍下处振动响应最为强烈。对于曲轴轴承测点选择，以轴承距箱体最近点为测点。考虑轴承重要性及信息传递距离较远，每个轴承设一个测点。压裂泵动力端轴承损坏也会产生异常振动，在邻近位置上能检测到幅度较高的冲击信号，严重时造成十字头偏磨，引发拉缸事故。因结构限制，振动传感器只能安装在泵壳上，轴承故障引发的冲击能量在透过泵壳传至传感器时会产生衰减，实采信号与原始信号差异较大，需放大信号。

图 16-6 所示为 Halliburton 公司 IntelliScan 液力端监控系统，可实时监测每个泵缸振动、声音及温度数据并实时分析，及时了解液力端磨损情况。

(a) 压裂泵监测装置

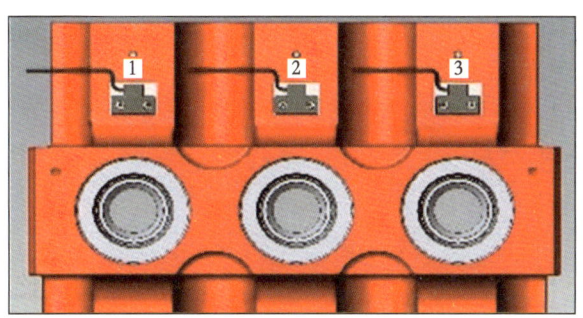
(b) 三缸泵传感器排布

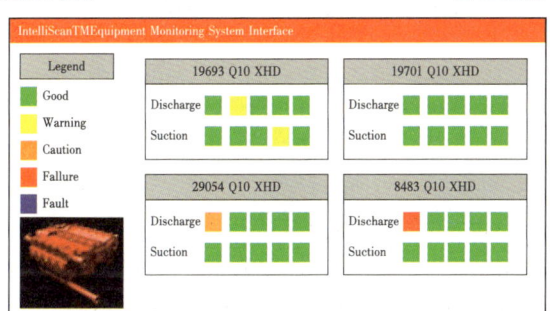
(c) 五缸泵监测显示界面

图 16-6　IntelliScan 压裂泵液力端监控系统

图 16-7 所示为 Schlumberger、Caterpillar 公司压裂泵智能监控系统，监控对象包含动力端。

不同部件的振动激励因传递路径不同，表面振动贡献占比也不同。动力机械内部结构复杂，采集的表面振动信号往往包含多类激励响应。如何提取故障特征信息，除实时采集外，还要了解振动信号特点、掌握相关的降噪处理方法。

（2）振动激励信号处理。

传统信号处理技术可分为时域分析、频域分析、时频分析三种[3]：

时域分析法通过计算不同振动下信号峰值、均方根、偏差等特征指标，结合正常工况指标范围，判断设备状态及故障程度。该方法理论简单，主要用于理想的线性信号分析。另外，时域特征指标受噪声影响大，易发生误判；在零部件较多时，早期故障相应的特征指标数值变换不明显，很难准确诊断设备故障。

频域分析法通过傅里叶变换将时域信号转换为频域信号，再通过倒谱、全息谱等分析方法获取振动信号中隐含的频域特征。频域分析法主要表达的是信号随频率变化的特点，并不能反映随时间变化。对于非平稳、非线性振动信号，难以实现故障特征的精确辨识。

时频分析法能提取非平稳、非线性信号故障特征，常用的有傅里叶变换、小波变换、S变换等。小波变换能够反映振动信号中的细微故障信息，是目前应用最多的机械振动信号处理方法。

(a)Schlumberger 智能泵

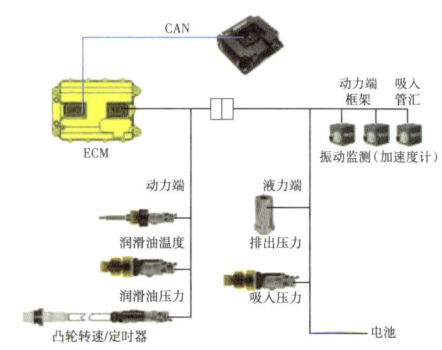
(b)Schlumberger 传感器

(c)Caterpillar 智能泵

图 16-7　Schlumberger、Caterpillar 压裂泵智能监控系统

（3）机械故障模式识别。

运转状态下，压裂泵所受激励与台上其他部件相互影响、互相干扰，给压裂泵故障诊断造成很大困难。压裂动力机械振动激励源较多，振动信号成分繁杂，实际诊断泵注系统故障难度大[3]。

泵注系统故障故障振动信号特征繁杂，难以直接通过信号分析进行诊断。针对这一难题，故障诊断研究更倾向于使用人工智能，学习数据内在特征规律，以实现机器对此类故障的智能化诊断。当前被广泛用于故障诊断的智能化模型主要包括传统的浅层分类器及近年来研究火热的深度学习模型，其中，传统的浅层分类器如支持向量机、人工神经网络等学习复杂样本深层次内在特征的能力差，且面临着维数灾难问题。深度自编码器、深度残差网络、脉冲神经网络等深度学习模型能够自主从故障数据中挖掘潜在特征，但也存在着映射故障与信号之间关系的能力差、网络泛化能力低等问题。

将人工特征选择、浅层分类器模式识别,以及人工特征提取有机结合在一起,监测和诊断机械故障。首先通过传感器获取机械设备故障信号,进行信息的采集分析,再通过时频处理技术将采集的故障信号进行降噪处理,最后结合分类器实现模式识别。

3. 光纤传感器监测

随着光纤通信与光栅传感技术进步,光纤传感技术在温度、应变、噪声、振动等测量领域表现活跃。在页岩油气体积压裂施工中,光纤传感技术不仅用于储层裂缝监测、生产剖面测试,还广泛应用于井下参数采集及传输、地面设备运行工况监测。川庆钻探通过高精度光纤传感器对压裂车台上关键设备温度和振动信号进行实时采集、特征提取、工况识别和超限报警,实现了压裂车动力端、液力端、风扇马达等关键运转部件振动监测、分析与故障诊断,能随时提供压裂泵实时工作状态[4]。

作为信号传感与传输载体,光纤具有质轻、径细、抗电磁干扰、抗腐蚀、耐高温、信号衰减小等特点,可以深入到常规传感器所不能达到的部位进行检测,测量结果更加准确。

(1) FBG 光栅温度传感。

光纤光栅传感器(Fiber Bragg Grating,FBG)是在石英单模光纤轴向加工的一段毫米—厘米级长度的敏感区。采用激光照射法,可对满足布拉格条件的特定波长窄带光进行选择性反射,沿入射光路原路返回,而其他波长的光信号则被正常透射。反射回的窄带光的波长随温度而线性变化,因此可用于精确测温;透射过去的剩余宽带光可以继续传输给其他具有不同中心波长的光纤光栅阵列,其中相应中心波长的窄带光系列将被逐一反射,全部沿原传输光纤返回,由此可实现多个光纤光栅传感器的串接复用,如图 16-8 所示。

FBG 和光纤本身是一体化的,在一根光纤上可并接或串接多个具有不同中心波长的 FBG 传感器,进行多点分布式测量。

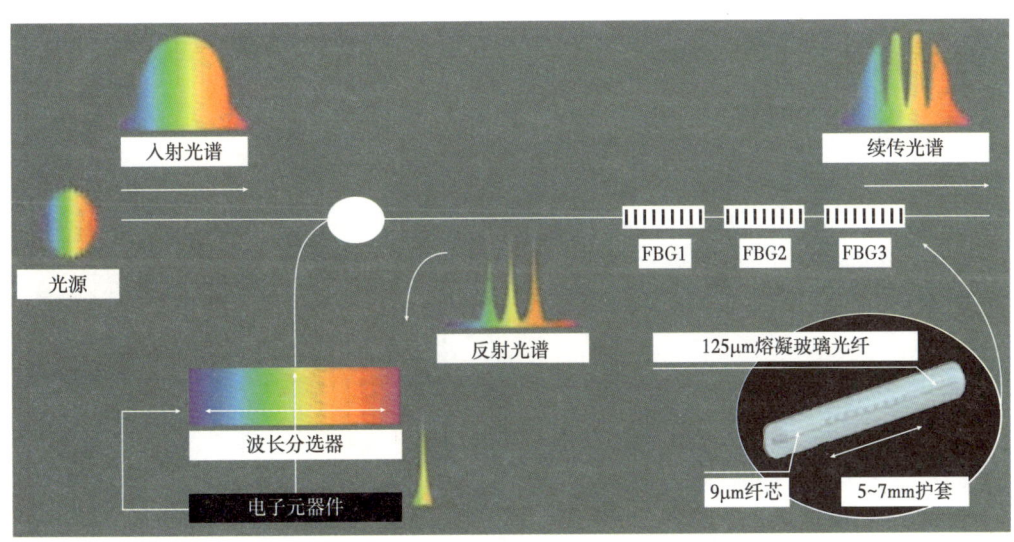

图 16-8 FBG 光纤光栅温度传感原理

（2）MEMS光纤振动传感器。

光纤MEMS加速度计是一种单分量宽频带加速度传感器，它将加速度检测质量块、弹性支撑体、光学反射微镜、光入射及出射波导直接集成在一个微小芯片上，真正实现了对加速度信号的全光检测，具有探头和传输线路不供电、抗电磁干扰、动态范围大、体积小巧、远距离传输等诸多优点。

光纤MEMS加速度计灵敏度高，动态范围大、线性度好、低频从0Hz开始，具有平坦的频率特性响应、相位呈线性变化，技术参数一致性好、性能稳定可靠。

（3）压裂车在线监控系统。

压裂车在线监控系统综合集成了光纤传感技术、信号处理技术、机械故障诊断技术、电动机故障诊断技术、计算机技术、数据通信技术等多项先进技术，实时监测压裂车作业过程中温度、振动等参数信号。借助故障诊断专家软件，可对压裂泵车动态振动信号进行大量丰富的时域、频域及时频分析，早期发现部件缺陷及故障征兆，并及时报警。系统构成如图16-9（a）所示。

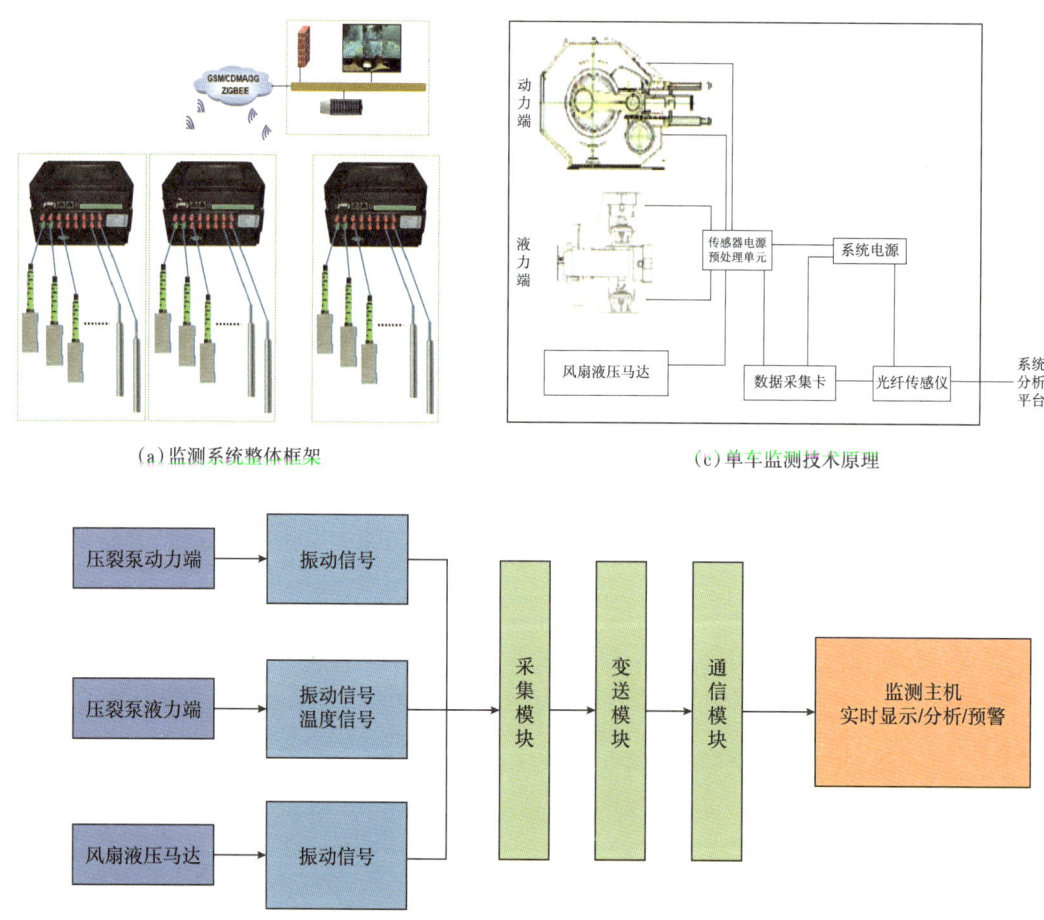

图16-9 压裂车在线监控系统原理

系统硬件由传感器、数据处理系统及监测主机构成，如图16-9(b)所示。传感器用于各类振动、温度、加速度信号采集，如图16-9(c)所示。通过在每台压裂车风扇马达、动力端和液力端安装布设双轴光纤加速度计和光纤温度计，实时采集、分析、记录压裂车作业过程中的温度、振动等关键参数。数据处理系统完成各类信号滤波、分析、结果判定等工作，压裂车监测分站通过工业级WIFI设备，将处理后的振动信号以无线方式发送到现场仪表车监测终端。监测主机安装在仪表车内，将处理后的数据及结果实时反馈给现场操作人员，并在信号超限时自动记录并发送报警信号(图16-10)。

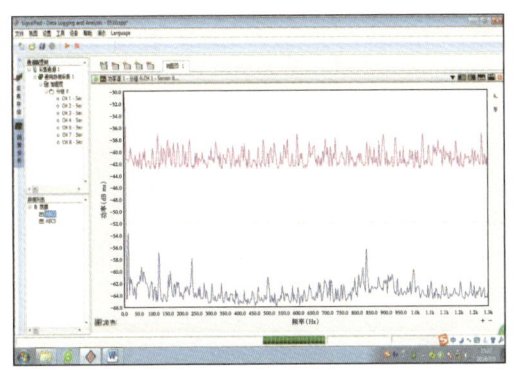
(a) 振动信号采集

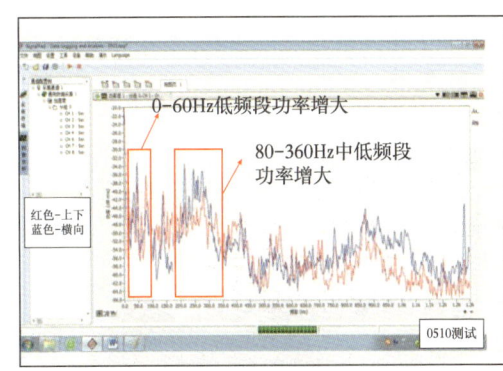
(b) 故障特征识别

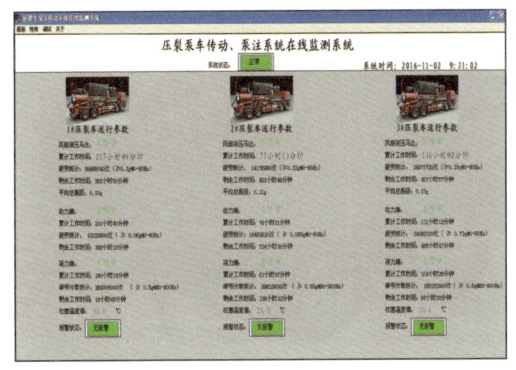
(c) 系统工况分析

(d) 单车工况监测

图16-10 压裂车振动监测分析成果

4. 红外热成像监测

红外热成像是一种基于红外辐射传播、接收与转换的非接触式设备监测及诊断技术。与被监测设备表面温度相关的红外辐射信息准确、完整、直接传播至红外热成像设备并转化处理为可辨识、易理解的图像信息[5]。

页岩油气压裂施工涉及作业设备电能、热能与机械能、势能转化，设备零部件或局部表面温度可反映设备当前运行状态。压裂设备工况复杂、作业环境恶劣，不宜开展近距离、接触式监测。而红外热成像监测通过分析处理由图像参数表征的红外辐射强度及其分布，间接掌握被监测设备表面温度分布及变化，进而了解设备整体或局部运行状态，适用于状态参数与温度关联性大的设备、系统或场景。

5. 压裂泵上水监测

压裂泵液力端易损件多、故障频率高，尤其是页岩油气滑溜水加砂压裂，冲蚀磨损成倍增加、泵阀替换更加频繁，是影响压裂机组综合效率的主要因素。另外，随着泵缸数量增加及冲次提高，空化问题日益突出，不仅降低了阀箱充满程度，影响工作效率，严重时伴随水击现象，对设备产生较大冲击。

应用振动分析方法诊断液力端故障，技术难度大、准确率低。国外已采用直接测量方法获取压裂泵工况信息，如在吸入口安装单泵流量计，可以准确测量压裂泵吸入排量，并根据空化模型，计算排出速率，从而准确预测阀箱内流体动力学特性及泵阀密封情况，改进气蚀检测、泵效计算和整体运行状况，图16-11所示为LIME智能泵吸入流量测试流程。

图16-11　LIME智能泵吸入流量监测流程图

6. 远程监控云平台

川庆钻探为提升公司压裂装备整体信息化管理水平，减少传统人工管理偏差，开发了压裂装备云平台管理系统。该系统集物联网、云储存、云计算于一体，通过作业数据远程监控系统、作业设备维护保养系统、设备GPS定位及调度系统、作业派工及配件订购系统等整合压裂设备资源，对分布于各地作业现场的压裂设备进行远程数据采集。建立数据中心，实现大数据共享，优化设备配置，提高工作效率，同时为解决设备故障提供决策依据。

（1）云平台系统构架。

对应系统基本构架，设备云平台管理系统主要由网关数据采集模块、服务器数据接收模块、设备维护管理模块三部分组成，如图16-12所示。

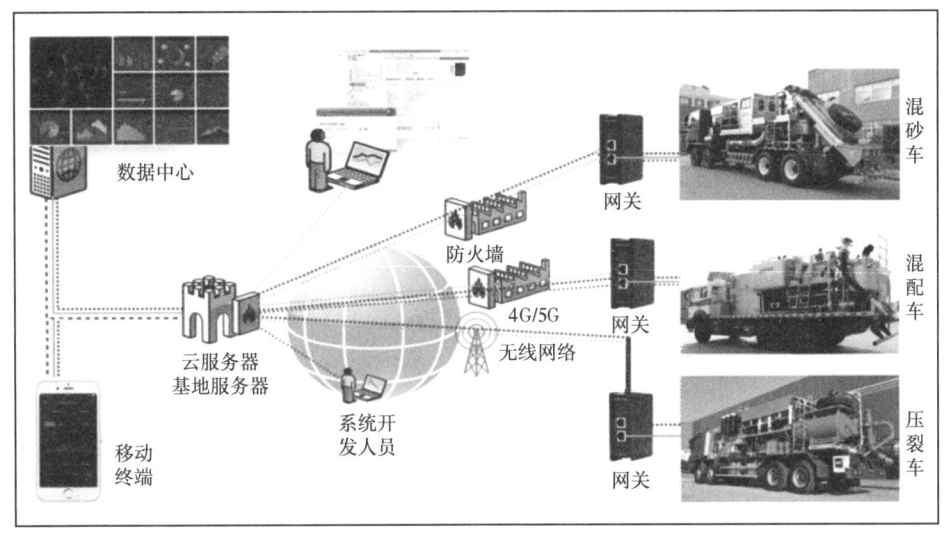

图 16-12　云平台系统网络拓扑图

①网关数据采集模块。

安装于设备的无线网关模块,用于采集现场单车端 PLC 数据,并支持数据缓存和实时发送给远端基地服务器。

②服务器数据接收模块。

基地信息中心安装服务器,接收来自现场单车端的实时数据,并进行预分析,将数据及分析结果储存在数据库中。

③设备维护管理模块。

采用 B/S 架构,利用分布式信息化网络系统,整合设备全生命周期的数据信息,进行统一跟踪和管理,使设备管理实现标准化、规范化、精细化,并提供及时准确的信息支持,提高设备管理时效,提升设备可靠性和利用率。

(2)压裂设备硬件数据采集。

作业施工现场每台设备安装一台无线智能网关,配置 4G/5G 物联网卡,内置数据采集及远程传输软件,从设备 PLC 端提取实时运行数据(包括关键部件状态、发动机数据、设备作业数据等)、设备 GPS 定位,并通过 4G/5G 或卫星将数据传输发送给基地服务器。

压裂设备数据连接方式如图 16-13 所示。

图 16-13　压裂设备数据连接方式

①压裂车运转数据。

发动机转速、水温、油压、油耗、报警等；变速箱转速、水温、油压、报警；压裂泵压力、排量、油压、油温。

②混砂车运转数据。

发动机转速、水温、油压、油耗、报警等；变速箱转速、水温、油压、报警；砂比、砂浓度、砂流量、砂量累计、排出排量、排出累计、吸入排量、吸入累计、液添流量、干添流量、密度、液位、吸入压力、排出压力等。

③混配车运转数据。

发动机转速、水温、油压、油耗、报警等；变速箱转速、水温、油压、报警；黏度、称重、排出排量、排出累计、吸入排量、吸入累计、液添流量、液添累计、干添流量、干添总流量、干添比例等。

④工况监测与故障诊断数据。

（3）构建基地信息中心。

通过在公司总部基地架设服务器，内置设备管理云平台，采用 Web 浏览实现作业数据实时显示、数据库管理、报表输出、统计、故障报警、GPS 分布地图等多项功能，结合设备维护保养管理，对所有作业设备的全生命周期进行实时管控、评估。

（4）软件功能模块设计优化。

根据压裂设备管理实际情况，对系统界面功能模块进行设计、研发、优化，实现了现场施工数据实时采集、远程数据和曲线浏览、历史作业数据存储管理、多种设备数据统一兼容等功能。软件界面如图 16-14 所示，软件功能如下所示：

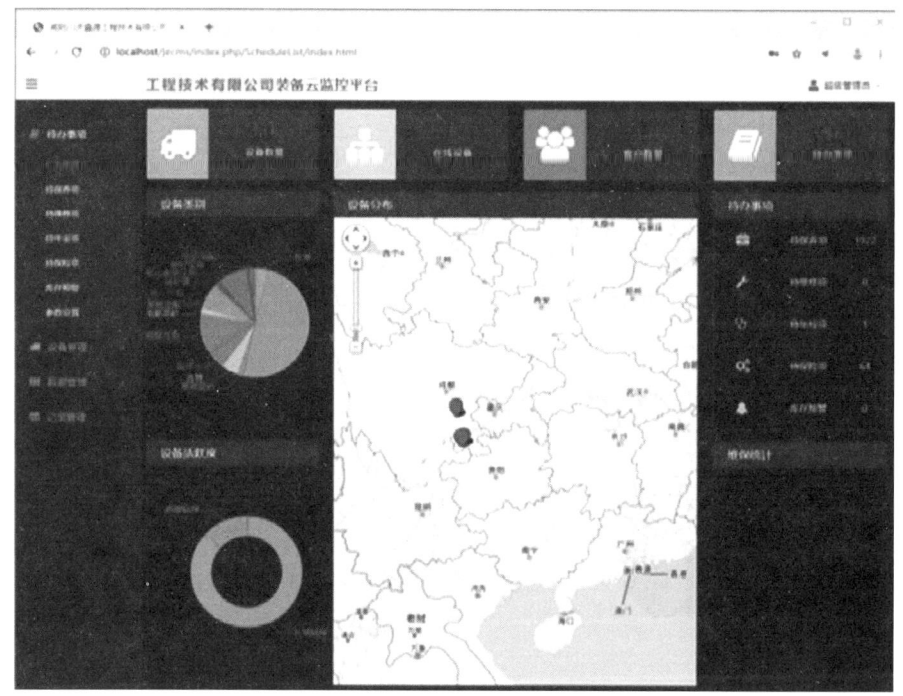

图 16-14　压裂装备云平台管理系统操作主界面

①待办事项。

对设备关键数据进行汇总统计、分析,自动预警,实现对设备保养、维修、年审、保险、库存警报的自动提醒,从而保证设备维护保养的及时进行,备件库存的及时平衡,提升设备的使用周期。

②设备管理。

通过记录设备定位、设备汇总、设备明细、维修计划来实现对设备详细信息的全面管理,同时联动设备使用记录,实现设备整个使用周期的所有信息集中管理、快速查询。

③数据管理。

跟踪设备运行全生命周期数据,记录关键数据信息、报警数据,以数据、曲线、表格的形式直观展示设备运行数据信息,并进行汇总统计。

④记录管理。

通过对设备作业记录、保养记录、维修录入、变动记录、年审记录、保险记录、配件使用记录等信息的处理实现对设备的使用时长、设备故障、保养信息、变动信息等的全面监控,加强对设备的综合管理。

⑤备件管理。

实现对设备备件基本信息、出入库、库存量、缺货提醒、备件进销存的全面管理。

⑥用户管理。

根据系统自定义的角色规则或访问权限,实现基于角色的访问控制,用户只能访问自己被授权的资源,符合各类组织机构的安全管理需求。

⑦基础信息。

主要对企业基本信息进行管理,包括区域信息、客户信息、保养规范等。

三、压裂液智能混配系统

在页岩油气体积压裂施工作业中,压裂液连续混配设备主要以柴驱、电动混配车(橇)为主,采用模块化配置,将干粉上料及计量、水粉混合、多液路添加、在线检测检验、自动控制等系统进行集成整合,采用 PLC 自动控制系统对整个配液过程进行实时监控,实现了干粉上料、水粉计量、水粉混合、液体添加和检测检验等步骤的自动控制,确保粉料和添加剂按比例连续混配,无须人工称量和加料。

为保证最终压裂液质量,在发液罐出口端设置了在线检测装置,对输出端压裂液排量、液体黏度、密度等指标进行实时监测,并将有关参数实时反馈给 PLC 智能控制系统,根据设定数据和程序对水、料配比及排量进行实时调整,初步实现了压裂液智能混配,能够确保系统运行效率和精准性。但由于压裂水连续供给,浊度、矿化度、固相杂质变化较大,野外作业温度变化较大,不同泵注阶段对压裂液性能要求不同,目前的混配系统智能化程度仍然较低,人工参与及人为影响还比较大,需根据水质、材料性能、环境条件及施工需求智能调整配方。

西部钻探基于西门子 S7-1500PLC 控制系统,研发出压裂水质在线监测仪器、压裂液性能在线监测仪器,并通过网络控制,实现了压裂液智能混配。系统通过自动监测、分析压裂水/压裂液/助剂性能,结合不同阶段压裂液性能要求,智能优化压裂液体系配方、自动调节助剂浓度,形成功能完善的压裂液智能混配系统。

1. 系统功能

（1）在线实时监测混配前压裂水温度、浊度、矿化度，智能优化压裂液体系配方。

（2）由混配车 PLC 控制系统、前后端流体性能采集仪器组成闭环控制系统，还能根据储罐液面高度采集数据，实时优化供水、供液系统，远程控制离心泵启停，调节闸阀开度。

（3）实时监测环境温度，并能根据压裂液性能要求，自动调节助剂浓度。

2. 系统组成

在线检测检验及自动控制系统核心是 PLC 控制面板，由计算机、工控软件、触摸屏、PLC 可编程控制器，以及配套的流量、液位、料位检测元件和自控阀门等执行元件组成。系统与氯化钾干粉计量单元、瓜尔胶干粉计量单元、清水添加液路和化学添加剂添加液路相连接，用于实时监测及调控各种物料和液体的添加比例，并根据实际施工需要及时调节压裂液的排量。设备运行时，控制系统对设备流量、液位及料位检测元件的相关参数进行采集运算，根据结果将信号输出到相关控制阀门，通过控制器与上位机之间的实时通信，将有关数据呈现给操作员，并根据操作员输入指令，执行下一步操作。

3. 控制室自动控制

自动系统包含 PLC 及触摸屏，操作人员输入混配排量、混配总量、粉水混配比、液添添加比例等作业参数，计算机依据操作人员输入参数，按照程序指令调控各单元，实现上述相关参数的自动控制。为维持粉水混配比稳定，自动控制系统还能结合施工排量变化自动调节转速实现扩排量。为了应对突发情况，自动控制系统配有应对突发情况的手动控制装置，该装置能实现手动和自动控制之间的快速而稳定的转换。

4. 网络远程自动控制系统

远程控制系统既可通过有线方式远程控制，也可通过无线通信实现对混配车控制。采用环形工业以太网的有线网络通信距离大于 50m，而与之对应的无线网络采用工程中常见的无线 WiFi 进行通信。控制系统安装在压裂机机组控制中心（仪表车），中心操作人员通过电脑终端或 HMI 控制操作混配车，从而可以实现压裂液自动连续混配车控制室本集中控制。

四、压裂管汇数字化管理

压裂管汇为高压流体控制元件，是酸化压裂时压裂液、酸液及支撑剂泵送通道，包括直管、活动弯头和三通等。由于泵注过程中承受上百兆帕的压力，酸液腐蚀、支撑剂冲蚀及支撑不牢引发窜动、振动等问题，造成高压管汇刺穿、爆裂或断裂，引发安全生产事故、事件。尤其是水平井体积压裂、滑溜水段塞加砂，管件用量增大、管汇磨损加剧，施工风险、安全隐患凸显，对高压管汇进行定期定量检测、科学管理尤其重要。

传统的高压管汇管理、检验以纸质记录为主，从管件计划、验收、入库、仓储、发料、使用、检测、报废等环节，都要反复进行数量清点、标记辨认和人工记录等烦琐工作。质检中心、压裂队人员需随身携带大量表格，后期还要将检验、使用数据人工录入计算机系统，效率低、漏洞多，并且以纸张为载体的数据记录不灵活，不能对管件使用情况进行准确跟踪和数据分析,难以使管件资源得到合理调配、高效利用,也难于发现失效管件。

纸质记录信息是在高压管件上打钢印或带检测标识环,尽管标识所载信息内容可靠、人工易识别,但计算机无法自动采集相应信息,不能及时对所用管件作有效、准确、持久的识别和管理,与油田工程技术"信息化"发展要求不相匹配。针对高压管汇人工管理、手工记录弊端,国外压裂管汇生产商 SPM、FMC 开发高压管汇数字化管理系统,如图 16-15 所示。该系统采用 RFID 无线射频识别技术,为每一管件植入一份独一无二的"电子芯片标签",并开发管件全生命周期信息管理软件,从而实现高压管件全程动态监控和预警管理,彻底消除因管理弊端造成的风险隐患,提高管件本质安全及使用效率。

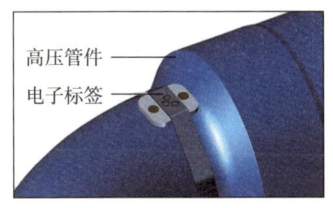  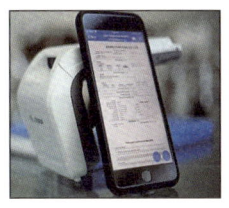 

(a)电子标签　　　　(b)高压管件　　　　(c)手持终端　　　　(d)射频扫描

图 16-15　SPM 压裂管汇数字化管理系统

1.RFID 电子标签

RFID 即射频识别(Radio Frequency Identification),是一种无线信息识别技术,它通过扫描设备发出的射频信号,自动识别绑定在被扫描物体上的电子标签,并对标签中存储的身份信息进行读写,从而达到物体追踪与信息交换的目的。RFID 支持多个微波频段,包括超高频。考虑到压裂管件数量众多,为方便快速操作,一次扫描多个管件标签,需采用超高频手持扫描设备。

如图 16-16 所示,RFID 系统由三部分组成:(1)阅读器(Reader):又称为读写器,是用来读写电子标签信息的设备;(2)天线(Antenna):在电子标签和读写器之间传递射频信号;(3)电子标签(Tag):由耦合元件及芯片组成,用来绑定在被识别的物体上,进行追踪。

读写器在扫描待识别物体上的电子标签时,会通过发射天线发射一定频率的射频信号,并产生射频磁场,电子标签在该射频磁场中会产生感应电流,从而获得能量,将储存在标签芯片中的物体编码信息通过天线发送出去,系统接收天线接收信息到并传送至读写器;读写器对接收到的信号进行解调读取后,送至后台中央系统进行数据处理,从而实现标签的识别读取。

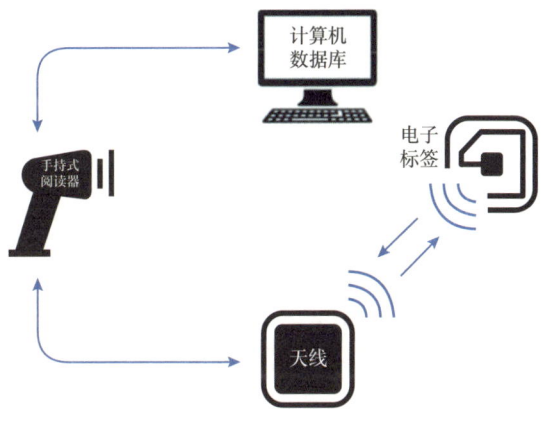

图 16-16　RFID 系统原理图

2. 系统框架原理

系统主要由数据采集、无线网络传输、云平台管理三部分构成，如图 16-17 所示。通过对每个高压管件绑定无源 RFID 电子标签作为识别身份的唯一手段，该标签一直跟随管件入库、出库、使用、报警、检测直到报废，并结合手持 APP 与 PC 监管平台进行管理，实现对管件全生命周期的跟踪监管。管理层可实时掌握每个管件的运行态势，并通过物联网数据库、各类历史数据对比分析，为决策提供科学依据，使管理工作规范性和监管效率得到大幅度提升。

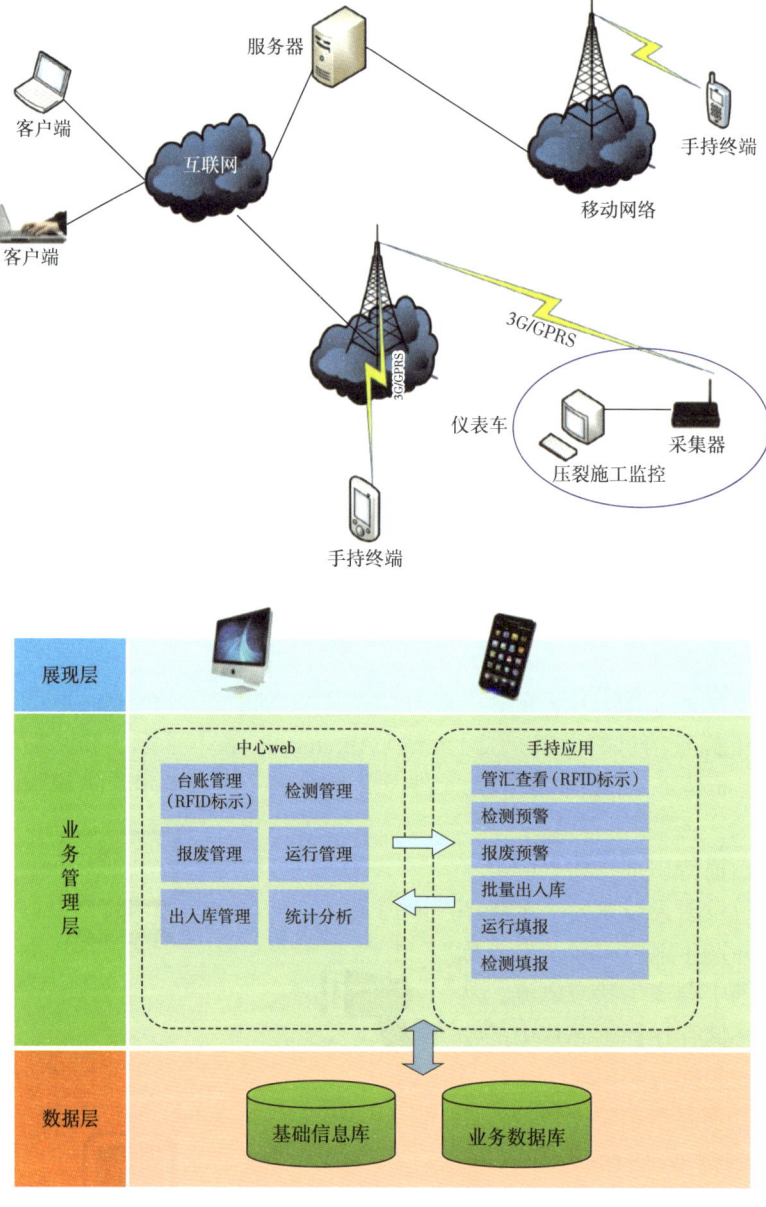

图 16-17 压裂管汇数字化管理拓扑网络

采集器和手持终端支持断点续传，当无网络信号时，采集的数据暂存在采集器或手持终端中，一旦网络恢复正常，采集器、手持终端自动把暂存的数据传回中心管理平台。

3. 软件系统架构

软件系统设计采用 B/S 三层架构进行开发，包括手持终端 APP、PC 管理平台，以及服务器功能流程设计、数据库表设计、代码设计。

4. 系统管理流程

高压管汇数字化管理系统建立一个管件数字化管理网络，对管件实施有效跟踪，覆盖管件入库、验收、转场、使用、检测、报废等各环节。采集每一节点数据信息，特别是要及时跟踪并记录压裂过程中的各种施工参数，如排量、压力、液量、砂量、累计时间等，结合施工井况对数据库信息进行补充和修正，并将每一管件的完整使用数据提供给检测方，确定检测时间、周期并及时预警，最终提供一套科学完整的跟踪评价报告。

五、安全生产智能监控系统

井工厂压裂现场作业队伍多、设备杂，受危险源众多、环境复杂、交叉作业频繁等因素影响，安全生产一直是行业监管重点之一，单纯依靠委派 HSE 监督现场巡查或驻井监督，难以满足众多水平井压裂作业安全生产管理要求。随着物联网、人工智能、移动技术在矿山领域的成熟应用，压裂现场初步实现了移动安全巡检、VR 安全教育、隐患智能识别、物联网数据采集，智慧安监平台初具雏形。通过大数据、人工智能对物联网采集数据分析计算，形成关键性动态指标和预警信息，监管效率、监管能力都有了巨大提升。

智慧安监以 BIM、物联网、虚拟现实、移动技术、大数据、人工智能、云技术等新型技术手段为基础，通过对可能影响作业安全的人、机、料、法、环等关键要素进行实时数据采集，对大量数据进行标准化处理，实现安全隐患动态识别、智能分析、主动预警等。

随着分布式自控系统和工业以太网在油气田的规模应用，压裂生产现场实现了远程数据监测，除井口气体浓度、风速、烟雾报警、环境监测等工业传感器测量手段外，视频检测发挥着越来越重要的监控作用，为安全生产监管智能化奠定了硬件基础。

1. 视频监控系统应用

视频监控作为一种安全生产监管手段，具有同步监视、实时存储与远程诊断功能，信息量大、可靠性高，已广泛应用于油气田工程领域，部分替代了 HSE 巡检及驻井监督。远程中心采取 24h 值班制，值班人员紧盯现场实时视频，不间断监控作业全过程。但随着油气井压裂规模不断扩大及压裂井工厂普及，监控点日益增多、监控范围不断扩大，而有经验、安全功底扎实的监控人员也在逐渐减少，全员、全时、全视角人工视频监控模式越来越难以有效实施，监管效率下降、成本上升。

从水平井工厂化压裂作业特点来看，人工视频监控系统存在以下三方面不足：

（1）监控用工多、全时监控不足。

随着监控设备和监控对象不断增加，图像数据呈指数级增长，人工监控需要布置大量操作人员，不仅耗费大量人力、物力和财力，而且极有可能出现迟报、漏报或误报，难以做到全时监控并预警。尤其是摄像头多而显示屏少时，滚屏监控根本无法顾及现场作业动态，容易忽略异常情况及不安全事件。另外，岗位人员不足时，很难顾及各路监控，视频系统只是录像提取事后证据，没有充分发挥实时、主动监控的作用。

（2）长时间视觉疲劳、监控效果差。

承担监控工作的人员精力有限，长时间肉眼盯屏会产生视觉疲劳，无法及时获取违章作业、环境异常和设备状态信息。尤其是画面动态较少时，很难长时间集中注意力，导致系统效率不高，难以保证监控质量。

统计信息显示，人工不能有效监控多个电视屏幕，操作人员盯屏超过 10min 后将漏掉 90% 的视频信息，其他事件如电话、聊天、疏忽大意等，也会中断监控进程，从而使监控效果大打折扣。因此，需要一双智能"眼睛"替代人工，及时发现隐患、立即进行报警，并能发出联动指令，控制设备停车，避免重大事故发生。

（3）专业依赖性高、主动防护弱。

安全行业标准多、规章杂，对监控人员从业经验、专业能力要求较高，监控有效性完全取决于岗位人员专业素养。有些监控人员因知识、实践局限性，即便紧盯屏幕，也很难找出安全隐患，缺少提前预警、主动干预能力。而专家能一眼看出问题、找到症结，因此亟须将专家知识与在线监控有机融合并不断积累，才能有效提升安全监控效率、监管能力。

2. 智能视频监控概述

随着视频监控从"看得见"到"看得清""看得懂"方向发展，高清摄像机应用越来越多，分辨率已升至 720P，部分场景甚至达到 1080P。图像数据量也越来越庞大，累积数据更是惊人，人工分析已很难满足安全行业海量数据处理要求。为解决监控图像数据处理问题，国内外相继将计算机视觉技术引入安防领域，从而衍生出智能视频监控技术。

智能视频分析技术源自计算机视觉（Computer Vision，CV）与人工智能（Artificial Intelligent，AI）技术融合，其研究目的是在图像与事件描述之间建立一种映射关系，使计算机能够通过数字图像处理和分析来理解视频画面中的内容。这一研究应用于生产安全领域，能借助计算机强大的算力过滤图像中无用或干扰信息，自动分析、抽取视频源中有用信息，使监控系统更加智能化。如果把摄像机比作人的眼睛，计算机系统就可以看作人的大脑。

智能视频分析技术主要解决两方面问题：一是将安防操作人员从繁杂而枯燥的"盯屏"任务中解脱出来，由计算机完成分析识别工作，不需要人工主观干预；二是在海量视频数据中快速定位事故隐患与安全事件。要解决这些问题，就要将非结构化的图像信息转换为计算机能够理解的结构化数据，并利用人工智能算法开展状态识别、行为分析。

人工智能与视频监控相结合，为安全生产注入新的活力。智慧工地、智能安监建设初期，因算法、算力局限，无法及时锁定个体信息、状态、行为、轨迹等动态特征，很难进行大范围、多场景关联分析。随着机器学习、边缘计算、算力芯片等细分领域技术进步，智能分析不仅能准确识别视频图像，还能实时跟踪、动态分析，对目标状态、行为进行分析和预警，使大量安全隐患被消灭于萌芽之中，让安全生产工作中最难做到，却也是最为重要的过程管理得以真正实现。

3. 智能监控系统架构

智能视频分析系统以数字化、网络化视频监控为基础，架构设计主要基于 3 层结构，前端设备接入层、媒体处理层和用户表示层[7]。

智能视频分析系统采用模块化设计,主要由视频源、视频智能处理引擎、管理终端组成,如图 16-18 所示。智能分析模块对运动目标的自动检测、识别、跟踪和报警,是实现智能视频监控的核心。该模块可以部署在监控系统前端采集部分,也可以置于监控中心。其产品形态可以是 DSP(嵌入式)板卡(板卡可以集成在视频服务器、数字录像机、摄像机等设备),也可以是纯软件方式。

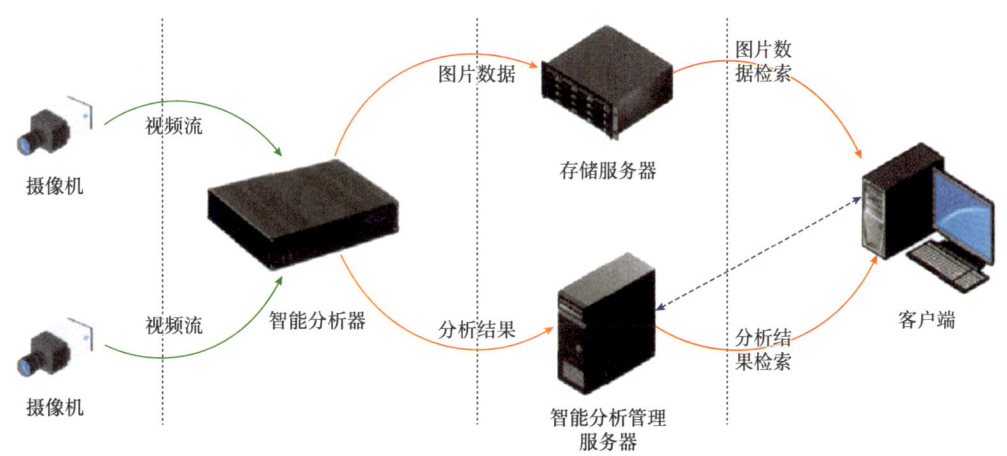

图 16-18 智能视频监控系统架构

智能视频监控比人工系统具有更强大的图像处理能力和智能因素,其能感知和理解的信息包括人脸、人的行为、物的状态、人员流动、人物消失/出现、人群聚集、人体疲劳状态、烟雾产生和明火蔓延等。用户根据隐患及违章表现设置行为状态规则,智能视频分析模块接收上位机发送的告警规则设置,对固定摄像头摄取的图像内容进行高速分析与数据处理,实现目标检测和识别,并判别目标行为状态是否符合规则。一旦发现监控画面异常,系统能够以最快速度和最佳方式发出警报,并对目标进行自动跟踪。

4. 视频监控智能硬件

视频监控领域人工智能技术的引入,可以在前端摄像头、NVR 数据存储设备,以及大数据综合应用平台等节点。基于网络的全数字化智能视频监控系统,前端选择智能视频服务器实现主动监控,将实情、预警实时发给后端智能管理平台,完成快速切换和录像[8]。

(1)前端智能摄像机。

在人工智能时代,随着芯片技术的发展、成本的下降,为缓解传输带宽、后台储备和处理压力,厂商们越来越将计算力前置。另一方面,人工智能技术的发展也给前端设备智能化带来可能性。因此,在视频监控领域,将智能算法前置,使智能分析压力分摊到前端,解放中心计算资源,用于处理更复杂、更重要的分析工作,大大提高视频处理的及时性。

根据智能化程度及应用场景,智能摄像机大体可分为 3 个层次:

①智能网络摄像机。

此类摄像机算法相对固定，能够完成某些特定识别任务，比如行为分析、统计分析等。通常是在现有的 IPC SoC 芯片中集成相应算法，无须额外增加协处理器。大华的智能交通高清摄像机，采用了嵌入式一体化结构设计，内置安全带识别、车标识别、车型识别、车系识别等多种智能算法。

②结构化分析摄像机。

此类摄像机能够对视频流进行实时结构化属性分析，从而提取其中的视频信息、语义信息和图片信息，并能对人员、车辆进行分类抓拍，支持对目标人／车／物进行结构化属性分析。该类摄像机需要在原有的 IPC SoC 芯片基础上加入 NPU 浅层学习处理器，或者利用通用芯片结合安防厂商自主开发的感知算法。科达的感知型摄像机，可以进行运动目标、车辆或行人抓拍，提供结构化数据等。

③深度学习摄像机。

此类摄像机采用的是深度学习算法，并以海量图片及视频资源为基础，通过机器自身提供目标特征，形成深层可供学习的图像数据，极大地提升目标检出率。该类摄像机通常带有高性能深度学习的 GPU 芯片。海康的深眸系列摄像机，可以基于深度学习技术，支持对人员行为、人体属性、人脸识别、流量统计等多种智能分析。

（2）后端智能产品。

后端智能产品主要包括采用高密度 GPU 架构的结构化服务器和智能 NVR。在后端利用智能算法对视频数据进行深层次的结构化分析，仍然是当前的主流方案，具有软件开发周期短、项目应用灵活、改造项目适用性强的特点。其中，结构化服务器集成了基于深度学习算法，每秒可实现数百张人脸图片的分析、建模，也可实现"数十万人脸黑名单布控""人脸比对""以脸搜脸"等功能；还能对人／车／物进行结构化处理。智能 NVR 则是基于深度学习算法，在兼顾传统 NVR 存储的基础上，增加了视频结构化分析功能。

后端智能处理能够提供足够的硬件计算资源，运行的算法可以很复杂，且集中设置方式使得算法升级、运维很方便；劣势是计算资源比较分散，前端非智能数据会占用大量带宽资源。

（3）前后端智能协同。

视频监控系统中采用前端、后端、"云边结合"的智能配合方式，能充分发挥前后端两种方案的各自优势，主要体现在以下两点：

①报警的时间。中心分析方式下报警延时在 15~20s，云边结合时报警延时不超过 3s。

②分析的准确度。采用中心分析的方式，由于视频流经过了编码压缩，因此损伤了很多细节，影响了识别的准确度；而采用云边结合，由于前端人脸识别基于压缩前的原始码流分析，避免因压缩而带来的图像质量损伤，识别准确度更高。

因此，在视频监控领域中，智能化架构采用"云边结合，协同智能"方式，即前端摄像头内置智能算法，进行边缘计算；后端服务器和云中心进行视频数据的解析和表述，利用庞大的大数据分析与挖掘系统，对海量数据进行高效精准的处理。

5. 视频监控智能芯片

在视频监控系统中，有两种基础芯片，一种在网络摄像头中，集成了图像信号处理和视频编/解码技术；另一种在 NVR 中，接收网络摄像机 IP 码流，进行编/解码及存储。智能监控技术的实施，要求这两种基础芯片都需要增加视频分析功能[8]。

随着人工智能在视频监控中的普及应用，基于算法的智能芯片需求越来越细化，除主流芯片 GPU 外，CPU/FPGA/ASIC 也在发挥各自优势。经过专门优化的 ASIC/FPGA 芯片能效好于 CPU。从这四类芯片的特点来看，FPGA 更适用于重配置需求较高的工业电子领域，也非常适合在云端数据中心部署；ASIC 如能达到量产，成本相对 FPGA 更低，更适用于消费级市场。

在 IPC 中，深度学习主要依托 GPU 芯片，但采用 ASIC 芯片已成为一个大的趋势。通常的做法是将智能算法直接固化，嵌入前端的视频监控 SoC 芯片中，这一方式在功耗、价格等方面都具备一定的优势。

6. 智能视频分析算法

视频监控与人工智能相结合，涵盖了图像识别、行为识别、统计分析、数据结构化等技术领域，其中视频诊断、视频增强和视频分析包含了大量功能算法，如清晰度、视频干扰、亮度色度、云台控制功能检测，以及视频丢失、镜头遮挡、镜头喷涂、抖动检测等属于视频诊断内容；视频图像增强则包括稳像、去雾、去噪、全景拼接等算法；而视频分析则包含区域入侵、人群计数、徘徊检测、流量统计、人脸识别、车牌识别、方向检测、烟火检测及云台自动跟踪等功能。由此组合衍生出的算法种类更多，应用方式也千变万化。如采用背景减除进行图像变化检测，实施目标跟踪和行为识别，对违规行为触发报警。

传统视觉算法主要采用特征识别方法，通过人工定义的特征参量对图像进行分类和识别。当图像类别增加或内容复杂时，特征识别需引入大量参数，还要对模型不断进行优化，识别效率和准确度都存在瓶颈。特征识别方法可以实现车牌识别、入侵检测、逆行预警等简单功能，但在人脸识别、行为跟踪等应用领域一直未形成高效解决方案。深度学习算法的成熟为计算机视觉带来革命性的进展，人脸、车辆及行为识别等功能已突破应用门槛，实际应用场景和解决方案也在不断扩展。

深度学习算法通过设置多层神经网络，自行寻找和调节中间参量进行大规模训练。高清视频和海量图像，为视频监控系统自主学习训练提供了优质的数据资源，而深度学习算法的应用，突破了特征识别算法诸多技术瓶颈，应用范围日益广泛。

7. 压裂作业应用场景

安全生产领域视频分析研究初衷是将风险分析与隐患识别等监控工作移交给摄像头、监督工作转交给算法芯片或计算机，并搭建智能分析平台，从人力监管模式转变为高效精准的智能监管模式，保障水平井压裂作业安全高效。

压裂井工厂安装高清固定摄像头或员工佩戴移动摄像头，可覆盖整个井平台或搬迁、安装、吊卸作业点。摄像机获取平台各区域实时视频并由 NVR 分析存储。前端算法芯片、后端计算机系统以视频数据为核心，整合压裂作业井场、平台及砂厂、助剂厂、配液站固定摄像头及人员、车辆与监控盲区移动摄像头、GPS 信息等，实现视频图像信息共享和跟踪分析，包括视频指挥、移动巡检、在线检测、隐患搜索、违章抓拍、吊装监控、车辆跟踪及统计分析、考核评价等职能。

要准确识别不同环境、不同设备、不同工种、不同操作行为状态，首先需定制视频分析算法。如违章警告需先收集违规场景图片构建 VOC 数据集，利用 LabelImg 软件对数据集进行标注；再采用深度学习目标识别算法对数据集进行训练、调试，并分析模型性能指标；最后输入额外目标样本测试成功。井工厂压裂现场每一项行为状态都可能对应一种分析算法，在系统架构及硬件配置基本完善后，智能视频分析系统开发主要集中在算法研究及试验上。结合其他行业通用安全监控及行为状态分析，压裂生产监控可识别并警告以下安全行为状态：

（1）通用检查：人脸、车辆、设备及物料识别，位置检测、身份识别、资质审核。

（2）设备巡视：电气开关、仪表指针、上锁挂签。

（3）消防巡视：消防通道占用、消防设备遗失、消防柜上锁。

（4）环境监测：烟雾、明火、火灾，气体、液体泄漏及油污、废液、粉料落地。

（5）许可管理：动土作业、临时用电、动火作业、受限空间作业、高处作业、起重吊装。

（6）劳保穿戴：工衣工服（反光识别）、安全帽、手套、安全带、工鞋。

（7）操作行为：开关阀门、连接/拆卸管线、安装/拆卸井口、加油、维护保养、维修作业。

（8）事件行为：人员跌落、摔倒、违章作业。

（9）纪律行为：抽烟、打电话、离岗睡岗、打架斗殴、聚众滋事等。

（10）越线闯入：井场区域外来人员闯入、泵注时高压区域人员闯入、吊臂旋转区域人员闯入、机械传动区域人员闯入、受限空间人员闯入。

（11）配合车辆：车辆逆行、车辆违停、车辆事故、通行堵塞等。

（12）人机协作：吊车装卸、粉料传输、井口安装、管汇连接、阀门开关、维护保养。

西部钻探智能压裂指挥中心接入了各盆地压裂现场上千路视频，可连接卫星、手持终端、固定摄像头等设备，覆盖井场、平台等压裂生产场所，以及危险品、化学品仓储等要害部位，形成多终端、跨地域、全天候的视频监控体系，框架流程如图16-19所示。

该系统配置全景摄像头全面监控井场区域，通过图像智能分析服务器对监控画面进行处理，实现划定区域闯入报警，不安全行为（如：不规范穿戴劳保用品、接打电话、吸烟等行为）报警，监督重点部位定时定点巡检，从而对发现的安全隐患行为及时制止和纠正，目前该系统正在调试阶段。

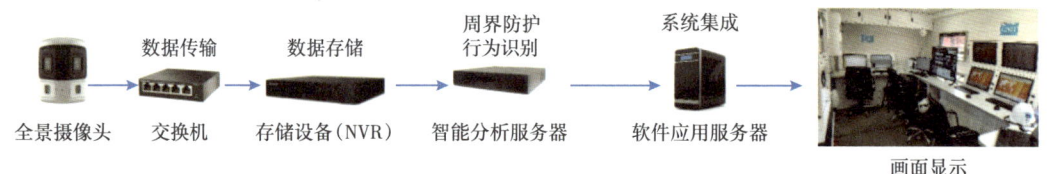

图16-19 压裂远程视频监控系统流程

六、井场一键灭火监测系统

该系统由集成式火情监控系统、消防水炮自动控制系统、双动力消防供水系统、一键启动消防控制系统，以及后台控制系统等组成，一旦发生火灾，系统自动计算火灾发生部位并自动对焦发出警报，现场负责人确认后按下"一键启动"按钮，第一时间实现覆盖式灭火，对火情进行有效控制，提高作业现场安全性（图 16-20）。

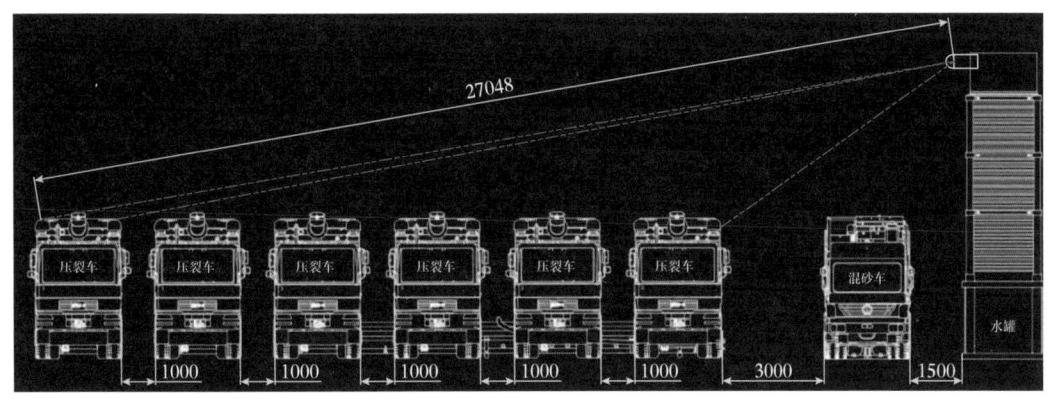

图 16-20　热成像摄像机/图像型火焰探测器布局及覆盖范围示意图

第三节　智能压裂工具及遥测系统

一、RFID 智能压裂完井工具

智能压裂工具是实现智能压裂的重要载体之一，目前发展相对成熟的智能压裂工具包括 RFID 滑套、井下智能定位装置等，可以在数千米深的地层中智能识别"甜点"层位、封隔地层，从而提高对近井地带裂缝起裂位置的控制。随着裂缝不断向外延伸，智能工具对裂缝走向的控制作用减弱，而智能压裂材料（主要包括压裂液、支撑剂、暂堵材料等）则可以随着裂缝扩展，作用到远井地带，控制裂缝缝长、缝高、走向和方位等，实现对油气储层的均衡改造。

压裂滑套从常规机械控制发展到电液、电子控制，无线射频双向数据传输技术被广泛用于压裂滑套中。与常规投球式滑套不同，其投球中内置 RFID 标签，通过其中的智能识别码打开相应的滑套，可以实现无限级、全通径压裂。王斌等基于压力传感器原理，设计了一种新型智能电控趾端滑套，通过小体积的 PCB 板，可监控压力大小，并远程操控，实现滑套延时开启。

为实现压裂与生产管理一体化，国外公司研发了一种智能滑套，只需要通过地面压裂泵的加压配合就可实现井下产层的分层开采，并按照预先设定的程序进行油井的找水、卡水作业，也可以通过信号球封堵套管，实现无限级压裂。何明格等研制了一种基于电磁无线通信技术的智能水力压裂套管，该套管可在井下反复开关，从而实现无限级、智能分段压裂。魏爱拴等针对水平井投球滑套分段压裂技术，研制出一种可溶球智能压裂投球器，可以在带压情况下连续投入 24 个直径 28~76mm 的可溶球，还可以实时检测球的入井情况。

二、井下数据实时测量系统

得益于随钻测量及井下数据传输技术发展，井下数据实时测量已从钻井行业扩展至试油测试、连续油管作业领域。但在压裂作业方面应用较少，主要是套管压裂及大排量体积压裂，缺乏有效的数据传输手段及仪器，目前仍以压力计、存储式测井为主。

井下温度、压力、黏度及伽马是开展实时压裂模拟分析的基础数据，为进一步提高模拟分析准确度、预测井下复杂情况，国内外油服企业开展了大量研究工作，具体技术思路集中在以下三方面：

（1）存储式实时测量。

存储式测量技术主要应用在油管压裂或连续油管工艺中，压裂管柱下入前，在管柱上安装存储式测井仪器。压裂施工时实时采集井下温度、压力等测量数据，压裂结束后起出管柱，将仪器连接在计算机上，读出测量数据，开展数据分析。国外目前还在研制内置传感器及存储器的压裂球，泵注结束后压裂球浮出地面，也可解读井下数据。

（2）脉冲数据传输。

脉冲数据传输借鉴了定向钻井无线随钻数据传输技术，目前主要用于连续油管开关滑套压裂数据实时测量。随钻数据采集系统随连续油管压裂管柱一起下入井内，打开滑套后环空加砂压裂，连续油管小排量注入获取脉冲压力数据并实时解析，指导压裂施工。

因连续油管喷砂射孔对无线随钻数据采集系统冲刷较大，无线脉冲数据传输系统还无法应用于喷砂射孔压裂施工，如底封拖动压裂等。

（3）实时光纤监测系统。

实时光纤监测系统是将光纤采集系统随压裂球一起泵送至桥塞位置，压裂结束后起出光纤采集系统，继续下一级桥射联作，此系统专门针对套管压裂工艺而开发，目前正处于现场试验阶段。

第四节 压裂裂缝智能监测技术

压裂监测是方案设计优化的主要手段，实时感知地应力条件下裂缝起裂及延伸扩展，是压裂监测技术发展主流方向。国内在地面微地震监测方面已积累了一定的技术基础与解释经验，但研究深度及分析水平与裂缝复杂性还不相匹配。准确监测并实时解释裂缝形态及其几何尺寸等参数，对水力压裂效果评价作用重大。

裂缝智能监测技术主要包含微地震监测、倾斜仪监测、裂缝参数反演、示踪剂监测等方法，但这些监测方法[9]无论是原理还是应用效果，均存在很大差异。应以人工智能算法驱动裂缝扩展分析，研究基于微地震、水锤波和光纤监测的裂缝参数综合反演技术，最终实现监测分析与方案设计互相融合、共同发展。

通过微地震和倾斜仪监测可获得大量数据，再通过人工智能算法进行处理进而得到裂缝形态特征。哈里伯顿公司 Ben Bagherian 等收集了 50000 组倾斜仪数据，利用前馈神经网络与模式识别网络建立了倾斜仪测量数据与裂缝方位、裂缝模式，以及裂缝体积等参数之间的响应关系[10]，裂缝模式识别准确度高达 89.2%。中国石油大学（北京）崔晨雨提出基于多目标智能优化算法与微地震结果的复杂裂缝反演方法[11]，采用微地震监测数据，利用基于分解的多目标裂缝网络反演算法，可以计算出多种复杂裂缝网络形态的组合方案。加拿大卡尔加里大学 E. Urban Rascon 等人则采用无监督学习算法，对微地震监测的裂缝形态进行表征[12]，利用自组织神经网络模型和多属性分析方法，分析裂缝复杂性，改进微地震监测数据确定性和质量，同时将优化后的裂缝数据引入到三维裂缝扩展模型中，从而实现将裂缝形态与 SRV 关联，达到优化裂缝参数的目的。

目前，分布式光纤传感技术已逐步应用于压裂裂缝监测，西南石油大学罗红文等人基于页岩气分段多簇压裂水平井光纤监测数据，采用 MCMC 和 SA 两种人工智能算法，建立了人工裂缝反演模型[13]，可定量反演有效压裂裂缝参数和每一段产出数据。

常规示踪剂监测通过定期检测压裂返排液中示踪剂浓度来计算产出相特征，但准确度不高。为此，国内外研制了智能响应性示踪剂[13]，其与油、气和水接触前不反应，接触后可以释放相对应的微量示踪分子，通过检测返排液中示踪分子的浓度，对分段压裂水平井每一段的压裂效果进行评价，逐渐形成了示踪剂智能监测技术。如 Ovchinnikov 等研制了基于碳量子点的智能示踪剂[14]，通过在支撑剂表面进行涂层改性或直接注入，从而实现压裂裂缝的智能监测。此外，哈里伯顿公司提出了一种基于电磁感应理论的裂缝监测方法，通过压裂液携带磁流体进入地层，促使人工裂缝具有一定的磁效应，压裂施工完成后下入导电螺线管磁场发生装置产生感应电流，促使压裂液中携带的磁流体产生次生磁场，再根据地面接收到的磁场信号，计算人工裂缝的几何形状及方位等参数，从而对压裂效果进行评价。

第五节　压裂大数据算法及智能优化

随着大数据、人工智能技术在"震、测、录、试"数据分析及综合解释中大显身手，其应用也逐渐延伸至地质工程一体化压裂领域，进一步拓宽了数学地质研究范围。尤其是其强大的数据分析功能，解决了压裂储层非均质背景下的复杂数据数值计算技术难题。国内外压裂技术团队坚持地质工程一体化，突出设计优化与作业支持，开展压裂数据挖掘技术研究及大数据应用分析系统开发，形成数据驱动的压裂参数优化设计动态模型，改进方案设计、提升压后生产效果和综合开发效益。

一、压裂大数据深度挖掘

对于压裂选井、选层（段），通常存在较多人为因素造成的不确定性，而以地质资料和压裂产量为基础，利用大数据和云计算方法优选压裂井位、层段，可有效降低人为因素主观影响[1]。

由于压裂施工中各种数据采集及校核较为困难，尤其是新开发区块，压裂井数较少，需开展小样本数据的深度挖掘与学习研究，根据训练特征并结合任务特征信息，将深度挖掘方法嵌入模型，基于迁移学习和元学习等方法实现小样本数据的学习和挖掘，同时应高度重视油气藏类型相似性，以提高预测准确性[9]。

Abra 控制公司 Y. S. Garjan 等采用线性回归、随机森林、神经网络等多种机器学习算法[15]，分析了 Montney 页岩储层 2008—2019 年间 1838 口压裂生产井。结果表明，尽管近两年水力压裂参数（如注入支撑剂体积、压裂水平井长度和压裂段数）不断提高，但压裂井产能并没有得到相应改善。通过采用人工智能方法，量化了每个特征参数对单井产量的影响，并将其与经济模型关联，为每口井节约了超过 100 万美元成本，显著改善了油井生产经营状况。

德克萨斯大学 Zheren Ma 等通过大数据方法，获取美国 Midland 盆地地层信息和油井动态生产特征，建立了增强型机器学习模型[16]，分析了井距与区块采收率（EUR）间关系，为现场提供了一套简单、便捷的井位优化方法，美国 Marcellus 页岩气田也将机器学习方法应用于选取重复压裂候选井位置。

休斯敦大学 L.Guo fan 等考虑储层厚度和岩石非均质性，利用深度、厚度、孔隙度和含水饱和度区域变化，捕捉 Bakken 页岩气区域非均质性，并选择大约 2000 口水平井，输入段长、段数、压裂流体体积、支撑剂体积等压裂数据及压后产量数据进行模型训练，建立了 Bakken 页岩气第一年油气产量与压裂参数智能预测模型[17]，实现了特定输入条件下预测油井第一年产量。

我国中原油田以数据统计和神经网络技术为基础，分析了历年压裂井资料，开发了一套人工智能压裂选井、选层预测系统[18]，并利用 38 口已压裂老井数据对模型进行了验证，证明系统具有较好的预测表现。

二、重复压裂大模型开发

压后产量准确预测对重复压裂选井选层至关重要，数学地质方法在油藏特征参数缺失的情况下，可对压裂井产能进行预测，如产量统计法和类型曲线法。当油气藏非均质性较强时（如储层局部致密或天然裂缝发育），仅靠生产曲线无法区分储层异质性和措施有效性。在这种背景下，深度学习方法以其独特的非线性关系捕捉能力，和不依赖物理模型的数据驱动机制，成为一种更加优越的选择。

低效油井压后产量的本质是时间序列数据，前人已尝试用深度神经网络进行预测。但传统深度神经网络（如循环神经网络和长短时记忆网络）无法有效捕捉长距离依赖性。为克服这一局限，西部钻探与中南大学合作，基于 Transformer 架构和滑动窗口方法，构建了我国第一个低效油井重复压裂产量预测大模型。通过 Fine-tune，确定最佳模型参数为模型维度 16、编码器层数为 3、意力层头数为 4。在 J 盆地 W 区块 1983—2020 年的产量数据集上，随机取 9 口井进行拟合预测，时间序列 Transformer 架构的产量预测平均 RMSE 仅为 0.4475。在 W 区块 2023 年 6—7 月间施工的 6 口压裂井上，对时间序列 Transformer 架构产量预测模型进行验证，压后 90 天预测符合率 95.6%，压后 180 天预测符合率 96.9%。

三、地质工程一体化智能模拟

掌握储层地质特征是进行压裂设计的必要条件，尤其是新开发区块，需耗费大量人力、物力、财力采集"震、测、录、试"数据，并结合地质原理、物化方法进行综合解释。必要时还需取心，并进行岩心测试及实验评价，以期对储层地质特征参数，如地质"甜点"、岩石物性、力学参数等，有更清晰的认识。而这些解释、测试数据，对油气田开发地质建模、油藏模拟，是十分必要的。

地质工程一体化设计以地质建模、油藏模拟为核心，常用的数值模拟技术是基于网格体系的数学计算方法，井点地质参数相对准确，井间参数采用不确定性插值方法，预测精度不够，导致计算效率和收敛问题，很难客观表征地质参数，预测准确度较低。应用人工智能方法对已获取数据进行分析，预测未采集区域相关地质参数，不仅可节省采集费用，而且这种基于数据驱动的研究方法，数据获取更加便捷，对专业技术人员实践经验要求较低。

无论是常规储层，还是非常规储层，首要任务是"甜点"识别及预测，只有在确定"甜点"的基础上，才能有效进行压裂参数优化[1]。国内外地质工程一体化设计平台，借助大数据及云计算等技术手段，在地质"甜点"一维分布模型基础上，结合叠前/叠后地震数据反演，计算"井工厂"开发单元或单井控制区域内三维"甜点"分布。并在此基础上，准确刻画压裂缝网形态、优化压裂缝网参数及施工参数，达到最佳开发效果。

美国诸多页岩油气开发区块，利用AI大数据分析识别油气藏"甜点"、优化井位部署，建立协同/集成工作平台。该平台综合储层数据和信息，指导精确布井、高效钻井和压裂设计优化，实现地质、油藏、钻完井工程一体化协作，为全油田建立了一个各环节可以互动的动态地质模型。2017年，该方法在美国鹰滩、巴肯、特拉华盆地、DJ盆地和汾河盆地非常规油藏勘探开发过程中，将钻井、射孔、水力压裂层位信息以及油气生产数据进行关联，从1.25万口目标井位中优选出3200口优质井位，资源潜力达10×10^8t油当量。

四、工程设计参数智能优化

油气井压裂效果由地质条件、设计参数、施工参数等多个复杂因素综合决定，压后产量与各影响因素之间一般呈非线性关系。尤其是非常规油气藏，开发效果极其依赖压裂工艺，压裂设计面临裂缝参数、泵注参数及井距、井长等协同优化问题。常用的基于敏感性分析的单因素优化、基于正交设计的多因素优化工作量大、过程烦琐，很难考虑到参数间相互作用及参数非均质分布。

压裂工程参数一体化优化属于复杂的大系统控制问题，涉及的力学机制复杂、参数类型众多、时变性强、约束条件多。常规三维裂缝建模软件多基于储层各向同性进行计算，压裂参数优化采用储层平均地质参数，无法做到每一段、每一簇最优化。用于非常规油气藏压裂设计时，需要开展大量地质建模、裂缝模拟、产量模拟、敏感性分析等工作，以得到最优的压裂设计参数，如最佳裂缝半长、液量、砂量等。此类模拟计算耗时长，对计算设备和操作人员水平要求高，目前北美仅有不到5%的压裂井采用此类数值计算设计方法。

人工智能的发展为压裂优化设计提供了一种快捷、有效的解决方法，尤其是人工智能算法融入地质建模、油藏模拟软件，在此基础上建成了完整的地质工程一体化平台。随着裂缝模拟、压裂工程设计软件加入此平台，真正实现了地质工程一体化压裂设计。

斯伦贝谢公司P.Pankaj等建立了一种基于云平台和人工智能的压裂设计方法[19]，并于2016年在美国Eagle Ford油井上实施。该方法首先通过敏感性测试，收集到2000多个数据点，并应用先进的机器学习和数据挖掘算法，为压裂产能模拟建立代理模型。通过采用梯度提升技术，代理模型预测准确率达到90%以上。

五、施工参数实时智能优化

在压裂施工中，由于储层非均质性，裂缝沟通区域储层实际参数与压裂设计采用的储层预测参数可能会有较大差异，需现场实时调整压裂参数，以获得最优的压裂效果。同时还要实时监测井口压力变化，根据井口压力异常对井下复杂进行预警，并相应调整泵送计划，优化压裂液和支撑剂泵送程序。

长期以来，压裂参数的实时优化主要依靠现场施工人员的经验，缺少量化判断的依据。因此，国内外开展了压裂参数实时优化智能控制技术研究。西方石油公司 Y. Ben 等建立了基于小时间步的施工压力智能预测模型[20]，对每个水力压裂阶段，首先利用前几分钟的数据训练一个机器学习模型，并预测接下来几分钟的井口压力变化，然后使用随后几分钟现场数据训练第二个学习模型，预测下一个几分钟的施工压力……如此不断循环，为工程师提前预测几分钟后的井口压力变化，从而可以及时调整压裂程序。

哈里伯顿公司研发的 Prodigi 智能压裂系统，通过光纤传感器实时测量每一段压裂簇中的压裂液流量变化，并采用自适应泵速控制算法，智能调整泵速和加砂量等压裂参数，使每一簇的进入流量和支撑剂均匀分布，各射孔簇的流量差仅为 0.016m³/min，形成均衡扩展的裂缝和支撑剂在缝内均衡支撑，达到充分改造每一段的目的。同时，采用智能控制方式，可有效降低施工压力和砂堵风险，平均施工时间减少 30min，使压裂施工控制从人为经验操作进入自动控制、智能控制新里程[9]。

压裂智能调控属于高度集成化的人工智能技术，涉及井底压力和地层裂缝形态智能预测、风险事故智能预判、施工参数智能优化和施工设备智能控制等多方面的智能技术，只有大型石油技术服务公司才能整合各路资源，形成智能调控系统能力。

六、压裂砂堵智能预警系统

压裂施工中，砂堵是最常见的井下复杂情况之一，国内外开展了大量砂堵风险识别方法研究，在降低砂堵风险方面起到一定作用，但仍无法实现砂堵实时预警。随着机器学习与深度学习算法在自然语言处理、图像识别、工业检测等领域的突破性应用，以深层神经网络为代表的深度学习，逐步应用到压裂作业工况智能诊断与风险预警。具体做法是采集地面实时施工数据，结合专家经验进行标签，形成训练数据集，再通过建立循环神经网络，预警潜在砂堵风险。

由于压裂施工曲线异常变化存在偶然性，利用施工曲线进行砂堵预警存在较大的滞后性和误导性[9]。因此，西南石油大学方博涛等基于 BP 神经网络，建立了压裂砂堵风险预警模型[21]，选取压裂液特性、井底压力等 12 个参数作为神经网络输入参数，与 Nolte-Smith 图版砂堵识别方法相比，可提前 1.5min 报警；Cheng 等应用深度学习网络，应用 Niobrara-DJ 盆地 65 段数据建立了 4 种砂堵预测模型，采用 CNN-LSTM 网络与物理经验方法，加权结合建立了砂堵预警集成模型；壳牌公司 Yu 等人基于 Niobrara-DJ 施工数据，采用 Gohfer 数模软件进行了 270 次数值模拟，针对非砂堵/砂堵两种情况，训练了 2 个高斯隐马尔科夫模型[22]，并用砂堵前 500s 的压力波动数据进行训练，整体预警准确率为 81%；中科院刘黎旺等利用局部加权线性回归（LWLR）方法，建立了压裂压力预测模型，并结合粒子滤波（PF）算法和自回归移动平均（ARMA）模型，对模型参数进行了优化，提出了一套基于规则的精细压裂砂堵预警方案[23]，可提前 37s 发出预警信号。整体上看，目前砂堵智能预警研究仍处于起步阶段，均基于纯数据驱动方法，对训练数据集敏感，泛化能力较差，亟须数据与机理联合驱动。

1. 砂堵智能预警模型搭建

由于 LSTM 在长序列时间数据特征提取上展示出良好的应用效果[24]，在原理上解决了循环神经网络在长时间训练中存在的梯度消失与梯度爆炸问题，通过记忆区块替代传统神经网络中隐藏层的神经元，使神经网络可以记忆间隔时间较长的特征信息。通过引入门控结构，选择性记忆或遗忘历史数据特征，有效提取砂堵风险高相关性时间序列特征，提高模型精度。

在压裂施工过程中，施工曲线数据作为一类时间序列数据，包含大量有关施工状态的有效信息，为压裂工况诊断与风险预警提供了有效数据支撑（图16-21），因此基于LSTM神经网络搭建砂堵风险预警模型应用广泛。

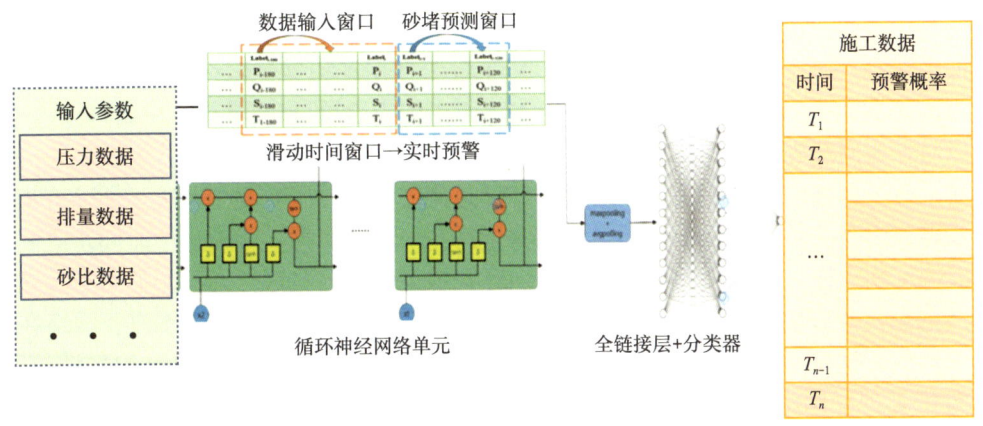

图16-21　基于LSTM神经网络的压裂砂堵风险预警模型

2. 砂堵智能预警模型训练

在模型训练部分，由于深度学习模型训练是一个复杂的调优过程，在已有数据和模型结构确定的前提下，模型效果会在一定程度上受到模型训练过程的影响。中国石油大学（北京）采用Adam优化器，结合AdaGrad和RMSProp两种优化算法，通过对梯度的一阶矩估计（First Moment Estimation，即梯度的均值）和二阶矩估计（Second Moment Estimation，即梯度的未中心化的方差）进行综合考虑，计算出更新步长。

3. 模型应用效果

为保障模型鲁棒性，训练集与测试集内砂堵/非砂堵数据样本比例严格限制为1∶1，但压裂现场砂堵样本数据真实分布比例与训练数据集有所不同，预警模型准确率、虚警率、漏警率波动并产生虚警、漏警。实验过程中，通过收集468段压裂施工曲线数据，构建模型验证集，验证集数据砂堵/非砂堵样本按照真实数据进行分布，计算模型全局精确率87%，全局漏报率12.8%，全局虚警率3.48%。排除掉数据错误与误标注后，准确度进一步提高，漏警率、虚警率将会进一步下降。

砂堵预警是水力压裂技术的一大进步，能够对压力波动进行识别，从而对提前结束加砂或延长加砂时间进行决策控制。实时砂堵预警系统利用人工智能技术，对砂堵初期压力曲线波动情况进行区分，识别真假砂堵信号，以辅助现场工程师进行加砂决策，从而提高液砂比，提高支撑剂注入效率，使支撑剂充填更充分。

七、复杂工况智能诊断技术

智能压裂技术主要包括压前智能设计、压中智能诊断及压后智能评价三部分，其中智能诊断承上启下，既检验智能设计，又为智能评价提供精确数据。

智能诊断技术包括复杂工况诊断、施工故障诊断、压力预测等实时功能，这些功能均是在现场实时回传的压力、排量、砂浓度等秒点数据基础上实现的。充分利用现场提取的海量历史数据，结合专家经验与人工智能算法，深入研究压裂各工况数据特征，揭示不同工况下数据变化规律，从而形成一套精细化的复杂工况诊断模型，为推动人工智能技术在压裂行业应用提供基础性建设。

体积压裂施工主要分为五个工况，即球座坐封、泵注前置液、泵注携砂液、泵注顶替液以及暂堵转向，每种工况都有相应的曲线特征，综合考虑压力、排量、砂浓度等数据特征，即可实现压裂工况简单识别与划分。Y.Shen等使用卷积神经网络和U-Net架构模型，对压裂施工曲线关键节点进行识别，可以精确识别出压裂的起始节点、坐封球入座节点，并可以对泵送周期进行分类，准确度可达95%。

对压裂过程来说，从起泵、加砂到顶替时间跨度很长，压力变化取决于地面流程化的操作步骤，由当前及之前操作共同影响，变化具有一定规律性。因为每个时间步之间，压力也有一定相关性，传统循环神经网络在训练效果上难以满足这样冗长、但有一定连续性的时序数据，长短时记忆神经网络（LSTM）能在一定程度上，缓解循环神经网络在训练过程中造成的梯度消失或梯度爆炸现象。其主要原理是通过引入一些具有记忆性的区块，来代替传统神经网络里被隐藏的神经元，而参数传入区块时由不同的门结构进行控制。LSTM中主要有三种门结构，分别是遗忘门 ft、输入门 it 以及输出门 ot，它们和其他神经元一起，存在于每个长短时记忆神经网络中，参数传递过程中经过不同的门，对应不同的更新规则，这些规则共同作用输出最终诊断结果。

1. 时序数据预处理

（1）无效数据剔除。

分析已有的压裂施工数据，由于时间数列庞大，无法直接送入神经网络训练，需先剔除无效数据。考虑到球座坐封只发生在加砂之前，因此利用砂浓度小于 $5kg/m^3$ 这一规则将数据后面不满足的部分全部删除。其次坐封判断仅需泵压为主要参考，排液量为次要参考，将这两列数据保留，其余数据全部舍弃，再将数据自身有空值无法导入模型的数据删除，得到最终全部可用的加砂前数据段。

（2）标签划分。

利用总结出的球座坐封判别准则将现有数据扫描，对成功坐封的时刻标签为1，其余时刻均标签为0。再结合这些单个时刻的数字标签进一步对整个时序数据进行标签化处理。

（3）归一化处理。

作为输入数据的泵压与排量单位不同，量级也有所差异，加之神经网络模型对0附近的数字更敏感，因此在导入模型前需对其进行归一化处理，按照min-max标准化公式使数据值分布在0~1之间。归一化后可以有效加快梯度下降法寻求最优解的速度，归一化可以让不同维度的特征在数值上有一定可比性，一定程度上也能提高模型精度。

$$d^* = \frac{d - d_{\min}}{d_{\max} - d_{\min}}$$

式中：d 为当前初始训练数据；$d_{\max}$ 为该列初始数据中最大值；$d_{\min}$ 为最小值；d^* 为归一化

后的值。

（4）时序数据切片。

即使是精简过的时序数据，对于全连接层的神经元网络来说，还是太过冗长，在训练时会大大增加迭代时间，影响训练学习效果，因此采用切片的方法进行分段处理。

（5）等比例划分数据集。

以成功切片出的小段序列作为总样本数据集，同时为了保证算法最大可能地学习到成功的数据段，从中等比例取出标签为 1 和 0 的数据，再以 8∶2 的比例划分为训练集和测试集。

2.神经记忆网络模型建立

（1）网络结构参数设计。

长短时记忆神经网络中隐含层数初步设置为 256 层，输入维度为 1 维，输出为代表坐封成功与失败的 1 或 0 标签，对每一种输入特征值进行一维批标准化处理。选择 Softmax 激活函数，对每一维度相同位置的数值进行 Softmax 运算，每次模型调用时，对待训练参数矩阵和待训练偏置项进行初始化处理。

（2）模型训练参数设计。

选用 Adam 优化器，初始学习率为 0.01，处理二分类问题，使用交叉熵损失函数，损失函数的输入是网络输出的标签值与真实目标值的偏差，在本研究中反映为是否成功判断坐封情况，用来衡量该网络在这个数据集上对二分类识别效果的好坏。将训练集和测试集分别输入，共计迭代 200 次，每一次迭代就输出一次损失函数，保留最后一次训练参数，并计算准确率。

参考文献

[1] 张世昆，陈作.人工智能在压裂技术中的应用现状及前景展望[J].石油钻探技术，2023，51（1）：69-77.

[2] 于庆有，时献江，张锡清，等.压裂车柴油机的监测与诊断[J].哈尔滨电工学院学报，1995，18（1）：213-217.

[3] 赵志川.压裂装备泵注系统智能故障诊断方法研究[D].北京：北京建筑大学，2022.

[4] 冯小蔚，兰建平，钟新荣，等.基于光纤传感技术的压裂泵车在线监测系统[J].石化技术，2018，25（12）：310-317.

[5] 李思洋.基于红外热成像的页岩气压裂泵早期事故监测及识别方法研究[D].北京：中国石油大学，2019.

[6] 杜焰，闫育东，贾继生，等.基于云平台的压裂装备管理系统建设及应用[J].中国石油和化工标准与质量，2021，41（18）：73-76.

[7] 李少华.浅析智能视频分析技术[J].中国公共安全（综合版），2012（4）：166-169.

[8] 许慕鸿，刘小红.视频监控行业智能化进程分析[J].信息通信技术与政策，2018（11）：61-67.

[9] 蒋廷学，周珺，廖璐璐，等.国内外智能压裂技术现状及发展趋势[J].石油钻探技术，50（3）：1-9.

[10] Ben Bagherian. Application of Neural Networks and Machine Learning in Tiltmeter Analysis in Hydraulic Fracturing Diagnostics[C]. 2019 AAPG Annual Convention and Exhibition, San Antonio, Texas, May 19-22, 2019.

[11] 崔晨雨.致密油气藏复杂压裂裂缝智能反演方法研究[D].青岛：中国石油大学（华东），2019.

[12] E. Urban-Rascon, R. Aguilera. Hydraulic Fracturing Modeling, Fracture Network, and Microseismic Monitoring[R]. SPE199976, 2020-09.

[13] 罗红文，向雨行，李海涛，等．页岩气水平井分布式光纤温度监测高效反演解释方法[J]．中国石油大学学报（自然科学版），2023，47（3）：115-121．
[14] OVCHINNIKOV K，GURIANOV A，et al. Production logging in horizontal wells without well intervention[R]．SPE187751，2017．
[15] GARJAN Y. S，GHANEEZABADI M. Machine learning interpretability application to optimize well completion in Montney[R]．SPE 200019，2020．
[16] MA ZHEREN，DAVANI E，et al. Finding a trend out of chaos, a machine learning approach for well spacing optimization[R]．SPE 201698，2020．
[17] LUO GUOFAN，TIAN YAO，et al. Production optimization using machine learning in Bakken shale[R]．URTEC-2902505MS，2018．
[18] 刘长印，孔令飞，张国英，等．人工智能系统在压裂选井选层方面的应用[J]．钻采工艺，2003，26（1）：37-38．
[19] PANKAJ P，GEETAN S，et al. Application of data science and machine learning for well completion optimization[R]．OTC 28632，2018．
[20] BEN YUXING，PERROTTE M，et al. Real time hydraulic fracturing pressure prediction with machine learning[R]．SPE 199699，2020．
[21] 方博涛．压裂实时动态预警系统研究与设计[D]．成都：西南石油大学，2015．
[22] Yu Y，Misra S. Pseudosonic log generation with machine learning：a tutorial for the 2020 SPWLA PDDASIG ML contest[J]．SPWLA Today，2020，2：97-101．
[23] LIU LIWANG，LI HAIBO，LI XIAOFENG，et al. Underlying mechanisms of crack initiation for granitic rocks containing a single pre-existing flaw：insights from digital image correlation（DIC）analysis[J]．Rock Mechanics and Rock Engineering，2021，54（2）：857-873．
[24] 盛茂，李根生，田守嶒，等．人工智能在油气压裂增产中的研究现状与展望[J]．钻采工艺，2022，45（4）：1-8．